Kerstin Rjasanowa

Mathematik im Bauingenieurwesen

Lehrbücher des Bauingenieurwesens

Bletzinger/Dieringer/Fisch/Philipp • *Aufgabensammlung zur Baustatik*

Dallmann • *Baustatik*

Band 1: Berechnung statisch bestimmter Tragwerke

Band 2: Berechnung statisch unbestimmter Tragwerke

Band 3: Theorie II. Ordnung und computerorientierte Methoden der Stabtragwerke

Engel/Al-Akel • *Einführung in den Erd-, Grund- und Dammbau*

Engel/Lauer • *Einführung in die Boden- und Felsmechanik*

Fouad/Zapke • *Bauwesen Taschenbuch*

Freimann • *Hydraulik in der Wasserwirtschaft*

Göttsche/Petersen • *Festigkeitslehre – klipp und klar*

Jochim/Lademann • *Planung von Bahnanlagen*

Krawietz/Heimke • *Physik im Bauwesen*

Malpricht/Rupp • *Schalungsplanung im Baubetrieb*

Pfeiffer/Bethe/Pfeiffer • *Nachhaltiges Bauen*

Pfeiffer/Bethe/Pfeiffer • *Nachhaltige Bauwerks-Lebenszyklen*

Prüser • *Konstruieren im Stahlbetonbau*

Rjasanowa • *Mathematik im Bauingenieurwesen 1*

Rjasanowa • *Mathematik im Bauingenieurwesen 2*

Rjasanowa • *Mathematik im Bauingenieurwesen - Aufgaben und Lösungswege*

Zapke • *Fachwerkgebäude*

Kerstin Rjasanowa

Mathematik im Bauingenieurwesen

Aufgaben und Lösungswege

2., aktualisierte und erweiterte Auflage

Die Autorin:

Prof. Dr. rer. nat. Kerstin Rjasanowa, Studiengang Bauingenieurwesen, Fachhochschule Kaiserslautern

Bibliografische Information der Deutschen Nationalbibliothek:
Die Deutsche Nationalbibliothek verzeichnet diese Publikation in der Deutschen Nationalbibliografie; detaillierte bibliografische Daten sind im Internet unter http://dnb.d-nb.de abrufbar.

www.hanser-fachbuch.de

Lektorat: Frank Katzenmayer
Herstellung: Frauke Schafft
Coverkonzept: Marc Müller-Bremer, www.rebranding.de, München
Titelmotiv: © gettyimages.de/Nikada
Covergestaltung: Max Kostopoulos
Satz: Kerstin Rjasanowa
Druck und Bindung: Beltz Grafische Betriebe GmbH, Bad Langensalza
Printed in Germany

Print-ISBN: 978-3-446-47771-1
E-Book-ISBN: 978-3-446-47852-7

Vorwort

„Das Ergebnis habe ich schon, jetzt brauche ich nur noch den Weg, der zu ihm führt.“

Carl Friedrich Gauß (1777–1855),
Deutscher Mathematiker, Astronom und Physiker

Nachdem die beiden Lehrbücher „Mathematik für Bauingenieure 1. Grundlagen für das Bachelor-Studium“ und „Mathematik für Bauingenieure 2. Ausgewählte Kapitel für Ingenieure im Master-Studium“ erschienen sind, soll das vorliegende Buch „Mathematik für Bauingenieure. Aufgaben und Lösungswege“ diese Buchreihe vervollständigen. Sie ist auf der Basis meiner langjährigen Vorlesungen, Übungen und Klausuren in Mathematik im Studiengang Bauingenieurwesen der Hochschule Kaiserslautern entstanden. Viele inhaltliche Anregungen zu den Aufgaben verdanke ich der Beschäftigung mit der Anwendung mathematischer Verfahren bei spezifischen und typischen Problemen auf dem Gebiet des Bauingenieurwesens.

Anliegen dieser Aufgabensammlung ist es, dass die mathematischen Inhalte der beiden Lehrbücher, die dort an Beispielen demonstriert und angewendet werden, in den aktiven Wissensschatz des Lesers übergehen. Dazu ist das eigene, selbstständige und wiederholte Üben Voraussetzung. Anhand formaler Aufgaben können die Fertigkeiten im Umgang mit den mathematischen Inhalten geübt und überprüft werden. Eine Vielzahl praktischer Textaufgaben, vorwiegend aus dem Erfahrungsbereich des Bauingenieurwesens, steht zur Verfügung, bei deren Lösung die erworbenen theoretischen Kenntnisse und Fertigkeiten angewendet werden können. Dabei ist stets zuerst ein mathematisches Modell abzuleiten, d. h., die verbale Formulierung ist in eine mathematische Aufgabenstellung zu überführen. Deren Analyse resultiert in Vorschlägen des Einsatzes geeigneter mathematischer Lösungsverfahren. Mitunter gibt es dabei nicht nur ein einziges Standardverfahren. Andererseits lassen sich oft mit einer Methode recht unterschiedliche Anwendungsaufgaben lösen. Am Ende sollte stets das Verifizieren der Ergebnisse vorgenommen werden, z. B. durch eine Probe bei formalen Aufgaben oder durch Überprüfung auf Plausibilität bei Anwendungsaufgaben. Wird das Lösen „formaler“ Aufgaben gut beherrscht, bereitet das Realisieren der mathematischen Aufgabenstellung unabhängig vom konkreten physikalischen Hintergrund gemäß dem gewählten Lösungsalgorithmus in der Regel keine Probleme mehr. Je mehr der interessierte Leser das Erstellen eines mathematischen Modells, die Auswahl passender Lösungsmöglichkeiten und deren Umsetzung bis hin zur Bestimmung der jeweils gesuchten Größen trainiert, desto sicherer und kompetenter wird er in der Anwendung mathematischer Fertigkeiten und Erkenntnisse bei der Beantwortung vielfältiger Fragestellungen, besonders in den Ingenieurwissenschaften.

Die Aufgabensammlung ist in elf Aufgabenkapitel und elf dazugehörige Kapitel mit Lösungswegen untergliedert. Die ersten sieben Kapitel, B1 bis B7, orientieren sich an den Inhalten im Buch „Mathematik für Bauingenieure 1“ mit den Themen Arithmetik reeller Zahlen, Funktionen einer Veränderlichen, Lineare Algebra, Vektorrechnung und Analytische Geometrie, Zahlenfolgen, Grenzwerte und Stetigkeit, Differenzialrechnung sowie Integralrechnung für Funktionen einer Veränderlichen. Die restlichen vier Kapitel, M1 bis M4, orientieren sich an den Inhalten im Buch „Mathematik für Bauingenieure 2“ mit den Themen Funktionen mehrerer Veränderlicher, Differenzialgleichungen, Finanzmathematik sowie Wahrscheinlichkeitsrechnung und Statistik.

Am Anfang jedes Aufgabenkapitels befindet sich eine Übersicht in Tabellengestalt über die wichtigsten Formeln als Erinnerung, Grundlage und Hilfestellung beim Lösen. Danach folgen formale Aufgaben und im Anschluss Textaufgaben, die Mehrheit davon mit Bezug zum Bauingenieurwesen. Kurze und klare Formulierungen der Sachverhalte und der Fragestellungen sollen die Ableitung der mathematischen Modelle erleichtern, ebenso erklärende Abbildungen. Mitunter soll der Leser aber auch selbst in der Lage sein, eine Skizze anzufertigen.

Die Rolle der Lösungswege sehe ich als Vorschlag für ein begründetes Vorgehen, um richtige Ergebnisse zu erhalten. Eigenständiges Erarbeiten und Begründen aller Lösungsschritte bis hin zum richtigen Ergebnis sind die Kriterien, ob der Leser tatsächlich eine Aufgabe lösen kann. Darum sollte er sich in jedem Fall zuerst bemühen, selbst einen Lösungsweg und die Ergebnisse zu finden, bevor er zu den Lösungswegen im Buch greift. Damit diese Kompetenz gefördert wird, sind die Lösungswege in kleinerer Schrift gesetzt. Sie sind übersichtlich und dort, wo es möglich ist, für eine bessere Motivation kurz gehalten und in wenigen Zeilen geschrieben. Gleichartige Lösungsalgorithmen sind durch analoge Formulierungen und Gestaltung der Lösungsschritte zu erkennen. Zur leichteren Kontrolle sind die Ergebnisse bei formalen Aufgaben farblich hervorgehoben und bei Textaufgaben im Antwortsatz zusammengefasst. Illustrationen zu den Lösungen sollen die Vorstellungskraft des Lesers schulen und die Überprüfung der Ergebnisse unterstützen.

Für das sehr aufmerksame, aufwändige und gewissenhafte Korrekturlesen des Manuskriptes, an der mein Kollege des Studienganges Bauingenieurwesen der HS Kaiserslautern, Prof. Dr. Johannes Schanzenbach, die Mitarbeiter des Institutes für Angewandte Mathematik der Universität des Saarlandes Prof. Dr. Sergej Rjasanow, M. Sc. Torsten Keßler und B. Sc. Daniel Seibel und der Mitarbeiter an der Technischen Akademie Südwest e. V. Kaiserslautern, Dipl.-Math. Andreas Schraag beteiligt waren, bedanke ich mich sehr. Ein Dankeschön gilt auch vielen Studierenden des Studienganges Bauingenieurwesen der Hochschule Kaiserslautern für aufmerksames Nachvollziehen und Bestätigen der Lösungswege während der Vorlesungen, Übungen oder bei der Klausurvorbereitung. Bei Dipl.-Ing. Philipp Thorwirth bedanke ich mich für die freundliche Unterstützung dieses Buchprojektes und den fruchtbaren Austausch in der Konzeptionsphase.

Kaiserslautern, im Januar 2018

Kerstin Rjasanowa

Nachdem die neue, aktualisierte und erweiterte Auflage des Lehrbuches „Mathematik für Bauingenieure 1. Grundlagen für das Bachelor-Studium“ mit dem Titel „Mathematik im Bauingenieurwesen 1“ erschienen ist, wurde auch die vorliegende zugehörige Aufgabensammlung „Mathematik im Bauingenieurwesen. Aufgaben und Lösungswege“ neu aufgelegt. Sie enthält sowohl Aufgaben zu den Vorlesungen in „Mathematik“ im Bachelorstudium als auch zu den Vorlesungen in „Höherer Mathematik und Statistik“ im Masterstudium. Das Spektrum der Aufgaben mit zugehörigen Lösungswegen und ggf. Illustrationen wurde um weit mehr als 100 Aufgaben, vorwiegend Anwendungen im Bauingenieurwesen, ergänzt. Dabei fand die Einheitlichkeit der Darstellung und die durchgehende Hervorhebung standardisierter Lösungsalgorithmen besondere Beachtung. Außerdem erfolgte, wo notwendig, eine Fehlerkorrektur. Das besser strukturierte Layout im Lösungsteil, besonders bei Textaufgaben, soll die Lesbarkeit und das schnelle Auffinden der Antworten erleichtern. So ist die Aufgabensammlung einmal mehr zur Vertiefung mathematischer Grundideen, zum Aufgabentraining und zur Klausurvorbereitung vorgesehen. Gleichzeitig zeigen die Anwendungsaufgaben die unverminderte Aktualität der Mathematik im Bauingenieurwesen und die Notwendigkeit basierter mathematischer Kenntnisse, Denkstrukturen und Fertigkeiten.

Bei Herrn M. Eng. Amir Abed, Assistent am Studiengang Bauingenieurwesen der Hochschule Kaiserslautern, sowie bei Herrn Frank Katzenmayer und Frau Christina Kubiak, Carl Hanser Verlag, München, bedanke ich mich sehr für die aufmerksame Durchsicht des vorliegenden Buches.

Kaiserslautern, im September 2023

Kerstin Rjasanowa

Inhaltsverzeichnis

1 Aufgaben

B1 Arithmetik reeller Zahlen

Mengen: $\mathbb{R} = (-\infty, \infty)$ - reelle, $\mathbb{R}^+ = (0, \infty)$ - positive reelle, $\mathbb{N} = \{1, 2, 3, ...\}$ - natürliche,
$\mathbb{Z} = \{0, \pm 1, \pm 2, \pm 3, ...\}$ - ganze Zahlen $\mathbb{N}_0 = \mathbb{N} \cup \{0\}$

Intervalle:

$x \in (-\infty, a)$	bedeutet	$x < a$	$x \in (a, \infty)$	bedeutet	$a < x$
$x \in (a, b)$	bedeutet	$a < x < b$	$x \in [a, b]$	bedeutet	$a \leq x \leq b$
$x \in [a, b)$	bedeutet	$a \leq x < b$	$x \in (a, b]$	bedeutet	$a < x \leq b$

Definitionen

Begriff	Definition
Summenzeichen	$\sum_{i=m}^{n} a_i = a_m + a_{m+1} + a_{m+2} + \ldots + a_n$, $m, n \in \mathbb{Z}$, $m \leq n$, oft $m = 0$, $a_i \in \mathbb{R}$
n-te Potenz	$a^n = a \cdot a \cdot \ldots \cdot a$, $a \in \mathbb{R}$ - Basis, $n \in \mathbb{N}$ - Exponent
n-te Wurzel	$a = \sqrt[n]{b}$, wenn $a^n = b$, $a, b \geq 0$, $n \in \mathbb{N}$ $\sqrt[n]{1} = 1$ $\sqrt[n]{0} = 0$ $\sqrt[1]{a} = a$ $\sqrt[2]{a} = \sqrt{a} = a^{1/2}$
Fakultät	$n! = 1 \cdot 2 \cdot 3 \cdot \ldots \cdot n$, $n \in \mathbb{N}$ $0! = 1$
Binomialkoeffizient	$\binom{n}{k} = \frac{n \cdot (n-1) \cdots (n-k+1)}{1 \cdot 2 \cdots k} = \frac{n!}{k!\,(n-k)!}$, $n, k \in \mathbb{N}_0$ $\binom{n}{k} = 0$, $k > n$
Symmetrie, Summe	$\binom{n}{0} = \binom{n}{n} = 1$ $\binom{n}{k} = \binom{n}{n-k}$ $\binom{n}{k} + \binom{n}{k+1} = \binom{n+1}{k+1}$

Gesetze und Rechenregeln

Name	Gesetz
Kommutativität	$a + b = b + a$
Assoziativität	$(a + b) + c = a + (b + c)$
Kommutativität	$ab = ba$
Assoziativität	$(ab)c = a(bc)$
Distributivität	$a(b + c) = ab + ac$
Ausmultiplizieren	$(a + b)c = ac + bc$, $a(b - c) = ab - ac$, $(a + b)(c + d) = ac + ad + bc + bd$
Ausklammern	$ac + bc = (a + b)c$, $ab + ac = a(b + c)$, $ac - bc = (a - b)c$, $ab - ac = a(b - c)$
1. Binomische Formel	$(a + b)^2 = a^2 + 2ab + b^2$
2. Binomische Formel	$(a - b)^2 = a^2 - 2ab + b^2$
3. Binomische Formel	$(a + b)(a - b) = a^2 - b^2$
Binomischer Lehrsatz	$(a+b)^n = \sum_{k=0}^{n} \binom{n}{k} a^{n-k} b^k$ $(a-b)^n = \sum_{k=0}^{n} (-1)^k \binom{n}{k} a^{n-k} b^k$

Potenz- und Wurzelgesetze

Name	Gesetz, $a,b \in \mathbb{R}^+$, $r,s \in \mathbb{R}$, $m,n,k,l \in \mathbb{N}$		
Potenzgesetze	Gleiche Basen	$a^r\, a^s = a^{r+s}$	$a^r / a^s = a^{r-s}$
	Produkt, Quotient	$(a\,b)^s = a^s\, b^s$	$(a/b)^s = a^s / b^s$
	Potenz	$(a^r)^s = (a^s)^r = a^{rs}$	
	Negativer Exponent	$a^{-s} = 1/a^s = (1/a)^s$	
Wurzelgesetze	Wurzel, Potenz	$\sqrt[n]{a^n} = a$, $\quad (\sqrt[n]{a})^n = a$,	$\sqrt[n]{a^{mn}} = a^m$
	Produkt, Quotient	$\sqrt[n]{ab} = \sqrt[n]{a}\sqrt[n]{b}$	$\sqrt[n]{a/b} = \sqrt[n]{a}/\sqrt[n]{b}$
	Rationaler Exponent	$\sqrt[mn]{a} = a^{\frac{1}{mn}}$	$\sqrt[n]{a^m} = a^{\frac{m}{n}}$
	Gleiche Basen	$a^{\frac{m}{n}}\, a^{\frac{k}{l}} = a^{\frac{m}{n}+\frac{k}{l}}$	$a^{\frac{m}{n}} / a^{\frac{k}{l}} = a^{\frac{m}{n}-\frac{k}{l}}$
	Gleicher Exponent	$(ab)^{\frac{m}{n}} = a^{\frac{m}{n}}\, b^{\frac{m}{n}}$	$(a/b)^{\frac{m}{n}} = a^{\frac{m}{n}} / b^{\frac{m}{n}}$

Bruchrechnung

Bezeichnung	Rechenregel, $a,b,c,d,e \in \mathbb{R}$		Bedingung
Gleichheit Erweitern, Kürzen	$\frac{a}{b} = \frac{c}{d} \Longleftrightarrow a \cdot d = b \cdot c$	$\frac{a}{b} = \frac{a \cdot e}{b \cdot e} \quad \frac{a \cdot e}{b \cdot e} = \frac{a}{b}$	$b, d, e \neq 0$
Multiplikation, Division	$\frac{a}{b} \cdot \frac{c}{d} = \frac{a \cdot c}{b \cdot d}$	$\frac{a}{b} : \frac{c}{d} = \frac{a \cdot d}{b \cdot c}$	$b, c, d \neq 0$
Addition, Subtraktion	$\frac{a}{b} \pm \frac{c}{b} = \frac{a \pm c}{b}$	$\frac{a}{b} \pm \frac{c}{d} = \frac{a \cdot d \pm b \cdot c}{b \cdot d}$	$b, d \neq 0$

Axiome der Ordnung

Name	Gesetz
Konnexität	Zwischen zwei Zahlen $a, b \in \mathbb{R}$ besteht genau eine der Beziehungen $a < b$, $a > b$, $a = b$.
Transitivität	Aus $a < b$ und $b < c$ folgt $a < c$.
Monotonie der Addition	Aus $a < b$ folgt $a + c < b + c$.
Monotonie der Multiplikation	Aus $a < b$ und $c > 0$ folgt $ac < bc$.

Rechenregeln für Ungleichungen

Regel, wenn $a < b$ und $c < d$	Interpretation
$-a > -b$	Wird eine Ungleichung mit -1 multipliziert, so kehrt sich ihr Relationszeichen um.
$a + c < b + d$	Ungleichungen mit demselben Relationszeichen dürfen addiert werden.
Für $a, d > 0$ folgt $ac < bd$.	Ungleichungen mit demselben Relationszeichen dürfen multipliziert werden, wenn in einer Ungleichung beide Seiten positiv sind und in der anderen die größere.
Für $a > 0$ folgt $1/a > 0$.	Das Reziproke einer positiven reellen Zahl ist ebenfalls positiv.

Addition und Multiplikation

1.1 Die Klammern sind aufzulösen:

a) $p+(q+r)$ **b)** $p+(q-r)$ **c)** $p-(q+r)$
d) $p-(q-r)$ **e)** $p+(q-r+s)$
f) $(p+q)-(r+s-u-v)$
g) $p-(q-r)+(s-u)-(v+w)$
h) $p-(q-r+s)-(u-v+w)$

1.2 Die Terme sind zusammenzufassen:

a) $(3x+5y)-(x+2y)$
b) $(7m+5n)-(4m+2n)$
c) $(12a+19b)-(8a+17b)$
d) $(20x+13y)-(15x+8y)$
e) $(27m+18n)-(5n-12m)$
f) $(33p-27q)+(15q-18p)$
g) $(15x-38z)-(25z+10x)$
h) $(5\frac{3}{4}q+7\frac{1}{2}r)-(2\frac{3}{4}q+1\frac{1}{2}r)$

1.3 Die Klammern sind aufzulösen und die Terme sind zusammenzufassen:

a) $\langle(6x+3y)+(2y+9z)\rangle-(2x+3z)$
b) $\langle(15p-8q)+(11r+9s)\rangle-\langle-(8p+2q)+(6r-5s)\rangle$
c) $\langle(17a-12b)-(8c+7d)\rangle-\langle(5c-4d)-(14a+9b)\rangle$
d) $\langle(8r+5s)+(-7t-10u)\rangle-\langle(2s+7r)+(-3u+2t)\rangle$
e) $(((3a-4b)-2x)-(3x+3b)-(4x-2a+b))$
f) $17p-\{13r-\langle 6q+(5r-9p)\rangle+\langle 14q-(7p+8r)\rangle\}-\{11r-\langle 10q-(12p-3q)\rangle-\langle 15r+(4p-16q)\rangle\}$
g) $2.3x-\{0.4y+(5.35x-2.6y)-\langle 3.45x-(1.8x-4.35y)-0.5x\rangle+(3.15y-4.25x)\}-\langle 0.75y-(4.5x+0.8y)-(2.55y-2.85x)\rangle$

1.4 Die Klammern sind auszumultiplizieren und die Terme sind zusammenzufassen:

a) $35(p+x+y)+37(x+y+z)+39(y+z+p)+41(z+p+y)$
b) $(x+y)z+x(y+z)+(x+z)y$
c) $15(a+b+c)-(b+c+d)\cdot 19-14(c+d+a)+(a+b+d)\cdot 12$
d) $(x+y)z+(y+z)u-x(y+z)-y(z+u)$
e) $(a-b)c+(c-a)b+a(b+c)$
f) $(m+n)x-(m-x)n-m(n+x)$
g) $(7a-4b+5c)\cdot 12+(2b-3c-4a)\cdot 7-(6c+a-8b)\cdot 9$
h) $12\{p-(q+r)\}$ **i)** $n\{(u+v)-(v-y)\}$
j) $7\{(a-b)-(a-c)\}$

1.5 Wie wird eine Summe mit einer Summe multipliziert? Die Klammern sind auszumultiplizieren und die Terme sind so weit wie möglich zusammenzufassen:

a) $(a+b)(m+n)$
b) $(p+q+r)(x+y+z)$
c) $(p+q+r)(p+q-r)$
d) $(p+q-r)(p-q+r)$
e) $(p+q+r)(-p+q+r)$
f) $(p-q+r)(-p+q-r)$
g) $(a+b)(b-c)+(b+c)(c-a)-(a+c)(a-b)$
h) $(x-y+z)(x+y-z)+(y-z+x)(y+z-x)+(z-x+y)(z+x-y)$

1.6 Folgende Terme sind durch Ausklammern der gleichen Faktoren zusammenzufassen:

a) $(a+b)x+(a+b)y+a(2x-y)+b(2x-y)$
b) $(7a-3b)(x+y)-(5a-7b)(x+y)-(2a+4b)(x-y)$
c) $(9a-7b+3c)(7a-13b+8c)+(4a+5b-3c)(9a-7b+3c)-(7a-13b+8c)(4a+b-8c)-(4a+b-8c)(4a+5b-3c)$

1.7 Mithilfe der binomischen Formeln ist zu berechnen:

a) $(x+y)(x+y)$ **b)** $(7x+5)^2$
c) $(2m+\frac{1}{2}n)^2$ **d)** $(a+1)(a-1)$
e) $(3a-4)^2$ **f)** $(1+x)(1-x)$
g) $(a+b+c)(a+b-c)$
h) $(a-b+c+d)(a-b-c-d)$
i) $(x^2+xy+y^2)(x^2-xy+y^2)$
j) $(a^3-a^2b+ab^2-b^3)(a+b)$

1.8 Die Terme sind so weit wie möglich zu kürzen und zusammenzufassen:

a) $\frac{18a}{3}-\frac{28a}{7}+\frac{5ab}{b}$

b) $\frac{12ab^2-18abc+30ac^2}{6a}$

c) $\frac{20pq-12qs}{4q}+\frac{15ts-20tu}{5t}$

d) $\frac{78m^2p+60mnp+102mp^2}{2m\cdot 3p}$

e) $\frac{30y^2x+10x^2y}{5x\cdot 2y}\cdot\frac{35x^2y-105xy^2}{7x\cdot 5y}$

f) $\frac{30xz+24yz}{6z}-\frac{35xy-15xz}{5x}+\frac{7yz-21xy}{7y}$

1.9 Die Brüche sind gleichnamig zu machen und zu addieren:

a) $m+\frac{3mn}{m-n}$ **b)** $\frac{a^2}{a+b}+b$

c) $\frac{(p+q)^2}{4pq}-1$ **d)** $\frac{x}{ab}-\frac{y}{ac}-\frac{z}{bc}$

e) $\frac{3(2a-3b)}{8}-\frac{2(3a-5b)}{3}+\frac{5(a-b)}{6}$

f) $\frac{a(3b-2c)}{6bc}-\frac{b(4a-5c)}{10ac}+\frac{8a^2+3b^2}{6ab}$
$-\frac{5a-4b}{10c}$

1.10 Folgende Produkte sind zu berechnen:

a) $\left(\frac{p}{n}+\frac{q}{m}\right)\cdot mn$ **b)** $\left(\frac{a}{p^2q}-\frac{b}{pq^2}\right)\cdot mn$

c) $\frac{2a-3b}{a^2b^2}\cdot(2a^2b+3ab^2)$

d) $\frac{12(a+b)(m-n)}{5(a-b)(m+n)}\cdot(a^2-b^2)(m^2-n^2)$

1.11 Folgende Quotienten sind zu berechnen:

a) $42xy:\frac{6x^2y^2}{7x}$ **b)** $35a^2b^2c^2:\frac{7a^2bc^2}{4d^2}$

c) $32(m^2-n^2):\frac{4(m-n)}{p+q}$

d) $7(4a^2+4ab+b^2):\frac{3(2a+b)}{2a-b}$

e) $\left(\frac{x^2}{y}+\frac{y^2}{x}\right):\left(\frac{1}{x}+\frac{1}{y}\right)$ **f)** $\frac{a+b}{a-b}+\frac{a-b}{a+b}$

g) $\frac{x-1}{2x+2}-\frac{3x-4}{3x+3}+\frac{2x-1}{6x+6}$

h) $\frac{9}{3x+x^2}+\frac{x^2}{9-3x}+\frac{9}{9-x^2}$

1.12 Die Terme sind zu multiplizieren und so weit wie möglich zu kürzen:

a) $\frac{8ap}{5r^2}-\left(\frac{2p^2q}{3r}+\frac{5q^2r}{4p}-\frac{10r^2p}{3q}\right)\cdot\frac{12a}{5pqr}$

b) $\frac{m^2-n^2}{2mn}\left(\frac{m+n}{m-n}-\frac{m-n}{m+n}\right)-1$

1.13 Folgende Terme sind mithilfe der binomischen Formeln in Produkte umzuformen:

a) a^2-6a+9 **b)** x^2+2x+1
c) $36x^2-25y^2$ **d)** $(a-b)^2-x^2$
e) $81a^2-16(2a-3x)^2$ **f)** $a^2+2ab+b^2-c^2$
g) $9x^2-4y^2+4yz-z^2$ **h)** x^4+x^3+x+1

1.14 Zähler und Nenner der Brüche sind in Produkte umzuformen. Die Brüche sind danach zu kürzen:

a) $\frac{a^2+ab}{a^2-ab}$ **b)** $\frac{am-bm}{bn-an}$ **c)** $\frac{7a^2b-7ab^2}{7a^2c-7ac^2}$

d) $\frac{ax-a}{b-bx}$ **e)** $\frac{a^4-b^4}{a^2-b^2}$ **f)** $\frac{m^2-2mn+n^2}{n^2-m^2}$

g) $\frac{a^4-b^4}{a^3-b^3}$ **h)** $\frac{a^4-b^4}{a^3+b^3}$ **i)** $\frac{a^4+b^4}{a^3+b^3}$

Potenz- und Wurzelrechnung

1.15 Potenzen mit gleichen Basen sind zusammenzufassen:

a) $p^n \cdot p^n$ **b)** $b^7 \cdot b^{2-x}$ **c)** $c^{x-7} \cdot c^{5+x}$

d) $k^{m+n} \cdot k^{1-m}$ **e)** $x^n \cdot x^{n-1} \cdot x^{9-2n}$

f) $\frac{3}{4}a^n bx^3 \cdot \frac{4}{5}ab^m x^4 \cdot \frac{5}{6}a^2 x^p$

g) $(a^5+a^2)(a^3-a)$ **h)** $(y^9+y^4)(y^6-y)$

i) $(a^4-a^2b^2+b^4)(a^2+b^2)$ **j)** $\frac{a^{x-1}}{a}$

k) $\frac{x^2}{x^{n-2}}$ **l)** $\frac{a^{3+x}}{a^{x-3}}$ **m)** $\frac{a^{m+1}b^{n+1}}{a^m b^n}$

n) $\frac{a^5(x-y)^2}{a(y-x)^5}$ **o)** $\frac{a^{2x-3y}a^{3y-5}}{a^{5-3x}a^{7-2y}} : \frac{a^{5x+3y-10}}{a^{x+y+10}}$

1.16 In folgenden Termen sind die Brüche gleichnamig zu machen und dann zu vereinigen:

a) $\frac{1}{x^7}+\frac{1}{x^6}+\frac{1}{x}$ **b)** $\frac{1}{x^3}+\frac{1-x}{x^4}$

c) $\frac{1-2x^2}{x^p}+\frac{2-3x^2}{x^{p-2}}+\frac{3}{x^{p-4}}$

d) $\frac{x^n}{(x+y)^n}+\frac{2x^{n-1}}{(x+y)^{n-1}}-\frac{x^{n-2}}{(x+y)^{n-2}}$

1.17 Die Potenzen sind so weit wie möglich zusammenzufassen:

a) $\frac{a^{5p-4q}}{b^{2q-5p}} \cdot \frac{b^{3p-7q}}{a^{5q-3p}}$ **b)** $\frac{p^{12x+3y}}{q^{2y-4x}} : \frac{p^{2x-8y}}{q^{6x+13y}}$

c) $\left(\frac{8xy^2}{3z^3}\right)^n : \left(\frac{2x^2y}{9z^2}\right)^n$ **d)** $\left(\frac{a^2b^3}{x^3y^4}\right)^5$

e) $\left(\frac{a+b}{x+y}\right)^3 \cdot \left(\frac{a-b}{x-y}\right)^3 \cdot \left(\frac{x^2-y^2}{b^2-a^2}\right)^2$

f) $\left(\frac{4a^{n-1}b^3c^{3-x}}{9x^2y^{3n-2}z^6}\right)^2 : \left(\frac{2a^2b^2c^{2-x}}{3xy^{2n-1}z^4}\right)^3$

1.18 Mithilfe der binomischen Formeln ist zu potenzieren:

a) $(a^2-b)^3$ **b)** $(x+1)^3+(x-1)^3$

c) $(a-b)^5$ **d)** $(2x+3)^5-(2x-3)^5$

e) $(a^m-a^n)^2$ **f)** $(x+y)^4-(a-x)^4$

1.19 Folgende Polynomdivisionen sind auszuführen:

a) $(6am-9an-4bm+6bn) : (3a-2b)$

b) $(x^2-2x-15) : (x-5)$

c) $(a^3-a^2b+2b^3) : (a+b)$

d) $(a^5+b^5) : (a+b)$

1.20 Die Terme sind so weit wie möglich zusammenzufassen:

a) $(\sqrt{x+y}+\sqrt{x-y})^2$

b) $\left(\sqrt{\frac{a-x}{x-b}}-\sqrt{\frac{x-b}{a-x}}\right)^2$

c) $\sqrt[3]{x+\sqrt{x^2-1}} \cdot \sqrt[3]{x-\sqrt{x^2-1}}$

d) $(a+b)\sqrt{\frac{ax^2-bx^2}{9a^2+18ab+9b^2}}$

e) $\sqrt{x\sqrt{x^{-1}\sqrt{x^{-1}}}}$

1.21 In folgenden Termen sind die Wurzeln in den Nennern zu beseitigen:

a) $\frac{a}{a+\sqrt{a}}$ **b)** $\frac{1}{\sqrt{x}-\sqrt{y}}$ **c)** $\frac{a\sqrt{x}-b\sqrt{y}}{c\sqrt{x}-d\sqrt{y}}$

d) $\frac{2\sqrt{15}}{\sqrt{3}+\sqrt{5}+2\sqrt{2}}$ **e)** $\sqrt{\frac{a+\sqrt{x}}{a-\sqrt{x}}}$

f) $\frac{a+x+\sqrt{a^2+x^2}}{a+x-\sqrt{a^2+x^2}}$

Ungleichungen

1.22 Zu bestimmen sind alle reellen Zahlen x, die die folgenden Ungleichungen erfüllen:

a) $3-x<5-2x$ **b)** $2x-17<13+6x$

c) $\frac{5x}{3}-4<x+6$ **d)** $\frac{5}{x}-4>\frac{4}{x}-5$

e) $(x-2)(x+5)>0$

1.23 Für welche reellen Zahlen a hat die folgende Ungleichung reelle Lösungen x? Die Lösungsmenge ist anzugeben.

$\frac{x^2+1}{4} < a^2$

B2 Funktionen einer Veränderlichen

Definitionen

$f: D_f \to W_f$ - reelle Funktion, $D_f \subseteq \mathbb{R}$ - Definitionsbereich, $W_f \subseteq \mathbb{R}$ - Wertebereich, $I \subseteq D_f$ - Intervall

Begriff	Definition
Nullstelle $x_N \in D_f$	$f(x_N) = 0$
Monotonie steigend (fallend)	Für alle $x_1 < x_2$ folgt $f(x_1) \le f(x_2)$ $(f(x_1) \ge f(x_2))$, $x_1, x_2 \in I$.
Strenge Monotonie steigend (fallend)	Für alle $x_1 < x_2$ folgt $f(x_1) < f(x_2)$ $(f(x_1) > f(x_2))$, $x_1, x_2 \in I$.
Beschränktheit nach oben (unten)	Es gibt eine Zahl $S(s) \in \mathbb{R}$, sodass für alle $x \in I$ gilt $f(x) \le S$ $(f(x) \ge s)$. $S(s)$ - obere (untere) Schranke
Unbeschränktheit nach oben (unten)	f ist auf I nicht nach oben (unten) beschränkt.
Supremum $\sup\limits_{x\in I} f(x)$	kleinste aller oberen Schranken auf I
Infimum $\inf\limits_{x\in I} f(x)$	größte aller unteren Schranken auf I
Gerade (ungerade) Funktion	Für alle $x \in D_f$ gilt $f(-x) = f(x)$ $(f(-x) = -f(x))$, $D_f = (-a, a)$, $a \in \mathbb{R}$, oder $D_f = \mathbb{R}$.
Periodizität mit der Periode $p \in \mathbb{R}$	Für alle $x \in D_f$ gilt $x + p \in D_f$ und $f(x) = f(x + p)$.
Umkehrfunktion $f^{-1}: W_f \to D_f$	f^{-1} ordnet jedem Funktionswert sein Argument zu, wenn f jedem Argument genau einen Funktionswert zuordnet.

Elementare Funktionen

Lineare Funktion	$f(x) = ax + b$	$f: \mathbb{R} \to \mathbb{R}$
y, b, a, x_N, 1, x	Steigung y-Achsabschnitt Nullstelle Proportionalität	$a \in \mathbb{R}$, $a \ne 0$ $b \in \mathbb{R}$ $x_N = -b/a$ $b = 0$: $y = ax$ Proportionalitätsfaktor a

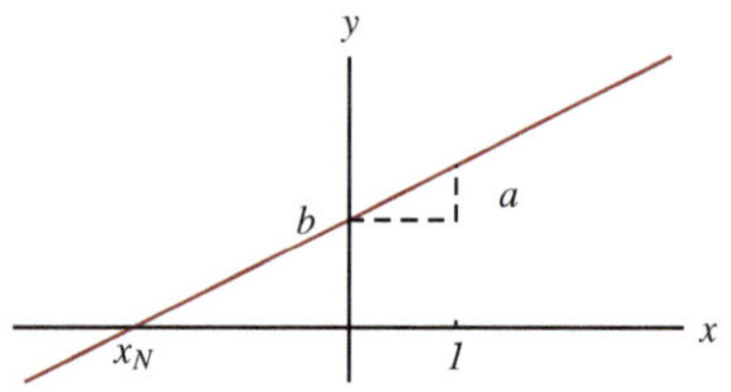

Betragsfunktion	$f(x) = \lvert x \rvert = \begin{cases} x, & x \ge 0 \\ -x, & x < 0 \end{cases}$	$f: \mathbb{R} \to [0, \infty)$
y, 2, 1, −3, −2, −1, 1, 2, 3, x	Beschränktheit Produkt Quotient Wurzel Dreiecksungleichung	$\lvert x \rvert \le a \iff -a \le x \le a$ $\lvert xy \rvert = \lvert x \rvert \lvert y \rvert$ $\lvert x/y \rvert = \lvert x \rvert / \lvert y \rvert$, $y \ne 0$ $\lvert x \rvert = \sqrt{x^2}$ $\lvert x + y \rvert \le \lvert x \rvert + \lvert y \rvert$

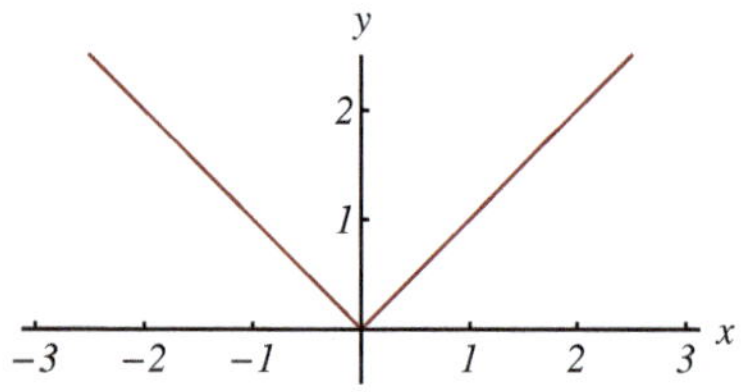

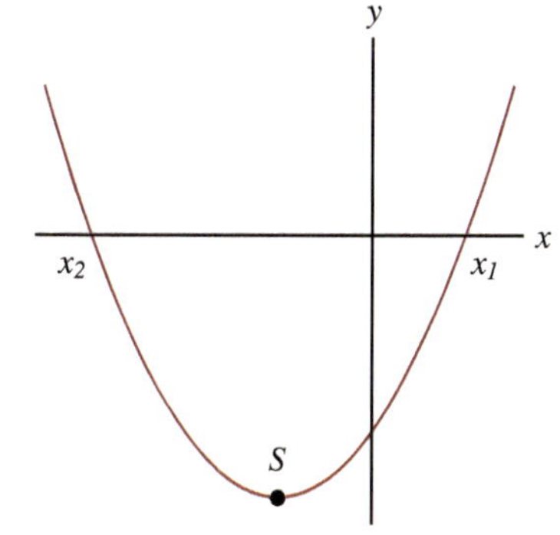

Quadratische Funktion		$f(x)=ax^2+bx+c$ $a,b,c\in\mathbb{R},\ a\neq 0$	$f(x)=x^2+px+q$ $p,q\in\mathbb{R}$
	$f:$	$\mathbb{R}\to\mathbb{R}$	$\mathbb{R}\to\mathbb{R}$
	Diskriminante	$D=b^2-4ac$	$D=p^2/4-q$
	Nullstellen		
	$D>0$	$x_{1,2}=\dfrac{-b\pm\sqrt{b^2-4ac}}{2a}$	$x_{1,2}=-\dfrac{p}{2}\pm\sqrt{\dfrac{p^2}{4}-q}$
	$D=0$	$x_{1,2}=-b/(2a)$	$x_{1,2}=-p/2$
	$D<0$	keine reelle	keine reelle
	Wurzelsatz von Vieta	$x_1+x_2=-b/a$ $x_1x_2=c/a$	$x_1+x_2=-p$ $x_1x_2=q$
	Scheitelpunkt	$S\left(-\dfrac{b}{2a},c-\dfrac{b^2}{4a}\right)$	$S\left(-\dfrac{p}{2},q-\dfrac{p^2}{4}\right)$

Polynom	$P_n(x)=\sum\limits_{i=0}^{n}a_ix^i$	$P_n:\mathbb{R}\to\mathbb{R},\ a_i\in\mathbb{R},\ i=0,\dots,n,\ a_n\neq 0$
	Nullstellen	r Nullstellen $x_k\in\mathbb{R},\ r\leq n,\ k=1,\dots,r$
	Linearfaktor-zerlegung	$P_n(x)=(x-x_1)(x-x_2)\cdots(x-x_r)P_{n-r}(x)$, P_{n-r} - Polynom ohne reelle Nullstellen
$x^*\in\mathbb{R},\ b_{n-1}=a_n$, $b_{i-1}=b_ix^*+a_i,\ i=1,\dots,n-1$ $P_n(x^*)=b_0x^*+a_0$ $P_{n-1}(x)=\sum_{i=0}^{n-1}b_ix^i$	Horner-Schema	$\begin{array}{cccccccc\|c} & a_n & a_{n-1} & a_{n-2} & \cdots & a_2 & a_1 & a_0 & \\ x^* & \downarrow & x^*b_{n-1} & x^*b_{n-2} & & x^*b_2 & x^*b_1 & x^*b_0 & + \\ \hline & b_{n-1} & b_{n-2} & b_{n-3} & & b_1 & b_0 & P_n(x^*) & \end{array}$
	Polynomdivision	$P_n(x)=(x-x^*)P_{n-1}(x)+P_n(x^*)$

Rationale Funktion	$f(x)=\dfrac{P_n(x)}{P_m(x)}$	$f:\mathbb{R}\to\mathbb{R},\ P_n(x)=\sum\limits_{i=0}^{n}a_ix^i,\ P_m(x)=\sum\limits_{j=0}^{m}b_jx^j$ $a_i\in\mathbb{R},\ i=0,\dots,n,\ b_j\in\mathbb{R},\ j=0,\dots,m,\ a_n,b_m\neq 0$ x verschieden von den Nullstellen von P_m
x_0 - k-fache Nullstelle von P_n und l-fache Nullstelle von P_m, $k,l=0,1,2,\dots$	Nullstelle x_0 Polstelle x_0 Lücke x_0	wenn $k>0,\ l=0\ (x_0\in D_f)$ wenn $k<l\ (x_0\notin D_f)$ wenn $k\geq l>0\ (x_0\notin D_f)$

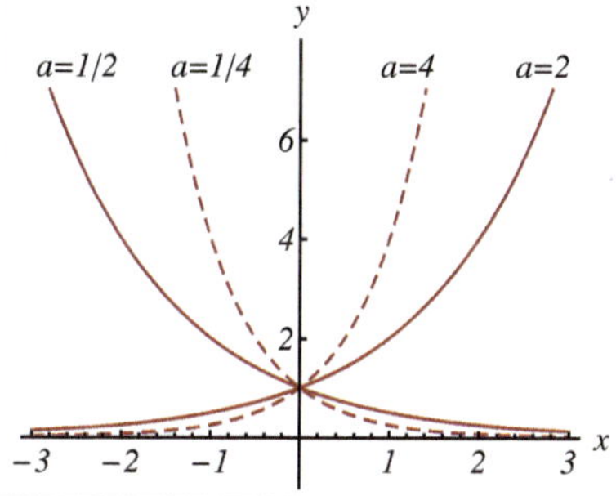

Exponentialfunktion	$f(x)=a^x$	$f:\mathbb{R}\to\mathbb{R}^+,\ a\in\mathbb{R},\ a>0$	
	natürliche Basis	$f(x)=\mathrm{e}^x$	
	Euler-Zahl	$\mathrm{e}=\lim\limits_{n\to\infty}\left(1+\dfrac{1}{n}\right)^n$	
		$\mathrm{e}=2.71828\,18284\,59045\,23536\ldots$	
	Potenzgesetze	$a^{x_1}a^{x_2}=a^{x_1+x_2}$	$a^{x_1}/a^{x_2}=a^{x_1-x_2}$
		$(ab)^x=a^xb^x$	$(a/b)^x=a^x/b^x,\ b>0$
		$(a^{x_1})^{x_2}=a^{x_1x_2}$	
		$a^{-x}=1/a^x=(1/a)^x$	

Logarithmusfunktion	$f(x) = \log_a x$ $\log_{10} x = \lg x$	$f : \mathbb{R}^+ \to \mathbb{R},\ a \in \mathbb{R},\ a > 0,\ a \neq 1$ $\log_e x = \ln x$
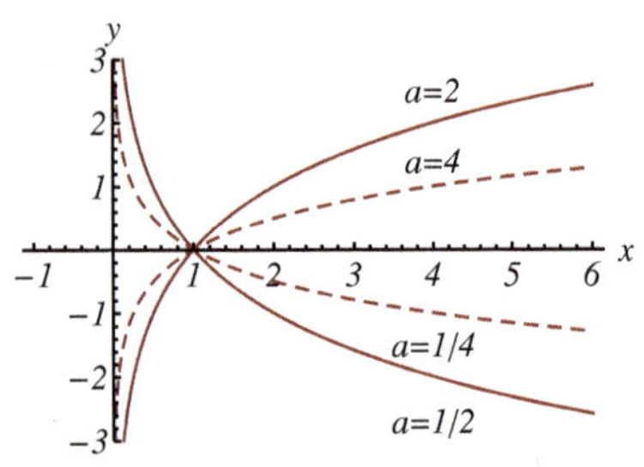	Definition	$y = \log_a x \iff x = a^y$
	Nullstelle	$x_N = 1$, d. h., $\log_a 1 = 0$
	Produkt	$\log_a bc = \log_a b + \log_a c$
	Quotient	$\log_a(b/c) = \log_a b - \log_a c$
	Exponent	$a^{\log_a b} = b$
	Potenz	$\log_a b^c = c \cdot \log_a b$
	Wechsel der Basis	$\log_a b = \log_c b / \log_c a$
	Identität	$\log_a a = 1$

Trigonometrische Funktionen Arcusfunktionen		$f(x) = \sin x$ $f(x) = \arcsin x$	$f(x) = \cos x$ $f(x) = \arccos x,\ k \in \mathbb{Z}$
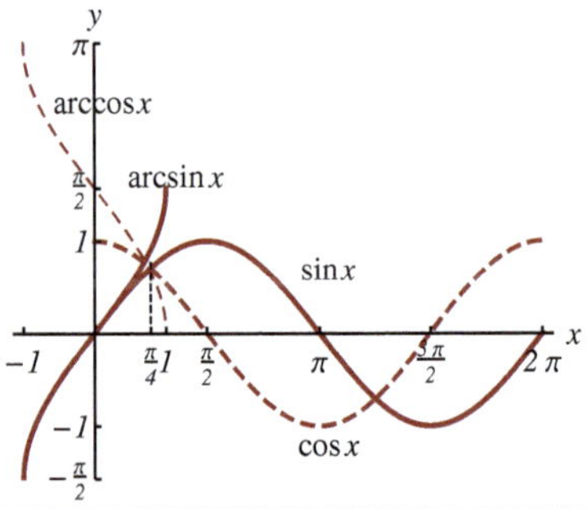		$\sin x$	$\cos x$
	$f:$	$\mathbb{R} \to [-1, 1]$	$\mathbb{R} \to [-1, 1]$
	Periode	$\sin x = \sin(x + 2k\pi)$	$\cos x = \cos(x + 2k\pi)$
	Nullstellen	$x_N = k\pi$	$x_N = \pi/2 + k\pi$
	Symmetrie	$\sin(-x) = -\sin x$	$\cos(-x) = \cos x$
		$y = \arcsin x$	$y = \arccos x$
	Definition	$\Longrightarrow x = \sin y$	$\Longrightarrow x = \cos y$
	$f:$	$[-1, 1] \to [-\pi/2, \pi/2]$	$[-1, 1] \to [0, \pi]$
	Nullstellen	$x_N = 0$	$x_N = 1$
	Symmetrie	$\arcsin(-x) = -\arcsin x$	$\arccos(-x) = \pi - \arccos x$

Trigonometrische Funktionen Arcusfunktionen		$f(x) = \tan x$ $f(x) = \arctan x$	$f(x) = \cot x$ $f(x) = \operatorname{arccot} x,\ k \in \mathbb{Z}$
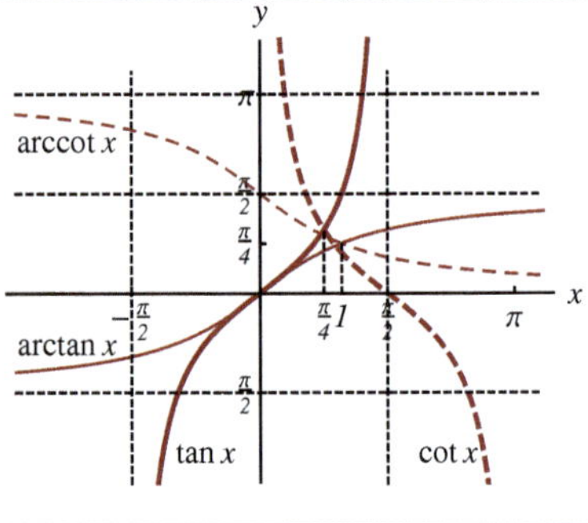		$\tan x$	$\cot x$
	$f:$	$\mathbb{R} \setminus \{\pi/2 + k\pi\} \to \mathbb{R}$	$\mathbb{R} \setminus \{k\pi\} \to \mathbb{R}$
	Periode	$\tan x = \tan(x + k\pi)$	$\cot x = \cot(x + k\pi)$
	Nullstellen	$x_N = k\pi$	$x_N = \pi/2 + k\pi$
	Symmetrie	$\tan(-x) = -\tan x$	$\cot(-x) = -\cot x$
		$y = \arctan x$	$y = \operatorname{arccot} x$
	Definition	$\Longrightarrow x = \tan y$	$\Longrightarrow x = \cot y$
	$f:$	$\mathbb{R} \to (-\pi/2, \pi/2)$	$\mathbb{R} \to (0, \pi)$
	Nullstellen	$x_N = 0$	keine
	Symmetrie	$\arctan(-x) = -\arctan x$	$\operatorname{arccot}(-x) = \pi - \operatorname{arccot} x$

Monotonie, Beschränktheit, Umkehrfunktion

2.1 Die Graphen folgender Funktionen sind zu entwerfen:

a) $y = f(x) = \dfrac{1}{x^2}$ **b)** $y = f(x) = \dfrac{1}{(x-1)^2}$

c) $y = f(x) = \dfrac{1}{x^2-1}$

2.2 Gesucht sind Definitionsbereich und Wertebereich sowie die Graphen folgender Funktionen:

a) $y = f(x) = \sqrt{-2x-3}$

b) $y = f(x) = \sqrt{(a-x)(b-x)}$,
zu diskutieren ist $a \neq b$ und $a = b$.

2.3 Sind folgende Zuordnungen Funktionen?

a) $y = f(x) = \begin{cases} x, & x^2 = x \\ 2, & x \neq 0 \end{cases}$

b) $y = f(x) = \begin{cases} x, & x \geq 0 \\ -x, & x < 0 \end{cases}$

2.4 Das Monotonieverhalten folgender Funktionen ist zu untersuchen:

a) $y = f(x) = ax$ **b)** $y = f(x) = ax^2$

c) $y = f(x) = \dfrac{\sqrt{5x+4}-3}{\sqrt{5x+4}+4},\ x \geq -\dfrac{4}{5}$

d) $y = f(x) = x - \sqrt{x^2-4},\ x \geq 2$

2.5 Ist die Funktion $y = x^4$

a) im Intervall $0 \leq x < +\infty$,
b) im Intervall $-\infty < x \leq 0$,
c) im Intervall $-\infty < x < +\infty$,
d) im Intervall $-2 \leq x \leq 1$

umkehrbar? Wie lautet gegebenenfalls jeweils die Formel für die Umkehrfunktion? Auf welchem Intervall ist die Umkehrfunktion definiert?

Lineare Funktionen, Betragsfunktion

2.6 Folgende lineare Gleichungen bzw. Gleichungen, die sich auf lineare zurückführen lassen, sind zu lösen:

a) $\dfrac{3x-4}{5} - \dfrac{3-4x}{7} = \dfrac{5x-6}{10} - \dfrac{9-10x}{14}$

b) $\dfrac{7}{3} + \dfrac{13}{5x} = \dfrac{13x-24}{3x} - \dfrac{37}{20} + \dfrac{10}{x}$

c) $\dfrac{2x+1}{3x-15} - \dfrac{x-11}{2x-10} = 1$

d) $(x-3)(x-4) = (x-6)(x-2)$

e) $ab + (b+1)x = (a+x)b + a$

f) $(a+bx)(a-b) - (ax-b)(a+b) = ab(x+1)$

g) $(a+b)x + (a-b)x - ax = b + c$

h) $\dfrac{1}{2}\left(\dfrac{1}{2}\left\{\dfrac{1}{2}\left[\dfrac{1}{2}\left(\dfrac{1}{2}x-1\right)-1\right]-1\right\}-1\right)-1 = 0$

i) $\dfrac{a-x}{bc} + \dfrac{b-x}{ac} + \dfrac{c-x}{ab} = 0$

j) $\dfrac{2x^n + 7x^{(n-1)}}{9} + \dfrac{7x^n - 44x^{(n-1)}}{5x-14} = \dfrac{4x^n + 27x^{(n-1)}}{18}$

k) $\dfrac{x-\sqrt{a}}{\sqrt{b}+\sqrt{c}} + \dfrac{x-\sqrt{b}}{\sqrt{a}+\sqrt{c}} + \dfrac{x-\sqrt{c}}{\sqrt{a}+\sqrt{b}} = 3$

l) $\dfrac{a}{b}(a-x) + \dfrac{a}{c}(b-x) + \dfrac{c^2-ax}{a} + \dfrac{ab-cx}{b} = \dfrac{a^2}{b} + \dfrac{c^2}{a}$

m) $(2\sqrt{x}+3)(2\sqrt{x}-3) = 7$

n) $\sqrt{7x+2} = \dfrac{5x+6}{\sqrt{7x+2}}$

o) $\sqrt{14-x} + \sqrt{11-x} = \dfrac{3}{\sqrt{11-x}}$

p) $\left(\sqrt{a\sqrt{b}} - \sqrt{b\sqrt{a}}\right) = a\sqrt{b\sqrt{x}} - b\sqrt{a\sqrt{x}}$

q) $\sqrt{a^{7-3x}} \cdot \sqrt[3]{a^{x+1}} \cdot \sqrt[4]{a^{5x-7}} \cdot \sqrt[5]{a^{7-2x}} = 1$

r) $\left(\dfrac{3}{4}\right)^x = \left(\dfrac{4}{3}\right)^7$

2.7 Zu bestimmen sind alle Zahlen $x \in \mathbb{R}$, für die folgende Gleichungen erfüllt sind:

a) $\left|\dfrac{3}{2}x - 2\right| = \dfrac{5}{2}$ **b)** $|2x+1| - |x-1| - 1 = 0$

c) $||x+1| - |x+3|| = 1$

2.8 Zu bestimmen sind alle $x \in \mathbb{R}$, für die folgende Ungleichungen gelten:

a) $|3x-9| \geq 1$ **b)** $|x+1| - 4 < 0$

c) $|x| + |x-2| < 5$

2.9 Die Menge aller Punkte (x, y) mit $|x| + |y| = 1$ ist im kartesischen Koordinatensystem (O, x, y) darzustellen.

2.10 Eine Baustelle wird von einer 4 km entfernten Mischzentrale mit Transportbeton beliefert. Der eingesetzte Mischtransporter fährt im Pendelverkehr leer mit einer Geschwindigkeit von 40 km/h und beladen mit einer Geschwindigkeit von 30 km/h. Die Übernahme des Mischgutes dauert 6 min, das Entleeren auf der Baustelle 4 min. Wie viel Fahrten können bis zur Frühstückspause durchgeführt werden, wenn die Abfahrt um 6.15 Uhr vom Betonwerk erfolgt und die Frühstückspause gegen 9.00 Uhr im Betonwerk stattfinden soll? Vor der Pause muss eine gründliche Reinigung des Fahrzeugs von Betonresten erfolgen, wofür 15 min in Rechnung gestellt werden.

2.11 Um eine wichtige Durchgangsstraße nach einem Erdrutsch wieder freizumachen, werden drei Bagger eingesetzt. Das erste Fahrzeug würde das Geröll in 27 Tagen, das zweite in 36 Tagen und das dritte in 54 Tagen wegschaffen.

a) Wie lange benötigen alle drei Bagger gemeinsam für diese Arbeit?

b) Wie lange dauern die Aufräumungsarbeiten, wenn der zweite Bagger erst am zweiten Tag und der dritte Bagger erst am vierten Tag eingesetzt werden kann?

2.12 Vier Gipser sind mit dem Verputzen einer Hausfassade beschäftigt. Gipser A würde die Fassade allein in 12 Tagen, B in 14, C in 30 und D in 18 Tagen verputzen. In welcher Zeit wird die Arbeit fertiggestellt, wenn alle vier gemeinsam arbeiten?

2.13 Ein Becken einer Kläranlage kann durch drei Abflussrohre geleert werden, durch das erste in zwei, das zweite in drei und das dritte in sechs Stunden In welcher Zeit wird das Becken geleert sein, wenn das Wasser durch alle drei Abflussrohre gleichzeitig abfließt?

2.14 Zwei Stahlsorten enthalten 12 % bzw. 30 % Nickel. Aus beiden Stählen soll ein Stahl mit einem Nickelgehalt von 25 % und einer Masse von 180 kg geschmolzen werden. Wie viel kg Stahl jeder Sorte werden benötigt, wenn von Schmelzverlusten gänzlich abgesehen wird?

2.15 Für eine längere Autofahrt rechnet der Fahrer mit einer durchschnittlichen Geschwindigkeit von 60 km/h. Nachdem er genau die Hälfte der Strecke zurückgelegt hat, stellt er fest, dass er aufgrund von Baustellen durchschnittlich nur 40 km/h gefahren ist. Wie schnell müsste er die zweite Hälfte durchfahren, um den Zeitverlust wieder aufzuholen?

2.16 An einer Mauer, die eine Länge von $26\frac{2}{3}$ m, eine Breite von 1 m und eine Höhe von 4 m hat, arbeiten zwei Maurer. Der erste von ihnen kann, wenn er täglich 9 Stunden arbeitet, an einem Tage $5\frac{1}{3}$ m^3, und der zweite, wenn er täglich 11 Stunden arbeitet, in 9 Tagen $53\frac{1}{3}$ m^3 Mauerwerk fertigstellen. In welcher Zeit wird die Mauer fertig, wenn jeder der Maurer täglich 10 Stunden arbeitet und der erste 5 Arbeitstage, der zweite aber nur 2 Arbeitstage versäumt?

2.17 Bei einem Brand sollen alle Besucher ein vollbesetztes Kino durch die beiden Notausgänge innerhalb von drei Minuten verlassen können. Ein Notausgang hat wegen geringerer Breite nur zwei Drittel vom Durchlassvermögen des anderen. Wie lange dauert das vollständige Räumen des Kinos, wenn jeweils einer der beiden Notausgänge blockiert ist?

2.18 Bei einer Lokomotive macht auf einer Strecke von 441 m das Laufrad 112 Umdrehungen mehr als das größere Treibrad. Auf je sieben Umdrehungen des Laufrades kommen je drei Umdrehungen des Treibrades. Wie viel Umdrehungen macht das Treibrad auf einer Strecke von 10.5 km?

2.19 Auf einen unbiegsamen Stab, der durch die Punkte A und F verläuft, wirken sechs zu ihm senkrechte Kräfte, die nacheinander in den Angriffspunkten A, B, C, D, E und F angebracht sind. In A wirken 6 N abwärts, in B 4 N aufwärts, in C 5 N abwärts, in D 3 N aufwärts, in E 2 N aufwärts und in F 1 N abwärts. Die Entfernungen der Angriffspunkte betragen: $|\overline{AB}| = 3$ m, $|\overline{BC}| = 2$ m, $|\overline{CD}| = 4$ m,

$|\overline{DE}| = 6$ m, $|\overline{EF}| = 7$ m. In welcher Entfernung vom Punkt A, in welcher Richtung und mit welchem Betrag muss eine Kraft am Stab angebracht werden, damit dieser sich im Gleichgewicht befindet?

2.20 Zwei Bagger heben in 24 Tagen eine Baugrube aus. Der erste Bagger könnte diese Arbeit allein eineinhalbmal so schnell ausführen wie der zweite Bagger allein. In wie viel Tagen könnte jeder Bagger diese Arbeit ausführen?

Quadratische Funktionen

2.21 Folgende quadratische Gleichungen bzw. Gleichungen, die sich auf quadratische zurückführen lassen, sind zu lösen:

a) $(a + bx)^2 + (a - bx)^2 = 2(a^2x^2 + b^2)$

b) $\dfrac{4+x}{4-x} = \dfrac{x+9}{x-9}$

c) $2\sqrt{5+2x} - \sqrt{13-6x} = \sqrt{37-6x}$

d) $\sqrt[3]{a+x} + \sqrt[3]{a-x} = \sqrt[3]{2a}$

e) $(x - a + b)(x - b + c) = 0$

f) $\dfrac{5x-1}{9} + \dfrac{3x-1}{5} = \dfrac{2}{x} + x - 1$

g) $\dfrac{2x-1}{x-2} + \dfrac{3x+1}{x-3} = \dfrac{5x-14}{x-4}$

h) $x - \dfrac{1}{x} = \dfrac{a}{b} - \dfrac{b}{a}$

i) $\sqrt{5x-1} - \sqrt{8-2x} = \sqrt{x-1}$

j) $\sqrt{2x+1-2\sqrt{2x+3}} = 1$

k) $\left(\dfrac{57}{37}\right)^{1+x} + \left(\dfrac{57}{37}\right)^{1-x} = 10$

l) $17^{\frac{x+1}{x-1}} = 17^{\frac{x-1}{x+1}}$ **m)** $(a - x)^3 = (x - b)^3$

n) $10x^4 - 21 = x^2$ **o)** $x^{\frac{3}{2}} + 8x^{\frac{1}{2}} = 9x$

p) $(x-a)^2 + \dfrac{1}{(x-a)^2} = m$

2.22 Zu bestimmen sind alle $x \in \mathbb{R}$, die folgende Ungleichungen erfüllen:

a) $\dfrac{1}{1-x} + \dfrac{1}{1+x} < 2$ **b)** $|x^2 - 2x + 1| \geq 0$

c) $|x^2 - 1| \leq 0$ **d)** $x + 2 \leq \dfrac{5}{x-2}$

2.23 Zu bestimmen ist $a \in \mathbb{R}$ so, dass die quadratische Gleichung genau eine Lösung hat:

a) $x^2 + 2x + a = 0$ **b)** $x^2 - 2ax + 16 = 0$

2.24 Durch zwei Zuflussrohre wird ein Becken in sechs Stunden gefüllt, wenn sie beide geöffnet sind. In wie viel Stunden kann das Becken jeweils durch jedes allein gefüllt werden, wenn das erste dazu fünf Stunden weniger offen zu sein braucht als das zweite?

2.25 Die Katheten eines rechtwinkligen Dreiecks verhalten sich wie 3 : 4. Wie lang sind sie, wenn die Hypotenuse 555 m lang ist?

2.26 Die drei in einem Eckpunkt zusammenstoßenden Kanten einer rechteckigen Säule verhalten sich wie 3 : 4 : 12. Die Diagonale der Säule ist 104 cm lang. Wie groß sind die Kanten?

2.27 Eine Balkenwaage wiegt wegen unterschiedlich langer Hebelarme ungenau. Zur Ermittlung der genauen Masse eines Körpers kann die „Gaußsche Doppelwägung“ angewendet werden. Dazu wird der Körper unbekannter Masse m einmal auf der rechten und einmal auf der linken Waagschale gewogen, wobei die Massen m_1 und m_2 ermittelt werden.

a) Wie kann die tatsächliche Masse m aus den gemessenen Massen m_1 und m_2 bestimmt werden?

b) Die tatsächliche Masse des Körpers ist zu berechnen, wenn die Massen $m_1 = 62$ mg und $m_2 = 75$ mg ermittelt wurden.

2.28 Jemand hat ein Gefäß mit 144 l Wein. Er zapft eine gewisse Menge ab und ersetzt die abgezapfte Flüssigkeit durch Wasser. Nachdem er das zweimal getan hat, sind im Gefäß noch 100 l reiner Wein. Wie viel Liter hat er jedes Mal abgezapft?

2.29 Auf den Schenkeln eines rechten Winkels bewegen sich zwei Körper vom Scheitel aus, der eine mit einer Geschwindigkeit von 8 m/s, der andere, der seine Bewegung 4 Sekunden später beginnt, mit einer Geschwindigkeit von 5 m/s. Nach wie viel Sekunden vom Beginn der Bewegung des ersten an werden beide die Entfernung 104 m haben?

2.30 Ein trapezförmiges Grundstück $ABCD$, dessen Seiten $\overline{DA}$ und $\overline{BC}$ senkrecht auf der Seite $\overline{AB}$ stehen, soll durch eine Parallele zu diesen Seiten in zwei Grundstücke mit gleichem Flächeninhalt aufgeteilt werden. Die Längen der Seiten sind gegeben mit $a = |\overline{AB}| > 0$, $b = |\overline{BC}| > 0$, $d = |\overline{DA}| > 0$. In welcher Entfernung $x^\star$ von der Ecke A auf der Seite $\overline{AB}$ muss die Parallele verlaufen (siehe **Bild 2.1**)?

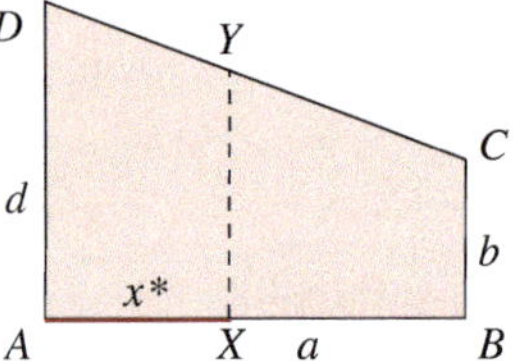

Bild 2.1 Trapezförmiges Grundstück

2.31 Für die Vertiefung einer Fahrrinne in einem Hafen arbeiten drei verschiedene Bagger. Wenn nur der erste von ihnen tätig ist, werden für die Arbeit 10 Tage mehr benötigt, als wenn gleichzeitig alle drei Bagger arbeiten. Wenn nur der zweite arbeitet, dann wird die Arbeit 20 Tage später fertig, als wenn gleichzeitig alle drei Bagger arbeiten. Wenn nur der dritte an der Vertiefung der Fahrrinne arbeitet, wird sechsmal so viel Zeit benötigt, als wenn gleichzeitig alle drei Bagger arbeiten. Wie viel Zeit benötigt jeder Bagger für die Fertigstellung der Arbeit, wenn er allein arbeitet?

2.32 In einem rechteckigen Hof mit der Breite 48 m und der Länge 54 m soll ein gleichmäßig breiter Streifen mit quadratischen Fliesen von einer Kantenlänge 30 cm gepflastert werden. Die freie Fläche innen von einer Größe von 567 m^2 soll mit Rasen angesät werden. Wie viel Fliesen werden benötigt, und wie breit ist der Streifen?

2.33 Ein Sportplatz hat die Form eines Rechteckes mit den Seitenlängen a und b. Der Platz wird von einer Aschenbahn umgeben. Die äußere Begrenzung hat die Form eines Rechtecks, dessen Seiten parallel zu denen des Sportplatzes verlaufen. Gleichzeitig bildet die Aschenbahn die Begrenzung des Sportplatzes. Der Flächeninhalt der Aschenbahn ist gleich dem des Sportplatzes. Wie breit ist die Aschenbahn?

2.34 Ein Sportplatz, dessen Fläche aus einem Rechteck der Breite x und zwei an dessen gegenüberliegenden Seiten anschließenden Halbkreisflächen mit dem Radius r zusammengesetzt ist, soll einen Umfang von 400 m und einen Flächeninhalt von 6800 m^2 haben. Wie sind die Abmessungen der Rechteckseite x und des Kreisradius r zu wählen?

2.35 Für den Bau eines Gebäudes sollen 8000 m^3 Erde in einer festgelegten Zeit bewegt werden. Die Arbeit war acht Tage früher beendet als vorgesehen, da die Arbeiter das Soll täglich um 50 m^3 überboten. In welcher Zeit war die Arbeit ursprünglich zu beenden? Um wie viel Prozent wurde das tägliche Soll überboten?

2.36 Der Querschnitt eines Stabes ist ein Quadrat mit der Seitenlänge a und dem Schwerpunkt S_1. Gesucht ist die Höhe x des rechteckigen Querschnitts eines Stabes mit der Breite b aus dem gleichen Material, der angeschweißt werden muss, damit der Schwerpunkt S_1 um die Länge c verlagert wird (siehe **Bild 2.2**).

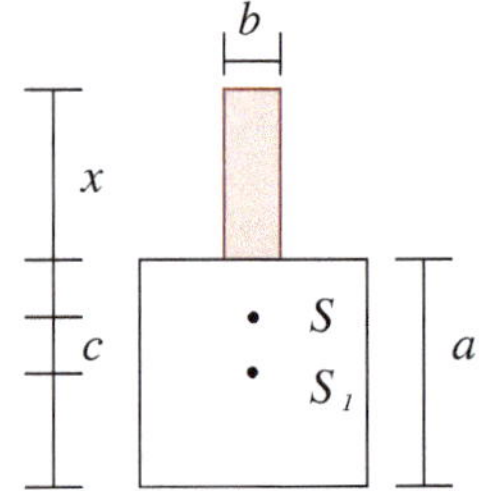

Bild 2.2 Zwei Querschnitte

2.37 An einem Hebel $\overline{AC}$, der sich um den Endpunkt C dreht, soll in der Entfernung $|\overline{CB}| = a$ eine auf den Hebel senkrecht wirkende Last F_B angebracht werden. Welche Länge muss der Hebel haben, damit eine auf ihn in A senkrecht wirkende Last F_A mit der Last F_B und dem Gewicht des Hebels im Gleichgewicht sind (siehe **Bild 2.3**)? Das Gewicht pro Längeneinheit des Hebels ist $m > 0$.

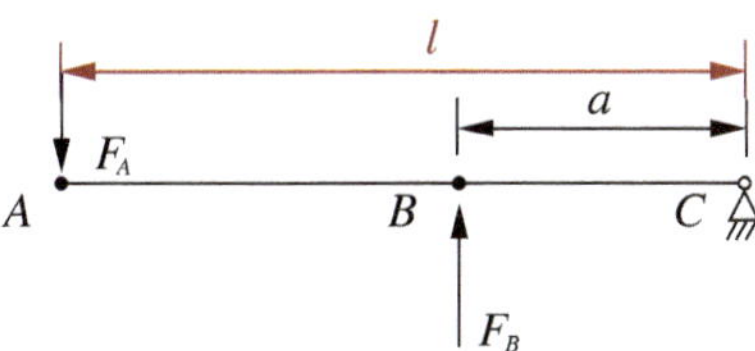

Bild 2.3 Hebel

2.38 Ein Behälter kann durch eines von zwei Rohren in einer bestimmten Zeit gefüllt und durch das zweite in einer anderen Zeit ausgeleert werden. Sind beide Rohre 12 Stunden geöffnet, so wird der zur Hälfte mit Wasser gefüllte Behälter ausgeleert. Werden die Rohre so verkleinert, dass das eine zum Füllen des leeren, das andere zum Leeren des vollen Behälters je eine Stunde mehr braucht, so wird bei gleichzeitiger Öffnung beider Rohre der zur Hälfte mit Wasser gefüllte Behälter in 15.75 Stunden leer. In welcher Zeit wird der leere Behälter durch das erste Rohr allein gefüllt, in welcher Zeit der volle Behälter durch das zweite allein geleert?

2.39 Ein Kessel wird durch zwei gleichzeitig arbeitende Pumpen in 6 Stunden gefüllt. Wird aber der Kessel bis zum halben Volumen von der einen Pumpe allein gefüllt und dann von der anderen Pumpe allein die fehlende Hälfte hineingepumpt, so werden 14 Stunden benötigt. Wie lange benötigt die stärkere der beiden Pumpen, um den Kessel allein zu füllen?

2.40 Die Bauarbeiten auf einer Straße wurden von zwei Firmen durchgeführt. Jede der beiden Firmen besserte 10 km Straße aus, wobei die zweite Firma einen Tag weniger benötigte als die erste. Wie viel Kilometer Straße können täglich von jeder der Firmen ausgebessert werden, wenn beide zusammen täglich 4.5 km ausbessern?

2.41 Ein Flugzeug benötigt für eine 50 km lange Prüfstrecke in eine Richtung mit Wind und zurück gegen den Wind zusammen eine Flugzeit von 9.5 min. Die Windgeschwindigkeit beträgt 8 m/s. Zu ermitteln ist die Eigengeschwindigkeit des Flugzeuges.

Polynome und rationale Funktionen

2.42 Zu zeigen ist, dass $x_1 = -3$ und $x_2 = 0$ Nullstellen des Polynoms $P_4(x) = x^4 + 3x^3 + 9x^2 + 27x$ sind. Besitzt P_4 weitere Nullstellen? Diese sind gegebenenfalls zu ermitteln.

2.43 Gegeben sind die Polynome

$$P_1(x) = x + 1,$$
$$P_3(x) = x^3 + x^2,$$
$$P_6(x) = -2x^6 + x^4 - 2x + 1,$$
$$Q_6(x) = -2x^6 + x^5 + x^4.$$

Zu berechnen ist

a) $P_6(x)+P_3(x)$ **b)** $P_6(x)-Q_6(x)$
c) $P_1(x)\cdot P_3(x)$ **d)** $P_1(P_3(x))$ **e)** $P_3(P_1(x))$

Der Grad des resultierenden Polynoms ist jeweils anzugeben.

2.44 Folgende Divisionen sind auszuführen:

a) $(9x^4 - x^2b^4 + 16b^8) : (3x^2 - 5xb^2 + 4b^4)$
b) $(x^{n+3} + x^n) : (x^3 + x^2)$
c) $(x^4 + 4x^3 + 2x^2 - 4x - 3) : (x + 3)$

2.45 Gegeben ist das Polynom

$$P_5(x) = x^5 + 2x^4 - 12x^3 - 24x^2 + 27x + 54.$$

a) Die Funktionswerte von P_5 an den Stellen $x_1 = 1$, $x_2 = -1$, $x_3 = 2$, $x_4 = -2$ sind mit dem Horner-Schema zu bestimmen.
b) Alle Nullstellen und eine Produktdarstellung von P_5 sind anzugeben.

2.46 Mithilfe des Horner-Schemas ist die Funktion q anzugeben:

$$q(x) = (x^5 + 3x^4 + x^2 - 9) : (x + 3)^2.$$

2.47 Ohne Anwendung der Differenzialrechnung ist zu zeigen, dass die Funktion

$$y(x) = x^3 - 6x^2 + 12x - 8$$

für alle $x \in \mathbb{R}$ streng monoton wachsend ist.

2.48 Die drei Polynome P_1, P_2, P_3 geringsten Grades mit jeweils einer einfachen, einer zweifachen bzw. einer dreifachen Nullstelle an der Stelle 1 sind zu ermitteln,

a) deren Graphen jeweils durch den Koordinatenursprung verlaufen,
b) deren Funktionswerte an der Stelle -1 übereinstimmen,
c) die jeweils durch $(x+2)$ teilbar sind,

wobei das Polynom P_1 an der Stelle 2 einen um 8 größeren Funktionswert als das Polynom P_2 hat. Eine prinzipielle Skizze der drei Funktionsgraphen ist anzufertigen.

2.49 Das Polynom niedrigsten Grades ist zu bestimmen, das

a) eine gerade Funktion ist,
b) im Intervall $[0, \pi]$ eine Nullstelle wie die Funktion $f(x) = \cos x$ hat,
c) an der Stelle $-\pi$ denselben Funktionswert wie die Funktion $f(x) = \cos x$ hat,
d) dessen Graph mit der y-Achse den Schnittpunkt $(0, 1)$ hat.

Gesucht sind die Funktionswerte des Polynoms und der Funktion $f(x) = \cos x$ an den Stellen $\pi/4$ und $3\pi/4$. Die Graphen dieses Polynoms und der Funktion $f(x) = \cos x$ im Intervall $[-\pi, \ \pi]$ sind in ein- und demselben Koordinatensystem darzustellen.

2.50 Ein Balken setzt sich aus drei Teilstücken mit den Längen 10 cm, 20 cm und 10 cm in dieser Reihenfolge zusammen. Das erste Stück hat eine Masse von 2 kg, das zweite von 3 kg und das dritte von 1 kg (jeweils homogen über jedes Teilstück verteilt). Die Masse eines Abschnittes $\overline{AX}$ des Balkens ist als Funktion seiner Länge $x = |\overline{AX}|$ darzustellen, wenn A der linke Anfangspunkt des Balkens ist.

2.51 Ein homogener Balken der Länge l mit rechteckigem Querschnitt ist an den Enden fest eingespannt. Auf Grund einer gleichmäßigen Belastung hängt er in der Mitte um d durch. Die Gleichung der Mittellinie des Balkens ist in einem kartesischen Koordinatensystem ein Polynom 4. Grades g_4, das in den Einspannstellen je eine zweifache Nullstelle hat. Im Koordinatensystem mit dem Ursprung in der Mitte des unbelasteten Balkens und der x-Achse in Balkenrichtung ist die Funktionsgleichung des Polynoms g_4 anzugeben.

2.52 Die Längen der Vertikal- und Diagonalstäbe p_1, d, d_1, d_2 des parabolischen Trägers sind zu bestimmen, dessen Spannweite l und Pfeilhöhe p bekannt sind (siehe **Bild 2.4**).

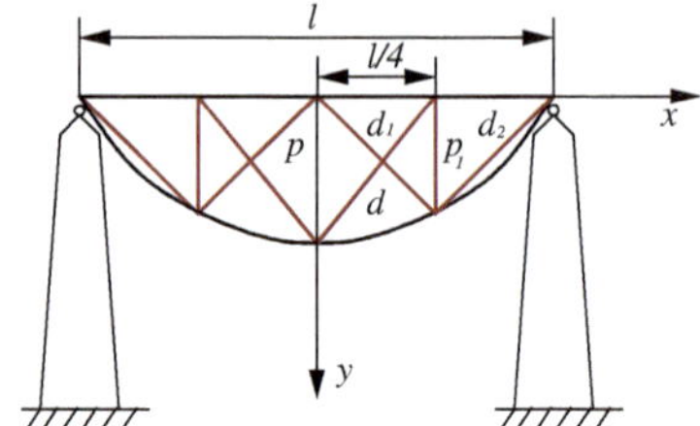

Bild 2.4 Parabolischer Träger

2.53 Eine Brücke hat einen parabolischen Träger, dessen höchster Punkt 4 m über der Fahrbahn liegt und dessen Bogen die Fahrbahn in zwei Punkten trifft, die 24 m voneinander entfernt liegen. Wie groß müssen die fünf Vertikalstreben sein, die in Abständen von jeweils 4 m angebracht sind?

2.54 Wie viel Polstellen kann eine rationale Funktion höchstens haben?

2.55 Gesucht sind der Definitionsbereich und die Nullstellen der folgenden Funktionen:

a) $f(x) = \dfrac{x}{x^2+1}$ b) $f(x) = \dfrac{x^2-4}{x-2}$

c) $f(x) = \dfrac{x(x-1)^2}{(x-1)(x+1)(x+2)}$

d) $f(x) = \dfrac{(2-x)(x-1)}{x+3}$ e) $f(x) = \dfrac{x-1}{2x+5}$

An welchen Stellen liegen Lücken bzw. Polstellen vor? Das Verhalten der Funktionen an den Polstellen ist zu charakterisieren. Der prinzipielle Funktionsverlauf ist zu skizzieren.

2.56 Zu bestimmen sind alle reellen Zahlen x, die die folgenden Ungleichungen erfüllen:

a) $\left|2 - \dfrac{x}{3}\right| + \left|\dfrac{x}{5} + 1\right| \leq 3$

b) $\dfrac{x^2+2x-12}{x^2+8x+15} \geq 1$

Logarithmus- und Exponentialfunktionen

2.57 Der Definitions- und Wertebereich der Funktion $f(x) = 2^{-3x} + 1$ sowie die zugehörige Umkehrfunktion ist anzugeben, falls diese existiert.

2.58 Welchen Wert muss die reelle Konstante C annehmen, damit der Graph der Funktion

$$f(x) = \ln\left(C\frac{5-2x}{15-3x}\right),\quad x \notin \left[\frac{5}{2}, 5\right],$$

durch den Punkt $P(0, 1)$ verläuft? Welche Nullstelle hat f in diesem Fall?

2.59 Folgende Gleichungen sind im Bereich der reellen Zahlen zu lösen:

a) $5^{2x+1} - 7^{x+1} = 5^{2x} + 7^x$

b) $5^x + 5^{x+1} + 5^{x+2} = 3^x + 3^{x+1} + 3^{x+2}$

c) $8^{(3^x)} = 6^{(4^x)}$

d) $\lg\left(\sqrt{7x+5}\right) + 0.5\lg(2x+7) = 1 + \lg(4.5)$

e) $\dfrac{\lg(2x)}{\lg(4x-15)} = 2$

f) $\lg(3x-4) + \lg(19) = \lg(8x+3) + \lg(2)$

g) $\lg(7x+5) - \lg 3 = \lg(9x+10) - \lg 4$

h) $\dfrac{6^{2x+1}}{108^x} = 18$ i) $11\cdot 7^{x-1} + 7\cdot 11^{x-1} = 7^x + 11^x$

j) $\log_4[\log_3(\log_2 x)] = 0$ k) $32^{\frac{2x+1}{x+2}} = 4^{\frac{6x-1}{4x-1}}$

l) $6^{x+1} - 7^x = 5\cdot 6^x - 6^{x-1}$

2.60 Filme werden nach der Filmempfindlichkeit eingeteilt. Dabei gibt es DIN- und ASA-Zahlen. S_{DIN} ist die logarithmische, S_{ASA} die arithmetische Empfindlichkeit. Zwischen beiden Werten besteht die Beziehung $S_{\text{DIN}} = 1 + \lg(S_{\text{ASA}})$.

a) Welcher DIN-Zahl entspricht 100 ASA?

b) Wie wirkt sich eine Verdoppelung der ASA-Zahl auf die DIN-Zahl aus?

c) Die Formel ist nach S_{ASA} aufzulösen.

2.61 Die Anzahl der zur Zeit t in dem Becken einer Kläranlage vorhandenen Bakterien lässt sich annähernd durch die Funktion $N(t) = N_0 e^{kt}$ beschreiben, wobei k eine für die betreffende Kultur charakteristische Konstante ist.

a) In welcher Zeit verdreifacht sich die Bakterienkultur, wenn sie in jeder Stunde um 20 % zunimmt?

b) Wievielmal so groß wie zu Beginn (d. h., zum Zeitpunkt $t = 0$) ist die Anzahl der Bakterien dieser Kultur nach 24 h?

2.62 Entsprechend einer bestimmten Theorie soll es zu Beginn der Entstehung des Universums gleich große Mengen der Uranisotope U^{235} und U^{238} gegeben haben. Heute existieren ca. 137.7-mal so viele U^{238}-Isotope wie U^{235}-Isotope. Ihre Halbwertszeiten sind:
U^{238} : 4.51 Milliarden Jahre
U^{235} : 0.71 Milliarden Jahre.
Wie alt ist das Universum entsprechend dieser Theorie?
Ist $N(t)$ die Anzahl der Isotope nach der Zeit t und k eine vom jeweiligen Isotop abhängige Konstante, so gilt

$$N(t) = N_0\, e^{-kt},$$

wobei N_0 die Anzahl der Isotope zum Zeitpunkt $t = 0$ ist. Die Halbwertszeit ist diejenige Zeit t_h, nach der noch die Hälfte der Isotope, also $N_0/2$, vorhanden ist.

2.63 Wird ein auf die Temperatur T_0 erhitzter Körper in einen Raum mit der konstanten Temperatur T_1 ($T_1 < T_0$) gebracht, so kühlt er sich ab, wobei er nach der Zeit t die Temperatur

$$T(t) = T_1 + (T_0 - T_1)e^{-kt}$$

annimmt. Dabei ist k eine Konstante, die u. a. von der Masse des Körpers, seiner Oberflächenbeschaffenheit und seiner spezifischen Wärme abhängt.

a) Bei einer Außentemperatur von 6 °C ist die Temperatur des Inhaltes einer Thermosflasche in 6 h von 93 °C auf 70 °C gesunken. Welche Temperatur hat der Inhalt der Thermosflasche nach 24 h?

b) Ein Körper mit der Anfangstemperatur von 70 °C kühlt sich in einem Raum der Temperatur 20 °C ab. Welche Temperatur hat er nach 3 min, wenn $k = 0.007\ \text{s}^{-1}$ beträgt?

c) Ein Körper mit der Anfangstemperatur 60 °C hat sich in einem Raum innerhalb einer Stunde auf 40 °C abgekühlt. Wie groß war die Raumtemperatur, wenn die Konstante $k = 0.000\,192\,5\ \text{s}^{-1}$ beträgt?

2.64 Der Druck der atmosphärischen Luft hängt von der Höhe ab. Ist p_0 der Luftdruck in Höhe des Meeresspiegels, so gilt für den Luftdruck $p(h)$ in der Höhe h über dem Meeresspiegel bei einer Temperatur von 0 °C annähernd

$$p(h) = p_0 e^{-h/c}.$$

a) Zu ermitteln ist die Konstante c, wenn bekannt ist, dass der Luftdruck in einer Höhe von 8000 m über dem Meeresspiegel nur etwa ein Drittel von p_0 beträgt!

b) In welcher Höhe über dem Meeresspiegel ist der Luftdruck auf die Hälfte von p_0 zurückgegangen?

c) An einem Ort wurde ein Druck von 933 mbar gemessen. Wie hoch liegt der Ort, wenn der Luftdruck am Meeresspiegel $p_0 = 1013$ mbar ist?

d) Die angegebene Gleichung gilt auch dann angenähert, wenn h die Höhendifferenz zwischen zwei Orten ist. Wie groß ist der Luftdruck im Aussichtsgeschoss des Berliner Fernsehturms ($h = 203$ m), wenn der Luftdruck am Boden 1013 mbar beträgt?

2.65 Die Kostenfunktion für die Produktion der Stückzahl x eines Baugerätes lautet

$$K(x) = b\,e^{-100/x},\ b > 0,$$

die Erlösfunktion ist

$$E(x) = 20\,e^{-300/x+1}.$$

a) Ab welcher Stückzahl x wird Gewinn erzielt, wenn $b = 20$ ist?

b) Ab welcher Stückzahl wird Gewinn erzielt, wenn $b = 40$ ist?

c) Wie groß darf der Faktor b höchstens sein, damit ab einer Stückzahl Gewinn erzielt werden kann?

2.66 Der Echte Hausschwamm ist ein gefürchteter Pilz, der äußerst überlebensfähig ist, ein rasantes Wachstum aufweist und Bauschäden insbesondere an Holz verursacht. Er entzieht dem Holz die Zellulose, wodurch es die Tragfähigkeit verliert. Das Wachstum wird duch das Gesetz $F(t) = F_0 e^{\alpha t}$ beschrieben, in dem F_0 der Inhalt der zum Zeitpunkt $t_0 = 0$ befallenen Fläche, $F(t)$ der Inhalt der zum Zeitpunkt t befallenen Fläche und α der spezifische Wachstumsparameter des Echten Hausschwamms ist. Er vermehrt sich so schnell, dass sich der Inhalt einer einmal befallenen Fläche innerhalb einer Woche verdoppelt. Zu berechnen ist die Zeit, nach der eine 30 m² große Kellerdecke

a) halb b) vollständig

vom Echten Hausschwamm bedeckt ist, wenn eine 1 dm² große befallene Fläche entdeckt wurde.

2.67 5 kg eines Stoffes A und 10 kg eines Stoffes B belasten das Erdreich und werden durch Sickerwasser abgebaut. Nach der Zeit t (in Monaten) ist nur noch e^{-2t}-mal so viel vom Stoff A und e^{-t}-mal so viel vom Stoff B übrig. Nach welcher Zeit beträgt die Gesamtmasse der belastenden Stoffe A und B nur noch 20 % von der Gesamtmasse der ursprünglich vorhandenen Mengen?

Trigonometrische Funktionen

2.68 Mit der Definition von Sinus und Kosinus und des Satzes von Pythagoras sind die folgenden Beziehungen zu zeigen:

$$\sin 30° = 1/2, \quad \sin 60° = \sqrt{3}/2,$$
$$\cos 30° = \sqrt{3}/2, \quad \cos 60° = 1/2.$$

2.69 Mit dem Taschenrechner ist $\sin x$ für folgende Winkel x zu ermitteln:

$17.3°$, 7, $123.4°$, $\sqrt{5}/2$, $5\pi/9$, $-62.9°$, 17.3.

2.70 Die Lösungen folgender Gleichungen sind mit dem Taschenrechner zu ermitteln:

a) $\sin x = 0.34 \quad (0° \le x \le 90°)$

b) $\sin x = \sqrt{2}/3 \quad (0 \le x \le \pi/2)$

c) $\sin x = \sqrt{2}\sqrt{3} \quad (0 \le x \le \pi/2)$

d) $\sin x = -0.71 \quad (-90° \le x \le 0°)$

e) $\sin x = -5/7 \quad (-\pi/2 \le x \le 0)$

f) $\sin x = -0.1 \quad (0° \le x \le 90°)$

2.71 Aus dem Kopf sind die Sinuswerte folgender Winkel anzugeben:

$120°$, $135°$, $150°$, $210°$, $225°$, $240°$, $300°$, $330°$.

2.72 Alle Winkel x im Intervall $-360° \le x \le 0°$ mit folgenden Sinuswerten sind anzugeben:

$1/2$, $-1/2$, $\sqrt{2}/2$, $-\sqrt{3}/2$, $-\sqrt{2}/2$, $\sqrt{3}/2$, 0, 1.

2.73 Die Lösungsmenge folgender Gleichungen im Intervall $0 \leq x \leq \pi$ ist zu ermitteln:

a) $\sin x = 0.37$ **b)** $\sin x = \sqrt{5}/2$
c) $\sin x = -0.6$ **d)** $2\sin x = 2$
e) $1 - \sin x = 0.64$ **f)** $8 - \sin x = 5 + 3\sin x$

2.74 Die Graphen der Funktionen sind zu skizzieren:

a) $y = 3\sin(2x)$ **b)** $y = 0.5\ \sin(x/2)$
c) $y = 2\sin(3x)$

2.75 Mit dem Taschenrechner sind die Tangenswerte folgender Winkel zu ermitteln:

$20°$, $85°$, $-\pi/2$, $90.5°$, $190°$, $89.5°$, $-89.5°$, $-(5-\pi)/4$, $\sqrt{3}/4$.

2.76 Die folgenden Gleichungen sind im Intervall $-90° < x < 90°$ zu lösen:

a) $\tan x = 0.513$ **b)** $\tan x = -0.513$

2.77 Die Lösungen folgender goniometrischer Gleichungen sind zu ermitteln:

a) $\sin x(3 - 4\cos x) = 0$ $(0° \leq x \leq 360°)$
b) $\sin x = 2\cos x$ $(-\pi \leq x \leq \pi)$
c) $\sin^2 x + 5\cos^2 x = 2$ $(0° \leq x \leq 90°)$
d) $0.375\ \tan x = 1.2\ \sin x$ $(-180° \leq x \leq 180°)$
e) $\tan^2 x = \sin^2 x + \cos^2 x$ $(-\pi \leq x \leq \pi)$
f) $\tan x = \sin x \cos x$ $(-180° \leq x \leq 180°)$
g) $2(\sin x - \cos^3 x) = \sin x \sin(2x)$
h) $\sin x \sin(2x) = 2\cos x$
i) $\cos(2x) = 2\sin^2 x$
j) $\sin x(4\cos^2 x - 1) = -1$

2.78 Gesucht sind die Nullstellen der Funktion

$f(x) = 2(\sin x - \cos^3 x) - \sin x \sin(2x)$.

2.79 Der Flächeninhalt eines Dreiecks mit dem rechten Winkel γ und den anliegenden Seiten a und b ist bekannt. Wie ändert sich der Flächeninhalt, wenn der Winkel γ verändert wird und die Längen der anliegenden Seiten konstant bleiben?

2.80 Von einem geraden Kreiskegel sind die Höhe h und der Radius r des Grundkreises bekannt. Welche Länge besitzt die Mantellinie?

2.81 Gesucht ist die Länge der Raumdiagonale eines Würfels mit der Kantenlänge a.

2.82 Mit Hilfe von Zirkel und Lineal ist ein Quadrat mit einem Flächeninhalt doppelt so groß wie der eines Quadrates mit der Seitenlänge a zu konstruieren.

2.83 Die Seitenlänge eines in einen Kreis mit dem Radius 1 einbeschriebenen regelmäßigen n-Ecks ist zu berechnen.

2.84 Gesucht sind die unbekannten Größen für folgende Dachkonstruktionen (siehe **Bild 2.5**).

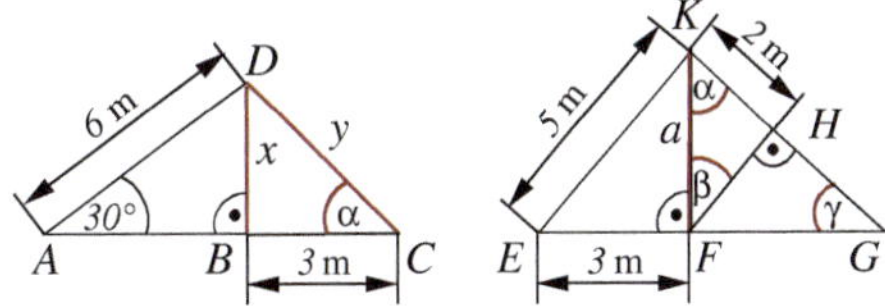

Bild 2.5 Dachkonstruktionen

2.85 Die größte Steigung der Harzquerbahn hat das Verhältnis 1 : 30. Wie groß ist der entsprechende Steigungswinkel?

2.86 Am Ende eines waagerechten Tragarms ist ein Körper mit einem Gewicht von 2700 N befestigt. Eine Zugstange stabilisiert den Tragarm. Die Beträge der Teilkräfte sind zu bestimmen, die auf Tragarm und Zugstange wirken, wenn diese einen Winkel von 30° bzw. 40° bilden.

2.87 Ein Turm mit der Höhe von 30 m erscheint unter einem Höhenwinkel von 5°. Wie lang ist die Strecke, um die man sich ihm nähern muss, damit er unter doppelt so großem Höhenwinkel erscheint?

2.88 Eine Treppe läuft sich bequem, wenn bei ihrer Herstellung eine alte Zimmermannsregel beachtet wurde: 2 Steigungen + 1 Auftritt = 63 cm. In Wohnhäusern hat es sich bewährt, für die Steigung etwa 18 cm zu wählen. Gesucht ist die Neigung des zugehörigen Treppengeländers.

2.89 Eine Kiste mit einem Gewicht von 850 N wird mit Hilfe einer Leiter abgeladen. Bei welchem Winkel beginnt die Kiste zu gleiten, wenn zur Überwindung der Reibung eine Kraft der Größe 178 N erforderlich ist?

2.90 Ein Gartenhaus hat in Fußbodennähe eine Breite von 8 m. Die Firsthöhe beträgt 7 m. Wie groß ist der Neigungswinkel der Dachfläche, wenn sich die Traufe zu ebener Erde befindet?

2.91 Gesucht ist der Inhalt der Fläche des Dreiecks $\triangle ABF$ sowie seine Innenwinkel im geraden Prisma $ABCDEF$ (siehe **Bild 2.6**).

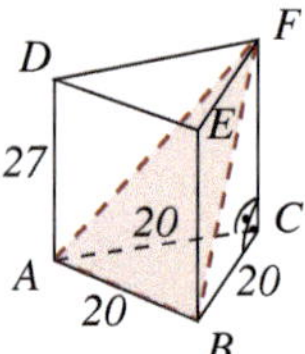

Bild 2.6 Schnittfläche ABF

2.92 Von einer abgesteckten Standlinie mit der Länge $s = 65$ m werden die beiden Winkelgrößen $\alpha = 45.8°$ und $\beta = 56.2°$ sowie die Winkelgröße $\sigma = 34°$ zur Schornsteinspitze gemessen (siehe **Bild 2.7**). Wie hoch ist der Schornstein?

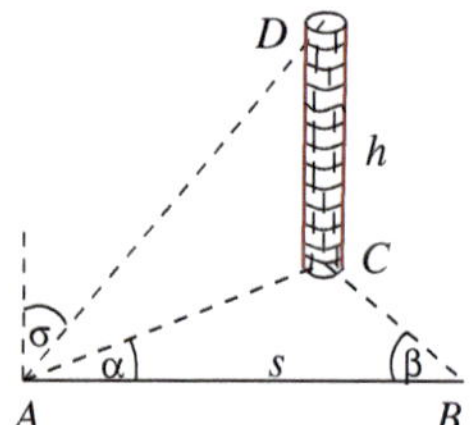

Bild 2.7 Schornstein und Standlinie

2.93 Ein Schwimmkran hat eine Auflagebreite von $|\overline{AB}| = 31$ m. Sein schwenkbarer Aufleger hat die Länge $|\overline{BC}| = 24$ m (siehe **Bild 2.8**). Zu berechnen ist für den Neigungswinkel $\sigma = 60°$ die Arbeitsweite $|\overline{BL}|$ und die Länge $|\overline{AC}|$ des Spannseils.

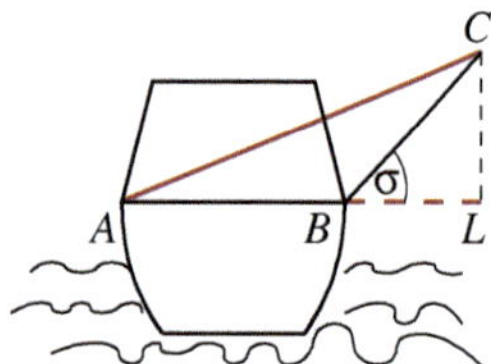

Bild 2.8 Schwimmkran

2.94 Ein Walmdach hat eine rechteckige Grundfläche mit den Seitenlängen a und b, seine Höhe beträgt h (siehe **Bild 2.9**). Alle Seitenflächen haben die gleiche Neigung. Anzugeben ist die Länge f des Dachfirstes, die Länge s der Grate, die Neigungswinkel α der Seitenflächen und das Volumen V des von dem Dach und seiner Grundfläche begrenzten Raumes in Abhängigkeit von a, b und h. Diese Größen sind zu berechnen für

a) $a = 10$ m, $b = 7$ m, $h = 3.8$ m,
b) $a = 12$ m, $b = 8$ m, $h = 3.8$ m.

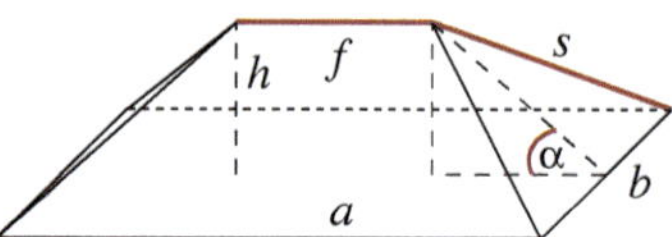

Bild 2.9 Walmdach

2.95 Von einer Grundstücksfläche $ABCD$ sind die Länge der Seite $a = 60$ m, die angrenzenden Winkel $\alpha = 110°$ und $\beta = 135°$ sowie die Länge der Diagonale $e = 100$ m gemessen worden (siehe **Bild 2.10**). Wie groß ist die Länge b, wenn bekannt ist, dass die Dreiecke $\triangle ABC$ und $\triangle ABD$ den gleichen Flächeninhalt haben? Wie groß ist der Inhalt der Grundstücksfläche $ABCD$?

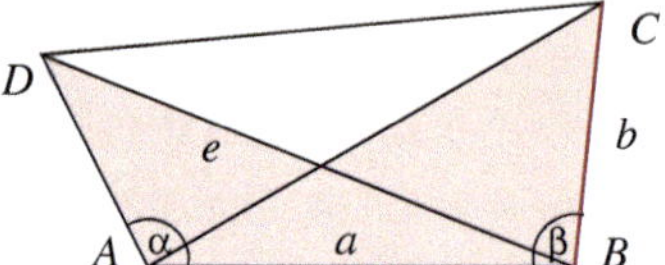

Bild 2.10 Unbekannte Seite b

2.96 Von einer Grundstücksfläche $ABCD$ sind die Längen der Seiten $a = 50$ m, $b = 40$ m, $c = 45$ m, $d = 25$ m sowie der Winkel $\alpha = 60°$ gemessen worden (siehe **Bild 2.11**). Gesucht ist der Inhalt der Fläche des Grundstückes sowie die Längen der Diagonalen e und f.

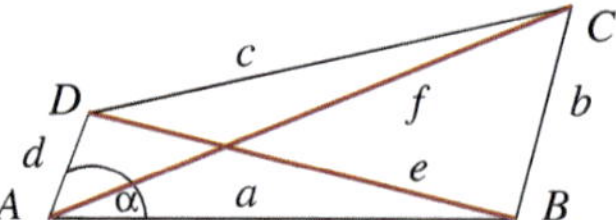

Bild 2.11 Unbekannte Diagonalen e, f

2.97 Die gebrochene Grenzlinie ABC zwischen zwei Grundstücken G_1 und G_2 soll von C aus durch die neue Grenze CD so begradigt werden, dass die Flächeninhalte der Grundstücke erhalten bleiben (siehe **Bild 2.12**). Zur Absteckung des

Grenzpunktes D ist die dafür erforderliche Länge $x = |\overline{AD}|$ aus den Winkeln $\gamma = 40°20''$ und $\delta = 69°12''$ sowie den Längen der Strecken $a = |\overline{BC}| = 204.40$ m, $c = |\overline{AB}| = 264.80$ m zu ermitteln.

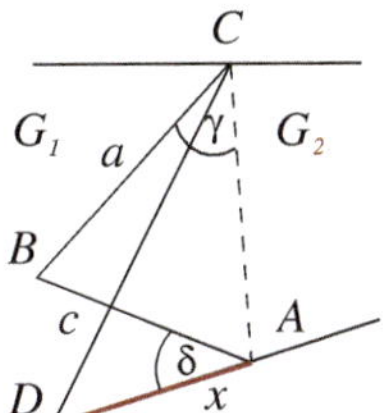

Bild 2.12 Grundstücksgrenze

2.98 Zur Bestimmung der unzugänglichen Entfernung x zwischen den Punkten X und Y wurden die Länge der Standlinie $a = |\overline{AB}|$ und die Winkel α und β in X sowie γ und δ in Y gemessen (siehe **Bild 2.13**). Zu berechnen ist die Länge x der Strecke $\overline{XY}$.

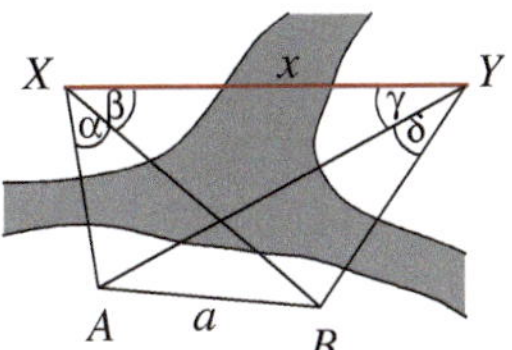

Bild 2.13 Unzugängliche Entfernung x

2.99 Die Punkte A, B, C und D liegen hintereinander auf einer Gerade. Gemessen wurden die Entfernungen $a = |\overline{AB}|$ und $b = |\overline{CD}|$, ebenso die Winkel α, β und γ, unter denen die Strecken $\overline{AB}$, $\overline{BC}$ und $\overline{CD}$ von einem Punkt O außerhalb der Gerade erscheinen (siehe **Bild 2.14**). Die Länge $x = |\overline{BC}|$ ist aus den gemessenen Größen zu bestimmen.

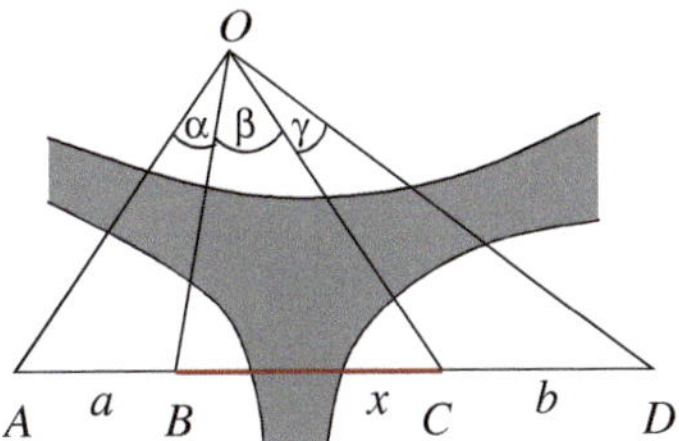

Bild 2.14 Unbekannte Strecke x

B3 Lineare Algebra

Vektoren und Matrizen

$x, y, z, x^1, x^2, \ldots$ - reelle Vektoren, $A, B, C, \ldots$ - reelle Matrizen, $\lambda, \lambda_1, \lambda_2, \ldots$ - reelle Zahlen
In der Menge der reellen Vektoren bzw. in der Menge der Matrizen gleicher Dimension sind die Rechenoperationen „Summe" und „reelles Vielfaches" definiert.

Vektoren

Begriff	Definition	
Vektor $x \in \mathbb{R}^n$ mit den Komponenten $x_1, x_2, \ldots, x_n \in \mathbb{R}$ Nullvektor O	$x = (x_1, x_2, \ldots, x_n)^\top = \begin{pmatrix} x_1 \\ x_2 \\ \vdots \\ x_n \end{pmatrix}$	$O = (0, 0, \ldots, 0)^\top$
Gleichheit der Vektoren x und y	$x = y$, wenn $x_i = y_i,\ i = 1, \ldots, n$	
Summe der Vektoren x und y	$x + y = (x_1 + y_1, x_2 + y_2, \ldots, x_n + y_n)^\top$	
Reelles Vielfaches des Vektors x	$\lambda x = (\lambda x_1, \lambda x_2, \ldots, \lambda x_n)^\top$	$(-1)x = -x$
Linearkombination	$L(x^1, x^2, \ldots, x^k) = \lambda_1 x^1 + \lambda_2 x^2 + \ldots + \lambda_k x^k$	
$x^1, x^2, \ldots, x^k$ sind linear unabhängig	$L(x^1, x^2, \ldots, x^k) = O$ gilt nur für $\lambda_i = 0,\ i = 1, \ldots, k$	
$x^1, x^2, \ldots, x^k$ sind linear abhängig	$L(x^1, x^2, \ldots, x^k) = O$ existiert so, dass für mindestens ein $i \in \{1, \ldots, k\}$ gilt $\lambda_i \neq 0$	

Eigenschaft der Rechenoperation	Rechenregel	
Kommutativität	$x + y = y + x$	
Assoziativität	$x + (y + z) = (x + y) + z$	$\lambda_1(\lambda_2 x) = (\lambda_1 \lambda_2)x$
Distributivität	$(\lambda_1 + \lambda_2)x = \lambda_1 x + \lambda_2 x$	$\lambda(x + y) = \lambda x + \lambda y$

Matrizen

Begriff	Definition	
Matrix $A \in \mathbb{R}^{m \times n}$ mit m Zeilen, i - Zeilenindex und n Spalten, j - Spaltenindex und den Elementen $a_{ij} \in \mathbb{R}$	$A = \begin{pmatrix} a_{11} & a_{12} & \ldots & a_{1n} \\ a_{21} & a_{22} & \ldots & a_{2n} \\ \cdot & \cdot & \ldots & \cdot \\ a_{m1} & a_{m2} & \ldots & a_{mn} \end{pmatrix} = (a_{ij}),$	$i = 1, \ldots, m$ $j = 1, \ldots, n$
Gleichheit der Matrizen A und B	$A = B$, wenn $a_{ij} = b_{ij}$,	$A, B \in \mathbb{R}^{m \times n}$
Summe der Matrizen A und B	$C = A + B,\ c_{ij} = a_{ij} + b_{ij}$,	$A, B, C \in \mathbb{R}^{m \times n}$
Reelles Vielfaches der Matrix A	$C = \lambda A,\ c_{ij} = \lambda a_{ij}$,	$A, C \in \mathbb{R}^{m \times n}$

Eigenschaft der Rechenoperation	Rechenregel	
Kommutativität	$A + B = B + A$	
Assoziativität	$(A + B) + C = A + (B + C)$	$\lambda_1(\lambda_2 A) = (\lambda_1 \lambda_2)A$
Distributivität	$(\lambda_1 + \lambda_2)A = \lambda_1 A + \lambda_2 A$	$\lambda(A + B) = \lambda A + \lambda B$

Matrix-Multiplikation

Begriff	Definition	Bedingung
Produkt $y = Ax \in \mathbb{R}^m$ der Matrix A mit dem Vektor x	$y_i = \sum_{l=1}^{n} a_{il} x_l, \quad i=1,...,m$	$A \in \mathbb{R}^{m\times n}, \quad x \in \mathbb{R}^n$
Produkt $C = AB \in \mathbb{R}^{m\times n}$ der Matrix A mit der Matrix B	$c_{ij} = \sum_{l=1}^{k} a_{il} b_{lj}, \quad i=1,...,m,\ j=1,...,n$	$A \in \mathbb{R}^{m\times k}, \quad B \in \mathbb{R}^{k\times n}$
Eigenschaft der Rechenoperation	**Rechenregel**	**Bedingung**
Distributivität	$(A+B)C = AC + BC$	$A, B \in \mathbb{R}^{m\times k}, \quad C \in \mathbb{R}^{k\times n}$
Distributivität	$A(B+C) = AB + AC$	$A \in \mathbb{R}^{m\times k}, \quad B, C \in \mathbb{R}^{k\times n}$
i. Allg. keine Kommutativität	$AB \neq BA$	

Spezielle Matrizen

Begriff	Definition	Bedingung
Transponierte der Matrix A	Matrix $A^\top \in \mathbb{R}^{n\times m}$, für die gilt $(A^\top)_{ji} = (A)_{ij} = a_{ij}$	$A \in \mathbb{R}^{m\times n}$
A ist eine quadratische Matrix	$A \in \mathbb{R}^{n\times n}$, a_{ii} - Elemente der Hauptdiagonale	
A ist eine symmetrische Matrix	$A = A^\top$, d. h., $a_{ij} = a_{ji}$ für $i, j = 1, ..., n$	$A \in \mathbb{R}^{n\times n}$
A ist eine Diagonalmatrix	$a_{ij} = 0$ für $i \neq j$, $A = \mathrm{diag}(a_{11}, a_{22}, ..., a_{nn})$	$A \in \mathbb{R}^{n\times n}$
E_n ist eine Einheitsmatrix	$E_n = \mathrm{diag}(1, 1, ..., 1)$, n - Dimension	$E_n \in \mathbb{R}^{n\times n}$
A ist eine untere Dreiecksmatrix	$a_{ij} = 0$ für $i < j$ (oberhalb der Hauptdiagonale)	$A \in \mathbb{R}^{n\times n}$
A ist eine obere Dreiecksmatrix	$a_{ij} = 0$ für $i > j$ (unterhalb der Hauptdiagonale)	$A \in \mathbb{R}^{n\times n}$
Inverse der Matrix A	Matrix A^{-1}, für die gilt $A\,A^{-1} = A^{-1}\,A = E_n$	$A \in \mathbb{R}^{n\times n}$
A ist eine orthogonale Matrix	$A^\top A = A\,A^\top = E_n$	$A \in \mathbb{R}^{n\times n}$

Eigenschaften spezieller Matrizen

Eigenschaft	Rechenregel	Bedingung
Transponierte der Transponierten	$(A^\top)^\top = A$	$A \in \mathbb{R}^{m\times n}$
Transponierte der Summe	$(A+B)^\top = A^\top + B^\top$	$A, B \in \mathbb{R}^{m\times n}$
Transponierte des Produktes	$(AB)^\top = B^\top A^\top$	$A \in \mathbb{R}^{m\times k}$, $B \in \mathbb{R}^{k\times n}$
Produkt Vektor mit Einheitsmatrix	$E_n x = x$	$x \in \mathbb{R}^n$
Produkt Matrix mit Einheitsmatrix	$E_m A = A$, $A E_n = A$	$A \in \mathbb{R}^{m\times n}$
Inverse der Inversen	$\left(A^{-1}\right)^{-1} = A$	$A \in \mathbb{R}^{n\times n}$
Inverse des Produktes	$(AB)^{-1} = B^{-1} A^{-1}$	$A, B \in \mathbb{R}^{n\times n}$
Transponierte der Inversen	$\left(A^{-1}\right)^\top = \left(A^\top\right)^{-1}$	$A \in \mathbb{R}^{n\times n}$

Rang einer Matrix

Der Rang $r = \operatorname{rang} A$ der Matrix $A \in \mathbb{R}^{m \times n}$ ist die maximale Zahl ihrer linear unabhängigen Zeilen- bzw. Spaltenvektoren.

Rangerhaltende Umformungen einer Matrix
1. Vertauschen von Zeilen (Spalten)
2. Multiplikation einer Zeile (Spalte) mit einer von null verschiedenen reellen Zahl
3. Addition des Vielfachen einer Zeile (Spalte) zu einer anderen Zeile (Spalte)

Determinanten

Definition

Begriff	Definition
Determinante der quadratischen Matrix $A \in \mathbb{R}^{n \times n}$	**1.** $\det A = \lvert A \rvert = a_{11}$, wenn $A \in \mathbb{R}^{1 \times 1}$ **2.** $\det A = \lvert A \rvert = \sum_{j=1}^{n} a_{1j} A_{1j}$, wenn $A \in \mathbb{R}^{n \times n}$, $n > 1$
Adjunkte A_{ij} des Elementes a_{ij}	Mit $(-1)^{i+j}$ multiplizierte Determinante der Matrix, die durch Streichen der i-ten Zeile und j-ten Spalte aus der quadratischen Matrix A hervorgegangen ist.

Eigenschaften von Determinanten

Eigenschaft	Rechenregel
Entwicklung nach der k-ten Zeile bzw. l-ten Spalte	$\det A = \sum_{j=1}^{n} a_{kj} A_{kj} = \sum_{i=1}^{n} a_{il} A_{il} \qquad k, l \in \{1, \ldots, n\}$
Determinante der Transponierten	$\det A^\top = \det A$
Determinante des Produktes	$\det(AB) = \det A \, \det B$
Determinante der Inversen	$\det\left(A^{-1}\right) = (\det A)^{-1}$, $\det A \neq 0$
Determinante und Rang	$\det A \neq 0$ genau dann, wenn $\operatorname{rang} A = n$

Rechenregeln $\quad A \in \mathbb{R}^{n \times n}$, $\lambda \in \mathbb{R}$
1. Addition des λ-fachen einer Zeile (Spalte) in A zu einer anderen Zeile (Spalte) verändert die Determinante nicht.
2. Beim Vertauschen zweier Zeilen (Spalten) in A wechselt das Vorzeichen der Determinante.
3. Wird eine Zeile (Spalte) in A mit λ multipliziert, so vervielfacht sich die Determinante um λ.
4. Ist eine Zeile (Spalte) in A das λ-fache einer anderen Zeile (Spalte), so ist die Determinante gleich null.
5. Die Determinante einer Dreiecksmatrix ist gleich dem Produkt ihrer Hauptdiagonalelemente.
6. Die Inverse der Matrix A mit $\det A \neq 0$ ist $A^{-1} = \frac{1}{\det A} \begin{pmatrix} A_{11} & A_{21} & \ldots & A_{n1} \\ A_{12} & A_{22} & \ldots & A_{n2} \\ \cdot & \cdot & \ldots & \cdot \\ A_{1n} & A_{2n} & \ldots & A_{nn} \end{pmatrix}$.

Lineare Gleichungssysteme

Begriff	Definition
Lineares Gleichungssystem mit den Unbekannten $x_j \in \mathbb{R}$, Koeffizienten $a_{ij} \in \mathbb{R}$, rechten Seiten $b_i \in \mathbb{R}$	$\left.\begin{array}{rcl} a_{11}x_1 + a_{12}x_2 + \ldots + a_{1n}x_n & = & b_1 \\ a_{21}x_1 + a_{22}x_2 + \ldots + a_{2n}x_n & = & b_2 \\ \cdots & & \cdots \\ a_{m1}x_1 + a_{m2}x_2 + \ldots + a_{mn}x_n & = & b_m \end{array}\right\}, \begin{array}{l} i = 1, \ldots, m \\ j = 1, \ldots, n \end{array}$
Matrixschreibweise	$Ax = b$ mit $A = (a_{ij})$, $x = (x_1, \ldots, x_n)^\top$, $b = (b_1, \ldots, b_m)^\top$
Erweiterte Koeffizientenmatrix	$(A\|b) \in \mathbb{R}^{m \times (n+1)}$, d. h., die Koeffizientenmatrix A wird um den Spaltenvektor b der rechten Seiten erweitert
Homogenes Gleichungssystem	$b_i = 0$ für $i = 1, \ldots, m$, d. h., alle rechten Seiten sind gleich null
Inhomogenes Gleichungssystem	mindestens eine rechte Seite b_i ist von null verschieden

Lösbarkeit und Lösungsmenge

Lösbarkeit	Bedingung
Rangkriterium	$Ax = b$ ist genau dann lösbar, wenn $r = \operatorname{rang} A = \operatorname{rang}(A\|b)$
genau eine Lösung	$r = n$
unendlich viele Lösungen	$r < n$, Anzahl der Freiheitsgrade $f = n - r$

Eigenschaften homogener linearer Gleichungssysteme $Ax = O$, $A \in \mathbb{R}^{m\times n}$, $x \in \mathbb{R}^n$, $O \in \mathbb{R}^m$

1. Sie sind immer lösbar. Der Nullvektor ist die triviale Lösung.
2. Es existieren genau $n-r$ linear unabhängige Lösungsvektoren. Sie bilden ein sog. Fundamentalsystem.
3. Jeder Lösungsvektor ist eine Linearkombination der Lösungsvektoren eines Fundamentalsystems.

Eigenschaften inhomogener linearer Gleichungssysteme $Ax = b$, $A \in \mathbb{R}^{m\times n}$, $x \in \mathbb{R}^n$, $b \in \mathbb{R}^m$

$Ax = O$ ist das zugehörige homogene Gleichungssystem (rechte Seite ist der Nullvektor).
Jede Lösung des inhomogenen Gleichungssystems ist die Summe einer speziellen Lösung des inhomogenen Systems und einer beliebigen Lösung des zugehörigen homogenen Systems.

Gauß-Algorithmus

Umformungen, die die Lösungsmenge des Gleichungssystems nicht verändern	Ziel: Trapezgestalt der Koeffizientenmatrix, $*$ bedeutet eine beliebige reelle Zahl
1. Vertauschen der Reihenfolge der Gleichungen (Zeilen in $(A\|b)$) 2. Multiplikation einer Gleichung (Zeile in $(A\|b)$) mit einer reellen Zahl $\neq 0$ 3. Addition einer Gleichung (Zeile in $(A\|b)$) zu einer anderen Gleichung (Zeile in $(A\|b)$) 4. Vertauschen der Reihenfolge von Variablen (entspricht dem Vertauschen von Spalten in der Koeffizientenmatrix und den Komponenten des Lösungsvektors)	$\left(\begin{array}{ccccc\|ccc} 1 & * & * & \ldots & * & * & \ldots & * \\ 0 & 1 & * & \ldots & * & * & \ldots & * \\ 0 & 0 & 1 & \ldots & * & * & \ldots & * \\ & & & \ddots & & & \vdots & \\ 0 & 0 & 0 & \ldots & 1 & * & \ldots & * \\ \hline 0 & 0 & 0 & \ldots & 0 & 0 & \ldots & 0 \\ & & \vdots & & & & & \\ 0 & 0 & 0 & \ldots & 0 & 0 & \ldots & 0 \end{array}\right) \left(\begin{array}{c} x_1 \\ x_2 \\ x_3 \\ \vdots \\ x_r \\ \hline x_{r+1} \\ \vdots \\ x_n \end{array}\right) = \left(\begin{array}{c} \tilde{b}_1 \\ \tilde{b}_2 \\ \tilde{b}_3 \\ \vdots \\ \tilde{b}_r \\ \hline \tilde{b}_{r+1} \\ \vdots \\ \tilde{b}_m \end{array}\right)$

Gauß-Algorithmus: Für $i = 1, ..., m$
1. Durch Zeilen- bzw. Spaltenvertauschung wird $a_{ii} \neq 0$ erreicht und anschließend die i-te Zeile mit dem Reziproken $1/a_{ii}$ multipliziert, sodass das Element in der i-ten Zeile und i-ten Spalte danach eine Eins ist. (Gibt es keine solche Vertauschung, liegt die Trapezgestalt vor.)
2. Damit in der i-ten Spalte unterhalb dieses Elementes Nullen entstehen, wird zur k-ten Zeile das $(-a_{ki})$-fache der i-ten Zeile addiert, $k = i + 1, ..., m$.

Lösung des Gleichungssystems
1. Gilt $\tilde{b}_{r+1} = ... = \tilde{b}_m = 0$, so ist das lineare Gleichungssystem lösbar. Die $n - r$ Variablen $x_{r+1}, ..., x_n$ können als beliebige reelle Parameter gewählt werden (Anzahl der Freiheitsgrade $f = n - r$). Die verbliebenen r Gleichungen werden, beginnend mit der r-ten, nach den Unbekannten $x_r, ..., x_1$ aufgelöst, indem die bereits ermittelten Unbekannten eingesetzt werden.
2. Ist eine der Zahlen $\tilde{b}_{r+1},...,\tilde{b}_m$ verschieden von null, so ist das Gleichungssystem nicht lösbar.

Gleichungssysteme mit quadratischer Koeffizientenmatrix

Voraussetzung	$Ax = b, \quad A \in \mathbb{R}^{n\times n}, \quad \det A \neq 0, \quad x, b \in \mathbb{R}^n$
Regel von Cramer	$x_i = \det C_i / \det A, \ i = 1, ..., n$ $C_i \in \mathbb{R}^{n\times n}$ ist die Matrix, die aus der Koeffizientenmatrix A durch Ersetzen des i-ten Spaltenvektors durch den Spaltenvektor b hervorgeht.
Inverse und Lösung	Mit der Inversen A^{-1} ist die Lösung $x = A^{-1}b$.

Eigenwerte und Eigenvektoren

$A \in \mathbb{R}^{n\times n}$

Begriff	Definition
Eigenwert λ Eigenvektor x	$Ax = \lambda x$
Bestimmungsgleichung	$\|A - \lambda E_n\| x = 0$

Eigenwerte und Eigenvektoren reeller symmetrischer Matrizen $A = A^\top$
1. Es gibt genau n Eigenwerte (evtl. mehrfache).
2. Alle Eigenwerte sind reell.
3. Alle Eigenvektoren sind reell.
4. Sind v^1, $v^2 \in \mathbb{R}^n$ Eigenvektoren zu verschiedenen Eigenwerten, so gilt $(v^1, v^2) = 0$, d. h., sie sind orthogonal.
5. Tritt ein Eigenwert k-fach auf, so gibt es zu ihm k verschiedene orthogonale Eigenvektoren.
6. Diagonalisierung: Für $A = A^\top$ gilt $\quad A = V\Lambda V^\top \quad$ mit $\quad \Lambda = \mathrm{diag}(\lambda_1, ..., \lambda_n) \in \mathbb{R}^{n\times n}$, $V \in \mathbb{R}^{n\times n}$ - Matrix, die spaltenweise aus orthonormierten Eigenvektoren v^i zu λ_i besteht.

Vektoren, Vektorräume

3.1 Folgende Aufgaben sind graphisch zu lösen. Das Resultat ist durch Rechnung zu kontrollieren.

a) $\begin{pmatrix}3\\4\end{pmatrix}+\begin{pmatrix}2\\1\end{pmatrix}$ **b)** $\begin{pmatrix}1\\-3\end{pmatrix}-\begin{pmatrix}2\\-1\end{pmatrix}$

c) $\begin{pmatrix}2\\-1\end{pmatrix}-\begin{pmatrix}1\\-3\end{pmatrix}$ **d)** $\begin{pmatrix}3\\4\end{pmatrix}-\begin{pmatrix}1\\2\end{pmatrix}$

3.2 Die folgenden Linearkombinationen von Vektoren sind zu berechnen:

a) $5\begin{pmatrix}1\\2\\3\\4\\5\end{pmatrix}+23\begin{pmatrix}6\\7\\8\\9\\10\end{pmatrix}$ **b)** $6\begin{pmatrix}1\\2\\3\end{pmatrix}+4\begin{pmatrix}5\\6\end{pmatrix}$

c) $13\begin{pmatrix}1\\2\end{pmatrix}+17\begin{pmatrix}3\\4\end{pmatrix}-2\begin{pmatrix}5\\6\end{pmatrix}-4\begin{pmatrix}7\\8\end{pmatrix}$

3.3 Sind folgende Vektoren linear unabhängig?

$$x^1=\begin{pmatrix}4\\1\\3\end{pmatrix} \qquad x^2=\begin{pmatrix}1\\3\\4\end{pmatrix}$$

3.4 Die Menge der Punkte (Ortsvektoren) ist in einem Koordinatensystem graphisch darzustellen.

$$\{x \in \mathbb{R}^2 \mid x=\lambda_1 x^1,\ \lambda_1 \in \mathbb{R}\} \text{ mit } x^1=(1,2)^\top$$

3.5 Anhand einer Skizze ist jeweils zu entscheiden, ob die folgenden Vektoren linear abhängig oder unabhängig sind:

a) $x^1=\begin{pmatrix}-2\\1\end{pmatrix},\ x^2=\begin{pmatrix}2\\2\end{pmatrix},\ x^3=\begin{pmatrix}1\\2\end{pmatrix}$

b) $x^1=\begin{pmatrix}-2\\1\end{pmatrix},\ x^2=\begin{pmatrix}4\\-2\end{pmatrix}$

c) $x^1=\begin{pmatrix}-2\\1\end{pmatrix},\ x^2=\begin{pmatrix}2\\2\end{pmatrix}$

3.6 Anhand einer Skizze ist jeweils die Menge aller Linearkombinationen der gegebenen Vektoren zu bestimmen:

a) $\begin{pmatrix}1\\0\\0\end{pmatrix}$ **b)** $\begin{pmatrix}1\\0\\0\end{pmatrix},\begin{pmatrix}5\\0\\0\end{pmatrix}$

c) $\begin{pmatrix}1\\0\\0\end{pmatrix},\begin{pmatrix}0\\2\\0\end{pmatrix}$ **d)** $\begin{pmatrix}3\\0\\0\end{pmatrix},\begin{pmatrix}2\\1\\0\end{pmatrix},\begin{pmatrix}-1\\0\\0\end{pmatrix}$

e) $\begin{pmatrix}2\\0\\0\end{pmatrix},\begin{pmatrix}0\\1\\0\end{pmatrix},\begin{pmatrix}0\\0\\-3\end{pmatrix}$

3.7 Für welche $\alpha \in \mathbb{R}$ sind folgende Vektoren linear abhängig?

$$x^1=\begin{pmatrix}1\\2\\1\end{pmatrix},\ x^2=\begin{pmatrix}1\\\alpha\\-1\end{pmatrix},\ x^3=\begin{pmatrix}1\\-2\\1\end{pmatrix}$$

3.8 Gesucht ist die Dimension des von folgenden Vektoren aufgespannten Unterraumes des $\mathbb{R}^3$:

$$x^1=\begin{pmatrix}1\\-1\\1\end{pmatrix},\ x^2=\begin{pmatrix}1\\1\\3\end{pmatrix},\ x^3=\begin{pmatrix}1\\2\\5\end{pmatrix}$$

3.9 Für welche $\alpha \in \mathbb{R}$ ist der von folgenden Vektoren aufgespannte Unterraum des $\mathbb{R}^3$ zweidimensional?

$$x^1=\begin{pmatrix}-1\\2-\alpha\\-1\end{pmatrix},\ x^2=\begin{pmatrix}0\\-1\\3-\alpha\end{pmatrix},\ x^3=\begin{pmatrix}3-\alpha\\1\\0\end{pmatrix}$$

3.10 **a)** Die Vektoren $e^1=(0,1)^\top$ und $e^2=(1,0)^\top$ des $\mathbb{R}^2$ sind linear unabhängig. Ist $\{e^1,e^2\}$ eine Basis des $\mathbb{R}^2$?

b) Ist $\left\{\begin{pmatrix}1\\0\end{pmatrix},\begin{pmatrix}1\\1\end{pmatrix}\right\}$ eine Basis des $\mathbb{R}^2$?

c) Eine Basis für den Vektorraum ist anzugeben:

$$\left\{ \begin{pmatrix} x_1 \\ x_2 \\ 0 \end{pmatrix}, \; x_1 \in \mathbb{R}, \; x_2 \in \mathbb{R} \right\}.$$

3.11 Welche Dimension haben die Vektorräume, die jeweils die Menge aller Linearkombinationen folgender Vektoren sind?

a) $\begin{pmatrix} -1 \\ 3 \\ 1 \end{pmatrix}$ b) $\begin{pmatrix} -1 \\ 3 \\ 1 \end{pmatrix}, \begin{pmatrix} -3 \\ -1 \\ 1 \end{pmatrix}, \begin{pmatrix} 0 \\ 5 \\ 0 \end{pmatrix}$

c) $\begin{pmatrix} -1 \\ 3 \\ 1 \end{pmatrix}, \begin{pmatrix} -3 \\ -1 \\ 1 \end{pmatrix}, \begin{pmatrix} -2 \\ 6 \\ 2 \end{pmatrix}, \begin{pmatrix} -3.5 \\ 5.5 \\ 2.5 \end{pmatrix}$

d) $\begin{pmatrix} -1 \\ 3 \\ 1 \end{pmatrix}, \begin{pmatrix} -3 \\ -1 \\ 1 \end{pmatrix}, \begin{pmatrix} -2 \\ 6 \\ 2 \end{pmatrix}, \begin{pmatrix} -3.5 \\ 5.5 \\ 2.5 \end{pmatrix}, \begin{pmatrix} 0 \\ 5 \\ 0 \end{pmatrix}$

Matrizen

3.12 Die Matrix $A = (a_{ij}) \in \mathbb{R}^{2\times 3}$ mit

$$a_{ij} = \begin{cases} 2, & i = j \\ 1, & \text{sonst} \end{cases}$$

ist als rechteckiges Zahlenschema zu schreiben.

3.13 Die Matrix $B = (b_{ik}) \in \mathbb{R}^{4\times 2}$ mit

$$b_{ik} = \begin{cases} 1, & i < k \\ 0, & i = k \\ -1, & \text{sonst} \end{cases}$$

ist als rechteckiges Zahlenschema zu schreiben.

3.14 Gibt es reelle Zahlen a, b, sodass gilt

$$C = \begin{pmatrix} a-b & b-a \\ a^2-b^2 & a^2-ab \\ ab-a^2 & a+b \end{pmatrix} = \begin{pmatrix} 2 & -2 \\ 16 & 10 \\ -10 & 8 \end{pmatrix} ?$$

3.15 Folgende Rechenoperationen sind auszuführen, falls möglich. Zu begründen ist, warum einige Operationen nicht durchführbar sind.

a) $\begin{pmatrix} 1 & 1 & 2 \\ 0 & 1 & 0 \\ 2 & 1 & 2 \end{pmatrix} + \begin{pmatrix} 1 & -1 & 0 \\ -2 & 1 & 0 \\ 4 & 1 & 7 \end{pmatrix}$

b) $\begin{pmatrix} 2 & 2 & 0 \\ 1 & 4 & 0 \\ 0 & 1 & 0 \end{pmatrix} + \begin{pmatrix} 1 & -1 \\ 0 & 1 \\ 0 & 2 \end{pmatrix}$

c) $\begin{pmatrix} 2 & -1 \\ 1 & 1 \end{pmatrix}^\top + \begin{pmatrix} -2 & 1 \\ -1 & -1 \end{pmatrix}$

d) $\begin{pmatrix} 2 & 1 \\ -3 & 2 \end{pmatrix} + \begin{pmatrix} -1 & 2 & 5 \\ 6 & 3 & 8 \end{pmatrix}$

e) $\begin{pmatrix} 2 & 9 & 3 \\ -10 & 1 & 4 \end{pmatrix} + \begin{pmatrix} 0 & 0 & 0 \\ 0 & 0 & 0 \end{pmatrix}$

f) $\begin{pmatrix} 1 & 0 \\ 0 & 1 \end{pmatrix} \begin{pmatrix} 2 \\ 1 \end{pmatrix}$

g) $\begin{pmatrix} 1 & 1 & 0 \\ 0 & 4 & 0 \\ 0 & 2 & 1 \end{pmatrix} \begin{pmatrix} 1 \\ 1 \\ 1 \\ 1 \end{pmatrix}$

h) $\begin{pmatrix} 1 & -1 & 4 \\ 7 & 8 & 9 \\ 4 & -2 & 1 \end{pmatrix} \left[\begin{pmatrix} 1 \\ 2 \\ 3 \end{pmatrix} + \begin{pmatrix} -2 \\ 1 \\ -4 \end{pmatrix} \right]$

3.16 Zu zeigen ist, dass für jede Matrix $A \in \mathbb{R}^{m\times n}$ die folgenden Beziehungen gelten:

$A + O = A, \; E_m A = A, \; A E_n = A.$

Hierbei ist $O \in \mathbb{R}^{m\times n}$ Nullmatrix, $E_m \in \mathbb{R}^{m\times m}$ bzw. $E_n \in \mathbb{R}^{n\times n}$ sind Einheitsmatrizen.

3.17 Folgende Matrizen sind gegeben:

$A = (1\ 3\ 5)$, $B = (2, 4, 3, 1)^\top$,

$$C = \begin{pmatrix} 2 & 3 & 4 & 6 \\ 1 & 2 & 3 & 4 \\ 1 & 1 & 1 & 2 \end{pmatrix}, \; D = \begin{pmatrix} 1 & 2 & 3 \\ 3 & 2 & 2 \\ 2 & 1 & 4 \\ 1 & 2 & 1 \end{pmatrix}.$$

Folgende Matrixmultiplikationen sind auszuführen, falls möglich:

a) AB **b)** BA **c)** AC **d)** BC **e)** CB **f)** CD **g)** DC

$$C = \begin{pmatrix} 2 & 1 & 4 & -1 \\ 0 & 1 & 2 & 0 \\ 4 & 1 & 3 & 1 \\ 2 & 2 & 1 & 6 \\ 2 & 1 & 0 & 1 \end{pmatrix}, \quad D = \begin{pmatrix} 1 & 2 & 4 \\ 1 & -1 & 1 \\ 1 & 2 & 4 \\ 3 & 3 & 9 \end{pmatrix}.$$

3.18 Gesucht ist eine Matrix X, sodass gilt

$$3A - X = -4B + A,$$

wobei A und B die folgenden Matrizen sind:

$$A = \begin{pmatrix} 1 & 7 & -3 \\ 0 & -5 & 2 \end{pmatrix}, \quad B = \begin{pmatrix} -1/2 & -2 & 1 \\ 1/4 & 2 & -1 \end{pmatrix}.$$

3.19 Zu zeigen ist: Ist $A \in \mathbb{R}^{n\times n}$ eine quadratische Matrix mit $A^r = 0$ für eine natürliche Zahl r, so gilt mit $E = E_n$

$$(E - A)(E + A + A^2 + ... + A^{r-1}) = E.$$

3.20 Mithilfe der Aussage in Aufgabe **3.19** ist eine Matrix $X \in \mathbb{R}^{3\times 3}$ zu bestimmen, sodass gilt

$$AX = X + E_3 \text{ für } A = \begin{pmatrix} 0 & 2 & 1 \\ 0 & 0 & -1 \\ 0 & 0 & 0 \end{pmatrix}.$$

3.21 Der Rang folgender Matrizen ist gesucht:

$$A = \begin{pmatrix} 0 & 0 & 1 & 0 \\ 1 & 0 & 0 & 0 \\ 0 & 0 & 0 & 1 \\ 0 & 1 & 0 & 0 \end{pmatrix}, \quad B = \begin{pmatrix} 1 & 1 & 2 & 2 & 1 \\ 2 & 2 & 4 & 4 & 2 \\ 3 & 3 & 6 & 6 & 3 \\ 4 & 4 & 8 & 8 & 4 \\ 0 & 0 & 0 & 0 & 0 \end{pmatrix},$$

$$C = \begin{pmatrix} 4 & 3 & 1 \\ 5 & 2 & 3 \\ 0 & 1 & -1 \\ 1 & 0 & 1 \end{pmatrix}, \quad D = \begin{pmatrix} 1 & 0 & 3 \\ 0 & 1 & -2 \\ 1 & 0 & 3 \end{pmatrix}.$$

3.22 Wie groß ist der Rang einer Diagonalmatrix $D \in \mathbb{R}^{n\times n}$

a) mit $d_{ii} \neq 0$ für $i = 1, 2, ..., n$,

b) mit beliebigen Elementen d_{ii}?

3.23 Der Rang folgender Matrizen ist mit dem Gauß-Algorithmus zu bestimmen:

$$A = \begin{pmatrix} 2 & 0 & 4 & 2 \\ 1 & 0 & 7 & 1 \\ 2 & 1 & 3 & 0 \end{pmatrix}, \quad B = \begin{pmatrix} 0 & 1 & -1 & 2 \\ 0 & 3 & 2 & -1 \\ 0 & 2 & 4 & 2 \end{pmatrix},$$

Determinanten

3.24 Folgende Determinanten sind zu berechnen:

a) $\begin{vmatrix} 2 & 4 \\ 3 & -1 \end{vmatrix}$ **b)** $\begin{vmatrix} x-1 & 1 \\ x^3 & x^2+x+1 \end{vmatrix}$

c) $\begin{vmatrix} 2 & 3 & 4 \\ 1 & 2 & 3 \\ 3 & 2 & 2 \end{vmatrix}$ **d)** $\begin{vmatrix} -\lambda & 2 & -1 \\ -2 & 3-\lambda & 1 \\ -3 & 8 & 1-\lambda \end{vmatrix}$

e) $\begin{vmatrix} 1 & a & -b \\ -a & 1 & c \\ b & -c & 1 \end{vmatrix}$ **f)** $\begin{vmatrix} 1 & 0 & 0 & \cdots & 0 \\ 0 & 2 & 0 & \cdots & 0 \\ 0 & 0 & 3 & \cdots & 0 \\ & & \cdots & & \\ 0 & 0 & 0 & \cdots & n \end{vmatrix}$

g) $\begin{vmatrix} 1 & 2 & 3 & 4 \cdots n \\ -1 & 0 & 3 & 4 \cdots n \\ -1 & -2 & 0 & 4 \cdots n \\ & & \cdots & \\ -1 & -2 & -3 & -4 \cdots 0 \end{vmatrix}$ **h)** $\begin{vmatrix} 13547 & 13647 \\ 28423 & 28523 \end{vmatrix}$

3.25 Für welche x gilt

$$\begin{vmatrix} a & a & a \\ -a & a & x \\ -a & -a & x \end{vmatrix} = 0\ ?$$

3.26 Die Inversen folgender Matrizen sind zu berechnen:

$$A = \begin{pmatrix} 2 & 3 \\ 1 & 2 \end{pmatrix}, \quad B = \begin{pmatrix} 2 & 1 \\ 4 & 3 \end{pmatrix},$$

$$C = \begin{pmatrix} 1 & 1 & -1 \\ 0 & 2 & 2 \\ -1 & 2 & 3 \end{pmatrix}, \quad D = \begin{pmatrix} 1 & 4 & 7 \\ 2 & 5 & 8 \\ 3 & 6 & 9 \end{pmatrix}.$$

Lineare Gleichungssysteme

3.27 Folgende Gleichungssysteme sind zu lösen:

a)
$$\begin{aligned} 3x_1 + 2x_2 &= 8 \\ 15x_1 + 10x_2 &= 40 \end{aligned}$$

b)
$$\begin{aligned} 3x_1 + 4x_2 + 2x_4 &= 3 \\ 2x_1 + 2x_2 + 4x_3 + 4x_4 &= 8 \\ x_1 + 2x_3 + 3x_4 &= 1 \end{aligned}$$

c)
$$\begin{aligned} 3x_1 + x_2 + x_3 - x_4 &= 6 \\ -2x_1 - 4x_2 + 2x_3 + 2x_4 &= -6 \\ 2x_1 - x_2 + 2x_3 &= 5 \end{aligned}$$

d)
$$\begin{aligned} -3x_1 + 2x_2 + x_3 - 2x_4 &= -12 \\ 7x_1 - 6x_2 - 2x_3 &= 23 \\ 6x_1 - 2x_2 - 3x_3 + 25x_4 &= 57 \\ -7x_1 + 3x_2 + 3x_3 - 17x_4 &= -46 \end{aligned}$$

e)
$$\begin{aligned} x_1 - 2x_2 + x_3 + x_4 &= 1 \\ x_1 - 2x_2 + x_3 - x_4 &= -1 \\ x_1 - 2x_2 + x_3 + 2x_4 &= \lambda \end{aligned}$$

f)
$$\begin{aligned} 4x_1 + 3x_2 &= 1 \\ 5x_1 + 3x_2 + 3x_3 &= 2 \\ x_1 + x_2 - x_3 &= 0 \\ 7x_1 + 4x_2 + 5x_3 &= 3 \end{aligned}$$

g)
$$\begin{aligned} 2x_1 - x_2 + 4x_3 &= b_1 \\ 8x_1 - 5x_2 + 16x_3 &= b_2 \\ 2x_1 + 2x_2 - x_3 &= b_3 \end{aligned}$$

h)
$$\begin{aligned} x + y + \lambda z &= 0 \\ x - \lambda y + z &= 0 \\ \lambda x - y + z &= 0 \end{aligned}$$

i)
$$\begin{aligned} x - y - z &= 0 \\ x + y + z - 2 &= 0 \\ 2x - y - z - 1 &= 1 \end{aligned}$$

j)
$$\begin{aligned} x - y + z - w &= 0 \\ x + y - u + v &= 0 \\ y + z + v - w &= 0 \end{aligned}$$

bezüglich des Vektors $(x, y, z, u, v, w)^\top$

k) $\begin{pmatrix} 2 & 1 & 3 \\ 1 & 2 & 1 \\ 1 & 1 & 2 \end{pmatrix} \begin{pmatrix} a \\ b \\ c \end{pmatrix} = \begin{pmatrix} 3 \\ 2 \\ 2 \end{pmatrix}$, $\lambda, b_1, b_2, b_3 \in \mathbb{R}$

3.28 Für welche reellen Zahlen a ist das folgende Gleichungssystem

a) nicht lösbar, **b)** nicht eindeutig lösbar, **c)** eindeutig lösbar?

$$\begin{aligned} 2x_1 + x_2 + x_3 &= 0 \\ -2ax_1 + ax_2 + 9x_3 &= 6 \\ 2x_1 + 2x_2 + ax_3 &= 1 \end{aligned}$$

3.29 Ist folgendes Gleichungssystem lösbar?

$$\begin{aligned} x + 5y + 2z &= 3 \\ 2x - 2y + 4z &= 5 \\ x + y + 2z &= 1 \end{aligned}$$

3.30 Ist das folgende lineare Gleichungssystem eindeutig lösbar? Wenn ja, so ist es mithilfe der Regel von Cramer zu lösen.

$$\begin{aligned} 3x_1 + x_2 - 2x_3 &= -2 \\ x_1 - 2x_2 + 3x_3 &= 9 \\ 2x_1 + 3x_2 + x_3 &= 1 \end{aligned}$$

3.31 **a)** Das folgende lineare Gleichungssystem ist mithilfe des Gauss-Algorithmus und der Umformung zur Trapezgestalt zu lösen.

$$\begin{aligned} 2x_1 + 3x_2 - 2x_3 - 4x_4 &= 0 \\ -2x_1 + 5x_2 + 3x_3 - 2x_4 &= 1 \\ 2x_1 - 3x_2 + 4x_3 + 5x_4 &= 6 \end{aligned}$$

b) Gesucht sind alle Lösungsvektoren mit sämtlich positiven Komponenten.

c) Gesucht sind alle Lösungsvektoren mit sämtlich negativen Komponenten.

3.32 Gegeben ist das lineare Gleichungssystem bezüglich der Unbekannten x_i, $i = 1, \ldots, 5$,

$$\begin{aligned} x_1 - x_2 + x_3 - x_4 + 3x_5 &= 1 \\ -x_1 + x_2 - x_3 + x_4 - x_5 &= 2 \end{aligned}$$

a) Das lineare Gleichungssystem ist zu lösen. Eine spezielle Lösung ist anzugeben.

b) Gesucht sind alle Lösungsvektoren mit sämtlich positiven Komponenten.

c) Drei linear unabhängige Lösungen des zugehörigen homogenen Gleichungssystems sind anzugeben.

3.33 Für welche Parameter $\lambda \in \mathbb{R}$ ist das lineare Gleichungssystem

$$\begin{aligned} x_1 \quad\quad + \; 2x_3 &= -1 \\ \lambda x_1 + x_2 + 2x_3 &= 2 \\ \lambda x_2 - 4\lambda x_3 &= 15 \end{aligned}$$

a) eindeutig lösbar, **b)** mehrdeutig lösbar, **c)** nicht lösbar?
Die Lösungsmenge ist anzugeben.

3.34 Ein Schiff wird mit Hilfe von Kränen beladen. Zunächst werden vier Kräne mit gleicher Leistung eingesetzt. Nach 2 Stunden kann noch über zwei weitere Kräne mit einer kleineren Leistung verfügt werden. Mit allen sechs Kränen wird noch 3 Stunden gearbeitet, bis das Verladen abgeschlossen ist. Wenn alle sechs Kräne von Anfang an zur Verfügung gestanden hätten, wäre die Arbeit nach 4.5 Stunden beendet gewesen. Wie viel Stunden hätte ein Kran mit größerer Leistung bzw. ein Kran mit kleinerer Leistung allein zum Beladen benötigt?

3.35 Ein Werk für Betonfertigteile stellt drei Arten von Balkonbrüstungen her:

Typ 1: einfache Ausführung mit glatter Oberfläche
Typ 2: Ausführung mit glatter Oberfläche, aber mit Lichtdurchbrüchen
Typ 3: Luxusausführung mit Reliefstruktur.

Zur Herstellung einer Betonbrüstung werden benötigt:

	Beton [t]	Zeit [h]
Typ 1	1.2	3
Typ 2	0.8	4
Typ 3	1	5

Pro Monat stehen 66 t Beton und 270 h Arbeitszeit zur Verfügung.

a) Wie viel Betonbrüstungen können von jedem Typ monatlich hergestellt werden, wenn beide Ressourcen voll verbraucht werden?

b) Wie viel Balkonbrüstungen vom Typ 1 und Typ 3 können bei voller Ausschöpfung der Ressourcen hergestellt werden, wenn vom Typ 2 genau 40 Stück produziert werden?

3.36 Der Dreigelenkrahmen (siehe **Bild 3.1**) ist belastet mit der Einzellast $P = 180$ kN und der Streckenlast $q = 20$ kN/m. Zu ermitteln sind die Auflagerreaktionen A_x, A_z, B_x, B_z für

a) $a = 4$ m, $b = 6$ m, $c = 2$ m, $d = 3$ m, $e = 5$ m, $f = 3$ m

b) $a = 3$ m, $b = 5$ m, $c = 1$ m, $d = 2$ m, $e = 6$ m, $f = 4$ m

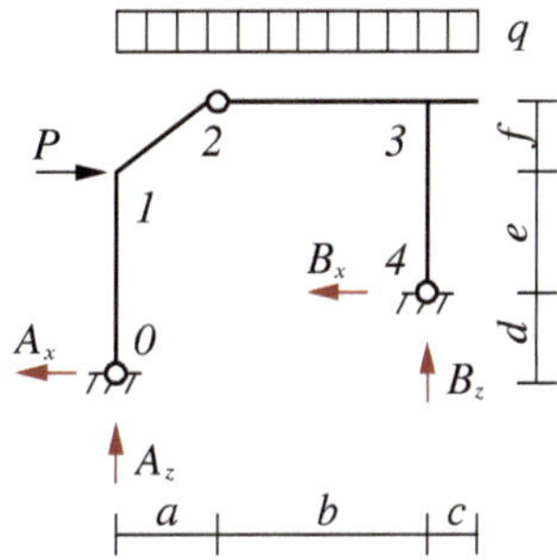

Bild 3.1 Dreigelenkrahmen

3.37 Im folgenden Fachwerk (siehe **Bild 3.2**) sind die Länge a, der Winkel α sowie die äußere Kraft $F = (f_1, f_2)^\top$ gegeben. Gesucht sind die Stabkräfte in allen Stäben.

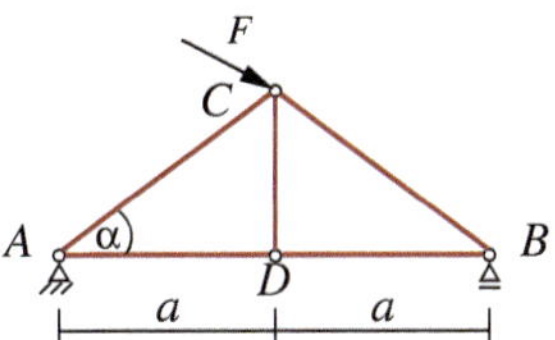

Bild 3.2 Fachwerk

3.38 Eine Baufirma produziert vier Sorten von Betonfertigteilen B_1, B_2, B_3, B_4, zu deren Herstellung drei Sorten Zuschläge Z_1, Z_2, Z_3 in verschiedenen Anteilen benötigt werden. In der Verbrauchsmatrix $V = (v_{ij})$ mit $i = 1, 2, 3$, $j = 1, 2, 3, 4$, gibt das Element v_{ij} die Menge des Zuschlagstoffes Z_i in kg an, die zur Herstellung eines Betonfertigteils B_j erforderlich ist:

$$V = \begin{pmatrix} 10 & 0 & 2 & 2 \\ 5 & 10 & 0.5 & 2 \\ 0 & 0 & 0 & 1 \end{pmatrix}.$$

Gesucht sind die Stückzahlen der vier Sorten von Betonfertigteilen, die die Zuschlagsmengen $z_1 = 1000$, $z_2 = 2000$, $z_3 = 300$ [kg] vollständig aufbrauchen können. Alle dafür in Frage kommenden Möglichkeiten sind anzugeben.

3.39 An drei Standorten, die 6 km, 4 km bzw. 3 km von einer Baugrube entfernt sind, befinden sich drei LKW mit einer maximalen Ladefähigkeit von entsprechend 5 t, 5 t und 4 t. Am ersten Standort steht ein Sand-Kies-Gemisch mit einem Kiesanteil von 30 % zur Verfügung, am zweiten von 60 % und am dritten von 20 %. Wie oft muss jeder LKW mit voller Ladung fahren, wenn insgesamt 100 t Sand-Kies-Gemisch mit einem Kiesanteil von 40 % für die Baugrube benötigt werden? Wie groß sind die Kraftstoffkosten, wenn pro 100 km für 10 € Kraftstoff verbraucht wird?

3.40 Ein beidseits eingespannter Stahlträger mit einer Länge von 10 m biegt sich infolge von Belastungen durch. An den Stellen x_i (Abstände von der linken Einspannstelle) wurden folgende Durchbiegungen w_i gemessen:

i	1	2	3	4	5
x_i [m]	0	2	5	9	10
w_i [mm]	0	16	25	4.5	0

Als Näherung für die Biegelinie ist das Polynom w geringsten Grades zu bestimmen, das durch die Punkte (x_i, w_i), $i = 1, 2, ..., 5$, verläuft. Darauf basierend ist die Durchbiegung an der Stelle $x = 4$ [m] anzugeben.

3.41 Ein Ausleger hat die Form eines regelmäßigen Tetraeders $ABCD$, dessen Seiten alle dieselbe Länge s haben (siehe **Bild 3.3**).

a) Zu bestimmen sind die Koordinaten der Punkte A, B, C, D.

b) Zu ermitteln sind die Vektoren $\overrightarrow{DA}$, $\overrightarrow{DB}$ und $\overrightarrow{DC}$.

c) Eine Gewichtskraft $G = (0, 0, -F)^\top$ greift in Punkt D an. Zu berechnen sind die Normalkräfte und die Stabkräfte in den Stäben DA, DB und DC bei Gleichgewichtslage.

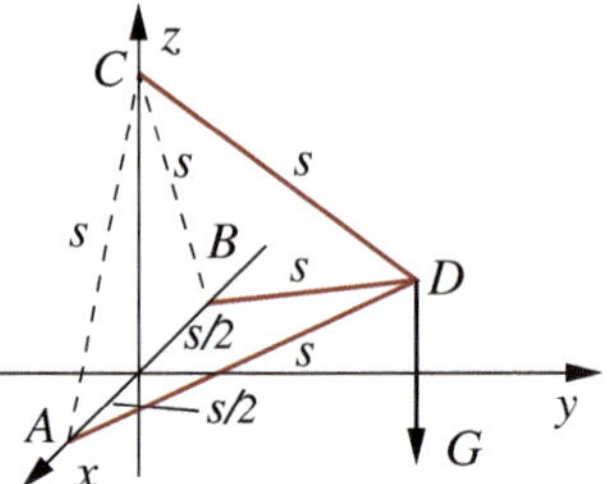

Bild 3.3 Ausleger

3.42 Der Kraftvektor $F = (120, -120, 50)^\top$ [kN] ist in drei Kraftvektoren parallel zu den folgenden Richtungen zu zerlegen:

$r^1 = (1, -3, 5)^\top$, $r^2 = (-6, 2, 3)^\top$, $r^3 = (2, 0, -1)^\top$.

Ist die Zerlegung eindeutig?

3.43 Für den Bau eines Fundamentes stehen drei Mischungen für Beton M_1, M_2, M_3 zur Verfügung, die die Zuschläge Z_1, Z_2 und Z_3 gemäß der Tabelle in folgenden Verhältnissen enthalten:

Zuschlag	Mischung		
	M_1	M_2	M_3
Z_1	6	5	3
Z_2	3	4	2
Z_3	1	1	6

Der Bauherr möchte allerdings eine eigene Betonmischung verwenden, die die Zuschläge Z_1, Z_2 und Z_3 im Verhältnis 525 : 315 : 175 enthält. Wie viel Tonnen der Mischungen M_1, M_2 und M_3 muss der Bauherr für 12 Tonnen der eigenen Betonmischung verwenden?

3.44 Der Student B. Scheiden erhält Bafög zur Finanzierung seines Studiums des Bauingenieurwesens an der gefragten Hochschule in Teuerheim. Zudem verdient er sich durch einen HiWi-Vertrag bei Professor C. A. Draufsicht einen monatlich konstanten Geldbetrag. Zur Bestreitung seines Lebens hebt er zur Sicherheit von seinem Sparbuch einen ebenfalls monatlich konstanten Betrag ab.

Für die monatliche Miete von 505 € verwendet er 50% vom Bafög, 40% seines HiWi-Verdienstes und 50% des Sparbuch-Betrages. Das monatliche Geld von 325 € für Mensa und Arbeitsmittel für das Studium nimmt er zu 30% vom Bafög, 20% aus dem HiWi-Verdienst und 50% vom Sparbuch-Betrag. Für seine restlichen Ausgaben verbleiben monatlich 220 €. Wie hoch sind das monatliche Bafög, der monatliche HiWi-Verdienst und der monatliche Sparbuch-Betrag?

3.45 Dreihundert Baumstämme sollen von vier LKW transportiert werden, wobei der erste LKW fünf, der zweite sechs, der dritte sieben und der vierte LKW acht Baumstämme laden kann. Die Anzahl der Fahrten aller vier LKW soll 42 betragen. Wie oft muss jeder der LKW fahren, wenn die Anzahl der Fahrten des ersten und des vierten LKWs zusammengenommen genauso groß ist wie die des zweiten und dritten LKWs zusammengenommen? Die LKW sollen stets maximal beladen sein.
Gesucht sind alle möglichen Lösungen, die den Bedingungen der Aufgabe genügen.

3.46 Zum Abtransport des Erdaushubs einer Baugrube von 302 m^3 stehen vier LKW mit je einer Aufnahmefähigkeit von 4 m^3, 5 m^3, 6 m^3 und 7 m^3 zur Verfügung. Wie oft muss jeder der vier LKW zum vollständigen Abtransport eingesetzt werden, wenn sie jeweils maximal beladen werden sollen? Der 4-m^3- und der 5-m^3-LKW sollen zusammen genauso oft fahren wie der 7-m^3-LKW. Der 4-m^3- und der 6-m^3-LKW sollen zusammen genauso oft fahren wie der 5-m^3- und der 7-m^3-LKW. Alle möglichen Lösungen sind anzugeben.

3.47 An einem Hebel der Länge l mit den Hebelarmen der Längen x und z ist an dem Ende des ersten Hebelarms die Kraft A senkrecht zum Hebel und an dem Ende des zweiten Hebelarms die Kraft C senkrecht zum Hebel angebracht. Die Kraft B senkrecht zum Hebel im Abstand y am zweiten Hebelarm hält den Hebel im Gleichgewicht (siehe **Bild 3.4**). Gesucht sind alle Möglichkeiten, die Längen x, y und z zu wählen, wenn l, A, B, C gegeben sind und die Kräfte A, B, C gleichgerichtet sind.

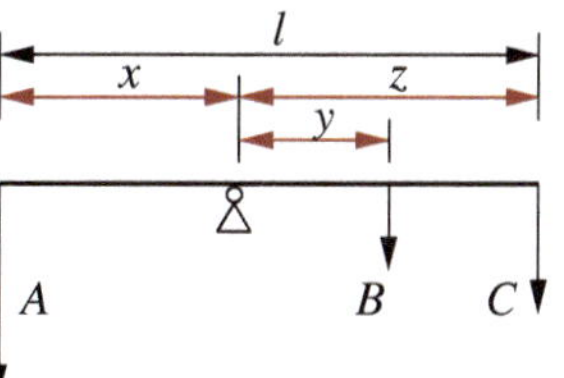

Bild 3.4 Hebel

3.48 Ein landwirtschaftlicher Betrieb hat drei Sorten S_1, S_2 und S_3 Düngemittel auf Lager, die folgende Anteile an Stickstoff, Kalium, Schwefel und Phosphor enthalten:

Bestandteil	S_1	S_2	S_3
Stickstoff	20%	25%	10%
Kalium	10%	15%	50%
Schwefel	10%	5%	10%
Phosphor	5%	10%	0%

Es wird eine eigene Mischung von 100 kg Düngemittel benötigt, die 19 % Stickstoff, 24 % Kalium, 8 % Schwefel und 5.5 % Phosphor enthält.

a) Wie kann die gewünschte Mischung aus den Sorten S_1, S_2 und S_3 erzeugt werden?

b) Kann aus den Sorten S_1, S_2 und S_3 eine Mischung von 100 kg erzeugt werden, die 3 kg Phosphor und die restlichen Bestandteile wie oben enthält?

3.49 Eine Tagungsstätte für Konferenzen will ihren Speisesaal mit Tischen für zwei, drei, vier und sechs Personen ausstatten. Es sollen insgesamt 45 Tische sein. Wenn alle Tische voll besetzt sind, können 154 Personen Platz nehmen. Wenn alle Tische für zwei Personen, die Hälfte der Tische für drei Personen, ein Fünftel der Tische für vier Personen und zwei Tische für sechs Personen voll besetzt sind, haben 68 Personen Platz genommen. Gesucht sind alle Möglichkeiten für die Anzahlen von Tischen für zwei, drei, vier und sechs Personen, mit denen die Tagungsstätte ihren Speisesaal unter diesen Bedingungen ausstatten kann.

3.50 Chemische Grundlage der Erzeugung von Energie mit Biogasanlagen ist die Reaktion von Methan, das beim Faulen organischer Stoffe entsteht, und Sauerstoff, bei der Energie freigesetzt wird. Mit Sauerstoff geht Methan unterschiedliche Reaktionen ein, je nachdem wie viel Sauerstoff für die Reaktion zur Verfügung steht. Nur bei genügend großem Sauerstoffangebot ist eine vollständige Verbrennung des Methans mit optimaler Energieausbeute möglich. Dabei entsteht Wasser und Kohlendioxid:

$\alpha_1\ CH_4 + \beta_1\ O_2 \to \gamma_1\ H_2O + \delta_1\ CO_2.$

Bei ungenügender Sauerstoffzufuhr hingegen entstehen unerwünschte Nebenprodukte wie Kohlenstoffmonoxid oder Kohlenstoff (Ruß), wobei die freigesetzte Energie geringer ist:

$\alpha_2\ CH_4 + \beta_2\ O_2 \to \gamma_2\ H_2O + \delta_2\ CO$ bzw.

$\alpha_3\ CH_4 + \beta_3\ O_2 \to \gamma_3\ H_2O + \delta_3\ C.$

Gesucht ist das Verhältnis der Koeffizienten α_i, β_i, γ_i und δ_i, $i = 1, 2, 3$, in den drei Reaktionsgleichungen.

3.51 Eine Firma, die Holzbretter herstellt, hat dafür vier Sägen im Einsatz. Die erste Säge produziert in drei Stunden doppelt so viele Bretter wie die zweite und dritte Säge zusammen in einer Stunde. Die zweite Säge produziert in acht Stunden dreimal so viele Bretter wie die erste, dritte und vierte Säge zusammen in einer Stunde. Die vierte Säge produziert in drei Stunden viermal so viele Bretter wie die zweite und dritte Säge zusammen in einer Stunde. Jede Säge produziert in jeder Stunde mindestens ein Brett.

a) Die Sägen sind absteigend nach ihrer Leistung zu ordnen.

b) Wie viel Bretter produziert jede Säge in einer Stunde, wenn bekannt ist, dass die Gesamtzahl der in einer Stunde produzierten Bretter nicht größer als 1000 ist?

3.52 Bei einem Geviert aus Einbahnstraßen sind die Verkehrsdichten (Fahrzeuge pro Stunde) für die zu- und abfließenden Verkehrsströme bekannt (siehe **Bild 3.5**). Für die Verkehrsdichten x_1, x_2, x_3, x_4 ist ein lineares Gleichungssystem aufzustellen und zu lösen.

a) Ist eine Sperrung des Straßenabschnittes AD ohne Drosselung des Zuflusses möglich?

b) Welches ist die minimale Verkehrsdichte auf dem Straßenabschnitt AB?

c) Welches ist die maximale Verkehrsdichte auf dem Straßenabschnitt CD?

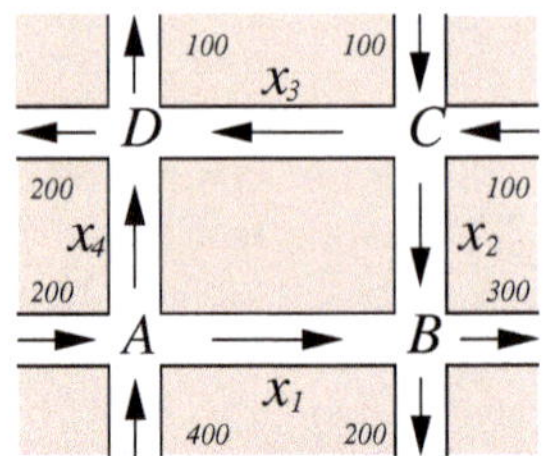

Bild 3.5 Einbahnstraßen

3.53 An der beliebten „Study-Fix"-Hochschule ist der Bau eines großzügigen Parkplatzes für 400 PKW-Stellplätze geplant. Dabei sind Reihen für fünf, sieben und neun PKW vorgesehen, die durch Begrünung voneinander getrennt werden sollen. Die Anzahl der Reihen für neun PKW soll halb so groß sein wie die Anzahl der Reihen für fünf bzw. sieben PKW zusammen. Welche Möglichkeiten gibt es unter diesen Bedingungen für die Anzahlen der Reihen für fünf, sieben und neun PKW?

3.54 Die in der IT-Branche bekannte kreative Firma „Hinter&Her" beabsichtigt, Preise zu 30 €, 24 € und 18 € im Gesamtwert von genau 600 € an 30 erfolgreiche Teilnehmer des Workshops „Inno&Vativ" auszuloben. Welche Möglichkeiten hat sie beim Kauf der Preise, wenn jede Wertstufe mindestens einmal vertreten sein soll?

Eigenwerte, Eigenvektoren

3.55 Die Eigenwerte und Eigenvektoren folgender 2×2 -Matrizen sind zu berechnen:

a) $\begin{pmatrix} -1 & 1 \\ 1 & 1 \end{pmatrix}$ **b)** $\begin{pmatrix} 2 & -1 \\ -1 & 2 \end{pmatrix}$ **c)** $\begin{pmatrix} 9 & 12 \\ 12 & 16 \end{pmatrix}$

3.56 Die Eigenwerte und Eigenvektoren folgender 3×3 -Matrizen sind zu berechnen. Zu prüfen ist, ob die Eigenvektoren paarweise orthogonal sind.

a) $\begin{pmatrix} 1 & 2 & -1 \\ -2 & 3 & 1 \\ -3 & 8 & 1 \end{pmatrix}$ **b)** $\begin{pmatrix} 9 & -3 & 12 \\ -3 & 1 & -4 \\ 12 & -4 & 16 \end{pmatrix}$

B4 Vektorrechnung und Analytische Geometrie

Vektorrechnung

Betrag, Skalarprodukt, Vektorprodukt, Spatprodukt

$e^1, e^2, ..., e^n \in \mathbb{R}^n$ - Orthonormalbasis, d. h., $|e^i|=1$, $(e^i, e^j) = 0$ für $i \neq j$ und $i, j = 1, ..., n$
$x = (x_1, ..., x_n)^\top = \sum_{i=1}^n x_i e^i \in \mathbb{R}^n$ - Vektor mit den Komponenten $x_1, ..., x_n$
Dem Vektor $x = (x_1, x_2, x_3)^\top \in \mathbb{R}^3$ entspricht der Punkt $X(x_1, x_2, x_3)$ im kartesischen Koordinatensystem. Analog entspricht dem Vektor $x = (x_1, x_2)^\top \in \mathbb{R}^2$ der Punkt $X(x_1, x_2)$. Die gerichtete Strecke $\overrightarrow{OX}$ heißt Ortsvektor von x. Sind A und B Punkte, so gilt für die gerichtete Strecke $\overrightarrow{AB} = \overrightarrow{OB} - \overrightarrow{OA}$.

Betrag $x \in \mathbb{R}^n$	$\lvert x\rvert = \sqrt{\sum_{i=1}^n x_i^2}$
Einheitsvektor zu x	$e_x = x/\lvert x\rvert$, $x \neq O$
Eigenschaften, $\alpha \in \mathbb{R}$	$\lvert x\rvert > 0$ für $x \neq O$ $\quad \lvert\alpha x\rvert = \lvert\alpha\rvert\lvert x\rvert$ $\quad \lvert x+y\rvert \leq \lvert x\rvert + \lvert y\rvert$
Skalarprodukt $x, y \in \mathbb{R}^n$	$(x,y) = \lvert x\rvert\lvert y\rvert \cos\angle(x,y) = \sum_{i=1}^n x_i y_i$
Eigenschaften, $\alpha \in \mathbb{R}$	$(x,x) = \lvert x\rvert^2$ $\quad \lvert x\rvert = \sqrt{(x,x)}$ $\quad (x,x) > 0$ für $x \neq O$ $\quad (x,y) = 0 \iff x \perp y$ $(x,y) = (y,x)$ $\quad (\alpha x, y) = \alpha(x,y)$ $\quad (x, y+z) = (x,y) + (x,z)$
Vektorprodukt $x, y \in \mathbb{R}^3$	$x \times y$ ist der zu x und y senkrechte Vektor, der mit x und y ein Rechtssystem bildet und dessen Betrag gleich dem Inhalt der Fläche des von x und y aufgespannten Parallelogramms ist: $\lvert x \times y\rvert = \lvert x\rvert\lvert y\rvert\lvert\sin\angle(x,y)\rvert$ $x \times y = \begin{vmatrix} e^1 & e^2 & e^3 \\ x_1 & x_2 & x_3 \\ y_1 & y_2 & y_3 \end{vmatrix} = \begin{pmatrix} x_2y_3 - x_3y_2 \\ x_3y_1 - x_1y_3 \\ x_1y_2 - x_2y_1 \end{pmatrix}$
Eigenschaften, $\alpha \in \mathbb{R}$, $x, y, z \in \mathbb{R}^3$	$x \times x = O$ $\quad x \times y = O \iff x \parallel y$, d. h., $x = O$ oder $y = O$ oder $x = \alpha y$ $(\alpha x) \times y = x \times (\alpha y) = \alpha(x \times y)$ $\quad x \times y = -(y \times x)$ $\quad x \times (y+z) = x \times y + x \times z$
Lagrange-Identität	$(x \times y, z \times w) = (x,z)(y,w) - (y,z)(x,w)$ $\quad \lvert x \times y\rvert^2 = \lvert x\rvert^2\lvert y\rvert^2 - (x,y)^2$
Entwicklungssatz	$(x \times y) \times z = (x,z)y - (y,z)x$ $\quad x \times (y \times z) = (x,z)y - (x,y)z$
Spatprodukt $x, y, z \in \mathbb{R}^3$	$(x,y,z) = (x \times y, z) = (x, y \times z) = \begin{vmatrix} x_1 & x_2 & x_3 \\ y_1 & y_2 & y_3 \\ z_1 & z_2 & z_3 \end{vmatrix}$

Anwendungen von Skalarprodukt, Vektorprodukt, Spatprodukt

Skalarprodukt, $x, y \in \mathbb{R}^n$, $F, F_x, F_n, A, B \in \mathbb{R}^2$ bzw. $\mathbb{R}^3$, $W \in \mathbb{R}$	Berechnung
Winkel zwischen x und y	$\angle(x,y) = \arccos \frac{(x,y)}{\lvert x\rvert\lvert y\rvert}$
Projektion von x auf y	$x_y = \frac{(x,y)}{(y,y)} y$
Arbeit W der Kraft F entlang des Weges $\overrightarrow{AB}$	$W = (F, \overrightarrow{AB})$
Zerlegung der Kraft F: $F = F_x + F_n$ mit $F_x \parallel x$, $F_n \perp F$	$F_x = \frac{(F,x)}{(x,x)} x$, $\quad F_n = F - F_x$

Vektorprodukt, A, B, C - Punkte des $\mathbb{R}^3$, $F, M \in \mathbb{R}^3$	Berechnung
Die Punkte A, B, C liegen auf einer Gerade genau dann, wenn	$\overrightarrow{AB} \times \overrightarrow{AC} = O$
Inhalt der Fläche $A_{\triangle ABC}$ des Dreiecks $\triangle ABC$	$A_{\triangle ABC} = \lvert\overrightarrow{AB} \times \overrightarrow{AC}\rvert/2$
Moment M einer Kraft F, die in B angreift, bezüglich A	$M = \overrightarrow{AB} \times F$

Spatprodukt, A, B, C, D - Punkte des $\mathbb{R}^3$	Berechnung
Volumen V_{P} des von $\overrightarrow{AB}, \overrightarrow{AC}, \overrightarrow{AD}$ gebildeten Spates	$V_{\mathrm{P}} = \lvert(\overrightarrow{AB}, \overrightarrow{AC}, \overrightarrow{AD})\rvert$
Volumen V_{T} des Tetraeders mit den Ecken A, B, C, D	$V_{\mathrm{T}} = \lvert(\overrightarrow{AB}, \overrightarrow{AC}, \overrightarrow{AD})\rvert/6$
Die Punkte A, B, C, D liegen in einer Ebene genau dann, wenn	$(\overrightarrow{AB}, \overrightarrow{AC}, \overrightarrow{AD}) = 0$

Analytische Geometrie der Ebene

Die Gerade

g - Gerade, $P(x_p, y_p)$, $P_1(x_1, y_1)$, $P_2(x_2, y_2) \in g$ - gegebene Punkte, $X(x, y) \in g$ - beliebiger Punkt, $\lambda \in \mathbb{R}$ - Parameter, $r = (x_r, y_r)^\top \neq (0,0)^\top$ - Richtungsvektor, $r \| g$, $n = (x_n, y_n)^\top \neq (0,0)^\top$ - Normalenvektor, $n \perp g$

Gleichung	Vektorschreibweise	Koordinatenschreibweise
Parameterform	$\overrightarrow{OX} = \overrightarrow{OP} + \lambda r$	$(x, y)^\top = (x_p, y_p)^\top + \lambda(x_r, y_r)^\top$
Punktrichtungsform		$y = y_p + \dfrac{y_r}{x_r}(x - x_p),\ x_r \neq 0$
Zweipunkteform	$\overrightarrow{OX} = \overrightarrow{OP_1} + \lambda\overrightarrow{P_1P_2}$	$(x, y)^\top = (x_1, y_1)^\top + \lambda(x_2 - x_1, y_2 - y_1)^\top$
parameterfreie Zweipunkteform		$\dfrac{y - y_1}{x - x_1} = \dfrac{y_2 - y_1}{x_2 - x_1} = s,\ x_1 \neq x_2,\quad s$ - Steigung
Achsenabschnittsform		$\dfrac{x}{a} + \dfrac{y}{b} = 1,$ $a \neq 0$ - Abschnitt auf der x-Achse, $b \neq 0$ - Abschnitt auf der y-Achse
Normalform		$y = sx + b,\ x_1 \neq x_2,\ s = \tan\alpha,\ \alpha$ - Steigungswinkel
Allgemeine Form	$(\overrightarrow{PX}, n) = 0$	$x_n x + y_n y + c = 0, \quad c = -(x_n x_p + y_n y_p)$
Hesse-Normalform	$(\overrightarrow{PX}, e_n) = 0,\ e_n = n/\lvert n\rvert$	$(x_n x + y_n y + c)/\lvert n\rvert = 0$

Lagebeziehung zweier Geraden

$g_1: \quad a_1x + b_1y + c_1 = 0,\ a_1, b_1, c_1 \in \mathbb{R}$
$g_2: \quad a_2x + b_2y + c_2 = 0,\ a_2, b_2, c_2 \in \mathbb{R}$, $D = \begin{vmatrix} a_1 & b_1 \\ a_2 & b_2 \end{vmatrix}$, $G_1 = \begin{vmatrix} c_1 & b_1 \\ c_2 & b_2 \end{vmatrix}$, $G_2 = \begin{vmatrix} a_1 & c_1 \\ a_2 & c_2 \end{vmatrix}$, Schnittpunkt $S(x_s, y_s)$

Lage	Bedingungen	Gemeinsame Punkte
parallel	$D = 0$ und $(a_1, b_1, c_1)^\top \times (a_2, b_2, c_2)^\top \neq O$	keine
zusammenfallend	$D = 0$ und $(a_1, b_1, c_1)^\top \times (a_2, b_2, c_2)^\top = O$	alle
nicht parallel	$D \neq 0$	$x_s = -G_1/D,\ y_s = -G_2/D$

Kurven zweiter Ordnung

Allgemeine Gleichung: Mittelpunkt $M(c,d)$, Symmetrieachse der Kurve ist parallel zur x-Achse
$a, b > 0$ - Längen der Halbachsen (Ellipse, Hyperbel), $r > 0$ - Radius (Kreis)
Normalform: Mittelpunkt im Koordinatenursprung, Symmetrieachse der Kurve ist die x-Achse
Parameterform: $P(x(t), y(t))$ - Punkt der Kurve, $t \in \mathbb{R}$ - Parameter, $x(t), y(t) : \mathbb{R} \to \mathbb{R}$,
F - Brennpunkt, ε - Exzentrizität, e - lineare Exzentrizität., $P_0(x_0, y_0)$ - Punkt der Kurve,
R - Krümmungsradius, $p \neq 0$

Kurve 2. Ordnung, achsparallel	Allgemeine Gleichung Normalform Parameterform	Exzentrizität lineare Exzentr. Brennpunkte	Tangente im Punkt P_0 der Kurve Krümmungsradius im Punkt P_0
Ellipse	$\frac{(x-c)^2}{a^2} + \frac{(y-d)^2}{b^2} = 1$ $\frac{x^2}{a^2} + \frac{y^2}{b^2} = 1$ $\left.\begin{array}{l} x(t)=c+a\cos t \\ y(t)=d+b\sin t \end{array}\right\}$	$\varepsilon = \frac{\sqrt{a^2-b^2}}{a} < 1$ $e = a\varepsilon$ $F_{1,2}(c \pm e, d)$	$\frac{(x-c)(x_0-c)}{a^2} + \frac{(y-d)(y_0-d)}{b^2} = 1$ $R=a^2b^2\left(\frac{(x_0-c)^2}{a^4}+\frac{(y_0-d)^2}{b^4}\right)^{3/2}$
Kreis	$(x-c)^2 + (y-d)^2 = r^2$ $x^2 + y^2 = r^2$ $\left.\begin{array}{l} x(t)=c+r\cos t \\ y(t)=d+r\sin t \end{array}\right\}$	$\varepsilon = 0$ $e = 0$ $F(c,d) = M(c,d)$	$(x-c)(x_0-c) + (y-d)(y_0-d) = r^2$ $R = r$
Hyperbel	$\frac{(x-c)^2}{a^2} - \frac{(y-d)^2}{b^2} = 1$ $\frac{x^2}{a^2} - \frac{y^2}{b^2} = 1$ $\left.\begin{array}{l} x(t)=c+a\cosh t \\ y(t)=d+b\sinh t \end{array}\right\}$	$\varepsilon = \frac{\sqrt{a^2+b^2}}{a} > 1$ $e = a\varepsilon$ $F_{1,2}(c \pm e, d)$	$\frac{(x-c)(x_0-c)}{a^2} - \frac{(y-d)(y_0-d)}{b^2} = 1$ $R=a^2b^2\left(\frac{(x_0-c)^2}{a^4}+\frac{(y_0-d)^2}{b^4}\right)^{3/2}$ Asymptoten $y-d = \pm\frac{b}{a}(x-c)$
Parabel	$(y-d)^2 = 2p(x-c)$ $y^2 = 2px$ $\left.\begin{array}{l} x(t) = c+t \\ y(t) = d\pm\sqrt{2pt} \\ \quad pt \geq 0 \end{array}\right\}$	$\varepsilon = 1$ Brennweite $e = \lvert p\rvert/2$ $F(c+e, d)$	$(y-d)(y_0-d) = p(x+x_0-2c)$ $R = \frac{(p+2(x_0-c))^{3/2}}{p^{1/2}}$

Aufgaben der ebenen Geometrie

Aufgabe der ebenen Geometrie		Berechnung
Abstand d des Punktes Q zur Gerade $g:\ \overrightarrow{OX} = \overrightarrow{OP} + \lambda r$, Lotfußpunkt F $e_r = r/\|r\|$ - Einheitsvektor zu r $e_n = n/\|n\|$ - Einheitsvektor zu n	Q, r, g, d, P, F, O	$d = \|(\overrightarrow{PQ}, e_n)\|$, $\overrightarrow{OF} = \overrightarrow{OQ} - (\overrightarrow{PQ}, e_n)\, e_n$ $d = \|\overrightarrow{PQ} \times e_r\|$, $\overrightarrow{OF} = \overrightarrow{OP} + (\overrightarrow{PQ}, e_r)\, e_r$
Winkel α zwischen den Geraden g_1, g_2 r^1, r^2 - Richtungsvektoren n^1, n^2 - Normalenvektoren s_1, s_2 - Steigungen	n^2, n^1, α, r^2, g_2, g_1, r^1, O	$\cos\alpha = \dfrac{(r^1, r^2)}{\|r^1\|\|r^2\|} = \dfrac{(n^1, n^2)}{\|n^1\|\|n^2\|}$ oder $\tan\alpha = \dfrac{s_2 - s_1}{1 + s_1 s_2}$, $\alpha \in [0, \pi]$

Analytische Geometrie des Raumes

Die Gerade

g - Gerade, $P(x_p, y_p, z_p)$, $P_1(x_1, y_1, z_1)$, $P_2(x_2, y_2, z_2) \in g$ - gegebene Punkte, $X(x, y, z) \in g$ - beliebiger Punkt
λ, λ_1, $\lambda_2 \in \mathbb{R}$ - Parameter, $r = (x_r, y_r, z_r)^\top \neq (0, 0, 0)^\top$ - Richtungsvektor, $r \| g$

Gleichung	Vektorschreibweise	Koordinatenschreibweise
Parameterform	$\overrightarrow{OX} = \overrightarrow{OP} + \lambda r$	$(x, y, z)^\top = (x_p, y_p, z_p)^\top + \lambda(x_r, y_r, z_r)^\top$
Punktrichtungsform		$\dfrac{x - x_p}{x_r} = \dfrac{y - y_p}{y_r} = \dfrac{z - z_p}{z_r}$, $\quad x_r, y_r, z_r \neq 0$
Zweipunkteform	$\overrightarrow{OX} = \overrightarrow{OP_1} + \lambda\overrightarrow{P_1P_2}$	$(x, y, z)^\top = (x_1, y_1, z_1)^\top + \lambda(x_2 - x_1, y_2 - y_1, z_2 - z_1)^\top$
Momentenform	$\overrightarrow{PX} \times r = O$ $\overrightarrow{P_1X} \times \overrightarrow{P_1P_2} = O$	$(x - x_p, y - y_p, z - z_p)^\top \times (x_r, y_r, z_r)^\top = (0, 0, 0)^\top$ $(x - x_1, y - y_1, z - z_1)^\top \times (x_2 - x_1, y_2 - y_1, z_2 - z_1)^\top = (0, 0, 0)^\top$

Lagebeziehung zweier Geraden

$g_1 : \overrightarrow{OX} = \overrightarrow{OP_1} + \lambda_1 r^1$, $g_2 : \overrightarrow{OX} = \overrightarrow{OP_2} + \lambda_2 r^2$, Schnittpunkt $S(x_s, y_s, z_s)$

Lage	Bedingungen			Gemeinsame Punkte
parallel	$r^1 \times r^2 = O$	und	$\overrightarrow{P_1P_2} \times r^1 \neq O$	keine
zusammenfallend	$r^1 \times r^2 = O$	und	$\overrightarrow{P_1P_2} \times r^1 = O$	alle
schneiden sich	$r^1 \times r^2 \neq O$	und	$(\overrightarrow{P_1P_2}, r^1 \times r^2) = 0$	$\overrightarrow{OS} = \overrightarrow{OP_1} + \dfrac{(\overrightarrow{P_1P_2}, r^2, r^1 \times r^2)}{\|r^1 \times r^2\|^2} r^1$
windschief	$r^1 \times r^2 \neq O$	und	$(\overrightarrow{P_1P_2}, r^1 \times r^2) \neq 0$	keine

Die Ebene

E - Ebene, $P(x_p, y_p, z_p)$, $P_1(x_1, y_1, z_1)$, $P_2(x_2, y_2, z_2)$, $P_3(x_3, y_3, z_3) \in E$ - gegebene Punkte, $X(x, y, z) \in E$ - beliebiger Punkt, $\lambda, \mu \in \mathbb{R}$ - Parameter, $n = (x_n, y_n, z_n)^\top$ - Normalenvektor, $n \perp E$, $u = (x_u, y_u, z_u)^\top$, $v = (x_v, y_v, z_v)^\top$ - linear unabhängige Vektoren, $u, v \parallel E$

Gleichung	Vektorschreibweise	Koordinatenschreibweise
Allgemeine Form	$(\overrightarrow{PX}, n) = 0$	$n_x x + n_y y + n_z z + c = 0$, $c = -(x_n x_p + y_n y_p + z_n z_p)$
Hesse-Normalform	$(\overrightarrow{PX}, e_n) = 0$	$(x_n x + y_n y + z_n z + c)/\lvert n\rvert = 0$
Dreipunkteform	$(\overrightarrow{P_1X}, \overrightarrow{P_1P_2} \times \overrightarrow{P_1P_3}) = 0$	$\begin{vmatrix} x - x_1 & y - y_1 & z - z_1 \\ x_2 - x_1 & y_2 - y_1 & z_2 - z_1 \\ x_3 - x_1 & y_3 - y_1 & z_3 - z_1 \end{vmatrix} = 0$
Parameterform	$\overrightarrow{OX} = \overrightarrow{OP} + \lambda u + \mu v$	$(x, y, z)^\top = (x_p, y_p, z_p)^\top + \lambda(x_u, y_u, z_u)^\top + \mu(x_v, y_v, z_v)^\top$
Achsenabschnittsform		$\frac{x}{a} + \frac{y}{b} + \frac{z}{c} = 1$, Achsenabschnitte $a, b, c \neq 0$

Lagebeziehungen

Geometrische Objekte	Lage	Bedingung
Gerade: $\overrightarrow{OX} = \overrightarrow{OQ} + \lambda r$	Schnittpunkt S	$(n, r) \neq 0$, $\overrightarrow{OS} = \overrightarrow{OQ} - \frac{(\overrightarrow{PQ}, n)}{(n, r)} r$
Ebene: $(\overrightarrow{PX}, n) = 0$	Gerade liegt in der Ebene	$(n, r) = 0$ und $(\overrightarrow{PQ}, n) = 0$
	keine gemeinsamen Punkte	$(n, r) = 0$ und $(\overrightarrow{PQ}, n) \neq 0$
Ebene: $(\overrightarrow{P_1X}, n^1) = 0$	Schnittgerade	$r = n^1 \times n^2 \neq O$
Ebene: $(\overrightarrow{P_2X}, n^2) = 0$	zusammenfallend	$n^1 \times n^2 = O$ und $(\overrightarrow{P_1P_2}, n^1) = 0$
	keine gemeinsamen Punkte	$n^1 \times n^2 = O$ und $(\overrightarrow{P_1P_2}, n^1) \neq 0$

Aufgaben der räumlichen Geometrie

Aufgabe der räumlichen Geometrie		Berechnung
Abstand d des Punktes Q zur Gerade $g: \overrightarrow{OX} = \overrightarrow{OP} + \lambda r$, Lotfußpunkt F $e_r = r/\lvert r\rvert$ - Einheitsvektor zu r	Q, r, d, g, P, O, F	$d = \lvert\overrightarrow{PQ} \times e_r\rvert$ $\overrightarrow{OF} = \overrightarrow{OP} + (\overrightarrow{PQ}, e_r)\, e_r$
Winkel α Gerade - Gerade r^1, r^2 - Richtungsvektoren	g_2, r^2, α, O, r^1, g_1	$\cos\alpha = \frac{(r^1, r^2)}{\lvert r^1\rvert\lvert r^2\rvert}$, $\alpha \in [0, \pi]$

Aufgabe der räumlichen Geometrie		Berechnung
Abstand d nicht paralleler Geraden g_1, g_2 $g_1 : \overrightarrow{OX} = \overrightarrow{OP_1} + \lambda_1 r^1$, Lotfußpunkt F_1 $g_2 : \overrightarrow{OX} = \overrightarrow{OP_2} + \lambda_2 r^2$, Lotfußpunkt F_2 r^1, r^2 - Richtungsvektoren	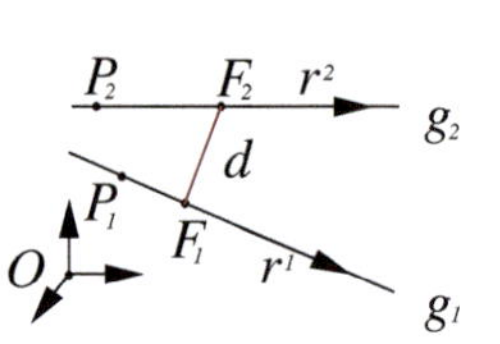	$d = \dfrac{\lvert(\overrightarrow{P_1P_2}, r^1 \times r^2)\rvert}{\lvert r^1 \times r^2\rvert}$ $\overrightarrow{OF_i} = \overrightarrow{OP_i} + \lambda_i^\star r^i,\ i = 1, 2$ $\lambda_i^\star = \dfrac{(\overrightarrow{P_1P_2}, r^{3-i}, r^1 \times r^2)}{\lvert r^1 \times r^2\rvert^2}$
Abstand d des Punktes Q zur Ebene $(\overrightarrow{PX}, n) = 0$, Lotfußpunkt F $e_n = n/\lvert n\rvert$ - Einheitsvektor zu n	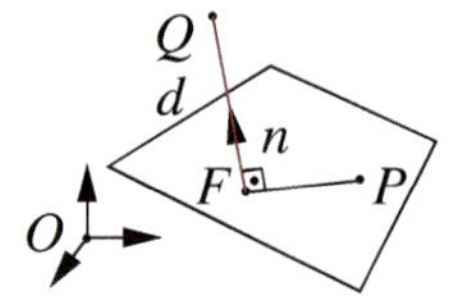	$d = \lvert(\overrightarrow{PQ}, e_n)\rvert$ $\overrightarrow{OF} = \overrightarrow{OQ} - (\overrightarrow{PQ}, e_n)e_n$
Winkel α Ebene - Ebene n^1, n^2 - Normalenvektoren	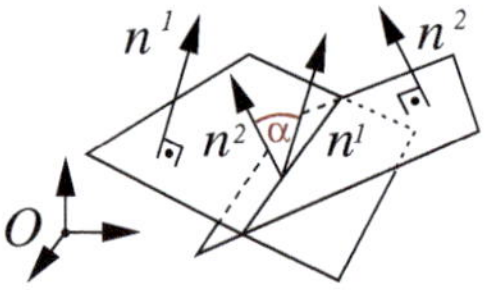	$\cos\alpha = \dfrac{(n^1, n^2)}{\lvert n^1\rvert\lvert n^2\rvert},\ \alpha \in [0, \pi]$
Winkel α Gerade - Ebene r - Richtungsvektor der Gerade n - Normalenvektor der Ebene	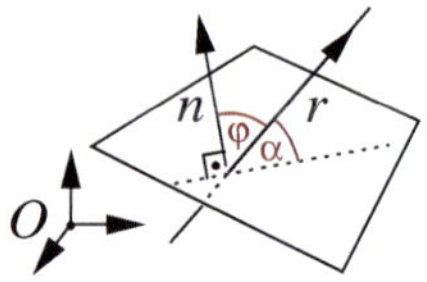	$\alpha = \left\lvert\dfrac{\pi}{2} - \varphi\right\rvert, \quad \cos\varphi = \dfrac{(r, n)}{\lvert r\rvert\lvert n\rvert},$ $\alpha \in [0, \pi/2], \quad \varphi \in [0, \pi]$

Koordinatensysteme

Ebene Koordinaten		Umrechnung
Kartesische Koordinaten x, y x - Abszisse, $-\infty < x < \infty$ y - Ordinate, $-\infty < y < \infty$ O - Koordinatenursprung	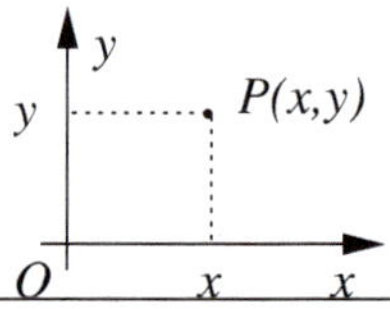	aus Polarkoordinaten $x = r\cos\varphi$ $y = r\sin\varphi$
Polarkoordinaten r, φ r - Abstand des Punktes P vom Koordinatenursprung O, $r \geq 0$ φ - Winkel des Vektors $\overrightarrow{OP}$ gegen die positive x-Achse (Polarachse), $0 \leq \varphi < 2\pi$	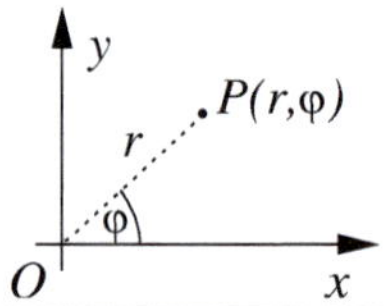	aus kartesischen Koordinaten $r = \sqrt{x^2 + y^2}$ $\varphi = \begin{cases} \arccos\dfrac{x}{r}, & y \geq 0 \\ 2\pi - \arccos\dfrac{x}{r}, & y < 0 \end{cases},\quad r \neq 0$
Koordinatentransformation $\overrightarrow{OP} = (x, y)^\top$ $\overrightarrow{O'P'} = (x', y')^\top$ Verschiebung um den Vektor $\overrightarrow{OO'} = (x_t, y_t)^\top$ Einheitsvektoren der Achsen alt: e_x, e_y neu: $e_{x'}, e_{y'}$	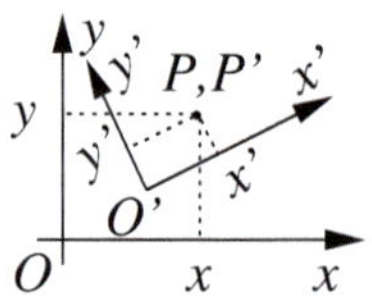	$\overrightarrow{O'P'} = D^{-1}(\overrightarrow{OP} - \overrightarrow{OO'})$ $\overrightarrow{OP} = D\,\overrightarrow{O'P'} + \overrightarrow{OO'}$ Rotationsmatrix $D = \begin{pmatrix} (e_x, e_{x'}) & (e_x, e_{y'}) \\ (e_y, e_{x'}) & (e_y, e_{y'}) \end{pmatrix}$

Räumliche Koordinaten		Umrechnung
Kartesische Koordinaten x, y, z $-\infty < x, y, z < \infty$ P' - Projektion von P in die (x, y)-Ebene	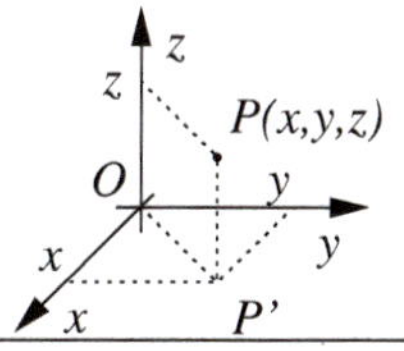	aus Zylinderkoordinaten $x = r\cos\varphi,\ y = r\sin\varphi,\ z = z$ aus Kugelkoordinaten $x = r\sin\vartheta\cos\varphi,$ $y = r\sin\vartheta\sin\varphi,\ z = r\cos\vartheta$
Zylinderkoordinaten r, φ, z r - Abstand von der z-Achse, $r \geq 0$ φ - Winkel des Vektors $\overrightarrow{OP'}$ gegen die positive x-Achse, $0 \leq \varphi < 2\pi$	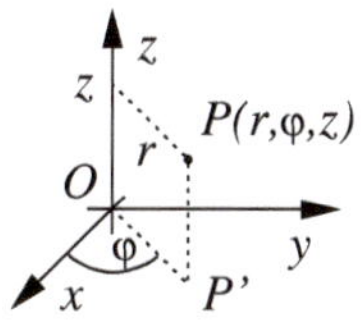	aus kartesischen Koordinaten $r = \sqrt{x^2 + y^2}$ $\varphi = \begin{cases} \arccos\frac{x}{r}, & y \geq 0 \\ 2\pi - \arccos\frac{x}{r}, & y < 0 \end{cases},\ r \neq 0$ $z = z$
Kugelkoordinaten r, φ, ϑ r - Abstand des Punktes P vom Koordinatenursprung O, $r \geq 0$ φ - Winkel des Vektors $\overrightarrow{OP'}$ gegen die positive x-Achse, $0 \leq \varphi < 2\pi$ ϑ - Winkel des Vektors $\overrightarrow{OP}$ gegen die positive z-Achse, $0 \leq \vartheta \leq \pi$	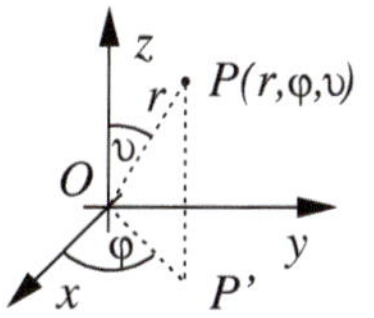	aus kartesischen Koordinaten $r = \sqrt{x^2 + y^2 + z^2}$ $\varphi = \begin{cases} \arccos\frac{x}{\sqrt{x^2+y^2}}, & y \geq 0 \\ 2\pi - \arccos\frac{x}{\sqrt{x^2+y^2}}, & y < 0 \end{cases}$ $\vartheta = \arccos\frac{z}{r},\ r \neq 0,\ x^2 + y^2 \neq 0$
Koordinatentransformation $\overrightarrow{OP} = (x, y, z)^\top\ \overrightarrow{O'P'} = (x', y', z')^\top$ Verschiebung um den Vektor $\overrightarrow{OO'} = (x_t, y_t, z_t)^\top$ Einheitsvektoren der Achsen alt: e_x, e_y, e_z neu: $e_{x'}, e_{y'}, e_{z'}$	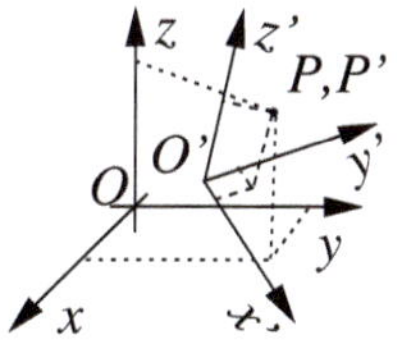	$\overrightarrow{O'P'} = D^{-1}(\overrightarrow{OP} - \overrightarrow{OO'})$ $\overrightarrow{OP} = D\,\overrightarrow{O'P'} + \overrightarrow{OO'}$ Rotationsmatrix $D = \begin{pmatrix} (e_x, e_{x'}) & (e_x, e_{y'}) & (e_x, e_{z'}) \\ (e_y, e_{x'}) & (e_y, e_{y'}) & (e_y, e_{z'}) \\ (e_z, e_{x'}) & (e_z, e_{y'}) & (e_z, e_{z'}) \end{pmatrix}$

Vektoren, Betrag

4.1 Die Koordinaten des Mittelpunktes eines Rechtecks sind anzugeben, wenn die Punkte $A(3,7)$ und $B(11,-1)$ gegenüberliegende Ecken sind.

4.2 Die Punkte $M_1(1,1)$, $M_2(2,2)$ und $M_3(3,-1)$ sind drei aufeinanderfolgende Ecken eines Parallelogramms. Zu berechnen sind die Koordinaten seiner vierten Ecke M_4.

4.3 In den Punkten $(3,5)$ und $(9,-7)$ befinden sich die Massen $m_1 = 1$ und $m_2 = 2$. Wo liegt der Schwerpunkt dieser Massen?

4.4 Im Punkt $P_0(1,3,-1)$ wurde ein Haken befestigt, von dem die drei Seile S_1, S_2 und S_3 nach den Punkten $P_1(2,1,1), P_2(-7,4,3)$ bzw. $P_3(-1,9,2)$ gespannt sind (alle Angaben in m). In den Seilen treten Zugkräfte mit folgenden Beträgen auf: Seil S_1: $21 \cdot 10^4$ N, Seil S_2: $9 \cdot 10^4$ N, Seil S_3: $14 \cdot 10^4$ N. Gesucht ist die in P_0 angreifende Gesamtkraft F_{res} (Betrag und Richtung).

4.5 Gesucht sind die Kräfte F^1 und F^2 in den Stäben eines Stabauslegers unter der Last F (Betrag und Richtung) (siehe **Bild 4.1**). Die Komponenten dieser Kräfte sind für $|F| = 1800$ N, $\alpha = 30°$, $\beta = 15°$ anzugeben.

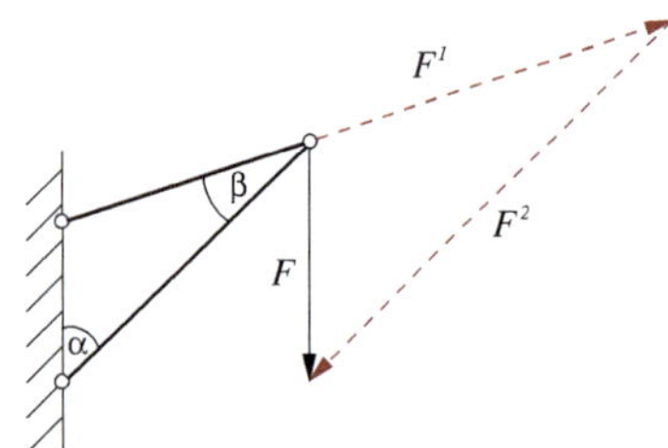

Bild 4.1 Stabausleger

4.6 Nachzuweisen ist, dass die Punkte $A(-2,-2)$, $B(-3,1)$, $C(7,7)$ und $D(3,1)$ Eckpunkte eines Trapezes sind.

4.7 Zu zeigen ist, dass die Mittelpunkte der Seiten eines beliebigen konvexen Vierecks stets die Ecken eines Parallelogrammes sind.

4.8 Gegeben sind die Knoten $A(0,0,0)$, $B(1,2,2)$, $C(6,3,-2)$, $D(9,0,0)$ [m] eines Fachwerkes mit den Stäben AB, AC und AD. Im Knoten A greift die Kraft $F(20,0,10)$ [kN] an. Gesucht sind die Längen der Stäbe und die Beträge der Stabkräfte.

Projektionen, Skalarprodukt

4.9 Gegeben sind die Punkte $A(2,5)$ und $B(-3,2)$. Die Projektionen des Vektors $\overrightarrow{AB}$ auf die Koordinatenachsen sind zu bestimmen.

4.10 Gegeben sind die Punkte $A(1,2)$ und $B(5,-1)$. Gesucht sind die Länge des Vektors $\overrightarrow{AB}$ und die Winkel des Vektors mit den Koordinatenachsen.

4.11 Gegeben sind die Punkte $A(2,-1)$, $B(-1,3)$, $C(4,7)$, $D(-1,5)$. Gesucht ist die Projektion des Vektors $\overrightarrow{AB}$ auf den Vektor $\overrightarrow{CD}$.

4.12 Die Punkte $M_1(2,1)$, $M_2(-3,2)$ und $M_3(-1,1)$ sind die Ecken eines Dreiecks. Mittelpunkt und Radius seines Umkreises sind zu bestimmen.

4.13 Wie groß ist die Arbeit W, die von der Kraft $F = (4,-2,3)^\top$ [N] längs der geradlinigen Wegstrecke von $P_1(1,1,0)$ [m] nach $P_2(3,1,1)$ [m] geleistet wird?

4.14 Eine Kraft vom Betrag 6 N, die einen Körper vom Punkt $P_0(2,-2,1)$ [m] nach dem Punkt $P_1(3,4,5)$ [m] geradlinig bewegt, wirkt in Richtung des Vektors $x = (-1,3,2)^\top$. Welche Arbeit wird von der Kraft verichtet?

4.15 Die Kraft $F = (5,5,0)^\top$ [kN] bewegt einen Körper vom Punkt $P_1(7,2,-2)$ [m] zum Punkt $P_2(7,5,1)$ [m] geradlinig.

a) Gesucht ist der Betrag der Kraft, die Länge des zurückgelegten Weges, die Arbeit bei der Bewegung des Körpers und der Winkel zwischen Kraft- und Bewegungsrichtung.

b) Die Kraft F ist in die Summe einer Kraft in Bewegungsrichtung und einer dazu senkrechten Kraft zu zerlegen.

4.16 Gegeben sind die Koordinaten der Eckpunkte eines Dreiecks $A(1,1,1)$, $B(2,-1,4)$, $C(4,2,-4)$. Gesucht sind

a) die Längen seiner Seiten,

b) sein geometrischer Schwerpunkt,

c) sein Innenwinkel am Punkt A,

d) der Inhalt seiner Fläche.

Vektorprodukt, Spatprodukt

4.17 Die Länge der Mittellinie und der Flächeninhalt der Trapeze $ABCD$ sind zu berechnen:

a) $A(-2,3)$, $B(4,-6)$, $C(6,-1)$, $D(4,2)$

b) $A(0,0,0)$, $B(8,6,0)$, $C(4,3,2)$, $D(0,0,2)$

c) $A(5,5)$, $B(-3,1)$, $C(-5,-5)$, $D(-1,-3)$

4.18 Gesucht ist der Flächeninhalt des von den Vektoren $a = (2,-1,3)^\top$ und $b = (6,4,2)^\top$ aufgespannten Parallelogramms.

4.19 Die Ecken eines Dreiecks liegen in den Punkten $A(1,2)$, $B(3,-1)$ und $C(-2,-5)$. Wie groß ist sein Flächeninhalt?

4.20 Gegeben ist die Kraft $F = (3,4,-2)^\top$ [kN] mit dem Angriffspunkt $P(1,2,1)$ [m]. Gesucht sind

a) das Drehmoment von F bezüglich des Koordinatenursprungs O,

b) der Betrag des Drehmomentes,

c) der Einheitsvektor in Richtung der entsprechenden Drehachse,

d) die Zerlegung von F als Summe einer Kraft F_N in Richtung des Vektors $\overrightarrow{OP}$ und einer Kraft F_V senkrecht zu F_N,

e) das Drehmoment von F_V bezüglich des Koordinatenursprungs O.

Welcher Zusammenhang besteht zwischen den Aufgaben **a)** und **e)**?

4.21 Der Kraftvektor $F = (-35,85,105)^\top$ [kN] ist bezüglich der Richtungsvektoren $r^1 = (-1,2,1)^\top$, $r^2 = (1,-4,-2)^\top$ und r^3 senkrecht zu r^1 und r^2 zu zerlegen.

4.22 Ein Stab ist im Kugelgelenk $A(0.2,-0.1,0.3)$ [m] befestigt. Die Kraft $F = (0.8,0.6,-0.6)^\top$ [kN] greift in seinem Endpunkt $P(-0.2,0.2,0.4)$ [m] an. Gesucht ist das in A erzeugte Moment.

4.23 Der Kraftvektor $F = (300,-100,200)^\top$ [N] greift im Punkt $A(0,-1,4)$ [m] an. Bestimmt werden soll sein Moment und Betrag des Momentes bezüglich

a) des Koordinatenursprungs O,

b) des Punktes $B(3,0,2)$ [m],

c) der Achse durch den Koordinatenursprung O mit dem Richtungsvektor $r = (5,1,-1)^\top$,

d) der Achse durch den Punkt B mit dem Richtungsvektor r.

4.24 Gesucht ist das Volumen des Parallelepipedes, das von folgenden Vektoren aufgespannt wird: $a = (3,4,6)^\top$, $b = (0,-3,1)^\top$, $c = (0,2,5)^\top$.

4.25 Gesucht ist das Volumen der Pyramide mit den Eckpunkten
$O(0,0,0)$, $A(5,2,0)$, $B(2,5,0)$, $C(1,2,4)$.

4.26 Ein Bockgerüst hat die Form eines Tetraeders mit den Ecken
$A(0,0,0)$, $B(6,-2,0)$, $C(3,3,0)$, $D(4,0,8)$ [m].

a) Gesucht ist das Volumen des Tetraeders.

b) Gesucht ist der Inhalt der Grundfläche $\triangle ABC$ des Tetraeders.

c) Gesucht ist die Länge des Lotes von B auf die Fläche $\triangle ACD$ und sein Fußpunkt.

d) Die Gewichtskraft $F = (0,0,-4)^\top$ [kN] wirkt im Punkt D. Welche Stabkräfte wirken in Richtung der Stäbe $\overrightarrow{DA}$, $\overrightarrow{DB}$, $\overrightarrow{DC}$?

4.27 Ein für seine ungewöhnlichen Entwürfe bekannter Architekt plant ein pyramidenförmiges Dachelement aus Glas auf eine viereckige Deckenfläche $ABCD$, ebenfalls aus Glas. Mit einem CAD-System hat er bereits die Koordinaten der Punkte

$A(1,2,2)$, $B(5,0,4)$, $C(6,2.5,7.5)$, $D(3,4,6)$

und für die Spitze E der Glaspyramide die Koordinaten $E(3,2,8)$ festgelegt (alle Längenangaben in m).

a) Es ist zu prüfen, ob die Punkte A, B, C, D tatsächlich Eckpunkte eines Vierecks sind.

b) Für die bauphysikalische Bewertung des phänomenalen Entwurfes sind Volumen und Oberfläche der Glaspyramide zu berechnen.

c) Welche Entfernung hat die Spitze E der Glaspyramide von der viereckigen Deckenfläche $ABCD$?

Analytische Geometrie der Ebene - Gerade

4.28 Zu bestimmen sind die Gleichungen der Diagonalen des Quadrates mit den Eckpunkten $A(0,0)$, $B(1,0)$, $C(1,1)$, $D(0,1)$.

4.29 Zu bestimmen ist der Punkt P auf der Gerade $y = 2x - 3$, dessen Ordinate gleich 7 ist.

4.30 Welche Gerade enthält den Punkt $P(2,-1)$ und ist zur Gerade $2x + 3y = 0$ parallel?

4.31 Welche Gerade steht senkrecht auf der Gerade $y = 2x + 1$ und verläuft durch den Punkt $P(2,-3)$?

4.32 Welche Geraden, von denen die Punkte $A(2,3)$ und $B(4,-5)$ jeweils den gleichen Abstand haben, verlaufen durch den Punkt $P(1,2)$?

4.33 Zu ermitteln ist der Abstand der beiden Geraden $2x + 3y = 7$ und $4x + 6y = 11$.

4.34 Welche Winkel bilden die Seiten eines Dreiecks miteinander, die durch die folgenden Gleichungen gegeben sind:

$3x - 4y = 7,\ 7x - 24y = 33,\ 12x - 5y + 25 = 0$?

4.35 Die Gleichungen der durch den Punkt $P_1(3,7)$ verlaufenden Geraden sind zu finden, die vom Punkt $P_2(-5,4)$ den Abstand $d = 19/17$ haben.

4.36 Für welche Werte von a und b haben die Geraden $ax + 8y + b = 0$ und $2x + ay - 1 = 0$

a) einen, **b)** alle, **c)** keinen

Punkt(e) miteinander gemeinsam?

4.37 Die Lage der geradlinigen Straße s, die durch den Ort A und in der Entfernung von 5 km vom Ort B verläuft, ist zu bestimmen. Die Koordinaten der Orte sind bezüglich eines kartesischen Koordinatensystems gegeben: $A(-4,3)$, $B(0,0)$ (alle Längenangaben in km).

4.38 Gegeben sind die Punkte $A(2,-1)$, $B(6,2)$, $C(4,7)$, $D(8,1)$.

a) Schneiden sich die Strecken $\overline{AB}$ und $\overline{CD}$?

b) Falls die Strecken sich schneiden, ist die Strecke $\overline{AB}$ an der Kante $\overline{CD}$ zu trimmen. Andernfalls ist festzustellen , ob sie bis zur Kante $\overline{CD}$ verlängert werden kann. Wie groß ist die Länge des getrimmten bzw. verlängerten Teils?

Analytische Geometrie der Ebene - Kurven zweiter Ordnung

4.39 Für folgende Gleichungen von Kurven zweiter Ordnung ist die Normalform gesucht. Eine Grafik der Kurven ist anzugeben.

a) $4x^2 + 9y^2 - 8x - 36y + 4 = 0$

b) $4x^2 + y^2 + 16x + 2y + 13 = 0$

c) $x^2 - 4y^2 + 8x - 4y + 15 = 0$

d) $x^2 - 4y^2 + 8x - 4y + 7 = 0$

e) $y^2 + 2x - 6y + 11 = 0$

f) $x^2 - 4x - 3y + 1 = 0$

4.40 Zu klassifizieren ist die Kurve mit der Gleichung $x^2 + 4y^2 - 2x + 24y + 33 = 0$. Eine prinzipielle Skizze der Kurve ist anzufertigen. Die Koordinaten der Scheitelpunkte und Brennpunkte sind anzugeben.

4.41 Zu ermitteln sind die Schnittpunkte der Kurven sowie eine prinzipielle Skizze der Kurven und ihrer Schnittpunkte:

$$x^2 - \frac{y^2}{4} = 1 \quad \text{und} \quad (x+3)^2 + y^2 = 25.$$

4.42 Gegeben sind die Punkte $A(-3,1)$ und $B(2,2)$. Zu ermitteln ist

a) die Gleichung der Ellipse in Normalform durch die Punke A und B,

b) die Brennpunkte F_1 und F_2 der Ellipse,

c) die Gleichungen der Tangenten t_1 und t_2 in den Punkten A und B an die Ellipse,

d) der Schnittpunkt S der Tangenten t_1 und t_2 und ihr Schnittwinkel.

4.43 Gegeben ist der Kreis mit dem Radius $r = 1$ und dem Mittelpunkt $M(3,2)$ sowie der Punkt

$P(5,1)$. Gesucht sind die Gleichungen der Tangenten durch P an den Kreis sowie die Berührungspunkte T_1 und T_2.

4.44 Gesucht sind die Schnittpunkte der Parabel $y^2 = 2x$ und der Gerade $y = 2 - 4x$.

4.45 Gesucht sind die Schnittpunkte der Hyperbel $x^2 - y^2 = 1$ und der Parabel $y + 2 = x^2/2$.

4.46 Welche Parabel $x^2 = 2py$ berührt die Hyperbel $x^2 - y^2 = 36$? Welchen Inhalt hat die Fläche des von den gemeinsamen Tangenten und der Verbindungsstrecke der Berührungspunkte gebildeten Dreiecks?

4.47 Ein Kreis mit dem Radius $r = 53$ berührt die Gerade $45x+28y-1433 = 0$ im Punkt $P(25, y_p)$. Welche Gleichung hat der Kreis?

4.48 Zu berechnen sind die Koordinaten des Mittelpunktes des Kreises durch die Punkte $A(3,1)$ und $B(9,5)$, der die x-Achse berührt.

4.49 Ein Kreis hat die Gleichung $x^2 + y^2 = 5$. Zu ermitteln ist (sind) die Gleichung(en) der Tangente(n) an den Kreis

a) durch den Punkt $A(1,2)$ und die Länge der Tangentenabschnitte.

b) durch den Punkt $B(-1,3)$ und die Länge der Tangentenabschnitte.

4.50 In einem CAD-System gibt es einen Menüpunkt, mit dem der Kreis durch drei Punkte, die nicht auf einer Gerade liegen, konstruiert werden kann. Wie wird sein Mittelpunkt und sein Radius für die Punkte $P_1(5,2)$, $P_2(4,0)$, $P_3(-2,-3)$ berechnet?

4.51 Gegeben sind die Punkte $A(-3,1)$ und $B(2,2)$. Der Punkt A ist Scheitelpunkt einer achsparallelen Parabel, die durch den Punkt B verläuft. Gesucht sind

a) die Gleichungen aller möglichen Parabeln mit dieser Bedingung,

b) die Schnittpunkte der Parabel(n) mit den Koordinatenachsen,

c) die Gleichungen der Tangente(n) an die Parabel(n) im Punkt B in Normalform,

d) eine prinzipielle Skizze der Parabel(n), der Tangente(n) und der Punkte A, B.

4.52 Von einer Ellipse, deren Achsen auf den Koordinatenachsen liegen, sind zwei Punkte $P_1(10,5)$ und $P_2(6,13)$ gegeben. Zu berechnen sind die Halbachsen der Ellipse.

4.53 Gegeben sind zwei Punkte $P_1(-10,42)$ und $P_2(5,-3)$. Die Strecke $\overline{P_1P_2}$ wird durch den Punkt Q im Verhältnis $\lambda : 1$ geteilt. Das Verhältnis λ soll so bestimmt werden, dass Q auf der Parabel $y^2 = 18x$ liegt.

4.54 Bei der Rekonstruktion eines alten Gebäudes findet sich ein elliptisches Ornament über einem Portal. Dabei sind in den Punkten $P_1(1.70, 0.85)$ und $P_2(-1.70, 0.85)$ Tangenten an eine Ellipse gelegt worden, deren vertikale Symmetrieachse in der Mittellinie des Portals und deren horizontale Symmetrieachse in Portalhöhe liegt (siehe **Bild 4.2**). Zu berechnen sind die Halbachsen der Ellipse (alle Längenangaben in m).

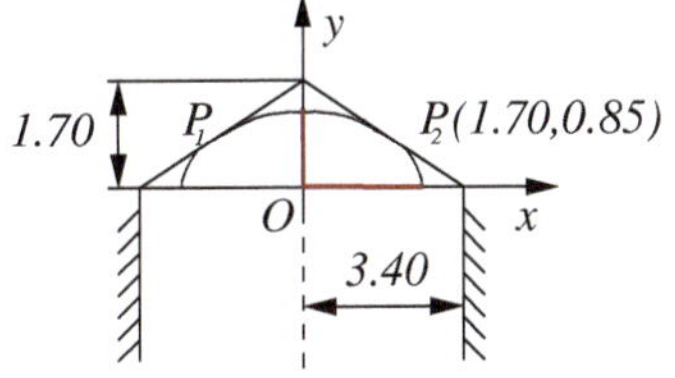

Bild 4.2 Ornament

4.55 Für die Gradiente einer Straßenführung über eine Bergkuppe liegen die Punkte $P_1(-120,0)$, $P_2(120,0)$ und $P_3(0,10)$ vor (alle Längenangaben in m). Für die Berechnung der Zwischenpunkte soll alternativ ein Kreis oder eine Parabel durch diese Punkte benutzt werden.

a) Zu bestimmen sind die Gleichung des Kreises und der Parabel.

b) Für beide Fälle sind die Höhenkoordinaten an den Stellen $x = \pm 80$ m zu interpolieren.

c) Für beide Fälle sind die Steigungswinkel der Straße in den Punkten P_1 und P_2 anzugeben.

4.56 Gesucht ist der Abstand Δh des höchsten Punktes des Dachbinders einer Tennishalle der Höhe $H = 5$ m mit elliptischem Querschnitt vom höchsten Punkt der Ellipse, wenn der Binder an der Stelle $B/4 = 5$ m die Ellipse berührt und eine „Dicke“ von $d = 0.2$ m hat (siehe **Bild 4.3**).

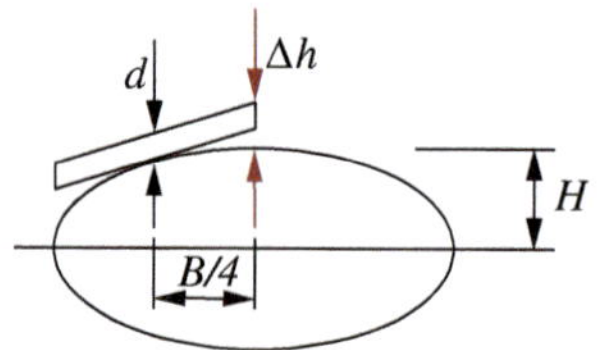

Bild 4.3 Tennishalle

4.57 Bei einer Löschübung tritt ein parabelförmiger Wasserstrahl aus einem unter 45° gegen die Horizontale geneigten Rohr aus (siehe **Bild 4.4**).

a) In welcher Entfernung trifft ein Wasserstrahl das horizontale Gelände, wenn die Scheitelhöhe des Strahls 5 m beträgt?

b) In welchem Punkt P trifft der Wasserstrahl auf eine unter 80° gegen die Horizontale geneigte Fassadenfläche, wenn der Fußpunkt der Fassade 15 m vom Rohr entfernt ist?

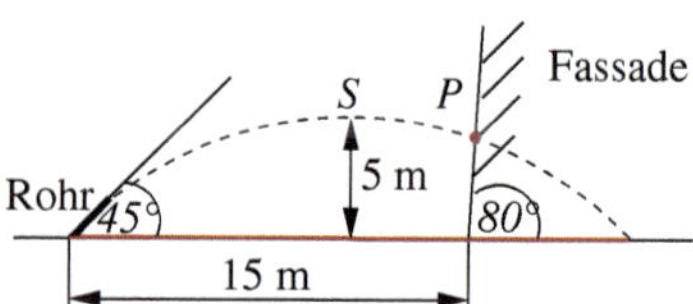

Bild 4.4 Wasserstrahl

Analytische Geometrie des Raumes - Gerade

4.58 Gesucht ist die Parameterform der Gleichung der Gerade durch die Punkte $A(-1, 2, 3)$ und $B(2, 6, -2)$.

4.59 Gesucht ist der Winkel zwischen den Geraden
$g_1 : \overrightarrow{OX} = (-1, 1, 0)^\top + t(2, -2, 1)^\top$ und
$g_2 : \overrightarrow{OX} = \mu(1, -1, -1)^\top$.

4.60 Liegen die Punkte $A(1, 2, 1)$, $B(-1, 1, 2)$ und $C(5, 4, -2)$ auf einer Gerade?

4.61 Gesucht ist die Gleichung der Gerade g durch den Punkt $P_0(1, -1, 1)$, die die z-Achse senkrecht schneidet.

4.62 a) Schneiden sich die Gerade g_1 durch die Punkte $A_1(6, 5, 5)$ und $B_1(9, 11, 14)$ und die Gerade g_2 durch die Punkte $A_2(-5, 4, -7)$ und $B_2(1, 2, -3)$? Ggf. ist ihr Schnittpunkt zu bestimmen.

b) Wie kann mithilfe des Spatproduktes ermittelt werden, ob sich die Geraden schneiden?

4.63 Für die Punkte $A(2, -3, 6)$ und $B(2, 4, 8)$:

a) Unter welchem Winkel ist die Strecke $\overline{AB}$ vom Punkt $P(0, 0, 7)$ aus zu sehen?

b) Von welchen Punkten der z-Achse aus ist die Strecke $\overline{AB}$ unter einem rechten Winkel zu sehen?

Analytische Geometrie des Raumes - Ebene

4.64 Gesucht ist die allgemeine Form der Gleichung der Ebene durch den Punkt $P_0(5, 3, -2)$ senkrecht zum Vektor $n = (2, -1, 3)^\top$.

4.65 Die Ebene E ist gegeben durch die Gleichung $4x - 2y + 3z = 0$. Gesucht ist die Gleichung der Parallelebene durch den Punkt $P_0(1, 2, 1)$.

4.66 Gesucht ist die allgemeine Form der Gleichung der Ebene durch die Punkte $P_0(1, -2, 7)$, $P_1(5, 3, 6)$ und $P_2(-2, -8, 1)$.

4.67 Gegeben sind die Punkte $P_1(0, -1, 3)$ und $P_2(1, 3, 5)$. Gesucht ist die allgemeine Form der Gleichung der Ebene durch den Punkt P_1 senkrecht zur Gerade P_1P_2.

4.68 Gesucht ist der Winkel zwischen den Ebenen
$E_1 : x - 2y + 2z - 8 = 0$,
$E_2 : x + z - 6 = 0$.

4.69 Gesucht ist die allgemeine Form der Gleichung der Ebene durch den Punkt $P_0(2, 4, -1)$ senkrecht zu den Ebenen
$E_1 : 2x + y - 3z - 4 = 0$,
$E_2 : 5x + 5y - 7z + 11 = 0$.

4.70 Gegeben ist der Punkt $A(3, 14, -6)$ und die Ebene $E : 4x-2y+3z = 0$. Gesucht ist der Abstand des Punktes A von der Ebene E.

4.71 a) Gesucht sind die allgemeinen Gleichungen der Ebenen, die das Tetraeder mit den vier Eckpunkten $A(1, 1, 1)$, $B(-1, 1, 1)$, $C(1, -1, 1)$, $D(1, 1, -1)$ begrenzen.

b) Für welche Punkte $A(x_A, y_A, z_A)$ hat das Tetraeder mit den Eckpunkten A, $B(1, 2, 1)$, $C(-1, 1, 1)$, $D(2, 1, 1)$ das Volumen 10?

4.72 Zu berechnen ist die Höhe des gemeinsamen Firstpunktes von drei Dachflächen (in m), gegeben durch die Gleichungen ihrer Ebenen:

$$\begin{aligned} -x + y + z &= 13, \\ 2x - 5y + 2z &= 2, \\ 4x - z &= -6. \end{aligned}$$

4.73 Zu berechnen ist der Neigungswinkel der Dachfläche mit den Traufpunkten T_1 und T_2 und dem Firstpunkt F (Koordinaten in m):

$T_1(1, 5, 2.50)$, $T_2(8, 2, 2.50)$, $F(5, 10, 4.50)$.

4.74 In den Punkten $P_1(3, 5, -1)$, $P_2(1, -1, -3)$ und $P_3(1, 3, -1)$ [m] ist ein Dreieck aus Dekostoff aufgespannt. Es wird von einer Parallellichtquelle beleuchtet, deren Strahlen senkrecht zur Ebene $x + 2y - z = 2$ gerichtet sind. Gesucht ist der Flächeninhalt des dreieckigen Schattens auf der Ebene.

Analytische Geometrie des Raumes - Gerade und Ebene

4.75 Zu ermitteln ist der Schnittpunkt S der Ebene E mit der Gerade g:
$E: \; x - y + 3z = -2$,
$g: \; \overrightarrow{OX} = (2, -4, 1)^\top + \lambda(2, 2, -1)^\top$.

4.76 Gegeben sind die Punkte $P(1, 1, -1)$, $Q(0, 1, 1)$ und die Ebene $E: \; x - y + 2z = 1$. Gesucht sind

a) die Spurpunkte der Gerade PQ, d. h., ihre Schnittpunkte mit der (x, y)-Ebene, der (x, z)-Ebene bzw. der (y, z)-Ebene,

b) die Gleichungen der Geraden h durch den Punkt P, die parallel zur Ebene E sind,

c) die Gleichung der Ebene E_1, die die Gerade PQ enthält und parallel zur z-Achse verläuft.

4.77 Gegeben ist der Punkt $P(5, -2, 8)$ und die Ebene $E: 3x - 4y + 5z + 37 = 0$. Gesucht ist die Gleichung des Lotes vom Punkt P auf die Ebene E sowie der Lotfußpunkt F.

4.78 Vom Punkt $A(1, 0, 2)$ ausgehend trifft ein Lichtstrahl im Punkt $S(x_{1s}, x_{2s}, x_{3s})$ mit den Koordinaten $x_{1s} = 3$, $x_{2s} = 8$ auf einen Spiegel, der in der Ebene $E: \; x_1 + 3x_2 - x_3 = 10$ liegt. In welche Richtung wird der Lichtstrahl reflektiert (Angabe des Einheitsvektors)?

4.79 Im Punkt $Q(1, 0, 2)$ befindet sich eine punktförmige Lichtquelle. Wie lang ist der Schatten, den die Strecke $\overline{P_1P_2}$ mit $P_1(2, -1, 1)$ und $P_2(-1, 3, 1)$ auf die Ebene $4x_1 + 3x_2 - x_3 = 6$ wirft?

4.80 Gesucht ist der Spiegelpunkt des Koordinatenursprungs O an der Ebene $3x + 2y - 4z = 58$.

4.81 Gegeben sind zwei Eckpunkte $A(8, 5, -10)$ und $B(4, 2, 2)$ eines gleichseitigen Dreiecks. Der Punkt $P(5, -1, 2)$ liegt in derselben Ebene wie der Eckpunkt C des Dreiecks. Die Koordinaten des Eckpunktes C sind zu berechnen.

4.82 Gegeben sind die Traufpunkte $A(4, 6, 12)$ [m] und $B(2, 7, 12)$ [m] einer dreieckigen symmetrischen Gaube in der Dachebene. Die Dachebene hat die Neigung $\sqrt{3}/3$ gegenüber dem Fundament, d. h., der (x, y)-Ebene (siehe **Bild 4.5**).

a) Die Koordinaten des Firstpunktes F der Gaube sind zu bestimmen, wenn dieser im Abstand 1.50 m vom Dach und lotrecht über der Trauflinie AB liegen soll.

b) Der Inhalt der Gaubendachfläche ist zu berechnen, wenn der Gaubenfirst FC senkrecht zur Dachfläche verläuft.

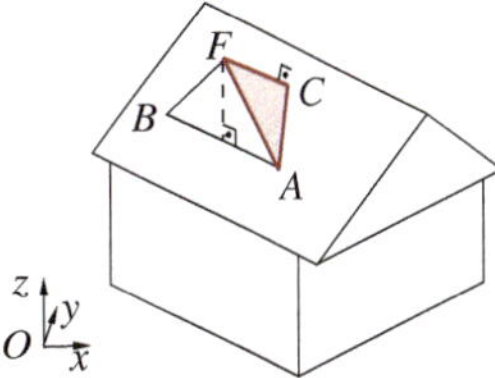

Bild 4.5 Gaubendachfläche

4.83 Der geniale Architekt C. A. Dentwurf projektiert mit einem CAD-System einen Würfel im Raum und hat bereits die Punkte $A(1, 4, 9)$ und $B(3, 6, 10)$ festgelegt. Der Eckpunkt C soll in der Ebene liegen, in der die Punkte A, B und der Koordinatenursprung liegen. Wie viel solcher Würfel gibt es? Die Koordinaten der restlichen Eckpunkte C, D, A', B', C', D' dieser Würfel sind zu ermitteln.

Koordinatensysteme und Koordinatentransformationen

4.84 Welchen Winkel schließt der Ortsvektor $\overrightarrow{OP}$ eines Punktes $P(4, y_p)$ der achsparallelen Ellipse mit den Halbachsen $a = 5$ und $b = 2$ und dem Mittelpunkt im Koordinatenursprung ein?

4.85 Welche Polarkoordinaten hat ein Punkt der Parabel $y^2 = 4x$?

4.86 Die Zylinderkoordinaten eines Punktes P sind $r = 1$, $\varphi = 60°$, $z = 4$. Gesucht sind seine kartesischen und seine Kugelkoordinaten.

4.87 Die Kugelkoordinaten eines Punktes P sind $r = 12$, $\varphi = 45°$, $\vartheta = 120°$. Gesucht sind seine kartesischen und seine Zylinderkoordinaten.

4.88 Ein dreidimensionales kartesisches Koordinatensystem wird
um den Winkel $\alpha = \pi/4$ um die z-Achse,
danach um $\beta = -\pi/3$ um die neue y-Achse,
danach um $\gamma = \pi/6$ um die neue x-Achse
rotiert. Welche Winkel schließen die Einheitsvektoren e_x und $e_{x'}$, e_y und $e_{y'}$, e_z und $e_{z'}$ des ursprünglichen bzw. rotierten Koordinatensystems jeweils miteinander ein?

4.89 Welche Gleichung hat eine Ellipse mit der Gleichung $x^2/a^2 + y^2/b^2 = 1$ im Koordinatensystem (O, x', y'), das aus dem ursprünglichen kartesischen Koordinatensystem (O, x, y) durch Rotation um den Winkel $\varphi = \pi/4$ erzeugt wurde?

4.90 Ein Koordinatensystem (O, x', y') ist durch Verschiebung in den Ursprung $O'(4, -3)$ und Rotation um den Winkel $\varphi = \pi/6$ aus dem ursprünglichen Koordinatensystem (O, x, y) mit der kanonischen Basis $\{e_x, e_y\}$ hervorgegangen. Welche Komponenten haben seine Basisvektoren $\{e_{x'}, e_{y'}\}$ im ursprünglichen Koordinatensystem (O, x, y)?

4.91 Ein Koordinatensystem (O, x', y') ist durch Verschiebung in den Ursprung $O'(1, -1)$ und Rotation um den Winkel $\varphi = \pi/3$ aus dem ursprünglichen kartesischen Koordinatensystem (O, x, y) hervorgegangen. Welche Koordinaten haben die Punkte $A'(2, 1)$, $B'(4, 6)$, $C'(3, -5)$ im ursprünglichen Koordinatensystem (O, x, y)?

B5 Zahlenfolgen, Grenzwerte, Stetigkeit

Zahlenfolgen, Grenzwerte von Zahlenfolgen

$\{a_n\}$, $\{b_n\}$, $\{c_n\}$ - reelle Zahlenfolgen, $a, b, k, K \in \mathbb{R}$, $\mathrm{e} = 2.71828\ 18284\ 59045\ 23536\ 0287\ldots$ - Euler-Zahl

Eigenschaften von Zahlenfolgen

Begriff	Definition
Beschränktheit nach oben (unten)	Es gibt $k, K \in \mathbb{R}$, sodass $a_n \leq K \quad (a_n \geq k)$ für alle $n \in \mathbb{N}$, $K\ (k)$ - obere (untere) Schranke
Unbeschränktheit nach oben (unten)	$\{a_n\}$ ist nicht nach oben (unten) beschränkt.
Supremum $\sup\{a_n\}$ (Infimum $\inf\{a_n\}$)	kleinste (größte) aller oberen (unteren) Schranken
Monotonie steigend (fallend)	$a_n \leq a_{n+1} \quad (a_n \geq a_{n+1})$ für alle $n \in \mathbb{N}$
Konvergenz, Grenzwert $a = \lim\limits_{n\to\infty} a_n$	Zu jeder reellen Zahl $\varepsilon > 0$ gibt es eine Nummer $N(\varepsilon)$, sodass $\lvert a_n - a\rvert < \varepsilon$ für alle $n \geq N(\varepsilon)$.
Nullfolge	$\{a_n\}$ hat den Grenzwert 0: $\lim\limits_{n\to\infty} a_n = 0$.
Divergenz	$\{a_n\}$ hat keinen Grenzwert.
Bestimmte Divergenz $\lim\limits_{n\to\infty} a_n = \pm\infty$	Für alle $K \in \mathbb{R}$ gibt es eine Nummer $N(K) \in \mathbb{N}$, sodass $a_n > K\ (a_n < K)$ für alle $n > N(K)$.

Eigenschaften konvergenter Zahlenfolgen

	Eigenschaft
1.	Eine konvergente Zahlenfolge besitzt genau einen Grenzwert.
2.	Eine monoton steigende (fallende), nach oben (unten) beschränkte Zahlenfolge ist konvergent mit $\lim\limits_{n\to\infty} a_n = \sup\{a_n\} \quad \left(\lim\limits_{n\to\infty} a_n = \inf\{a_n\}\right)$.
3.	Jede konvergente Zahlenfolge ist beschränkt. Jede nicht beschränkte Zahlenfolge ist divergent.
4.	Nicht jede beschränkte Zahlenfolge ist konvergent.

Rechenregeln für konvergente Zahlenfolgen

Name	Voraussetzung	Regel
Nullfolge als Faktor	$\lim\limits_{n\to\infty} a_n = 0$, $\{b_n\}$ - beschränkt	$\lim\limits_{n\to\infty} (a_n \cdot b_n) = 0$
Majorantenkriterium	$\lim\limits_{n\to\infty} a_n = 0$, $\lvert b_n\rvert \leq \lvert a_n\rvert$ für alle $n \in \mathbb{N}$	$\lim\limits_{n\to\infty} b_n = 0$
Vergleichskriterium	$\lim\limits_{n\to\infty} a_n = a$, $\lim\limits_{n\to\infty} c_n = a$, $a_n \leq b_n \leq c_n$ für alle $n \in \mathbb{N}$	$\lim\limits_{n\to\infty} b_n = a$
Grenzwertregeln	$\lim\limits_{n\to\infty} a_n = a$, $\lim\limits_{n\to\infty} b_n = b$	$\lim\limits_{n\to\infty} (a_n \pm b_n) = a \pm b$, $\lim\limits_{n\to\infty} (a_n b_n) = ab$, $\lim\limits_{n\to\infty} (a_n / b_n) = a/b$, $b \neq 0$
Grenzwert Euler-Zahl		$\lim\limits_{n\to\infty} \left(1 + \dfrac{1}{n}\right)^n = \mathrm{e}$

Grenzwerte von Funktionen, Stetigkeit

$a, b \in \mathbb{R}$, $D_f \subseteq \mathbb{R}$, $x_0 \in D_f$, $f : D_f \to \mathbb{R}$, $\{x_n\}$ mit $x_n \in D_f$ - beliebige Folge von Argumenten von f

Grenzwerte von Funktionen

Begriff	Definition
Grenzwert $\lim\limits_{x\to x_0} f(x) = b$	Aus $\lim\limits_{n\to\infty} x_n = x_0$ folgt stets $\lim\limits_{n\to\infty} f(x_n) = b$.
Linksseitiger Grenzwert $\lim\limits_{x\to x_0-0} f(x) = b$	Aus $\lim\limits_{n\to\infty} x_n = x_0$, $x_n < x_0$, $n \in \mathbb{N}$, folgt stets $\lim\limits_{n\to\infty} f(x_n) = b$.
Rechtsseitiger Grenzwert $\lim\limits_{x\to x_0+0} f(x) = b$	Aus $\lim\limits_{n\to\infty} x_n = x_0$, $x_n > x_0$, $n \in \mathbb{N}$, folgt stets $\lim\limits_{n\to\infty} f(x_n) = b$.
Divergenz für $x \to x_0$	Nicht für jede Folge $\{x_n\}$ mit $\lim\limits_{n\to\infty} x_n = x_0$ konvergiert die Folge $\{f(x_n)\}$ der zugehörigen Funktionswerte.
Bestimmte Divergenz $\lim\limits_{x\to x_0} f(x) = \pm\infty$	Aus $\lim\limits_{n\to\infty} x_n = x_0$ folgt $\lim\limits_{n\to\infty} f(x_n) = \infty$ oder $\lim\limits_{n\to\infty} f(x_n) = -\infty$.
Grenzwert $\lim\limits_{x\to\pm\infty} f(x) = b$	Für jede monoton steigende (fallende), nach oben (unten) unbeschränkte Folge $\{x_n\}$ ist $\lim\limits_{n\to\infty} f(x_n) = b$.
Divergenz für $x \to \pm\infty$	Nicht für jede monoton steigende (fallende), nach oben (unten) unbeschränkte Folge $\{x_n\}$ konvergiert die Folge der zugehörigen Funktionswerte $\{f(x_n)\}$ gegen ein- und dieselbe reelle Zahl b.
Bestimmte Divergenz $\lim\limits_{x\to\pm\infty} f(x) = \pm\infty$	Für jede monoton steigende (fallende), nach oben (unten) unbeschränkte Folge $\{x_n\}$ ist $\lim\limits_{n\to\infty} f(x_n) = \infty$ oder $\lim\limits_{n\to\infty} f(x_n) = -\infty$.
Grenzwertregeln $\lim f(x) = a$, $\lim g(x) = b$, $\alpha, \beta \in \mathbb{R}$	$\lim(\alpha f(x) \pm \beta g(x)) = \alpha a \pm \beta b$, $\quad \lim(f(x)g(x)) = ab$ $\lim(f(x)/g(x)) = a/b$, $\quad b \neq 0,\ g(x) \neq 0$ $\lim f(x)^{g(x)} = a^b$, $\quad a \geq 0,\ f(x) > 0,\ ab \neq 0$

Stetigkeit

$I \subseteq D_f$ - Intervall, $x_0 \in D_f$ - Stelle

Begriff	Definition
Stetigkeit an der Stelle x_0	$\lim\limits_{x\to x_0} f(x) = f(x_0)$
Unstetigkeit an der Stelle x_0	f ist an der Stelle x_0 nicht stetig.
Links(Rechts)seitige Stetigkeit an der Stelle x_0	$\lim\limits_{x\to x_0-0} f(x) = f(x_0) \quad \left(\lim\limits_{x\to x_0+0} f(x) = f(x_0)\right)$
f ist auf (a, b) stetig.	f ist für jede Stelle $x \in (a, b)$ stetig.
f ist auf $[a, b]$ stetig.	f ist auf (a, b) stetig und für a bzw. b rechts- bzw. linksseitig stetig.
f ist (global) stetig.	f ist an jeder Stelle $x_0 \in D_f$ stetig.
f ist auf I stückweise stetig.	f ist mit Ausnahme endlich vieler Stellen auf I stetig.

Klassifikation von Unstetigkeitsstellen

Begriff	Definition
Lücke (hebbare Unstetigkeit) x_0	$f(x_0)$ ist nicht definiert und $\lim\limits_{x\to x_0-0} f(x) = \lim\limits_{x\to x_0+0} f(x) = a$
Sprungstelle x_0	$\lim\limits_{x\to x_0-0} f(x) = a,\ \lim\limits_{x\to x_0+0} f(x) = b,\ a \neq b,\ a, b \in \mathbb{R}$
Unendlichkeitsstelle x_0	$\lim\limits_{x\to x_0-0} f(x) = \pm\infty$ oder $\lim\limits_{x\to x_0+0} f(x) = \pm\infty$

Eigenschaften stetiger Funktionen

$I \subseteq D_f$ - Intervall

Voraussetzung	Eigenschaft
f und g sind stetig auf I.	$f \pm g$, fg, f/g für $g \neq 0$ sind stetig auf I.
f ist auf $[a, b]$ stetig.	f ist auf $[a, b]$ beschränkt, d. h., es gibt Zahlen s, S mit $s \leq f(x) \leq S$ für alle $x \in [a, b]$.
f ist auf $[a, b]$ stetig.	Es gibt Stellen x_{min}, $x_{\text{max}} \in [a, b]$ mit $f_{\text{min}} = f(x_{\text{min}}) = \inf\limits_{x\in[a,b]} f(x)$ und $f_{\text{max}} = f(x_{\text{max}}) = \sup\limits_{x\in[a,b]} f(x)$.
f ist auf $[a, b]$ stetig.	Für jedes y zwischen $f(a)$ und $f(b)$ gibt es mindestens eine Stelle $x_0 \in [a, b]$ mit $y = f(x_0)$.

Zahlenfolgen, Grenzwerte von Zahlenfolgen

5.1 Die folgenden Zahlenfolgen sind zu veranschaulichen und auf Monotonie und Beschränktheit zu untersuchen:

a) $\{(-1)^n\}$ b) $\{n^2-n\}$ c) $\{2^n\}$ d) $\left\{\frac{1}{2n}\right\}$

5.2 Gegeben ist die Zahlenfolge $\{a_n\}$, $a_n = \dfrac{2n-7}{3n+2}$.

a) Anzugeben sind die Glieder der Folge für $n = 5,\ 10,\ 50,\ 100,\ 500$.

b) Die Folge ist auf auf Monotonie und Beschränktheit zu untersuchen.

c) Der Grenzwert der Folge ist anzugeben.

d) Zu bestimmen ist $N(\varepsilon)$ für $\varepsilon = 1,\ 0.1,\ 0.01,\ 0.001$.

5.3 Die Zahlenfolgen $\{a_n\}$ sind auf Monotonie und Beschränktheit zu untersuchen:

a) $a_n = \dfrac{n+2}{2n}$ b) $a_n = \dfrac{n^2+1}{n+1}$

5.4 Die Zahlenfolge $\{a_n\}$ ist auf Konvergenz zu untersuchen und der Grenzwert ist zu bestimmen:

$a_n = \left(1+\dfrac{1}{3n}\right)^n.$

5.5 Folgende Grenzwerte sind zu berechnen:

a) $\lim\limits_{n\to\infty} \dfrac{6n^2+5n}{4n^2+n+1}$ b) $\lim\limits_{n\to\infty} \dfrac{8n^5+9n^3+7}{n^6+3n}$

c) $\lim\limits_{n\to\infty} \left(\dfrac{8n}{3n+1}\right)^3$ d) $\lim\limits_{n\to\infty} (\sqrt{n+1}-\sqrt{n})$

e) $\lim\limits_{n\to\infty} \left(\dfrac{2n(n+1)}{n+2}-\dfrac{2n^3}{n^2+2}\right)$

5.6 Folgende Aussagen sind zu begründen:

a) $\lim\limits_{n\to\infty} (\sqrt{9n^4+3}-3n^2) = 0.$

b) $\left\{\dfrac{n^4+1}{8n^3+2}\right\}$ ist divergent.

c) $\lim\limits_{n\to\infty} \dfrac{1}{n^p} = 0$ für alle $p \in N$.

d) $\lim\limits_{n\to\infty} \dfrac{n!}{n^n} = 0.$

Grenzwerte von Funktionen, Stetigkeit

5.7 Folgende Grenzwerte sind zu berechnen:

a) $\lim\limits_{x\to\infty} \dfrac{x^2+1}{3x^2+2x-1}$ b) $\lim\limits_{x\to\infty} \dfrac{4x-1}{2-x^2}$

c) $\lim\limits_{x\to\infty} \dfrac{2x^5-x^2-2}{x^4+3x^2-1}$ d) $\lim\limits_{x\to 1} \dfrac{x^4+2x^2-3}{x^2-3x+2}$

e) $\lim\limits_{x\to\infty} \dfrac{(2x)^x}{(2x+1)^x}$ f) $\lim\limits_{x\to 1} \dfrac{x^n-1}{x-1}$

g) $\lim\limits_{x\to\infty} \dfrac{\sin^3 x}{x}$

5.8 Folgende Grenzwerte sind zu berechnen:

a) $\lim\limits_{x\to+0} \left(x\sqrt{1+\dfrac{4}{x^2}}+2\right)$ b) $\lim\limits_{x\to 0} \dfrac{\sqrt{1+x}-1}{x}$

c) $\lim\limits_{x\to\infty} (\sqrt{x+\sqrt{x}}-\sqrt{x-\sqrt{x}})$

d) $\lim\limits_{x\to 0} x\sin\dfrac{1}{x}$ e) $\lim\limits_{x\to 0} \dfrac{\tan 3x}{\sin 2x}$

f) $\lim\limits_{x\to 0} \dfrac{1}{1+e^{\cot x}}$ g) $\lim\limits_{x\to+\infty} \dfrac{\sin x^2}{\sqrt[3]{x}}$

5.9 Für welche x ist die Funktion f unstetig? Welcher Art ist die Unstetigkeit? Eine prinzipielle Skizze des Funktionsgraphen ist anzufertigen.

a) $f(x)=2-\dfrac{|x|}{x}$ b) $f(x)=\left(1+\dfrac{1}{x}\right)^x$

c) $f(x)=e^{-\frac{1}{x^2}}$ d) $f(x)=\begin{cases} 0, & x=2 \\ \dfrac{1}{2^{x-2}}, & x \neq 2 \end{cases}$

5.10 Folgende Grenzwerte sind unter Ausnutzung der Definition der Funktionen zu bestimmen:

a) $\lim\limits_{x\to\infty} \arctan x$ b) $\lim\limits_{x\to\infty} \operatorname{arccot} x$

c) $\lim\limits_{x\to\pm\infty} \tanh x$ d) $\lim\limits_{x\to 0+0} \operatorname{artanh} x$

Die Funktion $\tanh x$ ist definiert als

$\tanh x = \dfrac{e^x-e^{-x}}{e^x+e^{-x}}.$

B6 Differenzialrechnung für Funktionen einer Veränderlichen

Ableitungen

Definitionen

Funktion $f : D_f \to \mathbb{R}$, Stelle $x_0 \in D_f$, $n \in \mathbb{N}$

Begriff	Definition
Differenzenquotient	$\frac{\Delta y}{\Delta x} = \frac{f(x) - f(x_0)}{x - x_0} = \frac{f(x_0 + \Delta x) - f(x_0)}{\Delta x}$, $x \neq x_0$
Erste Ableitung	$f'(x_0) = \lim\limits_{\Delta x \to 0} \frac{\Delta y}{\Delta x} = \lim\limits_{x \to x_0} \frac{f(x) - f(x_0)}{x - x_0} = \lim\limits_{\Delta x \to 0} \frac{f(x_0 + \Delta x) - f(x_0)}{\Delta x}$
n-te Ableitung	$f^{(n)}(x_0) = (f^{(n-1)}(x_0))'$, $n = 1, 2, 3, \ldots$, $\quad f^{(0)}(x_0) = f(x_0)$
Differenzial	$\mathrm{d}y = f'(x_0)(x - x_0)$
Lineare Näherung	$f(x) \approx f(x_0) + \mathrm{d}y = f(x_0) + f'(x_0)(x - x_0)$

Ableitungen einiger elementarer Funktionen

$f(x)$	$f'(x)$	$f(x)$	$f'(x)$	$f(x)$	$f'(x)$
$c,\ c \in \mathbb{R}$	0	$\sin x$	$\cos x$	$\sinh x$	$\cosh x$
x^α	$\alpha x^{\alpha-1}, \alpha \in \mathbb{R}$	$\cos x$	$-\sin x$	$\cosh x$	$\sinh x$
$\sqrt{x}$	$1/(2\sqrt{x})$	$\tan x$	$1/\cos^2 x = 1+\tan^2 x$	$\tanh x$	$1/\cosh^2 x = 1-\tanh^2 x$
$1/x^n$	$-n/x^{n+1}$	$\cot x$	$-1/\sin^2 x = -1-\cot^2 x$	$\coth x$	$-1/\sinh^2 x = 1-\coth^2 x$
e^x	e^x	$\arcsin x$	$1/\sqrt{1-x^2}$, $\lvert x\rvert < 1$	$\operatorname{arsinh} x$	$1/\sqrt{1+x^2}$
a^x	$a^x \ln a$	$\arccos x$	$-1/\sqrt{1-x^2}$, $\lvert x\rvert < 1$	$\operatorname{arcosh} x$	$1/\sqrt{x^2-1}$, $\lvert x\rvert > 1$
$\ln x$	$1/x$	$\arctan x$	$1/(1+x^2)$	$\operatorname{artanh} x$	$1/(1-x^2)$, $\lvert x\rvert < 1$
$\log_a x$	$1/(x \ln a)$	$\operatorname{arccot} x$	$-1/(1+x^2)$	$\operatorname{arcoth} x$	$-1/(x^2-1)$, $\lvert x\rvert > 1$

Ableitungsregeln

Regel	Funktion	Ableitung
Faktorregel	$c\,g(x)$	$c\,g'(x)$
Summenregel	$g(x) + h(x)$	$g'(x) + h'(x)$
Produktregel	$g(x)\ h(x)$	$g'(x)h(x) + g(x)h'(x)$
Quotientenregel	$\frac{g(x)}{h(x)}$	$\frac{g'(x)h(x) - g(x)h'(x)}{h^2(x)}$
Kettenregel	$g(h(x))$	$g'(h(x))\ h'(x)$
Umkehrfunktion	$f^{-1}(x)$	$1/f'(f^{-1}(x))$
Logarithmisches Ableiten	$g(x)^{h(x)}$	$g(x)^{h(x)} \left(h'(x) \ln g(x) + h(x) \frac{g'(x)}{g(x)} \right)$

Anwendungen

Fehlerrechnung

Sei f eine differenzierbare Funktion. Statt des genauen Wertes x wurde der Messwert x_0 mit dem Messfehler Δx ermittelt, d. h., es gilt $x \in [x_0 - \Delta x, x_0 + \Delta x]$. Welcher maximale Fehler ergibt sich näherungsweise bei der Funktionswertbestimmung von $f(x)$, wenn stattdessen $f(x_0)$ berechnet wird?

Absoluter Fehler	Relativer Fehler
$\lvert f(x)-f(x_0)\rvert \approx \lvert \mathrm{d}y\rvert = \lvert f'(x_0)\rvert\lvert x-x_0\rvert \leq \lvert f'(x_0)\rvert\lvert\Delta x\rvert$	$\left\lvert\dfrac{f(x)-f(x_0)}{f(x_0)}\right\rvert \approx \dfrac{\lvert\mathrm{d}y\rvert}{\lvert f(x_0)\rvert} \leq \dfrac{\lvert f'(x_0)\rvert\lvert\Delta x\rvert}{\lvert f(x_0)\rvert},\ f(x_0) \neq 0$

Regel von l'Hospital

Voraussetzungen	Regel
1. Die Funktionen f und g sind differenzierbar. **2.** $\lim\limits_{x\to x_0} f(x) = \lim\limits_{x\to x_0} g(x) = 0$ $\left(\text{bzw. } \lim\limits_{x\to x_0\pm 0} f(x) = \lim\limits_{x\to x_0\pm 0} g(x) = 0 \text{ bzw. } \lim\limits_{x\to\pm\infty} f(x) = \lim\limits_{x\to\pm\infty} g(x) = 0\right)$ **3.** $g(x) \neq 0$ in einer Umgebung von x_0 mit Ausnahme von $x = x_0$ (bzw. für $x \to \pm\infty$) **4.** $\lim\limits_{x\to x_0} \dfrac{f'(x)}{g'(x)} \left(\text{bzw. } \lim\limits_{x\to x_0\pm 0} \dfrac{f'(x)}{g'(x)} \text{ bzw. } \lim\limits_{x\to\pm\infty} \dfrac{f'(x)}{g'(x)}\right)$ existiert	$\lim\limits_{x\to x_0} \dfrac{f(x)}{g(x)} = \lim\limits_{x\to x_0} \dfrac{f'(x)}{g'(x)}$ bzw. $\lim\limits_{x\to x_0\pm 0} \dfrac{f(x)}{g(x)} = \lim\limits_{x\to x_0\pm 0} \dfrac{f'(x)}{g'(x)}$ bzw. $\lim\limits_{x\to\pm\infty} \dfrac{f(x)}{g(x)} = \lim\limits_{x\to\pm\infty} \dfrac{f'(x)}{g'(x)}$

Die Regel von l'Hospital gilt sinngemäß auch für $\lim f(x) = \lim g(x) = \infty$, $x \to x_0$ bzw. $x \to x_0 \pm 0$ bzw. $x \to \pm\infty$.

Taylor-Polynom

f - eine in einer Umgebung der Stelle x_0 mindestens $(n+1)$-mal differenzierbare Funktion, $n \in \mathbb{N}$

Definition	Formel
Taylor-Polynom vom Grad n	$P_n(x) = f(x_0) + \dfrac{f'(x_0)}{1!}(x-x_0) + \dfrac{f''(x_0)}{2!}(x-x_0)^2 + \cdots + \dfrac{f^{(n)}(x_0)}{n!}(x-x_0)^n$
Restglied von Lagrange	$R_n(x) = \dfrac{f^{(n+1)}(\xi)}{(n+1)!}(x-x_0)^{n+1}$, ξ zwischen x_0 und x
Approximation	$f(x) = P_n(x) + R_n(x)$ bzw. $\lvert f(x) - P_n(x)\rvert \leq \max\limits_x \lvert R_n(x)\rvert$
Taylor-Reihe	$f(x) = \lim\limits_{n\to\infty} \sum\limits_{k=0}^{n} \dfrac{f^{(k)}(x_0)}{k!}(x-x_0)^k = \sum\limits_{k=0}^{\infty} \dfrac{f^{(k)}(x_0)}{k!}(x-x_0)^k$, wenn $\lim\limits_{n\to\infty} R_n(x) = 0$

Kurvendiskussionen

Sei $y = f(x)$ auf dem Intervall (a, b) genügend oft differenzierbar, $\varepsilon > 0$.

Eigenschaft	Notwendige Bedingung	Hinreichende Bedingungen (zusammen mit notwendiger Bed.)
Konstant auf (a, b)	$f'(x) = 0,\ x \in (a, b)$	
Streng monoton steigend auf (a, b)	$f'(x) \geq 0,\ x \in (a, b)$	$f'(x) > 0,\ x \in (a, b)$
Streng monoton fallend auf (a, b)	$f'(x) \leq 0,\ x \in (a, b)$	$f'(x) < 0,\ x \in (a, b)$
Lokales Maximum an der Stelle x_0	$f'(x_0) = 0$	$f'(x) > 0,\ x \in (x_0 - \varepsilon, x_0)$, und $f'(x) < 0,\ x \in (x_0, x_0 + \varepsilon)$
Lokales Minimum an der Stelle x_0	$f'(x_0) = 0$	$f'(x) < 0,\ x \in (x_0 - \varepsilon, x_0)$, und $f'(x) > 0,\ x \in (x_0, x_0 + \varepsilon)$
Lokales Maximum an der Stelle x_0	$f'(x_0) = 0$	$f''(x_0) < 0$
Lokales Minimum an der Stelle x_0	$f'(x_0) = 0$	$f''(x_0) > 0$
Streng konvex auf (a, b)	$f''(x) \geq 0,\ x \in (a, b)$	$f''(x) > 0,\ x \in (a, b)$
Streng konkav auf (a, b)	$f''(x) \leq 0,\ x \in (a, b)$	$f''(x) < 0,\ x \in (a, b)$
Wendepunkt an der Stelle x_0	$f''(x_0) = 0$	$f''(x) > 0,\ x \in (x_0 - \varepsilon, x_0)$, und $f''(x) < 0,\ x \in (x_0, x_0 + \varepsilon)$
Wendepunkt an der Stelle x_0	$f''(x_0) = 0$	$f''(x) < 0,\ x \in (x_0 - \varepsilon, x_0)$, und $f''(x) > 0,\ x \in (x_0, x_0 + \varepsilon)$
Wendepunkt an der Stelle x_0	$f''(x_0) = 0$	$f'''(x_0) \neq 0$

Differenzialgeometrie

Koordinaten	Kartesische Koordinaten	Parameterform	Polarkoordinaten
Kurve	$y = f(x)$	$x = x(t),\ y = y(t)$	$r = r(\varphi)$
Ableitungen	$y' = \dfrac{dy}{dx}$	$\dot{x} = \dfrac{dx}{dt},\ \dot{y} = \dfrac{dy}{dt}$	$r' = \dfrac{dr}{d\varphi}$
Steigung	y'	$\dfrac{\dot{y}}{\dot{x}}$	$\dfrac{r' \sin\varphi + r\cos\varphi}{r'\cos\varphi - r\sin\varphi}$
Tangentenvektor	$\begin{pmatrix} 1 \\ y' \end{pmatrix}$	$\begin{pmatrix} \dot{x} \\ \dot{y} \end{pmatrix}$	$\begin{pmatrix} r'\cos\varphi - r\sin\varphi \\ r'\sin\varphi + r\cos\varphi \end{pmatrix}$
Normalenvektor	$\begin{pmatrix} -y' \\ 1 \end{pmatrix}$	$\begin{pmatrix} -\dot{y} \\ \dot{x} \end{pmatrix}$	$\begin{pmatrix} -r'\sin\varphi - r\cos\varphi \\ r'\cos\varphi - r\sin\varphi \end{pmatrix}$
Bogendifferenzial ds	$\sqrt{1 + y'^2}\, dx$	$\sqrt{\dot{x}^2 + \dot{y}^2}\, dt$	$\sqrt{r^2 + r'^2}\, d\varphi$
Krümmung k (Krümmungsradius $\rho = 1/\lvert k\rvert$)	$\dfrac{y''}{(1 + y'^2)^{3/2}}$	$\dfrac{\dot{x}\ddot{y} - \dot{y}\ddot{x}}{(\dot{x}^2 + \dot{y}^2)^{3/2}}$	$\dfrac{r^2 + 2r'^2 - rr''}{(r^2 + r'^2)^{3/2}}$

Ableitungen, Anwendungen

6.1 Zu bestimmen ist unter Verwendung des Begriffes der Differenzierbarkeit die Ableitung der Funktion f an der Stelle x_0:

a) $f(x) = \frac{1}{x},\ x > 0,\ x_0 = 10$

b) $f(x) = x^2,\ x \in \mathbb{R},\ x_0 = 8$

6.2 Zu bestimmen sind die Ableitungen folgender Funktionen, ω und p sind reelle Konstanten:

a) $f(x)=(5x-4)^3$ **b)** $f(x)=\frac{x^2-4}{1-x}$

c) $f(x)=\frac{x^3\sqrt{x}}{1+x^2}$ **d)** $f(x)=5x^{\frac{4}{3}}-3x^{\frac{5}{2}}+2x^{-1}$

e) $f(t)=\frac{\cos t}{1-\sin t}$ **f)** $y(x)=\sqrt{\frac{1-x}{1+x}}$

g) $y(x)=\frac{1}{x}+\frac{1}{x^2}+\frac{1}{x^3}+\ldots+\frac{1}{x^n},\ n \in \mathbb{N}$

h) $z(x)=(1-x^3)^5$ **i)** $s(t)=\ln\sin(\omega t)$

j) $z(x)=x^3(x^2-1)^2$ **k)** $y(x)=\sin(2x^2-3x+1)$

l) $u(t)=\sin^2(\omega t)$ **m)** $v(t)=\sqrt{1+\sqrt{2pt}}$

n) $y(x)=e^{\cos x}\sin x$ **o)** $y(u)=2^{\sin(3u)}$

p) $y(x) = \frac{\cos x}{\sin^2 x}+\ln\tan\frac{x}{2}$

q) $y(x) = \arccos\frac{1-x^2}{1+x^2}-2\arctan x$

r) $y(x) = \arcsin\frac{2x}{1+x^2}$

6.3 Die erste Ableitung der Funktionen an der Stelle x_0 ist zu berechnen:

a) $y(x) = e^{2x},\ x_0 = 2$

b) $y(x) = 1 - \sqrt[3]{x^2} + \frac{16}{x},\ x_0 = -8$

6.4 Die n-te Ableitung folgender Funktionen ist zu bestimmen, $n \in \mathbb{N}$:

a) $y(x) = a^x$ **b)** $y(x) = \ln x$

6.5 Wie oft ist die Funktion f mit

$$f(x) = |x^3| = \begin{cases} x^3, & x \geq 0 \\ -x^3, & x < 0 \end{cases}$$

über ganz $\mathbb{R}$ differenzierbar?

6.6 Die ersten vier Ableitungen folgender Funktionen sind zu berechnen:

a) $f(x) = 3x^4 + 2x^3 + x^2 - 10$

b) $f(x) = \sin x$ **c)** $f(x) = \frac{1}{x},\ x \neq 0$

d) $f(x) = e^{x^3}$

6.7 Der Steigungswinkel $\alpha \in [0, 2\pi)$ des Graphen der Funktion f an der Stelle x_0 ist zu bestimmen. Die Gleichung der Tangente an den Graphen in dem entsprechenden Punkt ist anzugeben:

a) $f(x)=x^3,\ x_0=0$ **b)** $f(x)=e^{-x},\ x_0=0$

6.8 Für welchen Wert von a schneidet der Graph der Funktion $f(x) = (ax - x^3)/4$ die x-Achse unter dem Winkel von $45°$?

6.9 Die folgenden Grenzwerte sind mit der Regel von l'Hospital zu berechnen:

a) $\lim\limits_{x\to 0}\frac{\sin x}{x}$ **b)** $\lim\limits_{x\to 0}\frac{x-\sin x}{x^3}$ **c)** $\lim\limits_{x\to +0}\frac{\ln x}{\cot x}$

d) $\lim\limits_{x\to 0}\left(\cot x-\frac{1}{x}\right)$ **e)** $\lim\limits_{x\to +0}\cot x\sinh x$

f) $\lim\limits_{x\to +0}(\sin x)^x$ **g)** $\lim\limits_{x\to \frac{\pi}{4}}(\tan x)^{\tan(2x)}$

h) $\lim\limits_{x\to +0}\frac{\ln\tan(ax)}{\ln\tan(bx)},\ a, b > 0$

Fehlerrechnung

6.10 Mit welcher relativen Genauigkeit muss der Radius einer Kugel gemessen werden, damit der relative Fehler bei der Berechnung des Volumens kleiner als $1\,\%$ ist?

6.11 Bei der Messung des Winkels α eines Zimmers mit trapezförmigem Grundriss ist der Winkel als $(30° \pm 2')$ gemessen worden. Wie groß ist der absolute und der relative Fehler bei der Berechnung des Inhaltes der Wohnfläche, wenn die Länge $a = 5$ m beträgt (siehe **Bild 6.1**)?

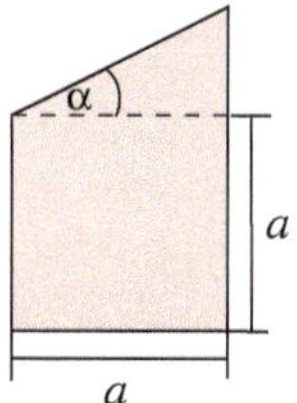

Bild 6.1 Trapezförmiger Grundriss

6.12 Zur Bestimmung der Höhe h eines Bauwerkes wird von der Entferung a zum Fuß des Bauwerkes der Peilwinkel zur Spitze des Bauwerkes $\alpha = (15 \pm 0.5)^\circ$ gemessen (siehe **Bild 6.2**). Mit welcher maximalen relativen Genauigkeit kann die Höhe h ermittelt werden?

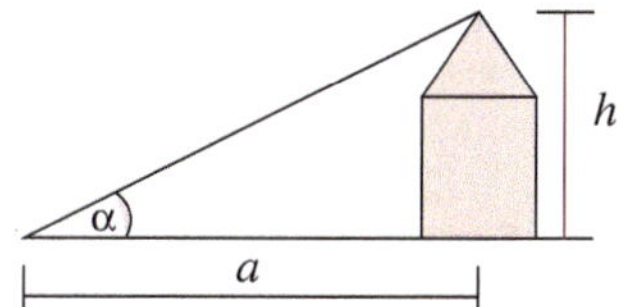

Bild 6.2 Winkelmessung

6.13 Der Funktionswertzuwachs ist durch das Differenzial zur Näherungsberechnung der Zahl $\sqrt[3]{1.02}$ zu ersetzen.

6.14 Der relative Fehler der Zahlen

a) $\pi^2 + 1$ **b)** π^π

soll kleiner als 1 % sein. Wie viel Stellen genau ist π jeweils mindestens zu wählen?

6.15 Die Dichte ρ eines Probewürfels aus Baustahl mit der Masse $m = 100$ g soll mithilfe der Messung seiner Kantenlänge a bestimmt werden. Das Messergebnis ist $a = 2.3 \pm 0.2$ cm.

a) Zu bestimmen ist der maximale absolute und relative Fehler in linearer Näherung bei der Bestimmung der Dichte aufgrund dieser Messung.

b) Wie groß darf der Messfehler bei gleicher Kantenlänge höchstens sein, damit eine 10 %-ige Genauigkeit bei der Bestimmung der Dichte garantiert werden kann?

6.16 a) Wie errechnet sich der Radius einer Kugel (Körper), wenn Masse und Dichte bekannt sind?

b) Eine Kugel besteht aus einer Metalllegierung mit einer Dichte von (8 ± 0.1) g/cm^3 und wiegt 2 kg. Der absolute und der relative Fehler bei der Bestimmung des Radius ist in linearer Näherung abzuschätzen.

6.17 Die Höhe $h(t)$ einer Fichte (in cm) in Abhängigkeit vom Alter $t \geq 0$ (in a) ist durch die Funktion $h(t) = \dfrac{4000}{1 + 9\mathrm{e}^{-0.058t}} - 400$ beschrieben.

a) Wie ist der Definitionsbereich sinnvollerweise zu wählen, welcher Wertebereich ergibt sich?

b) Gesucht ist die Wachstumsgeschwindigkeit $\dot{h}$. Mit welcher Geschwindigkeit wächst die Fichte im Alter von $t = 10$ a? Wie groß wird die Fichte maximal?

c) Gesucht ist das Differenzial der Funktion h bezüglich t zum Zeitpunkt $t = 10$ a. Um welchen Betrag würde die Fichte in 24 Monaten ab dem Zeitpunkt $t = 10$ a wachsen, wenn sie die Wachstumsgeschwindigkeit, die sie dann erreicht hat, beibehielte?

d) Wie groß ist der tatsächliche Höhenzuwachs in 24 Monaten ab dem Zeitpunkt $t = 10$ a?

e) In welchem Alter erreicht die Fichte eine Höhe von 16 m? Welche Wachstumsgeschwindigkeit hat sie dann?

Eigenschaften differenzierbarer Funktionen

6.18 Gesucht ist für $y = f(x)$ eine vollständige Kurvendiskussion (Definitionsbereich, Wertebereich, Symmetrie, Nullstellen, Polstellen, Verhalten an den Polstellen, lokale Extrema, Wendepunkte, Monotonie, Krümmung, Verhalten für $x \to \pm\infty$, Asymptoten). Der prinzipielle Funktionsverlauf ist zu skizzieren.

a) $y = x^3 - x^2 - 2x$ **b)** $y = 2x - x\ln(x-1)$

c) $y = x\ln^2 x$

d) $y = \dfrac{x^2-1}{x-3}$ **e)** $y = \dfrac{2x-2}{x^2-2x-3}$

6.19 Die Funktion $x(t)$ beschreibt die Position x eines gedämpften Schwingers zum Zeitpunkt $t \geq 0$

$x(t) = c_1\mathrm{e}^{-2t} + c_2\mathrm{e}^{-t}$, $c_1, c_2 \in \mathbb{R}$.

a) Gesucht sind die Konstanten c_1 und c_2, wenn der Schwinger zum Zeitpunkt $t = 0$ (in s) die Auslenkung 2 cm und die Geschwindigkeit 4 cm/s erhalten hat.

b) Zu welchem Zeitpunkt erreicht er seine maximale Auslenkung?

c) Erreicht er die Gleichgewichtslage?

d) Ab welchem Zeitpunkt ist seine Abweichung von der Gleichgewichtslage kleiner als 0.1 cm?

6.20 Für die Gleichung w der Biegelinie eines linksseitig gelenkig gelagerten und rechtsseitig horizontal eingespannten Balkens der Länge l mit konstanter Biegesteifigkeit EI und der Streckenlast $q(x) = q_0(1 - x/l)$, q_0 =const, gilt
$EIw^{IV}(x) = q(x), \ 0 < x < l$
zusammen mit den Randbedingungen
$w(0) = 0, \ w''(0) = 0$ und $w(l) = 0, \ w'(l) = 0$
(siehe **Bild 6.3**). Gesucht ist die Gleichung w der Biegeline, wenn bekannt ist, dass w ein Polynom fünften Grades ist.

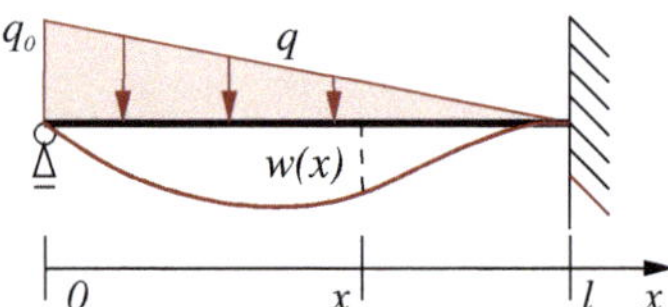

Bild 6.3 Biegelinie

6.21 Ein Auto fährt auf einer Linksabbiegerspur, die in folgender Weise aus zwei Parabelbögen y_1 und y_2 zusammengesetzt ist (siehe **Bild 6.4**). Die Parabelbögen haben ihre Scheitel in den Punkten $(0,0)$ bzw. (L,h). Sie berühren sich tangential an der Stelle $x = l$, d. h., dort stimmen Funktionswerte und Ableitungen der entsprechenden Funktionen überein. Gesucht sind die Gleichungen der Parabeln, wenn $L = 30$ m, $l = 10$ m und $h = 4$ m gegeben ist.

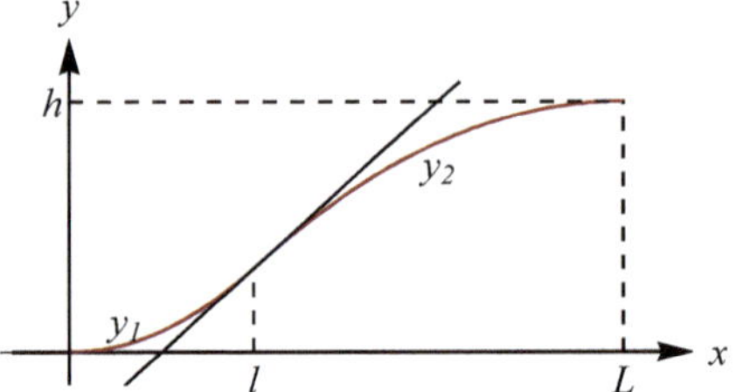

Bild 6.4 Linksabbiegerspur

6.22 Das ohne Knicke verlaufende Spannglied in einem Betonbalken ist aus drei Teilen zusammengesetzt, die die Form von achsparallelen Parabeln p_1, p_2, p_3 haben (siehe **Bild 6.5**). Der Punkt $S_1(x_1, y_1)$ ist Scheitelpunkt der Parabeln p_1 und p_2, der Punkt $S_3(x_3, y_3)$ Scheitelpunkt der Parabel p_3. Der zweite und dritte Teil des Spanngliedes kontaktieren im Punkt $K_2(x_2, y_2)$ mit glattem Verlauf. Der dritte Teil des Spanngliedes hat seinen Endpunkt E auf der x-Achse. Zu ermitteln sind die Funktionsgleichungen für p_1, p_2, p_3 und darauf basierend die Länge des Spanngliedes, wenn folgende Koordinaten (in [m]) gegeben sind:
$x_1 = 4$, $x_2 = 12$, $x_3 = 18$, $y_1 = -0.25$, $y_2 = 0.15$.

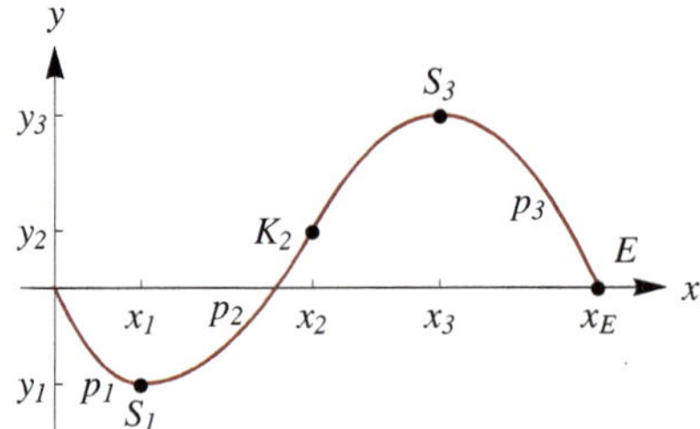

Bild 6.5 Spannglied

Extremwertaufgaben

6.23 Gesucht ist das Rechteck, dessen Flächeninhalt A bei gegebenem Umfang U am größten ist.

6.24 Gesucht ist das einem Kreis mit dem Radius r einbeschriebene Dreieck größten Flächeninhalts.

6.25 Für welche Punkte (x, y) der Parabel $y = x^2$ ist der Abstand d vom Punkt $P(1, 2)$ extremal?

6.26 Wie muss der Radius und der Zentriwinkel eines Kreissektors gewählt werden, damit sein Flächeninhalt bei gegebenem Umfang U maximal wird? Wie groß ist der maximale Flächeninhalt?

6.27 Der Dachboden eines Einfamilienhauses soll ausgebaut werden. Sein Querschnitt ist ein gleichschenkliges Dreieck mit der Grundseite $a = 6.4$ m und der Höhe $h_1 = 5.5$ m (siehe **Bild 6.6**). Wie sind die Länge b und die Höhe h des Zimmers zu wählen, wenn der vorhandene Raum bei rechteckigem Zimmerquerschnitt maximal ausgenutzt werden soll?

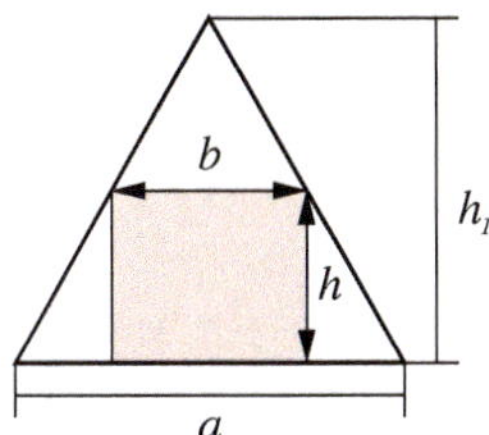

Bild 6.6 Dachboden

6.28 Zwei Punkte A und B einer geradlinig verlaufenden Straße sind $a = 650$ m voneinander entfernt. Ein Ortsteil C hat von der Straße den Abstand $|\overline{BC}| = b = 180$ m. Der Ortsteil soll Gasanschluss bekommen, beginnend im Punkt A. Die Baukosten betragen längs der Straße $k_1 = 72$ €/m, im Gelände jedoch $k_2 = 85$ €/m. An welcher Stelle muss beim Bau des Gasanschlusses von der Straße geradlinig abgezweigt werden, damit die Baukosten möglichst gering bleiben?

6.29 Die Skizze zeigt den Grundriss eines Hauses, das aus drei Räumen und einem Flur der Breite x besteht (siehe **Bild 6.7**). Die Gesamtlänge der Wände soll $b = 90$ m betragen. Wie groß ist die Breite x zu wählen, damit der Inhalt der Grundfläche der drei Räume zusammen möglichst groß wird? Eine maßstabsgetreue Skizze des Grundrisses unter Verwendung der errechneten Werte ist anzufertigen.

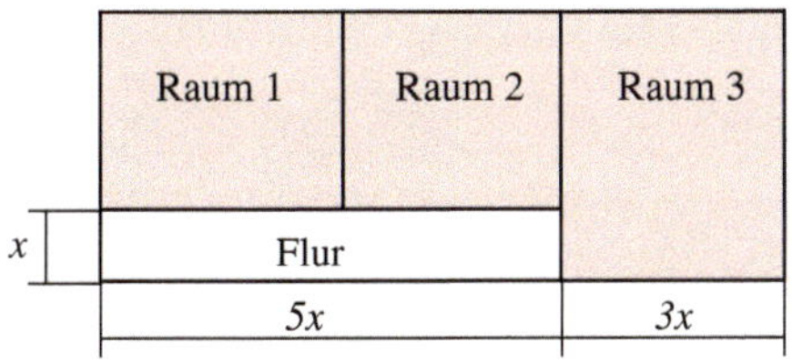

Bild 6.7 Grundriss

6.30 Aus drei Holzbrettern von je 20 cm Breite soll eine Wasserrinne von trapezförmigem Querschnitt mit möglichst großem Fassungsvermögen gebaut werden. Eine genaue Konstruktionsanweisung ist anzugeben.

6.31 Zum Bau eines an den Stirnwänden offenen Schuppens sollen zwei senkrecht aufzustellende Bretterwände mit der Höhe $a = 3.5$ m durch zwei Wellbleche der Breite $b = 4.65$ m ein Satteldach erhalten. Die Bleche sollen 15 cm überstehen. Welchen Abstand müssen die senkrechten Wände voneinander haben, damit das Fassungsvermögen des Schuppens am größten wird?

6.32 Aus einem Baumstamm mit konstantem kreisförmigen Querschnitt des Durchmessers d soll ein Balken maximaler Tragfähigkeit T herausgeschnitten werden ($T = kab^2$, $k =$const.). Wie sind die Seitenlängen a und b des Balkenquerschnittes zu wählen?

6.33 In die Ellipse mit den Halbachsen der Längen a und b ist ein Rechteck mit zu den Achsen parallelen Seiten zu legen, sodass sein Flächeninhalt maximal wird. Gesucht sind die Koordinaten der Ecken dieses Rechteckes sowie der maximale Flächeninhalt.

6.34 Die Kuppel einer Halle soll einen halbkreisförmigen Querschnitt mit dem Radius r erhalten (siehe **Bild 6.8**). In welchen Punkten P_1 und P_2 berührt das trapezförmige Dach $MRSN$ die Kuppel, wenn der Inhalt der Fläche des Querschnitts zwischen Dach und Kuppel minimal werden soll?

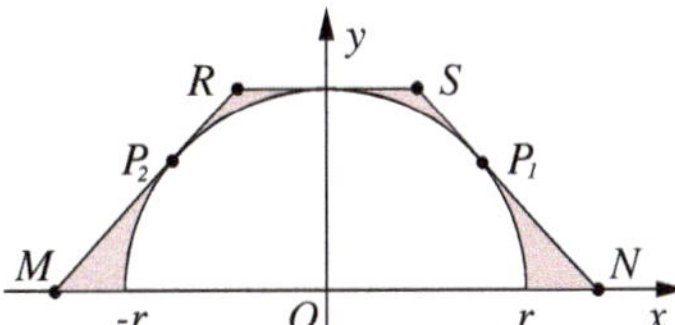

Bild 6.8 Kuppel

6.35 Ein Bauunternehmer hat zwei voneinander unabhängige Fertigungsbetriebe. Der Gewinn G_1 und G_2 (in €) in jedem der Betriebe ist eine Funktion des eingesetzten Kapitals x_1 bzw. x_2:

$$G_1 = 120\sqrt{x_1}, \qquad G_2 = 160\sqrt{x_2}.$$

Das gesamte verfügbare Kapital beläuft sich auf

4 000 000 €. Wie ist es auf die Betriebe aufzuteilen, um einen maximalen Unternehmensgewinn zu erzielen? Wie groß ist der zusätzliche Gewinn, wenn ein zusätzlicher Euro an Kapital eingesetzt wird?

6.36 Zwei Autos fahren auf geraden Straßen, die sich unter einem Winkel von 60° schneiden, mit gleicher Geschwindigkeit $v = 50$ km/h. Zum Zeitpunkt, als das eine Auto die Kreuzung passiert, ist das andere noch $s = 5$ km davon entfernt. Nach welcher Zeit ist die Entfernung der Autos minimal? Wie groß ist die minimale Entfernung? Zu verwenden ist ein kartesisches Koordinatensystem mit dem Ursprung in der Kreuzung und der x-Achse auf einer der beiden Straßen.

6.37 Zwei Korridore mit den Breiten $d_1 = 1.6$ m bzw. $d_2 = 2.4$ m schneiden einander unter einem rechten Winkel. Gesucht ist die größte Länge einer Leiter, die horizontal aus dem einen Korridor in den anderen getragen werden kann.

6.38 Die Seitenwand eines Gebäudes soll durch einen Balken, der über eine $m = 1.35$ m hohe Mauer gelegt werden soll, abgestützt werden. Diese hat von der Wand einen Abstand von $a = 3.50$ m (siehe **Bild 6.9**). Wie lang ist der kürzeste Balken, der dafür benutzt werden kann?

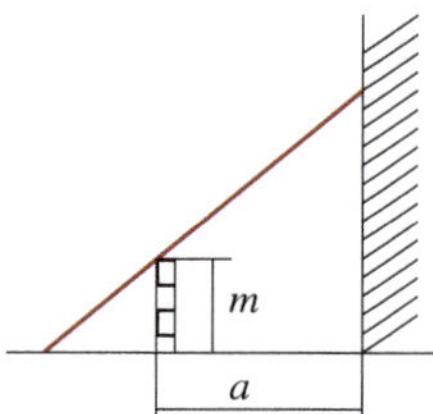

Bild 6.9 Wand, Mauer und Balken

6.39 Um eine elliptische Rabatte mit den Längen der Halbachsen $a = 40$ m und $b = 20$ m sollen gerade Gehwege so gebaut werden, dass sie die Rabatte berühren und der Inhalt der Fläche zwischen Wegen und Rabatte möglichst klein wird (siehe **Bild 6.10**). Wie sind die Wege zu legen?

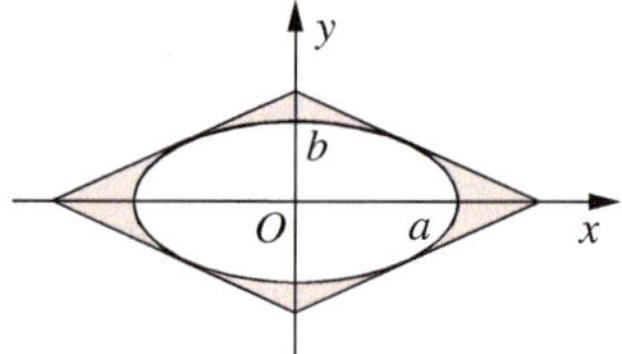

Bild 6.10 Rabatte

6.40 Beim Bau eines Tunnels soll zunächst ein Querschnitt von der Form einer halben Ellipse mit den Längen der Halbachsen $a = 12$ m und $b = 8$ m ausgehoben werden, der später bis auf den skizzierten rechteckigen Querschnitt wieder vermauert wird (siehe **Bild 6.11**).

a) Wie sind die Längen h und l zu wählen, damit der zu vermauernde Teil minimal wird?

b) Wie viel Prozent des Querschnitts müssen in dem Fall wieder zugemauert werden?

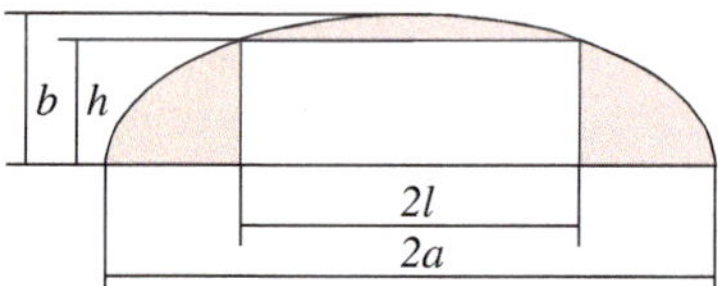

Bild 6.11 Tunnelquerschnitt

6.41 An der Decke einer Werkhalle soll ein Lüftungskanal angebracht werden. Der Querschnitt hat die Form eines Rechtecks mit aufgesetztem gleichschenklig-rechtwinkligem Dreieck (siehe **Bild 6.12**). Welche Maße a, b und h müssen Dreieck und Rechteck erhalten, wenn der Inhalt der Fläche des Querschnitts mit $A = 1$ m^2 vorgegeben ist und zur Herstellung des Lüftungskanals möglichst wenig Blech (in m^2) verbraucht werden soll? Aus bautechnischen Gründen darf die Höhe des Kanals 1.5 m nicht überschreiten. Wie groß ist dann der Blechverbrauch (in m^2) pro 1 m Kanallänge?

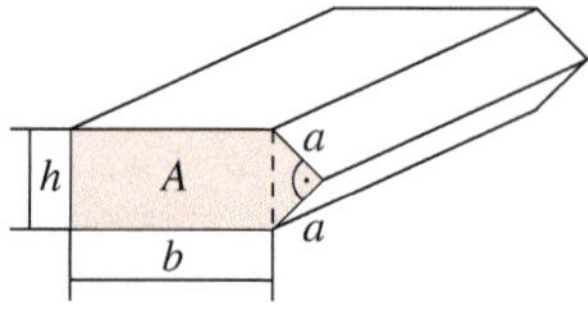

Bild 6.12 Lüftungskanal

6.42 Herr Ö. Konom will die Fahrt von Kaiserslautern nach Hamburg (ca. 600 km) mit einem Mietauto zurücklegen. Der Benzinverbrauch b des Mietautos (in l/(100 km)) hängt von seiner als konstant vorausgesetzten Geschwindigkeit v (in km/h) folgendermaßen ab:

$$b(v) = \frac{v}{10} - 5 + \frac{360}{v}.$$

a) Welche Geschwindigkeit sollte er wählen, um den Benzinverbrauch zu minimieren?

b) Der Preis für das Mietauto beträgt 40 € Grundgebühr zuzüglich 16.20 € pro Stunde. Das Benzin kostet 1.50 € pro Liter. Welche Geschwindigkeit sollte Herr Ö. Konom wählen, um die Kosten für die Fahrt, d. h., Mietauto und Benzin, zu minimieren?

6.43 Der Querschnitt eines Tunnels hat die Form eines Rechtecks mit aufgesetztem Halbkreis. Der Umfang des Querschnitts beträgt U. Für welchen Radius des Halbkreises wird der Inhalt der Fläche des Querschnitts am größten? Wie groß ist der maximal mögliche Inhalt der Fläche? Wie groß sind dann die Seiten des Rechtecks?

6.44 Das maximale Biegemoment und die Stelle, an der es angenommen wird, ist für einen beidseitig gelenkig gelagerten Balken der Länge l mit der angegebenen linearen Streckenlast q zu ermitteln (siehe **Bild 6.13**).

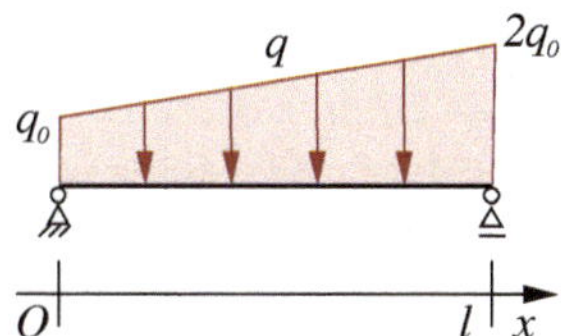

Bild 6.13 Balken

6.45 Die Durchhangsparabel $y = \alpha + \beta x + \gamma x^2$ einer Hochspannungsfernleitung soll durch folgende Messungen bestimmt werden: Spannweite l, Höhenunterschied h der Mastspitzen S_1 und S_2, außerdem wird von A, die Parabel in P berührend, nach B gezielt, wobei die Abstände $|\overline{S_1A}| = a$ und $|\overline{S_2B}| = b$ gemessen werden (siehe **Bild 6.14**). Zu ermitteln ist

a) die Gleichung der Parabel,

b) der maximale Durchhang f (Pfeilhöhe).

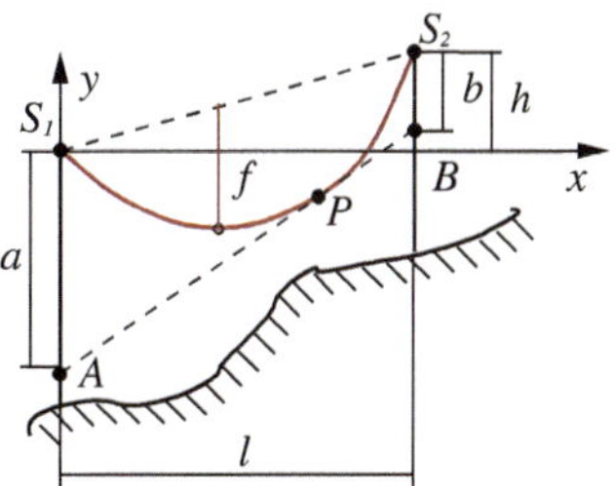

Bild 6.14 Durchhangsparabel

6.46 Ein Konsolträger der Länge l mit veränderlichem rechteckigen Querschnitt der konstanten Breite b und linear von der Position $x \in [0, l]$ abhängiger Höhe h wird an seinem Ende $x = l$ mit der Kraft der Größe F belastet. Seine größere Höhe an der Einspannstelle $x = 0$ ist gleich $h_2 > 0$ und seine kleinere ist am Ende $x = l$ gleich $h_1 > 0$ (siehe **Bild 6.15**). Die Biegespannung in einem beliebigen Querschnitt ist $\sigma = 6M/(bh^2)$, wobei $M = F(l - x)$ das Biegemoment im Querschnitt ist. Gesucht ist die Position des „gefährdeten" Querschnitts, in dem die Biegespannung am größten ist, und die zugehörige maximale Biegespannung.

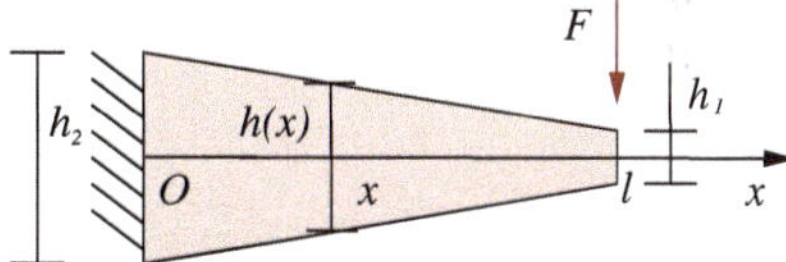

Bild 6.15 Längsschnitt des Konsolträgers

6.47 Zu ermitteln sind alle lokalen Extrema der Funktion $f(x) = x^4 - 8x^3 + 22x^2 - 24x + 20$. Alle nötigen Funktionswerte von Polynomen sind ausschließlich mit dem Horner-Schema zu berechnen.

6.48 Die in ‰ angegebene Konzentration f eines Schadstoffes in Abhängigkeit von der Zeit t hat die Funktionsgleichung

$$f(t) = \frac{200}{c + 2e^{-at}}, \; t \geq 0.$$

Sie wird zum Zeitpunkt $t = 0$ min mit 40 ‰ und zum Zeitpunkt $t = 1$ min mit 43.127 ‰ gemessen. Hierbei sind a [1/min] und c vom Schadstoff abhängige reelle Parameter.

a) Zu bestimmen sind die Parameter a und c.

b) Zu welchem Zeitpunkt tritt die maximale Schadstoffkonzentration ein, und wie hoch ist sie?

6.49 Die vertikale Bewegung eines Körpers wird durch seine Höhe h gegenüber der Wasseroberfläche in Abhängigkeit von der Zeit t durch folgende Funktion beschrieben:

$h(t) = (t^3 - 2t^2 - 3t)\mathrm{e}^{-t}$, $t \geq 0$.

a) Wann befand sich der Körper an der Wasseroberfläche?

b) Welche maximale Höhe erreichte der Körper und zu welchem Zeitpunkt? Wie tief tauchte der Körper maximal ein und zu welchem Zeitpunkt?

6.50 Ein Fahrzeug bewegt sich nach dem Weg-Zeit-Gesetz $s(t) = 20 + 10t + 100t^2 - 30t^3$, wobei $t \geq 0$ [h] der Zeitpunkt und $s(t)$ [km] der zum Zeitpunkt t zurückgelegte Weg ist.

a) Gesucht sind Geschwindigkeit (in km/h) und Beschleunigung des Fahrzeuges (in m/min^2) zu den Zeitpunkten $t_1 = 1$ s und $t_2 = 1$ h.

b) Zu welchem Zeitpunkt fährt das Fahrzeug mit maximaler Geschwindigkeit? Ab welchem Zeitpunkt fährt das Fahrzeug wieder langsamer?

c) Von welchem Zeitpunkt an fährt das Fahrzeug zurück?

6.51 Ein Tunnel hat parabolischen Querschnitt. Die Parabel hat ihren Scheitelpunkt im Punkt $S(c, d)$, $c > 0$, $d > 0$, eines achsparallelen Koordinatensystems, durch dessen Ursprung sie verläuft. Wie müssen Länge und Breite eines in den parabolischen Querschnitt einbeschriebenen Rechtecks maximalen Flächeninhaltes gewählt werden?

6.52 a) Das Polynom geringsten Grades ist zu bestimmen, das an der Stelle $x = 1$ einen lokalen Extremwert hat und dessen Graph durch die Punkte $P_1(-1, -1)$, $P_2(1, 3)$ und $P_3(2, 11)$ verläuft.

b) Gesucht sind alle lokalen Extremwerte des Polynoms.

c) Die Steigungen des Polynoms in den Punkte P_1 und P_3 sind anzugeben.

Taylor-Polynome

6.53 Die Funktion f ist in einer Umgebung der Stelle $x_0 = 0$ durch ein Taylor-Polynom P_3 dritten Grades zu approximieren:

a) $f(x) = \sin x$ b) $f(x) = \cos x$

c) $f(x) = \ln(x + 1)$

6.54 Für die Funktion f ist das Taylor-Polynom P_3 dritten Grades an der Stelle $x_0 = 0$ sowie das Restglied R_3 nach Lagrange anzugeben. Der Funktionswert an der Stelle x ist mithilfe des Näherungspolynoms P_3 zu bestimmen. Der Fehler ist mithilfe des Restgliedes R_3 abzuschätzen.

a) $f(x) = \sqrt{1 - x}$, $x = 0.1$

b) $f(x) = \mathrm{e}^{-x}$, $x = 1$

6.55 Gesucht ist der Funktionswert von

$f(x) = 3x^4 + x^3 + 207x^2 + 63$

an der Stelle $x = 1.01$ ohne Zuhilfenahme eines Taschenrechners.

6.56 Die Funktion $f(x) = \sqrt[3]{1 + x}$ ist mithilfe eines Taylor-Polynoms zu approximieren, das Glieder bis einschließlich der zweiten Potenz in x enthält. Für $x = 0.5$ ist der Fehler abzuschätzen.

6.57 Das Taylor-Polynom vierten Grades P_4 für die Funktion $f(x) = \mathrm{e}^{\cos x}$ an der Stelle $x_0 = 0$ sowie das Restglied R_4 ist zu bestimmen. Welcher Fehler tritt höchstens auf, wenn die Funktion f im Intervall $[-30°, 30°]$ durch das berechnete Taylor-Polynom P_4 ersetzt wird?

6.58 Der Wert $\sin 1$ ist mithilfe eines Taylor-Polynoms für die Funktion $f(x) = \sin x$ an der Stelle $x_0 = 0$ zu berechnen. Wie viel Glieder der Taylorentwicklung müssen berücksichtigt werden, um eine Genauigkeit von drei Dezimalstellen zu erzielen?

6.59 Gegeben ist die Funktion $f(x) = \sqrt{x^2 + 36}^3$. Gesucht sind die Taylorpolynome ersten und zweiten Grades an der Stelle $x_0 = 8$. Mithilfe dieser Taylorpolynome sind die Funktionswerte $f(9)$, $f(8.1)$ und $f(8.01)$ näherungsweise zu ermitteln. Danach sind diese mit den „genauen" Funktionswerten (Taschenrechner) zu vergleichen.

Kurve, Tangente, Normale, Krümmung

6.60 Gegeben ist der Punkt $X(3,4)$ auf einem Kreis mit dem Mittelpunkt $O(0,0)$. Gesucht sind: der Abstand des Punktes X vom Mittelpunkt O des Kreises, der Polarwinkel σ des Punktes X, die Gleichung der Tangente im Punkt X an den Kreis, der Tangentenwinkel α, die Krümmung und der Krümmungsradius im Punkt X, der Krümmungsmittelpunkt M, die Koordinaten des Schnittpunktes S des Kreises mit der positiven x-Achse, die Bogenlänge $s = SX$.

6.61 Gegeben ist die Ellipse mit der Parameterdarstellung $x_1(t) = a\cos t$, $x_2(t) = b\sin t$, $t \in [0, 2\pi)$ und den Halbachsen $a = 6$, $b = 4$ sowie der Parameter $t = \pi/6$. Gesucht sind: die kartesischen Koordinaten des Punktes X auf der Ellipse mit diesem Parameter, der Abstand des Punktes X vom Mittelpunkt O der Ellipse, der Polarwinkel σ des Punktes X, die Gleichung der Tangente im Punkt X an den Kreis, der Tangentenwinkel α, die Krümmung und der Krümmungsradius im Punkt X, der Krümmungsmittelpunkt M, die Koordinaten des Schnittpunktes S der Ellipse mit der positiven x-Achse, die Bogenlänge$s = SX$.

6.62 Gegeben ist die Klothoide mit dem Anfangspunkt im Koordinatenursprung O in natürlicher Parametrisierung mit dem Parameter $a = 175$ sowie der Punkt X auf der Klothoide mit der Bogenlänge $SX = 130$. Gesucht sind: die kartesischen Koordinaten des Punktes X, der Polarwinkel σ des Punktes X, die Gleichung der Tangente im Punkt X an die Klothoide, der Tangentenwinkel α, die Krümmung und der Krümmungsradius im Punkt X, der Krümmungsmittelpunkt M, die Koordinaten des Schnittpunktes S der Klothoide mit der x-Achse, die Bogenlänge $s = SX$.

B7 Integralrechnung für Funktionen einer Veränderlichen

Das unbestimmte Integral

Definition

$$\int f(x)\,\mathrm{d}x = F(x) + C, \text{ wenn } F'(x) = f(x)$$

$\int f(x)\,\mathrm{d}x$ - unbestimmtes Integral $f(x)$ - Integrand $F(x)$ - Stammfunktion

$C \in \mathbb{R}$ - Integrationskonstante x - Integrationsvariable

Tabelle einiger unbestimmter Integrale

$$\int f(x)\,\mathrm{d}x = F(x) + C,\ C \in \mathbb{R},\ k \in \mathbb{Z}$$

$f(x)$	$F(x)$	$f(x)$	$F(x)$	$f(x)$	$F(x)$
0	0	$1/\cos^2 x$	$\tan x,\ x \neq \pi/2 + k\pi$	$\frac{1}{1-x^2}$	$\begin{cases} \operatorname{artanh} x \\ \ln\sqrt{(1+x)/(1-x)},\ \lvert x\rvert < 1 \end{cases}$
1	x	$1/\sin^2 x$	$-\cot x,\ x \neq k\pi$		
x^α	$x^{\alpha+1}/(\alpha+1),\ \alpha \neq -1$	$\frac{1}{1+x^2}$	$\begin{cases} \arctan x \\ -\operatorname{arccot} x \end{cases}$	$\frac{1}{1-x^2}$	$\begin{cases} \operatorname{arcoth} x \\ \ln\sqrt{(1+x)/(1-x)},\ \lvert x\rvert > 1 \end{cases}$
$1/x$	$\ln\lvert x\rvert,\ x \neq 0$				
e^x	e^x	$\frac{1}{\sqrt{1-x^2}}$	$\begin{cases} \arcsin x \\ -\arccos x \end{cases},\ \lvert x\rvert < 1$	$\frac{1}{\sqrt{1+x^2}}$	$\begin{cases} \operatorname{arsinh} x \\ \ln(x+\sqrt{1+x^2}) \end{cases}$
a^x	$a^x/\ln a,\ a>0,\ a\neq 1$				
$\sin x$	$-\cos x$	$\sinh x$	$\cosh x$	$\frac{1}{\sqrt{x^2-1}}$	$\begin{cases} \operatorname{arcosh} x, & x>1 \\ -\operatorname{arcosh}(-x), & x<-1 \end{cases}$
$\cos x$	$\sin x$	$\cosh x$	$\sinh x$		
$\tan x$	$-\ln\lvert\cos x\rvert$	$1/\cosh^2 x$	$\tanh x$	$\frac{1}{\sqrt{x^2-1}}$	$\begin{cases} \ln(x+\sqrt{x^2-1}), & x>1 \\ -\ln(-x+\sqrt{x^2-1}), & x<-1 \end{cases}$
$\cot x$	$\ln\lvert\sin x\rvert$	$1/\sinh^2 x$	$-\coth x,\ x\neq 0$		

Integrationsregeln

Name	Regel
Linearität	$\int \left(\sum_{i=1}^{n} \alpha_i f_i(x)\right) \mathrm{d}x = \sum_{i=1}^{n} \alpha_i \int f_i(x)\,\mathrm{d}x,\ \alpha_i \in \mathbb{R}$
Logarithmische Integration	$\int \frac{f'(x)}{f(x)}\,\mathrm{d}x = \ln\lvert f(x)\rvert + C,\ f(x) \neq 0$
Partielle Integration	$\int u'(x)v(x)\,\mathrm{d}x = u(x)v(x) - \int u(x)v'(x)\,\mathrm{d}x$
Integration mit Substitution	$\int f(g(x))g'(x)\,\mathrm{d}x = \int f(y)\,\mathrm{d}y,\ y = g(x),\ \mathrm{d}y = g'(x)\,\mathrm{d}x$

Das bestimmte Integral

Definition

Für eine auf $[a, b]$ beschränkte Funktion f wird nach beliebiger Wahl von n Teilintervallen $[x_k, x_{k+1}]$ mit $a = x_0 < x_1 < x_2 < ... < x_{n-1} < x_n = b$ und n Zwischenpunkten $t_k \in [x_k, x_{k+1}]$, $k = 0, ..., n-1$, die Zwischensumme (Riemann-Summe) Z_n gebildet. Das bestimmte Integral von f auf $[a, b]$ ist ihr Grenzwert für $n \to \infty$, $\max \Delta x_k \to 0$, wenn er existiert.

$$\int_a^b f(x)\,\mathrm{d}x = \lim_{\substack{n\to\infty \\ \max \Delta x_k \to 0}} Z_n, \qquad Z_n = \sum_{k=0}^{n-1} f(t_k)\Delta x_k, \qquad \Delta x_k = x_{k+1} - x_k$$

$\int_a^b f(x)\,\mathrm{d}x$ - bestimmtes Integral	$f(x)$ - Integrand		a, b - Integrationsgrenzen
$[a, b]$ - Integrationsintervall	x - Integrationsvariable		

Integrationsregeln

Name	Regel
Hauptsatz der Integralrechnung	$\int_a^b f(x)\,\mathrm{d}x = [F(x)]_a^b = F(b) - F(a), \qquad \left(\int_a^x f(t)\,\mathrm{d}t\right)' = F'(x) = f(x)$ $F(x)$ - beliebige Stammfunktion von $f(x)$
Vertauschen der Integrationsgrenzen	$\int_a^b f(x)\,\mathrm{d}x = -\int_b^a f(x)\,\mathrm{d}x,$ für $a = b$ folgt $\int_a^a f(x)\,\mathrm{d}x = 0$
Unterteilung des Integrationsintervalls	$\int_a^b f(x)\,\mathrm{d}x = \int_a^c f(x)\,\mathrm{d}x + \int_c^b f(x)\,\mathrm{d}x, \quad c \in [a, b]$
Linearität	$\int_a^b \left(\sum_{i=1}^n \alpha_i f_i(x)\right) \mathrm{d}x = \sum_{i=1}^n \alpha_i \int_a^b f_i(x)\,\mathrm{d}x, \quad \alpha_i \in \mathbb{R}$
Partielle Integration	$\int_a^b u'(x)v(x)\,\mathrm{d}x = [u(x)v(x)]_a^b - \int_a^b u(x)v'(x)\,\mathrm{d}x$
Integration mit Substitution	$\int_a^b f(g(x))g'(x)\,\mathrm{d}x = \int_{g(a)}^{g(b)} f(y)\,\mathrm{d}y, \quad y = g(x),\ \mathrm{d}y = g'(x)\,\mathrm{d}x$

Anwendungen

Fläche	Bogenlänge, Sektor	Rotationskörper

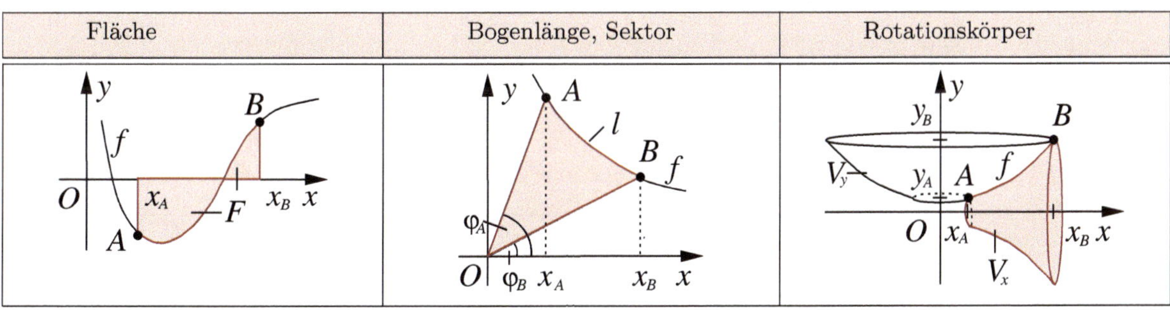

Flächeninhalt , Bogenlänge

Koordinaten	Kartesische Koordinaten $y=f(x)$, $x_A<x_B$	Parameterform $x=x(t)$, $y=y(t)$, $t_A<t_B$	Polarkoordinaten $r=r(\varphi)$
Flächeninhalt F	$\int_{x_A}^{x_B} \lvert y\rvert \,\mathrm{d}x$	$\int_{t_A}^{t_B} \lvert y\dot{x}\rvert \,\mathrm{d}t,\quad \begin{matrix} x_A=x(t_A) \\ x_B=x(t_B)\end{matrix}$	
Inhalt des Sektors F_S	$\frac{1}{2}\left\lvert\int_{x_A}^{x_B}(x\,y'-y)\,\mathrm{d}x\right\rvert$	$\frac{1}{2}\left\lvert\int_{t_A}^{t_B}(x\dot{y}-\dot{x}y)\,\mathrm{d}t\right\rvert$	$\frac{1}{2}\left\lvert\int_{\varphi_A}^{\varphi_B} r^2\,\mathrm{d}\varphi\right\rvert$
Bogenlänge l	$\left\lvert\int_{x_A}^{x_B}\sqrt{1+y'^2}\,\mathrm{d}x\right\rvert$	$\left\lvert\int_{t_A}^{t_B}\sqrt{\dot{x}^2+\dot{y}^2}\,\mathrm{d}t\right\rvert$	$\left\lvert\int_{\varphi_A}^{\varphi_B}\sqrt{r'^2+r^2}\,\mathrm{d}\varphi\right\rvert$

Rotationskörper

Der Index x bzw. y gibt die Rotationsachse an. g - Umkehrfunktion von f,

$x_A<x_B$, $t_A<t_B$, $y_A=f(x_A)$, $y_B=f(x_B)$, $y_1=\min(y_A,y_B)$, $y_2=\max(y_A,y_B)$

Volumen		Inhalt der Mantelfläche	
$y=f(x)$, $x=g(y)$	$x=x(t)$, $y=y(t)$	$y=f(x)$, $x=g(y)$	$x=x(t)$, $y=y(t)$
$V_x=\pi\int_{x_A}^{x_B} y^2\,\mathrm{d}x$	$V_x=\pi\int_{t_A}^{t_B} y^2\,\lvert\dot{x}\rvert\,\mathrm{d}t$	$O_x=2\pi\int_{x_A}^{x_B}\lvert y\rvert\sqrt{1+y'^2}\,\mathrm{d}x$	$O_x=2\pi\int_{t_A}^{t_B}\lvert y\rvert\sqrt{\dot{x}^2+\dot{y}^2}\,\mathrm{d}t$
$V_y=\pi\int_{y_1}^{y_2} g^2\,\mathrm{d}y$	$V_y=\pi\int_{t_A}^{t_B} x^2\,\lvert\dot{y}\rvert\,\mathrm{d}t$	$O_y=2\pi\int_{y_1}^{y_2}\lvert g\rvert\sqrt{1+g'^2}\,\mathrm{d}y$	$O_y=2\pi\int_{t_A}^{t_B}\lvert x\rvert\sqrt{\dot{x}^2+\dot{y}^2}\,\mathrm{d}t$

Momente, Koordinaten des Schwerpunktes

Der Index x bzw. y gibt die Bezugsachse an. x_s, y_s - Koordinaten des Schwerpunktes der Fläche zwischen Graph und x-Achse, der Kurve bzw. des Rotationskörpers bei der Rotation um die x-Achse, $x_A<x_B$

	Fläche, $y=f(x)$	Kurve, $y=f(x)$	Rotationskörper, $y=f(x)$
Moment	Flächenmoment 1. Grades	Statisches Moment	Statisches Moment
M_x	$\frac{1}{2}\int_{x_A}^{x_B} y^2\operatorname{sgn} y\,\mathrm{d}x \qquad y_s=M_x/F$	$\int_{x_A}^{x_B} y\sqrt{1+y'^2}\,\mathrm{d}x \qquad y_s=M_x/l$	$0 \qquad y_s=0$
M_y	$\int_{x_A}^{x_B} xy\operatorname{sgn} y\,\mathrm{d}x \qquad x_s=M_y/F$	$\int_{x_A}^{x_B} x\sqrt{1+y'^2}\,\mathrm{d}x \qquad x_s=M_y/l$	$\pi\int_{x_A}^{x_B} xy^2\,\mathrm{d}x \qquad x_s=M_y/V$
	Flächenmoment 2. Grades	Trägheitsmoment	Trägheitsmoment
I_x	$\frac{1}{3}\int_{x_A}^{x_B}\lvert y\rvert^3\,\mathrm{d}x$	$\int_{x_A}^{x_B} y^2\sqrt{1+y'^2}\,\mathrm{d}x$	$\frac{\pi}{2}\int_{x_A}^{x_B} y^4\,\mathrm{d}x$
I_y	$\int_{x_A}^{x_B} x^2\lvert y\rvert\,\mathrm{d}x$	$\int_{x_A}^{x_B} x^2\sqrt{1+y'^2}\,\mathrm{d}x$	$2\pi\int_{x_A}^{x_B} x^2y^2\,\mathrm{d}x$

Stammfunktion, unbestimmte und bestimmte Integrale

7.1 Gesucht sind die Ableitungen der Funktionen:

a) $F(x) = \int_{x^3}^{b} \frac{1}{1+t^2+\sin^2 t}\,\mathrm{d}t$

b) $F(x) = \int_{9}^{x} \left(\int_{7}^{y} \frac{1}{1+t^2+\sin^2 t}\,\mathrm{d}t \right) \mathrm{d}y$

7.2 Zu zeigen ist, dass die beiden Funktionen

$F(x) = \ln|x+\sqrt{x^2-1}|$ und

$G(x) = \ln(\pi|x+\sqrt{x^2-1}|)$

Stammfunktionen der Funktion

$f(x) = \frac{1}{\sqrt{x^2-1}}$

sind. Der Definitionsbereich der Funktionen ist zu beachten.

7.3 Gesucht ist eine Stammfunktion der Funktion

$f(x) = 3\sin x + 2x^5$.

Die Kenntnisse der Ableitungen bekannter Funktionen sind dabei zu nutzen.

7.4 Gesucht ist eine Stammfunktion der Funktion:

a) $f(x)=\frac{1}{x^2}$ b) $f(x)=\sqrt{x}$ c) $f(x)=\frac{1}{\sqrt{x}}$

7.5 Mithilfe elementarer Integrationsregeln sind die unbestimmten Integrale zu ermitteln:

a) $\int \frac{5}{x}\,\mathrm{d}x$ b) $\int \frac{\cos x}{2}\,\mathrm{d}x$ c) $\int \frac{1}{t^{n+1}}\,\mathrm{d}t$

d) $\int \frac{1}{2x^2}\,\mathrm{d}x$ e) $\int \frac{15}{4}\mathrm{e}^x\,\mathrm{d}x$ f) $\int \frac{15}{x\ln 10}\,\mathrm{d}x$

7.6 Gesucht sind die unbestimmten Integrale mithilfe elementarer Integrationsregeln:

a) $\int \frac{4}{7}x^{-2/3}\,\mathrm{d}x$ b) $\int \frac{5}{7\sqrt[4]{3x}}\,\mathrm{d}x$

c) $\int \left(\frac{5}{4}\sqrt{x}-(x-1)^2\right)\mathrm{d}x$

d) $\int \left(\frac{2}{x}-\frac{4-3x^2}{x^2}\right)\mathrm{d}x$ e) $\int (2\mathrm{e}^x-10^x)\,\mathrm{d}x$

f) $\int (\mathrm{e}^{\ln 3}-\mathrm{e}^t)\,\mathrm{d}t$ g) $\int \frac{1-\cos^2 x}{\cos^2 x}\,\mathrm{d}x$

h) $\int (\cos 2t+2\sin^2 t)\,\mathrm{d}t$ i) $\int \frac{\mathrm{d}x}{2+2x^2}$

j) $\int \frac{2x^4}{1+x^2}\,\mathrm{d}x$ k) $\int \frac{\cos\omega}{\cos^2 t}\,\mathrm{d}\omega$

l) $\int \frac{1+\cos^2 x}{\cos^2 x}\,\mathrm{d}x$

7.7 Gesucht sind die bestimmten Integrale:

a) $\int_{-1}^{1} 2\,\mathrm{d}x$ b) $\int_{4}^{1} 2x\,\mathrm{d}x$ c) $\int_{1}^{2} ab^2\,\mathrm{d}b$

d) $\int_{1}^{2} ab^2\,\mathrm{d}a$ e) $\int_{-1}^{1} \left(-\frac{1}{3}t\right)\mathrm{d}t$ f) $\int_{1}^{4} q^{-1/3}\,\mathrm{d}q$

g) $\int_{0}^{2} (3x^2+x-1)\,\mathrm{d}x$ h) $\int_{0}^{4} (x^2+x+1)\,\mathrm{d}x$

i) $\int_{-2}^{-1} 3t^{-5}\,\mathrm{d}t$ j) $\int_{2}^{1} \left(\frac{1}{x^2}+\frac{1}{x^3}\right)\mathrm{d}x$

k) $\int_{-2}^{-3} \frac{x+1}{x^4}\,\mathrm{d}x$ l) $\int_{0}^{5} (5-\sqrt[3]{8x})\,\mathrm{d}x$

7.8 Zu bestimmen sind die Integrale der Form f'/f:

a) $\int \frac{x}{x^2-8}\,\mathrm{d}x$ b) $\int_{\mathrm{e}}^{5} \frac{1}{x\ln x}\,\mathrm{d}x$ c) $\int \cot x\,\mathrm{d}x$

7.9 Die folgenden Integrale sind mit partieller Integration zu bestimmen:

a) $\int x\sin x\,\mathrm{d}x$ b) $\int_{0}^{\frac{\pi}{2}} \cos^2 x\,\mathrm{d}x$

c) $\int \mathrm{e}^x \sin x\,\mathrm{d}x$ d) $\int_{0}^{\frac{\pi}{2}} x\sin x\cos x\,\mathrm{d}x$

e) $\int (\ln x)^2\,\mathrm{d}x$ f) $\int \sin^3 x\,\mathrm{d}x$

g) $\int \ln(x^2+1)\,\mathrm{d}x$ h) $\int \sin^4 x\,\mathrm{d}x$

7.10 Gesucht sind die unbestimmten Integrale bei Verwendung der Substitutionsregel:

a) $\int \cos^2 x\sin x\,\mathrm{d}x$ b) $\int t^n \mathrm{e}^{at^{n+1}}\,\mathrm{d}t$

c) $\int (ax+b)^n\,\mathrm{d}x$ d) $\int \Theta\cos\Theta^2\,\mathrm{d}\Theta$

e) $\int \frac{2x}{1+x^2}\,\mathrm{d}x$ f) $\int (\cos x-\cos^3 x)\,\mathrm{d}x$

g) $\int x\sqrt{a^2+x^2}\,\mathrm{d}x$ h) $\int \frac{1}{3+2x}\,\mathrm{d}x$

i) $\int x\sqrt{x+6}\,\mathrm{d}x$ j) $\int \sin\left(\frac{\pi}{6}x\right)\,\mathrm{d}x$

7.11 Zu integrieren ist durch Substitution:

a) $\int (4x-9)^{10}\,\mathrm{d}x$ b) $\int \mathrm{e}^{-3x}\,\mathrm{d}x$

c) $\int \sqrt[3]{5-6x}\,\mathrm{d}x$ d) $\int \sin\frac{x}{2}\,\mathrm{d}x$

e) $\int (9x-7)^{15}\,\mathrm{d}x$ f) $\int \sqrt{3-2x}\,\mathrm{d}x$

g) $\int \sqrt{1-x}\,\mathrm{d}x$ h) $\int \frac{3}{\cos^2(6x-1)}\,\mathrm{d}x$

i) $\int \frac{\mathrm{d}x}{\sqrt{1-9x^2}}$ j) $\int \frac{4\pi}{\sin^2(3-2x)}\,\mathrm{d}x$

k) $\int \frac{\mathrm{d}x}{(2x-1)\sqrt{2x-1}}$ l) $\int \frac{\mathrm{d}h}{\sqrt{2gh}}$

7.12 Zu berechnen sind die Integrale:

a) $\int \frac{2+x}{x^2+4x}\,\mathrm{d}x$ b) $\int \cos^3 x\,\mathrm{d}x$

c) $\int \frac{\mathrm{d}x}{x^2\sqrt{m-x^2}}$ d) $\int x\sin x^2\,\mathrm{d}x$

e) $\int \sqrt{x^2-4x-12}\,\mathrm{d}x$ f) $\int \frac{\mathrm{d}x}{1+\cos x}$

g) $\int \frac{\sin\sqrt{x}}{\sqrt{x}}\,\mathrm{d}x$ h) $\int \frac{\mathrm{d}x}{x^2-4}$

i) $\int \frac{\mathrm{d}x}{\sqrt{x+9}-\sqrt{x}}$ j) $\int_1^{\mathrm{e}} \frac{\mathrm{d}x}{x\sqrt{1-(\ln x)^2}}$

k) $\int_0^1 \frac{\sqrt{x}}{1+x}\,\mathrm{d}x$ l) $\int_1^2 \frac{\mathrm{e}^{\frac{1}{x}}}{x^2}\,\mathrm{d}x$

m) $\int_1^{\mathrm{e}} \frac{1+\lg x}{x}\,\mathrm{d}x$ n) $\int_0^{\ln 2} \tanh x\,\mathrm{d}x$

o) $\int_0^1 \frac{\sqrt{\mathrm{e}^x}}{\sqrt{\mathrm{e}^x+\mathrm{e}^{-x}}}\,\mathrm{d}x$ p) $\int_3^8 \frac{x}{\sqrt{1+x}}\,\mathrm{d}x$

Flächeninhalt

7.13 Gesucht ist der Inhalt der Fläche zwischen der x-Achse und dem Graphen der Funktion f im Intervall $[a, b]$:

a) $f(x) = \sin x,\ a = 0,\ b = \pi/2$

b) $f(x) = x^2 + 2,\ a = -2,\ b = 1$

c) $f(x) = 1/x^2,\ a = 1,\ b = 1$

d) $f(x) = x^2 - 5x + 4,\ a = 0,\ b = 5$

7.14 Der Graph der Funktion f begrenzt mit der x-Achse eine Fläche, deren Inhalt zu ermitteln ist:

a) $f(x) = 2x^3 - 3x^2 - 3x + 2$

b) $f(x) = -x^3 + 3x^2 + 6x - 8$

c) $f(x) = 2 - x^4 - x^2$

d) $f(x) = 3x - x^3(4 - x^2)$

7.15 Der Inhalt der Fläche ist zu ermitteln, die von folgenden Kurven begrenzt wird:

a) $y = 3-2x-x^2$ und $y = x+3$

b) $y = x^2+4x$ und $y = x+4$

c) $y = x^2-4$ und $y = x+2$

d) $y = x^2-3x-2$ und $y = 2x-2$

e) $y = x^3+x^2+x-2$ und $y = 4x+1$

f) $y = x^2-7x+15$ und $y = -x^2+10x+7$

g) $x^2 = 6-y$ und $x = y$

h) $y^2 = 4x$ und $x^2 = 4y$

i) $y = \sin x$ und $y = \sin 2x,\ 0 \le x \le \pi/2$

j) $y = \mathrm{e}^{2x/3}$ und $y = 3^{x-1},\ -1 \le x \le 0$

k) $y = \frac{\ln x}{4x}$ und $y = \ln x$

7.16 Der durch den Graph der Funktion $f(x) = x^2$ und die x-Achse auf $[0, 2]$ begrenzte Inhalt der Fläche soll durch eine zur x-Achse parallele Gerade halbiert werden. Wie lautet die Gleichung der Gerade?

7.17 Der Graph der Funktion $f(x) = \sin(ax)$, $a \in \mathbb{R}$, begrenzt mit der x-Achse in einer Periode die Fläche vom Inhalt $F = 1$. Wie groß ist a ?

7.18 Welche zur y-Achse parallele Gerade schließt mit dem Graph der Funktion $f(x) = x^2$ und der x-Achse eine Fläche vom Inhalt $F = 10$ ein?

7.19 Gegeben ist die Parabel $y = x^2 + 4$. Gesucht ist der Inhalt F der Fläche, die durch den Graph der Parabel, die y-Achse und die Tangente an der Stelle $x = 1$ an die Parabel begrenzt wird.

7.20 Die Graphen der Funktionen $f(x) = cx^2$ und $g(x) = 1 - x^2/c$ begrenzen eine endliche Fläche. Die Zahl $c > 0$ ist so zu ermitteln, dass der Inhalt der Fläche maximal wird.

7.21 Der Inhalt der von der Ellipse mit der Parameterdarstellung $x = a\cos t$, $y = b\sin t$, $t \in [0, 2\pi)$, eingeschlossenen Fläche ist zu berechnen.

7.22 Gesucht ist der Inhalt der Fläche, die ein Bogen der Zykloide $x = a(t - \sin t)$, $y = a(1 - \cos t)$ mit der x-Achse einschließt (siehe **Bild 7.1**).

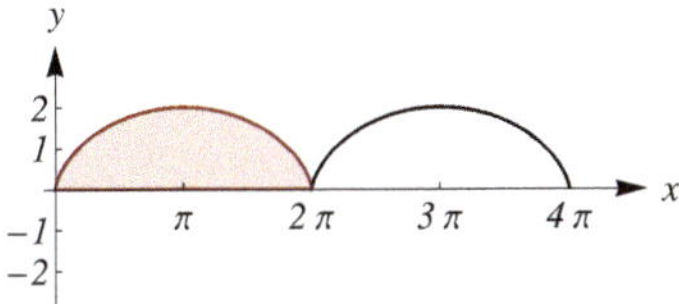

Bild 7.1 Zykloide, $a = 1$

7.23 Aus wärmetechnischen Gründen soll der Inhalt der Fläche A zwischen den Dachlinien und der parabolischen Begrenzungslinie eines Gewölbequerschnittes 40 m^2 betragen. Die Dachlinien liegen tangential an der Begrenzungslinie (siehe **Bild 7.2**). Die Spannweite des Gewölbequerschnittes beträgt 20 m. Wie groß ist die Pfeilhöhe a des Gewölbes?

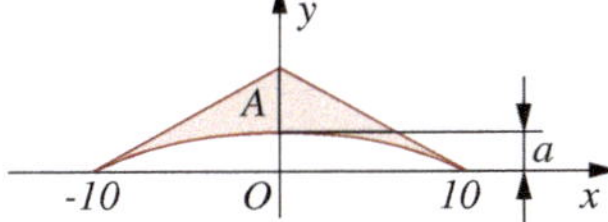

Bild 7.2 Gewölbequerschnitt

7.24 Ein Kanal, dessen Querschnitt nach unten von einer kubischen Kurve $y(x) = a|x|^3 + b$ begrenzt wird, ist 6 m breit und an seiner tiefsten Stelle 3 m tief (siehe **Bild 7.3**). Gesucht ist sein Fließquerschnitt, wenn das Wasser im Kanal über der tiefsten Stelle 2 m hoch steht.

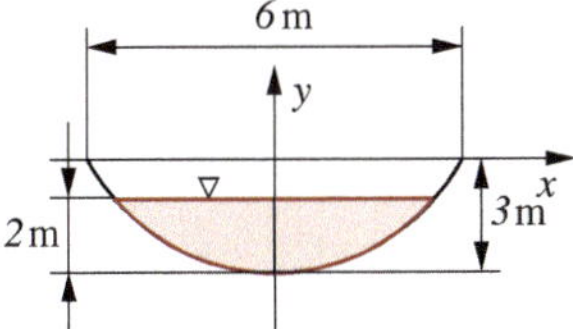

Bild 7.3 Kanalquerschnitt

7.25 Der Flächeninhalt, den der Graph der Funktion $f(x) = x\sqrt{4 - x^2}$ mit der x-Achse einschließt, ist zu berechnen (ohne Taschenrechner).

7.26 Die Fläche eines symmetrischen Kanalquerschnittes ist durch einen Teil einer Parabellinie und sich zwei ohne Knick anschließende Strecken begrenzt. Gesucht ist (ohne Taschenrechner) der Inhalt der Querschnittsfläche in Abhängigkeit von den Längen a der Parabelsehne, b des Parabelstiches und c der Verbindungsstrecke zwischen den Streckenendpunkten (siehe **Bild 7.4**).

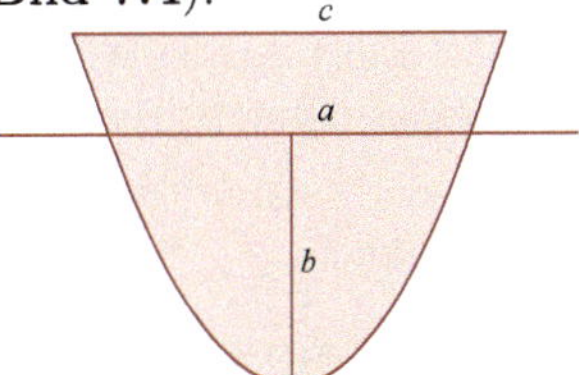

Bild 7.4 Kanalquerschnitt

7.27 Die Gleichung einer Kardioide lautet in Polarkoordinatenform

$r(\varphi) = 1 + \cos\varphi$, $\varphi \in [0, 2\pi)$.

Gesucht ist (ohne Taschenrechner) der Inhalt der von der Kardioide eingeschlossenen Fläche.

Bogenlänge

7.28 Die Länge des Kurvenstücks zwischen den Punkten der Kurve P_1 und P_2 ist zu berechnen:

a) $y(x) = \ln\cos x$, $P_1(x_1, 0)$, $P_2(\pi/6, y_2)$

b) $y(x) = \ln x$, $P_1(0.75, y_1)$, $P_2(2.4, y_2)$

c) Zykloide $x(t) = a(t - \sin t)$, $y(t) = a(1 - \cos t)$, ein Bogen (siehe **Bild 7.1**)

d) Spirale $r(\varphi) = a\mathrm{e}^{k\varphi}$, $a, k > 0$, $P_1(\varphi_1, a)$, $P_2(\pi/2, r_2)$

7.29 Der Umfang des krummlinigen Dreiecks, das von der Kurve $y^2 = x$, der Gerade $y = 0.5$ und der y-Achse begrenzt wird, ist zu berechnen.

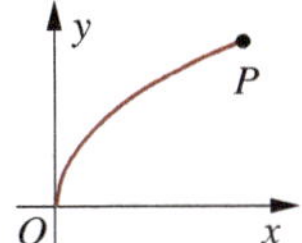

Bild 7.5 Straßenabschnitt

7.30 Ein Straßenabschnitt hat näherungsweise die Gestalt einer Parabel mit dem Scheitelpunkt im Koordinatenursprung. Der Punkt $P(90, 30)$ [m]

liegt auf der Parabel (siehe **Bild 7.5**). Gesucht ist die Länge l des Straßenabschnittes.

7.31 Zwei Straßenverläufe sind durch die Graphen der Funktionen $f_1(x) = x^2$ und $f_2(x) = x^3 - x$ im Bereich $x \in [0, 3]$ [km] gegeben. Zu berechnen ist

a) der Inhalt F der Fläche zwischen den Straßenverläufen im genannten Bereich,

b) die Länge l des zweiten Straßenverlaufes f_2 im genannten Bereich.

7.32 Ein biegsamer Faden ist in zwei Punkten A und B aufgehängt. Die Punkte A und B befinden sich in gleicher Höhe und haben einen Abstand $\overline{AB} = 2b$ voneinander. Die Pfeilhöhe des Bogens sei f. Wird als Form des Fadens eine Parabel angenommen, so lässt sich die Fadenlänge für kleines f/b mit $s \approx 2b(1 + 2f^2/(3b^2))$ bestimmen. Das ist mithilfe der Näherungsformel (Taylorpolynom) $\sqrt{1+\alpha} \approx 1 + \alpha/2$ für kleines α, die vor dem Integrieren auf den Integranden angewendet wird, zu zeigen.

7.33 Der hydraulische Radius eines Fließquerschnitts ist der Quotient aus dem Inhalt F der Fläche des Fließquerschnitts und der Länge l des benetzten Umfangs. Der Rand des Fließquerschnitts ist mit der Funktionsgleichung $y(x) = 2|x|^3$ beschrieben. Die Wasserstandshöhe ist $h = 3$ m über seiner tiefsten Stelle (siehe **Bild 7.6**). Der hydraulische Radius r ist zu berechnen.

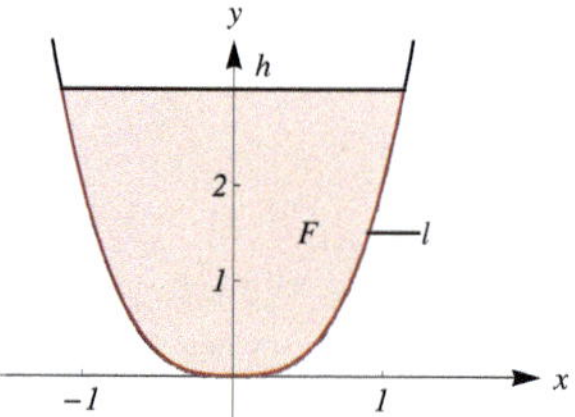

Bild 7.6 Fließquerschnitt

7.34 Gesucht ist der Inhalt der Fläche zwischen den Graphen der Funktion $f_1(x) = \sqrt{x}$ und ihrer Umkehrfunktion f_2 sowie die Länge ihrer Berandung (ohne Taschenrechner).

7.35 Die Bogenlänge der Kurve $9y^2 = x(x-3)^2$ zwischen ihren Schnittpunkten mit der x-Achse ist gesucht (ohne Taschenrechner).

Rotationskörper

7.36 Gesucht ist das Volumen des Rotationskörpers, der bei der Rotation der Fläche der Astroide

$$x^{2/3} + y^{2/3} = a^{2/3}$$

um die x-Achse entsteht (siehe **Bild 7.7**). Zu verwenden ist die Substitution $z = x^{1/3}$.

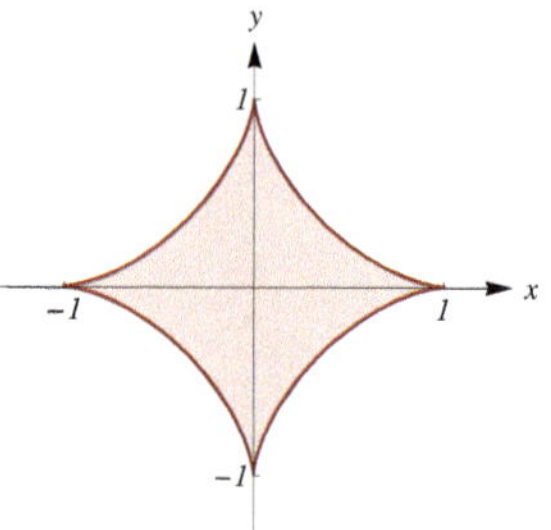

Bild 7.7 Astroide, $a = 1$

7.37 Gegeben ist ein Kurvenstück L durch die Gleichung $F(x, y) = 0$ und die zwei Endpunkte $P_1(x_1, y_1)$, $P_2(x_2, y_2)$ sowie eine Gerade g. Zu berechnen ist das Volumen des entstehenden Körpers, wenn das Flächenstück $S(AP_1P_2B)$ (siehe **Bild 7.8**) um g rotiert, $A, B \in g$:

a) $F(x, y) = y^2 - 8x,\ x_1 = 0,\ y_2 = 4,$
g : x-Achse,

b) $F(x, y) = y^2 - 8x,\ y_1 = -4,\ y_2 = 4,$
g : y-Achse,

c) $F(x, y) = y - \ln x,\ x_1 = 1,\ y_2 = 1,$
g : x-Achse,

d) $F(x, y) = xy - 1,\ x \geq 1,$
g : x-Achse,

e) $F(x, y) = \sqrt{\sin x} - y,\ x_1 = 0,\ x_2 = \pi,$
g : x-Achse,

f) $F(x, y) = x - \sqrt{y}e^{y^2},\ x_1 = 0,\ y_2 = 1,$
g : y-Achse.

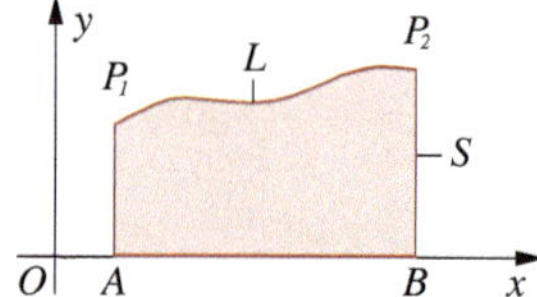

Bild 7.8 Fläche S

7.38 Gegeben ist ein Kurvenstück L durch die Gleichung $F(x,\ y) = 0$ und die zwei Endpunkte $P_1(x_1, y_1)$, $P_2(x_2, y_2)$ sowie eine Gerade g. Zu berechnen ist der Inhalt der Mantelfläche des entstehenden Körpers, wenn das Flächenstück $S(AP_1P_2B)$ (siehe **Bild 7.8**) um g rotiert, $A, B \in g$:

a) $F(x,y) = x^2 + 2y^2 - 1$, $g: x$-Achse,

b) $F(x,y) = 2y - x^2$, $x_1 = 0$, $y_2 = 1.5$, $g: y$-Achse,

c) $F(x,y) = y - \mathrm{e}^x$, $y_1 = 1$, $y_2 = \mathrm{e}^3$, $g: y$-Achse,

d) $F(x,y) = \ln x - y$, $y_1 = 0$, $y_2 = 2$, $g: y$-Achse.

7.39 Ein Fass wird durch ein zwischen zwei Grenzen um die x-Achse rotierendes Stück der Ellipse $3x^2 + 5y^2 = 120$ beschrieben. Die Länge des Fasses beträgt 1 m, die Durchmesser beider Bodenflächen je 60 cm. Volumen und Inhalt der Oberfläche des Fasses sind zu berechnen.

7.40 Ein Kühlturm hat die Gestalt eines Kreishyperboloiden, d. h., er ist durch Rotation der Hyperbel

$$\frac{x^2}{a^2} - \frac{y^2}{b^2} = 1,\ a,b \in \mathbb{R},\ a,b \neq 0$$

um die y-Achse für $-h_1 \leq y \leq h_2$, $h_1, h_2 > 0$, entstanden. Gesucht ist sein Volumen.

7.41 Gesucht sind Volumen und Mantelfläche eines konischen Stabes der Länge 1 m mit dem Durchmesser $(1 + x)$ cm, $0 \leq x \leq 1$ [m].

Schwerpunkte

7.42 Zu berechnen ist der Schwerpunkt der Fläche unter der Kurve
$y = 2 \sin 3x$, $y \geq 0$, $x \in [0, \pi/3]$.

7.43 Die Lage des Schwerpunktes der Fläche, die vom Viertelkreisbogen $y = \sqrt{r^2 - x^2}$, $0 \leq x \leq r$, und den Geraden $x = r$, $y = r$ eingeschlossen wird, ist zu berechnen.

7.44 Gesucht ist der Inhalt und der Schwerpunkt der Fläche, die von einem Halbkreis des Radius r mit dem Mittelpunkt im Koordinatenursprung und einer Parabel mit dem Scheitelpunkt $(0, r/3)$ durch die Punkte $(\pm r, 0)$ eingeschlossen wird (siehe **Bild 7.9**).

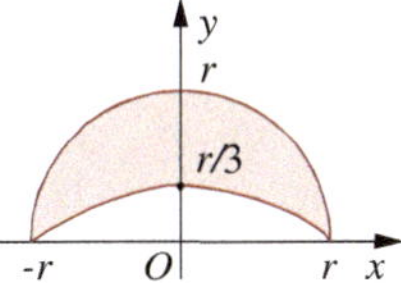

Bild 7.9 Flächenstück zwischen Halbkreis und Parabel

7.45 Folgende Kurven rotieren um die x-Achse:

a) $y = \mathrm{e}^x$, $x \in [1,\ 2]$ **b)** $y = \ln x$, $x \in [1,\ e]$

c) $y = \sqrt[3]{x}$, $x \in [0,\ 8]$

Gesucht ist der Schwerpunkt des entstehenden Rotationskörpers.

7.46 Der Schwerpunkt $S(x_s, y_s)$ des schraffierten Flächenstücks (siehe **Bild 7.10**) ist mithilfe der Regeln von Guldin zu bestimmen. Welche Koordinaten ergeben sich für den Fall $a = 3r$, $b = 2r$?

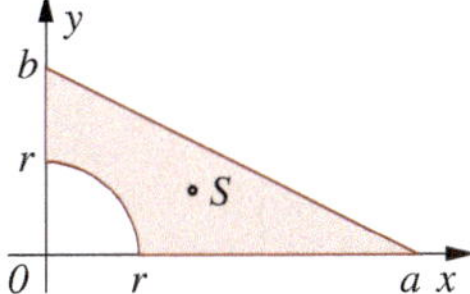

Bild 7.10 Flächenstück

7.47 Der Schwerpunkt der Fläche zwischen der Ellipse $b^2x^2 + a^2y^2 = a^2b^2$ und der x-Achse ist zu ermitteln ($y \geq 0$, Flächendichte $\rho = const$).

7.48 Gegeben ist die Kurve $y = 0.5(4 - x)\sqrt{x}$. Gesucht ist der Schwerpunkt der Fläche, die von der Kurve mit der x-Achse eingeschlossen wird, und der Schwerpunkt des Körpers, der bei der Drehung dieser Fläche um die x-Achse entsteht.

7.49 Zu berechnen ist für die Fläche, die vom Graphen der Funktion $f(x) = \cos x$, $-\pi/2 \leq x \leq \pi$, der x-Achse und der Gerade $x = \pi$ eingeschlossen wird,

a) der Flächeninhalt F,

b) die Flächenmomente 1. Grades M_x und M_y bezüglich der Koordinatenachsen,

c) der Schwerpunkt.

7.50 Der Schwerpunkt $S(x_s, y_s)$ der Fläche, die der Graph der Funktion $f(x) = (2x+1)^{-1}$ im Intervall $x \in [0,1]$ mit der x-Achse einschließt, ist zu ermitteln.

7.51 Gesucht sind die Koordinaten x_s und y_s des Schwerpunktes S der Fläche, die vom Graph der Funktion $f(x) = \sqrt{2x-1}$, $x \leq 3$, des um eine Einheit in Richtung der y-Achse verschobenen Graphen dieser Funktion sowie den Begrenzungsgeraden aufgrund des Definitionsbereiches beider Funktionen eingeschlossen wird.

Trägheitsmomente

7.52 Gesucht ist das Flächenmoment 2. Grades bezüglich der x-Achse der Fläche des Parallelogrammes, das von den Geraden $-2x+3y = \pm 4$ und $x+2y = \pm 3$ gebildet wird.

7.53 Ein quadratisches Profil besitzt die Kantenlänge $a_0 = 0.1$ m. Sein axiales Hauptflächenmoment 2. Grades I_{xs} (x-Achse verläuft durch den Schwerpunkt) ist mit dem eines quadratischen Hohlprofils, welches bei einer Wanddicke von $d = 8 \cdot 10^{-3}$ m bei gleichem Materialeinsatz pro Längeneinheit gefertigt wird, zu vergleichen. Dazu ist zunächst die Kantenlänge a_1 des Hohlprofils zu ermitten.

7.54 Gesucht sind die Flächenmomente 2. Grades bezüglich der Koordinatenachsen für den parabelförmigen Querschnitt (siehe **Bild 7.11**).

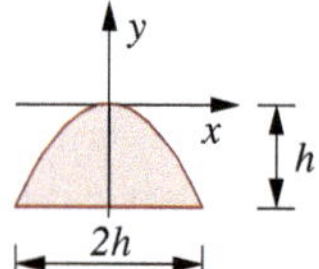

Bild 7.11 Parabelförmiger Querschnitt

7.55 Gesucht ist das Flächenmoment 2. Grades eines Kreissegments mit dem Radius r und dem Winkel 2φ bezüglich seiner Symmetrieachse (siehe **Bild 7.12**).

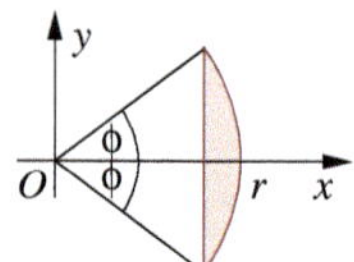

Bild 7.12 Kreissegment

7.56 Wievielmal ist das Flächenmoment 2. Grades des Ringes zwischen zwei konzentrischen Kreisen mit den Radien 12 und 13 größer als das eines Kreises mit gleichem Flächeninhalt, wenn beide Momente auf dieselbe Achse durch den Mittelpunkt bezogen werden?

7.57 Gesucht sind die Flächenmomente 2. Grades bezüglich der Koordinatenachsen der von der Parabel mit dem Scheitelpunkt $(0,2)$ und der Nullstelle $x = 3$ sowie der Funktion $y = |x|$ begrenzten Fläche.

7.58 Gesucht sind die Flächenmomente 2. Grades bezüglich der Koordinatenachsen der von den Geraden $x = 0$, $y = 0$ und $\frac{x}{a} + \frac{y}{b} = 1$, $a, b \neq 0$, begrenzten Fläche.

Physikalische Anwendungen

7.59 Die Druckkraft des Wassers auf eine senkrechte dreieckförmige Wand ist zu berechnen (siehe **Bild 7.13**). Die Oberfläche des Wassers reicht bis an die Grundlinie der Länge a des Dreiecks heran, d. h., die Wassertiefe ist gleich der Höhe h des Dreiecks.

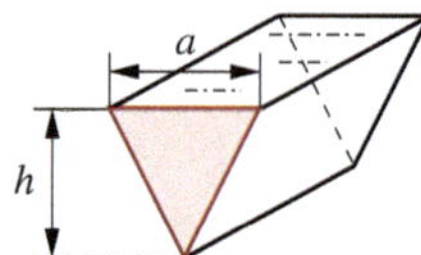

Bild 7.13 Dreieckförmige Wand

7.60 Ein Zug verlässt den Hauptbahnhof mit einer gleichmäßig wachsenden Beschleunigung a, die nach $t_1 = 100$ s den Wert $a_1 = 0.5$ m/s^2 annimmt.

a) Die Geschwindigkeit v_1 zum Zeitpunkt t_1 ist zu berechnen.

b) Welchen Weg s_1 hat der Zug bis dahin zurückgelegt?

c) Die Graphen der Funktionen der Beschleunigung a, der Geschwindigkeit v und des zurückgelegten Weges s in Abhängigkeit von der Zeit $t > 0$ sind über dem Intervall $[0, t_1]$ darzustellen.

7.61 Ein Holzzylinder schwimmt im Wasser, sodass nur sein oberes Drittel sichtbar ist.

a) Welche Dichte hat der Holzzylinder?

b) Welche Arbeit W muss beim Herausziehen des Körpers aus dem Wasser verrichtet werden?

7.62 Eine Holzboje von zylindrischer Form mit dem Inhalt S der Querschnittsfläche und der Höhe H schwimmt auf der Wasseroberfläche. Die Dichte des Holzes beträgt ρ_H.

a) Welche Arbeit muss verrichtet werden, um die Boje aus dem Wasser zu ziehen?

b) Welche Arbeit muss aufgewendet werden, um die Boje vollständig in das Wasser einzutauchen?

7.63 Die Arbeit zum Herauspumpen des Wassers aus einem zylindrischen Gefäß der Höhe H mit dem Grundkreisradius R ist zu berechnen.

7.64 Welche Arbeit muss aufgewendet werden, um einen kegelförmigen Sandhaufen aufzuschütten? Der Radius des Kegels beträgt $r = 1.2$ m, seine Höhe $h = 1$ m und das spezifische Gewicht des Sandes $\rho g = 2\ \mathrm{kN/m^3}$ mit ρ als Dichte des Sandes und g als Erdbeschleunigung.

7.65 Ein Zugstab hat die Form eines geraden Kegelstumpfes, der sich entlang seiner Achse $x \in [0, l]$ der Länge $l = 4$ m vom Durchmesser $d_1 = 40$ mm auf den Durchmesser von $d_2 = 20$ mm gleichmäßig verjüngt (siehe **Bild 7.14**). Er besteht aus Stahl (Elastizitätsmodul $E = 2.1 \cdot 10^8\ \mathrm{kNm^{-2}}$) und wird in Richtung seiner Achse mit der Zugkraft des Betrages $F = 100$ kN belastet. Zu ermitteln ist die Längenänderung Δl des Stabes, die sich wegen des veränderlichen Querschnitts mit dem Inhalt $A(x)$ entlang seiner Achse wie folgt berechnet:

$$\Delta l = \frac{F}{E} \int_0^l \frac{\mathrm{d}x}{A(x)}.$$

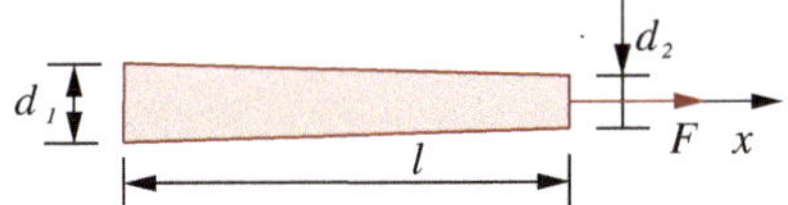

Bild 7.14 Zugstab

7.66 Gesucht ist die Masse m eines Stabes der Länge $l = 1$ m mit entlang seiner Länge veränderlicher Dichte

$$\rho(x) = 30 + \frac{\sqrt{x}(100 - x)}{20} \left[\frac{\mathrm{g}}{\mathrm{cm}}\right], 0 \le x \le 100\ [\mathrm{cm}].$$

7.67 Ein Zug fährt vom Zeitpunkt $t_0 = 0$ [h] bis zum Zeitpunkt $t_1 = 1$ [h] mit der Geschwindigkeit $v(t) = 100 + 10\frac{t^2 - 9}{t^2 + 9} \left[\frac{\mathrm{km}}{\mathrm{h}}\right]$. Welchen Weg legt er dabei zurück?

Schnittkräfte

7.68 Für den eingespannten Balken (siehe **Bild 7.15**) mit linearer Belastung q ist die Gleichung der Querkraftlinie V und der Momentenlinie M herzuleiten, $0 < x < l$.

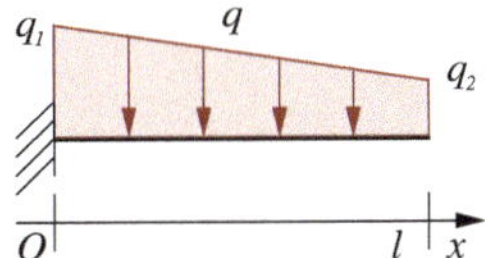

Bild 7.15 Kragarm mit Trapezlast

7.69 Die Auflagerkräfte für einen beidseitig gelenkig gelagerten Balken der Länge l (siehe **Bild 7.16**) mit der Elementlast $q(x) = q_0\, \mathrm{e}^{-2x/l}, 0 \le x \le l$, sind zu berechnen. Dabei bedeutet $q_0 > 0$ eine gegebene Konstante.

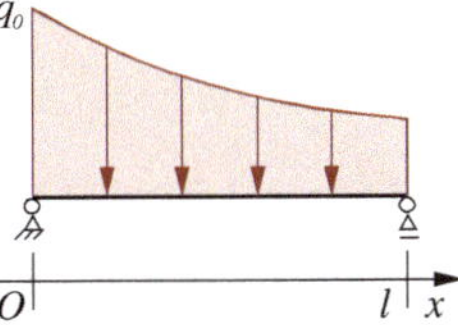

Bild 7.16 Balken mit Elementlast

7.70 Für den gegebenen Kragarm der Länge l ist das Moment im Einspannpunkt A zu berechnen, wenn die Streckenlast q wie in der Skizze gegeben ist (siehe **Bild 7.17**). Dabei ist q

linear,	$x \in [0, a]$,
konstant,	$x \in [a, b]$,
parabelförmig, Scheitelpunkt$(b, 0)$,	$x \in [b, l]$.

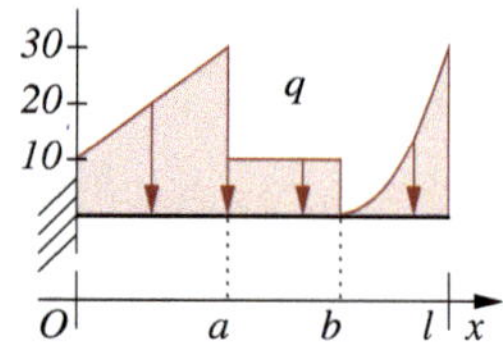

Bild 7.17 Kragarm mit Elementlast

7.71 Die Formänderungsarbeit W bei der Biegung eines beidseitig gelenkig gelagerten Balkens der Länge l infolge der auf ihn im Abstand a vom ersten Gelenk senkrecht wirkenden Einzelkraft F ist zu berechnen:

$$W = \frac{1}{2EI} \int_0^l M^2(x)\,\mathrm{d}x,$$

wobei $M(x)$ das Biegemoment im Abstand x vom ersten Gelenk ist.

M1 Funktionen mehrerer Veränderlicher

Definition, Graphische Darstellung

$\mathbb{R}^n$ - n-dimensionaler Vektorraum, $D_f \subseteq \mathbb{R}^n$ - Teilmenge, Definitionsbereich, $x = (x_1, x_2, ..., x_n)^\top \in D_f$

Begriff	Definition
Funktion f der n Veränderlichen $x_1, x_2, ..., x_n$	Die eindeutige Abbildung $f : D_f \to \mathbb{R}$ ordnet jedem $x \in D_f$ eine reelle Zahl $z = f(x) = f(x_1, x_2, ..., x_n)$ zu.
Graph der Funktion f, $n = 2$	Menge der Punkte $G_f = \{(x_1, x_2, z) : (x_1, x_2)^\top \in D_f,\ z = f(x_1, x_2)\}$
Isolinie der Höhe $c \in \mathbb{R}$, $n = 2$	Menge der Punkte $I_c = \{(x_1, x_2, z) : (x_1, x_2)^\top \in D_f,\ z = f(x_1, x_2) = c\}$

Partielle Ableitungen, Gradient, Totales Differenzial

Begriff	Definition
Partielle Ableitung der Funktion f nach x_i, $i = 1, ..., n$	$f_{x_i}(x) = \dfrac{\partial f}{\partial x_i}(x) = \lim\limits_{\Delta x_i \to 0} \dfrac{f(x_1, ..., x_i + \Delta x_i, ..., x_n) - f(x_1, ..., x_i, ..., x_n)}{\Delta x_i}$
Partielle Ableitungen zweiter Ordnung	$f_{x_i x_j} = \dfrac{\partial^2 f}{\partial x_i \partial x_j} = \dfrac{\partial}{\partial x_j}\left(\dfrac{f}{\partial x_i}\right),\ i, j = 1, ..., n$
Partielle Ableitungen dritter Ordnung usw.	$f_{x_i x_j x_k} = \dfrac{\partial^3 f}{\partial x_i \partial x_j \partial x_k} = \dfrac{\partial}{\partial x_k}\left(\dfrac{\partial^2 f}{\partial x_i \partial x_j}\right),\ i, j, k = 1, ..., n$
Gradient der differenzierbaren Funktion f an der Stelle $x \in D_f$	$\text{grad}\ f(x) = (f_{x_1}(x),\ ...,\ f_{x_n}(x))^\top \in \mathbb{R}^n$ Vektor der ersten partiellen Ableitungen von f
Partielles Differenzial nach x_i an der Stelle $\bar{x} \in D_f$	$\text{d}f_{x_i}(\Delta x_i) = f_{x_i}(\bar{x})\Delta x_i$, $\Delta x_i \in \mathbb{R}$ - Abweichung, $i = 1, ..., n$
Totales Differenzial an der Stelle $\bar{x} \in D_f$	$\text{d}f(\Delta x) = (\text{grad} f(\bar{x}), \Delta x) = f_{x_1}(\bar{x})\Delta x_1 + ... + f_{x_n}(\bar{x})\Delta x_n$, $\Delta x = (\Delta x_1, ..., \Delta x_n)^\top \in \mathbb{R}^n$ - Vektor der Abweichungen
Näherung des Funktionswertes an der Stelle $\bar{x} + \Delta x \in D_f$	$f(\bar{x} + \Delta x) \approx f(\bar{x}) + \text{d}f(\Delta x)$

Fehlerrechnung

Exakte Stelle $x = (x_1, ..., x_n)^\top$, Messstelle $\bar{x} = (\bar{x}_1, ..., \bar{x}_n)^\top$, Toleranzbereich $|x_i - \bar{x}_i| \le \Delta x_i,\ \Delta x_i \ge 0,\ i = 1, ..., n$

Begriff	Definition
Absoluter Fehler	$\lvert f(x) - f(\bar{x})\rvert \approx \lvert \text{d}f(x - \bar{x})\rvert \le \lvert f_{x_1}(\bar{x})\rvert\, \Delta x_1 + ... + \lvert f_{x_n}(\bar{x})\rvert\, \Delta x_n$
Relativer Fehler	$\left\lvert \dfrac{f(x) - f(\bar{x})}{f(\bar{x})} \right\rvert \approx \left\lvert \dfrac{\text{d}f(x - \bar{x})}{f(\bar{x})} \right\rvert \le \dfrac{\lvert f_{x_1}(\bar{x})\rvert\, \Delta x_1 + ... + \lvert f_{x_n}(\bar{x})\rvert\, \Delta x_n}{\lvert f(\bar{x})\rvert}$

Extremwerte

$f : D_f \to \mathbb{R}$

Begriff, $D_f \subseteq \mathbb{R}^n$, $n \in \mathbb{N}$	Definition, $r > 0$
Umgebung $U_r(\bar{x})$	$\{x \in D_f : \ |\bar{x} - x| < r\}$
Lokales Minimum (Maximum) an der Stelle $\bar{x} \in D_f$	Es gibt $U_r(\bar{x})$, sodass für alle $x \in U_r(\bar{x})$ gilt $f(x) \geq f(\bar{x}) \quad (f(x) \leq f(\bar{x}))$
Strenges lokales Minimum (Maximum) an der Stelle $\bar{x} \in D_f$	Es gibt $U_r(\bar{x})$, sodass für alle $x \in U_r(\bar{x})$ gilt $f(x) > f(\bar{x}) \quad (f(x) < f(\bar{x}))$
Notwendige Bedingung für ein lokales Extremum an der Stelle $\bar{x} \in D_f$, f stetig differenzierbar	$f_{x_i}(\bar{x}) = 0,\ i = 1, ..., n,\ \bar{x}$ - kritische Stelle
Sattelpunkt	kritische Stelle ohne lokalen Extremwert
Eigenschaft, $D_f \subseteq \mathbb{R}^2$, f zweimal stetig differenzierbar	**Hinreichende Bedingung**
Konvex (konkav) an der Stelle $\bar{x} \in D_f$	$f_{x_1x_1}(\bar{x}) \geq \ (\leq)\ 0$ und $f_{x_1x_1}(\bar{x}) f_{x_2x_2}(\bar{x}) \geq (f_{x_1x_2}(\bar{x}))^2$
Streng konvex (konkav) an der Stelle $\bar{x} \in D_f$	$f_{x_1x_1}(\bar{x}) > \ (<)\ 0$ und $f_{x_1x_1}(\bar{x}) f_{x_2x_2}(\bar{x}) > (f_{x_1x_2}(\bar{x}))^2$
Strenges lokales Minimum (Maximum) an der kritischen Stelle $\bar{x} \in D_f$	$f_{x_1x_1}(\bar{x}) > \ (<)\ 0$ und $f_{x_1x_1}(\bar{x}) f_{x_2x_2}(\bar{x}) > (f_{x_1x_2}(\bar{x}))^2$, d. h., streng konvex (konkav)
Sattelpunkt an der kritischen Stelle $\bar{x} \in D_f$	$f_{x_1x_1}(\bar{x}) f_{x_2x_2}(\bar{x}) < (f_{x_1x_2}(\bar{x}))^2$

Integrale über ebene Bereiche

G - beschränkter ebener Bereich,
$G_1 = \{(x_1, x_2) : a \leq x_1 \leq b,\ x_{21}(x_1) \leq x_2 \leq x_{22}(x_1)\}$ - beschränkter ebener Bereich 1. Art,
x_{21}, $x_{22} : \mathbb{R} \to \mathbb{R}$ - Funktionen für Randkurven in x_2-Richtung, stückweise stetig
$G_2 = \{(x_1, x_2) : c \leq x_2 \leq d,\ x_{11}(x_2) \leq x_1 \leq x_{12}(x_2)\}$ - beschränkter ebener Bereich 2. Art,
x_{11}, $x_{12} : \mathbb{R} \to \mathbb{R}$ - Funktionen für Randkurven in x_1-Richtung, stückweise stetig
$f : G_1 \to \mathbb{R}$ bzw. $f : G_2 \to \mathbb{R}$ - stetige Funktion zweier Veränderlicher

Integral	Berechnung
$\iint\limits_G f \, \mathrm{d}G = \iint\limits_{G_1} f \, \mathrm{d}G_1$	$\int\limits_a^b \left(\int\limits_{x_{21}(x_1)}^{x_{22}(x_1)} f(x_1, x_2) \, \mathrm{d}x_2 \right) \mathrm{d}x_1$
$\iint\limits_G f \, \mathrm{d}G = \iint\limits_{G_2} f \, \mathrm{d}G_2$	$\int\limits_c^d \left(\int\limits_{x_{11}(x_2)}^{x_{12}(x_2)} f(x_1, x_2) \, \mathrm{d}x_1 \right) \mathrm{d}x_2$

Anwendungen

Platte, G - Fläche der Platte, $f : G \to \mathbb{R}$ - Deckfläche, $\rho : G \to \mathbb{R}$ - Massendichte, $\varepsilon : G \to \mathbb{R}$ - Ladungsdichte

Anwendung	Definition
Flächeninhalt	$F = \iint\limits_G \mathrm{d}G$
Volumen	$V = \iint\limits_G f\, \mathrm{d}G$
Masse	$m = \iint\limits_G \rho\, \mathrm{d}G$
Ladung	$Q = \iint\limits_G \varepsilon\, \mathrm{d}G$
k-tes Moment bezüglich der x_2-Achse	$M_{x_1,k} = \iint\limits_G x_1^k\, \rho\, \mathrm{d}G$
k-tes Moment bezüglich der x_1-Achse	$M_{x_2,k} = \iint\limits_G x_2^k\, \rho\, \mathrm{d}G$
k-tes polares Moment	$M_{p,k} = \iint\limits_G \left(x_1^2 + x_2^2\right)^{k/2} \rho\, \mathrm{d}G$
Massenschwerpunkt $S(x_{1s}, x_{2s})$	$x_{is} = \dfrac{M_{x_i,1}}{m} = \dfrac{1}{m} \iint\limits_G x_i\, \rho\, \mathrm{d}G,\ i = 1,2$
Geometrischer Schwerpunkt $S(x_{1g}, x_{2g})$	$x_{ig} = \dfrac{1}{m} \iint\limits_G x_i\, \mathrm{d}G,\ i = 1,2$

Kurvenintegrale

Kurve C: $x(t) = (x_1(t), ..., x_d(t))^\top$, $i = 1, ..., d$, $t \in [t_a, t_b]$, $d = 2$ - ebene Kurve, $d = 3$ - räumliche Kurve
$f : \mathbb{R}^d \to \mathbb{R}$, $\mathrm{d}s = \sqrt{\sum_{i=1}^d \dot{x}_i^2(t)}\ \mathrm{d}t$ - Bogendifferenzial
$g_i : \mathbb{R}^d \to \mathbb{R}$, $i = 1, ..., d$, auf der Kurve C definierte stetige Funktionen, $g = (g_1, ..., g_d)^\top$ - Vektorfeld

Definition	Integral	Berechnung
Kurvenintegral 1. Art	$\int\limits_C f\, \mathrm{d}s$	$\int\limits_{t_a}^{t_b} f(x(t)) \sqrt{\sum\limits_{i=1}^d \dot{x}_i^2(t)}\ \mathrm{d}t$
Kurvenintegral 2. Art	$\int\limits_C (g, \mathrm{d}x)$	$\int\limits_{t_a}^{t_b} \left(\sum\limits_{i=1}^d g_i(x(t))\dot{x}_i(t)\right) \mathrm{d}t = \int\limits_{t_a}^{t_b} (g, \dot{x})\ \mathrm{d}t$

Anwendungen

C - Kurve, $\rho : C \to \mathbb{R}$ - Massendichte, $F = (F_1, ..., F_d)^\top$ - Kraftfeld, $v = (v_1, v_2)^\top$ - Geschwindigkeitsfeld

$\tau(t) = \frac{1}{\sqrt{\dot{x}_1^2(t)+\dot{x}_2^2(t)}} \begin{pmatrix} \dot{x}_1(t) \\ \dot{x}_2(t) \end{pmatrix}$ - Einheitsvektor der Tangente,

$\eta(t) = \frac{1}{\sqrt{\dot{x}_1^2(t)+\dot{x}_2^2(t)}} \begin{pmatrix} \dot{x}_2(t) \\ -\dot{x}_1(t) \end{pmatrix}$ - Einheitsvektor der äußeren Normale

Anwendung	Definition
Bogenlänge	$l = \iint\limits_C \mathrm{d}s$
Masse	$m = \iint\limits_C \rho \, \mathrm{d}s$
k-tes Moment bezüglich der Koordinatenachsen für $d = 2$ Koordinatenebenen für $d = 3$	$M_{x_i,k} = \int\limits_C x_i^k \, \mathrm{d}m = \int\limits_C x_i^k \, \rho \, \mathrm{d}s, \; i = 1, ..., d$
Massenschwerpunkt $S(x_{1s}, ..., x_{ds})$	$x_{is} = \frac{M_{x_i,1}}{m} = \frac{1}{m} \int\limits_C x_i \, \rho \, \mathrm{d}s, \; i = 1, ..., d$
Geometrischer Schwerpunkt $S_g(x_{1g}, ..., x_{dg})$	$x_{ig} = \frac{1}{m} \int\limits_C x_i \, \mathrm{d}s, \; i = 1, ..., d$
Arbeit W entlang der Kurve C	$W = \int\limits_C (F, \mathrm{d}x) = \int\limits_{t_a}^{t_b} \sum\limits_{i=1}^{d} F_i \, \dot{x}_i \, \mathrm{d}t$
Zirkulation	$\int\limits_C v \, \mathrm{d}\tau = \int\limits_C (v, \tau) \, \mathrm{d}s = \int_{t_a}^{t_b} (v_1 \, \dot{x}_1 + v_2 \, \dot{x}_2) \, \mathrm{d}t$
Fluss	$\int\limits_C v \, \mathrm{d}\eta = \int\limits_C (v, \eta) \, \mathrm{d}s = \int_{t_a}^{t_b} (v_1 \, \dot{x}_2 - v_2 \, \dot{x}_1) \, \mathrm{d}t$

Satz von Green

$G \subset \mathbb{R}^2$ - ebener Bereich mit geschlossener Randkurve $C = \partial G$ aus endlich vielen regulären Kurven $C_1, C_2, ..., C_n$ mit Parametrisierung im mathematisch positiven Drehsinn
$v = (v_1, v_2)^\top$ - stetig differenzierbares Vektorfeld

$$\int\limits_{\partial G} (v, \mathrm{d}x) = \sum_{i=1}^{n} \int\limits_{C_i} (v, \mathrm{d}x) = \iint\limits_G \left(\frac{\partial v_2}{\partial x_1} - \frac{\partial v_1}{\partial x_2} \right) \mathrm{d}G$$

Anwendungen

Homogene Platte mit konstanter Massendichte $\rho = 1$, G - Fläche der Platte, ∂G - geschlossene Randkurve

Anwendung	Definition
Flächeninhalt	$F = -\int\limits_{\partial G} x_2\,\mathrm{d}x_1 = \int\limits_{\partial G} x_1\,\mathrm{d}x_2 = \frac{1}{2}\int\limits_{\partial G} (x_1\,\mathrm{d}x_2 - x_2\,\mathrm{d}x_1)$
Flächenmoment 1. Grades bezüglich der x_2-Achse	$M_{x_1,1} = \iint\limits_{G} x_1\,\mathrm{d}G = -\int\limits_{\partial G} x_1 x_2\,\mathrm{d}x_1 = \frac{1}{2}\int\limits_{\partial G} x_1^2\,\mathrm{d}x_2$
Flächenmoment 1. Grades bezüglich der x_1-Achse	$M_{x_2,1} = \iint\limits_{G} x_2\,\mathrm{d}G = -\frac{1}{2}\int\limits_{\partial G} x_2^2\,\mathrm{d}x_1 = \int\limits_{\partial G} x_1 x_2\,\mathrm{d}x_2$
Geometrischer Schwerpunkt $S_g(x_{1g}, x_{2g})$	$x_{ig} = M_{x_i,1}/F,\ i = 1,2$
Flächenmoment 2. Grades bezüglich der x_2-Achse	$M_{x_1,2} = \iint\limits_{G} x_1^2\,\mathrm{d}G = -\int\limits_{\partial G} x_1^2 x_2\,\mathrm{d}x_1 = \frac{1}{3}\int\limits_{\partial G} x_1^3\,\mathrm{d}x_2$
Flächenmoment 2. Grades bezüglich der x_1-Achse	$M_{x_2,2} = \iint\limits_{G} x_2^2\,\mathrm{d}G = -\frac{1}{3}\int\limits_{\partial G} x_2^3\,\mathrm{d}x_1 = \int\limits_{\partial G} x_2^2 x_1\,\mathrm{d}x_2$

Definition, Graphische Darstellung

1.1 Für jede der folgenden Funktionen ist der natürliche Definitionsbereich anzugeben:

a) $f(x,y) = -x^2+10x-y^2+10y-40$

b) $f(x,y) = \sqrt{x}+\dfrac{x}{y}$

c) $f(x,y) = xe^{\sqrt{1-y}}+\ln y$

1.2 Definitionsbereich, Wertebereich und Bild folgender Funktionen sind anzugeben:

a) $f(x,y)=x-y$ b) $f(x,y)=x^2+y^2$

c) $f(x,y)=c$ d) $f(x,y)=\sqrt{x^2+y^2}$

e) $f(x,y)=\sqrt{1-x^2}$ f) $f(x,y)=\sqrt{1-x^2-y^2}$

1.3 Zu ermitteln sind Isolinienbilder für die Funktionen:

a) $f(x,y) = xy$ b) $f(x,y) = x^2 - y^2$

Partielle Ableitungen, Tangentialebene

1.4 Zu ermitteln sind für die Funktionen in den Aufgaben **1.1, 1.2** jeweils die partiellen Ableitungen erster Ordnung nach allen Veränderlichen.

1.5 Zu ermitteln sind für nachstehende Funktionen die partiellen Ableitungen erster Ordnung:

a) $f(x,y) = 5x^3 + 3x^2 + 7xy^5 - y^6$

b) $f(x,y,z) = xyz + \dfrac{y-z}{x}$

c) $g(u,v,w) = \dfrac{ux}{u^2+v^2+w^2}$

d) $T(f,g,h) = \dfrac{1}{\sqrt{g^2+h^2}}$

1.6 Zu ermitteln sind die allgemeinen Gleichungen der Tangentialebenen an die Kugel mit dem Mittelpunkt im Koordinatenursprung und dem Radius $\sqrt{50}$ in den Punkten (x_1,x_2,z) der Kugel mit $x_1 = 3$ und $x_2 = 4$.

1.7 Zu ermitteln ist die allgemeine Gleichung der Tangentialebene an den Graph der Funktion $z(x_1,x_2) = \sqrt{x_1x_2}$ an der Stelle $(1/2, 25/2)^\top$.

1.8 Zu ermitteln ist die allgemeine Gleichung der Tangentialebene an den Graph der Funktion $f(x_1,x_2)=x_2\ln(x_2-3x_1)$ an der Stelle $(0,1)^\top$.

1.9 Zu ermitteln sind Tangentialvektoren, ein Normalenvektor und die Gleichung der Tangentialebene an der Stelle $(3,12)^\top$ an den Graph der Funktion $f(x_1,x_2) = \sqrt{x_1x_2}$, $x_1x_2 \geq 0$. In welche Richtung, ausgehend von dieser Stelle, hat die Funktion f ihre steilste Steigung?

1.10 Gesucht ist die Gleichung der Kugel mit dem Radius 3, die das Ellipsoid $x^2 + 4y^2 + z^2/4 = 1$ an der Stelle $(1/2, 1/3)^\top$ mit positiver z-Koordinate von außen berührt.

Hinweis: Die Kugel berührt das Ellipsoid in einem seiner Punkte, wenn ihr Berührungsradius senkrecht zur Tangentialebene des Ellipsoides in diesem Punkt ist.

Gradient, Totales Differenzial

1.11 Der Gradient der Funktionen an den angegebenen Stellen ist zu berechnen:

a) $f(x,y) = -4x - 2y + 4$, $(x_0,y_0)^\top = (3,2)^\top$

b) $f(x,y) = xy$, $(x_0,y_0)^\top = (1,2)^\top$

c) $f(x,y) = \sqrt{x} + \dfrac{x}{y}$, $(x_0,y_0)^\top = (4,2)^\top$

1.12 Für folgende Funktionen ist das totale Differenzial anzugeben:

a) $f = f(x,y) = \dfrac{x}{y} + \dfrac{y}{x}$

b) $g = g(u,v) = \arctan\left(\dfrac{u}{v}\right)$

c) $w = w(x,y,z) = e^{x^2+y^2+z^2}$

d) $z = z(u,v,w) = \ln\sqrt{u^2+v^2+w^2}$

1.13 Von allen in Aufgabe **1.12** aufgeführten Funktionen sind die partiellen Ableitungen 2. Ordnung zu ermitteln.

1.14 Für die Funktion $z(x_1,x_2)=x_1x_2$ ist die Differenz der Funktionswerte $\Delta z = z(x+\Delta x) - z(x)$ und das totale Differenzial dz an der Stelle $x=(5,4)^\top$ für $\Delta x=(0.1,-0.2)^\top$ zu berechnen.

1.15 Zu berechnen ist der Funktionswert $f(x+\Delta x)$ von $f:\mathbb{R}^3 \to \mathbb{R}$, $f(x) = x_2x_3^2/x_1^3$, mithilfe des Funktionswertes an der Stelle $x = (2,1,4)^\top$ für $\Delta x = (0.3, 0.1, -0.2)^\top$

a) näherungsweise mit dem Differenzial df,

b) genau.

Wie groß sind absoluter und relativer Fehler bei der näherungsweisen Berechnung des Funktionswertes $f(x+\Delta x)$?

1.16 In einem Körper ist die räumliche Temperaturverteilung T wie folgt gegeben:

$T(x_1, x_2, x_3) = 100\mathrm{e}^{x_1}\mathrm{e}^{-x_2}\mathrm{e}^{-2x_3}$ [°C].

Zu berechnen ist die Temperatur

a) im Punkt $P_1(3, 1, 1)$,

b) im von P_1 um $\Delta x = (0.1, 0.05, 0.02)^\top$ entfernten Punkt P_2 näherungsweise mit dem Differenzial $\mathrm{d}T$ und genau,

c) im von P_1 um $\Delta x = (-0.1, -0.02, 0.05)^\top$ entfernten Punkt P_3 näherungsweise mit dem Differenzial $\mathrm{d}T$ und genau.

Wie groß ist jeweils der absolute und relative Fehler bei der näherungsweisen Berechnung der Temperatur?

1.17 Herr N. Immgenau beabsichtigt, bei der Bank „Sparnie" eine Schuld $S_0 = (150\,000 \pm 15\,000)$ € aufzunehmen. Er ist bereit, in den Jahren der folgenden Annuitätentilgung die jährliche Annuität $A = (6000 \pm 500)$ € zu zahlen. Die Bank verlangt von ihm einen jährlichen Zinssatz von $i = 2 \pm 0.5\,\%$. Die Gleichung zur Berechnung der Anzahl der Jahre zur Tilgung der Schuld lautet

$$n(A, i, S_0) = \frac{\ln A - \ln(A - S_0 i)}{\ln(1+i)}.$$

a) Wie viel Jahre wird Herr N. Immgenau maximal mit der Zahlung der Annuität belastet sein (bei linearer Approximation)?

b) Für die jeweils oberen Intervallgrenzen ist die tatsächliche Anzahl der Jahre der Zahlung der Annuität sowie die Anzahl der Jahre der Zahlung der Annuität bei linearer Approximation zu berechnen.

1.18 Die Nachfragezahlen X_1 bzw. X_2 zweier Dübelsorten D_1 bzw. D_2 in Abhängigkeit vom Preis p_1 bzw. p_2 für einen Dübel der Sorte D_1 bzw. D_2 hängen über folgende Funktionen miteinander zusammen:

$$X_1 = f(p_1, p_2) = 1000\mathrm{e}^{p_2/10}/p_1^2,$$
$$X_2 = g(p_1, p_2) = 6000\mathrm{e}^{p_1/12}/p_2^3.$$

a) Die Nachfragezahlen X_1 bzw. X_2 sind für die Preise $\overline{p}_1 = 6$ € und $\overline{p}_2 = 8$ € zu berechnen.

b) Wie groß ist die Nachfrageänderung für die Dübelsorten D_1 bzw. D_2 jeweils in linearer Näherung, wenn für einen Dübel der Sorte D_2 statt des Preises $\overline{p}_2 = 8$ € ein Preis von 8.50 € verlangt wird?

c) Welcher Preis müsste für einen Dübel der Sorte D_1 angesetzt werden, wenn beim Preis von 8.50 € für einen Dübel der Sorte D_2 die Nachfragemenge für die Dübel der Sorte D_1 in linearer Näherung konstant bleiben soll?

Fehlerrechnung

1.19 Die Längen der Kanten eines Quaders wurden mit einer Genauigkeit von $\pm$ 0.1 mm gemessen: $a = 10$ cm, $b = 6$ cm, $c = 5$ cm, und seine Masse (270 ± 0.5) g. Zu berechnen ist seine Dichte und der maximale absolute und relative Fehler.

1.20 Um wie viel Prozent kann das errechnete Volumen eines Zylinders fehlerhaft sein, wenn der Radius des Grundkreises bzw. die Höhe mit einem maximalen relativen Fehler von $1/3\,\%$ bzw. $1/2\,\%$ gemessen wurde?

1.21 Zur Bestimmung der Länge c der nicht messbaren Strecke $\overline{AB}$ wurde ein Hilfspunkt C gewählt und dann die Strecken $a = 364.76$ m, $b = 402.35$ m und der Winkel $\beta = 68°14'$ gemessen (siehe **Bild 1.1**). Die Messfehler wurden geschätzt mit $\Delta a = \Delta b = \pm$ 5 cm, $\Delta\beta = \pm\, 1'$. Wie groß ist die Länge c und der maximale absolute Fehler bei ihrer Ermittlung? Die relativen Fehler von a, b, β und c sind zu berechnen.

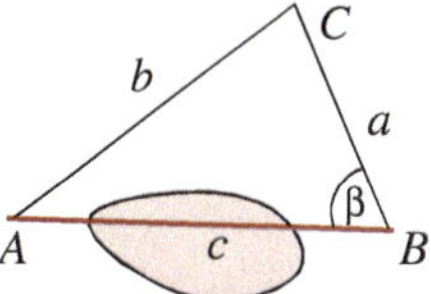

Bild 1.1 Strecke c

1.22 Gesucht ist eine Abschätzung für den maximalen relativen Fehler bei der Ermittlung des maximalen Schnittmomentes eines beidseits gelenkig gelagerten Balkens der Länge l, der von einer

Einzelkraft F im Abstand a vom linken Auflager belastet wird, wenn die Längen l und a mit einem relativen Fehler von maximal 1 % und die Kraft F mit einem relativen Fehler von maximal 2 % gemessen wurde. Das maximale Schnittmoment ist $M = \dfrac{Fa(l-a)}{l}$.

1.23 Der Träger in **Bild 1.2** besteht aus einem Kantholz mit quadratischem Querschnitt. Gemessen wurden:

die Länge des Trägers $l = (205 \pm 1)$ cm,
die einwirkende Einzelkraft $F = (900 \pm 5)$ N,
die Kantenlänge $a = (98 \pm 1)$ mm,
die Durchbiegung mittig $f = (9.2 \pm 0.2)$ mm.

Aus diesen Angaben soll der Elastizitätsmodul E bestimmt werden, wenn bekannt ist, dass für die Durchbiegung f in der Mitte des Balkens gilt

$$f = \frac{Fl^3}{48EI},$$

wobei $I = a^4/12$ das Flächenmoment 2. Grades des quadratischen Querschnittes ist. Mit welchem absoluten und relativen Fehler ist bei der Bestimmung des Elastizitätsmoduls E maximal zu rechnen?

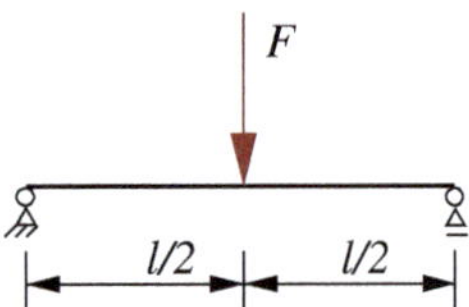

Bild 1.2 Träger

1.24 Die Zeiten t_1 und t_2, die zwei Bagger jeweils allein brauchen, um einen Kanal auszuheben, wurden jeweils mit $t_1 = (24 \pm 0.25)$ h und $t_2 = (18 \pm 0.2)$ h angegeben. Gesucht ist eine Abschätzung für den absoluten und den relativen Fehler der Zeit t, die beide Bagger benötigen, um den Kanal gemeinsam auszuheben.

1.25 Bei der Vermessung einer dreieckigen Grundstücksfläche wurde $b = 126$ m, $\alpha = 63°$, $\beta = 75°$ ermittelt (siehe **Bild 1.3**). Die geschätzten maximalen Messfehler betragen $\Delta b = \pm\ 0.05$ m, $\Delta\alpha = \Delta\beta = \pm\ 2'$. Zu ermitteln ist der relative Fehler bei der Berechnung der Länge l der eingezeichneten Dreiecksseite sowie das Intervall, in dem l bei linearer Näherung liegt.

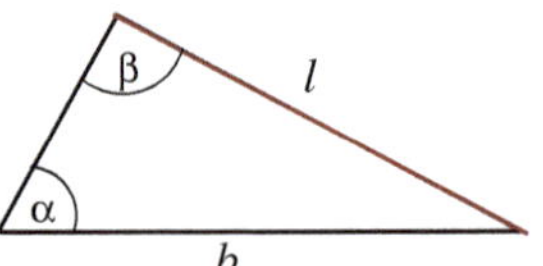

Bild 1.3 Grundstücksfläche

1.26 Zu ermitteln ist der maximale absolute und relative Fehler bei der Bestimmung des Fassungsvermögens des Abfallcontainers in **Bild 1.4**, wenn die Längen $a = 2$ m, $b = 5$ m, $c = 1.5$ m und $h = 1$ m jeweils mit einem maximalen Fehler von $\pm$ 2 cm gemessen wurden.

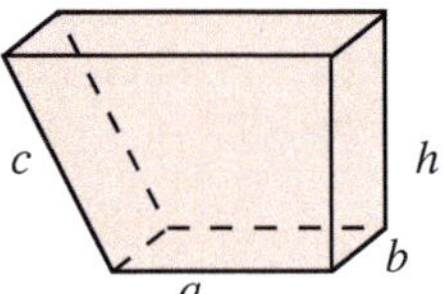

Bild 1.4 Abfallcontainer

1.27 Für den Elastizitätsmodul E eines Stabes mit quadratischem Querschnitt gilt beim Versuchsaufbau in **Bild 1.5**

$$E = 4Fl^3h^{-1}a^{-4}.$$

Für den zu erwartenden Elastizitätsmodul ist das Intervall aufgrund linearer Fehlerapproximation anzugeben, wenn $l = 50$ cm (auf 1 %), $a = 2$ cm (auf 1 %), $h = 2$ mm (auf 3 %) und $F = 130$ N (auf 0.5 % genau) gemessen wurde.

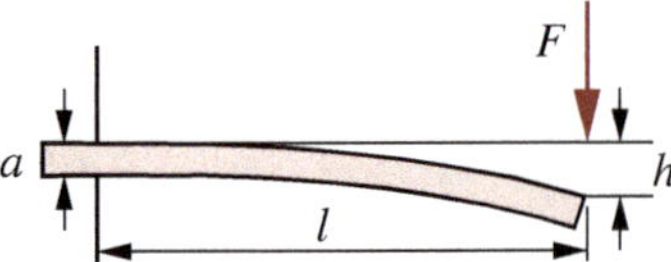

Bild 1.5 Versuchsaufbau

1.28 Der Radius r eines Kreisbogens AB mit unzugänglichem Mittelpunkt M kann durch die Messung der Länge der Sehne $\overline{AB} = 2s$ und der Pfeilhöhe p bestimmt werden (siehe **Bild 1.6**). Gemessen wurde $2s = 19.45$ cm $\pm$ 0.5 mm und $p = 3.62$ cm $\pm$ 0.3 mm. Gesucht ist eine Abschätzung für den absoluten und relativen Fehler bei der Bestimmung des Radius r.

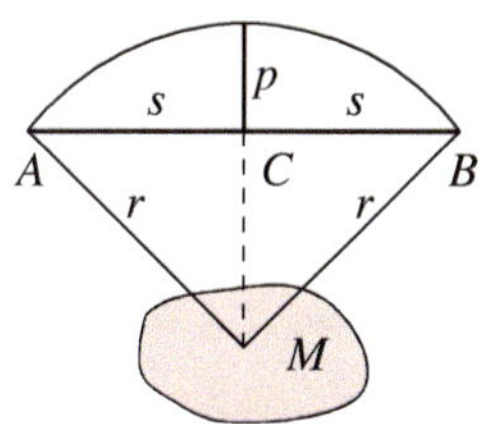

Bild 1.6 Kreisbogen

1.29 Mit welchem maximalen relativen Fehler müssen die Seiten a und b eines rechteckigen Querschnittes jeweils gemessen werden, damit

a) der Umfang,

b) der Flächeninhalt,

c) das Flächenmoment 2. Grades bezüglich der Schwerachse

mit einem maximalen relativen Fehler von 1 % angegeben werden kann?

1.30 Zur Bestimmung der Brennweite f einer Sammellinse werden Bildweite $b = (5 \pm 0.05)$ cm und Gegenstandsweite $g = (12 \pm 0.1)$ cm gemessen und f nach der Formel

$$\frac{1}{f} = \frac{1}{g} + \frac{1}{b}$$

berechnet. Mit welchem maximalen absoluten und relativen Fehler ist dabei zu rechnen?

Extremwertaufgaben

1.31 Zu ermitteln sind alle kritischen Stellen der Funktion $f(x_1, x_2, x_3) = x_1^2 \sin x_2 + x_3^2 \cos x_2 + x_2$.

1.32 Folgende Funktionen sind auf lokale Extrema zu untersuchen:

a) $f(x_1, x_2) = x_1 - 8x_2 - x_1^2 + x_1x_2 - x_2^2,\ D_f = \mathbb{R}^2$

b) $f(x_1, x_2) = 2x_1^3 - 24x_1 - 18x_2 + 3x_2^2,$
$D_f = \{(x_1, x_2)^\top \in \mathbb{R}^2,\ x_1 \geq 0\}$

c) $f(x_1, x_2) = 2 + 2x_1^2 - x_1 + 4.5x_2^2 - x_2,\ D_f = \mathbb{R}^2$

d) $f(x_1, x_2) = x_1x_2 - \dfrac{3}{x_1} + \dfrac{5}{x_2},$
$D_f = \{(x_1, x_2)^\top \in \mathbb{R}^2,\ x_1 \neq 0,\ x_2 \neq 0\}$

e) $f(x_1, x_2) = \mathrm{e}^{x_1/2}(x_1 + x_2^2),\ D_f = \mathbb{R}^2$

f) $f(x_1, x_2) = x_1 + \dfrac{x_2}{x_1} + \ln(x_1^2 x_2),$
$D_f = \{(x_1, x_2)^\top \in \mathbb{R}^2,\ x_1 \neq 0,\ x_2 > 0\}$

1.33 Folgende Funktionen sind auf lokale Extrema und Sattelpunkte zu untersuchen, $D_f = \mathbb{R}^2$:

a) $f(x_1, x_2) = 64 - 2x_1^2 - 3x_1 + 3x_2^2 - x_2$

b) $f(x_1, x_2) = \frac{1}{3}x_1^3 - x_1^2 + x_2^3 - 12x_2$

c) $f(x_1, x_2) = x_1^2 x_2 - 2x_1 x_2^2 + 3x_2$

d) $f(x_1, x_2) = 2x_1^4 + 3x_1^2 x_2 + x_2^4$

e) $f(x_1, x_2) = x_1^3 + 3x_1^2 x_2 + 3x_1 x_2^2 - 12x_1$

f) $f(x_1, x_2) = x_1^2(1 - x_2) - x_2^3 + 12x_2 + 13$

1.34 Gegeben ist die Funktion zweier Veränderlicher $f(x_1, x_2) = x_1^3 - x_2^3 + 5ax_1,\ a \in \mathbb{R}$.

a) Für welche $a \in \mathbb{R}$ hat die Funktion f kritische Stellen? Welche kritischen Stellen sind das gegebenenfalls?

b) Gegebenenfalls sind die kritischen Stellen zu klassifizieren.

Hinweis: Sollte für eine kritische Stelle keine Aussage über ein lokales Extremum möglich sein, kann die Umgebungsdefinition eines lokalen Extremums angewendet werden.

1.35 a) Die Zahl 8 ist so in drei positive Faktoren zu zerlegen, dass die Summe der reziproken Faktoren minimal wird.

b) Die Zahl 8 ist so in drei Summanden zu zerlegen, dass das Produkt der reziproken Summanden minimal wird.

1.36 Ein quaderförmiger, oben offener Blechkasten soll bei gegebenem Fassungsvermögen V möglichst kleines Gewicht haben. Wie müssen seine Abmessungen gewählt werden?

1.37 Ein Quader ist in das Ellipsoid einbeschrieben:

$$\frac{x^2}{a^2} + \frac{y^2}{b^2} + \frac{z^2}{c^2} = 1.$$

Für welche Längen seiner Kanten hat er maximales Volumen, und wie groß ist es?

1.38 Wie groß ist der kürzeste Abstand eines Punktes der Fläche $4x^2 + y^4 + 16z = 0$ von der Ebene $2x + y + 4z = 12$?

1.39 Für welchen Punkt $P(x, y)$ ist die Summe der Quadrate der Entfernungen von den Punkten $P_1(x_1, y_1), P_2(x_2, y_2), \ldots, P_n(x_n, y_n)$ minimal?

1.40 Das elliptische Paraboloid $z = x^2 + 4y^2$ wird von der Ebene $4x - 8y - z + 24 = 0$ geschnitten. Zu bestimmen ist der höchste und der tiefste Punkt der Schnittkurve, d. h., der Punkt mit der größten bzw. der kleinsten z-Koordinate.

1.41 Gesucht sind die wärmsten und kältesten Punkte auf der Kugel $x^2 + y^2 + z^2 = 1$ bei gegebener Temperaturverteilung $T(x, y, z) = xy + yz$.

1.42 Für welche Punkte der Oberfläche der Kugel mit dem Radius 1 und dem Mittelpunkt im Koordinatenursprung wird der Abstand zur Ebene $2x - 3y + 2\sqrt{3}z + 30 = 0$ extremal? Die entsprechenden Abstände sind anzugeben.

1.43 Der minimale Abstand eines Punktes der Fläche des Paraboloids $(x + 6)^2 + (y - 3)^2 = z - 2$ von der Ebene $x + y + z + 4 = 0$ ist zu ermitteln.

1.44 Der minimale Abstand eines Punktes der Fläche $z = x^2 + 3y^2 + 4$ von der Ebene $2x + 3y + z = 0$ ist zu ermitteln. Welche Koordinaten haben die dem minimalen Abstand entsprechenden Punkte der Ebene bzw. der Fläche?

1.45 Gesucht ist der Punkt im Inneren eines Vierecks, für den die Summe der Quadrate der Abstände des Punktes von den Ecken am kleinsten ist.

1.46 Gesucht sind die Kantenlängen des in das Kreisparaboloid $z = c - x^2 - y^2$, $c > 0$, $z \geq 0$, einbeschriebenen Quaders maximalen Volumens sowie dieses maximale Volumen.

1.47 Ein Experiment hat genau drei mögliche Ausgänge A_1, A_2, A_3, die mit den Wahrscheinlichkeiten p_1, p_2, p_3 eintreffen. Wie groß müssen p_1, p_2 und p_3 sein, damit die Wahrscheinlichkeit, dass bei drei dieser Experimente jeder Ausgang genau einmal eintrifft, maximal wird? Gesucht ist die maximale Wahrscheinlichkeit.

1.48 In der High-Begin-Firma „Never&End" werden für die Fertigung des Produktes „NeverSeen" in der Menge x zwei Materialien in den Mengen $a > 0$ bzw. $b > 0$ eingesetzt. Die zugehörige Produktionsfunktion ist

$$x = f(a, b) = 10 - \frac{1}{a} - \frac{1}{b}.$$

Der Gewinn des Verkaufes dieses Produktes ist definiert durch die Funktion $G = 9x - a - 4b$. Zu ermitteln ist die Kombination der Mengen beider verwendeter Materialien, die den Gewinn maximiert.

1.49 Die Höhe eines Geländepunktes wird durch die Funktion $h(x_1, x_2) = 36 + 6x_1 - x_1^2 + 10x_2 - x_2^2$ angegeben.

a) Die Fläche $z = 36 + 6x_1 - x_1^2 + 10x_2 - x_2^2$ ist zu klassifizieren. Welcher Graph ergibt sich?

b) Die Funktion $h(x_1, x_2)$ ist durch Isolinien grafisch darzustellen.

c) Besitzt die Funktion $h(x_1, x_2)$ ein globales Maximum bzw. Minimum? Ggf. sind diese zusammen mit ihrer Lage anzugeben.

d) Welche Geländepunkte befinden sich auf der Meeresspiegelhöhe (Höhenniveau 0)?

1.50 Wie müssen die Maße a, b und h eines Satteldaches (siehe **Bild 1.7**) gewählt werden, damit bei gegebenem Rauminhalt V die gesamte Dachfläche einschließlich der Giebelflächen minimal wird?

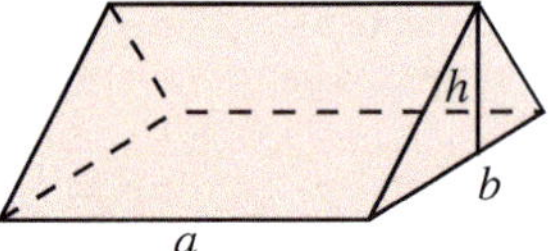

Bild 1.7 Satteldach

Integrale über ebene Bereiche

1.51 Die Gerade $x_2 = 1$ trennt von der Parabel $x_2 = x_1^2$ einen Bereich G mit der Massendichte $\rho(x_1, x_2) = (2 + x_1)x_2$ ab. Zu berechnen sind die Koordinaten seines Massenschwerpunktes S und seines geometrischen Schwerpunktes S_g.

1.52 Gesucht ist das Volumen des Körpers, der von folgenden Flächen begrenzt wird: $x_1 = 0$, $x_2 = 0$, $x_1 + x_2 = 4$, $x_1 + x_2 + x_3 = 1$, $x_1 + x_2 + x_3 = 2$.

Kurvenintegrale

1.53 Gegeben ist die Kurve C: $t \in [0, 6\pi]$,

$x_1(t) = \cos t$, $x_2(t) = 2\sin t$, $x_3(t) = (t/(6\pi))^2$,

mit der Massendichte

$\rho(x_1, x_2, x_3) = \sqrt{x_1^2 + x_2^2}/(x_3 + 1)$.

Zu berechnen sind ihre Bogenlänge l, ihre Masse m, die Koordinaten ihres Massenschwerpunktes S und ihres geometrischen Schwerpunktes S_g.

1.54 Gegeben ist das Kraftfeld

$$F = \begin{pmatrix} 2x_1x_2 + x_3^3 \\ x_1^2 + 3x_3 \\ 3x_1x_3^2 + 3x_2 \end{pmatrix}.$$

Zu berechnen ist die Arbeit, die das Kraftfeld F verrichtet, um eine Masseneinheit auf der Strecke vom Punkt $P_1(1, 1, 2)$ zum Punkt $P_2(3, 5, -2)$ zu verschieben.

Satz von Green

1.55 Mithilfe des Satzes von Green ist das folgende Kurvenintegral über eine geschlossene Kurve ∂G zu berechnen:

$$\int_{\partial G} \frac{x_1 \, dx_2 - x_2 \, dx_1}{x_1^2 + x_2^2}.$$

1.56 Mithilfe des Satzes von Green ist der geometrische Schwerpunkt S_g des Bereiches G zu berechnen, der von der geschlossenen Randkurve $\partial G = ABCDEFA$ begrenzt wird. Die Punkte sind wie folgt gegeben:

$$A(0, 0), B(2, 0), C(5, 1), D(3, 2), E(4, 8), F(2, 8).$$

Dabei sind folgende Teile der Randkurve Strecken: $C_1 = \overline{AB}$, $C_2 = \overline{BC}$, $C_3 = \overline{CD}$, $C_4 = \overline{DE}$. Der Teil $C_5 = EF$ gehört zu einer Parabel mit dem Scheitelpunkt $(3, 7)$. Der Teil $C_6 = FA$ gehört zum Graph der Funktion $f(x) = x^3$.

M2 Differenzialgleichungen

Differenzialgleichungen erster Ordnung

Bestimmungsgleichung für die gesuchte Funktion $y : \mathbb{R} \to \mathbb{R}$	implizit: $F(x, y, y') = 0$	explizit: $y' = f(x, y)$

Trennung der Variablen

Bestimmungsgleichung	$y' = f(x, y) = g(x)h(y)$
Lösung	$\int \frac{\mathrm{d}y}{h(y)} = \int g(x)\,\mathrm{d}x + c,\ h(y) \neq 0,\ c \in \mathbb{R}$ Für $y^\star \in \mathbb{R}:\ h(y^\star) = 0$ ist $y(x) = y^\star = \text{const.}$ singuläre Lösung.

Lineare Differenzialgleichungen erster Ordnung

Bestimmungsgleichung	$y' + p(x)y = q(x)$, für $q(x) \neq 0$ inhomogen	y_p - partikuläre Lsg.
Zugehörige homogene Gleichung	$y' + p(x)y = 0$	y_h - allgemeine Lsg.
Allgemeine Lösung y_allg	$y_\mathrm{allg} = y_\mathrm{h} + y_\mathrm{p}$	

Algorithmus für die Ermittlung der allgemeinen Lösung y_allg der Bestimmungsgleichung	
1.	Ermittlung der allgemeinen Lösung y_h der zugehörigen homogenen Gleichung $y' + p(x)y = 0$ Trennung der Variablen: $\mathrm{d}y/y = -p(x)\,\mathrm{d}x$ Lösung: $y_\mathrm{h} = c\,g(x),\ g(x) = \mathrm{e}^{-\int p(x)\,\mathrm{d}x}$
2.	Ermittlung einer partikulären Lösung y_p der Bestimmungsgleichung $y' + p(x)y = q(x)$ Ansatz für y_p mit Variation der Konstanten: $y_\mathrm{p} = c(x)g(x)$, zu bestimmen ist $c(x)$ Trennung der Variablen: $\mathrm{d}c = q(x)/g(x)\,\mathrm{d}x$ Lösung: $c(x) = \int q(x)/g(x)\,\mathrm{d}x$

Lineare Differenzialgleichungen n-ter Ordnung mit konstanten Koeffizienten

Bestimmungsgleichung	$y^{(n)} + a_{n-1}y^{(n-1)} + ... + a_1 y' + a_0 y = q(x)$, für $q(x) \neq 0$ inhomogen	
	$a_0, a_1, ..., a_{n-1} \in \mathbb{R}$ - Koeffizienten	y_p - partikuläre Lsg.
Zugehörige homogene Gleichung:	$y^{(n)} + a_{n-1}y^{(n-1)} + ... + a_1 y' + a_0 y = 0$	y_h - allgemeine Lsg.
Charakteristische Gleichung:	$\lambda^n + a_{n-1}\lambda^{n-1} + ... + a_1\lambda + a_0 = 0$	
Allgemeine Lösung y_allg	$y_\mathrm{allg} = y_\mathrm{h} + y_\mathrm{p}$	

Allgemeine Lösung der zugehörigen homogenen Gleichung

1. Jede Linearkombination von Lösungen ist ebenfalls Lösung.

2. Es existieren genau n linear unabhängige Lösungen $y_1, y_2, ..., y_n$, die Fundamentalsystem heißen. Die allgemeine Lösung ist die Menge aller Linearkombinationen eines Fundamentalsystems $y_\mathrm{h} = c_1 y_1 + ... + c_n y_n$.

3. Aus dem Ansatz $y = e^{\lambda x}$ folgt die charakteristische Gleichung mit genau n komplexen Lösungen für λ.

4. Die Lösungen $y_1, y_2 ..., y_n$ bilden genau dann ein Fundamentalsystem, wenn für ihre Wronski-Determinante gilt $W(x) \neq 0$. Dabei gilt: Ist $W(x) = 0$ für ein spezielles x, so auch für alle x. Ist $W(x) \neq 0$ für ein spezielles x, so auch für alle x. $(W(x))_{i,j} = y_j^{(i-1)}$, $i, j = 1, ..., n$

5. Linear unabhängige partikuläre Lösungen homogener Differenzialgleichungen, $i^2 = -1$

Lösung der charakteristischen Gleichung	Linear unabhängige partikuläre Lösungen
einfach reell λ	$y = \mathrm{e}^{\lambda x}$
einfach konjugiert komplex $\lambda_{1/2} = \alpha \pm i\beta$	$y_1 = \mathrm{e}^{\alpha x} \cos \beta x,\ y_2 = \mathrm{e}^{\alpha x} \sin \beta x$
k-fach reell $\lambda_1 = ... = \lambda_k = \lambda$	$y_1 = \mathrm{e}^{\lambda x},\ y_2 = x\mathrm{e}^{\lambda x}, ..., y_k = x^{k-1}\mathrm{e}^{\lambda x}$
k-fach konjugiert komplex	
$\lambda_{11} = ... = \lambda_{1k} = \alpha + i\beta$	$y_{11} = \mathrm{e}^{\alpha x} \cos \beta x,\ y_{12} = x\mathrm{e}^{\alpha x} \cos \beta x, ..., y_{1k} = x^{k-1}\mathrm{e}^{\alpha x} \cos \beta x$
$\lambda_{21} = ... = \lambda_{2k} = \alpha - i\beta$	$y_{21} = \mathrm{e}^{\alpha x} \sin \beta x,\ y_{22} = x\mathrm{e}^{\alpha x} \sin \beta x, ..., y_{2k} = x^{k-1}\mathrm{e}^{\alpha x} \sin \beta x$

Partikuläre Lösung inhomogener Differenzialgleichungen

1. Ansatzmethode bei speziellen Störtermen $q(x)$

Störterm $q(x)$	Ansatz für y_p	Gesucht
$p_0 + p_1 x + ... + p_n x^n$	$P_0 + P_1 x + ... + P_n x^n$	$P_0, P_1, ..., P_n$
$a\mathrm{e}^{mx}$	$A\mathrm{e}^{mx}$	A
$a \cos mx + b \sin mx$	$A \cos mx + B \sin mx$	A, B
$a \cosh mx + b \sinh mx$	$A \cosh mx + B \sinh mx$	A, B
$\mathrm{e}^{px}(a \cos mx + b \sin mx) \sum_{i=0}^{n} p_i x^i$	$\mathrm{e}^{px}(A \cos mx + B \sin mx) \sum_{i=0}^{n} P_i x^i$	$P_0, P_1, ..., P_n, A, B$
$\mathrm{e}^{px}(a \cosh mx + b \sinh mx) \sum_{i=0}^{n} p_i x^i$	$\mathrm{e}^{px}(A \cosh mx + B \sinh mx) \sum_{i=0}^{n} P_i x^i$	$P_0, P_1, ..., P_n, A, B$

2. Resonanzfall

Der Resonanzfall liegt vor, wenn der Störterm q selbst Lösung der homogenen Differenzialgleichung ist. Die Ansatzmethode für y_p versagt.
Ansatz für y_p: Der Ansatz aus der Tabelle wird mit x so oft multipliziert, bis er nicht mehr Lösung der homogenen Differenzialgleichung ist.

3. Variation der Konstanten, $y_1, ..., y_n$ - Fundamentalsystem, W - Wronski-Determinante

Ansatz für y_p	$y_\mathrm{p} = \sum_{k=1}^{n} c_k y_k$, gesucht: Funktionen $c_1, ..., c_n$
Lineares Gleichungssystem für $c'_1, ..., c'_n$	$Wc' = f$, $c' = (c'_1, ..., c'_n)^\top$, $f = (0, ..., 0, q)^\top$
Eindeutige Lösung	$c'_k = W_k/W$, $c_k = \int W_k/W \mathrm{d}x$, $k = 1, ..., n$

Der Ansatz für die partikuläre Lösung y_p mit der Variation der Konstanten ist unabhängig davon, ob der Resonanzfall vorliegt. W_k ist die Determinante der aus der Koeffizientenmatrix durch Ersetzen der k-ten Spalte durch den Vektor der rechten Seite f hervorgegangenen Matrix (Regel von Cramer).

Gewöhnliche Differenzialgleichungen

2.1 Folgende Differenzialgleichungen sind mit der Methode der Trennung der Variablen zu lösen:

a) $y' = -\frac{x}{y}$ **b)** $y' = y \tan x$
c) $y' = xy$ **d)** $y'(1+x) = 1-y$
e) $(y')^2 + y^2 = 1$ **f)** $xyy' + y^2 = 1$
g) $x(1+x) - y(1+y)y' = 0$

2.2 Folgende Differenzialgleichungen erster Ordnung sind mit der Methode der Variation der Konstanten zu lösen:

a) $(x^2+1)y'+2xy=2x^2,\ P_0(1,2)$
b) $y' = \frac{x-y}{x}$ **c)** $y'-xy+2x=0$
d) $xy'+2y=x^5+x$ **e)** $xy'-y=x^2\cos x$
f) $(x^2+y)\,dx+x\,dy=0$
g) $y'(1-x)=1-y,\ P_0(1,-2)$ und $P_1(0,0)$

2.3 Folgende homogene Differenzialgleichungen höherer Ordnung sind zu lösen:

a) $y'' - y = 0$ **b)** $y'' + y = 0$
c) $y'' - 4y' + 4y = 0$
d) $y''' - 5y'' + 8y' - 4y = 0$
e) $\ddot{s} + 2\dot{s} + 2s = 0$ **f)** $y^{IV} - 16y = 0$
g) $y^{IV} - 2y'' + y = 0$

2.4 Folgende inhomogene Differenzialgleichungen höherer Ordnung sind zu lösen:

a) $y'' + y = x^2$ **b)** $y'' - y = \cos x$
c) $y'' - 3y' + 2y = e^{3x}$
d) $y'' - 3y' + 2y = \cos(2x)$
e) $y''' - y'' + y' - y = \cos(2x)$
f) $y'' - y = e^{-x}$
g) $y'' + 3y' + 2.5y = 5x^3$
h) $y^{IV} - 4y''' + 6y'' - 4y' + y = (x+1)e^x$
i) $y''+4y=\cos(2x),\ y(0)=0,\ y'(0)=0$
j) $y'' + 5y' + 6y = 3x^2,\ y(0) = 0,\ y'(0) = 0$
k) $y''' - 2y' = \cos(3x),\ y(0)=y'(0)=y''(0)=0$

2.5 Gesucht ist für folgende Differenzialgleichungen jeweils die allgemeine Lösung. Die Differenzialgleichung ist vorab zu klassifizieren und die Wahl der Lösungsmethode ist zu begründen.

a) $xy' = 2y\left(1 - \frac{x^2}{b}\right), b > 0$
b) $y^{IV} - 2y''' - 8y'' + 18y' - 9y = e^{2x}$
c) $y'''- y=\sin x$ **d)** $y''- 2y' + y=x^4$
e) $y'' + 4y=\tan x$ **f)** $x^2y' + y^2 = 0$
g) $xy' + 2y = xyy'$ in der Gestalt $x = F(y)$
h) $(1+y^2)\,dx + xy\,dy = 0$
i) $y''' - 3y'' - y' + 3y = 6 - 18x - 3x^2 + 3x^3$

2.6 Gesucht ist die Lösung der angegebenen Differenzialgleichungen.

a) $y^{IV} + 13y'' + 36y = 1,\ x \in [0, 1.5\pi]$,
$y(0) = y''(0) = y(1.5\pi) = y'(1.5\pi) = 0$
b) $y'' + 2y' + 5y = 0,\ y(0) = y(\pi/2) = 1$
c) $y''' - y'' + 16y' - 16y = 4e^{-2x}$,
$y(0) = y'(0) = y''(0) = 0$
d) $y''+2y'+3y=2(4t+1)e^{-t},\ y(0)=y'(0)=1$
e) $y'' + 2y' - 3y = -7\cos(2x) - 4\sin(2x)$,
$y(0) = 1,\ y'(0) = 4$
f) $y'\cos x - y\sin x = 2\sin x\cos x$, Punkt $(0,0)$

Physikalische Anwendungen
Homogene Differenzialgleichungen

2.7 Eine Stange, die zwischen den Punkten $(0,0)$ und $(l,0)$ gelenkig gelagert ist, rotiert um die x-Achse (siehe **Bild 2.1**). Dabei erfüllt ihre Durchbiegung $y(x)$, falls sie überhaupt eintritt, die Gleichung

$y^{IV} - a^4 y = 0,$

wobei a eine Konstante ist, die von der Rotationsgeschwindigkeit und den Eigenschaften der Stange abhängt. An den Stellen $x = 0$ und $x = l$ sind die Größen y und y'' jeweils gleich 0. Für welche Werte von a tritt eine Durchbiegung ein?

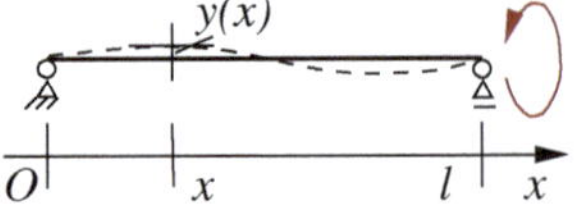

Bild 2.1 Rotierender Stab

2.8 Eine Scheibe mit dem Trägheitsmoment I ist an einem Draht (Länge l, Querschnittsradius r, Gleitmodul G) befestigt (siehe **Bild 2.2**). Die kleinen Drehschwingungen dieser Scheibe werden durch die Differenzialgleichung bezüglich des Drehwinkels φ

$$I\ddot{\varphi} + k\varphi = 0$$

beschrieben. Dabei ist $k = \pi G r^4/(2l)$ die Federkonstante. Zu ermitteln ist der Drehwinkel $\varphi(t)$ zum Zeitpunkt $t > 0$ sowie seine Periode T für die Anfangsbedingungen

$$\varphi(0) = \varphi_0,\ \dot{\varphi}(0) = 0.$$

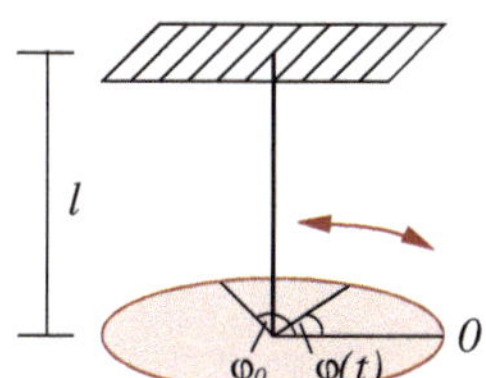

Bild 2.2 Drehscheibe

2.9 Ein Zylinder vom Grundkreisradius r und der Masse m schwimmt mit vertikaler Achslage im Wasser. Seine Eintauchtiefe ist l (siehe **Bild 2.3**). Gesucht ist die Periode der Schwingung, die sich ergibt, wenn der Zylinder ein wenig in das Wasser eingetaucht und danach losgelassen wird. Der Bewegungswiderstand ist gleich null anzunehmen.

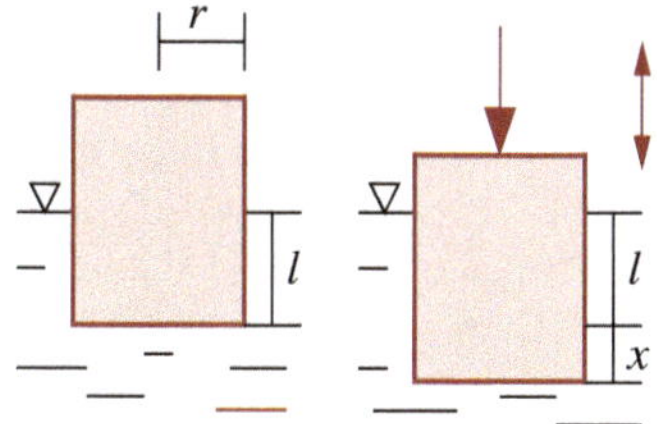

Bild 2.3 Zylinder

2.10 Zu ermitteln ist die Schwerelinie y eines symmetrischen Bogenträgers mit der Spannweite $2l$ (siehe **Bild 2.4**), die die Differenzialgleichung

$$y'' = \frac{\gamma y}{H}$$

mit den Anfangsbedingungen

$$y(0) = y_0, \quad y'(0) = 0$$

erfüllt. Dabei ist $H > 0$ der Betrag der horizontalen Auflagerkraft am Kämpfer (Stelle $x = -l$ bzw. $x = l$) und $\gamma > 0$ eine Konstante. Wie groß ist der Betrag der Auflagerkraft H?

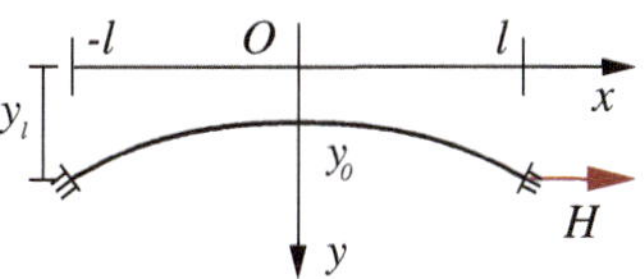

Bild 2.4 Bogenträger

2.11 Die Differenzialgleichung

$$\ddot{x} + b\dot{x} + 25x = 0$$

mit den Anfangsbedingungen

$$x(0) = 1, \quad \dot{x}(0) = 0$$

beschreibt die Bewegung eines gedämpften Federschwingers der Masse $m = 1$ an einer Feder mit der Federkonstanten $k = 25$, der zum Zeitpunkt $t = 0$ um die Entfernung $x_0 = 1$ gegenüber der Gleichgewichtslage ausgelenkt wurde (siehe **Bild 2.5**). Dabei ist b die Dämpfungskonstante, die von der Viskosität des Dämpfers abhängt. Die Position $x(t)$ der Masse zum Zeitpunkt $t > 0$ ist für die Fälle $b = 8$, $b = 10$ und $b = 12$ zu bestimmen.

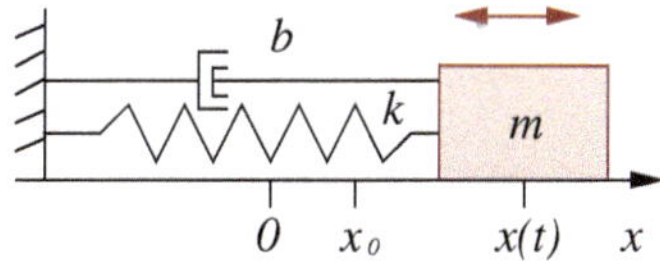

Bild 2.5 Gedämpfter Federschwinger

2.12 Im Jahr 2010 wurde ein Kapital von 100 000 € angelegt. Die Geschwindigkeit seines Wachstums ist proportional zur Höhe des Kapitals mit dem Proportionalitätsfaktor $\alpha = 0.03$. Zu ermitteln ist die Höhe des Kapitals $K(t)$ zum Zeitpunkt $t > 2010$ [a] sowie der effektive Jahreszinssatz.

2.13 Das Temperaturprofil $u(r)$ in einer zylindrischen Wand (Rohr) mit dem Innenradius $r_1 > 0$ und dem Außenradius $r_2 > r_1$ genügt der Differenzialgleichung

$$u'' + \frac{1}{r}u' = 0,\ r_1 < r < r_2,$$

mit den Randbedingungen $u(r_1) = u_1$ und $u(r_2) = u_2$. Gesucht ist das Temperaturprofil $u(r)$ als Lösung der Randwertaufgabe.

Hinweis: Die Substitution $v = u'$ wird empfohlen. Die Differenzialgleichung ist vor und nach der Substitution zu klassifizieren. Eine geeignete Lösungsmethode ist anzugeben.

2.14 Zu ermitteln ist der kleinste positive Wert für die Kraft mit dem Betrag F, für den die Biegelinie eines beidseitig gelenkig gelagerten Stabes der Länge l (siehe **Bild 2.6**) mit konstanter Biegesteifigkeit EI von der Nulllage abweicht. Die Gleichung w der Biegelinie erfüllt die Randwertaufgabe

$$\left.\begin{array}{lcl} w^{IV} + a^2 w'' & = & 0,\ 0 < x < l, \\ w(0) & = & 0, \\ w''(0) & = & 0, \\ w(l) & = & 0, \\ w''(l) & = & 0 \end{array}\right\}, \quad a^2 = \frac{F}{EI}.$$

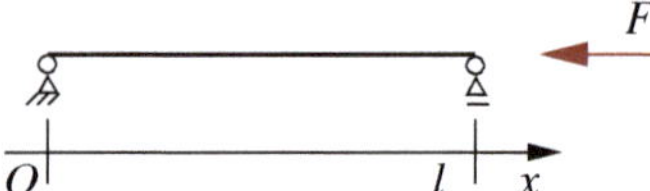

Bild 2.6 Knickstab

2.15 Die Gleichung w der Biegelinie eines horizontalen Kragarms der Länge l mit konstanter Biegesteifigkeit EI, an dessen freiem Ende ein Moment M angreift, ist abzuleiten (siehe **Bild 2.7**). Die Gleichung w der Biegelinie erfüllt die Randwertaufgabe

$$\left.\begin{array}{lcl} EIw^{IV} & = & 0,\ 0 < x < l, \\ w(0) & = & 0, \\ w'(0) & = & 0, \\ w''(l) & = & -M/EI, \\ w'''(l) & = & 0. \end{array}\right\}$$

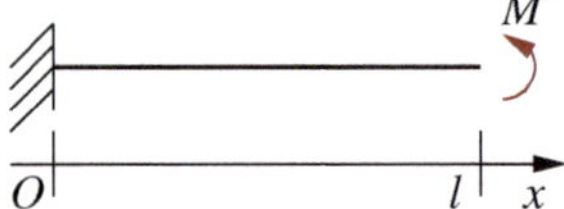

Bild 2.7 Kragarm mit Momentenlast

2.16 Die Gleichung w der Biegelinie eines horizontalen Kragarms der Länge l mit konstanter Biegesteifigkeit EI, an dessen freiem Ende eine Einzelkraft F angreift, ist abzuleiten (siehe **Bild 2.8**). Die Gleichung w der Biegelinie erfüllt die Randwertaufgabe

$$\left.\begin{array}{lcl} EIw^{IV} & = & 0,\ 0 < x < l, \\ w(0) & = & 0, \\ w'(0) & = & 0, \\ w''(l) & = & 0, \\ w'''(l) & = & -F/EI. \end{array}\right\}$$

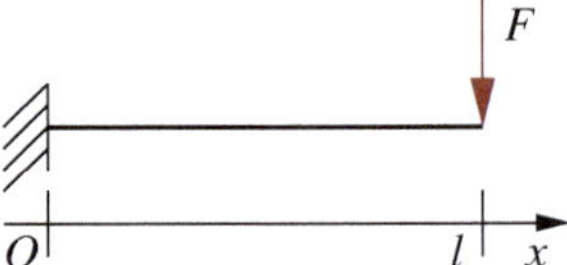

Bild 2.8 Kragarm mit Einzelkraft

Physikalische Anwendungen

Inhomogene Differenzialgleichungen

2.17 Ein Körper der Masse $m = 1$ kg fällt aus der Höhe $h = 20$ m unter dem Einfluss der Schwerkraft $G = mg$ und einer Reibungskraft herab, die proportional der Fallgeschwindigkeit v ist: $F_R = -kv$ (siehe **Bild 2.9**). Die Anfangsgeschwindigkeit ist gleich null. Zu ermitteln ist eine Gleichung für die Höhe $s(t)$, in der sich der Körper t Sekunden nach dem Beginn der Bewegung befindet. Dabei ist $g = 10$ m/s^2 und $k = 10$ kg/s vorausgesetzt. Die Gleichung zur Ermittlung der Höhe s des Körpers lautet

$$m\ddot{s} + k\dot{s} = -mg.$$

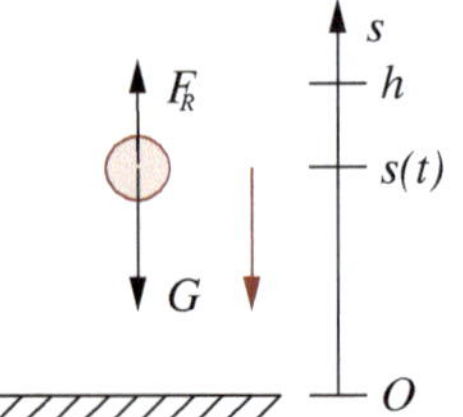

Bild 2.9 Fallender Körper

2.18 Nach dem zweiten Axiom von Newton wirkt bei der Bewegung eines Körpers der Masse m auf der x-Achse auf diesen die Kraft $F = m\ddot{x}$, wobei $x(t)$ die Position des Körpers zum Zeitpunkt t und $\ddot{x}$ seine Beschleunigung ist.
Ein Körper gleitet auf einer horizontalen Ebene unter dem Einfluss eines Stoßes, der ihm die Anfangsgeschwindigkeit v_0 erteilt hat. Auf den Körper wirkt die Reibungskraft $F_R = -km$ (siehe **Bild 2.10**). Gesucht ist die Position und die Geschwindigkeit des Körpers in Abhängigkeit von der Zeit. Wann und wo kommt der Körper zur Ruhe? Die Gleichung zur Ermittlung der Position x des Körpers lautet

$$m\ddot{x} = -km.$$

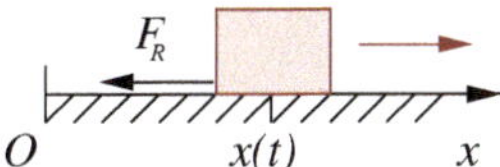

Bild 2.10 Gleitender Körper

2.19 Zu ermitteln ist die Position $x(t)$ eines mechanischen Federschwingers der Masse $m = 1$ bei einer ungedämpften Schwingung zum Zeitpunkt $t > 0$, wenn seine Auslenkung zu Beginn des Schwingungsvorgangs $x(0) = x_0$ und seine Geschwindigkeit zu Beginn des Schwingungsvorgangs $\dot{x}(0) = 0$ beträgt. Das System wird durch eine äußere Kraft $K(t) = k_0 \cos 2t$ in Bewegung gehalten. Die Federkonstante beträgt $k = 1$ (siehe **Bild 2.11**). Die Gleichung zur Ermittlung der Position x des Federschwingers lautet

$$m\ddot{x} + kx = K(t).$$

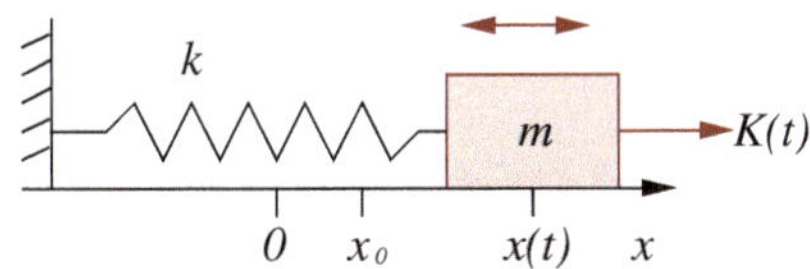

Bild 2.11 Ungedämpfter horizontaler Federschwinger

2.20 Eine Masse der Größe $m = 100$ kg, die an einem Federschwinger mit der Federsteifigkeit $k = 29\,000$ N/m befestigt ist, ist durch eine zeitlich konstante Kraft $F = 3000$ N, $t \geq 0$, belastet. Das System ist gedämpft mit der Dämpfungskonstante $c = 200$ Ns/m. Die Masse wird zum Zeitpunkt $t = 0$ um $x_0 = 10$ cm ausgelenkt und danach losgelassen (siehe **Bild 2.12**). Zu ermitteln ist der zeitliche Verlauf der Position $x(t)$ der Masse, $t > 0$. Die Gleichung zur Ermittlung der Position x der Masse lautet

$$\ddot{x} + 2\xi\omega_0\dot{x} + \omega_0^2 x = F/m,$$

wobei $\omega_0 = \sqrt{k/m}$ die Eigenkreisfrequenz des ungedämpften Systems und $\xi = c/(2m\omega_0)$ der sogenannte kritische Dämpfungsgrad des Systems ist.

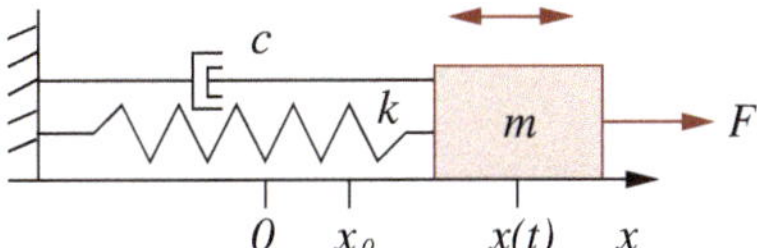

Bild 2.12 Gedämpfter horizontaler Federschwinger

2.21 Die Geschwindigkeit der Abkühlung eines Körpers mit der Temperatur T ist proportional zur Temperaturdifferenz zwischen der Umgebungstemperatur T_u und seiner eigenen Temperatur mit dem Proportionalitätsfaktor $k > 0$, der von der Beschaffenheit des Körpers abhängig ist. Zur Zeit $t = 0$ hat der Körper die Temperatur T_0. Die Differenzialgleichung zur Ermittlung der Temperatur $T(t)$ des Körpers zum Zeitpunkt $t > 0$ ist aufzustellen und zu lösen.

2.22 Eine Metallschiene AOB mit Befestigung im Punkt O, in der sich ein Körper der Masse m reibungsfrei bewegt, rotiert in einer zum Boden des Labors senkrechten Ebene mit konstanter Winkelgeschwindigkeit ω. Befindet sich der Körper zum Zeitpunkt $t > 0$ im Punkt P auf der Metallschiene im Abstand $r(t)$ vom Punkt O, so ist die Größe der auf ihn wirkenden Radialkraft $m\ddot{r}$ die Differenz aus der Fliehkraft $F_Z = m\omega^2 r$ und des Anteils $F_G = mg\sin(\omega t)$ der Gravitationskraft in radialer Richtung (siehe **Bild 2.13**). Mit dem zweiten Axiom von Newton folgt für den Abstand $r(t)$ des Körpers vom Punkt O die Differenzialgleichung

$$m\ddot{r} = m\omega^2 r - mg\sin(\omega t).$$

Gesucht ist der funktionale Zusammenhang $r(t)$, wenn zum Zeitpunkt $t = 0$ der Körper vom Punkt O den Abstand r_0 und die radiale Geschwindigkeit v_0 hat.

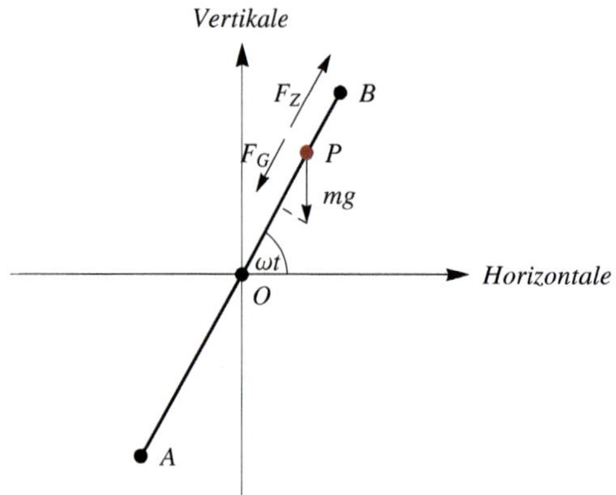

Bild 2.13 Metallschiene AOB, Körper im Punkt P

2.23 Die Gleichung der Momentenlinie M und der Querkraftlinie V eines beidseits gelenkig gelagerten Balkens der Länge l ist herzuleiten, wenn die Belastungsfunktion q eine Parabel mit dem Scheitelpunkt über dem Auflager B darstellt (siehe **Bild 2.14**). Die Gleichung M der Momentenlinie erfüllt die Randwertaufgabe

$$\left.\begin{aligned} M'' &= -q(x),\ 0 < x < l, \\ M(0) &= 0, \\ M(l) &= 0, \end{aligned}\right\},$$

und für die Gleichung V der Querkraftline gilt $V = M'$.

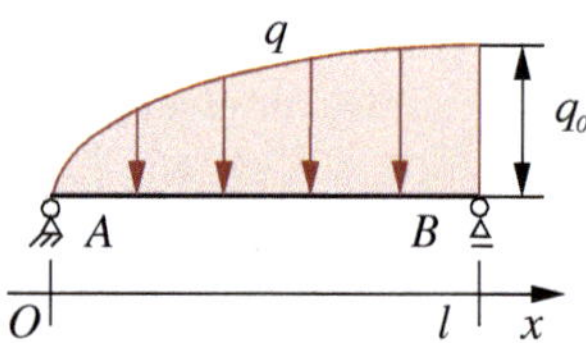

Bild 2.14 Belasteter Balken

2.24 Zu ermitteln ist die Gleichung w der Biegelinie für einen Balken der Länge l mit konstanter Biegesteifigkeit EI unter konstanter Streckenlast. Der Balken ist linksseitig gelenkig gelagert und rechtsseitig fest eingespannt (siehe **Bild 2.15**). Die Gleichung w der Biegelinie erfüllt die Randwertaufgabe

$$\left.\begin{aligned} EIw^{IV} &= q_0,\ 0 < x < l, \\ w(0) &= 0, \\ w(l) &= 0, \\ w''(0) &= 0, \\ w'(l) &= 0. \end{aligned}\right\}$$

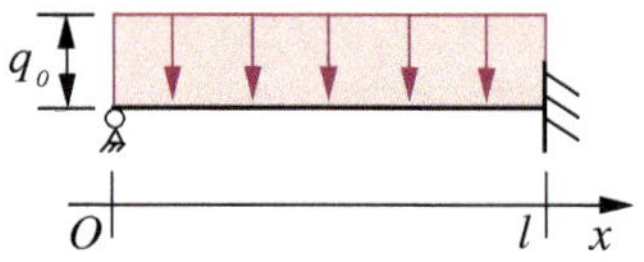

Bild 2.15 Belasteter Träger

2.25 Zu ermitteln ist die Gleichung w der Biegelinie für folgenden Träger konstanter Biegesteifigkeit EI mit einer parabolischen Streckenlast q und dem Moment M am verschieblichen Lager (siehe **Bild 2.16**). Die Gleichung w der Biegelinie erfüllt die Randwertaufgabe

$$\left.\begin{aligned} EIw^{IV} &= q(x),\ 0 < x < 2l, \\ w(0) &= 0, \\ w(2l) &= 0, \\ w''(0) &= 0, \\ w''(2l) &= -M/EI. \end{aligned}\right\}$$

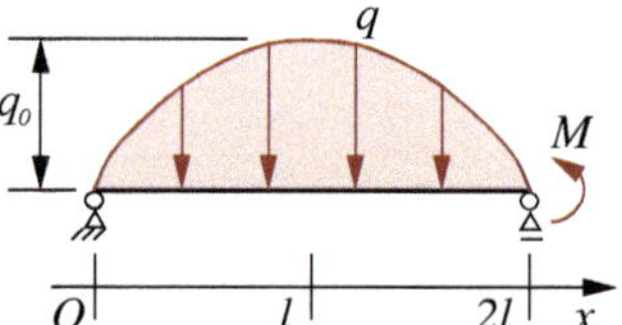

Bild 2.16 Belasteter Träger

M3 Finanzmathematik

Zinsen

t - Zeitpunkt, Laufzeit, Δt - Zinsperiode, K_0 - Anfangskapital, Barwert, K_t - Zeitwert, Endwert, i - Zinssatz, $q = 1 + i$ - Zinsfaktor, Z_t - Zinsbetrag zum Zeitpunkt t, n - Anzahl der Perioden, m - Anzahl der Teilperioden, p. a. - per anno (pro Jahr)

Formel	Bedeutung
Lineare Verzinsung	
$Z_t = K_0 it$	Zinsbetrag zum Zeitpunkt t
$K_t = K_0(1 + it)$	Zeitwert, Endwert zum Zeitpunkt t
$K_0 = K_t/(1 + it)$	Anfangskapital, Barwert
$K_0 = K_t(1 - it)$	Barwert bei kaufmännischer Diskontierung
$i = (K_t - K_0)/(K_0 t)$	Zinssatz
$i_{\text{eff}} = i/(1 - it)$	Effektiver Zinssatz bei kaufmännischer Diskontierung
$t = (K_t - K_0)/(K_0 i)$	Laufzeit
Lineare Verzinsung, regelmäßige Zahlungen der Höhe r, n Perioden der Dauer t/n	
$K_n = r(n + 0.5(n + 1)it)$	Endwert nach n Perioden, vorschüssig
$K_n = r(n + 0.5(n - 1)it)$	Endwert nach n Perioden, nachschüssig
$K_{12} = r(12 + 6.5i)$	Vorschüssig, $t = 1$ Jahr, $n = 12$ Monate, i - Zinssatz p. a.
$K_{12} = r(12 + 5.5i)$	Nachschüssig, $t = 1$ Jahr, $n = 12$ Monate, i - Zinssatz p. a.
Geometrische Verzinsung	
$K_n = K_0(1 + i)^n = K_0 q^n$	Endwert nach n Perioden, konstanter Zinssatz i
$K_0 = K_n/(1 + i)^n = K_n/q^n$	Anfangskapital, Barwert
$i = (\sqrt[n]{K_n/K_0} - 1)$	Zinssatz
$n = (\ln K_n - \ln K_0)/\ln q$	Anzahl der Perioden
$n \approx 0.69/i$	Faustformel für Verdopplung eines Kapitals
$K_n = K_0 q_1 q_2 \ldots q_n$	Endwert bei wechselnder Verzinsung mit Zinsfaktoren q_j
$K_t = K_0(1+it_1)(1+i)^n(1+it_2)$	Gemischte (taggenaue) Verzinsung, n - Anzahl ganzer Perioden, t_1, t_2 - Länge angebrochener Perioden
$K_t = K_0(1 + i)^{(n+t_1+t_2)}$	Näherungsweise gemischte Verzinsung mit nicht ganzzahligem Exponenten
Unterjährige Verzinsung	
$K_n = K_0(1 + i/m)^{mn}$	Endwert nach n Perioden zu je m Teilperioden
$i_m = i/m$	Relativer unterjähriger Zinssatz
$i_{\text{eff}} = (1 + i_m)^m - 1$	Effektiver Jahreszinssatz
$\hat{i}_m = \sqrt[m]{1 + i} - 1$	Äquivalenter relativer unterjähriger Zinssatz
Stetige Verzinsung	
$K_t = K_0 \mathrm{e}^{it}$	Endwert zum Zeitpunkt t
$K_0 = K_t \mathrm{e}^{-it}$	Barwert
$i_{\text{eff}} = \mathrm{e}^i - 1$	Effektiver Jahreszinssatz
$\delta = \ln(1 + i)$	Äquivalente Zinsintensität

Tilgung

n - Anzahl Rückzahlungsperioden, i - Zinssatz, q - Zinsfaktor,
S_0 - Anfangsschuld, S_k - Restschuld in Periode k, T_k - Tilgung in Periode k,
Z_k - Zinsen in Periode k, A_k - Annuität in Periode k

Variable	rekursiv		explizit	
Annuitätentilgung	$k = 1$	$k = 2, ..., n$	$k = 1, ..., n$	
Restschuld S_k	$qS_0 - A$	$qS_{k-1} - A$	$S_0q^k - A(q^k - 1)/(q-1)$ $= S_0 - T_1(q^k - 1)/(q-1)$	
Annuität A_k	$A = \text{const}$	$A = \text{const}$	$S_0q^n(q-1)/(q^n - 1)$	
Tilgung T_k	$A - iS_0$	qT_{k-1}	$T_1q^{k-1} = (A - S_0i)q^{k-1}$	
Zinsen Z_k	iS_0	$qZ_{k-1} - iA$	$A - T_1q^{k-1} = A - (A - S_0i)q^{k-1}$	
Summe der Zinsen			$\sum_{k=1}^{n} Z_k = nA - T_1\frac{q^n - 1}{q-1}$	
Perioden n			$(\ln A - \ln(A - S_0i))/\ln q$	
Ratentilgung	$k = 1$	$k = 2, ..., n$	$k = 1, ..., n$	
Restschuld S_k	$S_0 - S_0/n$	$S_{k-1} - S_0/n$	$S_0(1 - k/n)$	
Annuität A_k	$T + iS_0$	$A_{k-1} - iS_0/n$	$S_0(1 + (n-k+1)i)/n$	
Tilgung T_k	$T = \text{const}$	$T = \text{const}$	$T = S_0/n$	
Zinsen Z_k	iS_0	$Z_{k-1} - iS_0/n$	$S_0i(n-k+1)/n$	
Summe der Zinsen			$\sum_{k=1}^{n} Z_k = iS_0(n+1)/2$	
Perioden n			S_0/T	
Zinsschuldtilgung	$k = 1$	$k = 2, ..., n$	$k = 1, ..., n-1$	$k = n$
Restschuld S_k	S_0	S_{k-1}	S_0	0
Annuität A_k	0	A_{k-1}	iS_0	$S_0(1+i)$
Tilgung T_k	0	T_{k-1}	0	S_0
Zinsen Z_k	0	Z_{k-1}	iS_0	iS_0
Summe der Zinsen			$\sum_{k=1}^{n} Z_k = iS_0n$	

Investitionsrechnung

E_k - Einnahme im k-ten Jahr, A_k - Ausgabe im k-ten Jahr, C_k - Einnahmeüberschuss im k-ten Jahr,
K_E - Barwert der Einnahmen, K_A - Barwert der Ausgaben, C - Barwert der Investition,
G - Wiederkehrender Betrag, K - Barwert des wiederkehrenden Betrages, q - Zinsfaktor
n - Anzahl der Perioden, i - Zinssatz

Methode	Berechnung	Bewertung
Kapitalwert	$K_E = \sum_{k=0}^{n} \frac{E_k}{q^k}$, $K_A = \sum_{k=0}^{n} \frac{A_k}{q^k}$ $C = K_E - K_A = \sum_{k=0}^{n} \frac{C_k}{q^k}$, $C_k = E_k - A_k$	$C = 0$ - Investition erfolgt mit dem Kalkulationszinssatz. $C > (<)\ 0$ - Investition erfolgt mit größerem (kleinerem) Zinssatz als dem Kalkulationszinssatz. Je größer C, desto besser die Investition.
Interner Zinsfuß	$q_{\text{int}} > 1$ - Zinsfaktor, für den $C = 0$ ist. q_{int} ist Lösung der Gleichung bezüglich q: $f(q) = \sum_{k=0}^{n} C_k q^{n-k} = 0$, $i_{\text{int}} = q_{\text{int}} - 1$	Je größer i_{int}, desto besser die Investition. i_{int} - Interner Zinssatz, Rendite $p = 100 i_{\text{int}}$ - Interner Zinsfuß

Barwert des wiederkehrenden Betrages G in den Jahren $0, \dots, n$: $K = \sum_{k=0}^{n} \frac{G}{q^k} = G\frac{q^{n+1}-1}{iq^n}$

Barwert des wiederkehrenden Betrages G in den Jahren $m_a, \dots, m_e$: $K = \sum_{k=m_a}^{m_e} \frac{G}{q^k} = G\frac{q^{m_e-m_a+1}-1}{iq^{m_e}}$

Abschreibungen

n - Nutzungsdauer (in Jahren), A - Anfangswert, w_k - Abschreibung im k-ten Jahr,
d_k - Minderungsbetrag der jährlichen Abschreibung, R_k - Buchwert im k-ten Jahr,
W - Abschreibung nach n Jahren, s - Abschreibungszinssatz

Abschreibung	w_k, $k = 1, \dots, n$	d_k, $k = 2, \dots, n$	R_k, $k = 1, \dots, n$	W
Lineare	$(A - R_n)/n$	0	$A - kw$	wn
Arithmetisch degressive	$w_1 - (k-1)d$	$2\,\frac{nw_1 - (A - R_n)}{n(n-1)}$	$A - k\,(w_1 - (k-1)d/2)$	$nw_1 - d\,\frac{n(n-1)}{2}$
Digitale	$(n-k+1)d$	$2\,\frac{A - R_n}{n(n+1)}$	$A - k\,(nd - (k-1)d/2)$	$d\,\frac{n(n+1)}{2}$
Geometrisch degressive	$A\frac{s}{100}\left(1 - \frac{s}{100}\right)^{k-1}$	$A\left(\frac{s}{100}\right)^2\left(1 - \frac{s}{100}\right)^{k-2}$	$A\left(1 - \frac{s}{100}\right)^k$	$A\left(1 - \left(1 - \frac{s}{100}\right)^n\right)$

Abschreibungszinssatz bei der geometrisch degressiven Abschreibung: $s = 100\left(1 - \sqrt[n]{R_n/A}\right)$

Effektivzinsberechnung

m - Anzahl der Darlehenszahlungen,
D_k - Höhe der k-ten Darlehenszahlung,
t_{Dk} - Zeitabstand zwischen erster und k-ter Darlehenszahlung [Jahre],
i - Effektiver Jahreszinssatz,
n - Anzahl der Tilgungszahlungen,
T_j - Höhe der j-ten Tilgungszahlung,
t_{Tj} - Zeitabstand zwischen erster Darlehenszahlung und j-ter Tilgungszahlung [Jahre],
q - Effektiver Zinsfaktor

Bestimmungsgleichung für den effektiven Zinsfaktor q: $f(q) = \sum_{k=1}^{m} \frac{D_k}{q^{t_{Dk}}} - \sum_{j=1}^{n} \frac{T_j}{q^{t_{Tj}}} = 0$, $i = q - 1$

Renten

i - Zinssatz, n - Anzahl der Zahlungsperioden, r - Rate, Höhe der Rente, q - Zinsfaktor, s - Steigerungsrate aufeinanderfolgender Zahlungen

Bei geometrisch wachsender Rentenzahlung: $Q = \dfrac{q^n - b^n}{q-b}$, $b = 1 + s$

Bei arithmetisch wachsender Rentenzahlung: $Q = q^n - 1 + s\left(\dfrac{q^n-1}{q-1} - n\right)$

Bedeutung	Vorschüssige Rente	Nachschüssige Rente
Konstante Rentenzahlung		
Endwert	$E_n^{\text{vor}} = rq\dfrac{q^n-1}{q-1}$	$E_n^{\text{nach}} = r\dfrac{q^n-1}{q-1}$
Barwert	$B_n^{\text{vor}} = \dfrac{r}{q^{n-1}}\dfrac{q^n-1}{q-1}$	$B_n^{\text{nach}} = \dfrac{r}{q^n}\dfrac{q^n-1}{q-1}$
Barwert der ewigen Rente	$B_\infty^{\text{vor}} = \dfrac{rq}{q-1}$	$B_\infty^{\text{nach}} = \dfrac{r}{q-1}$
Laufzeit	$n = \dfrac{1}{\ln q}\ln\left(E_n^{\text{vor}}\dfrac{q-1}{rq} + 1\right)$	$n = \dfrac{1}{\ln q}\ln\left(E_n^{\text{nach}}\dfrac{q-1}{r} + 1\right)$
Laufzeit	$n = \dfrac{1}{\ln q}\ln\dfrac{rq}{rq-(q-1)B_n^{\text{vor}}}$	$n = \dfrac{1}{\ln q}\ln\dfrac{r}{r-(q-1)B_n^{\text{nach}}}$
Rate	$r = \dfrac{(q-1)E_n^{\text{vor}}}{q(q^n-1)}$	$r = \dfrac{(q-1)E_n^{\text{nach}}}{q^n-1}$
Rate	$r = \dfrac{(q-1)q^{n-1}B_n^{\text{vor}}}{q^n-1}$	$r = \dfrac{(q-1)q^nB_n^{\text{nach}}}{q^n-1}$
Geometrisch wachsende Rentenzahlung		
Endwert	$E_n^{\text{vor}} = \begin{cases} rqQ, & b \neq q \\ rnq^n, & b = q \end{cases}$	$E_n^{\text{nach}} = \begin{cases} rQ, & b \neq q \\ rnq^{n-1}, & b = q \end{cases}$
Barwert	$B_n^{\text{vor}} = \begin{cases} rQ/q^{n-1}, & b \neq q \\ rn, & b = q \end{cases}$	$B_n^{\text{nach}} = \begin{cases} rQ/q^n, & b \neq q \\ rn/q, & b = q \end{cases}$
Barwert der ewigen Rente	$B_\infty^{\text{vor}} = \dfrac{rq}{q-b}$, $b < q$	$B_\infty^{\text{nach}} = \dfrac{r}{q-b}$, $b < q$
Arithmetisch wachsende Rentenzahlung		
Endwert	$E_n^{\text{vor}} = \dfrac{rq}{q-1}Q$	$E_n^{\text{nach}} = \dfrac{r}{q-1}Q$
Barwert	$B_n^{\text{vor}} = \dfrac{r}{q^{n-1}(q-1)}Q$	$B_n^{\text{nach}} = \dfrac{r}{q^n(q-1)}Q$
Barwert der ewigen Rente	$B_\infty^{\text{vor}} = \dfrac{rq}{q-1}\left(1 + \dfrac{s}{q-1}\right)$	$B_\infty^{\text{nach}} = \dfrac{r}{q-1}\left(1 + \dfrac{s}{q-1}\right)$

Zinsen

3.1 Ein Bauherr legt den Betrag $K_0 = 100\,000$ € zu einem jährlichen konstanten Zinssatz von $i = 5\,\%$ über einen Zeitraum von drei Jahren an. Gesucht ist die Höhe seines Kapitals nach Ablauf dieser Frist bei folgender Verzinsung:

a) linear, **b)** jährlich, **c)** monatlich, **d)** täglich, **e)** stetig

3.2 **a)** Welcher Betrag muss bei 4 % Zinsen p. a. und linearer Verzinsung jeweils am Ende eines Jahres auf das Konto eingezahlt werden, wenn nach fünf Jahren 10 000 € auf dem Konto sein sollen?

b) Welcher Betrag ergibt sich bei 4 % p. a. Zinseszinsen?

3.3 Ein Bauherr hat vier Zahlungen zu leisten: 6 000 € sofort, 6 000 € nach drei, 6 000 € nach fünf und 6 000 € nach acht Monaten. Er will die Summe auf einmal zahlen. Wann kann das ohne Zinsverlust geschehen, einen konstanten Zinssatz vorausgesetzt?

3.4 A. Groß wollte von B. Grund ein Grundstück kaufen. B. Grund forderte eine Summe, die A. Groß nach acht Monaten zahlen sollte. A. Groß zahlte stattdessen sofort 163 500 €. Wie viel forderte B. Grund, eine Verzinsung von jährlich 4.5 % vorausgesetzt?

3.5 Ein Bauunternehmer möchte einen größeren Posten Mauerziegel vom Hersteller beziehen. Er kann entweder sofort bezahlen oder mit einem Aufschlag von 4 % jeweils ein Drittel des Preises sofort, nach drei und nach sechs Monaten.

a) Welche Zahlungsweise ist für ihn günstiger, den Zinssatz von 2.5 % p. a. vorausgesetzt?

b) Bei welchem Aufschlag lohnt sich die Zahlungsweise in Raten, den Zinssatz von 2.5 % p. a. vorausgesetzt?

c) Bei welchem Zinssatz lohnt sich die Zahlungsweise in Raten, den Aufschlag von 4 % vorausgesetzt?

3.6 Beim Verkauf einer Caterpillar-Planierraupe werden dem insolventen Bauunternehmer B. Trieblos drei Angebote unterbreitet: die Zahlung von

I 50 000 € nach drei Monaten,

II 51 000 € nach sechs Monaten,

III 16 500 € jeweils nach einem, zwei und drei Monaten.

a) Welches ist aus heutiger Sicht das für den insolventen Bauunternehmer B. Trieblos beste Angebot, einen Zinssatz von 3 % p. a. vorausgesetzt?

b) Bei welchem Zinssatz sind das erste und das zweite Angebot gleichwertig?

c) Bei welchen Zinssätzen ist das dritte Angebot für den insolventen Bauunternehmer B. Trieblos besser als das erste?

3.7 Der Student Erasmus Fernweh möchte ein Praktikum für drei Monate auf einer Baustelle im Ausland absolvieren. Zur Finanzierung werden ihm drei Varianten vorgeschlagen:

I die einmalige Zahlung von 3 040 € zu Beginn des Praktikums,

II die Zahlung von 1 020 € jeweils zu Beginn jedes der drei Monate,

III die Zahlung von 3 060 € am Ende des erfolgreich absolvierten Praktikums nach drei Monaten.

a) Welches ist die beste Variante für den Studenten Erasmus Fernweh, einen Zinssatz von 2 % p. a. vorausgesetzt?

b) Bei welchem Zinssatz sind das erste und das zweite Angebot gleichwertig?

c) Bei welchem Zinssatz sind das zweite und das dritte Angebot gleichwertig?

d) Bei welchem Zinssatz sind das erste und das dritte Angebot gleichwertig?

3.8 Der Bauingenieur F. Rosthaus muss in sein zwanzig Jahre altes Einfamilienhaus eine neue Heizung einbauen lassen. Er entscheidet sich für eine Gasbrennwertheizung, die von der KfW-Bank gefördert wird. Für diese Förderung gibt es zwei Varianten:

a) KfW-Programm 430: Ein Bonus von 10 % der förderfähigen Kosten wird auf Antrag gewährt.

b) KfW-Programm 151: Ein Kredit in Höhe der förderfähigen Kosten wird auf Antrag gewährt. Der Kredit ist innerhalb von maximal 30 Jahren zu günstigen KfW-Zinskonditionen zurückzuzahlen (Zinsschuldtilgung).

Herr F. Rosthaus möchte gern eine Förderung durch die KfW-Bank in Anspruch nehmen. Für welche Variante soll er sich entscheiden bei einer zehnjährigen Laufzeit des Kredites und einem KfW-Zinssatz von $i_k = 1\,\%$ p. a. in dieser Zeit, wenn seine Hausbank in den kommenden zehn Jahren einen Zinssatz von $i = 1\,\%$ p. a. anbietet? Welcher Endwert ergibt sich bei beiden Varianten jeweils, wenn die förderfähigen Kosten 10 000 € betragen? Welche Endwerte ergeben sich bei beiden Varianten bei einem jährlichen Zinssatz der Hausbank von $i = 0.5\,\%$ bzw. $i = 2.5\,\%$?

3.9 Die Bank „Zins & Mehr“ verzinst Kapitaleinlagen mit i=1.5% p. a. Innerhalb eines Jahres erfolgt lineare Verzinsung. Die Zinsen werden dem Kapital jährlich gutgeschrieben. Ein „Finanzjahr“ hat 12 Monate mit jeweils 30 Tagen.

a) Auf welchen Wert wächst eine Kapitalanlage von 10 000 € in einem Vierteljahr?

b) Welcher Betrag muss eingezahlt werden, damit nach genau einem Jahr ein Betrag von 10 000 € zur Verfügung steht?

c) In welcher Zeit werden bei einer Kapitalanlage von 10 000 € Zinsen in Höhe von 100 € erwirtschaftet?

d) Auf welchen Wert wächst eine Kapitalanlage von 10 000 € in drei Jahren?

e) Ein Kapital von 10 000 € wird vom 16.10. eines Jahres bis zum 16.10. in drei Jahren angelegt. Die Zinsen werden kalenderjährlich gutgeschrieben. Welcher Betrag steht zum Fälligkeitsdatum zur Verfügung?

3.10 Für den Erwerb eines Grundstücks gehobener Lage in der bekannten Hochschulstadt Starknieselrau liegen folgende Angebote vor:

I Sofortige Zahlung von 260 000 €,

II Zahlung von 50 000 € sofort, 100 000 € nach zwei Jahren, 120 000 € nach drei Jahren

III Zahlung von 100 000 € nach vier Jahren und 200 000 € nach acht Jahren.

a) Welches Angebot ist das beste für den Käufer, einen Kalkulationszinssatz von 2 % p. a. vorausgesetzt?

b) Bei welchem Kalkulationszinssatz sind die Angebote A und C gleichwertig?

Tilgung

3.11 Wie groß ist der Tilgungsbetrag bei Ratentilgung, wenn sich der Kreditbetrag auf 75 000 € beläuft und die Tilgung bei einem Zinssatz von 6 % p. a. nach zehn Jahren beendet sein soll? Wie viel Zinsen sind insgesamt zu zahlen? Wie groß ist die Restschuld nach 5 Jahren?

3.12 Für den Kauf eines Löffelbaggers und eines Gabelstaplers hat die Baggerbau KG einen Kredit über 150 000 € aufgenommen, der in unregelmäßigen jährlichen Raten bei einer Effektivverzinsung von 6.5 % p. a. getilgt werden kann. In den ersten drei Jahren zahlt die Firma 30 000 €, 40 000 € bzw. 20 000 € an die Bank, im darauffolgenden Jahr nichts, im fünften Jahr 25 000 €. Auf welchen Betrag beläuft sich die Restschuld am Ende des fünften Jahres?

3.13 Der Unternehmer S. Schuldauf möchte für eine technische Neuerung Fördermittel der EU in Höhe von 200 000 € beantragen. Diese werden nur gewährt, wenn das Darlehen bei Annuitätentilgung in maximal zehn Jahren vollständig getilgt ist. Er kann bei einem Zinssatz von 5 % p. a. eine jährliche Rückzahlung von höchstens 25 000 € verkraften. Lohnt es sich, einen Antrag auf Fördermittel der EU zu stellen?

3.14 Für eine Grundschuld müssen vierteljährlich 1.5 % Zinsen gezahlt werden. Die Rückzahlung erfolgt in vierteljährlichen nachschüssigen Annuitäten von 2 % der gesamten Schuld. Nach welcher Zeit ist die Grundschuld restlos getilgt?

3.15 Auf ein Darlehen von 250 000 € sind jährlich 4.8 % Zinsen zu zahlen.

a) Wie viel Prozent des Darlehens beträgt die jährliche konstante Annuität, mit der diese Schuld in zehn Jahren halbiert wird?

b) Wie lang ist bei Zahlung der in **a)** berechneten Annuität die Laufzeit bis zur vollständigen Tilgung?

c) Welche Restschuld bleibt nach 15 Jahren?

3.16 Der Bauingenieur B. Aldreich nimmt für den Bau seines Einfamilienhauses bei der Bank „Zins und Tief" einen Kredit von 350 000 € zum konstanten Zinssatz von 3.1 % p. a. auf, den er in 20 Jahren vollständig tilgen will. Dabei sind konstante Rückzahlungen zu Beginn jedes Jahres in der Höhe von 15 000 € vorgesehen. Außerdem hat der Bauingenieur B. Aldreich drei Sonderzahlungen nach fünf, zehn und fünfzehn Jahren jeweils in derselben Höhe ausgehandelt. Wie hoch müssen diese Sonderzahlungen sein?

3.17 Die Firma „Bauen & Planen" hat sich für den Bau eines neuen Firmengebäudes entschieden, wofür ein Kredit von 300 000 € aufgenommen werden soll. Die Bank „B. Rate & B. Denke" schlägt zuerst Tilgung mit dem jährlich konstanten Tilgungsbetrag von 15 000 € zum Zinssatz $i_1 = 2\,\%$ p. a. vor, bis die Hälfte der Schuld getilgt ist. Die vollständige Tilgung der Schuld soll danach in jährlich konstanten Annuitäten in der Höhe der zuletzt gezahlten Annuität zum Zinssatz $i_2 = 1.5\,\%$ p. a. erfolgen.

a) Nach wie viel Jahren ist die Hälfte der Schuld getilgt?

b) Wie hoch ist die zuletzt gezahlte Annuität zu diesem Zeitpunkt?

c) Nach wie viel Jahren ist die gesamte Schuld getilgt?

d) Wie viel Zinsen muss die Firma „Bauen & Planen" an die Bank „B. Rate & B. Denke" insgesamt zahlen?

3.18 Ein Darlehen von 100 000 € wird mit einer Zinsfestschreibung von 5.5 % p. a. für fünf Jahre gewährt. Die Zinsen sind jährlich nachträglich zu entrichten. Gleichzeitig ist jeweils eine Tilgung von 3 % p. a. zuzüglich der durch die bisherige Tilgung ersparten Zinsen zu erbringen.

a) Ein Zins- und Tilgungsplan für die Zinsfestschreibungszeit ist aufzustellen. Um welche Art von Tilgung handelt es sich?

b) Der Schuldsaldo am Ende der Zinsfestschreibungszeit ist mit der dafür passenden Formel zu berechnen. Das Ergebnis ist mit dem Zins- und Tilgungsplan zu prüfen.

c) Wann ist das Darlehen vollständig getilgt, wenn die angegebenen Konditionen für die gesamte Laufzeit gewährt werden?

Investitionsrechnung

3.19 Für die Investition mit folgenden Einnahmen und Ausgaben ist der interne Zinsfuß gesucht.

Jahr k	Einnahme E_k [€]	Ausgabe A_k [€]
0	0	50 000
1	45 000	20 000
2	60 000	30 000

3.20 Ein Betonmischer kostet 40 000 €. Er ermöglicht die Freisetzung eines Bauarbeiters, der zeitweise angestellt war, und damit jährliche Minderbelastungen von 6 500 € ab dem folgenden Jahr. Die Nutzungsdauer des Betonmischers beträgt zehn Jahre bei vollständiger Abschreibung (Restwert gleich null). Wie hoch ist die Rendite der Investition? Lohnt sich die Investition bei einem Kalkulationszinssatz von 7.5 % p. a.?

3.21 In einem Unternehmen wurde eine maximal zulässige Amortisationszeit von 5 Jahren festgelegt. Eine Rationalisierungsinvestition ist geplant, durch die eine alte Anlage mit einem Stundenkostensatz von 8 € durch eine neue Anlage mit einem Stundenkostensatz von 5.50 € ersetzt werden soll. Die Nutzungsdauer der Anlagen beträgt 2 400 Stunden pro Jahr. Amortisiert sich die Investition innerhalb der maximal zulässigen Zeit von fünf Jahren bei einem Zinssatz von 10 % p. a., wenn die Anschaffungskosten 24 000 € betragen? Die jährlichen Einsparungen sind erstmalig nach Ablauf eines Jahres anzusetzen.

3.22 Zu ermitteln sind die Kapitalwerte einer Investition von 100 000 € bei einem Kalkulationszinssatz von 10 % p. a., bei der drei verschiedene denkbare Verläufe der Rückzahlungen pro Jahr zu berücksichtigen sind:

Jahr	Rückzahlungen [€]		
	a)	b)	c)
1	60 000	60 000	60 000
2	40 000	40 000	40 000
3	–	10 000	10 000
4	–	–	15 000

3.23 Der Investor H. Auskauf erwirbt in der Stadt Kaiserstift eine heruntergekommene Immobilie zum Preis von 1 000 000 € und muss für den Ausbau weitere 2 000 000 € ausgeben. In wie viel Jahren erzielt er damit eine Rendite von 10 %, konstante jährliche Einnahmen in Höhe von 350 000 € ab dem auf die Investition folgenden Jahr vorausgesetzt? Wie groß ist der Endwert nach Ablauf dieser Frist, einen Kalkulationszinssatz von 5 % p. a. vorausgesetzt?

3.24 Ein Bauherr hat bei einer an seinem Hausbau beteiligten Firma eine Rechnung der Höhe R innerhalb von 30 Tagen zu begleichen. Die Firma gewährt einen Skonto s, wenn die Rechnung innerhalb von 8 Tagen bezahlt wird. Wie groß muss der Skonto s in Abhängigkeit vom jährlichen Bankzinssatz i sein, damit sich für den Bauherrn die Zahlung nach 8 Tagen lohnt? Zu berechnen ist s für die Bankzinssätze $i = 1\,\%$, $i = 3\,\%$, $i = 5\,\%$.

3.25 Die Firma „E. R. Warte & Söhne“ will in eine neue Werkzeugmaschine 300 000 € investieren. Sie rechnet mit jährlichen Ausgaben von 20 000 € und jährlichen Einnahmen von 70 000 € in den folgenden zwölf Jahren.

a) Lohnt sich die Investition bei einem Kalkulationszinssatz von 0.6% p. a.?

b) Wie hoch ist der Endwert der Investition bei diesem Kalkulationszinssatz?

c) Wie hoch ist der interne Zinsfuß?

d) Wie viel darf bei gleichen jährlichen Ausgaben und Einnahmen höchstens investiert werden, damit sich die Investition lohnt?

3.26 Für ein Grundstück gibt es drei Kaufangebote:

a) sofortige Zahlung von 70 000 €,

b) Zahlung von 80 000 € nach drei Jahren,

c) zehn jährliche Raten von 8 400 €, wobei die erste Rate sofort gezahlt werden soll.

Zu bestimmen sind die Barwerte der drei Angebote zum aktuellen Zeitpunkt bei einem Kalkulationszinssatz von 4% p. a. Welches der Angebote ist für den Verkäufer das günstigste?

3.27 Der ehemalige Bauingenieur Immo Mutig erwarb ein Zweifamilienhaus für 500 000 €, in dem er in den folgenden drei Jahren lediglich geringe Reparaturen von 10 000 € pro Jahr durchzuführen plant. Er rechnet mit monatlichen Mieteinnahmen für die Erdgeschosswohnung bzw. Obergeschosswohnung von 1 000 € bzw. 2 000 € in den kommenden Jahren ab dem ersten Jahr.

a) Lohnt sich diese Investition nach 20 Jahren bei einem konstanten Kalkulationszinssatz von 2.5 % p. a.?

b) Nach wie viel Jahren lohnt sich die Investition bereits, den Kalkulationszinssatz von 2.5 % p. a. vorausgesetzt?

c) Ab welchem Bankenzinssatz sollte Immo Mutig lieber Abstand von dieser Investition nehmen, den Zeitraum von 20 Jahren betrachtet?

Abschreibungen

3.28 Der Anschaffungspreis eines Baggers beläuft sich auf 81 000 €. Nach achtjähriger Nutzungsdauer wird mit einem Restwert von 3 000 € gerechnet. Wie groß ist die jährliche lineare Abschreibung? Es ist eine Tabelle zu erstellen, die pro Jahr den Buchwert am Jahresanfang, die Abschreibung und den Buchwert am Jahresende enthält.

3.29 Für die Beschaffung eines Baukrans sind 275 000 € aufzuwenden. Die Nutzungsdauer beträgt voraussichtlich acht Jahre. Zu bestimmen ist die jährliche Abschreibung und der Restbuchwert nach sechs Jahren bei linearer Abschreibung, wenn mit einem Liquidationserlös von 5 000 € gerechnet werden kann.

3.30 Zu ermitteln ist der Anschaffungswert für ein Anlagegut, wenn die Folge der Abschreibungsbeträge eine arithmetische Folge mit dem Anfangswert 6 000 €, der Differenz 500 € sowie zwölf Gliedern darstellt. Der geschätzte Liquidationserlös ist 1 200 €.

3.31 Ein Anlagegut hat den Beschaffungspreis von 20 000 €. Der Restwert nach vier Jahren Nutzungsdauer ist mit 1 200 € anzusetzen. Die Abschreibung im ersten Jahr beträgt 8 000 €. Zu berechnen sind die Abschreibungsbeträge und Buchwerte für alle vier Jahre, wenn arithmetisch-degressive Abschreibung erfolgt.

3.32 Ein Anlagegut hat den Beschaffungspreis von 20 000 €. Der Restwert nach vier Jahren Nutzungsdauer ist mit 1 200 € anzusetzen. Zu berechnen sind die Abschreibungsbeträge und Buchwerte für alle vier Jahre, wenn digitale Abschreibung bzw. geometrisch-degressive Abschreibung erfolgt.

3.33 Ein Anlagegut mit einem Anschaffungswert von 120 000 € soll geometrisch-degressiv innerhalb von zehn Jahren auf den Restwert von 9 000 € abgeschrieben werden. Wie groß ist der Abschreibungsprozentsatz? Wie hoch ist der Buchwert nach dem fünften Jahr? Eine Tabelle aller jährlichen Abschreibungen und Buchwerte ist zu erstellen.

Effektivzinsberechnung

3.34 Auf einer Handwerkerrechnung über 6 500 € lauten die Zahlungsbedingungen: „Entweder innerhalb von acht Tagen mit 2 % Skonto zu zahlen oder Zahlung innerhalb von 14 Tagen ohne Abzug“. Welcher Effektivverzinsung des bei Ausnutzung des Skonto eingesparten Betrages entspricht das?

3.35 Die Großbank „Wucher & Sohn“ gibt Sparbriefe mit zehn Jahren Laufzeit heraus, die fünf Jahre lang mit 5 % und weitere fünf Jahre mit 10 % jährlich verzinst werden. Welchem Durchschnittszinssatz (Rendite) entspricht das?

3.36 Der Hauseigentümer W. Asserschaden hat eine Gebäudeversicherung abgeschlossen, die er entweder in einer Jahresrate (vorschüssig) oder in zwei halbjährlichen Raten halber Höhe (ebenfalls vorschüssig), allerdings mit 5 % Aufschlag, bezahlen kann. Welcher Effektivverzinsung entsprechen die beiden halbjährlichen Raten? Ist jährliche oder halbjährliche Zahlweise günstiger für Herrn W. Asserschaden?

3.37 Der Bauunternehmer P. Lattenleger beabsichtigt, einen Steinschneider für 10 000 € zu kaufen. Dabei kann er entweder den gesamten Preis sofort bezahlen oder eine Anzahlung von 2 500 € und 36 folgende Raten von 220 € jeweils am Ende eines Monats leisten. Wozu soll sich der Bauunternehmer entscheiden, wenn er genügend frei verfügbares Kapital hat, das aber mit 3 % Jahreszinssatz angelegt ist?

3.38 Die Sparkasse der bedeutenden Kleinstadt Zinsheim wirbt ihre Kunden mit „Zusatzsparen bis zu 4.5 %“, wobei der Jahreszinssatz im ersten Jahr 2.5 % beträgt und in den folgenden vier Jahren jeweils um 0.5 % steigt. Welchem Durchschnittszinssatz (Rendite) in den fünf Jahren entspricht das?

3.39 Die „Kupfereisenbank“ gewährt Darlehen, für die jährlich 17 % Zinsen gezahlt werden müssen. Die Rückzahlung der Darlehen erfolgt in jährlichen nachschüssigen Annuitäten von 20 % der gesamten Ausgangsschuld. Wie hoch ist der Effektivzinssatz? Wie viel Jahre lang muss das Darlehen zurückbezahlt werden?

3.40 Die Bank „Hypoheimer“ bietet einen Hypothekarkredit mit folgenden Konditionen an:

Nominalbetrag	100 000 €
Auszahlungskurs	90 000 €
Nominalzinssatz	9 %
Laufzeit	20 Jahre

Während der Laufzeit sind die Zinsen jeweils am Jahresende zu zahlen. Die Tilgung erfolgt am

Ende der Laufzeit in einem Betrag. Welchen Effektivzinssatz hat dieser Hypothekarkredit?

3.41 Der Student Bares Spares schließt in Zeiten mangelnder Möglichkeiten von Geldausgaben einen Bonussparplan ab, nach dem monatliche vorschüssige Einzahlungen in Höhe $r = 150$ € über eine Laufzeit von $n = 12$ Jahren zu leisten sind. Das Geldinstitut legt (wie üblich) unterjährig lineare und jährlich geometrische Verzinsung mit dem Zinssatz $i = 1.4\,\%$ zugrunde. Am Ende der Laufzeit zahlt es einen Bonus A von $b = 10\,\%$ auf alle eingezahlten Beträge aus.

a) Wie hoch ist der Barwert und der Endwert der Geldanlage?

b) Wie hoch ist ihr Effektivzinssatz?

3.42 Der Bauunternehmer Arocon Holzbrauch hat im Bauhandel eine Lieferung Bretter für den Preis $B = 5\,000$ € und eine Lieferung Kanthölzer für den Preis $K = 3\,000$ € bestellt. Bezahlt er sofort, so erhält er für die Bretter einen Skonto von $s_b = 2\,\%$ und (gleichzeitig) für die Kanthölzer einen Skonto von $s_k = 1\,\%$. Andernfalls ist die Rechnung für die Bretter in voller Höhe nach 14 Tagen und die Rechnung für die Kanthölzer in voller Höhe nach 30 Tagen fällig.

a) Für welche Zahlweise soll sich der Bauunternehmer Arocon Holzbrauch bei einen Kalkulationszinssatz von $i_k = 2.5\,\%$ p. a. entscheiden? Das Bankenjahr ist mit 360 Tagen anzusetzen.

b) Bei welchen Bankzinssätzen ist die Zahlweise ohne Skonten günstiger für den Bauunternehmer Arocon Holzbrauch?

c) Welchem Effektivzinssatz i_{eff} entspricht die Zahlweise mit Skonten, den Kalkulationszinssatz von $i_k = 2.5\,\%$ p. a. vorausgesetzt?

Renten

3.43 Welchen Betrag muss Frau B. Rauchauf am Anfang eines bestimmten Jahres auf ihrem Konto bei der Daspar-Bank haben, wenn sie bei 2.5 % Verzinsung über zehn Jahre am Anfang jedes Jahres 2 000 € abheben will und danach der Kontostand gleich null sein soll?

3.44 Für den Kauf eines Radladers mit einem geplanten Kaufpreis von 50 000 € legt ein Bauunternehmer jeweils zu Jahresbeginn 5 000 € auf sein Konto bei der Bauinvest-Bank. Wie lange muss er einzahlen, einen konstanten Jahreszinssatz von 3.5 % vorausgesetzt?

3.45 Die Eltern des Studenten Bernhard Achelor haben ihm für sein dreijähriges Studium des Bauingenieurwesens auf einem Konto 25 000 € zur Verfügung gestellt. Bernhard Achelor plant, von diesem Kapital am Anfang jedes Monats 750 € abzuheben. Mit wie viel Prozent jährlich muss es mindestens verzinst werden, wenn es für die Dauer des Studiums reichen soll?

3.46 In welcher Höhe kann eine ewige jährliche Rente bezogen werden, wenn heute bei einer Verzinsung von 3 % p. a. ein Betrag von 100 000 € angelegt wird?

3.47 Herr Dr. Vital hat bei der bekannten Versicherungsgesellschaft „Niekulanz" seit 20 Jahren eine Lebensversicherung mit der garantierten Versicherungssumme von 30 000 € bei einem konstanten Zinssatz von 3 % p. a. laufen, die am Ende dieses Jahres fällig wird.

a) Wie viel € hat Dr. Vital jährlich vorschüssig eingezahlt?

b) Die Versicherungsgesellschaft „Niekulanz" will Hern Dr. Vital am Ende dieses Jahres außerdem eine Überschussbeteiligung in Höhe von 15 000 € ausbezahlen. Wie hoch ist die Rendite der Investition von Herrn Dr. Vital?

c) Die Versicherungsgesellschaft „Niekulanz" wirbt bei Herrn Dr. Vital mit einer monatlichen konstanten vorschüssigen Rentenzahlung in Höhe von 200 € ab Januar des nächsten Jahres statt der Ausbezahlung der Lebensversicherung samt Überschussbeteiligung. Wie viel Jahre wird die Rente ausbezahlt, einen jährlichen konstanten Zinssatz von 3 % vorausgesetzt? Sollte sich Herr Dr. Vital darauf einlassen?

3.48 Die Firma „Lieber & Warm GmbH" beabsichtigt, 250 000 € für eine bessere Wärmeisolierung ihrer Fertigungshalle zu investieren. Wie hoch muss die dadurch ermöglichte durchschnittliche jährliche Ersparnis an Heizkosten mindestens sein, wenn der aufgewendete Betrag mit einer Verzinsung von 3 % p. a. in 20 Jahren wiedergewonnen werden soll?

3.49 Der Inhaber des Statikbüros „Stab & Iler“, Herr Dipl.-Ing. B. Rechne, muss entscheiden, ob der neue Geschäfts-PKW sofort zum Listenpreis von 20 000 € mit 10 % Rabatt oder zunächst geleast und nach drei Jahren zum Restwert gekauft werden sollte. Die Leasing-Konditionen sind:

Anzahlung („Leasing-Sonderzahlung“) 6 000 €,
36 monatliche nachschüssige Leasing-Raten zu jeweils 200 €,
Restkaufpreis (nach 36 Monaten) 6 000 €.

Wie soll sich Herr Dipl.-Ing. B. Rechne entscheiden, wenn mit jährlicher geometrischer Verzinsung von 3 % gerechnet wird?

3.50 Eine Gemeinde hat bei dem für zuverlässige Ausführung von Sanierungsmaßnahmen bekannten Tiefbauunternehmen „Teer & Decker“ eine Straßenreparatur im Umfang von 70 000 € in Auftrag gegeben. Allerdings soll die Bezahlung an das Unternehmen nach dem Vorschlag des Gemeindevertreters nicht sofort nach Fertigstellung der Arbeiten, sondern in monatlichen nachschüssigen Raten von 2 000 € erfolgen.

a) Ist das Zahlungsangebot der Gemeinde an das Tiefbauunternehmen solide, wenn ein Zahlungszeitraum von drei Jahren vereinbart wird? Das Tiefbauunternehmen hat bei seiner Bank unterjährige geometrische monatliche Verzinsung bei 2% Jahreszinssatz für seine Guthaben vereinbart.

b) Wie hoch müssen die von der Gemeinde zu entrichtenden monatlichen Raten mindestens sein, wenn der Zahlungszeitraum nur ein Jahr betragen soll?

3.51 Ein Student im Studiengang „Gestalten von Gebautem“ plant an seinem 25. Geburtstag vorausdenkend, sich mit 60 Jahren in die dann wohlverdiente Rente zu begeben. Um sich dafür mit einer jährlichen nachschüssigen Rente vom 61. bis zum 70. Lebensjahr in der Höhe von 18 000 € abzusichern, möchte er in den verbleibenden Jahren bis zu seinem 60. Geburtstag einen monatlichen konstanten Betrag nachschüssig ansparen.
Die Privatbank „W. O. Zu & S. Tudium“ bietet ihm über den gesamten Zeitraum den konstanten jährlichen Zinssatz von $i = 3\%$ bei monatlicher Verzinsung in der Ansparphase. Wie hoch muss der monatliche konstante Ansparbetrag bis zu seinem 60. Geburtstag sein?

3.52 Der Student Coronus Sparfuchs kann sein HiWi-Geld mangels Gelegenheit für Ausgaben sparen. Er zahlt bei der online-Bank "KeineCard“ drei Jahre hintereinander jeweils zu Beginn jeden Jahres einen Betrag B auf ein Extrakonto ein, der mit 2 % p. a. verzinst wird. Am Ende des dritten Jahres erhält er dafür zusätzlich einen Treuebonus von 3 % auf alle eingezahlten Beträge.

a) Welcher Geldbetrag ergibt sich am Ende des dritten Jahres?

b) Welchem Effektivzinssatz entspricht der von der online-Bank "KeineCard“ gewährte Sparbetrag?

M4 Statistik

Kombinatorik

Begriff	Ohne Wiederholung	Mit Wiederholung
Permutationen	Anzahl der Möglichkeiten, n Elemente anzuordnen, $n \in \mathbb{N}$	
	Alle n Elemente sind voneinander verschieden.	Unter den n Elementen sind m Gruppen mit $p_1, p_2, ..., p_m$ gleichen Elementen, $p_1 + p_2 + ... + p_m = n$.
	$P_n = n!$	$P_{n,W} = \frac{n!}{p_1! p_2! ... p_m!}$
Variationen	Anzahl der Möglichkeiten, aus n Sorten von Elementen k Elemente auszuwählen bei Berücksichtigung ihrer Reihenfolge, $n, k \in \mathbb{N}$	
	Alle k ausgewählten Elemente sind voneinander verschieden.	Unter den k ausgewählten Elementen können gleiche vorkommen.
	$V_n^{(k)} = \frac{n!}{(n-k)!}, \ n \geq k$	$V_{n,W}^{(k)} = n^k$
Kombinationen	Anzahl der Möglichkeiten, aus n Sorten von Elementen k Elemente auszuwählen ohne Berücksichtigung ihrer Reihenfolge, $n, k \in \mathbb{N}$	
	Alle k ausgewählten Elemente sind voneinander verschieden.	Unter den k ausgewählten Elementen können gleiche vorkommen.
	$C_n^{(k)} = \binom{n}{k}, \ n \geq k$	$C_{n,W}^{(k)} = \binom{n+k-1}{k}$

Wahrscheinlichkeiten

Ereignis	Wahrscheinlichkeit P des Ereignisses
Ereignis A, m, n - Anzahlen der für A günstigen bzw. möglichen Elementarereignisse	$P(A) = m/n$
Sicheres Ereignis E	$P(E) = 1$
Unmögliches Ereignis $\oslash$	$P(\oslash) = 0$
Mögliches, aber nicht sicheres Ereignis A	$0 < P(A) < 1$
Vereinigung der Ereignisse A_1, A_2	$P(A_1 \cup A_2) = P(A_1) + P(A_2) - P(A_1 \cap A_2)$
Vereinigung der disjunkten Ereignisse A_1, A_2, $A_1 \cap A_2 = \oslash$	$P(A_1 \cup A_2) = P(A_1) + P(A_2)$
Komplementäres Ereignis $\overline{A}$, d. h., $A \cup \overline{A} = E$	$P(\overline{A}) = 1 - P(A)$
Teilereignis A des Ereignisses B: $A \subseteq B$	$P(A) \leq P(B)$
Ereignis A_1 unter der Bedingung des Ereignisses A_2	$P(A_1/A_2) = P(A_1 \cap A_2)/P(A_2), \ P(A_2) > 0$
Durchschnitt der unabhängigen Ereignisse A_1, A_2	$P(A_1 \cap A_2) = P(A_1) \ P(A_2)$
$B = \bigcup_{i=1}^{n} (B \cap A_i)$, $A_1, ..., A_n$ - disjunkte Ereignisse	$P(B) = \sum_{i=1}^{n} P(B/A_i) \ P(A_i)$

Zufallsvariablen und Verteilungen

Eine Zufallsvariable X nimmt in Abhängigkeit vom Zufall verschiedene reelle Werte an.
Eine diskrete Zufallsvariable X nimmt endlich oder abzählbar unendlich viele Werte an.
Eine stetige Zufallsvariable X nimmt einen beliebigen Wert eines Intervalls der reellen Zahlengerade an.

Verteilungsfunktion

Eigenschaft	Formel	
Definition Verteilungsfunktion F	$F : \mathbb{R} \to [0,1]$	$F(x) = P(X < x),\ x \in \mathbb{R}$
Intervallwahrscheinlichkeit	Für $x_1 < x_2,\ x_1, x_2 \in \mathbb{R}$, ist	$P(x_1 \leq X < x_2) = F(x_2) - F(x_1)$.
Monotonie	Aus $x_1 \leq x_2,\ x_1, x_2 \in \mathbb{R}$, folgt	$F(x_1) \leq F(x_2)$.
Unmögliches Ereignis	$\lim_{x\to-\infty} F(x) = 0$	
Vollständigkeitsrelation	$\lim_{x\to\infty} F(x) = 1$	

Eigenschaften diskreter Verteilungen

X - diskrete Zufallsvariable, die den Wert x_i mit der Wahrscheinlichkeit $p_i = P(x_i)$ annimmt, $i = 1, ..., n$

Begriff	Eigenschaft
Verteilungsfunktion	$F(x) = \begin{cases} 0, & x \leq x_1, \\ \sum_{i=1}^{k} p_i, & x_k < x \leq x_{k+1},\ k = 1, ..., n-1, \\ 1, & x > x_n. \end{cases} \qquad \sum_{i=1}^{n} p_i = 1$
Erwartungswert	$E(X) = \mu = \sum_{i=1}^{n} x_i p_i$
Varianz	$Var(X) = \sigma^2 = E\left((X - E(X))^2\right) = \sum_{i=1}^{n}(x_i - \mu)^2 p_i$, σ - Standardabweichung
p-Quantil x_p	$x_p = \sup\{x : F(x) < p\} = \inf\{x : F(x) \geq p\}, \quad 0 < p < 1$

Spezielle diskrete Verteilungen

Binomialverteilung: In einer Serie unabängiger Versuche des Umfangs n unter gleichbleibenden Bedingungen tritt bei jedem Versuch das Ereignis A mit der Wahrscheinlichkeit p ein. Die Anzahl der Versuche mit dem Ausgang A ist eine mit den Parametern n und p binomialverteilte Zufallsvariable.

Hypergeometrische Verteilung: Aus N Objekten, darunter M mit einer bestimmten Eigenschaft, werden n Objekte ausgewählt. Die Anzahl der Objekte mit der bestimmten Eigenschaft unter den n ausgewählten ist eine mit den Parametern M, N und n hypergeometrisch verteilte Zufallsvariable.

Geometrische Verteilung: In einer Serie unabhängiger Versuche unter gleichbleibenden Bedingungen tritt bei jedem Versuch das Ereignis A mit der Wahrscheinlichkeit p ein. Die Anzahl der Versuche vor dem ersten Auftreten von A ist eine mit dem Parameter p geometrisch verteilte Zufallsvariable.

Poissonverteilung: In einem Strom gleichartiger Ereignisse treten in einem bestimmten Zeitintervall durchschnittlich λ Ereignisse ein. Die Anzahl der tatsächlichen Ereignisse in diesem Zeitintervall ist eine mit dem Parameter λ poissonverteilte Zufallsvariable.

Verteilung	$P(X=x)$	$E(X)$	$Var(X)$
Binomialverteilung $x=0,...,n$	$P_n(x,p)=\binom{n}{x}p^x(1-p)^{n-x}$	np	$np(1-p)$
Hypergeometrische Verteilung $x=0,...,\min(M,n)$	$H_n(x,M,N)=\binom{M}{x}\binom{N-M}{n-x}/\binom{N}{n}$	np $p=M/N$	$np(1-p)\frac{N-n}{N-1}$
Geometrische Verteilung $x=0,1,...$	$g(x,p)=p(1-p)^x$	$(1-p)/p$	$(1-p)/p^2$
Poissonverteilung $x=0,1,...$	$\pi(x,\lambda)=\frac{\lambda^x}{x!}e^{-\lambda}, \lambda>0$	λ	λ

Eigenschaften stetiger Verteilungen

X - stetige Zufallsvariable mit der Verteilungsdichtefunktion $f:\mathbb{R}\to[0,\infty)$

Begriff	Eigenschaft
Verteilungsfunktion, Ableitung	$F(x)=\int_{-\infty}^{x} f(t)\,\mathrm{d}t, \quad \lim_{x\to\infty} F(x)=\int_{-\infty}^{\infty} f(t)\,\mathrm{d}t=1, \quad F'(x)=f(x)$
Wahrscheinlichkeit eines Wertes	$P(X=a)=\int_a^a f(x)\,\mathrm{d}x=0$
Erwartungswert	$E(X)=\mu=\int_{-\infty}^{\infty} xf(x)\,\mathrm{d}x$
Varianz	$Var(X)=\sigma^2=E\left((X-E(X))^2\right)=\int_{-\infty}^{\infty}(x-\mu)^2 f(x)\,\mathrm{d}x$
p-Quantil x_p	$x_p=\inf\{x: F(x)=p\}$

Spezielle stetige Verteilungen

Verteilung	$f(x)$, $\alpha,p>0$	$F(x)$	$E(X)$	$Var(X)$
Rechteckverteilung	$\begin{cases}\frac{1}{b-a}, & a\le x\le b\\ 0, & \text{sonst}\end{cases}$	$\begin{cases}0, & x<a\\ \frac{x-a}{b-a}, & a\le x\le b\\ 1, & x>b\end{cases}$	$\frac{a+b}{2}$	$\frac{(b-a)^2}{12}$
Normalverteilung $N(\mu,\sigma^2)$	$\frac{1}{\sigma\sqrt{2\pi}}\,\mathrm{e}^{-\frac{(x-\mu)^2}{2\sigma^2}}$	$\frac{1}{\sigma\sqrt{2\pi}}\int_{-\infty}^{x}\mathrm{e}^{-\frac{(t-\mu)^2}{2\sigma^2}}\,\mathrm{d}t$	μ	σ^2
Standard-Normal-verteilung $N(0,1)$	$\frac{1}{\sqrt{2\pi}}\,\mathrm{e}^{-\frac{x^2}{2}}$	$\frac{1}{\sqrt{2\pi}}\int_{-\infty}^{x}\mathrm{e}^{-\frac{t^2}{2}}\,\mathrm{d}t$	0	1
Exponential-verteilung	$\begin{cases}\alpha\,\mathrm{e}^{-\alpha x}, & x>0\\ 0, & x\le 0\end{cases}$	$\begin{cases}1-\mathrm{e}^{-\alpha x}, & x>0\\ 0, & x\le 0\end{cases}$	$\frac{1}{\alpha}$	$\frac{1}{\alpha^2}$
Gammaverteilung	$\begin{cases}\frac{\alpha^p}{\Gamma(p)}x^{p-1}\mathrm{e}^{-\alpha x}, & x>0\\ 0, & x\le 0\end{cases}$	$\begin{cases}\frac{\Gamma_{\alpha x}(p)}{\Gamma(p)}, & x>0\\ 0, & x\le 0\end{cases}$	$\frac{p}{\alpha}$	$\frac{p}{\alpha^2}$
Weibull-Verteilung	$\begin{cases}\alpha p x^{p-1}\mathrm{e}^{-\alpha x^p}, & x>0\\ 0, & x\le 0\end{cases}$	$\begin{cases}1-\mathrm{e}^{-\alpha x^p}, & x>0\\ 0, & x\le 0\end{cases}$	$\left(\frac{1}{\alpha}\right)^{1/p} g_1$	$\left(\frac{1}{\alpha}\right)^{2/p}(g_2-g_1^2)$

Gamma-Funktion $\Gamma(x) = \int_0^{\infty} e^{-t} t^{x-1} dt,\ x>0, \quad \Gamma(n) = (n-1)!,\ n \in \mathbb{N}, \quad g_1 = \Gamma\left(\frac{1}{p}+1\right),\ g_2 = \Gamma\left(\frac{2}{p}+1\right)$

Endliche obere Grenze $\Gamma_z(x) = \int_0^{z} e^{-t} t^{x-1} dt,\ x > 0$

Zusammenhang der Verteilungsfunktion en $\Phi(x,\mu,\sigma)$ der Normalverteilung $N(\mu,\sigma^2)$ und $\Phi_S(x)$ der Standard-Normalverteilung $N(0,1)$ $\quad \Phi(x,\mu,\sigma) = \Phi_S\left(\frac{x-\mu}{\sigma}\right)$

Grenzverteilungssätze

	Voraussetzungen	Grenzwert
Binomial - Poisson	$n \to \infty, p \to 0, np = const$ $np \leq 10,\ n \geq 1500p$	$\lim\limits_{n\to\infty} P_n(k,p) = \pi(k,\lambda)$ $\lambda = np$
Hypergeometrisch - Binomial	$n \to \infty$ $M, N \to \infty, M/N \to p$	$\lim\limits_{n\to\infty} H_n(k,M,N) = P_n(k,p)$ $p = M/N$
Binomial - Normal	$n \to \infty$ gut: $np(1-p) > 9$ brauchbar: $np(1-p) > 4$	$\lim\limits_{n\to\infty} \sum_{i=0}^{k} P_n(i,p) = \Phi_S\left(\frac{k-\mu}{\sigma}\right)$ $\mu = np,\ \sigma^2 = np(1-p)$
Zentraler Grenzwertsatz	$n \to \infty$, für $k = 0,1,...,n$ $E(X_k) = \mu,\ Var(X_k) = \sigma^2$	$\lim\limits_{n\to\infty} P\left(\sum_{k=1}^{n} X_k < x\right) = \Phi_S\left(\frac{x-n\mu}{\sigma\sqrt{n}}\right)$

Prüfverteilungen

Verteilung	$f(x)$, $n \in \mathbb{N}$ - Freiheitsgrad	$E(X)$	$Var(X)$
χ_n^2-Verteilung	$\begin{cases} 2^{-\frac{n}{2}} x^{\frac{n}{2}-1} e^{-\frac{x}{2}} / \Gamma(n/2), & x > 0 \\ 0, & x \leq 0 \end{cases}$	n	$2n$
t_n-Verteilung (Studentverteilung)	$\Gamma((n+1)/2) / \left(\sqrt{n\pi}\,\Gamma(n/2)\left(1+x^2/n\right)^{\frac{n+1}{2}}\right)$	$0,\ n>1$	$n/(n-2),\ n>2$

Verteilung für Funktionen von Zufallsvariablen

Eine Stichprobenfunktion T ordnet dem Zufallsvektor $(X_1, X_2, ..., X_n)^\top$, dessen Komponenten unabhängige Zufallsvariablen mit derselben Verteilung sind, die Zufallsvariable $T(X_1, X_2, ..., X_n)$ zu.

$\overline{X}_n = \frac{1}{n}\sum_{k=1}^{n} X_k$ - arithmetisches Mittel, $S_n^2 = \frac{1}{n-1}\sum_{k=1}^{n}(X_k - \overline{X}_n)^2$ - empirische Varianz,

$\overline{S}_n^2 = \frac{1}{n}\sum_{k=1}^{n}(X_k - \mu)^2$ - Varianz, $\mu \in \mathbb{R}$ - Erwartungswert, $\sigma^2 > 0$ - Varianz

Funktion	Voraussetzung	Verteilung	Funktion	Voraussetzung	Verteilung
$Z=\dfrac{X-\mu}{\sigma}$	$X: N(\mu,\sigma^2)$	$N(0,1)$	$\sum_{k=1}^{n}\alpha_k X_k$	$X_k: N(\mu_k,\sigma_k^2)$	$N\left(\sum_{k=1}^{n}\alpha_k\mu_k, \sum_{k=1}^{n}\alpha_k^2\sigma_k^2\right)$
$\overline{X}_n$	$X_k: N(\mu,\sigma^2)$	$N\left(\mu, \dfrac{\sigma^2}{n}\right)$	$\overline{X}_n$	$X_k: P_n(x,p)$	$N\left(p, \dfrac{p(1-p)}{n}\right)$
$\overline{Z}_n=\sqrt{n}\,\dfrac{\overline{X}_n-\mu}{\sigma}$	$\overline{X}_n: N\left(\mu, \dfrac{\sigma^2}{n}\right)$	$N(0,\ 1)$	$\sum_{k=1}^{n}X_k$	$X_k: \pi(x,\lambda_k)$	$\pi(x,\lambda),\ \lambda=\sum_{k=1}^{n}\lambda_k$
$Y=\dfrac{n\,\overline{S}_n^2}{\sigma^2}$	$X_k: N(\mu,\sigma^2)$	χ_n^2	$\sum_{k=1}^{n}X_k^2$	$X_k: N(0,\ 1)$	χ_n^2
$Y_{n-1}=\dfrac{(n-1)\,S_n^2}{\sigma^2}$	$X_k: N(\mu,\sigma^2)$	χ_{n-1}^2	$S_n^2, n\geq 30$	$X_k: N(\mu,\sigma^2)$	$N\left(\dfrac{\sigma^2\,(n-1)}{n},\ \sigma^4\dfrac{2}{n}\right)$
$T_{n-1}=\sqrt{n}\dfrac{\overline{X}_n-\mu}{S_n}$	$\overline{X}_n: N\left(\mu, \dfrac{\sigma^2}{n}\right)$	t_{n-1}	$S_n, n\geq 30$	$X_k: N(\mu,\sigma^2)$	$N\left(\sigma, \dfrac{\sigma^2}{2n}\right)$

Statistische Schätzverfahren

Maßzahlen einer Stichprobe

Sei X eine Zufallsvariable. Die Komponenten des Zufallsvektors $(X_1, X_2, ..., X_n)^\top$ sind unabhängige Zufallsvariablen mit derselben Verteilung wie X. Eine Stichprobe $x = (x_1, x_2, ..., x_n)^\top$ des Umfangs n ist eine Realisierung dieses Zufallsvektors.

Geordnete Stichprobe:

$x^\star = (x_1^\star, x_2^\star, ..., x_n^\star)^\top,\ x_1^\star \leq x_2^\star \leq ... \leq x_n^\star$

Klasseneinteilung des Wertebereiches von X in r Intervalle (Klassen), $r \in \mathbb{N}$:

$b_1 < b_2 < ... < b_{r-1},\ \mathbb{R} = I_1 \cup I_2 \cup ... \cup I_r,\ I_1 = (-\infty, b_1],\ I_2 = (b_1, b_2], ...,\ I_r = (b_{r-1}, \infty)$

Empirische Verteilungsfunktion:

$w_n(x) = a_n/n$, a_n - Anzahl der Stichprobenelemente kleiner x

Ganzzahl-Funktion:

Für die reelle Zahl x ist $[x]$ die größte ganze Zahl, die nicht größer als x ist: $[x] = \max\{k \in \mathbb{Z} \wedge k \leq x\}$.

Lagemaßzahl	Definition	Streuungsmaßzahl	Definition
Absolute Häufigkeit	Anzahl h_{ak} der Komponenten von x in der k-ten Klasse, $k = 1, ..., r$	Spannweite	$d = \max_{1\le i\le n} x_i - \min_{1\le i\le n} x_i$
Relative Häufigkeit	$h_{rk} = h_{ak}/n$, $k = 1, ..., r$	Mittlere Abweichung	$A = \frac{1}{n}\sum_{i=1}^{n} \lvert\overline{x} - x_i\rvert$
Arithmetisches Mittel	$\overline{x} = \frac{1}{n}\sum_{i=1}^{n} x_i$	Empirische Varianz	$s^2 = \frac{1}{n-1}\sum_{i=1}^{n}(\overline{x} - x_i)^2$
Gewichtetes arithmetisches Mittel	$\overline{x}_g = \sum_{i=1}^{n} w_i x_i \Big/ \sum_{i=1}^{n} w_i$, $\sum_{i=1}^{n} w_i > 0$, Gewichte $w_i \ge 0$, $i = 1, 2, ..., n$	Empirische Standard-abweichung	$s = \left(\frac{1}{n-1}\sum_{i=1}^{n}(\overline{x} - x_i)^2\right)^{1/2}$
Geometrisches Mittel	$G = (x_1 x_2 \ldots x_n)^{1/n}$, $x_i > 0$	Empirischer Variationskoeff.	$v = s/\overline{x}$
Harmonisches Mittel	$H = n\Big/\sum_{i=1}^{n}\frac{1}{x_i}$, $x_i \neq 0$	Empirisches Moment k-ter Ordnung	$m_k = \frac{1}{n}\sum_{i=1}^{n} x_i^k$, $k = 1, 2...$
Quadratisches Mittel	$Q = \left(\frac{1}{n}\sum_{i=1}^{n} x_i^2\right)^{1/2}$	Empirisches zentrales Moment k-ter Ordnung	$M_k = \frac{1}{n}\sum_{i=1}^{n}(\overline{x} - x_i)^k$, $k = 1, 2...$
Median	$\tilde{x} = \begin{cases} x^\star_{(n+1)/2}, & n \text{ ungerade} \\ (x^\star_{n/2} + x^\star_{n/2+1})/2, & n \text{ gerade} \end{cases}$	Schiefe	$S = M_3/M_2^{3/2}$
p-Quantil, $0 < p < 1$	$x_p = \begin{cases} x^\star_{np}, & np \text{ ganzzahlig} \\ x^\star_{[np]+1}, & np \text{ nicht ganzzahlig} \end{cases}$	Kurtosis	$K = M_4/M_2^2$
Modalwert	am häufigsten vorkommender Merkmalswert der Stichprobe		

Punktschätzungen

Mit der Stichprobe $(x_1, x_2, ..., x_n)^\top$ des Umfangs n soll ein Parameter Θ der unbekannten Verteilung der Komponenten des Zufallsvektors $(X_1, X_2, ..., X_n)^\top$ geschätzt werden. Die Schätzung erfolgt mit dem Wert der Stichprobenfunktion $\overline{\Theta}$ für die konkrete Stichprobe.

Verteilung	Θ	$\overline{\Theta}$	Verteilung	Θ	$\overline{\Theta}$
$N(\mu, \sigma^2)$	μ	$\overline{X}_n$	$P_n(x, p)$	p	$\overline{X}_n$
$N(\mu, \sigma^2)$	σ^2	$\overline{S}_n^2$, μ bekannt	$\pi(x, \lambda)$	λ	$\overline{X}_n$
$N(\mu, \sigma^2)$	σ^2	S_n^2, μ unbekannt	Exponential	α	$1/\overline{X}_n$

Konfidenzschätzungen

Für den Parameter Θ der Verteilungsfunktion einer Zufallsvariable ist mit Hilfe einer Stichprobe des Umfangs n und der Punktschätzung $\overline{\Theta}$ ein Konfidenzintervall (Vertrauensintervall) KI_Θ der Länge $|KI_\Theta|$ so anzugeben, dass $P(\Theta \in KI_\Theta) = 1 - \alpha$ ist. $\alpha \in (0, 1)$ ist die Irrtumswahrscheinlichkeit. Benutzt wird dafür die Stichprobenfunktion $T(\Theta)$ mit bekannter Verteilungsfunktion F_T. τ_p ist das p-Quantil von F_T.

Zweiseitiges Intervall: $P(\tau_{\alpha_1} < T(\Theta) < \tau_{1-\alpha_2}) = F_T(\tau_{1-\alpha_2}) - F_T(\tau_{\alpha_1}) = 1-\alpha$ mit $\alpha_1 + \alpha_2 = \alpha$
Einseitiges Intervall: $P(T(\Theta) < \tau_{1-\alpha}) = F_T(\tau_{1-\alpha}) = 1-\alpha$ bzw. $P(T(\Theta) > \tau_\alpha) = 1-F_T(\tau_\alpha) = 1-\alpha$

p-Quantile: z_p - $N(0,1)$-Verteilung, $t_{n,p}$ - t_n-Verteilung, $\chi^2_{n,p}$ - χ^2_n-Verteilung

Verteilung	Θ	$\overline{\Theta}$	T	Konfidenzintervall KI_Θ (zweiseitig, $\alpha_1 = \alpha_2 = \alpha/2$)
$N(\mu,\sigma^2)$, σ^2 bekannt	μ	$\overline{X}_n$	Z_n	$\left(\overline{X}_n - z_{1-\alpha/2}\,\sigma/\sqrt{n},\ \overline{X}_n + z_{1-\alpha/2}\,\sigma/\sqrt{n}\right)$
$N(\mu,\sigma^2)$, σ^2 unbekannt	μ	$\overline{X}_n$	T_{n-1}	$\left(\overline{X}_n - t_{n-1,1-\alpha/2}\,S_n/\sqrt{n},\ \overline{X}_n + t_{n-1,1-\alpha/2}\,S_n/\sqrt{n}\right)$
$N(\mu,\sigma^2)$, μ bekannt	σ^2	$\overline{S}^2_n$	Y	$\left(n\,\overline{S}^2_n/\chi^2_{n,1-\alpha/2},\ n\,\overline{S}^2_n/\chi^2_{n,\alpha/2}\right)$
$N(\mu,\sigma^2)$, μ unbekannt	σ^2	S^2_n	Y_{n-1}	$\left((n-1)\,S^2_n/\chi^2_{n-1,1-\alpha/2},\ (n-1)\,S^2_n/\chi^2_{n-1,\alpha/2}\right)$
$P_n(x,p)$	p	$\overline{X}_n$	$\overline{X}_n$	$\left(\overline{X}_n - z_{1-\alpha/2}\sqrt{R},\ \overline{X}_n + z_{1-\alpha/2}\sqrt{R}\right)$, $R = \overline{X}_n(1-\overline{X}_n)/n$

Notwendiger Stichprobenumfang

Verteilung	Bedingung	Notwendiger Stichprobenumfang n
$N(\mu,\sigma^2)$, σ^2 bekannt	$\lvert\overline{X}_n - \mu\rvert < \varepsilon$	$n > \left(\sigma\,z_{1-\alpha/2}/\varepsilon\right)^2$
$N(\mu,\sigma^2)$, σ^2 unbekannt	$\lvert\overline{X}_n - \mu\rvert < \varepsilon$	$n > \left(S_n\,t_{n-1,1-\alpha/2}/\varepsilon\right)^2$
$N(\mu,\sigma^2)$, μ bekannt	$\lvert KI_{\sigma^2}\rvert < 2\varepsilon$	$2\varepsilon - n\overline{S}^2_n\left(1/\chi^2_{n,\alpha/2} - 1/\chi^2_{n,1-\alpha/2}\right) > 0$
$N(\mu,\sigma^2)$, μ unbekannt	$\lvert KI_{\sigma^2}\rvert < 2\varepsilon$	$2\varepsilon - (n-1)S^2_n\left(1/\chi^2_{n-1,\alpha/2} - 1/\chi^2_{n-1,1-\alpha/2}\right) > 0$
$P_n(x,p)$	$\lvert\overline{X}_n - p\rvert < \varepsilon$	$n > \overline{X}_n(1-\overline{X}_n)\,z^2_{1-\alpha/2}/\varepsilon^2$

Statistische Testverfahren

Mit einer Stichprobe des Umfangs n ist zu testen, ob die Nullhypothese H_0 über die unbekannte Verteilungsfunktion einer Zufallsvariablen abzulehnen ist. Benutzt wird dafür die Stichprobenfunktion U mit bekannter Verteilungsfunktion unter der Bedingung H_0. K ist der kritische Bereich, in dem U unter der Bedingung H_0 mit der Irrtumswahrscheinlichkeit $\alpha \in (0,1)$ liegt.

Einseitiger Bereich: $P(U < \tau_\alpha | H_0) = \alpha$ bzw. $P(U > \tau_{1-\alpha} | H_0) = \alpha$
Zweiseitiger Bereich: $P(U < \tau_{\alpha_1} \cup U > \tau_{1-\alpha_2} | H_0) = \alpha$ mit $\alpha_1 + \alpha_2 = \alpha$

Signifikanztest

Nr.	Schritt
1.	Aufstellen der Nullhypothese H_0
2.	Vorgabe der Irrtumswahrscheinlichkeit $\alpha \in (0,1)$
3.	Aufstellen der Testgröße U als Stichprobenfunktion unter der Bedingung H_0
4.	Ermittlung des kritischen Bereiches K aus der Beziehung $P(U \in K\,|\,H_0) = \alpha$
5.	Berechnung der Realisierung u der Testgröße U für die konkrete Stichprobe
6.	Entscheidung über H_0: H_0 wird abgelehnt, falls $u \in K$. H_0 wird nicht abgelehnt, falls $u \notin K$.

Konkrete Tests

Verteilung	Testgröße T	Einseitiger Test H_0	Kritischer Bereich K	Zweiseitiger Test, $\alpha_1=\alpha_2=\alpha/2$ H_0	Kritischer Bereich K
$N(\mu,\sigma^2)$ σ bek.	$\overline{Z}_n = \sqrt{n}\,\dfrac{\overline{X}_n-\mu_0}{\sigma}$	$\mu \geq \mu_0$ $\mu \leq \mu_0$	$(-\infty, -z_{1-\alpha})$ $(z_{1-\alpha}, \infty)$	$\mu = \mu_0$	$(-\infty, -z_{1-\alpha/2}) \cup (z_{1-\alpha/2}, \infty)$
$N(\mu,\sigma^2)$ σ unbek.	$T_{n-1} = \sqrt{n}\dfrac{\overline{X}_n-\mu_0}{S_n}$	$\mu \geq \mu_0$ $\mu \leq \mu_0$	$(-\infty, -t_{n-1,1-\alpha})$ $(t_{n-1,1-\alpha}, \infty)$	$\mu = \mu_0$	$(-\infty, -t_{n-1,1-\alpha/2}) \cup (t_{n-1,1-\alpha/2}, \infty)$
$N(\mu,\sigma^2)$ μ bek.	$Y = \dfrac{n\overline{S}_n^2}{\sigma_0^2}$	$\sigma \geq \sigma_0$ $\sigma \leq \sigma_0$	$(0, \chi^2_{n,\alpha})$ $(\chi^2_{n,1-\alpha}, \infty)$	$\sigma = \sigma_0$	$(0, \chi^2_{n,\alpha/2}) \cup (\chi^2_{n,1-\alpha/2}, \infty)$
$N(\mu,\sigma^2)$ μ unbek.	$Y_{n-1} = \dfrac{(n-1)S_n^2}{\sigma_0^2}$	$\sigma \geq \sigma_0$ $\sigma \leq \sigma_0$	$(0, \chi^2_{n-1,\alpha})$ $(\chi^2_{n-1,1-\alpha}, \infty)$	$\sigma = \sigma_0$	$(0, \chi^2_{n-1,\alpha/2}) \cup (\chi^2_{n-1,1-\alpha/2}, \infty)$
$P_n(x,p)$ Binomial	$\dfrac{\overline{X}_n - p_0}{\sqrt{p_0(1-p_0)}}\sqrt{n}$	$p \geq p_0$ $p \leq p_0$	$(-\infty, -z_{1-\alpha})$ $(z_{1-\alpha}, \infty)$	$p = p_0$	$(-\infty, -z_{1-\alpha/2}) \cup (z_{1-\alpha/2}, \infty)$

χ^2-Anpassungstest

Für die Verteilung der Zufallsvariable X liegt aufgrund der konkreten Stichprobe $(x_1, x_2, ..., x_n)^\top$ eine angenommene Verteilungsfunktion F_0 vor. Getestet werden soll, ob diese mit der tatsächlichen Verteilungsfunktion F der Zufallsvariable X „genügend gut" übereinstimmt.

Klasseneinteilung des Wertebereiches von X in r Intervalle, $r \in \mathbb{N}$:
$b_1 < b_2 < ... < b_{r-1}$, $\mathbb{R} = I_1 \cup I_2 \cup ... \cup I_r$, $I_1 = (-\infty, b_1], I_2 = (b_1, b_2], ..., I_r = (b_{r-1}, \infty)$, $p_k = P(X \in I_k)$, $k = 1, ..., r$.
Intervallwahrscheinlichkeiten aufgrund von F: $p_1 = F(b_1)$, $p_2 = F(b_2) - F(b_1), ...,$ $p_r = 1 - F(b_{r-1})$
Intervallwahrscheinlichkeiten aufgrund von F_0: $p_1^0 = F_0(b_1)$, $p_2^0 = F_0(b_2) - F_0(b_1), ...,$ $p_r^0 = 1 - F_0(b_{r-1})$

Testgröße $U(F_0, H_{a1}, H_{a2}, ..., H_{ar}) = \sum\limits_{k=1}^{r} \dfrac{(H_{ak} - np_k^0)^2}{np_k^0}$, H_{ak} - absolute Häufigkeit der k-ten Klasse I_k

Nr.	Schritt
1.	Aufstellen der Verteilungsfunktion F_0 aufgrund der Stichprobe $(x_1, x_2, ..., x_n)^\top$ auf der Basis von Punkt- oder Konfidenzschätzungen ihrer Parameter, Nullhypothese H_0: $p_k = p_k^0$, $k = 1, ..., r$
2.	Vorgabe der Irrtumswahrscheinlichkeit α
3.	Aufstellen der Testgröße U als Stichprobenfunktion unter der Bedingung F_0
4.	Ermittlung des kritischen Bereiches K aus der Beziehung $P(U \in K \mid H_0) = \alpha$, $K = (\chi^2_{r-1,1-\alpha}, \infty)$
5.	Berechnung der Realisierung u der Testgröße U aufgrund der konkreten Stichprobe mit den absoluten Häufigkeiten h_{ak} der k-ten Klasse I_k, $k = 1, ..., r$.
6.	Entscheidung über die Nullhypothese H_0: $p_k = p_k^0$, $k = 1, ..., r$: H_0 wird abgelehnt, falls $u \in K$. H_0 wird angenommen, falls $u \notin K$.

Kombinatorik

4.1 a) Wie viel voneinander verschiedene dreistellige natürliche Zahlen können mithilfe der Ziffern 1, 2, 3, 4, 5 gebildet werden?

b) Welche Anzahl ergibt sich, wenn jede Ziffer höchstens einmal vorkommen darf?

4.2 Wie viel Kraftfahrzeuge lassen sich durch Zusammenstellung von

a) zwei Buchstaben und vier Ziffern bzw.

b) drei Buchstaben und drei Ziffern

kennzeichnen, wobei ä, ö und ü ausgeschlossen sind?

4.3 Wie viel verschiedene Tips sind möglich

a) beim Zahlenlotto „5 aus 90“,

b) beim Sportfesttoto „6 aus 49“,

c) beim Lotto-Toto „5 aus 45“,

d) beim Tele-Lotto „5 aus 35“?

4.4 In der Umgebung eines Erholungsortes sollen 15 Wanderwege durch je zwei farbige, parallele Striche gekennzeichnet werden. Wie viel Farben werden mindestens benötigt, wenn gleichfarbige Paare auftreten dürfen und die Anordnung der Striche keine Rolle spielt?

4.5 Auf wie viel Arten können sieben Personen an einem runden Tisch sitzen, wenn

a) sie sich beliebig hinsetzen können,

b) zwei ausgewählte Personen nicht nebeneinander sitzen dürfen?

4.6 Für den Bau eines 14.20 m langen Gartenzaunes sollen zwei Sorten von Zaunelementen verwendet werden: fünf 2 m lange und drei 1.40 m lange. Wie viel verschiedene Möglichkeiten der Anordnung dieser Zaunelemente gibt es?

4.7 Aus fünf Architekten und sieben Bauingenieuren soll ein Komitee, bestehend aus zwei Architekten und drei Bauingenieuren, gebildet werden. Wie viel Möglichkeiten gibt es dafür, wenn

a) jeder Architekt und jeder Bauingenieur berücksichtigt werden kann,

b) ein bestimmter Bauingenieur im Komitee sein muss,

c) zwei bestimmte Architekten nicht im Komitee sein sollen?

Definition der Wahrscheinlichkeit

4.8 Für den Bau eines 14.20 m langen geraden Gartenzaunes sollen zwei Sorten von Zaunelementen verwendet werden: fünf 2 m lange und drei 1.40 m lange. Unter den 2 m langen Zaunelementen befindet sich ein defektes. Wie groß ist die Wahrscheinlichkeit, dass es bei der Montage des Zaunes am Rand eingebaut wird?

4.9 Auf eine Wand war vor dem Verputzen ein Drahtgeflecht aus 2 mm starkem Draht aufgebracht worden, das Rechtecke mit den Seitenlängen 12 mm und 18 mm, gemessen von Drahtmitte bis Drahtmitte, bildet. In die verputzte Wand wird mit einem 6-mm-Bohrer ein Loch gebohrt. Wie groß ist die Wahrscheinlichkeit, dass der Bohrer das Drahtgeflecht trifft?

4.10 Fünf Karten werden aus 52 gut gemischten Karten gezogen. Zu bestimmen ist die Wahrscheinlichkeit, dass darunter

a) vier Asse sind,

b) vier Asse und ein König sind,

c) drei Zehner und zwei Buben sind,

d) jeweils eine 9, 10, Bube, Dame, König in beliebiger Reihenfolge gezogen werden,

e) drei von einer Farbe und zwei von einer anderen Farbe sind,

f) ein Ass gezogen wird.

4.11 In einer Tüte befinden sich 40 Kirschen, unter denen zehn madige sind. Wie groß ist die Wahrscheinlichkeit, unter zehn zufällig der Tüte entnommenen Kirschen keine madige zu haben?

4.12 Ein Kind spielt mit Buchstaben.

a) Wie groß ist die Wahrscheinlichkeit, dass es bei zufälliger Aneinanderreihung der Buchstaben A, A, E, H, I, K, M, M, T, T das Wort MATHEMATIK erhält?

b) Jeder Buchstabe des Alphabets (26 Buchstaben) ist genau dreimal vorhanden. Das Kind bildet nach zufälliger Auswahl von neun Buchstaben ein „Wort“. Wie groß ist die Wahrscheinlichkeit, dass dabei das Wort „Statistik“ entsteht?

4.13 Unter zwölf Studenten, darunter fünf aus dem Studiengang Bauingenieurwesen, vier aus dem Studiengang Architektur und drei aus dem Studiengang Innenarchitektur, werden zufällig drei Studenten zur Teilnahme am Symposium „Einsturz eines Bauwerkes - Zufall?“ ausgewählt. Wie groß ist die Wahrscheinlichkeit, dass unter diesen drei Studenten

a) alle drei aus dem Studiengang Bauingenieurwesen sind,

b) kein Student aus dem Studiengang Bauingenieurwesen und höchstens ein Student aus dem Studiengang Innenarchitektur ist,

c) mindestens zwei Studenten aus dem Studiengang Architektur sind?

4.14 Neun Personen steigen in einen Zug mit drei Waggons ein. Jede Person wählt zufällig und unabhängig von den anderen einen Waggon aus.

a) Wie viel Möglichkeiten gibt es, dass neun Personen in drei Waggons einsteigen?

b) Mit welcher Wahrscheinlichkeit steigen genau drei Personen in den ersten Waggon ein?

c) Mit welcher Wahrscheinlichkeit steigen jeweils drei Personen in einen Waggon ein?

d) Wie groß ist die Wahrscheinlichkeit, dass die neun Personen sich in Gruppen von zwei, drei und vier Personen auf die drei Waggons verteilen?

4.15 Das Wort „LAMAMA“ wird in seine Buchstaben zerschnitten, diese werden in eine Urne gelegt. Wie groß sind die Wahrscheinlichkeiten, dass die Buchstaben in der Reihenfolge des Wortes gezogen werden, wenn

a) ohne Zurücklegen gezogen wird,

b) mit Zurücklegen gezogen wird?

Wahrscheinlichkeit unabhängiger, disjunkter und komplementärer Ereignisse

4.16 Der handwerklich versierte Student des Bauingenieurwesens Egalius Welt ist von der Wahrscheinlichkeitsrechnung so begeistert, dass er beschließt, seine neuerliche Beschäftigung am Samstagabend (entweder Kreuzworträtsel lösen oder Buch lesen oder Tischlerarbeiten) dem Zufall zu überlassen und durch Würfeln festzulegen. Dabei bestimmt er:

I Tischlerarbeit, falls die Augenzahl nicht größer als 4 ist,

II Buch lesen, falls die Augenzahl gleich 5 ist,

III Kreuzworträtsel lösen, falls die Augenzahl gleich 6 ist.

Um sich richtig auf die kommenden vier Wochenenden freuen zu können, möchte er gern vorab wissen, mit welcher Wahrscheinlichkeit folgende Ereignisse innerhalb von vier Wochen eintreten:

a) wenigstens ein Mal Buch lesen,

b) genau zwei Mal Kreuzworträtsel lösen,

c) genau vier Mal Tischlerarbeit,

d) kein Mal Tischlerarbeit,

e) alle drei Beschäftigungen treten mindestens ein Mal auf.

4.17 Die Wahrscheinlichkeit, dass ein Bachelor-Student des Studienganges „Gebaut & Erhalten“ im ersten Semester sowohl die Klausur in Technischer Mechanik als auch in Mathematik besteht, beträgt $p_1 = 0.3$. Mit der Wahrscheinlichkeit $p_2 = 0.8$ besteht er mindestens eine der beiden Klausuren. Mit welcher Wahrscheinlichkeit besteht ein Student die Klausur in Technischer Mechanik bzw. Mathematik, wenn bekannt ist, dass die Wahrscheinlichkeit für das Bestehen der Klausur in Technischer Mechanik größer ist als diejenige für das Bestehen der Klausur in Mathematik?

4.18 Eine Produktionsstraße zur Herstellung von Dachziegeln liefert im Mittel 70 % Ziegel erster Wahl, 25 % Ziegel zweiter Wahl und 5 % Ausschuss. Wie groß ist die Wahrscheinlichkeit, dass unter vier der Produktion entnommenen Dachziegeln

a) nur Ziegel erster Wahl sind,

b) kein Ausschuss und höchstens ein Ziegel zweiter Wahl ist,

c) mindestens drei Ziegel erster Wahl sind?

4.19 Zwei Studenten versuchen unabhängig voneinander, eine Aufgabe zu lösen, wobei jeder mit einer Erfolgswahrscheinlichkeit von 0.6 arbeitet. Mit welcher Wahrscheinlichkeit findet das richtige Ergebnis

a) wenigstens einer von beiden,

b) keiner von beiden?

4.20 Ein Jäger hat die Trefferwahrscheinlichkeit 0.3. Wie oft muss er schießen, um einen Hasen mit einer Wahrscheinlichkeit von mindestens 80 % zu erlegen?

4.21 Bei der Qualitätskontrolle werden Betonbalken auf Druckfestigkeit geprüft. Sie werden in drei verschiedenen Werken gefertigt, wobei 96 % der Balken aus Werk A, 92 % aus Werk B und 89 % aus Werk C den Anforderungen genügen. Wie groß ist die Wahrscheinlichkeit, dass zwei in den Werken A und B (A und C, B und C) gefertigte Betonbalken die erforderliche Druckfestigkeit haben?

4.22 Wie groß ist die Wahrscheinlichkeit, dass beim sechsmaligen Würfeln mit einem Würfel mindestens eine 6 fällt?

4.23 Die Wahrscheinlichkeit, dass A in 20 Jahren noch leben wird, beträgt 0.7, die für B beträgt 0.5. Wie groß ist die Wahrscheinlichkeit, dass in 20 Jahren

a) beide,

b) genau einer,

c) mindestens einer von beiden,

d) nur A,

e) nur B

noch leben wird?

4.24 Wie viel Prozent der Familien mit je vier Kindern haben im Durchschnitt

a) zwei Jungen und zwei Mädchen,

b) keine Mädchen,

c) mindestens einen Jungen,

d) höchstens zwei Mädchen?

4.25 Die Prognosen für den Neubau und Umbau des neuen Campus der renommierten Hochschule für Angewandte Wissenschaften in der Stadt Resla-Kreinaut besagen, dass bis zum Jahr 2020 mit einer Wahrscheinlichkeit

von 80 % das Gebäude der Bibliothek,
von 70 % das Gebäude mit den Hörsälen,
von 50 % das Laborgebäude

fertiggestellt ist. Der Bau der Gebäude erfolgt unabhängig voneinander. Mit welcher Wahrscheinlichkeit

a) werden im Jahr 2020 alle drei Gebäude fertiggestellt sein?

b) wird im Jahr 2020 mindestens eines dieser Gebäude fertiggestellt sein?

4.26 Der Prozess der Herstellung eines innovativen Kompositbaustoffes wird von zwei Druck- und drei Temperatursensoren überwacht. Ein Drucksensor fällt im Zeitraum Z mit einer Wahrscheinlichkeit von 10% aus, ein Temperatursensor im gleichen Zeitraum einer Wahrscheinlichkeit von 20%. Der Prozess der Herstellung muss gestoppt werden, wenn keine Druck- bzw. Temperaturdaten mehr vorliegen. Gesucht ist die Wahrscheinlichkeit, dass

a) der Prozess der Herstellung noch innerhalb des Zeitraumes Z gestoppt werden muss,

b) Sensoren ausfallen, der Prozess der Herstellung aber innerhalb des Zeitraumes Z nicht gestoppt werden muss.

Bedingte und totale Wahrscheinlichkeit

4.27 In einer Auto-freundlichen Region werden KFZ-Nummern
mit vier Buchstaben, gefolgt von drei Ziffern,
mit drei Buchstaben, gefolgt von drei Ziffern,
mit drei Buchstaben, gefolgt von vier Ziffern
nach dem Zufallsprinzip vergeben, wobei aber die ersten beiden Buchstaben festgelegt sind. Es stehen jeweils 26 verschiedene Buchstaben und jeweils 10 verschiedene Ziffern zur Verfügung. Mit welcher Wahrscheinlichkeit

a) sind die drei letzten Ziffern einer KFZ-Nummer gleich „1“?

b) hat eine KFZ-Nummer genau drei Ziffern?

c) hat eine KFZ-Nummer genau drei Ziffern, die alle gleich „1“ sind?

d) sind alle drei Ziffern einer KFZ-Nummer mit genau drei Ziffern gleich „1“?

4.28 Die Wahrscheinlichkeit, dass der Normalwert der elektrischen Netzspannung überschritten wird, beträgt 0.2. Ein Fernsehapparat zeigt Bildstörungen mit der Wahrscheinlichkeit 0.5 an, falls Überspannung vorliegt. Wie groß ist die Wahrscheinlichkeit, dass der Fernsehapparat mit dem Auftreten von Überspannungen Bildstörungen zeigt?

4.29 In einer für Innovationen bekannten Ziegelei erweisen sich 96 % der hergestellten Dachziegel als brauchbar. Von den brauchbaren können sogar 75 % in die Güteklasse 1 eingeordnet werden. Wie groß ist die Wahrscheinlichkeit dafür, dass ein in der Ziegelei hergestellter Dachziegel zur Güteklasse 1 gehört?

4.30 In einer Klausur des Faches Technische Mechanik sind zwei Aufgaben (eine aus dem Gebiet Statik und die andere aus dem Gebiet Festikkeitslehre) zu lösen. Während 60 % der Studenten die Aufgaben in der vorgegebenen Reihenfolge bearbeiten, tun dies die restlichen Studenten in umgekehrter Reihenfolge. Von den Studenten der ersten Gruppe müssen 36 % die Klausur wiederholen, von der anderen Gruppe 55 %.

a) Wie hoch ist der Anteil der Studenten, die die Prüfung wiederholen müssen?

b) Stafe Stabil hat die Prüfung bestanden. Mit welcher Wahrscheinlichkeit hat sie die Aufgaben in der vorgegebenen Reihenfolge bearbeitet?

4.31 Es stehen drei Urnen zum Ziehen einer Kugel zur Verfügung. In der Urne A befinden sich drei weiße und zwei schwarze Kugeln, in der Urne B und C je sechs schwarze und vier weiße. Wie groß ist die Wahrscheinlichkeit, dass

a) beim Entnehmen einer Kugel aus einer beliebig ausgewählten Urne eine schwarze Kugel gezogen wird?

b) dass eine gezogene schwarze Kugel aus der ersten (zweiten, dritten) Urne stammt?

4.32 Aus einem Skatspiel (32 Blatt, vier Farben zu je acht Karten) werden nacheinander zwei Karten gezogen (ohne Zurücklegen). Wie groß ist

a) die bedingte Wahrscheinlichkeit, dass die zweite Karte ein Ass ist, wenn die erste Karte (a1) ein Ass, (a2) eine Zehn war,

b) die (unbedingte) Wahrscheinlichkeit, mit der zweiten Karte ein Ass zu ziehen?

4.33 Im Durchschnitt kommen 40 % einer Sendung von Bauelementen von der Firma A und 60 % der gleichen Bauelemente von der Firma B. Die Qualität der Bauelemente in den Firmen A und B ist unterschiedlich; im Durchschnitt genügen 90 % der Produktion der Firma A den Anforderungen, dagegen nur 70 % der Firma B. Wie groß ist die Wahrscheinlichkeit,

a) bei Entnahme eines Bauelementes aus einer beliebigen der beiden Lieferungen ein Bauteil zu erhalten, das den Anforderungen genügt?

b) dass ein Bauelement aus der Firma A kommt und den Anforderungen genügt?

4.34 Drei Maschinen eines namhaften Dübelherstellers in der Nähe der Stadt Siekars-Neutal produzieren Betonanker. Im Durchschnitt liefert die erste Maschine 2 % Ausschuss, die zweite 8 %, die dritte 5 %. Die erste Maschine stellt 40 % der Gesamtproduktion her, die zweite 35 %, die dritte 25 %.

a) Wie groß ist die Wahrscheinlichkeit, dass ein zufällig aus der Produktion ausgewählter Betonanker Ausschuss ist?

b) Wie groß ist die Wahrscheinlichkeit, dass ein zufällig aus dem Ausschuss ausgewählter Betonanker von der zweiten Maschine produziert wurde?

4.35 Von 25 Studenten einer Seminargruppe beherrschen sieben den Vorlesungsstoff gut (d. h., zu 90%), 13 beherrschen den Vorlesungsstoff mittelmäßig (d. h., zu 60%) und fünf beherrschen den Vorlesungsstoff schlecht (d. h., zu 30%). Ein zufällig ausgewählter Student beantwortet eine ihm gestellte Frage richtig. Wie groß ist die Wahrscheinlichkeit, dass er den Vorlesungsstoff gut bzw. mittelmäßig bzw. schlecht beherrscht?

Diskrete Zufallsvariablen

4.36 Gegeben ist die Funktion $f : \mathbb{N} \to \mathbb{R}$ durch die Wertetabelle

i	1	2	3	4
x_i	1	2	4	6
$f(x_i)$	$\frac{\alpha}{6}$	$\frac{\alpha}{4}$	$\frac{\alpha}{12}$	α

Für welche Werte von α ist die Funktion f eine Wahrscheinlichkeitsdichte? Die entsprechende Verteilungsfunktion für die Zufallsvariable sowie deren Erwartungswert, Varianz und Standardabweichung ist anzugeben.

4.37 Die Summe der Augenzahlen zweier Würfel ist eine Zufallsvariable.

a) Die Dichte- und die Verteilungsfunktion dieser Zufallsvarable sind anzugeben.

b) Erwartungswert und Standardabweichung der Zufallsvariable sind zu berechnen.

c) Wie groß ist die Wahrscheinlichkeit, dass die Summe der Augenzahlen bei drei Würfen mit den beiden Würfeln jedes Mal mindestens 10 beträgt?

4.38 Ein Experiment im Labor des Studienganges „Zufälliges Errichten und Zerfallen“ an der „University of Applied Propability“ gelingt mit der Wahrscheinlichkeit 1/6. Mit welcher Wahrscheinlichkeit gelingt es

a) spätestens beim dritten Versuch,

b) nach zehn Versuchen immer noch nicht?

4.39 Ein Fliesenleger der Firma „K.E.Ramik & K.A.Putt“ soll das Schneiden von Bodenfliesen übernehmen. Mit der Wahrscheinlichkeit 2/3 gelingt es ihm, eine Fliese ordnungsgemäß zuzuschneiden. Mit welcher Wahrscheinlichkeit

a) benötigt er mehr als zwei Versuche, um eine Fliese ordnungsgemäß zuzuschneiden?

b) wird er fünf Fliesen nach jeweils weniger als zwei Fehlversuchen ordnungsgemäß zuschneiden?

4.40 Die folgende Tabelle enthält das Ergebnis der Zählung von Brandalarmen in der Stadt Großenlohe innerhalb eines Jahres mit den Anzahlen der Wochen w_k und der entsprechenden Anzahl k der Brandalarme.

w_k	19	20	8	4	1
k	0	1	2	3	4

Unter der Annahme, dass die Anzahl der Brandalarme pro Woche eine Zufallsvariable ist, ist aufgrund ihres Erwartungswertes und ihrer Varianz, basierend auf den Angaben der Tabelle, eine Hypothese über ihre theoretische Verteilung aufzustellen.

Wie groß ist damit die Wahrscheinlichkeit

a) für fünf Brandalarme pro Woche?

b) für mehr als vier Brandalarme pro Woche?

4.41 Bei der Herstellung von Tapeten treten im Mittel auf 100 m Tapetenbahn acht Fehler auf. Gesucht ist die Wahrscheinlichkeit, dass

a) auf einer Tapetenrolle von 10 m höchstens zwei Fehler auftreten,

b) zwischen zwei aufeinanderfolgenden Fehlern auf der Tapetenbahn mindestens 2.5 m Tapete fehlerlos sind.

4.42 An einem Sommerabend werden durchschnittlich sechs Sternschnuppen pro Stunde beobachtet. Dabei kann davon ausgegangen werden, dass die Anzahl der beobachteten Sternschnuppen poissonverteilt ist. Mit welcher Wahrscheinlichkeit werden während einer Viertelstunde mindestens zwei Sternschnuppen beobachtet?

4.43 Vor einer Bahnschranke, die maximal vier Minuten geschlossen bleibt, können bis zur nächsten zurückliegenden Kreuzung höchstens zehn Fahrzeuge halten. Wie wahrscheinlich ist ein Stau bis in den Kreuzungsbereich bei einer Verkehrsstärke von 75 Fahrzeugen pro Stunde?

4.44 Mit welcher Wahrscheinlichkeit werden in einer Verkaufsstelle in einer Stunde

a) genau fünf Kunden,

b) höchstens fünf Kunden

registriert, wenn die Anzahl der Kunden im Mittel 64 pro Tag (8 Stunden) beträgt?

4.45 Wie viele Rosinen müssen mindestens in ein Kilogramm Kuchenteig gemengt werden, damit sich in einem zufällig ausgewählten Stück Kuchen von 50 g mit mindestens 99%-iger Sicherheit mindestens eine Rosine befindet? (Die Masse der Rosinen wird vernachlässigt.) Die Anzahl der Rosinen wird als poissonverteilte Zufallsvariable angenommen.

4.46 An einer Linksabbiegerspur einer Straßenkreuzung mit Ampel kommen durchschnittlich 10 Autos in 5 min an. Die Anzahl der ankommenden Autos wird als poissonverteilt angenommen.

a) Das Zeitintervall für „rot" an der Ampel beträgt 2 min. Mit welcher Wahrscheinlichkeit reicht die Linksabbiegerspur von 30 m (vorgesehen sind 5 m pro Auto)?

b) Wie groß darf das Zeitintervall für „rot" an der Ampel höchstens sein, damit die Wahrscheinlichkeit, dass die Linksabbiegerspur reicht, größer als 75 % ist?

4.47 Bei der Produktion von Elektromotoren sind im Durchschnitt 5 % Ausschuss. Die gefertigte Losgröße beträgt 200 Stück. Mit welcher Wahrscheinlichkeit sind bei Entnahme einer Stichprobe von 20 Stück

a) genau fünf Stück Ausschuss,

b) alle verwendbar,

c) höchstens zwei Stück Ausschuss?

4.48 Mit welcher Wahrscheinlichkeit sind bei Entnahme einer Stichprobe von zehn Stück aus einem Lieferposten von 100 Stück bei einem mittleren Ausschussprozentsatz von 3 %

a) genau drei Stück Ausschuss,

b) höchstens zwei Stück Ausschuss?

4.49 Die Wahrscheinlichkeit einer Knabengeburt beträgt $p=0.52$, die einer Mädchengeburt $q=0.48$. Mit welcher Wahrscheinlichkeit sind in Familien mit 4 Kindern

a) genau zwei Kinder Jungen,

b) höchstens zwei Kinder Jungen,

c) mindestens drei Kinder Jungen,

d) alle vier Kinder Mädchen?

4.50 In einer Firma wurden zehn verschiedenfarbige Fertigteile für eine Außenfassade hergestellt. Die Wahrscheinlichkeit, dass ein Fertigteil Ausschuss ist, beträgt p. Wie groß sind die Wahrscheinlichkeiten für folgende Ereignisse:

a) Genau ein Fertigteil ist Ausschuss.

b) Genau das erste Fertigteil ist Ausschuss.

c) Mindestens ein Fertigteil ist Ausschuss.

d) Genau zwei Fertigteile sind Ausschuss.

e) Die Fertigteile 9 und 10 sind Ausschuss.

f) Fertigteil 1 oder Fertigteil 7 ist Ausschuss.

g) k bestimmte Fertigteile sind Ausschuss, $k \in [0, 10]$ ganzzahlig.

4.51 Der Student F. Ahregern plant - statt dem Weg zu den Vorlesungen - eine Ausfahrt ins Grüne mit seinem neu erworbenen Auto. Er weiß, dass die Batterie mit einer Wahrscheinlichkeit von 50 % in Ordnung ist und dass die Zündkerzen jeweils mit einer Wahrscheinlichkeit von 80 % funktionieren (unabhängig voneinander und von der Funktionsfähigkeit der Batterie). Das Auto springt an, wenn die Batterie und mindestens drei der vier Zündkerzen in Ordnung sind. Wie groß ist die Wahrscheinlichkeit, dass sein Auto anspringt?

4.52 In einer winterlichen Hochdruckphase wird für die Region Kaltanien für die kommenden zwei Wochen an jedem Tag Frost mit einer Wahrscheinlichkeit von $p = 30\,\%$ vorausgesagt. Die Firma „Sicherbau & Jedentag" betoniert bei Frost nicht. Wenn kein Frost herrscht, wird betoniert, auch an den Wochenenden. Mit welcher Wahrscheinlichkeit kann in den kommenden zwei Wochen betoniert werden

a) an der Hälfte der Tage,

b) an keinem Tag,

c) an drei aufeinanderfolgenden Tagen,

d) an drei beliebigen Tagen,

e) an nicht mehr als drei Tagen?

4.53 Im Computerraum des Studienganges „BIM-Bauen" stehen 20 Computer. Der Computerraum kann aufgrund der Personalentwicklung im Rechenzentrum nur aller drei Monate gewartet werden. Die Wahrscheinlichkeit des Ausfalls eines Computers in drei Monaten beträgt 1%.

a) Mit welcher Wahrscheinlichkeit fällt in drei Monaten keiner der 20 Computer aus?

b) Wie viel Rechner müssten mindestens im Computerraum stehen, damit mit 95%-iger Wahrscheinlichkeit in drei Monaten mindestens 20 Computer ständig verfügbar sind?

Stetige Zufallsvariablen

4.54 Gegeben ist die Funktion $f : \mathbb{R} \to \mathbb{R}$

$$f(x) = \begin{cases} \alpha x^3, & 0.5 \leq x < 2 \\ 0, & \text{sonst} \end{cases}$$

Für welche Werte von α ist die Funktion f eine Wahrscheinlichkeitsdichte? Die entsprechende Verteilungsfunktion für die Zufallsvariable sowie deren Erwartungswert, Varianz und Standardabweichung ist anzugeben.

4.55 Die Dauer der Funktionsfähigkeit von Pumpen (in h) wird als stetige Zufallsvariable X mit der Dichtefunktion

$$f(x) = \begin{cases} \lambda^2 x \mathrm{e}^{-\lambda x}, & x > 0 \\ 0, & x \leq 0 \end{cases}$$

mit dem Parameter $\lambda = 0.02\ \mathrm{h}^{-1}$ angenommen, sodass eine Pumpe im Mittel eine Dauer der Funktionsfähigkeit von 100 h hat. Wie groß ist die Wahrscheinlichkeit, dass eine Pumpe

a) länger als 100 h funktionsfähig ist?

b) nach 50 h nicht mehr funktionsfähig ist?

c) Es ist nachzuweisen, dass für den Parameter $\lambda = 0.02\ \mathrm{h}^{-1}$ eine Pumpe tatsächlich im Mittel eine Dauer der Funktionsfähigkeit von 100 h hat.

4.56 Der Bauingenieur B. Such kontrolliert täglich zur Mittagszeit eine von seinen drei Baustellen, die sich in den Orten Astadt, Bdorf und Cheim befinden. Er trifft zu einem zufälligen Zeitpunkt zwischen 11.00 und 13.00 Uhr am Bahnhof ein und steigt in den Zug, der als nächster kommt. Seine Ankunftszeiten am Bahnhof sind gleichverteilt über den genannten Zeitraum. Wie groß sind die Wahrscheinlichkeiten, dass er an einem Tag die Baustelle in Astadt bzw. Bdorf bzw. Cheim besucht, wenn folgende Abfahrtszeiten der Züge vorgesehen sind?

Astadt um 11.10 und 12.10 Uhr,
Bdorf um 11.30 und 12.30 Uhr,
Cheim um 12.00 und 13.00 Uhr.

4.57 Der Hersteller eines Betonprüfgerätes, mit dem die Breite von Betonrissen ermittelt werden kann, wirbt damit, dass im Vergleich zur wahren Breite r eines Risses durchschnittlich 60 % aller Messwerte davon eine Abweichung von nicht mehr als $\Delta r = 0.005$ mm aufweisen. Wie groß ist die Standardabweichung der Messwerte mit der Annahme ihrer

a) Rechteckverteilung symmetrisch zu r?

b) Normalverteilung symmetrisch zu r?

4.58 Beim Abfüllen von Zementsäcken mit einer Masse von 25 kg tritt aufgrund der Ungenauigkeit der Abfüllmaschine eine Standardabweichung von 500 g auf.

a) Wie groß ist die Wahrscheinlichkeit, einen Zementsack mit mindestens 26 kg Masse zu kaufen?

b) Wie groß darf die Standardabweichung der Abfüllmaschine sein, damit die Wahrscheinlichkeit, einen Zementsack mit mehr als 200 g Abweichung von der Masse von 25 kg zu kaufen, nicht größer als 1 % ist?

4.59 Die Kapazität K von Kondensatoren wird als normalverteilte Zufallsvariable angenommen mit dem Erwartungswert $\mu = 200\ \mu$F und der Varianz $\sigma^2 = 25\ \ (\mu\text{F})^2$. Wie groß ist die Wahrscheinlichkeit, dass ein Kondensator fehlerbehaftet ist, wenn die Kapazität K

a) mindestens 198 μF betragen muss,

b) höchstens 202 μF betragen darf,

c) maximal um 5 μF vom Sollwert 200 μF abweichen darf?

d) Wie ist die Toleranz α zu wählen, damit die Wahrscheinlichkeit für das Auftreten eines fehlerbehafteten Kondensators, d. h., $|K - 200| > \alpha$, kleiner als 0.001 ist?

4.60 Die Reißfestigkeit von Kettengliedern wird als normalverteilte Zufallsgröße X angenommen mit der Standardabweichung $\sigma = 5$ kg. Der Erwartungswert μ kann durch die Materialzusammensetzung gesteuert werden, wobei sich die Standardabweichung σ nicht ändert.

a) Wie groß muss der Erwartungswert μ mindestens sein, damit mindestens 95% der Kettenglieder eine Reißfestigkeit von mehr als 50 kg haben?

b) Wie groß ist die Wahrscheinlichkeit, dass unter dieser Voraussetzung ein Kettenglied eine Reißfestigkeit von mindestens 60 kg hat?

4.61 Die Lebensdauer von Akkumulatoren für Bohrmaschinen ist normalverteilt mit dem Erwatungswert $\mu = 2$ Jahre und der Standardabweichung $\sigma = 0.5$ Jahre. Mit welcher Wahrscheinlichkeit ist ein Akkumulator

a) bereits im ersten Jahr defekt?

b) mindestens drei Jahre funktionsfähig?

c) mehr als ein Jahr, aber weniger als zwei Jahre funktionsfähig?

d) Mit welcher Wahrscheinlichkeit halten zwei Akkumulatoren mindestens zwei Jahre?

4.62 Zwei Ohmsche Widerstände werden hintereinander geschaltet. Die Werte R_1 und R_2 für diese Widerstände werden als normalverteilt angenommen mit $\mu_1 = 500\ \Omega$ und $\sigma_1 = 10\ \Omega$ bzw. $\mu_2 = 200\ \Omega$ und $\sigma_2 = 4\ \Omega$. In welchem Intervall $(700 - \varepsilon, 700 + \varepsilon)$ $[\Omega]$ liegt mit einer Wahrscheinlichkeit von 99 % der Gesamtwiderstand?

4.63 In einem Steinbruch werden Natursteinplatten als Baumaterial abgebaut. Die Wahrscheinlichkeit, dass die Masse einer einzelnen Platte kleiner als 10 kg ist, wird mit 0.05 angegeben und die Wahrscheinlichkeit, dass sie größer als 70 kg ist, mit 0.1. Die Masse einer einzelnen Platte wird als normalverteilte Zufallsvariable angenommen.

a) Wie groß sind Erwartungswert und Standardabweichung der angenommenen Normalverteilung?

b) Wie groß ist die Wahrscheinlichkeit, dass die Masse einer einzelnen Platte zwischen 40 kg und 60 kg beträgt?

4.64 Die Länge von Profilbrettern ist normalverteilt mit dem Erwartungswert $\mu = 4$ m und der Standardabweichung $\sigma = 5$ cm. Wie groß ist

a) der Ausschussanteil, wenn die minimale Länge der Bretter 3.9 m betragen soll?

b) die Wahrscheinlichkeit, dass ein Brett nicht länger als 4.075 m ist?

c) die Wahrscheinlichkeit, dass die Länge eines Brettes um nicht mehr als die Standardabweichung vom Erwartungswert abweicht?

d) die Wahrscheinlichkeit, dass beim Hintereinanderverlegen zweier Bretter die Gesamtlänge nicht kleiner als 7.93 m ist?

4.65 Eine Firma stellt Spezialfarben her, die in 1-Liter-Dosen verkauft werden. Im Mittel enthalten 4% aller abgefüllter Dosen weniger als 0.97 l und 3% aller abgefüllter Dosen mehr als 1.03 l

Farbe. Das zufällig in einer Dose enthaltene Volumen an Farbe wird als $N(\mu, \sigma^2)$-verteilte Zufallsvariable X angesehen. Die Parameter μ und σ sind zu berechnen.

4.66 In der Firma „L. U. Post & U. M. Schlag" werden nach neuester Technologie Luftpostumschläge mit einer Sollmasse von 1.75 g produziert. Die Abweichung der Masse eines zufällig ausgewählten Umschlages von der Sollmasse beträgt ca. 0.05 g. Mit welcher Wahrscheinlichkeit wiegt ein zufällig ausgewählter Umschlag

a) zwischen 1.7 g und 1.8 g?

b) mindestens 1.85 g?

Wie viel solcher Umschläge enthält ein Päckchen von 100 Umschlägen ungefähr?

4.67 Zwei innovative Spezialfirmen „DIGI" und „TAL" stellen Metallfolien her, deren Dicken den Sollwert 0.1 mm haben sollen. Eine Folie ist gebrauchsfähig, wenn ihre Dicke einen Wert im Intervall $[0.082, 0.118]$ [mm] hat. Die Dicke der in „DIGI" hergestellten Folien hat eine Standardabweichung von 0.01 mm, die in „TAL" hergestellten eine Standardabweichung von 0.018 mm. Die Kosten für 1000 Folien betragen in „DIGI" 20 €, in „TAL" 16 €. Soll sich ein Käufer von gebrauchsfähigen Folien für die Firma „DIGI" oder die Firma „TAL" entscheiden, wenn die Kosten minimiert werden sollen?

4.68 Seit der Einführung der neuen Generation von Zügen „IZE" (Innovativ-Zuverlässig-Einzigartig) in Technolien beträgt die mittlere Verspätung eines Zuges 8 Minuten. Wie groß ist die Wahrscheinlichkeit, dass ein Zug

a) pünktlich ankommt, d. h., in der Toleranz von 30 s zur planmäßigen Ankunftszeit,

b) 20 min nach seiner planmäßigen Ankunftszeit immer noch nicht angekommen ist,

c) höchstens 15 min Verspätung hat,

d) zwischen 5 und 10 min Verspätung hat?

4.69 In einer Spezialwerkstatt für die Reparatur von Baukränen wird damit geworben, dass die Reparatur eines Kranes mit der Wahrscheinlichkeit von 90 % innerhalb von zwei Tagen erledigt ist. Die Zeit für die Reparatur wird als exponentialverteilte Zufallsvariable angenommen. Mit welcher Wahrscheinlichkeit ist die Reparatur eines Baukranes

a) in weniger als einem halben Tag erledigt?

b) nach Ablauf von drei Tagen immer noch nicht erledigt?

4.70 In einem stark beanspruchten Gerät des Labores des Studienganges Bauingenieurwesen der Hochschule einer modernen Stadt befindet sich ein Spezialbauteil, dessen Lebensdauer exponentialverteilt mit dem Parameter $\alpha = 0.004\ \text{h}^{-1}$ ist. An dem Gerät laufen ohne Unterbrechung Versuche. Wie groß ist die Wahrscheinlichkeit, dass das Gerät bei ständiger Nutzung innerhalb von einer Woche nicht ausfällt, wenn es für den Ausfall

a) keine anderen Ursachen gibt?

b) noch zwei andere Ursachen gibt, die mit den Wahrscheinlichkeiten 0.07 bzw. 0.15 auftreten?

4.71 Die Zeit T (in h) zur Reparatur eines Kraftfahrzeuges genügt einer Exponentialverteilung mit dem Parameter $\alpha = 0.25\ \text{h}^{-1}$. Gesucht ist die Wahrscheinlichkeit, dass die Reparaturzeit für ein Kraftfahrzeug höchstens 6 h beträgt.

4.72 Die Bedienung eines Kunden dauert durchschnittlich 10 min. Unter der Voraussetzung, dass die Bedienzeit eine exponentialverteilte Zufallsvariable ist, ist die Wahrscheinlichkeit gesucht, dass ein Kunde innerhalb einer Viertelstunde abgefertigt wird.

4.73 Die Lebensdauer einer Glühlampe ist eine exponentialverteilte Zufallsvariable. Bekannt ist, dass im Durchschnitt 75 % der Glühlampen nicht länger als 140 h brennen. Gesucht ist die Wahrscheinlichkeit, dass eine Glühlampe länger als 250 h brennt.

4.74 Die Zerfallszeit T für Polonium genügt einer Exponentialverteilung mit dem Parameter α. Mittels der Halbwertzeit, die für dieses radioaktive Element 140 Tage beträgt, ist zu bestimmen

a) der Parameter α,

b) die Zeit t_0, in der mit der Wahrscheinlichkeit von 95 % ein Zerfall erfolgt.

Die Halbwertzeit ist diejenige Zeit, bis zu der das radioaktive Element mit der Wahrscheinlichkeit von 50 % zerfallen ist.

4.75 Der Zusammenhang zwischen Poissonverteilung und Exponentialverteilung ist zu erläutern.

4.76 Die Lebensdauer von elektronischen Bauteilen einer bestimmten Sorte wird als exponentialverteilt mit dem Parameter λ angenommen. Sie beträgt im Mittel $1/\lambda = 500$ Tage. Mit welcher Wahrscheinlichkeit ist ein Bauteil

a) mindestens 500 Tage funktionsfähig?

b) nicht vor Ablauf von 250 Tagen kaputt?

c) vor Ablauf von 300 Tagen kaputt?

d) kaputt nach einer Betriebsdauer zwischen 200 und 300 Tagen?

e) Bis zu welchem Zeitpunkt ist eine mindestens 90 %-ige Wahrscheinlichkeit der Funktionsfähigkeit eines Bauteils gegeben?

4.77 Die Zeit zur Durchsicht und möglichen Reparatur eines Baggers kann als exponentialverteilte Zufallsvariable angenommen werden. Dabei wird durchschnittlich ein Arbeitstag pro Bagger benötigt (Parameter $\alpha = 1\ \text{d}^{-1}$).

a) Wie groß ist die Wahrscheinlichkeit, dass die Durchsicht und Reparatur eines Baggers bereits nach einem halben Arbeitstag beendet ist?

b) Wie groß ist die Wahrscheinlichkeit, dass die Durchsicht und Reparatur eines Baggers zwischen ein und zwei Arbeitstage beansprucht?

c) Wie lange dauert es mit 95 %-iger Wahrscheinlichkeit höchstens, bis die Durchsicht und Reparatur eines Baggers beendet ist?

4.78 Die Zeit zur Reparatur einer Schleifmaschine kann als exponentialverteilte Zufallsvariable angenommen werden. Dabei werden durchschnittlich fünf Schleifmaschinen pro Tag repariert (Parameter $\alpha = 5\ \text{d}^{-1}$).

a) Wie groß ist die Wahrscheinlichkeit, dass die Zeit zur Reparatur von sieben Schleifmaschinen höchstens einen Tag beträgt?

b) Wie lange dauert die Reparatur einer Schleifmaschine mit 90 %-iger Wahrscheinlichkeit mindestens?

c) Wie lange dauert die Reparatur von drei Schleifmaschinen mit 90 %-iger Wahrscheinlichkeit höchstens?

4.79 Der Hersteller „Gasgespart“ gibt an, dass ca. 90 % seiner Gasbrennwertheizanlagen eine Lebensdauer von mindestens 20 Jahren haben, der Hersteller „Oelarom“ wirbt damit, dass ca. 80 % seiner Ölheizanlagen eine Lebensdauer von mindestens 30 Jahren haben. Man kann davon ausgehen, dass die tatsächliche Lebensdauer einer Heizanlage eine exponentialverteilte Zufallsvariable ist. Gesucht ist die Wahrscheinlichkeit,

a) dass eine Gasbrennwertheizanlage des Herstellers „Gasgespart“ höchstens 19.5 Jahre bzw. mindestens 40 Jahre hält.

b) dass eine Ölheizanlage des Herstellers „Oelarom“ höchstens 19.5 Jahre bzw. mindestens 40 Jahre hält.

c) dass in einem Doppelhaus mindestens eine der beiden Gasbrennwertheizanlagen des Herstellers „Gasgespart“ 25 Jahre oder länger hält.

4.80 Im Mittel haben 90 % der von der Firma „E.W.Iglauf & Söhne“ hergestellten elektronischen Bauelemente eine Lebensdauer von mindestens zehn Jahren. Die Lebensdauer wird als exponentialverteilt angenommen.

a) Gesucht ist der Erwartungswert und der Median (d. h., das 0.5-Quantil $x_{0.5}$) für die Lebensdauer eines Bauelementes.

b) Wie groß ist die Wahrscheinlichkeit, dass ein zufällig ausgewähles Bauelement mindestens fünf Jahre funktioniert?

Grenzverteilungssätze

4.81 Von 100 000 produzierten Stahlkugeln werden 200 Stahlkugeln in einer Packung verschickt. Durchschnittlich 0.1 % der Stahlkugeln sind Ausschuss. Mit welcher Wahrscheinlichkeit enthält die Packung keine Ausschussteile?

4.82 Die Wahrscheinlichkeit der Produktion fehlerhafter Schaltelemente beträgt 0.02. Die Schaltelemente werden zu je 100 Stück verpackt. Wie groß ist die Wahrscheinlichkeit, dass in einer Packung

a) keine fehlerhaften Schaltelemente sind?

b) nicht mehr als drei fehlerhafte Schaltelemente sind?

4.83 Durchschnittlich 3 % der von einem Unternehmen hergestellten Glühlampen sind defekt. Gesucht ist die Wahrscheinlichkeit, dass in einer Stichprobe von 100 Glühlampen folgende Anzahl von Glühlampen defekt ist:

a) null **b)** eine **c)** zwei **d)** drei

e) vier **f)** fünf

4.84 Ein Sack enthält eine rote und sieben weiße Murmeln. Eine Murmel wird aus dem Sack gezogen, und ihre Farbe wird notiert. Dann wird die Murmel wieder in den Sack getan, und sein Inhalt wird sorgfältig gemischt. Zu bestimmen ist die Wahrscheinlichkeit, dass bei acht Zügen genau dreimal eine rote Murmel gezogen wird bei Verwendung

a) der Binomialverteilung,

b) der Näherung der Binomial- durch die Poissonverteilung.

4.85 Nach statistischen Angaben des Wasserlandes beträgt dort die durchschnittliche Anzahl der bei einem Unfall Ertrunkenen pro Jahr drei pro 100 000 Einwohner. Zu bestimmen ist die Wahrscheinlichkeit, dass es in einer Stadt des Wasserlandes mit 200 000 Einwohnern folgende Anzahl von bei einem Unfall Ertrunkenen pro Jahr gibt:

a) null **b)** zwei **c)** sechs **d)** acht

e) zwischen vier und acht **f)** weniger als drei

4.86 Eine Produktionsserie umfasst eine Million Stück. Im Durchschnitt sind jeweils 20 % der in diesem Betrieb hergestellten Erzeugnisse Ausschuss. Wie groß ist die Wahrscheinlichkeit, dass eine Lieferung von 40 000 Stück aus der Produktionsserie genau 8 240 Ausschussstücke enthält?

4.87 Die Wahrscheinlichkeit für das Eintreten des Ereignisses A in einem Versuch beträgt 0.5. Kann mit einer Wahrscheinlichkeit größer als 0.097 behauptet werden, dass das Ereignis A bei 1000 unabhängigen Versuchen mindestens 400 Mal und höchstens 600 Mal eintritt?

4.88 Die Wahrscheinlichkeit, dass ein aus der Produktion zufällig herausgegriffenes Bauteil unbrauchbar ist, beträgt 10 %. Ein Posten dieser Bauelemente wird nicht abgenommen, wenn mehr als neun unbrauchbare Bauteile bei der Prüfung gefunden werden. Wie viel Bauelemente hat ein Posten, wenn mit einer Wahrscheinlichkeit von 0.6 seine Ablehnung erfolgt?

4.89 Die Wahrscheinlichkeit, dass ein Kondensator während der Zeit t ausfällt, beträgt 0.5.

a) Wie groß ist die Wahrscheinlichkeit, dass von 100 solcher unabhängig arbeitenden Kondensatoren während der Zeit t mehr als 59 bzw. mindestens 45, aber höchstens 55 ausfallen?

b) Wie viel Kondensatoren müssen mindestens in Reserve liegen, damit nach der Zeit t alle ausgefallenen Kondensatoren mit der Wahrscheinlichkeit 0.95 ersetzt werden können?

4.90 Die Gehäuse für Heizungsumwälzpumpen werden gegossen. Dabei tritt erfahrungsgemäß ein Ausschussprozentsatz von 10 % ein. Um einen reibungslosen Ablauf der Produktion zu gewährleisten, müssen bei einem Abstich 100 brauchbare Gehäuse hergestellt werden. Wie viel Gehäuse müssen mindestens hergestellt werden, um mit der Wahrscheinlichkeit von 99 % diese Forderung zu erfüllen?

4.91 Gesucht ist die Wahrscheinlichkeit, bei zehn Würfen einer fairen Münze dreimal bis einschließlich sechsmal das Ergebnis „Kopf“ zu erhalten,

a) mithilfe der Binomialverteilung,

b) mithilfe der Näherung der Binomial- durch die Normalverteilung.

4.92 Gesucht ist die Wahrscheinlichkeit, dass ein Student bei einer Richtig-Falsch-Prüfung die richtigen Antworten errät bei

a) 12 von 20 Fragen,

b) 24 von 40 Fragen.

4.93 Beim Abfüllen von Betonestrich in Säcke kann die Normmasse von 25 kg i. Allg. nicht eingehalten werden. Die Erfahrung zeigt, dass die Füllmasse eines Sackes durch die Zufallsvariable $Y = X + 25$ [kg] beschrieben werden kann. Die Zufallsvariable X ist hierbei die Abweichung von der Normmasse. Sie wird als gleichverteilt im Intervall $[-0.8, 1.6]$ [kg] angenommen. Die Säcke sollen mit einem LKW transportiert werden. Gesucht ist die Wahrscheinlichkeit, dass die zulässige Nutzlast von 3 t bei der Zuladung von 117 Säcken überschritten wird.

Stichprobenfunktionen

4.94 Die jährliche Messung des Wasserverbrauchs von 20 Haushalten lieferte die Werte (in m^3)

55 74 102 83 78 43 98 65 71 102
118 87 86 59 132 99 145 165 99 83

Zu bestimmen sind Lage- und Streuungsmaßzahlen dieser Stichprobenrealisierung.

4.95 Die Massen von Paketen, die in einem Kaufhaus in Empfang genommen werden, haben ein Mittel von 300 kg und eine Standardabweichung von 50 kg. Wie hoch ist die Wahrscheinlichkeit, dass 25 zufällig enthaltene Verpackungen, die in einen Aufzug geladen werden sollen, die spezielle Sicherheitsgrenze des Aufzuges von 8200 kg überschreiten?

4.96 Ein Hersteller verschickt 1000 Pakete mit je 100 Glühlampen. Durchschnittlich sind 5 % der Glühlampen defekt. In wie viel Paketen werden erwartet

a) weniger als 90 intakte Glühlampen,

b) mindestens 98 intakte Glühlampen?

4.97 Das Mittel der Punkte bei einem Eignungstest von Studenten beträgt 72 mit einer Standardabweichung von acht Punkten. Wie groß ist die Wahrscheinlichkeit, dass sich zwei Gruppen, die aus 28 bzw. 36 Studenten bestehen, in ihrem Punktemittel unterscheiden

a) um drei oder mehr Punkte,

b) um sechs oder mehr Punkte,

c) zwischen zwei und fünf Punkten?

4.98 Bei einem Examen waren die von den Studenten erreichten Punktzahlen normalverteilt mit einem Mittel von 72 Punkten und einer Standardabweichung von acht Punkten.

a) Zu bestimmen ist die minimale Punktzahl der besten 20 % der Studenten.

b) Zu bestimmen ist die Wahrscheinlichkeit, dass in einer zufälligen Stichprobe von 100 Studenten die minimale Punktzahl der besten 20 % kleiner als 76 sein wird.

4.99 Die Wahlergebnisse zeigen, dass ein bestimmter Kandidat 65 % der Stimmen erhalten hat. Zu bestimmen ist die Wahrscheinlichkeit, dass zwei Zufallsstichproben, bestehend aus 200 Wählern, mehr als 10 % Unterschied bei den Anteilen aufweisen, wer den Kandidaten gewählt hat.

Konfidenzschätzungen

4.100 Mit einer Stichprobe von zehn auf einem Drehautomaten bearbeiteten Wellen ist ein Konfidenzintervall zum Konfidenzniveau $1-\alpha = 0.9$ für den Erwartungswert der als normalverteilt vorausgesetzten Abweichungen des Wellendurchmessers von der Mitte des Toleranzgebietes zu bestimmen. Die Stichprobe ergab die Schätzwerte $\overline{x} = 2$ μm und $s = 2.4$ μm.

4.101 Bei auf einer Drehmaschine gefertigten Buchsen wurden die als normalverteilt vorausgesetzten Innendurchmesser der Buchsen in einer Stichprobe vom Umfang $n = 10$ gemessen. Es ergab sich $\overline{x} = 10.02$ mm und $s = 0.024$ mm. Anzugeben sind Konfidenzintervalle für μ und σ bei einem Konfidenzniveau von $1 - \alpha = 0.99$.

4.102 Bei der Bestimmung der Entfernung zwischen zwei Orten wurde ein Messgerät mit normalverteiltem zufälligen Fehler benutzt. Es wurden $n = 25$ Messungen durchgeführt. Dabei ergab sich als Mittelwert $\overline{x}=24.325$ km und als Stichprobenvarianz $s^2 = 196$ m^2. Anzugeben sind Konfidenzintervalle für μ und σ bei einem Konfidenzniveau von $1-\alpha=0.99$.

4.103 Bei einer Zufallsstichprobe von 400 Erwachsenen und 600 Jugendlichen, die ein bestimmtes Fernsehprogramm sahen, gaben 100 Erwachsene und 300 Jugendliche an, dass es ihnen gefallen hat. Zu bestimmen ist

a) die 95 % - b) die 99 % -

Konfidenzgrenze für die Differenz der Anteile aller Erwachsenen und Jugendlichen, denen das Programm gefiel.

4.104 Bei 40 Würfen einer Münze erschien 24-mal das Ergebnis „Kopf“. Zu bestimmen ist

a) die 95 % - b) die 99.73 % -

Konfidenzgrenze für den Anteil des Ergebnisses „Kopf“ bei einer großen Anzahl von Münzwürfen.

4.105 Gelda Wurf hat bei 24 000 Würfen eines Geldstückes 12 012-mal das Ergebnis „Wappen“ erhalten. Auf der Grundlage dieser Werte ist ein Konfidenzintervall zum Konfidenzniveau 0.99 für die Wahrscheinlichkeit p anzugeben, bei einem Wurf das Ergebnis „Wappen“ zu erhalten.

4.106 Eine Stichprobe von 150 Glühlampen der Marke A ergab eine mittlere Lebensdauer von 1 400 h und eine Standardabweichung von 120 h. Eine Stichprobe von 200 Glühlampen der Marke B ergab eine mittlere Lebensdauer von 1 200 h und eine Standardabweichung von 80 h. Zu bestimmen ist

a) die 95 % - b) die 99 % -

Konfidenzgrenze für den Unterschied (die Differenz) der mittleren Lebensdauern der Glühlampen der Marken A und B.

Prüfen von Hypothesen

4.107 Um den Kohlenstoffanteil eines Stahls zu prüfen, wurden 49 Proben analysiert. Es ergab sich $\overline{x} = 1.7\,\%$ und $s^2 = 0.5$. Zu überprüfen ist mit einer Irrtumswahrscheinlickeit $\alpha = 0.05$, ob die Abweichung des Kohlenstoffgehaltes von den gewünschten 2 % signifikant ist, wenn der Kohlenstoffanteil in den Proben als normalverteilt vorausgesetzt wird.

4.108 Ein Messgerät wird im Laufe der Zeit infolge von Abnutzungserscheinungen unbrauchbar. Als Kriterium für seine Brauchbarkeit dient die Forderung $\sigma^2 < 10^{-4}$ für die Varianz seiner normalverteilten zufälligen Messfehler. Darf bei einer zulässigen Irrtumswahrscheinlichkeit $\alpha = 0.05$ auf die Brauchbarkeit des Messgerätes geschlossen werden, wenn sich aus 25 Fehlerwerten für die Varianz $\sigma^2 = 0.65 \cdot 10^{-4}$ ergeben hat?

4.109 Ein Hersteller von Batterien gibt an, dass höchstens 5 % der von ihm gelieferten Batterien unbrauchbar sind. Zur Kontrolle dieser Angaben werden 100 Batterien kontrolliert. Dabei erweisen sich sieben als defekt.

a) Widerspricht dieses Kontrollergebnis den Angaben des Herstellers, wenn eine Irrtumswahrscheinlichkeit von höchstens 5 % zugelassen ist?

b) Wie viel der kontrollierten Batterien müssten mindestens unbrauchbar sein, wenn bei einer Irrtumswahrscheinlichkeit von 0.01 Signifikanz vorliegen soll?

4.110 Zwei Firmen stellen Bagger her. Bei der ersten Firma haben von 30 zufällig ausgewählten Baggern fünf einen Qualitätsmangel, bei der zweiten sind es acht. Beruht dieser Unterschied auf der Zufälligkeit der Stichprobenergebnisse?

4.111 Eine Firma stellt Betonbalken her, deren Druckfestigkeit im Mittel 40 N/mm^2 und eine Standardabweichung von 2 N/mm^2 aufweist. Eine neue Zusammensetzung des Betons soll die mittlere Druckfestigkeit erhöhen. Es ist eine Entscheidungsregel anzugeben, um die neue Materialzusammensetzung mit einer Irrtumswahrscheinlichkeit von $\alpha = 1\,\%$ anzunehmen, wenn 25 Balken auf Druckfestigkeit getestet werden sollen.

4.112 Die Prüfung der Zugfestigkeit von $N = 12\,000$ Injektionsbohrankern, die auf einer Tunnelbaustelle zum Einsatz kommen sollen, gilt als bestanden, wenn durchschnittlich nicht mehr als ein Fünftel aller Injektionsbohranker defekt ist. Laut Vorschrift müssen 3 % der verwendeten Anker überprüft werden. Es ist ein Kriterium anzugeben, wie viel dieser Anker defekt sein dürfen, wenn mit einer Irrtumswahrscheinlichkeit von $\alpha = 0.05$ davon ausgegangen werden soll, dass die Prüfung der Injektionsbohranker als bestanden gilt.

χ^2-Anpassungstest

4.113 Betrachtet wird eine Messreihe $x_1, x_2, ..., x_n$ [mm] von $n = 200$ Nietkopfdurchmessern. Es wird angenommen, dass die Messwerte normalverteilt sind. Für den Erwartungswert bzw. die Varianz ergaben sich die beiden Punktschätzungen $\overline{x} = 14.37$ mm bzw. $s^2 = 0.0086$ mm. Die gemessenen Werte wurden in $r = 10$ Intervalle I_k mit den äquidistanten Klassengrenzen $b_1 = 14.15$, $b_2 = 14.20$, ..., $b_9 = 14.55$ [mm] eingeteilt. Die absoluten Klassenhäufigkeiten h_{ak}, $k = 1, ..., r$, ergaben sich wie in der Tabelle

k	1	2	3	4	5
b_k	14.15	14.20	14.25	14.30	14.35
h_{ak}	2	4	12	23	39

k	6	7	8	9	10
b_k	14.40	14.45	14.50	14.55	
h_{ak}	42	36	24	12	6

Mithilfe des χ^2-Anpassungstestes soll mit der Irrtumswahrscheinlichkeit $\alpha = 0.1$ geprüft werden, ob die $N\left(\overline{x}, s^2\right)$-Verteilung eine angemessene Beschreibung der Verteilung der Messwerte liefert.

4.114 In einer Firma wurden innerhalb eines Jahres 100 Fälle registriert, bei denen ein Arbeitnehmer genau einen Tag krankheitshalber fehlte. Die Verteilung der Fehltage auf die Wochentage ist in der Tabelle angegeben.

Wochentag	Mo	Di	Mi	Do	Fr
Anzahl der Fehltage	22	19	16	18	25

Kann die Hypothese mit der Irrtumswahrscheinlichkeit $\alpha = 5\,\%$ bestätigt werden, dass sich die Fehltage gleichmäßig auf die fünf Wochentage verteilen?

4.115 Eine Sekretärin schreibt 60 Briefe so oft, bis kein Schreibfehler mehr darin enthalten ist. Dabei sind 39 Briefe bereits beim ersten Schreiben fehlerfrei, elf Briefe beim zweiten Schreiben, sechs beim dritten Schreiben. Bei vier Briefen werden mehr als drei Versuche benötigt.

Zu prüfen ist die Hypothese mit der Irrtumswahrscheinlichkeit $\alpha = 5\,\%$, dass die Sekretärin einen Brief mit der Wahrscheinlichkeit $p = 0.8$ fehlerfrei schreibt.

2 Lösungswege

B1 Arithmetik reeller Zahlen

Addition und Multiplikation

1.1 a) $p+q+r$ b) $p+q-r$ c) $p-q-r$
d) $p-q+r$ e) $p+q-r+s$ f) $p+q-r-s+u+v$
g) $p-q+r+s-u-v-w$ h) $p-q+r-s-u+v-w$

1.2 a) $2x+3y$ b) $3m+3n$ c) $4a+2b$ d) $5x+5y$
e) $39m+13n$ f) $15p-12q$ g) $5x-63z$ h) $3q+6r$

1.3 a) $4x+5y+6z$ b) $23p-6q+5r+14s$ c) $31a-3b-13c-3d$ d) $r+3s-9t-7u$
e) $5a-8b-9x$ f) $4r+7p-11q$ g) $4x+6y$

1.4 a) $115p+72x+152y+117z$ b) $2xz+2yz+2xy$ c) $13a+8b-18c-21d$
d) $zu-xy$ e) $2ac$ f) $2nx-2nm$
g) $47a+38b-15c$ h) $12p-12q-12r$ i) $nu+ny$ j) $7c-7b$

1.5 a) $am+an+bm+bn$ b) $px+py+pz+qx+qy+qz+rx+ry+rz$
c) $p^2+2pq+q^2-r^2$ d) $p^2-q^2-r^2+2qr$
e) $q^2+2qr+r^2-p^2$ f) $-p^2-q^2-r^2+2pq-2pr+2qr$
g) $b^2+c^2-a^2-3ac+ab+bc$ h) $-x^2-y^2-z^2+2xy+2yz+2xz$

1.6 a) $(a+b)3x$ b) $2y(2a+4b)$ c) $(11a-8b+5c)(5a-8b+11c)$

1.7 a) $x^2+2xy+y^2$ b) $49x^2+70x+25$ c) $4m^2+2mn+0.25n^2$
d) a^2-1 e) $9a^2-24a+16$ f) $1-x^2$
g) $a^2+b^2-c^2+2ab$ h) $a^2+b^2-c^2-d^2-2ab-2cd$ i) $x^4+x^2y^2+y^4$ j) a^4-b^4

1.8 a) $7a$ b) $2b^2-3bc+5c^2$ c) $5p-4u$
d) $13m+10n+17p$ e) x^2-9y^2 f) $2x-3y+4z$

1.9 a) $\dfrac{m(m+2n)}{m-n}$ b) $\dfrac{a^2+ab+b^2}{a+b}$ c) $\dfrac{(p-q)^2}{4pq}$ d) $\dfrac{xc-yb-za}{abc}$ e) $\dfrac{-10a+33b}{24}$ f) $\dfrac{a^2+b^2}{ab}$

1.10 a) $pm+qn$ b) $\dfrac{aqmn-bpmn}{p^2q^2}$ c) $\dfrac{4a^2-9b^2}{ab}$ d) $\dfrac{12}{5}(a+b)^2(m-n)^2$

1.11 a) $\dfrac{49}{y}$ b) $20bd^2$ c) $8(m+n)(p+q)$ d) $\dfrac{7}{3}(4a^2-b^2)$
e) x^2-xy+y^2 f) $2\dfrac{a^2+b^2}{a^2-b^2}$ g) $\dfrac{4-x}{6(x+1)}$ h) $\dfrac{x^4+3x^3+81}{3x(3-x)(3+x)}$

1.12 a) $a\left(\dfrac{8r}{q^2}-\dfrac{3q}{p^2}\right)$ b) 1

1.13 a) $(a-3)^2$ b) $(x+1)^2$ c) $(6x-5y)(6x+5y)$
d) $(a-b-x)(a-b+x)$ e) $(a+12x)(17a-12x)$ f) $(a+b-c)(a+b+c)$
g) $(3x-2y+z)(3x+2y-z)$ h) $(x+1)^2(x^2-x+1)$

1.14 a) $\dfrac{a+b}{a-b}$ b) $-\dfrac{m}{n}$ c) $\dfrac{b(a-b)}{c(a-c)}$ d) $-\dfrac{a}{b}$ e) a^2+b^2
f) $\dfrac{n-m}{n+m}$ g) $\dfrac{a^3+a^2b+ab^2+b^3}{a^2+ab+b^2}$ h) $\dfrac{(a-b)(a^2+b^2)}{a^2-ab+b^2}$ i) $\dfrac{a^4+b^4}{a^3+b^3}$

Potenz- und Wurzelrechnung

1.15 a) p^{2n} b) b^{9-x} c) c^{2x-2} d) k^{1+n} e) x^8
f) $0.5\,a^{n+3}b^{m+1}x^{7+p}$ g) $a^3(a^3+1)(a^2-1)$ h) $y^5(y^5+1)(y^5-1)$ i) a^6+b^6 j) a^{x-2}
k) x^{4-n} l) a^6 m) ab n) $-a^4(x-y)^{-3}$ o) a^{x+3}

1.16 a) $\dfrac{1+x+x^6}{x^7}$ b) $\dfrac{1}{x^4}$ c) $\dfrac{1}{x^p}$ d) $\dfrac{x^{n-2}(2x^2+2xy-y^2)}{(x+y)^n}$

1.17 a) $(ab)^{8p-9q}$ b) $(pq)^{10x+11y}$ c) $(12y)^n(xz)^{-n}$
d) $a^{10}b^{15}x^{-15}y^{-20}$ e) $\dfrac{a^2-b^2}{x^2-y^2}$ f) $\dfrac{2}{3}a^{2n-8}c^x x^{-1}y$

1.18 a) $a^6-3a^4b+3a^2b^2-b^3$ b) $2x^3+6x$
c) $a^5-5a^4b+10a^3b^2-10a^2b^3+5ab^4-b^5$ d) $480x^4+2160x^2+486$
e) $a^{2m}-2a^{m+n}+a^{2n}$ f) $4x^3(y+a)+6x^2(y^2-a^2)+4x(y^3+a^3)+y^4-a^4$

1.19 a) $2m-3n$ b) $x+3$ c) $a^2-2ab+2b^2$ d) $a^4-a^3b+a^2b^2-ab^3+b^4$

1.20 a) $2x+2\sqrt{x^2-y^2}$ b) $\dfrac{a^2+b^2+4x^2-4ax-4bx+2ab}{(a-x)(x-b)}$ c) 1 d) $\dfrac{x}{3}\sqrt{a-b}$ e) $\sqrt[8]{x}$

1.21 a) $\dfrac{a-\sqrt{a}}{a-1}$ b) $\dfrac{\sqrt{x}+\sqrt{y}}{x-y}$ c) $\dfrac{acx-bdy+(ad-bc)\sqrt{xy}}{c^2x-d^2y}$
d) $\sqrt{3}+\sqrt{5}-2\sqrt{2}$ e) $\dfrac{(a+\sqrt{x})\sqrt{a^2-x}}{a^2-x}$ f) $\dfrac{a^2+x^2+ax+(a+x)\sqrt{a^2+x^2}}{ax}$

Ungleichungen

Hier bedeutet das Zeichen $\wedge$ „und“ sowie das Zeichen $\vee$ „oder“.

1.22 a) $L = \{x|x\in\mathbb{R} \wedge -\infty < x < 2\}$
b) $L = \{x|x\in\mathbb{R} \wedge -7.5 < x < \infty\}$
c) $L = \{x|x\in\mathbb{R} \wedge -\infty < x < 15\}$
d) $L = \{x|x\in\mathbb{R} \wedge (-\infty < x < -1 \vee 0 < x < \infty)\}$
e) $L = \{x|x\in\mathbb{R} \wedge (-\infty < x < -5 \vee 2 < x < \infty)\}$

1.23 Lösungen der Ungleichung existieren für
$\{a|a\in\mathbb{R} \wedge (-\infty < a < -0.5 \vee 0.5 < a < \infty)\}$.
Die Lösungsmenge lautet dann
$L = \left\{x|x\in\mathbb{R} \wedge -\sqrt{4a^2-1} < x < \sqrt{4a^2-1}\right\}$.

B2 Funktionen einer Veränderlichen

Monotonie, Beschränktheit, Umkehrfunktion

2.1 Der Graph der Funktion $y = g(x) = \alpha f(\beta(x-\gamma)) + \delta$ ergibt sich aus dem Graph der Funktion $y = f(x)$ durch
Verschiebung in Richtung der x-Achse um γ,
Verzerrung in Richtung der y-Achse mit dem Faktor α (Streckung für $|\alpha| > 1$, Stauchung für $|\alpha| < 1$),
für $\alpha < 0$ zusätzlich durch Spiegelung an der x-Achse,
Verzerrung in Richtung der x-Achse mit dem Faktor β (Streckung für $|\beta| < 1$, Stauchung für $|\beta| > 1$),
für $\beta < 0$ zusätzlich durch Spiegelung an der y-Achse,
Verschiebung in Richtung der y-Achse um δ.

Die Graphen der Funktionen aus den Aufgaben **a), b), c)** sind in den **Bildern 2.1**, **2.2** und **2.3** dargestellt.

a)

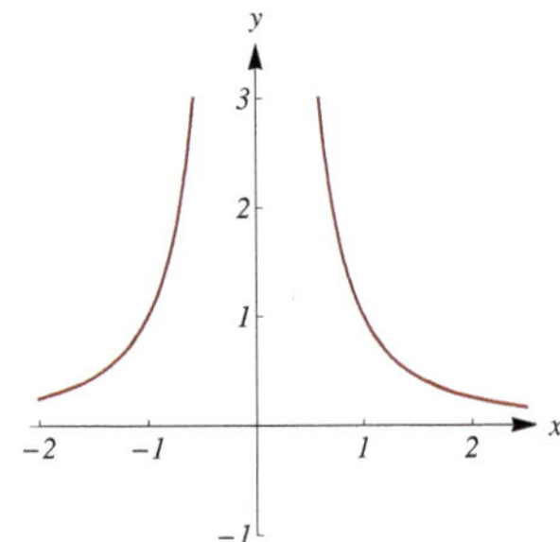

Bild 2.1 $f(x) = 1/x^2$

b)

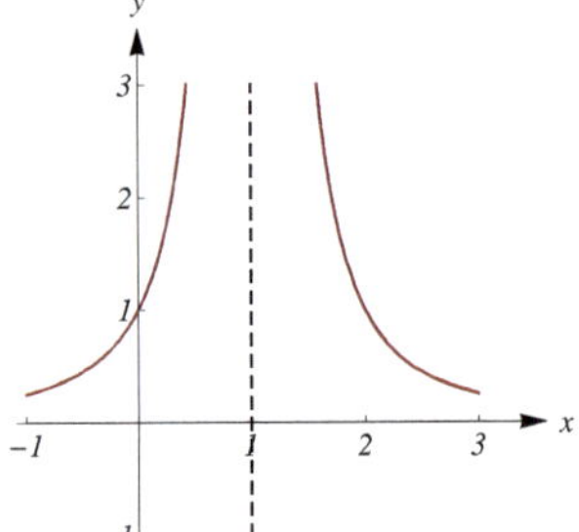

Bild 2.2 $f(x) = 1/(x-1)^2$

c)

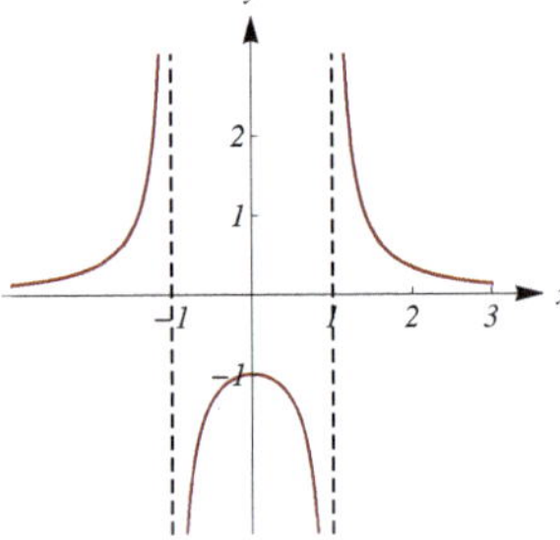

Bild 2.3 $f(x) = 1/(x^2-1)$

2.2 a) Der Definitionsbereich D_f der Funktion f besteht aus denjenigen reellen Zahlen x, für die die Quadratwurzel erklärt ist. Aus der Bedingung $-2x-3 \geq 0$ folgt $D_f : \{x | x \in \mathbb{R} \wedge -\infty < x \leq -1.5\}$.
Der Wertebereich besteht aus den nicht negativen reellen Zahlen, da die Quadratwurzel aus einer reellen Zahl nicht negativ ist und als Radikant alle nicht negativen reellen Zahlen in Frage kommen: $W_f : \{y | y \in \mathbb{R} \wedge y \geq 0\}$.

Zum Erstellen des Graphen aus $y = \sqrt{x}$: $y = f(x) = \sqrt{-2x-3} = \sqrt{-2(x-1.5)}$, Verschiebung in Richtung der x-Achse um $\gamma = 1.5$, Stauchung in Richtung der x-Achse mit dem Faktor $|\beta| = 2$, Spiegelung an der y-Achse wegen $\beta < 0$ (siehe **Bild 2.4**).

b) Der Definitionsbereich D_f der Funktion f besteht aus denjenigen reellen Zahlen x, für die die Quadratwurzel erklärt ist. Aus der Bedingung $(a-x)(b-x) \geq 0$ folgt
entweder $a \geq x$ und $b \geq x$, also $x \leq \min(a,b)$, oder $a \leq x$ und $b \leq x$, also $x \geq \max(a,b)$.
Damit ist $D_f : \{x | x \in \mathbb{R} \wedge (x \leq \min(a,b) \vee \max(a,b) \leq x)\}$.
Der Wertebereich besteht aus den nicht negativen reellen Zahlen, da die Quadratwurzel aus einer reellen Zahl nicht negativ ist und als Radikant alle nicht negativen reellen Zahlen in Frage kommen: $W_f : \{y | y \in \mathbb{R} \wedge y \geq 0\}$.

Zum Erstellen des Graphen aus $y = \sqrt{x^2-c^2}$: $y = f(x) = \sqrt{(a-x)(b-x)} = \sqrt{(x-0.5(a+b))^2-(0.5(a-b))^2}$, Verschiebung in Richtung der x-Achse um $\gamma = 0.5(a+b)$, $c = 0.5|a-b|$ (siehe **Bild 2.5**).

a)

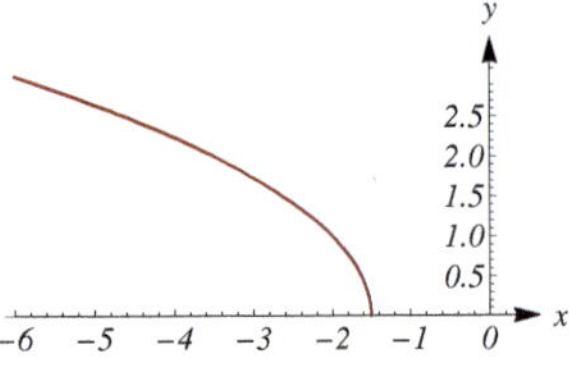

Bild 2.4 $f(x) = \sqrt{-2x-3}$

b)

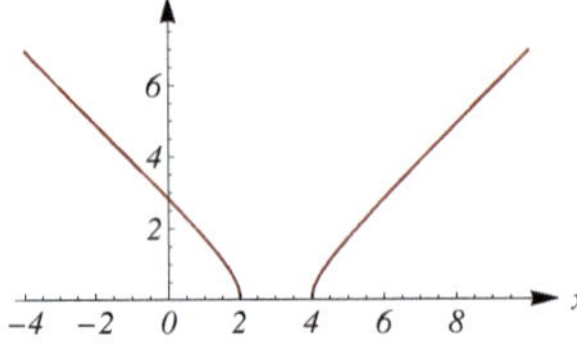

Bild 2.5 $f(x) = \sqrt{(a-x)(b-x)}$, $a=2$, $b=4$

2.3 **a)** Für den Wert $x = 1$ ist die erste Bedingung $x^2 = x$ erfüllt. Daher wird $x = 1$ der Wert 1 zugeordnet. Für den Wert $x = 1$ ist aber auch die zweite Bedingung $x \neq 0$ erfüllt. Daher wird $x = 1$ der Wert 2 zugeordnet. Dem Wert $x = 1$ werden somit gleichzeitig die zwei verschiedenen Werte 1 und 2 zugeordnet.

Antwort: Die Vorschrift ist keine Funktion.

b) Offensichtlich wird durch die Vorschrift jedem $x \in \mathbb{R}$ genau ein reeller Wert zugeordnet (die Bedingungen $x \geq 0$ und $x < 0$ schließen einander aus).

Antwort: Die Vorschrift ist eine Funktion (die Betragsfunktion $y = f(x) = |x|$).

2.4 **a)** $a > 0$: streng monoton steigend auf dem Intervall $(-\infty,\ \infty)$,

Aus $x_1 < x_2$ folgt nach Multiplikation mit $a > 0$ stets $ax_1 < ax_2$, d. h., $f(x_1) < f(x_2)$.

$a < 0$: streng monoton fallend auf dem Intervall $(-\infty,\ \infty)$

Aus $x_1 < x_2$ folgt nach Multiplikation mit $a < 0$ stets $ax_1 > ax_2$, d. h., $f(x_1) > f(x_2)$.

$a = 0$: konstante Funktion (sowohl monoton steigend als auch monoton fallend)

Aus $x_1 < x_2$ folgt nach Multiplikation mit $a = 0$ stets $f(x_1) = f(x_2) = 0$.

b) $a > 0$: streng monoton fallend auf $(-\infty,\ 0)$, streng monoton steigend auf $(0,\ \infty)$

Aus $x_1 < x_2 < 0$ folgt nach Multiplikation mit $x_1 + x_2 < 0$ die Ungleichung $x_1^2 > x_2^2$.
Multiplikation mit $a > 0$ ergibt $ax_1^2 > ax_2^2$, d. h., $f(x_1) > f(x_2)$.
Aus $0 < x_1 < x_2$ folgt nach Multiplikation mit $x_1 + x_2 > 0$ die Ungleichung $x_1^2 < x_2^2$.
Multiplikation mit $a > 0$ ergibt $ax_1^2 < ax_2^2$, d. h., $f(x_1) < f(x_2)$.

$a < 0$: streng monoton steigend auf $(-\infty,\ 0)$, streng monoton fallend auf $(0,\ \infty)$

Aus $x_1 < x_2 < 0$ folgt nach Multiplikation mit $x_1 + x_2 < 0$ die Ungleichung $x_1^2 > x_2^2$.
Multiplikation mit $a < 0$ ergibt $ax_1^2 < ax_2^2$, d. h., $f(x_1) < f(x_2)$.
Aus $0 < x_1 < x_2$ folgt nach Multiplikation mit $x_1 + x_2 > 0$ die Ungleichung $x_1^2 < x_2^2$.
Multiplikation mit $a < 0$ ergibt $ax_1^2 > ax_2^2$, d. h., $f(x_1) > f(x_2)$.

$a = 0$: konstante Funktion (sowohl monoton steigend als auch monoton fallend)

Aus $x_1 < x_2$ folgt wegen $ax_1^2 = f(x_1) = 0$ und $ax_2^2 = f(x_2) = 0$ stets $f(x_1) = f(x_2) = 0$.

c) Die Funktion $y = f(x) = \sqrt{x}$, $x \in [0, \infty)$, ist auf ihrem Definitionsbereich streng monoton steigend.
Aus $-4/5 \leq x_1 < x_2$ folgt stets $0 \leq 5x_1+4 < 5x_2+4$ und wegen des streng monotonen Steigens der Wurzelfunktion

$$
\begin{array}{lcl|l}
\sqrt{5x_1+4} & < & \sqrt{5x_2+4}, & \cdot 7 \\
7\sqrt{5x_1+4} & < & 7\sqrt{5x_2+4}, & -3\sqrt{5x_1+4}-3\sqrt{5x_2+4}, \\
4\sqrt{5x_1+4}-3\sqrt{5x_2+4} & < & 4\sqrt{5x_2+4}-3\sqrt{5x_1+4}, & +\sqrt{(5x_1+4)(5x_2+4)}-12 \\
\left(\sqrt{5x_1+4}-3\right)\left(\sqrt{5x_2+4}+4\right) & < & \left(\sqrt{5x_2+4}-3\right)\left(\sqrt{5x_1+4}+4\right) & :\ \left(\sqrt{5x_1+4}+4\right)\left(\sqrt{5x_2+4}+4\right) \\
f(x_1) = \dfrac{\sqrt{5x_1+4}-3}{\sqrt{5x_1+4}+4} & < & \dfrac{\sqrt{5x_2+4}-3}{\sqrt{5x_2+4}+4} = f(x_2) &
\end{array}
$$

Antwort: Die Funktion $y = f(x)$ ist auf dem Intervall $[-4/5, \infty)$ streng monoton steigend.

d) Aus $2 \leq x_1 < x_2$ folgt $x_1x_2-4 > 0$ sowie $\sqrt{x_2^2-4} > \sqrt{x_1^2-4}$ wegen des streng monotonen Steigens der Wurzelfunktion. Weiterhin ist

$$
\begin{array}{lcl|l}
(x_2-x_1)^2 & > & 0, & -x_1^2-x_2^2 \\
-2x_1x_2 & > & -x_1^1-x_2^2, & \cdot 4 \\
-8x_1x_2 & > & -4x_1^1-4x_2^2, & +x_1^2x_2^2+16 \\
(x_1x_2-4)^2 & > & (x_1^2-4)(x_2^2-4), & \sqrt{\ },\ \text{beachte } x_1x_2-4>0 \\
x_1x_2-4 & > & \sqrt{(x_1^2-4)(x_2^2-4)} & \cdot 2 \\
2x_1x_2-8 & > & 2\sqrt{(x_1^2-4)(x_2^2-4)} & +x_1^2+x_2^2-2x_1x_2-2\sqrt{(x_1^2-4)(x_2^2-4)} \\
\left(\sqrt{x_2^2-4}-\sqrt{x_1^2-4}\right)^2 & > & (x_2-x_1)^2, & \sqrt{\ },\ \text{beachte } x_2 > x_1,\ \sqrt{x_2^2-4} > \sqrt{x_1^2-4} \\
\sqrt{x_2^2-4}-\sqrt{x_1^2-4} & > & x_2-x_1, & +x_1-\sqrt{x_2^2-4} \\
f(x_1) = x_1-\sqrt{x_1^2-4} & > & x_2-\sqrt{x_2^2-4} = f(x_2) &
\end{array}
$$

Antwort: Die Funktion $y = f(x)$ ist auf dem Intervall $[2, \infty)$ streng monoton fallend.

2.5 a) **Antwort:** Für $x \in [0, \infty)$ ist die Funktion $y = x^4$ streng monoton steigend und daher dort umkehrbar. Die Umkehrfunktion ist $f^{-1} : [0, \infty) \to [0, \infty)$, $f^{-1}(x) = \sqrt[4]{x}$ (siehe **Bild 2.6**).

b) **Antwort:** Für $x \in (-\infty, 0]$ ist die Funktion $y = x^4$ streng monoton fallend und daher dort umkehrbar. Die Umkehrfunktion ist $f^{-1} : [0, \infty) \to (-\infty, 0]$, $f^{-1}(x) = -\sqrt[4]{x}$ (siehe **Bild 2.7**).

c) **Antwort:** Für $x \in (-\infty, \infty)$ ist die Funktion $y = x^4$ nicht umkehrbar. Z. B. entspricht den verschiedenen Argumenten $x_1 = -1$ und $x_2 = 1$ derselbe Funktionswert $y = 1$ (siehe **Bild 2.8**).

d) **Antwort:** Für $x \in [-2, 1]$ ist die Funktion $y = x^4$ nicht umkehrbar. Z. B. entspricht den verschiedenen Argumenten $x_1 = -\sqrt{3}/2$ und $x_2 = \sqrt{3}/2$ derselbe Funktionswert $y = 9/16$ (siehe **Bild 2.9**).

a)

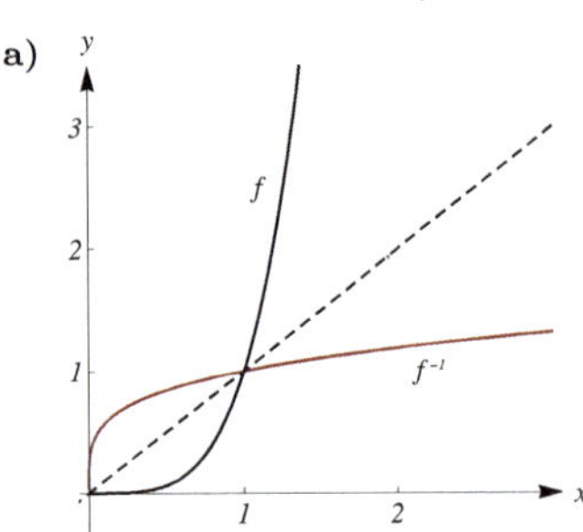

b)

Bild 2.6 $f(x) = x^4$, $x \in [0, \infty)$
$f^{-1}(x) = \sqrt[4]{x}$, $x \in [0, \infty)$

Bild 2.7 $f(x) = x^4$, $x \in (-\infty, 0]$
$f^{-1}(x) = -\sqrt[4]{x}$, $x \in [0, \infty)$

c)

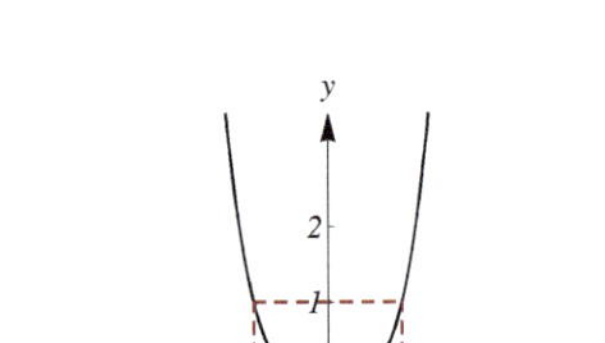

d)

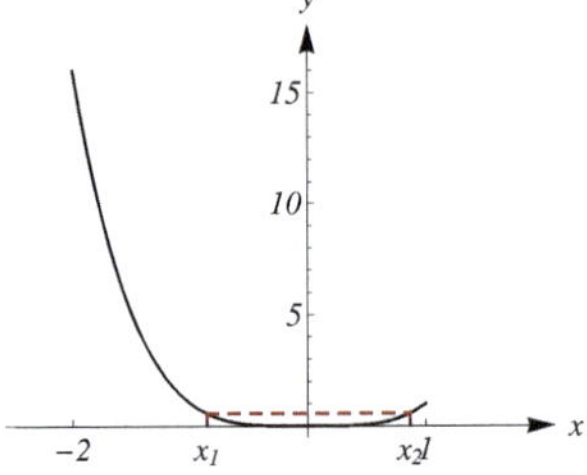

Bild 2.8
$f(x) = x^4$, $x \in (-\infty, \infty)$

Bild 2.9
$f(x) = x^4$, $x \in [-2, 1]$

Lineare Funktionen, Betragsfunktion

2.6 Die Lösungen der Gleichungen ergeben sich durch geeignetes Umformen auf die Gestalt $f(x) = mx + n = 0$. Schritte sind jeweils in der rechten Spalte angegeben. Die Probe, d. h., das separate Berechnen von linker und rechter Seite der Ausgangsgleichung für die gefundenen Werte und Feststellen der Identität, ist durchzuführen.

a)

$\frac{3x-4}{5} - \frac{3-4x}{7}$	$=$	$\frac{5x-6}{10} - \frac{9-10x}{14}$	$\cdot 2 \cdot 5 \cdot 7$ (kgV der Nenner)
$14(3x-7) - 10(3-4x)$	$=$	$7(5x-6) - 5(9-10x)$	Ausmultiplizieren
$42x - 56 - 30 + 40x$	$=$	$35x - 42 - 45 + 50x$	Zusammenfassen
$82x - 86$	$=$	$85x - 87$	$-82x + 87$
1	$=$	$3x$	$:3$
$1/3$	$=$	x	$L = \{1/3\}$

b) Voraussetzung: $x \neq 0$

$$\begin{array}{rcl|l}
\frac{7}{3}+\frac{13}{5x} & = & \frac{13x-24}{3x}-\frac{37}{20}+\frac{10}{x} & \cdot 3\cdot 4\cdot 5\cdot x \text{ (kgV der Nenner)} \\
140x+12\cdot 13 & = & 20(13x-24)-37\cdot 3x+3\cdot 4\cdot 5\cdot 10 & \text{Ausmultiplizieren} \\
140x+156 & = & 260x-480-111x+600 & \text{Zusammenfassen} \\
140x+156 & = & 149x+120 & -120-140x \\
36 & = & 9x & :9 \\
4 & = & x & L=\{4\}
\end{array}$$

c) Voraussetzung: $x \neq 5$

$$\begin{array}{rcl|l}
\frac{2x+1}{3x-15}-\frac{1x-11}{2x-10} & = & 1 & \cdot 2\cdot 3\cdot (x-5) \text{ (kgV der Nenner)} \\
2(2x+1)-3(x-11) & = & 2\cdot 3(x-5) & \text{Ausmultiplizieren} \\
4x+2-3x+33 & = & 6x-30 & \text{Zusammenfassen} \\
x+35 & = & 6x-30 & -x+30 \\
65 & = & 5x & :5 \\
13 & = & x & L=\{13\}
\end{array}$$

d)
$$\begin{array}{rcl|l}
(x-3)(x-4) & = & (x-6)(x-2) & \text{Ausmultiplizieren} \\
x^2-3x-4x+12 & = & x^2-6x-2x+12 & \text{Zusammenfassen} \\
x^2-7x+12 & = & x^2-8x+12 & -x^2-12+8x \\
x & = & 0 & L=\{0\}
\end{array}$$

e)
$$\begin{array}{rcl|l}
ab+(b+1)x & = & (a+x)b+a & \text{Ausmultiplizieren} \\
ab+bx+x & = & ab+bx+a & -ab-bx \\
x & = & a & L=\{a\}
\end{array}$$

f)
$$\begin{array}{rcl|l}
(a+bx)(a-b)-(ax-b)(a+b) & = & ab(x+1) & \text{Ausmultiplizieren} \\
a^2+abx-ab-b^2x-\left(a^2x+abx-ab-b^2\right) & = & abx+ab & \text{Zusammenfassen} \\
a^2+b^2-x\left(a^2+b^2\right) & = & abx+ab & +x\left(a^2+b^2\right)-ab \\
x\left(a^2+b^2+ab\right) & = & a^2+b^2-ab &
\end{array}$$

$$L=\begin{cases}\left\{\dfrac{a^2+b^2-ab}{a^2+b^2+ab}\right\} & \text{für } a^2+b^2\neq 0 \\ \text{bel. } x\in\mathbb{R} & \text{für } a^2+b^2=0\end{cases}$$

g)
$$\begin{array}{rcl|l}
(a+b)x+(a-b)x-ax & = & b+c & \text{Ausmultiplizieren} \\
ax+bx+ax-bx-ax & = & b+c & \text{Zusammenfassen} \\
ax & = & b+c &
\end{array}$$

$$L=\begin{cases}\{(b+c)/a\} & \text{für } a\neq 0 \\ \{x|x\in\mathbb{R}\} & \text{für } a=0 \text{ und } b+c=0 \\ \text{keine reelle Lösung} & \text{für } a=0 \text{ und } b+c\neq 0\end{cases}$$

h)
$$\begin{array}{rcl|l}
\frac{1}{2}\left(\frac{1}{2}\left\{\frac{1}{2}\left[\frac{1}{2}\left(\frac{1}{2}x-1\right)-1\right]-1\right\}-1\right)-1 & = & 0 & +1 \\
\frac{1}{2}\left(\frac{1}{2}\left\{\frac{1}{2}\left[\frac{1}{2}\left(\frac{1}{2}x-1\right)-1\right]-1\right\}-1\right) & = & 1 & \cdot 2 \\
\frac{1}{2}\left\{\frac{1}{2}\left[\frac{1}{2}\left(\frac{1}{2}x-1\right)-1\right]-1\right\}-1 & = & 2 & \text{noch vier Mal } +1, \cdot 2 \\
x & = & 62 & L=\{62\}
\end{array}$$

i) Voraussetzung: $a,b,c\neq 0$

$$\begin{array}{rcl|l}
\frac{a-x}{bc}+\frac{b-x}{ac}+\frac{c-x}{ab} & = & 0 & \cdot abc \text{ (kgV der Nenner)} \\
a(a-x)+b(b-x)+c(c-x) & = & 0 & \text{Ausmultiplizieren} \\
a^2-ax+b^2-bx+c^2-cx & = & 0 & \text{Zusammenfassen} \\
a^2+b^2+c^2-(a+b+c)x & = & 0 & +(a+b+c)x \\
(a+b+c)x & = & a^2+b^2+c^2 &
\end{array}$$

$$L=\begin{cases}\left\{\dfrac{a^2+b^2+c^2}{a+b+c}\right\} & \text{für } a+b+c\neq 0 \\ \text{keine relle Lösung} & \text{für } a+b+c=0\end{cases}$$

j) Voraussetzung: $x \neq 14/5$

$$
\begin{array}{rcl|l}
\frac{2x^n+7x^{(n-1)}}{9}+\frac{7x^n-44x^{(n-1)}}{5x-14}-\frac{4x^n+27x^{(n-1)}}{18} & = & 0 & \cdot 2\cdot 9\cdot (5x-14) \text{ (kgV der Nenner)} \\
x^{n-1}\left(2(2x+7)(5x-14)+18(7x-44)-(4x+27)(5x-14)\right) & = & 0 & \text{Ausmultiplizieren} \\
x^{n-1}\left(20x^2+70x-56x-196+126x-792-(20x^2+135x-56x-378)\right) & = & 0 & \text{Zusammenfassen} \\
x^{n-1}(61x-610) & = & 0 & L=\{0,10\}
\end{array}
$$

k) Voraussetzung: $a,b,c \geq 0,\ a^2+b^2 \neq 0,\ a^2+c^2 \neq 0,\ b^2+c^2 \neq 0$

$$
\frac{x-\sqrt{a}}{\sqrt{b}+\sqrt{c}}+\frac{x-\sqrt{b}}{\sqrt{a}+\sqrt{c}}+\frac{x-\sqrt{c}}{\sqrt{a}+\sqrt{b}} = 3
$$

Bezeichnung: $A=\sqrt{b}+\sqrt{c},\ B=\sqrt{a}+\sqrt{c},\ C=\sqrt{a}+\sqrt{b}$

$$
\begin{array}{rcl|l}
\frac{x-\sqrt{a}}{A}+\frac{x-\sqrt{b}}{B}+\frac{x-\sqrt{c}}{C} & = & 3 & +\frac{\sqrt{a}}{A}+\frac{\sqrt{b}}{B}+\frac{\sqrt{c}}{C} \\
\left(\frac{1}{A}+\frac{1}{B}+\frac{1}{C}\right)x & = & 3+\frac{\sqrt{a}}{A}+\frac{\sqrt{b}}{B}+\frac{\sqrt{c}}{C} & \cdot ABC \text{ (kgV der Nenner)} \\
(BC+AC+AB)x & = & 3ABC+\sqrt{a}BC+\sqrt{b}AC+\sqrt{c}AB & \text{Zusammenfassen} \\
(BC+AC+AB)x & = & BC(A+\sqrt{a})+AC(B+\sqrt{b})+AB(C+\sqrt{c}) & \text{Ausklammern} \\
(BC+AC+AB)x & = & (BC+AC+AB)(\sqrt{a}+\sqrt{b}+\sqrt{c}) & :(BC+AC+AB) \\
x & = & \sqrt{a}+\sqrt{b}+\sqrt{c} & L=\left\{\sqrt{a}+\sqrt{b}+\sqrt{c}\right\}
\end{array}
$$

l) Voraussetzung: $a,b,c \neq 0$

$$
\begin{array}{rcl|l}
\frac{a}{b}(a-x)+\frac{a}{c}(b-x)+\frac{c^2-ax}{a}+\frac{ab-cx}{b} & = & \frac{a^2}{b}+\frac{c^2}{a} & \cdot abc \text{ (kgV der Nenner)} \\
a^2c(a-x)+a^2b(b-x)+bc(c^2-ax)+ac(ab-cx) & = & a^3c+c^3b & \text{Ausmultiplizieren} \\
a^3c-a^2cx+a^2b^2-a^2bx+bc^3-bcax+a^2bc-ac^2x & = & a^3c+c^3b & -a^3c-c^3b-a^2b^2-a^2bc \\
-a^2cx-a^2bx-abcx-ac^2x & = & -a^2b^2-a^2bc & \cdot(-1),\ \text{Zusammenfassen} \\
a\left(ac+c^2+ab+bc\right)x & = & a^2b(c+b) & :a,\ \text{Ausklammern} \\
(c+a)(c+b)x & = & ab(c+b) &
\end{array}
$$

$$
L=\begin{cases} \{x|x\in\mathbb{R}\} & \text{für } c+b=0 \\ \left\{\frac{ab}{c+a}\right\} & \text{für } c+b\neq 0,\ c+a\neq 0 \\ \text{keine relle Lösung} & \text{für } c+b\neq 0,\ c+a=0 \end{cases}
$$

m) Voraussetzung: $x \geq 0$

$$
\begin{array}{rcl|l}
(2\sqrt{x}+3)(2\sqrt{x}-3) & = & 7 & \text{Ausmultiplizieren} \\
4x-9 & = & 7 & +9,\ :4 \\
x & = & 4 & L=\{4\}
\end{array}
$$

n) Voraussetzung: $x > -2/7$

$$
\begin{array}{rcl|l}
\sqrt{7x+2} & = & \frac{5x+6}{\sqrt{7x+2}} & \cdot\sqrt{7x+2} \\
7x+2 & = & 5x+6 & -5x-2 \\
2x & = & 4 & :2 \\
x & = & 2 & L=\{2\}
\end{array}
$$

o) Voraussetzung: $x < 11$

$$
\begin{array}{rcl|l}
\sqrt{14-x}+\sqrt{11-x} & = & \frac{3}{\sqrt{11-x}} & \cdot\sqrt{11-x} \\
\sqrt{(14-x)(11-x)}+11-x & = & 3 & -11+x \\
\sqrt{(14-x)(11-x)} & = & x-8 & \text{Quadrieren} \\
(14-x)(11-x) & = & (x-8)^2 & \text{Ausmultiplizieren} \\
154-25x+x^2 & = & x^2-16x+64 & -x^2+25x-64 \\
90 & = & 9x & :9 \\
10 & = & x & L=\{10\}
\end{array}
$$

p) Voraussetzung: $a, b, x \geq 0$

$$\begin{array}{rcl|l} \sqrt{a\sqrt{b}}-\sqrt{b\sqrt{a}} &=& a\sqrt{b\sqrt{x}}-b\sqrt{a\sqrt{x}} & \text{Ausklammern} \\ \sqrt{a\sqrt{b}}-\sqrt{b\sqrt{a}} &=& \left(a\sqrt{b}-b\sqrt{a}\right)\sqrt[4]{x} & \text{3. binom. Formel} \\ \sqrt{a\sqrt{b}}-\sqrt{b\sqrt{a}} &=& \left(\sqrt{a\sqrt{b}}-\sqrt{b\sqrt{a}}\right)\left(\sqrt{a\sqrt{b}}+\sqrt{b\sqrt{a}}\right)\sqrt[4]{x} & \text{4. Potenz} \\ \left(\sqrt{a\sqrt{b}}-\sqrt{b\sqrt{a}}\right)^4 &=& \left(\sqrt{a\sqrt{b}}-\sqrt{b\sqrt{a}}\right)^4\left(\sqrt{a\sqrt{b}}+\sqrt{b\sqrt{a}}\right)^4 x & \end{array}$$

$$L = \begin{cases} \left\{\left(\sqrt{a\sqrt{b}}+\sqrt{b\sqrt{a}}\right)^{-4}\right\} & \text{für } a > 0 \text{ und } b > 0 \text{ und } a \neq b \\ \{x \mid x \in \mathbb{R}\} & \text{für } a = 0 \text{ und } b > 0 \\ \{x \mid x \in \mathbb{R}\} & \text{für } b = 0 \text{ und } a > 0 \\ \{x \mid x \in \mathbb{R}\} & \text{für } a = b > 0 \end{cases}$$

q) Voraussetzung: $a \geq 0$

$$\begin{array}{rcl|l} \sqrt{a^{7-3x}}\,\sqrt[3]{a^{x+1}}\,\sqrt[4]{a^{5x-7}}\cdot\sqrt[5]{a^{7-2x}} &=& 1 & \text{Potenzgesetze} \\ a^{\left(\frac{7-3x}{2}+\frac{x+1}{3}+\frac{5x-7}{4}+\frac{7-2x}{5}\right)} &=& 1 & \text{Potenzgesetz} \\ \frac{7-3x}{2}+\frac{x+1}{3}+\frac{5x-7}{4}+\frac{7-2x}{5} &=& 0 & \cdot 3\cdot 4\cdot 5 \text{ (kgV der Nenner)} \\ 30(7-3x)+20(x+1)+15(5x-7)+12(7-2x) &=& 0 & \text{Ausmultiplizieren} \\ 210-90x+20x+20+75x-105+84-24x &=& 0 & \text{Zusammenfassen} \\ 209-19x &=& 0 & +19x, : 19 \\ 11 &=& x & L = \{11\} \end{array}$$

r)

$$\begin{array}{rcl|l} \left(\frac{3}{4}\right)^x &=& \left(\frac{4}{3}\right)^7 & \cdot\left(\frac{4}{3}\right)^{-7} \\ \left(\frac{3}{4}\right)^{x+7} &=& 1 & \text{Potenzgesetz} \\ x+7 &=& 0 & -7 \\ x &=& -7 & L = \{-7\} \end{array}$$

2.7 **a)** **I** $x \in \left(-\infty, \frac{4}{3}\right)$, d. h., $\frac{3}{2}x-2 < 0$:

$$\begin{array}{rcl|l} 2-\frac{3}{2}x &=& \frac{5}{2} & +\frac{3}{2}x-\frac{5}{2} \\ -\frac{1}{2} &=& \frac{3}{2}x & \cdot\frac{2}{3} \\ -\frac{1}{3} &=& x & -\frac{1}{3} \in \left(-\infty, \frac{4}{3}\right), \text{ Lösung} \end{array}$$

II $x \in \left[\frac{4}{3}, \infty\right)$, d. h., $\frac{3}{2}x-2 \geq 0$:

$$\begin{array}{rcl|l} \frac{3}{2}x-2 &=& \frac{5}{2} & +2 \\ \frac{3}{2}x &=& \frac{9}{2} & \cdot\frac{2}{3} \\ x &=& 3 & 3 \in \left[\frac{4}{3}, \infty\right), \text{ Lösung} \end{array}$$

$$L = \left\{-\frac{1}{3}, 3\right\}$$

b) **I** $x \in \left(-\infty, -\frac{1}{2}\right)$, d. h., $2x+1 < 0,\ x-1 < 0$:

$$\begin{array}{rcl|l} -(2x+1)+(x-1)-1 &=& 0 & \text{Klammern} \\ -2x-1+x-1-1 &=& 0 & \text{Zusammenfassen} \\ -x-3 &=& 0 & +x \\ -3 &=& x & -3 \in \left(-\infty, -\frac{1}{2}\right), \text{ Lösung} \end{array}$$

II $x \in \left[-\frac{1}{2}, 1\right)$, d. h., $2x+1 \geq 0,\ x-1 < 0$:

$$\begin{array}{rcl|l} (2x+1)+(x-1)-1 &=& 0 & \text{Klammern} \\ 2x+1+x-1-1 &=& 0 & \text{Zusammenfassen} \\ 3x-1 &=& 0 & +1, : 3 \\ x &=& \frac{1}{3} & \frac{1}{3} \in \left[-\frac{1}{2}, 1\right), \text{ Lösung} \end{array}$$

III $x \in [1,\infty)$, d. h., $2x+1 \geq 0,\ x-1 \geq 0$:

$(2x+1)-(x-1)-1$	$= 0$	Klammern
$2x+1-x+1-1$	$= 0$	Zusammenfassen
$x+1$	$= 0$	-1
x	$= -1$	$-1 \notin [1,\infty)$, keine Lösung

$$L = \left\{-3, \frac{1}{3}\right\}$$

c) **I** $x \in (-\infty,-3)$, d. h., $x+1 < 0,\ x+3 < 0$:

$\lvert -(x+1)-(-(x+3))\rvert$	$= 1$	Klammern
$\lvert -x-1+x+3\rvert$	$= 1$	Zusammenfassen
$\lvert 2\rvert$	$= 3$	keine Lösung $x \in (-\infty,-1)$

II $x \in [-3,-1)$, d. h., $x+1 < 0,\ x+3 \geq 0$:

$\lvert -(x+1)-(x+3)\rvert$	$= 1$	Klammern
$\lvert -x-1-x-3$	$= 1$	Zusammenfassen
$\lvert -2x-4\rvert$	$= 1$	Fallunterscheidung

$x \in [-3,-2]$, d. h., $-2x-4 \geq 0$:

$-2x-4$	$= 1$	$+4,:(-2)$
x	$= -\frac{5}{2}$	$-\frac{5}{2} \in [-3,-2]$, Lösung

$x \in (-2,-1)$, d. h., $-2x-4 < 0$:

$-(-2x-4)$	$= 1$	Klammern
$2x+4$	$= 1$	$-4,:2$
x	$= -\frac{3}{2}$	$-\frac{3}{2} \in (-2,-1)$, Lösung

III $x \in (-1,\infty)$, d. h., $x+1 \geq 0,\ x+3 \geq 0$:

$\lvert (x+1)-(x+3)\rvert$	$= 1$	Klammern
$\lvert x+1-x-3$	$= 1$	Zusammenfassen
$\lvert -2\rvert$	$= 1$	keine Lösung $x \in (-1,\infty)$

$$L = \left\{-\frac{5}{2}, -\frac{3}{2}\right\}$$

2.8 **a)** **I** $x \in (-\infty,3)$, d. h., $3x-9 < 0$:

$-(3x-9)$	≥ 1	Klammern
$-3x+9$	≥ 1	$+3x,-1$
8	$\geq 3x$	$:3$
$\frac{8}{3}$	$\geq x$	bel. $x \in \left(-\infty, \frac{8}{3}\right]$ Lösung

II $x \in [3,\infty)$, d. h., $3x-9 \geq 0$:

$(3x-9)$	≥ 1	Klammern
$3x-9$	≥ 1	$+9$
$3x$	≥ 10	$:3$
x	$\geq \frac{10}{3}$	bel. $x \in \left[\frac{10}{3}, \infty\right)$ Lösung

$$L = \left\{x \mid x \in \mathbb{R} \wedge \left(-\infty < x \leq \frac{8}{3} \vee \frac{10}{3} \leq x < \infty\right)\right\}$$

b) **I** $x \in (-\infty,-1)$, d. h., $x+1 < 0$:

$-(x+1)-4$	< 0	Klammern
$-x-1-4$	< 0	$+x$
-5	$< x$	bel. $x \in (-5,-1)$ Lösung

II $x \in [-1,\infty)$, d. h., $x+1 \geq 0$:

$(x+1)-4$	< 0	Klammern
$x+1-4$	< 0	$+3$
x	< 3	bel. $x \in [-1,3)$ Lösung

$$L = \{x \mid x \in \mathbb{R} \wedge -5 < x < 3\}$$

c) **I** $x \in (-\infty,0)$, d. h., $x < 0,\ x-2 < 0$:

$-x-(x-2)$	< 5	Klammern
$-x-x+2$	< 5	$+2x,-5$
-3	$< 2x$	$:2$
$-\frac{3}{2}$	$< x$	bel. $x \in \left(-\frac{3}{2}, 0\right)$ Lösung

II $x \in [0,2)$, d. h., $x \geq 0,\ x-2 < 0$:

$x-(x-2)$	< 5	Klammern
$x-x+2$	< 5	$+2x,-5$
2	< 5	bel. $x \in (0,2)$ Lösung

III $x \in [2, \infty)$, d. h., $x \geq 0,\ x - 2 \geq 0$:

$$\begin{array}{lcl|l} x + (x-2) & < & 5 & \text{Klammern} \\ x + x - 2 & < & 5 & +2, : 2 \\ x & < & \frac{7}{2} & \text{bel. } x \in \left[2, \frac{7}{2}\right) \text{ Lösung} \end{array}$$

$$L = \left\{x | x \in \mathbb{R} \wedge -\frac{3}{2} < x < \frac{7}{2}\right\}$$

2.9 Für $y \geq 0$, d. h., $|y| = y$, bedeutet die gegebene Gleichung $y = 1 - |x|$, d. h., oberhalb der x-Achse ist das der an der x-Achse gespiegelte und danach um 1 in Richtung der y-Achse verschobene Graph der Betragsfunktion $y = |x|$, $|x| \leq 1$. Für $y < 0$, d. h., $|y| = -y$, bedeutet die gegebene Gleichung $y = |x| - 1$, d. h., unterhalb der x-Achse ist das der um -1 in Richtung der y-Achse verschobene Graph der Betragsfunktion $y = |x|$, $|x| \leq 1$.

Antwort: Die gesuchte Punktmenge ist ein Quadrat mit den Eckpunkten $(1, 0)$, $(0, 1)$, $(-1, 0)$, $(0, -1)$ (siehe **Bild 2.10**).

2.10 **Gesucht:** n - mögliche Anzahl der Fahrten bis zur Frühstückspause

Von Beginn der Abfahrt um 6.15 Uhr bis zur Frühstückspause um 9.00 Uhr stehen für den Transport 2 h 45 min = 165 min zur Verfügung. Eine Fahrt vom Betonwerk zur Baustelle und zurück inklusive Be- und Entladen benötigt die Zeit

$6 + \frac{4}{40} \cdot 60 + \frac{4}{30} \cdot 60 + 4 = 24$ [min].

Mit Berücksichtigung der Zeit für die Reinigung von den Betonresten vor der Frühstückspause folgt die Ungleichung

$15 + 24n \leq 165$ [min] mit den ganzzahligen nichtnegativen Lösungen $n < 6.25$, d. h., $n = 0, \ldots, 6$.

Antwort: Maximal sechs Fahrten können durchgeführt werden.

2.11 Wird die gesamte Menge des zu beseitigenden Gerölls mit G bezeichnet, so beseitigt der erste Bagger an *einem* Tag $G/27$, der zweite Bagger $G/36$ und der dritte Bagger $G/54$.

a) **Gesucht:** x - Anzahl der Tage, die die drei Bagger gemeinsam zur Beseitigung des Gerölls benötigen

An *einem* Tag beseitigen die drei Bagger gemeinsam $G/27 + G/36 + G/54 = G/12$. An x Tagen beseitigen sie daher $x \cdot G/12$ und andererseits G. Für x folgt die Gleichung

$x\frac{G}{12} = G$ mit der Lösung $x = 12$.

Antwort: Die drei Bagger zusammen beseitigen das Geröll in 12 Tagen.

b) **Gesucht:** y - Anzahl der Tage zur Beseitigung des Gerölls, wenn der erste Bagger ab dem ersten Tag, der zweite Bagger erst am zweiten Tag und der dritte Bagger erst am vierten Tag eingesetzt werden kann

Der erste Bagger arbeitet an y Tagen, der zweite an $y - 1$ Tag und der dritte an $y - 3$ Tagen. Der erste Bagger beseitigt somit $y \cdot G/27$, der zweite $(y - 1) \cdot G/36$ und der dritte $(y - 3) \cdot G/54$. Für y folgt die Gleichung

$y\frac{G}{27} + (y-1)\frac{G}{36} + (y-3)\frac{G}{54} = G$ mit der Lösung $y = 13$.

Antwort: Wenn der erste Bagger ab dem ersten Tag, der zweite Bagger erst am zweiten Tag und der dritte Bagger erst am vierten Tag eingesetzt werden kann, werden zur Beseitigung des Gerölls 13 Tage benötigt.

2.12 **Gesucht:** x - Anzahl der Tage, die die vier Gipser zum Verputzen der Hausfassade benötigen

Wird der Inhalt der Fläche der zu verputzenden Hausfassade mit F bezeichnet, so verputzt der erste Gipser an *einem* Arbeitstag $F/12$, der zweite $F/14$, der dritte $F/30$ und der vierte $F/18$. Zusammen verputzen sie an einem Arbeitstag $F/12 + F/14 + F/30 + F/18 = 307F/1260$. Für x folgt die Gleichung

$x\frac{307F}{1260} = F$ mit der Lösung $x = \frac{1260}{307} \approx 4.1$.

Antwort: Die vier Gipser benötigen bei gemeinsamer Arbeit zum Verputzen der Hausfassade ca. 4.1 Arbeitstage.

2.13 **Gesucht:** x - Anzahl der Stunden zum Leeren des Beckens, wenn das Wasser durch alle drei Abflussrohre gleichzeitig abfließt

Wird das Volumen des Wassers im zu leerenden Becken mit V bezeichnet, so leert das erste Rohr in *einer* Stunde $V/2$, das zweite $V/3$ und das dritte $V/6$. Zusammen leeren sie in *einer* Stunde $V/2 + V/3 + V/6 = V$. Für x folgt die Gleichung

$xV = V$ mit der Lösung $x = 1$.

Antwort: Das Becken wird in einer Stunde geleert, wenn das Wasser durch alle drei Abflussrohre gleichzeitig abfließt.

2.14 **Gesucht:** x_1, x_2 (in kg) - Massen der beiden Stahlsorten für die Schmelze

Die Masse der Schmelze von 180 kg ist die Summe der Massen der beiden Stahlsorten für die Schmelze, d. h., es ist $x_1 + x_2 = 180$ [kg]. Der Nickelgehalt der Ausgangsmengen beträgt (in kg) $0.12x_1 + 0.30x_2$. Er ist gleich dem Nickelgehalt der Schmelze $0.25 \cdot 180 = 45$ [kg]. Daraus ergibt sich die Gleichung $0.12x_1 + 0.30x_2 = 45$ [kg]. Wird die erste Gleichung nach x_2 umgestellt und in die zweite Gleichung eingesetzt, so folgt die lineare Gleichung für x_1

$0.12x_1 + 0.30(180 - x_1) = 45$ [kg] mit der Lösung $x_1 = 50$ [kg]. Daraus folgt $x_2 = 130$ [kg].

Antwort: Für die Schmelze werden 50 kg der ersten und 130 kg der zweiten Stahlsorte benötigt.

2.15 **Gesucht:** $v > 0$ (in km/h) - Geschwindigkeit, mit der das Auto die zweite Hälfte der Strecke fahren müsste, um den Zeitverlust aufzuholen.

Die erwartete Durchschnittsgeschwindigkeit des Autos auf der Strecke der Länge s wird mit v_1 und die tatsächliche Geschwindigkeit auf der ersten Hälfte mit v_2 bezeichnet. Die erwartete Zeit zum Durchfahren der Strecke der Länge s wird mit t_1 und die tatsächliche Zeit zum Durchfahren der ersten Hälfte mit t_2 bezeichnet, sodass gilt $t_1 = s/v_1$ und $t_2 = s/(2v_2)$. Ist t die Zeit zum Durchfahren der zweiten Hälfte der Strecke, so gilt $t = s/(2v)$. Wenn der Zeitverlust aufgeholt werden soll, so bedeutet das $t_1 = t_2 + t$. Werden die Gleichungen für t_1, t_2 und t in die letzte Gleichung eingesetzt, so folgt die Gleichung für die gesuchte Geschwindigkeit v auf der zweiten Hälfte der Strecke

$$\frac{s}{v_1} = \frac{s}{2v_2} + \frac{s}{2v}.$$

Multiplikation dieser Gleichung mit v ergibt die lineare Gleichung bezüglich v

$$\frac{s}{v_1}v = \frac{s}{2v_2}v + \frac{s}{2} \quad \text{mit der Lösung} \quad v = \frac{v_1 v_2}{2v_2 - v_1} = \frac{60 \cdot 40}{2 \cdot 40 - 60} = 120 \left[\frac{\text{km}}{\text{h}}\right].$$

Antwort: Das Auto müsste die zweiten Hälfte der Strecke mit der Geschwindigkeit 120 km/h fahren, um den Zeitverlust aufzuholen.

Bemerkung: Gilt $2v_2 \leq v_1$, so gibt es keine Geschwindigkeit v, mit der der Zeitverlust aufgeholt werden könnte.

2.16 **Gesucht:** x - Anzahl der Tage zur Fertigstellung der Mauer

Das Volumen der Mauer beträgt nach den Angaben über Länge, Breite und Höhe $V = 26\frac{2}{3} \cdot 1 \cdot 4 = 320/3$ [m]^3. Der erste Maurer stellt in *einer* Stunde $16/(3 \cdot 9)$ m^3 Mauerwerk fertig und der zweite $160/(3 \cdot 9 \cdot 11)$ m^3.

Der erste Maurer arbeitet $x - 5$ Tage zu je 10 Stunden. In dieser Zeit stellt er folglich $10(x-5) \cdot 16/(3 \cdot 9)$ m^3 Mauerwerk fertig.

Der zweite Maurer arbeitet $x - 2$ Tage zu je 10 Stunden. In dieser Zeit stellt er folglich $10(x-2) \cdot 160/(3 \cdot 9 \cdot 11)$ m^3 Mauerwerk fertig.

Für x folgt die Gleichung

$$10(x-5)\frac{16}{3 \cdot 9} + 10(x-2)\frac{160}{3 \cdot 9 \cdot 11} = \frac{320}{3} \quad \text{mit der Lösung} \quad x = 13.$$

Antwort: Die Mauer ist in 13 Tagen fertiggestellt.

2.17 **Gesucht:** t_1, t_2 (in min) - Zeit, in der das Kino durch den ersten bzw. zweiten Notausgang vollständig geräumt wird

Ist B die Anzahl der Besucher des Kinos, so ist das Durchlassvermögen des ersten Notausganges B/t_1 und das des zweiten Notausganges B/t_2. In drei Minuten wird das Kino durch beide Notausgänge gleichzeitig geräumt, d. h., es gilt

$$3\left(\frac{B}{t_1} + \frac{B}{t_2}\right) = B.$$

Wenn der erste (kleinere) Notausgang wegen geringerer Breite nur zwei Drittel vom Durchlassvermögen des zweiten hat, so gilt $B/t_1 = 2B/(3t_2)$. Wird diese Gleichung in die erste eingesetzt, danach mit t_2 multipliziert sowie durch $B > 0$ dividiert, so ergibt sich die lineare Gleichung bezüglich der Zeit t_2

$$t_2 = 3\left(\frac{2}{3} + 1\right) \text{ [min]} \quad \text{mit der Lösung} \quad t_2 = 5 \text{ min.} \quad \text{Daraus folgt} \quad t_1 = 7.5 \text{ min.}$$

Antwort: Das vollständige Räumen des Kinos durch den kleineren bzw. größeren Notausgang allein dauert 7.5 min bzw. 5 min.

2.18 **Gesucht:** n - Anzahl der Umdrehungen des Treibrades auf einer Strecke von 10.5 km

Mit den Bezeichnungen

l - Anzahl der Umdrehungen des Laufrades auf 441 m

t - Anzahl der Umdrehungen des Treibrades auf 441 m

L - Umfang des Laufrades

T - Umfang des Treibrades

folgt

$$L = 441/l, \quad T = 441/t, \quad l = t + 112$$

und aus der Aufgabenstellung

$$7L = 3T.$$

Das Einsetzen der ersten drei Gleichungen in die letzte ergibt die lineare Gleichung bezüglich t

$$7\frac{441}{t+112} = 3\frac{441}{t} \quad \text{mit der Lösung} \quad t = 84.$$

Damit ist $T = 441/84 = 5.25$ [m] und $n = 10\,500/T = 2\,000$.

Antwort: Die Anzahl der Umdrehungen des Treibrades auf einer Strecke von 10.5 km beträgt 2 000.

2.19 **Gesucht:** F_X (in N) - Vertikalkomponente der Kraft, die am Stab anzubringen ist, damit er im Gleichgewicht ist,
x (in m) - x-Koordinate des Angriffspunktes X der gesuchten Kraft, (siehe **Bild 2.11**)

Ein kartesisches Koordinatensystem wird mit seinem Ursprung im Punkt A und der x-Achse in Richtung des Punktes F gelegt (siehe **Bild 2.11**). Die Bedingungen dafür, dass sich der Stab im Gleichgewicht befindet, sind das Kräftegleichgewicht und das Momentengleichgewicht. Da alle einwirkenden Kräfte senkrecht zum Stab gerichtet sind, genügt es dafür, die Gleichgewichte der y-Koordinaten der Kräfte bzw. Momente zu berücksichtigen. Mit den gegebenen y-Koordinaten $F_A = -6$, $F_B = 4$, $F_C = -5$, $F_D = 3$, $F_E = 2$, $F_F = -1$ (alle in [N]) der Kräfte in den Punkten A, B, C, D, E, F und der y-Koordinate der gesuchten Kraft im Punkt X lautet das Kräftegleichgewicht

$F_A + F_B + F_C + F_D + F_E + F_F + F_X = 0$ mit der Lösung
$F_X = -(F_A + F_B + F_C + F_D + F_E + F_F) = -(-6 + 4 - 5 + 3 + 2 - 1) = 3$ [N].

Mit den gegebenen x-Koordinaten der Angriffspunkte A, B, C, D, E, F und der gesuchten des Angriffspunktes X der Kräfte lautet das Momentengleichgewicht

$3F_B + 5F_C + 9F_D + 15F_E + 22F_E + xF_X = 0$ mit der Lösung
$x = -(3F_B + 5F_C + 9F_D + 15F_E + 22F_E)/F_X = -22/3 \approx -7.3333$ [Nm].

Antwort: Die Kraft 3 N muss in der Entfernung 7.33 m auf der anderen Seite von A senkrecht aufwärts gerichtet angebracht werden.

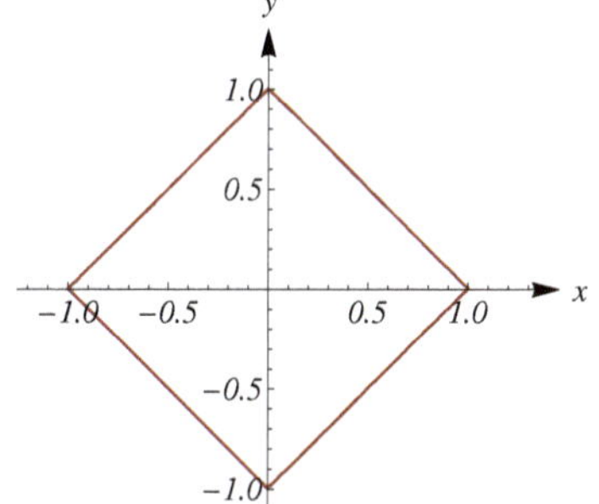

Bild 2.10 Punkte $(x, y) : |x|+|y|=1$

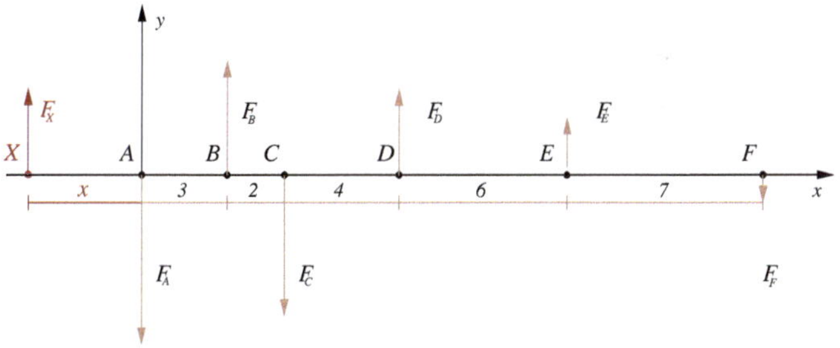

Bild 2.11 Unbiegsamer Stab

2.20 **Gesucht:** a, b - Anzahlen der Arbeitstage des ersten bzw. zweiten Baggers zum alleinigen Ausheben der Baugrube

Wenn das auszuhebende Volumen der Baugrube mit V m^3 bezeichnet wird, so hebt der erste Bagger an *einem* Arbeitstag V/a und der zweite Bagger V/b aus. Zusammen heben sie an *einem* Arbeitstag das Volumen. $V/a + V/b$ und an 24 Arbeitstagen das Volumen $24(V/a + V/b) = V$ aus. Wenn der erste Bagger die Arbeit allein eineinhalbmal so schnell wie der zweite Bagger allein ausführen könnte, so gilt $b = 1.5a$ (der zweite Bagger braucht länger). Für a folgt die Gleichung

$$24\left(\frac{V}{a} + \frac{V}{1.5a}\right) = V \quad \text{mit der Lösung} \quad a = 40.$$

Daraus ergibt sich $b = 60$.

Antwort: Der erste Bagger allein könnte die Arbeit in 40 Tagen, der zweite Bagger allein in 60 Tagen ausführen.

Quadratische Funktionen

2.21 **a)**

$(a+bx)^2+(a-bx)^2$	$=$	$2(a^2x^2+b^2)$	Ausmultiplizieren
$2a^2+2b^2x^2$	$=$	$2a^2x^2+2b^2$	$-2a^2x^2-2a^2$
$2x^2(b^2-a^2)$	$=$	$2(b^2-a^2)$	$: 2, -(b^2-a^2)$
$x^2(b^2-a^2)-(b^2-a^2)$	$=$	0	Ausklammern
$(x^2-1)(b^2-a^2)$	$=$	0	3. binomische Formel
$(x-1)(x+1)(b^2-a^2)$	$=$	0	Produkt gleich null

$$L = \begin{cases} \{-1, 1\} & \text{für } |a| \neq |b| \\ \{x | x \in \mathbb{R}\} & \text{für } |a| = |b| \end{cases}$$

b) Voraussetzung: $x \neq 4,\ x \neq 9$

$$\begin{array}{lcl|l}
\frac{4+x}{4-x} & = & \frac{x+9}{x-9} & \cdot(4-x)(x-9) \\
(4+x)(x-9) & = & (x+9)(4-x) & \text{Ausmultiplizieren} \\
4x-36+x^2-9x & = & 4x+36-x^2-9x & +x^2+5x-36 \\
2x^2-72 & = & 0 & :2,\ \text{3. binomische Formel} \\
(x-6)(x+6) & = & 0 & L=\{-6,6\}
\end{array}$$

c) Voraussetzung: $x \in \left[-\frac{5}{2}, \frac{13}{6}\right]$

$$\begin{array}{lcl|l}
2\sqrt{5+2x}-\sqrt{13-6x} & = & \sqrt{37-6x} & \text{Quadrieren} \\
4(5+2x)+(13-6x)-4\sqrt{(5+2x)(13-6x)} & = & 37-6x & \text{Zusammenfassen} \\
8x-4 & = & 4\sqrt{(5+2x)(13-6x)} & :4,\ \text{Quadrieren} \\
(2x-1)^2 & = & (5+2x)(13-6x) & \text{Ausmultiplizieren} \\
4x^2-4x+1 & = & 65-30x+26x-12x^2 & +12x^2+4x-65 \\
16(x^2-4) & = & 0 & L=\{2\}
\end{array}$$

d)

$$\begin{array}{lcl|l}
\sqrt[3]{a+x}+\sqrt[3]{a-x} & = & \sqrt[3]{2a} & \text{3. Potenz} \\
(a+x)+3\sqrt[3]{(a+x)^2(a-x)}+3\sqrt[3]{(a+x)(a-x)^2}+(a-x) & = & 2a & -2a,\ :3,-\sqrt[3]{(a+x)(a-x)^2} \\
\sqrt[3]{(a+x)^2(a-x)} & = & -\sqrt[3]{(a+x)(a-x)^2} & \text{3. Potenz} \\
(a+x)^2(a-x) & = & -(a+x)(a-x)^2 & +(a+x)(a-x)^2 \\
(a+x)^2(a-x)+(a+x)(a-x)^2 & = & 0 & \text{Ausklammern} \\
(a+x)(a-x)(a+x+a-x) & = & 0 & \text{Produkt gleich null}
\end{array}$$

$$L=\begin{cases}\{-a,a\}; & \text{für } a\neq 0,\\ \{x|x\in\mathbb{R}\} & \text{für } a=0.\end{cases}$$

e) $(x-a+b)(x-b+c) = 0 \mid L=\{a-b, b-c\}$

f) Voraussetzung: $x \neq 0$

$$\begin{array}{lcl|l}
\frac{5x-1}{9}+\frac{3x-1}{5} = & = & \frac{2}{x}+x-1 & \cdot 9\cdot 5\cdot x \\
5x(5x-1)+9x(3x-1) & = & 2\cdot 45+45x^2-45x & \text{Ausmultiplizieren} \\
25x^2-5x+27x^2-9x & = & 90+45x^2-45x & -90-45x^2+45x \\
7x^2+31x-90 & = & 0 & L=\left\{-\frac{45}{7},2\right\}
\end{array}$$

g) Voraussetzung: $x \neq 2,\ x \neq 3,\ x \neq 4$

$$\begin{array}{lcl|l}
\frac{2x-1}{x-2}+\frac{3x+1}{x-3} & = & \frac{5x-14}{x-4} & \cdot(x-2)(x-3)(x-4) \\
(2x-1)(x-3)(x-4)+(3x+1)(x-2)(x-4) & = & (5x-14)(x-2)(x-3) & \text{Ausmultiplizieren} \\
(2x^3-15x^2+31x-12)+(3x^3-17x^2+18x+8) & = & 5x^3-39x^2+100x-84 & \text{Zusammenfassen} \\
7x^2-51x+80 & = & 0 & L=\left\{\frac{16}{7},5\right\}
\end{array}$$

h) Voraussetzung: $a, b, x \neq 0$

$$\begin{array}{lcl|l}
x-\frac{1}{x} & = & \frac{a}{b}-\frac{b}{a} & \cdot abx \\
abx^2-ab & = & (a^2-b^2)x & -(a^2-b^2)x \\
abx^2+(b^2-a^2)x-ab & = & 0 & L=\left\{\frac{a}{b},-\frac{b}{a}\right\}
\end{array}$$

i) Voraussetzung: $x \in [1,4]$

$$\begin{array}{lcl|l}
\sqrt{5x-1}-\sqrt{8-2x} & = & \sqrt{x-1} & \text{Quadrieren} \\
(5x-1)+(8-2x)-2\sqrt{(5x-1)(8-2x)} & = & x-1 & -x+1+2\sqrt{(5x-1)(8-2x)} \\
2x+8 & = & 2\sqrt{(5x-1)(8-2x)} & :2,\ \text{Quadrieren} \\
(x+4)^2 & = & (5x-1)(8-2x) & \text{Ausmultiplizieren} \\
x^2+8x+16 & = & 40x-10x^2-8+2x & +10x^2-42x+8 \\
11x^2-34x+24 & = & 0 & L=\{2\}
\end{array}$$

j) Voraussetzung: $x \geq -1.5$

$$\begin{array}{lcl|l}
\sqrt{2x+1-2\sqrt{2x+3}} & = & 1 & \text{Quadrieren} \\
2x+1-2\sqrt{2x+3} & = & 1 & -1+2\sqrt{2x+3},\ :2 \\
x & = & \sqrt{2x+3} & \text{Quadrieren} \\
x^2 & = & 2x+3 & -2x-3 \\
x^2-2x-3 & = & 0 & L=\{3\}
\end{array}$$

k)

$$\begin{array}{lcl|l}
\left(\frac{57}{37}\right)^{1+x}+\left(\frac{57}{37}\right)^{1-x} & = & 10 & \text{Bezeichnung: } z=\left(\frac{57}{37}\right)^{x} \\
\frac{57}{37}z+\frac{57}{37}\frac{1}{z} & = & 10 & \cdot 37z \\
57z^2+57 & = & 370z & -370z \\
57z^2-370z+57 & = & 0 & \text{Lösungen: } z_1=\frac{19}{3},\quad z_2=\frac{3}{19}
\end{array}$$

Für z_1 folgt $\left(\frac{57}{37}\right)^{x}=\frac{19}{3}$.
Für z_2 folgt $\left(\frac{57}{37}\right)^{x}=\frac{3}{19}$.
Logarithmieren ergibt jeweils eine Lösung.

$$L=\left\{\frac{\log 19-\log 3}{\log 57-\log 37},\frac{\log 3-\log 19}{\log 57-\log 37}\right\}$$

l) Voraussetzung: $x \neq 1,\ x \neq -1$

$$\begin{array}{lcl|l}
17^{\frac{x+1}{x-1}} & = & 17^{\frac{x-1}{x+1}} & \text{Potenzen mit gleichen Basen} \\
\frac{x+1}{x-1} & = & \frac{x-1}{x+1} & \cdot(x-1)(x+1) \\
(x+1)^2 & = & (x-1)^2 & \text{Ausmultiplizieren} \\
x^2+2x+1 & = & x^2-2x+1 & -x^2+2x-1 \\
4x & = & 0 & L=\{0\}
\end{array}$$

m)

$$\begin{array}{lcl|l}
(a-x)^3 & = & (x-b)^3 & \text{3. Wurzel} \\
a-x & = & x-b & +b+x \\
a+b & = & 2x & :2 \\
\frac{a+b}{2} & = & x & L=\left\{\frac{a+b}{2}\right\}
\end{array}$$

n)

$$\begin{array}{lcl|l}
10x^4-21 & = & x^2 & -x^2,\ \text{Bezeichnung: } z=x^2 \\
10z^2-z-21 & = & 0 & \text{Lösungen: } z_1=\frac{3}{2},\quad z_2=-\frac{14}{5}
\end{array}$$

Für z_1 folgt $x^2=3/2$, $x_{1/2}=\pm\sqrt{3/2}$.
Die Gleichung $x^2=z_2<0$ hat keine reelle Lösung x.

$L=\{-\sqrt{6}/2, \sqrt{6}/2\}$

o)

$$\begin{array}{lcl|l}
x^{\frac{3}{2}}+8x^{\frac{1}{2}} & = & 9x & \text{Bezeichnung: } z=\sqrt{x} \\
z^3-9z^2+8z & = & 0 & \text{Ausklammern} \\
z(z^2-9z+8) & = & 0 & \text{Lösungen: } z_1=0,\ z_2=1,\ z_3=8
\end{array}$$

Für z_1 folgt $\sqrt{x}=0$ und nach Quadrieren $x=0$.
Für z_2 folgt $\sqrt{x}=1$ und nach Quadrieren $x=1$.
Für z_3 folgt $\sqrt{x}=8$ und nach Quadrieren $x=64$.

$L=\{0,1,64\}$

p) Voraussetzung: $x \neq a,\ m \geq 2$

$$\begin{array}{lcl|l}
(x-a)^2+\frac{1}{(x-a)^2} & = & m & \text{Bezeichnung: } z=(x-a)^2 \\
z+\frac{1}{z} & = & m & \cdot z \\
z^2+1 & = & mz & -mz \\
z^2-mz+1 & = & 0 & \text{Lösungen: } z_{1,2}=\frac{m\pm\sqrt{m^2-4}}{2},\quad m\geq 2
\end{array}$$

Wegen $z_1, z_2 \geq 0$ ergeben sich die Lösungen $x = a \pm \sqrt{\dfrac{m \pm \sqrt{m^2-4}}{2}}$.

$$L = \left\{a - \sqrt{\frac{m+m_1}{2}}, a + \sqrt{\frac{m+m_1}{2}}, a - \sqrt{\frac{m-m_1}{2}}, a + \sqrt{\frac{m-m_1}{2}}\right\},\ m_1 = \sqrt{m^2-4}$$

2.22 a) Voraussetzung: $x \neq 1,\ x \neq -1$

$$\begin{array}{rcl|l} \dfrac{1}{1-x} + \dfrac{1}{1+x} & < & 2 & \text{Hauptnenner} \\ \dfrac{2}{1-x^2} & < & 2 & :2, \cdot(1-x^2) \end{array}$$

I $1 - x^2 > 0$, d. h., $1 > |x|$

Ungleichung: $\begin{array}{rl|l} 1 & < 1 - x^2 & +x^2 - 1 \\ x^2 & < 0 & \text{kein } x \end{array}$

II $1 - x^2 < 0$, d. h., $1 < |x|$

Ungleichung: $\begin{array}{rl|l} 1 & > 1 - x^2 & +x^2 - 1 \\ x^2 & > 0 & \text{bel. } x \in (-\infty,-1) \text{ oder } (1,\infty) \end{array}$

$L = \{x | x < -1 \vee x > 1\}$

b) Der Betrag einer reellen Zahl ist gemäß seiner Definition stets größer oder gleich null.

$L = \{x | x \in \mathbb{R}\}$

c) Da der Betrag einer reellen Zahl stets größer oder gleich null ist, kann die Ungleichung nur für $|x^2 - 1| = 0$, d. h., $x^2 - 1 = 0$, erfüllt werden.

$L = \{-1, 1\}$

d) Voraussetzung: $x \neq 2$

$$\begin{array}{rcl|l} x + 2 & \leq & \dfrac{5}{x-2} & \cdot(x-2) \end{array}$$

I $x - 2 > 0$, d. h., $x > 2$

Ungleichung: $\begin{array}{rl|l} x^2 - 4 & \leq 5 & +4 \\ x^2 & \leq 9 & \text{Quadratwurzel} \\ |x| & \leq 3 & \text{bel. } x \in (2,3] \end{array}$

II $x - 2 < 0$, d. h., $x < 2$

Ungleichung: $\begin{array}{rl|l} x^2 - 4 & \geq 5 & +4 \\ x^2 & \geq 9 & \text{Quadratwurzel} \\ |x| & \geq 3 & \text{bel. } x \in (-\infty,-3] \end{array}$

$L = \{x | -\infty < x \leq -3 \vee 2 < x \leq 3\}$

2.23 **Gesucht:** $a \in \mathbb{R}$ so, dass die quadratische Gleichung genau eine Lösung hat

Eine quadratische Gleichung $a_2x^2 + a_1x + a_0 = 0$ hat genau dann genau eine reelle Lösung, wenn die Diskriminante gleich null ist, d. h., wenn gilt $D = a_1^2 - 4a_2a_0 = 0$.

a) Für die gegebene quadratische Gleichung ist $D = 4 - 4a$. Aus $D = 0$ folgt $a = 1$.

Antwort: Für $a = 1$ hat die quadratische Gleichung $x^2 + 2x + a = 0$ genau eine reelle Lösung.

b) Für die gegebene quadratische Gleichung ist $D = 4a^2 - 4 \cdot 16 = 4(a^2 - 16)$. Aus $D = 0$ folgt $a^2 - 16 = 0$, d. h., $a = 4$ oder $a = -4$.

Antwort: Für $a = 4$ oder $a = -4$ hat die quadratische Gleichung $x^2 - 2ax + 16 = 0$ genau eine reelle Lösung.

2.24 **Gesucht:** $t_1, t_2 > 0$ - Anzahlen der Stunden, in denen das Becken allein durch das erste bzw. zweite Rohr gefüllt wird

Das Volumen des Beckens wird mit V bezeichnet. Laut Aufgabenstellung gilt $t_1 = t_2 - 5$.

In einer Stunde füllt das erste Rohr allein V/t_1 und das zweite Rohr allein V/t_2. Zusammen füllen beide Rohre in einer Stunde $V/t_1 + V/t_2$. In sechs Stunden füllen beide Rohre zusammen sechsmal so viel. Da das Becken danach gefüllt ist, gilt

$$6V\left(\frac{1}{t_1} + \frac{1}{t_2}\right) = V.$$

Mit $t_1 = t_2 - 5$ und Division durch $V \neq 0$ folgt daraus die Bestimmungsgleichung für t_2

$$6\left(\frac{1}{t_2 - 5} + \frac{1}{t_2}\right) = 1.$$

Nach Multiplikation mit dem Hauptnenner $t_2(t_2 - 5)$ und Zusammenfassen ergibt sich daraus die quadratische Gleichung bezüglich t_2

$t_2^2 - 17t_2 + 30 = 0$ mit den Lösungen $t_2 = 15$ und $t_2 = 2$.

Für $t_2 = 15$ folgt $t_1 = 10$. Für $t_2 = 2$ folgt $t_1 = -3$, was wegen der Einschränkung $t_1 > 0$ nicht möglich ist.

Antwort: Das Becken wird durch das erste Rohr allein in 15 Stunden und durch das zweite Rohr allein in 10 Stunden gefüllt.

2.25 **Gesucht:** x, y (in m) - Längen der Katheten des rechtwinkligen Dreiecks

Aus der Aufgabenstellung folgt $x/y = 3/4$, d. h., $x = 3y/4$. Nach dem Satz des Pythagoras ist

$$555^2 = x^2 + y^2 = \frac{9}{16}y^2 + y^2 = \frac{25}{9}y^2 \text{ [m}^2\text{]}, \quad \text{d. h.,} \quad y = 444 \text{ m}, x = 333 \text{ m}.$$

Antwort: Die Längen der Katheten sind 333 m bzw. 444 m.

2.26 **Gesucht:** x, y, z (in m) - Längen der Kanten der rechteckigen Säule

Aus der Aufgabenstellung folgt $x/y = 3/4$ und $z/y = 12/4$, d. h., $x = 3y/4$ und $z = 3y$. Für die Raumdiagonale gilt mit dem Satz des Pythagoras

$$104^2 = x^2 + y^2 + z^2 = \frac{9}{16}y^2 + y^2 + 9y^2 = \frac{169}{16}y^2 \text{ [m}^2\text{]}, \quad \text{d. h.,} \quad y = 32 \text{ m}, x = 24 \text{ m}, z = 96 \text{ m}.$$

Antwort: Die Kanten der Säule haben die Längen 24 m, 32 m, 96 m.

2.27 **Gesucht:** m - Masse des Körpers

a) Die Längen der Arme der Balkenwaage seien l_1 bzw. l_2.
Die „Gegenmasse" bei der ersten Wägung am Arm mit der Länge l_1 sei m_1. Das Gleichgewicht der Momente bezüglich der Aufhängung der Waage ergibt $m_1 l_1 = m l_2$. Die „Gegenmasse" bei der zweiten Wägung am Arm mit der Länge l_2 sei m_2. Das Gleichgewicht der Momente bezüglich der Aufhängung der Waage ergibt $m l_1 = m_2 l_2$ (siehe **Bild 2.12**).

Wird die linke Seite der ersten Gleichung mit der rechten Seite der zweiten Gleichung und die rechte Seite der ersten Gleichung mit der linken Seite der zweiten Gleichung multipliziert und danach durch $l_1 l_2$ dividiert, so folgt $m^2 = m_1 m_2$, d. h., $m = \sqrt{m_1 m_2}$.

Antwort: Die gesuchte Masse errechnet sich aus den „Gegenmassen" m_1 und m_2 bei der Doppelwägung als $m = \sqrt{m_1 m_2}$ - unabhängig von der Länge der Arme der Balkenwaage.

b) **Antwort:** Für $m_1 = 62$ mg und $m_2 = 75$ mg ergibt sich $m \approx 68.19$ mg.

2.28 **Gesucht:** x (in l) - Volumen, das dem Gefäß entnommen und durch Wasser ersetzt wird

Das Volumen des Gefäßes beträgt $V_0 = 144$ l. Nach der ersten Entnahme des Volumens x beträgt das Volumen an Wein im Gefäß $V_0 - x$. Nach dem Auffüllen mit Wasser ist die Konzentration des Weines im Gefäß gleich $(V_0 - x)/V_0$. Das Volumen V_w an Wein, was nach der zweiten Entnahme des Volumens x im Gefäß verbleibt, ist damit

$$V_0 - x - \frac{V_0 - x}{V_0}x = V_w \text{ [l]}.$$

Diese quadratische Gleichung bezüglich x

$$x^2 - 2V_0 x + V_0^2 - V_0 V_w = 0 \quad \text{hat die Lösungen} \quad x_{1/2} = V_0 \pm \sqrt{V_0 V_w}.$$

Da dem Gefäß nicht mehr als sein Volumen entnommen werden kann, ist $x \leq V_0$ und somit $x = V_0 - \sqrt{V_0 V_w}$. Mit $V_0 = 144$ l und $V_w = 100$ l ergibt sich $x = 24$ l.

Antwort: Dem Gefäß wurden jeweils 24 l entnommen und durch Wasser ersetzt.

2.29 **Gesucht:** $t \geq 0$ (in s) - Zeit von Beginn der Bewegung des ersten Körpers an, nach der beide Körper die Entfernung 104 m haben

Bei gleichförmiger Geschwindigkeit hat zum Zeitpunkt $t \geq t_0$, $t_0 = 4$ s, der erste Körper auf dem einen Schenkel des rechten Winkels die Entfernung $s_1(t) = v_1 t$ vom Koordinatenursprung und der zweite Körper auf dem anderen Schenkel des rechten Winkels die Entfernung $s_2(t) = v_2(t - t_0)$ vom Koordinatenursprung, $v_1 = 8$ m/s, $v_2 = 5$ m/s (siehe **Bild 2.13**). Soll die Entfernung beider Körper $d = 104$ m betragen, so gilt nach dem Satz des Pythagoras

$$(s_1(t))^2 + (s_2(t))^2 = d^2 \text{ [m}^2\text{]} \quad \text{bzw.} \quad v_1^2 t^2 + v_2^2 (t - t_0)^2 = d^2 \text{ [m}^2\text{]}.$$

Diese quadratische Gleichung bezüglich t

$$(v_1^2 + v_2^2)t^2 - 2t_0 v_2^2 t + t_0^2 v_2^2 - d^2 = 0 \quad \text{hat die Lösungen} \quad t_{1/2} = \frac{t_0 v_2^2 \pm \sqrt{(v_1^2 + v_2^2)d^2 - v_1^2 v_2^2 t_0^2}}{v_1^2 + v_2^2} = \frac{100 \pm 968}{89} \text{ [s]},$$

von denen wegen $t \geq 0$ nur die positive Lösung $t_1 = 12$ s in Frage kommt.

Zu einem Zeitpunkt $0 \leq t < 4$ [s] befindet sich der zweite Körper noch im Koordinatenursprung, und der erste Körper hat eine Entfernung kleiner als $t_0 v_1 = 32$ m zurückgelegt, d. h., beide haben eine Entfernung kleiner als 104 m.

Antwort: Nach 12 s von Beginn der Bewegung des ersten Körpers an haben die beiden Körper die Entfernung 104 m.

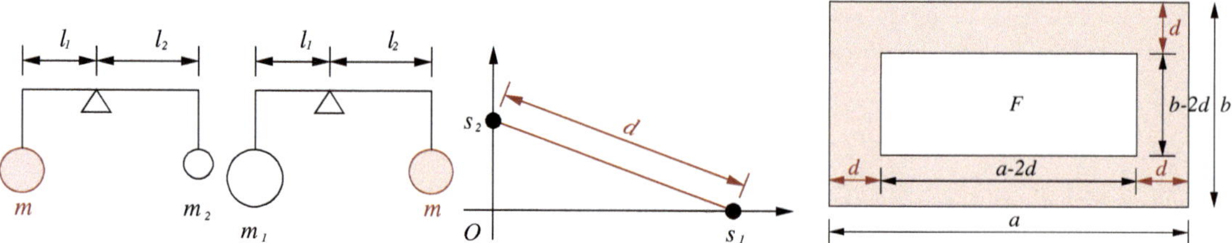

Bild 2.12 Gaußsche Doppelwägung **Bild 2.13** Abstand der Körper **Bild 2.14** Zu fliesender Streifen

2.30 **Gesucht:** $x^\star > 0$ -Entfernung von der Ecke A auf der Seite $\overline{AB}$, in der die Parallele verlaufen muss

Im kartesischen Koordinatensystem mit dem Ursprung in der Ecke A und der x-Achse in Richtung der Gerade AB hat die Gerade DC die Funktionsgleichung

$$f(x) = d + \frac{b-d}{a}x.$$

Der Inhalt der Fläche des Trapezes $ABCD$ ist $A_G = a(b{+}d)/2$. Der Inhalt des Trapezes $AXYD$ ist $A_X = x^\star(d{+}f(x^\star))/2$. Aus der Bedingung $A_X = A_T/2$ ergibt sich mit Verwendung der Funktionsgleichung $f(x)$ die quadratische Gleichung bezüglich $x^\star$

$$\frac{b-d}{2a}(x^\star)^2 + dx^\star - a\frac{b+d}{4} = 0 \text{ mit den Lösungen } x^\star_{1/2} = \frac{a}{b-d}\left(-d \pm \sqrt{\frac{b^2+d^2}{2}}\right), \text{ falls } b \neq d \text{ und } x^\star = a/2, \text{ falls } b = d.$$

Wegen $x^\star > 0$ kommt im Fall $b > d$ nur $x_1^\star$ und im Fall $b < d$ nur $x_2^\star$ als Lösung in Frage.

Antwort: Die gesuchte Entfernung ist $x^\star = a/2$, falls $b = d$, $x^\star = x_1^\star$, falls $b > d$, $x^\star = x_2^\star$, falls $b < d$.

2.31 **Gesucht:** t_1, t_2, $t_3 > 0$ - Anzahlen der Tage, die der erste, zweite bzw. dritte Bagger allein für die Fertigstellung der Arbeit benötigt

Das Volumen der Vertiefung der Fahrrinne im Hafen wird mit V bezeichnet. Dann bewältigt der erste Bagger pro Tag V/t_1, der zweite V/t_2 und der dritte V/t_3. Die Anzahl der Tage, die alle drei Bagger zusammen für die Fertigstellung der Arbeit benötigen, wird mit t_g bezeichnet. Damit ist

$$t_g\left(\frac{V}{t_1} + \frac{V}{t_2} + \frac{V}{t_3}\right) = V.$$

Wenn nur der erste Bagger tätig ist, werden für die Arbeit 10 Tage mehr benötigt, als wenn gleichzeitig alle drei Bagger arbeiten, d. h., es gilt

$$V = (t_g + 10)\frac{V}{t_1}.$$

Wenn nur der zweite Bagger arbeitet, wird die Arbeit 20 Tage später fertig, als wenn gleichzeitig alle drei Bagger arbeiten, d. h., es gilt

$$V = (t_g + 20)\frac{V}{t_2}.$$

Wenn nur der dritte Bagger arbeitet, wird sechsmal so viel Zeit benötigt, als wenn gleichzeitig alle drei Bagger arbeiten, d. h., es gilt

$$V = 6t_g\frac{V}{t_3}.$$

Aus den letzten drei Gleichungen ergibt sich $t_1 = t_g + 10$, $t_2 = t_g + 20$ bzw. $t_3 = 6t_g$. Damit folgt aus der Ausgangsgleichung die Bestimmungsgleichung für t_g

$$t_g\left(\frac{1}{t_g + 10} + \frac{1}{t_g + 20} + \frac{1}{6t_g}\right) = 1$$

bzw. nach Multiplikation mit dem Hauptnenner $6t_g(t_g + 10)(t_g + 20)$ und Zusammenfassen die quadratische Gleichung

$7t_g^2 + 30t_g - 1000 = 0$ mit den Lösungen $t_g = 10$ und $t_g = -100/7$.

Die zweite Lösung ist negativ und kommt nicht in Frage. Für $t_g = 10$ folgt $t_1 = 20$, $t_2 = 30$, $t_3 = 60$.

Antwort: Der erste Bagger allein benötigt 20 Tage für die Fertigstellung der Arbeit, der zweite 30 Tage und der dritte 60 Tage.

2.32 **Gesucht:** $d > 0$ (in m) - Breite des zu fliesenden Streifens, n - Anzahl der Fliesen dafür

Länge bzw. Breite des Hofes sind $a = 54$ m bzw. $b = 48$ m. Das rechteckige Rasenstück mit den Seiten $a - 2d > 0$ bzw. $b - 2d > 0$ (siehe **Bild 2.14**) hat eine Fläche mit dem Inhalt $F = 576$ m^2, für die gilt

$F = (a - 2d)(b - 2d) = 4d^2 - 2(a + b)d + ab.$

Diese quadratische Gleichung bezüglich d in der Gestalt

$$4d^2 - 2(a + b)d + ab - F = 0 \quad \text{hat die Lösungen} \quad d_{1/2} = \frac{2(a + b) \pm \sqrt{4(a + b)^2 - 16(ab - F)}}{8} = \frac{51 \pm 24}{2} \text{ [m]}.$$

$d_1 = 37.5$ m kommt als Lösung der Aufgabe nicht in Frage, da $a - 2d_1 < 0$ und $b - 2d_1 < 0$ ist. Daher ist die Breite des zu fliesenden Streifens $d_2 = 13.5$ m. Eine quadratische Fliese hat die Kantenlänge 0.3 m. Keine Fliese muss zerschnitten werden, da $d_2/0.3 = 13.5/0.3 = 45$ ganzzahlig ist (auf die Breite $d_2 = 13.5$ m werden 45 Fliesen benötigt) und auch $(a - 2d_2)/0.3 = 27/0.3 = 90$ und $(b - 2d_2)/0.3 = 70$ ganzzahlig sind. Die Anzahl der Fliesen beträgt daher $n = \dfrac{F - ab}{0.09} = \dfrac{48 \cdot 54 - 567}{0.09} = 22\,500.$

Antwort: Die Breite des zu fliesenden Streifens ist 13.5 m. Dafür werden 22 500 Fliesen benötigt.

2.33 **Gesucht:** $d > 0$ - Breite der Aschenbahn

Der Sportplatz ist ein Rechteck mit den Seitenlängen a, b und dem Flächeninhalt $F_S = ab$. Der Flächeninhalt der Aschenbahn F_B ist laut Aufgabenstellung gleich dem Flächeninhalt des Sportplatzes F_S. Die Summe beider Flächeninhalte ist gleich dem Flächeninhalt des umgebenden Rechtecks mit den Seitenlängen $a + 2d$ und $b + 2d$ (siehe **Bild 2.15**). Daher ergibt sich die quadratische Gleichung bezüglich d

$$(a + 2d)(b + 2d) = F_S + F_B = 2ab \quad \text{bzw.} \quad 4d^2 + 2(a + b)d - ab = 0.$$

Sie hat die Lösungen

$$d_{1/2} = \frac{-(a + b) \pm \sqrt{(a + b)^2 + 4ab}}{4},$$

von denen wegen $d > 0$ nur d_1 als Lösung der Aufgabe in Frage kommt.

Antwort: Die Breite der Aschenbahn beträgt $\left(\sqrt{(a + b)^2 + 4ab} - (a + b)\right)/4.$

2.34 **Gesucht:** $x > 0$ (in m) - Breite der Rechteckseite, $r > 0$ (in m) - Kreisradius

Für den Flächeninhalt F und den Umfang U des Sportplatzes (siehe **Bild 2.16**) gilt

$$F = \pi r^2 + 2rx \quad \text{und} \quad U = 2\pi r + 2x.$$

Umstellen der zweiten Gleichung nach x ergibt $x = U/2 - \pi r$. Wird diese Gleichung in die erste eingesetzt, so folgt die quadratische Gleichung bezüglich r

$$\pi r^2 - Ur + F = 0 \quad \text{mit den Lösungen} \quad r_{1,2} = \frac{U \pm \sqrt{U^2 - 4\pi F}}{2\pi} = \frac{400 \pm \sqrt{400^2 - 4\pi \cdot 6800}}{2\pi} \text{ [m]}.$$

Der Lösung r_1 entspricht $x_1 = -\sqrt{U^2 - 4\pi F}/2 < 0$, sodass r_1 als Kreisradius nicht in Frage kommt. Der Lösung $r_2 \approx 20.21$ m entspricht $x_2 = \sqrt{U^2 - 4\pi F}/2 \approx 136.52$ m.

Antwort: Die Rechteckseite muss ca. 136.52 m betragen, der Kreisradius ca. 20.21 m.

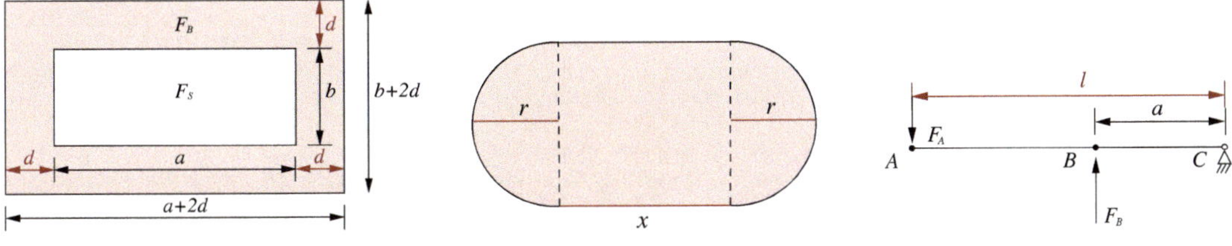

Bild 2.15 Aschenbahn **Bild 2.16** Sportplatz **Bild 2.17** Hebel

2.35 **Gesucht:** $t > 0$ - Anzahl der Tage, in der die Arbeit ursprünglich zu beenden war

Wenn $V = 8000$ m^3 Erde in t Tagen hätte bewegt werden sollen, so wäre das tägliche Soll V/t gewesen. Tatsächlich wurde die Arbeit acht Tage früher beendet, d. h., das tägliche Soll war tatsächlich $V/(t - 8)$. Täglich wurden faktisch 50 m^3 mehr als geplant, also $V/t + 50$ m^3, bewegt. Damit ergibt sich zur Bestimmung von t die Gleichung

$$\frac{V}{t - 8} = \frac{V}{t} + 50 \text{ [m}^3\text{]} \quad \text{bzw.} \quad 50t^2 - 400t - 8V = 0 \quad \text{mit den Lösungen} \quad t = 40 \text{ und } t = -32.$$

$t = -32 < 0$ kommt als Lösung der Aufgabe nicht in Frage.

Antwort: Die Arbeit wäre ursprünglich in 40 Tagen zu beenden gewesen. Das tägliche Soll wäre 200 m^{3}gewesen. Tatsächlich wurde die Arbeit in 32 Tagen beendet. Das tatsächliche tägliche Soll war 250 m^3. Das ursprüngliche tägliche Soll wurde um 25 % überboten.

2.36 Gesucht: $x > 0$ - Höhe des rechteckigen Querschnittes

Der Inhalt des quadratischen Querschnitts beträgt $A_1 = a^2$. Sein Schwerpunkt ist im kartesischen Koordinatensystem mit der y-Achse als Symmetrieachse des zusammengesetzten Querschnitts und der x-Achse entlang der Kante des quadratischen Querschnitts $S_1(0, a/2)$.
Der Inhalt des anzuschweißenden rechteckigen Querschnitts beträgt $A_2 = bx$. Sein Schwerpunkt ist im selben Koordinatensystem $S_2(0, a + x/2)$.
Das Flächenmoment 1. Grades des zusammengesetzten Querschnitts ist gleich der Summe der Flächenmomente 1. Grades der einzelnen Querschnitte, bezogen auf dieselbe Achse. Ist $S(0, y_s)$ der Schwerpunkt des zusammengesetzten Querschnitts, so ergibt diese Bilanz, bezogen auf die x-Achse, die Gleichung

$(A_1 + A_2)y_s = A_1 a/2 + A_2(a + x/2)$ bzw. mit $y_s = a/2 + c$

$(A_1 + A_2)(a/2 + c) = A_1 a/2 + A_2(a + x/2)$.

Mit $A_1 = a^2$ und $A_2 = bx$ folgt die quadratische Gleichung bezüglich x

$$bx^2 + bx(a - 2c) - 2a^2c = 0 \quad \text{mit den Lösungen} \quad x_{1/2} = \frac{1}{2}\left(2c - a \pm \sqrt{(2c-a)^2 + \frac{8a^2c}{b}}\right),$$

von denen wegen $x > 0$ nur die positive Lösung x_1 in Frage kommt.

Antwort: Die gesuchte Höhe des rechteckigen Querschnitts ist $x = \frac{1}{2}\left(2c - a + \sqrt{(2c-a)^2 + \frac{8a^2c}{b}}\right)$.

2.37 Gesucht: $l > a$ - Länge des Hebels (siehe **Bild 2.17**)

Es wird vereinbart, dass die Kraftgröße einer senkrecht auf den Hebel einwirkenden Kraft positiv ist, wenn sie abwärts gerichtet ist, und negativ, wenn sie aufwärts gerichtet ist. Das Gleichgewicht der Momente bezüglich des Punktes C ergibt die quadratische Gleichung bezüglich l

$$\frac{ml^2}{2} + F_A l + F_B a = 0 \quad \text{mit den Lösungen} \quad l_{1,2} = \frac{-F_A \pm \sqrt{F_A^2 - 2F_B ma}}{m}.$$

1. Im Fall $F_A^2 - 2maF_B < 0$ sind l_1 und l_2 keine reellen Zahlen.
2. Im Fall $F_A^2 - 2maF_B = 0$ erfüllt die Lösung $l = -F_A/m$ genau dann die Bedingung $l > a$, wenn $F_A + ma < 0$ ist.
3. Im Fall $F_A^2 - 2maF_B > 0$ sind l_1 und l_2 verschiedene reelle Zahlen.
   Die Bedingung $l > a$ bedeutet $\pm\sqrt{F_A^2 - 2maF_B} > F_A + ma$. Zwei Unterscheidungen werden getroffen:

   I Die rechte Seite dieser Ungleichung ist nicht negativ, d. h., es ist $F_A + ma \geq 0$.
   Für l_1 ergibt sich aus der Ungleichung nach Quadrieren unter Beachtung des strengen monotonen Steigens der Funktion $f(x) = x^2$, $x \in [0, \infty)$, notwendig die Bedingung $-2(F_A + F_B) > ma$.
   Für l_2 ist die Ungleichung nicht erfüllt, da auf der linken Seite die negative reelle Zahl $-\sqrt{F_A^2 - 2maF_B}$ steht.

   II Die rechte Seite dieser Ungleichung ist negativ, d. h., es ist $F_A + ma < 0$.
   Für l_1 ist die Ungleichung stets erfüllt, da auf der linken Seite die positive reelle Zahl $\sqrt{F_A^2 - 2maF_B}$ steht.
   Für l_2 ergibt sich aus der Ungleichung nach Quadrieren unter Beachtung des strengen monotonen Fallens der Funktion $f(x) = x^2$, $x \in (-\infty, 0]$, notwendig die Bedingung $-2(F_A + F_B) < ma$.

Antwort: Ist $F_A^2 - 2maF_B = 0$ und $F_A + ma < 0$, so ist die die Länge des Hebels $l = -F_A/m$.
Ist $F_A^2 - 2maF_B > 0$ und $F_A + ma \geq 0$ und $-2(F_A + F_B) > ma$, so ist die Länge des Hebels $l = l_1$.
Ist $F_A^2 - 2maF_B > 0$ und $F_A + ma < 0$, so ist $l = l_1$ eine mögliche Länge des Hebels.
Ist $F_A^2 - 2maF_B > 0$ und $F_A + ma < 0$ und $-2(F_A + F_B) < ma$, so sind l_1 und l_2 zwei verschiedene mögliche Längen des Hebels.
In allen anderen Fällen der Vorgabe der Größen $m, a > 0$, $F_A, F_B \in \mathbb{R}$ gibt es keine mögliche Länge $l > a$ eines Hebels gemäß der Aufgabenstellung.

2.38 Gesucht: $t_1 > 0$ - Anzahl der Stunden, in der der Behälter allein durch das erste Rohr gefüllt wird,
$t_2 > 0$ - Anzahl der Stunden, in der der Behälter allein durch das zweite Rohr geleert wird

Das Volumen des Behälters wird mit V bezeichnet. Damit füllt das erste Rohr in einer Stunde V/t_1, und das zweite Rohr leert in einer Stunde V/t_2. Sind beide Rohre geöffnet, so wird in einer Stunde $V/t_2 - V/t_1$ geleert und entsprechend in 12 Stunden $V/2$, sodass gilt

$$12\left(\frac{V}{t_2} - \frac{V}{t_1}\right) = \frac{V}{2}.$$

Bei Verkleinerung der Rohre füllt das erste Rohr in einer Stunde $V/(t_1+1)$, und das zweite Rohr leert in einer Stunde $V/(t_2+1)$. Sind beide Rohre geöffnet, so wird in einer Stunde $V/(t_2+1) - V/(t_1+1)$ geleert und entsprechend in 15.75 Stunden $V/2$, sodass gilt

$$\frac{63}{4}\left(\frac{V}{t_2+1} - \frac{V}{t_1+1}\right) = \frac{V}{2}.$$

Wird die erste Gleichung nach t_1 umgestellt, so ergibt sich

$$t_1 = \frac{24t_2}{24-t_2}.$$

Damit folgt aus der zweiten Gleichung die quadratische Gleichung bezüglich t_2

$17t_2^2 - 94t_2 - 48 = 0$ mit den Lösungen $t_2 = 6$ und $t_2 = -8/17$.

$t_2 = -8/17 < 0$ kommt als Lösung der Aufgabe nicht in Frage. Für $t_2 = 6$ ergibt sich aus der dritten Gleichung $t_1 = 8$.

Antwort: Das erste Rohr allein füllt das gesamte Becken in 8 Stunden, das zweite Rohr allein leert das gesamte Becken in 6 Stunden.

2.39 **Gesucht:** t_1, $t_2 > 0$ - Anzahl der Stunden, in der der Kessel allein durch die erste bzw. zweite Pumpe gefüllt wird

Das Volumen des Kessels wird mit V bezeichnet. Dann füllt die erste Pumpe in einer Stunde V/t_1 und die zweite V/t_2. Bei gleichzeitigem Einsatz füllen beide Pumpen den Kessel in sechs Stunden, d. h., es gilt

$$6\left(\frac{V}{t_1} + \frac{V}{t_2}\right) = V.$$

Das halbe Volumen wird von der ersten Pumpe in $t_1/2$ Stunden und von der zweiten Pumpe in $t_2/2$ Stunden gefüllt. Daher ist

$$\frac{t_1}{2} + \frac{t_2}{2} = 14.$$

Wird die zweite Gleichung nach t_1 umgestellt, so folgt

$$t_1 = 28 - t_2.$$

Damit folgt aus der ersten Gleichung die quadratische Gleichung bezüglich t_2

$t_2^2 - 28t_2 + 168 = 0$ mit den Lösungen $t_{21} = 14 + 2\sqrt{7}$ und $t_{22} = 14 - 2\sqrt{7}$.

Für $t_{21} = 14 + 2\sqrt{7}$ folgt aus der dritten Gleichung $t_{11} = 14 - 2\sqrt{7}$.
Für $t_{22} = 14 - 2\sqrt{7}$ folgt aus der dritten Gleichung $t_{12} = 14 + 2\sqrt{7}$.

Antwort: Die stärkere der beiden Pumpen allein benötigt $14 - 2\sqrt{7} \approx 8.71$ Stunden, um den Kessel zu füllen.

2.40 **Gesucht:** s_1, $s_2 > 0$ (in km) - Länge der Strecke, die von der ersten bzw. zweiten Firma täglich ausgebessert wird

Sind t_1 und t_2 die Anzahlen der Tage, die die erste bzw. zweite Firma für das Ausbessern von 10 km Straßendecke benötigt, so bessert die erste Firma pro Tag $s_1 = 10/t_1$ km Straßendecke aus und die zweite $s_2 = 10/t_2$ km, wobei gemäß der Aufgabenstellung $t_2 = t_1 - 1$ ist. Da beide Firmen zusammen täglich 4.5 km Straßendecke ausbessern, ergibt sich aus $s_1 + s_2 = 4.5$ [km] die quadratische Gleichung bezüglich t_1

$\frac{10}{t_1} + \frac{10}{t_1 - 1} = 4.5$ [km] bzw. $4.5t_1^2 - 24.5t_1 + 10$ mit den Lösungen $t_1 = 5$, $t_1 = 4/9$.

Für $t_1 = 5$ folgt $t_2 = 4$. Für $t_1 = 4/9$ wäre $t_2 < 0$, daher kommt $t_1 = 4/9$ nicht in Frage.

Antwort: Die erste Firma bessert täglich 2 km aus und die zweite Firma 2.5 km.

2.41 **Gesucht:** $v > 0$ (in km/h) - Eigengeschwindigkeit des Flugzeugs

Die Windgeschwindigkeit wird mit w bezeichnet, die Zeiten, die das Flugzeug für die Prüfstrecke hin bzw. zurück benötigt, mit t_1 bzw. t_2, die gesamte Flugzeit mit z und die Länge der Prüfstrecke mit s. Dann beträgt die Geschwindigkeit des Flugzeuges mit Berücksichtigung des Windes für die Prüfstrecke hin $v + w$ bzw. zurück $v - w$. Zurückgelegt wird in beiden Fällen die Strecke der Länge s, d. h., es gilt $(v+w)t_1 = s$ bzw. $(v-w)t_2 = s$. Außerdem ist $t_1 + t_2 = z$. Werden die ersten beiden Gleichungen nach t_1 bzw. t_2 umgestellt und in die letzte eingesetzt, so folgt die Gleichung

$$\frac{s}{v+w} + \frac{s}{v-w} = z.$$

Multiplikation mit $(v+w)(v-w)$ ergibt die quadratische Gleichung bezüglich v $zv^2 - 2sv - zw^2 = 0$ mit den Lösungen

$$v_{1/2} = \frac{s \pm \sqrt{s^2 + z^2w^2}}{z} = \frac{50\,000 \pm \sqrt{50\,000^2 + (9.5 \cdot 60)^2 \cdot 8^2}}{9.5 \cdot 60} \left[\frac{\mathrm{m}}{\mathrm{s}}\right],$$

von denen wegen $v > 0$ nur die Lösung $v_1 \approx 175.80$ m/s $= 632.88$ km/h in Frage kommt.

Antwort: Die Eigengeschwindigkeit des Flugzeuges beträgt ca. 632.88 km/h.

Polynome und rationale Funktionen

2.42 Aus dem Horner-Schema

$$\begin{array}{r|rrrrr} & 1 & 3 & 9 & 27 & 0 \\ 0 & & 0 & 0 & 0 & 0 \\ \hline & 1 & 3 & 9 & 27 & 0 \\ -3 & & -3 & 0 & -27 & \\ \hline & 1 & 0 & 9 & 0 & \end{array}$$

resultiert die Produktzerlegung $P_4(x) = x(x+3)(x^2+9)$.

Das Polynom zweiten Grades $x^2 + 9 \geq 9$ hat keine Nullstellen.
Antwort: Das Polynom P_4 hat keine weiteren Nullstellen.

2.43
a) $P_6(x) + P_3(x) = (-2x^6 + x^4 - 2x + 1) + (x^3 + x^2) = -2x^6 + x^4 + x^3 + x^2 - 2x + 1$, Grad 6
b) $P_6(x) - Q_6(x) = (-2x^6 + x^4 - 2x + 1) - (-2x^6 + x^5 + x^4) = -x^5 - 2x + 1$, Grad 5
c) $P_1(x) \cdot P_3(x) = (x+1)(x^3 + x^2) = x^4 + 2x^3 + x^2$, Grad 4
d) $P_1(P_3(x)) = (x^3 + x^2) + 1 = x^3 + x^2 + 1$, Grad 3
e) $P_3(P_1(x)) = (x+1)^3 + (x+1)^2 = x^3 + 4x^2 + 5x + 2$, Grad 3

2.44 a)

$$\begin{array}{llll} (9x^4 & -x^2b^4 & +16b^8) : (3x^2 - 5xb^2 + 4b^4) = 3x^2 + 5xb^2 + 4b^4 & \\ -(9x^4 & -15x^3b^2 & +12x^2b^4) & \\ \hline & 15x^3b^2 & -13x^2b^4 & +16b^8 \\ & -(15x^3b^2 & -25x^2b^4 & +20xb^6) \\ \hline & & 12x^2b^4 & -20xb^6 \quad +16b^8 \\ & & -(12x^2b^4 & -20xb^6 \quad +16b^8) \\ \hline & & & 0 \end{array}$$

b)

$$\begin{array}{llll} (x^{n+3} & +x^n) : (x^3 + x^2) = x^n - x^{n-1} + x^{n-2} & & \\ -(x^{n+3} & +x^{n+2}) & & \\ \hline & -x^{n+2} & +x^n & \\ & -(-x^{n+2} & -x^{n+1}) & \\ \hline & & x^{n+1} & +x^n \\ & & -(x^{n+1} & +x^n) \\ \hline & & & 0 \end{array}$$

c) Aus dem Horner-Schema

$$\begin{array}{r|rrrrr} & 1 & 4 & 2 & -4 & -3 \\ -3 & & -3 & -3 & 3 & 3 \\ \hline & 1 & 1 & -1 & -1 & 0 \end{array}$$

resultiert die Produktzerlegung
$x^4 + 4x^3 + 2x^2 - 4x - 3 = (x+3)(x^3 + x^2 - x - 1)$.
Folglich ist $(x^4 + 4x^3 + 2x^2 - 4x - 3) : (x+3) = x^3 + x^2 - x - 1$.

2.45 a) Mit dem Horner-Schema ergibt sich

$$\begin{array}{r|rrrrrr} & 1 & 2 & -12 & -24 & 27 & 54 \\ 1 & & 1 & 3 & -9 & -33 & -6 \\ \hline & 1 & 3 & -9 & -33 & -6 & 48 \end{array} \qquad \begin{array}{r|rrrrrr} & 1 & 2 & -12 & -24 & 27 & 54 \\ -1 & & -1 & -1 & 13 & 11 & -38 \\ \hline & 1 & 1 & -13 & -11 & 38 & 16 \end{array}$$

$$\begin{array}{r|rrrrrr} & 1 & 2 & -12 & -24 & 27 & 54 \\ 2 & & 2 & 8 & -8 & -64 & -74 \\ \hline & 1 & 4 & -4 & -32 & -37 & -20 \end{array} \qquad \begin{array}{r|rrrrrr} & 1 & 2 & -12 & -24 & 27 & 54 \\ -2 & & -2 & 0 & 24 & 0 & -54 \\ \hline & 1 & 0 & -12 & 0 & 27 & 0 \end{array}$$

b) Die Zahl -2 ist Nullstelle von P_5, wobei aus dem Horner-Schema folgt
$P_5(x) = (x+2)P_4(x)$, $P_4(x) = x^4 - 12x^2 + 27$.

Das Polynom P_4 ist biquadratisch. Mit der Substitution $z = x^2$ ergeben sich als Nullstellen des Polynoms $z^2 - 12z + 27$ die Zahlen $z_1 = 9$ und $z_2 = 3$. Als Nullstellen des Polynoms P_4 ergeben sich für $z_1 = 9$ die Zahlen $x_{1/2} = \pm 3$ und für $z_2 = 3$ die Zahlen $x_{3/4} = \pm\sqrt{3}$.

Antwort: Die Nullstellen von P_5 sind $-2, -3, -\sqrt{3}, \sqrt{3}, 3$.
Die Produktzerlegung ist $P_5(x) = (x+2)(x+3)(x+\sqrt{3})(x-\sqrt{3})(x-3)$.

2.46 Das fortlaufende Horner-Schema ergibt

$$\begin{array}{r|rrrrrr} & 1 & 3 & 0 & 1 & 0 & -9 \\ -3 & & -3 & 0 & 0 & -3 & 9 \\ \hline & 1 & 0 & 0 & 1 & -3 & 0 \\ -3 & & -3 & 9 & -27 & 78 & \\ \hline & 1 & -3 & 9 & -26 & 75 & \end{array}$$

d. h., die erste Division durch $x + 3$ geht auf, die zweite ergibt den Rest 75. Daraus resultiert

$$q(x) = x^3 - 3x^2 + 9x - 26 + \frac{75}{x+3}.$$

2.47 Das Horner-Schema ergibt

	1	-6	12	-8
2		2	-8	8
	1	-4	4	0

d. h., es gilt $y(x) = (x-2)(x^2 - 4x + 4)$ und mit der zweiten binomischen Formel $y(x) = (x-2)^3$. Die Funktion y ist eine Potenzfunktion von dem ungeraden Grad 3 und daher streng monoton steigend.

2.48 Wenn die Polynome P_1, P_2, P_3 eine einfache, eine zweifache bzw. eine dreifache Nullstelle an der Stelle 1 haben, so enthalten ihre Produktzerlegungen den Linearfaktor $(x-1)$ einmal, zweimal bzw. dreimal. Wenn ihre Graphen durch den Koordinatenursprung verlaufen, so enthalten ihre Produktzerlegungen den Linearfaktor x. Wenn sie durch $(x+2)$ teilbar sind, so enthalten ihre Produktzerlegungen den Linearfaktor $(x+2)$. Als Ansatz für die Polynome P_1, P_2, P_3 geringsten Grades ergibt sich mit den reellen Koeffizienten a, b, c zunächst

$$\begin{array}{lllllllll} P_1(x) & = & a(x-1)x(x+2) & \text{mit} & P_1(-1) & = & 2a & \text{und} & P_1(2) = 8a, \\ P_2(x) & = & b(x-1)^2x(x+2) & \text{mit} & P_2(-1) & = & -4b & \text{und} & P_2(2) = 8b, \\ P_3(x) & = & c(x-1)^3x(x+2) & \text{mit} & P_3(-1) & = & 8c. & & \end{array}$$

Aus der Bedingung $P_1(-1) = P_2(-1) = P_3(-1)$ folgen die Gleichungen

$2a = -4b$ und $2a = 8c$.

Wenn das Polynom P_1 an der Stelle 2 einen um 8 größeren Funktionswert als das Polynom P_2 hat, so gilt

$P_1(2) = 8 + P_2(2)$, d. h., $8a = 8 + 8b$.

Mit $2a = -4b$ folgt aus der letzten Gleichung $a = 2/3$ und damit $c = 1/6$ und $b = -1/3$. Die Koeffizienten a, b und c haben sich eindeutig ermitteln lassen.

Antwort: Die gesuchten Polynome P_1, P_2, P_3 (siehe **Bild 2.18**) sind

$$P_1(x) = \frac{2}{3}(x-1)x(x+2), \quad P_2(x) = -\frac{1}{3}(x-1)^2x(x+2), \quad P_3(x) = \frac{1}{6}(x-1)^3x(x+2).$$

2.49 Wenn das gesuchte Polynom $P(x)$ eine gerade Funktion sein soll, so gilt notwendig $P(x) = P(-x)$. Aus der Darstellung

$$P(x) = \sum_{i=0}^{n} a_i x^i \text{ resultiert } P(-x) = \sum_{i=0}^{n} a_i (-x)^i = \sum_{i=0}^{n} (-1)^i a_i x^i.$$

Gleichheit beider Polynome bedeutet $a_1 = a_3 = \ldots = a_{2k+1} = \ldots = 0$, d. h., die Summendarstellung von $P(x)$ enthält nur Potenzen von x mit geraden Exponenten.

Die Funktion $f(x) = \cos x$ hat im Intervall $[0, \pi]$ die Nullstelle $\pi/2$. Damit enthält die Produktdarstellung von $P(x)$ den Linearfaktor $(x - \pi/2)$ und wegen $P(\pi/2) = P(-\pi/2) = 0$ auch den Linearfaktor $(x + \pi/2)$. $P(x)$ ist damit mindestens vom Grad zwei.

Wenn $P(x)$ an der Stelle $-\pi$ denselben Funktionswert wie die Funktion $f(x) = \cos x$ hat, so gilt $P(-\pi) = P(\pi) = -1$.

Wenn der Graph von $P(x)$ mit der y-Achse den Schnittpunkt $(0, 1)$ hat, so gilt $P(0) = 1$.

Um auch die letzten beiden Forderungen zu erfüllen, würde der Ansatz eines Polynoms zweiten Grades

$$P(x) = a\left(x - \frac{\pi}{2}\right)\left(x + \frac{\pi}{2}\right), \; a \in \mathbb{R}, \; a \neq 0$$

nicht ausreichen. Aus $P(\pi) = -1$ würde $a = 4/(3\pi^2)$ folgen, aus $P(0) = 1$ hingegen $a = -4/\pi^2$, was nicht gleichzeitig sein kann. Daher wird ein Polynom vierten Grades angesetzt, das nur gerade Potenzen von x als Summanden enthält:

$$P(x) = \left(x - \frac{\pi}{2}\right)\left(x + \frac{\pi}{2}\right)\left(ax^2 + b\right) = \left(x^2 - \frac{\pi^2}{4}\right)\left(ax^2 + b\right), \; a, b \in \mathbb{R}, \; a \neq 0.$$

Aus $P(0) = 1$ folgt $b = -\dfrac{4}{\pi^2}$. Aus $P(\pi) = -1$ folgt damit $a = \dfrac{8}{3\pi^4}$.

Antwort: Das gesuchte Polynom lautet $P_4(x) = \dfrac{8}{3\pi^4}x^4 - \dfrac{14}{3\pi^2}x^2 + 1$.

Die Funktionswerte an den Stellen $\pi/4$ und $3\pi/4$ sind

$$P_4\left(\frac{\pi}{4}\right) = \frac{23}{32} = 0.71875, \; \cos\left(\frac{\pi}{4}\right) = \frac{\sqrt{2}}{2} \approx 0.7071, \quad P_4\left(\frac{3\pi}{4}\right) = -\frac{25}{32} = -0.78125, \; \cos\left(\frac{3\pi}{4}\right) = -\frac{\sqrt{2}}{2} \approx -0.7071.$$

Die Aufgabe zeigt, wie die Funktion $f(x) = \cos x$ durch ein Polynom vierten Grades interpoliert werden kann, wenn als Stützstellen $0, \pi/2, \pi$ sowie die entsprechenden Funktionswerte vorgegeben sind und das Polynom so wie die Funktion $f(x) = \cos x$ eine gerade Funktion darstellt (siehe **Bild 2.19**).

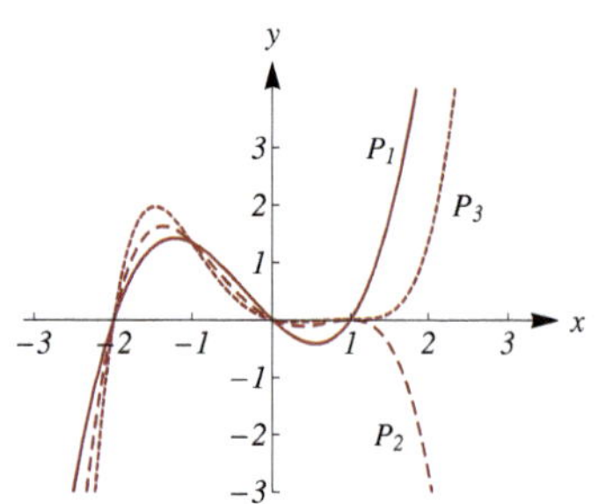

Bild 2.18 Polynome P_1, P_2, P_3

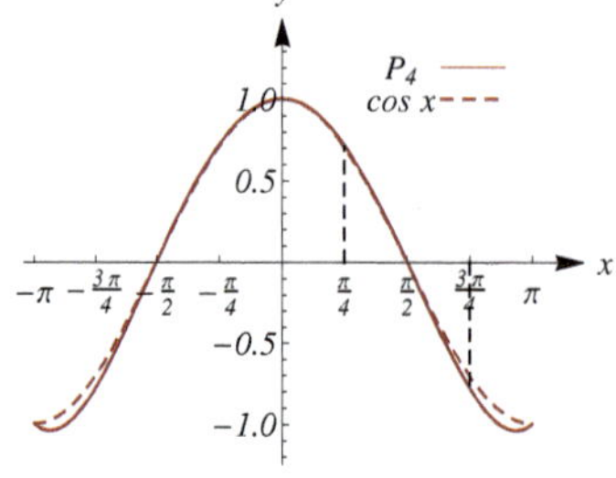

Bild 2.19 $f(x) = \cos x$ und P_4

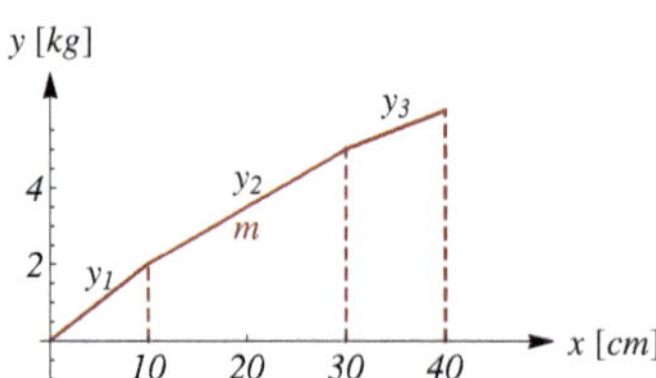

Bild 2.20 Funktion m der Masse

2.50 Auf jedem der Teilstücke ist die gesuchte Funktion linear wegen der homogenen Verteilung der Masse. Ein Koordinatensystem wird mit dem Ursprung im Punkt A und der x-Achse in Richtung des Balkens gelegt (siehe **Bild 2.20**).

Auf dem ersten Abschnitt $x \in [0, 10]$ [cm] ist $y_1(x) = a_1x + b_1$ mit
$0 = y_1(0) = b_1$ [kg] und $2 = y_1(10) = 10a_1 + b_1$ [kg]. Daraus ergibt sich $a_1 = 0.2$ kg/cm, $b_1 = 0$ kg.

Auf dem zweiten Abschnitt $x \in [10, 30]$ [cm] ist $y_2(x) = a_2x + b_2$ mit
$2 = y_2(10) = 10a_2 + b_2$ [kg] und $5 = y_2(30) = 30a_2 + b_2$ [kg]. Daraus ergibt sich $a_2 = 0.15$ kg/cm, $b_2 = 0.5$ kg.

Auf dem dritten Abschnitt $x \in [30, 40]$ [cm] ist $y_3(x) = a_3x + b_3$ mit
$5 = y_3(30) = 30a_3 + b_3$ [kg] und $6 = y_3(40) = 40a_3 + b_3$ [kg]. Daraus ergibt sich $a_3 = 0.1$ kg/cm, $b_3 = 2$ kg.

Antwort: Die gesuchte Funktion ist $m(x) = \begin{cases} 0.2x, & 0 \le x \le 10 \\ 0.15x + 0.5, & 10 < x \le 30 \\ 0.1x + 2, & 30 < x \le 40 \end{cases}$.

2.51 Die Einspannstellen des Balkens sind im angegebenen Koordinatensystem $x = -l/2$ und $x = l/2$. Das gesuchte Polynom g_4 hat daher die Linearfaktorzerlegung

$$g_4(x) = a\left(x + \frac{l}{2}\right)^2 \left(x - \frac{l}{2}\right)^2, \; a \in \mathbb{R}.$$

Der Balken hängt in der Mitte um d durch (siehe **Bild 2.21**). Daher ist

$-d = g_4(0) = a\dfrac{l^4}{16}$, woraus sich $a = -\dfrac{16d}{l^4}$ ergibt.

Antwort: Das gesuchte Polynom ist $g_4(x) = -\dfrac{16d}{l^4}\left(x + \dfrac{l}{2}\right)^2 \left(x - \dfrac{l}{2}\right)^2$.

2.52 Die Gleichung der Parabel für den parabolischen Träger im angegebenen kartesischen Koordinatensystem (siehe **Bild 2.22**) ist

$$y(x) = a\left(x + \frac{l}{2}\right)\left(x - \frac{l}{2}\right) = a\left(x^2 - \frac{l^2}{4}\right) \text{ mit } y(0) = p, \text{ d. h., } a = -\frac{4p}{l^2}.$$

Antwort: Damit ist $p_1 = y\left(\dfrac{l}{4}\right) = \dfrac{3}{4}p$ und mit dem Satz des Pythagoras $d = \sqrt{p^2 + \dfrac{l^2}{16}}$, $d_1 = d_2 = \dfrac{1}{4}\sqrt{9p^2 + l^2}$.

2.53 Ein kartesisches Koordinatensystem wird mit dem Ursprung in der Mitte der Fahrbahn und der x-Achse quer zur Fahrbahn gewählt (siehe **Bild 2.23**). Die Gleichung für den parabolischen Träger der Brücke ist

$$y(x) = a\,(x + 12)\,(x - 12) = a\left(x^2 - 144\right) \text{ mit } y(0) = 4, \text{ d. h., } a = -\frac{1}{36}.$$

Antwort: Die Längen der Vertikalstreben sind $y(-8) = y(8) = \dfrac{20}{9} \approx 2.22$ [m], $y(-4) = y(4) = \dfrac{32}{9} \approx 3.56$ [m], $y(0) = 4$ [m].

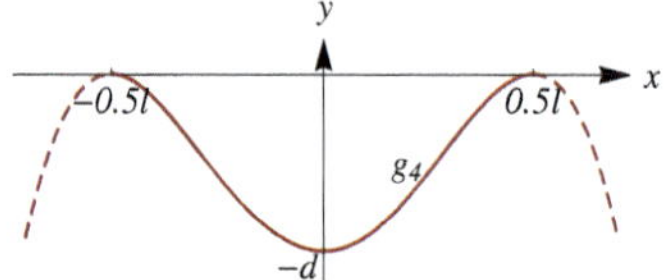

Bild 2.21 Mittellinie g_4 des Balkens

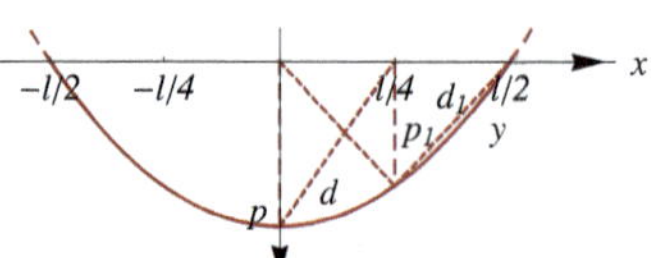

Bild 2.22 Parabolischer Träger

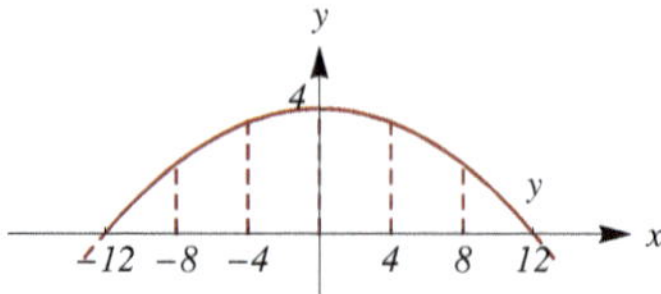

Bild 2.23 Parabolischer Träger der Brücke

2.54 **Antwort:** Eine rationale Funktion kann höchstens so viele Polstellen haben, wie das Nennerpolynom Nullstellen hat.

2.55 **a)** $D_f = \{x | x \in \mathbb{R}\}$ Lücke: keine, Polstelle: keine, Nullstelle: 0, Graph siehe **Bild 2.24**.

b) $D_f = \{x | x \in \mathbb{R} \land x \neq 2\}$ Lücke: 2, Polstelle: keine, Nullstelle: -2, Graph siehe **Bild 2.25**.

c) $D_f = \{x | x \in \mathbb{R} \land x \neq -2 \land x \neq -1 \land x \neq 1\}$ Lücke: 1, Polstellen: -1, -2, Nullstelle: 0, Graph siehe **Bild 2.26**.

d) $D_f = \{x | x \in \mathbb{R} \land x \neq -3\}$ Lücke: keine, Polstelle: -3, Nullstellen: 1, 2, Graph siehe **Bild 2.27**.

e) $D_f = \{x | x \in \mathbb{R} \land x \neq -5/2\}$ Lücke: keine, Polstelle: -5/2, Nullstelle: 1, Graph siehe **Bild 2.28**.

a)

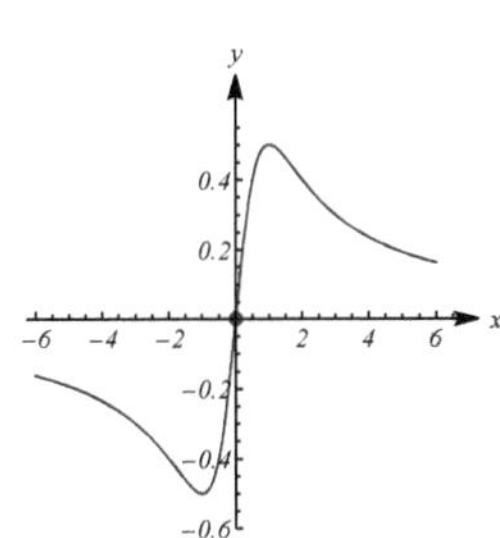

Bild 2.24 $f(x) = \dfrac{x}{x^2+1}$

b)

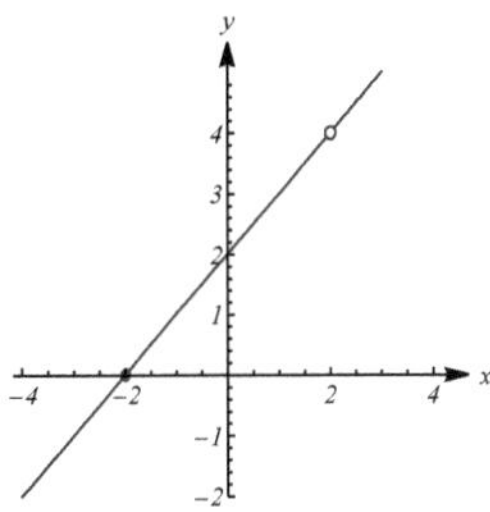

Bild 2.25 $f(x) = \dfrac{x^2-4}{x-2}$

c)

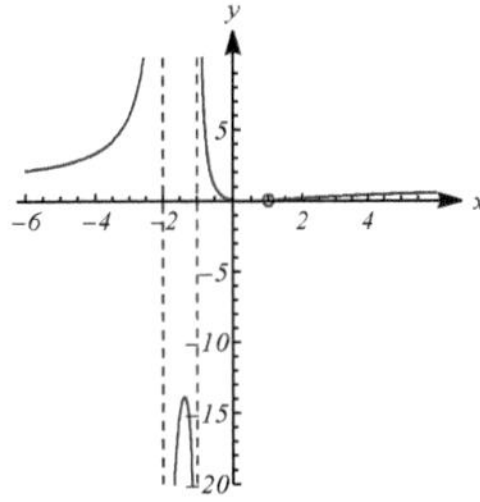

Bild 2.26 $f(x) = \dfrac{x(x-1)^2}{(x-1)(x+1)(x+2)}$

d)

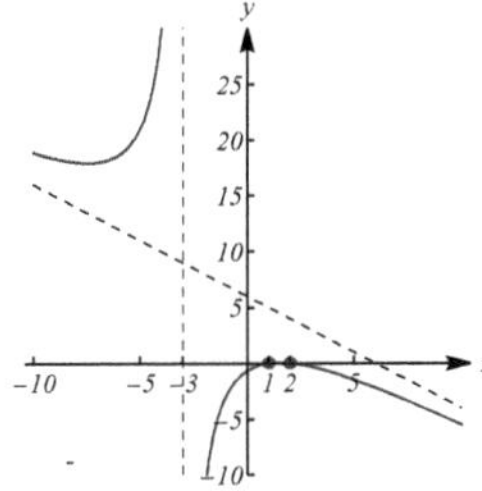

Bild 2.27 $f(x) = \dfrac{(2-x)(x-1)}{x+3}$

e)

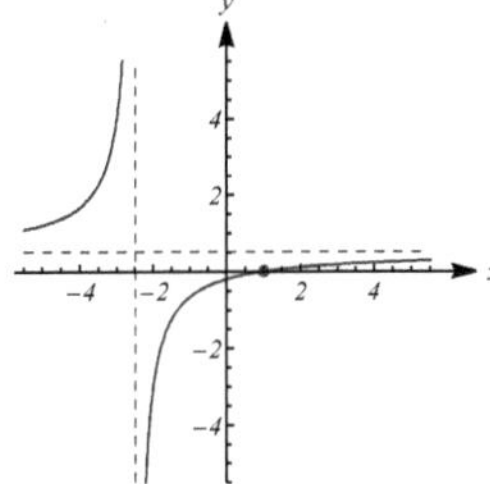

Bild 2.28 $f(x) = \dfrac{x-1}{2x+5}$

2.56 **a)** Die Nullstellen der linearen Funktionen unter den Beträgen sind $x_1 = 6$ bzw. $x_2 = -5$.
Damit werden folgende drei Fälle unterschieden:

I $x \in (-\infty, -5)$, d. h.,

$$6 - x > 0 \text{ und } \left|2 - \frac{x}{3}\right| = 2 - \frac{x}{3}, \qquad x + 5 < 0 \text{ und } \left|\frac{x}{5} + 1\right| = -\left(\frac{x}{5} + 1\right).$$

Die Ungleichung lautet damit

$$2 - \frac{x}{3} - \left(\frac{x}{5} + 1\right) \leq 3, \text{ d. h., } -\frac{15}{4} \leq x.$$

Das widerspricht der Voraussetzung von Fall I: $x \in (-\infty, -5)$. In diesem Fall gibt es keine Lösung.

II $x \in [-5, 6)$, d. h.,

$$6 - x > 0 \text{ und } \left|2 - \frac{x}{3}\right| = 2 - \frac{x}{3}, \qquad x + 5 \geq 0 \text{ und } \left|\frac{x}{5} + 1\right| = \frac{x}{5} + 1.$$

Die Ungleichung lautet damit

$$2 - \frac{x}{3} + \left(\frac{x}{5} + 1\right) \leq 3, \text{ d. h., } 0 \leq x.$$

In diesem Fall ergibt sich als Lösungsmenge das Intervall $[0, 6)$.

III $x \in [6, \infty)$, d. h.,

$$6 - x \leq 0 \text{ und } \left|2 - \frac{x}{3}\right| = -\left(2 - \frac{x}{3}\right), \qquad x + 5 > 0 \text{ und } \left|\frac{x}{5} + 1\right| = \frac{x}{5} + 1.$$

Die Ungleichung lautet damit

$$-\left(2 - \frac{x}{3}\right) + \left(\frac{x}{5} + 1\right) \leq 3, \text{ d. h., } x \leq \frac{15}{2}.$$

In diesem Fall ergibt sich als Lösungsmenge das Intervall $[6, 7.5]$.

Antwort: Die Lösungsmenge der Ungleichung ist $L = \{x | x \in \mathbb{R} \ \wedge \ 0 \leq x \leq 7.5\}$.

b) Der Nenner des Terms auf der linken Seite hat die Nullstellen

$x_{1/2} \dfrac{-8 \pm \sqrt{64-60}}{2} = -4 \pm 1$, d. h., $x_1 = -5$, $x_2 = -3$. Diese beiden reellen Zahlen sind daher nicht Lösungen der Ungleichung. Die Zerlegung des Nenners in Linearfaktoren lautet

$x^2 + 8x + 15 = (x+5)(x+3)$.

Es werden folgende Fälle unterschieden:

I $x \in (-\infty, -5)$, d. h., $x + 5 < 0$ und $x + 3 < 0$.
Multiplizieren der Ungleichung mit $(x+5)(x+3) > 0$ ergibt unter Beibehaltung des Relationszeichens $x^2 + 2x - 12 \geq x^2 + 8x + 15$, d. h., $-4.5 \geq x$.
In diesem Fall ergibt sich als Lösungsmenge das Intervall $(-\infty, -5)$.

II $x \in (-5, -3)$, d. h., $x + 5 > 0$ und $x + 3 < 0$.
Multiplizieren der Ungleichung mit $(x+5)(x+3) < 0$ ergibt unter Umkehrung des Relationszeichens $x^2 + 2x - 12 \leq x^2 + 8x + 15$, d. h., $-4.5 \leq x$.
In diesem Fall ergibt sich als Lösungsmenge das Intervall $[-4.5, -3)$.

III $x \in (-3, \infty)$, d. h., $x + 5 > 0$ und $x + 3 > 0$.
Multiplizieren der Ungleichung mit $(x+5)(x+3) > 0$ ergibt unter Beibehaltung des Relationszeichens wie in Fall I
$x^2 + 2x - 12 \geq x^2 + 8x + 15$, d. h., $-4.5 \geq x$.
Das ist ein Widerspruch zur Voraussetzung von Fall III: $x \in (-3, \infty)$. In diesem Fall gibt es keine Lösung der Ungleichung.

Antwort: Die Lösungsmenge der Ungleichung ist $L = \{x | x \in \mathbb{R} \ \wedge \ (x < -5 \ \vee \ -4.5 \leq x < -3)\}$.

Logarithmus- und Exponentialfunktionen

2.57 Gesucht: Umkehrfunktion der Funktion f sowie ihr Definitions- und Wertebereich

Es gilt $f(x) = 2^{-3x} + 1 = \left(\dfrac{1}{8}\right)^x + 1$. Die rechte Seite der Funktionsgleichung ist die Summe aus der Exponentialfunktion $(1/8)^x$ und 1. Daher ist $D_f = \{x | x \in R\}$ und $W_f = \{y | y \in R \ \wedge \ y > 1\}$.

Umstellen der Funktionsgleichung nach dem Argument x ergibt

$y - 1 = \left(\dfrac{1}{8}\right)^x$ bzw. $x = \log_{\frac{1}{8}}(y-1) = -\dfrac{\ln(y-1)}{\ln 8}$, $y > 1$.

Antwort: Die Umkehrfunktion ist $f^{-1} : (1, \infty) \to \mathbb{R}$: $f^{-1}(x) = -\dfrac{\ln(x-1)}{\ln 8}$ (siehe **Bild 2.29**).

2.58 Gesucht: Wert der reellen Konstanten C, damit der Graph der Funktion f durch den Punkt $P(0,1)$ verläuft

Der Graph einer Funktion f verläuft durch den Punkt $P(0,1)$, wenn gilt $1 = f(0)$ (siehe **Bild 2.30**). Für die gegebene Funktion ergibt sich

$1 = \ln\left(C\dfrac{5 - 2 \cdot 0}{15 - 3 \cdot 0}\right) = \ln \dfrac{C}{3}$, d. h., $\dfrac{C}{3} = e$ bzw. $C = 3e$. Dann ist $f(x) = 1 + \ln\left(\dfrac{5-2x}{5-x}\right)$.

Aus der Gleichung $f(x) = 0$ bzw.

$0 = 1 + \ln\left(\dfrac{5-2x}{5-x}\right)$ bzw. $\mathrm{e}^{-1} = \dfrac{5-2x}{5-x}$ ergibt sich die Nullstelle $x_N = \dfrac{5(\mathrm{e}-1)}{2\mathrm{e}-1} \approx 1.9365$.

Antwort: Die reelle Konstante C muss den Wert $3e$ haben. Dann hat $f(x) = 1 + \ln\left(\dfrac{5-2x}{5-x}\right)$ die Nullstelle $x_N \approx 1.9365$.

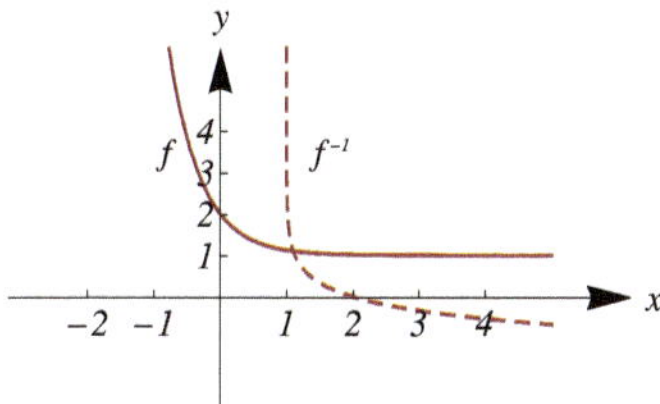

Bild 2.29 $f(x)=2^{-3x}+1,\ f^{-1}(x)=\dfrac{\ln(x-1)}{\ln 8}$

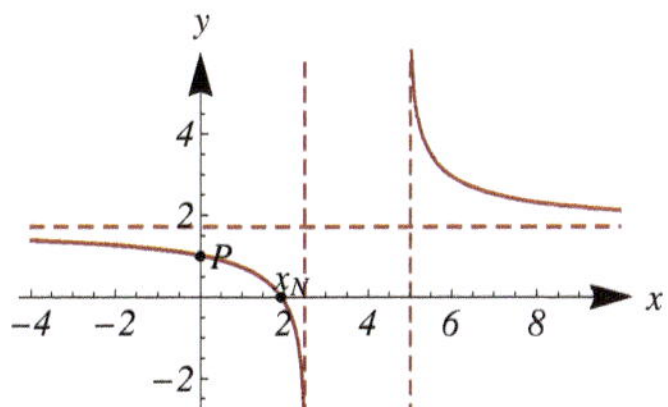

Bild 2.30 $f(x)=1+\ln\left(\dfrac{5-2x}{5-x}\right)$

2.59 **a)**

$$\begin{array}{rcl|l}
5^{2x+1}-7^{x+1} & = & 5^{2x}+7^{x} & +7^{x+1}-5^{2x} \\
5^{2x+1}-5^{2x} & = & 7^{x+1}+7^{x} & \text{Ausklammern} \\
5^{2x}(5-1) & = & 7^{x}(7+1) & :4:7^{x} \\
\left(\frac{25}{7}\right)^{x} & = & 2 & \text{Definition Logarithmus} \\
x & = & \log_{\frac{25}{7}} 2 & L=\left\{\dfrac{\ln 2}{\ln 25-\ln 7}\approx 0.544513\right\}
\end{array}$$

b)

$$\begin{array}{rcl|l}
5^{x}+5^{x+1}+5^{x+2} & = & 3^{x}+3^{x+1}+3^{x+2} & \text{Ausklammern} \\
5^{x}(1+5+5^{2}) & = & 3^{x}(1+3+3^{2}) & :31:3^{x} \\
\left(\frac{5}{3}\right)^{x} & = & \dfrac{13}{31} & \text{Definition Logarithmus} \\
x & = & \log_{\frac{5}{3}}\dfrac{13}{31} & L=\left\{\dfrac{\ln 13-\ln 31}{\ln 5-\ln 3}\approx -1.701241\right\}
\end{array}$$

c)

$$\begin{array}{rcl|l}
8^{(3^{x})} & = & 6^{(4^{x})} & \text{Logarithmieren} \\
\ln\left\{8^{(3^{x})}\right\} & = & \ln\left\{6^{(4^{x})}\right\} & \text{Logarithmus der Potenz} \\
3^{x}\ln 8 & = & 4^{x}\ln 6 & :4^{x}:\ln 8 \\
\left(\frac{3}{4}\right)^{x} & = & \dfrac{\ln 6}{\ln 8} & \text{Definition Logarithmus} \\
x & = & \log_{\frac{3}{4}}\log_{8} 6 & L=\left\{\dfrac{\ln(\ln 6/\ln 8)}{\ln 3-\ln 4}\approx 0.517589\right\}
\end{array}$$

d) Voraussetzung: $x>-5/7$

$$\begin{array}{rcl|l}
\lg\left(\sqrt{7x+5}\right)+0.5\lg(2x+7) & = & 1+\lg(4.5) & -\lg(4.5) \\
\lg\left(\sqrt{7x+5}\right)+0.5\lg(2x+7)-\lg(4.5) & = & 1 & \text{Logarithmengesetze} \\
\lg\dfrac{\sqrt{(7x+5)(2x+7)}}{4.5} & = & 1 & \text{Definition Logarithmus} \\
\dfrac{\sqrt{(7x+5)(2x+7)}}{4.5} & = & 10 & \cdot 4.5,\ \text{Quadrieren} \\
(7x+5)(2x+7) & = & 45^{2} & \text{Ausmultiplizieren} \\
14x^{2}+59x+35 & = & 45^{2} & -45^{2} \\
14x^{2}+59x-1990 & = & 0 & L=\{10\}
\end{array}$$

e) Voraussetzung: $x>15/4$

$$\begin{array}{rcl|l}
\dfrac{\lg(2x)}{\lg(4x-15)} & = & 2 & \cdot\lg(4x-15) \\
\lg(2x) & = & 2\lg(4x-15) & \text{Logarithmengesetze} \\
\lg(2x) & = & \lg(4x-15)^{2} & \text{Umkehrbarkeit} \\
2x & = & (4x-15)^{2} & \text{Ausmultiplizieren} \\
2x & = & 16x^{2}-120x+225 & -2x \\
0 & = & 16x^{2}-122x+225 & L=\{4.5\}
\end{array}$$

f) Voraussetzung: $x > 4/3$

$$\begin{array}{lcl|l} \lg(3x-4)+\lg(19) &=& \lg(8x+3)+\lg(2) & \text{Logarithmengesetze} \\ \lg(19(3x-4)) &=& \lg(2(8x+3)) & \text{Umkehrbarkeit} \\ 19(3x-4) &=& 2(8x+3) & \text{Ausmultiplizieren} \\ 57x-76 &=& 16x+6 & +76-16x \\ 41x &=& 82 & :41 \\ x &=& 2 & L=\{2\} \end{array}$$

g) Voraussetzung: $x > -5/7$

$$\begin{array}{lcl|l} \lg(7x+5)-\lg 3 &=& \lg(9x+10)-\lg 4 & \text{Logarithmengesetze} \\ \frac{7x+5}{3} &=& \frac{9x+10}{4} & \cdot 3\cdot 4 \\ 4(7x+5) &=& 3(9x+10) & \text{Ausmultiplizieren} \\ 28x+20 &=& 27x+30 & -20-27x \\ x &=& 10 & L=\{10\} \end{array}$$

h)

$$\begin{array}{lcl|l} \frac{6^{2x+1}}{108^x} &=& 18 & :6 \\ \left(\frac{36}{108}\right)^x &=& 3 & \text{Definition Logarithmus} \\ x &=& \log_{\frac{1}{3}} 3 & L=\{-1\} \end{array}$$

i)

$$\begin{array}{lcl|l} 11\cdot 7^{x-1}+7\cdot 11^{x-1} &=& 7^x+11^x & -7^x-7\cdot 11^{x-1} \\ 11\cdot 7^{x-1}-7^x &=& 11^x-7\cdot 11^{x-1} & \text{Ausklammern} \\ 7^{x-1}(11-7) &=& 11^{x-1}(11-7) & :4:11^{x-1} \\ \left(\frac{7}{11}\right)^{x-1} &=& 1 & \\ x &=& 1 & L=\{1\} \end{array}$$

j) Voraussetzung: $x > 0$

$$\begin{array}{lcl|l} \log_4[\log_3(\log_2 x)] &=& 0 & \text{Definition Logarithmus} \\ \log_3(\log_2 x) &=& 4^0=1 & \text{Definition Logarithmus} \\ \log_2 x &=& 3^1=3 & \text{Definition Logarithmus} \\ x &=& 2^3=8 & L=\{8\} \end{array}$$

k) Voraussetzung: $x \neq -2,\ x \neq 1/4$

$$\begin{array}{lcl|l} 32^{\frac{2x+1}{x+2}} &=& 4^{\frac{6x-1}{4x-1}} & \text{Potenzgesetz} \\ 2^{5\frac{2x+1}{x+2}} &=& 2^{2\frac{6x-1}{4x-1}} & \text{Umkehrbarkeit} \\ 5\frac{2x+1}{x+2} &=& 2\frac{6x-1}{4x-1} & \cdot(x+2)(4x-1) \\ 5(2x+1)(4x-1) &=& 2(6x-1)(x+2) & \text{Ausmultiplizieren} \\ 40x^2+10x-5 &=& 12x^2+22x-4 & -12x^2-22x+4 \\ 28x^2-12x-1 &=& 0 & L=\left\{-\frac{1}{14},\frac{1}{2}\right\} \end{array}$$

l)

$$\begin{array}{lcl|l} 6^{x+1}-7^x &=& 5\cdot 6^x-6^{x-1} & +7^x-5\cdot 6^x+6^{x-1} \\ 6^{x+1}-5\cdot 6^x+6^{x-1} &=& 7^x & \text{Ausklammern} \\ 6^{x-1}(6^2-5\cdot 6+1) &=& 7^x & :7^x \\ \left(\frac{6}{7}\right)^{x-1} &=& 1 & \text{Potenzgesetz} \\ x &=& 1 & L=\{1\} \end{array}$$

2.60 a) **Gesucht:** DIN-Zahl, die 100 ASA entspricht

Aus der Formel $S_{\text{DIN}} = 1 + \lg(S_{\text{ASA}})$ ergibt sich mit $S_{\text{ASA}} = 100$ unmittelbar $S_{\text{DIN}} = 1 + \lg 100 = 1 + \lg 10^2 = 1 + 2\lg 10 = 3.$

Antwort: Der ASA-Zahl 100 entspricht die DIN-Zahl 3.

b) **Gesucht:** Auswirkung der Verdopplung der ASA-Zahl auf die DIN-Zahl

Es gilt $S_{1,\text{DIN}} = 1 + \lg(S_{\text{ASA}})$ und $S_{2,\text{DIN}} = 1 + \lg(2S_{\text{ASA}}) = 1 + \lg 2 + \lg(S_{\text{ASA}})$, d. h., $S_{2,\text{DIN}} - S_{1,\text{DIN}} = \lg 2$.

Antwort: Bei Verdopplung der ASA-Zahl vergrößert sich die DIN-Zahl um $\lg 2$.

c) **Gesucht:** S_{ASA} in Abhängigkeit von S_{DIN}

Aus $S_{\text{DIN}} = 1 + \lg(S_{\text{ASA}})$ folgt nach Subtraktion von 1 die Gleichung $S_{\text{DIN}} - 1 = \lg(S_{\text{ASA}})$.

Antwort: Mit der Definition des Logarithmus ist $S_{\text{ASA}} = 10^{(S_{\text{DIN}}-1)}$.

2.61 Wenn die Bakterienkultur in jeder Stunde um 20 % zunimmt, so ist $N(t+1) = 1.2N(t)$. Mit dem Wachstumsgesetz folgt

$N(t+1) = N_0 e^{k(t+1)} = 1.2N(t) = 1.2N_0 e^{kt}$ und nach Division durch $N_0 e^{kt}$ $e^k = 1.2$, d. h., $k = \ln 1.2$ [1/h].

a) **Gesucht:** t_3 (in h) - Zeit, in der sich die Bakterienkultur verdreifacht.

Es ist $N(t_3) = 3N_0$ und mit dem Wachstumsgesetz

$3N_0 = N_0 e^{kt_3}$ und nach Division durch N_0 $3 = e^{kt_3}$, d. h., $t_3 = \ln 3/\ln k = \ln 3/\ln 1.2 \approx 6.025$ [h].

Antwort: In ca. 6 h 1 min 30 s verdreifacht sich die Bakterienkultur.

b) **Gesucht:** $N(24)/N_0$ - Vervielfachung der Bakterienkultur in 24 Stunden.

Mit dem Wachstumsgesetz ist

$N(24) = N_0 e^{k\cdot 24}$ und nach Division durch N_0 $N(24)/N_0 = e^{k\cdot 24} = e^{\ln 1.2\cdot 24} \approx 79.496$.

Antwort: Die Kultur ist nach 24 h ca. 79.5-mal so groß wie zu Beginn.

2.62 **Gesucht:** T (in Mia. a) - Alter des Universums

Folgende Bezeichnungen werden gewählt:

$N_{235}(t)$ bzw. $N_{238}(t)$	- Menge der Uranisotope U^{235} bzw. U^{238} zum Zeitpunkt t
k_{235} bzw. k_{238}	- vom Uranisotop U^{235} bzw. U^{238} abhängige Konstante im jeweiligen Wachstumsgesetz
$t_{235} = 4.51$ [Mia. a] bzw. $t_{238} = 0.71$ [Mia. a]	- Halbwertszeiten der Uranisotope U^{235} bzw. U^{238} (in Mia. a)

Mit den angegebenen Halbwertszeiten ergibt sich aus dem Zerfallsgesetz $N(t) = N(0)\,e^{-kt}$ für das Uranisotop U^{235}

$0.5N_{235}(0) = N(t_{235}) = N_{235}(0)e^{-k_{235}t_{235}}$ und nach Division durch $N_{235}(0)$ $0.5 = e^{-k_{235}t_{235}}$, d. h.,

$k_{235} = -\dfrac{\ln 0.5}{t_{235}} = \dfrac{\ln 2}{t_{235}}$ [1/Mia. a].

Analog ergibt sich für das Uranisotop U^{238}

$k_{238} = -\dfrac{\ln 0.5}{t_{238}} = \dfrac{\ln 2}{t_{238}}$ [1/Mia. a].

Da es zu Beginn der Entstehung des Universums gleich große Mengen der Uranisotope U^{235} und U^{238} gegeben haben soll, gilt

$N_{235}(0) = N_{238}(0)$.

Da heute (d. h., zum Zeitpunkt T) ca. 137.7-mal so viele U^{238}-Isotope wie U^{235}-Isotope existieren, gilt

$N_{238}(T) = 137.7N_{235}(T)$.

Aus dieser Gleichung folgt mit den Zerfallsgesetzen der Uranisotope U^{235} und U^{238}

$N_{238}(0)e^{-k_{238}T} = 137.7N_{235}(0)e^{-k_{235}T}$

und mit $N_{235}(0) = N_{238}(0)$ und Division durch $N_{235}(0)e^{-k_{235}T}$

$e^{T(k_{235}-k_{238})} = 137.7$, d. h., $T = \dfrac{\ln 137.7}{k_{235} - k_{238}} = \dfrac{\ln 137.7}{\ln 2}\,\dfrac{t_{235}t_{238}}{t_{238} - t_{235}} \approx 5.9874$ [Mia. a].

Antwort: Entsprechend dieser Theorie ist das Universum etwa 6 Milliarden Jahre alt.

2.63 a) **Gesucht:** $T(24)$ (in °C) - Temperatur des Inhaltes der Thermosflasche nach 24 h

Aus dem Wärmeleitungsgesetz $T(t) = T_1 + (T_0 - T_1)e^{-kt}$ ergibt sich mit $T_1 = 6$ °C, $T_0 = 93$ °C, $t = 6$ h, $T(6) = 70$ °C

$70 = 6 + (93-6)e^{-6k}$ [°C], d. h., $k = -\dfrac{1}{6}\ln\dfrac{64}{87}$ [1/h].

Damit ist $T(24) = 6 + 87e^{\frac{1}{6}\ln\frac{64}{87}\cdot 24} \approx 31.48$ [°C].

Antwort: Die Temperatur des Inhaltes der Thermosflasche nach 24 h beträgt ca. 31.48 °C.

b) **Gesucht:** $T(3)$ (in °C) - Temperatur des Körpers nach 3 min = 180 s
Aus dem Wärmeleitungsgesetz $T(t) = T_1 + (T_0 - T_1)e^{-kt}$ ergibt sich mit $T_1 = 20$ °C, $T_0 = 70$ °C, $k = 0.007$ s^{-1} unmittelbar
$T(180) = 20 + (70 - 20)e^{-0.007\cdot 180} \approx 34.18$ [°C].
Antwort: Der Körper hat die Temperatur ca. 34.18 °C.

c) **Gesucht:** T_1 (in °C) - Raumtemperatur
Aus dem Wärmeleitungsgesetz $T(t) = T_1 + (T_0 - T_1)e^{-kt}$ folgt nach Subtraktion von T_0e^{-kt} und anschließendem Ausklammern von T_1
$$T(t) - T_0e^{-kt} = T_1(1 - e^{-kt}), \text{ d. h., } T_1 = \frac{T(t) - T_0e^{-kt}}{1 - e^{-kt}}.$$
Mit $T_0 = 60$ °C, $t = 1$ h = 3600 s, $T(3600) = 40$ °C und $k = 0.0001925$ s^{-1} ergibt sich daraus
$$T_1 = \frac{40 - 60e^{-0.0001925\cdot 3600}}{1 - e^{-0.0001925\cdot 3600}} \approx 19.99 \text{ [°C]}.$$
Antwort: Die Raumtemperatur betrug ca. 20 °C.

2.64 a) **Gesucht:** c (in m) - Konstante im Gesetz für den Luftdruck
Aus dem Gesetz für den Luftdruck $p(h) = p_0e^{-h/c}$ folgt mit $h = 8000$ m, $p(h) = p_0/3$
$$p(h) = p_0/3 = p_0e^{-h/c} \text{ und nach Division durch } p_0 \quad \frac{1}{3} = e^{-h/c}, \text{ d. h., hspace0.1cm } c = \frac{h}{\ln 3} = \frac{8000}{\ln 3} \text{ [m]}.$$
Antwort: Die Konstante ist $c \approx 7281.91$ [m].

b) **Gesucht:** h_2 (in m) - Höhe, in der Luftdruck auf die Hälfte von p_0 zurückgegangen ist.
Aus dem Gesetz für den Luftdruck folgt mit $p(h_2) = 0.5p_0$
$$0.5p_0 = p_0e^{-h_2/c} \text{ und nach Division durch } p_0 \quad 0.5 = e^{-h_2/c}, \text{ d. h., } h_2 = c\ln 2 = \frac{\ln 2}{\ln 3}\cdot 8000 \approx 5047.438 \text{ [m]}.$$
Antwort: In einer Höhe von ca. 5047.44 m ist der Luftdruck auf die Hälfte von p_0 zurückgegangen.

c) **Gesucht:** h_O (in m) - Höhe des Ortes
Aus dem Gesetz für den Luftdruck folgt mit $p(h_O) = 933$ mbar und $p_0 = 1013$ mbar
$$h_O = -c\ln\frac{p(h_O)}{p_0} = -\frac{8000}{\ln 3}\ln\frac{933}{1013} \approx 599.06 \text{ [m]}.$$
Antwort: Der Ort liegt ca. 599.06 m hoch.

d) **Gesucht:** $p(h)$ (in mbar) - Luftdruck im Aussichtsgeschoss des Berliner Fernsehturms
Aus dem Gesetz für den Luftdruck folgt mit $h = 203$ m und $p_0 = 1013$ mbar
$$p(203) = 1013\cdot e^{-203\frac{\ln 3}{8000}} \approx 985.15 \text{ [mbar]}.$$
Antwort: Der Luftdruck beträgt in 203 m Höhe ca. 985.15 mbar.

2.65 Gewinn wird dann erzielt, wenn der Erlös $E(x)$ größer als die Kosten $K(x)$ ist. Aus der Bedingung $E(x) > K(x)$ bzw.
$20\,e^{-300/x+1} > b\,e^{-100/x}$
ergibt sich nach Division durch b, Multiplikation mit $e^{300/x-1}$ und Logarithmieren
$$\ln\frac{20}{b} > \frac{200}{x} - 1, \text{ d. h., } \ln\frac{20}{b} + 1 > \frac{200}{x} \text{ bzw. } x > \frac{200}{1 + \ln(20/b)}, \text{ wenn } \ln\frac{20}{b} + 1 > 0.$$

a) **Gesucht:** x - Stückzahl, ab welcher Gewinn erzielt wird, wenn $b = 20$ ist
Für $b = 20$ folgt unmittelbar $x > 200$.
Antwort: Ab 201 Stück wird Gewinn erzielt.

b) **Gesucht:** x - Stückzahl, ab welcher Gewinn erzielt wird, wenn $b = 40$ ist
Für $b = 40$ folgt unmittelbar $x > 651.77$.
Antwort: Ab 652 Stück wird Gewinn erzielt.

c) **Gesucht:** b - größtmöglicher Faktor, damit ab einer Stückzahl Gewinn erzielt werden kann
Damit ab einer Stückzahl Gewinn erzielt werden kann, muss der Nenner auf der rechten Seite der dafür notwendigen Ungleichung (siehe oben)
$$x > \frac{200}{1 + \ln(20/b)}$$
größer als null sein. Aus
$$1 + \ln\frac{20}{b} > 0 \quad \text{folgt} \quad 1 + \ln 20 > \ln b \quad \text{bzw.} \quad b < e^{1+\ln 20} \approx 54.36.$$
Antwort: Der Faktor b muss kleiner als ca. 54.36 sein.

2.66 **Gesucht:** t (in d) - Zeit, nach der die Fläche der Kellerdecke mit einem Inhalt F vom Echten Hausschwamm bedeckt ist

Wenn die befallene Fläche zum Zeitpunkt $t_0 = 0$ gleich F_0 ist, so ist nach einer Woche (7 d) die befallene Fläche bereits gleich $2F_0$, d. h., es gilt mit dem Wachstumsgesetz

$F(7) = 2F_0 = F_0 e^{7\alpha}$ und somit $\alpha = (\ln 2)/7$ [1/d].

Die Fläche der Kellerdecke mit einem Inhalt F ist vom Echten Hausschwamm nach der Zeit t bedeckt, wenn gilt

$$F = F_0 e^{\alpha t}, \quad \text{d. h.,} \quad t = \frac{\ln(F/F_0)}{\alpha}.$$

Antwort: **a)** Für $F = 15$ m^2= 1 500 dm^2 ergibt sich mit $F_0 = 1$ dm^2 die Zeit $t = 7 \ln 1\,500/\ln 2 \approx 74$ [d], nach der die Kellerdecke halb bedeckt ist.

b) Für $F = 30$ m^2= 3 000 dm^2 ergibt sich mit $F_0 = 1$ dm^2 die Zeit $t = 7 \ln 3\,000/\ln 2 \approx 81$ [d], d. h., nach Ablauf einer weiteren Woche ist die Kellerdecke vollständig bedeckt.

2.67 **Gesucht:** $t > 0$ - Anzahl der Monate, nach der die Gesamtmasse der Stoffe A und B nur noch 20 % der ursprünglich vorhandenen Gesamtmasse beträgt

Die Gesamtmasse der vorhandenen Stoffe A und B war ursprünglich gleich $5 + 10 = 15$ [kg]. Nach Ablauf von t Monaten sind $5e^{-2t}$ kg des Stoffes A und $10e^{-t}$ kg des Stoffes B vorhanden, insgesamt nur noch 20 % $\cdot$ 15 = 3 [kg]. Damit gilt $5e^{-2t} + 10e^{-t} = 3$ [kg]. Mit der Substitution $z = e^{-t}$ folgt die quadratische Gleichung bezüglich z

$$5z^2 + 10z - 3 = 0 \quad \text{mit den Lösungen} \quad z_{1,2} = \frac{-10 \pm \sqrt{160}}{10},$$

von denen wegen $z > 0$ nur die positive Lösung $z_1 \approx 0.2649$ in Frage kommt. Aus der Substitution $z = e^{-t}$ folgt damit $t = -\ln z \approx 1.3284$.

Antwort: Nach ca. 1.33 Monaten (das sind ca. 40 Tage) beträgt die Gesamtmasse der Stoffe A und B nur noch 20 % der ursprünglich vorhandenen Gesamtmasse.

Trigonometrische Funktionen

2.68 Als Hilfskonstruktion wird am Kreis mit dem Radius 1 der Winkel 30° in mathematisch positivem und negativem Drehsinn abgetragen. Die Schnittpunkte der Schenkel dieser Winkel mit dem Kreis mit dem Radius 1 sind P und P'. Die Fußpunkte der Lote von P und P' auf die x-Achse sind L und L' (siehe **Bild 2.31**). Die Dreiecke $\triangle OLP$ und $\triangle OL'P'$ sind kongruent, denn sie stimmen überein in den Längen der Seiten $|\overline{OP}| = 1$ und $|\overline{OP'}| = 1$, den Winkeln $\angle POL = 30°$ und $\angle P'OL = 30°$ und den rechten Winkeln $\angle PLO$ und $\angle PL'O$. Daher ist auch $|\overline{OL}| = |\overline{OL'}|$, die Punkte L und L' fallen zusammen, und das gleichschenklige Dreieck $\triangle OPP'$ ist gleichseitig (Seitenlänge 1). Damit ist $|\overline{PL}| = \sin 30° = 0.5$. Wen Nach Anwendung des Satzes des Pythagoras im rechtwinkligen Dreieck $\triangle OLP$ ergibt sich $|\overline{OL}| = \sqrt{3}/2$. Analog werden die anderen beiden Beziehungen gezeigt.

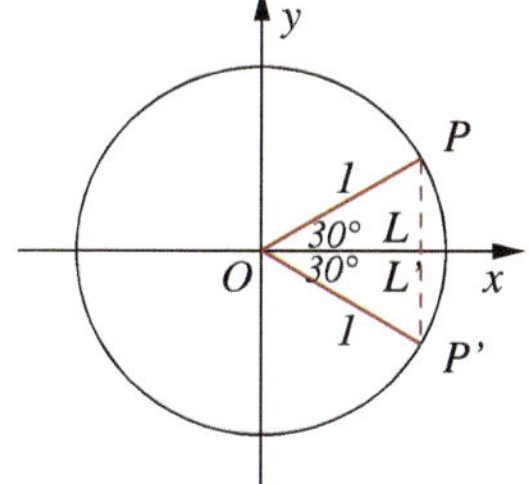

Bild 2.31 Kreis mit dem Radius 1

2.69 $\sin 17.3° \approx 0.2973748$ $\sin 7 \approx 0.6569866$ $\sin 123.4° \approx 0.8348478$
$\sin(\sqrt{5}/2) \approx 0.899242$ $\sin(5\pi/9) \approx 0.9848077$ $\sin(-62.9°) \approx -0.8902128$
$\sin 17.3 \approx -0.9997744$

2.70 **a)** $x \approx 19.876°$ **b)** $x \approx 0.4908826$ **c)** keine reelle Lösung
d) $x \approx -45.235°$ **e)** $x \approx -0.7956029$ **f)** keine Lösung in $[0°, 90°]$

2.71 $\sin(90° + x) = \sin(90° - x)$

$$\begin{aligned}
\sin 120^\circ &= \sin(90^\circ + 30^\circ) = \sin(90^\circ - 30^\circ) = \sin 60^\circ = \sqrt{3}/2\\
\sin 135^\circ &= \sin(90^\circ + 45^\circ) = \sin(90^\circ - 45^\circ) = \sin 45^\circ = \sqrt{2}/2\\
\sin 150^\circ &= \sin(90^\circ + 60^\circ) = \sin(90^\circ - 60^\circ) = \sin 30^\circ = 1/2
\end{aligned}$$

$\sin(180^\circ + x) = -\sin(180^\circ - x)$

$$\begin{aligned}
\sin 210^\circ &= \sin(180^\circ + 30^\circ) = -\sin(180^\circ - 30^\circ) = -\sin 150^\circ = -1/2\\
\sin 225^\circ &= \sin(180^\circ + 45^\circ) = -\sin(180^\circ - 45^\circ) = -\sin 135^\circ = -\sqrt{2}/2\\
\sin 240^\circ &= \sin(180^\circ + 60^\circ) = -\sin(180^\circ - 60^\circ) = -\sin 120^\circ = -\sqrt{3}/2
\end{aligned}$$

$\sin x = \sin(x - 360^\circ)$, $\sin(-x) = -\sin x$

$$\begin{aligned}
\sin 300^\circ &= \sin(300^\circ - 360^\circ) = \sin(-60^\circ) = -\sin 60^\circ = -\sqrt{3}/2\\
\sin 330^\circ &= \sin(330^\circ - 360^\circ) = \sin(-30^\circ) = -\sin 30^\circ = -1/2
\end{aligned}$$

2.72

$\sin x$	$1/2$	$-1/2$	$\sqrt{2}/2$	$-\sqrt{3}/2$	$-\sqrt{2}/2$	$\sqrt{3}/2$	0	1
$x \in [-360^\circ, 0^\circ]$	-210° -330°	-30° -150°	-225° -315°	-60° -120°	-45° -135°	-240° -300°	0° -180° -360°	-270°

2.73 **a)** $x \approx 0.379009$, $x \approx 2.7625836$ **b)** keine relle Lösung **c)** keine Lösung in $[0, \pi]$
d) $x = \pi/2$ **e)** $x \approx 0.3682678$, $x \approx 2.7733248$ **f)** $x \approx 0.848062$, $x \approx 2.2935306$

2.74 **a)**

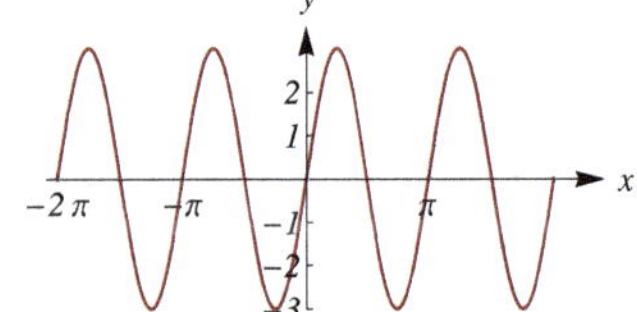

Bild 2.32 $f(x) = 3\sin(2x)$

b)

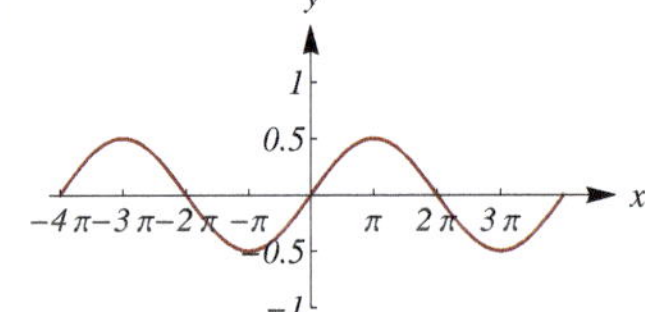

Bild 2.33 $f(x) = 0.5\sin(x/2)$

c)

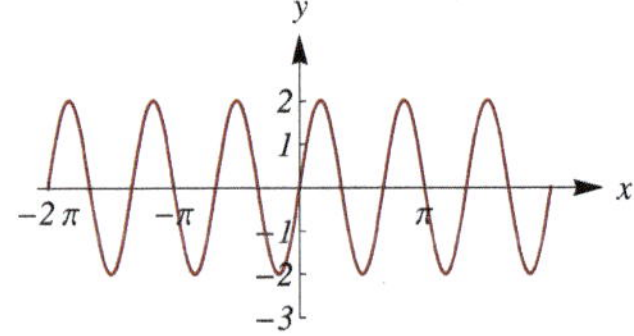

Bild 2.34 $f(x) = 2\sin(3x)$

2.75

$\tan 20^\circ \approx 0.3639702$	$\tan 85^\circ \approx 11.430052$	$\tan(-\pi/2)$ nicht definiert
$\tan 90.5^\circ \approx -114.58865$	$\tan 190^\circ \approx 0.1763269$	$\tan 89.5^\circ \approx 114.58865$
$\tan(-89.5^\circ) \approx -114.58865$	$\tan(-(5-\pi)/4) \approx -0.5011933$	$\tan(\sqrt{3}/4) \approx 0.4622724$

2.76 **a)** $x \approx 27.1578^\circ$ **b)** $x \approx -27.1578^\circ$

2.77 **a)** Voraussetzung: $0^\circ \le x \le 360^\circ$

$\sin x(3 - 4\cos x) = 0$ | Produkt gleich null

I
$\sin x = 0$
$x_1 = 0^\circ$, $x_2 = 180^\circ$, $x_3 = 360^\circ$

II
$3 - 4\cos x = 0$, d. h., $\cos x = (3/4)$
$x_4 = \arccos(3/4)$, $x_5 = 360^\circ - x_4 = 360^\circ - \arccos(3/4)$

$L = \{0^\circ, \arccos(3/4), 180^\circ, 360^\circ - \arccos(3/4), 360^\circ\}$ $\arccos(3/4) \approx 41.4096^\circ$

b) Voraussetzung: $-\pi \le x \le \pi$

$\sin x = 2\cos x$ | : $\cos x$ (möglich wegen $x \ne -\pi/2$, $x \ne \pi/2$)
$\tan x = 2$ | $L = \{\arctan 2, \arctan 2 - \pi\}$ $\arctan 2 \approx 1.1071$

c) Voraussetzung: $0^\circ \le x \le 90^\circ$

$\sin^2 x + 5\cos^2 x$	$=$	2	$\cos^2 x = 1 - \sin^2 x$
$\sin^2 x + 5(1 - \sin^2 x)$	$=$	2	Ausmultiplizieren, Zusammenfassen
$-4\sin^2 x + 5$	$=$	2	$+4\sin^2 x - 2$
3	$=$	$4\sin^2 x$	: 4
$\dfrac{3}{4}$	$=$	$\sin^2 x$	Quadratwurzel
$\dfrac{\sqrt{3}}{2}$	$=$	$\sin x$	$L = \{60^\circ\}$

d) Voraussetzung: $-180^\circ \leq x \leq 180^\circ$

$$
\begin{array}{rcl|l}
0.375 \tan x & = & 1.2 \sin x & \tan x = \sin x / \cos x \\
\dfrac{3}{8} \dfrac{\sin x}{\cos x} & = & \dfrac{6}{5} \sin x & -1.2 \sin x,\ \text{Ausklammern} \\
\sin x \left(\dfrac{3}{8 \cos x} - \dfrac{6}{5} \right) & = & 0 & \text{Produkt gleich null}
\end{array}
$$

I
$\sin x = 0$
$x_1 = -180^\circ$, $x_2 = 0^\circ$, $x_3 = 180^\circ$

II
$\dfrac{3}{8 \cos x} - \dfrac{6}{5} = 0$, d. h., $\cos x = 5/16$
$x_4 = \arccos(5/16)$, $x_5 = -x_4 = -\arccos(5/16)$

$L = \left\{-180^\circ,\ -\arccos(5/16),\ 0^\circ,\ \arccos(5/16),\ 180^\circ\right\}$ $\quad \arccos(5/16) \approx 71.7900^\circ$

e) Voraussetzung: $-\pi \leq x \leq \pi$

$$
\begin{array}{rcl|l}
\tan^2 x & = & \sin^2 x + \cos^2 x & \sin^2 x + \cos^2 x \equiv 1 \\
\tan^2 x & = & 1 & \text{Quadratwurzel}
\end{array}
$$

I
$\tan x = 1$
$x_1 = -3\pi/4$, $x_2 = \pi/4$

II
$\tan x = -1$
$x_1 = -\pi/4$, $x_2 = 3\pi/4$

$L = \{-3\pi/4,\ -\pi/4,\ \pi/4,\ 3\pi/4\}$

f) Voraussetzung: $-180^\circ \leq x \leq 180^\circ$

$$
\begin{array}{rcl|l}
\tan x & = & \sin x \cos x & \tan x = \sin x / \cos x \\
\dfrac{\sin x}{\cos x} & = & \sin x \cos x & \cdot \cos x \\
\sin x & = & \sin x \cos^2 x & -\sin x \cos^2 x,\ \text{Ausklammern} \\
\sin x (1 - \cos x)(1 + \cos x) & = & 0 & \text{Produkt ist gleich null}
\end{array}
$$

I
$\sin x = 0$
$x_1 = -180^\circ$, $x_2 = 0^\circ$, $x_3 = 180^\circ$

II
$1 - \cos x = 0$, d. h., $\cos x = 1$
$x_2 = 0^\circ$

III
$1 + \cos x = 0$, d. h., $\cos x = -1$
$x_1 = -180^\circ$, $x_3 = 180^\circ$

$L = \left\{-180^\circ,\ 0^\circ,\ 180^\circ\right\}$

g)

$$
\begin{array}{rcl|l}
2(\sin x - \cos^3 x) & = & \sin x \sin 2x & \sin 2x = 2 \sin x \cos x \\
2(\sin x - \cos^3 x) & = & 2 \sin^2 x \cos x & :2,\ \sin^2 x = 1 - \cos^2 x \\
\sin x - \cos^3 x & = & \cos x - \cos^3 x & +\cos^3 x \\
\sin x & = & \cos x & : \cos x \ (\text{ möglich wegen } x \neq \pi/2 + k\pi) \\
\tan x & = & 1 & L = \{x | x = \pi/4 + k\pi,\ k = 0, \pm 1, \pm 2, \ldots\}
\end{array}
$$

h)

$$
\begin{array}{rcl|l}
\sin x \sin 2x & = & 2 \cos x & \sin 2x = 2 \sin x \cos x,\ :2 \\
\sin^2 x \cos x & = & \cos x & -\cos x,\ \text{Ausklammern} \\
\cos x (\sin x - 1)(\sin x + 1) & = & 0 & \text{Produkt ist gleich null}
\end{array}
$$

I
$\cos x = 0$
$x = \pi/2 + k\pi$

II
$\sin x - 1 = 0$, d. h., $\sin x = 1$
$x = \pi/2 + 2k\pi$

III
$\sin x + 1 = 0$, d. h., $\sin x = -1$
$x = 3\pi/2 + 2k\pi$

$L = \{x | x = \pi/2 + k\pi,\ k = 0, \pm 1, \pm 2, \ldots\}$

i)

$$
\begin{array}{rcl|l}
\cos 2x & = & 2 \sin^2 x & \cos 2x = \cos^2 x - \sin^2 x \\
\cos^2 x - \sin^2 x & = & 2 \sin^2 x & +\sin^2 x \\
\cos^2 x & = & 3 \sin^2 x & :(3 \cos^2 x) \ (\text{ möglich wegen } x \neq \pi/2 + k\pi) \\
\dfrac{1}{3} & = & \tan^2 x & \text{Quadratwurzel}
\end{array}
$$

I
$\tan x = \dfrac{\sqrt{3}}{3}$
$x = \pi/6 + k\pi$

II
$\tan x = -\dfrac{\sqrt{3}}{3}$
$x = -\pi/6 + k\pi$

$L = \{x | x = \pi/6 + k\pi \ \vee \ x = -\pi/6 + k\pi,\ k = 0, \pm 1, \pm 2, \ldots\}$

j)

$$\begin{array}{rcl|l} \sin x(4\cos^2 x - 1) & = & -1 & \cos^2 x = 1 - \sin^2 x \\ \sin x(4(1-\sin^2 x) - 1) & = & -1 & +1,\ \text{Ausmultiplizieren} \\ -4\sin^3 x + 3\sin x + 1 & = & 0 & \cdot(-1),\ \text{Bezeichnung } z = \sin x \\ 4z^3 - 3z + 1 & = & 0 & z_1 = 1, z_2 = z_3 = -1/2 \end{array}$$

I
$\sin x = 1$
$x = \pi/2 + 2k\pi$

II
$\sin x = -1/2$
$x = 7\pi/6 + 2k\pi,\ x = 11\pi/6 + 2k\pi$

$L = \{x | x = \pi/2 + 2k\pi \ \vee\ x = 7\pi/6 + 2k\pi \ \vee\ x = 11\pi/6 + 2k\pi,\ k = 0, \pm1, \pm2, \dots\}$

2.78 Die gesuchten Nullstellen sind die Lösungen der Gleichung $f(x) = 0$.
Aus der Funktionsgleichung folgt mit dem Additionstheorem $\sin(2x) = 2\sin x \cos x$

$$f(x) = 2(\sin x - \cos^3 x) - \sin x \sin(2x) = 2(\sin x - \cos^2 x \cos x) - 2\sin^2 x \cos x = 2(\sin x - \cos x).$$

Aus der zu lösenden Gleichung $f(x) = 0$ ergibt sich $\sin x = \cos x$ bzw. $\tan x = 1$ mit der Lösungsmenge

$L = \{x | x = \pi/4 + k\pi,\ k = 0, \pm1, \pm2, \dots\}$

2.79 **Gesucht:** Veränderung des Flächeninhaltes des Dreiecks mit beliebigem Innenwinkel γ und den anliegenden Seiten a und b bezüglich des Flächeninhaltes des ursprünglichen Dreiecks

Das Dreieck mit dem rechten Winkel γ und den anliegenden Seiten a und b hat den Flächeninhalt $F = 0.5ab$. Ein Dreieck mit beliebigem Innenwinkel γ und den anliegenden Seiten a und b hat den Flächeninhalt $F_B = 0.5ab\sin\gamma = F\sin\gamma$.

Antwort: Der Flächeninhalt des Dreiecks mit beliebigem Innenwinkel γ ist das $\sin\gamma$-fache des Flächeninhaltes des ursprünglichen Dreiecks.

2.80 **Gesucht:** s - Länge der Mantellinie

Aus dem Satz des Pythagoras im rechtwinkligen Dreieck mit den Katheten r (Radius) und h (Höhe) und der Hypotenuse s (Mantellinie) ergibt sich unmittelbar $s = \sqrt{r^2 + h^2}$ (siehe **Bild 2.35**).

Antwort: Die Mantellinie besitzt die Länge $\sqrt{r^2 + h^2}$.

2.81 **Gesucht:** d_R - Länge der Raumdiagonale

Die Raumdiagonale ist Hypotenuse im rechtwinkligen Dreieck, das als Katheten eine Kante des Würfels der Länge a und die Diagonale der quadratischen Grundfläche der Länge d_G hat (siehe **Bild 2.36**). Nach dem Satz des Pythagoras ist $d_R = \sqrt{a^2 + d_G^2}$. Die Diagonale der quadratischen Grundfläche ist ihrerseits Hypotenuse im rechtwinkligen Dreieck, das als Katheten zwei Kanten des Würfels hat. Nach dem Satz des Pythagoras gilt $d_G^2 = 2a^2$. Damit ist $d_R = \sqrt{3a^2}$.

Antwort: Die Raumdiagonale hat die Länge $a\sqrt{3}$.

2.82 **Gesucht:** Konstruktionsbeschreibung eines Quadrates mit doppelt so großem Flächeninhalt wie der Flächeninhalt des Quadrates mit der Kantenlänge a

Der Flächeninhalt des Quadrates mit der Kantenlänge a ist gleich a^2. Ein Quadrat mit doppelt so großem Flächeninhalt F, also $F = 2a^2$, hat daher die Kantenlänge $b = \sqrt{F} = \sqrt{2}a$. Andererseits ist die Länge der Diagonale des Quadrates mit der Kantenlänge a gleich $\sqrt{2}a$. Daher ergeben die Schnittpunkte der Parallelen zu den Diagonalen des Quadrates mit der Kantenlänge a durch seine Eckpunkte die Ecken des gesuchten Quadrates (siehe **Bild 2.37**).
Die Ecken des gesuchten Quadrates liegen sowohl auf den Thales-Kreisen (Kreise mit den Mittelpunkten in den Seitenmitten und dem Radius $0.5a$) als auch auf den Mittelsenkrechten der Seiten des ursprünglichen Quadrates.

Antwort: Die außerhalb des Quadrates liegenden Schnittpunkte der Mittelsenkrechten der Quadratseiten mit den Thales-Kreisen über den Quadratseiten ergeben das gesuchte Quadrat mit doppeltem Flächeninhalt.

2.83 **Gesucht:** a - Seitenlänge des regelmäßigen n-Ecks

Die Kreisradien, die den Mittelpunkt des Kreises mit den Ecken des regelmäßigen n-Ecks verbinden, teilen es in n gleiche gleichschenklige Dreiecke mit dem Winkel $2\pi/n$ an der Spitze, dessen Basen die Seiten des regelmäßigen n-Ecks sind. Die Höhe von der Spitze zur Basis teilt ein solches Dreieck in zwei gleiche rechtwinklige Dreiecke (siehe **Bild 2.38**). Somit ist die halbe Seite des regelmäßigen n-Ecks eine Kathete im rechtwinkligen Dreieck mit dem Kreisradius als Hypotenuse und dem gegenüberliegenden Innenwinkel der Größe π/n. Daraus ergibt sich in diesem rechtwinkligen Dreieck $\sin(\pi/n) = 0.5a/1$.

Antwort: Die Seitenlänge beträgt $2\sin(\pi/n)$.

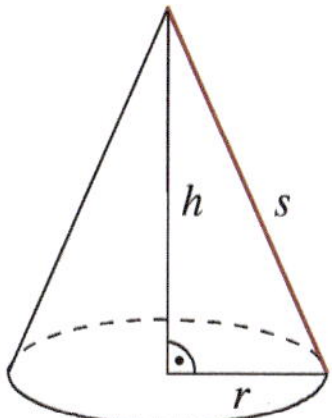

Bild 2.35 Mantellinie

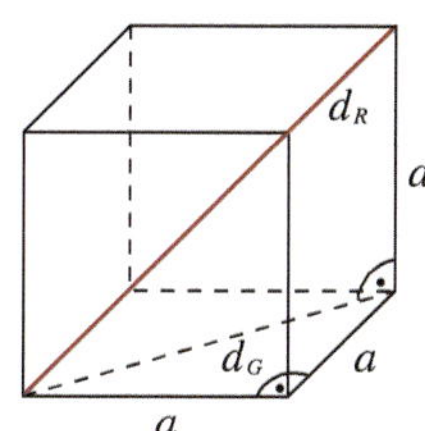

Bild 2.36 Raumdiagonale

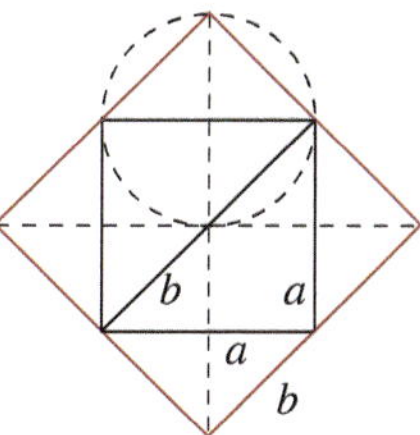

Bild 2.37 Quadrate

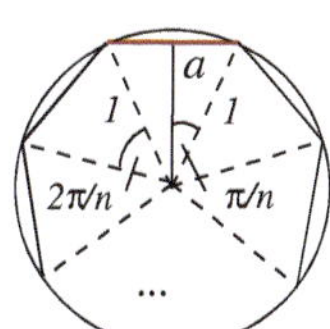

Bild 2.38 Regelm. n-Eck

2.84 Erste Dachkonstruktion:

$\triangle ABD$	$\sin 30^\circ = \dfrac{x}{\lvert\overline{AD}\rvert}$	$x = 3$ m
$\triangle BCD$	$\tan\alpha = \dfrac{x}{\lvert\overline{BC}\rvert}$	$\alpha = 45^\circ$
$\triangle BCD$	$y^2 = x^2 + \lvert\overline{BC}\rvert^2$	$y = 3\sqrt{2}$ m

Zweite Dachkonstruktion:

$\triangle EFK$	$\lvert\overline{EK}\rvert^2 = \lvert\overline{EF}\rvert^2 + a^2$	$a = 4$ m
$\triangle FHK$	$\cos\alpha = \dfrac{\lvert\overline{KH}\rvert}{a}$	$\alpha = 60^\circ$
$\triangle FHK$	$\alpha + \beta + 90^\circ = 180^\circ$	$\beta = 30^\circ$
$\triangle FGK$	$\alpha + \gamma + 90^\circ = 180^\circ$	$\gamma = 30^\circ$

2.85 **Gesucht:** α - Steigungswinkel

Die Steigung ist der Tangens des Steigungswinkels α. Mit $\tan\alpha = 1/30$ ist $\alpha \approx 1.9^\circ$.

Antwort: Der Steigungswinkel beträgt ca. 1.9°.

2.86 **Gesucht:** $|F_{\text{trag}}|$, $|F_{\text{zug}}|$ (in N) - Beträge der Teilkräfte auf Tragarm und Zugstange

Die Gewichtskraft F_{G} ist die Summe der auf die Zugstange wirkenden axialen Zugkraft F_{zug} und der auf den Tragarm wirkenden axialen Druckkraft F_{trag}. Im Kräftedreieck (siehe **Bild 2.39**) ist

$$\sin\alpha = \frac{|F_{\text{G}}|}{|F_{\text{zug}}|}, \text{ d. h., } |F_{\text{zug}}| = \frac{|F_{\text{G}}|}{\sin\alpha}, \quad \text{und} \quad \tan\alpha = \frac{|F_{\text{G}}|}{|F_{\text{trag}}|}, \text{ d. h., } |F_{\text{trag}}| = \frac{|F_{\text{G}}|}{\tan\alpha}.$$

Antwort: Die Beträge der Teilkräfte sind für

$\alpha = 30^\circ$: $|F_{\text{zug}}| = 5400$ N, $|F_{\text{trag}}| \approx 4676.53$ N, $\alpha = 40^\circ$: $|F_{\text{zug}}| \approx 4200.45$ N, $|F_{\text{trag}}| \approx 3217.73$ N.

2.87 **Gesucht:** x (in m) - Länge der Strecke, um die sich genähert werden muss

Die Höhe des Turmes wird mit h bezeichnet, der ursprüngliche Erhebungswinkel mit α und die Länge der Strecke vom Standpunkt des doppelten Höhenwinkels zum Turm mit y (siehe **Bild 2.40**).

Im rechtwinkligen Dreieck $\triangle ACD$ ist $\tan\alpha = \dfrac{h}{x+y}$, d. h., $x + y = \dfrac{h}{\tan\alpha}$,

im rechtwinkligen Dreieck $\triangle BCD$ ist $\tan(2\alpha) = \dfrac{h}{y}$, d. h., $y = \dfrac{h}{\tan(2\alpha)}$.

Die Differenz der resultierenden Gleichungen ergibt

$$x = \frac{h}{\tan\alpha} - \frac{h}{\tan(2\alpha)}.$$

Mit $\alpha = 5^\circ$ und $h = 30$ m ergibt sich $x \approx 172.76$ m.

Antwort: Um ca. 172.76 m muss sich genähert werden.

2.88 **Gesucht:** $\tan\alpha$ - Neigung des Treppengeländers mit α als entsprechendem Neigungswinkel

Die Neigung des Treppengeländers ist das Verhältnis aus der Länge der Steigung s und der Länge des Auftrittes a einer Treppenstufe (siehe **Bild 2.41**).

Mit der Bedingung $2s + a = 63$ [cm] und mit $s = 18$ cm ergibt sich für die gesuchte Neigung

$$\tan\alpha = \frac{s}{a} = \frac{s}{63 - 2s} = \frac{18}{27} = \frac{2}{3} \quad \text{und für den Neigungswinkel} \quad \alpha = \arctan\frac{2}{3} \approx 33.69^\circ.$$

Antwort: Die Neigung des Treppengeländers beträgt 2/3, der entsprechende Neigungswinkel ca. 33.69°.

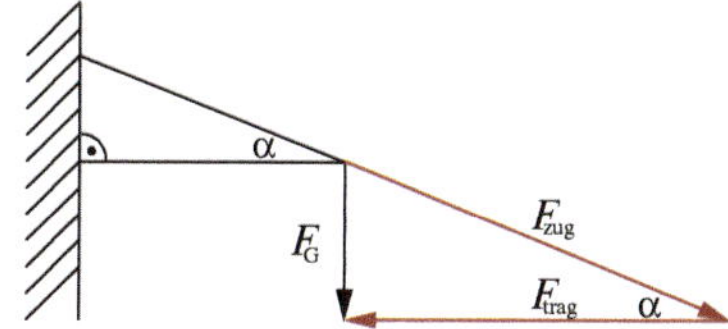

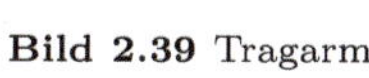

Bild 2.39 Tragarm

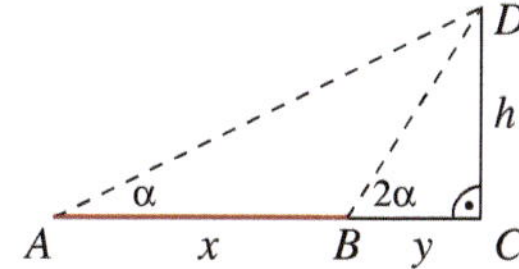

Bild 2.40 Höhenwinkel

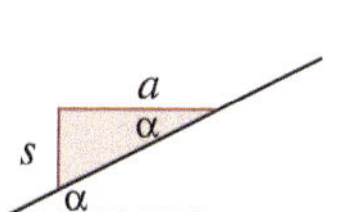

Bild 2.41 Neigung

2.89 **Gesucht:** α - Winkel, bei dessen Überschreitung Gleitung einsetzt

Der Winkel α, bei dessen Überschreitung Gleitung einsetzt, ergibt sich aus der Bedingung, dass der Betrag der Reibungskraft F_R gleich dem Betrag der Hangabtriebskraft F_H ist: $|F_R| = |F_H|$.

Wird die Gewichtskraft F_G zerlegt in die Summe aus Hangabtriebskraft F_H und Normalkraft F_N (siehe **Bild 2.42**), so folgt im rechtwinkligen Kräftedreieck

$$\sin\alpha = \frac{|F_H|}{|F_G|} = \frac{|F_R|}{|F_G|} .$$

Mit $|F_R| = 178$ N und $|F_G| = 870$ N folgt $\alpha \approx 12.09°$.

Antwort: Die Kiste beginnt bei einem Winkel von ca. 12.09° an zu gleiten.

2.90 **Gesucht:** α - Neigungswinkel der Dachfläche

Die Breite des Gartenhauses in Traufnähe wird mit b bezeichnet. Die Höhe h teilt den Querschnitt des Gartenhauses in zwei gleiche rechtwinklige Dreiecke mit dem Innenwinkel α, der an der Kathete der Länge $b/2$ anliegt (siehe **Bild 2.43**). Für den gesuchten Winkel α gilt mit $h = 7$ m und $b = 8$ m

$$\tan\alpha = \frac{2h}{b}, \quad \text{d. h.,} \quad \alpha = \arctan\frac{2h}{b} = \arctan\frac{14}{8} \approx 60.25° .$$

Antwort: Der Neigungswinkel der Dachflächen beträgt ca. 60.25°.

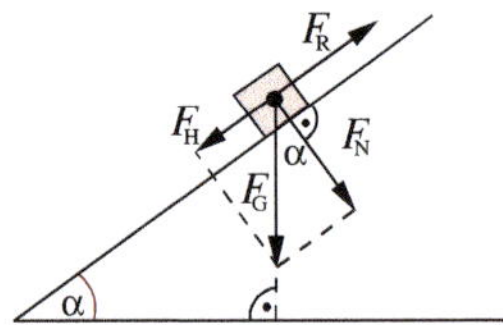

Bild 2.42 Gleitender Körper

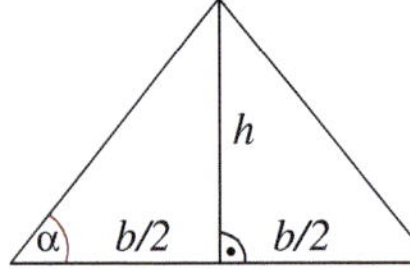

Bild 2.43 Gartenhaus

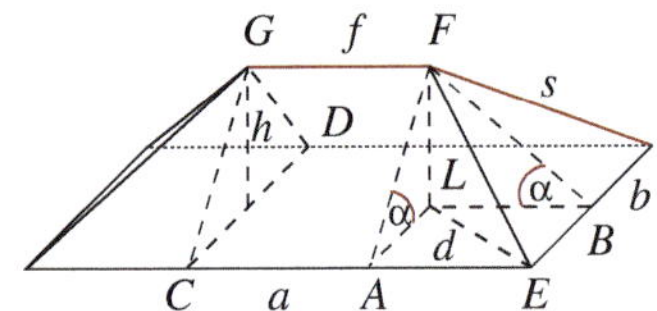

Bild 2.44 Walmdach

2.91 **Gesucht:** $F_{\triangle ABF}$ - Inhalt der Fläche des Dreiecks $\triangle ABF$, Innenwinkel des Dreiecks

Im rechtwinkligen Dreieck $\triangle BCF$ ist $|\overline{BF}| = \sqrt{|\overline{BC}|^2 + |\overline{CF}|^2} = \sqrt{20^2 + 27^2} \approx 33.6$.

Im rechtwinkligen Dreieck $\triangle ACF$ ist $|\overline{AF}| = \sqrt{|\overline{AC}|^2 + |\overline{CF}|^2} = \sqrt{20^2 + 27^2} \approx 33.6$.

Das Dreieck $\triangle ABF$ ist daher gleichschenklig. Mit dem Kosinussatz im Dreieck $\triangle ABF$ gilt für den von den Seiten $\overline{AF}$ und $\overline{BF}$ eingeschlossenen Innenwinkel γ

$$\cos\gamma = \frac{|\overline{AF}|^2 + |\overline{BF}|^2 - |\overline{AB}|^2}{2|\overline{AF}|\,|\overline{BF}|} = \frac{2(20^2+27^2) - 27^2}{2\cdot(20^2+27^2)}, \quad \text{d. h.,} \quad \gamma \approx 34.63° .$$

Die anderen beiden Innenwinkel sind ca. $(180° - \gamma)/2 \approx 72.68°$. Der Inhalt der Fläche des Dreiecks $\triangle ABF$ beträgt

$F_{\triangle ABF} = 0.5|\overline{AF}|\,|\overline{BF}| \sin\gamma \approx 0.5(20^2 + 27^2)\sin 34.63° \approx 320.78.$

Antwort: Der Inhalt der Fläche des Dreiecks $\triangle ABF$ beträgt ca. 320.78, die Innenwinkel sind ca. 72.68°, 72.68°, 34.63°.

2.92 **Gesucht:** h (in m) - Höhe des Schornsteins

Im Deieck $\triangle ABC$ gilt nach dem Sinussatz

$$\frac{|\overline{AC}|}{\sin\beta} = \frac{s}{\sin(180° - (\alpha+\beta))}, \quad \text{d. h.,} \quad |\overline{AC}| = s\,\frac{\sin\beta}{\sin(\alpha+\beta)} \approx 55.22 \text{ [m]}.$$

Im rechtwinkligen Dreieck $\triangle ACD$ ist

$$\tan(90° - \sigma) = \frac{h}{|\overline{AC}|}, \quad \text{d. h.,} \quad h = |\overline{AC}| \tan 56° \approx 81.87 \text{ [m]}.$$

Antwort: Der Schornstein hat eine Höhe von ca. $h = 81.87$ m.

2.93 **Gesucht:** $|\overline{BL}|$ bzw. $|\overline{AC}|$ (in m) - Arbeitsweite bzw. Länge des Spannseils

Im rechtwinkligen Dreieck $\triangle BLC$ ist $|\overline{BL}| = |\overline{BC}| \cos\sigma = 12$ [m].

Im Dreieck $\triangle ABC$ ist nach dem Kosinussatz

$$|\overline{AC}|^2 = |\overline{AB}|^2 + |\overline{BC}|^2 - 2|\overline{AB}||\overline{BC}|\cos(180° - \sigma) = 31^2 + 24^2 + 2\cdot 31\cdot 24\cdot 0.5, \quad \text{d. h.,} \quad |\overline{AC}| \approx 47.76 \text{ [m]}.$$

Antwort: Die Arbeitsweite beträgt $|\overline{BL}| = 12$ m, die Länge des Spannseils ca. $|\overline{AC}| = 47.76$ m.

2.94 **Gesucht:** In Abhängigkeit von a, b und h:

f - Länge des Dachfirstes, s - Länge der Seitenkanten des Daches,

α - Neigungswinkel der Seitenflächen, V - Volumen des von dem Dach und seiner Grundfläche begrenzten Raumes.

In den rechtwinkligen Dreiecken $\triangle LBF$ bzw. $\triangle ALF$ ist wegen der gleichen Neigung der Seitenflächen mit dem Neigungswinkel α und der Symmetrie des Walmdaches (siehe **Bild 2.44**)

$$\tan\alpha = \frac{2h}{(a-f)} \quad \text{bzw.} \quad \tan\alpha = \frac{2h}{b} \quad \text{und somit} \quad \alpha = \arctan\frac{2h}{b} \quad \text{sowie} \quad f = a - b.$$

Das Rechteck $AEBL$ ist ein Quadrat mit der Seitenlänge $0.5b$ wegen der Kongruenz der Stützdreiecke $\triangle LBF$ und $\triangle ALF$. Die Länge d seiner Diagonale $\overline{LE}$ ergibt sich aus dem Satz des Pythagoras im rechtwinkligen Dreieck $\triangle AEL$ zu $d = 0.5\sqrt{2}b$.

Die Länge s der Seitenkante $\overline{FE}$ des Daches ergibt sich im rechtwinkligen Dreieck $\triangle LEF$ mit den Katheten $h = |\overline{FL}|$ und $d = |\overline{LE}|$ aus dem Satz des Pythagoras zu

$s = \sqrt{d^2 + h^2} = \sqrt{.5b^2 + h^2}$.

Das Volumen des vom Walmdach und seiner Grundfläche begrenzten Raumes setzt sich zusammen aus zwei gleichen Pyramiden der Höhe h und rechteckigen Grundflächen mit den Seitenlängen b und $0.5b$ sowie einem geraden Prisma der Höhe $f = a - b$ und der dreieckigen Grundfläche $\triangle CDG$. Damit ist

$$V = 2 \cdot \frac{b^2}{2}\frac{h}{3} + \frac{bh}{2}(a-b) = \frac{1}{6}bh(3a-b).$$

Antwort: Die gesuchten Größen sind **a)** $f = 3$ m, $s \approx 6.24$ m, $\alpha \approx 47.35°$, $V \approx 102$ m^2,
b) $f = 4$ m, $s \approx 6.81$ m, $\alpha \approx 43.53°$, $V \approx 142$ m^2.

2.95 Gesucht: b (in m) - Länge der Seite $\overline{BC}$, F_{ABCD} (in m^2) - Inhalt der Grundstücksfläche

Folgende Winkel werden bezeichnet: $\gamma = \measuredangle BDA$, $\beta_1 = \measuredangle ABD$, $\beta_2 = \measuredangle DBC$.

Im Dreieck $\triangle ABD$ ist nach dem Sinussatz

$$\frac{\sin\alpha}{e} = \frac{\sin\gamma}{a}, \quad \text{d. h.,} \quad \gamma = \arcsin\left(\frac{a}{e}\sin\alpha\right) \approx 34.3201° \quad \text{und damit} \quad \beta_1 = 180° - \alpha - \gamma \approx 35.6799°.$$

Der Inhalt $F_{\triangle ABD}$ der Fläche des Dreiecks $\triangle ABD$ ist

$$F_{\triangle ABD} = \frac{1}{2}ae\sin\beta_1 \approx 1\,749.7696\ [\text{m}^2].$$

Für den Inhalt $F_{\triangle ABC}$ der Fläche des Dreiecks $\triangle ABC$ gilt mit der Voraussetzung der Aufgabe

$$F_{\triangle ABC} = F_{\triangle ABD} = \frac{1}{2}ab\sin\beta \quad \text{und damit} \quad b = \frac{2F_{\triangle ABD}}{a\sin\beta} \approx 82.4849\ [\text{m}].$$

Im Dreieck $\triangle BCD$ gilt

$$\beta_2 = \beta - \beta_1 \approx 99.3201° \quad \text{und damit für den Inhalt } F_{\triangle ABD} \text{ seiner Fläche} \quad F_{\triangle BCD} = \frac{1}{2}eb\sin\beta_2 \approx 4\,069.8023\ [\text{m}^2].$$

Damit ergibt sich $F_{ABCD} = F_{\triangle ABD} + F_{\triangle BCD} \approx 5\,819.5719$ [m^2].

Antwort: Die Länge der Seite $b = \overline{BC}$ beträgt ca. 82.48 m. Der Inhalt der Grundstücksfläche ist $F_{ABCD} \approx 5\,819.60$ m^2.

2.96 Gesucht: e, f (in m) - Längen der Strecken $\overline{BD}$ bzw. $\overline{AC}$, F_{ABCD} (in m^2) - Inhalt der Grundstücksfläche

Folgende Winkel werden bezeichnet: $\beta_1 = \measuredangle ABD$, $\beta_2 = \measuredangle DBC$, $\gamma = \measuredangle BCD$.

Im Dreieck $\triangle ABD$ ist nach dem Kosinussatz

$e^2 = a^2 + d^2 - 2ad\cos\alpha$, d. h., $e = 55\sqrt{3} \approx 43.3013$ [m].

Im Dreieck $\triangle BCD$ ist nach dem Kosinussatz

$$e^2 = b^2 + c^2 - 2bc\cos\gamma, \quad \text{d. h.,} \quad \cos\gamma = \frac{b^2 + c^2 - e^2}{2bc} = \frac{35}{72} \quad \text{und} \quad \gamma \approx 60.9147°.$$

Für den Inhalt der Grundstücksfläche ergibt sich

$$F_{ABCD} = F_{\triangle ABC} + F_{\triangle BCD} = \frac{1}{2}ad\sin\alpha + \frac{1}{2}bc\sin\gamma \approx 541.2659 + 786.5073 \approx 1\,327.7731\ [\text{m}^2].$$

Die Winkel β_1 bzw. β_2 ergeben sich nach dem Kosinussatz in den Dreiecken $\triangle ABD$ bzw. $\triangle BCD$:

$$\cos\beta_1 = \frac{a^2 + e^2 - d^2}{2ae}, \quad \beta_1 = 30°, \quad \cos\beta_2 = \frac{b^2 + e^2 - c^2}{2be}, \quad \beta_2 \approx 65.2551°.$$

Die Länge f ergibt sich nach dem Kosinussatz im Dreieck $\triangle ABC$

$$f = \sqrt{a^2 + b^2 - 2ab\cos(\beta_1 + \beta_2)} \approx 66.8308 \text{ m}.$$

Antwort: Die gesuchten Längen betragen $e \approx 43.30$ m und $f \approx 66.83$ m. Der Inhalt der Grundstücksfläche beträgt $F_{ABCD} \approx 1\,327.77$ m^2.

2.97 Gesucht: x (in m) - Länge der Absteckung bei Gleichheit der Inhalte der Flächen der Grundstücke

Da die Inhalte der Flächen der Grundstücke unverändert bleiben, gilt

$F_{\triangle BAC} = F_{\triangle CAD}$.

Mit der Länge der Strecke $b = |\overline{AC}|$ und dem Winkel $\alpha = \measuredangle BAC$ ergibt sich daraus die Gleichung bezüglich der Länge x

$$\frac{1}{2}ab\sin\gamma = \frac{1}{2}bx\sin(\delta+\alpha) \quad \text{mit} \quad \alpha = \arcsin\left(\frac{a}{c}\sin\gamma\right) \quad \text{und somit} \quad x = \frac{a\sin\gamma}{\sin(\delta+\alpha)}.$$

Antwort: Mit den gegebenen Größen ist $x \approx 132.94$ m.

2.98 **Gesucht:** x - Länge der Strecke $\overline{XY}$

Folgende Längen werden bezeichnet: $c = |\overline{BY}|$, $d = |\overline{AY}|$. In den Dreiecken $\triangle AXY$ bzw. $\triangle BXY$ gilt mit dem Sinussatz

$$\frac{d}{x} = \frac{\sin(\alpha+\beta)}{\sin(\pi-(\alpha+\beta+\gamma))}, \quad \text{d. h.,} \quad d = x\frac{\sin(\alpha+\beta)}{\sin(\alpha+\beta+\gamma)} := x\,k_1, \; k_1 = \frac{\sin(\alpha+\beta)}{\sin(\alpha+\beta+\gamma)},$$

$$\frac{c}{x} = \frac{\sin\beta}{\sin(\pi-(\beta+\gamma+\delta))}, \quad \text{d. h.,} \quad c = x\frac{\sin\beta}{\sin(\beta+\gamma+\delta)} := x\,k_2, \; k_2 = \frac{\sin\beta}{\sin(\beta+\gamma+\delta)}.$$

Im Dreieck $\triangle ABY$ ist mit dem Kosinussatz

$$a^2 = d^2 + c^2 - 2dc\cos\delta \quad \text{und mit} \quad d = x\,k_1,\; c = x\,k_2$$

$$a^2 = x^2(k_1^2 + k_2^2 - 2k_1k_2\cos\delta).$$

Antwort: Die gesuchte Länge ist die positive Lösung $x = a\Big/\sqrt{k_1^2 + k_2^2 - 2k_1k_2\cos\delta}$.

2.99 **Gesucht:** x - Länge der Strecke $\overline{BC}$

Folgende Winkel werden bezeichnet: $\varepsilon = \measuredangle ABO$, $\mu = \measuredangle DCO$.
In den Dreiecken $\triangle ABO$ bzw. $\triangle ACO$ gilt mit dem Sinussatz

$$\frac{\sin\alpha}{a} = \frac{\sin\varepsilon}{|\overline{AO}|}, \quad \frac{\sin(\alpha+\beta)}{a+x} = \frac{\sin\mu}{|\overline{AO}|}, \quad \text{und somit} \quad \frac{\sin\varepsilon}{\sin\mu} = (a+x)k_1, \; k_1 = \frac{\sin\alpha}{a\sin(\alpha+\beta)}.$$

In den Dreiecken $\triangle CDO$ bzw. $\triangle BDO$ gilt mit dem Sinussatz

$$\frac{\sin\gamma}{b} = \frac{\sin\mu}{|\overline{OD}|}, \quad \frac{\sin(\beta+\gamma)}{b+x} = \frac{\sin\varepsilon}{|\overline{OD}|}, \quad \text{und somit} \quad \frac{\sin\varepsilon}{\sin\mu} = \frac{k_2}{b+x}, \; k_2 = \frac{b\sin(\beta+\gamma)}{\sin\gamma}.$$

Gleichsetzen der gewonnenen Gleichungen ergibt die quadratische Gleichung bezüglich x

$$k_1(a+x) = \frac{k_2}{b+x} \quad \text{bzw.} \quad x^2 + (a+b)x + ab - \frac{k_2}{k_1} = 0.$$

Antwort: Die gesuchte Länge ist die positive Lösung $x = \dfrac{-(a+b) + \sqrt{(a-b)^2 + 4k_2/k_1}}{2}$.

B3 Lineare Algebra

Vektoren, Vektorräume

3.1 a) $\begin{pmatrix}3\\4\end{pmatrix}+\begin{pmatrix}2\\1\end{pmatrix}=\begin{pmatrix}3+2\\4+1\end{pmatrix}=\begin{pmatrix}5\\5\end{pmatrix}$, **Bild 3.1**

b) $\begin{pmatrix}1\\-3\end{pmatrix}-\begin{pmatrix}2\\-1\end{pmatrix}=\begin{pmatrix}1-2\\-3-(-1)\end{pmatrix}=\begin{pmatrix}-1\\-2\end{pmatrix}$, **Bild 3.2**

c) $\begin{pmatrix}2\\-1\end{pmatrix}-\begin{pmatrix}1\\-3\end{pmatrix}=\begin{pmatrix}2-1\\-1-(-3)\end{pmatrix}=\begin{pmatrix}1\\2\end{pmatrix}$, **Bild 3.3**

d) $\begin{pmatrix}3\\4\end{pmatrix}-\begin{pmatrix}1\\2\end{pmatrix}=\begin{pmatrix}3-1\\4-2\end{pmatrix}=\begin{pmatrix}2\\2\end{pmatrix}$, **Bild 3.4**

a)

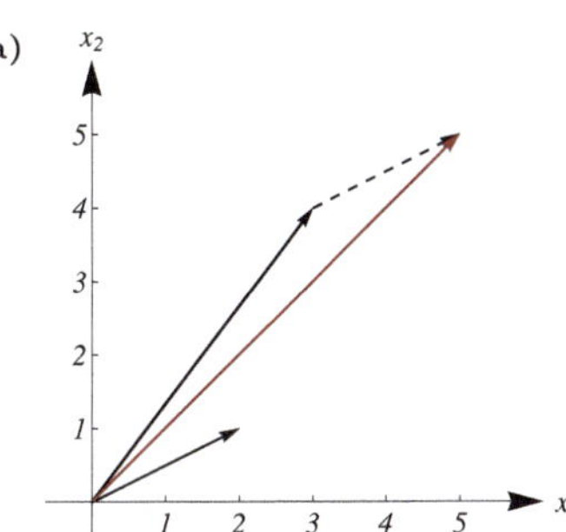

Bild 3.1 zu **3.1** a)

b)

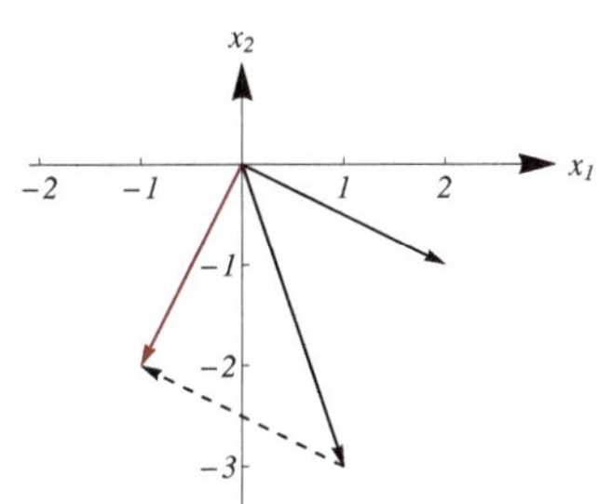

Bild 3.2 zu **3.1** b)

c)

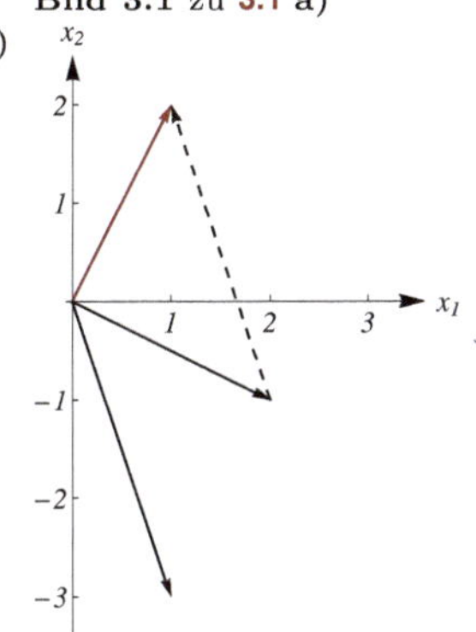

Bild 3.3 zu **3.1** c)

d)

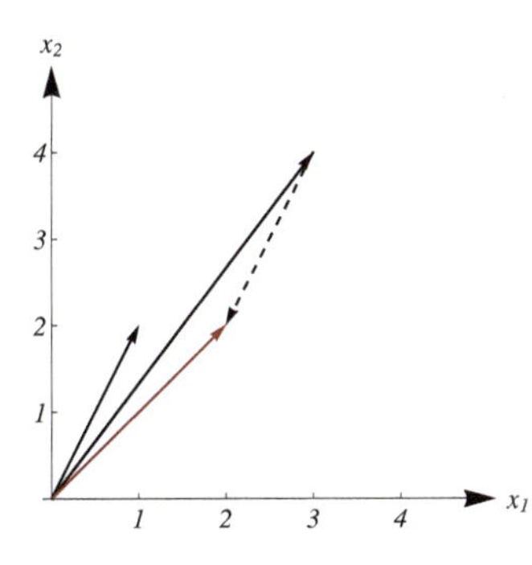

Bild 3.4 zu **3.1** d)

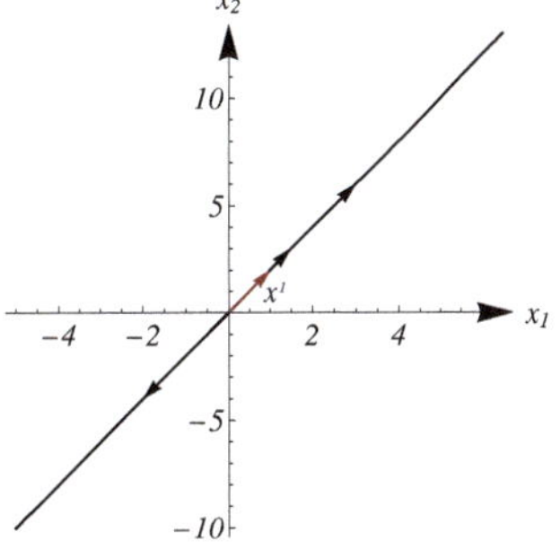

Bild 3.5 zu **3.4**

3.2 a) $5\begin{pmatrix}1\\2\\3\\4\\5\end{pmatrix}+23\begin{pmatrix}6\\7\\8\\9\\10\end{pmatrix}=\begin{pmatrix}5\cdot1+23\cdot6\\5\cdot2+23\cdot7\\5\cdot3+23\cdot8\\5\cdot4+23\cdot9\\5\cdot5+23\cdot10\end{pmatrix}=\begin{pmatrix}143\\171\\199\\227\\255\end{pmatrix}$

b) Die Linearkombination ist nicht definiert, da die Vektoren Räumen verschiedener Dimension angehören.

c) $13\begin{pmatrix}1\\2\end{pmatrix}+17\begin{pmatrix}3\\4\end{pmatrix}-2\begin{pmatrix}5\\6\end{pmatrix}-4\begin{pmatrix}7\\8\end{pmatrix}=\begin{pmatrix}13\cdot1+17\cdot3-2\cdot5-4\cdot7\\13\cdot2+17\cdot4-2\cdot6-4\cdot8\end{pmatrix}=\begin{pmatrix}26\\50\end{pmatrix}$

3.3 Die Vektoren x^1 und x^2 sind genau dann linear unabhängig, wenn folgende Gleichung nur für $\lambda_1 = \lambda_2 = 0$ erfüllt ist:

$$\lambda_1 x^1 + \lambda^2 x^2 = \lambda_1 \begin{pmatrix} 4 \\ 1 \\ 3 \end{pmatrix} + \lambda_2 \begin{pmatrix} 1 \\ 3 \\ 4 \end{pmatrix} = \begin{pmatrix} 0 \\ 0 \\ 0 \end{pmatrix}, \qquad \text{d. h., wenn gilt} \qquad \left\{ \begin{array}{rcrcl} 4\lambda_1 & + & \lambda_2 & = & 0, \\ \lambda_1 & + & 3\lambda_2 & = & 0, \\ 3\lambda_1 & + & 4\lambda_2 & = & 0. \end{array} \right.$$

Aus der zweiten Gleichung folgt notwendig $\lambda_1 = -3\lambda_2$ und damit aus der ersten $-11\lambda_2 = 0$, d. h., $\lambda_2 = 0$ und somit $\lambda_1 = 0$.
Antwort: Die Vektoren x^1 und x^2 sind linear unabhängig.

3.4 **Antwort:** Die Ortsvektoren haben ihre Endpunkte auf der Gerade $x_2 = 2x_1$, die durch den Koordinatenursprung verläuft und den Steigung 2 hat (siehe **Bild 3.5**).

3.5 **a)** Es gilt $x^3 = \dfrac{1}{3}x^1 + \dfrac{5}{6}x^2$. **Antwort:** Die Vektoren x^1, x^2, x^3 sind linear abhängig.

b) Es gilt $x^2 = -2x^1$. **Antwort:** Die Vektoren x^1, x^2 sind parallel und somit linear abhängig.

c) **Antwort:** Die Vektoren x^1 und x^2 sind nicht parallel und somit linear unabhängig.

a)

Bild 3.6 zu **3.5** a)

b)

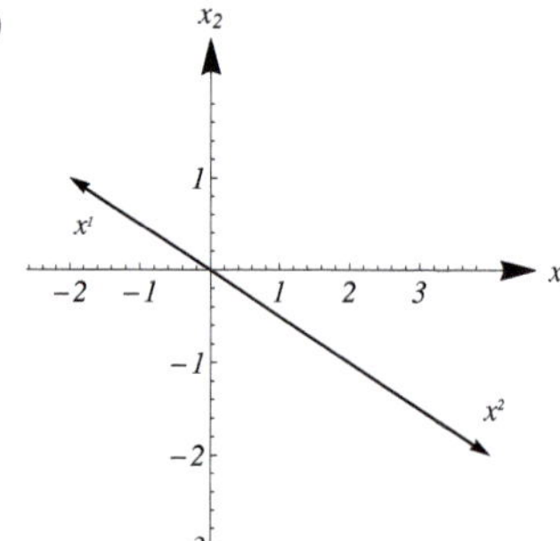

Bild 3.7 zu **3.5** b)

c)

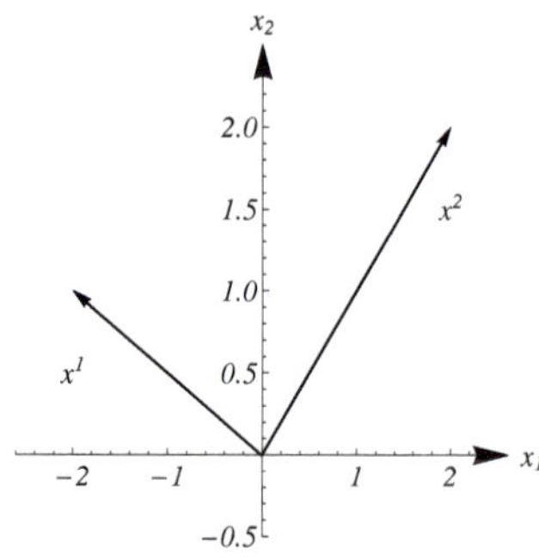

Bild 3.8 zu **3.5** c)

3.6 **a)** Nur die erste Komponente des Vektors ist verschieden von null. Sein Ortsvektor liegt auf der x_1-Achse.
Antwort: Die Menge besteht aus allen Vektoren, deren Ortsvektoren auf der x_1-Achse liegen (siehe **Bild 3.9**).

b) Die beiden Vektoren sind linear abhängig (parallel). Ihre Ortsvektoren liegen auf der x_1-Achse.
Antwort: Die Menge besteht aus allen Vektoren, deren Ortsvektoren auf der x_1-Achse liegen (siehe **Bild 3.10**).

c) Die dritten Komponenten beider Vektoren sind gleich null. Die Vektoren sind linear unabhängig (nicht parallel).
Antwort: Die Menge besteht aus allen Vektoren, deren Ortsvektoren in der (x_1, x_2)-Ebene liegen (siehe **Bild 3.11**).

d) Die dritten Komponenten der Vektoren sind gleich null. Die ersten beiden sind linear unabhängig (nicht parallel), alle drei sind linear abhängig.
Antwort: Die Menge besteht aus allen Vektoren, deren Ortsvektoren in der (x_1, x_2)-Ebene liegen (siehe **Bild 3.12**).

e) Die drei Vektoren sind linear unabhängig. Ihre Ortsvektoren liegen nicht in einer Ebene.
Antwort: Die Menge besteht aus allen Vektoren, deren Ortsvektoren im $\mathbb{R}^3$ liegen (siehe **Bild 3.13**).

a)

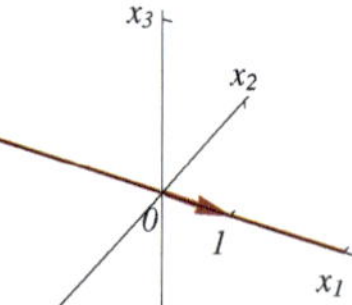

Bild 3.9 zu **3.6** a)

b)

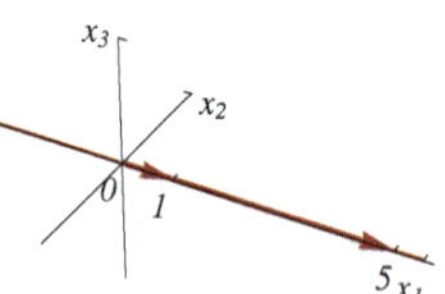

Bild 3.10 zu **3.6** b)

c)

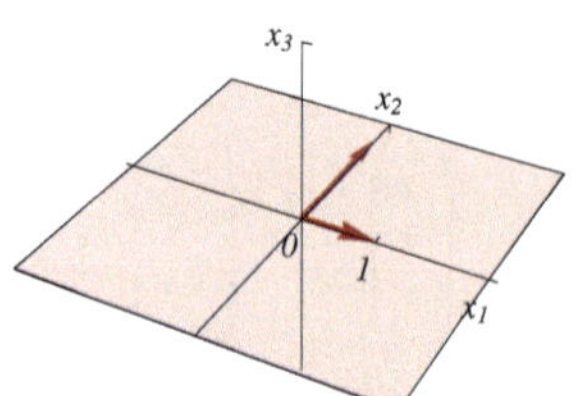

Bild 3.11 zu **3.6** c)

d) 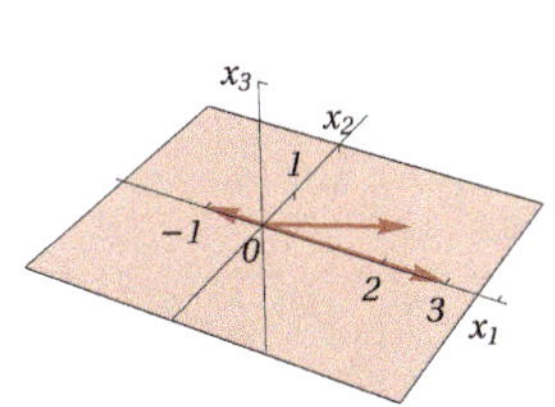

e) 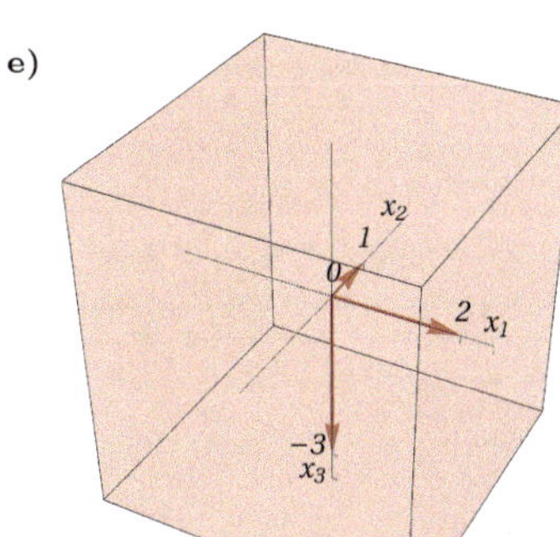

Bild 3.12 zu **3.6** d) **Bild 3.13** zu **3.6** e)

3.7 Die Vektorgleichung $\lambda_1 x^1 + \lambda_2 x^2 + \lambda_3 x^3 = O$ bezüglich $\lambda_1, \lambda_2, \lambda_3 \in \mathbb{R}$ bedeutet komponentenweise

$$\begin{aligned} \lambda_1 + \lambda_2 + \lambda_3 &= 0, \\ 2\lambda_1 + \alpha\lambda_2 - 2\lambda_3 &= 0, \\ \lambda_1 - \lambda_2 + \lambda_3 &= 0. \end{aligned}$$

Subtraktion der dritten von der ersten Gleichung ergibt notwendig $\lambda_2 = 0$. Wird das in die erste und zweite Gleichung eingesetzt, so ergibt die nachfolgende Addition des (-2)-Fachen der ersten Gleichung zur zweiten notwendig $\lambda_3 = 0$. Damit folgt z. B. aus der dritten Gleichung $\lambda_1 = 0$.

Antwort: Die Vektoren x^1, x^2, x^3 sind linear unabhängig für beliebiges $\alpha \in \mathbb{R}$.

3.8 Es wird gezeigt, dass die drei Vektoren x^1, x^2, x^3 linear unabhängig sind.
Die Vektorgleichung $\lambda_1 x^1 + \lambda_2 x^2 + \lambda_3 x^3 = O$ bezüglich $\lambda_1, \lambda_2, \lambda_3 \in \mathbb{R}$ bedeutet komponentenweise

$$\begin{aligned} \lambda_1 + \lambda_2 + \lambda_3 &= 0, \\ -\lambda_1 + \lambda_2 + 2\lambda_3 &= 0, \\ \lambda_1 + 3\lambda_2 + 5\lambda_3 &= 0. \end{aligned}$$

Wird zur zweiten Gleichung die erste addiert und von der dritten die zweite Gleichung subtrahiert, so folgt daraus

$$\begin{aligned} \lambda_1 + \lambda_2 + \lambda_3 &= 0, \\ 2\lambda_2 + 3\lambda_3 &= 0, \\ 2\lambda_2 + 4\lambda_3 &= 0. \end{aligned}$$

Wird jetzt von der dritten Gleichung die zweite subtrahiert, so folgt daraus notwendig $\lambda_3 = 0$, damit aus der zweiten Gleichung notwendig $\lambda_2 = 0$ und schließlich aus der ersten Gleichung notwendig $\lambda_1 = 0$.

Antwort: Die drei Vektoren $x^1, x^2, x^3 \in \mathbb{R}^3$ sind linear unabhängig. Sie sind daher Basis in einem Unterraum der Dimension drei. Dieser Unterraum ist der $\mathbb{R}^3$.

3.9 Wenn der von den drei Vektoren aufgespannte Unterraum zweidimensional sein soll, so müssen genau zwei der drei Vektoren linear unabhängig sein, alle drei Vektoren jedoch linear abhängig. Die Vektorgleichung $\lambda_1 x^1 + \lambda_2 x^2 + \lambda_3 x^3 = O$ bezüglich $\lambda_1, \lambda_2, \lambda_3 \in \mathbb{R}$ bedeutet komponentenweise

$$\begin{aligned} -\lambda_1 + (3-\alpha)\lambda_3 &= 0, \\ (2-\alpha)\lambda_1 - \lambda_2 + \lambda_3 &= 0, \\ -\lambda_1 + (3-\alpha)\lambda_2 &= 0. \end{aligned}$$

Wird zuerst zur zweiten Gleichung das $(2-\alpha)$-Fache der ersten addiert und danach zur dritten Gleichung das (-1)-Fache der ersten adddiert, so folgt daraus

$$\begin{aligned} -\lambda_1 + (3-\alpha)\lambda_3 &= 0, \\ -\lambda_2 + (3-\alpha)(2-\alpha)\lambda_3 &= 0, \\ (3-\alpha)\lambda_2 - (3-\alpha)\lambda_3 &= 0. \end{aligned}$$

I Für $\alpha \neq 3$ folgt aus der dritten Gleichung $\lambda_2 = \lambda_3$ und damit aus der zweiten Gleichung $((3-\alpha)(2-\alpha) - 1)\,\lambda_2 = 0$. Das quadratische Polynom $(3-\alpha)(2-\alpha) - 1$ hat keine reellen Nullstellen. Daher ist die Gleichung nur für $\lambda_2 = 0$ erfüllt. Wegen $\lambda_2 = \lambda_3$ folgt unmittelbar $\lambda_3 = 0$ und damit aus der ersten Gleichung auch $\lambda_1 = 0$.

Die Vektoren x^1, x^2, x^3 sind somit für beliebiges reelles $\alpha \neq 3$ linear unabhängig.

II Für $\alpha = 3$ ergibt sich aus der ersten Gleichung notwendig $\lambda_1 = 0$ und aus der zweiten Gleichung notwendig $\lambda_2 = 0$. Die dritte Gleichung ist für beliebige reelle λ_2 und λ_3 erfüllt. Somit sind die Vektoren x^1, x^2, x^3 für $\alpha = 3$ linear abhängig.
Für $\alpha = 3$ sind die Vektoren $x^1 = (-1, -1, -1)^\top$ und $x^2 = (0, -1, 0)^\top$. Sie sind linear unabhängig.

Antwort: Der von den Vektoren x^1, x^2, x^3 aufgespannte Unterraum ist genau für $\alpha = 3$ zweidimensional.

3.10 a) Jeder Vektor $z = (z_1, z_2)^\top$ ist eindeutige Linearkombination der kanonischen Vektoren $e^1, e^2 \in \mathbb{R}^2$, denn aus der Vektorgleichung $\lambda_1 e^1 + \lambda_2 e^2 = z$ folgt komponentenweise eindeutig $\lambda_1 = z_1$, $\lambda_2 = z_2$ sowie die Zerlegung $z = z_1 e^1 + z_2 e^2$.
Antwort: Das Vektorsystem $\{x^1, x^2\}$ erzeugt den $\mathbb{R}^2$ und ist somit Basis im $\mathbb{R}^2$.

b) Jeder Vektor $z = (z_1, z_2)^\top$ ist eindeutige Linearkombination der Vektoren $x^1, x^2 \in \mathbb{R}^2$, denn aus der Vektorgleichung $\lambda_1 x^1 + \lambda_2 x^2 = z$ folgt komponentenweise
$\lambda_1 + \lambda_2 = z_1$ sowie $\lambda_2 = z_2$
und daraus eindeutig $\lambda_1 = z_1 - z_2$, $\lambda_2 = z_2$ sowie die Zerlegung $z = (z_1 - z_2)x^1 + z_2 x^2$.
Antwort: Das Vektorsystem $\{x^1, x^2\}$ erzeugt den $\mathbb{R}^2$ und ist somit Basis im $\mathbb{R}^2$.

c) Jeder Vektor $x = (x_1, x_2, 0)^\top$ ist eindeutige Linearkombination z. B. der Vektoren e^1, $e^2 \in \mathbb{R}^3$, denn aus der Vektorgleichung $\lambda_1 e^1 + \lambda_2 e^2 = x$ folgt komponentenweise
$\lambda_1 = x_1$ sowie $\lambda_2 = x_2$.
Antwort: Das Vektorsystem $\{e^1, e^2\}$, e^1, $e^2 \in \mathbb{R}^3$, ist Basis im angegebenen Vektorraum.

3.11 a) Ein Vektorsystem aus einem Vektor, der verschieden vom Nullvektor ist, ist stets linear unabhängig, wie sich aus der Definition der linearen Unabhängigkeit ergibt.
Antwort: Der Vektor erzeugt den Unterraum $\mathbb{R}^1$ der Dimension eins.

b) Es wird gezeigt, dass die drei Vektoren x^1, x^2, x^3 linear unabhängig sind. Die Vektorgleichung $\lambda_1 x^1 + \lambda_2 x^2 + \lambda_3 x^3 = O$ bezüglich $\lambda_1, \lambda_2, \lambda_3 \in \mathbb{R}$ bedeutet komponentenweise

$$\begin{array}{rcrcrcl} -\lambda_1 & - & 3\lambda_2 & & & = & 0, \\ 3\lambda_1 & - & \lambda_2 & + & 5\lambda_3 & = & 0, \\ \lambda_1 & + & \lambda_2 & & & = & 0. \end{array}$$

Wird das 3-Fache der ersten Gleichung zur zweiten addiert und die erste Gleichung zur dritten addiert, so folgt

$$\begin{array}{rcrcrcl} -\lambda_1 & - & 3\lambda_2 & & & = & 0, \\ & - & 10\lambda_2 & + & 5\lambda_3 & = & 0, \\ & - & 2\lambda_2 & & & = & 0. \end{array}$$

Wird die zweite Gleichung durch fünf dividiert und zur dritten addiert, so folgt

$$\begin{array}{rcrcrcl} -\lambda_1 & - & 3\lambda_2 & & & = & 0, \\ & - & 2\lambda_2 & + & \lambda_3 & = & 0, \\ & & & & \lambda_3 & = & 0. \end{array}$$

Aus der dritten Gleichung folgt notwendig $\lambda_3 = 0$, damit aus der zweiten $\lambda_3 = 0$ und damit wiederum aus der ersten $\lambda_1 = 0$. Daher sind die drei Vektoren linear unabhängig.
Antwort: Das Vektorsystem $\left\{x^1, x^2, x^3\right\}$ erzeugt den Unterraum $\mathbb{R}^3$ der Dimension drei.

c) Die ersten beiden Vektoren sind linear unabhängig, wie oben gezeigt wurde. Der dritte ist das 2-Fache des ersten Vektors und damit von ihm linear abhängig. Nach dem Reduktionssatz kann das Vektorsystem der vier Vektoren um den dritten reduziert werden. Das verbleibende Vektorsystem aus dem ersten, zweiten und vierten Vektor ist linear unabhängig, die Begründung verläuft analog wie in der vorherigen Aufgabe.
Antwort: Das Vektorsystem erzeugt den Unterraum $\mathbb{R}^3$ der Dimension drei.

d) Das Vektorsystem enthält zusätzlich zu den Vektoren aus der vorigen Aufgabe einen weiteren Vektor und erzeugt einen Unterraum mindestens der Dimension drei. Größer als drei kann andererseits die Dimension eines Unterraumes des $\mathbb{R}^3$ nicht sein.
Antwort: Das Vektorsystem erzeugt den Unterraum $\mathbb{R}^3$ der Dimension drei.

Matrizen

3.12 Die Matrix $A \in \mathbb{R}^{2\times 3}$, $A = (a_{ij})$, hat die Elemente $a_{11} = a_{22} = 2$ (wegen $i = j$) sowie $a_{12} = a_{13} = a_{21} = a_{23}$ (wegen $i \neq j$):

$$A = \begin{pmatrix} a_{11} & a_{12} & a_{13} \\ a_{21} & a_{22} & a_{23} \end{pmatrix} = \begin{pmatrix} 2 & 1 & 1 \\ 1 & 2 & 1 \end{pmatrix}$$

3.13 Die Matrix $B \in \mathbb{R}^{4\times 2}$, $B = (b_{ik})$, hat die Elemente $b_{11} = b_{22} = 0$ (wegen $i = k$), $b_{12} = 1$ (wegen $i < k$), $b_{21} = b_{31} = b_{32} = b_{41} = b_{42} = -1$ (wegen $i > k$):

$$B = \begin{pmatrix} b_{11} & b_{12} \\ b_{21} & b_{22} \\ b_{31} & b_{32} \\ b_{41} & b_{42} \end{pmatrix} = \begin{pmatrix} 0 & 1 \\ -1 & 0 \\ -1 & -1 \\ -1 & -1 \end{pmatrix}$$

3.14 Aus der für Matrizengleichheit erforderlichen elementweisen Gleichheit ergibt sich notwendig
$(C)_{11} = a - b = 2$ und $(C)_{32} = a + b = 8$, d. h., $a = 5$ und $b = 3$.
Mit diesen Werten ist auch $(C)_{12} = b - a = -2$, $(C)_{21} = a^2 - b^2 = 16$, $(C)_{22} = a^2 - ab = 10$, $(C)_{32} = ab - a^2 = -2$ erfüllt.
Antwort: Für die reellen Zahlen $a = 5$, $b = 3$ sind beide Matrizen gleich.

3.15 a) $$\begin{pmatrix} 1 & 1 & 2 \\ 0 & 1 & 0 \\ 2 & 1 & 2 \end{pmatrix} + \begin{pmatrix} 1 & -1 & 0 \\ -2 & 1 & 0 \\ 4 & 1 & 7 \end{pmatrix} = \begin{pmatrix} 1+1 & 1-1 & 2+0 \\ 0-2 & 1+1 & 0+0 \\ 2+4 & 1+1 & 2+7 \end{pmatrix} = \begin{pmatrix} 2 & 0 & 2 \\ -2 & 2 & 0 \\ 6 & 2 & 9 \end{pmatrix}$$

b) Die Matrizen haben unterschiedliche Dimension. Die Summenbildung ist nicht definiert.

c) $$\begin{pmatrix} 2 & -1 \\ 1 & 1 \end{pmatrix}^\top + \begin{pmatrix} -2 & 1 \\ -1 & -1 \end{pmatrix} = \begin{pmatrix} 2 & 1 \\ -1 & 1 \end{pmatrix} + \begin{pmatrix} -2 & 1 \\ -1 & -1 \end{pmatrix} = \begin{pmatrix} 2-2 & 1+1 \\ -1-1 & 1-1 \end{pmatrix} = \begin{pmatrix} 0 & 2 \\ -2 & 0 \end{pmatrix}$$

d) Die Matrizen haben unterschiedliche Dimension. Die Summenbildung ist nicht definiert.

e) $$\begin{pmatrix} 2 & 9 & 3 \\ -10 & 1 & 4 \end{pmatrix} + \begin{pmatrix} 0 & 0 & 0 \\ 0 & 0 & 0 \end{pmatrix} = \begin{pmatrix} 2+0 & 9+0 & 3+0 \\ -10+0 & 1+0 & 4+0 \end{pmatrix} = \begin{pmatrix} 2 & 9 & 3 \\ -10 & 1 & 4 \end{pmatrix}$$

f) $$\begin{pmatrix} 1 & 0 \\ 0 & 1 \end{pmatrix}\begin{pmatrix} 2 \\ 1 \end{pmatrix} = \begin{pmatrix} 1\cdot 2+0\cdot 1 \\ 0\cdot 2+1\cdot 1 \end{pmatrix} = \begin{pmatrix} 2 \\ 1 \end{pmatrix}$$

g) Die Matrix hat drei Spalten, der Vektor vier Komponenten. Das Matrix-Vektor-Produkt ist nicht definiert.

h) $$\begin{pmatrix} 1 & -1 & 4 \\ 7 & 8 & 9 \\ 4 & -2 & 1 \end{pmatrix}\left[\begin{pmatrix} 1 \\ 2 \\ 3 \end{pmatrix} + \begin{pmatrix} -2 \\ 1 \\ -4 \end{pmatrix}\right] = \begin{pmatrix} 1 & -1 & 4 \\ 7 & 8 & 9 \\ 4 & -2 & 1 \end{pmatrix}\begin{pmatrix} 1-2 \\ 2+1 \\ 3-4 \end{pmatrix} = \begin{pmatrix} 1 & -1 & 4 \\ 7 & 8 & 9 \\ 4 & -2 & 1 \end{pmatrix}\begin{pmatrix} -1 \\ 3 \\ -1 \end{pmatrix} = \begin{pmatrix} 1\cdot(-1)-1\cdot 3+4\cdot(-1) \\ 7\cdot(-1)+8\cdot 3+9\cdot(-1) \\ 4\cdot(-1)-2\cdot 3+1\cdot(-1) \end{pmatrix} = \begin{pmatrix} -8 \\ 8 \\ -11 \end{pmatrix}$$

3.16 Aus der Definition der Summe zweier Matrizen folgt elementweise
$(A)_{ij} + (O)_{ij} = a_{ij} + 0 = a_{ij} = (A)_{ij}$, $i = 1, \dots, m$, $j = 1, \dots, n$.
Aus der Definition des Produktes zweier Matrizen folgt elementweise mit $(E_m)_{kj} = 0$ für $k \neq j$ und $(E_m)_{jj} = 1$

$$(E_m A)_{ij} = \sum_{k=1}^{m} (Em)_{ik}(A)_{kj} = (A)_{ij},\ i = 1, \dots, m,\ j = 1, \dots, n$$

sowie mit $(E_n)_{ik} = 0$ für $k \neq i$ und $(E_n)_{ii} = 1$

$$(AE_m)_{ij} = \sum_{k=1}^{n} (A)_{ik}(En)_{kj} = (A)_{ij},\ i = 1, \dots, m,\ j = 1, \dots, n.$$

3.17 a) Die Spaltenzahl 3 von A stimmt nicht mit der Zeilenzahl 4 von B überein. Das Produkt AB ist nicht definiert.

b) $$BA = \begin{pmatrix} 2 \\ 4 \\ 3 \\ 1 \end{pmatrix}\begin{pmatrix} 1 & 3 & 5 \end{pmatrix} = \begin{pmatrix} 2\cdot 1 & 2\cdot 3 & 2\cdot 5 \\ 4\cdot 1 & 4\cdot 3 & 4\cdot 5 \\ 3\cdot 1 & 3\cdot 3 & 3\cdot 5 \\ 1\cdot 1 & 1\cdot 3 & 1\cdot 5 \end{pmatrix} = \begin{pmatrix} 2 & 6 & 10 \\ 4 & 12 & 20 \\ 3 & 9 & 15 \\ 1 & 3 & 5 \end{pmatrix}$$

c) $$AC = \begin{pmatrix} 1 & 3 & 5 \end{pmatrix}\begin{pmatrix} 2 & 3 & 4 & 6 \\ 1 & 2 & 3 & 4 \\ 1 & 1 & 1 & 2 \end{pmatrix} = \begin{pmatrix} 1\cdot 2+3\cdot 1+5\cdot 1 & 1\cdot 3+3\cdot 2+5\cdot 1 & 1\cdot 4+3\cdot 3+5\cdot 1 & 1\cdot 6+3\cdot 6+5\cdot 2 \end{pmatrix} = \begin{pmatrix} 10 & 14 & 18 & 28 \end{pmatrix}$$

d) Die Spaltenzahl 1 von B stimmt nicht mit der Zeilenzahl 3 von C überein. Das Produkt BC ist nicht definiert.

e) $CB = \begin{pmatrix} 2 & 3 & 4 & 6 \\ 1 & 2 & 3 & 4 \\ 1 & 1 & 1 & 2 \end{pmatrix} \begin{pmatrix} 2 \\ 4 \\ 3 \\ 1 \end{pmatrix} = \begin{pmatrix} 2\cdot2+3\cdot4+4\cdot3+6\cdot1 \\ 1\cdot2+2\cdot4+3\cdot3+4\cdot1 \\ 1\cdot2+1\cdot4+1\cdot3+2\cdot1 \end{pmatrix} = \begin{pmatrix} 34 \\ 23 \\ 11 \end{pmatrix}$

f) $CD = \begin{pmatrix} 2 & 3 & 4 & 6 \\ 1 & 2 & 3 & 4 \\ 1 & 1 & 1 & 2 \end{pmatrix} \begin{pmatrix} 1 & 2 & 3 \\ 3 & 2 & 2 \\ 2 & 1 & 4 \\ 1 & 2 & 1 \end{pmatrix} = \begin{pmatrix} 2\cdot1+3\cdot3+4\cdot2+6\cdot1 & 2\cdot2+3\cdot2+4\cdot1+6\cdot2 & 2\cdot3+3\cdot2+4\cdot4+6\cdot1 \\ 1\cdot1+2\cdot3+3\cdot2+4\cdot1 & 1\cdot2+2\cdot2+3\cdot1+4\cdot2 & 1\cdot3+2\cdot2+3\cdot4+4\cdot1 \\ 1\cdot1+1\cdot3+1\cdot2+2\cdot1 & 1\cdot2+1\cdot2+1\cdot1+2\cdot2 & 1\cdot3+1\cdot2+1\cdot4+2\cdot1 \end{pmatrix} = \begin{pmatrix} 25 & 26 & 34 \\ 17 & 17 & 23 \\ 8 & 9 & 11 \end{pmatrix}$

g) $DC = \begin{pmatrix} 1 & 2 & 3 \\ 3 & 2 & 2 \\ 2 & 1 & 4 \\ 1 & 2 & 1 \end{pmatrix} \begin{pmatrix} 2 & 3 & 4 & 6 \\ 1 & 2 & 3 & 4 \\ 1 & 1 & 1 & 2 \end{pmatrix} = \begin{pmatrix} 1\cdot2+2\cdot1+3\cdot1 & 1\cdot3+2\cdot2+3\cdot1 & 1\cdot4+2\cdot3+3\cdot1 & 1\cdot6+2\cdot4+3\cdot2 \\ 3\cdot2+2\cdot1+2\cdot1 & 3\cdot3+2\cdot2+2\cdot1 & 3\cdot4+2\cdot3+2\cdot1 & 3\cdot6+2\cdot4+2\cdot2 \\ 2\cdot2+1\cdot1+4\cdot1 & 2\cdot3+1\cdot2+4\cdot1 & 2\cdot4+1\cdot3+4\cdot1 & 2\cdot6+1\cdot4+4\cdot2 \\ 1\cdot2+2\cdot1+1\cdot1 & 1\cdot3+2\cdot2+1\cdot1 & 1\cdot4+2\cdot3+1\cdot1 & 1\cdot6+2\cdot4+1\cdot2 \end{pmatrix} = \begin{pmatrix} 7 & 10 & 13 & 20 \\ 10 & 15 & 20 & 30 \\ 9 & 12 & 15 & 24 \\ 5 & 8 & 11 & 16 \end{pmatrix}$

3.18 $X = 2A + 4B = 2\begin{pmatrix} 1 & 7 & -3 \\ 0 & -5 & 2 \end{pmatrix} + 4\begin{pmatrix} -1/2 & -2 & 1 \\ 1/4 & 2 & -1 \end{pmatrix} = \begin{pmatrix} 0 & 6 & -2 \\ 1 & -2 & 0 \end{pmatrix}$

3.19 $(E - A)(E + A + A^2 + \ldots + A^{r-1})$

$= E(E + A + A^2 + \ldots + A^{r-1}) - A(E + A + A^2 + \ldots + A^{r-1})$

$= E + A + A^2 + \ldots + A^{r-1} - A - A^2 - \ldots - A^{r-1} - A^r$

$= E - A^r = E$, wenn $A^r = 0$.

3.20 Wegen $A^3 = O$ ist $r = 3$, und aus $AX = X + E_3$ folgt $(E_3 - A)(-X) = E_3$, d. h., mit Aufgabe **3.19** $-X = E_3 + A + A^2$ bzw. $X = -(E_3 + A + A^2)$.

Antwort: Die gesuchte Matrix ist $X = \begin{pmatrix} -1 & -2 & 1 \\ 0 & -1 & 1 \\ 0 & 0 & -1 \end{pmatrix}$.

3.21 Matrix A: Die Zeilenvektoren sind die vier linear unabhängigen kanonischen Vektoren e^3, e^1, e^4, e^2.
Antwort: Daher ist $\operatorname{rang} A = 4$.

Matrix B: Der zweite, dritte, vierte und fünfte Spaltenvektor sind Vielfache des ersten Spaltenvektors und daher von diesem linear abhängig. Nach der Anwendung des Reduktionssatzes verbleibt der erste Spaltenvektor als (linear unabhängiger) Vektor im System.
Antwort: Daher ist $\operatorname{rang} B = 1$.

Matrix C: Der erste Spaltenvektor ist die Summe des zweiten und dritten Spaltenvektors und daher von diesen linear abhängig. Nach der Anwendung des Reduktionssatzes verbleiben der zweite und dritte Spaltenvektor s^2 und s^3. Diese sind linear unabhängig, da aus der Vektorgleichung $\lambda_2 s^2 + \lambda_3 s^3 = O$ notwendig $\lambda_3 = 0$ (Gleichheit der vierten Komponenten) und damit $\lambda_2 = 0$ (Gleichheit der dritten Komponenten) folgt.
Antwort: Daher ist $\operatorname{rang} C = 2$.

Matrix D: Der dritte Zeilenvektor ist gleich dem ersten Zeilenvektor und daher von diesem linear abhängig. Nach der Anwendung des Reduktionssatzes verbleiben der erste und zweite Zeilenvektor z^1 und z^2. Diese sind linear unabhängig, da aus der Vektorgleichung $\lambda_1 z^1 + \lambda_2 z^2 = O$ notwendig $\lambda_1 = 0$ (Gleichheit der ersten Komponenten) und $\lambda_2 = 0$ (Gleichheit der zweiten Komponenten) folgt.
Antwort: Daher ist $\operatorname{rang} D = 2$.

3.22 **a)** **Antwort:** $\operatorname{rang} D = n$

b) **Antwort:** $\operatorname{rang} D$ ist gleich der Anzahl der Diagonalelemente $d_{ii} \neq 0$, $i = 1, \ldots, n$.

3.23 Erzeugt wird die Trapezgestalt der Matrizen mit den rangerhaltenden Umformungen. „T" bedeutet Tausch (von Zeilen- bzw. Spaltenvektoren).

a) $\begin{pmatrix} 2 & 0 & 4 & 2 \\ 1 & 0 & 7 & 1 \\ 2 & 1 & 3 & 0 \end{pmatrix} \begin{matrix} \text{T} \\ \text{T} \\ \end{matrix} \rightarrow \begin{pmatrix} 1 & 0 & 7 & 1 \\ 2 & 0 & 4 & 2 \\ 2 & 1 & 3 & 0 \end{pmatrix} \begin{matrix} \cdot(-2) \quad \cdot(-2) \\ + \qquad\quad \\ \qquad\quad + \end{matrix} \rightarrow \begin{pmatrix} 1 & 0 & 7 & 1 \\ 0 & 0 & -10 & 0 \\ 0 & 1 & -11 & -2 \end{pmatrix} \begin{matrix} \\ \text{T} \\ \text{T} \end{matrix} \rightarrow$

$\begin{pmatrix} 1 & 0 & 7 & 1 \\ 0 & 1 & -11 & -2 \\ 0 & 0 & -10 & 0 \end{pmatrix} \begin{matrix} \\ \\ \cdot(-1/10) \end{matrix} \rightarrow \begin{pmatrix} 1 & 0 & 7 & 1 \\ 0 & 1 & -11 & -2 \\ 0 & 0 & 1 & 0 \end{pmatrix}$, $\operatorname{rang} A = 3$.

b) $\begin{pmatrix} \mathrm{T} & \mathrm{T} & \mathrm{T} & \mathrm{T} \\ 0 & 1 & -1 & 2 \\ 0 & 3 & 2 & -1 \\ 0 & 2 & 4 & 2 \end{pmatrix} \to \begin{pmatrix} 1 & -1 & 2 & 0 \\ 3 & 2 & -1 & 0 \\ 2 & 4 & 2 & 0 \end{pmatrix} \begin{matrix} \cdot(-3) & \cdot(-2) \\ + & \\ & + \end{matrix} \to \begin{pmatrix} 1 & -1 & 2 & 0 \\ 0 & 5 & -7 & 0 \\ 0 & 6 & -2 & 0 \end{pmatrix} \cdot 1/5 \to$

$\begin{pmatrix} 1 & -1 & 2 & 0 \\ 0 & 1 & -7/5 & 0 \\ 0 & 6 & -2 & 0 \end{pmatrix} \begin{matrix} \\ \cdot(-6) \\ + \end{matrix} \to \begin{pmatrix} 1 & -1 & 2 & 0 \\ 0 & 1 & -7/5 & 0 \\ 0 & 0 & 32/5 & 0 \end{pmatrix} \begin{matrix} \\ \\ \cdot 5/32 \end{matrix} \to \begin{pmatrix} 1 & -1 & 2 & 0 \\ 0 & 1 & -7/5 & 0 \\ 0 & 0 & 1 & 0 \end{pmatrix}, \quad \operatorname{rang} B = 3.$

c) $\begin{pmatrix} \mathrm{T} & \mathrm{T} & & \\ 2 & 1 & 4 & -1 \\ 0 & 1 & 2 & 0 \\ 4 & 1 & 3 & 1 \\ 2 & 2 & 1 & 6 \\ 2 & 1 & 0 & 1 \end{pmatrix} \to \begin{pmatrix} 1 & 2 & 4 & -1 \\ 1 & 0 & 2 & 0 \\ 1 & 4 & 3 & 1 \\ 2 & 2 & 1 & 6 \\ 1 & 2 & 0 & 1 \end{pmatrix} \begin{matrix} \cdot(-1) & \cdot(-2) \\ + & \\ + & \\ & + \\ + & \end{matrix} \to \begin{pmatrix} 1 & 2 & 4 & -1 \\ 0 & -2 & -2 & 1 \\ 0 & 2 & -1 & 2 \\ 0 & -2 & -7 & 8 \\ 0 & 0 & -4 & 2 \end{pmatrix} \begin{matrix} \\ \cdot(-1/2) \\ \\ \\ \\ \end{matrix} \to$

$\begin{pmatrix} 1 & 2 & 4 & -1 \\ 0 & 1 & 1 & -1/2 \\ 0 & 2 & -1 & 2 \\ 0 & -2 & -7 & 8 \\ 0 & 0 & -4 & 2 \end{pmatrix} \begin{matrix} \\ \cdot(-2) & \cdot 2 \\ + & \\ & + \\ \\ \end{matrix} \to \begin{pmatrix} 1 & 2 & 4 & -1 \\ 0 & 1 & 1 & -1/2 \\ 0 & 0 & -3 & 3 \\ 0 & 0 & -5 & 7 \\ 0 & 0 & -4 & 2 \end{pmatrix} \begin{matrix} \\ \\ \cdot(-1/3) \\ \\ \\ \end{matrix} \to \begin{pmatrix} 1 & 2 & 4 & -1 \\ 0 & 1 & 1 & -1/2 \\ 0 & 0 & 1 & -1 \\ 0 & 0 & -5 & 7 \\ 0 & 0 & -4 & 2 \end{pmatrix} \begin{matrix} \\ \\ \cdot 5 & \cdot 4 \\ + & \\ & + \end{matrix} \to$

$\begin{pmatrix} 1 & 2 & 4 & -1 \\ 0 & 1 & 1 & -1/2 \\ 0 & 0 & 1 & -1 \\ 0 & 0 & 0 & 2 \\ 0 & 0 & 0 & -2 \end{pmatrix} \begin{matrix} \\ \\ \\ \cdot 1/2 \\ \\ \end{matrix} \to \begin{pmatrix} 1 & 2 & 4 & -1 \\ 0 & 1 & 1 & -1/2 \\ 0 & 0 & 1 & -1 \\ 0 & 0 & 0 & 1 \\ 0 & 0 & 0 & -2 \end{pmatrix} \begin{matrix} \\ \\ \\ \cdot 2 \\ + \end{matrix} \to \begin{pmatrix} 1 & 2 & 4 & -1 \\ 0 & 1 & 1 & -1/2 \\ 0 & 0 & 1 & -1 \\ 0 & 0 & 0 & 1 \\ 0 & 0 & 0 & 0 \end{pmatrix}, \quad \operatorname{rang} C = 4.$

d) $\begin{pmatrix} 1 & 2 & 4 \\ 1 & -1 & 1 \\ 1 & 2 & 4 \\ 3 & 3 & 9 \end{pmatrix} \begin{matrix} \cdot(-1) & \cdot(-3) \\ + & \\ + & \\ & + \end{matrix} \to \begin{pmatrix} 1 & 2 & 4 \\ 0 & -3 & -3 \\ 0 & 0 & 0 \\ 0 & -3 & -3 \end{pmatrix} \begin{matrix} \\ \cdot(-1/3) \\ \\ + \end{matrix} \to \begin{pmatrix} 1 & 2 & 4 \\ 0 & 1 & 1 \\ 0 & 0 & 0 \\ 0 & -3 & -3 \end{pmatrix} \begin{matrix} \\ \cdot 3 \\ \\ + \end{matrix} \to \begin{pmatrix} 1 & 2 & 4 \\ 0 & 1 & 1 \\ 0 & 0 & 0 \\ 0 & 0 & 0 \end{pmatrix}, \quad \operatorname{rang} D = 2.$

Determinanten

3.24 a) $\begin{vmatrix} 2 & 4 \\ 3 & -1 \end{vmatrix} = 2 \cdot (-1) - 4 \cdot 3 = -14$

b) $\begin{vmatrix} x-1 & 1 \\ x^3 & x^2+x+1 \end{vmatrix} = (x-1)\left(x^2+x+1\right) - 1 \cdot x^3 = -1$

c) $\begin{vmatrix} 2 & 3 & 4 \\ 1 & 2 & 3 \\ 3 & 2 & 2 \end{vmatrix} = -\begin{vmatrix} 1 & 2 & 3 \\ 2 & 3 & 4 \\ 3 & 2 & 2 \end{vmatrix} \begin{matrix} \cdot(-2) & \cdot(-3) \\ + & \\ & + \end{matrix} = -\begin{vmatrix} 1 & 2 & 3 \\ 0 & -1 & -2 \\ 0 & -4 & -7 \end{vmatrix} \begin{matrix} \\ \cdot(-4) \\ + \end{matrix} = -\begin{vmatrix} 1 & 2 & 3 \\ 0 & -1 & -2 \\ 0 & 0 & 1 \end{vmatrix} = (-1) \cdot 1 \cdot (-1) \cdot 1 = 1$

d) $\begin{vmatrix} -\lambda & 2 & -1 \\ -2 & 3-\lambda & 1 \\ -3 & 8 & 1-\lambda \end{vmatrix} = -\lambda \begin{vmatrix} 3-\lambda & 1 \\ 8 & 1-\lambda \end{vmatrix} - 2 \begin{vmatrix} -2 & 1 \\ -3 & 1-\lambda \end{vmatrix} - \begin{vmatrix} -2 & 3-\lambda \\ -3 & 8 \end{vmatrix}$

$= -\lambda\,(3\,(1-\lambda) - 1 \cdot 8) - 2\,(-2\,(1-\lambda) - 1 \cdot (-3)) - (-2 \cdot 8 - (-3)\,(3-\lambda)) = -\lambda^3 + 4\lambda^2 + 4\lambda + 5$

e) $\begin{vmatrix} 1 & a & -b \\ -a & 1 & c \\ b & -c & 1 \end{vmatrix} = \begin{vmatrix} 1 & c \\ -c & 1 \end{vmatrix} - a \begin{vmatrix} -a & c \\ b & 1 \end{vmatrix} - b \begin{vmatrix} -a & 1 \\ b & -c \end{vmatrix}$

$= (1 \cdot 1 - c(-c)) - a\,((-a) \cdot 1 - bc) - b\,((-a)(-c) - b \cdot 1) = 1 + a^2 + b^2 + c^2$

f) $\begin{vmatrix} 1 & 0 & 0 & \cdots & 0 \\ 0 & 2 & 0 & \cdots & 0 \\ 0 & 0 & 3 & \cdots & 0 \\ & & \cdots & & \\ 0 & 0 & 0 & \cdots & n \end{vmatrix} = 1 \cdot 2 \cdot 3 \cdots n = n!$

g) $\begin{vmatrix} 1 & 2 & 3 & 4 \cdots n \\ -1 & 0 & 3 & 4 \cdots n \\ -1 & -2 & 0 & 4 \cdots n \\ & & \cdots & \\ -1 & -2 & -3 & -4 \cdots 0 \end{vmatrix} \begin{matrix} \\ + \\ + \\ \\ + \end{matrix} = \begin{vmatrix} 1 & 2 & 3 & 4 & \cdots & n \\ 0 & 2 & 6 & 8 & \cdots & 2n \\ 0 & 0 & 3 & 8 & \cdots & 2n \\ & & & \cdots & & \\ 0 & 0 & 0 & 0 & \cdots & n \end{vmatrix} = 1 \cdot 2 \cdot 3 \cdots n = n!$

$\cdot(-1) \quad +$

h) $\begin{vmatrix} 13547 & 13647 \\ 28423 & 28523 \end{vmatrix} = \begin{vmatrix} 13547 & 100 \\ 28423 & 100 \end{vmatrix} = 100 \begin{vmatrix} 13547 & 1 \\ 28423 & 1 \end{vmatrix} = 100(13547 - 28423) = -1487600$

3.25 Aus $\begin{vmatrix} a & a & a \\ -a & a & x \\ -a & -a & x \end{vmatrix} \begin{matrix} \\ + \\ + \end{matrix} = \begin{vmatrix} a & a & a \\ 0 & 2a & x \\ 0 & 0 & x+a \end{vmatrix} = 2a^2(x+a) = 0$ folgt $L = \begin{cases} \{x | x \in \mathbb{R}\} & \text{für } a = 0 \\ \{-a\} & \text{für } a \neq 0 \end{cases}$

3.26 **a)** $|A| = 2 \cdot 2 - 3 \cdot 1 = 1,\ A^{-1} = \begin{pmatrix} 2 & -3 \\ -1 & 2 \end{pmatrix}$

b) $|B| = 2 \cdot 3 - 1 \cdot 4 = 2,\ B^{-1} = \frac{1}{2} \begin{pmatrix} 3 & -1 \\ -4 & 2 \end{pmatrix} = \begin{pmatrix} 3/2 & -1/2 \\ -2 & 1 \end{pmatrix}$

c) $|C| = 2 \begin{vmatrix} 1 & 1 & -1 \\ 0 & 1 & 1 \\ -1 & 2 & 3 \end{vmatrix} \begin{matrix} \\ \\ + \end{matrix} = 2 \begin{vmatrix} 1 & 1 & -1 \\ 0 & 1 & 1 \\ 0 & 3 & 2 \end{vmatrix} \begin{matrix} \\ \cdot(-3) \\ + \end{matrix} = 2 \begin{vmatrix} 1 & 1 & -1 \\ 0 & 1 & 1 \\ 0 & 0 & -1 \end{vmatrix} = -2,$

$$C^{-1} = -\frac{1}{2} \begin{pmatrix} \begin{vmatrix} 2 & 2 \\ 2 & 3 \end{vmatrix} & -\begin{vmatrix} 1 & -1 \\ 2 & 3 \end{vmatrix} & \begin{vmatrix} 1 & -1 \\ 2 & 2 \end{vmatrix} \\ -\begin{vmatrix} 0 & 2 \\ -1 & 3 \end{vmatrix} & \begin{vmatrix} 1 & -1 \\ -1 & 3 \end{vmatrix} & -\begin{vmatrix} 1 & -1 \\ 0 & 2 \end{vmatrix} \\ \begin{vmatrix} 0 & 2 \\ -1 & 2 \end{vmatrix} & -\begin{vmatrix} 1 & 1 \\ -1 & 2 \end{vmatrix} & \begin{vmatrix} 1 & 1 \\ 0 & 2 \end{vmatrix} \end{pmatrix} = -\frac{1}{2} \begin{pmatrix} 2 & -5 & 4 \\ -2 & 2 & -2 \\ 2 & -3 & 2 \end{pmatrix} = \begin{pmatrix} -1 & 5/2 & -2 \\ 1 & -1 & 1 \\ -1 & 3/2 & -1 \end{pmatrix}$$

d) $|D| = \begin{vmatrix} 1 & 4 & 7 \\ 2 & 5 & 8 \\ 3 & 6 & 9 \end{vmatrix} \begin{matrix} \cdot(-2) & \cdot(-3) \\ + & \\ & + \end{matrix} = \begin{vmatrix} 1 & 4 & 7 \\ 0 & -3 & -6 \\ 0 & -6 & -12 \end{vmatrix} = 18 \begin{vmatrix} 1 & 4 & 7 \\ 0 & 1 & 2 \\ 0 & 1 & 2 \end{vmatrix} = 0.$ D^{-1} existiert nicht.

Lineare Gleichungssysteme

Im Folgenden bedeuten $r, s, t \in \mathbb{R}$ beliebige reelle Parameter und $\mathbb{N}_0 = \mathbb{N} \cup \{0\}$, $\mathbb{R}_0 = \mathbb{R}^+ \cup \{0\}$.

3.27 **a)** $\left(\begin{array}{cc|c} 3 & 2 & 8 \\ 15 & 10 & 40 \end{array}\right) \cdot 1/3 \rightarrow \left(\begin{array}{cc|c} 1 & 2/3 & 8/3 \\ 15 & 10 & 40 \end{array}\right) \begin{matrix} \cdot(-15) \\ + \end{matrix} \rightarrow \left(\begin{array}{cc|c} 1 & 2/3 & 8/3 \\ 0 & 0 & 0 \end{array}\right),\ \begin{matrix} x_1 = 8/3 - 2t/3 \\ x_2 = t \end{matrix},\ \begin{pmatrix} x_1 \\ x_2 \end{pmatrix} = \begin{pmatrix} 8/3 \\ 0 \end{pmatrix} + t \begin{pmatrix} -2 \\ 3 \end{pmatrix}$

b) $\left(\begin{array}{cccc|c} 3 & 4 & 0 & 2 & 3 \\ 2 & 2 & 4 & 4 & 8 \\ 1 & 0 & 2 & 3 & 1 \end{array}\right) \begin{matrix} \text{T} \\ \\ \text{T} \end{matrix} \rightarrow \left(\begin{array}{cccc|c} 1 & 0 & 2 & 3 & 1 \\ 2 & 2 & 4 & 4 & 8 \\ 3 & 4 & 0 & 2 & 3 \end{array}\right) \begin{matrix} \cdot(-2) & \cdot(-3) \\ + & \\ & + \end{matrix} \rightarrow \left(\begin{array}{cccc|c} 1 & 0 & 2 & 3 & 1 \\ 0 & 2 & 0 & -2 & 6 \\ 0 & 4 & -6 & -7 & 0 \end{array}\right) \cdot(-1/2) \rightarrow$

$\left(\begin{array}{cccc|c} 1 & 0 & 2 & 3 & 1 \\ 0 & 1 & 0 & -1 & 3 \\ 0 & 4 & -6 & -7 & 0 \end{array}\right) \begin{matrix} \\ \cdot(-4) \\ + \end{matrix} \rightarrow \left(\begin{array}{cccc|c} 1 & 0 & 2 & 3 & 1 \\ 0 & 1 & 0 & -1 & 3 \\ 0 & 0 & -6 & -3 & -12 \end{array}\right) \cdot(-1/6) \rightarrow \left(\begin{array}{cccc|c} 1 & 0 & 2 & 3 & 1 \\ 0 & 1 & 0 & -1 & 3 \\ 0 & 0 & 1 & 1/2 & 2 \end{array}\right)$

$$\begin{array}{l} x_1 = 1 - 3t - 2(2 - t/2) \\ x_2 = 3 + t \\ x_3 = 2 - t/2 \\ x_4 = t \end{array}, \quad \begin{pmatrix} x_1 \\ x_2 \\ x_3 \\ x_4 \end{pmatrix} = \begin{pmatrix} -3 \\ 3 \\ 2 \\ 0 \end{pmatrix} + t \begin{pmatrix} -2 \\ 1 \\ -1/2 \\ 1 \end{pmatrix}$$

c)

$$\left(\begin{array}{cccc|c} 3 & 1 & 1 & -1 & 6 \\ -2 & -4 & 2 & 2 & -6 \\ 2 & -1 & 2 & 0 & 5 \end{array}\right) \begin{array}{l} \mathrm{T} \\ \mathrm{T} \\ \end{array} \rightarrow \left(\begin{array}{cccc|c} -2 & -4 & 2 & 2 & -6 \\ 3 & 1 & 1 & -1 & 6 \\ 2 & -1 & 2 & 0 & 5 \end{array}\right) \begin{array}{l} \cdot(-1/2) \\ \\ \end{array} \rightarrow \left(\begin{array}{cccc|c} 1 & 2 & -1 & -1 & 3 \\ 3 & 1 & 1 & -1 & 6 \\ 2 & -1 & 2 & 0 & 5 \end{array}\right) \begin{array}{ll} \cdot(-3) & \cdot(-3) \\ + & \\ & + \end{array} \rightarrow$$

$$\left(\begin{array}{cccc|c} 1 & 2 & -1 & -1 & 3 \\ 0 & -5 & 4 & 2 & -3 \\ 0 & -5 & 4 & 2 & -1 \end{array}\right) \begin{array}{l} \\ \cdot(-1) \\ + \end{array} \rightarrow \left(\begin{array}{cccc|c} 1 & 2 & -1 & -1 & 3 \\ 0 & -5 & 4 & 2 & -3 \\ 0 & 0 & 0 & 0 & 2 \end{array}\right)$$

$\mathrm{rang} A = 2$, $\mathrm{rang}(A|b) = 3$

keine Lösung

d)

$$\begin{array}{cccc} x_1 & x_2 & x_3 & x_4 \end{array}$$
$$\left(\begin{array}{cccc|c} -3 & 2 & 1 & -2 & -12 \\ 7 & -6 & -2 & 0 & 23 \\ 6 & -2 & -3 & 25 & 57 \\ -7 & 3 & -3 & -17 & -46 \end{array}\right) \rightarrow \overset{x_3\ x_2\ x_1\ x_4}{\left(\begin{array}{cccc|c} 1 & 2 & -3 & -2 & -12 \\ -2 & -6 & 7 & 0 & 23 \\ -3 & -2 & 6 & 25 & 57 \\ 3 & 3 & -7 & -17 & -46 \end{array}\right)} \begin{array}{lll} \cdot 2 & \cdot(-3) & \cdot 3 \\ + & & \\ & + & \\ & & + \end{array} \rightarrow \overset{x_3\ x_2\ x_1\ x_4}{\left(\begin{array}{cccc|c} 1 & 2 & -3 & -2 & -12 \\ 0 & -2 & 1 & -4 & -1 \\ 0 & 4 & -3 & 19 & 21 \\ 0 & -3 & 2 & -11 & -10 \end{array}\right)} \rightarrow$$

$$\overset{x_3\ x_1\ x_2\ x_4}{\left(\begin{array}{cccc|c} 1 & -3 & 2 & -2 & -12 \\ 0 & 1 & -2 & -4 & -1 \\ 0 & -3 & 4 & 19 & 21 \\ 0 & 2 & -3 & -11 & -10 \end{array}\right)} \begin{array}{ll} & \\ \cdot 3 & \cdot(-2) \\ + & \\ & + \end{array} \rightarrow \overset{x_3\ x_1\ x_2\ x_4}{\left(\begin{array}{cccc|c} 1 & -3 & 2 & -2 & -12 \\ 0 & 1 & -2 & -4 & -1 \\ 0 & 0 & -2 & 7 & 18 \\ 0 & 0 & 1 & -3 & -8 \end{array}\right)} \begin{array}{l} \\ \\ \mathrm{T} \\ \mathrm{T} \end{array} \rightarrow \overset{x_3\ x_1\ x_2\ x_4}{\left(\begin{array}{cccc|c} 1 & -3 & 2 & -2 & -12 \\ 0 & 1 & -2 & -4 & -1 \\ 0 & 0 & 1 & -3 & -8 \\ 0 & 0 & -2 & 7 & 18 \end{array}\right)} \begin{array}{l} \\ \\ \cdot 2 \\ + \end{array} \rightarrow$$

$$\overset{x_3\ x_1\ x_2\ x_4}{\left(\begin{array}{cccc|c} 1 & -3 & 2 & -2 & -12 \\ 0 & 1 & -2 & -4 & -1 \\ 0 & 0 & 1 & -3 & -8 \\ 0 & 0 & 0 & 1 & 2 \end{array}\right)}, \quad \begin{array}{l} x_3 = -12 + 2\cdot 2 - 2\cdot(-2) + 3\cdot 3 = 5 \\ x_1 = -1 + 4\cdot 2 + 2\cdot(-2) = 3 \\ x_2 = -8 + 3\cdot 2 = -2 \\ x_4 = 2 \end{array}, \quad \begin{pmatrix} x_1 \\ x_2 \\ x_3 \\ x_4 \end{pmatrix} = \begin{pmatrix} 3 \\ -2 \\ 5 \\ 2 \end{pmatrix}$$

e)

$$\left(\begin{array}{cccc|c} 1 & -2 & 1 & 1 & 1 \\ 1 & -2 & 1 & -1 & -1 \\ 1 & -2 & 1 & 2 & \lambda \end{array}\right) \begin{array}{l} \cdot(-1) \\ + \\ + \end{array} \rightarrow \left(\begin{array}{cccc|c} 1 & -2 & 1 & 1 & 1 \\ 0 & 0 & 0 & -2 & -2 \\ 0 & 0 & 0 & 1 & \lambda-1 \end{array}\right) \begin{array}{l} \\ \mathrm{T} \\ \mathrm{T} \end{array} \rightarrow \left(\begin{array}{cccc|c} 1 & -2 & 1 & 1 & 1 \\ 0 & 0 & 0 & 1 & \lambda-1 \\ 0 & 0 & 0 & -2 & -2 \end{array}\right) \begin{array}{l} \\ \cdot 2 \\ + \end{array} \rightarrow \left(\begin{array}{cccc|c} 1 & -2 & 1 & 1 & 1 \\ 0 & 0 & 0 & 1 & \lambda-1 \\ 0 & 0 & 0 & 0 & 2\lambda-4 \end{array}\right)$$

Für $\lambda \neq 2$: $\mathrm{rang} A = 2$, $\mathrm{rang}(A|b) = 3$, keine Lösung

Für $\lambda = 2$:

$$\begin{array}{l} x_1 = 1 - (\lambda-1) - s + 2r \\ x_4 = \lambda-1 \\ x_2 = r,\ x_3 = s \end{array}, \quad \begin{pmatrix} x_1 \\ x_2 \\ x_3 \\ x_4 \end{pmatrix} = \begin{pmatrix} 0 \\ 0 \\ 0 \\ 1 \end{pmatrix} + r \begin{pmatrix} 2 \\ 1 \\ 0 \\ 0 \end{pmatrix} + s \begin{pmatrix} -1 \\ 0 \\ 1 \\ 0 \end{pmatrix}$$

f)

$$\left(\begin{array}{ccc|c} 4 & 3 & 0 & 1 \\ 5 & 3 & 3 & 2 \\ 1 & 1 & -1 & 0 \\ 7 & 4 & 5 & 3 \end{array}\right) \begin{array}{l} \mathrm{T} \\ \\ \mathrm{T} \\ \end{array} \rightarrow \left(\begin{array}{ccc|c} 1 & 1 & -1 & 0 \\ 5 & 3 & 3 & 2 \\ 4 & 3 & 0 & 1 \\ 7 & 4 & 5 & 3 \end{array}\right) \begin{array}{lll} \cdot(-5) & \cdot(-4) & \cdot(-7) \\ + & & \\ & + & \\ & & + \end{array} \rightarrow \left(\begin{array}{ccc|c} 1 & 1 & -1 & 0 \\ 0 & -2 & 8 & 2 \\ 0 & -1 & 4 & 1 \\ 0 & -3 & 12 & 3 \end{array}\right) \begin{array}{l} \\ \cdot(-1/2) \\ \cdot(-1) \\ \cdot(-1/3) \end{array} \rightarrow \left(\begin{array}{ccc|c} 1 & 1 & -1 & 0 \\ 0 & 1 & -4 & -1 \\ 0 & 1 & -4 & -1 \\ 0 & 1 & -4 & -1 \end{array}\right) \begin{array}{l} \\ \cdot(-1) \\ + \\ + \end{array} \rightarrow$$

$$\left(\begin{array}{ccc|c} 1 & 1 & -1 & 0 \\ 0 & 1 & -4 & -1 \\ 0 & 0 & 0 & 0 \\ 0 & 0 & 0 & 0 \end{array}\right), \quad \begin{array}{l} x_1 = t - (-1 + 4t) \\ x_2 = -1 + 4t \\ x_3 = t \end{array}, \quad \begin{pmatrix} x_1 \\ x_2 \\ x_3 \end{pmatrix} = \begin{pmatrix} 1 \\ -1 \\ 0 \end{pmatrix} + t \begin{pmatrix} -3 \\ 4 \\ 1 \end{pmatrix}$$

g) $$\left(\begin{array}{ccc|c} 2 & -1 & 4 & b_1\\ 8 & -5 & 16 & b_2\\ 2 & 2 & -1 & b_3\end{array}\right)\begin{array}{l}\cdot 1/2\\ \\ \\ \end{array} \rightarrow \left(\begin{array}{ccc|c} 1 & -1/2 & 2 & b_1/2\\ 8 & -5 & 16 & b_2\\ 2 & 2 & -1 & b_3\end{array}\right)\begin{array}{ll}\cdot(-8) & \cdot(-8)\\ + & \\ & +\end{array} \rightarrow$$

$$\left(\begin{array}{ccc|c} 1 & -1/2 & 2 & b_1/2\\ 0 & -1 & 0 & b_2-4b_1\\ 0 & 3 & -5 & b_3-b_1\end{array}\right)\begin{array}{l} \\ \cdot(-3)\\ +\end{array} \rightarrow \left(\begin{array}{ccc|c} 1 & -1/2 & 2 & b_1/2\\ 0 & 1 & 0 & 4b_1-b_2\\ 0 & 0 & -5 & -13b_1+3b_2+b_3\end{array}\right)\begin{array}{l} \\ \\ \cdot(-1/5)\end{array} \rightarrow$$

$$\left(\begin{array}{ccc|c} 1 & -1/2 & 2 & b_1/2\\ 0 & 1 & 0 & 4b_1-b_2\\ 0 & 0 & 1 & (13b_1-3b_2-b_3)/5\end{array}\right), \quad \begin{pmatrix} x_1\\ x_2\\ x_3\end{pmatrix} = \begin{pmatrix} (-27b_1+7b_2+4b_3)/10\\ 4b_1-b_2\\ (13b_1-3b_2-b_3)/5\end{pmatrix}$$

h) $$\left(\begin{array}{ccc|c} 1 & 1 & \lambda & 0\\ 1 & -\lambda & 1 & 0\\ \lambda & -1 & 1 & 0\end{array}\right)\begin{array}{ll}\cdot(-1) & \cdot(-\lambda)\\ + & \\ & +\end{array} \rightarrow \left(\begin{array}{ccc|c} 1 & 1 & \lambda & 0\\ 0 & -\lambda-1 & 1-\lambda & 0\\ 0 & -\lambda-1 & -\lambda^2 & 0\end{array}\right)\begin{array}{l} \\ \cdot(-1)\\ +\end{array} \rightarrow \left(\begin{array}{ccc|c} 1 & 1 & \lambda & 0\\ 0 & -\lambda-1 & 1-\lambda & 0\\ 0 & 0 & -1+\lambda-\lambda^2 & 0\end{array}\right)$$

Wegen $-1+\lambda-\lambda^2 < 0$ ist $z = 0$.

Für $-\lambda-1 \neq 0$, d. h., $\lambda \neq -1$ ist $y = 0, x = 0$. $(x,y,z)^\top = (0,0,0)^\top$

Für $-\lambda-1 = 0$, d. h., $\lambda = -1$ ist $y = t$, $x = -t$, $(x,y,z)^\top = t(-1,1,0)^\top$

i) $$\left(\begin{array}{ccc|c} 1 & -1 & -1 & 0\\ 1 & 1 & 1 & 2\\ 2 & -1 & -1 & 2\end{array}\right)\begin{array}{ll}\cdot(-1) & \cdot(-2)\\ + & \\ & +\end{array} \rightarrow \left(\begin{array}{ccc|c} 1 & -1 & -1 & 0\\ 0 & 2 & 2 & 2\\ 0 & 1 & 1 & 2\end{array}\right)\begin{array}{l} \\ \cdot(1/2)\\ \\ \end{array} \rightarrow \left(\begin{array}{ccc|c} 1 & -1 & -1 & 0\\ 0 & 1 & 1 & 1\\ 0 & 1 & 1 & 2\end{array}\right)\begin{array}{l} \\ \cdot(-1)\\ +\end{array} \rightarrow \left(\begin{array}{ccc|c} 1 & -1 & -1 & 0\\ 0 & 1 & 1 & 1\\ 0 & 0 & 0 & 1\end{array}\right)$$

$\text{rang}A = 2$, $\text{rang}(A|b) = 3$ keine Lösung

j) $$\left(\begin{array}{cccccc|c} 1 & -1 & 1 & 0 & 0 & -1 & 0\\ 1 & 1 & 0 & -1 & 1 & 0 & 0\\ 0 & 1 & 1 & 0 & 1 & -1 & 0\end{array}\right)\begin{array}{l}\cdot(-1)\\ +\\ \\ \end{array} \rightarrow \left(\begin{array}{cccccc|c} 1 & -1 & 1 & 0 & 0 & -1 & 0\\ 0 & 2 & -1 & -1 & 1 & 1 & 0\\ 0 & 1 & 1 & 0 & 1 & -1 & 0\end{array}\right)\begin{array}{l} \\ \text{T}\\ \text{T}\end{array} \rightarrow \left(\begin{array}{cccccc|c} 1 & -1 & 1 & 0 & 0 & -1 & 0\\ 0 & 1 & 1 & 0 & 1 & -1 & 0\\ 0 & 2 & -1 & -1 & 1 & 1 & 0\end{array}\right)\begin{array}{l} \\ \cdot(-2)\\ +\end{array} \rightarrow$$

$$\left(\begin{array}{cccccc|c} 1 & -1 & 1 & 0 & 0 & -1 & 0\\ 0 & 1 & 1 & 0 & 1 & -1 & 0\\ 0 & 0 & -3 & -1 & -1 & 3 & 0\end{array}\right) \quad \begin{array}{l} x = 2r/3-s/3\\ y = r/3-2s/3\\ z = -r/3-s/3+t\\ u = r,\ v = s,\ w = t\end{array}, \quad \begin{pmatrix} x\\ y\\ z\\ u\\ v\\ w\end{pmatrix} = \frac{r}{3}\begin{pmatrix} 2\\ 1\\ -1\\ 3\\ 0\\ 0\end{pmatrix} + \frac{s}{3}\begin{pmatrix} -1\\ -2\\ -1\\ 0\\ 3\\ 0\end{pmatrix} + t\begin{pmatrix} 0\\ 0\\ 1\\ 0\\ 0\\ 1\end{pmatrix}$$

k) $$\left(\begin{array}{ccc|c} 2 & 1 & 3 & 3\\ 1 & 2 & 1 & 2\\ 1 & 1 & 1 & 2\end{array}\right)\begin{array}{l}\text{T}\\ \\ \text{T}\end{array} \rightarrow \left(\begin{array}{ccc|c} 1 & 1 & 1 & 2\\ 1 & 2 & 1 & 2\\ 2 & 1 & 3 & 3\end{array}\right)\begin{array}{ll}\cdot(-1) & \cdot(-1)\\ + & \\ & +\end{array} \rightarrow \left(\begin{array}{ccc|c} 1 & 1 & 1 & 2\\ 0 & -1 & 1 & 0\\ 0 & -1 & -1 & -1\end{array}\right)\begin{array}{l} \\ \cdot(-1)\\ +\end{array} \rightarrow \left(\begin{array}{ccc|c} 1 & 1 & 1 & 2\\ 0 & 1 & -1 & 0\\ 0 & 0 & -2 & -1\end{array}\right), \quad \begin{pmatrix} a\\ b\\ c\end{pmatrix} = \begin{pmatrix} 1/2\\ 1/2\\ 1/2\end{pmatrix}$$

3.28 $$\left(\begin{array}{ccc|c} 2 & 1 & 1 & 0\\ -2a & a & 9 & 6\\ 2 & 2 & a & 1\end{array}\right)\begin{array}{ll}\cdot a & \cdot(-1)\\ + & \\ & +\end{array} \rightarrow \left(\begin{array}{ccc|c} 2 & 1 & 1 & 0\\ 0 & 1 & a-1 & 1\\ 0 & 2a & 9+a & 6\end{array}\right)\begin{array}{l} \\ \cdot(-2a)\\ +\end{array} \rightarrow \left(\begin{array}{ccc|c} 2 & 1 & 1 & 0\\ 0 & 1 & a-1 & 1\\ 0 & 0 & (a-3)(2a+3) & 2(a-3)\end{array}\right)$$

a) $a = -3/2$: $\text{rang}A = 2$, $\text{rang}(A|b) = 3$, nicht lösbar

b) $a = 3$: $r = \text{rang}A = \text{rang}(A|b) = 2$, $f = n-r = 3-2 = 1$ nicht eindeutig lösbar

$$\left(\begin{array}{ccc|c} 2 & 1 & 1 & 0\\ 0 & 1 & 2 & 1\\ 0 & 0 & 0 & 0\end{array}\right), \quad \begin{array}{l} x_1 = (-t-(1-2t))/2 = (t-1)/2\\ x_2 = 1-2t\\ x_3 = t\end{array} \quad \begin{pmatrix} x_1\\ x_2\\ x_3\end{pmatrix} = \begin{pmatrix} -1/2\\ 1\\ 0\end{pmatrix} + t\begin{pmatrix} 1/2\\ -2\\ 1\end{pmatrix}$$

c) $a \neq -3/2$, $a \neq 3$: $r = \text{rang}A = \text{rang}(A|b) = 3$, $f = n-r = 3-3 = 0$ eindeutig lösbar

$$\left(\begin{array}{ccc|c} 2 & 1 & 1 & 0\\ 0 & 1 & a-1 & 1\\ 0 & 0 & (a-3)(2a+3) & 2(a-3)\end{array}\right)\begin{array}{l} \\ \\ \cdot 1/((a-3)(2a+3))\end{array} \rightarrow \left(\begin{array}{ccc|c} 2 & 1 & 1 & 0\\ 0 & 1 & a-1 & 1\\ 0 & 0 & 1 & 2/(2a+3)\end{array}\right), \quad \begin{pmatrix} x_1\\ x_2\\ x_3\end{pmatrix} = \frac{1}{2a+3}\begin{pmatrix} -7/2\\ 5\\ 2\end{pmatrix}$$

3.29 $\left(\begin{array}{rrr|r} 1 & 5 & 2 & 3 \\ 2 & -2 & 4 & 5 \\ 1 & 1 & 2 & 1 \end{array}\right) \begin{array}{ll} \cdot(-2) & \cdot(-1) \\ + & \\ & + \end{array} \rightarrow \left(\begin{array}{rrr|r} 1 & 5 & 2 & 3 \\ 0 & -12 & 0 & -1 \\ 0 & -4 & 0 & -2 \end{array}\right) \cdot(-1/12) \rightarrow \left(\begin{array}{rrr|r} 1 & 5 & 2 & 3 \\ 0 & 1 & 0 & 1/12 \\ 0 & -4 & 0 & -2 \end{array}\right) \begin{array}{l} \\ \cdot 4 \rightarrow \\ + \end{array} \left(\begin{array}{rrr|r} 1 & 5 & 2 & 3 \\ 0 & 1 & 0 & 1/12 \\ 0 & 0 & 0 & -5/3 \end{array}\right)$ $\mathrm{rang}A = 2$, $\mathrm{rang}(A|b) = 3$ keine Lösung

3.30 Das lineare Gleichungssystem ist genau dann eindeutig lösbar, wenn die Determinante der Koeffizientenmatrix verschieden von null ist. Es ist

$$D = \begin{vmatrix} 3 & 1 & -2 \\ 1 & -2 & 3 \\ 2 & 3 & 1 \end{vmatrix} \begin{array}{l} \mathrm{T} \\ \mathrm{T} \\ \end{array} = - \begin{vmatrix} 1 & -2 & 3 \\ 3 & 1 & -2 \\ 2 & 3 & 1 \end{vmatrix} \begin{array}{ll} \cdot(-3) & \cdot(-2) \\ + & \\ & + \end{array} = - \begin{vmatrix} 1 & -2 & 3 \\ 0 & 7 & -11 \\ 0 & 7 & -5 \end{vmatrix} \begin{array}{l} \\ \cdot(-1) \\ + \end{array} = - \begin{vmatrix} 1 & -2 & 3 \\ 0 & 7 & -11 \\ 0 & 0 & 6 \end{vmatrix} = -42 \neq 0$$

eindeutige Lösung

Nach der Regel von Cramer ist weiter

$$|C_1| = \begin{vmatrix} -2 & 1 & -2 \\ 9 & -2 & 3 \\ 1 & 3 & 1 \end{vmatrix} \begin{array}{l} \mathrm{T} \\ \\ \mathrm{T} \end{array} = - \begin{vmatrix} 1 & 3 & 1 \\ 9 & -2 & 3 \\ -2 & 1 & -2 \end{vmatrix} \begin{array}{ll} \cdot(-9) & \cdot(2) \\ + & \\ & + \end{array} = - \begin{vmatrix} 1 & 3 & 1 \\ 0 & -29 & -6 \\ 0 & 7 & 0 \end{vmatrix} \begin{array}{l} \\ \mathrm{T} \\ \mathrm{T} \end{array} = 7 \begin{vmatrix} 1 & 3 & 1 \\ 0 & 1 & 0 \\ 0 & -29 & -6 \end{vmatrix} = -42,$$

$$|C_2| = \begin{vmatrix} 3 & -2 & -2 \\ 1 & 9 & 3 \\ 2 & 1 & 1 \end{vmatrix} \begin{array}{l} \mathrm{T} \\ \mathrm{T} \\ \end{array} = - \begin{vmatrix} 1 & 9 & 3 \\ 3 & -2 & -2 \\ 2 & 1 & 1 \end{vmatrix} \begin{array}{ll} \cdot(-3) & \cdot(-2) \\ + & \\ & + \end{array} = - \begin{vmatrix} 1 & 9 & 3 \\ 0 & -29 & -11 \\ 0 & -17 & -5 \end{vmatrix} = 29 \begin{vmatrix} 1 & 9 & 3 \\ 0 & 1 & 11/29 \\ 0 & 0 & 17 \cdot 11/29 - 5 \end{vmatrix} = 42,$$

$$|C_3| = \begin{vmatrix} 3 & 1 & -2 \\ 1 & -2 & 9 \\ 2 & 3 & 1 \end{vmatrix} \begin{array}{l} \mathrm{T} \\ \mathrm{T} \\ \end{array} = - \begin{vmatrix} 1 & -2 & 9 \\ 3 & 1 & -2 \\ 2 & 3 & 1 \end{vmatrix} \begin{array}{ll} \cdot(-3) & \cdot(-2) \\ + & \\ & + \end{array} = - \begin{vmatrix} 1 & -2 & 9 \\ 0 & 7 & -29 \\ 0 & 7 & -17 \end{vmatrix} \begin{array}{l} \\ \cdot(-1) \\ + \end{array} = - \begin{vmatrix} 1 & -2 & 9 \\ 0 & 7 & -29 \\ 0 & 0 & 12 \end{vmatrix} = -84.$$

$$\begin{pmatrix} x_1 \\ x_2 \\ x_3 \end{pmatrix} = \frac{1}{D} \begin{pmatrix} |C_1| \\ |C_2| \\ |C_3| \end{pmatrix} = \begin{pmatrix} 1 \\ -1 \\ 2 \end{pmatrix}$$

3.31 a) Die Umformung zur Trapezgestalt ergibt

$$\left(\begin{array}{rrrr|r} 2 & 3 & -2 & -4 & 0 \\ -2 & 5 & 3 & -2 & 1 \\ 2 & -3 & 4 & 5 & 6 \end{array}\right) \begin{array}{l} \cdot(1/2) \\ + \\ + \end{array} \rightarrow \left(\begin{array}{rrrr|r} 1 & 3/2 & -1 & -2 & 0 \\ 0 & 8 & 1 & -6 & 1 \\ 0 & -6 & 6 & 9 & 6 \end{array}\right) \begin{array}{ll} & \\ \mathrm{T} & \cdot(-1/6) \ \cdot(-8) \rightarrow \\ \mathrm{T} & \quad + \end{array} \left(\begin{array}{rrrr|r} 1 & 3/2 & -1 & -2 & 0 \\ 0 & 1 & -1 & -3/2 & -1 \\ 0 & 0 & 9 & 6 & 9 \end{array}\right) \begin{array}{l} \\ \rightarrow \\ \cdot(1/9) \end{array}$$

$$\left(\begin{array}{rrrr|r} 1 & 3/2 & -1 & -2 & 0 \\ 0 & 1 & -1 & -3/2 & -1 \\ 0 & 0 & 1 & 2/3 & 1 \end{array}\right) \begin{array}{l} \mathrm{rang}A = 3, \\ \mathrm{rang}(A|b) = 3 \\ n = 4,\ f = 1 \end{array} \quad \begin{pmatrix} x_1 = 1 + t/12 \\ x_2 = 5t/6 \\ x_3 = 1 - 2t/3 \\ x_4 = t \end{pmatrix}, \quad \begin{pmatrix} x_1 \\ x_2 \\ x_3 \\ x_4 \end{pmatrix} = \begin{pmatrix} 1 \\ 0 \\ 1 \\ 0 \end{pmatrix} + t \begin{pmatrix} 1 \\ 10 \\ -8 \\ 12 \end{pmatrix}, \quad t \in \mathbb{R}.$$

b) Gleichzeitig muss gelten $x_1 = 1 + t > 0$, $x_2 = 10t > 0$, $x_3 = 1 - 8t > 0$, $x_4 = 12t > 0$.
Aus der ersten, zweiten und vierten Ungleichung folgt $t > 0$, aus der dritten $t < 1/8$.
Antwort: Genau die Lösungsvektoren mit $t \in (0, 1/8)$ haben sämtlich positive Komponenten.

c) Gleichzeitig muss gelten $x_1 = 1 + t < 0$, $x_2 = 10t < 0$, $x_3 = 1 - 8t < 0$, $x_4 = 12t < 0$.
Aus der ersten, zweiten und vierten Ungleichung folgt $t < -1$, aus der dritten $t > 1/8$, d. h., alle vier Ungleichungen sind für kein reelles t gleichzeitig erfüllbar.
Antwort: Es gibt keinen Lösungsvektor mit sämtlich negativen Komponenten.

3.32 a) Die Umformung zur Trapezgestalt ergibt

$$\left(\begin{array}{rrrrr|r} 1 & -1 & 1 & -1 & 3 & 1 \\ -1 & 1 & -1 & 1 & -1 & 2 \end{array}\right) \begin{array}{l} \cdot 1 \\ + \end{array} \rightarrow \left(\begin{array}{rrrrr|r} 1 & -1 & 1 & -1 & 3 & 1 \\ 0 & 0 & 0 & 0 & 2 & 3 \end{array}\right) \quad \begin{array}{l} \mathrm{rang}A = 2, \\ \mathrm{rang}(A|b) = 2 \\ n = 5,\ f = 3 \end{array}$$

Mit den Parametern $r, s, t \in \mathbb{R}$ ist

$$\begin{array}{l} x_1 = -7/2 + r - s + t \\ x_2 = t \\ x_3 = s \\ x_4 = r \\ x_5 = 3/2 \end{array}, \quad \begin{pmatrix} x_1 \\ x_2 \\ x_3 \\ x_4 \\ x_5 \end{pmatrix} = \begin{pmatrix} -7/2 \\ 0 \\ 0 \\ 0 \\ 3/2 \end{pmatrix} + r \begin{pmatrix} 1 \\ 0 \\ 0 \\ 1 \\ 0 \end{pmatrix} + s \begin{pmatrix} -1 \\ 0 \\ 1 \\ 0 \\ 0 \end{pmatrix} + t \begin{pmatrix} 1 \\ 1 \\ 0 \\ 0 \\ 0 \end{pmatrix}$$

spezielle Lösg. z. B. für $r = s = t = 0$: $\begin{pmatrix} -7/2 \\ 0 \\ 0 \\ 0 \\ 3/2 \end{pmatrix}$

b) Es gilt $x_5 > 0$. Aus $x_4 > 0$ folgt $r > 0$. Aus $x_3 > 0$ folgt $s > 0$. Aus $x_2 > 0$ folgt $t > 0$.
Aus $x_1 > 0$ folgt $-7/2 + r - s + t > 0$, d. h., $t > s - r + 7/2$.
Antwort: Die Lösungen, deren Komponenten sämtlich positiv sind, ergeben sich durch folgende Wahl der Parameter: $r > 0$, $s > 0$, $t > \max(0, s - r + 7/2)$.

c) Antwort: Die Vektoren in der allgemeinen Lösung, die an die Parameter r, s, t gekoppelt sind, bilden z. B. ein Fundamentalsystem: $(1,0,0,1,0)^\top$, $(-1,0,1,0,0)^\top$, $(1,1,0,0,0)^\top$.

3.33 Die Umformung zur Trapezgestalt ergibt

$$\left(\begin{array}{ccc|c} 1 & 0 & 2 & -1 \\ \lambda & 1 & 2 & 2 \\ 0 & \lambda & -4\lambda & 15 \end{array}\right) \to \left(\begin{array}{ccc|c} 1 & 0 & 2 & -1 \\ 0 & 1 & 2-2\lambda & 2+\lambda \\ 0 & \lambda & -4\lambda & 15 \end{array}\right) \to \left(\begin{array}{ccc|c} 1 & 0 & 2 & -1 \\ 0 & 1 & 2-2\lambda & 2+\lambda \\ 0 & 0 & 2\lambda(\lambda-3) & -\lambda^2-2\lambda+15 \end{array}\right) \quad \text{rang}(A) = \begin{cases} 2, & \lambda = 0 \text{ oder } \lambda = 3 \\ 3, & \lambda \neq 0 \text{ und } \lambda \neq 3 \end{cases}$$

Es gilt $n = 3$.

a) Antwort: Für $\lambda \neq 0$ und $\lambda \neq 3$ ist $\text{rang}(A) = \text{rang}(A|b) = r = 3$, $f = n - r = 0$,
d. h., das lineare Gleichungssystem ist eindeutig lösbar:

$$(x_1, x_2, x_3)^\top = \left(\frac{5}{\lambda}, \frac{5-2\lambda}{\lambda}, -\frac{\lambda+5}{2\lambda}\right)^\top$$

b) Antwort: Für $\lambda = 3$ ist $\text{rang}(A) = \text{rang}(A|b) = r = 2$, $f = n - r = 1$,
d. h., das lineare Gleichungssystem hat unendlich viele Lösungen:

$$\begin{pmatrix} x_1 \\ x_2 \\ x_3 \end{pmatrix} = \begin{pmatrix} -1-2t \\ 5+4t \\ t \end{pmatrix} = \begin{pmatrix} -1 \\ 5 \\ 0 \end{pmatrix} + t \begin{pmatrix} -2 \\ 4 \\ 1 \end{pmatrix}, \; t \in \mathbb{R}.$$

c) Antwort: Für $\lambda = 0$ ist $\text{rang}(A) = 2$, $\text{rang}(A|b) = 3$,
d. h., das lineare Gleichungssystem hat keine Lösung.

3.34 **Gesucht:** t_1, $t_2 > 0$ - Anzahlen der Stunden, die ein Kran mit größerer bzw. kleinerer Leistung allein zum Beladen des Schiffes benötigt

Ist V das Ladevolumen des Schiffes, so belädt ein Kran mit größerer Leistung in einer Stunde V/t_1 und ein Kran mit kleinerer Leistung V/t_2. Wenn für das gesamte Verladen zuerst nur vier Kräne mit größerer Leistung für zwei Stunden und danach zusätzlich zwei Kräne mit kleinerer Leistung für drei Stunden eingesetzt sind, ergibt sich

$$2 \cdot 4\frac{V}{t_1} + 3\left(4\frac{V}{t_1} + 2\frac{V}{t_2}\right) = V.$$

Beim Einsatz aller sechs Kräne wäre das Schiff in 4.5 Stunden beladen, d. h., es gilt

$$4.5\left(4\frac{V}{t_1} + 2\frac{V}{t_2}\right) = V.$$

Mit den Bezeichnungen $a = 1/t_1$ und $b = 1/t_2$ wird das resultierende lineare Gleichungssystem bezüglich a und b wie folgt umgeformt und gelöst:

$$\left(\begin{array}{cc|c} 20 & 6 & 1 \\ 18 & 9 & 1 \end{array}\right) \begin{array}{c} \cdot(1/20) \\ \end{array} \to \left(\begin{array}{cc|c} 1 & 3/10 & 1/20 \\ 18 & 9 & 1 \end{array}\right) \begin{array}{c} \cdot(-18) \\ + \end{array} \to \left(\begin{array}{cc|c} 1 & 3/10 & 1/20 \\ 0 & 36/10 & 1/10 \end{array}\right) \begin{array}{c} \\ \cdot(10/36) \end{array} \to \left(\begin{array}{cc|c} 1 & 3/10 & 1/20 \\ 0 & 1 & 1/36 \end{array}\right) \quad \begin{array}{l} a = 1/24 \\ b = 1/36 \end{array}$$

Daraus ergibt sich $t_1 = 24$ und $t_2 = 36$.

Antwort: Ein Kran mit größerer Leistung allein benötigt zum Beladen des Schiffes 24 Stunden, ein Kran mit kleinerer Leistung 36 Stunden.

3.35 **Gesucht:** x_1, x_2, $x_3 \in \mathbb{N}_0$ - Anzahl der Balkonbrüstungen vom Typ I, II bzw. III bei voller Ausschöpfung der Ressourcen

a) Das volle Ausschöpfen des vorhandenen Betons ergibt die Bilanz
$1.2x_1 + 0.8x_2 + x_3 = 66$ [t].
Das volle Ausschöpfen der vorhandenen Arbeitszeit ergibt die Bilanz
$3x_1 + 4x_2 + 5x_3 = 270$ [h].
Das Umformen des linearen Gleichungssystems ergibt

$$\left(\begin{array}{ccc|c} 6/5 & 4/5 & 1 & 66 \\ 3 & 4 & 5 & 270 \end{array}\right) \begin{array}{c} \text{T} \\ \text{T} \end{array} \to \left(\begin{array}{ccc|c} 3 & 4 & 5 & 270 \\ 6/5 & 4/5 & 1 & 66 \end{array}\right) \begin{array}{c} \cdot(-2/5) \\ + \end{array} \to \left(\begin{array}{ccc|c} 3 & 4 & 5 & 270 \\ 0 & -4/5 & -1 & -42 \end{array}\right) \quad \begin{array}{l} x_1 = 20 \\ x_2 = 5(42-t)/4 \\ x_3 = t, \; t \in \mathbb{R} \end{array}$$

Wegen $x_3 \in \mathbb{N}_0$ ist $t \in \mathbb{N}_0$.
Wegen $x_2 \in \mathbb{N}_0$ ist $t = 2 + 4n$, $n = 0, 1, 2, \ldots$.
Wegen $x_2 \geq 0$ ist $5(42-t)/4 = 5(10-n) \geq 0$, d. h., $n = 0, 1, \ldots, 10$.

Antwort: Es gibt folgende elf Möglichkeiten der Anzahlen bei der Herstellung von Betonbrüstungen:
$n = 0, 1, \ldots, 10$: $x_1 = 20$, $x_2 = 5(10-n)$, $x_3 = 2 + 4n$.

b) Für $x_2 = 40 = 5(10-n)$ folgt $n = 2$ und somit $x_3 = 10$.

Antwort: Wenn 40 Balkonbrüstungen vom Typ II hergestellt werden, so können 20 Balkonbrüstungen vom Typ I und 10 Balkonbrüstungen vom Typ III hergestellt werden.

3.36 Gesucht: A_x, A_z, B_x, B_z - Auflagerreaktionen

Der zweidimensionale Dreigelenkrahmen befindet sich in Ruhe. Daher gelten Kräfte- und Momentengleichgewicht. Mit den in der Aufgabe bezeichneten Komponenten der Auflagerreaktionen gilt für die Kräftekomponenten in x-Richtung

$$A_x + B_x = P = y_1,$$

für die Kräftekomponenten in z-Richtung

$$A_z + B_z = q(a + b + c) = y_2$$

für das Momentengleichgewicht bezüglich des Auflagers im Knoten 0

$$dB_x + (a + b)B_z = P(d + e) + 0.5q(a + b + c)^2 = y_3$$

und für das linksseitige Momentengleichgewicht nach einem Schnitt im Knoten 2

$$hA_x + aA_z = Pf + 0.5qa^2 = y_4.$$

Die Umformungen des linearen Gleichungssystems bezüglich der Unbekannten $(A_x, A_z, B_x, B_z)^\top$ ergeben mit der Bezeichnung $h = d + e + f$

$$\left(\begin{array}{cccc|c} 1 & 0 & 1 & 0 & y_1 \\ 0 & 1 & 0 & 1 & y_2 \\ 0 & 0 & d & a+b & y_3 \\ h & a & 0 & 0 & y_4 \end{array}\right) \begin{array}{l} \cdot(-h) \\ \\ \\ + \end{array} \rightarrow \left(\begin{array}{cccc|c} 1 & 0 & 1 & 0 & y_1 \\ 0 & 1 & 0 & 1 & y_2 \\ 0 & 0 & d & a+b & y_3 \\ 0 & a & -h & 0 & y_4-hy_1 \end{array}\right) \begin{array}{l} \\ \cdot(-a) \\ \\ + \end{array} \rightarrow \left(\begin{array}{cccc|c} 1 & 0 & 1 & 0 & y_1 \\ 0 & 1 & 0 & 1 & y_2 \\ 0 & 0 & 1 & (a+b)/d & y_3/d \\ 0 & 0 & -h & -a & y_4-hy_1-ay_2 \end{array}\right) \begin{array}{l} \\ \\ \cdot h \\ + \end{array} \rightarrow$$

$$\left(\begin{array}{cccc|c} 1 & 0 & 1 & 0 & y_1 \\ 0 & 1 & 0 & 1 & y_2 \\ 0 & 0 & 1 & (a+b)/d & y_3/d \\ 0 & 0 & 0 & -a+(a+b)h/d & y_4-hy_1-ay_2+hy_3/d \end{array}\right) \quad \begin{array}{l} A_x = y_1 - B_x \\ A_z = y_2 - B_z \\ B_x = (y_3 - (a+b)B_z)/d \\ B_z = \big(y_4-hy_1-ay_2+hy_3/d\big)/\big(-a+(a+b)h/d\big) \end{array}$$

Antwort: **a)** $A_x \approx 68.98$ kN, $A_z \approx -14.69$ kN, $B_x \approx 111.02$ kN, $B_z \approx 254.69$ kN
b) $A_x = 87$ kN, $A_z = -78$ kN, $B_x = 93$ kN, $B_z = 258$ kN

3.37 Gesucht: s_{AC}, s_{AD}, s_{BC}, s_{BD}, s_{CD} - Stabkräfte in den Stäben AC, AD, BC, BD, CD

Sei $(A_x, A_z)^\top$ die Auflagerreaktion im festen Lager A und $(B_x, B_z)^\top$ die Auflagerreaktion im verschieblichen Lager B. Dann ist $B_x = 0$. Die Normalkräfte in den Stäben sind

$$\begin{array}{ll} S_{AC} = (s_{AC} \sin\alpha, s_{AC} \cos\alpha), & S_{CA} = -S_{AC} \\ S_{AD} = (s_{AD} \sin 0, s_{AD} \cos 0) = (0, s_{AD}), & S_{DA} = -S_{AD} \\ S_{BC} = (s_{BC} \sin(\pi - \alpha), s_{BC} \cos(\pi - \alpha)) = (s_{BC} \sin\alpha, -s_{BC} \cos\alpha), & S_{BC} = -S_{BC} \\ S_{BD} = (s_{BD} \sin\pi, s_{BD} \cos\pi) = (0, -s_{BD}), & S_{DB} = -S_{BD} \\ S_{CD} = (s_{CD} \sin 3\pi/2, s_{CD} \cos 3\pi/2) = (-s_{CD}, 0), & S_{DC} = -S_{CD} \end{array}$$

Die Kräftegleichgewichte in den Knoten A, B, C und D (jeweils z- und x-Komponenten) ergeben bezüglich A_x, A_z, B_z sowie der Stabkräfte s_{AC}, s_{AD}, s_{BC}, s_{BD}, s_{CD} das lineare Gleichungssystem

$$\left(\begin{array}{cccccccc|c} 0 & 1 & 0 & \sin\alpha & 0 & 0 & 0 & 0 & 0 \\ -1 & 0 & 0 & \cos\alpha & 1 & 0 & 0 & 0 & 0 \\ 0 & 0 & 1 & 0 & 0 & \sin\alpha & 0 & 0 & 0 \\ 0 & 0 & 0 & 0 & 0 & -\cos\alpha & -1 & 0 & 0 \\ 0 & 0 & 0 & -\sin\alpha & 0 & -\sin\alpha & 0 & -1 & -f_2 \\ 0 & 0 & 0 & -\cos\alpha & 0 & \cos\alpha & 0 & 0 & -f_1 \\ 0 & 0 & 0 & 0 & 0 & 0 & 0 & 1 & 0 \\ 0 & 0 & 0 & 0 & -1 & 0 & 1 & 0 & 0 \end{array}\right) \begin{array}{l} (1) \\ (2) \\ (3) \\ (4) \\ (5) \\ (6) \\ (7) \\ (8) \end{array} \rightarrow \left(\begin{array}{cccccccc|c} -1 & 0 & 0 & \cos\alpha & 1 & 0 & 0 & 0 & 0 \\ 0 & 1 & 0 & \sin\alpha & 0 & 0 & 0 & 0 & 0 \\ 0 & 0 & 1 & 0 & 0 & \sin\alpha & 0 & 0 & 0 \\ 0 & 0 & 0 & -\sin\alpha & 0 & -\sin\alpha & 0 & -1 & -f_2 \\ 0 & 0 & 0 & -\cos\alpha & 0 & \cos\alpha & 0 & 0 & -f_1 \\ 0 & 0 & 0 & 0 & -1 & 0 & 1 & 0 & 0 \\ 0 & 0 & 0 & 0 & 0 & -\cos\alpha & -1 & 0 & 0 \\ 0 & 0 & 0 & 0 & 0 & 0 & 0 & 1 & 0 \end{array}\right) \begin{array}{l} (2) \\ (1) \\ (3) \\ (5) : (-\sin\alpha) \\ (6) : \cos\alpha \\ (8) \cdot(-1) \\ (4) : (-\cos\alpha) \\ (7) \end{array} \rightarrow$$

$$\left(\begin{array}{cccccccc|c} -1 & 0 & 0 & \cos\alpha & 1 & 0 & 0 & 0 & 0 \\ 0 & 1 & 0 & \sin\alpha & 0 & 0 & 0 & 0 & 0 \\ 0 & 0 & 1 & 0 & 0 & \sin\alpha & 0 & 0 & 0 \\ 0 & 0 & 0 & 1 & 0 & 1 & 0 & 1/\sin\alpha & f_2/\sin\alpha \\ 0 & 0 & 0 & 0 & 1 & 0 & -1 & 0 & 0 \\ 0 & 0 & 0 & 0 & 0 & 1 & 1/\cos\alpha & 0 & 0 \\ 0 & 0 & 0 & 0 & 0 & 2 & 0 & -1/\sin\alpha & -f_1/\cos\alpha + f_2/\sin\alpha \\ 0 & 0 & 0 & 0 & 0 & 0 & 0 & 1 & 0 \end{array}\right) \begin{array}{l} (2) \\ (1) \\ (3) \\ (5) \\ (8) \\ (4) \cdot(-2) \\ (6) + \\ (7) \end{array} \rightarrow$$

$$\left(\begin{array}{cccccccc|c} -1 & 0 & 0 & \cos\alpha & 1 & 0 & 0 & 0 & 0 \\ 0 & 1 & 0 & \sin\alpha & 0 & 0 & 0 & 0 & 0 \\ 0 & 0 & 1 & 0 & 0 & \sin\alpha & 0 & 0 & 0 \\ 0 & 0 & 0 & 1 & 0 & 1 & 0 & 1/\sin\alpha & f_2/\sin\alpha \\ 0 & 0 & 0 & 0 & 1 & 0 & -1 & 0 & 0 \\ 0 & 0 & 0 & 0 & 0 & 1 & 1/\cos\alpha & 0 & 0 \\ 0 & 0 & 0 & 0 & 0 & 0 & -2/\cos\alpha & -1/\sin\alpha & -f_1/\cos\alpha + f_2/\sin\alpha \\ 0 & 0 & 0 & 0 & 0 & 0 & 0 & 1 & 0 \end{array}\right) \begin{array}{l} (2) \\ (1) \\ (3) \\ (5) \\ (8)' \\ (4) \\ (6) \\ (7) \end{array} \quad \begin{array}{lcl} A_x & = & f_1 \\ A_z & = & -0.5(f_1\tan\alpha + f_2) \\ B_z & = & 0.5(f_1\tan\alpha - f_2) \\ s_{AC} & = & 0.5(f_1/\cos\alpha + f_2/\sin\alpha) \\ s_{AD} & = & 0.5(f_1 - f_2/\tan\alpha) \\ s_{BC} & = & 0.5(-f_1/\cos\alpha + f_2/\sin\alpha) \\ s_{BD} & = & 0.5(f_1 - f_2/\tan\alpha) \\ s_{CD} & = & 0 \end{array}$$

3.38 **Gesucht:** Kräfte $F^i = \lambda_i r^i$, $\lambda_i \in \mathbb{R}$, $i = 1, 2, 3$, in der Zerlegung $F = F^1 + F^2 + F^3$

Daraus folgt das lineare Gleichungssystem bezüglich der gesuchten Koeffizienten λ_i, $i = 1, 2, 3$:

$$\left(\begin{array}{ccc|c} 1 & -6 & 2 & 120 \\ -3 & 2 & 0 & -120 \\ 5 & 3 & -1 & 50 \end{array}\right) \begin{array}{c} \cdot 3 \ \cdot(-5) \\ + \\ \quad + \end{array} \rightarrow \left(\begin{array}{ccc|c} 1 & -6 & 2 & 120 \\ 0 & -16 & 6 & 240 \\ 0 & 33 & -11 & -550 \end{array}\right) \begin{array}{l} \\ \cdot(-1/16) \rightarrow \\ \cdot(1/11) \end{array} \left(\begin{array}{ccc|c} 1 & -6 & 2 & 120 \\ 0 & 1 & -3/8 & -15 \\ 0 & 3 & -1 & -50 \end{array}\right) \begin{array}{c} \\ \cdot(-3) \rightarrow \\ + \end{array} \left(\begin{array}{ccc|c} 1 & -6 & 2 & 120 \\ 0 & 1 & -3/8 & -15 \\ 0 & 0 & 1 & -40 \end{array}\right).$$

Es ist rang$A$ =rang$(A|b) = r = 3$, $n = 3$, $f = n - r = 0$.
Das LGS ist daher eindeutig lösbar: $\lambda_1 = 20$, $\lambda_2 = -30$, $\lambda_3 = -40$.

Antwort: Die Zerlegung ist wegen der eindeutigen Lösbarkeit des LGS eindeutig. Die gesuchten Kräfte sind
$F^1 = \lambda_1 r^1 = 20(1, -3, 5)^\top = (20, -60, 100)^\top$ [kN], $F^2 = \lambda_2 r^2 = -30(-6, 2, 3)^\top = (180, -60, -90)^\top$ [kN],
$F^3 = \lambda_3 r^3 = -40(2, 0, -1)^\top = (-80, 0, 40)^\top$ [kN].
Zur Probe kann $F^1 + F^2 + F^3 = F = (120, -120, 50)^\top$ [kN] verifiziert werden.

3.39 **Gesucht:** x_1, x_2, x_3, $x_4 \in \mathbb{N}_0$ - Stückzahlen der Betonfertigteile der Sorten B_1, B_2, B_3 bzw. B_4 bei voller Ausschöpfung aller Zuschlagsmengen

Das volle Ausschöpfen der Zuschlagsmengen z_1, z_2, z_3 ergibt die Bilanzen

$$\begin{array}{rcrcrcrcll} 10x_1 & & & + & 2x_3 & + & 2x_4 & = & z_1 & [\text{kg}], \\ 5x_1 & + & 10x_2 & + & 0.5x_3 & + & 2x_4 & = & z_2 & [\text{kg}], \\ & & & & & & x_4 & = & z_3 & [\text{kg}]. \end{array}$$

Das Umformen des linearen Gleichungssystems ergibt

$$\left(\begin{array}{cccc|c} 10 & 0 & 2 & 2 & 1000 \\ 5 & 10 & 0.5 & 2 & 2000 \\ 0 & 0 & 0 & 1 & 300 \end{array}\right) \begin{array}{l} \cdot(1/10) \\ \cdot(1/5) \rightarrow \\ \end{array} \left(\begin{array}{cccc|c} 1 & 0 & 0.2 & 0.2 & 100 \\ 1 & 2 & 0.1 & 0.4 & 400 \\ 0 & 0 & 0 & 1 & 300 \end{array}\right) \begin{array}{c} \cdot(-1) \\ + \ \rightarrow \\ \end{array} \left(\begin{array}{cccc|c} 1 & 0 & 0.2 & 0.2 & 100 \\ 0 & 2 & -0.1 & 0.2 & 300 \\ 0 & 0 & 0 & 1 & 300 \end{array}\right) \begin{array}{c} \\ \cdot(1/2) \rightarrow \\ \end{array} \left(\begin{array}{cccc|c} 1 & 0 & 0.2 & 0.2 & 100 \\ 0 & 1 & -0.05 & 0.1 & 150 \\ 0 & 0 & 0 & 1 & 300 \end{array}\right)$$

$x_4 = 300$, $x_3 = t$, $x_2 = 120 + t/20$, $x_1 = 40 - t/5$, $t \in \mathbb{R}$.
Wegen $x_3 \in \mathbb{N}_0$ ist $t \in \mathbb{N}_0$.
Wegen $x_2 \in \mathbb{N}_0$ ist $t = 20n$, $n = 0, 1, 2, \ldots$
Wegen $x_1 \in \mathbb{N}_0$ ist $40 - 0.2t = 40 - 4n \geq 0$, d. h., $n = 0, 1, \ldots, 10$.

Antwort: Es gibt folgende elf Möglichkeiten für die Stückzahlen der Betonfertigteile:
$x_1 = 40 - 4n$, $x_2 = 120 + n$, $x_3 = 20n$, $x_4 = 300$, $n = 0, 1, \ldots, 10$.

3.40 **Gesucht:** x_1, x_2, $x_3 \in \mathbb{N}_0$ - Anzahlen der Fahrten des ersten, zweiten bzw. dritten LKWs (hin und zurück) bei der Lieferung von 100 t Sand-Kies-Gemisch mit einem Kiesanteil von 40 % für die Baugrube

Die Bilanz der zu liefernden Massen ergibt
$5x_1 + 5x_2 + 4x_3 = 100$ [t].
Die Bilanz des Kiesanteils davon ergibt
$30 \cdot 5x_1 + 60 \cdot 5x_2 + 20 \cdot 4x_3 = 40 \cdot 100$ [%].
Die Kraftstoffkosten betragen
$K = 2(6x_1 + 4x_2 + 3x_3) \cdot 10/100$ [€].
Die Umformung des linearen Gleichungssystems aus den ersten beiden Gleichungen ergibt

$$\left(\begin{array}{ccc|c} 5 & 5 & 4 & 100 \\ 15 & 30 & 8 & 400 \end{array}\right) \begin{array}{c} \cdot(-3) \\ + \end{array} \rightarrow \left(\begin{array}{ccc|c} 5 & 5 & 4 & 100 \\ 0 & 15 & -4 & 100 \end{array}\right) \quad \begin{array}{l} x_1 = (200 - 16t)/15 \\ x_2 = (100 + 4t)/15 \\ x_3 = t, \ t \in \mathbb{R} \end{array}$$

Wegen $x_3 \in \mathbb{N}_0$ ist $t \in \mathbb{N}_0$.
Wegen $x_2 \in \mathbb{N}_0$ ist $t = 5 + 15n$, $n = 0, 1, 2, \ldots$
Wegen $x_1 \in \mathbb{N}_0$ ist $200 - 16t = 120 - 240n \geq 0$, d. h., $n \leq 0.5$.
Der einzige Parameter t, der alle Anforderungen erfüllt, ergibt sich für $n = 0$ und beträgt $t = 5$.
Damit ist $x_1 = 8$, $x_2 = 8$, $x_3 = 5$ und $K = 2(6 \cdot 8 + 4 \cdot 8 + 3 \cdot 5) \cdot 10/100 = 19$ [€].

Antwort: Der erste LKW fährt 8-mal, der zweite 8-mal und der dritte 5-mal. Die Kraftstoffkosten betragen 19 €.

3.41 **Gesucht:** w - Polynom geringsten Grades, das die Wertetabelle erfüllt

Das Polynom w hat die Nullstellen $x_1 = 0$ und $x_5 = 10$ und damit die Linearfaktoren x und $x - 10$. Wenn es durch drei weitere Punkte verlaufen soll, so sind das drei Bedingungen, mit denen ein Polynom zweiten Grades (drei wählbare Koeffizienten) in der Produktzerlegung von w eindeutig bestimmt werden kann. Der Ansatz für w wird daher als Polynom vierten Grades in folgender Gestalt gewählt

$w(x) = x(x-10)(ax^2+bx+c)$.

An den Stellen x_1, x_2 und x_3 ergeben sich durch Einsetzen in diesen Ansatz die folgenden drei Gleichungen:

$$\begin{aligned} w(x_1) &= x_1(x_1-10)(ax_1^2+bx_1+c) \\ w(x_2) &= x_2(x_2-10)(ax_2^2+bx_2+c) \\ w(x_3) &= x_3(x_3-10)(ax_3^2+bx_3+c). \end{aligned}$$

Mit der angegeben Tabelle ergibt sich das lineare Gleichungssystem mit dem Vektor der Unbekannten $(c, b, a)^\top$. Die Umformungen zur Trapezgestalt sind

$$\left(\begin{array}{ccc|c} 1 & 2 & 4 & -1 \\ 1 & 5 & 25 & -1 \\ 1 & 9 & 81 & -0.5 \end{array}\right) \begin{array}{cc} \cdot(-1) & \cdot(-1) \\ + & \\ & + \end{array} \rightarrow \left(\begin{array}{ccc|c} 1 & 2 & 4 & -1 \\ 0 & 3 & 21 & 0 \\ 0 & 7 & 77 & 0.5 \end{array}\right) \cdot 1/3 \rightarrow \left(\begin{array}{ccc|c} 1 & 2 & 4 & -1 \\ 0 & 1 & 7 & 0 \\ 0 & 7 & 77 & 0.5 \end{array}\right) \begin{array}{c} \\ \cdot(-7) \\ + \end{array} \rightarrow \left(\begin{array}{ccc|c} 1 & 2 & 4 & -1 \\ 0 & 1 & 7 & 0 \\ 0 & 0 & 28 & 0.5 \end{array}\right) \quad \begin{array}{l} c = -23/28 \\ b = -1/8 \\ a = 1/56 \end{array}$$

Antwort: Die Gleichung der Biegelinie (siehe **Bild 3.14**) lautet $w(x) = x(x-10)(x^2-7x-46)/56$.
An der Stelle $x = 4$ m ergibt sich $w(4) = 4(4-10)(4^2-7\cdot4-46)/56 \approx 24.86$ [mm].

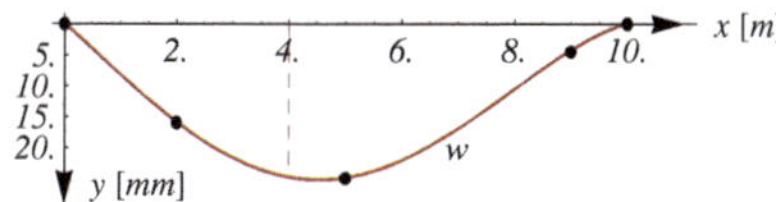

Bild 3.14 Biegelinie des Stahlträgers

3.42 a) **Gesucht:** Koordinaten der Punkte A, B, C, D

Aus der Skizze ergibt sich unmittelbar $A(s/2, 0, 0)$, $B(-s/2, 0, 0)$.
Die z-Koordinate des Punktes C ergibt sich mit dem Satz des Pythagoras z. B. im Dreieck $\triangle AOC$:
$z_C = \sqrt{|\overline{AC}|^2 - |\overline{AO}|^2} = \sqrt{3}s/2$. Daher ist $C(0, 0, \sqrt{3}s/2)$.
D ist die Spitze des regelmäßigen Tetraeders. Daher ist seine x-Koordinate $x_D = 0$. Seine y-Koordinate y_D ist die Höhe des Tetraeders: $y_D = \sqrt{6}s/3$. Seine z-Koordinate z_D ergibt sich aus der Eigenschaft, dass der Höhenfußpunkt gleichzeitig Schnittpunkt der Seitenhalbierenden des Dreiecks $\triangle ABC$ ist und daher die Seitenhalbierende $|\overline{CO}| = z_C$ im Verhältnis 2/1 teilt. Damit ist $z_D = z_C/3 = \sqrt{3}s/6$ und $D(0, \sqrt{6}s/3, \sqrt{3}s/6)$.

Antwort: Die Koordinaten der Punkte sind $A(s/2, 0, 0)$, $B(-s/2, 0, 0)$, $C(0, 0, \sqrt{3}s/2)$, $D(0, \sqrt{6}s/3, \sqrt{3}s/6)$.

b) **Gesucht:** Vektoren $\overrightarrow{DA}$, $\overrightarrow{DB}$, $\overrightarrow{DC}$

Antwort: Die gesuchten Vektoren sind

$$\begin{aligned} \overrightarrow{DA} &= \overrightarrow{OA} - \overrightarrow{OD} = \left(s/2, -\sqrt{6}s/3, -\sqrt{3}s/6\right)^\top, \\ \overrightarrow{DB} &= \overrightarrow{OB} - \overrightarrow{OD} = \left(-s/2, -\sqrt{6}s/3, -\sqrt{3}s/6\right)^\top, \\ \overrightarrow{DC} &= \overrightarrow{OC} - \overrightarrow{OD} = \left(0, -\sqrt{6}s/3, \sqrt{3}s/3\right)^\top. \end{aligned}$$

c) **Gesucht:** S_{DA}, S_{DB}, S_{DC} - Normalkräfte und s_{DA}, s_{DB}, s_{DC} - Stabkräfte in den Stäben DA, DB, DC

Sind $S_{DA} = x_1\overrightarrow{DA}$, $S_{DB} = x_2\overrightarrow{DB}$, $S_{DC} = x_3\overrightarrow{DC}$, $x_1, x_2, x_3 \in \mathbb{R}$, die Normalkräfte in den Stäben DA, DB, DC, so folgt aus dem Kräftegleichgewicht im Knoten D die Vektorgleichung

$x_1\overrightarrow{DA} + x_2\overrightarrow{DB} + x_3\overrightarrow{DC} = -G$.

Die Umformung des entsprechenden linearen Gleichungssystems bezüglich $x_1, x_2, x_3 \in \mathbb{R}$ ergibt

$$\left(\begin{array}{ccc|c} 1/2 & -1/2 & 0 & 0 \\ -\sqrt{6}/3 & -\sqrt{6}/3 & -\sqrt{6}/3 & 0 \\ -\sqrt{3}/6 & -\sqrt{3}/6 & \sqrt{3}/3 & -F/s \end{array}\right) \begin{array}{c} \cdot 2 \\ \cdot(-3/\sqrt{6}) \\ \cdot(-6/\sqrt{3}) \end{array} \rightarrow \left(\begin{array}{ccc|c} 1 & -1 & 0 & 0 \\ 1 & 1 & 1 & 0 \\ 1 & 1 & -2 & 2\sqrt{3}F/s \end{array}\right) \begin{array}{cc} \cdot(-1) & \cdot(-1) \\ + & \\ & + \end{array} \rightarrow \left(\begin{array}{ccc|c} 1 & -1 & 0 & 0 \\ 0 & 2 & 1 & 0 \\ 0 & 2 & -2 & 2\sqrt{3}F/s \end{array}\right) \begin{array}{c} \\ \cdot(1/2) \\ \cdot(1/2) \end{array} \rightarrow$$

$$\left(\begin{array}{ccc|c} 1 & -1 & 0 & 0 \\ 0 & 1 & 1/2 & 0 \\ 0 & 1 & -1 & \sqrt{3}F/s \end{array}\right) \begin{array}{c} \\ \cdot(-1) \\ + \end{array} \rightarrow \left(\begin{array}{ccc|c} 1 & -1 & 0 & 0 \\ 0 & 1 & 1/2 & 0 \\ 0 & 0 & -3/2 & \sqrt{3}F/s \end{array}\right) \cdot(-2/3) \rightarrow \left(\begin{array}{ccc|c} 1 & -1 & 0 & 0 \\ 0 & 1 & 1/2 & 0 \\ 0 & 0 & 1 & -2\sqrt{3}F/(3s) \end{array}\right)$$

mit der eindeutigen Lösung $x_3 = -2\sqrt{3}F/(3s)$, $x_2 = \sqrt{3}F/(3s)$, $x_1 = \sqrt{3}F/(3s)$.

Antwort: Die Normalkräfte in den Stäben sind
$S_{DA}=x_1\overrightarrow{DA}=(F/6)\left(\sqrt{3}, -2\sqrt{2}, -1\right)^{\top}$, $S_{DB}=x_2\overrightarrow{DB}=(F/6)\left(-\sqrt{3}, -2\sqrt{2}, -1\right)^{\top}$,
$S_{DC}=x_3\overrightarrow{DC}=(2F/3)\left(0, \sqrt{2}, -1\right)^{\top}$.
Die Stabkräfte sind mit $S_{DA} = s_{DA}e_{\overrightarrow{DA}}$, $S_{DB} = s_{DB}e_{\overrightarrow{DB}}$, $S_{DC} = s_{DC}e_{\overrightarrow{DC}}$
$s_{DA} = \sqrt{3}F/3$, $s_{DB} = \sqrt{3}F/3$, $s_{DC} = -2\sqrt{3}F/3$.

3.43 **Gesucht:** x_1, x_2, $x_3 \in \mathbb{R}_0$ - Anteile der Mischungen M_1, M_2 bzw. M_3 in der eigenen Betonmischung.

X t der eigenen Betonmischung enthalten
$\dfrac{x_1}{x_1+x_2+x_3}X$ t der Mischung M_1, $\dfrac{x_2}{x_1+x_2+x_3}X$ t der Mischung M_2, $\dfrac{x_2}{x_1+x_2+x_3}X$ t der Mischung M_3.

Aus der Bilanz der Verhältnisse der Zuschläge Z_1, Z_2, Z_3 ergeben sich die Gleichungen

$$\begin{aligned} 6x_1 + 5x_2 + 3x_3 &= 525,\\ 3x_1 + 4x_2 + 2x_3 &= 315,\\ x_1 + x_2 + 6x_3 &= 175. \end{aligned}$$

Die Umformungen des linearen Gleichungssystems ergeben

$$\left(\begin{array}{ccc|c} 1 & 1 & 6 & 175\\ 3 & 4 & 2 & 315\\ 6 & 5 & 3 & 525 \end{array}\right) \begin{array}{cc} \cdot(-3) & \cdot(-6)\\ + & \\ & + \end{array} \rightarrow \left(\begin{array}{ccc|c} 1 & 1 & 6 & 175\\ 0 & 1 & -16 & -210\\ 0 & -1 & -33 & -525 \end{array}\right) \begin{array}{c} \\ \cdot 1 \rightarrow\\ + \end{array} \left(\begin{array}{ccc|c} 1 & 1 & 6 & 175\\ 0 & 1 & -16 & -210\\ 0 & 0 & -49 & -735 \end{array}\right) \quad \begin{array}{l} x_1 = 55\\ x_2 = 30\\ x_3 = 15 \end{array}$$

Für die eigene Betonmischung sind 55 Anteile der Mischung M_1, 30 Anteile der Mischung M_2 und 15 Anteile der Mischung M_3 zu verwenden. Für $X = 12$ t ergeben sich wie oben angegeben folgende Massen:

Antwort: Der Bauherr muss 6.6 t der Mischung M_1, 3.6 t der Mischung M_2 und 1.8 t der Mischung M_3 für 12 t der eigenen Betonmischung verwenden.

3.44 **Gesucht:** x_1 - Höhe des monatlichen Bafögs, x_2 - Höhe des monatlichen HiWi-Verdienstes, x_3 - Höhe des monatlichen Sparbuch-Betrages (in €)

Aus der Aufgabenstellung folgen die Gleichungen (in €)

$$\begin{aligned} 0.5x_1 + 0.4x_2 + 0.5x_3 &= 505\\ 0.3x_1 + 0.2x_2 + 0.5x_3 &= 325\\ 0.2x_1 + 0.4x_2 &= 220 \end{aligned}$$

Die Umformungen mit dem Gauss-Algorithmus ergeben

$$\left(\begin{array}{ccc|c} 0.5 & 0.4 & 0.5 & 505\\ 0.3 & 0.2 & 0.5 & 325\\ 0.2 & 0.4 & 0 & 220 \end{array}\right) \cdot 2 \rightarrow \left(\begin{array}{ccc|c} 1 & 0.80 & 1.0 & 1010\\ 0 & -0.04 & 0.2 & 22\\ 0 & 0.24 & -0.2 & 18 \end{array}\right) \begin{array}{cc} \cdot(-0.3) & \cdot(-0.2)\\ + & \\ & + \end{array} \rightarrow \left(\begin{array}{ccc|c} 1 & 0.80 & 1.0 & 1010\\ 0 & -0.04 & 0.2 & 22\\ 0 & 0.24 & -0.2 & 18 \end{array}\right) \cdot(-25) \rightarrow$$

$$\left(\begin{array}{ccc|c} 1 & 0.80 & 1.0 & 1010\\ 0 & 1 & -5 & -550\\ 0 & 0.24 & -0.2 & 18 \end{array}\right) \begin{array}{c} \\ \cdot(-0.24) \rightarrow\\ + \end{array} \left(\begin{array}{ccc|c} 1 & 0.80 & 1.0 & 1010\\ 0 & 1 & -5 & -550\\ 0 & 0 & 1 & 150 \end{array}\right).$$

Das Gleichungssystem hat die eindeutige Lösung $x_3 = 150$ €, $x_2 = 200$ €, $x_1 = 700$ €.

Antwort: Der Student B. Scheiden erhält monatlich Bafög in Höhe von 700 €, HiWi-Verdienst von 200 € und wendet monatlich den Sparbuch-Betrag von 150 € für sein Leben auf.

3.45 **Gesucht:** x_1, x_2, x_3, $x_4 \in \mathbb{N}_0$ - Anzahlen der Fahrten des ersten, zweiten, dritten bzw. vierten LKW

Die Bilanz der Anzahl der Fahrten aller LKW ergibt die Gleichung
$x_1 + x_2 + x_3 + x_4 = 42$.
Die Bilanz der Anzahl der transportierten Baumstämme ergibt die Gleichung
$5x_1 + 6x_2 + 7x_3 + 8x_4 = 300$.
Die Bedingung, dass die Anzahl der Fahrten des ersten und des vierten LKWs zusammengenommen genauso groß ist wie die des zweiten und dritten LKWs zusammengenommen, ergibt die Gleichung
$x_1 + x_4 = x_2 + x_3$.
Die Umformungen des linearen Gleichungssystems aus diesen drei Gleichungen ergeben

$$\left(\begin{array}{cccc|c} 1 & 1 & 1 & 1 & 42\\ 5 & 6 & 7 & 8 & 300\\ 1 & -1 & -1 & 1 & 0 \end{array}\right) \begin{array}{cc} \cdot(-5) & \cdot(-1)\\ + & \\ & + \end{array} \rightarrow \left(\begin{array}{cccc|c} 1 & 1 & 1 & 1 & 42\\ 0 & 1 & 2 & 3 & 90\\ 0 & 2 & 2 & 0 & 42 \end{array}\right) \begin{array}{c} \\ \cdot(-2) \rightarrow\\ + \end{array} \left(\begin{array}{cccc|c} 1 & 1 & 1 & 1 & 42\\ 0 & 1 & 2 & 3 & 90\\ 0 & 0 & -2 & -6 & -138 \end{array}\right) \begin{array}{c} \\ \\ \cdot(-1/2) \end{array} \rightarrow$$

$$\left(\begin{array}{cccc|c} 1 & 1 & 1 & 1 & 42\\ 0 & 1 & 2 & 3 & 90\\ 0 & 0 & 1 & 3 & 69 \end{array}\right) \quad \begin{array}{l} x_1 = 21 - t\\ x_2 = 3t - 48\\ x_3 = 69 - 3t\\ x_4 = t,\ t \in \mathbb{R} \end{array}$$

Wegen $x_4 \in \mathbb{N}_0$ ist $t \in \mathbb{N}_0$.
Wegen $x_3 \in \mathbb{N}_0$ ist $69 - 3t \geq 0$, d. h., $t \leq 23$.
Wegen $x_2 \in \mathbb{N}_0$ ist $3t - 48 \geq 0$, d. h., $t \geq 16$.
Wegen $x_1 \in \mathbb{N}_0$ ist $21 - t \geq 0$, d. h., $t \leq 21$.

Damit kommen für den Parameter t genau die natürlichen Zahlen zwischen 16 und 21 in Frage.

Antwort: Es gibt folgende sechs Möglichkeiten für die gesuchten Anzahlen der Fahrten der LKW:
$x_1 = 21 - t,\ x_2 = 3t - 48,\ x_3 = 69 - 3t,\ x_4 = t,\ t = 16, 17, \ldots, 21.$

3.46 **Gesucht:** $x_1, x_2, x_3, x_4 \in \mathbb{N}_0$ - Anzahlen der Fahrten des 4 m³-, 5 m³-, 6 m³- bzw. 7 m³-LKW.

Die Bilanz des abzutransportierenden Erdaushubs ergibt die Gleichung

$4x_1 + 5x_2 + 6x_3 + 7x_4 = 302\ [\mathrm{m}^3]$.

Wenn der 4 m³- und der 5 m³-LKW zusammen genauso oft fahren sollen wie der 7 m³-LKW, so gilt

$x_1 + x_2 = x_4$.

Wenn der 4 m³- und der 6 m³-LKW zusammen genauso oft fahren sollen wie der 5 m³- und der 7 m³-LKW, so gilt

$x_1 + x_3 = x_2 + x_4$.

Die Umformungen des linearen Gleichungssystems aus diesen drei Gleichungen ergeben

$$\left(\begin{array}{rrrr|r} 1 & 1 & 0 & -1 & 0 \\ 4 & 5 & 6 & 7 & 302 \\ 1 & -1 & 1 & -1 & 0 \end{array}\right) \begin{array}{l} \cdot(-4)\ \cdot(-1) \\ \quad + \\ \qquad\quad + \end{array} \rightarrow \left(\begin{array}{rrrr|r} 1 & 1 & 0 & -1 & 0 \\ 0 & 1 & 6 & 11 & 302 \\ 0 & -2 & 1 & 0 & 0 \end{array}\right) \begin{array}{l} \\ \cdot 2 \rightarrow \\ + \end{array} \left(\begin{array}{rrrr|r} 1 & 1 & 0 & -1 & 0 \\ 0 & 1 & 6 & 11 & 302 \\ 0 & 0 & 13 & 22 & 604 \end{array}\right) \quad \begin{array}{l} x_1 = (24t - 302)/13 \\ x_2 = (302 - 11t)/13 \\ x_3 = (604 - 22t)/13 \\ x_4 = t,\ t \in \mathbb{R} \end{array}$$

Wegen $x_4 \in \mathbb{N}_0$ ist $t \in \mathbb{N}_0$.
Wegen $x_3 \in \mathbb{N}_0$ ist $604 - 22t \geq 0$, d. h., $t \leq 302/11 \approx 27.45$ und $t = 5 + 13n,\ n = 0, 1, \ldots$.
Damit ist gleichzeitig $x_2 \in \mathbb{N}_0$.
Wegen $x_1 \in \mathbb{N}_0$ ist $24t - 302 \geq 0$, d. h., $t \geq 302/24 \approx 12.58$.

Der einzige Parameter t, der alle Bedingungen erfüllt, ergibt sich für $n = 1$ und lautet $t = 18$. Damit ist $x_3 = 16$, $x_2 = 8$ und $x_1 = 10$.

Antwort: Der 4 m³-LKW muss 10-mal fahren, der 5 m³-LKW 8-mal, der 6 m³-LKW 16-mal und der 7 m³-LKW 18-mal.

3.47 **Gesucht:** $x, y, z \in \mathbb{R}^+$ - Längen der Hebelarme für die Kräfte $A > 0$, $B > 0$ bzw. $C > 0$

Für die Längen x und z gilt die Gleichung

$x + z = l$.

Das Momentengleichgewicht bezüglich des Auflagers ergibt die Gleichung

$Ax = By + Cz$.

Die Umformungen des linearen Gleichungssystems aus den ersten beiden Gleichungen mit Berücksichtigung des Kräftegleichgewichts ergeben

$$\left(\begin{array}{rrr|r} 1 & 0 & 1 & l \\ A & -B & -C & 0 \end{array}\right) \begin{array}{l} \cdot(-A) \\ \quad + \end{array} \rightarrow \left(\begin{array}{rrr|r} 1 & 0 & 1 & l \\ 0 & -B & -(A+C) & -lA \end{array}\right) \cdot(-1/B) \rightarrow \left(\begin{array}{rrr|r} 1 & 0 & 1 & l \\ 0 & 1 & (A+C)/B & lA/B \end{array}\right) \quad \begin{array}{l} x = l - t \\ y = (lA-(A+C)t)/B \\ z = t,\ t \in \mathbb{R} \end{array}$$

Wegen $z \in \mathbb{R}^+$ ist $t > 0$.
Wegen $y \in \mathbb{R}^+$ ist $t < lA/(A+C)$. Wegen $x \in \mathbb{R}^+$ ist $t < l$.

Wegen $lA/(A+C) < lA/A = l$ ist mit der zweiten gleichzeitig die dritte Bedingung an t erfüllt.

$z > y$ bedeutet $t > (lA-(A+C)t)/B$ bzw. $t > Al/(A+B+C)$.

Antwort: Mit einem beliebigen reellen Parameter $t \in (Al/(A+B+C), lA/(A+C))$ sind die Längen der Hebelarme
$x = l - t,\ y = (lA+(A+C)t)/B,\ z = t.$

3.48 **Gesucht:** x_1, x_2, x_3 (in kg) - Massen der Sorten Düngemittel S_1, S_2 und S_3 für die eigene Mischung von 100 kg

Für die gewünschten Bestandteile ergeben sich folgende Bilanzen (in [kg]):

Stickstoff:	19	=	$20\%x_1$	+	$25\%x_2$	+	$10\%x_3$,
Kalium:	24	=	$10\%x_1$	+	$15\%x_2$	+	$50\%x_3$,
Schwefel:	8	=	$10\%x_1$	+	$5\%x_2$	+	$10\%x_3$,
Phosphor: **a)**	5.5	=	$5\%x_1$	+	$10\%x_2$		.
Phosphor: **b)**	3	=	$5\%x_1$	+	$10\%x_2$		.

Das ist jeweils ein lineares Gleichungssystem zur Bestimmung der Mengen x_1, x_2 und x_3. Die Umformung zur Trapezgestalt ergibt simultan für die Aufgaben **a)** und **b)**

$$\left(\begin{array}{ccc|c|c} 20\% & 25\% & 10\% & 19 & 19 \\ 10\% & 15\% & 50\% & 24 & 24 \\ 10\% & 5\% & 10\% & 8 & 8 \\ 5\% & 10\% & 0\% & 5.5 & 3 \end{array}\right) \begin{matrix} \cdot 20 \\ \cdot 20 \\ \cdot 20 \\ \cdot 20 \end{matrix} \to \left(\begin{array}{ccc|c|c} 4 & 5 & 2 & 19\cdot 20 & 19\cdot 20 \\ 2 & 3 & 10 & 24\cdot 20 & 24\cdot 20 \\ 2 & 1 & 2 & 8\cdot 20 & 8\cdot 20 \\ 1 & 2 & 0 & 5.5\cdot 20 & 3\cdot 20 \end{array}\right) \begin{matrix} T \\ \\ \\ T \end{matrix} \to \left(\begin{array}{ccc|c|c} 1 & 2 & 0 & 5.5\cdot 20 & 3\cdot 20 \\ 2 & 3 & 10 & 24\cdot 20 & 24\cdot 20 \\ 2 & 1 & 2 & 8\cdot 20 & 8\cdot 20 \\ 4 & 5 & 2 & 19\cdot 20 & 19\cdot 20 \end{array}\right) \begin{matrix} \cdot(-2) & \cdot(-2) & \cdot(-4) \\ + & & \\ & + & \\ & & + \end{matrix} \to$$

$$\left(\begin{array}{ccc|c|c} 1 & 2 & 0 & 5.5\cdot 20 & 3\cdot 20 \\ 0 & -1 & 10 & 13\cdot 20 & 18\cdot 20 \\ 0 & -3 & 2 & -3\cdot 20 & 2\cdot 20 \\ 0 & -3 & 2 & -3\cdot 20 & 7\cdot 20 \end{array}\right) \begin{matrix} \\ \cdot(-1) \\ \cdot(-1) \\ + \end{matrix} \to \left(\begin{array}{ccc|c|c} 1 & 2 & 0 & 5.5\cdot 20 & 3\cdot 20 \\ 0 & 1 & -10 & -13\cdot 20 & -18\cdot 20 \\ 0 & 0 & -28 & -42\cdot 20 & 18\cdot 20 \\ 0 & 0 & 0 & 0\cdot 20 & 5\cdot 20 \end{array}\right)$$

a) Der Rang der Koeffizientenmatrix und der erweiterten Koeffizientenmatrix ist jeweils gleich drei. Das Gleichungssystem hat die eindeutige Lösung $x_1 = 30$, $x_2 = 40$, $x_3 = 30$ [kg].

Antwort: Für die gewünschte Mischung Düngemittel sind 30 kg der Sorte S_1, 40 kg der Sorte S_2 und 30 kg der Sorte S_3 zu vermengen.

b) Der Rang der erweiterten Koeffizientenmatrix ist gleich vier. Daher hat das Gleichungssystem keine Lösung.

Antwort: Es ist nicht möglich, aus den Sorten S_1, S_2 und S_3 eine Mischung mit 3 kg Phosphor herzustellen.

3.49 **Gesucht:** x_2, x_3, x_4, $x_6 \in \mathbb{N}_0$ - Anzahlen der Tische für zwei, drei, vier und sechs Personen

Folgende Gleichungen sind zu erfüllen:

$x_2 + x_3 + x_4 + x_6 = 45$, da es insgesamt 45 Tische sein sollen,

$2x_2 + 3x_3 + 4x_4 + 6x_6 = 154$, da 154 Personen Platz nehmen können, wenn alle Tische voll besetzt sind,

$2x_2 + 3x_3/2 + 4x_4/5 + 6 \cdot 2 = 68$, da 68 Personen Platz genommen haben, wenn alle Tische für zwei Personen, die Hälfte der Tische für drei Personen, ein Fünftel der Tische für vier Personen und zwei Tische für sechs Personen voll besetzt sind.

Daraus ergibt sich das lineare Gleichungssystem zur Bestimmung der Anzahlen x_2, x_3, x_4, x_6. Die Umformungen zur Trapezgestalt ergeben

$$\left(\begin{array}{cccc|c} 1 & 1 & 1 & 1 & 45 \\ 2 & 3 & 4 & 6 & 154 \\ 2 & 3/2 & 4/5 & 0 & 56 \end{array}\right) \begin{matrix} \cdot(-2) \\ + \\ + \end{matrix} \to \left(\begin{array}{cccc|c} 1 & 1 & 1 & 1 & 45 \\ 0 & 1 & 2 & 4 & 64 \\ 0 & -1/2 & -6/5 & -2 & -34 \end{array}\right) \begin{matrix} \\ \cdot(1/2) \\ + \end{matrix} \to \left(\begin{array}{cccc|c} 1 & 1 & 1 & 1 & 45 \\ 0 & 1 & 2 & 4 & 64 \\ 0 & 0 & -1/5 & 0 & -2 \end{array}\right) \begin{matrix} \\ \\ \cdot(-5) \end{matrix} \left(\begin{array}{cccc|c} 1 & 1 & 1 & 1 & 45 \\ 0 & 1 & 2 & 4 & 64 \\ 0 & 0 & 1 & 0 & 10 \end{array}\right) \begin{matrix} r = 3 \\ n = 4 \\ f = 1 \end{matrix}$$

Die allgemeine Lösung des linearen Gleichungssystems lautet

$(x_2, x_3, x_4, x_6)^\top = (3t - 9, 44 - 4t, 10, t)^\top$, $t \in \mathbb{R}$.

Als Anzahlen müssen x_2, x_3, x_4, x_6 nichtnegativ und ganzzahlig sein. Daraus folgen die Bedingungen

$x_6 \geq 0$, d. h., $t \geq 0$, $x_3 \geq 0$, d. h., $t \leq 11$, $x_2 \geq 0$, d. h., $t \geq 3$, somit $3 \leq t \leq 11$, $t \in \mathbb{N}_0$.

Antwort: Damit ergeben sich folgende neun Möglichkeiten für die Anzahlen der Tische:

t	3	4	5	6	7	8	9	10	11
x_2	0	3	6	9	12	15	18	21	24
x_3	32	28	24	20	16	12	8	4	0
x_4	10	10	10	10	10	10	10	10	10
x_6	3	4	5	6	7	8	9	10	11

3.50 **Gesucht:** Verhältnisse der Koeffizienten $\alpha_i : \beta_i : \gamma_i : \delta_i$ in den drei Reaktionsgleichungen $i = 1, 2, 3$

Die Bilanzen der Anzahlen der Atome der beteiligten chemischen Elemente C, H und O ergeben für jede Reaktionsgleichung ein homogenes lineares Gleichungssystem aus drei Gleichungen bezüglich der vier gesuchten Koeffizienten, das jeweils zur Trapezform umgeformt wird. Danach wird die Parameterlösung angegeben.

1. $$\left(\begin{array}{cccc|c} 1 & 0 & 0 & -1 & 0 \\ 4 & 0 & -2 & 0 & 0 \\ 0 & 2 & -1 & -2 & 0 \end{array}\right) \begin{matrix} \cdot(-4) \\ + \\ \end{matrix} \begin{matrix} \\ T \\ T \end{matrix} \to \left(\begin{array}{cccc|c} 1 & 0 & 0 & -1 & 0 \\ 0 & 1 & -1/2 & -1 & 0 \\ 0 & 0 & -2 & 4 & 0 \end{array}\right) \begin{matrix} \\ \\ \cdot(-1/2) \end{matrix} \to \left(\begin{array}{cccc|c} 1 & 0 & 0 & -1 & 0 \\ 0 & 1 & -1/2 & -1 & 0 \\ 0 & 0 & 1 & -2 & 0 \end{array}\right) \quad \begin{matrix} \alpha_1 = t \\ \beta_1 = 2t \\ \gamma_1 = 2t \\ \delta_1 = t, \ t \in \mathbb{R} \end{matrix}$$

Antwort: Das Verhältnis der Koeffizienten ist $\alpha_1 : \beta_1 : \gamma_1 : \delta_1 = 1 : 2 : 2 : 1$.

2. $$\left(\begin{array}{cccc|c} 1 & 0 & 0 & -1 & 0 \\ 4 & 0 & -2 & 0 & 0 \\ 0 & 2 & -1 & -1 & 0 \end{array}\right) \begin{matrix} \cdot(-4) \\ + \\ \cdot(1/2) \end{matrix} \begin{matrix} \\ T \\ T \end{matrix} \to \left(\begin{array}{cccc|c} 1 & 0 & 0 & -1 & 0 \\ 0 & 1 & -1/2 & -1/2 & 0 \\ 0 & 0 & -2 & 4 & 0 \end{array}\right) \begin{matrix} \\ \\ \cdot(-1/2) \end{matrix} \to \left(\begin{array}{cccc|c} 1 & 0 & 0 & -1 & 0 \\ 0 & 1 & -1/2 & -1/2 & 0 \\ 0 & 0 & 1 & -2 & 0 \end{array}\right) \quad \begin{matrix} \alpha_2 = t \\ \beta_2 = 3t/2 \\ \gamma_2 = 2t \\ \delta_2 = t, \ t \in \mathbb{R} \end{matrix}$$

Antwort: Das Verhältnis der Koeffizienten ist $\alpha_2 : \beta_2 : \gamma_2 : \delta_2 = 2 : 3 : 4 : 2$.

3. $\left(\begin{array}{cccc|c} 1 & 0 & 0 & -1 & 0 \\ 4 & 0 & -2 & 0 & 0 \\ 0 & 2 & -1 & 0 & 0 \end{array}\right) \begin{array}{c} \cdot(-4) \\ + \\ \cdot(1/2) \end{array} \rightarrow \left(\begin{array}{cccc|c} 1 & 0 & 0 & -1 & 0 \\ 0 & 0 & -2 & 4 & 0 \\ 0 & 1 & -1/2 & 0 & 0 \end{array}\right) \begin{array}{c} \\ T \rightarrow \\ T \end{array} \left(\begin{array}{cccc|c} 1 & 0 & 0 & -1 & 0 \\ 0 & 1 & -1/2 & 0 & 0 \\ 0 & 0 & 1 & -2 & 0 \end{array}\right)$ $\begin{array}{l} \alpha_3 = t \\ \beta_3 = t \\ \gamma_3 = 2t \\ \delta_3 = t,\ t \in \mathbb{R} \end{array}$

Antwort: Das Verhältnis der Koeffizienten ist $\alpha_3 : \beta_3 : \gamma_3 : \delta_3 = 1 : 1 : 2 : 1$.

3.51 **Gesucht:** b_1, b_2, b_3, $b_4 \in \mathbb{N}$ - Anzahlen der von der ersten, zweiten, dritten bzw. vierten Säge produzierten Bretter pro Stunde

Aus der Aufgabenstellung ergeben sich folgende Bilanzen:

$$\begin{aligned} 3b_1 &= 2(b_2 + b_3), \\ 8b_2 &= 3(b_1 + b_3 + b_4), \\ 3b_4 &= 4(b_2 + b_3). \end{aligned}$$

Das sich daraus ergebende lineare Gleichungssystem wird wie folgt zur Trapezgestalt umgeformt und gelöst:

$$\left(\begin{array}{cccc|c} 3 & -2 & -2 & 0 & 0 \\ -3 & 8 & -3 & -3 & 0 \\ 0 & -4 & -4 & 3 & 0 \end{array}\right) \begin{array}{c} \cdot 1 \\ + \rightarrow \\ \end{array} \left(\begin{array}{cccc|c} 3 & -2 & -2 & 0 & 0 \\ 0 & 6 & -5 & -3 & 0 \\ 0 & -4 & -4 & 3 & 0 \end{array}\right) \begin{array}{l} \\ \cdot 1 \\ \cdot(3/2), + \end{array} \rightarrow \left(\begin{array}{cccc|c} 3 & -2 & -2 & 0 & 0 \\ 0 & 6 & -5 & -3 & 0 \\ 0 & 0 & -11 & 3/2 & 0 \end{array}\right) \quad \begin{array}{l} b_1 = t/2 \\ b_2 = 27t/44 \\ b_3 = 3t/22 \\ b_4 = t,\ t \in \mathbb{R} \end{array}$$

Wegen $b_i \in \mathbb{N}$, $i = 1, 2, 3, 4$, ist der Parameter t ein positives Vielfaches von 44.

Antwort: **a)** Wegen $b_4 > b_2 > b_1 > b_3$ ist die vierte Säge die leistungsfähigste, und es folgen die zweite, die erste und die dritte.

b) Mit dem ganzzahligen und positiven Parameter $t = 44k$ ist die Gesamtzahl der in einer Stunde produzierten Bretter $b_1 + b_2 + b_3 + b_4 = 99k$, $k = 1, 2, \ldots$ Da diese nicht größer als 1000 ist, folgt $0 < k \le 10$. Folgende zehn Möglichkeiten für die Anzahl der in einer Stunde produzierten Bretter gibt es: $(b_1, b_2, b_3, b_4)^\top = k\,(22, 27, 6, 44)^\top$, $k = 1, 2, \ldots, 10$.

3.52 **Gesucht:** x_1, x_2, x_3, $x_4 \ge 0$ - Verkehrsdichten auf den Straßenabschnitten CD, CB, AB, AD

In den Knoten A, B, C, D ergeben sich aufgrund der Eigenschaft, dass die Summe der zufließenden gleich der Summe der abfließenden Verkehrsströme ist, die Bilanzen

$$\begin{array}{lrcl} \text{Knoten } A: & 200 + 400 &=& x_1 + x_4, \\ \text{Knoten } B: & x_1 + x_2 &=& 300 + 200, \\ \text{Knoten } C: & 100 + 100 &=& x_2 + x_3, \\ \text{Knoten } D: & x_3 + x_4 &=& 100 + 200. \end{array}$$

Das sich daraus ergebende lineare Gleichungssystem bezüglich der Verkehrsströme x_1, x_2, x_3, x_4 wird wie folgt zur Trapezgestalt umgeformt und gelöst:

$$\left(\begin{array}{cccc|c} 1 & 0 & 0 & 1 & 600 \\ 1 & 1 & 0 & 0 & 500 \\ 0 & 1 & 1 & 0 & 200 \\ 0 & 0 & 1 & 1 & 300 \end{array}\right) \begin{array}{c} \cdot(-1) \\ + \\ \\ \end{array} \rightarrow \left(\begin{array}{cccc|c} 1 & 0 & 0 & 1 & 600 \\ 0 & 1 & 0 & -1 & -100 \\ 0 & 1 & 1 & 0 & 200 \\ 0 & 0 & 1 & 1 & 300 \end{array}\right) \begin{array}{c} \\ \cdot(-1) \\ + \\ \end{array} \rightarrow \left(\begin{array}{cccc|c} 1 & 0 & 0 & 1 & 600 \\ 0 & 1 & 0 & -1 & -100 \\ 0 & 0 & 1 & 1 & 300 \\ 0 & 0 & 1 & 1 & 300 \end{array}\right) \quad \begin{array}{l} x_1 = 600 - t \\ x_2 = -100 + t \\ x_3 = 300 - t \\ x_4 = t,\ t \in \mathbb{R} \end{array}$$

Antwort: **a)** Eine Sperrung des Straßenabschnittes AD würde $x_4 = 0$ bedeuten. In diesem Fall wäre $t = 0$ sowie $x_2 = -100 < 0$, was als Verkehrsdichte nicht in Frage kommt. Eine Sperrung des Straßenabschnittes AD ist daher ohne Drosselung des Zuflusses nicht möglich.

b) Für den Parameter t folgt $x_1 = 600 - t \ge 0$, $x_2 = t - 100 \ge 0$, $x_3 = 300 - t \ge 0$, $x_4 = t \ge 0$, d. h., $t \in [100, 300]$. Die minimale Verkehrsdichte auf dem Straßenabschnitt AB ergibt sich für $t = 300$ und beträgt $x_1 = 300$.

c) Die maximale Verkehrsdichte auf dem Straßenabschnitt CD ergibt sich für $t = 100$ und beträgt $x_3 = 200$.

3.53 **Gesucht:** x_5, x_7, $x_9 \in \mathbb{N}_0$ - Anzahl der Reihen für fünf, sieben bzw. neun PKW

Wenn genau 400 PKW-Stellplätze geplant sind, so gilt für die Anzahl der Stellplätze

$5x_5 + 7x_7 + 9x_9 = 400$.

Wenn die Anzahl der Reihen für neun PKW halb so groß sein soll wie die Anzahl der Reihen für fünf bzw. sieben PKW zusammen, so gilt

$2x_9 = x_5 + x_7$.

Die beiden Gleichungen stellen ein lineares Gleichungssystem bezüglich der gesuchten Anzahlen x_5, x_7, x_9 dar, dessen Umformung zur Trapezgestalt ergibt

$$\begin{pmatrix} 1 & 1 & -2 & | & 0 \\ 5 & 7 & 9 & | & 400 \end{pmatrix} \begin{matrix} \cdot(-5) \\ + \end{matrix} \to \begin{pmatrix} 1 & 1 & -2 & | & 0 \\ 0 & 2 & 19 & | & 400 \end{pmatrix} \cdot (1/2) \to \begin{pmatrix} 1 & 1 & -2 & | & 0 \\ 0 & 1 & 19/2 & | & 200 \end{pmatrix} \quad \begin{matrix} r=2 & x_5 = -200 + 23t/2 \\ n=3 & x_7 = 200 - 19t/2 \\ f=1 & x_9 = t,\ t \in \mathbb{R} \end{matrix}$$

Da x_5, x_7, x_9 Anzahlen sind (nicht negativ, ganzzahlig), gilt $t \in \mathbb{N}_0$ und

$x_5 = (23t - 400)/2 \geq 0$, d. h., $t \geq 400/23 \approx 17.39$,

$x_7 = (400 - 19t)/2 \geq 0$, d. h., $21.05 \approx 200/19 \geq t$,

$x_9 = t \geq 0$.

Alle Bedingungen sind nur für $t = 18, 19, 20, 21$ erfüllt. Wegen der Ganzzahligkeit von x_5 und x_9 kommen nur gerade Zahlen für t in Frage, d. h., $t = 18$ oder $t = 20$.

Antwort: Folgende Möglichkeiten gibt es für die Anzahlen der Reihen:

t	x_5	x_7	x_9
18	7	29	18
20	30	10	20

3.54 **Gesucht:** x_1, x_2, $x_3 \in \mathbb{N}$ - Anzahl der Preise zu 30 €, 24 €, 18 €

Wenn genau 30 Personen einen dieser Preise erhalten sollen, so gilt

$x_1 + x_2 + x_3 = 30$.

Wenn der Gesamtwert der Preise genau 600 € betragen soll, so gilt

$30x_1 + 24x_2 + 18x_3 = 600$.

Die beiden Gleichungen stellen ein lineares Gleichungssystem bezüglich der gesuchten Anzahlen x_1, x_2, x_3 dar, dessen Umformung zur Trapezgestalt ergibt

$$\begin{pmatrix} 1 & 1 & 1 & | & 30 \\ 30 & 24 & 18 & | & 600 \end{pmatrix} \begin{matrix} \cdot(-30) \\ + \end{matrix} \to \begin{pmatrix} 1 & 1 & 1 & | & 30 \\ 0 & -6 & -12 & | & -300 \end{pmatrix} \cdot (-1/6) \to \begin{pmatrix} 1 & 1 & 1 & | & 30 \\ 0 & 1 & 2 & | & 50 \end{pmatrix} \quad \begin{matrix} r=2 & x_1 = -20 + t \\ n=3 & x_2 = 50 - 2t \\ f=1 & x_3 = t,\ t \in \mathbb{R} \end{matrix}$$

Da x_1, x_2, x_3 Anzahlen sind und jede Wertstufe der Preise mindestens einmal vorkommen soll, gilt $t \in \mathbb{N}$ und

$x_1 = -20 + t > 0$, d. h., $t > 20$,

$x_2 = 50 - 2t > 0$, d. h., $25 > t$,

$x_3 = t > 0$, d. h., $t > 0$.

Alle Bedingungen sind nur für $t = 21, 22, 23, 24$ erfüllt.

Antwort: Folgende Möglichkeiten für den Kauf der Preise hat die in der IT-Branche bekannte kreative Firma „Hinter&Her":

t	x_1	x_2	x_3
21	1	8	21
22	2	6	22
23	3	4	23
24	4	2	24

Eigenwerte, Eigenvektoren

3.55 **a)** $0 = \begin{vmatrix} -1-\lambda & 1 \\ 1 & 1-\lambda \end{vmatrix} = (-1-\lambda)(1-\lambda) - 1 = \lambda^2 - 2,\ \lambda_1 = \sqrt{2},\ \lambda_2 = -\sqrt{2}$

$\lambda_1 = \sqrt{2}$: $\begin{pmatrix} -1-\sqrt{2} & 1 & | & 0 \\ 1 & 1-\sqrt{2} & | & 0 \end{pmatrix} \begin{matrix} T \\ T \end{matrix} \to \begin{pmatrix} 1 & 1-\sqrt{2} & | & 0 \\ -(1+\sqrt{2}) & 1 & | & 0 \end{pmatrix} \begin{matrix} \cdot(1+\sqrt{2}) \\ + \end{matrix} \to \begin{pmatrix} 1 & 1-\sqrt{2} & | & 0 \\ 0 & 0 & | & 0 \end{pmatrix} \quad v^1 = \begin{pmatrix} -1+\sqrt{2} \\ 1 \end{pmatrix}$

$\lambda_2 = -\sqrt{2}$: $\begin{pmatrix} -1+\sqrt{2} & 1 & | & 0 \\ 1 & 1+\sqrt{2} & | & 0 \end{pmatrix} \begin{matrix} T \\ T \end{matrix} \to \begin{pmatrix} 1 & 1+\sqrt{2} & | & 0 \\ -1+\sqrt{2} & 1 & | & 0 \end{pmatrix} \begin{matrix} \cdot(1-\sqrt{2}) \\ + \end{matrix} \to \begin{pmatrix} 1 & 1+\sqrt{2} & | & 0 \\ 0 & 0 & | & 0 \end{pmatrix} \quad v^2 = \begin{pmatrix} -1-\sqrt{2} \\ 1 \end{pmatrix}$

b) $0 = \begin{vmatrix} 2-\lambda & -1 \\ -1 & 2-\lambda \end{vmatrix} = (2-\lambda)(2-\lambda) - 1 = \lambda^2 - 4\lambda - 3,\ \lambda_1 = 3,\ \lambda_2 = 1$

$\lambda_1 = 3:\quad \left(\begin{array}{cc|c} -1 & -1 & 0 \\ -1 & -1 & 0 \end{array}\right) \begin{matrix} \cdot(-1) \\ + \end{matrix} \rightarrow \left(\begin{array}{cc|c} 1 & 1 & 0 \\ 0 & 0 & 0 \end{array}\right) \quad v^1 = \begin{pmatrix} -1 \\ 1 \end{pmatrix}$

$\lambda_2 = 1:\quad \left(\begin{array}{cc|c} 1 & -1 & 0 \\ -1 & 1 & 0 \end{array}\right) \begin{matrix} \cdot 1 \\ + \end{matrix} \rightarrow \left(\begin{array}{cc|c} 1 & -1 & 0 \\ 0 & 0 & 0 \end{array}\right) \quad v^2 = \begin{pmatrix} 1 \\ 1 \end{pmatrix}$

c) $0 = \begin{vmatrix} 9-\lambda & 12 \\ 12 & 16-\lambda \end{vmatrix} = (9-\lambda)(16-\lambda) - 144 = \lambda^2 - 25\lambda,\ \lambda_1 = 25,\ \lambda_2 = 0$

$\lambda_1 = 25:\quad \left(\begin{array}{cc|c} -16 & 12 & 0 \\ 12 & 1-9 & 0 \end{array}\right) \cdot(-1/16) \rightarrow \left(\begin{array}{cc|c} 1 & -3/4 & 0 \\ 12 & 1-9 & 0 \end{array}\right) \begin{matrix} \cdot(-12) \\ + \end{matrix} \rightarrow \left(\begin{array}{cc|c} 1 & -3/4 & 0 \\ 0 & 0 & 0 \end{array}\right) \quad v^1 = \begin{pmatrix} 3 \\ 4 \end{pmatrix}$

$\lambda_2 = 0:\quad \left(\begin{array}{cc|c} 9 & 12 & 0 \\ 12 & 16 & 0 \end{array}\right) \cdot(1/9) \rightarrow \left(\begin{array}{cc|c} 1 & 4/3 & 0 \\ 12 & 1-9 & 0 \end{array}\right) \begin{matrix} \cdot(-12) \\ + \end{matrix} \rightarrow \left(\begin{array}{cc|c} 1 & 4/3 & 0 \\ 0 & 0 & 0 \end{array}\right) \quad v^2 = \begin{pmatrix} -4 \\ 3 \end{pmatrix}$

3.56 **a)** $0 = \begin{vmatrix} 1-\lambda & 2 & -1 \\ -2 & 3-\lambda & 1 \\ -3 & 8 & 1-\lambda \end{vmatrix} = -\lambda^3 + 5\lambda^2 = \lambda^2(-\lambda + 5),\ \lambda_1 = 5,\ \lambda_2 = 0,\ \lambda_3 = 0$

$\lambda_1 = 5:\quad \left(\begin{array}{ccc|c} v_1^1 & v_2^1 & v_3^1 & \\ -4 & 2 & -1 & 0 \\ -2 & -2 & 1 & 0 \\ -3 & 8 & -4 & 0 \end{array}\right) \rightarrow \left(\begin{array}{ccc|c} v_3^1 & v_1^1 & v_2^1 & \\ 1 & 4 & -2 & 0 \\ 1 & -2 & -2 & 0 \\ -4 & -3 & 8 & 0 \end{array}\right) \begin{matrix} \cdot(-1) & \cdot 4 \\ + & \\ & + \end{matrix} \rightarrow \left(\begin{array}{ccc|c} v_3^1 & v_1^1 & v_2^1 & \\ 1 & 4 & -2 & 0 \\ 0 & -6 & 0 & 0 \\ 0 & 13 & 0 & 0 \end{array}\right) \rightarrow \left(\begin{array}{ccc|c} v_3^1 & v_1^1 & v_2^1 & \\ 1 & 4 & -2 & 0 \\ 0 & 1 & 0 & 0 \\ 0 & 0 & 0 & 0 \end{array}\right) \quad v^1 = \begin{pmatrix} 0 \\ 1 \\ 2 \end{pmatrix}$

$\lambda_{2/3} = 0:\quad \left(\begin{array}{ccc|c} 1 & 2 & -1 & 0 \\ -2 & 3 & 1 & 0 \\ -3 & 8 & 1 & 0 \end{array}\right) \begin{matrix} \cdot 2 & \cdot 3 \\ + & \\ & + \end{matrix} \rightarrow \left(\begin{array}{ccc|c} 1 & 2 & -1 & 0 \\ 0 & 7 & -1 & 0 \\ 0 & 14 & -2 & 0 \end{array}\right) \begin{matrix} \\ \cdot 1/7 \\ \cdot 1/14 \end{matrix} \rightarrow \left(\begin{array}{ccc|c} 1 & 2 & -1 & 0 \\ 0 & 1 & -1/7 & 0 \\ 0 & 0 & 0 & 0 \end{array}\right) \quad v^2 = \begin{pmatrix} 5 \\ 1 \\ 7 \end{pmatrix}$

Wegen $(v^1, v^2) = 15 \neq 0$ sind v^1und v^2 nicht orthogonal.

Es existieren nur zwei Eigenvektoren, sodass keine Basis aus Eigenvektoren dieser Matrix im $\mathbb{R}^{3\times 3}$ gebildet werden kann. Die Matrix heißt defektiv. Sie kann nicht diagonalisiert werden.

b) $0 = \begin{vmatrix} 9-\lambda & -3 & 12 \\ -3 & 1-\lambda & -4 \\ 12 & -4 & 16-\lambda \end{vmatrix} = -\lambda^3 + 26\lambda^2 = \lambda^2(-\lambda + 26),\ \lambda_1 = 26,\ \lambda_2 = 0,\ \lambda_3 = 0$

$\lambda_1 = 26:\quad \left(\begin{array}{ccc|c} -17 & -3 & 12 & 0 \\ -3 & -25 & -4 & 0 \\ 12 & -4 & -10 & 0 \end{array}\right) \begin{matrix} \mathrm{T} \\ \\ \mathrm{T} \end{matrix} \rightarrow \left(\begin{array}{ccc|c} 12 & -4 & -10 & 0 \\ -3 & -25 & -4 & 0 \\ -17 & -3 & 12 & 0 \end{array}\right) \cdot(1/4) \rightarrow \left(\begin{array}{ccc|c} 3 & -1 & -5/2 & 0 \\ -3 & -25 & -4 & 0 \\ -17 & -3 & 12 & 0 \end{array}\right) \begin{matrix} \cdot 1 & \cdot 17 \\ + & \\ & \cdot 3+ \end{matrix} \rightarrow$

$\left(\begin{array}{ccc|c} 3 & -1 & -5/2 & 0 \\ 0 & -26 & -13/2 & 0 \\ 0 & -26 & -13/2 & 0 \end{array}\right) \begin{matrix} \\ \cdot(-2/13) \\ \cdot(-2/13) \end{matrix} \rightarrow \left(\begin{array}{ccc|c} 3 & -1 & -5/2 & 0 \\ 0 & 4 & 1 & 0 \\ 0 & 0 & 0 & 0 \end{array}\right) \quad v^1 = \begin{pmatrix} 3 \\ -1 \\ 4 \end{pmatrix}$

$\lambda_{2/3} = 0:\quad \left(\begin{array}{ccc|c} 9 & -3 & 12 & 0 \\ -3 & 1 & -4 & 0 \\ 12 & -4 & 16 & 0 \end{array}\right) \begin{matrix} \cdot 1/3 \\ \cdot(-1) \\ \cdot 1/4 \end{matrix} \rightarrow \left(\begin{array}{ccc|c} 3 & -1 & 4 & 0 \\ 3 & -1 & 4 & 0 \\ 3 & -1 & 4 & 0 \end{array}\right) \begin{matrix} \cdot(-1) & \cdot(-1) \\ + & \\ & + \end{matrix} \rightarrow \left(\begin{array}{ccc|c} 3 & -1 & 4 & 0 \\ 0 & 0 & 0 & 0 \\ 0 & 0 & 0 & 0 \end{array}\right) \quad v^2 = \begin{pmatrix} -4 \\ 0 \\ 3 \end{pmatrix},\ v^3 = \begin{pmatrix} 1 \\ 3 \\ 0 \end{pmatrix}$

Wegen $(v^1, v^2) = 0,\ (v^1, v^3) = 0,\ (v^2, v^3) = 0$ sind $v^1,\ v^2,\ v^3$ paarweise orthogonal.

B4 Vektorrechnung und Analytische Geometrie

Vektoren, Betrag

4.1 $\overrightarrow{OM} = \overrightarrow{OA} + \frac{1}{2}\left(\overrightarrow{AB}\right) = \overrightarrow{OA} + \frac{1}{2}\left(\overrightarrow{OA} - \overrightarrow{OB}\right) = \begin{pmatrix}3\\7\end{pmatrix} + \frac{1}{2}\left(\begin{pmatrix}11\\-1\end{pmatrix} - \begin{pmatrix}3\\7\end{pmatrix}\right) = \begin{pmatrix}3\\7\end{pmatrix} + \frac{1}{2}\begin{pmatrix}8\\-8\end{pmatrix} = \begin{pmatrix}7\\3\end{pmatrix}$

4.2 $\overrightarrow{OM_4} = \overrightarrow{OM_1} + \overrightarrow{M_2M_3} = \overrightarrow{OM_1} + \left(\overrightarrow{OM_3} - \overrightarrow{OM_2}\right) = \begin{pmatrix}1\\1\end{pmatrix} + \left(\begin{pmatrix}3\\-1\end{pmatrix} - \begin{pmatrix}2\\2\end{pmatrix}\right) = \begin{pmatrix}2\\-2\end{pmatrix}$ (siehe **Bild 4.1**)

4.3 $\overrightarrow{OS} = \dfrac{m_1\overrightarrow{OP_1} + m_2\overrightarrow{OP_2}}{m_1 + m_2} = \dfrac{1}{1+2}\left(1\begin{pmatrix}3\\5\end{pmatrix} + 2\begin{pmatrix}9\\-7\end{pmatrix}\right) = \begin{pmatrix}7\\-3\end{pmatrix}$

4.4 $F_1 = 21\cdot 10^4 e_{\overrightarrow{P_0P_1}} = 21\cdot 10^4\cdot\frac{1}{3}\begin{pmatrix}1\\-2\\2\end{pmatrix} = 10^4\begin{pmatrix}7\\-14\\14\end{pmatrix}$ [N], $F_2 = 9\cdot 10^4 e_{\overrightarrow{P_0P_2}} = 9\cdot 10^4\cdot\frac{1}{9}\begin{pmatrix}-8\\1\\4\end{pmatrix} = 10^4\begin{pmatrix}-8\\1\\4\end{pmatrix}$ [N],

$F_3 = 14\cdot 10^4 e_{\overrightarrow{P_0P_3}} = 14\cdot 10^4\cdot\frac{1}{7}\begin{pmatrix}-2\\6\\3\end{pmatrix} = 10^4\begin{pmatrix}-4\\12\\6\end{pmatrix}$ [N],

$F_{\text{res}} = F_1 + F_2 + F_3 = 10^4\left(\begin{pmatrix}7\\-14\\14\end{pmatrix} + \begin{pmatrix}-8\\1\\4\end{pmatrix} + \begin{pmatrix}-4\\12\\6\end{pmatrix}\right) = 10^4\begin{pmatrix}-5\\-1\\24\end{pmatrix}$ [N], $|F_{\text{res}}| = \sqrt{602}\cdot 10^4 \approx 24.5357\cdot 10^4$ [N]

4.5 F^1 in Richtung $e_{F^1} = (\cos(\pi/2-(\alpha+\beta)), \sin(\pi/2-(\alpha+\beta)))^\top = (\sin(\alpha+\beta), \cos(\alpha+\beta))^\top$,
F^2 in Richtung $e_{F^2} = (\cos(3\pi/2-\alpha), \sin(3\pi/2-\alpha))^\top = (-\sin\alpha, -\cos\alpha)^\top$ (siehe **Bild 4.2**)

$F^1 = |F|\dfrac{\sin\alpha}{\sin\beta}\begin{pmatrix}\sin(\alpha+\beta)\\\cos(\alpha+\beta)\end{pmatrix} \approx \begin{pmatrix}2458.85\\2458.85\end{pmatrix}$ [N], $|F^1| = |F|\dfrac{\sin\alpha}{\sin\beta} \approx 3477.33$ [N]

$F^2 = |F|\dfrac{\sin(\alpha+\beta)}{\sin\beta}\begin{pmatrix}-\sin\alpha\\-\cos\alpha\end{pmatrix} \approx \begin{pmatrix}-2458.85\\-4258.85\end{pmatrix}$ [N], $|F^2| = |F|\dfrac{\sin(\alpha+\beta)}{\sin\beta} \approx 4917.69$ [N]

4.6 Ein Trapez ist ein Viereck mit zwei parallelen gegenüberliegenden Seiten.
$\overrightarrow{AB} = (-1,3)^\top$, $\overrightarrow{BC} = (10,6)^\top$, $\overrightarrow{CD} = (-4,-6)^\top$, $\overrightarrow{DA} = (-5,-3)^\top$,
daher ist $\overrightarrow{BC} = -2\overrightarrow{DA}$, somit sind die Seiten $\overrightarrow{BC}$ und $\overrightarrow{DA}$ parallel (siehe **Bild 4.3**).

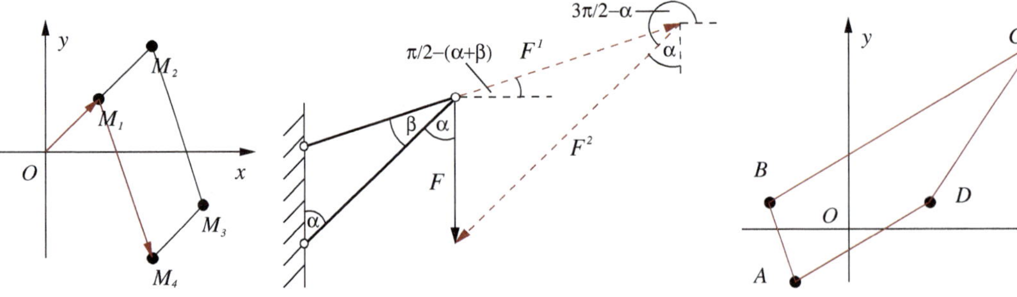

Bild 4.1 zu **4.2** **Bild 4.2** zu **4.5** **Bild 4.3** zu **4.6**

4.7 Die Eckpunkte des Vierecks werden (in mathematisch positivem Drehsinn) mit A, B, C, D bezeichnet. Im Koordinatensystem mit dem Ursprung O hat der Mittelpunkt

M_1 der Seite $\overline{AB}$ den Ortsvektor $\overrightarrow{OM_1}=\dfrac{\overrightarrow{OA}+\overrightarrow{OB}}{2}$, M_2 der Seite $\overline{BC}$ den Ortsvektor $\overrightarrow{OM_2}=\dfrac{\overrightarrow{OB}+\overrightarrow{OC}}{2}$,

M_3 der Seite $\overline{CD}$ den Ortsvektor $\overrightarrow{OM_3}=\dfrac{\overrightarrow{OC}+\overrightarrow{OD}}{2}$, M_4 der Seite $\overline{DA}$ den Ortsvektor $\overrightarrow{OM_4}=\dfrac{\overrightarrow{OD}+\overrightarrow{OA}}{2}$.

Zu zeigen ist: $\overrightarrow{M_1M_2} = \overrightarrow{M_4M_3}$ und $\overrightarrow{M_2M_3} = \overrightarrow{M_1M_4}$.

Es gilt

$$\overrightarrow{M_1M_2}=\overrightarrow{OM_2}-\overrightarrow{OM_1}=\frac{\overrightarrow{OC}+\overrightarrow{OD}}{2}-\frac{\overrightarrow{OA}+\overrightarrow{OB}}{2}=\frac{\overrightarrow{OC}-\overrightarrow{OA}}{2},\quad \overrightarrow{M_4M_3}=\overrightarrow{OM_3}-\overrightarrow{OM_4}=\frac{\overrightarrow{OC}+\overrightarrow{OD}}{2}-\frac{\overrightarrow{OD}+\overrightarrow{OA}}{2}=\frac{\overrightarrow{OC}-\overrightarrow{OA}}{2},$$

und

$$\overrightarrow{M_2M_3}=\overrightarrow{OM_3}-\overrightarrow{OM_2}=\frac{\overrightarrow{OC}+\overrightarrow{OD}}{2}-\frac{\overrightarrow{OB}+\overrightarrow{OC}}{2}=\frac{\overrightarrow{OD}-\overrightarrow{OB}}{2},\quad \overrightarrow{M_1M_4}=\overrightarrow{OM_4}-\overrightarrow{OM_1}=\frac{\overrightarrow{OD}+\overrightarrow{OA}}{2}-\frac{\overrightarrow{OA}+\overrightarrow{OB}}{2}=\frac{\overrightarrow{OD}-\overrightarrow{OB}}{2}.$$

Damit ist die Aussage bewiesen.

4.8 Sind S_B, S_C und S_D die Stabkräfte, so gilt aufgrund des Kräftegleichgewichtes im Knoten A

$S_B + S_C + S_D + F = O.$

Die Stabkräfte S_B, S_C und S_D wirken in Richtung der Stäbe AB, AC bzw. AD. Sind $e_{\overrightarrow{AB}}$, $e_{\overrightarrow{AC}}$, $e_{\overrightarrow{AD}}$ die zu den Vektoren $\overrightarrow{AB}$, $\overrightarrow{AC}$, $\overrightarrow{AD}$ zugehörigen Einheitsvektoren, so gilt

$S_B = s_B e_{\overrightarrow{AB}}$, $S_C = s_C e_{\overrightarrow{AC}}$, $S_D = s_D e_{\overrightarrow{AD}}$

mit zu ermittelnden Faktoren s_B, s_C, $s_D \in \mathbb{R}$, deren Beträge die gesuchten Beträge der Stabkräfte S_B, S_C und S_D sind. Aus dem Kräftegleichgewicht folgt das lineare Gleichungssystem bezüglich s_B, s_C, s_D

$s_B e_{\overrightarrow{AB}} + s_C e_{\overrightarrow{AC}} + s_D e_{\overrightarrow{AD}} = -F.$

Die Einheitsvektoren ergeben sich wie folgt:

$$\begin{array}{lll}
\overrightarrow{AB} = (1,2,2)^\top, & |\overrightarrow{AB}| = \sqrt{1^2+2^2+2^2} = 3, & e_{\overrightarrow{AB}} = \overrightarrow{AB}/|\overrightarrow{AB}| = /(1/3,2/3,2/3)^\top, \\
\overrightarrow{AC} = (6,3,-2)^\top, & |\overrightarrow{AC}| = \sqrt{6^2+3^2+(-2)^2} = 7, & e_{\overrightarrow{AB}} = \overrightarrow{AC}/|\overrightarrow{AC}| = (6/7,3/7,-2/7)^\top, \\
\overrightarrow{AD} = (9,0,0)^\top, & |\overrightarrow{AD}| = \sqrt{9^2+0^2+0^2} = 9, & e_{\overrightarrow{AB}} = \overrightarrow{AD}/|\overrightarrow{AD}| = (1,0,0)^\top.
\end{array}$$

Das lineare Gleichungssystem wird mit dem Gauß-Algorithmus zur Trapezgestalt umgeformt:

$$\left(\begin{array}{ccc|c} 1/3 & 6/7 & 1 & -20 \\ 2/3 & 3/7 & 0 & 0 \\ 2/3 & -2/7 & 0 & -10 \end{array}\right) \to \left(\begin{array}{ccc|c} 1 & 1/3 & 6/7 & -20 \\ 0 & 2/3 & 3/7 & 0 \\ 0 & 2/3 & -2/7 & -10 \end{array}\right) \to \left(\begin{array}{ccc|c} 1 & 1/3 & 6/7 & -20 \\ 0 & 1 & 9/14 & 0 \\ 0 & 0 & -5/7 & -10 \end{array}\right) \quad \begin{array}{l} s_B = -9 \\ s_C = 14 \\ s_D = -29 \end{array}$$

Antwort: Die Längen der Stäbe sind $|\overrightarrow{AB}| = 3$ [m], $|\overrightarrow{AC}| = 7$ [m], $|\overrightarrow{AD}| = 9$ [m].
Die Beträge der Stabkräfte sind $|S_B| = 9$ [kN], $|S_C| = 14$ [kN], $|S_D| = 29$ [kN].

Projektionen, Skalarprodukt

4.9 $\overrightarrow{AB}_{e_1} = \dfrac{(\overrightarrow{AB}, e_1)}{(e_1, e_1)} e_1 = \begin{pmatrix} -5 \\ 0 \end{pmatrix}$ $\quad \overrightarrow{AB}_{e_2} = \dfrac{(\overrightarrow{AB}, e_2)}{(e_2, e_2)} e_2 = \begin{pmatrix} 0 \\ -3 \end{pmatrix}$

4.10 $|\overrightarrow{AB}| = \sqrt{4^2+3^2} = 5$

$\measuredangle(\overrightarrow{AB}, e^1) = \arccos \dfrac{(\overrightarrow{AB}, e_1)}{|\overrightarrow{AB}||e_1|} = \arccos 0.8 \approx 36.87^\circ$ $\quad \measuredangle(\overrightarrow{AB}, e^2) = \arccos \dfrac{(\overrightarrow{AB}, e_2)}{|\overrightarrow{AB}||e_2|} = \arccos(-0.6) \approx 126.87^\circ$

4.11 $\overrightarrow{AB} = \overrightarrow{OB} - \overrightarrow{OA} = (-1,3)^\top - (2,-1)^\top = (-3,4)^\top$ $\quad \overrightarrow{CD} = \overrightarrow{OD} - \overrightarrow{OC} = (-1,5)^\top - (4,7)^\top = (-5,-2)^\top$

$\overrightarrow{AB}_{\overrightarrow{CD}} = \dfrac{(\overrightarrow{AB}, \overrightarrow{CD})}{(\overrightarrow{CD}, \overrightarrow{CD})} \overrightarrow{CD} = -\dfrac{7}{29}\begin{pmatrix} 5 \\ 2 \end{pmatrix} \approx -\begin{pmatrix} 1.2069 \\ 0.4828 \end{pmatrix}$

4.12 Der Mittelpunkt $M(x_m, y_m)$ des Umkreises des Dreiecks $\triangle M_1M_2M_3$ mit den Eckpunkten $M_1(x_1, y_1)$, $M_2(x_2, y_2)$, $M_3(x_3, y_3)$ ist der Schnittpunkt der Mittelsenkrechten der Seiten $\overline{M_1M_2}$ und $\overline{M_1M_3}$. Sind F_1 bzw. F_2 die Halbierungspunkte dieser beiden Seiten, d. h.,

$\overrightarrow{OF_1} = 0.5(\overrightarrow{OM_1} + \overrightarrow{OM_2})$ bzw. $\overrightarrow{OF_2} = 0.5(\overrightarrow{OM_1} + \overrightarrow{OM_3})$,

so bedeutet die Orthogonalität der Seiten $\overline{M_1M_2}$ bzw. $\overline{M_1M_3}$ und ihrer Mittelsenkrechten MF_1 bzw. MF_2

$(\overrightarrow{MF_1}, \overrightarrow{M_1M_2}) = 0$, d. h., $(\overrightarrow{OM}, \overrightarrow{M_1M_2}) = (\overrightarrow{OF_1}, \overrightarrow{M_1M_2})$,

$(\overrightarrow{MF_2}, \overrightarrow{M_1M_3}) = 0$, d. h., $(\overrightarrow{OM}, \overrightarrow{M_1M_3}) = (\overrightarrow{OF_2}, \overrightarrow{M_1M_3})$.

Die letzten beiden Gleichungen ergeben bezüglich der gesuchten Koordinaten x_m und y_m des Mittelpunktes M des Umkreises das lineare Gleichungssystem

$$\begin{pmatrix} x_2 - x_1 & y_2 - y_1 \\ x_3 - x_1 & y_3 - y_1 \end{pmatrix} \begin{pmatrix} x_m \\ y_m \end{pmatrix} = \begin{pmatrix} 0.5\left(x_2^2 - x_1^2 + y_2^2 - y_1^2\right) \\ 0.5\left(x_3^2 - x_1^2 + y_3^2 - y_1^2\right) \end{pmatrix} \text{ bzw. } \begin{pmatrix} -5 & 1 \\ -3 & 0 \end{pmatrix} \begin{pmatrix} x_m \\ y_m \end{pmatrix} = \begin{pmatrix} 4 \\ -1.5 \end{pmatrix}$$

mit der Lösung $(x_m, y_m)^\top = (0.5, 6.5)^\top$.

Bemerkung: Die Determinante der Koeffizientenmatrix des linearen Gleichungssystems ist genau dann verschieden von null, wenn die Vektoren $\overrightarrow{M_1M_2}$ und $\overrightarrow{M_1M_3}$ nicht parallel sind, d. h., wenn die Punkte M_1, M_2, M_3 nicht auf einer Gerade liegen. Folglich ist in diesem Fall das lineare Gleichungssystem eindeutig lösbar.
Für den Radius r des Umkreises gilt z. B. $r = |\overrightarrow{MM_1}| = \sqrt{1.5^2 + 5.5^2} = \sqrt{130}/2$.

Antwort: Der Mittelpunkt des Umkreises hat die Koordinaten (0.5, 6.5), sein Radius beträgt $\sqrt{130}/2 \approx 5.7$.

4.13 **Antwort:** Die Arbeit ist $W = (F, \overrightarrow{P_1P_2}) = (F, \overrightarrow{OP_2} - \overrightarrow{OP_1}) = \left(\begin{pmatrix} 4 \\ -2 \\ 3 \end{pmatrix}, \begin{pmatrix} 3 \\ 1 \\ 1 \end{pmatrix} - \begin{pmatrix} 1 \\ 1 \\ 0 \end{pmatrix}\right) = 11$ [Nm].

4.14 Für die Kraft F mit dem Betrag $|F| = 6$ N in Richtung des Vektors $x = (-1, 3, 2)^\top$ gilt
$F = |F|e_x = |F|/|x|x = 6/\sqrt{14}(-1, 3, 2)^\top$ [N].

Antwort: Die Arbeit ist $W = (F, \overrightarrow{P_0P_1}) = (F, \overrightarrow{OP_1} - \overrightarrow{OP_0}) = \frac{6}{\sqrt{14}} \cdot \left(\begin{pmatrix} -1 \\ 3 \\ 2 \end{pmatrix}, \begin{pmatrix} 3 \\ 4 \\ 5 \end{pmatrix} - \begin{pmatrix} 2 \\ -2 \\ 1 \end{pmatrix}\right) = \frac{150}{\sqrt{14}} \approx 40.09$ [Nm].

4.15 **a)** Der Betrag der Kraft F ist $|F| = \sqrt{5^2 + 5^2 + 0^2} = 5\sqrt{2}$ [kN].

Die Länge des Vektors $\overrightarrow{P_1P_2} = (0, 3, 3)^\top$ ist $|\overrightarrow{P_1P_2}| = \sqrt{0^2 + 3^2 + 3^2} = 3\sqrt{2}$ [m].

Die Arbeit beträgt $W = (F, \overrightarrow{P_1P_2}) = 5 \cdot 0 + 5 \cdot 3 + 0 \cdot 3 = 15$ [kNm].

Für den Winkel α zwischen Kraft- und Bewegungsrichtung gilt $\cos\alpha = \frac{(F, \overrightarrow{P_1P_2})}{|F||\overrightarrow{P_1P_2}|} = \frac{15}{5\sqrt{2} \cdot 3\sqrt{2}} = \frac{1}{2}$, d. h., $\alpha = \frac{\pi}{3}$.

b) Da die eine Kraft senkrecht zur Bewegungsrichtung sein soll, ist die andere Kraft in Bewegungsrichtung gleich der Projektion $F_{\overrightarrow{P_1P_2}}$:

$$F_{\overrightarrow{P_1P_2}} = \frac{(F, \overrightarrow{P_1P_2})}{(\overrightarrow{P_1P_2}, \overrightarrow{P_1P_2})} \overrightarrow{P_1P_2} = \frac{15}{18} \begin{pmatrix} 0 \\ 3 \\ 3 \end{pmatrix} = \begin{pmatrix} 0 \\ 5/2 \\ 5/2 \end{pmatrix} \text{ [kN]}.$$

Daraus ergibt sich die Kraft F_S senkrecht zur Bewegungsrichtung

$$F_S = F - F_{\overrightarrow{P_1P_2}} = \begin{pmatrix} 5 \\ 5 \\ 0 \end{pmatrix} - \begin{pmatrix} 0 \\ 5/2 \\ 5/2 \end{pmatrix} = \begin{pmatrix} 5 \\ 5/2 \\ -5/2 \end{pmatrix} \text{ [kN]}.$$

4.16 **a)** Es ist

$\overrightarrow{AB} = \overrightarrow{OB} - \overrightarrow{OA} = (1, -2, 3)^\top$ und $|\overrightarrow{AB}| = \sqrt{1^2 + (-2)^2 + 3^2} = \sqrt{14}$,

$\overrightarrow{AC} = \overrightarrow{OC} - \overrightarrow{OA} = (3, 1, -5)^\top$ und $|\overrightarrow{AC}| = \sqrt{3^2 + 1^2 + (-5)^2} = \sqrt{35}$,

$\overrightarrow{BC} = \overrightarrow{OC} - \overrightarrow{OB} = (2, 3, -8)^\top$ und $|\overrightarrow{BC}| = \sqrt{2^2 + 3^2 + (-8)^2} = \sqrt{77}$.

b) Der geometrische Schwerpunkt des Dreiecks ist

$$\overrightarrow{OS} = \frac{1}{3}\left(\overrightarrow{OA} + \overrightarrow{OB} + \overrightarrow{OC}\right) = \frac{1}{3}(7,2,1)^\top = \left(\frac{7}{3}, \frac{2}{3}, \frac{1}{3}\right)^\top.$$

c) Für den Innenwinkel am Punkt A gilt

$$\cos\measuredangle\left(\overrightarrow{AB}, \overrightarrow{AC}\right) = \frac{\left(\overrightarrow{AB}, \overrightarrow{AC}\right)}{|\overrightarrow{AB}|\,|\overrightarrow{AC}|} = \frac{-14}{\sqrt{14}\sqrt{35}} = -\frac{\sqrt{10}}{5}, \text{ d. h., } \measuredangle\left(\overrightarrow{AB}, \overrightarrow{AC}\right) \approx 129.23^\circ.$$

d) Für den Inhalt der Fläche des Dreiecks gilt

$$F_{\triangle ABC} = \frac{1}{2}|\overrightarrow{AB} \times \overrightarrow{AC}| = \frac{1}{2}\left\|\begin{matrix} e^1 & e^2 & e^3 \\ 1 & -2 & 3 \\ 3 & 1 & -5 \end{matrix}\right\| = \frac{1}{2}\left|\begin{pmatrix} 7 \\ 14 \\ 7 \end{pmatrix}\right| = \frac{7}{2}\sqrt{6} \approx 8.57.$$

Vektorprodukt, Spatprodukt

4.17 Für die gesuchte Länge der Mittellinie m gilt

$m = 0.5(|\overrightarrow{AB}| + |\overrightarrow{CD}|)$, wenn $\overrightarrow{AB}$ und $\overrightarrow{CD}$ parallel sind, bzw.

$m = 0.5(|\overrightarrow{BC}| + |\overrightarrow{AD}|)$, wenn $\overrightarrow{BC}$ und $\overrightarrow{AD}$ parallel sind.

Für den gesuchten Flächeninhalt F gilt z. B. mit $\overrightarrow{AB}$, $\overrightarrow{AC}$, $\overrightarrow{CD} \in \mathbb{R}^3$

$F = F_{\triangle ABC} + F_{\triangle ACD} = 0.5(|\overrightarrow{AB} \times \overrightarrow{AC}| + |\overrightarrow{AC} \times \overrightarrow{CD}|)$.

a) Mit $A(-2,3,0)$, $B(4,-6,0)$, $C(6,-1,0)$, $D(4,2,0)$ sowie $\overrightarrow{AB} = (6,-9,0)^\top$, $\overrightarrow{AC} = (8,-4,0)^\top$, $\overrightarrow{CD} = (-2,3,0)^\top$ und $\overrightarrow{AB} = -3\overrightarrow{CD}$ ist

$m = 0.5(3\sqrt{2^2+3^2} + \sqrt{2^2+3^2}) = 2\sqrt{13} \approx 7.2111,$

$F = 0.5\left(|(6,-9,0)^\top \times (8,-4,0)^\top| + |(8,-4,0)^\top \times (-2,3,0)^\top|\right) = 0.5(48+16) = 32.$

b) Mit $A(0,0,0)$, $B(8,6,0)$, $C(4,3,2)$, $D(0,0,2)$ sowie $\overrightarrow{AB} = (8,6,0)^\top$, $\overrightarrow{AC} = (4,3,2)^\top$, $\overrightarrow{CD} = (-4,-3,0)^\top$ und $\overrightarrow{AB} = -2\overrightarrow{CD}$ ist

$m = 0.5(2\sqrt{4^2+3^2} + \sqrt{4^2+3^2}) = 1.5\sqrt{25} = 7.5,$

$F = 0.5\left(|(8,6,0)^\top \times (4,3,2)^\top| + |(4,3,2)^\top \times (-4,-3,0)^\top|\right) = 0.5\left(|(12,-16,0)^\top| + |(6,-8,0)^\top|\right) = 0.5(20+10) = 15.$

c) Mit $A(5,5,0)$, $B(-3,1,0)$, $C(-5,-5,2)$, $D(-1,-3,0)$ sowie $\overrightarrow{AB} = (-8,-4,0)^\top$, $\overrightarrow{AC} = (-10,-10,0)^\top$, $\overrightarrow{CD} = (4,2,0)^\top$ und $\overrightarrow{AB} = -2\overrightarrow{CD}$ ist

$m = 0.5(4\sqrt{2^2+1^2} + 2\sqrt{2^2+1^2}) = 3\sqrt{5} \approx 6.7082,$

$F = 0.5\left(|(-8,-4,0)^\top \times (-10,-10,0)^\top| + |(-10,-10,0)^\top \times (4,2,0)^\top|\right) = 0.5(40+20) = 30.$

4.18 $F = |a \times b| = |(2,-1,3)^\top \times (6,4,2)^\top| = |(-14,14,14)^\top| = 14\sqrt{3} \approx 24.2487$

4.19 Mit $A(1,2,0)$, $B(3,-1,0)$, $C(-2,-5,0)$ sowie $\overrightarrow{AB} = (2,-3,0)^\top$, $\overrightarrow{AC} = (-3,-7,0)^\top$ ist

$F = 0.5\,|(2,-3,0)^\top \times (-3,-7,0)^\top| = 0.5|(0,0,-23)^\top| = 11.5.$

4.20 **a)** Das Drehmoment von F bezüglich des Koordinatenursprungs O ist nach Definition

$$M_O^P = \overrightarrow{OP} \times F = \begin{vmatrix} e^1 & e^2 & e^3 \\ 1 & 2 & 1 \\ 3 & 4 & -2 \end{vmatrix} = \begin{pmatrix} -8 \\ 5 \\ -2 \end{pmatrix} \text{ [kNm]}.$$

b) Der Betrag des Drehmomentes ist $\left|M_O^P\right| = \sqrt{(-8)^2 + 5^2 + (-2)^2} = \sqrt{93} \approx 9.6437$ [kNm].

c) Der Einheitsvektor in Richtung der entsprechenden Drehachse ist

$$e_{M_O^P} = \frac{M_O^P}{\left|M_O^P\right|} = \frac{1}{\sqrt{93}}\begin{pmatrix}-8\\5\\-2\end{pmatrix} \approx \begin{pmatrix}-0.8300\\0.5185\\-0.2074\end{pmatrix}.$$

d) Die Zerlegung von F in die Summe der Kraft F_N in Richtung des Vektors $\overrightarrow{OP}$ und der Kraft F_V senkrecht zu F_N ergibt

$$F_N = F_{\overrightarrow{OP}} = \frac{(F,\overrightarrow{OP})}{(\overrightarrow{OP},\overrightarrow{OP})}\overrightarrow{OP} = \frac{9}{6}\begin{pmatrix}1\\2\\1\end{pmatrix} = \frac{3}{2}\begin{pmatrix}1\\2\\1\end{pmatrix}\ [\text{kN}], \qquad F_V = F - F_N = \begin{pmatrix}3\\4\\-2\end{pmatrix} - \frac{3}{2}\begin{pmatrix}1\\2\\1\end{pmatrix} = \begin{pmatrix}3/2\\1\\-7/2\end{pmatrix}\ [\text{kN}].$$

e) Das Drehmoment von F_V mit dem Angriffspunkt P bezüglich des Koordinatenursprungs O ist nach Definition

$$M_O^P = \overrightarrow{OP} \times F_V = \begin{vmatrix} e^1 & e^2 & e^3\\ 1 & 2 & 1\\ 3/2 & 1 & -7/2\end{vmatrix} = \begin{pmatrix}-8\\5\\-2\end{pmatrix}\ [\text{kNm}].$$

Zusammenhang zwischen den Aufgaben **a)** und **e)**:

Die Ergebnisse sind gleich. Die Kraft F_N in Richtung des zu ihr parallelen Vektors $\overrightarrow{OP}$ verursacht kein Moment bezüglich des Koordinatenursprungs.

4.21 Für den Richtungsvektor r^3 gilt

$$r^3 = r^1 \times r^2 = \begin{vmatrix} e^1 & e^2 & e^3\\ -1 & 2 & 1\\ 1 & -4 & -2\end{vmatrix} = \begin{pmatrix}0\\-1\\2\end{pmatrix}.$$

Mit dem Ansatz $F^1 = \alpha r^1$, $F^2 = \beta r^2$ und $F^3 = \gamma r^3$ sowie der Bedingung $F = F^1 + F^2 + F^3$ ergibt sich das lineare Gleichungssystem bezüglich der gesuchten Koeffizienten α, β, γ, das mithilfe des Gauss-Algorithmus zur Trapezgestalt umgeformt wird:

$$\left(\begin{array}{ccc|c}-1&1&0&-35\\2&-4&-1&85\\1&-2&2&105\end{array}\right) \to \left(\begin{array}{ccc|c}1&-1&0&35\\0&-2&-1&15\\0&-1&2&70\end{array}\right) \to \left(\begin{array}{ccc|c}1&-1&0&35\\0&1&-2&-70\\0&-2&-1&15\end{array}\right) \to \left(\begin{array}{ccc|c}1&-1&0&35\\0&1&-2&-70\\0&0&-5&-125\end{array}\right) \quad \begin{array}{ll} r=3 & \alpha = 15\\ n=3 & \beta=-20\ [\text{kN}].\\ f=0 & \gamma = 25\end{array}$$

Antwort: Die Kräfte in die Zerlegungsrichtungen r^1, r^2, r^3 sind:
$F^1 = 15(-1,2,1)^\top = (-15,30,15)^\top$ [kN],
$F^2 = -20(1,-4,-2)^\top = (-20,80,40)^\top$ [kN],
$F^3 = 25(0,-1,2)^\top = (0,-25,50)^\top$ [kN].

4.22 $$M_A^P = \overrightarrow{AP} \times F = \left(\begin{pmatrix}-0.2\\0.2\\0.4\end{pmatrix} - \begin{pmatrix}0.2\\-0.1\\0.3\end{pmatrix}\right) \times \begin{pmatrix}0.8\\0.6\\-0.6\end{pmatrix} = \begin{pmatrix}-0.4\\0.3\\0.1\end{pmatrix} \times \begin{pmatrix}0.8\\0.6\\-0.6\end{pmatrix} = \begin{pmatrix}-0.24\\-0.16\\-0.48\end{pmatrix}\ [\text{kNm}], \qquad |M_A^P| = 0.56\ [\text{kNm}]$$

4.23 a) $$M_O^A = \overrightarrow{OA} \times F = \begin{pmatrix}0\\-1\\4\end{pmatrix} \times \begin{pmatrix}300\\-100\\200\end{pmatrix} = \begin{pmatrix}200\\1200\\300\end{pmatrix}\ [\text{Nm}], \qquad \left|M_O^A\right| = 100\sqrt{157} \approx 1253.00\ [\text{Nm}]$$

b) $$M_B^A = \overrightarrow{BA} \times F = \begin{pmatrix}-3\\-1\\2\end{pmatrix} \times \begin{pmatrix}300\\-100\\200\end{pmatrix} = \begin{pmatrix}0\\1200\\600\end{pmatrix}\ [\text{Nm}], \qquad \left|M_B^A\right| = 600\sqrt{5} \approx 1341.64\ [\text{Nm}]$$

c) $$\left(M_O^A\right)_r = \frac{(M_O^A, r)}{(r,r)}r = \frac{1900}{27}\begin{pmatrix}5\\1\\-1\end{pmatrix}\ [\text{Nm}], \qquad \left|\left(M_O^A\right)_r\right| = \frac{1900}{\sqrt{27}} \approx 365.66\ [\text{Nm}]$$

d) $$\left(M_B^A\right)_r = \frac{(M_B^A, r)}{(r,r)}r = \frac{200}{9}\begin{pmatrix}5\\1\\-1\end{pmatrix}\ [\text{Nm}], \qquad \left|\left(M_B^A\right)_r\right| = \frac{200}{\sqrt{3}} \approx 115.47\ [\text{Nm}]$$

4.24 $V_P = |(a \times b, c)| = \begin{vmatrix} 3 & 4 & 6 \\ 0 & -3 & 1 \\ 0 & 2 & 5 \end{vmatrix} = 51$

4.25 $V_T = \frac{1}{6}|(\overrightarrow{OA} \times \overrightarrow{OB}, \overrightarrow{OC})| = \begin{vmatrix} 5 & 2 & 0 \\ 2 & 5 & 0 \\ 1 & 2 & 4 \end{vmatrix} = \frac{1}{6} \cdot 84 = 14$

4.26 **a)** $V_T = \frac{1}{6}|(\overrightarrow{AB} \times \overrightarrow{AC}, \overrightarrow{AD})| = \begin{vmatrix} 6 & -2 & 0 \\ 3 & 3 & 0 \\ 4 & 0 & 8 \end{vmatrix} = \frac{1}{6} \cdot 192 = 32\ [\mathrm{m}^3]$

b) $F_{\triangle ABC} = 0.5|\overrightarrow{AB} \times \overrightarrow{AC}| = 0.5|(6,-2,0)^\top \times (3,3,0)^\top| = 0.5|(0,0,24)^\top| = 12\ [\mathrm{m}^2]$

c) Normalenvektor der Ebene durch A, C, D: $n = \overrightarrow{AC} \times \overrightarrow{AD} = (3,3,0)^\top \times (4,0,8)^\top = (24,-24,-12)^\top$

zugehöriger Einheitsvektor: $e_n = n/|n| = (24,-24,-12)^\top/36 = (1/3)(2,-2,-1)^\top$

Länge des Lotes: $\tilde{d} = (\overrightarrow{AB}, e_n) = 16/3 \approx 5.3333$ [m]

Lotfußpunkt: $\overrightarrow{OF} = \overrightarrow{OB} - \tilde{d}e_n = (1/9)(22,14,16)^\top = (2.\overline{4}, 1.\overline{5}, -1.\overline{7})^\top$ [m]

d) Sind $S_{DA} = x_1\overrightarrow{DA}$, $S_{DB} = x_2\overrightarrow{DB}$, $S_{DC} = x_3\overrightarrow{DC}$, $x_1, x_2, x_3 \in \mathbb{R}$, die Normalkräfte in den Stäben DA, DB, DC, so folgt aus dem Kräftegleichgewicht im Knoten D die Vektorgleichung

$x_1\overrightarrow{DA} + x_2\overrightarrow{DB} + x_3\overrightarrow{DC} = -\vec{F}$.

Die Umformung des entsprechenden linearen Gleichungssystems bezüglich $x_1, x_2, x_3 \in \mathbb{R}$ ergibt

$$\left(\begin{array}{rrr|r} -4 & 2 & -1 & 0 \\ 0 & -2 & 3 & 0 \\ -8 & -8 & -8 & 4 \end{array}\right) \begin{array}{l} \mathrm{T} \\ \\ \mathrm{T} \end{array} \rightarrow \left(\begin{array}{rrr|r} 1 & 1 & 1 & -0.5 \\ 0 & -2 & 3 & 0 \\ -4 & 2 & -1 & 0 \end{array}\right) \begin{array}{l} \cdot 4 \\ \\ + \end{array} \rightarrow \left(\begin{array}{rrr|r} 1 & 1 & 1 & -0.5 \\ 0 & -2 & 3 & 0 \\ 0 & 6 & 3 & -2 \end{array}\right) \begin{array}{l} \\ \cdot 3 \rightarrow \\ + \end{array} \left(\begin{array}{rrr|r} 1 & 1 & 1 & -0.5 \\ 0 & -2 & 3 & 0 \\ 0 & 0 & 12 & -2 \end{array}\right) \begin{array}{l} x_1 = -1/12 \\ x_2 = -1/4 \\ x_3 = -1/6 \end{array}$$

Die Normalkräfte in den Stäben sind damit

$S_{DA}=x_1\overrightarrow{DA}=(1/3)(1,0,2)^\top$, $S_{DB}=x_2\overrightarrow{DB}=(1/2)(-1,1,4)^\top$, $S_{DC}=x_3\overrightarrow{DC}=(1/6)(1,-3,8)^\top$ [kN].

Antwort: Die gesuchten Stabkräfte sind mit $S_{DA} = s_{DA}e_{\overrightarrow{DA}}$, $S_{DB} = s_{DB}e_{\overrightarrow{DB}}$, $S_{DC} = s_{DC}e_{\overrightarrow{DC}}$:

$$s_{DA} = -\sqrt{5}/3 \approx -0.7454,\ s_{DB} = -3\sqrt{2}/2 \approx -2.1213,\ s_{DC} = -\sqrt{74}/6 \approx -1.4337\ [\mathrm{kN}].$$

4.27 **a)** Die Punkte A, B, C, D sind Eckpunkte eines Vierecks, wenn sie in einer Ebene liegen, d. h., wenn das Spatprodukt der Vektoren $\overrightarrow{AB}$, $\overrightarrow{AC}$, $\overrightarrow{AD}$ gleich null ist. Mit den Vektoren $\overrightarrow{AB} = (4,-2,2)^\top$, $\overrightarrow{AC} = (5,0.5,5.5)^\top$, $\overrightarrow{AD} = (2,2,4)^\top$ ergibt sich

$$(\overrightarrow{AB} \times \overrightarrow{AC}, \overrightarrow{AD}) = \begin{vmatrix} 4 & -2 & 2 \\ 5 & 0.5 & 5.5 \\ 2 & 2 & 4 \end{vmatrix} = -20 \begin{vmatrix} 1 & 1 & 2 \\ 1 & 0.1 & 1.1 \\ 2 & -1 & 1 \end{vmatrix} = \begin{vmatrix} 1 & 1 & 2 \\ 0 & -0.9 & -0.9 \\ 0 & -3 & -3 \end{vmatrix} = 0.$$

Antwort: Die Punkte A, B, C, D liegen in einer Ebene und sind tatsächlich Eckpunkte eines Vierecks.

b) Das Volumen V der Pyramide $ABCDE$ ist die Summe der Volumina V_1 des Tetraeders $ABDE$ und V_2 des Tetraeders $BCDE$:

$V = V_1 + V_2 = \frac{1}{6}\left(|(\overrightarrow{AB} \times \overrightarrow{AD}, \overrightarrow{AE})| + |(\overrightarrow{BC} \times \overrightarrow{BD}, \overrightarrow{BE})|\right)$.

Mit den Vektoren $\overrightarrow{AE} = (2,0,6)^\top$, $\overrightarrow{BC} = (1,2.5,3.5)^\top$, $\overrightarrow{BD} = (-2,4,2)^\top$, $\overrightarrow{BE} = (-2,2,4)^\top$ ergibt sich (in m^3)

$$(\overrightarrow{AB} \times \overrightarrow{AD}, \overrightarrow{AE}) = \begin{vmatrix} 4 & -2 & 2 \\ 2 & 2 & 4 \\ 2 & 0 & 6 \end{vmatrix} = -8 \begin{vmatrix} 1 & 0 & 3 \\ 1 & 1 & 2 \\ 2 & -1 & 1 \end{vmatrix} = \begin{vmatrix} 1 & 0 & 3 \\ 0 & 1 & -1 \\ 0 & -1 & -5 \end{vmatrix} = -8 \begin{vmatrix} 1 & 0 & 3 \\ 0 & 1 & -1 \\ 0 & 0 & -6 \end{vmatrix} = 48,$$

$$|(\overrightarrow{BC} \times \overrightarrow{BD}, \overrightarrow{BE})| = \begin{vmatrix} 1 & 2.5 & 3.5 \\ -2 & 4 & 2 \\ -2 & 2 & 4 \end{vmatrix} = 4 \begin{vmatrix} 1 & 2.5 & 3.5 \\ 1 & -2 & -1 \\ 1 & -1 & -2 \end{vmatrix} = 4 \begin{vmatrix} 1 & 2.5 & 3.5 \\ 0 & -4.5 & -4.5 \\ 0 & -3.5 & -5.5 \end{vmatrix} = -4 \cdot 4.5 \begin{vmatrix} 1 & 2.5 & 3.5 \\ 0 & 1 & 1 \\ 0 & 0 & -2 \end{vmatrix} = -36.$$

Für das Volumen V folgt damit $V = (48+36)/6 = 14\ [\mathrm{m}^3]$.

Die Oberfläche O der Pyramide ist die Summe der Flächeninhalte der viereckigen Grundfläche $ABCD$ und der Dreiecke $\triangle ABE$, $\triangle BCE$, $\triangle CDE$, $\triangle ADE$. Der Flächeninhalt G der viereckigen Grundfläche $ABCD$ ist die Summe der Flächeninhalte der Dreiecke $\triangle ABD$ und $\triangle BCD$.

Mit $\overrightarrow{CD} = (-3, 1.5, -1.5)^\top$, $\overrightarrow{CE} = (-3, 0.5, 0.5)^\top$ ergibt sich (in m^2)
$F_{\triangle ABE} = |(\overrightarrow{AB} \times \overrightarrow{AE})|/2 = |(-12, -20, 4)^\top|/2 = \sqrt{3^2+5^2+1^2}/2 = 2\sqrt{35} \approx 11.832$,
$F_{\triangle BCE} = |(\overrightarrow{BC} \times \overrightarrow{BE})|/2 = |(3, -11, 7)^\top|/2 = \sqrt{3^2+11^2+7^2}/2 = \sqrt{179}/2 \approx 6.69$,
$F_{\triangle CDE} = |(\overrightarrow{CD} \times \overrightarrow{CE})|/2 = |(0, 6, 6)^\top|/2 = 6\sqrt{0^2+1^2+1^2}/2 = 3\sqrt{2} \approx 4.243$,
$F_{\triangle ADE} = |(\overrightarrow{AD} \times \overrightarrow{AE})|/2 = |(12, -4, -4)^\top|/2 = 4\sqrt{3^2+1^2+1^2}/2 = 2\sqrt{11} \approx 6.633$,
$F_{\triangle ABD} = |(\overrightarrow{AB} \times \overrightarrow{AD})|/2 = |(-12, -12, 12)^\top|/2 = 12\sqrt{1^2+1^2+1^2}/2 = 6\sqrt{3} \approx 10.392$,
$F_{\triangle BCD} = |(\overrightarrow{BC} \times \overrightarrow{BD})|/2 = |(-9, -9, 9)^\top|/2 = 9\sqrt{1^2+1^2+1^2}/2 = 4.5\sqrt{3} \approx 7.794$.
Damit ist
$G = F_{\triangle ABD} + F_{\triangle BCD} = 10.5\sqrt{3} \approx 18.187$ [m^2] und
$O = G + F_{\triangle ABE} + F_{\triangle BCE} + F_{\triangle CDE} + F_{\triangle ADE} \approx 47.584$ [m^2].

Antwort: Das Volumen beträgt 14 m^3 und die Oberfläche ca. 47.584 m^2.

c) Die gesuchte Entfernung ist die Höhe h der Pyramide von der Spitze E auf die Grundfläche $ABCD$. Aus

$$V = \frac{1}{3}Gh \quad \text{folgt} \quad h = \frac{3V}{G} = \frac{4\sqrt{3}}{3} \approx \frac{3 \cdot 14}{18.187} \approx 2.31 \text{ [m]}.$$

Antwort: Die gesuchte Entfernung beträgt ca. 2.31 m.

Analytische Geometrie der Ebene - Gerade

4.28 Die Zweipunkteformen der Gleichungen der Geraden sind

$$AC\colon y - y_A = \frac{y_C - y_A}{x_C - x_A}(x - x_A), \quad y - 0 = \frac{1-0}{1-0}(x - 0), \quad y = x,$$

$$BD\colon y - y_B = \frac{y_D - y_B}{x_D - x_B}(x - x_B), \quad y - 0 = \frac{1-0}{0-1}(x - 1), \quad y = 1 - x.$$

4.29 Die Koordinaten des Punktes $P(x_P, y_P)$ mit $y_P = 7$ erfüllen die Gleichung der Gerade $y = 2x - 3$, d. h., es gilt $y_P = 2x_P - 3$ und somit $x_P = (y_P + 3)/2 = 5$.

Antwort: Der Punkt P hat die Koordinaten $(5, 7)$.

4.30 Normalenvektoren paralleler Geraden sind parallel bzw. gleich. Normalenvektor der gegebenen Gerade ist z. B. $n = (2, 3)^\top$.

Antwort: Die allgemeine Form der Gleichung der gesuchten Gerade ist

$$0 = (\overrightarrow{PX}, n) = \left(\begin{pmatrix} x-2 \\ y+1 \end{pmatrix}, \begin{pmatrix} 2 \\ 3 \end{pmatrix} \right), \quad \text{d. h.,} \quad 2x + 3y - 1 = 0.$$

4.31 Normalenvektoren senkrechter Geraden sind ebenfalls senkrecht. Normalenvektor der gegebenen Gerade $2x - y + 1 = 0$ ist z. B. $n_g = (2, -1)^\top$. Ein dazu senkrechter Vektor ist z. B. $n = (1, 2)^\top$, da $(n_g, n) = 0$ erfüllt ist.

Antwort: Die allgemeine Form der Gleichung der gesuchten Gerade ist

$$0 = (\overrightarrow{PX}, n) = \left(\begin{pmatrix} x-2 \\ y+3 \end{pmatrix}, \begin{pmatrix} 1 \\ 2 \end{pmatrix} \right), \quad \text{d. h.,} \quad x + 2y + 4 = 0.$$

4.32 Die allgemeine Form der Gleichung einer Gerade durch den Punkt P mit einem gesuchten Normalenvektor $n = (x_n, y_n)^\top$ hat die Gleichung $(\overrightarrow{PX}, n) = 0$. Ist e_n der zu n zugehörige Einheitsvektor, so lautet die Bedingung der gleichen Abstände der Punkte A bzw. B von der Gerade mit der Hesse-Normalform
$|(\overrightarrow{PA}, e_n)| = |(\overrightarrow{PB}, e_n)|$ bzw. nach Multiplikation mit $|n|$ $|(\overrightarrow{PA}, n)| = |(\overrightarrow{PB}, n)|$.
Die Auflösung der Betragszeichen ergibt folgende Fallunterscheidung:

1. Im Fall $(\overrightarrow{PA}, n) = (\overrightarrow{PB}, n)$ folgt nach Subtraktion von $(\overrightarrow{PA}, n)$
   $(\overrightarrow{AB}, n) = 0$, d. h., $2x_n - 8y_n = 0$, z. B. $x_n = 4$, $y_n = 1$ und $n = (4, 1)^\top$.
   Antwort: Die allgemeine Form der Gleichung der Gerade durch den Punkt $P(1, 2)$ ist in diesem Fall
   $$0 = (\overrightarrow{PX}, n) = \left(\begin{pmatrix} x-1 \\ y-2 \end{pmatrix}, \begin{pmatrix} 4 \\ 1 \end{pmatrix} \right), \quad \text{d. h.,} \quad 4x + y - 6 = 0.$$

2. Im Fall $(\overrightarrow{PA}, n) = -(\overrightarrow{PB}, n)$ folgt nach Subtraktion von $(\overrightarrow{PA}, n)$
   $-(\overrightarrow{PA} + \overrightarrow{PB}, n) = 0$, d. h., $4x_n - 6y_n = 0$, z. B. $x_n = 3$, $y_n = 2$ und $n = (3, 2)^\top$.

Antwort: Die allgemeine Form der Gleichung der Gerade durch den Punkt $P(1,2)$ ist in diesem Fall

$$0 = (\overrightarrow{PX}, n) = \left(\begin{pmatrix} x-1 \\ y-2 \end{pmatrix}, \begin{pmatrix} 3 \\ 2 \end{pmatrix}\right), \quad \text{d. h.,} \quad 3x + 2y - 7 = 0.$$

4.33 Die Normalenvektoren $n^1 = (2,3)^\top$ und $n^2 = (4,6)^\top$ der Geraden sind parallel, da $n^2 = 2n^1$ gilt. Daher sind die Geraden parallel. Der Abstand der parallelen Geraden ist z. B. gleich dem Abstand des Punktes $A(3.5,0)$ der ersten von der zweiten Gerade.

Antwort: Mit der Hesse-Normalform der zweiten Gerade ergibt sich der gesuchte Abstand

$$d = \left|\frac{4 \cdot 3.5 + 6 \cdot 0 - 11}{\sqrt{4^2+6^2}}\right| = \frac{3\sqrt{13}}{26} \approx 0.416.$$

4.34 Die drei Geraden haben die drei Normalenvektoren

$n^1 = (3,-4)^\top$, $n^2 = (7,-24)^\top$, $n^3 = (12,-5)^\top$ mit den Beträgen

$|n^1| = \sqrt{3^2+4^2} = 5$, $|n^2| = \sqrt{7^2+24^2} = 25$, $|n^3| = \sqrt{12^2+5^2} = 13$.

Für die Winkel zwischen den Normalenvektoren und damit zwischen den entsprechenden Geraden ergibt sich mit der Definition des Skalarproduktes zweier Vektoren

$$\measuredangle(n^1,n^2) = \arccos\frac{(n^1,n^2)}{|n^1||n^2|} = \arccos\frac{117}{125} \approx 20.61^\circ, \text{ Nebenwinkel ist } \approx 159.39^\circ,$$

$$\measuredangle(n^1,n^3) = \arccos\frac{(n^1,n^3)}{|n^1||n^3|} = \arccos\frac{56}{65} \approx 30.51^\circ, \text{ Nebenwinkel ist } \approx 149.49^\circ,$$

$$\measuredangle(n^1,n^3) = \arccos\frac{(n^2,n^3)}{|n^2||n^3|} = \arccos\frac{204}{325} \approx 51.12^\circ, \text{ Nebenwinkel ist } \approx 128.88^\circ.$$

Als Innenwinkel des Dreiecks kommen auch die Nebenwinkel der oben berechneten Winkel in Frage. Kriterium ist die Innenwinkelsumme im Dreieck von 180°. Die einzige Möglichkeit dafür sind die Innenwinkel 20.61°, 30.51°, 128.88°.

Antwort: Das Dreieck hat die Innenwinkel 20.61°, 30.51°, 128.88°.

4.35 Die Hesse-Normalform einer Gerade durch den Punkt $P_1(x_1,y_1)$ mit dem Normaleneinheitsvektor $e_n = (x_n,y_n)^\top$ hat die Gleichung $(\overrightarrow{P_1X}, e_n) = 0$. Die Bedingung, dass der Punkt $P_2(x_2,y_2)$ von dieser Gerade den Abstand d hat, ist

$(\overrightarrow{P_1P_2}, e_n)^2 = d^2$.

Zusammen mit der Bedingung für die Koordinaten von e_n

$x_n^2 + y_n^2 = 1$

stehen zur Ermittlung der beiden Koordinaten von e_n zwei Gleichungen zur Verfügung. Wird die zweite Gleichung nach y_n^2 umgestellt und in die erste eingesetzt, so ergibt sich für x_n die quadratische Gleichung

$\left((x_2-x_1)^2 + (y_2-y_1)^2\right)x_n^2 - 2d(x_2-x_1)x_n + d^2 - (y_2-y_1)^2 = 0$, hier $73x_n^2 + 304x_n/17 - 2240/289 = 0$.

Die Lösungen sind $x_{n1} = -8/17$ bzw. $x_{n2} = 280/1241$, denen $y_{n1} = 15/17$ bzw. $y_{n2} = -1209/1241$ entspricht.

Antwort: Die Gleichungen der beiden gesuchten Geraden sind

$$y = \frac{8}{15}x + \frac{27}{5} \quad \text{bzw} \quad y = \frac{280}{1209}x + \frac{2541}{403}.$$

4.36 a) Die Geraden schneiden sich genau dann in einem Punkt, wenn die Normalenvektoren $n^1 = (a,8)^\top$ und $n^1 = (2,a)^\top$ nicht parallel sind, d. h., wenn gilt

$$0 \neq \begin{vmatrix} a & 8 \\ 2 & a \end{vmatrix} = a^2 - 16, \quad \text{d. h., für} \quad a \neq 4 \text{ oder } a \neq -4.$$

Antwort: Die Geraden schneiden sich in einem Punkt für $a \neq 4$ oder $a \neq -4$.

b) Die Geraden haben genau dann alle Punkte gemeinsam, wenn die Normalenvektoren n^1 und n^2 parallel sind und wenn z. B. für die Koordinate $x = 0$ die y-Koordinaten der entsprechenden Punkte auf beiden Geraden übereinstimmen, d. h., wenn $y = -b/8 = 1/a$ bzw. $ab + 8 = 0$ gilt.

Die Geraden sind parallel für $a = 4$ oder $a = -4$.

Für $a = 4$ ist $ab + 8 = 0$ erfüllt, wenn $b = -2$. Für $a = -4$ ist $ab + 8 = 0$ erfüllt, wenn $b = 2$.

Antwort: Die Geraden haben alle Punkte gemeinsam für $a = 4$ und $b = -2$ oder $a = -4$ und $b = 2$.

c) Die Geraden haben genau dann keinen gemeinsamen Punkt, wenn die Normalenvektoren n^1 und n^2 parallel sind und wenn z. B. für die Koordinate $x = 0$ die y-Koordinaten der entsprechenden Punkte $P_1(0,y_1)$ und $P_2(0,y_2)$ auf beiden Geraden verschieden sind, d. h., wenn $y_1 = -b/8 \neq y_2 = 1/a$ bzw. $ab + 8 \neq 0$ gilt.

Für $a = 4$ ist $ab + 8 \neq 0$ erfüllt, wenn $b \neq -2$. Für $a = -4$ ist $ab + 8 \neq 0$ erfüllt, wenn $b \neq 2$.

Antwort: Die Geraden haben keinen gemeinsamen Punkt für $a = 4$ und $b \neq -2$ oder $a = -4$ und $b \neq 2$.

4.37 Ist $F(x_f, y_f)$ der Fußpunkt des Lotes von B auf die gesuchte Gerade s, so ist $\overrightarrow{BF}$ Normalenvektor der gesuchten Gerade und dessen Länge $|\overrightarrow{BF}| = \sqrt{(\overrightarrow{BF}, \overrightarrow{BF})} = 5$ die Entfernung von B zur Gerade.

Außerdem ist der Normalenvektor $\overrightarrow{BF}$ senkrecht zum Vektor $\overrightarrow{AF}$, da sowohl A als auch F Punkte der Gerade sind. Daher ist ihr Skalarprodukt gleich null.

Zur Ermittlung der Koordinaten des Punktes $F(x_f, y_f)$ ergeben sich die beiden Gleichungen

$$(\overrightarrow{BF}, \overrightarrow{BF}) = 25, \quad \text{d. h.,} \quad x_f^2 + y_f^2 = 25,$$
$$(\overrightarrow{AF}, \overrightarrow{BF}) = 0, \quad \text{d. h.,} \quad x_f(x_f + 4) + y_f(y_f - 3) = 0.$$

Subtraktion der ersten von der zweiten Gleichung und Umstellen nach x_f ergibt $x_f = (3y_f - 25)/4$. Einsetzen in die erste Gleichung liefert bezüglich y_f die quadratische Gleichung

$$y_f^2 - 6y_f + 9 = 0 \quad \text{mit der Lösung} \quad y_f = 3.$$

Daraus folgt $x_f = -4$. Die Koordinaten des Fußpunktes des Lotes von B auf die Gerade sind $F(-4, 3)$. Er ist identisch mit A. Damit ist $\overrightarrow{BA}$ Normalenvektor der gesuchten Gerade.

Antwort: Die allgemeine Form der Gleichung der Gerade ist $(\overrightarrow{AX}, \overrightarrow{BA}) = 0$ bzw. in Koordinatendarstellung $4x - 3y + 25 = 0$.

4.38 a) Sind die Parameterformen der Gleichungen der Geraden AB bzw. CD

$$\overrightarrow{OX} = \overrightarrow{OA} + \lambda_1 \overrightarrow{AB}, \ \lambda_1 \in \mathbb{R} \quad \text{und} \quad \overrightarrow{OX} = \overrightarrow{OC} + \lambda_2 \overrightarrow{CD}, \ \lambda_2 \in \mathbb{R},$$

so schneiden sich die Strecken $\overline{AB}$ und $\overline{CD}$ genau dann, wenn für die beiden Parameter λ_{1s} bzw. λ_{2s} des Schnittpunktes $S(x_s, y_s)$ der Geraden gilt

$$\lambda_{1s} \in [0, 1] \quad \text{und} \quad \lambda_{2s} \in [0, 1].$$

Aus der Bedingung, dass die Koordinaten des Schnittpunktes $S(x_s, y_s)$ der Geraden beide Geradengleichungen mit den Parametern λ_{1s} bzw. λ_{2s} erfüllen müssen, folgt

$$\begin{pmatrix} x_s \\ y_s \end{pmatrix} = \begin{pmatrix} x_a \\ y_a \end{pmatrix} + \lambda_{1s} \begin{pmatrix} x_b - x_a \\ y_b - y_a \end{pmatrix} = \begin{pmatrix} x_c \\ y_c \end{pmatrix} + \lambda_{2s} \begin{pmatrix} x_d - x_c \\ y_d - y_c \end{pmatrix}$$

und daraus das lineare Gleichungssystem

$$\begin{pmatrix} 4 & -4 \\ 3 & 6 \end{pmatrix} \begin{pmatrix} \lambda_{1s} \\ \lambda_{2s} \end{pmatrix} = \begin{pmatrix} 2 \\ 8 \end{pmatrix} \quad \text{mit den Lösungen} \quad \lambda_{1s} = 11/9 \quad \text{und} \quad \lambda_{2s} = 13/18.$$

Antwort: Wegen $\lambda_{1s} > 1$ schneiden sich die Strecken nicht.

b) Wegen $0 < \lambda_{2s} < 1$ liegt der Schnittpunkt S der Geraden AB und CD innerhalb der Strecke $\overline{CD}$. Die Strecke $\overline{AB}$ kann daher verlängert werden. Für den Schnittpunkt S gilt

$$\begin{pmatrix} x_s \\ y_s \end{pmatrix} = \begin{pmatrix} 2 \\ -1 \end{pmatrix} + \frac{11}{9} \begin{pmatrix} 4 \\ 3 \end{pmatrix} = \frac{1}{9} \begin{pmatrix} 62 \\ 24 \end{pmatrix}.$$

Damit ist

$$\overrightarrow{BS} = \overrightarrow{OS} - \overrightarrow{OB} = \frac{1}{9} \begin{pmatrix} 62 \\ 24 \end{pmatrix} - \begin{pmatrix} 6 \\ 2 \end{pmatrix} = \frac{1}{9} \begin{pmatrix} 8 \\ 6 \end{pmatrix} \quad \text{und} \quad |\overrightarrow{BS}| = \frac{1}{9}\sqrt{8^2 + 6^2} = \frac{10}{9}.$$

Antwort: Die Länge des verlängerten Teils beträgt $|\overrightarrow{BS}| = 10/9$.

Analytische Geometrie der Ebene - Kurven zweiter Ordnung

4.39 a)

$4x^2 - 8x + 9y^2 - 36y + 4$	$= 0$	Sortieren, Ausklammern
$4(x^2 - 2x) + 9(y^2 - 4y) + 4$	$= 0$	Quadratische Ergänzung
$4(x-1)^2 - 4 + 9(y-2)^2 - 36 + 4$	$= 0$	$+36$
$4(x-1)^2 + 9(y-2)^2$	$= 36$	$: 36$
$\dfrac{(x-1)^2}{3^2} + \dfrac{(y-2)^2}{2^2}$	$= 1$	Ellipse $M = (1, 2)$, Achsen $a = 3$, $b = 2$

(siehe **Bild 4.4**)

b)
$$\begin{array}{rcl|l} 4x^2+16x+y^2+2y+13 &=& 0 & \text{Sortieren, Ausklammern} \\ 4(x^2+4x)+(y^2+2y)+13 &=& 0 & \text{Quadratische Ergänzung} \\ 4(x+2)^2-16+(y+1)^2-1+13 &=& 0 & +4 \\ 4(x+2)^2+(y+1)^2 &=& 4 & :4 \\ \dfrac{(x+2)^2}{1^2}+\dfrac{(y+1)^2}{2^2} &=& 1 & \text{Ellipse } M=(-2,-1),\ \text{Achsen } a=1,\ b=2 \end{array}$$

(siehe **Bild 4.5**)

c)
$$\begin{array}{rcl|l} x^2+8x-4y^2-4y+15 &=& 0 & \text{Sortieren, Ausklammern} \\ (x^2+4x)-4(y^2+y)+15 &=& 0 & \text{Quadratische Ergänzung} \\ (x+4)^2-16-4(y+0.5)^2+1+15 &=& 0 & \\ (x+4)^2-4(y+0.5)^2 &=& 0 & \text{3. Binomische Formel} \\ ((x+4)-2(y+0.5))\,((x+4)+2(y+0.5)) &=& 0 & \text{Produkt gleich null} \end{array}$$

zwei Geraden $g_1:\ x-2y+3=0,\quad g_2:\ x+2y+5=0$

Achsenabschnittsgl. $g_1:\ \dfrac{x}{-3}+\dfrac{y}{1.5}=1,\quad g_2:\ \dfrac{x}{-5}+\dfrac{y}{-2.5}=1$

(siehe **Bild 4.6**)

d)
$$\begin{array}{rcl|l} x^2+8x-4y^2-4y+11 &=& 0 & \text{Sortieren, Ausklammern} \\ (x^2+8x)-4(y^2+y)+11 &=& 0 & \text{Quadratische Ergänzung} \\ (x+4)^2-16-4(y+0.5)^2+1+11 &=& 0 & +4 \\ (x+4)^2-4(y+0.5)^2 &=& 4 & :4 \\ \dfrac{(x+4)^2}{2^2}-\dfrac{(y+0.5)^2}{1^2} &=& 1 & \text{Hyperbel } M=(-4,-0.5),\ \text{Achsen } a=2,\ b=1 \end{array}$$

(siehe **Bild 4.7**)

e)
$$\begin{array}{rcl|l} y^2-6y+2x+7 &=& 0 & \text{Quadratische Ergänzung} \\ (y-3)^2-9+2x+7 &=& 0 & \text{Ausklammern} \\ (y-3)^2+2(x-1) &=& 0 & -2(x-1) \\ (y-3)^2 &=& -2(x-1) & \text{Parabel } S=(1,3),\ p=-1,\ \text{Symmetrieachse } y=3 \end{array}$$

(siehe **Bild 4.8**)

f)
$$\begin{array}{rcl|l} x^2-4x-3y+1 &=& 0 & \text{Quadratische Ergänzung} \\ (x-2)^2-4-3y+1 &=& 0 & \text{Ausklammern} \\ (x-2)^2-3(y+1) &=& 0 & +3(y+1) \\ (x-2)^2 &=& 3(y+1) & \text{Parabel } S=(2,-1),\ p=1.5,\ \text{Symmetrieachse } x=2 \end{array}$$

(siehe **Bild 4.9**)

a)

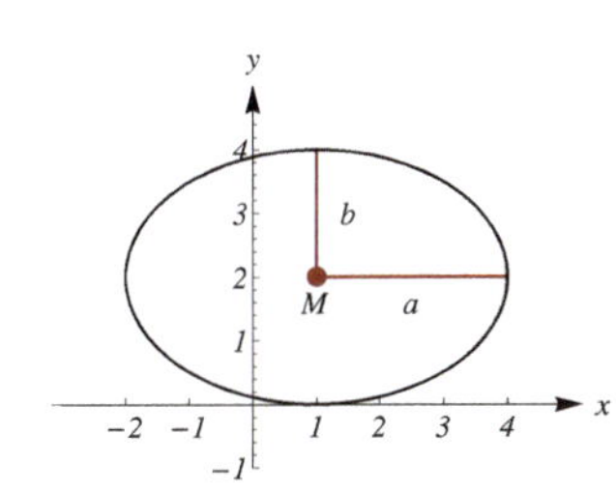

Bild 4.4 Ellipse
$M(1,2)$, $a=3$, $b=2$

b)

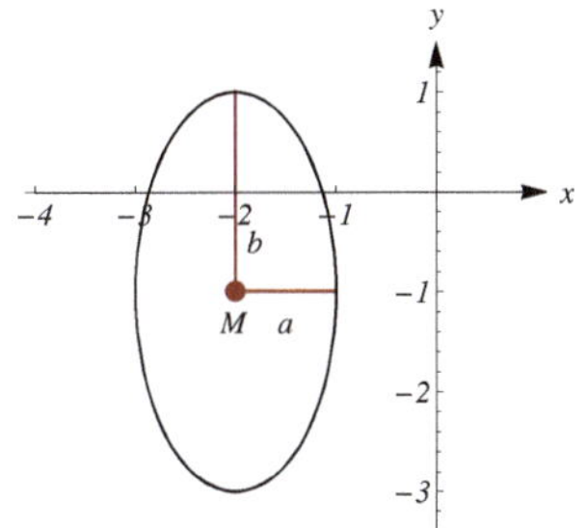

Bild 4.5 Ellipse
$M(-2,-1)$, $a=1$, $b=2$

c)

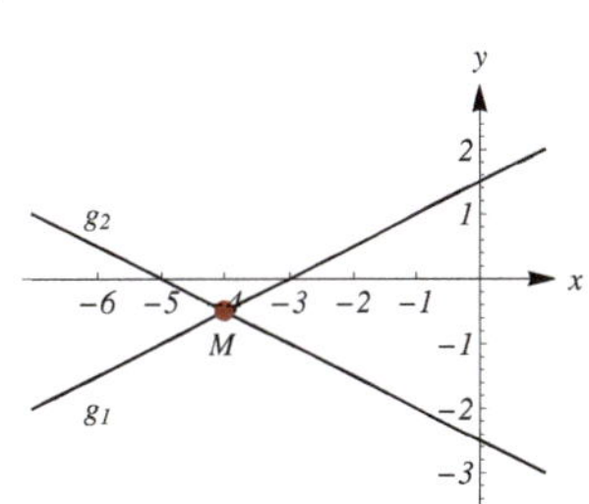

Bild 4.6 Geraden g_1, g_2,
Schnittpunkt $M(-4,-0.5)$

d)

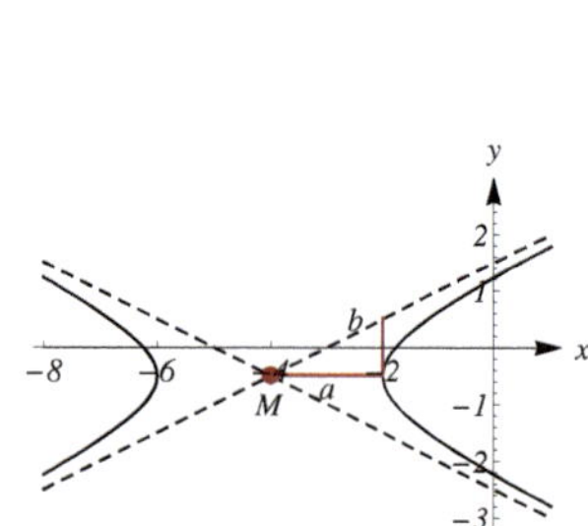

Bild 4.7 Hyperbel
$M(-4, -0.5)$, $a = 2$, $b = 1$

e)

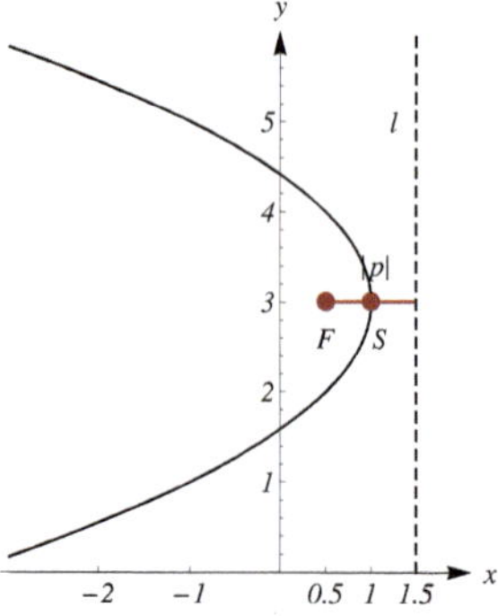

Bild 4.8 Parabel
$S(1, 3)$, $p = -0.5$,
Leitlinie l, Brennpunkt $F(0.5, 3)$

f)

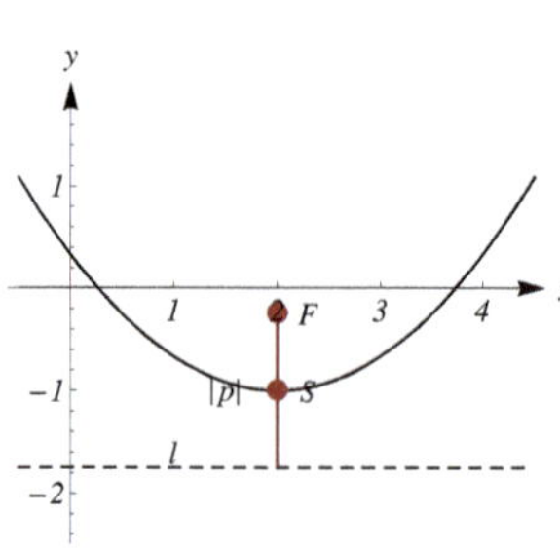

Bild 4.9 Parabel
$S(2, -1)$, $p = 1.5$,
Leitlinie l, Brennpunkt $F(2, -0.25)$

4.40 Die Umformungen zu vollständigen Quadraten ergeben

$$\begin{aligned}
x^2 + 4y^2 - 2x + 24y + 33 &= 0\\
(x-1)^2 - 1 + 4\left((y+3)^2 - 9\right) + 33 &= 0\\
(x-1)^2 + 4(y+3)^2 &= 1 - 33 + 36\\
\frac{(x-1)^2}{2^2} + \frac{(y+3)^2}{1^2} &= 1.
\end{aligned}$$

Antwort: Die Kurve ist eine Ellipse mit dem Mittelpunkt $M(c, d) = M(1, -3)$ und den Achsen $a = 2$, $b = 1$ (siehe **Bild 4.10**).
Die Hauptscheitelpunkte sind $S_1(c + a, d) = S_1(3, -3)$, $S_2(c - a, d) = S_2(-1, -3)$.
Die Nebenscheitelpunkte sind $N_1(c, d + b) = N_1(1, -2)$, $N_2(c, d - b) = N_2(1, -4)$.
Die lineare Exzentrizität ist $e = \sqrt{a^2 - b^2} = \sqrt{3}$.
Die Brennpunkte sind $F_1(c + e, d) = F_1(1 + \sqrt{3}, -3)$, $F_2(c - e, d) = F_2(1 - \sqrt{3}, -3)$.

4.41 Die erste Kurve ist eine Hyperbel mit den Achsen $a = 1$ und $b = 2$ und dem Mittelpunkt im Koordinatenursprung, die zweite Kurve ist ein Kreis mit dem Mittelpunkt $M(-3, 0)$ und dem Radius $r = 5$ (siehe **Bild 4.11**).

Die Koordinaten eines Schnittpunktes $S(x_s, y_s)$ müssen beide Gleichungen erfüllen. Wird die Gleichung des Kreises nach y^2 umgestellt und in die Gleichung der Hyperbel eingesetzt, so folgt die quadratische Gleichung bezüglich der x-Koordinate eines Schnittpunktes

$4x^2 - (25 - (x + 3)^2) = 4$ und bzw. in Normalform $5x^2 + 6x - 20 = 0$

mit den Lösungen

$$x_{1,2} = \frac{-6 \pm \sqrt{36 + 4 \cdot 5 \cdot 20}}{10} = \frac{-3 \pm \sqrt{109}}{5}, \qquad x_1 \approx 1.49,\ x_2 \approx -2.69.$$

Für $x_1 \approx 1.49$ ergeben sich z. B. aus der Gleichung des Kreises die y-Koordinaten

$$y_{11,12} = \pm\sqrt{25 - (x_1 + 3)^2} \approx \pm 2.2.$$

Für $x_2 \approx -2.69$ ergeben sich z. B. aus der Gleichung des Kreises die y-Koordinaten

$$y_{21,22} = \pm\sqrt{25 - (x_2 + 3)^2} \approx \pm 5.$$

Antwort: Es gibt vier Schnittpunkte: $S_{11}(1.49, 2.2)$, $S_{12}(1.49, -2.2)$, $S_{21}(-2.69, 5)$, $S_{22}(-2.69, -5)$.

4.42 **a)** Die Gleichung einer Ellipse in Normalform mit den Achsen a und b lautet

$$\frac{x^2}{a^2} + \frac{y^2}{b^2} = 1.$$

Wenn die Punkte A und B zur Ellipse gehören, so müssen ihre Koordinaten diese Gleichung erfüllen. Damit ergibt sich das lineare Gleichungssystem bezüglich der Unbekannten $x_1 = 1/a^2$ und $x_2 = 1/b^2$ in der Gestalt

$$\left(\begin{array}{cc|c} (-3)^2 & 1^2 & 1\\ 2^2 & 2^2 & 1 \end{array}\right) \quad \text{mit der Lösung} \quad x_1 = \frac{3}{32},\ x_2 = \frac{5}{32} \quad \text{und damit} \quad a = 4\sqrt{\frac{2}{3}} \approx 3.266,\ b = 4\sqrt{\frac{2}{5}} \approx 2.53.$$

Antwort: Die Gleichung der Ellipse (siehe **Bild 4.12**) lautet $\dfrac{3x^2}{32} + \dfrac{5y^2}{32} = 1$.

b) **Antwort:** Die Brennpunkte (siehe **Bild 4.12**) haben die Koordinaten $F_1(-e, 0)$ und $F_2(e, 0)$ mit der linearen Exzentrizität $e = \sqrt{a^2 - b^2}$, wenn $a > b$, d. h., $e = 8/\sqrt{15} \approx 2.066$.

c) Die Gleichung der Tangente im Punkt $P_0(x_0, y_0)$ der Ellipse an die Ellipse lautet $\dfrac{xx_0}{a^2} + \dfrac{yy_0}{b^2} = 1$.

Antwort: Für den Punkt A folgt $\dfrac{3x \cdot (-3)}{32} + \dfrac{5y \cdot 1}{32} = 1$, d. h., die Gleichung der Tangente $t_1(x) = \dfrac{32}{5} + \dfrac{9}{5}x$.

Für den Punkt B folgt $\dfrac{3x \cdot 2}{32} + \dfrac{5y \cdot 2}{32} = 1$, d. h., die Gleichung der Tangente $t_2(x) = \dfrac{32}{10} - \dfrac{3}{5}x$.

d) Für die Koordinaten des Schnittpunktes $S(x_S, y_S)$ der Tangenten (siehe **Bild 4.12**) folgt aus ihren Gleichungen

$t_1(x_S) = t_2(x_S)$, d. h., $\dfrac{32}{5} + \dfrac{9}{5}x_S = \dfrac{32}{10} - \dfrac{3}{5}x_S$, d. h., $x_S = -\dfrac{4}{3}$, $y_S = t_1(x_S) = 4$.

Die Steigungen der Tangenten sind $m_1 = 9/5$ bzw. $m_2 = -3/5$. Daraus ergibt sich für den Schnittwinkel α die Gleichung

$\tan\alpha = \dfrac{m_2 - m_1}{1 + m_1 m_2} = 30$ und daraus $\alpha = \arctan(30) \approx 88.1^\circ$.

Antwort: Der Schnittpunkt der Tangenten ist $S(-4/3, 4)$, ihr Schnittwinkel $\alpha = \arctan(30) \approx 88.1^\circ$.

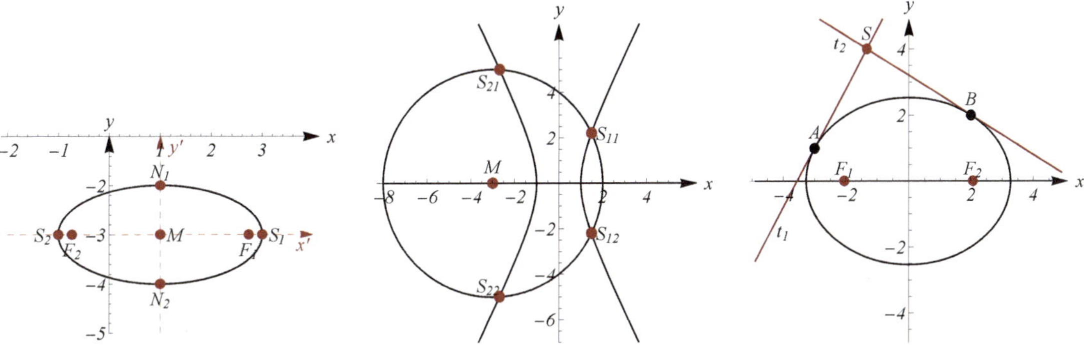

Bild 4.10 zu **4.40** **Bild 4.11** zu **4.41** **Bild 4.12** zu **4.42**

4.43 Der Kreis mit dem Mittelpunkt $M(c, d)$ und dem Radius r (siehe **Bild 4.13**) hat die Gleichung

$(x - c)^2 + (y - d)^2 = r^2$.

Die Gleichung der Tangente durch den Punkt (x_0, y_0) dieses Kreises (Berührungspunkt) hat die Gleichung

$(x_0 - c)(x - c) + (y_0 - d)(y - d) = r^2$.

Wenn die Tangente außerdem durch den Punkt $P(x_p, y_p)$ verläuft, so gilt

$(x_0 - c)(x_p - c) + (y_0 - d)(y_p - d) = r^2$.

Der Berührungspunkt (x_0, y_0) ist Punkt des Kreises. Seine Koordinaten erfüllen daher die Kreisgleichung:

$(x_0 - c)^2 + (y_0 - d)^2 = r^2$.

Die letzten beiden Gleichungen stellen ein Gleichungssystem bezüglich der gesuchten Größen $X = x_0 - c$ und $Y = y_0 - d$ dar. Wird die vorletzte (lineare) Gleichung z. B. nach Y umgestellt und in die letzte Gleichung eingesetzt, so ergibt sich für X die quadratische Gleichung

$$\left((x_p - c)^2 + (y_p - d)^2\right) X^2 - 2r^2(x_p - c)X + \left(r^4 - r^2(y_p - d)^2\right) = 0$$

mit den beiden Lösungen

$$X_{1,2} = \frac{r^2(x_p - c) \pm \sqrt{r^2(y_p - d)^2\left((x_p - c)^2 + (y_p - d)^2 - r^2\right)}}{(x_p - c)^2 + (y_p - d)^2}.$$

Mit den gegebenen Zahlen $M(c, d) = (3, 2)$, $r = 1$, $P(x_p . y_p) = (5, 1)$ ist

$X_1 = 0.8$, $Y_1 = 0.6$ und somit der Berührungspunkt $(x_0, y_0) = (3.8, 2.6)$,
$X_2 = 0$, $Y_2 = -1$ und somit der Berührungspunkt $(x_0, y_0) = (3, 1)$.

Antwort: Die Gleichung der ersten Tangente t_1 ist $0.8(x - 3) + 0.6(y - 2) = 1$, d. h., $4x + 3y = 23$. Berührungspunkt ist $T_1(3.8, 2.6)$.
Die Gleichung der zweiten Tangente t_2 ist $-(y - 2) = 1$, d. h., $y = 1$. Berührungspunkt ist $T_2(3, 1)$.

4.44 Ein Schnittpunkt $S(x_s, y_s)$ von Parabel und Gerade ist Punkt beider geometrischer Objekte (siehe **Bild 4.14**). Daher erfüllen seine Koordinaten sowohl die Gleichung der Parabel als auch die Gleichung der Gerade. Für die beiden Koordinaten ergibt sich das (nicht lineare) Gleichungssystem aus den beiden Gleichungen

$y_s^2 = 2x_s \quad \text{und} \quad y_s = 2 - 4x_s.$

Wird die zweite Gleichung in die erste Gleichung eingesetzt, so folgt für x_s die quadratische Gleichung

$8x_s^2 - 9x_s + 2 = 0 \quad \text{mit den Lösungen} \quad x_{s1/2} = \dfrac{9 \pm \sqrt{17}}{16}, \qquad x_{s1} \approx 0.8202,\ x_{s2} \approx 0.3048.$

Aus der Gleichung der Gerade ergibt sich $\quad y_{s1/2} = -\dfrac{1 \pm \sqrt{17}}{4}, \qquad y_{s1} \approx -1.2808,\ y_{s2} \approx 0.7808.$

Antwort: Die Schnittpunkte von Parabel und Gerade sind $S_1\left(\dfrac{9+\sqrt{17}}{16}, -\dfrac{1+\sqrt{17}}{4}\right)$, $S_2\left(\dfrac{9-\sqrt{17}}{16}, -\dfrac{1-\sqrt{17}}{4}\right)$.

4.45 Ein Schnittpunkt $S(x_s, y_s)$ von Hyperbel und Parabel ist Punkt beider geometrischer Objekte (siehe **Bild 4.15**). Daher erfüllen seine Koordinaten sowohl die Gleichung der Hyperbel als auch die Gleichung der Parabel. Für die beiden Koordinaten ergibt sich das (nicht lineare) Gleichungssystem aus den beiden Gleichungen

$x_s^2 - y_s^2 = 1 \quad \text{und} \quad y_s + 2 = \dfrac{1}{2}x_s^2.$

Wird die zweite Gleichung nach y_s umgestellt und in die erste eingesetzt, so folgt bezüglich der Unbekannten $z = x_s^2$ die quadratische Gleichung

$0.25z^2 - 3z + 5 = 0 \quad$ mit den Lösungen

$z_1 = 10, \quad \text{d. h.,} \quad x_{s1} = \sqrt{10},\ x_{s2} = -\sqrt{10} \quad \text{und} \quad y_{s1} = y_{s2} = 3,$

$z_2 = 2, \quad \text{d. h.,} \quad x_{s3} = \sqrt{2},\ x_{s4} = -\sqrt{2} \quad \text{und} \quad y_{s3} = y_{s4} = -1.$

Antwort: Die Schnittpunkte von Hyperbel und Parabel sind $S_1(-\sqrt{10}, 3)$, $S_2(\sqrt{10}, 3)$, $S_3(-\sqrt{2}, -1)$, $S_4(\sqrt{2}, -1)$.

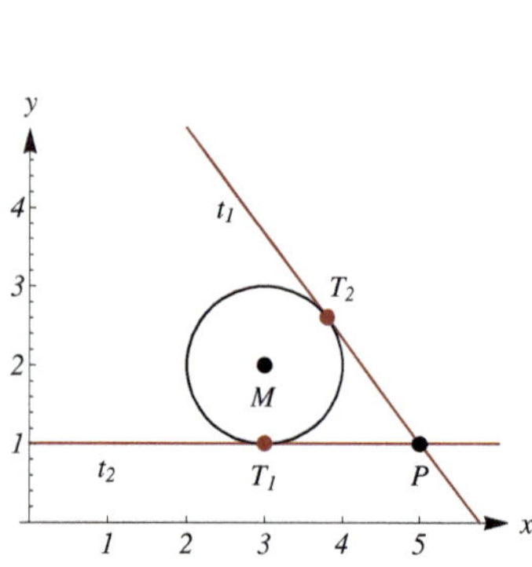

Bild 4.13 zu **4.43**

Bild 4.14 zu **4.44**

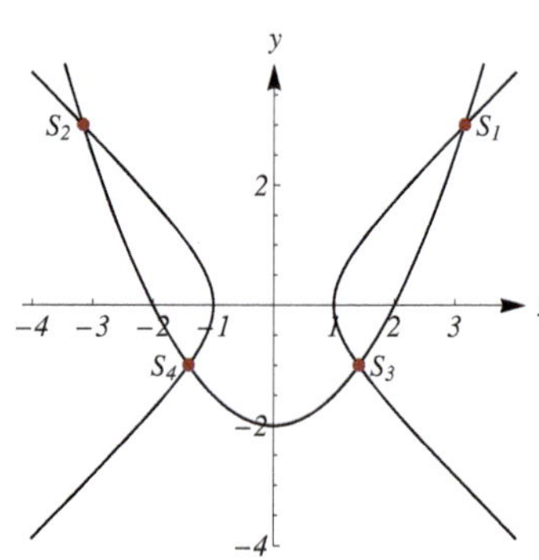

Bild 4.15 zu **4.45**

4.46 Gesuchte Parabeln

In Berührungspunkten $B(x_b, y_b)$ der Hyperbel und der Parabel haben diese dieselben Tangenten, d. h., die Gleichungen ihrer Tangenten stimmen überein. Die Gleichung der Tangente an die Parabel $x^2 = 2py$ im Punkt $B(x_b, y_b)$ lautet

$xx_b = py_b + py.$

Die Gleichung der Tangente an die Hyperbel $x^2 - y^2 = 36$ im Punkt $B(x_b, y_b)$ lautet

$xx_b - yy_b = 36 \quad \text{bzw.} \quad xx_b = 36 + yy_b.$

Sollen beide Gleichungen übereinstimmen, so ergibt der Koeffizientenvergleich auf ihren rechten Seiten

$py_b = 36 \quad$ sowie $\quad p = y_b$. Daraus folgt $y_b^2 = 36 \quad$ d. h., $\quad y_b = \pm 6,\ p = \pm 6.$

Die Gleichungen der gesuchten Parabeln sind $x^2 = \pm 12y$.

Inhalt der Fläche des Dreiecks, Parabel $x^2 = 12y,\ y_b = 6,\ p = 6$

Für die Berührungspunkte der Parabel mit der Hyperbel folgt mit $y_b = 6$ und der Gleichung der Parabel $x_b = \pm 6\sqrt{2}$. Die Berührungspunkte sind somit $B_1(-6\sqrt{2}, 6)$ und $B_2(6\sqrt{2}, 6)$. Ihre Entfernung ist die Länge der Grundseite des gleichschenkligen Dreiecks. Sie beträgt $12\sqrt{2}$ (siehe **Bild 4.16**).

Die Schenkel des gleichschenkligen Dreiecks sind die Abschnitte der Tangenten vom Schnittpunkt $S(x_s, y_s)$ zu den Berührungspunkten. Wegen der Symmetrie ist $x_s = 0$. Die Höhe des gleichschenkligen Dreiecks ist das Lot von S auf seine

Grundseite $\overline{B_1B_2}$. Die Koordinate y_s ergibt sich z. B. aus der Gleichung $6\sqrt{2} - 6y = 36$ der Tangente SB_2 mit $x_s = 0$ zu $y_s = -6$. Daher hat die Höhe des gleichschenkligen Dreiecks die Länge 12. Der Inhalt der Fläche des Dreiecks $\triangle B_1B_2S$ ist somit $F = 0.5 \cdot 12\sqrt{2} \cdot 12 = 72\sqrt{2} \approx 101.8234$.

Wegen der Symmetrie bezüglich der x-Achse ergibt sich im Fall der anderen Parabel $x^2 = -12y$ dasselbe Resultat.

Antwort: Es gibt zwei bezüglich der x-Achse symmetrische Parabeln, die die Hyperbel $x^2 - y^2 = 36$ berühren: $x^2 = 12y$ und $x^2 = -12y$. Der Inhalt der Fläche des Dreiecks ist $F = 72\sqrt{2} \approx 101.8234$.

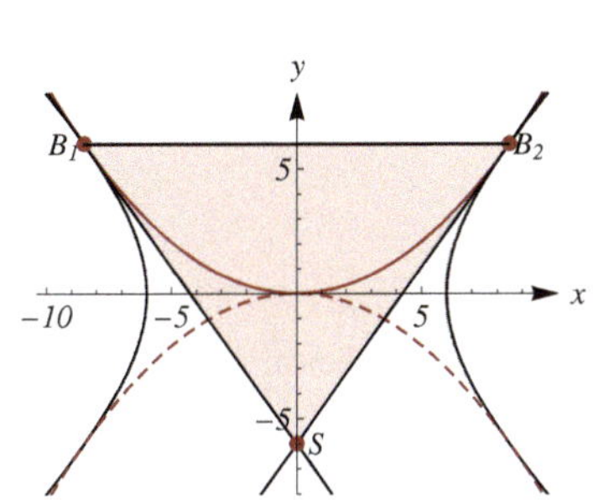

Bild 4.16 zu 4.46

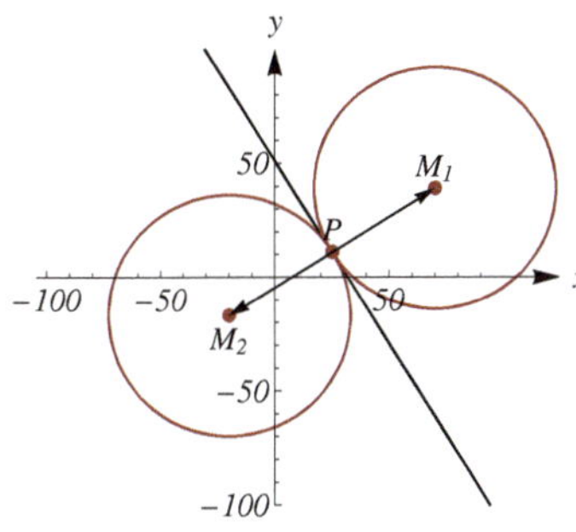

Bild 4.17 zu 4.47

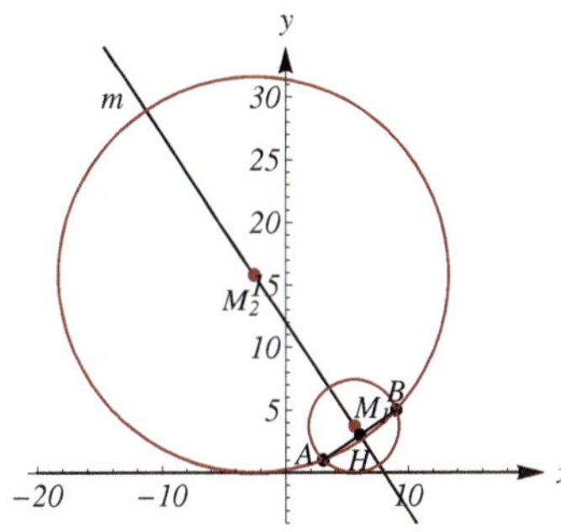

Bild 4.18 zu 4.48

4.47 Die y-Koordinate des Berührungspunktes $P(x_p, y_p)$ des Kreises mit der Gerade ergibt sich aus der Gleichung der Gerade mit $x_p = 25$ zu $y_1 = (1433 - 45x_1)/28 = (1433 - 45 \cdot 25)/28 = 11$. Damit sind die Koordinaten des Berührungspunktes $P(x_p, y_p) = (25, 11)$.

Ist $M(c, d)$ der Mittelpunkt des Kreises mit dem Radius $r = 53$, so ist der Vektor $\overrightarrow{PM}$ Berührungsradius (siehe **Bild 4.17**) und somit parallel zum Normaleneinheitsvektor e_n der Gerade, wobei gilt

$\overrightarrow{PM} = \pm r\, e_n$.

Normaleneinheitsvektor e_n der Gerade ist z. B. $e_n = (45, 28)^\top/\sqrt{45^2 + 28^2} = (45, 28)^\top/53$.

Damit ergibt sich die Vektorgleichung

$$\overrightarrow{PM} = \begin{pmatrix} c - 25 \\ d - 11 \end{pmatrix} = \pm r\, e_n = \pm \frac{53}{53} \begin{pmatrix} 45 \\ 28 \end{pmatrix}$$

und nach Koeffizientenvergleich die beiden Lösungen $c = 70,\ d = 39$ und $c = -20,\ d = -17$.

Antwort: Die Gleichungen der beiden möglichen Kreise mit den Mittelpunkten $M_1(70, 39)$ und $M_2(-20, -17)$ sind $(x - 70)^2 + (y - 39)^2 = 53^2$ und $(x + 20)^2 + (y + 17)^2 = 53^2$.

4.48 Wenn der gesuchte Kreis mit dem Radius r die x-Achse berührt, so ist die y-Koordinate seines Mittelpunktes $M(c, d)$ gleich $d = r$, da der Berührungsradius senkrecht zur x-Achse ist.

Der Mittelpunkt M liegt außerdem auf der Mittelsenkrechten m der Strecke $\overline{AB}$ (siehe **Bild 4.18**). Punkt der Mittelsenkrechten m ist der Halbierungspunkt H der Stecke $\overline{AB}$ mit $\overrightarrow{OH} = 0.5(\overrightarrow{OA} + \overrightarrow{OB}) = (6, 3)^\top$. Richtungsvektor der Mittelsenkrechten ist ein Normalenvektor der Gerade AB. Richtungsvektor der Gerade AB ist z. B. der Vektor $\overrightarrow{AB} = (6, 4)^\top$, und somit ist $n = (4, -6)^\top$ Normalenvektor der Gerade AB. Da M Punkt der Mittelsenkrechten m ist, erfüllt er ihre Parametergleichung, d. h., es gilt $\overrightarrow{OM} = \overrightarrow{OH} + \lambda_m\, n$ bzw. in Koordinatenschreibweise

$$\begin{pmatrix} c \\ r \end{pmatrix} = \begin{pmatrix} 6 \\ 3 \end{pmatrix} + \lambda_m \begin{pmatrix} 4 \\ -6 \end{pmatrix}.$$

Der Punkt $B(9, 5)$ ist Punkt des Kreises mit dem Mittelpunkt M und dem Radius r. Seine Koordinaten erfüllen die Gleichung dieses Kreises, d. h., es gilt

$(9 - c)^2 + (5 - r)^2 = r^2$.

Werden c und r aus der Koordinatenschreibweise für M eliminiert und in die letzte Gleichung eingesetzt, so ergibt sich für den unbekannten Parameter λ_m die quadratische Gleichung

$$(9 - (6 + 4\lambda_m))^2 + (5 - (3 - 6\lambda_m))^2 = (3 - 6\lambda_m)^2 \quad \text{bzw.} \quad 4\lambda_m^2 + 9\lambda_m + 1 = 0$$

mit den beiden Lösungen $\lambda_{m1/2} = (-9 \pm \sqrt{65})/8$.

Antwort: Die Mittelpunkte der beiden Kreise durch die Punkte A und B, die die x-Achse berühren, sind

$$M_1\left(\frac{3 + \sqrt{65}}{2}, \frac{39 - 3\sqrt{65}}{4}\right) \approx (5.5311, 3.7033) \quad \text{und} \quad M_2\left(\frac{3 - \sqrt{65}}{2}, \frac{39 + 3\sqrt{65}}{4}\right) \approx (-2.5311, 15.7967).$$

4.49 **a)** Der Punkt $A(1,2)$ ist Punkt des Kreises, da seine Koordinaten die Gleichung des Kreises erfüllen: $1^2+2^2=5$. Daher ist er gleichzeitig Berührungspunkt der gesuchten Tangente.

Antwort: Die Gleichung der Tangente lautet $x+2y=5$. Der Tangentenabschnitt (Länge der Strecke vom Punkt A zum Berührungspunkt, der A selber ist) ist gleich null.

b) Der Punkt $B(-1,3)$ ist nicht Punkt des Kreises, da seine Koordinaten die Gleichung des Kreises nicht erfüllen: $(-1)^2+3^2=10\neq 5$. Er liegt außerhalb des Kreises, da sein Abstand vom der Mittelpunkt des Kreises (Koordinatenursprung) gleich $\sqrt{10}$ und damt größer als der Radius des Kreises $\sqrt{5}$ ist. Damit gibt es zwei Tangenten an den Kreis durch B.

Mit $P_0(x_0,y_0)$ als Berührungspunkt auf dem Kreis ist die Gleichung der Tangente

$xx_0+yy_0=5$.

Der Punkt B liegt auf der Tangente, folglich gilt

$-x_0+3y_0=5$ bzw. $x_0=3y_0-5$.

Der Berührungspunkt $P_0(x_0,y_0)$ ist Punkt des Kreises und erfüllt seine Gleichung

$x_0^2+y_0^2=5$.

Die letzten beiden Gleichungen bilden das Gleichungssystem zur Ermittlung der Koordinaten x_0, y_0 des Berührungspunktes. Wird die erste in die zweite Gleichung eingesetzt, so ergibt sich die quadratische Gleichung

$10y_0^2-30y_0+25=5$ mit den Lösungen $y_{01}=1,\ y_{02}=2,$ woraus folgt $x_{01}=-2,\ x_{02}=1$.

Antwort: Die Gleichungen der Tangenten lauten
$t_1(x)=5+2x$ (aus $-2x+y=5$) und $t_2(x)=(5-x)/2$ (aus $x+2y=5$).
Die (gleichgroßen) Tangentenabschnitte haben die Länge (mit $P_{01}(-2,1)$ oder $P_{02}(1,2)$)
$|\overrightarrow{BP_0}|=\sqrt{(-1-x_0)^2+(3-y_0)^2}=\sqrt{5}$.

4.50 Der Mittelpunkt M des Kreises durch die drei Punkte (Umkreis des Dreiecks) ist der Schnittpunkt der Mittelsenkrechten der Seiten $\overline{P_1P_2}$, $\overline{P_1P_3}$, $\overline{P_2P_3}$ des Dreiecks. Es genügt, den Schnittpunkt zweier Mittelsenkrechten zu errechnen.

Die Mittelsenkrechte g_{12} der Seite $\overline{P_1P_2}$ verläuft durch ihren Mittelpunkt M_{12} mit dem Ortsvektor $\overrightarrow{OM_{12}}$ und hat als Richtungsvektor den Normalenvektor n^{12} der Gerade P_1P_2, der sich aus ihrem Richtungsvektor $r^{12}=\overrightarrow{OP_2}-\overrightarrow{OP_1}$ unmittelbar ergibt. Da M Punkt der Mittelsenkrechten g_{12} ist, gilt

$\overrightarrow{OM}=\overrightarrow{OM_{12}}+\lambda_{12}n^{12},\ \lambda_{12}\in\mathbb{R},\quad \overrightarrow{OM_{12}}=0.5(\overrightarrow{OP_1}+\overrightarrow{OP_2})=(4.5,1)^\top, r^{12}=(\overrightarrow{OP_2}-\overrightarrow{OP_1})=(-1,-2)^\top,\ n^{12}=(-2,1)^\top$.

Analog ist M Punkt der Mittelsenkrechten g_{13} der Seite $\overline{P_1P_3}$:

$\overrightarrow{OM}=\overrightarrow{OM_{13}}+\lambda_{13}n^{13},\ \lambda_{13}\in\mathbb{R},\quad \overrightarrow{OM_{13}}=0.5(\overrightarrow{OP_1}+\overrightarrow{OP_3})=(1.5,-0.5)^\top, r^{13}=(\overrightarrow{OP_3}-\overrightarrow{OP_1})=(-7,-5)^\top,\ n^{13}=(-5,7)^\top$.

Gleichsetzen beider Gleichungen für $\overrightarrow{OM}$ ergibt das lineare Gleichungssystem bezüglich der Koeffizienten λ_{12} und λ_{13}

$$\left(-n^{12}\ \ n^{13}\,\middle|\,\overrightarrow{OM_{12}}-\overrightarrow{OM_{13}}\right)=\left(\begin{array}{rr|r}2&-5&3\\-1&7&1.5\end{array}\right)\quad\text{mit der Lösung}\quad \lambda_{12}=19/6,\quad \lambda_{13}=2/3.$$

Antwort: Der Mittelpunkt des Kreises ist

$$\overrightarrow{OM}=\overrightarrow{OM_{12}}+\lambda_{12}n^{12}=\begin{pmatrix}4.5\\1\end{pmatrix}+\frac{19}{6}\begin{pmatrix}-2\\1\end{pmatrix}=\frac{1}{6}\begin{pmatrix}-11\\25\end{pmatrix}\approx\begin{pmatrix}-1.8333\\4.1667\end{pmatrix}.$$

Für den Radius r des gesuchten Kreises gilt z. B.

$$r=|\overrightarrow{MP_1}|=\sqrt{\left(5-\frac{-11}{6}\right)^2+\left(2-\frac{25}{6}\right)^2}\approx 7.169.$$

4.51 Die gesuchte Parabel kann ihre Symmetrieachse parallel zur x-Achse oder zur y-Achse haben.

Symmetrieachse parallel zur x-Achse

a) Mit $A(-3,1)$ als Scheitelpunkt ist die Gleichung der Parabel $(y-1)^2=2p(x+3)$, $p\neq 0$. Mit $B(2,2)$ als Punkt der Parabel folgt für p $(2-1)^2=2p((2+3)$, d. h., $p=1/10$.

Antwort: Die Gleichung der Parabel ist $(y-1)^2=\dfrac{1}{5}(x+3)$.

b) Schnittpunkt mit der x-Achse: $y=0$. Es folgt $1=(x+3)/5$ bzw. $x=2$.

Antwort: Der Schnittpunkt mit der x-Achse ist $(2,0)$.

Schnittpunkt mit der y-Achse: $x=0$. Es folgt $(y-1)^2=3/5$, d. h., $y=1\pm\sqrt{3/5}$.

Antwort: Die Schnittpunkte mit der y-Achse sind $\left(0,1+\sqrt{3/5}\right)$ und $\left(0,1-\sqrt{3/5}\right)$.

c) Die Gleichung der Tangente im Punkt $P_0(x_0, y_0)$ der Parabel an die Parabel ist $(y-1)(y_0-1) = \frac{1}{10}((x+3)+(x_0+3))$.

Antwort: Die Gleichung der Tangente im Punkt $B(2,2)$ ist

$$(y-1) = \frac{1}{10}((x+3)+5), \quad \text{d. h., in Normalform} \quad y = \frac{1}{10}x + \frac{18}{10}.$$

Symmetrieachse parallel zur y-Achse

a) Mit $A(-3,1)$ als Scheitelpunkt ist die Gleichung $(x+3)^2 = 2p(y-1)$. Mit $B(2,2)$ als Punkt der Parabel folgt für p $(2+3)^2 = 2p((2-1)$, d. h., $p = 25/2$.

Antwort: Die Gleichung der Parabel ist $(x+3)^2 = 25(y-1)$.

b) Schnittpunkt mit der x-Achse: $y = 0$. Es folgt $(x+3)^2 = -25$, was für kein reelles x erfüllt ist.

Antwort: Es gibt keinen Schnittpunkt mit der x-Achse.

Schnittpunkt mit der y-Achse: $x = 0$. Es folgt $3^2 = 25(y-1)$, d. h., $y = 34/25 = 1.36$.

Antwort: Der Schnittpunkt mit der y-Achse ist $(0, 34/25) = (0, 1.36)$.

c) Die Gleichung der Tangente im Punkt $P_0(x_0, y_0)$ der Parabel an die Parabel ist $(x+3)(x_0+3) = \frac{25}{2}((y-1)+(y_0-1))$.

Antwort: Die Gleichung der Tangente im Punkt $B(2,2)$ ist

$$5(x+3) = \frac{25}{2}((y-1)+1), \quad \text{d. h., in Normalform} \quad y = \frac{2}{5}x + \frac{6}{5}.$$

d)

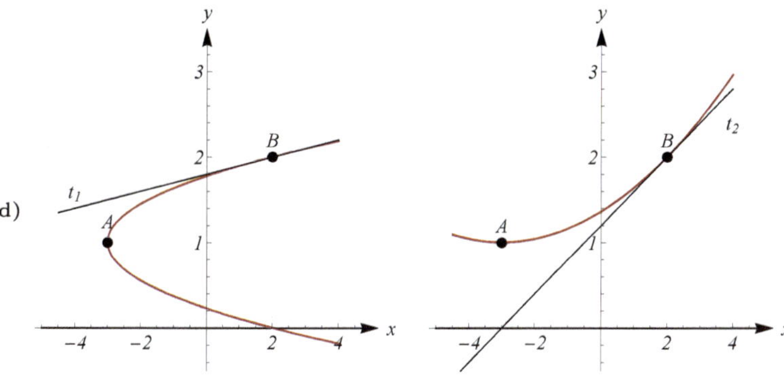

Bild 4.19 zu **4.51** **Bild 4.20** zu **4.51**

4.52 Die Koordinaten der Punkte $P_1(10,5)$ und $P_2(6,13)$ erfüllen die Gleichung der Ellipse mit den gesuchten Längen der Achsen $a > 0$ und $b > 0$ (Normalform), sodass gilt

$$\frac{100}{a^2} + \frac{25}{b^2} = 1 \quad \text{und} \quad \frac{36}{a^2} + \frac{169}{b^2} = 1.$$

Das ist ein lineares Gleichungssystem bezüglich der Unbekannten $1/a^2$ und $1/b^2$, das z. B. mit der Regel von Cramer gelöst werden kann. Es ergibt sich $1/a^2 = 9/1000$ und $1/b^2 = 4/1000$ und somit $a = 10\sqrt{10}/3$ und $b = 5\sqrt{10}$.

Antwort: Die Längen der Achsen sind $a = 10\sqrt{10}/3 \approx 10.5409$ und $b = 5\sqrt{10} \approx 15.8114$ (siehe **Bild 4.21**).

4.53 Einerseits ist der gesuchte Punkt $Q(x_q, y_q)$ Punkt der Gerade P_1P_2, d. h., seine Koordinaten erfüllen ihre Gleichung in Parameterform mit dem reellen Parameter λ_q, sodass gilt $\overrightarrow{OQ} = \overrightarrow{OP_1} + \lambda_q \overrightarrow{P_1P_2}$ bzw. in Koordinatenschreibweise

$$\begin{pmatrix} x_q \\ y_q \end{pmatrix} = \begin{pmatrix} -10 \\ 42 \end{pmatrix} + \lambda_q \begin{pmatrix} 15 \\ -45 \end{pmatrix}.$$

Andererseits ist Q Punkt der Parabel $y^2 = 18x$, d. h., es gilt $y_q^2 = 18x_q$ und mit den obigen Gleichungen für x_q und y_q folgt für λ_q die quadratische Gleichung

$(42 - 45\lambda_q)^2 = 18(-10 + 15\lambda_q)$ bzw. $25\lambda_q^2 - 50\lambda_q + 24 = 0$ mit den Lösungen $\lambda_{q1} = 4/5$, $\lambda_{q1} = 6/5$.

Dem Parameter $\lambda_{q1} = 4/5$ entspricht der Punkt $Q_1(2,6)$ und dem Parameter $\lambda_{q2} = 6/5$ der Punkt $Q_2(8,-12)$. Wegen $\lambda_{q2} = 6/5 \notin (0,1)$ liegt der Punkt Q_2 außerhalb der Strecke $\overline{P_1P_2}$ (siehe **Bild 4.22**).

Antwort: Der Punkt $Q_1(2,6)$ auf der Parabel teilt die Strecke $\overline{P_1P_2}$ im Verhältnis 4 : 1.

4.54 Die Gleichung der Ellipse in Normalform mit den gesuchten Halbachsen a und b lautet

$$\frac{x^2}{a^2} + \frac{y^2}{b^2} = 1.$$

Umstellen nach y^2 und Differenzieren nach x ergibt

$$y^2 = b^2\left(1 - \frac{x^2}{a^2}\right) \quad \text{und} \quad 2yy' = -b^2\frac{2x}{a^2}, \quad \text{d. h.,} \quad y' = -\frac{b^2}{a^2}\frac{x}{y}.$$

Der Punkt $P_1(1.70, 0.85)$ ist Punkt der Ellipse, d. h., seine Koordinaten erfüllen die Gleichung der Ellipse, d. h., es gilt

$$\frac{1.70^2}{a^2} + \frac{0.85^2}{b^2} = 1.$$

Im Punkt $P_1(1.70, 0.85)$ der Ellipse ist die Steigung der Tangente gemäß der Aufgabenstellung gleich -1/2. Mit der Ableitung y' ergibt sich die Gleichung

$$-\frac{1}{2} = y'(1.70) = -\frac{b^2}{a^2}\frac{1.70}{0.85}, \quad \text{d. h.,} \quad a^2 = 4b^2 \quad \text{und wegen } a, b > 0 \quad a = 2b.$$

Wird a in der vorherigen Gleichung für den Punkt P_1 der Ellipse ersetzt, so ergibt sich die Gleichung bezüglich b

$$\frac{1.70^2}{4b^2} + \frac{0.85^2}{b^2} = 1. \quad \text{mit der Lösung} \quad b = 0.85\sqrt{2} \approx 1.20 \text{ [m]}.$$

Daraus folgt $a = 2b = 1.70\sqrt{2} \approx 2.40$ [m].

Antwort: Die Längen der Halbachsen der Ellipse sind $a = 1.70\sqrt{2} \approx 2.40$ [m], $b = 0.85\sqrt{2} \approx 1.20$ [m].

4.55 a) Gleichung des Kreises

Die Koordinaten der Punkte $P_1(-120, 0)$, $P_2(120, 0)$, $P_3(0, 10)$ [m] erfüllen die Gleichung $(x - x_m)^2 + (y - y_m)^2 = r^2$ eines Kreises mit dem Mittelpunkt $M(x_m, y_m)$ und dem Radius r, d. h., es gilt

$$(-120 - x_m)^2 + y_m^2 = r^2, \; (120 - x_m)^2 + y_m^2 = r^2, \; x_m^2 + (10 - y_m)^2 = r^2.$$

Die Differenz der ersten beiden Gleichungen ergibt unmittelbar $x_m = 0$. Damit folgt aus den Gleichungen

$$120^2 + y_m^2 = r^2 \quad \text{und} \quad (10 - y_m)^2 = r^2.$$

Werden diese beiden Gleichungen nach y_m^2 umgestellt und gleich gesetzt, so folgt $r^2 - 120^2 = r^2 + 20y_m + 10^2$ und daraus $y_m = -14300/20 = -715$. Für den Radius ergibt sich damit aus einer der beiden Gleichungen $r = 725$.

Antwort: Die Gleichung des Kreises ist $x^2 + (y + 715)^2 = 725^2$.

Gleichung der Parabel

Die Koordinaten der Punkte $P_1(-120, 0)$, $P_2(120, 0)$, $P_3(0, 10)$ erfüllen die Gleichung $y - d = 2p(x - c)^2$ einer Parabel mit dem Scheitelpunkt $S(c, d)$ und dem Parameter p, d. h., es gilt

$$-d = 2p(-120 - c)^2, \; -d = 2p(120 - c)^2, \; 10 - d = 2pc^2.$$

Gleichsetzen der ersten beiden Gleichungen ergibt unmittelbar $c = 0$. Damit folgt aus den Gleichungen

$$-d = 2p \cdot 120^2 \quad \text{und} \quad 10 - d = 0.$$

Aus der zweiten Gleichung ergibt sich $d = 10$ und damit aus der ersten $p = -1/2880$.

Antwort: Die Gleichung der Parabel ist $y = -x^2/1440 + 10$.

b) **Antwort:** Für $x = \pm 80$ folgt

aus der Gleichung des Kreises $y = \sqrt{725^2 - 80^2} - 715 \approx 5.57$ [m] und

aus der Gleichung der Parabel $y = -80^2/1440 + 10 = -(2/3)^2 \cdot 10 + 10 \approx 5.56$ [m].

c) Aus der Gleichung des Kreises ergibt sich für $y > 0$ die Ableitung

$$y'(x) = -x/\sqrt{725^2 - x^2} \quad \text{und damit} \quad y'(\pm 120) = \mp 120/\sqrt{725^2 - 120^2} = \mp 120/715 \approx \mp 0.1687.$$

Aus der Gleichung der Parabel ergibt sich die Ableitung

$$y'(x) = -x/720 \quad \text{und damit} \quad y'(\pm 120) = \mp 1/6 \approx \mp 0.1667.$$

Antwort: Im Fall der Interpolation durch einen Kreis beträgt der Steigungswinkel an der Stelle $x = \pm 120$ ca. $\mp 9.46°$ und im Fall der Interpolation durch eine Parabel ca. $\mp 9.53°$.

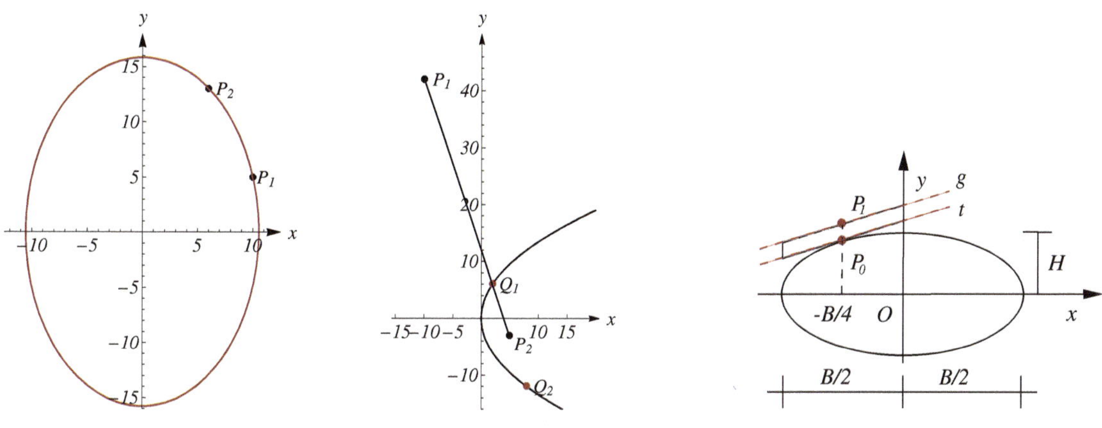

Bild 4.21 zu **4.52** **Bild 4.22** zu **4.53** **Bild 4.23** zu **4.56**

4.56 Die Gleichung der Ellipse in Normalform (kartesisches Koordinatensystem mit Ursprung im Mittelpunkt der Ellipse und den Koordinatenachsen parallel zu den Achsen der Ellipse) ist

$$\frac{x^2}{10^2}+\frac{y^2}{5^2}=1.$$

Die Koordinaten des Berührungspunktes $P_0(x_0, y_0)$ von Dachbinder und Ellipse sind $x_0 = -5$ und mit der Gleichung der Ellipse $y_0 = 25(1-5^2/10^2) = 5\sqrt{3}/2$ (siehe **Bild 4.23**). Die Gleichung der Tangente t im Berührungspunkt P_0 ist

$$\frac{xx_0}{10^2}+\frac{y_t(x)y_0}{5^2}=1 \quad \text{bzw.} \quad y_t(x)=\frac{5^2}{y_0}\left(1-\frac{xx_0}{10^2}\right).$$

Der Steigung m der Tangente t im Berührungspunkt P_0 ist mit $x_0 = -5$, $y_0 = 5\sqrt{3}/2$

$$m=-\frac{5^2}{y_0}\frac{x_0}{10^2}=\frac{\sqrt{3}}{6}.$$

Die Gleichung der Gerade g parallel zur Tangente durch den Punkt $P_1(x_1, y_1) = (x_0, y_0 + d) = (-5, 5\sqrt{3}/2 + 0.2)$ ist

$$y_g(x)=y_1+m(x-x_1)=\frac{5\sqrt{3}}{2}+\frac{1}{5}+\frac{\sqrt{3}}{6}(x+5).$$

Der höchste Punkt des Dachbinders ist der Punkt P der Gerade g an der Stelle $x = 0$. Mit der Gleichung von g folgt

$$y_g(0)=\frac{5\sqrt{3}}{2}+\frac{1}{5}+\frac{5\sqrt{3}}{6}=\frac{10\sqrt{3}}{3}+\frac{1}{5}\approx 5.97.$$

Antwort: Der gesuchte Abstand beträgt $\Delta h = y_g(0) - H \approx 0.97$ [m].

4.57 Im kartesischen Koordinatensystem mit der x-Achse auf der Horizontalen und der y-Achse durch den Scheitelpunkt S der Parabel lautet die Gleichung der Parabel

$$y-5=ax^2 \quad \text{bzw.} \quad y(x)=5+ax^2.$$

Ihre Nullstellen ergeben sich aus der Gleichung $0 = 5 + ax^2$ zu $x = \pm\sqrt{-5/a}$. In der negativen Nullstelle gilt wegen des Steigungswinkels von 45°

$$1=y'(x)=2ax=-2a\sqrt{-5/a} \quad \text{und folglich} \quad a=-1/20.$$

Die Gleichung der Prabel ist damit

$$y(x)=5-x^2/20, \quad \text{und ihre negative Nullstelle ist} \quad x=-\sqrt{-5/a}=-10.$$

a) Die gesuchte Entfernung ist der Abstand der beiden Nullstellen der Parabel.
Antwort: In einer Entfernung von 20 m trifft der Wasserstrahl das horizontale Gelände.

b) Die Gleichung der Gerade in Richtung der Fassade ist

$$y_f(x)=mx+n \quad \text{mit} \quad m=\tan 80°.$$

Sie verläuft gemäß Aufgabenstellung durch den Punkt $(5, 0)$. Daher ist $0 = 5m + n$ und somit $n = -5\tan 80°$.

Der gesuchte Punkt $P(x_p, y_p)$, in dem der Wasserstrahl auf die Fassade trifft, ist der Schnittpunkt von Parabel und Gerade mit $x_p > 5$. Seine Koordinaten erfüllen daher sowohl die Gleichung der Parabel als auch die Gleichung der Gerade. Gleichsetzen beider Gleichungen an der Stelle $x = x_p$ ergibt die quadratische Gleichung bezüglich x_p

$x_p^2 + 20mx_p + 20n - 100 = 0$ mit den Lösungen $x_{p1} \approx 5.60$, $x_{p2} \approx -119.03$.
Die zweite Lösung kommt wegen $x_p > 5$ als x-Koordinate des gesuchten Punktes P nicht in Frage.
Antwort: Der Wasserstrahl trifft die Fassade etwa im Punkt $P(5.60, 3.43)$ [m].

Analytische Geometrie des Raumes - Gerade

4.58 **Antwort:** Ist $X = (x, y, z)^\top$ Punkt der Gerade, so ist die Parameterform ihrer Gleichung
in Vektorschreibweise $\overrightarrow{OX} = \overrightarrow{OA} + \lambda\overrightarrow{AB} = \overrightarrow{OA} + \lambda(\overrightarrow{OB} - \overrightarrow{OA})$,
und in Koordinatenschreibweise $\begin{pmatrix} x \\ y \\ z \end{pmatrix} = \begin{pmatrix} -1 \\ 2 \\ 3 \end{pmatrix} + \lambda \begin{pmatrix} 3 \\ 4 \\ -5 \end{pmatrix}$.

4.59 Der Winkel zwischen zwei Geraden ist der Winkel α zwischen ihren Richtungsvektoren r^1 und r^2 mit $\alpha \in [0, \pi]$.
Antwort: Mit den Richtungsvektoren $r^1 = (2, -2, 1)^\top$ und $r^2 = (1, -1, -1)^\top$ und $|r^1| = 3$ und $|r^2| = \sqrt{3}$ ist
$\cos\alpha = \dfrac{(r^1, r^2)}{|r^1||r^2|} = \dfrac{3}{3\sqrt{3}}$ und $\alpha \approx 0.9553$ bzw. $\alpha \approx 54.7356°$.

4.60 Ist $X = (x, y, z)^\top$ Punkt der Gerade durch die Punkte A und B, so ist die Parameterform ihrer Gleichung
in Koordinatenschreibweise $\begin{pmatrix} x \\ y \\ z \end{pmatrix} = \begin{pmatrix} 1 \\ 2 \\ 1 \end{pmatrix} + \lambda \begin{pmatrix} -2 \\ -1 \\ 1 \end{pmatrix}$.
Angenommen, der Punkt $C(5, 4, -2)$ wäre Punkt dieser Gerade. Aus der Gleichheit der x-Koordinaten folgt dann $5 = 1 - 2\lambda$ und somit $\lambda = -2$. Mit diesem Parameter ist die Gleichheit der y-Koordinaten (und auch der z-Koordinaten) nicht erfüllt. Damit ist der Punkt C nicht Punkt der Gerade durch die Punkte A und B.
Antwort: Die Punkte A B und C liegen nicht auf einer Gerade.

4.61 Der Schnittpunkt $A(x_a, y_a, z_a)$ der Gerade g auf der z-Achse hat die Koordinaten $x_a = y_a = 0$.
Da die Gerade g durch die Punkte $P_0(1, -1, 1)$ und A verläuft, ist z. B. $\overrightarrow{AP} = (1, -1, 1 - z_a)^\top$ ihr Richtungsvektor. Da die Gerade g die z-Achse senkrecht schneidet, ist
$(\overrightarrow{AP}, e^3) = 1 - z_a = 0$ und daher $z_a = 1$ sowie $\overrightarrow{AP} = (1, -1, 0)^\top$.
Antwort: Ist $X = (x, y, z)^\top$ Punkt der Gerade g, so ist die Parameterform ihrer Gleichung
in Koordinatenschreibweise $\begin{pmatrix} x \\ y \\ z \end{pmatrix} = \begin{pmatrix} 0 \\ 0 \\ 1 \end{pmatrix} + \lambda \begin{pmatrix} 1 \\ -1 \\ 0 \end{pmatrix}$.

4.62 **a)** Die Richtungsvektoren der Geraden sind:
g_1: $r^1 = \overrightarrow{A_1B_1} = (3, 6, 9)^\top$, g_2: $r^2 = \overrightarrow{A_2B_2} = (6, -2, 4)^\top$.
Die Parametergleichungen der Geraden sind:
g_i: $\overrightarrow{OX} = \overrightarrow{OA_i} + \lambda_i r^i$, $\lambda_i \in \mathbb{R}$, $i = 1, 2$.
Ist $S(x_s, y_s, z_s)$ Schnittpunkt beider Geraden, so erfüllen seine Koordinaten beide Parametergleichungen. Subtraktion der ersten von der zweiten Gleichung ergibt
$\overrightarrow{A_2A_1} = -\lambda_1 r^1 + \lambda_2 r^2$ bzw. in Koordinatenform das lineare Gleichungssystem bezüglich λ_1 und λ_2

$$\left(\begin{array}{rr|r} -3 & 6 & 11 \\ -6 & -2 & 1 \\ -9 & 4 & 12 \end{array}\right) \to \left(\begin{array}{rr|r} 1 & -2 & -11/3 \\ 0 & -14 & -21 \\ 0 & -14 & -21 \end{array}\right) \to \left(\begin{array}{rr|r} 1 & -2 & -11/3 \\ 0 & 1 & 3/2 \\ 0 & 0 & 0 \end{array}\right) \quad \begin{array}{l} r = 2 \\ n = 2 \\ f = n - r = 0 \end{array}$$

mit der eindeutigen Lösung $\lambda_1 = -2/3$, $\lambda_2 = 3/2$.
Antwort: Aus beiden Geradengleichungen ergibt sich nach Einsetzen der Schnittpunkt $S(4, 1, -1)$.

b) **Antwort:** Die Geraden schneiden sich genau dann, wenn sie in einer Ebene liegen und wenn ihre Richtungsvektoren nicht parallel sind.
Sie liegen genau dann in einer Ebene, wenn die vier Punkte A_1, A_2, B_1, B_2 auf ihnen in einer Ebene liegen, d. h., wenn z. B. das folgende Spatprodukt gleich null ist:
$(\overrightarrow{A_1A_2}, \overrightarrow{A_1B_1}, \overrightarrow{A_1B_2}) = 0.$ Hier: $\left(\begin{pmatrix} -11 \\ -1 \\ -12 \end{pmatrix}, \begin{pmatrix} 3 \\ 6 \\ 9 \end{pmatrix}, \begin{pmatrix} -5 \\ -3 \\ -8 \end{pmatrix}\right) = \begin{vmatrix} -11 & -1 & -12 \\ 3 & 6 & 9 \\ -5 & -3 & -8 \end{vmatrix} = 0.$
Ihre Richtungsvektoren sind genau dann nicht parallel, wenn deren Vektorprodukt verschieden vom Nullvektor ist:
$r^1 \times r^2 \neq (0, 0, 0)^\top$. Hier: $r^1 \times r^2 = (42, 42, -42)^\top \neq (0, 0, 0)^\top$.

4.63 a) Es gilt $\overrightarrow{PA}=(2,-3,-1)^\top$ und $\overrightarrow{PB}=(2,4,1)^\top$ sowie $|\overrightarrow{PA}|=\sqrt{2^2+3^2+1^2}=\sqrt{14}$ und $|\overrightarrow{PB}|=\sqrt{2^2+4^2+1^2}=\sqrt{21}$.

Antwort: Für den gesuchten Winkel ergibt sich $\measuredangle(\overrightarrow{PA},\overrightarrow{PB}) = \arccos\dfrac{(\overrightarrow{PA},\overrightarrow{PB})}{|\overrightarrow{PA}||\overrightarrow{PB}|} = \arccos\dfrac{-9}{\sqrt{14}\sqrt{21}} \approx 121.661^\circ$.

b) Mit einem Punkt der z-Achse $P_z(0,0,z_p)$ sind die Vektoren

$\overrightarrow{P_zA} = (2,-3,6-z_p)^\top$ und $\overrightarrow{P_zB} = (2,4,8-z_p)^\top$ und ihr Skalarprodukt $(\overrightarrow{P_zA},\overrightarrow{P_zB}) = z_p^2 - 14z_p + 40$.

Wenn der Winkel zwischen den Vektoren $\overrightarrow{P_zA}$ und $\overrightarrow{P_zB}$ ein rechter sein soll, so ist ihr Skalarprodukt gleich null. Die entsprechende quadratische Gleichung

$z_p^2 - 14z_p + 40 = 0$ hat die Lösungen $z_{p1/2} = \dfrac{14 \pm \sqrt{14^2 - 4\cdot 40}}{2}$, $z_{p1} = 10$, $z_{p2} = 4$.

Antwort: Von den Punkten $(0,0,10)$ und $(0,0,4)$ ist die Strecke $\overline{AB}$ unter einem rechten Winkel zu sehen.

Analytische Geometrie des Raumes - Ebene

4.64 **Antwort:** Ist $X = (x,y,z)^\top$ Punkt der Ebene, so ist die allgemeine Form ihrer Gleichung in Vektorschreibweise $(n,\overrightarrow{P_0X}) = 0$ und

in Koordinatenschreibweise $\left(\begin{pmatrix}2\\-1\\3\end{pmatrix},\begin{pmatrix}x-5\\y-3\\z+2\end{pmatrix}\right) = 0$ bzw. $2x - y + 3z - 1 = 0$.

4.65 Parallele Ebenen haben parallele Normalenvektoren. Normalenvektor der gegebenen Ebene ist z. B. $n = (4,-2,3)^\top$. Der Vektor n ist somit auch Normalenvektor der gesuchten Ebene.

Antwort: Ist $X = (x,y,z)^\top$ Punkt der gesuchten Ebene, so ist die allgemeine Form ihrer Gleichung in Vektorschreibweise $(n,\overrightarrow{P_0X}) = 0$ und

in Koordinatenschreibweise $\left(\begin{pmatrix}4\\-2\\3\end{pmatrix},\begin{pmatrix}x-1\\y-2\\z-1\end{pmatrix}\right) = 0$ bzw. $4x - 2y + 3z - 3 = 0$.

4.66 **Antwort:** Ist $X = (x,y,z)^\top$ Punkt der gesuchten Ebene, so ist die Dreipunkteform ihrer Gleichung

in Koordinatenschreibweise $\begin{vmatrix}x-1 & y+2 & z-7\\ 4 & 5 & -1\\ -3 & -6 & -6\end{vmatrix} = 0$ bzw. $4x - 3y + z - 17 = 0$.

4.67 Wenn die gesuchte Ebene senkrecht zur Gerade P_1P_2 ist, so ist ein Normalenvektor der Ebene gleichzeitig Richtungsvektor $\overrightarrow{P_1P_2}$ der Gerade.

Antwort: Ist $X = (x,y,z)^\top$ Punkt der gesuchten Ebene, so ist die allgemeine Form ihrer Gleichung in Vektorschreibweise $(\overrightarrow{P_1P_2},\overrightarrow{P_1X}) = 0$ und

in Koordinatenschreibweise $\left(\begin{pmatrix}1\\4\\2\end{pmatrix},\begin{pmatrix}x\\y+1\\z-3\end{pmatrix}\right) = 0$ bzw. $x + 4y + 2z - 2 = 0$.

4.68 Der Winkel zwischen zwei Ebenen ist der Winkel α zwischen ihren Normalenvektoren n^1 und n^2 mit $\alpha \in [0,\pi]$.

Antwort: Mit den Normalenvektoren $n^1 = (1,-2,2)^\top$ und $n^2 = (1,0,1)^\top$ und $|n^1| = 3$ und $|n^2| = \sqrt{2}$ ist

$\cos\alpha = \dfrac{(n^1,n^2)}{|n^1||n^2|} = \dfrac{3}{3\sqrt{2}}$ und $\alpha = \pi/4$ bzw. $\alpha = 45^\circ$.

4.69 Der Normalenvektor n der gesuchten Ebene ist sowohl senkrecht zum Normalenvektor $n^1 = (2,1,-3)^\top$ der Ebene E_1 als auch senkrecht zum Normalenvektor $n^2 = (5,5,-7)^\top$ der Ebene E_2. Damit ist z. B. $n = n^1 \times n^2 = (8,-1,5)^\top$.

Antwort: Ist $X = (x,y,z)^\top$ Punkt der gesuchten Ebene, so ist die allgemeine Form ihrer Gleichung in Vektorschreibweise $(n,\overrightarrow{P_0X}) = 0$ und

in Koordinatenschreibweise $\left(\begin{pmatrix}8\\-1\\5\end{pmatrix},\begin{pmatrix}x-2\\y-4\\z+1\end{pmatrix}\right) = 0$ bzw. $8x - y + 5z - 7 = 0$.

4.70 **Antwort:** Mit dem Normaleneinheitsvektor der Ebene $e_n = n/|n| = (4,-2,3)^\top/\sqrt{29}$ und dem Punkt $O(0,0,0)$ der Ebene ist der gesuchte Abstand

$$d = |(\overrightarrow{OA}, e_n)| = \frac{1}{\sqrt{29}}\left|\left(\begin{pmatrix}3\\14\\-6\end{pmatrix}, \begin{pmatrix}4\\-2\\3\end{pmatrix}\right)\right| = \frac{34}{\sqrt{29}} \approx 6.3136.$$

4.71 Die Dreipunktegleichung einer Ebene ergibt mit ihrem Punkt $P(x,y,z)$

a) die allgemeine Gleichung der Ebene durch die Punkte A, B, C

$$0 = (\overrightarrow{AP}, \overrightarrow{AB}, \overrightarrow{AC}) = \begin{vmatrix} x-1 & y-1 & z-1 \\ -2 & 0 & 0 \\ 0 & -2 & 0 \end{vmatrix} = 4(z-1), \text{ d. h., } z-1=0,$$

die allgemeine Gleichung der Ebene durch die Punkte A, B, D

$$0 = (\overrightarrow{AP}, \overrightarrow{AB}, \overrightarrow{AD}) = \begin{vmatrix} x-1 & y-1 & z-1 \\ -2 & 0 & 0 \\ 0 & 0 & -2 \end{vmatrix} = 4(y-1), \text{ d. h., } y-1=0,$$

die allgemeine Gleichung der Ebene durch die Punkte A, C, D

$$0 = (\overrightarrow{AP}, \overrightarrow{AC}, \overrightarrow{AD}) = \begin{vmatrix} x-1 & y-1 & z-1 \\ 0 & -2 & 0 \\ 0 & 0 & -2 \end{vmatrix} = 4(x-1), \text{ d. h., } x-1=0,$$

die allgemeine Gleichung der Ebene durch die Punkte B, C, D

$$0 = (\overrightarrow{BP}, \overrightarrow{BC}, \overrightarrow{BD}) = \begin{vmatrix} x+1 & y-1 & z-1 \\ 2 & -2 & 0 \\ 2 & 0 & -2 \end{vmatrix} = 4(x+y+z-1), \text{ d. h., } x+y+z-1=0.$$

Antwort: Die allgemeine Gleichung der Ebene durch die Punkte
A, B, C ist $z-1=0$, A, B, D ist $y-1=0$, A, C, D ist $x-1=0$, B, C, D ist $x+y+z-1=0$.

b) Das Volumen V_{ABCD} des Tetraeders ist

$$V_{ABCD} = \frac{1}{6}|(\overrightarrow{BA}, \overrightarrow{BC}, \overrightarrow{BD})| = \frac{1}{6}\left\|\begin{matrix} x_A-1 & y_A-2 & z_A-1 \\ -2 & -1 & 0 \\ 1 & -1 & 0 \end{matrix}\right\| = \frac{1}{2}|z_A-1|.$$

Für $z_A - 1 > 0$ und $V_{ABCD} = 10$ folgt $z_A = 21$.

Für $z_A - 1 < 0$ und $V_{ABCD} = 10$ folgt $z_A = -19$.

Antwort: Für die Punkte $A(x_A, y_A, 21)$ und $A(x_A, y_A, -19)$, $x_A, y_A \in \mathbb{R}$ beliebig, hat das Tetraeder das Volumen 10. Das sind jeweils die Punkte der Parallelebenen zur (x,y)-Ebene mit $z=21$ bzw. $z=-19$.

4.72 Die gesuchte Höhe ist die z-Koordinate des Schnittpunktes $S(x_s, y_s, z_s)$ der drei Ebenen, d. h., des gemeinsamen Firstpunktes von drei Dachflächen in diesen Ebenen. Die Koordinaten des Schnittpunktes S erfüllen alle drei Gleichungen. Die Umformungen des entsprechenden linearen Gleichungssystems ergeben

$$\left(\begin{array}{ccc|c} 1 & -1 & -1 & -13 \\ 2 & -5 & 2 & 2 \\ 4 & 0 & -1 & -6 \end{array}\right) \begin{matrix} \cdot(-2) & \cdot(-4) \\ + & \\ & + \end{matrix} \rightarrow \left(\begin{array}{ccc|c} 1 & -1 & -1 & -13 \\ 0 & -3 & 4 & 28 \\ 0 & 4 & 3 & 46 \end{array}\right) \begin{matrix} \\ \mathrm{T} \\ \mathrm{T} \quad \cdot(1/4) \end{matrix} \rightarrow \left(\begin{array}{ccc|c} 1 & -1 & -1 & -13 \\ 0 & 1 & 3/4 & 23/2 \\ 0 & -3 & 4 & 28 \end{array}\right) \begin{matrix} \\ \cdot 3 \\ + \end{matrix} \rightarrow \left(\begin{array}{ccc|c} 1 & -1 & -1 & -13 \\ 0 & 1 & 3/4 & 23/2 \\ 0 & 0 & 25/4 & 125/2 \end{array}\right)$$

mit der Lösung $(x_s, y_s, z_s)^\top = (1,4,10)^\top$.

Antwort: Die gesuchte Höhe beträgt 10 m.

4.73 Ist $X = (x,y,z)^\top$ Punkt der Ebene mit den Punkten T_1, T_2 und F der Dachfläche, so ist die Dreipunkteform ihrer Gleichung in Koordinatenschreibweise

$$\begin{vmatrix} x-1 & y-5 & z-2.5 \\ 7 & -3 & 0 \\ 4 & 5 & 2 \end{vmatrix} = 0 \quad \text{bzw. die allgemeine Form} \quad 6x + 14y - 47z + 41.5 = 0.$$

Der Neigungswinkel dieser Ebene gegenüber der (x,y)-Ebene ergibt sich mit dem Winkel $\alpha \in [0,\pi]$ zwischen dem Normalenvektor $n = (6,14,-47)^\top$ dieser Ebene und dem Normalenvektor $e^3 = (0,0,1)^\top$ der (x,y)-Ebene aus

$$\cos\alpha = \frac{(n, e^3)}{|n||e^3|} = \frac{-47}{\sqrt{6^2+14^2+47^2}} \approx -0.9513, \quad \text{d. h.,} \quad \alpha \approx 2.8282 \text{ bzw. } \alpha \approx 162.0438^\circ.$$

Antwort: Der Neigungswinkel der Dachfläche gegenüber der (x,y)-Ebene beträgt ca. 17.96°.

4.74 Die Lotfußpunkte F_1, F_2, F_3 der Lote durch die Punkte P_1, P_2, P_3 auf die Ebene sind die Eckpunkte des dreieckigen Schattens auf der Ebene.

Ist P ein beliebiger Punkt der Ebene und e_n Normaleneinheitsvektor der Ebene, so gilt

$$\overrightarrow{OF_i} = \overrightarrow{OP_i} - \left(\overrightarrow{PP_i}, e_n\right) e_n = \overrightarrow{OP_i} - \frac{\left(\overrightarrow{PP_i}, n\right)}{(n,n)} n, \quad i = 1, 2, 3.$$

Normalenvektor der Ebene ist z. B. $n = (1, 2, -1)^\top$ und damit $(n, n) = 6$. Punkt der Ebene ist z. B. $P(2, 0, 0)$. Damit ergibt sich

$$\overrightarrow{OF_1} = \begin{pmatrix} 3 \\ 5 \\ -1 \end{pmatrix} - \frac{1}{6}\left(\begin{pmatrix} 1 \\ 5 \\ -1 \end{pmatrix}, \begin{pmatrix} 1 \\ 2 \\ -1 \end{pmatrix}\right)\begin{pmatrix} 1 \\ 2 \\ -1 \end{pmatrix} = \begin{pmatrix} 3 \\ 5 \\ -1 \end{pmatrix} - 2\begin{pmatrix} 1 \\ 2 \\ -1 \end{pmatrix} = \begin{pmatrix} 1 \\ 1 \\ 1 \end{pmatrix},$$

$$\overrightarrow{OF_2} = \begin{pmatrix} 1 \\ -1 \\ -3 \end{pmatrix} - \frac{1}{6}\left(\begin{pmatrix} -1 \\ -1 \\ -3 \end{pmatrix}, \begin{pmatrix} 1 \\ 2 \\ -1 \end{pmatrix}\right)\begin{pmatrix} 1 \\ 2 \\ -1 \end{pmatrix} = \begin{pmatrix} 1 \\ -1 \\ -3 \end{pmatrix} - 0 \cdot \begin{pmatrix} 1 \\ 2 \\ -1 \end{pmatrix} = \begin{pmatrix} 1 \\ -1 \\ -3 \end{pmatrix},$$

$$\overrightarrow{OF_3} = \begin{pmatrix} 1 \\ 3 \\ -1 \end{pmatrix} - \frac{1}{6}\left(\begin{pmatrix} -1 \\ 3 \\ -1 \end{pmatrix}, \begin{pmatrix} 1 \\ 2 \\ -1 \end{pmatrix}\right)\begin{pmatrix} 1 \\ 2 \\ -1 \end{pmatrix} = \begin{pmatrix} 1 \\ 3 \\ -1 \end{pmatrix} - \begin{pmatrix} 1 \\ 2 \\ -1 \end{pmatrix} = \begin{pmatrix} 0 \\ 1 \\ 0 \end{pmatrix}.$$

Der Flächeninhalt des Dreiecks $\triangle F_1F_2F_3$ beträgt $F_{\triangle F_1F_2F_3} = |\overrightarrow{F_1F_2} \times \overrightarrow{F_1F_3}|/2$.
Mit den Vektoren $\overrightarrow{F_1F_2} = (0, -2, -4)^\top$ und $\overrightarrow{F_1F_3} = (-1, 0, -1)^\top$ ergibt sich

$$\overrightarrow{F_1F_2} \times \overrightarrow{F_1F_3} = \begin{vmatrix} e^1 & e^2 & e^3 \\ 0 & -2 & -4 \\ -1 & 0 & -1 \end{vmatrix} = \begin{pmatrix} 2 \\ -4 \\ -2 \end{pmatrix} \quad \text{und} \quad |\overrightarrow{F_1F_2} \times \overrightarrow{F_1F_3}| = \sqrt{2^2 + 4^2 + 2^2} = 2\sqrt{6}.$$

Antwort: Der gesuchte Flächeninhalt des Schattens beträgt $F_{\triangle F_1F_2F_3} = |\overrightarrow{F_1F_2} \times \overrightarrow{F_1F_3}|/2 = \sqrt{6} \approx 2.4495$ [m²].

Analytische Geometrie des Raumes - Gerade und Ebene

4.75 Die Koordinaten des gesuchten Schnittpunktes $S(x_s, y_s, z_s)$ von Ebene und Gerade erfüllen sowohl die Gleichung der Ebene als auch die der Gerade. Ist λ_s der zum Punkt S gehörige Parameter in der Gleichung der Gerade, so gelten für die Koordinaten von S die Gleichungen

$x_s = 2 + 2\lambda_s$, $y_s = -4 + 2\lambda_s$, $z_s = 1 - \lambda_s$.

Damit folgt aus der Gleichung der Ebene im Punkt S nach Einsetzen

$(2 + 2\lambda_s) - (-4 + 2\lambda_s) + 3(1 - \lambda_s) = -2$ und daraus $\lambda_s = 11/3$ sowie $x_s = 28/3$, $y_s = 10/3$, $z_s = -8/3$.

Antwort: Der Schnittpunkt $S(x_s, y_s, z_s)$ hat die Koordinaten $x_s = 28/3$, $y_s = 10/3$, $z_s = -8/3$.

4.76 **a)** Ist $X = (x, y, z)^\top$ Punkt der Gerade PQ, so ist die Parameterform ihrer Gleichung

in Vektorschreibweise $\overrightarrow{OX} = \overrightarrow{OP} + \lambda\overrightarrow{PQ}$

und in Koordinatenschreibweise $\begin{pmatrix} x \\ y \\ z \end{pmatrix} = \begin{pmatrix} 1 \\ 1 \\ -1 \end{pmatrix} + \lambda \begin{pmatrix} -1 \\ 0 \\ 2 \end{pmatrix}.$

Für den Schnittpunkt $S_1(x_{s1}, y_{s1}, z_{s1})$ dieser Gerade mit der (x, y)-Ebene gilt $z_{s1} = 0$. S_1 ist der Punkt der Gerade mit dem Parameter λ_1. Aus der Gleichheit der z-Koordinaten folgt daher $0 = -1 + 2\lambda_1$, d. h., $\lambda_1 = 1/2$. Damit ergibt sich aus der Gleichung der Gerade $x_{s1} = 1/2$ und $y_{s1} = 1$.

Für den Schnittpunkt $S_2(x_{s2}, y_{s2}, z_{s2})$ dieser Gerade mit der (x, z)-Ebene gilt $y_{s2} = 0$. S_2 ist der Punkt der Gerade mit dem Parameter λ_2. Aus der Gleichheit der y-Koordinaten folgt daher $0 = 1$, was einen Widerspruch zur Annahme eines solchen Spurpunktes darstellt. Die Gerade schneidet die (x, z)-Ebene nicht.

Für den Schnittpunkt $S_3(x_{s3}, y_{s3}, z_{s3})$ dieser Gerade mit der (y, z)-Ebene gilt $x_{s3} = 0$. S_3 ist der Punkt der Gerade mit dem Parameter λ_3. Aus der Gleichheit der x-Koordinaten folgt daher $0 = 1 - \lambda_3$, d. h., $\lambda_3 = 1$. Damit ergibt sich aus der Gleichung der Gerade $y_{s3} = 1$ und $z_{s3} = 1$.

Antwort: Der Spurpunkt der Gerade PQ mit der (x, y)-Ebene hat die Koordinaten $S_1(1/2, 1, 0)$, ihr Spurpunkt mit der (y, z)-Ebene hat die Koordinaten $S_3(0, 1, 1)$. Die Gerade hat keinen Spurpunkt mit der (x, z)-Ebene, d. h., sie ist parallel zur (x, z)-Ebene.

b) Der Richtungsvektor $r(x_r, y_r, z_r))^\top$ einer Gerade, die parallel zur Ebene mit dem Normalenvektor $n(1,-1,2)^\top$ verläuft, ist senkrecht zu n, d. h., es gilt

$(r, n) = 0$ bzw. $x_r - y_r + 2z_r = 0$.

Das ist eine lineare Gleichung für die drei Unbekannten x_r, y_r, z_r mit der Lösung

$$\begin{pmatrix} x_r \\ y_r \\ z_r \end{pmatrix} = s\begin{pmatrix} 1 \\ 1 \\ 0 \end{pmatrix} + t\begin{pmatrix} -2 \\ 0 \\ 1 \end{pmatrix}, \ s,\ t \in \mathbb{R}.$$

Antwort: Jede Gerade durch den Punkt $P(1,1,-1)$ parallel zur gegebenen Ebene hat die Gleichung

in Parameterform $\quad \overrightarrow{OX} = \overrightarrow{OP} + \lambda r = \begin{pmatrix} x \\ y \\ z \end{pmatrix} = \begin{pmatrix} 1 \\ 1 \\ -1 \end{pmatrix} + \overline{s}\begin{pmatrix} 1 \\ 1 \\ 0 \end{pmatrix} + \overline{t}\begin{pmatrix} -2 \\ 0 \\ 1 \end{pmatrix}$

für beliebige reelle $\overline{s}$ und $\overline{t}$, die nicht beide gleichzeitig gleich null sind. Die Menge dieser Geraden ist die Ebene parallel zur gegebenen, die den Punkt P enthält.

c) Der Normalenvektor n der Ebene, die die Gerade PQ und damit die Punkte P und Q enthält und parallel zur z-Achse ist, ist sowohl senkrecht zum Richtungsvektor $\overrightarrow{PQ}$ der Gerade PQ als auch zum Richtungsvektor e^3 der z-Achse. Damit ist

$n = \overrightarrow{PQ} \times e^3 = (0,1,0)^\top$.

Antwort: Ist $X = (x,y,z)^\top$ ein Punkt der gesuchten Ebene, so ist die allgemeine Form ihrer Gleichung in Vektorschreibweise $(n, \overrightarrow{PX}) = 0$ und

in Koordinatenschreibweise $\quad \left(\begin{pmatrix} 0 \\ 1 \\ 0 \end{pmatrix}, \begin{pmatrix} x-1 \\ y-1 \\ z+1 \end{pmatrix}\right) = 0 \quad$ bzw. $\quad y - 1 = 0$.

4.77 Der Normalenvektor $n = (3,-4,5)^\top$ der Ebene ist senkrecht zur Ebene und damit Richtungsvektor des Lotes vom Punkt P auf die Ebene.

Antwort: Ist $X = (x,y,z)^\top$ ein Punkt des Lotes von P auf die Ebene, so ist die Parameterform seiner Gleichung

in Koordinatenschreibweise $\quad \begin{pmatrix} x \\ y \\ z \end{pmatrix} = \begin{pmatrix} 5 \\ -2 \\ 8 \end{pmatrix} + \lambda\begin{pmatrix} 3 \\ -4 \\ 5 \end{pmatrix}$.

Der Lotfußpunkt $F(x_f, y_f, z_f)$ ist der Schnittpunkt der Lotgerade mit der Ebene. Seine Koordinaten erfüllen sowohl die Gleichung der Ebene als auch die der Lotgerade. Ist λ_f der zum Punkt F gehörige Parameter in der Gleichung der Lotgerade, so gelten für die Koordinaten von F die Gleichungen

$x_f = 5 + 3\lambda_f,\ y_f = -2 - 4\lambda_f,\ z_f = 8 + 5\lambda_f$.

Damit folgt aus der Gleichung der Ebene im Punkt F nach Einsetzen

$3(5 + 3\lambda_f) - 4(-2 - 4\lambda_f) + 5(8 + 5\lambda_f) + 37 = 0$ und daraus $\lambda_f = -2$ sowie $x_f = -1$, $y_f = 6$, $z_f = -2$.

Antwort: Der Lotfußpunkt hat die Koordinaten $F(-1,6,-2)$.

4.78 Mithilfe der Gleichung der Ebene ergibt sich die dritte Koordinate des Punktes S zu

$x_{3s} = x_{1s} + 3x_2 - 10 = 17$.

Der reflektierte Strahl SA' verläuft durch den Spiegelpunkt A' des Punktes A bezüglich der Lotgerade g_l der Ebene E durch den Punkt S. Diese Spiegelung erfolgt in der Ebene durch die Gerade AS und die Lotgerade g_l.

Ist F der Lotfußpunkt des Lotes von A auf die Lotgerade g_l der Ebene E durch den Punkt S, so ergibt sich der Spiegelpunkt A' wie folgt:

$\overrightarrow{OA'} = \overrightarrow{OF} + \overrightarrow{AF}$.

Der Richtungsvektor der Lotgerade g_l der Ebene E durch den Punkt S ist der Normaleneinheitsvektor e_n der Ebene E. Die Gleichung der Gerade g_l ist somit

$\overrightarrow{OX} = \overrightarrow{OS} + \lambda e_n,\ \lambda \in \mathbb{R}$.

Der Lotfußpunkt F ist Punkt dieser Gerade mit dem Parameter λ_F. Damit gilt

$\overrightarrow{OF} = \overrightarrow{OS} + \lambda_F e_n$.

Die Vektoren $\overrightarrow{SF}$ und $\overrightarrow{AF}$ sind orthogonal, d. h., ihr Skalarprodukt ist gleich null:

$(\overrightarrow{SF}, \overrightarrow{AF}) = 0$.

Wird in diese Gleichung $\overrightarrow{OF}$ aus der vorherigen eingesetzt, so folgt

$(\lambda_F e_n, \overrightarrow{OS} + \lambda_F e_n - \overrightarrow{OA}) = 0$ bzw. $\lambda_F^2 + \lambda_F(e_n, \overrightarrow{AS}) = 0$ mit den Lösungen $\lambda_F = 0$ oder $\lambda_F = -(e_n, \overrightarrow{AS})$.

Für $\lambda_F = 0$ ist $\overrightarrow{OS} = \overrightarrow{OF}$ und folglich $A \in E$. Der Punkt A ist nicht Punkt der Ebene E, wie durch Einsetzen seiner Koordinaten in ihre Gleichung überprüft wird: $1 + 3 \cdot 0 - 2 \neq 10$. $\lambda_F = 0$ kommt somit nicht in Frage.

Für $\lambda_F = -(e_n, \overrightarrow{AS})$ ergibt sich mit dem Normalenvektor der Ebene E ist $n = (1, 3, -1)^\top$, dem zugehörigen Einheitsvektor $e_n = n/|n| = (1, 3, -1)^\top/\sqrt{11}$ sowie dem Vektor $\overrightarrow{AS} = (2, 8, 15)^\top$

$\lambda_F = -(e_n, \overrightarrow{AS}) = -\sqrt{11}$ und $\overrightarrow{OF} = \overrightarrow{OS} + \lambda_F e_n = (3, 8, 17)^\top - \sqrt{11}(1, 3, -1)^\top/\sqrt{11} = (2, 5, 18)^\top$.

Für den Spiegelpunkt A' folgt

$\overrightarrow{OA'} = \overrightarrow{OF} + \overrightarrow{AF} = 2(2, 5, 18)^\top - (1, 0, 2)^\top = (3, 10, 34)^\top$.

Der Vektor $\overrightarrow{SA'}$ ist Richtungsvektor des reflektierten Lichtstrahls.

Antwort: Der Lichtstrahl wird in die Richtung des Einheitsvektors

$e_{\overrightarrow{SA'}} = \overrightarrow{SA'}/|\overrightarrow{SA'}| = (0, 2, 17)^\top/\sqrt{293} \approx (0, 0.117, 0.993)^\top$ reflektiert.

4.79 Die Länge des Schattens ist gleich der Länge der Strecke $P_1'P_2'$ (bzw. des Vektors $\overrightarrow{P_1'P_2'}$), wobei der Punkt P_1' der Schnittpunkt der Gerade QP_1 mit der Ebene und der Punkt P_2' der Schnittpunkt der Gerade QP_2 mit der Ebene ist.

Die Gerade QP_1 hat die Gleichung

$$\begin{pmatrix} x \\ y \\ z \end{pmatrix} = \begin{pmatrix} 2 \\ -1 \\ 1 \end{pmatrix} + \mu \begin{pmatrix} 1 \\ -1 \\ -1 \end{pmatrix}, \quad \mu \in \mathbb{R}.$$

Da P_1' sowohl Punkt der Gerade QP_1 als auch Punkt der Ebene ist, müssen seine Koordinaten beide Gleichungen erfüllen. Einsetzen der Koordinaten aus der Geraden- in die Ebenengleichung ergibt die Gleichung bezüglich des Parameters μ des Punktes P_1'

$4(2 + \mu) + 3(-1 - \mu) - (1 - \mu) = 6$ mit der Lösung $\mu = 1$. Dem entspricht der Punkt $P_1'(3, -2, 0)$.

Die Gerade QP_2 hat die Gleichung

$$\begin{pmatrix} x \\ y \\ z \end{pmatrix} = \begin{pmatrix} 1 \\ 0 \\ 2 \end{pmatrix} + \tau \begin{pmatrix} -2 \\ 3 \\ -1 \end{pmatrix}, \tau \in \mathbb{R}.$$

Da P_2' sowohl Punkt der Gerade QP_2 als auch Punkt der Ebene ist, müssen seine Koordinaten beide Gleichungen erfüllen. Einsetzen der Koordinaten aus der Geraden- in die Ebenengleichung ergibt die Gleichung bezüglich des Parameters τ des Punktes P_2'

$4(1 - 2\tau) + 3 \cdot 3\tau - (2 - \tau) = 6$ mit der Lösung $\tau = 2$. Dem entspricht der Punkt $P_2'(-3, 6, 0)$.

Antwort: Die Länge des Vektors $\overrightarrow{P_1'P_2'} = (-6, 8, 0)^\top$ ist $|\overrightarrow{P_1'P_2'}| = 2\sqrt{(-3)^2 + 4^2} = 10$.

4.80 Ist F der Lotfußpunkt des Lotes von O auf die Ebene, so gilt für den Spiegelpunkt O' des Koordinatenursprungs O an der Ebene

$\overrightarrow{OO'} = 2\overrightarrow{OF}$.

Der Ortsvektor des Lotfußpunktes F ist

$\overrightarrow{OF} = \overrightarrow{OO} - (\overrightarrow{PO}, e_n)e_n = -(\overrightarrow{PO}, e_n)e_n$,

wobei P ein beliebiger Punkt der Ebene und e_n ein Normaleneinheitsvektor der Ebene ist.

Ein Punkt P der Ebene ergibt sich z. B. mit $x = 0$ und $z = 0$: $P(0, 29, 0)$.

Ein Normalenvektor der Ebene ist $n = (3, 2, -4)^\top$ mit dem zugehörigen Einheitsvektor $e_n = n/|n| = (3, 2, -4)/\sqrt{29}^\top$.

Mit $\overrightarrow{PO} = (0, -29, 0)^\top$ sowie $(\overrightarrow{PO}, e_n) = -2 \cdot 29/\sqrt{29}$ folgt

$\overrightarrow{OF} = -(\overrightarrow{PO}, e_n)e_n = 2(3, 2, -4)^\top = (6, 4, -8)^\top$.

Antwort: Der Spiegelpunkt des Koordinatenursprungs O ist $\overrightarrow{OO'} = 2\overrightarrow{OF} = (12, 8, -16)^\top$.

4.81 Die Ebene, in der der Eckpunkt C liegt, hat den Normalenvektor

$n = \overrightarrow{AB} \times \overrightarrow{AP} = (-4, -3, 12)^\top \times (-3, -6, 12)^\top = 3(12, 4, 5)^\top$.

Da die Punkte A, B und C die Eckpunkte eines gleichseitigen Dreiecks bilden, liegt C auf der Mittelsenkrechten der Seite $\overline{AB}$, d. h., C liegt auf der Gerade durch ihren Halbierungspunkt C_1

$\overrightarrow{OC_1} = (\overrightarrow{OA} + \overrightarrow{OB})/2 = (6, 3.5, -4)^\top$

mit dem Richtungsvektor r, der sowohl senkrecht zu $\overrightarrow{AB}$ als auch zu n ist:

$r = \overrightarrow{AB} \times \overrightarrow{n} = (-4, -3, 12)^\top \times 3(12, 4, 5)^\top = 3(-63, 164, 20)^\top$.

Ist $a = |\overrightarrow{AB}|$ die Länge einer Seite des gleichseitigen Dreiecks, so ist die Entfernung des Eckpunktes C von C_1 gleich der Länge der Höhe $h = \sqrt{3}a/2$ im gleichseitigen Dreieck. Mit

$a = |\overrightarrow{AB}| = \sqrt{(-4)^2 + (-3)^2 + 12^2} = 13 \qquad \text{ist} \qquad h = \sqrt{3}a/2 \approx 11.258.$

Der zu r zugehörige Einheitsvektor ist

$e_r = r/|r| = (-63, 164, 20)^\top / \sqrt{(-63)^2 + 164^2 + 20^2} \approx (-0.356, 0.928, 0.113)^\top.$

Antwort: Für den Eckpunkt C des gleichseitigen Dreiecks ergeben sich die beiden Möglichkeiten
$\overrightarrow{OC} = \overrightarrow{OC_1} + h\, e_r \approx (1.989, 13.942, -2.727)^\top$ oder $\overrightarrow{OC} = \overrightarrow{OC_1} - h\, e_r \approx (10.011, -6.942, -5.273)^\top$.

4.82 **a)** Ist $e_n = (x_n, y_n, z_n)^\top$ mit $x_n^2 + y_n^2 + z_n^2 = 1$ ein Normaleneinheitsvektor der Dachebene, so schließt dieser wegen der gegebenen Dachneigung $\sqrt{3}/3$ mit dem Normaleneinheitsvektor $e^3 = (0, 0, 1)^\top$ der (x, y)-Ebene den Winkel $\alpha = \arctan(\sqrt{3}/3) = 30^\circ$ ein, d. h., es gilt

$$\left(\begin{pmatrix} x_n \\ y_n \\ z_n \end{pmatrix}, \begin{pmatrix} 0 \\ 0 \\ 1 \end{pmatrix}\right) = \cos 30^\circ = \frac{\sqrt{3}}{2}, \quad \text{d. h.,} \quad z_n = \frac{\sqrt{3}}{2}.$$

Da A und B Punkte der Dachebene sind, ist e_n senkrecht zu $\overrightarrow{AB}$, d. h., es gilt

$$0 = (e_n, \overrightarrow{AB}) = \left(\begin{pmatrix} x_n \\ y_n \\ z_n \end{pmatrix}, \begin{pmatrix} -2 \\ 1 \\ 0 \end{pmatrix}\right) = -2x_2 + y_n, \quad \text{d. h.,} \quad y_n = 2x_n.$$

Werden $z_n = \sqrt{3}/2$ und $y_n = 2x_n$ in die Normierungsbedingung $x_n^2 + y_n^2 + z_n^2 = 1$ eingesetzt, so folgt daraus für x_n die quadratische Gleichung

$5x_n^2 = 1/4 \quad \text{mit den Lösungen} \quad x_{n1/2} = \pm\sqrt{5}/10.$

Damit ist $y_{n1/2} = \pm\sqrt{5}/5$. Normaleneinheitsvektoren der Dachebene sind $e_n = (\pm\sqrt{5}/10, \pm\sqrt{5}/5, \sqrt{3}/2)^\top$.

Die Hesse-Normalform der Gleichung der Dachebene in Vektorschreibweise ist $(\overrightarrow{AX}, e_n) = 0$.

Der Firstpunkt $F(x_f, y_f, z_f)$ liegt lotrecht und mittig über der Traufline $\overline{AB}$, d. h., es gilt

$$\overrightarrow{OF} = \frac{1}{2}(\overrightarrow{OA} + \overrightarrow{OB}) + \lambda_f e^3 \quad \text{bzw. in Koordinatenschreibweise} \quad \begin{pmatrix} x_f \\ y_f \\ z_f \end{pmatrix} = \begin{pmatrix} 3 \\ 13/2 \\ 12 \end{pmatrix} + \lambda_f \begin{pmatrix} 0 \\ 0 \\ 1 \end{pmatrix}.$$

Sein Abstand zur Dachebene beträgt 1.5 m. Mit der Hesse-Normalform der Ebenengleichung, den Koordinaten des Normaleneinheitsvektors und den Koordinaten von F folgt daher

$$1.5 = (\overrightarrow{AF}, e_n) = \frac{\sqrt{5}}{10}(3-4) + \frac{\sqrt{5}}{5}\left(\frac{13}{2} - 6\right) + \frac{\sqrt{3}}{2}\lambda_f \quad \text{und daraus} \quad \lambda_f = \sqrt{3}.$$

Antwort: Die Koordinaten des Firstpunktes sind $F(3, 13/2, 12 + \sqrt{3}) \approx (3, 6.5, 13.7321)$ [m].

b) Der Punkt C ist der Lotfußpunkt des Lotes von F auf die Dachebene. Es gilt

$$\overrightarrow{OC} = \overrightarrow{OF} - (\overrightarrow{AF}, e_n)e_n = \begin{pmatrix} 3 \\ 13/2 \\ 12 + \sqrt{3} \end{pmatrix} - 1.5 \begin{pmatrix} \sqrt{5}/10 \\ \sqrt{5}/5 \\ \sqrt{3}/2 \end{pmatrix} \approx \begin{pmatrix} 2.6646 \\ 5.8292 \\ 12.433 \end{pmatrix}.$$

Der Inhalt der symmetrischen Gaubendachfläche beträgt

$2F_{\triangle ACF} = |\overrightarrow{CA} \times \overrightarrow{CF}| = |\overrightarrow{CA} \times (1.5e_n)| \approx |(0.5124, -1.88, 0.8385)^\top| \approx 2.1213\ [\text{m}^2].$

Antwort: Der Inhalt der Gaubendachfläche beträgt ca. 2.1213 [m^2].

4.83 Für die Kante $\overline{AB}$ des Würfels gilt

$\overrightarrow{AB} = (2, 2, 1)^\top \quad \text{und} \quad |\overrightarrow{AB}| = \sqrt{2^2 + 2^2 + 1^2} = 3.$

Wenn r ein Richtungsvektor der Gerade BC und $e_r = r/|r|$ sein zugehöriger Einheitsvektor ist, so liegt der Punkt C in der Entfernung $\left|\overrightarrow{AB}\right|$ vom Punkt B, d. h., es ist

$\overrightarrow{OC} = \overrightarrow{OB} \pm |\overrightarrow{AB}| e_r = (3, 6, 10)^\top \pm 3e_r.$

Es gibt zwei solcher Punkte C_1 und C_2. Der Richtungsvektor r der Gerade BC ist sowohl senkrecht zum Vektor $\overrightarrow{AB}$ als auch zum Normalenvektor n der Ebene durch die Punkte A, B, O. Daher gilt

$r = n \times \overrightarrow{AB}.$

Der Normalenvektor n ist sowohl senkrecht zu $\overrightarrow{AB}$ als auch zu $\overrightarrow{OA}$. Daher gilt

$$n = \overrightarrow{AB} \times \overrightarrow{OA} = \begin{vmatrix} e^1 & e^2 & e^3 \\ 2 & 2 & 1 \\ 1 & 4 & 9 \end{vmatrix} = \begin{pmatrix} 14 \\ -17 \\ 6 \end{pmatrix} \quad \text{und} \quad |n| = \sqrt{(14)^2 + (-17)^2 + 6^2} \approx 22.825.$$

Damit ergibt sich der Vektor r

$$r = \begin{vmatrix} e^1 & e^2 & e^3 \\ 14 & -17 & 6 \\ 2 & 2 & 1 \end{vmatrix} = \begin{pmatrix} -29 \\ -2 \\ 62 \end{pmatrix} \quad \text{und} \quad |r| = \sqrt{(-29)^2 + (-2)^2 + 62^2} \approx 68.476.$$

Die beiden möglichen Eckpunkte C_1 bzw. C_2 sind

$\overrightarrow{OC_1} = (3,6,10)^\top + 3e_r \approx (1.73, 5.91, 12.72)^\top$, $\overrightarrow{OC_2} = (3,6,10)^\top - 3e_r \approx (4.27, 6.09, 7.28)^\top$.

Für den Eckpunkt D ist analog zu C

$\overrightarrow{OD} = \overrightarrow{OA} \pm |\overrightarrow{AB}| e_r = (1,4,9)^\top \pm 3e_r$, sodass die den Punkten C_1 bzw. C_2 entsprechenden Punkte

$\overrightarrow{OD_1} = (1,4,9)^\top + 3e_r \approx (-0.27, 3.91, 11.72)^\top$ bzw. $\overrightarrow{OD_2} = (1,4,9)^\top - 3e_r \approx (2.27, 4.09, 6.28)^\top$ sind.

Die restlichen Eckpunkte ergeben sich mit dem Einheitsvektor $e_n = n/|n|$

$$\begin{aligned}
\overrightarrow{OA'} &= \overrightarrow{OA} \pm |\overrightarrow{AB}| e_n &\approx (2.84, 1.77, 9.79)^\top \text{ bzw. } (-0.84, 6.23, 8.21)^\top, \\
\overrightarrow{OB'} &= \overrightarrow{OB} \pm |\overrightarrow{AB}| e_n &\approx (4.84, 3.77, 10.79)^\top \text{ bzw. } (1.16, 8.23, 9.21)^\top, \\
\overrightarrow{OC_1'} &= \overrightarrow{OC_1} \pm |\overrightarrow{AB}| e_n &\approx (3.57, 3.68, 13.5)^\top \text{ bzw. } (-0.11, 8.15, 11.93)^\top, \\
\overrightarrow{OD_1'} &= \overrightarrow{OD_1} \pm |\overrightarrow{AB}| e_n &\approx (1.57, 1.68, 12.5)^\top \text{ bzw. } (-2.11, 6.15, 10.93)^\top, \\
\overrightarrow{OC_2'} &= \overrightarrow{OC_2} \pm |\overrightarrow{AB}| e_n &\approx (6.11, 3.85, 8.07)^\top \text{ bzw. } (2.43, 8.32, 6.49)^\top, \\
\overrightarrow{OD_2'} &= \overrightarrow{OD_2} \pm |\overrightarrow{AB}| e_n &\approx (4.11, 1.85, 7.07)^\top \text{ bzw. } (0.43, 6.32, 5.49)^\top.
\end{aligned}$$

Antwort: Der geniale Architekt C. A. Dentwurf hat vier Möglichkeiten, den Würfel zu projektieren. Die Grundfläche des Würfels ist entweder ABC_1D_1 oder ABC_2D_2. Die Eckpunkte der jeweils möglichen beiden Deckflächen $A'B'C_1'D_1'$ oder $A'B'C_2'D_2'$ ergeben sich für beide Grundflächen entweder durch das Plus- oder das Minuszeichen in allen Formeln.

Koordinatensysteme und Koordinatentransformationen

4.84 Aus der Gleichung der Ellipse

$$\frac{x^2}{5^2} + \frac{y^2}{2^2} = 1 \quad \text{folgt mit } x_p = 4 \quad y_{p1/2} = \pm 2\sqrt{1 - \frac{4^2}{5^2}} = \pm 6/5 = \pm 1.2.$$

Es gibt zwei Punkte auf der Ellipse mit der x-Koordinate $x_p = 4$: $P_1(4, 1.2)$ und $P_2(4, -1.2)$.

Der Abstand r dieser Punkte vom Koordinatenursprung beträgt

$$r = \sqrt{x_p^2 + y_p^2} = \sqrt{4^2 + 1.2^2} = 2\sqrt{109}/5 \approx 4.1761.$$

Für P_1 ist

$\sin\varphi_1 = y_{p1}/r = 3\sqrt{109}$, und $\cos\varphi_1 = x_p/r = 10\sqrt{109}$, d. h.,

$\varphi_1 = \arccos(x_p/r) = \arccos(10\sqrt{109}) \approx 0.2915 \approx 16.6992°$.

Für P_2 ist

$\sin\varphi_2 = y_{p2}/r = -3\sqrt{109}$, und $\cos\varphi_2 = x_p/r = 10\sqrt{109}$, d. h.,

$\varphi_2 = 2\pi - \arccos(x_p/r) = 2\pi - \arccos(10\sqrt{109}) \approx 5.9917 \approx 343.3008°$.

4.85 Für einen Punkt $P(x_p, y_p)$ der Parabel mit der Gleichung $y^2 = 4x$ ist nach Definition der Polarkoordinaten

$$r_p = \sqrt{x_p^2 + y_p^2} = \sqrt{x_p^2 + 4x_p} = \sqrt{x_p(x_p + 4)} \quad \text{sowie für } r > 0$$

$\varphi_p = \arccos(x_p/r)$, wenn $y_p \geq 0$ und $\varphi_p = 2\pi - \arccos(x_p/r)$, wenn $y_p < 0$.

Im Fall $r = 0$ handelt es sich um den Scheitelpunkt der Parabel (d. h., den Koordinatenursprung $O(0,0)$).

4.86 Umrechnung von Zylinder- in kartesische Koordinaten:

$x = r\cos\varphi = 1 \cdot \cos 60° = 1/2$, $y = r\sin\varphi = 1 \cdot \sin 60° = \sqrt{3}/2 \approx 0.8660$, $z = 4$.

Umrechnung von kartesischen in Kugelkoordinaten:

$$r = \sqrt{x^2+y^2+z^2} = \sqrt{0.25+0.75+16} = \sqrt{17} \approx 4.1231, \qquad \varphi = \pi/3 = 60^\circ,$$

$$\vartheta = \arctan\left(\sqrt{x^2+y^2}/z\right) = \arctan(1/4) \approx 0.245 \approx 14.0362^\circ.$$

4.87 Umrechnung von Kugel- in kartesische Koordinaten:

$$x = r\cos\varphi\sin\vartheta = 12\cos 45^\circ \sin 120^\circ = 3\sqrt{6} \approx 7.3485, \qquad y = r\sin\varphi\sin\vartheta = 12\sin 45^\circ \sin 120^\circ = 3\sqrt{6} \approx 7.3485,$$

$$z = r\cos\vartheta = 12\cos 120^\circ = -6.$$

Umrechnung von kartesischen in Zylinderkoordinaten:

$$r = \sqrt{x^2+y^2} = \sqrt{(3\sqrt{6})^2+(3\sqrt{6})^2} = 6\sqrt{3} \approx 10.3923, \qquad z = -6,$$

$$\sin\varphi = y/r = \sqrt{2}/2 \quad \text{und} \quad \cos\varphi = x/r = \sqrt{2}/2, \quad \text{d. h.,} \quad \varphi = \pi/4 = 45^\circ.$$

4.88 Die gesuchten Winkel ergeben sich aus den Hauptdiagonalelementen der Rotationsmatrix $D = D_z D_y D_x$:
$D_{11} = (e_x, e_{x'}) = \cos\measuredangle(e_x, e_{x'})$, $D_{22} = (e_x, e_{x'}) = \cos\measuredangle(e_y, e_{y'})$, $D_{33} = (e_x, e_{x'}) = \cos\measuredangle(e_z, e_{z'})$.
Mit den Rotationswinkeln $\alpha = \pi/4, \beta = -\pi/3$ und $\gamma = \pi/6$ ist

$$D = D_z D_y D_x = \begin{pmatrix} \sqrt{2}/2 & -\sqrt{2}/2 & 0 \\ \sqrt{2}/2 & \sqrt{2}/2 & 0 \\ 0 & 0 & 1 \end{pmatrix} \begin{pmatrix} 1/2 & 0 & -\sqrt{3}/2 \\ 0 & 1 & 0 \\ \sqrt{3}/2 & 0 & 1/2 \end{pmatrix} \begin{pmatrix} 1 & 0 & 0 \\ 0 & \sqrt{3}/2 & -1/2 \\ 0 & 1/2 & \sqrt{3}/2 \end{pmatrix} = \begin{pmatrix} \sqrt{2}/4 & -3\sqrt{6}/8 & -\sqrt{2}/8 \\ \sqrt{2}/4 & \sqrt{6}/8 & -5\sqrt{2}/8 \\ \sqrt{3}/2 & 1/4 & \sqrt{3}/4 \end{pmatrix}.$$

Antwort: Die gesuchten Winkel sind
$\measuredangle(e_x, e_{x'}) = \arccos D_{11} \approx 1.2094 \approx 69.2952^\circ$, $\measuredangle(e_y, e_{y'}) = \arccos D_{22} \approx 1.2596 \approx 72.1705^\circ$,
$\measuredangle(e_z, e_{z'}) = \arccos D_{33} \approx 1.123 \approx 64.3411^\circ$.

4.89 Bei der Rotation des Koordinatensystems um den Winkel $\varphi = \pi/4$ gilt für einen Punkt $P(x,y)$ im ursprünglichen Koordinatensystem und den entsprechenden Punkt $P'(x',y')$ im gedrehten Koordinatensystem $\overrightarrow{OP} = D\,\overrightarrow{OP'}$ bzw.

$$\begin{pmatrix} x \\ y \end{pmatrix} = \begin{pmatrix} \sqrt{2}/2 & -\sqrt{2}/2 \\ \sqrt{2}/2 & \sqrt{2}/2 \end{pmatrix} \begin{pmatrix} x' \\ y' \end{pmatrix} \quad \text{und daher} \quad x = \frac{\sqrt{2}}{2}(x'-y'), \quad y = \frac{\sqrt{2}}{2}(x'+y').$$

Antwort: Die Gleichung der Ellipse ist

$$\left(\frac{\sqrt{2}}{2}\right)^2 \frac{(x'-y')^2}{a^2} + \left(\frac{\sqrt{2}}{2}\right)^2 \frac{(x'+y')^2}{b^2} = 1 \quad \text{bzw.} \quad (x')^2(a^2+b^2)+(y')^2(a^2+b^2)+2x'y'(a^2-b^2)-2a^2b^2 = 0.$$

4.90 Die Verschiebung des Koordinatensystems hat keinen Einfluss auf die Koordinaten der Basisvektoren im gedrehten Koordinatensystem. Im gedrehten Koordinatensystem sind die Basisvektoren $e_{x'} = (1,0)^\top$ und $e_{y'} = (0,1)^\top$.
Antwort: Im ursprünglichen Koordinatensystem sind die Basisvektoren

$$e_x = D\,e_{x'} = \begin{pmatrix} \sqrt{2}/3 & -1/2 \\ 1/2 & \sqrt{2}/3 \end{pmatrix} \begin{pmatrix} 1 \\ 0 \end{pmatrix} = \begin{pmatrix} \sqrt{2}/3 \\ 1/2 \end{pmatrix} \quad \text{bzw.} \quad e_y = D\,e_{y'} = \begin{pmatrix} \sqrt{2}/3 & -1/2 \\ 1/2 & \sqrt{2}/3 \end{pmatrix} \begin{pmatrix} 0 \\ 1 \end{pmatrix} = \begin{pmatrix} 1/2 \\ \sqrt{2}/3 \end{pmatrix}.$$

4.91 Für den Punkt A im ursprünglichen Koordinatensystem gilt

$$\overrightarrow{OA} = D\,\overrightarrow{O'A'} + \overrightarrow{OO'} = \begin{pmatrix} 1/2 & -\sqrt{3}/2 \\ \sqrt{3}/2 & 1/2 \end{pmatrix} \begin{pmatrix} 2 \\ 1 \end{pmatrix} + \begin{pmatrix} 1 \\ -1 \end{pmatrix} = \begin{pmatrix} 2-\sqrt{3}/2 \\ \sqrt{3}-1/2 \end{pmatrix}.$$

Antwort: Der Punkt A ist $A(2-\sqrt{3}/2, \sqrt{3}-1/2))^\top \approx (1.134, 1.232)^\top$.
Entsprechend ergibt sich für die Punkte B und C
$B(3(1-\sqrt{3}), 2\sqrt{3}+2)^\top \approx (-2.196, 5.464)^\top$ und $C(5(1+\sqrt{3})/2, (3\sqrt{3}-7)/2)^\top \approx (6.83, -0.902)^\top$.

B5 Zahlenfolgen, Grenzwerte, Stetigkeit

Zahlenfolgen, Grenzwerte von Zahlenfolgen

5.1 a) **Monotonie:** Es gilt $a = 1 = -1$, $a_2 = 1$ und somit $a_1 < a_2$, was dem monotonen Fallen widerspricht. Es gilt $a_2 = 1$ und $a_3 = -1$, was dem monotonen Steigen widerspricht.

Beschränktheit: Wegen $a_n = 1$ für gerade n und $a_n = -1$ für ungerade n gilt $-1 \leq a_n \leq 1$, $n = 1, 2, \cdots$, d. h., die Folge ist nach oben beschränkt mit der Grenze 1 und nach unten beschränkt mit der Grenze -1.

Antwort: Die Folge ist nicht monoton, aber beschränkt (siehe **Bild 5.1**).

b) **Monotonie:** Aus $2n > 0$ folgt durch Addition von $n^2 - n$ die Ungleichung $n^2 + n > n^2 - n$ bzw. $(n+1)^2 - (n+1) > n^2 - n$, d. h., $a_{n+1} > a_n$, $n = 1, 2, \ldots$ (siehe **Bild 5.2**).

Beschränktheit: Es gilt $a_1 = 0$ und wegen der strengen Monotonie $a_n > 0$, $n > 1$. Die Folge ist nach unten beschränkt mit der Grenze 1.

Die Folge ist nach oben unbeschränkt. Angenommen, es gäbe eine obere Schranke $S > 0$, so müsste $a_n = n^2 - n < S$ für beliebiges $n \in \mathbb{N}$ gelten. Es gilt aber $n^2 - n - S = (n - n_1)(n - n_2) > 0$ für beliebige Nummmern $n > n_1$, wobei $n_1 = (1 + \sqrt{1 + 4S})/2$ die positive und $n_2 = (1 - \sqrt{1 + 4S})/2$ die negative Nullstelle des quadratischen Polynoms auf der linken Seite der Ungleichung ist. Das bedeutet einen Widerspruch zur Annahme der Beschränktheit nach oben.

Antwort: Die Folge ist streng monoton steigend, nach oben unbeschränkt und nach unten beschränkt.

c) **Monotonie:** Aus $2 > 1$ folgt nach Multiplikation mit 2^n die Ungleichung $2^{n+1} = 2^n$, d. h., $a_{n+1} > a_n$, $n = 1, 2, \ldots$

Beschränktheit: Es gilt $a_1 = 2$ und wegen der strengen Monotonie $a_n > 2$, $n > 1$. Die Folge ist nach unten beschränkt mit der Grenze 2 (siehe **Bild 5.3**).

Die Folge ist nach oben unbeschränkt. Angenommen, es gäbe eine obere Schranke $S > 0$, so müsste $a_n = 2^n < S$ bzw. $n < S/\ln 2$ für beliebiges $n \in \mathbb{N}$ gelten, was einen Widerspruch zur Unbeschränktheit der Menge der natürlichen Zahlen darstellt. Daher ist die Annahme der Beschränktheit nach oben falsch.

Antwort: Die Folge ist streng monoton steigend, nach oben unbeschränkt und nach unten beschränkt.

d) **Monotonie:** Aus $2 > 0$ folgt nach Addition von $2n$ die Ungleichung $2(n+1) > 2n$ bzw. $\frac{1}{2n} > \frac{1}{2(n+1)}$, d. h., $a_n > a_{n+1}$, $n = 1, 2, \cdots$.

Beschränktheit: Es gilt $a_1 = 1/2$ und wegen der strengen Monotonie $a_n < 1/2$, $n > 1$, d. h., die Folge ist beschränkt nach oben mit der Grenze 1.

Offensichtlich gilt $a_n > 0$, $n \geq 1$, d. h., die Folge ist beschränkt nach unten. Gleichzeitig ist $0 = \inf_n a_n$. Für beliebiges reelles $\varepsilon > 0$ existiert stets eine Zahl $N(\varepsilon)$ so, dass für alle Nummern $N > \max\{N(\varepsilon), 1\}$ gilt $a_N < \varepsilon$. Aus dieser Ungleichung folgt $\frac{1}{2N} < \varepsilon$ und daraus durch Umstellen nach N die Bedingung $N > \frac{1}{2\varepsilon} = N(\varepsilon)$.

Antwort: Die Folge ist streng monoton fallend und beschränkt (siehe **Bild 5.4**).

a) 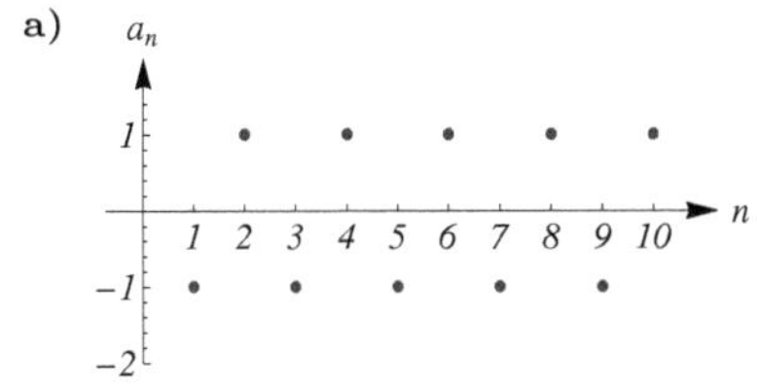

Bild 5.1 Folge $\{(-1)^n\}$

b) 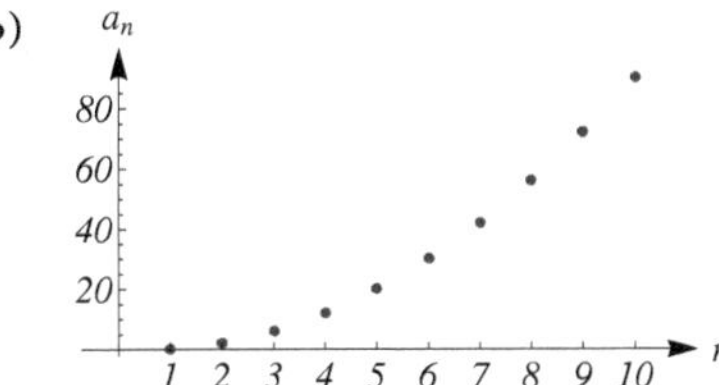

Bild 5.2 Folge $\{n^2 - n\}$

c) 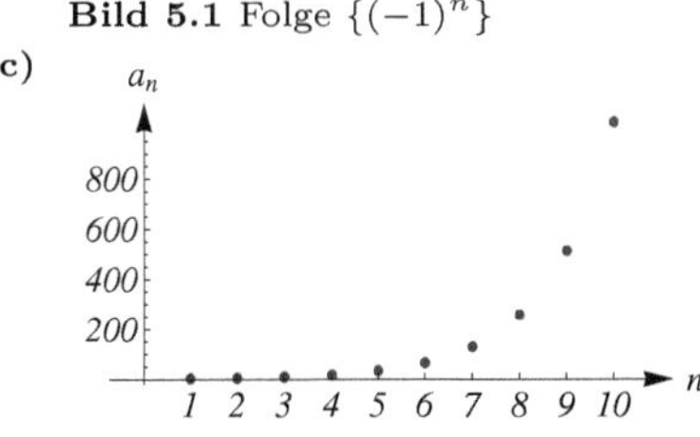

Bild 5.3 Folge $\{2^n\}$

d) 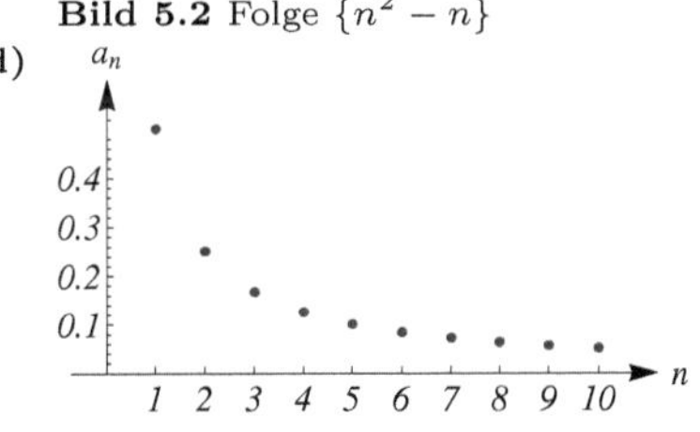

Bild 5.4 Folge $\{1/(2n)\}$

5.2 a) **Antwort:** $a_5 = \dfrac{3}{17}$, $a_{10} = \dfrac{13}{32}$, $a_{50} = \dfrac{93}{152}$, $a_{100} = \dfrac{193}{302}$, $a_{500} = \dfrac{993}{1502}$

b) **Monotonie:** Aus $6n^2-11n-10 > 6n^2-11n-35$ folgt $(2n-5)(3n+2) > (2n-7)(3n+5)$ bzw. $\dfrac{2(n+1)-7}{3(n+1)+2} > \dfrac{2n-7}{3n+5}$, d. h., $a_{n+1} > a_n$, $n = 1, 2, \ldots$

Beschränktheit: Es gilt $a_1 = -1$ und wegen der strengen Monotonie $a_n > -1$, $n > 1$. Die Folge ist nach unten beschränkt mit der Grenze -1.

Es wird Beschränkheit nach oben gezeigt. Offensichtlich gilt $6n - 21 < 6n + 4$ bzw. $3(2n - 7) < 2(3n + 2)$, d. h., $a_n = \dfrac{2n-7}{3n+2} < \dfrac{2}{3}$, $n = 1, 2, \ldots$ Die Folge ist nach oben durch $\dfrac{2}{3}$ beschränkt.

Antwort: Die Folge ist streng monoton steigend und beschränkt.

c) Gleichzeitig ist $\sup\limits_n a_n = \dfrac{2}{3}$. Für beliebiges reelles $\varepsilon > 0$ existiert stets eine Zahl $N(\varepsilon)$ so, dass für alle Nummern $N > \max\{N(\varepsilon), 1\}$ gilt $a_N > \dfrac{2}{3} - \varepsilon$. Aus dieser Ungleichung folgt $\dfrac{2N-7}{3N+2} > \dfrac{2}{3} - \varepsilon$ und daraus durch Umstellen nach N die Bedingung $N > \dfrac{25-6\varepsilon}{9\varepsilon} = N(\varepsilon)$.

Antwort: Der Grenzwert der streng monoton steigenden, nach oben beschränkten Zahlenfolge ist ihr Supremum 2/3.

d) **Antwort:** Durch Einsetzen von ε ergibt sich $N(1) = 3$, $N(0.1) = 28$, $N(0.01) = 278$, $N(0.001) = 2778$.

5.3 a) **Monotonie:** Aus $2n^2 + 6n < 2n^2 + 6n + 4$ folgt $2n((n + 1) + 2) < 2(n + 1)(n + 2)$ bzw. $\dfrac{(n+1)+2}{2(n+1)} < \dfrac{n+2}{2n}$, d. h., $a_{n+1} < a_n$, n=1,2,. . . .

Beschränktheit: Es gilt $a_n = \dfrac{n+2}{2n} = \dfrac{1}{2} + \dfrac{1}{n}$. Wegen $0 < \dfrac{1}{n} \leq 1$ ist $\dfrac{1}{2} < a_n \leq \dfrac{3}{2}$, $n = 1, 2, \ldots$

Antwort: Die Folge ist streng monoton fallend und beschränkt.

b) **Monotonie:** Aus $n(n + 3) > 0$ folgen nach Addition von $n^3 + 2n^2 + n + 2$ die Ungleichungen

$n^3+3n^2+4n+2 > n^3+2n^2+n+2$ bzw. $(n^2+2n+2)(n+1) > (n^2+1)(n+2)$, d. h., $\dfrac{n^2+2n+2}{n+2} < \dfrac{n^2+1}{n+1}$

bzw. $a_{n+1} > a_n$, $n = 1, 2, \ldots.$

Beschränktheit: Offensichtlich gilt $a_1 = 1$ und wegen der strengen Monotonie $a_n > 1$, $n > 1$. Die Folge ist nach unten beschränkt mit der Grenze 1.

Es wird Unbeschränktheit nach oben gezeigt, d. h., für eine beliebige reelle Zahl $k \geq 0$ gibt es stets eine Nummer N so, dass $a_N > k$ gilt.

Aus $a_N > k$ folgt $\dfrac{N^2+1}{N+1} > k$ und $N^2 + 1 > k(N + 1)$ bzw. $N^2 - kN + 1 - k > 0$.

Diese Ungleichung ist im Fall $k \geq \sqrt{8} - 2$ erfüllt für alle $N > N_1$, wobei $N_1 = \left(k + \sqrt{k^2 + 4k - 4}\right)/2$ die positive Nullstelle des quadratischen Polynoms auf der linken Seite der Ungleichung darstellt. Im Fall $0 < k < \sqrt{8} - 2$ ist sie sogar für beliebige N erfüllt.

Antwort: Die Folge ist streng monoton steigend und nach oben unbeschränkt. Nach unten ist sie beschränkt.

5.4 Für das allgemeine Folgenglied gilt $a_n = \left(1 + \dfrac{1}{3n}\right)^n = \sqrt[3]{\left(1 + \dfrac{1}{k}\right)^k}$ mit $k = 3n$. Für $n \to \infty$ gilt auch $k \to \infty$.

Monotonie und Beschränktheit wird zunächst für die Folge mit dem allgemeinen Glied $c_k = \left(1 + \dfrac{1}{k}\right)^k$ gezeigt.

Monotonie: Mit der binomischen Formel $(a + b)^k = \sum\limits_{i=0}^{k} \binom{k}{i} a^{k-i} b^i$ und $a = 1$, $b = \dfrac{1}{k}$ ist

$$\begin{aligned}\left(1 + \frac{1}{k}\right)^k &= 1 + k\frac{1}{k} + \frac{k(k-1)}{2!}\frac{1}{k^2} + \frac{k(k-1)(k-2)}{3!}\frac{1}{k^3} + \cdots + \frac{k(k-1)(k-2)\cdots 1}{k!}\frac{1}{k^k} \\ &= 1 + 1 + \frac{1}{2!}\left(1 - \frac{1}{k}\right) + \frac{1}{3!}\left(1 - \frac{1}{k}\right)\left(1 - \frac{2}{k}\right) + \cdots + \frac{1}{k!}\left(1 - \frac{1}{k}\right)\left(1 - \frac{2}{k}\right)\cdots\left(1 - \frac{k-1}{k}\right)\end{aligned}$$

und folglich

$$\left(1+\frac{1}{k+1}\right)^{k+1} = 1+1+\frac{1}{2!}\left(1-\frac{1}{k+1}\right)+\frac{1}{3!}\left(1-\frac{1}{k+1}\right)\left(1-\frac{2}{k+1}\right)+\ldots+\frac{1}{(k+1)!}\left(1-\frac{1}{k+1}\right)\left(1-\frac{2}{k+1}\right)\cdots\left(1-\frac{k}{k+1}\right).$$

Wegen $1 - \frac{d}{k} < 1 - \frac{d}{k+1}$, $d = 1, 2, \ldots, k-1$, ist der i-te Summand in der ersten Summe streng kleiner als der i-te Summand in der zweiten Summe, $i = 3, \ldots, k+1$. Außerdem hat die zweite Summe einen positiven Summanden mehr als die erste Summe. Daher gilt $c_k < c_{k+1}$ für $k = 1, 2, \ldots$, d. h., die Folge $\{c_k\}$ ist streng monoton steigend.

Beschränktheit:

Wegen $1 - \frac{d}{k} < 1$, $d = 1, 2, \ldots, k-1$, und $\frac{1}{i!} \leq \frac{1}{2^{i-1}}$, $i = 2, 3, \ldots, k$, gilt

$$c_k = \left(1 + \frac{1}{k}\right)^k \leq 1 + \sum_{i=0}^{k-1} \frac{1}{2^i} = 1 + 2 - \frac{1}{2^{k-1}} = 3 - \frac{1}{2^{k-1}} < 3, \ k = 1, 2, \ldots$$

Die Folge $\{c_k\}$ ist monoton steigend und nach oben beschränkt und konvergiert somit. Ihr Grenzwert ist die Euler-Zahl $e = \lim_{k\to\infty} \left(1 + \frac{1}{k}\right)^k$. Für die Folge $\{a_n\}$ gilt daher $\lim_{n\to\infty} a_n = \lim_{n\to\infty} \left(1 + \frac{1}{3n}\right)^n = \sqrt[3]{\lim_{k\to\infty} \left(1 + \frac{1}{k}\right)^k} = \sqrt[3]{e}$.

5.5 a) $\lim_{n\to\infty} \frac{6n^2+5n}{4n^2+n+1} = \lim_{n\to\infty} \frac{6+\frac{5}{n}}{4+\frac{1}{n}+\frac{1}{n^2}} = \frac{3}{2}$ — Kürzen mit der höchsten Nennerpotenz von n

b) $\lim_{n\to\infty} \frac{8n^5+9n^3+7}{n^6+3n} = \lim_{n\to\infty} \frac{\frac{8}{n}+\frac{9}{n^3}+\frac{7}{n^6}}{1+\frac{3}{n^5}} = 0$ — Kürzen mit der höchsten Nennerpotenz von n

c) $\lim_{n\to\infty} \left(\frac{8n}{3n+1}\right)^3 = \lim_{n\to\infty} \left(\frac{8}{3+\frac{1}{n}}\right)^3 = \left(\frac{8}{3}\right)^3$ — Kürzen mit der höchsten Nennerpotenz von n

d) $\lim_{n\to\infty} \left(\sqrt{n+1} - \sqrt{n}\right) = \lim_{n\to\infty} \frac{\left(\sqrt{n+1}-\sqrt{n}\right)\left(\sqrt{n+1}+\sqrt{n}\right)}{\sqrt{n+1}+\sqrt{n}} = \lim_{n\to\infty} \frac{1}{\sqrt{n+1}+\sqrt{n}} = 0$ — Erweitern mit $\sqrt{n+1}+\sqrt{n}$

e) $\lim_{n\to\infty} \left(\frac{2n(n+1)}{n+2} - \frac{2n^3}{n^2+2}\right) = \lim_{n\to\infty} \frac{2n(n+1)(n^2+2) - 2n^3(n+2)}{(n+2)(n^2+2)} = \lim_{n\to\infty} \frac{-2n^3+4n^2+4n}{n^3+2n^2+2n+4} = \lim_{n\to\infty} \frac{-2+\frac{4}{n}+\frac{4}{n^2}}{1+\frac{2}{n}+\frac{2}{n^2}+\frac{4}{n^3}} = -2$
Gleichnamige Brüche,
Kürzen mit der höchsten Nennerpotenz von n

5.6 a) $\lim_{n\to\infty} \left(\sqrt{9n^4+3} - 3n^2\right) = \lim_{n\to\infty} \frac{3}{\sqrt{9n^4+3}+3n^2} = 0$ — Erweitern mit $\sqrt{9n^4+3}+3n^2$

b) $\lim_{n\to\infty} \frac{n^4+1}{8n^3+2} = \lim_{n\to\infty} \frac{n+\frac{1}{n^3}}{8+\frac{2}{n^3}} = \infty$ — Kürzen mit der höchsten Nennerpotenz von n

c) $\lim_{n\to\infty} \frac{1}{n^p} = \lim_{n\to\infty} \left(\frac{1}{n} \cdot \frac{1}{n} \cdot \frac{1}{n} \cdots \frac{1}{n}\right) = 0$ — Produkt aus p Nullfolgen

d) $\lim_{n\to\infty} \frac{n!}{n^n} = \lim_{n\to\infty} \left(\frac{1}{n} \cdot \frac{2}{n} \cdot \frac{3}{n} \cdots \frac{n-1}{n} \cdot \frac{n}{n}\right) = 0$ — Vergleichskriterium: $0 < \frac{n!}{n^n} \leq \frac{1}{n}$

Grenzwerte von Funktionen, Stetigkeit

5.7 a) $\lim_{x\to\infty} \frac{x^2+1}{3x^2+2x-1} = \lim_{x\to\infty} \frac{1+\frac{1}{x^2}}{3+\frac{2}{x}-\frac{1}{x^2}} = \frac{1}{3}$ — Kürzen mit der höchsten Nennerpotenz von x

b) $\lim_{x\to\infty} \frac{4x-1}{2-x^2} = \lim_{x\to\infty} \frac{\frac{4}{x}-\frac{1}{x^2}}{\frac{2}{x^2}-1} = 0$ — Kürzen mit der höchsten Nennerpotenz von x

c) $\lim_{x\to\infty} \frac{2x^5-x^2-2}{x^4+3x^2-1} = \lim_{x\to\infty} \frac{2x-\frac{1}{x^2}-\frac{2}{x^4}}{1+\frac{3}{x^2}-\frac{1}{x}} = \infty$ — Kürzen mit der höchsten Nennerpotenz von x

d) $\lim_{x\to 1} \frac{x^4+2x^2-3}{x^2-3x+2} = \lim_{x\to 1} \frac{(x^2+3)(x+1)(x-1)}{(x-1)(x-2)} = \lim_{x\to 1} \frac{(x^2+3)(x+1)}{x-2} = -8$

e) $\lim_{x\to\infty} \frac{(2x)^x}{(2x+1)^x} = \lim_{x\to\infty} \left(\frac{1}{1+\frac{1}{2x}}\right)^x = \frac{1}{\lim_{x\to\infty}\left(1+\frac{1}{2x}\right)^x} = \frac{1}{e^{1/2}} = e^{-1/2}$

f) $\lim\limits_{x\to1}\dfrac{x^n-1}{x-1}=\lim\limits_{x\to1}\left(x^{n-1}+x^{n-2}+\cdots+x+1\right)=n$ Kürzen mit $(x-1)$

g) $\lim\limits_{x\to\infty}\dfrac{\sin^3 x}{x}=\lim\limits_{x\to\infty}\left(\dfrac{1}{x}\sin^3 x\right)=0$ $\lim\limits_{x\to\infty}\dfrac{1}{x}=0,\ \left|\sin^3 x\right|\le 1$ beschränkt

5.8 a) $\lim\limits_{x\to+0}\left(x\sqrt{1+\dfrac{4}{x^2}}+2\right)=\lim\limits_{x\to+0}\left(\sqrt{x^2+4}+2\right)=4$ Kürzen mit x

b) $\lim\limits_{x\to0}\dfrac{\sqrt{1+x}-1}{x}=\lim\limits_{x\to0}\dfrac{x}{x\left(\sqrt{1+x}+1\right)}=\lim\limits_{x\to0}\dfrac{1}{\left(\sqrt{1+x}+1\right)}=\dfrac{1}{2}$ Erweitern mit $\left(\sqrt{1+x}+1\right)$, Kürzen mit x

c) $\lim\limits_{x\to\infty}\left(\sqrt{x+\sqrt{x}}-\sqrt{x-\sqrt{x}}\right)=\lim\limits_{x\to\infty}\dfrac{2\sqrt{x}}{\sqrt{x+\sqrt{x}}+\sqrt{x-\sqrt{x}}}=\lim\limits_{x\to\infty}\dfrac{2}{\sqrt{1+\frac{1}{\sqrt{x}}}+\sqrt{1-\frac{1}{\sqrt{x}}}}=1$

Erweitern mit $\sqrt{x+\sqrt{x}}+\sqrt{x-\sqrt{x}}$, Kürzen mit $\sqrt{x}$

d) $\lim\limits_{x\to0}x\sin\dfrac{1}{x}=1$ $\lim\limits_{x\to0}x=0,\ \left|\sin\dfrac{1}{x}\right|\le 1$ beschränkt

e) $\lim\limits_{x\to0}\dfrac{\tan 3x}{\sin 2x}=\lim\limits_{x\to0}\dfrac{\sin(2x)\cos x+\cos(2x)\sin x}{\cos(3x)\sin(2x)}=\lim\limits_{x\to0}\left(\dfrac{\cos x}{\cos(3x)}+\dfrac{\cos(2x)}{\cos(3x)}\dfrac{\sin x}{\sin(2x)}\right)=1+\lim\limits_{x\to0}\dfrac{\sin x}{2\sin x\cos x}=\dfrac{3}{2}$

f) $\lim\limits_{x\to0}\dfrac{1}{1+e^{\cot x}}=0$ $\lim\limits_{x\to0}\cot x=\infty$

g) $\lim\limits_{x\to+\infty}\dfrac{\sin x^2}{\sqrt[3]{x}}=0$ $\lim\limits_{x\to+\infty}\dfrac{1}{\sqrt[3]{x}}=0,\ \left|\sin x^2\right|\le 1$ beschränkt

5.9 a) $x=0$ $\lim\limits_{x\to0+0}\left(2-\dfrac{|x|}{x}\right)=1,\ \lim\limits_{x\to0-0}\left(2-\dfrac{|x|}{x}\right)=3$ Sprung

$x\to\infty$ $\lim\limits_{x\to\infty}f(x)=1$ wegen $f(x)=1,\ x>0$

$x\to-\infty$ $\lim\limits_{x\to-\infty}f(x)=3$ wegen $f(x)=3,\ x<0$ siehe **Bild 5.5**

b) $x=0$ $\lim\limits_{x\to0+0}\left(1+\dfrac{1}{x}\right)^x=1$ hebbare rechtsseitige Unstetigkeit

$x=-1$ nicht hebbare Unstetigkeit

$x\to-1+0$ Funktion ist nicht definiert für $-1\le x\le 0$

$x\to-1-0$ $\lim\limits_{x\to-1-0}\left(1+\dfrac{1}{x}\right)^x=-\infty$

$x\to\infty$ $\lim\limits_{x\to\infty}\left(1+\dfrac{1}{x}\right)^x=e$ horizontale Asymptote

$x\to-\infty$ $\lim\limits_{x\to-\infty}\left(1+\dfrac{1}{x}\right)^x=\lim\limits_{\tilde{x}\to\infty}\left(1-\dfrac{1}{\tilde{x}}\right)^{-\tilde{x}}=e$ horizontale Asymptote, siehe **Bild 5.6**

c) $x=0$ $\lim\limits_{x\to0}e^{-1/x^2}=0$ Lücke

$x\to\infty$ $\lim\limits_{x\to\infty}e^{-1/x^2}=1$ horizontale Asymptote

$x\to-\infty$ $\lim\limits_{x\to-\infty}=e^{-1/x^2}=1$ horizontale Asymptote, siehe **Bild 5.7**

d) $x=2$ $f(2)=0$ und $\lim\limits_{x\to2}\dfrac{1}{2^{x-2}}=1$ nicht hebbare Unstetigkeit

$x\to\infty$ $\lim\limits_{x\to\infty}\dfrac{1}{2^{x-2}}=0$ horizontale Asymptote

$x\to-\infty$ $\lim\limits_{x\to-\infty}\dfrac{1}{2^{x-2}}=\infty$ siehe **Bild 5.8**

a)

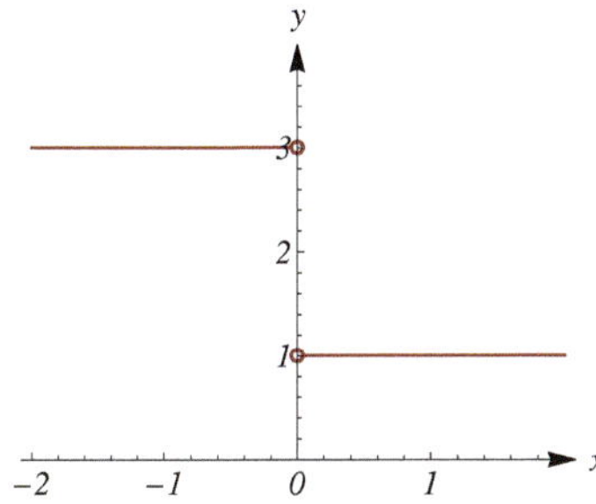

Bild 5.5 $f(x) = 2 - \dfrac{|x|}{x}$

b)

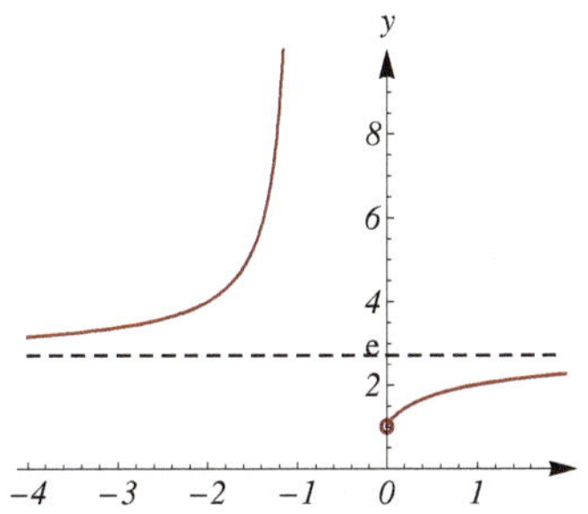

Bild 5.6 $f(x) = \left(1 + \dfrac{1}{x}\right)^x$

c)

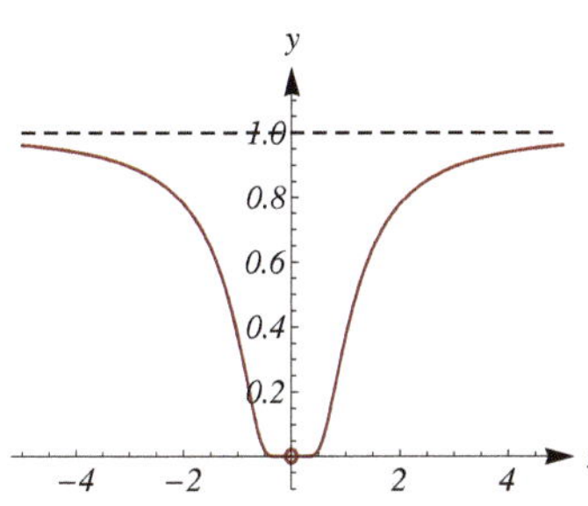

Bild 5.7 $f(x) = \mathrm{e}^{-1/x^2}$

d)

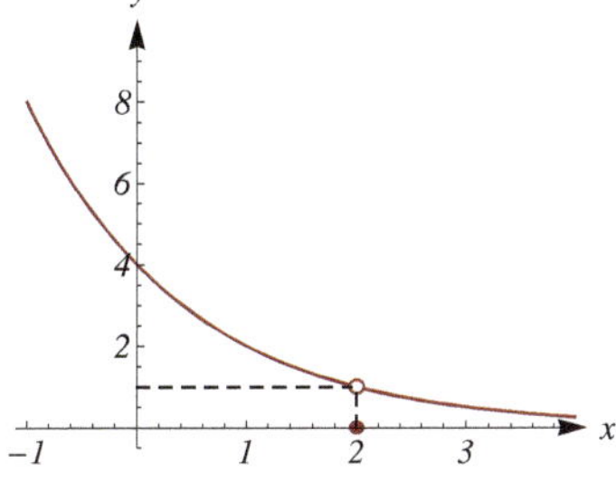

Bild 5.8 $f(x) = 0, \quad x = 2$
$f(x) = \dfrac{1}{2^{x-2}}, \; x \neq 2$

5.10 a) $\lim\limits_{x\to\infty} \arctan x = \dfrac{\pi}{2}$ — wegen $\lim\limits_{x\to\pi/2} \tan x = \infty$

b) $\lim\limits_{x\to\infty} \operatorname{arccot} x = 0$ — wegen $\lim\limits_{x\to 0} \cot x = \infty$

c) $\lim\limits_{x\to\infty} \tanh x = \lim\limits_{x\to\infty} \dfrac{\mathrm{e}^x - \mathrm{e}^{-x}}{\mathrm{e}^x + \mathrm{e}^{-x}} = \lim\limits_{x\to\infty} \dfrac{1 - \mathrm{e}^{-2x}}{1 + \mathrm{e}^{-2x}} = 1$ — Kürzen mit e^x

$\lim\limits_{x\to-\infty} \tanh x = \lim\limits_{x\to-\infty} \dfrac{\mathrm{e}^x - \mathrm{e}^{-x}}{\mathrm{e}^x + \mathrm{e}^{-x}} = \lim\limits_{x\to-\infty} \dfrac{\mathrm{e}^{2x} - 1}{\mathrm{e}^{2x} + 1} = -1$ — Erweitern mit e^x

d) $\lim\limits_{x\to 0\pm 0} \operatorname{artanh} x = \lim\limits_{x\to 0\pm 0} \dfrac{1}{2} \ln \dfrac{1+x}{1-x} = 0$

B6 Differenzialrechnung für Funktionen einer Veränderlichen

Ableitungen, Anwendungen

6.1 a) $\left(\frac{1}{x}\right)'\Big|_{x=10} = \lim\limits_{x\to10}\frac{\frac{1}{x}-\frac{1}{10}}{x-10} = \lim\limits_{x\to10}\frac{10-x}{10x}\,\frac{1}{x-10} = -\frac{1}{100}$

b) $\left(x^2\right)'\Big|_{x=8} = \lim\limits_{x\to8}\frac{x^2-8^2}{x-8} = \lim\limits_{x\to8}(x+8) = 16$

6.2 a) $15(5x-4)^2$ b) $\frac{-x^2+2x-4}{(1-x)^2}$ c) $\frac{x^{2.5}(7+3x^2)}{2(1+x^2)^2}$

d) $\frac{10}{3}x^{-1/3}-\frac{15}{2}x^{1.5}-2x^{-2}$ e) $\frac{1}{1-\sin t}$ f) $-\sqrt{\frac{1+x}{1-x}}\,\frac{1}{(1+x)^2}$

g) $-\frac{1}{x^2}-\frac{2}{x^3}-\frac{3}{x^4}-\ldots-\frac{n}{x^{n+1}}$ h) $-15(1-x^3)^4x^2$ i) $\omega\cot\omega t$

j) $7x^6-10x^4+3x^2$ k) $(4x-3)\cos(2x^2-3x+1)$ l) $\omega\sin(2\omega t)$

m) $\frac{\sqrt{2p}}{4\sqrt{pt}\sqrt{1+\sqrt{2pt}}}$ n) $\mathrm{e}^{\cos x}(\cos x-\sin^2 x)$ o) $3\cos(3u)\cdot\ln 2\cdot 2^{\sin(3u)}$

p) $-2\frac{\cos^2 x}{\sin^3 x}$ q) $x>0:\ 0,\ x<0: -\frac{4}{1+x^2}$ r) $|x|<1:\ \frac{2}{1+x^2},\ |x|>1:\ -\frac{2}{1+x^2}$

6.3 a) $y'(x) = 2\mathrm{e}^{2x}$ $\quad y'(2) = 2\mathrm{e}^4$

b) $y'(x) = -\frac{2}{3}x^{-1/3}-\frac{16}{x^2}$ $\quad y'(-8) = -\frac{2}{3}(-8)^{-1/3}-\frac{16}{(-8)^2} = \frac{1}{12}$

6.4 a) $y(x)=a^x \quad y'(x)=a^x\ln a \quad y''(x)=a^x\ln^2 a \quad y'''(x)=a^x\ln^3 a \quad \ldots \quad y^{(n)}(x) = a^x\ln^n a$

b) $y(x)=\ln x \quad y'(x)=x^{-1} \quad y''(x)=-x^{-2} \quad y'''(x)=2\,x^{-3} \quad \ldots \quad y^{(n)}(x) = (-1)^{n-1}(n-1)!\,x^{-n}$

6.5 Die Funktion f ist sowohl für $x>0$ als auch für $x<0$ ein Polynom und somit auf $(-\infty,0)$ und $(0,\infty)$ unendlich oft differenzierbar. Untersucht werden muss noch die Stelle $x=0$. Eine Funktion ist an einer Stelle x_0 genau dann differenzierbar, wenn links- und rechtsseitiger Grenzwert der Ableitungen dort übereinstinmmen. Es gilt

$\lim\limits_{x\to+0} f'(x) = \lim\limits_{x\to+0} 3x^2 = 0,\quad \lim\limits_{x\to-0} f'(x) = \lim\limits_{x\to-0} -3x^2 = 0$ und somit $f'(0)=0$,

$\lim\limits_{x\to+0} f''(x) = \lim\limits_{x\to+0} 6x = 0,\quad \lim\limits_{x\to-0} f''(x) = \lim\limits_{x\to-0} -6x = 0$ und somit $f''(0)=0$,

$\lim\limits_{x\to+0} f'''(x) = \lim\limits_{x\to+0} 6 = 6,\quad \lim\limits_{x\to-0} f'''(x) = \lim\limits_{x\to-0} -6 = -6$ d. h., f hat für $x=0$ keine dritte Ableitung.

Antwort: Die Funktion ist über ganz $\mathbb{R}$ zweimal differenzierbar.

6.6

a) $f'(x) = 12x^3+6x^2+2x$, $f''(x) = 36x^2+12x+2$, $f'''(x) = 72x+12$, $f^{IV}(x) = 72$

b) $f'(x) = \cos x$, $f''(x) = -\sin x$, $f'''(x) = -\cos x$, $f^{IV}(x) = \sin x$

c) $f'(x) = -x^{-2}$, $f''(x) = 2x^{-3}$, $f'''(x) = -6x^{-4}$, $f^{IV}(x) = 24x^{-5}$

d) $f'(x) = 3x^2\mathrm{e}^{x^3}$, $f''(x) = 3\mathrm{e}^{x^3}x(3x^3+2)$, $f'''(x) = 3\mathrm{e}^{x^3}(9x^6+18x^3+2)$, $f^{IV}(x) = 9\mathrm{e}^{x^3}x^2(3x^3+10)(3x^3+2)$

6.7 a) $f'(x)=3x^2 \quad f'(0)=0=\tan\alpha \quad \alpha=0 \quad y=0$

b) $f'(x)=-\mathrm{e}^{-x} \quad f'(0)=-1=\tan\alpha \quad \alpha=3\pi/4 \quad y=-x+1$

6.8 Der Graph der Funktion $f(x)=(ax-x^3)/4$ schneidet die x-Achse, wenn gilt

$$\frac{ax-x^3}{4}=0,\quad \text{d. h.,}\quad 0=ax-x^3=x(a-x^2).$$

Das ist der Fall für $x=0$ oder $x^2=a$.

Der Tangens des Steigungswinkels der Funktion f an der Stelle x ist die Ableitung $f'(x)$ der Funktion f an der Stelle x. Der Steigungswinkel ist der Schnittwinkel des Graphen der Funktion f mit der x-Achse (d. h., der Winkel zwischen der x-Achse und der Tangente an den Graphen von f).

Mit der Ableitung $f'(x) = \dfrac{a - 3x^2}{4} = \tan 45^\circ = 1$ ergibt sich

a) für $x = 0$: $\quad f'(0) = \dfrac{a}{4} = 1$, d. h., $a = 4$.

b) für $x^2 = a$ $(a \geq 0)$: $\quad f'(\pm\sqrt{a}) = \dfrac{a - 3a}{4} = 1$. d. h., $a = -2$, was der Voraussetzung $x^2 = a \geq 0$ widerspricht.

Antwort: Für $a = 4$ schneidet der Graph von f die x-Achse unter dem Winkel von 45°. Der Schnittpunkt ist an der Stelle $x = 0$. Wegen $f(0) = 0$ ist das der Koordinatenursprung.

6.9 **a)** $\displaystyle\lim_{x\to 0} \frac{\sin x}{x} = \left[\frac{0}{0}\right] = \lim_{x\to 0} \frac{\cos x}{1} = 1$

b) $\displaystyle\lim_{x\to 0} \frac{x - \sin x}{x^3} = \left[\frac{0}{0}\right] = \lim_{x\to 0} \frac{1 - \cos x}{3x^2} = \left[\frac{0}{0}\right] = \lim_{x\to 0} \frac{\sin x}{6x} = \left[\frac{0}{0}\right] = \lim_{x\to 0} \frac{\cos x}{6} = \frac{1}{6}$

c) $\displaystyle\lim_{x\to +0} \frac{\ln x}{\cot x} = \left[-\frac{\infty}{\infty}\right] = \lim_{x\to +0} -\frac{\sin^2 x}{x} = \left[\frac{0}{0}\right] = \lim_{x\to +0} \frac{-2\sin x \cos x}{1} = 0$

d) $\displaystyle\lim_{x\to 0} \left(\cot x - \frac{1}{x}\right) = \lim_{x\to 0} \frac{x\cos x - \sin x}{x \sin x} = \left[\frac{0}{0}\right] = \lim_{x\to 0} \frac{-x\sin x}{\sin x + x\cos x} = \left[\frac{0}{0}\right] = \lim_{x\to 0} -\frac{\sin x + x\cos x}{2\cos x - x\sin x} = 0$

e) $\displaystyle\lim_{x\to +0} \cot x \sinh x = \lim_{x\to +0} \frac{e^x - e^{-x}}{2\tan x} = \left[\frac{0}{0}\right] = \lim_{x\to 0} \frac{e^x + e^{-x}}{1 + \tan^2 x} = 1$

f) $\displaystyle\lim_{x\to +0} (\sin x)^x = \lim_{x\to +0} e^{x \ln \sin x} = \lim_{x\to +0} e^{\frac{\ln \sin x}{1/x}} = e^{\left[\frac{-\infty}{\infty}\right]} = \lim_{x\to +0} e^{-\frac{x^2}{\tan x}} = e^{\left[\frac{0}{0}\right]} = \lim_{x\to +0} e^{-\frac{2x}{1+\tan^2 x}} = 1$

g) $\displaystyle\lim_{x\to \frac{\pi}{4}} (\tan x)^{\tan(2x)} = \lim_{x\to \frac{\pi}{4}} e^{\frac{\ln \tan x}{\cot(2x)}} = e^{\left[-\frac{\infty}{\infty}\right]} = \lim_{x\to \frac{\pi}{4}} e^{\frac{\sin^2(2x)}{-2\tan x \cos^2 x}} = e^{-1}$

h) $\displaystyle\lim_{x\to +0} \frac{\ln \tan ax}{\ln \tan bx} = \left[\frac{-\infty}{-\infty}\right] = \lim_{x\to +0} \frac{a\sin(bx)\cos(bx)}{b\sin(ax)\cos(ax)} = \lim_{x\to +0} \frac{a\sin(2bx)}{b\sin(2ax)} = \left[\frac{0}{0}\right] = \lim_{x\to +0} \frac{\cos(2bx)}{\cos(2ax)} = 1$

Fehlerrechnung

6.10 Für das Volumen einer Kugel mit dem Radius r gilt
$V(r) = 4\pi r^3/3$ sowie $V'(r) = 4\pi r^2$.
Für den relativen Fehler gilt

$$\left|\frac{\Delta V}{V}\right| \approx \left|\frac{\mathrm{d}V}{V}\right| = \left|\frac{V'\Delta r}{V}\right| = \left|\frac{4\pi r^2 \Delta r}{4\pi r^3/3}\right| = \frac{3}{r}\,|\Delta r| < 1\,\%$$

und somit für die relative Genauigkeit $|\Delta r/r| < 1/3\,\%$.

Antwort: Der Radius einer Kugel muss mit einer relativen Genauigkeit von höchstens ca. $1/3\,\%$ gemessen werden, damit der relative Fehler bei der Berechnung des Volumens kleiner als $1\,\%$ ist.

6.11 Für den Inhalt F der Wohnfläche gilt

$$F(\alpha) = a^2 + \frac{a^2 \tan\alpha}{2} = 25(1 + \sqrt{3}/6) \approx 32.21\ [\mathrm{m}^2] \qquad \text{sowie} \qquad F'(\alpha) = \frac{a^2}{2\cos^2\alpha}.$$

Für den absoluten Fehler gilt

$$|\Delta F| \approx |\mathrm{d}F| = \left|F'\Delta\alpha\right| = \left|\frac{a^2}{2\cos^2\alpha}\right| |\Delta\alpha| = \frac{5^2\cdot 4}{2\cdot 3}\cdot\frac{2\pi}{60\cdot 180} \approx 0.00967\ [\mathrm{m}^2].$$

Für den relativen Fehler gilt

$$\left|\frac{\Delta F}{F}\right| \approx \left|\frac{\mathrm{d}F}{F}\right| \approx 0.00030 = 0.03\,\%.$$

Antwort: Der absolute Fehler beträgt ca. $0.0097\ [\mathrm{m}^2]$, der relative Fehler ca. $0.03\,\%$.

6.12 Für die Höhe h gilt in Abhängigkeit vom Peilwinkel α
$h(\alpha) = a\tan\alpha$ und $h'(\alpha) = a/\cos^2\alpha$.
Für den relativen Fehler gilt

$$\left|\frac{\mathrm{d}h}{h}\right| \leq \left|\frac{h'(\alpha)}{h(\alpha)}\right| |\Delta\alpha| = \frac{1}{|\cos^2\alpha \tan\alpha|}\,|\Delta\alpha| = \frac{2}{|\sin 2\alpha|}\,|\Delta\alpha| = \frac{2}{|\sin 30^\circ|}\left|1^\circ\right| = 4\,\frac{0.5\pi}{180} \approx 0.035 = 3.5\,\%.$$

Antwort: Der maximale relative Fehler bei der Ermittlung der Höhe des Bauwerkes beträgt ca. $3.5\,\%$.

6.13 Aus der Näherungsformel $f(x + \Delta x) \approx f(x) + f'(x)\Delta x$
folgt mit $f(x) = \sqrt[3]{x}$, $f'(x) = 1/(3x^{2/3})$ an der Stelle $x = 1$ und der Abweichung $\Delta x = 0.02$
$f(1.02) \approx f(1) + f'(1) \cdot 0.02 = 1 + 0.02/3 = 1.00\overline{6} \approx 1.0067.$
Antwort: Der Funktionswertzuwachs beträgt ca. 0.0067, der Funktionswert an der Stelle 1 ist gleich 1, der Funktionswert an der Stelle 1.02 ist ca. 1.0067.

6.14 a) Für den relativen Fehler bei der Berechnung des Funktionswertes $f(x) = x^2 + 1$ an der Stelle $x = \pi$ gilt

$$\left|\frac{\Delta f}{f}\right| \approx \left|\frac{\mathrm{d}f}{f}\right| = \left|\frac{2x\Delta x}{x^2+1}\right| < 1\,\%$$

und daher an der Stelle $x = \pi$

$$|\Delta x| < \frac{x^2+1}{2x}\,\% = \frac{\pi^2+1}{2\pi}\,\% < 0.0173.$$

Antwort: Die Zahl π ist mit mindestens zwei Nachkommastellen genau zu nähern.

b) Für den relativen Fehler bei der Berechnung des Funktionswertes $f(x) = x^x$ an der Stelle $x = \pi$ gilt

$$\left|\frac{\Delta f}{f}\right| \approx \left|\frac{\mathrm{d}f}{f}\right| = \left|\frac{x^x(\ln x + 1)\Delta x}{x^x}\right| < 1\,\%$$

und daher an der Stelle $x = \pi$

$$|\Delta x| < \frac{1}{\ln \pi + 1}\,\% < \frac{1}{2.1447299} \approx 0.00466\,\%.$$

Antwort: Die Zahl π ist mit mindestens drei Nachkommastellen genau zu nähern.

6.15 a) Das Messergebnis wird mit $a = a_0 \pm \Delta a$, $a_0 = 2.3$ cm, $\Delta a = 0.2$ cm bezeichnet.
Für die Dichte ρ gilt in Abhängigkeit von der Kantenlänge a des Würfels

$$\rho(a) = \frac{m}{a^3} \qquad \text{sowie} \qquad \rho'(a) = -\frac{3m}{a^4}.$$

Der Funktionswert von ρ an der Messstelle a_0 ist $\rho(2.3) \approx 8.219$ g/cm^3.
Für den absoluten Fehler gilt

$$|\rho(a) - \rho(a_0)| \approx |\mathrm{d}\rho| = \left|\rho'(a)(a - a_0)\right| \le \left|\rho'(a)\Delta a\right| = \frac{3m}{a_0^4}\Delta a = \frac{300}{2.3^4} \cdot 0.2 \approx 2.144 \text{ g/cm}^3.$$

Für den relativen Fehler gilt

$$\frac{|\rho(a) - \rho(a_0)|}{\rho(a_0)} \le \frac{a_0^3}{m}\frac{3m}{a_0^4}\Delta a = \frac{3}{a_0}\Delta a = \frac{3}{2.3} \cdot 0.2 = 0.26 = 26\,\%.$$

Antwort: Der maximale absolute Fehler beträgt ca. 2.144 g/cm^3, der maximale relative ca. 26 %. Das ist sehr viel!

b) Aus der Bedingung

$$\frac{|\rho(a) - \rho(a_0)|}{\rho(a_0)} \le \frac{3}{a_0}\Delta a \le 0.1$$

ergibt sich bei gleicher Kantenlänge $a_0 = 2.3$ cm

$$\Delta a \le \frac{a_0}{3} \cdot 0.1 \approx 0.077 \text{ cm}.$$

Antwort: Der Messfehler darf höchstens 0.077 cm betragen.

6.16 a) Das Volumen einer Kugel mit dem Radius r beträgt $V = \frac{4}{3}\pi r^3$.
Die Dichte ρ eines (homogenen) Körpers der Masse m mit dem Volumen V ist

$$\rho = \frac{m}{V} \quad \text{und mit dem Volumen der Kugel} \quad \rho = \frac{3m}{4\pi r^3}.$$

Antwort: Für den Radius r der Kugel gilt $r(\rho) = \sqrt[3]{\dfrac{3m}{4\pi\rho}} = \left(\dfrac{3m}{4\pi\rho}\right)^{\frac{1}{3}} = k\rho^{-\frac{1}{3}}$, $k = \left(\dfrac{3m}{4\pi}\right)^{\frac{1}{3}}$.

b) Für den relativen Fehler gilt die Abschätzung

$$\left|\frac{\Delta r}{r(\rho_0)}\right| \approx \left|\frac{\mathrm{d}r}{r(\rho_0)}\right| \le \left|\frac{r'(\rho_0)\Delta\rho}{r(\rho_0)}\right|.$$

Mit $\quad r(\rho) = k\rho^{-\frac{1}{3}} \quad$ und $\quad r'(\rho) = -\frac{1}{3}k\rho^{-\frac{4}{3}} \quad$ folgt $\quad \left|\dfrac{r'(\rho_0)\Delta\rho}{r(\rho_0)}\right| = \dfrac{\Delta\rho}{3\rho_0} = \dfrac{0.1}{3 \cdot 8} = \dfrac{1}{240} \approx 0.00417 = 0.417\,\%.$

Für den absoluten Fehler gilt mithilfe dieser Abschätzung

$$|\Delta r| \approx |\mathrm{d}r| \le \left|r'(\rho_0)\Delta\rho\right| = \left|\frac{r'(\rho_0)\Delta\rho}{r(\rho_0)}\right| r(\rho_0) = \frac{r(\rho_0)}{240} = \left(\frac{3 \cdot 2000}{32\pi}\right)^{1/3} \cdot \frac{1}{240} = \left(\frac{3}{2\pi}\right)^{1/3} \cdot \frac{1}{48} \approx 0.163 \text{ [cm]}.$$

Antwort: Die Abschätzung in linearer Näherung (d. h., mithilfe des Differenzials), beträgt für den Betrag des absoluten Fehlers ca. 0.16 cm und für den Betrag des relativen Fehlers ca. 0.42 %.

6.17 a) Der Definitionsbereich ist $t \in [0, \infty)$ [a]. An den Rändern gilt

$$h(0) = \frac{4000}{1 + 9e^{-0.058 \cdot 0}} - 400 = 0 \text{ [cm]}, \qquad \lim_{t \to \infty} h(t) = \frac{4000}{1 + 9 \lim_{t \to \infty} (e^{-0.058 \cdot t})} - 400 = 3\,600 \text{ [cm]}.$$

Antwort: Der Definitionsbereich ist $t \in [0, \infty)$, der entsprechende Wertebereich $h(t) \in [0, 3600]$ [cm].

b) Die gesuchte Ableitung ist $\dot{h}(t) = \dfrac{4\,000 \cdot 0.058 \cdot 9e^{-0.058t}}{(1 + 9e^{-0.058t})^2}$ [cm/a].

Damit ergibt sich für $t = 10$ [a] $\quad \dot{h}(10) = \dfrac{4\,000 \cdot 0.058 \cdot 9e^{-0.058 \cdot 10}}{(1 + 9e^{-0.058 \cdot 10})^2} \approx 32.055$ [cm/a].

Wegen $\dot{h}(t) > 0$ für $t \in [0, \infty)$ ist die Funktion h monoton steigend. Mit Aufgabe **a)** ist $\sup\limits_{t \in [0,\infty)} h(t) = 3\,600$ [cm].

Antwort: Die Fichte wächst im Alter von 10 Jahren mit der Geschwindigkeit von ca. 32 cm/a. Sie kann maximal 36 m groß werden.

c) Das Differenzial ist $dh = \dot{h}(t)\Delta t$.

Mit $t = 10$ [a] und $\Delta t = 2$ [a] folgt $dh = \dot{h}(10) \cdot 2 \approx 64.11$ [cm].

Antwort: Der Höhenzuwachs beträgt bei gleicher Wachstumsgeschwindigkeit ca. 64 cm.

d) **Antwort:** Der tatsächliche Höhenzuwachs beträgt

$$h(12) - h(10) = 4\,000 \left(\frac{1}{1 + 9e^{-0.058 \cdot 12}} - \frac{1}{1 + 9e^{-0.058 \cdot 10}} \right) \approx 328.97 - 262.35 = 66.62 \text{ [cm]}.$$

e) Für das Alter t_{16}, zu dem die Fichte die Höhe $h(t_{16}) = 16$ m erreicht, gilt

$$1\,600 = \frac{4\,000}{1+9e^{-0.058 \cdot t_{16}}} - 400 \quad \text{bzw.} \quad \frac{1}{2} = \frac{1}{1+9e^{-0.058 \cdot t_{16}}} \quad \text{bzw.} \quad t_{16} = \frac{\ln 9}{0.058} \approx 37.88 \text{ [a]}.$$

Die Wachstumsgeschwindigkeit zu dieser Zeit beträgt

$$\dot{h}(t_{16}) = \frac{4\,000 \cdot 0.058 \cdot 9e^{-\ln 9}}{(1 + 9e^{-\ln 9})^2} = 58 \text{ [cm/a]}.$$

Antwort: Im Alter von ca. 38 Jahren erreicht die Fichte die Höhe von 16 m. Die Wachstumsgeschwindigkeit zu dieser Zeit beträgt 58 cm/a.

Eigenschaften differenzierbarer Funktionen

6.18 a)

DB:	$\{x \mid x \in \mathbb{R} \wedge -\infty < x < \infty\}$
$x \to \pm\infty$	$\lim\limits_{x \to \pm\infty} (x^3 - x^2 - 2x) = \pm\infty$
WB:	$\{y \mid y \in \mathbb{R} \wedge -\infty < y < \infty\}$
Symmetrie:	nein
Nullstellen:	$x_1 = 0, x_2 = -2, x_3 = -1$
Polstellen:	keine
Extrema:	$y\left(\dfrac{1 + \sqrt{7}}{3}\right) = -\dfrac{14\sqrt{7} + 20}{27} \approx -2.11$ lokales Minimum
	$y\left(\dfrac{1 - \sqrt{7}}{3}\right) = \dfrac{14\sqrt{7} - 20}{27} \approx 0.63$ lokales Maximum
Wendepunkte:	$y\,(1/3) = -20/27$
Monotonie:	monoton steigend für $\left\{x \mid x \in \mathbb{R} \wedge (x > \dfrac{1 + \sqrt{7}}{3} \vee x < \dfrac{1 - \sqrt{7}}{3}\right\}$
	monoton fallend für $\left\{x \mid x \in \mathbb{R} \wedge (\dfrac{1 - \sqrt{7}}{3} < x < \dfrac{1 + \sqrt{7}}{3}\right\}$
Krümmung:	konvex für $\{x \mid x \in \mathbb{R} \wedge x > 1/3\}$, konkav für $\{x \mid x \in \mathbb{R} \wedge x < 1/3\}$
Asymptoten:	entfällt (siehe **Bild 6.1**)

b)

DB:	$\{x \mid x \in \mathbb{R} \ \wedge \ 1 < x < \infty\}$
$x \to \infty$:	$\lim\limits_{x\to\infty} (2x - x\ln(x-1)) = -\infty$
$x \to 1$:	$\lim\limits_{x\to 1} (2x - x\ln(x-1)) = \infty$
WB:	$\{y \mid y \in \mathbb{R} \ \wedge \ -\infty < y < \infty\}$
Symmetrie:	nein
Nullstellen:	$x = \mathrm{e}^2 + 1$
Unstetigkeiten:	keine
Extrema:	keine
Wendepunkte:	$y(2) = 4$
Monotonie:	monoton fallend auf dem gesamten DB
Krümmung:	konvex für $\{x \mid x \in \mathbb{R} \ \wedge \ 1 < x < 2\}$, konkav für $\{x \mid x \in \mathbb{R} \ \wedge \ 2 < x < \infty\}$
Asymptoten:	$x = 1$ (siehe **Bild 6.2**)

c)

DB:	$\{x \mid x \in \mathbb{R} \ \wedge \ 0 < x < \infty\}$
$x \to \infty$:	$\lim\limits_{x\to\infty} x\ln^2 x = \infty$
$x \to 0$:	$\lim\limits_{x\to 0+0} x\ln^2 x = 0$
WB:	$\{y \mid y \in \mathbb{R} \ \wedge \ 0 < y < \infty\}$
Symmetrie:	nein
Nullstellen:	$x_1 = 1$
Unstetigkeiten:	keine
Extrema:	$y(1) = 0$ lokales Minimum $y(\mathrm{e}^{-2}) = 4\mathrm{e}^{-2}$ lokales Maximum
Wendepunkte:	$y(\mathrm{e}^{-1}) = \mathrm{e}^{-1}$
Monotonie:	monoton steigend für $\{x \mid x \in \mathbb{R} \ \wedge \ (1 < x < \infty \ \vee \ 0 < x < \mathrm{e}^{-2})\}$ monoton fallend für $\{x \mid x \in \mathbb{R} \ \wedge \ \mathrm{e}^{-2} < x < 1\}$
Krümmung:	konvex für $\{x \mid x \in \mathbb{R} \ \wedge \ \mathrm{e}^{-1} < x < \infty\}$, konkav für $\{x \mid x \in \mathbb{R} \ \wedge \ 0 < x < \mathrm{e}^{-1}\}$
Asymptoten:	keine (siehe **Bild 6.3**)

d)

DB:	$\{x \mid x \in \mathbb{R} \ \wedge \ -\infty < x < \infty \ \wedge \ x \neq 3\}$
$x \to \pm\infty$	$\lim\limits_{x\to\pm\infty} (x^3 - x^2 - 2x) = \pm\infty$
WB:	$\{y \mid y \in \mathbb{R} \ \wedge \ -\infty < y < \infty\}$
Symmetrie:	nein
Nullstellen:	$x_1 = 1, x_2 = -1$
Polstellen:	$x = 3, \ \lim\limits_{x\to 3\pm 0} \dfrac{x^2 - 1}{x - 3} = \pm\infty$
Extrema:	$y(3 + 2\sqrt{2}) = 6 + 4\sqrt{2}$ lokales Minimum $y(3 - 2\sqrt{2}) = 6 - 4\sqrt{2}$ lokales Maximum
Wendepunkte:	keine
Monotonie:	monoton steigend für $\{x \mid x \in \mathbb{R} \ \wedge \ (3 - 2\sqrt{2} < x < 3 \ \vee \ 3 < x < 3 + 2\sqrt{2})\}$ monoton fallend für $\{x \mid x \in \mathbb{R} \wedge (-\infty < x < 3 - 2\sqrt{2} \ \vee \ 3 + 2\sqrt{2} < x < \infty)\}$
Krümmung:	konvex für $\{x \mid x \in \mathbb{R} \ \wedge \ 3 < x < \infty\}$, konkav für $\{x \mid x \in \mathbb{R} \ \wedge \ -\infty < x < 3\}$
Asymptoten:	$y = x + 3$ (siehe **Bild 6.4**)

e)

DB:	$\{x \mid x \in \mathbb{R} \ \wedge \ -\infty < x < \infty \ \wedge \ x \neq -1 \ \wedge \ x \neq 3\}$
WB:	$\{y \mid y \in \mathbb{R} \ \wedge \ -\infty < y < \infty\}$
Symmetrie:	nein
Nullstellen:	$x_1 = 1$
Polstellen:	$x = -1, \ \lim\limits_{x\to -1\pm 0} \dfrac{2x - 2}{x^2 - 2x - 3} = \pm\infty, \ x = 3, \ \lim\limits_{x\to 3\pm 0} \dfrac{2x - 2}{x^2 - 2x - 3} = \pm\infty$
Extrema:	keine
Wendepunkte:	$y(1) = 0$
Monotonie:	monoton fallend für $\{x \mid x \in \mathbb{R} \wedge (-\infty < x < -1 \ \vee \ -1 < x < 1 \ \vee \ 3 < x < \infty)\}$

Krümmung: konvex für $\{x|x \in \mathbb{R} \wedge (-1 < x < 1 \vee 3 < x < \infty)\}$,
konkav für $\{x|x \in \mathbb{R} \wedge (-\infty < x < -1 \vee 1 < x < 3)\}$

$x \to \pm\infty$: $\lim\limits_{x \to \pm\infty} \dfrac{2x-2}{x^2-2x-3} = 0$

Asymptoten: $y = 0$ (siehe **Bild 6.5**)

a)

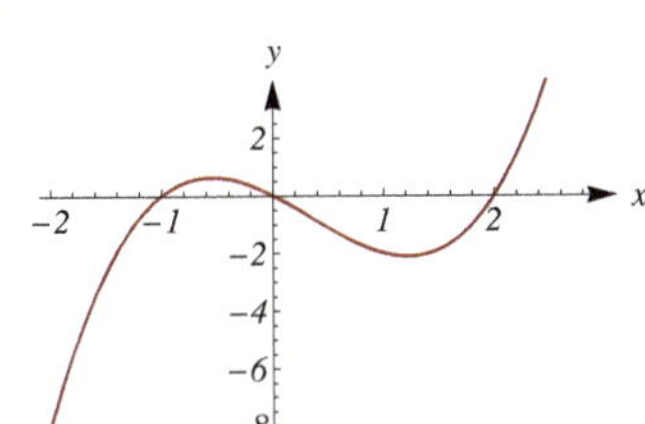

Bild 6.1 zu **6.18 a)**

b)

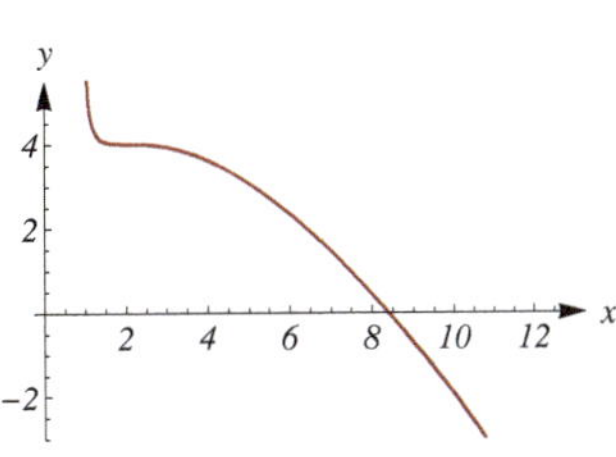

Bild 6.2 zu **6.18 b)**

c)

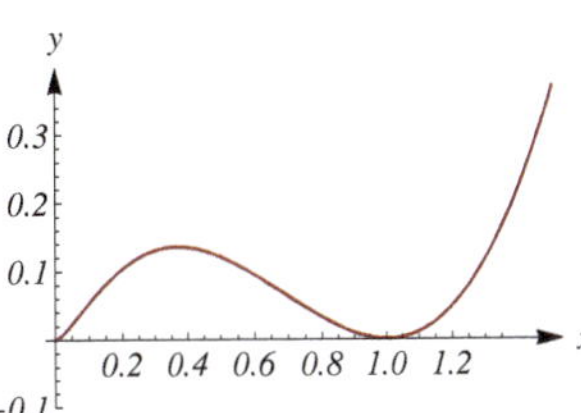

Bild 6.3 zu **6.18 c)**

d)

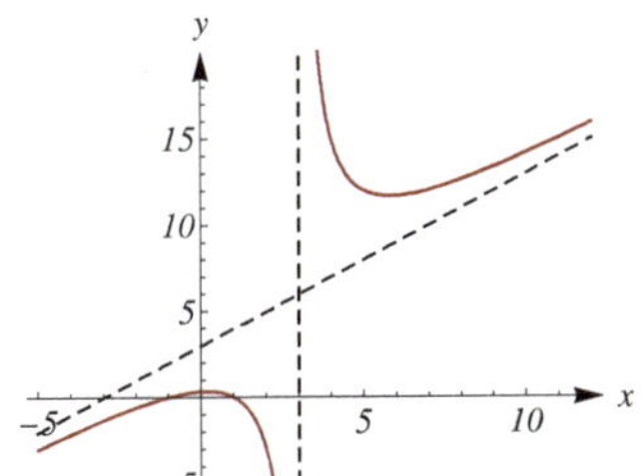

Bild 6.4 zu **6.18 d)**

e)

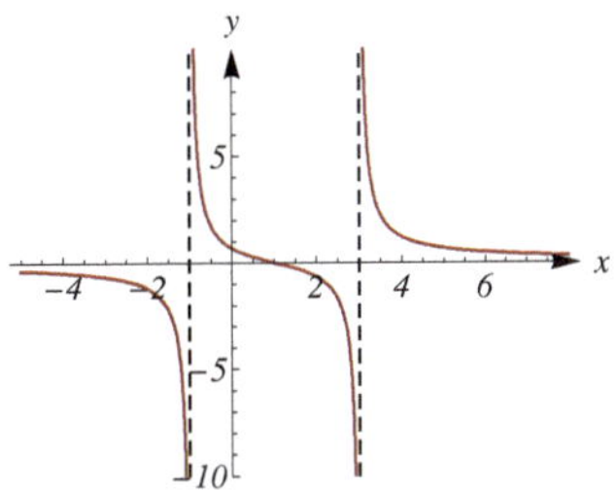

Bild 6.5 zu **6.18 e)**

6.19 a) Mit der Ableitung

$\dot{x}(t) = -2c_1 e^{-2t} - c_2 e^{-t}$

folgt aus den Bedingungen

$$\begin{aligned} 2 &= x(0) = c_1 + c_2 \\ 4 &= \dot{x}(0) = -2c_1 - c_2 \end{aligned}$$

und daraus die Lösung des Gleichungssystems $c_1 = -6$, $c_2 = 8$.

Antwort: Die Funktion x und ihre Ableitung sind damit
$x(t) = -6e^{-2t} + 8e^{-t}$ und $\dot{x}(t) = 12e^{-2t} - 8e^{-t}$.

b) Die zu maximierende Funktion ist die Position x des Schwingers in Abhängigkeit von der Zeit t

$x(t) = -6e^{-2t} + 8e^{-t}$, $t \in [0, \infty)$.

Erste Ableitung $\dot{x}(t) = 4e^{-2t}(3 - 2e^t)$
Kritische Stelle $t^\star = \ln(3/2) \approx 0.4055$
Hinreichende Bedingung $\dot{x}(t) > 0$ für $t < t^\star$, $\dot{x}(t) < 0$ für $t > t^\star$, d. h., lokales Maximum
Ränder $x(0) = 2$, $\lim_{t\to\infty} x(t) = 0$
Extremwert $x(t^\star) = x(\ln(3/2)) = 8/3$ ist globales Maximum.

Antwort: Zum Zeitpunkt $t^\star = \ln 3/2$ s hat der Schwinger die maximale Auslenkung $x(t^\star) = 8/3$ cm (siehe **Bild 6.6**).

c) Gleichgewichtslage bedeutet keine Auslenkung, d. h., $x = 0$. Wegen $0 < e^{-t} < 1$ ist

$x(t) = -6e^{-2t} + 8e^{-t} = 2e^{-t}(4 - 3e^{-t}) > 0$, $t > 0$.

Antwort: Der Schwinger erreicht seine Gleichgewichtslage nicht. Allerdings ist seine Auslenkung bereits nach kurzer Zeit verschwindend klein (vgl. **d)**).

d) Für $t > t^\star$ ist $x(t)$ wegen $\dot{x}(t) < 0$ monoton fallend. Andererseits ist $x(t) > 0$ für $t > 0$. Für den gesuchten Zeitpunkt gilt daher $0.1 = x(t) = -6e^{-2t} + 8e^{-t}$. Mit der Substitution $z = e^{-t} > 0$ folgt die quadratische Gleichung

$6z^2 - 8z + 0.1 = 0$ mit den Lösungen $z_{1/2} = 4 \pm \sqrt{16 - 0.6}$,
von denen die Lösung $z_1 < 0$ nicht in Frage kommt.

Antwort: Für z_2 ergibt sich der gesuchte Zeitpunkt $t = -\ln z_2 \approx 4.3725$ [s].

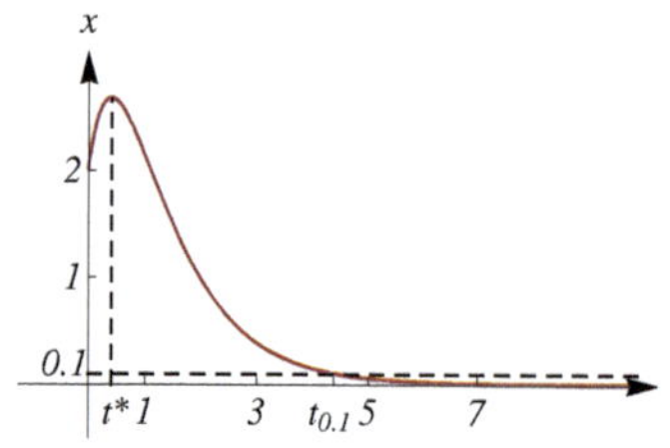

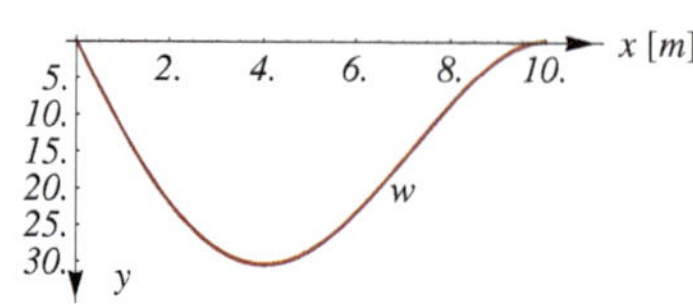

Bild 6.6 Schwingungsverlauf **Bild 6.7** Biegelinie, $q_0/(EI) = 1$, $l = 10$

6.20 Der Ansatz für die Biegelinie zusammen mit den ersten vier Ableitungen lautet

$$\begin{aligned}
w(x) &= a_5x^5 + a_4x^4 + a_3x^3 + a_2x^2 + a_1x + a_0,\\
w'(x) &= 5a_5x^4 + 4a_4x^3 + 3a_3x^2 + 2a_2x + a_1,\\
w''(x) &= 20a_5x^3 + 12a_4x^2 + 6a_3x + 2a_2,\\
w'''(x) &= 60a_5x^2 + 24a_4x + 6a_3,\\
w^{IV}(x) &= 120a_5x + 24a_4.
\end{aligned}$$

An der Stelle $x = 0$ ergibt sich mit den Randbedingungen aus den Ansätzen für $w(x)$ bzw. $w''(x)$ unmittelbar $a_0 = 0$ und $a_2 = 0$. Der Koeffizientenvergleich des Ansatzes für $w^{IV}(x)$ mit der Gleichung der Biegelinie ergibt

Koeffizienten vor x^1: $120a_5 = -q_0/(EI\,l)$, d. h., $a_5 = -q_0/(120\,EI\,l)$,
Koeffizienten vor x^0: $24a_4 = q_0/(EI)$, d. h., $a_4 = q_0/(24\,EI)$.

An der Stelle $x = l$ ergibt sich mit den Randbedingungen aus den Ansätzen für $w(x)$ bzw. $w'(x)$ und den bereits bekannten Koeffizienten a_0, a_2, a_4 und a_5 das folgende Gleichungssystem für die noch zu ermittelnden Koeffizienten a_3 und a_1

$$\begin{aligned}
a_3l^3 + a_1l &= -\frac{q_0l^4}{EI}\left(-\frac{1}{120} + \frac{1}{24}\right)\\
3a_3l^2 + a_1 &= -\frac{q_0l^3}{EI}\left(-\frac{5}{120} + \frac{4}{24}\right)
\end{aligned}
\quad \text{mit der Lösung} \quad a_3 = -\frac{11}{240}\frac{q_0l}{EI},\; a_1 = \frac{3}{240}\frac{q_0l^3}{EI}.$$

Antwort: Die Gleichung der Biegelinie lautet $w(x) = \dfrac{q_0}{EI}\left(-\dfrac{1}{120\,l}x^5 + \dfrac{1}{24}x^4 - \dfrac{11\,l}{240}x^3 + \dfrac{3\,l^3}{240}x\right)$ (siehe **Bild 6.7**).

6.21 Die Gleichungen der gesuchten Parabeln y_1 und y_2 mit den angegebenen Scheitelpunkten $(0, 0)$ bzw. (L, h) sind zusammen mit ihren Ableitungen

$y_1(x) = ax^2$, $y_1'(x) = 2ax$ bzw. $y_2(x) = h + b(x - L)^2$, $y_2'(x) = 2b(x - L)$, $a, b \in \mathbb{R}$.

An der Stelle $x = l$ haben y_1 und y_2 gleiche Funktionswerte und gleiche Steigungen, d. h., es gilt

$$\begin{aligned}
y_1(l) &= al^2 = y_2(l) = h + b(l - L)^2,\\
y_1'(l) &= 2al = y_2'(l) = 2b(l - L).
\end{aligned}$$

Aus der zweiten Gleichung folgt durch Umstellen $a = b(l - L)/l$ und nach Einsetzen in die erste Gleichung

$b(l - L)l = h + b(l - L)^2$, daraus $b(l - L)(l - (l - L)) = h$ und weiter $b = \dfrac{h}{L(l - L)} = \dfrac{1}{150}$, $a = \dfrac{h}{lL} = \dfrac{1}{75}$.

Antwort: Die Gleichungen der beiden Parabeln sind $y_1(x) = x^2/75$ und $y_2(x) = 4 - (x - 30)^2/150$.

6.22 Der Ansatz für die Funktionsgleichung für p_1 lautet wegen der achsparallelen Lage der Parabel

$$p_1(x) = y_1 + a_1(x - x_1)^2 = -\frac{1}{4} + a_1(x - 4)^2$$

mit zu bestimmender Konstante a_1. Da p_1 durch den Koordinatenursprung verläuft, gilt $p_1(0) = 0$. Aus der Funktionsgleichung von p_1 folgt $a_1 = -y_1/x_1^2 = 1/64$ und damit

$$p_1(x) = -\frac{1}{4} + \frac{(x - 4)^2}{64}.$$

Der Ansatz für die Funktionsgleichung für p_2 lautet wegen der achsparallelen Lage der Parabel

$$p_2(x) = y_1 + a_2(x - x_1)^2 = -\frac{1}{4} + a_2(x - 4)^2$$

mit zu bestimmender Konstante a_2. Da p_2 durch den Punkt $K_2(x_2, y_2)$ verläuft, gilt $p_2(x_2) = y_2$. Aus der Funktionsgleichung von p_2 folgt $a_2 = (y_2 - y_1)/(x_2 - x_1)^2 = 1/160$ und damit

$$p_2(x) = -\frac{1}{4} + \frac{(x-4)^2}{160}.$$

Der Ansatz für die Funktionsgleichung für p_3 lautet wegen der achsparallelen Lage der Parabel

$$p_3(x) = y_3 + a_3(x - x_3)^2 = y_3 + a_3(x - 18)^2$$

mit zu bestimmenden Konstanten y_3, a_3. Die werden aus folgenden Bedingungen bestimmt:

Kontaktpunkt in K_2 :	$p_2(x_2) = p_3(x_2)$	d. h.,	$0.15 = 3/20 = y_3 + 36a_3$
gleiche Steigung in K_2 :	$p_2'(x_2) = p_3'(x_2)$	d. h.,	$2a_2(x_2 - x_1) = 2a_3(x_2 - x_3)$

Aus der zweiten Gleichung ergibt sich $a_3 = -1/120$ und damit aus der ersten $y_3 = 9/20$. Daraus folgt

$$p_3(x) = \frac{9}{20} - \frac{(x-18)^2}{120}.$$

Die x-Koordinate x_E des Endpunktes E ergibt sich als Nullstelle von $p_3(x)$ aus der Gleichung $p_3(x_E) = 0$ als

$$x_E = x_3 + \sqrt{-\frac{y_3}{a_3}} \approx 25.348 \text{ [m]}.$$

Mit den Ableitungen

$$p_1'(x) = 2a_1(x - x_1) = \frac{1}{32}(x-4),\ p_2'(x) = 2a_2(x - x_2) = \frac{1}{80}(x-4),\ p_3'(x) = 2a_3(x - x_3) = -\frac{1}{60}(x-18)$$

ist die Länge L des Spanngliedes

$$L = \int_0^{x_1} \sqrt{1+(p_1'(x))^2}\,dx + \int_{x_1}^{x_2} \sqrt{1+(p_2'(x))^2}\,dx + \int_{x_2}^{x_E} \sqrt{1+(p_3'(x))^2}\,dx \approx 4.010 + 8.013 + 13.377 = 25.40 \text{ [m]}.$$

Antwort: Die Gleichungen der Parabeln sind $p_1(x) = -\frac{1}{4} + \frac{(x-4)^2}{64}$, $p_2(x) = -\frac{1}{4} + \frac{(x-4)^2}{160}$, $p_3(x) = \frac{9}{20} - \frac{(x-18)^2}{120}$.
Die Länge des Spanngliedes beträgt ca. 25.40 m.

Extremwertaufgaben

6.23 Sind a und b die Längen der Seiten des Rechtecks, so beträgt der Inhalt seiner Fläche $F = ab$. Bei gegebenem Umfang U folgt aus der Gleichung $U = 2(a + b)$ nach Umstellen $a = U/2 - b$ und für den Inhalt der Fläche $F = (U/2 - b)b$. Der zu maximierende Inhalt F der Fläche ist damit die Funktion einer Veränderlichen

$f(x) = (U/2 - x)x$, $x \in [0, U/2]$.

Erste Ableitung	$f'(x) = -2b + U/2$
Kritische Stelle	$x^\star = U/4$
Zweite Ableitung	$f''(x) = -2$
Hinreichende Bedingung	$f''(x) < 0$ für $x \in \mathbb{R}$, d. h., lokales Maximum
Ränder	$f(0) = 0$, $f(U/2) = 0$
Extremwert	$f(x^\star) = f(U/4) = U^2/16$ ist globales Maximum.

Antwort: Das gesuchte Rechteck ist ein Quadrat mit der Seitenlänge $U/4$.

6.24 Ist r der Radius des Kreises und sind α, β, $\gamma = \pi - (\alpha + \beta)$ die Innenwinkel des einbeschriebenen Dreiecks, so gilt für den Inhalt F der Fläche des Dreiecks

$F = 2r^2 \sin\alpha \sin\beta \sin\gamma = 2r^2 \sin\alpha \sin\beta \sin(\pi - (\alpha + \beta)) = 2r^2 \sin\alpha \sin\beta \sin(\alpha + \beta)$.

1. Zunächst wird unter allen Dreiecken mit gegebenem Innenwinkel β das mit dem größten Flächeninhalt in Abhängigkeit vom Innenwinkel $\alpha \in (0, \pi)$ bestimmt. Die zu maximierende Funktion einer Veränderlichen ist

   $f(x) = 2r^2 \sin x \sin\beta \sin(x + \beta)$, $x \in [0, \pi]$.

Erste Ableitung	$f'(x) = 2r^2 \sin\beta\,(\cos x \sin(x+\beta) + \sin x \cos(x+\beta))$
	$= 2r^2 \sin\beta\,(\cos x\,(\sin x \cos\beta + \cos x \sin\beta)) + \sin x\,(\cos x \cos\beta - \sin x \sin\beta)))$
	$= 2r^2 \sin\beta\,(\sin(2x)\cos\beta + \cos(2x)\sin\beta) = 2r^2 \sin\beta \sin(2x + \beta)$
Kritische Stelle	$\sin(2x^\star + \beta) = 0$, d. h., $x^\star = (\pi - \beta)/2$ und $\gamma = (\pi - \beta)/2$
Zweite Ableitung	$f''(x) = 4r^2 \sin\beta \cos(2x + \beta)$
Hinreichende Bedingung	$f''(x^\star) = -4r^2 \sin\beta < 0$, d. h., lokales Maximum
Ränder	$f(0) = 0$, $f(\pi) = 0$
Extremwert	$f(x^\star) = f((\pi - \beta)/2) = 2r^2 \sin\beta \cos^2(\beta/2)$ ist globales Maximum.

   Unter allen Dreiecken mit gegebenem Innenwinkel β ist das gleichschenklige mit den beiden Basiswinkeln $(\pi - \beta)/2$ das mit dem größten Flächeninhalt.

2. Unter allen gleichschenkligen Dreiecken mit den beiden Basiswinkeln $(\pi-\beta)/2$ und dem dritten Innenwinkel β wird das mit dem größten Flächeninhalt in Abhängigkeit vom Innenwinkel $\beta \in [0,\pi]$ bestimmt. Der zu maximierende Flächeninhalt ist die Funktion einer Veränderlichen

   $f(x) = 2r^2 \sin x \cos^2(x/2),\ x \in [0,\pi]$.

Erste Ableitung	$f'(x) = 2r^2\left(-\cos(x/2)\sin(x/2)\sin x + \cos^2(x/2)\cos(x)\right) = 2r^2\cos(x/2)\cos(3x/2)$
Kritische Stelle	$x^\star = \pi/3$ und $\alpha = \gamma = \pi/3$
Zweite Ableitung	$f''(x) = r^2\,(-\sin(x/2)\cos(3x/2) - 3\cos(x/2)\sin(3x/2))$
Hinreichende Bedingung	$f''(x^\star) = -\sqrt{3}/2r^2 < 0$, d. h., lokales Maximum
Ränder	$f(0) = 0,\ f(\pi) = 0$
Extremwert	$f(x^\star) = f(\pi/3) = 3\sqrt{3}r^2/4$ ist globales Maximum.

Antwort: Das einem Kreis mit dem Radius r einbeschriebene Dreieck größten Inhalts ist ein gleichseitiges. Es hat den Flächeninhalt $3\sqrt{3}r^2/4$.

6.25 Für den Abstand $d > 0$ des Punktes $P(1,2)$ zu einem Punkt (x,y) der Parabel $y = x^2$ gilt

$f(x) = d^2(x) = (x-1)^2 + (x^2-2)^2,\ x \in (-\infty,\infty)$.

Wegen $f > 0$ und $f = d^2$ wird d genau dann minimal, wenn f minimal wird. Daher wird f als zu minimierende Funktion einer Veränderlichen gewählt.

Erste Ableitung	$f'(x) = 4x^3 - 6x - 2$
Kritische Stellen	$x_1^\star = -1,\ x_2^\star = (1+\sqrt{3})/2,\ x_3^\star = (1-\sqrt{3})/2$
Zweite Ableitung	$f''(x) = 12x^2 - 6$
Hinreichende Bedingung	$f''(x_1^\star) = 6 > 0$, d. h., lokales Minimum
	$f''(x_2^\star) = 6(1+\sqrt{3}) > 0$, d. h., lokales Minimum
	$f''(x_3^\star) = 6(1-\sqrt{3}) < 0$, d. h., lokales Maximum
Ränder	$\lim_{x\to-\infty} f(x) = \infty,\ \lim_{x\to\infty} f(x) = \infty$
Extremwerte	$f(x_1^\star) = f(-1) = 5$ ist lokales Minimum
	$f(x_2^\star) = f((1+\sqrt{3})/2) = (11-6\sqrt{3})/4 \approx 0.151924$ ist globales Minimum
	$f(x_3^\star) = f((1-\sqrt{3})/2) = (11+6\sqrt{3})/4 \approx 5.34808$ ist lokales Maximum.

Antwort: Der Abstand (siehe **Bild 6.8**) wird

lokal minimal	für den Punkt der Parabel $Q_1\,(-1,1)$	mit $d_1 = \sqrt{5} \approx 2.2361$,
global minimal	für den Punkt der Parabel $Q_2\left(\left(1+\sqrt{3}\right)/2,\ \left(2+\sqrt{3}\right)/2\right)$	mit $d_2 = \sqrt{11-6\sqrt{3}}/2 \approx 0.3898$,
lokal maximal	für den Punkt der Parabel $Q_3\left(\left(1-\sqrt{3}\right)/2,\ \left(2-\sqrt{3}\right)/2\right)$	mit $d_3 = \sqrt{11+6\sqrt{3}}/2 \approx 2.3126$.

6.26 Die Länge des Kreisbogens des Kreissektors mit dem Radius r und dem Zentriwinkel α beträgt αr. Der Umfang des Kreissektors ist

$U = 2r + \alpha r$ und somit $\alpha = \dfrac{U}{r} - 2$.

Für den Flächeninhalt F des Kreissektors gilt $F = \alpha r^2/2$ und mit der Gleichung für α

$$F = \left(\frac{U}{2r} - 1\right) r^2 = \frac{U}{2}r - r^2.$$

Der zu maximierende Flächeninhalt des Kreissektors in Abhängigkeit von seinem Radius ist die Funktion einer Veränderlichen

$f(x) = \dfrac{U}{2}x - x^2,\ x \in [0, U/2]$.

Erste Ableitung	$f'(x) = U/2 - 2x$
Kritische Stelle	$x^\star = U/4$
Zweite Ableitung	$f''(x) = -2$
Hinreichende Bedingung	$f''(x) < 0$ für $x \in \mathbb{R}$, d. h., lokales Maximum
Ränder	$f(0) = 0,\ f(U/2) = 0$
Extremwert	$f(x^\star) = f(U/4) = U^2/16$ ist globales Maximum.

Antwort: Der Zentriwinkel, für den der Flächeninhalt des Kreissektors maximal wird, ist $\alpha^\star = \dfrac{U}{r^\star} - 2 = 2 \approx 114.59^\circ$.
Der maximale Flächeninhalt des Kreissektors beträgt $U^2/16$.

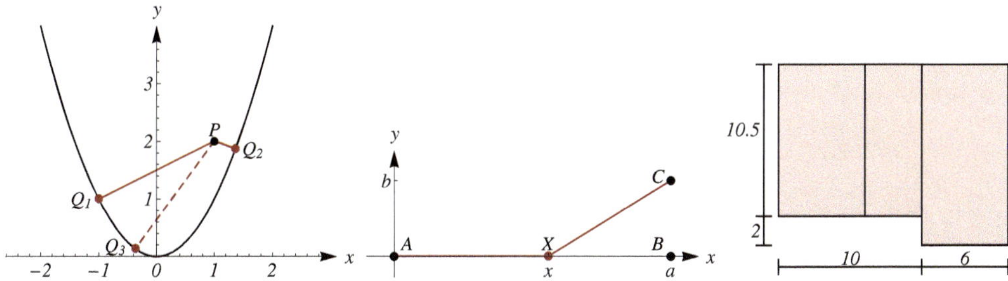

Bild 6.8 Parabel, Punkt P **Bild 6.9** Abzweigung **Bild 6.10** Räume

6.27 Der Inhalt F der Fläche des rechteckigen Zimmerquerschnitts ist $F = bh$ mit zu bestimmenden Längen b, h so, dass er maximal wird. Aus dem Strahlensatz folgt

$$\frac{b}{a} = \frac{h_1 - h}{h_1} \quad \text{und daraus} \quad b = a\frac{h_1 - h}{h_1}.$$

Daraus ergibt sich $F = ah(h_1 - h)/h_1$. Die zu maximierende Funktion einer Veränderlichen ist

$$f(x) = ax\frac{h_1 - x}{h_1}, \quad x \in [0, h_1].$$

Erste Ableitung	$f'(x) = a\left(\frac{h_1 - x}{h_1} - \frac{x}{h_1}\right)$
Kritische Stelle	$x^\star = h_1/2$
Zweite Ableitung	$f''(x) = -2/h_1$
Hinreichende Bedingung	$f''(x) < 0$ für $x \in (0, h_1)$, d. h., lokales Maximum
Ränder	$f(0) = 0,\ f(h_1) = 0$
Extremwert	$f(x^\star) = f(h_1/2) = ah_1/4$ ist globales Maximum.

Antwort: Wenn der vorhandene Raum bei rechteckigem Zimmerquerschnitt maximal ausgenutzt werden soll, muss $b = a/2$ und $h = h_1/2$ gewählt werden.

6.28 Im Koordinatensystem mit dem Ursprung im Punkt $A(0, 0)$ und der x-Achse in Richtung des Vektors $\overrightarrow{AB}$ sind die Koordinaten des Punktes $B(a, 0)$, des Punktes $C(a, b)$ und des Punktes der Abzweigung $X(x, 0)$ (siehe **Bild 6.9**). Damit sind die Abstände $|\overline{AX}| = x$ und $|\overline{XC}| = \sqrt{b^2 + (a - x)^2}$. Die zu minimierenden Kosten sind die Funktion einer Veränderlichen

$$f(x) = k_1x + k_2\sqrt{b^2 + (a - x)^2},\ a, b > 0,\ k_2 > k_1 > 0,\ x \in [0, a] \quad \text{mit} \quad k_1 = 72\ €/\text{m},\ k_2 = 85\ €/\text{m},\ a = 650\ \text{m},\ b = 180\ \text{m}.$$

Erste Ableitung	$f'(x) = k_1 - k_2\frac{a - x}{\sqrt{b^2 + (a - x)^2}}$
Kritische Stelle	$x^\star = a - \frac{k_1 b}{\sqrt{k_2^2 - k_1^2}} \approx 363.13$ [m]
Zweite Ableitung	$f''(x) = \frac{k_2 b^2}{\sqrt{b^2 + (a - x)^2}^3}$
Hinreichende Bedingung	$f''(x) > 0$ für $x \in \mathbb{R}$, d. h., lokales Minimum
Ränder	$f(0) = k_2\sqrt{a^2 + b^2},\ f(a) = k_1 a + k_2 b$
Extremwert	$f(x^\star) = k_1 a + \sqrt{k_2^2 - k_1^2}b = 54\,931.90$ [€] ist globales Minimum.

Antwort: In der Entfernung $x^\star = a - k_1 b\big/\sqrt{k_2^2 - k_1^2} \approx 363.13$ [m] vom Punkt A auf der Straße muss geradlinig abgezweigt werden, damit die Baukosten möglichst gering bleiben. Sie betragen dann 54 931.90 €.

6.29 Die Breite der Räume 1 und 2 wird mit a bezeichnet. Raum 1 und 2 zusammen haben die Grundfläche mit dem Inhalt $5ax$, Raum 3 hat die Grundfläche mit dem Inhalt $3x(a + x)$. Der Inhalt der Grundfläche der drei Räume beträgt dann $F = 3x^2 + 8ax$. Die Gesamtlänge aller Wände ist

$$b = 16x + 2a + 2(a + x) + 6x\,, \quad \text{woraus folgt} \quad a = b/4 - 6x > 0.$$

Der zu maximierende Inhalt F der Grundfläche ist die Funktion einer Veränderlichen

$$f(x) = 3x^2 + 8(b/4 - 6x)x = -45x^2 + 2bx,\ x \in [0, b/24].$$

Erste Ableitung $f'(x) = 2b - 90x$
Kritische Stelle $x^\star = b/45$ und $a = 7b/60$
Zweite Ableitung $f''(x) = -90$
Hinreichende Bedingung $f''(x) < 0$ für $x \in \mathbb{R}$, d. h., lokales Maximum
Ränder $f(0) = 0,\ f(b/24) = b^2/192$
Extremwert $f(x^\star) = f(b/45) = b^2/45$ ist globales Maximum.

Antwort: Damit der Inhalt der Grundfläche der drei Räume zusammen möglichst groß wird, ist $x = 2$ m zu wählen (siehe **Bild 6.10**). Der Inhalt der Gesamtfläche der drei Räume beträgt dann 180 m^2.

6.30 Das Fassungsvermögen der Wasserrinne wird maximal, wenn der Inhalt der trapezförmigen Fläche des Querschnitts maximal wird. Die Breite der Holzbretter wird mit a und der Neigungswinkel der seitlichen Bretter gegenüber der Horizontalen wird mit x bezeichnet (siehe **Bild 6.11**). Die Höhe h des Trapezes beträgt damit $h = a \sin x$. Der zu maximierende Inhalt der trapezförmigen Fläche des Querschnitts ist die Funktion einer Veränderlichen

$f(x) = ha(1 + \cos x) = a^2 \sin x(1 + \cos x),\ x \in [0, \pi/2]$.

Erste Ableitung $f'(x) = a^2(2\cos^2 x + \cos x - 1)$
Kritische Stelle $x^\star = \pi/3$
Zweite Ableitung $f''(x) = -a^2 \sin x(4\cos x + 1)$
Hinreichende Bedingung $f''(x^\star) = -a^2\sqrt{3}/2 < 0$, d. h., lokales Maximum
Ränder $f(0) = 0,\ f(\pi/2) = a^2$
Extremwert $f(x^\star) = f(\pi/3) = 3\sqrt{3}a^2/4$ ist globales Maximum.

Antwort: Die seitlichen Bretter sind unter einem Winkel von 60° bezüglich der Horizontalen anzubringen, damit die Wasserrinne möglichst großes Fassungsvermögen hat. Der Querschnitt hat dann einen Flächeninhalt von $3\sqrt{3}a^2/4$. Für $a = 20$ cm $= 2$ dm beträgt er ca. 5.1962 dm^2.

6.31 Der Neigungswinkel der Dachbleche gegenüber der Horizontalen wird mit x bezeichnet. Das Fassungsvermögen des Schuppens wird dann maximal, wenn sein Querschnitt maximal wird. Der Inhalt F der Fläche des Querschnitts beträgt $F = c(a + h/2)$, wobei h die Höhe des Satteldaches und c der Abstand der senkrechten Wände ist (siehe **Bild 6.12**). Mit $d = b - 15$, $c = 2d\cos x$ und $h = d\sin x$ ist der zu miniminierende Inhalt der Fläche des Querschnitts die Funktion einer Veränderlichen

$f(x) = 2d\cos x(a + d\sin x/2),\ x \in [0, \pi/2]$.

Erste Ableitung $f'(x) = -2ad\sin x + d^2\cos(2x)$
Kritische Stelle $x^\star = \arcsin\dfrac{-a + \sqrt{a^2 + 2d^2}}{2d} \in (0, \pi/2)$
Zweite Ableitung $f''(x) = -2d\,(a\cos x + d\sin(2x))$
Hinreichende Bedingung $f''(x) < 0$ für $x \in (0, \pi/2)$, d. h., lokales Maximum
Ränder $f(0) = 2ad,\ f(\pi/2) = 0$
Extremwert $f(x^\star) = 2d\cos(x^\star)(a + d\sin(x^\star)/2)$ ist globales Maximum.

Antwort: Die senkrechten Wände müssen einen Abstand von etwa 8.18 m voneinander haben, damit das Fassungsvermögen des Schuppens am größten wird. Der Inhalt der Fläche des Querschnitts beträgt dann ca. 36.31 m^2 und der Neigungswinkel der Dachbleche gegenüber der Horizontalen ca. 24.71°.

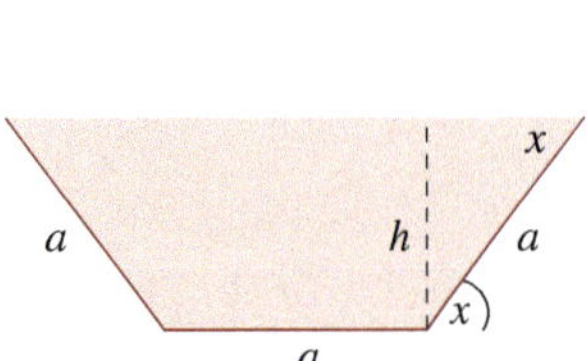

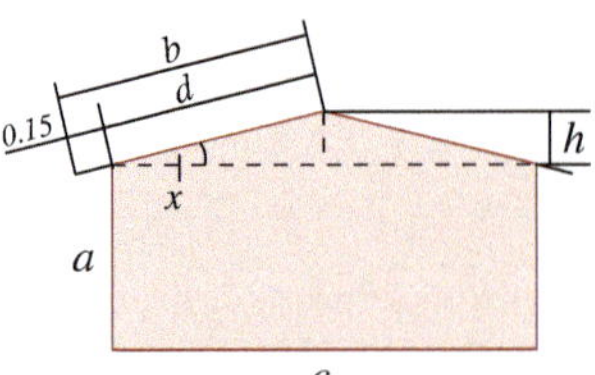

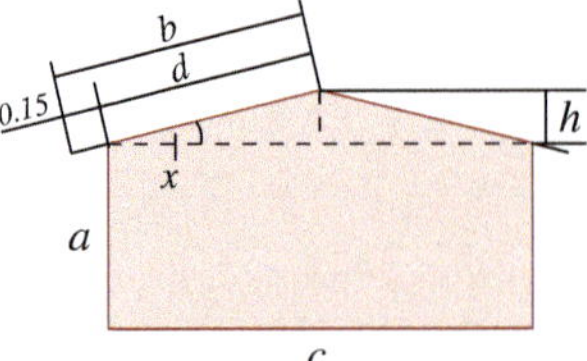

Bild 6.11 Wasserrinne **Bild 6.12** Schuppen **Bild 6.13** Querschnitt des Balkens

6.32 Der Querschnitt des Balkens ist ein in den Kreis mit dem Durchmesser d einbeschriebenes Rechteck mit den Seitenlängen a und b (siehe **Bild 6.13**), sodass nach dem Satz des Pythagoras $a^2 + b^2 = d^2$ bzw. $b^2 = d^2 - a^2$ ist. Die zu maximierende Tragfähigkeit $T = kab^2$ des Balkens ist damit die Funktion einer Veränderlichen

$f(x) = kx(d^2 - x^2) = kxd^2 - kx^3,\ a \in [0, d]$.

Erste Ableitung	$f'(x) = kd^2 - 3kx^2$
Kritische Stelle	$x^\star = \sqrt{3}d/3 \in (0, d)$
Zweite Ableitung	$f''(x) = -6kx$
Hinreichende Bedingung	$f''(x) < 0$ für $x \in (0, d)$, d. h., lokales Maximum
Ränder	$f(0) = 0$, $f(d) = 0$
Extremwert	$f(x^\star) = f(\sqrt{3}d/3) = 2\sqrt{3}kd^3/9$ ist globales Maximum.

Antwort: Die Längen der Seiten des rechteckigen Balkenquerschnitts sind $a = \sqrt{3}d/3$ und $b = \sqrt{6}d/3$ zu wählen. Der Balken hat die Tragfähigkeit $2\sqrt{3}kd^3/9$.

6.33 Die Ecken des Rechtecks sind Punkte der Ellipse (siehe **Bild 6.14**). Ist $x(t) = a\cos t$ und $y(t) = b\sin t$, $t \in [0, 2\pi)$, eine Parameterdarstellung der achsparallelen Ellipse mit dem Mittelpunkt im Koordinatenursprung und den Halbachsen a und b, so hat das einbeschriebene Rechteck mit dem Eckpunkt $P_1(a\cos t, b\sin t)$, $t \in [0, \pi/2]$, im ersten Quadranten den Flächeninhalt $F = 4(a\cos t)(b\sin t) = 2ab\sin(2t)$. Der zu maximierende Inhalt der Fläche des Rechtecks ist die Funktion einer Veränderlichen

$f(x) = 2ab\sin(2x)$, $x \in [0, \pi/2]$.

Erste Ableitung	$f'(x) = 4ab\cos(2x)$
Kritische Stelle	$x^\star = \pi/4$
Zweite Ableitung	$f''(x) = -8ab\sin(2x)$
Hinreichende Bedingung	$f''(x) < 0$ für $x \in (0, \pi/2)$, d. h., lokales Maximum
Ränder	$f(0) = 0$, $f(\pi/2) = 0$
Extremwert	$f(x^\star) = f(\pi/4) = 2ab$ ist globales Maximum.

Antwort: Die Koordinaten der Eckpunkte des gesuchten Rechtecks mit maximalem Flächeninhalt $2ab$ sind $P_1\left(\sqrt{2}a/2, \sqrt{2}b/2\right)$, $P_2\left(-\sqrt{2}a/2, \sqrt{2}b/2\right)$, $P_3\left(-\sqrt{2}a/2, -\sqrt{2}b/2\right)$, $P_4\left(\sqrt{2}a/2, -\sqrt{2}b/2\right)$.

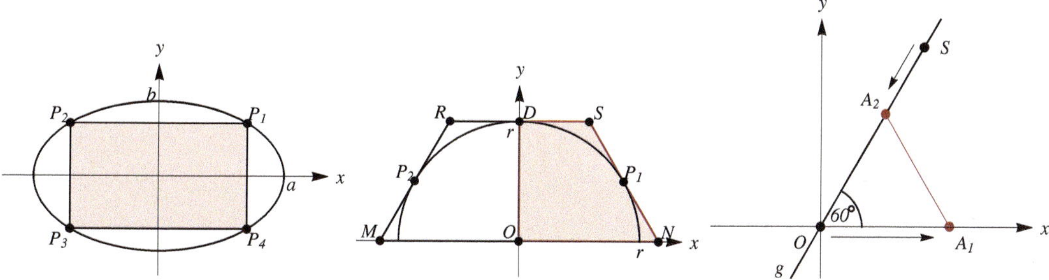

Bild 6.14 Rechteck, Ellipse **Bild 6.15** Querschnitt der Kuppel **Bild 6.16** Entfernung der Autos

6.34 Wird ein Koordinatensystem so gewählt, dass die y-Achse Symmetrieachse des Querschnitts ist und der Koordinatenursprung O im Mittelpunkt des Kreises mit dem Radius r liegt, so sind die Koordinaten eines Punktes des Kreises im ersten Quadranten $P_1(r\cos t, r\sin t)$, $t \in [0, \pi/2]$. Der Schenkel $\overline{NS}$ des Trapezes $MRSN$ ist Teil der Tangente an den Kreis im Punkt P_1, wobei $N(x_n, 0)$ der Punkt der Tangente auf der Horizontalen $y = 0$ (x-Achse) und $S(x_s, r)$ der Punkt der Tangente auf der Horizontalen $y = r$ ist (siehe **Bild 6.15**). Die Gleichung der Tangente ist $xr\cos t + yr\sin t = r^2$. Somit ergibt sich $x_n = r/\cos t$ und $x_s = r(1 - \sin t)/\cos t$.
Der Inhalt der Fläche des Querschnitts zwischen Dach und Kuppel wird dann minimal, wenn der Inhalt $r(x_n + x_s)/2$ der Fläche des Trapezes $ONSD$ minimal wird, da der Inhalt der Querschnittsfläche der Kuppel konstant ist. Der zu minimierende Inhalt der Fläche des Trapezes $ONSD$ ist die Funktion einer Veränderlichen

$f(x) = \dfrac{r^2}{2}\dfrac{2 - \sin x}{\cos x}$, $x \in [0, \pi/2)$.

Erste Ableitung	$f'(x) = \dfrac{r^2}{2}\dfrac{2\sin x - 1}{\cos^2 x}$
Kritische Stelle	$x^\star = \pi/6$
Zweite Ableitung	$f''(x) = r^2\dfrac{\sin^2 x - \sin x + 1}{\cos^3 x}$
Hinreichende Bedingung	$f''(x) > 0$ für $x \in [0, \pi/2)$, d. h., lokales Minimum
Ränder	$f(0) = r^2$, $\lim_{x\to\pi/2} f(x) = \infty$
Extremwert	$f(x^\star) = f(\pi/6) = \sqrt{3}r^2/2$ ist globales Minimum.

Antwort: Die Berührungspunkte sind $P_1\left(\sqrt{3}r/2, r/2\right)$ und $P_2\left(-\sqrt{3}r/2, r/2\right)$.

6.35 Der Unternehmensgewinn beträgt $G = G_1 + G_2 = 120\sqrt{x_1} + 160\sqrt{x_2}$ mit $x_1 + x_2 = K$, $K = 4\,000\,000$ €. Der zu maximierende Unternehmensgewinn ist die Funktion einer Veränderlichen

$f(x) = 120\sqrt{x} + 160\sqrt{K-x}$, $x \in [0, K]$.

Erste Ableitung	$f'(x) = \dfrac{60}{\sqrt{x}} - \dfrac{80}{\sqrt{K-x}}$
Kritische Stelle	$x^\star = 9K/25$
Zweite Ableitung	$f''(x) = -\dfrac{30}{\sqrt{x}^3} - \dfrac{40}{\sqrt{K-x}^3}$
Hinreichende Bedingung	$f''(x) < 0$ für $x \in [0, K]$, d. h., lokales Maximum
Ränder	$f(0) = 160/\sqrt{K}$, $f(K) = 120/\sqrt{K}$
Extremwert	$f(x^\star) = f(9K/25) = 200\sqrt{K}$ ist globales Maximum.

Für das verfügbare Kapital von $K = 4\,000\,000$ € ergibt sich der maximale Unternehmensgewinn von 400 000 €.
Für das verfügbare Kapital von $K = 4\,000\,001$ € ergibt sich der maximale Unternehmensgewinn von 400 000.05 €.

Antwort: Die Aufteilung ist 1 440 000 € für den ersten und 2 560 000 € für den zweiten Betrieb.
Der zusätzliche Gewinn beträgt ca. 0.05 €.

6.36 Ein Koordinatensystem wird mit dem Ursprung O in die Kreuzung und der x-Achse in Richtung der Straße gelegt, auf der das erste Auto fährt. Das erste Auto befindet sich zum Zeitpunkt $t = 0$ im Punkt O, das zweite Auto im Punkt S auf der Gerade g im Winkel 60° zur x-Achse im Abstand s zum Koordinatenursprung O (siehe **Bild 6.16**). Zum Zeitpunkt t haben beide Autos die Strecke vt bewältigt, d. h.,
das erste Auto befindet sich im Punkt $A_1(vt, 0)$,
das zweite Auto befindet sich auf g im Abstand $s - vt$ zum Koordinatenursprung O,
d. h., im Punkt $A_2((s-vt)\cos 60°, (s-vt)\sin 60°)$.
Für die Entfernung d beider Autos gilt

$$d^2 = |\overline{A_1A_2}| = \left(\frac{1}{2}(s-vt) - vt\right)^2 + \frac{3}{4}(s-vt)^2 = s^2 - 3svt + 3v^2t^2.$$

Wegen $d \geq 0$ wird d genau dann minimal, wenn d^2 minimal wird. Die zu minimierende Funktion ist die Funktion einer Veränderlichen

$f(x) = s^2 - 3svx + 3v^2x^2$, $x \in [0, \infty)$.

Erste Ableitung	$f'(x) = -3sv + 6v^2x$
Kritische Stelle	$x^\star = s/(2v)$
Zweite Ableitung	$f''(x) = 6v^2$
Hinreichende Bedingung	$f''(x) > 0$ für $x \in \mathbb{R}$, d. h., lokales Minimum
Ränder	$f(0) = s^2$, $\lim_{x\to\infty} f(x) = \infty$
Extremwert	$f(x^\star) = f(s/(2v)) = s^2/4$ ist globales Minimum.

Antwort: Die Entfernung der Autos ist nach 1/20 h = 3 min minimal. Sie beträgt dann 2.5 km.

6.37 Die Leiter berührt bei bestmöglicher Ausnutzung des Platzes die innere Schnittkante der Korridore sowie die äußeren Wände der Korridore (siehe **Bild 6.17**). Ihre Länge darf nicht größer sein als die minimale Summe der Längen der Abschnitte l_1 und l_2, die sich im ersten bzw. zweiten Korridor befinden. Der Winkel, den die Leiter mit den Wänden der Korridore dabei bildet, wird mit x bezeichnet. Dann gilt $l_1 = d_1/\cos x$ und $l_2 = d_2/\sin x$. Die zu minimierende Länge, die die Leiter nicht überschreiten darf, ist die Funktion einer Veränderlichen

$$f(x) = l_1 + l_2 = \frac{d_1}{\cos x} + \frac{d_2}{\sin x},\ x \in (0, \pi/2).$$

Erste Ableitung	$f'(x) = \dfrac{d_1\sin^3 x - d_2\cos^3 x}{\sin^2 x\cos^2 x}$
Kritische Stelle	$x^\star = \arctan\sqrt[3]{d_2/d_1} \approx 48.86°$
Zweite Ableitung	$f''(x) = d_1\dfrac{1+\sin^2 x}{\cos^3 x} + d_2\dfrac{1+\cos^2 x}{\sin^3 x}$
Hinreichende Bedingung	$f''(x) > 0$ für $x \in (0, \pi/2)$, d. h., lokales Minimum
Ränder	$\lim_{x\to 0+0} f(x) = \infty$, $\lim_{x\to\pi/2-0} f(x) = \infty$
Extremwert	$f(x^\star) = f(\arctan\sqrt[3]{d_2/d_1}) \approx 5.62$ ist globales Minimum.

Antwort: Die Leiter darf nicht länger sein als ca. 5.62 m.

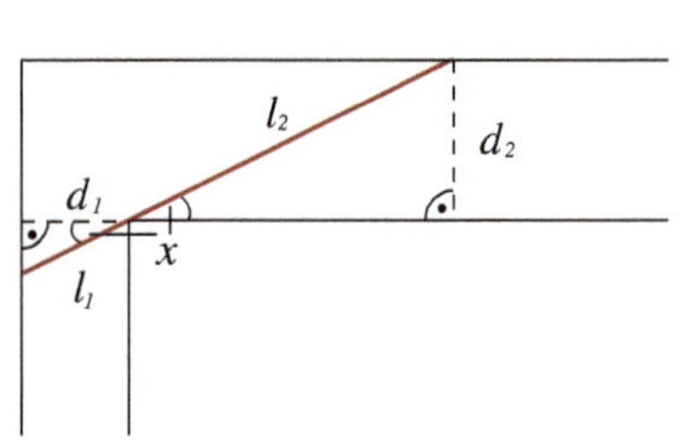

Bild 6.17 Korridore, Leiter

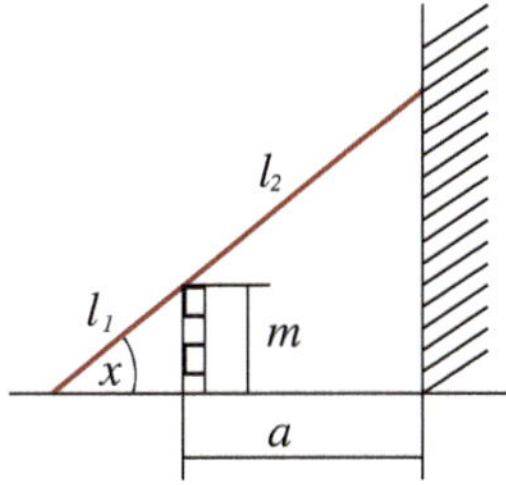

Bild 6.18 Balken, Wand

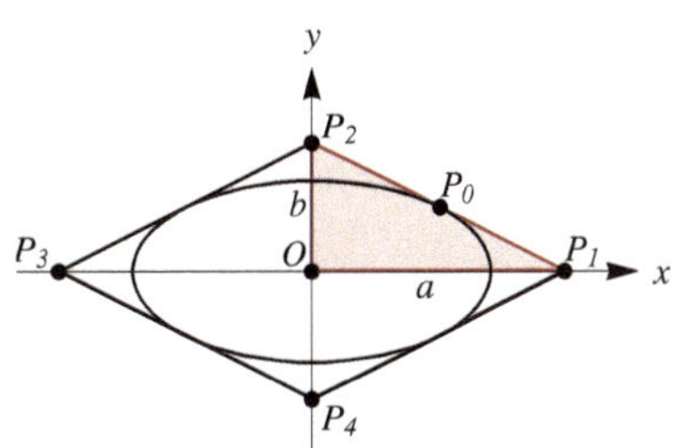

Bild 6.19 Rabatte, Gehwege

6.38 Der Winkel, den der Balken gegenüber der Horizontalen bildet, wird mit x bezeichnet. Die Abschnitte zwischen seinen Berührungspunkten auf dem Boden und der Mauer bzw. von der Mauer bis zur Wand werden mit l_1 und l_2 bezeichnet (siehe **Bild 6.18**). Dann gilt $l_1 = m/\sin x$ und $l_2 = a/\cos x$. Die zu minimierende Länge des Balkens ist die Funktion einer Veränderlichen

$$f(x) = l_1 + l_2 = \frac{a}{\cos x} + \frac{m}{\sin x},\ x \in (0, \pi/2).$$

Erste Ableitung	$f'(x) = \dfrac{a\sin^3 x - m\cos^3 x}{\sin^2 x\cos^2 x}$
Kritische Stelle	$x^\star = \arctan\sqrt[3]{m/a} \approx 36.05^\circ$
Zweite Ableitung	$f''(x) = a\dfrac{1+\sin^2 x}{\cos^3 x} + m\dfrac{1+\cos^2 x}{\sin^3 x}$
Hinreichende Bedingung	$f''(x) > 0$ für $x \in (0, \pi/2)$, d. h., lokales Minimum
Ränder	$\lim_{x\to 0+0} f(x) = \infty$, $\lim_{x\to\pi/2-0} f(x) = \infty$
Extremwert	$f(x^\star) = f(\arctan\sqrt[3]{m/a}) \approx 6.62$ ist globales Minimum.

Antwort: Die kürzeste Länge eines solchen Balkens beträgt ca. 6.62 m.

6.39 Wird ein Koordinatensystem so gewählt, dass die x- und y-Achse jeweils Symmetrieachse der Ellipse und der Koordinatenursprung O ihr Mittelpunkt ist, so sind die Koordinaten eines Punktes der Ellipse im ersten Quadranten $P_0(a\cos t, b\sin t)$, $t \in [0, \pi/2]$. Dem Gehweg im ersten Quadranten entspricht der Teil $\overline{P_1P_2}$ der Tangente an die Ellipse im Punkt P_0, wobei $P_1(x_1, 0)$ der Punkt der Tangente auf der x-Achse und $P_2(0, y_2)$ der Punkt der Tangente auf der y-Achse ist (siehe **Bild 6.19**). Die Gleichung der Tangente ist

$$xb\cos t + ya\sin t = ab.$$

Somit ergibt sich

$$x_1 = a/\cos t \text{ und } y_2 = b/\sin t,\ t \in (0, \pi/2).$$

Der Inhalt der Fläche zwischen Gehweg und Rabatte wird dann minimal, wenn der Inhalt der Fläche F des Dreieckes $\triangle_{OP_1P_2}$ minimal wird, da die Fläche der Ellipse konstant ist und die Figur bezüglich x- und y-Achse symmetrisch ist. Der Inhalt der Fläche dieses Dreieckes beträgt $F = (x_1y_2)/2$. Der zu minimierende Inhalt der Fläche des Dreieckes ist die Funktion einer Veränderlichen

$$f(x) = \frac{ab}{2\sin x\cos x} = \frac{ab}{\sin(2x)},\ x \in (0, \pi/2).$$

Erste Ableitung	$f'(x) = -2ab\dfrac{\cos(2x)}{\sin^2(2x)}$
Kritische Stelle	$x^\star = \pi/4$
Zweite Ableitung	$f''(x) = 2ab\dfrac{1+\cos^2(2x)}{\sin^3(2x)}$
Hinreichende Bedingung	$f''(x) > 0$ für $x \in (0, \pi/2)$, d. h., lokales Minimum
Ränder	$\lim_{x\to 0+0} f(x) = \infty$, $\lim_{x\to\pi/2-0} f(x) = \infty$
Extremwert	$f(x^\star) = f(\pi/4) = ab$ ist globales Minimum.

Antwort: Folgende Punkte sind durch Gehwege zu verbinden:
$P_1(\sqrt{2}a, 0)$, $P_2(0, \sqrt{2}b)$, $P_3(-\sqrt{2}a, 0)$, $P_4(0, -\sqrt{2}b)$ mit $\sqrt{2}a \approx 56.67$ m, $\sqrt{2}b \approx 28.28$ m.

6.40 Wird ein Koordinatensystem so gewählt, dass die x- und y-Achse jeweils Symmetrieachse der Ellipse und der Koordinatenursprung O ihr Mittelpunkt ist, so sind die Koordinaten des Eckpunktes P des rechteckigen Querschnitts auf der Ellipse im ersten Quadranten $P(a\cos t, b\sin t)$, $t \in [0, \pi/2]$, mit

$$l = a\cos t,\ h = b\sin t.$$

Der Inhalt F der Fläche des Querschnitts des zu vermauernden Teils ist die Differenz aus dem Inhalt der halben Fläche der Ellipse und des Rechtecks mit den Seitenlängen $2l = 2a\cos t$ und $h = b\sin t$, sodass gilt

$F = \pi ab/2 - 2lh = \pi ab/2 - 2ab\sin t\cos t = ab(\pi/2 - \sin(2t))$.

Der zu minimierende Inhalt der Fläche des Querschnitts des zu vermauernden Teils ist damit die Funktion einer Veränderlichen

$f(x) = ab(\pi/2 - \sin(2x)),\ x \in [0, \pi/2]$.

Erste Ableitung	$f'(x) = -2ab\cos(2x)$
Kritische Stelle	$x^\star = \pi/4$
Zweite Ableitung	$f''(x) = 4ab\sin(2x)$
Hinreichende Bedingung	$f''(x) > 0$ für $x \in (0, \pi/2)$, d. h., lokales Minimum
Ränder	$f(0) = \pi ab/2,\ f(\pi/2) = \pi ab/2$
Extremwert	$f(x^\star) = f(\pi/4) = ab(\pi/2 - 1)$ ist globales Minimum.

Der minimale Inhalt der zu vermauernden Fläche des Querschnitts beträgt $= ab(\pi/2 - 1)$ und der Inhalt der halben Fläche der Ellipse πab. Das Verhältnis beider beträgt $(\pi/2 - 1)/\pi \approx 0.3633$.

Antwort: a) Damit der zu vermauernde Teil minimal wird, ist $l = \sqrt{2}a/2 \approx 8.48$ m und $h = \sqrt{2}b/2 \approx 5.66$ m zu wählen.
b) Ca. 36.33 % des Aushubquerschnitts sind wieder zuzumauern.

6.41 Aus dem Satz des Pythagoras ergibt sich die Länge $a = \sqrt{2}h/2$. Der Inhalt F der Fläche des Querschnitts des Lüftungskanals beträgt damit

$$F = hb + \frac{a^2}{2} = hb + \frac{h^2}{4} = 1, \quad \text{woraus folgt} \quad b = \frac{1}{h} - \frac{h}{4}.$$

Der Blechverbrauch wird bestimmt vom Umfang U des Lüftungskanals

$$U = h + 2a + 2b = h + \sqrt{2}h + \frac{2}{h} - \frac{h}{2}.$$

Der zu minimierende Umfang ist damit die Funktion einer Veränderlichen

$$f(x) = x\left(\frac{1}{2} + \sqrt{2}\right) + \frac{2}{x},\ x \in (0, 1.5].$$

Erste Ableitung	$f'(x) = \frac{1}{2} + \sqrt{2} - \frac{2}{x^2}$
Kritische Stelle	$x^\star = \sqrt{\frac{4}{1 + 2\sqrt{2}}} \approx 1.02$
Zweite Ableitung	$f''(x) = 4/x^3$
Hinreichende Bedingung	$f''(x) > 0$ für $x > 0$, d. h., lokales Minimum
Ränder	$\lim_{x\to 0+0} f(x) = \infty,\ f(1.5) \approx 4.2046$
Extremwert	$f(x^\star) \approx 3.91$ ist globales Minimum.

Antwort: Die Maße des Querschnitts sind wie folgt zu wählen, damit der Blechverbrauch minimal wird:
$a \approx 0.72$ m, $b \approx 0.72$ m, $h \approx 1.02$ m. Der Blechverbrauch pro 1 m Kanallänge beträgt etwa 3.91 m^2.

6.42 a) Der zu minimierende Benzinverbrauch ist die Funktion einer Veränderlichen

$$f(x) = \frac{x}{10} - 5 + \frac{360}{x},\ x \in (0, \infty).$$

Erste Ableitung	$f'(x) = \frac{1}{10} - \frac{360}{x^2}$
Kritische Stelle	$x^\star = 60$
Zweite Ableitung	$f''(x) = \frac{720}{x^3}$
Hinreichende Bedingung	$f''(x) > 0$ für $x > 0$, d. h., lokales Minimum
Ränder	$\lim_{x\to 0+0} f(x) = \infty,\ \lim_{x\to\infty} f(x) = \infty$
Extremwert	$f(x^\star) = f(60) = 7$ ist globales Minimum.

Antwort: Herr Ö. Konom sollte mit der Geschwindigkeit 60 km/h fahren, um den Benzinverbrauch zu minimieren. Er beträgt in diesem Fall 7 l/(100 km).

b) Zuerst wird ein funktionaler Zusammenhang zwischen den Kosten K für die Fahrt und der Geschwindigkeit v des Mietautos ermittelt. Die Kosten für das Benzin belaufen sich bei konstanter Geschwindigkeit bei der Strecke von 600 km auf $1.50 \cdot 6\,b(v) = 9\,b(v)$ [€]. Die Kosten der Miete für die Zeit der Autofahrt $(600/v)$ (in h) betragen $40 + 16.20 \cdot 600/v = 40 + 9720/v$ [€]. Die Kosten K für die Fahrt betragen insgesamt in Abhängigkeit von der

Geschwindigkeit $K(v) = 9\,b(v) + 40 + 9720/v$ [€]. Die zu minimierende Funktion einer Veränderlichen ist bei Berücksichtigung der Funktionsgleichung des Benzinverbrauches $b(v)$

$$f(x) = \frac{9x}{10} - 5 + \frac{12\,960}{x},\ x \in (0, \infty).$$

Erste Ableitung	$f'(x) = \frac{9}{10} - \frac{12\,960}{x^2}$
Kritische Stelle	$x^\star = 120$
Zweite Ableitung	$f''(x) = \frac{25\,920}{x^3}$
Hinreichende Bedingung	$f''(x) > 0$ für $x > 0$, d. h., lokales Minimum
Ränder	$\lim_{x\to 0+0} f(x) = \infty$, $\lim_{x\to\infty} f(x) = \infty$
Extremwert	$f(x^\star) = f(120) = 211$ ist globales Minimum.

Antwort: Herr Ö. Konom sollte mit der Geschwindigkeit 120 km/h fahren, um die Kosten für die Fahrt zu minimieren. Sie betragen in diesem Fall 211 €.

6.43 Die Längen der Seiten des Rechtecks werden mit a und b bezeichnet. Der Halbkreis hat dann den Radius $a/2$ (siehe **Bild 6.20**). Für den Umfang des Querschnitts des Tunnels ergibt sich

$$U = a + 2b + \frac{\pi a}{2}, \quad \text{und daraus} \quad b = \frac{U}{2} - \frac{2+\pi}{4}a.$$

Der Inhalt der Fläche des Querschnitts ist $F = ab + \pi a^2/8$ und mit der Gleichung für die Seite b

$$F = \frac{U}{2}a - \frac{4+\pi}{8}a^2.$$

Der zu maximierende Inhalt der Fläche des Querschnitts ist damit die Funktion einer Veränderlichen

$$f(x) = \frac{U}{2}x - \frac{4+\pi}{8}x^2,\ x \in \left[0, \frac{U}{2}\right].$$

Erste Ableitung	$f'(x) = \frac{U}{2} - \frac{4+\pi}{4}x$
Kritische Stelle	$x^\star = \frac{2U}{4+\pi}$
Zweite Ableitung	$f''(x) = -\frac{4+\pi}{4}$
Hinreichende Bedingung	$f''(x) < 0$ für $x \in \mathbb{R}$, d. h., lokales Maximum
Ränder	$f(0) = 0,\ f\left(\frac{U}{2}\right) = \frac{U^2}{32}(4-\pi)$
Extremwert	$f(x^\star) = \frac{U^2}{2(4+\pi)}$ ist globales Maximum.

Antwort: Der Radius des Halbkreises, für den der Inhalt der Fläche des Querschnitts maximal wird, ist $\frac{a}{2} = \frac{U}{4+\pi}$.
Der maximale Inhalt der Fläche des Querschnitts des Tunnels beträgt $\frac{U^2}{2(4+\pi)}$.
Die Seiten des Rechtecks haben dann die Längen $a = \frac{2U}{4+\pi}$ und $b = \frac{U}{4+\pi}$.

6.44 Die lineare Streckenlast hat die Funktionsgleichung

$$q(x) = q_0 + \frac{q_0}{l}x,\ q_1 = 2q_0,\ q_0 > 0.$$

Ist V die Querkraft, so folgt aus $V'(x) = -q(x)$ durch Integration

$$V(x) = -q_0 x - \frac{q_0}{2l}x^2 + c_1,\ c_1 \in \mathbb{R}.$$

Ist M das Biegemoment, so folgt aus $M'(x) = V(x)$ durch Integration

$$M(x) = -\frac{1}{2}q_0 x^2 - \frac{q_0}{6l}x^3 + c_1 x + c_2,\ c_1, c_2 \in \mathbb{R}.$$

Aus den Randbedingungen $M(0) = 0$ und $M(l) = 0$ der gelenkigen Lagerung ergeben sich die Konstanten

$$c_2 = 0,\ c_1 = \frac{2q_0}{3}l.$$

Das zu maximierende Biegemoment ist die Funktion einer Veränderlichen

$$f(x) = -\frac{q_0}{6l}x^3 - \frac{q_0}{2}x^2 + \frac{2q_0}{3}lx,\ x \in [0, l].$$

Erste Ableitung	$f'(x) = -\frac{q_0}{2l}x^2 - q_0 x + \frac{2q_0}{3}l$
Kritische Stelle	$x^\star = l\left(\sqrt{\frac{7}{3}} - 1\right) \approx 0.5275\, l$
Zweite Ableitung	$f''(x) = -q_0\left(\frac{x}{l} + 1\right)$
Hinreichende Bedingung	$f''(x) < 0$ für $x \in [0, l]$, d. h., lokales Maximum
Ränder	$f(0) = 0,\ f(l) = 0$
Extremwert	$f(x^\star) = q_0 l^2 \left(\sqrt{\frac{7}{3}}-1\right)\left(-\frac{1}{6}\left(\sqrt{\frac{7}{3}}-1\right)^2 - \frac{1}{2}\left(\sqrt{\frac{7}{3}}-1\right) + \frac{2}{3}\right) \approx 0.1881\, q_0 l^2$ ist globales Maximum.

Antwort: Das maximale Biegemoment ist $M(0.5275\, l) \approx 0.1881\, q_0 l^2$ (siehe **Bild 6.21**).

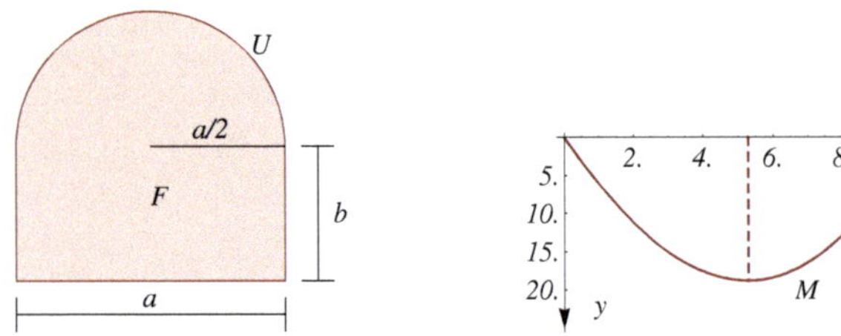

Bild 6.20 Querschnitt des Tunnels **Bild 6.21** Momentenlinie, $q_0 = 1,\ l = 10$

6.45 a) Der Punkt $S_1(0, 0)$ ist Punkt der Parabel $y = \alpha + \beta x + \gamma x^2$. Daraus folgt $\alpha = 0$.

Der Punkt $S_2(l, h)$ ist Punkt der Parabel $y = \beta x + \gamma x^2$. Aus

$h = \beta l + \gamma l^2$ folgt $\beta = h/l - \gamma l$.

Die Tangente im Punkt $P(x_p, y_p)$ der Parabel an die Parabel hat die Gleichung

$y_t(x) = m(x - x_p) + y_p$ mit der Steigung $m = y'(x_p) = \beta + 2\gamma x_p$.

Andererseits ist diese Tangente Gerade durch die Punkte $A(0, -a)$ und $B(l, h - b)$, sodass gilt

$$y_t(x) = \frac{h - b + a}{l} x - a.$$

Koeffizientenvergleich in den beiden Gleichungen für y_t ergibt

$$\beta + 2\gamma x_p = \frac{h - b + a}{l} \quad \text{sowie} \quad y_p - (\beta + 2\gamma x_p)x_p = -a.$$

Der Punkt $P(x_p, y_p)$ ist Punkt der Parabel $y = \beta x + \gamma x^2$, d. h., es gilt

$y_p = \beta x_p + \gamma x_p^2$.

Aus den letzten drei Gleichungen werden x_p und γ ermittelt:

$$x_p = \frac{l\sqrt{a}}{\sqrt{a} + \sqrt{b}},\ \gamma = \frac{a}{x_p^2} = \frac{\left(\sqrt{a} + \sqrt{b}\right)^2}{la}, \quad \text{und daraus} \quad \beta = h/l - \gamma l = \frac{h}{l} - \frac{\left(\sqrt{a} + \sqrt{b}\right)^2}{a}.$$

Antwort: Die Gleichung der Parabel lautet $y(x) = \left(\frac{h}{l} - \frac{\left(\sqrt{a} + \sqrt{b}\right)^2}{a}\right) x + \frac{\left(\sqrt{a} + \sqrt{b}\right)^2}{la} x^2.$

b) Die Gerade S_1S_2 hat die Gleichung $y_g(x) = hx/l$.

Der zu minimierende Durchhang als die Differenz aus den Funktionswerten der Gerade S_1S_2 und der Parabel ist die Funktion einer Veränderlichen

$$f(x) = d(x) = y_g(x) - y(x) = \frac{\left(\sqrt{a} + \sqrt{b}\right)^2}{a}\left(x - \frac{x^2}{l}\right),\ x \in [0, l].$$

Erste Ableitung	$f'(x) = \frac{\left(\sqrt{a}+\sqrt{b}\right)^2}{a}\left(1-\frac{2x}{l}\right)$
Kritische Stelle	$x^\star = l/2$
Zweite Ableitung	$f''(x) = -2\frac{\left(\sqrt{a}+\sqrt{b}\right)^2}{la}$
Hinreichende Bedingung	$f''(x) < 0$ für $x > 0$, d. h., lokales Maximum
Ränder	$f(0) = 0,\ f(l) = 0$
Extremwert	$f(x^\star) = f\left(\frac{l}{2}\right) = \frac{\left(\sqrt{a}+\sqrt{b}\right)^2}{4a}$ ist globales Maximum.

Antwort: Der maximale Durchhang, d. h., die Pfeilhöhe, beträgt $f = \frac{l\left(\sqrt{a}+\sqrt{b}\right)^2}{4a}$.

6.46 Für die Höhe h des Konsolträgers an der Stelle $x \in [0, l]$ gilt $h(x) = h_2 + mx > 0$, $m = (h_1 - h_2)/l$. Die zu maximierende Spannung ist damit die Funktion einer Veränderlichen

$$\sigma(x) = \frac{6F}{b}\frac{l-x}{(h_2+mx)^2},\ m = \frac{h_1-h_2}{l} < 0,\ x \in [0, l].$$

Erste Ableitung	$f'(x) = -\frac{6F}{b}\frac{h_2+2ml-mx}{(h_2+mx)^3}$
Kritische Stelle	$x^\star = \frac{h_2+2ml}{m} = \frac{2h_1-h_2}{h_1-h_2}l \in [0, l]$ wenn $h_2 > 2h_1$.
	Für $h_2 < 2h_1$ ist $f'(x) < 0$, $x \in [0, l]$, d. h., f ist streng monoton fallend.
Zweite Ableitung	$f''(x) = \frac{6Fm}{b}\frac{h_2+mx-3(h_2+2ml-mx)}{(h_2+mx)^4}$
Hinreichende Bedingung	$f''(x^\star) = \frac{6Fm}{b}\frac{2h_1}{(h_2+mx^\star)^4} < 0$, d. h., lokales Maximum, wenn $h_2 > 2h_1$
Ränder	$f(0) = \frac{6Fl}{b}\frac{1}{h_2^2},\ f(l) = 0$
Extremwert	$f(x^\star) = \frac{6Fl}{b}\frac{h_1}{h_2-h_1}\frac{1}{4h_1^2}$ ist globales Maximum, wenn $h_2 > 2h_1$.
	$f(0) = \frac{6Fl}{b}\frac{1}{h_2^2}$ ist globales Maximum, wenn $h_2 < 2h_1$.

Bemerkung: Der Nachweis $f(x^\star) > f(0)$ im Fall $h_2 > 2h_1$ wird mit $h_2 = th_1$, $t > 2$, geführt.

Antwort: Für $h_2 > 2h_1$ wird die Spannung an der Stelle $x^\star = \frac{2h_1-h_2}{h_1-h_2}l \in [0, l]$ maximal mit $\sigma(x^\star) = \frac{6Fl}{b}\frac{h_1}{h_2-h_1}\frac{1}{4h_1^2}$.

Für $h_2 < 2h_1$ wird die Spannung an der Stelle $x = 0$ maximal mit $f(0) = \frac{6Fl}{b}\frac{1}{h_2^2}$.

6.47 Die ersten beiden Ableitungen von f sind

$f'(x) = 4x^3 - 24x^2 + 44x - 24 = 4(x^3 - 6x^2 + 11x - 6)$, $\quad f''(x) = 12x^2 - 48x + 44$.

Notwendig für lokale Extrema an einer kritischen Stelle $x^\star$ ist $f'(x^\star) = 0$.

Mit dem Horner-Schema ist z. B. an der Stelle $x = 1$

	1	−6	11	−6
1		1	−5	6,
	1	−5	6	**0**

d. h., $x_1 = 0$ ist kritische Stelle. Die verbleibende quadratische Gleichung

$x^2 - 5x + 6 = 0$ hat die Lösungen $x_{2/3} = \frac{5 \pm \sqrt{5^2 - 4\cdot 6}}{2} = \frac{5 \pm 1}{2}$,

d. h., $x_2 = 2$ und $x_3 = 3$ sind ebenfalls kritische Stellen. Da f' ein Polynom dritten Grades ist, können nicht mehr als drei kritische Stellen auftreten, sodass alle kritischen Stellen ermittelt sind.

Hinreichend für lokale Extrema an einer kritischen Stelle $x^\star$ ist $f''(x^\star) \neq 0$.

Mit dem Horner-Schema für f'' ist an den kritischen Stellen

	12	−48	44		12	−48	44		12	−48	44
1		12	−36	**2**		24	−48	**3**		36	−36.
	12	−36	**8**		12	−24	**−4**		12	−12	**8**

Es gilt $f''(1) = 8 > 0$, d. h., an der Stelle $x_1 = 1$ liegt ein lokales Minimum vor.

Es gilt $f''(2) = -4 < 0$, d. h., an der Stelle $x_1 = 1$ liegt ein lokales Maximum vor.

Es gilt $f''(3) = 8 > 0$, d. h., an der Stelle $x_1 = 1$ liegt ein lokales Minimum vor.

Die Extremwerte ergeben sich durch Einsetzen der kritischen Stellen in die Funktionsgleichung von f. Mit dem Horner-Schema ist

$$\begin{array}{c|ccccc} & 1 & -8 & 22 & -24 & 20 \\ \mathbf{1} & & 1 & -7 & 15 & -9, \\ \hline & 1 & -7 & 15 & -9 & \mathbf{11} \end{array} \qquad \begin{array}{c|ccccc} & 1 & -8 & 22 & -24 & 20 \\ \mathbf{2} & & 2 & -12 & 20 & -8, \\ \hline & 1 & -6 & 10 & -4 & \mathbf{12} \end{array} \qquad \begin{array}{c|ccccc} & 1 & -8 & 22 & -24 & 20 \\ \mathbf{3} & & 3 & -15 & 21 & -9 \\ \hline & 1 & -5 & 7 & -3 & \mathbf{11} \end{array}$$

Antwort: $f(1)=11$ ist lokales Minimum, $f(2)=12$ ist lokales Maximum, $f(3)=11$ ist lokales Minimum (siehe **Bild 6.22**).

6.48 **a)** Aus der Bedingung $f(0) = 40$ ‰ folgt

$$40 = f(0) = \frac{200}{c + 2\mathrm{e}^{-a\cdot 0}} = \frac{200}{c+2} \text{ [‰]} \quad \text{und somit} \quad c = 3.$$

Damit ergibt sich aus der Bedingung $f(1) = 43.127$ ‰

$$43.127 = f(1) = \frac{200}{3 + 2\mathrm{e}^{-a\cdot 1}} \text{ [‰]} \quad \text{und daraus}$$

$$\mathrm{e}^{-a} = \frac{1}{2}\left(\frac{200}{43.127} - 3\right) \approx 0.81873, \; a = -\ln\left(\frac{1}{2}\left(\frac{200}{43.127} - 3\right)\right) \approx 0.2 \text{ [min}^{-1}\text{]}.$$

Antwort: Die Parameter sind $a \approx 0.2$ [min^{-1}] und $c = 3$.

b) Es gilt wegen $a > 0$

$$\dot{f}(t) = \frac{400a\mathrm{e}^{-at}}{(c + 2\mathrm{e}^{-at})^2} > 0,$$

d. h., die Funktion f ist streng monoton steigend (siehe **Bild 6.23**). Außerdem gilt

$$\lim_{t\to\infty} f(t) = \lim_{t\to\infty} \frac{200}{c + 2\mathrm{e}^{-at}} = \frac{200}{c} = \frac{200}{3} \approx 66.\overline{6}‰.$$

Antwort: Die Schadstoffkonzentration ist daher nicht größer als 200/3‰ , ohne diesen Wert jemals zu erreichen (sie tritt niemals ein).

6.49 **a)** Wenn der Körper sich zum Zeitpunkt t_N an der Wasseroberfläche befindet, so gilt

$$0 = h(t_N) = (t_N^3 - 2t_N^2 - 3t_N)\mathrm{e}^{-t_N} = t_N(t_N^2 - 2t_N - 3)\mathrm{e}^{-t_N}.$$

Daraus folgen die Lösungen $t_{N1} = 0$ und $t_{N2} = 3$, $t_{N3} = -1$. t_{N3} kommt wegen $t \geq 0$ nicht in Frage.

Antwort: Zu den Zeitpunkten $t_{N1} = 0$ und $t_{N2} = 3$ befindet sich der Körper an der Wasseroberfläche.

b) Die ersten beiden Ableitungen der Funktion h sind

$$\dot{h}(t) = (3t^2 - 4t - 3)\mathrm{e}^{-t} - (t^3 - 2t^2 - 3t)\mathrm{e}^{-t} = (-t^3 + 5t^2 - t - 3)\mathrm{e}^{-t},$$

$$\ddot{h}(t) = (-3t^2 + 5t - 1)\mathrm{e}^{-t} - (-t^3 + 5t^2 - t - 3)\mathrm{e}^{-t} = (t^3 - 8t^2 + 11t + 2)\mathrm{e}^{-t}.$$

Die Auswertung der notwendigen Bedingung $\dot{h}(t) = 0$ für lokale Extrema der Funktion h ergibt die Gleichung

$$0 = (-t^3 + 5t^2 - t - 3)\mathrm{e}^{-t} = (t-1)(-t^2 + 4t + 3)\mathrm{e}^{-t}$$

mit den Lösungen $t_1^\star = 1$ (Raten mit dem Horner-Schema), $t_2^\star = 2 - \sqrt{7}$, $t_3^\star = 2 + \sqrt{7}$ (Lösungen der verbleibenden quadratischen Gleichung nach Abdivision des Linearfaktors $t - 1$). $t_2^\star$ kommt wegen $t \geq 0$ nicht in Frage.

Mit der zweiten Ableitung $\ddot{h}(t)$ ergibt sich an den kritischen Stellen $t_1^\star = 1$ bzw. $t_3^\star = 2 + \sqrt{7} \approx 4.64$

$\ddot{h}(t_1^\star) = 6\mathrm{e}^{-1} > 0$, d. h., lokales Minimum,

$$\begin{aligned}\ddot{h}(t_3^\star) &= ((2+\sqrt{7})^3 - 8(2+\sqrt{7})^2 + 11(2+\sqrt{7}) + 2)\mathrm{e}^{-(2+\sqrt{7})} \\ &= -2(7+\sqrt{7})\mathrm{e}^{-(2+\sqrt{7})} \approx -0.19 < 0\end{aligned}$$, d. h., lokales Maximum.

Die entsprechenden Höhen (siehe **Bild 6.24**) ergeben sich aus der Gleichung der Funktion h

$h(t_1^\star) = -4\mathrm{e}^{-1} \approx -1.47$ - lokales Minimum,

$h(t_3^\star) = (2+\sqrt{7})((2+\sqrt{7})^2 - 2(2+\sqrt{7}) - 3)\mathrm{e}^{-(2+\sqrt{7})} = 2(2+\sqrt{7})^2\mathrm{e}^{-(2+\sqrt{7})} \approx 0.41$ - lokales Maximum.

Antwort: Der Funktionswert von h an der Stelle $t = 0$ beträgt $h(0) = 0$. Wegen $\lim_{t\to\infty} h(t) = 0$ sind die Stellen lokaler Extremwerte gleichzeitig die Stellen globaler Extremwerte.

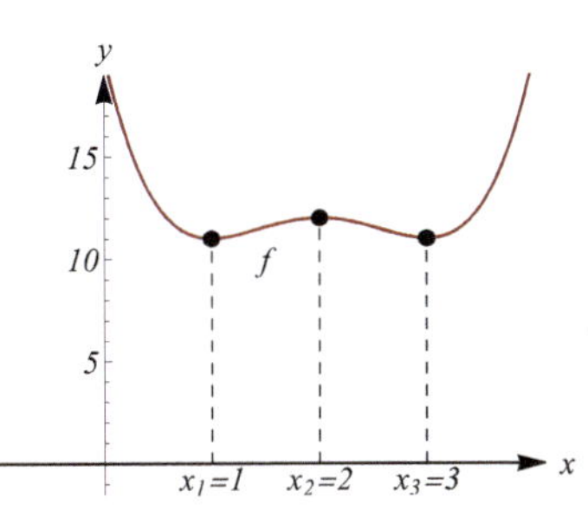

Bild 6.22 zu **6.47**

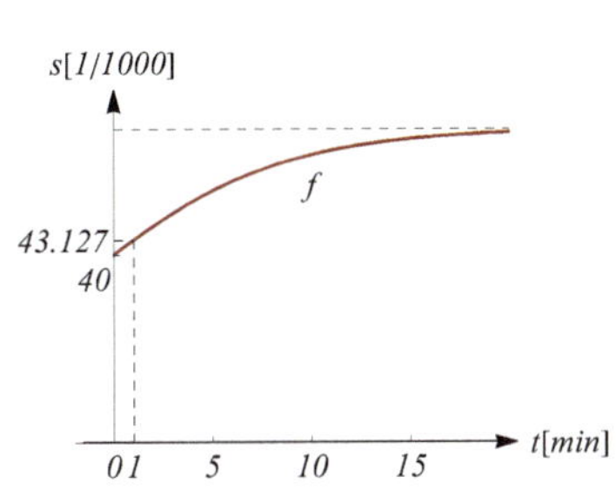

Bild 6.23 zu **6.48**

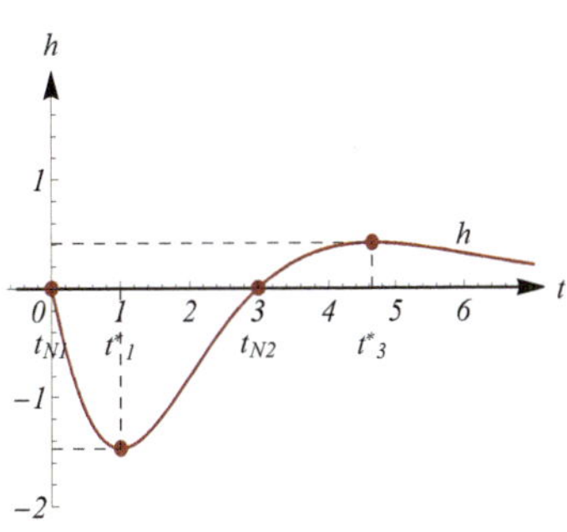

Bild 6.24 zu **6.49**

6.50 Aus dem Weg-Zeit-Gesetz (siehe **Bild 6.25**) folgt das Geschwindigkeits-Zeit-Gesetz (siehe **Bild 6.26**)

$v(t) = \dot{s}(t) = -90t^2 + 200t + 10$

sowie das Beschleunigungs-Zeit-Gesetz (siehe **Bild 6.27**)

$a(t) = \dot{v}(t) = -180t + 200.$

a) **Antwort:** Die Geschwindigkeiten sind

$$v(1/60^2) = -\frac{90}{60^4} + \frac{200}{60^2} + 10 = \frac{1597}{120} \approx 10.06 \text{ [km/h]}, \qquad v(1) = -90 + 200 + 10 = 120 \text{ [km/h]}.$$

Die Beschleunigungen sind

$$a(1/60^2) = -\frac{180}{60^2} + 200 = 199.95 \text{ [km/h}^2\text{]}, \quad \text{das sind} \quad 199.95 \cdot 1000/60^2 \approx 55.54 \text{ [m/min}^2\text{]},$$

$$a(1) = -180 + 200 = 20 \text{ [km/h}^2\text{]}, \quad \text{das sind} \quad 20 \cdot 1000/60^2 = 50/9 \approx 5.56 \text{ [m/min}^2\text{]}.$$

b) Es gilt $\dot{v}(t) = a(t) = 0$ für $t^\star = 10/9 \approx 1.11$ [h]. Wegen $a(t) > 0$ für $t < t^\star$ und $a(t) < 0$ für $t > t^\star$ hat v an der Stelle $t^\star$ ein lokales Maximum. Es beträgt $v_{\max} = v(t^\star) = 1090/9 \approx 121.11$ [km/h].

Das Fahrzeug fährt wieder langsamer, wenn die Funktion $v(t)$ monoton fällt, d. h., wenn gilt $\dot{v}(t) = a(t) < 0$.

Daraus folgt $\quad -180t + 200 < 0, \quad$ d. h., $\quad t > 200/180 = t^\star = 1/9 \approx 1.11$ [h].

Antwort: Die maximale Geschwindigkeit des Fahrzeuges beträgt $v_{\max} \approx 121.11$ [km/h]. Ab dem Zeitpunkt $t^\star \approx 1.11$ h fährt das Fahrzeug wieder langsamer.

c) Das Fahrzeug fährt wieder zurück, wenn gilt $\dot{s}(t) = v(t) < 0$.
Aus der quadratischen Gleichung $v(t_z) = 0$ folgt für den Zeitpunkt $t_z > 0$

$$t_z = \frac{-200 + \sqrt{200^2 + 4 \cdot 90 \cdot 10}}{180} = \frac{10 + \sqrt{109}}{9} \approx 2.27 \text{ [h]}.$$

Antwort: Zum Zeitpunkt $t_z \approx 2.27$ h ist das Fahrzeug den maximalen Weg $s_{\max} = s(t_z) \approx 207.1$ [km] vorwärts gefahren. Ab diesem Zeitpunkt fährt es wieder zurück (siehe **Bild 6.25**).

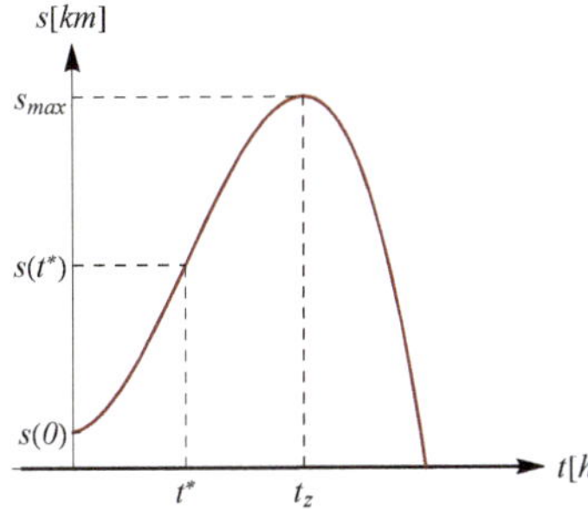

Bild 6.25 zu **6.50**, Weg

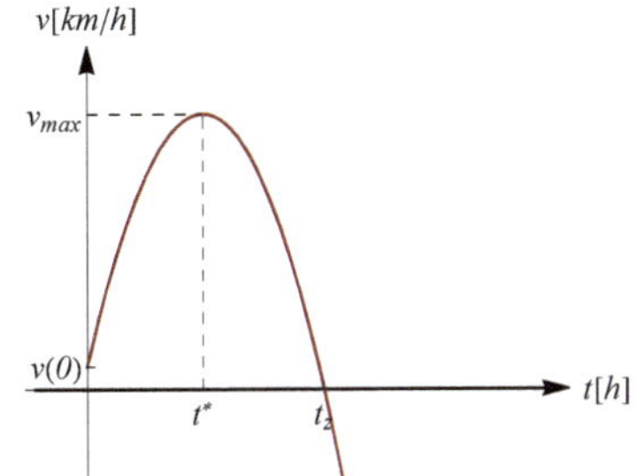

Bild 6.26 zu **6.50**, Geschwindigkeit

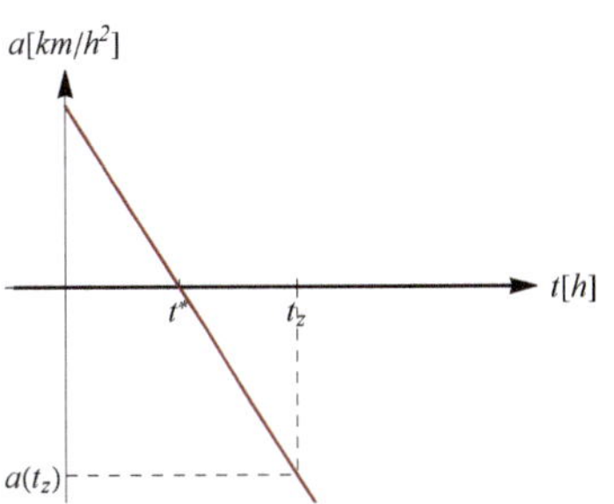

Bild 6.27 zu **6.50**, Beschleunigung

6.51 Die Gleichung der Parabel mit dem Scheitelpunkt im Punkt (c, d) im angegebenen Koordinatensytem lautet $y - d = a(x - c)^2$, $a \in \mathbb{R}$. Da der Koordinatenursprung $(0, 0)$ Punkt der Parabel ist, ergibt sich die Konstante $a = -d/c^2$ und daraus die Funktionsgleichung der Parabel

$y(x) = d - \frac{d}{c^2}(x-c)^2 = \frac{d}{c^2}(c^2 - (x-c)^2)) = \frac{d}{c^2}(2cx - x^2).$

Breite und Höhe in den parabolischen Querschnitt einbeschriebenen Rechtecks sind damit

$b(x) = 2(c-x)$ bzw. $y(x)$, $'x \in [0, c]$, sein Flächeninhalt $A(x) = b(x)y(x)$.

Die zu maximierende Funktion ist somit die Funktion einer Veränderlichen

$f(x) = \frac{2d}{c^2}(c-x)\left(2cx - x^2\right) = \frac{2d}{c^2}\left(2c^2x - 3cx^2 + x^3\right),\ x \in [0, c].$

Erste Ableitung $\quad f'(x) = \frac{2d}{c^2}\left(2c^2 - 6cx + 3x^2\right)$

Kritische Stelle $\quad x^\star = \left(1 - \frac{\sqrt{3}}{3}\right)c \approx 0.4226c$

Zweite Ableitung $\quad f''(x) = \frac{2d}{c^2}(-6c + 6x) = \frac{12d}{c^2}(x-c)$

Hinreichende Bedingung $\quad f''(x^\star) < 0$ wegen $x^\star < c$, d. h., lokales Maximum

Ränder $\quad f(0) = 0,\ f(c) = 0$

Extremwert $\quad f(x^\star) = \frac{4\sqrt{3}}{9}cd \approx 0.7698cd$ ist globales Maximum
wegen $f(x^\star) > f(0) = 0$ und $f(x^\star) > f(c) = 0$.

Ermittlung der kritischen Stelle:

$f'(x) = 0 = \frac{2d}{c^2}\left(2c^2 - 6cx + 3x^2\right)$, wenn

$0 = 2c^2 - 6cx + 3x^2$, d. h., $x_{1,2} = \frac{-6c \pm \sqrt{36c^2 - 4\cdot 3\cdot 2c^2}}{6} = \left(1 \pm \frac{\sqrt{3}}{3}\right)c.$

Wegen $x \in [0, c]$ kommt als kritische Stelle nur $x^\star = x_2$ in Frage.

Ermittlung des Funktionswertes an der kritischen Stelle (siehe **Bild 6.28**):

$f(x^\star) = \frac{2d}{c^2}\left(c - x^\star\right)x^\star\left(2c - x^\star\right) = \frac{2d}{c^2}\frac{\sqrt{3}}{3}c\left(1 - \frac{\sqrt{3}}{3}\right)c\left(1 + \frac{\sqrt{3}}{3}\right)c = \frac{4\sqrt{3}}{9}cd \approx 0.7698cd$

Antwort: Breite bzw. Höhe des Rechtecks mit maximalem Flächeninhalt (siehe **Bild 6.29**) sind

$b(x^\star) = 2(c - x^\star) = \frac{2\sqrt{3}}{3}c \approx 1.1547c$ bzw. $y(x^\star) = \frac{d}{c^2}x^\star\left(2c - x^\star\right) = \frac{2}{3}d \approx 0.6667d$

6.52 a) Die Aufgabenstellung enthält vier Bedingungen an das gesuchte Polynom. Daher wird der Ansatz eines Polynoms dritten Grades mit vier zu bestimmenden Koeffizienten a_0, a_1, a_2, a_3 gewählt:

$P(x) = a_0 + a_1x + a_2x^2 + a_3x^3$ mit der ersten Ableitung $P'(x) = a_1 + 2a_2x + 3a_3x^2$.

Aus den Bedingungen der Aufgabe folgt das lineare Gleichungssystem bezüglich der Koeffizienten a_0, a_1, a_2, a_3:

$$\begin{array}{lrcl}
P_1: & -1 &=& a_0 - a_1 + a_2 - a_3 \\
P_2: & 3 &=& a_0 + a_1 + a_2 + a_3 \\
P_3: & 11 &=& a_0 + 2a_1 + 4a_2 + 8a_3 \\
P'(1) = 0: & 0 &=& a_1 + 2a_2 + 3a_3
\end{array}$$

Die Umformung des Gleichungssystems mit dem Gauß-Algorithmus ergibt

$$\left(\begin{array}{rrrr|r} 1 & -1 & 1 & -1 & -1 \\ 1 & 1 & 1 & 1 & 3 \\ 1 & 2 & 4 & 8 & 11 \\ 0 & 1 & 2 & 3 & 0 \end{array}\right)\begin{array}{l}\cdot(-1)\\ +\\ +\\ \\ \end{array} \to \left(\begin{array}{rrrr|r} 1 & -1 & 1 & -1 & -1 \\ 0 & 2 & 0 & 2 & 4 \\ 0 & 3 & 3 & 9 & 12 \\ 0 & 1 & 2 & 3 & 0 \end{array}\right)\begin{array}{l} \\ \cdot(1/2)\\ \\ \\ \end{array} \to \left(\begin{array}{rrrr|r} 1 & -1 & 1 & -1 & -1 \\ 0 & 1 & 0 & 1 & 2 \\ 0 & 3 & 3 & 9 & 12 \\ 0 & 1 & 2 & 3 & 0 \end{array}\right)\begin{array}{ll} & \\ \cdot(-3) & \cdot(-1)\\ + & \\ & + \end{array} \to$$

$$\left(\begin{array}{rrrr|r} 1 & -1 & 1 & -1 & -1 \\ 0 & 1 & 0 & 1 & 2 \\ 0 & 0 & 3 & 6 & 6 \\ 0 & 0 & 2 & 2 & -2 \end{array}\right)\begin{array}{l} \\ \\ \cdot(1/3)\\ \\ \end{array} \to \left(\begin{array}{rrrr|r} 1 & -1 & 1 & -1 & -1 \\ 0 & 1 & 0 & 1 & 2 \\ 0 & 0 & 1 & 2 & 2 \\ 0 & 0 & 2 & 2 & -2 \end{array}\right)\begin{array}{l} \\ \\ \cdot(-2)\\ + \end{array} \to \left(\begin{array}{rrrr|r} 1 & -1 & 1 & -1 & -1 \\ 0 & 1 & 0 & 1 & 2 \\ 0 & 0 & 1 & 2 & 2 \\ 0 & 0 & 0 & 1 & 3 \end{array}\right), \quad \begin{array}{l} a_0 = 5 \\ a_1 = -1 \\ a_2 = -4 \\ a_3 = 3 \end{array}$$

Antwort: Das gesuchte Polynom ist $P(x) = 3x^3 - 4x^2 - x + 5$ (siehe **Bild 6.30**).

b) Mit der ersten Ableitung $P'(x)$ folgt als notwendige Bedingung für lokale Extrema die Gleichung

$P'(x) = 9x^2 - 8x - 1 = 0$ mit den Lösungen $x_1 = -1/9$, $x_2 = 1$.

Mit der zweiten Ableitung $P''(x) = 18x - 8$ ergibt sich $P'(-1/9) = -10$ bzw. $P'(1) = 10$, d. h., die hinreichende Bedingung für lokale Extrema ist jeweils erfüllt.

Antwort: An der Stelle $x_1 = -1/9$ liegt ein lokales Maximum vor. Es beträgt $P(-1/9) = 1229/243 \approx 5.0576$.
An der Stelle $x_2 = 1$ liegt ein lokales Minimum vor. Es beträgt $P(1) = 3$ (siehe **Bild 6.30**).

c) Antwort: Die gesuchten Steigungen sind mit der ersten Ableitung $P'(x)$ 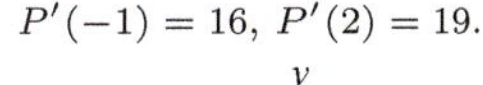 $P'(-1) = 16,\ P'(2) = 19.$

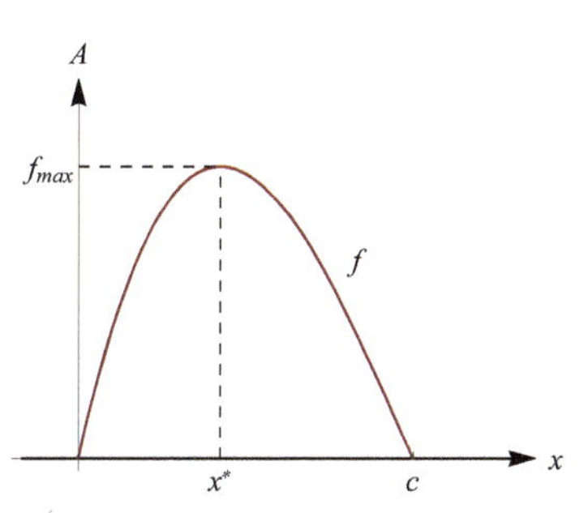

Bild 6.28 zu **6.51**

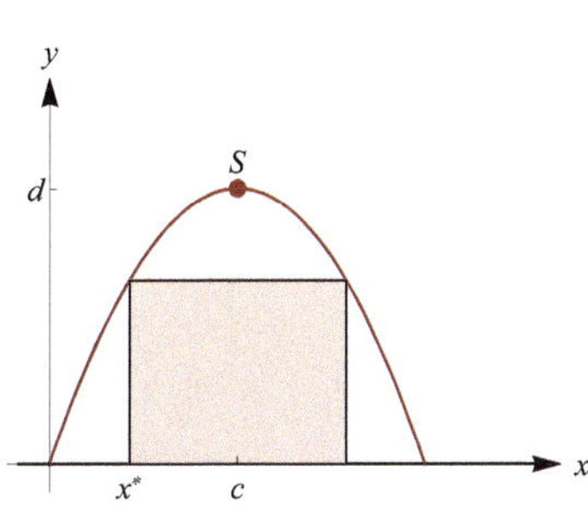

Bild 6.29 zu **6.51**

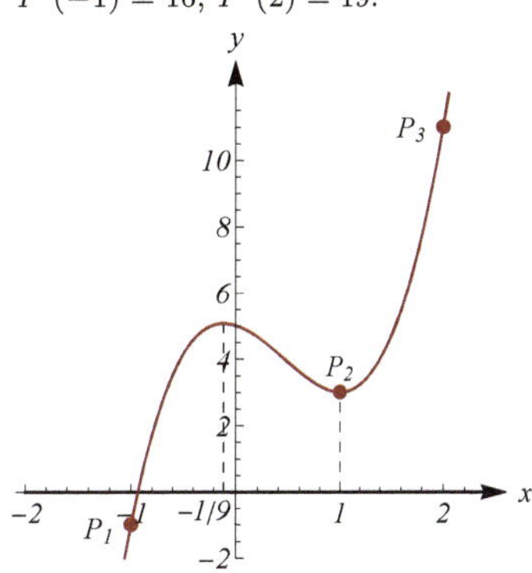

Bild 6.30 zu **6.52**

Taylor-Polynome

6.53 $f(x) = P_3(x) + R_3(x)$, Zerlegungsstelle $x_0 = 0$

a) $\sin x \approx P_3(x) = \sin 0 + \dfrac{\cos 0}{1!}x + \dfrac{-\sin 0}{2!}x^2 + \dfrac{-\cos 0}{3!}x^3 = x - \dfrac{1}{6}x^3$

b) $\cos x \approx P_3(x) = \cos 0 + \dfrac{-\sin 0}{1!}x + \dfrac{-\cos 0}{2!}x^2 + \dfrac{-\sin 0}{3!}x^3 = 1 - \dfrac{1}{2}x^2$

c) $\ln(x+1) \approx P_3(x) = \ln 1 + \dfrac{1}{(0+1)1!}x + \dfrac{-1}{(0+1)^2 2!}x^2 + \dfrac{2}{(0+1)^3 3!}x^3 = x - \dfrac{1}{2}x^2 + \dfrac{1}{3}x^3$

6.54 $f(x) = P_3(x) + R_3(x)$, Zerlegungsstelle $x_0 = 0$

a) $P_3(x) = 1 - \dfrac{1}{2\left(\sqrt{1-0}\right)1!}x - \dfrac{1}{4\left(\sqrt{1-0}\right)^3 2!}x^2 - \dfrac{3}{8\left(\sqrt{1-0}\right)^5 3!}x^3 = 1 - \dfrac{1}{2}x^2 - \dfrac{1}{8}x^2 - \dfrac{1}{16}x^3$

$R_3(x) = -\dfrac{15}{16\left(\sqrt{1-\xi}\right)^7 4!}x^4$, ξ zwischen 0 und x. $\quad |R_3(0.1)| \le \dfrac{15}{16\cdot\sqrt{0.9}^7\cdot 4!}10^{-4} \approx 0.056482\cdot 10^{-4} \approx 0.000\,006$

$P_3(0.1) = 1 - 0.05 - 0.00125 - 0.000\,062\,5 = 0.948\,687\,5$

$f(0.1) = 0.948\,683\,3$

b) $P_3(x) = 1 - \dfrac{1}{1!}x + \dfrac{1}{2!}x^2 - \dfrac{1}{3!}x^3 = 1 - x + \dfrac{1}{2}x^2 - \dfrac{1}{6}x^3$

$R_3(x) = \dfrac{e^{-\xi}}{4!}x^4$, ξ zwischen 0 und x. $\quad |R_3(1)| \le \dfrac{1}{4!}\cdot 1^4 \approx 0.041\,666$

$P_3(1) = 1 - 1 + \dfrac{1}{2} - \dfrac{1}{6} = 0.333\,333\,3$

$f(1) = 0.367\,879\,4$

6.55 $f(x) = P_4(x)$, $R_4(x) = 0$ wegen $f^{V}(x) = 0$, Zerlegungsstelle $x_0 = 1$

$$\begin{array}{ll} f(x) = 3x^4 + x^3 + 207x^2 + 63 & f(1) = 3 + 1 + 207 + 63 = 274 \\ f'(x) = 12x^3 + 3x^2 + 414x & f'(1) = 12 + 3 + 414 = 429 \\ f''(x) = 36x^2 + 6x + 414 & f''(1) = 36 + 6 + 414 = 456 \\ f'''(x) = 72x + 6 & f'''(1) = 78 \\ f^{IV}(x) = 72 & f^{IV}(1) = 72 \end{array}$$

$$P_4(x) = 274 + 429(x-1) + 228(x-1)^2 + 13(x-1)^3 + 3(x-1)^4$$

$$P_4(1.01) = 274{+}429\cdot 0.01{+}228\cdot 0.01^2{+}13\cdot 0.01^3{+}3\cdot 0.01^4 = 274{+}4.29{+}0.022\,8{+}0.000\,013{+}0.000\,000\,03 = 278.312\,813\,03$$

6.56 $f(x) = P_2(x) + R_2(x)$, Zerlegungsstelle $x_0 = 0$

$$\begin{array}{ll} f(x) = \sqrt[3]{1+x} = (1+x)^{1/3} & f(0) = 1 \\ f'(x) = \frac{1}{3}(1+x)^{-2/3} & f'(0) = \frac{1}{3} \\ f''(x) = -\frac{2}{3^2}(1+x)^{-5/3} & f''(0) = -\frac{2}{9} \end{array}$$

$$P_2(x) = 1 + \frac{1}{3\cdot 1!}x - \frac{2}{9\cdot 2!}x^2 = 1 + \frac{1}{3}x - \frac{1}{9}x^2$$

$$R_2(x) = \frac{10}{3^3\cdot 3!}(1+\xi)^{-8/3}x^3,\ \xi \text{ zwischen } 0 \text{ und } x. \qquad \left|R_2\left(\frac{1}{2}\right)\right| \le \frac{10}{3^3\cdot 3!}\cdot\frac{1}{2^3} = \frac{10}{6^4} \approx 0.007\,716$$

$$P_2\left(\frac{1}{2}\right) = 1 + \frac{1}{6} - \frac{1}{36} = 1.138\,888\,9$$

$$f\left(\frac{1}{2}\right) = 1.144\,714\,2$$

6.57 $f(x) = P_4(x) + R_4(x)$, Zerlegungsstelle $x_0 = 0$

$$\begin{array}{ll} f(x) = \mathrm{e}^{\cos x} & f(0) = \mathrm{e} \\ f'(x) = -\mathrm{e}^{\cos x}\sin x & f'(0) = 0 \\ f''(x) = \mathrm{e}^{\cos x}(\sin^2 x - \cos x) & f'''(0) = -\mathrm{e} \\ f'''(x) = \mathrm{e}^{\cos x}\sin x(3\cos x + \cos^2 x) & f''''(0) = 0 \\ f^{IV}(x) = \mathrm{e}^{\cos x}(\cos x + 3\cos^2 x - 4\sin^2 x + \sin^4 x - 6\cos x\sin^2 x) & f^{IV}(0) = 4\mathrm{e} \\ f^{V}(x) = -\mathrm{e}^{\cos x}\sin x(1 + 15\cos x + 15\cos^2 x - 10\sin^2 x - 10\cos x\sin^2 x + \sin^4 x) & \end{array}$$

$$P_4(x) = \mathrm{e} - \frac{\mathrm{e}}{2!}x^2 + \frac{4\mathrm{e}}{4!}x^4 = \mathrm{e} - \frac{\mathrm{e}}{2}x^2 + \frac{\mathrm{e}}{6}x^4$$

$$R_4(x) = \frac{f^V(\xi)}{5!}x^5,\ \xi \text{ zwischen } 0 \text{ und } x.\ |R_4(x)| \le \mathrm{e}\cdot\frac{1}{2}\left(1{+}15{+}15{+}\frac{10}{4}+\frac{10}{4}+\frac{1}{16}\right)\cdot\frac{1}{5!}\frac{\pi^5}{6^5} \approx 0.016\,074,\ x\in\left[-\frac{\pi}{6},\frac{\pi}{6}\right].$$

6.58 $f(x) = P_k(x) + R_k(x)$, $k \in \mathbb{N}$, Zerlegungsstelle $x_0 = 0$

$$P_k(x) = \sum_{j=0}^{n}(-1)^j\frac{x^{2j+1}}{(2j+1)!} \qquad \text{für} \qquad k = 2n,\ k = 2n+1$$

$$R_k(x) = \frac{f^{(2n+1)}(\xi)x^{2n+1}}{(2n+1)!},\ k = 2n, \qquad R_k(x) = \frac{f^{(2n+2)}(\xi)x^{2n+2}}{(2n+2)!},\ k = 2n+1, \qquad \xi \text{ zwischen } 0 \text{ und } x.$$

$$|R_k(1)| \le \frac{1}{(k+1)!} \le 0.0001 \qquad \text{für} \qquad k = 7$$

$$P_7(x) = x - \frac{x^3}{3!} + \frac{x^5}{5!} - \frac{x^7}{7!},\ P_7(1) = 1 - \frac{1}{3!} + \frac{1}{5!} - \frac{1}{7!} \approx 0.841\,468$$

$$f(1) = \sin 1 \approx 0.841\,471$$

Antwort: Für eine Genauigkeit von drei Dezimalstellen ist das Taylor-Polynom P_7 mit Gliedern bis zum Grad $k = 7$ ausreichend. Es ist $P_7(1) \approx 0.841\,468$ und $\sin 1 \approx 0.841\,471$.

Bemerkung: Die Abschätzung von $R_k(1)$ ist relativ grob.
Für eine Genauigkeit von drei Dezimalstellen hätte bereits $P_5(x)$ genügt. Es ist $P_5(1) = 0.841\overline{6}$.

6.59 Der Funktionswert von f an der Stelle x_0 ist $f(8) = 1000$.

Die ersten beiden Ableitungen von f sind

$f'(x) = 3x\sqrt{x^2+36}, \qquad f'(8) = 240,$

$f''(x) = 3\left(\sqrt{x^2+36} + \frac{x}{\sqrt{x^2+36}}\right) = \frac{3}{\sqrt{x^2+36}}(2x^2+36), \qquad f''(8) = 49.2.$

Antwort: Die Taylorpolynome ersten und zweiten Grades an der Stelle $x_0 = 8$ sind
$P_1(x) = 1000 + 240(x-8), \qquad P_2(x) = 1000 + 240(x-8) + \frac{49.2}{2}(x-8)^2.$
An den Stellen $x = 9$, $x = 8.1$ und $x = 8.01$ ergibt sich

x	$P_1(x)$	$P_2(x)$	$f(x)$
9	1 240	1 264.6	1 265.5484
8.1	1 024	1 024.246	1 024.2469
8.01	1 002.4	1 002.40246	1 002.4024609

Kurve, Tangente, Normale, Krümmung

6.60
- Parametrisierung der Kurve: $x(t) = (x_1(t), x_2(t))^\top = (5\cos t, 5\sin t)^\top,\ t \in [0, 2\pi)$
- Parameter des Punktes X: $\cos t_x = x_1(t_x)/|x(t_x)| = 0.6,\ \sin t_x = x_2(t_x)/|x(t_x)| = 0.8,\ t_x \approx 0.9273$
- Abstand $|\overrightarrow{OX}|$: $|x(t_x)| = \sqrt{x_1^2(t_x) + x_2^2(t_x)} = \sqrt{3^2+4^2} = 5$
- Polarwinkel σ: $\cos\sigma = x_1(t_x)/|x(t_x)| = 0.6,\ \sin\sigma = x_2(t_x)/|x(t_x)| = 0.8,\ \sigma \approx 0.9273 \approx 53.1301^\circ$
- Tangenteneinheitsvektor: $T(t_x) = \dot{x}(t_x)/|\dot{x}(t_x)| = (-0.8, 0.6)^\top$
- Normaleneinheitsvektor: $H(t_x) = (-0.6, 0.8)^\top$
- Gleichung der Tangente: $x(t_x) + \lambda\dot{x}(t_x),\ \begin{pmatrix} x_1 \\ x_2 \end{pmatrix} = \begin{pmatrix} 3 \\ 4 \end{pmatrix} + \lambda \begin{pmatrix} -0.8 \\ 0.6 \end{pmatrix},\ \lambda \in \mathbb{R}$
- Tangentenwinkel α: $\cos\alpha = \dot{x}_1(t_x)/|\dot{x}(t_x)| = -0.8,\ \sin\alpha = \dot{x}_2(t_x)/|\dot{x}(t_x)| = 0.6,\ \alpha \approx 2.4981 \approx 143.13^\circ$
- Krümmung: $\kappa = (\dot{x}_1(t_x)\ddot{x}_2(t_x) - \dot{x}_2(t_x)\ddot{x}_1(t_x))\,/|\dot{x}(t_x)|^3 = 0.2$
- Krümmungsradius: $\rho = 1/|\kappa| = 5$
- Krümmungsmittelpunkt: $\overrightarrow{OM} = x(t_x) + \rho H(t_x) = (0, 0)^\top$
- Schnittpunkt Kurve, x-Achse: $S:\ (x_1(0), x_2(0)) = (5, 0)$
- Bogenlänge $s = SX$: $s \approx 4.63648$, (siehe **Bild 6.31**).

6.61
- Parametrisierung der Kurve: $x(t) = (x_1(t), x_2(t))^\top = (6\cos t, 4\sin t)^\top,\ t \in [0, 2\pi)$
- Parameter des Punktes X: $t_x = \pi/6$
- Punkt X: $x(t_x) = (x_1(t_x), x_2(t_x))^\top \approx (5.1962, 2)^\top$
- Abstand $|\overrightarrow{OX}|$: $|x(t_x)| = \sqrt{x_1^2(t_x) + x_2^2(t_x)} = \sqrt{6^2 \cdot (\sqrt{3}/2)^2 + 4^2 \cdot (1/2)^2} \approx 5.5678$
- Tangenteneinheitsvektor: $T(t_x) = \dot{x}(t_x)/|\dot{x}(t_x)| = (-0.6547, 0.7559)^\top$
- Normaleneinheitsvektor: $H(t_x) \approx (-0.7559, -0.6547)^\top$
- Polarwinkel σ: $\cos\sigma = x_1(t_x)/|x(t_x)| \approx 0.9333,\ \sin\sigma = x_2(t_x)/|x(t_x)| \approx 0.3592,\ \sigma \approx 0.3674 \approx 21.0517^\circ$
- Gleichung der Tangente: $x(t_x) + \lambda\dot{x}(t_x),\ \begin{pmatrix} x_1 \\ x_2 \end{pmatrix} = \begin{pmatrix} 5.1962 \\ 2 \end{pmatrix} + \lambda \begin{pmatrix} -0.6547 \\ 0.7559 \end{pmatrix},\ \lambda \in \mathbb{R}$
- Tangentenwinkel α: $\cos\alpha = \dot{x}_1(t_x)/|\dot{x}(t_x)| \approx -0.6547,\ \sin\alpha = \dot{x}_2(t_x)/|\dot{x}(t_x)| \approx 0.7559,\ \alpha \approx 2.2845 \approx 130.893^\circ$
- Krümmung: $\kappa = (\dot{x}_1(t_x)\ddot{x}_2(t_x) - \dot{x}_2(t_x)\ddot{x}_1(t_x))\,/|\dot{x}(t_x)|^3 \approx 2.2455$
- Krümmungsradius: $\rho = 1/|\kappa| \approx 0.44534$
- Krümmungsmittelpunkt: $\overrightarrow{OM} = x(t_x) + \rho H(t_x) \approx (4.8595, 1.7085)^\top$
- Schnittpunkt Kurve, x-Achse: $S:\ (x_1(0), x_2(0)) = (6, 0)$
- Bogenlänge $s = SX$: $s \approx 2.20276$, (siehe **Bild 6.32**).

6.62 Parametrisierung der Kurve $x(t) = (x_1(t), x_2(t))^\top = \left(\int_0^t \cos \frac{x^2}{2 \cdot 175^2} \, dx, \int_0^t \sin \frac{x^2}{2 \cdot 175^2} \, dx \right)^\top, \; t \in [0, \infty)$

Parameter des Punktes X $\quad t_x = 130$

Punkt X $\quad x(t_x) = (x_1(t_x), x_2(t_x))^\top \approx (129.014, 11.8916)^\top$

Abstand $|\overrightarrow{OX}|$ $\quad |x(t_x)| = \sqrt{x_1^2(t_x) + x_2^2(t_x)} \approx 129.561$

Tangenteneinheitsvektor $\quad T(t_x) = \dot{x}(t_x)/|\dot{x}(t_x)| = (0.9622, 0.2724)^\top$

Normaleneinheitsvektor $\quad H(t_x) \approx (-0.2724, 0.9622)^\top$

Polarwinkel σ $\quad \cos\sigma = x_1(t_x)/|x(t_x)| \approx 0.9958, \; \sin\sigma = x_2(t_x)/|x(t_x)| \approx 0.0918, \; \sigma \approx 0.09191 \approx 5.26625^\circ$

Gleichung der Tangente $\quad x(t_x) + \lambda \dot{x}(t_x), \; \begin{pmatrix} x_1 \\ x_2 \end{pmatrix} = \begin{pmatrix} 129.014 \\ 11.8916 \end{pmatrix} + \lambda \begin{pmatrix} 0.9622 \\ 0.2724 \end{pmatrix}, \; \lambda \in \mathbb{R}$

Tangentenwinkel α $\quad \cos\alpha = \dot{x}_1(t_x)/|\dot{x}(t_x)| = 0.9622, \; \sin\alpha = \dot{x}_2(t_x)/|\dot{x}(t_x)| \approx 0.2724, \; \alpha \approx 0.2759 \approx 15.809^\circ$

Krümmung $\quad \kappa = (\dot{x}_1(t_x)\ddot{x}_2(t_x) - \dot{x}_2(t_x)\ddot{x}_1(t_x)) / |\dot{x}(t_x)|^3 \approx 1.93213 \cdot 10^{-9}$

Krümmungsradius $\quad \rho = 1/|\kappa| \approx 5.17563 \cdot 10^8$

Krümmungsmittelpunkt $\quad \overrightarrow{OM} = x(t_x) + \rho H(t_x) \approx (-1.41 \cdot 10^8, 4.9799 \cdot 10^8)^\top$

Schnittpunkt Kurve, x-Achse $\quad S: \; (x_1(0), x_2(0)) = (0, 0)$

Bogenlänge $s = SX$ $\quad s = 130,$ (siehe **Bild 6.33**).

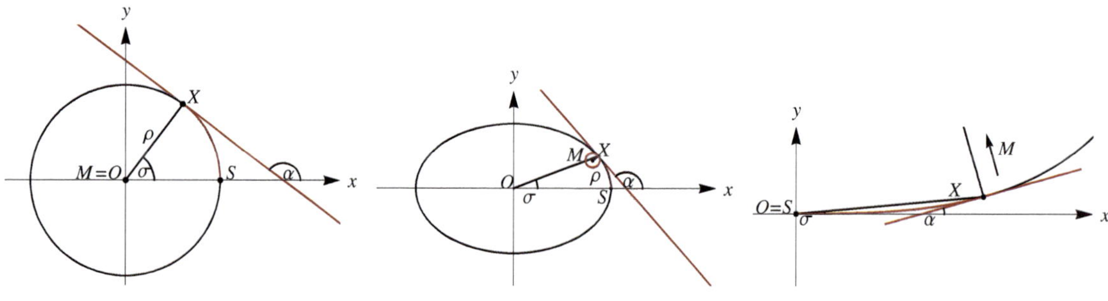

Bild 6.31 zu **6.60** **Bild 6.32** zu **6.61** **Bild 6.33** zu **6.62**

B7 Integralrechnung für Funktionen einer Veränderlichen

Stammfunktion, unbestimmte und bestimmte Integrale

7.1 a) $F'(x) = \int_{x^3}^{b} \frac{1}{1+t^2+\sin^2 t}\,\mathrm{d}t = -\int_{b}^{x^3} \frac{1}{1+t^2+\sin^2 t}\,\mathrm{d}t = \left[g(x) = x^3, f(t) = \frac{1}{1+t^2+\sin^2 t}\right] = -\frac{3x^2}{1+x^6+\sin^2(x^3)}$

b) $F(x) = \int_9^x \left(\int_7^y \frac{1}{1+t^2+\sin^2 t}\,\mathrm{d}t\right)\mathrm{d}y = \left[g(x) = x, f(y) = \int_7^y \frac{1}{1+t^2+\sin^2 t}\,\mathrm{d}t\right] = \int_7^x \frac{1}{1+t^2+\sin^2 t}\,\mathrm{d}t$

7.2 Der Definitionsbereich der Funktionen G und F ist $|x| \geq 1$.
Es gilt $G(x) = \ln(\pi|x+\sqrt{x^2-1}|) = \ln\pi + \ln|x+\sqrt{x^2-1}| = \ln\pi + F(x),\ |x| \geq 1$,
d. h., die Funktionen F und G unterscheiden sich um die additive Konstante $\ln\pi$. Daher ist noch $F'(x) = f(x)$ zu zeigen.
Für $x \geq 1$ ist $|x+\sqrt{x^2-1}| = x+\sqrt{x^2-1}$ und $F'(x) = \frac{1}{x+\sqrt{x^2-1}}\left(1+\frac{x}{\sqrt{x^2-1}}\right) = \frac{x-\sqrt{x^2-1}}{1}\,\frac{x+\sqrt{x^2-1}}{\sqrt{x^2-1}} = \frac{1}{\sqrt{x^2-1}}$.
Für $x \leq -1$ ist $|x+\sqrt{x^2-1}| = -\left(x+\sqrt{x^2-1}\right)$ und $F'(x) = -\frac{1}{x+\sqrt{x^2-1}}(-1)\left(1+\frac{x}{\sqrt{x^2-1}}\right) = \frac{1}{\sqrt{x^2-1}}$.

7.3 Benutzt wird die Eigenschaft der Linearität $F'(x) = (\alpha F_1(x) + \beta F_2(x))' = \alpha F_1'(x) + \beta F_2'(x) = \alpha f_1(x) + \beta f_2(x)$.
Für $\alpha = 3,\ f_1(x) = \sin x,\ \beta = 2,\ f_2(x) = x^5$ ergibt sich mit den Ableitungsregeln
$F_1'(x) = (-\cos x)' = \sin x$ sowie $F_2'(x) = \left(\frac{1}{6}x^6\right)' = x^5$ die Stammfunktion $F(x) = -3\cos x + \frac{1}{3}x^6$.

7.4 Benutzt wird die Differenziationsregel $F'(x) = (\beta x^\alpha)' = \beta\alpha x^{\alpha-1} = f(x),\ \alpha, \beta \in \mathbb{R}$.

a) Für $f(x) = \frac{1}{x^2} = x^{-2}$ ist $\alpha - 1 = -2$, d. h., $\alpha = -1$. Wegen $\beta\alpha = 1$ ist $\beta = -1$ und $F(x) = -\frac{1}{x}$.

b) Für $f(x) = \sqrt{x} = x^{1/2}$ ist $\alpha - 1 = \frac{1}{2}$, d. h., $\alpha = \frac{3}{2}$. Wegen $\beta\alpha = 1$ ist $\beta = \frac{2}{3}$ und $F(x) = \frac{2}{3}x^{3/2}$.

c) Für $f(x) = \frac{1}{\sqrt{x}} == x^{-1/2}$ ist $\alpha - 1 = -\frac{1}{2}$, d. h., $\alpha = \frac{1}{2}$. Wegen $\beta\alpha = 1$ ist $\beta = 2$ und $F(x) = 2\sqrt{x}$.

7.5 a) $\int \frac{5}{x}\,\mathrm{d}x = 5\int \frac{1}{x}\,\mathrm{d}x = 5\ln|x| + C$

b) $\int \frac{\cos x}{2}\,\mathrm{d}x = \frac{1}{2}\int \cos x\,\mathrm{d}x = \frac{\sin x}{2} + C$

c) $\int \frac{1}{t^{n+1}}\,\mathrm{d}t = \int t^{-(n+1)}\,\mathrm{d}t = -\frac{1}{nt^n} + C$

d) $\int \frac{1}{2x^2}\,\mathrm{d}x = \frac{1}{2}\int x^{-2}\,\mathrm{d}x = -\frac{1}{2x} + C$

e) $\int \frac{15}{4}\mathrm{e}^x\,\mathrm{d}x = \frac{15}{4}\int \mathrm{e}^x\,\mathrm{d}x = \frac{15}{4}\mathrm{e}^x + C$

f) $\int \frac{15}{x\ln 10}\,\mathrm{d}x = \frac{15}{\ln 10}\int \frac{1}{x}\,\mathrm{d}x = \frac{15}{\ln 10}\ln|x| + C$

7.6 a) $\int \frac{4}{7}x^{2/3}\,\mathrm{d}x = \frac{12}{35}x^{5/3} + C$

b) $\int \frac{5}{7\sqrt[4]{3x}}\,\mathrm{d}x = \frac{20}{21\sqrt[4]{3}}x^{3/4} + C$

c) $\int \left(\frac{5}{4}\sqrt{x} - (x-1)^2\right)\mathrm{d}x = \frac{5}{6}x^{3/2} - \frac{1}{3}x^3 + x^2 - x + C$

d) $\int \left(\frac{2}{x} - \frac{4-3x^2}{x^2}\right)\mathrm{d}x = 2\ln|x| + \frac{4}{x} + 3x + C$

e) $\int (2\mathrm{e}^x - 10^x)\,\mathrm{d}x = 2\mathrm{e}^x - \frac{10^x}{\ln 10} + C$

f) $\int (\mathrm{e}^{\ln 3} - \mathrm{e}^t)\,\mathrm{d}t = 3t - \mathrm{e}^t + C$

g) $\int \frac{1-\cos^2 x}{\cos^2 x}\,\mathrm{d}x = \tan x - x + C$

h) $\int (\cos 2t + 2\sin^2 t)\,\mathrm{d}t = t + C$

i) $\int \frac{\mathrm{d}x}{2+2x^2} = \frac{1}{2}\arctan x + C$

j) $\int \frac{2x^4}{1+x^2}\,\mathrm{d}x = 2\left(\frac{1}{3}x^3 - x + \arctan x\right) + C$

k) $\int \frac{\cos\omega}{\cos^2 t}\,\mathrm{d}\omega = \frac{\sin\omega}{\cos^2 t} + C$

l) $\int \frac{1+\cos^2 x}{\cos^2 x}\,\mathrm{d}x = \tan x + x + C$

7.7 a) $\int_{-1}^{1} 2\,\mathrm{d}x = 2\,[x]_{-1}^{1} = 4$

b) $\int_{4}^{1} 2x\,\mathrm{d}x = 2\left[\frac{1}{2}x^2\right]_4^1 = -15$

c) $\int_{1}^{2} ab^2\,\mathrm{d}b = a\left[\frac{1}{3}b^3\right]_1^2 = \frac{7}{3}a$

d) $\int_{1}^{2} ab^2\,\mathrm{d}a = b^2\left[\frac{1}{2}a^2\right]_1^2 = \frac{3}{2}b^2$

e) $\int_{-1}^{1}\left(-\frac{1}{3}t\right)\mathrm{d}t = -\frac{1}{3}\left[\frac{1}{2}t^2\right]_{-1}^{1} = 0$

f) $\int_{1}^{4} q^{-1/3}\,\mathrm{d}q = \frac{3}{2}\left[q^{2/3}\right]_1^4 = \frac{3}{2}(2\sqrt[3]{2}-1)$

g) $\int_{0}^{2}(3x^2+x-1)\,\mathrm{d}x = \left[x^3+\frac{1}{2}x^2-x\right]_0^2 = 8$

h) $\int_{0}^{4}(x^2+x+1)\,\mathrm{d}x = \left[\frac{1}{3}x^3+\frac{1}{2}x^2+x\right]_0^4 = \frac{100}{3}$

i) $\int_{-2}^{-1} 3t^{-5}\,\mathrm{d}t = 3\left[-\frac{1}{4}t^{-4}\right]_{-2}^{-1} = -\frac{45}{64}$

j) $\int_{2}^{1}\left(\frac{1}{x^2}+\frac{1}{x^3}\right)\mathrm{d}x = \left[-\frac{1}{x}-\frac{1}{2x^2}\right]_2^1 = -\frac{7}{8}$

k) $\int_{-2}^{-3}\frac{x+1}{x^4}\,\mathrm{d}x = \left[-\frac{1}{2x^2}-\frac{1}{3x^3}\right] = \frac{13}{324}$

l) $\int_{0}^{5}(5-\sqrt[3]{8x})\,\mathrm{d}x = \left[5x-\frac{3}{2}\sqrt[3]{x^4}\right]_0^5 = 25-\frac{15}{2}\sqrt[3]{5}$

7.8 a) $\int\frac{x}{x^2-8}\,\mathrm{d}x = \left[f = x^2-8, f' = 2x\right] = \frac{1}{2}\int\frac{f'}{f}\,\mathrm{d}x = \frac{1}{2}\ln|x^2-8|+C$

b) $\int_{\mathrm{e}}^{5}\frac{1}{x\ln x}\,\mathrm{d}x = \left[f = \ln x, f' = \frac{1}{x}\right] = \int_{\mathrm{e}}^{5}\frac{f'}{f}\,\mathrm{d}x = [\ln|\ln x|]_{\mathrm{e}}^{5} = \ln\ln 5$

c) $\int\cot x\,\mathrm{d}x = \int\frac{\cos x}{\sin x}\,\mathrm{d}x = \left[f = \sin x. f' = \cos x\right] = \int\frac{f'}{f}\,\mathrm{d}x = \ln|\sin x|+C$

7.9 a) $\int x\sin x\,\mathrm{d}x = \left[u' = \sin x, u = -\cos x, v = x, v' = 1\right] = -x\cos x+\int\cos x\,\mathrm{d}x = -x\cos x+\sin x+C$

b)
$$\int_0^{\pi/2}\cos^2 x\,\mathrm{d}x = \left[u'=\cos x, u=\sin x, v=\cos x, v'=-\sin x\right] = [\cos x\sin x]_0^{\pi/2}+\int_0^{\pi/2}\sin^2 x\,\mathrm{d}x$$
$$= \left[\sin^2 x = 1-\cos^2 x\right] = [\cos x\sin x]_0^{\pi/2}+\int_0^{\pi/2}\left(1-\cos^2 x\right)\mathrm{d}x = \frac{1}{2}\,[\cos x\sin x+x]_0^{\pi/2} = \frac{\pi}{4}$$

c)
$$\int\mathrm{e}^x\sin x\,\mathrm{d}x = \left[u'=\mathrm{e}^x, u=\mathrm{e}^x, v=\sin x, v'=\cos x\right] = \mathrm{e}^x\sin x-\int\mathrm{e}^x\cos x\,\mathrm{d}x$$
$$= \left[u'=\mathrm{e}^x, u=\mathrm{e}^x, v=\cos x, v'=-\sin x\right] = \mathrm{e}^x\sin x-\left(\mathrm{e}^x\cos x+\int\mathrm{e}^x\sin x\,\mathrm{d}x\right) = \frac{\mathrm{e}^x}{2}(\sin x-\cos x)+C$$

d)
$$\int_0^{\pi/2}x\sin x\cos x\,\mathrm{d}x = \frac{1}{2}\int_0^{\pi/2}x\sin(2x)\,\mathrm{d}x = \left[u' = \sin(2x), u = -\frac{1}{2}\cos(2x), v = x, v' = 1\right]$$
$$= \frac{1}{4}\left([-x\cos(2x)]_0^{\pi/2}+\int_0^{\pi/2}\cos(2x)\,\mathrm{d}x\right) = \frac{1}{4}\left[-x\cos(2x)+\frac{1}{2}\sin(2x)\right]_0^{\pi/2} = \frac{\pi}{8}$$

e)
$$\int\ln^2 x\,\mathrm{d}x = \left[u' = 1, u = x, v = \ln^2 x, v' = 2\frac{\ln x}{x}\right] = x\ln^2 x-2\int\ln x\,\mathrm{d}x$$
$$= \left[u' = 1, u = x, v = \ln x, v' = \frac{1}{x}\right] = x\ln^2 x-2\left(x\ln x-\int\mathrm{d}x\right) = x\ln^2 x-2x\ln x+2x+C$$

f)
$$\int\sin^3 x\,\mathrm{d}x = \left[u' = \sin x, u = -\cos x, v = \sin^2 x, v' = 2\sin x\cos x\right] = -\cos x\sin^2 x+2\int\sin x\cos^2 x\,\mathrm{d}x$$
$$= \left[\cos^2 = 1-\sin^2 x\right] = -\cos x\sin^2 x+2\int\sin x\,\mathrm{d}x-2\int\sin^3\,\mathrm{d}x = -\frac{1}{3}\left(\cos x\sin^2 x+2\cos x\right)+C$$

g) $\int \ln(x^2+1)\,dx = \left[u' = 1, u = x, v = \ln(x^2+1), v' = \frac{2x}{x^2+1}\right] = x\ln(x^2+1) - 2\int \frac{x^2}{x^2+1}\,dx$

$= x\ln(x^2+1) - 2\int\left(\frac{x^2+1}{x^2+1} - \frac{1}{x^2+1}\right)dx = x\ln(x^2+1) - 2x + \arctan x + C$

h) $\int \sin^4 x\,dx = \left[u' = \sin x, u = -\cos x, v = \sin^3 x, v' = 3\sin^2 x\cos x\right] = -\cos x\sin^3 x + 3\int \sin^2 x\cos^2 x\,dx$

$= -\cos x\sin^3 x + 3\int\left(\sin^2 x - \sin^4 x\right)dx = \left[\int \sin^2 x\,dx = \frac{1}{2}(x - \sin x\cos x)\right]$

$= \frac{1}{4}\left(-\cos x\sin^3 x + \frac{3}{2}x - \frac{3}{2}\sin x\cos x\right) + C$

7.10 a) $\int \cos^2 x\sin x\,dx = [z = \cos x, dz = -\sin x\,dx] = -\int z^2\,dz = -\frac{1}{3}z^3 + C = -\frac{1}{3}\cos^3 x + C$

b) $\int t^n e^{at^{n+1}}\,dt = \left[z = at^{n+1}, dz = a(n+1)t^n\,dt\right] = \frac{1}{a(n+1)}\int e^z\,dz = \frac{1}{a(n+1)}e^z + C = \frac{e^{at^{n+1}}}{a(n+1)} + C$

c) $\int (ax+b)^n\,dx = [z = ax+b, dz = a\,dx] = \frac{1}{a}\int z^n\,dz = \frac{1}{a(n+1)}z^{n+1} + C = \frac{(ax+b)^{n+1}}{a(n+1)} + C$

d) $\int \Theta\cos\Theta^2\,d\Theta = \left[z = \Theta^2, dz = 2\Theta\,d\Theta\right] = \frac{1}{2}\int \cos z\,dz = \frac{1}{2}\sin z + C = \frac{1}{2}\sin\Theta^2 + C$

e) $\int \frac{2x}{1+x^2}\,dx = \left[z = 1+x^2, dz = 2x\,dx\right] = \int \frac{dz}{z} = \ln|z| + C = \ln(x^2+1) + C$

f) $\int (\cos x - \cos^3 x)\,dx = \int \sin^2 x\cos x\,dx = [z = \sin x, dz = \cos x\,dx] = \int z^2\,dz = \frac{1}{3}z^3 + C = \frac{1}{3}\sin^3 x + C$

g) $\int x\sqrt{a^2+x^2}\,dx = \left[z = a^2+x^2, dz = 2x\,dx\right] = \frac{1}{2}\int \sqrt{z}\,dz = \frac{1}{3}z^{3/2} + C = \frac{1}{3}(a^2+x^2)^{3/2} + C$

h) $\int \frac{1}{3+2x}\,dx = [z = 3+2x, dz = 2\,dx] = \frac{1}{2}\int \frac{dz}{z} = \frac{1}{2}\ln|z| + C = \frac{1}{2}\ln(3+2x) + C$

i) $\int x\sqrt{x+6}\,dx = \left[z = \sqrt{x+6}, dz = \frac{dx}{2\sqrt{x+6}}\right] = 2\int (z^2-6)z^2\,dz = 2\left(\frac{1}{5}z^5 - 2z^3\right) + C = \frac{2}{5}(x-4)(x+6)^{3/2} + C$

j) $\int \sin\left(\frac{\pi}{6}x\right)dx = \left[z = \frac{\pi}{6}x, dz = \frac{\pi}{6}x\,dx\right] = \frac{6}{\pi}\int \sin z\,dz = -\frac{6}{\pi}\cos z + C = -\frac{6}{\pi}\cos\frac{\pi}{6}x + C$

7.11 a) $\int (4x-9)^{10}\,dx = [z = 4x-9, dz = 4\,dx] = \frac{1}{4}\int z^{10}\,dz = \frac{1}{44}z^{11} + C = \frac{1}{44}(4x-9)^{11} + C$

b) $\int e^{-3x}\,dx = [z = -3x, dz = -3\,dx] = -\frac{1}{3}\int e^z\,dz = -\frac{1}{3}e^z + C = -\frac{1}{3}e^{-3x} + C$

c) $\int \sqrt[3]{5-6x}\,dx = [z = 5-6x, dz = -6\,dx] = -\frac{1}{6}\int \sqrt[3]{z}\,dz = -\frac{1}{8}z^{4/3} + C = -\frac{1}{8}(5-6x)^{4/3} + C$

d) $\int \sin\frac{x}{2}\,dx = \left[z = \frac{x}{2}, dz = \frac{1}{2}\,dx\right] = 2\int \sin z\,dz = -2\cos z + C = -2\cos\frac{x}{2} + C$

e) $\displaystyle\int (9x-7)^{15}\,\mathrm{d}x = [z = 9x-7, \mathrm{d}z = 9\,\mathrm{d}x] = \frac{1}{9}\int z^{15}\,\mathrm{d}z = \frac{1}{9\cdot 16}z^{16} + C = \frac{1}{144}(9x-7)^{16} + C$

f) $\displaystyle\int \sqrt{3-2x}\,\mathrm{d}x = [z = 3-2x, \mathrm{d}z = -2\,\mathrm{d}x] = -\frac{1}{2}\int \sqrt{z}\,\mathrm{d}z = -\frac{1}{3}z^{3/2} + C = -\frac{1}{3}(3-2x)^{3/2} + C$

g) $\displaystyle\int \sqrt{1-x}\,\mathrm{d}x = [z = 1-x, \mathrm{d}z = -\,\mathrm{d}x] = -\int \sqrt{z}\,\mathrm{d}z = -\frac{2}{3}z^{3/2} + C = -\frac{2}{3}(1-x)^{3/2} + C$

h) $\displaystyle\int \frac{3}{\cos^2(6x-1)}\,\mathrm{d}x = [z = 6x-1, \mathrm{d}z = 6\,\mathrm{d}x] = \frac{1}{6}\int \frac{3}{\cos^2 z}\,\mathrm{d}z = \frac{1}{2}\tan z + C = \frac{1}{2}\tan(6x-1) + C$

i) $\displaystyle\int \frac{\mathrm{d}x}{\sqrt{1-9x^2}} = [z = 3x, \mathrm{d}z = 3\,\mathrm{d}x] = \frac{1}{3}\int \frac{\mathrm{d}z}{\sqrt{1-z^2}} = \frac{1}{3}\arcsin z + C = \frac{1}{3}\arcsin(3x) + C$

j) $\displaystyle\int \frac{4\pi}{\sin^2(3-2x)}\,\mathrm{d}x = [z = 3-2x, \mathrm{d}z = -2\,\mathrm{d}x] = -2\pi\int \frac{\mathrm{d}z}{\sin^2 z} = 2\pi\cot z + C = 2\pi\cot(3-2x) + C$

k) $\displaystyle\int \frac{\mathrm{d}x}{(2x-1)\sqrt{2x-1}} = [z = 2x-1, \mathrm{d}z = 2\,\mathrm{d}x] = \frac{1}{2}\int \frac{\mathrm{d}z}{z^{3/2}} = -z^{-1/2} + C = -\frac{1}{\sqrt{2x-1}} + C$

l) $\displaystyle\int \frac{\mathrm{d}h}{\sqrt{2gh}} = \frac{1}{\sqrt{2g}}\int \frac{\mathrm{d}h}{\sqrt{h}} = \frac{2}{\sqrt{2g}}h^{1/2} + C = \sqrt{\frac{2h}{g}} + C$

7.12 a) $\displaystyle\int \frac{2+x}{x^2+4x}\,\mathrm{d}x = \left[z = x^2+4x, \mathrm{d}z = (2x+4)\,\mathrm{d}x\right] = \frac{1}{2}\int \frac{\mathrm{d}z}{z} = \frac{1}{2}\ln|z| + C = \frac{1}{2}\ln|x^2+4x| + C$

b) $\displaystyle\int \cos^3 x\,\mathrm{d}x = \left[u' = \cos x, u = \sin x, v = \cos^2 x, v' = -2\sin x\cos x\right] = \cos^2 x\sin x + 2\int \sin^2 x\cos x\,\mathrm{d}x$

$\displaystyle = \left[\sin^2 x = 1-\cos^2 x\right] = \cos^2 x\sin x + 2\int \cos x\,\mathrm{d}x - 2\int \cos^3\,\mathrm{d}x = \frac{1}{3}\left(\cos^2 x\sin x + 2\sin x\right) + C$

c) $\displaystyle\int \frac{\mathrm{d}x}{x^2\sqrt{m-x^2}} = \left[x = \sqrt{m}\sin z,\ \mathrm{d}x = \sqrt{m}\cos z\,\mathrm{d}z\right] = \frac{1}{m}\int \frac{\mathrm{d}z}{\sin^2 z} = -\frac{1}{m}\cot z + C = -\frac{1}{m}\cot\arcsin\frac{x}{\sqrt{m}} + C$

$\displaystyle = \left[\cos\arcsin z = \sqrt{1-z^2}, \sin\arcsin z = z\right] = -\frac{\sqrt{m-x^2}}{mx} + C$

d) $\displaystyle\int x\sin x^2\,\mathrm{d}x = \left[z = x^2,\ \mathrm{d}z = 2x\,\mathrm{d}x\right] = \frac{1}{2}\int \sin z\,\mathrm{d}z = -\frac{1}{2}\cos z + C = -\frac{1}{2}\cos x^2 + C$

e) $\displaystyle\int \sqrt{x^2-4x-12}\,\mathrm{d}x = \int \sqrt{(x-2)^2-16}\,\mathrm{d}x = 4\int \sqrt{\left(\frac{x-2}{4}\right)^2 - 1}\,\mathrm{d}x = \left[z = \frac{x-2}{4},\ \mathrm{d}z = \frac{1}{4}\,\mathrm{d}x\right] = 16\int \sqrt{z^2-1}\,\mathrm{d}z$

$\displaystyle = \left[|z| = \cosh t,\ \mathrm{d}z = |\sinh t|\,\mathrm{d}t,\ \sqrt{z^2-1} = |\sinh t|\right] = 16\int \sinh^2 t\,\mathrm{d}t = 8\int (\cosh(2t)-1)\,\mathrm{d}t$

$\displaystyle = 4\sinh(2t) - 8t + C = 8\,(\sinh t\cosh t - t) + C = 8\left(z\sqrt{z^2-1} - \ln\left(|z| + \sqrt{z^2-1}\right)\right) + C$

$\displaystyle = \frac{1}{2}(x-2)\sqrt{x^2-4x-12} - 8\ln\left(|x-2| + \sqrt{x^2-4x-12}\right) + C,\ x \in (-\infty,-2) \vee x \in (6,\infty)$

f) $\displaystyle\int \frac{\mathrm{d}x}{1+\cos x} = \left[\tan\frac{x}{2} = t,\ \mathrm{d}x = \frac{2\,\mathrm{d}t}{1+t^2}, \cos x = \frac{1-t^2}{1+t^2}\right] = \int \mathrm{d}t = t + C = \tan\frac{x}{2} + C$

g) $\displaystyle\int \frac{\sin\sqrt{x}}{\sqrt{x}}\,\mathrm{d}x = \left[z = \sqrt{x}, \mathrm{d}z = \frac{\mathrm{d}x}{2\sqrt{x}}\right] = 2\int \sin z\mathrm{d}z - 2\cos z + C = -2\cos\sqrt{x} + C$

h) $\displaystyle\int \frac{dx}{x^2-4} = \frac{1}{4}\int\left(\frac{1}{x-2}-\frac{1}{x+2}\right)dx = \frac{1}{4}\left(\ln|x-2|-\ln|x+2|\right)+C$

i) $\displaystyle\int \frac{dx}{\sqrt{x+9}-\sqrt{x}} = \frac{1}{9}\int\left(\sqrt{x+9}+\sqrt{x}\right)dx = \frac{2}{27}\left((x+9)^{3/2}+x^{3/2}\right)+C$

j) $\displaystyle\int_1^e \frac{dx}{x\sqrt{1-(\ln x)^2}} = [\arcsin\ln x]_1^e = \arcsin 1 - \arcsin 0 = \frac{\pi}{2}$

Stammfunktion:

$$\int \frac{dx}{x\sqrt{1-(\ln x)^2}} = \left[z=\ln x,\ dz=\frac{dx}{x}\right] = \int\frac{dz}{\sqrt{1-z^2}} = \arcsin z + C = \arcsin\ln x + C$$

k) $\displaystyle\int_0^1 \frac{\sqrt{x}}{1+x}\,dx = 2\left[\sqrt{x}-\arctan\sqrt{x}\right]_0^1 = 2-\frac{\pi}{2}$

Stammfunktion:

$$\begin{aligned}\int\frac{\sqrt{x}}{1+x}\,dx = \left[z=\sqrt{x}, dz=\frac{dx}{2\sqrt{x}}\right] = 2\int\frac{z^2}{1+z^2}\,dz = 2\int\left(\frac{1+z^2}{1+z^2}-\frac{1}{1+z^2}\right)dz &= 2\,(z-\arctan z)+C\\ &= 2\left(\sqrt{x}-\arctan\sqrt{x}\right)+C\end{aligned}$$

l) $\displaystyle\int_1^2 \frac{e^{\frac{1}{x}}}{x^2}\,dx = -\left[e^{1/x}\right]_1^2 = -\left(e^{1/2}-e\right) = \sqrt{e}\left(\sqrt{e}-1\right)$

Stammfunktion:

$$\int\frac{e^{\frac{1}{x}}}{x^2}\,dx = \left[z=\frac{1}{x}, dz=-\frac{dx}{x^2}\right] = -\int e^z\,dz = -e^z + C = -e^{1/x}+C$$

m) $\displaystyle\int_1^e \frac{1+\lg x}{x}\,dx = \ln 10\left[\lg x+\frac{1}{2}(\lg x)^2\right]_1^e = \ln 10\left(\lg e+\frac{1}{2}(\lg e)^2\right) = \ln 10\left(\frac{\ln e}{\ln 10}+\frac{1}{2}\left(\frac{\ln e}{\ln 10}\right)^2\right) = 1+\frac{1}{2\ln 10}$

Stammfunktion:

$$\int\frac{1+\lg x}{x}\,dx = \left[z=\lg x, dz=\frac{1}{\ln 10}\frac{dx}{x}\right] = \ln 10\int(1+z)\,dz = \ln 10\left(z+\frac{1}{2}z^2\right)+C = \ln 10\left(\lg x+\frac{1}{2}(\lg x)^2\right)+C$$

n) $\displaystyle\int_0^{\ln 2}\tanh x\,dx = [\ln\cosh x]_0^{\ln 2} = \ln\frac{e^{\ln 2}+e^{-\ln 2}}{2} - \ln\frac{e^0+e^{-0}}{2} = \ln 5 - 2\ln 2$

Stammfunktion:

$$\int\tanh x\,dx = \int\frac{\sinh x}{\cosh x}\,dx = \left[f=\cosh x, f'=\sinh x\right] = \ln\cosh x + C$$

o) $\displaystyle\int_0^1 \frac{\sqrt{e^x}}{\sqrt{e^x+e^{-x}}}\,dx = [\text{arsinh}\ e]_0^1 = \text{arsinh}\ e^x - \text{arsinh}\ 1 = \ln(e+\sqrt{e^2+1})-\ln(\sqrt{2}+1)$

Stammfunktion:

$$\int\frac{\sqrt{e^x}}{\sqrt{e^x+e^{-x}}}\,dx = \int\frac{e^x}{\sqrt{e^{2x}+1}}\,dx = \left[z=e^x, dz=e^x\,dx\right] = \int\frac{1}{\sqrt{z^2+1}}dz = \text{arsinh}\ z + C = \text{arsinh}\ e^x + C$$

p) $\displaystyle\int_3^8 \frac{x}{\sqrt{1+x}}\,dx = \frac{2}{3}\left[\sqrt{1+x}\,(x-2)\right]_3^8 = \frac{32}{3}$

Stammfunktion:

$$\int\frac{x}{\sqrt{1+x}}\,dx = \left[z=\sqrt{1+x}, dz=\frac{dx}{2\sqrt{1+x}}\right] = 2\int\left(z^2-1\right)dz = 2\left(\frac{1}{3}z^3-z\right)+C = \frac{2}{3}\sqrt{1+x}\,(x-2)+C$$

Flächeninhalt

7.13 **a)** Es gilt $f(x) = \sin x \geq 0$ für $x \in [0, \pi/2]$, (siehe **Bild 7.1**). $F = \displaystyle\int_0^{\pi/2} \sin x \,\mathrm{d}x = [-\cos x]_0^{\pi/2} = 1$

b) Es gilt $f(x) = x^2 + 2 > 0$, (siehe **Bild 7.2**). $F = \displaystyle\int_{-2}^{1} (x^2+2)\,\mathrm{d}x = \left[\frac{1}{3}x^3 + 2x\right]_{-2}^{1} = 9$

c) $F = \displaystyle\int_1^1 \frac{1}{x^2}\,\mathrm{d}x = 0$, da untere und obere Integrationsgrenze gleich sind.

d) Das Polynom zweiten Grades $f(x) = x^2 - 5x + 4$ hat die Nullstellen 1 und 4, (siehe **Bild 7.3**). Es gilt $f(x) \geq 0$ für $x \in [0,1]$ und $x \in [4,5]$ sowie $f(x) \leq 0$ für $x \in [1,4]$. Mit der Stammfunktion G:

$$G(x) = \frac{1}{3}x^3 - \frac{5}{2}x^2 + 4x \quad \text{ist der Inhalt } F \text{ der Fläche}$$

$$\begin{aligned} F &= \int_0^5 |f(x)|\,\mathrm{d}x = \int_0^1 f(x)\,\mathrm{d}x - \int_1^4 f(x)\,\mathrm{d}x + \int_4^5 f(x)\,\mathrm{d}x \\ &= G(1) - G(0) - (G(4) - G(1)) + G(5) - G(4) = -G(0) + 2G(1) - 2G(4) + G(5) \\ &= -0 + 2\cdot\frac{11}{6} - 2\cdot\left(-\frac{8}{3}\right) - \frac{5}{6} = \frac{49}{6}. \end{aligned}$$

a)

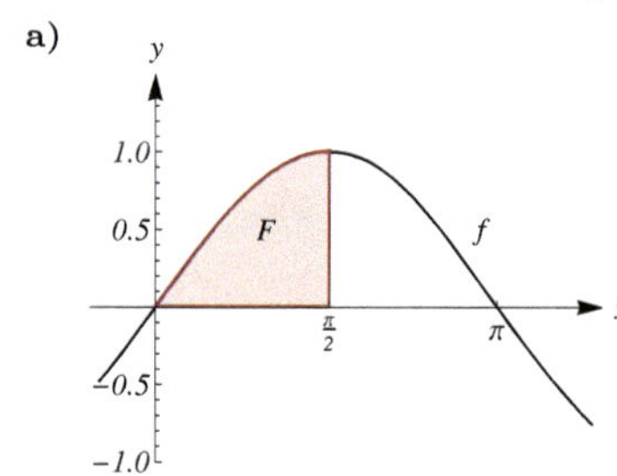

Bild 7.1 $f(x) = \sin x$

b)

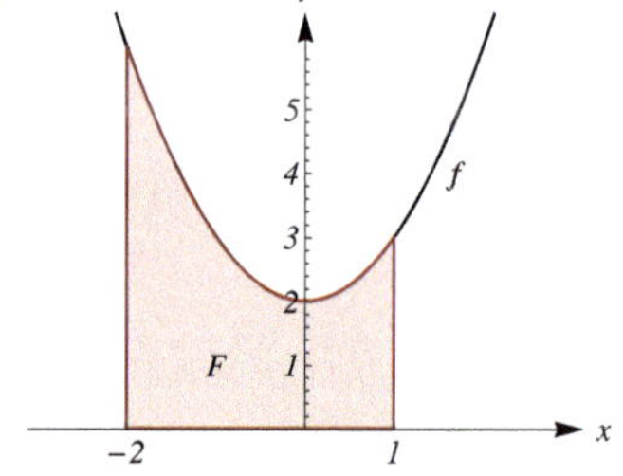

Bild 7.2 $f(x) = x^2 + 2$

d)

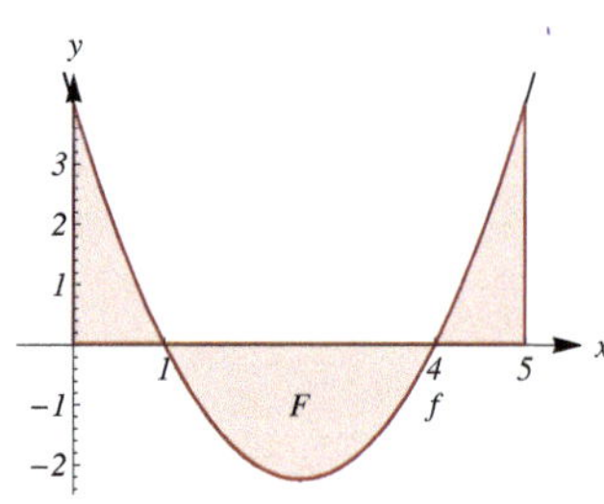

Bild 7.3 $f(x) = x^2 - 5x + 4$

7.14 **a)** Das Polynom dritten Grades $f(x) = 2x^3 - 3x^2 - 3x + 2$ hat die Nullstellen -1, $1/2$ und 2, (siehe **Bild 7.4**). Weiter ist $\lim_{x\to-\infty} f(x) = -\infty$ und $\lim_{x\to\infty} f(x) = \infty$.
Die Fläche ist daher vom Graph von f und der x-Achse im Intervall $[-1, 2]$ begrenzt.
Es gilt $f(x) \geq 0$ für $x \in [-1, 1/2]$ sowie $f(x) \leq 0$ für $x \in [1/2, 2]$. Mit der Stammfunktion G:

$$G(x) = \frac{1}{2}x^4 - x^3 - \frac{3}{2}x^2 + 2x \quad \text{ist der Inhalt } F \text{ der Fläche}$$

$$\begin{aligned} F &= \int_{-1}^{2} |f(x)|\,\mathrm{d}x = \int_{-1}^{1/2} f(x)\,\mathrm{d}x - \int_{1/2}^{2} f(x)\,\mathrm{d}x \\ &= G(1/2) - G(-1) - (G(2) - G(1/2)) = -G(-1) + 2G(1/2) - G(2) = -(-2) + 2\cdot\frac{17}{32} - (-2) = \frac{81}{16}. \end{aligned}$$

b) Das Polynom dritten Grades $f(x) = -x^3 + 3x^2 + 6x - 8$ hat die Nullstellen -2, 1 und 4, (siehe **Bild 7.5**). Weiter ist $\lim_{x\to-\infty} f(x) = \infty$ und $\lim_{x\to\infty} f(x) = -\infty$.
Die Fläche ist daher vom Graph von f und der x-Achse im Intervall $[-2, 4]$ begrenzt.
Es gilt $f(x) \leq 0$ für $x \in [-2, 1]$ sowie $f(x) \geq 0$ für $x \in [1, 4]$. Mit der Stammfunktion G:

$$G(x) = -\frac{1}{4}x^4 + x^3 + 3x^2 - 8x \quad \text{ist der Inhalt } F \text{ der Fläche}$$

$$\begin{aligned} F &= \int_{-2}^{4} |f(x)|\,\mathrm{d}x = -\int_{-2}^{1} f(x)\,\mathrm{d}x + \int_{1}^{4} f(x)\,\mathrm{d}x \\ &= -(G(1) - G(-2)) + G(4) - G(1) = G(-2) - 2G(1) + G(4) = 16 - 2\cdot\frac{17}{4} + 16 = \frac{81}{2}. \end{aligned}$$

c) Das Polynom vierten Grades $f(x) = -x^4 - x^2 + 2$ hat die Nullstellen -1 und 1, (siehe **Bild 7.6**).
Weiter ist $\lim_{x\to-\infty} f(x) = -\infty$ und $\lim_{x\to\infty} f(x) = -\infty$.
Die Fläche ist daher vom Graph von f und der x-Achse im Intervall $[-1, 1]$ begrenzt.
Es gilt $f(x) \geq 0$ für $x \in [-1, 1]$. Mit der Stammfunktion G:

$$G(x) = -\frac{1}{5}x^5 - \frac{1}{3}x^3 + 2x \quad \text{ist der Inhalt } F \text{ der Fläche}$$

$$F = \int_{-1}^{1} |f(x)|\,\mathrm{d}x = \int_{-1}^{1} f(x)\,\mathrm{d}x = G(1) - G(-1) = \frac{22}{15} - \left(-\frac{22}{15}\right) = \frac{44}{15}.$$

d) Das Polynom fünften Grades $f(x) = 3x - x^3(4 - x^2) = x^5 - 4x^3 + 3x$ hat die Nullstellen $-\sqrt{3}$, -1, 0, 1 und $\sqrt{3}$, (siehe **Bild 7.7**).
Weiter ist $\lim_{x\to-\infty} f(x) = -\infty$ und $\lim_{x\to\infty} f(x) = \infty$.
Die Fläche ist daher vom Graph von f und der x-Achse im Intervall $[-\sqrt{3}, \sqrt{3}]$ begrenzt.
Es gilt $f(x) \geq 0$ für $x \in [-\sqrt{3}, -1]$ und $x \in [0, 1]$ sowie $f(x) \leq 0$ für $x \in [-1, 0]$ und $x \in [1, \sqrt{3}]$. Mit der Stammfunktion G:

$$G(x) = \frac{1}{6}x^6 - x^4 + \frac{3}{2}x^2 \quad \text{ist der Inhalt } F \text{ der Fläche}$$

$$\begin{aligned}
F &= \int_{-\sqrt{3}}^{\sqrt{3}} |f(x)|\,\mathrm{d}x = \int_{-\sqrt{3}}^{-1} f(x)\,\mathrm{d}x - \int_{-1}^{0} f(x)\,\mathrm{d}x + \int_{0}^{1} f(x)\,\mathrm{d}x + \int_{1}^{\sqrt{3}} f(x)\,\mathrm{d}x \\
&= \left(G(-1) - G(-\sqrt{3})\right) - \left(G(0) - G(-1)\right) + \left(G(1) - G(0)\right) - \left(G(\sqrt{3}) - G(1)\right) \\
&= -G(-\sqrt{3}) + 2G(-1) - 2G(0) + 2G(1) - G(\sqrt{3}) \\
&= 0 + 2 \cdot \frac{2}{3} - 2 \cdot 0 + 2 \cdot \frac{2}{3} - 0 = \frac{8}{3}.
\end{aligned}$$

a)

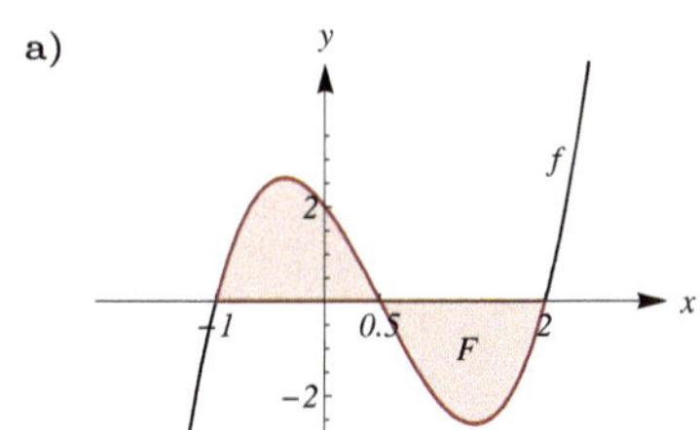

Bild 7.4
$f(x) = 2x^3 - 3x^2 - 3x + 2$

b)

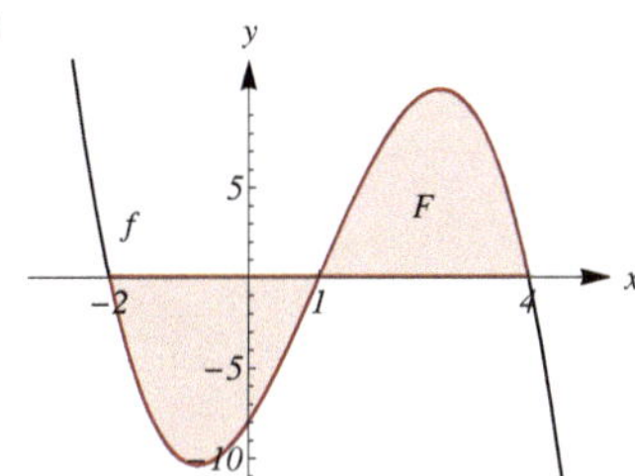

Bild 7.5
$f(x) = -x^3 + 3x^2 + 6x - 8$

c)

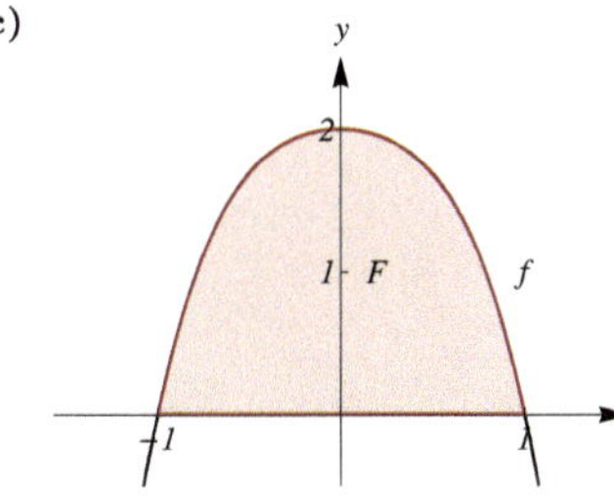

Bild 7.6 $f(x) = 2 - x^4 - x^2$

d)

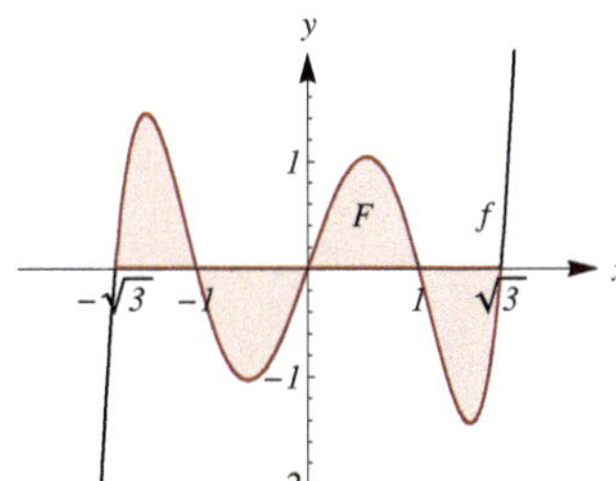

Bild 7.7 $f(x) = 3x - x^3(4 - x^2)$

7.15 Die Schnittstellen der Funktionen f_1 und f_2 ergeben sich als reelle Lösungen der Gleichung $f(x) = f_1(x) - f_2(x) = 0$. Gibt es genau zwei reelle Lösungen $x_1 < x_2$, so ist die Fläche von den Graphen der Funktionen f_1 und f_2 im Intervall $[x_1, x_2]$ begrenzt.

Gilt $f(x) = f_1(x) - f_2(x) \geq 0$ für $x \in [x_1, x_2]$, so ist $F = \int_{x_1}^{x_2} f(x)\,\mathrm{d}x = G(x_2) - G(x_1)$ mit G als Stammfunktion von f.

Gilt $f(x) = f_1(x) - f_2(x) \leq 0$ für $x \in [x_1, x_2]$, so ist $F = -\int_{x_1}^{x_2} f(x)\,\mathrm{d}x = G(x_1) - G(x_2)$ mit G als Stammfunktion von f.

a) Funktionen f_1, f_2 — $f_1(x) = 3 - 2x - x^2,\ f_2(x) = x + 3$
Funktion $f(x) = f_1(x) - f_2(x)$ — $f(x) = -x^2 - 3x$
Schnittstellen $f(x) = 0$ — $x_1 = -3,\ x_2 = 0$
Vorzeichen von $f(x)$, $x \in [x_1, x_2]$ — $f(x) \geq 0$
Stammfunktion von $f(x)$ — $G(x) = -\frac{1}{3}x^3 - \frac{3}{2}x^2,\ G(x_1) = -\frac{9}{2},\ G(x_2) = 0$
Inhalt F — $F = G(x_2) - G(x_1) = 9/2 = 4.5$ (siehe **Bild 7.8**)

b) Funktionen f_1, f_2 — $f_1(x) = x^2 + 4x,\ f_2(x) = x + 4$
Funktion $f(x) = f_1(x) - f_2(x)$ — $f(x) = x^2 + 3x - 4$
Schnittstellen $f(x) = 0$ — $x_1 = -4,\ x_2 = 1$
Vorzeichen von $f(x)$, $x \in [x_1, x_2]$ — $f(x) \leq 0$
Stammfunktion von $f(x)$ — $G(x) = \frac{1}{3}x^3 + \frac{3}{2}x^2 - 4x,\ G(x_1) = \frac{56}{3},\ G(x_2) = -\frac{13}{6}$
Inhalt F — $F = G(x_1) - G(x_2) = 125/6 \approx 20.8333$ (siehe **Bild 7.9**)

c) Funktionen f_1, f_2 — $f_1(x) = x^2 - 4,\ f_2(x) = x + 2$
Funktion $f(x) = f_1(x) - f_2(x)$ — $f(x) = x^2 - x - 6$
Schnittstellen $f(x) = 0$ — $x_1 = -2,\ x_2 = 3$
Vorzeichen von $f(x)$, $x \in [x_1, x_2]$ — $f(x) \leq 0$
Stammfunktion von $f(x)$ — $G(x) = \frac{1}{3}x^3 - \frac{1}{2}x^2 - 6x,\ G(x_1) = \frac{22}{3},\ G(x_2) = -\frac{27}{2}$
Inhalt F — $F = G(x_1) - G(x_2) = 125/6 \approx 20.8333$ (siehe **Bild 7.10**)

d) Funktionen f_1, f_2 — $f_1(x) = x^2 - 3x - 2,\ f_2(x) = 2x - 2$
Funktion $f(x) = f_1(x) - f_2(x)$ — $f(x) = x^2 - 5x$
Schnittstellen $f(x) = 0$ — $x_1 = 0,\ x_2 = 5$
Vorzeichen von $f(x)$, $x \in [x_1, x_2]$ — $f(x) \leq 0$
Stammfunktion von $f(x)$ — $G(x) = \frac{1}{3}x^3 - \frac{5}{2}x^2,\ G(x_1) = 0,\ G(x_2) = -\frac{125}{6}$
Inhalt F — $F = G(x_1) - G(x_2) = 125/6 \approx 20.8333$ (siehe **Bild 7.11**)

e) Funktionen f_1, f_2 — $f_1(x) = x^3 + x^2 + x - 2,\ f_2(x) = 4x + 1$
Funktion $f(x) = f_1(x) - f_2(x)$ — $f(x) = x^3 + x^2 - 3x - 3$
Schnittstellen $f(x) = 0$ — $x_1 = -\sqrt{3},\ x_2 = -1,\ x_3 = \sqrt{3}$
Vorzeichen von $f(x)$ — $f(x) \geq 0$ für $x \in [x_1, x_2]$ sowie $f(x) \leq 0$ für $x \in [x_2, x_3]$
Stammfunktion von $f(x)$ — $G(x) = \frac{1}{4}x^4 + \frac{1}{3}x^3 - \frac{3}{2}x^2 - 3x,\ G(x_1) = -\frac{9}{4} + 2\sqrt{3},\ G(x_2) = \frac{17}{12},\ G(x_3) = -\frac{9}{4} - 2\sqrt{3}$
Inhalt F — $F = -G(x_1) + 2G(x_2) - G(x_3) = 22/3 \approx 7.3333$ (siehe **Bild 7.12**)

f) Funktionen f_1, f_2 — $f_1(x) = x^2 - 7x + 15,\ f_2(x) = -x^2 + 10x + 7$
Funktion $f(x) = f_1(x) - f_2(x)$ — $f(x) = 2x^2 - 17x + 8$
Schnittstellen $f(x) = 0$ — $x_1 = 1/2,\ x_2 = 8$
Vorzeichen von $f(x)$, $x \in [x_1, x_2]$ — $f(x) \leq 0$
Stammfunktion von $f(x)$ — $G(x) = -\frac{2}{3}x^3 - \frac{17}{2}x^2 + 8x,\ G(x_1) = \frac{47}{24},\ G(x_2) = -\frac{416}{3}$
Inhalt F — $F = G(x_1) - G(x_2) = 1125/8 = 140.625$ (siehe **Bild 7.13**)

g) Funktionen f_1, f_2 — $f_1(x) = 6 - x^2,\ f_2(x) = x$
Funktion $f(x) = f_1(x) - f_2(x)$ — $f(x) = -x^2 - x + 6$
Schnittstellen $f(x) = 0$ — $x_1 = -3,\ x_2 = 2$
Vorzeichen von $f(x)$, $x \in [x_1, x_2]$ — $f(x) \geq 0$
Stammfunktion von $f(x)$ — $G(x) = -\frac{1}{3}x^3 - \frac{1}{2}x^2 + 6x,\ G(x_1) = -\frac{27}{2},\ G(x_2) = -\frac{22}{3}$
Inhalt F — $F = G(x_2) - G(x_1) = 125/6 = 20.8333$ (siehe **Bild 7.14**)

h)

Funktionen f_1, f_2	$f_1(x) = 2\sqrt{x},\ f_2(x) = x^2/4$
Funktion $f(x) = f_1(x) - f_2(x)$	$f(x) = 2\sqrt{x} - x^2/4$
Schnittstellen $f(x) = 0$	$x_1 = 0,\ x_2 = 4$
Vorzeichen von $f(x)$, $x \in [x_1, x_2]$	$f(x) \geq 0$
Stammfunktion von $f(x)$	$G(x) = \frac{4}{3}x^{3/2} - \frac{1}{12}x^3,\ G(x_1) = 0,\ G(x_2) = \frac{16}{3}$
Inhalt F	$F = G(x_2) - G(x_1) = 16/3 \approx 5.3333$ (siehe **Bild 7.15**)

i)

Funktionen f_1, f_2	$f_1(x) = \sin x,\ f_2(x) = \sin 2x$
Funktion $f(x) = f_1(x) - f_2(x)$	$f(x) = \sin x - \sin 2x$
Schnittstellen $f(x) = 0$	$x_1 = 0,\ x_2 = \pi/3$
Vorzeichen von $f(x)$, $x \in [x_1, x_2]$	$f(x) \leq 0$
Stammfunktion von $f(x)$	$G(x) = -\cos x + \frac{1}{2}\cos 2x,\ G(x_1) = -\frac{1}{2},\ G(x_2) = -\frac{3}{4}$
Inhalt F	$F = G(x_1) - G(x_2) = 1/4 = 0.25$ (siehe **Bild 7.16**)

j)

Funktionen f_1, f_2	$f_1(x) = \mathrm{e}^{2x/3},\ f_2(x) = 3^{x-1}$
Funktion $f(x) = f_1(x) - f_2(x)$	$f(x) = \mathrm{e}^{2x/3} - 3^{x-1}$
Integrationsgrenzen	$x_1 = -1,\ x_2 = 0$
Vorzeichen von $f(x)$, $x \in [x_1, x_2]$	$f(x) \geq 0$
Stammfunktion von $f(x)$	$G(x) = \frac{3}{2}\mathrm{e}^{2x/3} - \frac{1}{\ln 3}3^{x-1},\ G(x_1) = \frac{3}{2}\mathrm{e}^{-2/3} - \frac{1}{9\ln 3},\ G(x_2) = \frac{3}{2} - \frac{1}{3\ln 3}$
Inhalt F	$F = G(x_2) - G(x_1) \approx 0.5276$ (siehe **Bild 7.17**)

k)

Funktionen f_1, f_2	$f_1(x) = \ln x/(4x),\ f_2(x) = \ln x$
Funktion $f(x) = f_1(x) - f_2(x)$	$f(x) = \ln x/(4x) - \ln x$
Schnittstellen $f(x) = 0$	$x_1 = 1/4,\ x_2 = 1$
Vorzeichen von $f(x)$, $x \in [x_1, x_2]$	$f(x) \geq 0$
Stammfunktion von $f(x)$	$G(x) = x - x\ln x + \frac{1}{8}(\ln x)^2,\ G(x_1) = \frac{1}{4} + \frac{\ln 4}{4} + \frac{(\ln 4)^2}{8},\ G(x_2) = 1$
Inhalt F	$F = G(x_2) - G(x_1) \approx 0.1632$ (siehe **Bild 7.18**)

a)

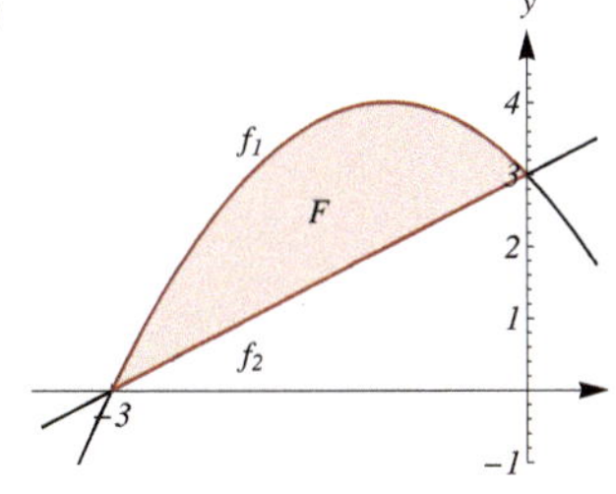

Bild 7.8 $f_1(x) = 3-2x-x^2$, $f_2(x) = x+3$

b)

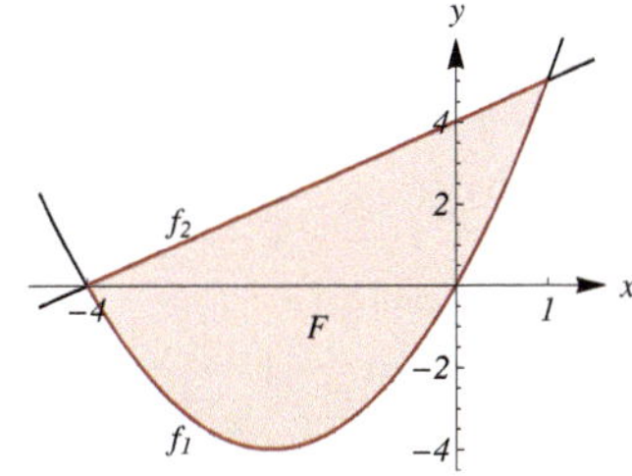

Bild 7.9 $f_1(x) = x^2+4x$, $f_2(x) = x+4$

c)

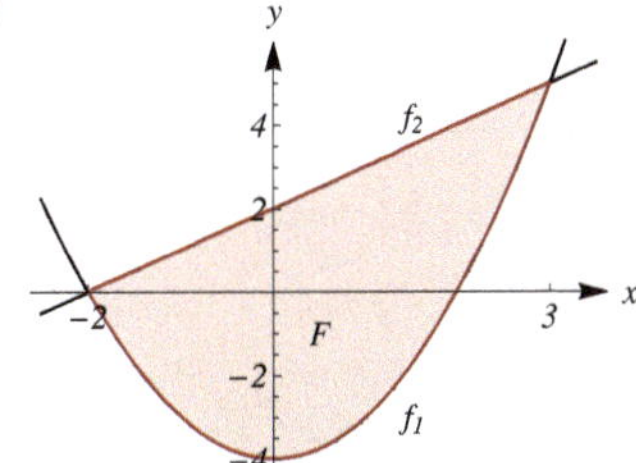

Bild 7.10 $f_1(x) = x^2-4$, $f_2(x) = x+2$

d)

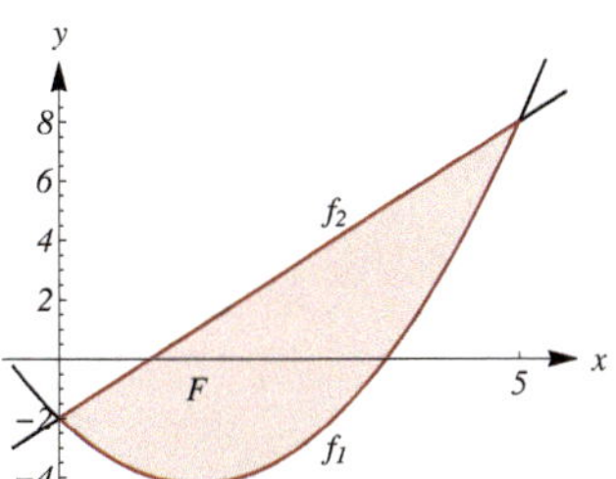

Bild 7.11 $f_1(x) = x^2-3x-2$, $f_2(x) = 2x-2$

e)

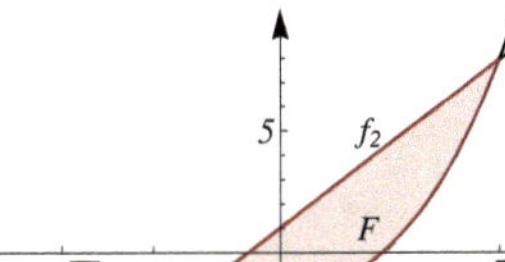

Bild 7.12 $f_1(x) = x^3+x^2+x-2$, $f_2(x) = 4x+1$

f)

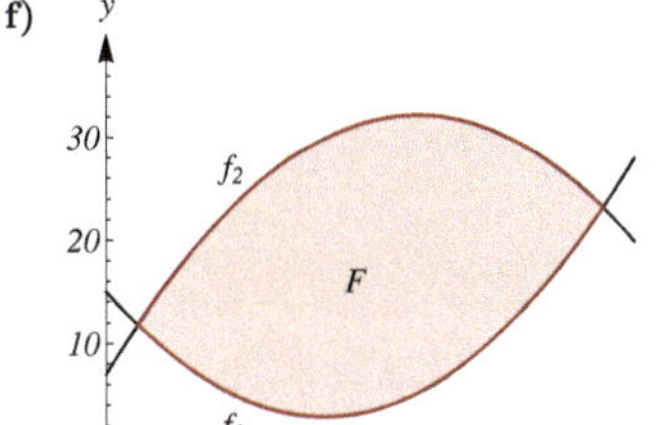

Bild 7.13 $f_1(x) = x^2-7x+15$, $f_2(x) = -x^2+10x+7$

g)

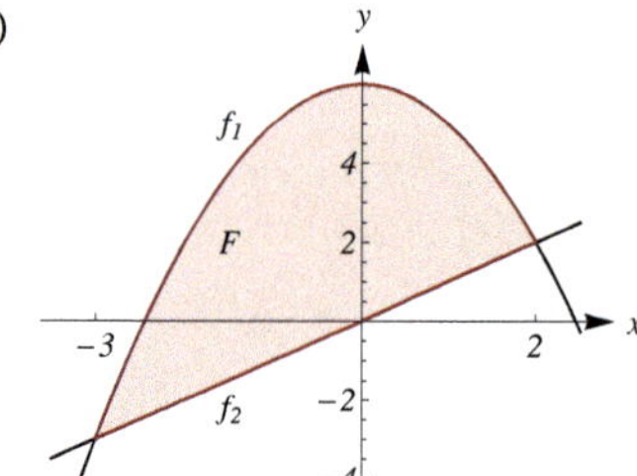

Bild 7.14 $f_1(x) = 6 - x^2$, $f_2(x) = x$

h)

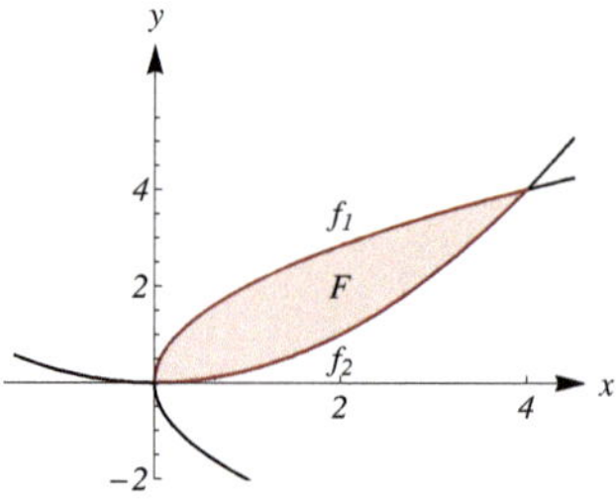

Bild 7.15 $f_1(x) = 2\sqrt{x}$, $f_2(x) = x^2/4$

i)

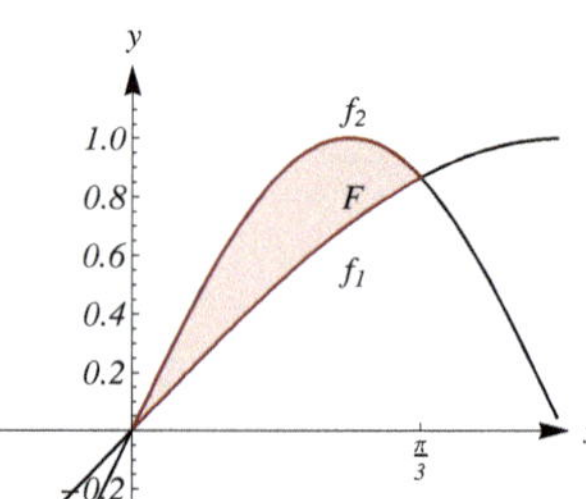

Bild 7.16 $f_1(x) = \sin x$, $f_2(x) = \sin 2x$

j)

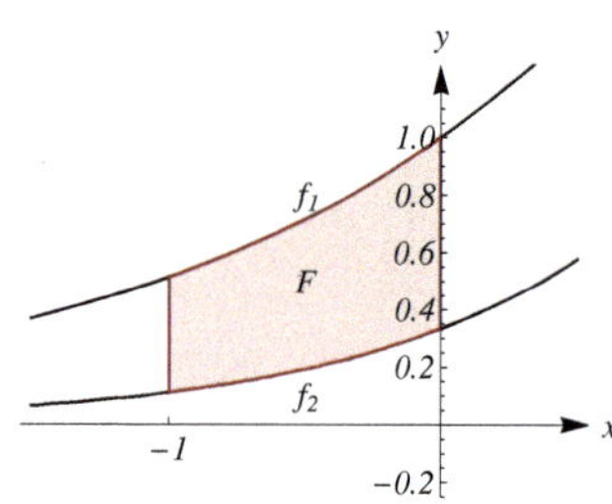

Bild 7.17 $f_1(x) = \mathrm{e}^{2x/3}$, $f_2(x) = 3^{x-1}$

k)

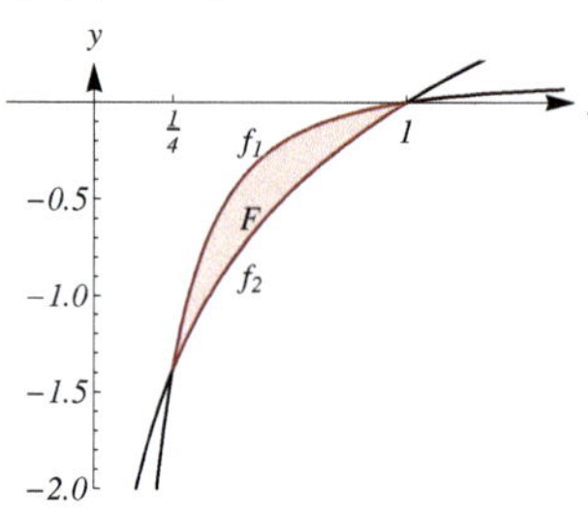

Bild 7.18 $f_1(x) = \ln x/(4x)$, $f_2(x) = \ln x$

7.16 Eine Gerade parallel zur x-Achse hat die Gleichung $y = c$, $c \in \mathbb{R}$. Die Umkehrfunktion von f für $x \in [0, 2]$ ist $g(y) = \sqrt{y}$. Die Bedingung, dass die Gerade die Fläche zwischen dem Graphen von f und der x-Achse in diesem Intervall halbiert, lautet

$$\int_0^c (2-g(y))\,\mathrm{d}y = \int_c^{f(2)} (2-g(y))\,\mathrm{d}y \quad \text{bzw.} \quad \int_0^c (2-\sqrt{y})\,\mathrm{d}y = \int_c^4 (2-\sqrt{y})\,\mathrm{d}y,\ 0 < c < 4.$$

Die Stammfunktion des Integranden $2-\sqrt{y}$ ist $G(y) = 2y-2/3y^{3/2}$. Damit ergibt sich die Gleichung bezüglich c

$$G(c)-G(0) = G(4)-G(c) \quad \text{bzw.} \quad 2G(c) = G(4)-G(0) \quad \text{bzw.} \quad 2\left(2c-\frac{2}{3}c^{3/2}\right) = \frac{8}{3}.$$

Wird $z = \sqrt{c}$ substituiert, folgt daraus die Gleichung

$z^3 - 3z^2 + 2 = 0$ mit den Lösungen $z_1 = 1$, $z_2 = 1+\sqrt{3} > 2$, $z_3 = 1-\sqrt{3} < 0$,

von denen wegen $0 < c < 4$ nur $z_1 = 1$ in Frage kommt. Daraus ergibt sich $c = 1$.

Antwort: Die gesuchte Gerade hat die Gleichung $c = 1$ (siehe **Bild 7.19**).

7.17 Eine Periode der Funktion $f(x) = \sin(ax)$, $a > 0$, bedeutet $0 \le ax \le 2\pi$ bzw. $x \in [0, 2\pi/a]$. Für den Inhalt F der Fläche ergibt sich

$$1 = F = \int_0^{2\pi/a} |\sin(ax)|\,\mathrm{d}x = 2\int_0^{\pi/a} \sin(ax)\,\mathrm{d}x = 2\left[-\frac{1}{a}\cos(ax)\right]_0^{\pi/a} = \frac{4}{a}$$

und daraus $a = 4$.

Antwort: Die gesuchte Zahl ist $a = 4$ (siehe **Bild 7.20**).

7.18 Eine zur y-Achse parallele Gerade hat die Gleichung $y = c$, $c \in \mathbb{R}$. Die x-Achse berührt den Graph der Funktion $f(x) = x^2$. Daher gilt für den Inhalt F der Fläche

$$10 = F = \left|\int_0^c x^2\,\mathrm{d}x\right| = \left|\left[\frac{1}{3}x^3\right]_0^c\right| = \frac{1}{3}\left|c^3\right|,$$

woraus sich $c = \sqrt[3]{30}$ oder $c = -\sqrt[3]{30}$ ergibt.

Antwort: Die Geraden $x = \sqrt[3]{30}$ oder $x = -\sqrt[3]{30}$ schließen mit dem Graph der Funktion $f(x) = x^2$ und der x-Achse jeweils eine Fläche vom Inhalt $F = 10$ ein (siehe **Bild 7.21**).

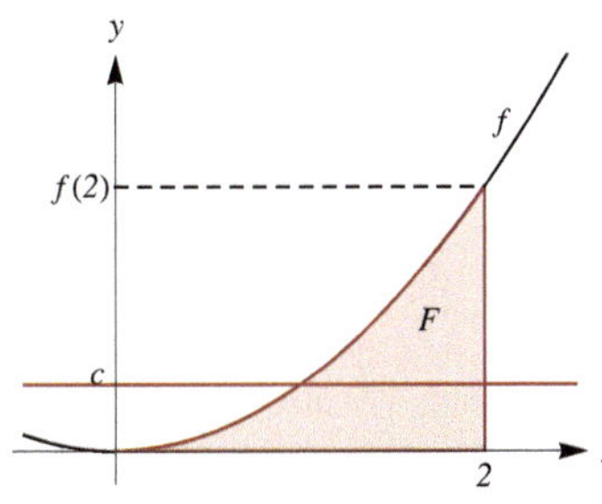

Bild **7.19** zu **7.16**

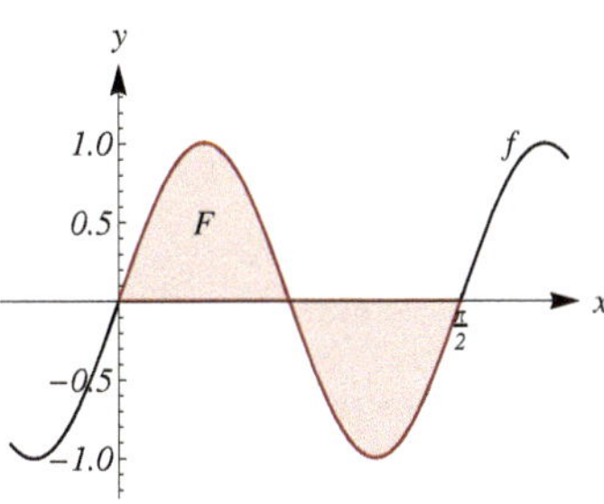

Bild **7.20** zu **7.17**

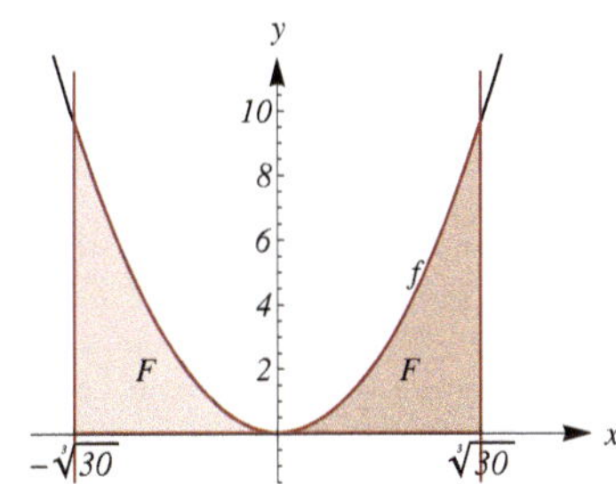

Bild **7.21** zu **7.18**

7.19 Die Gleichung der Tangente an die Parabel an der Stelle $x = 1$ ist

$y_t(x) = y(1) + y'(1)(x-1)$ bzw. mit $y(1) = 5$ und $y'(1) = 2$ $\quad y_t(x) = 5 + 2(x-1)$.

Der gesuchte Inhalt F der Fläche ist

$$F = \int_0^1 (y(x) - y_t(x))\,\mathrm{d}x = \int_0^1 \left(x^2 - 2x + 1\right)\mathrm{d}x = \left[\frac{1}{3}x^3 - x^2 + x\right]_0^1 = \frac{1}{3}.$$

Antwort: Der gesuchte Inhalt der Fläche beträgt 1/3 (siehe **Bild 7.22**).

7.20 Die Schnittstellen der Graphen der Funktionen f und g ergeben sich aus der Gleichung

$$f(x) = g(x) \quad \text{bzw.} \quad cx^2 = 1 - \frac{x^2}{c} \quad \text{für} \quad x_{1,2} = \pm\sqrt{\frac{c}{1+c^2}}.$$

Eine Stammfunktion des Integranden $f(x) - g(x) = \left(c + \frac{1}{c}\right)x^2 - 1$ ist $G(x) = \frac{1}{3}\left(c + \frac{1}{c}\right)x^3 - x$.

Die Funktionen f und g sind gerade Funktionen. Unter Ausnutzung der Symmetrie gilt für den Inhalt F der Fläche

$$F(c) = 2\int_0^{x_1} |f(x) - g(x)|\,\mathrm{d}x = 2\,|G(x_1) - G(0)| = 2x_1\left|\frac{1}{3}\left(c + \frac{1}{c}\right)x_1^2 - 1\right| = \frac{4}{3}\sqrt{\frac{c}{1+c^2}}.$$

Der zu maximierende Inhalt der Fläche ist somit die Funktion einer Veränderlichen

$$f(x) = \frac{4}{3}\sqrt{\frac{x}{1+x^2}}, \quad x > 0.$$

Erste Ableitung	$f'(x) = -\frac{2}{3}\sqrt{\frac{x}{1+x^2}}\frac{x^2-1}{x^3+x}$
Kritische Stelle	$x^\star = 1$
Zweite Ableitung	$f''(x) = \frac{1}{3}\sqrt{\frac{x}{1+x^2}}\frac{3x^4 - 10x^2 - 1}{(x^3+x)^2}$
Hinreichende Bedingung	$f''(x^\star) = -\sqrt{2}/3 < 0$, d. h., lokales Maximum
Ränder	$f(0) = 0$, $\lim_{x\to\infty} f(x) = 0$
Extremwert	$f(x^\star) = 2\sqrt{2}/3 \approx 0.9428$ ist globales Maximum.

Antwort: Für $c = 1$ wird der Inhalt der Fläche zwischen den Graphen der Funktionen f und g maximal. Er beträgt ca. 0.9428 (siehe **Bild 7.23**).

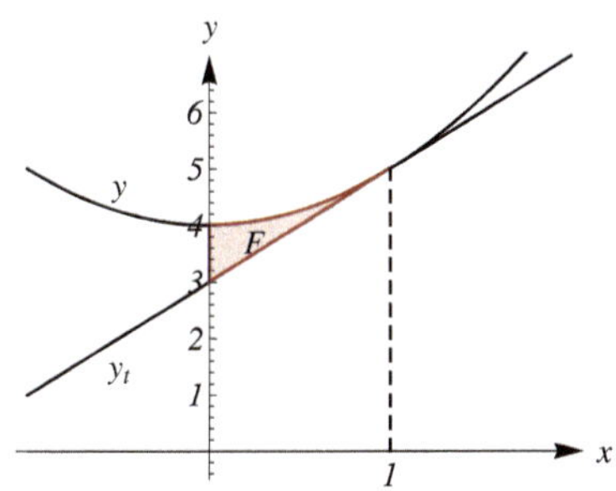

Bild **7.22** zu **7.19**

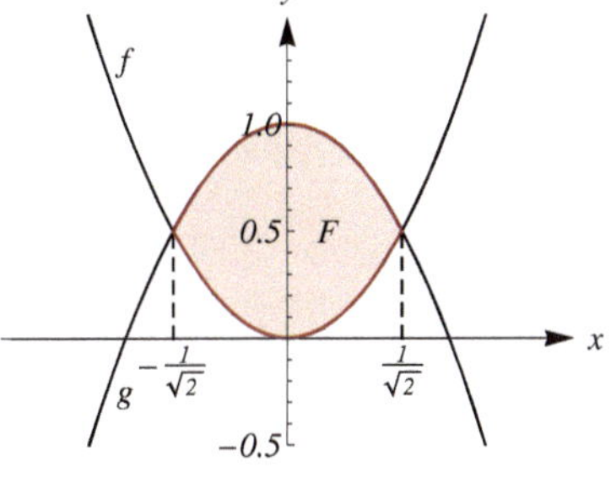

Bild **7.23** zu **7.20**

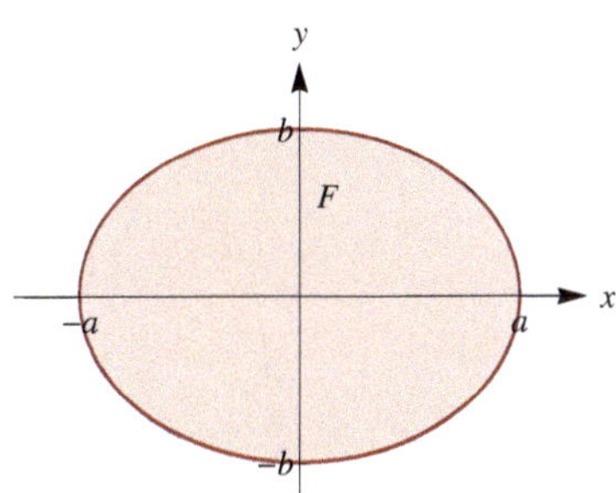

Bild **7.24** zu **7.21**

7.21 Mit der Sektorenformel von Leibniz und den Ableitungen $\dot{x}(t) = -a\sin t$, $\dot{y}(t) = b\cos t$ ergibt sich für den Inhalt F der Fläche der Ellipse

$$F = \frac{1}{2}\left|\int_0^{2\pi} (b\sin t(-a\sin t) - a\cos t(b\cos t))\,\mathrm{d}t\right| = \frac{1}{2}\left|[-abt]_0^{2\pi}\right| = \pi ab.$$

Antwort: Der Inhalt der Fläche der Ellipse mit den Halbachsen a und b beträgt πab (siehe **Bild 7.24**).

7.22 Ein Bogen der Zykloide entspricht dem Parameterintervall $t \in [0, 2\pi]$, da $0 = y(t) = a(1 - \cos t)$, $t > 0$, erstmalig für $t = 2\pi$ erreicht wird.

Mit der Sektorenformel von Leibniz und den Ableitungen $\dot{x}(t) = a(1 - \cos t)$, $\dot{y}(t) = a\sin t$ ergibt sich für den Inhalt F der Fläche, die ein Bogen der Zykloide mit der x-Achse einschließt,

$$F = \frac{1}{2}a^2\left|\int_0^{2\pi}\Big((1-\cos t)^2-(t-\sin t)\sin t\Big)\,\mathrm{d}t\right| = \frac{1}{2}a^2\left|\int_0^{2\pi}(2-2\cos t-t\sin t)\,\mathrm{d}t\right| = \frac{1}{2}a^2\left|[2t-3\sin t+t\cos t]_0^{2\pi}\right| = 3\pi a^2.$$

Antwort: Der Inhalt der Fläche, die ein Bogen der Zykloide mit der x-Achse einschließt, beträgt $3\pi a^2$ (siehe **Bild 7.25**).

7.23 Die parabolische Begrenzungslinie hat im angegebenen Koordinatensystem die Gleichung $y_p(x) = a - px^2$, $a, p \in \mathbb{R}^+$. Die Punkte $P_{1,2}(\mp 10, 0)$ gehören zur Begrenzungslinie. Damit ergibt sich $a = 100p$ und somit die Gleichung

$$y_p(x) = p(100 - x^2).$$

Die Tangenten in den Punkten $P_{1,2}(\mp 10, 0)$ haben die Gleichungen

$$y_{t1,t2}(x) = y_p'(0)(x \pm 10) = -20p(x \pm 10).$$

Für den Inhalt F der Fläche zwischen der parabolischen Begrenzungslinie und den Tangenten gilt unter Ausnutzung der Symmetrie (siehe **Bild 7.26**).

$$40 = F = 2\int_0^{10}(y_{t2}(x)-y_p(x))\,\mathrm{d}x = 2\int_0^{10}\Big(-20p(x-10)-p(100-x^2)\Big)\,\mathrm{d}x = 2p\left[100x-10x^2+\frac{1}{3}x^3\right]_0^{10} = \frac{2000}{3}p.$$

Daraus folgt $p = 0.06$ und $a = 6$. Die Pfeilhöhe a des Gewölbes ergibt sich an der Stelle $x = 0$ zu $y_p(0) = a$.

Antwort: Die Pfeilhöhe des Gewölbes beträgt 6 m.

7.24 In der Gleichung der kubischen Begrenzungslinie $y(x) = a|x|^3 + b$ des Kanalquerschnittes werden zuerst die Parameter a und b bestimmt. Der Punkt $(0, -3)$ gehört zur Begrenzungslinie. Daher ist $b = -3$. Die Punkte $(\pm 3, 0)$ gehören ebenfalls zur Begrenzungslinie. Daher ist $0 = 27a + b$, woraus sich $a = 1/9$ ergibt. Die Gleichung der kubischen Begrenzungslinie ist somit

$$y(x) = \frac{1}{9}|x|^3 - 3.$$

Wenn das Wasser über der tiefsten Stelle 2 m hoch steht, so gilt an der Stelle $x^\star$, wo der Wasserpegel im Querschnitt die Begrenzungslinie erreicht,

$$-1 = y(x^\star) = \frac{1}{9}|x^\star|^3 - 3 \quad \text{und somit} \quad x^\star = \sqrt[3]{18}.$$

Für den Fließquerschnitt F ergibt sich damit und unter Ausnutzung der Symmetrie (siehe **Bild 7.27**)

$$F = 2\int_0^{x^\star}(-1 - y(x))\,\mathrm{d}x = 2\int_0^{x^\star}\left(2 - \frac{1}{9}x^3\right)\mathrm{d}x = 2\left[2x - \frac{1}{36}x^4\right]_0^{x^\star} = 3\sqrt[3]{18} \approx 7.8622.$$

Antwort: Der Fließquerschnitt beträgt $3\sqrt[3]{18} \approx 7.8622$ [m^2].

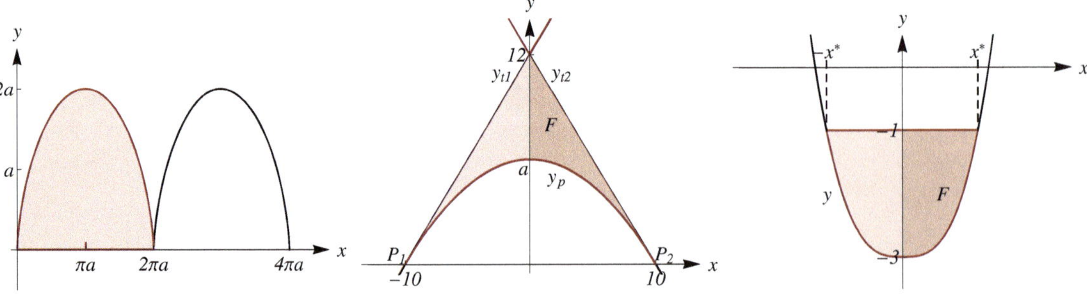

Bild 7.25 zu **7.22** **Bild 7.26** zu **7.23** **Bild 7.27** zu **7.24**

7.25 Der Definitionsbereich von f ist $D_f = [-2, 2]$, da der Radikant $4 - x^2 = (2 - x)(2 + x) \geq 0$ nur für $x \in [-2, 2]$ ist. Die Nullstellen von f sind $x_1 = -2$, $x_2 = 0$, $x_3 = 2$.

Weiter ist $f(x) \leq 0$ für $x \in [-2, 0]$ und $f(x) \geq 0$ für $x \in [0, 2]$ (siehe **Bild 7.28**).

Damit ist der gesuchte Flächeninhalt

$$F = \int_{-2}^{2} |f(x)| \, dx = -\int_{-2}^{0} f(x) \, dx + \int_{0}^{2} f(x) \, dx = \frac{1}{3}\left[\sqrt{4 - x^2}^{\,3}\right]_{-2}^{0} - \frac{1}{3}\left[\sqrt{4 - x^2}^{\,3}\right]_{0}^{2} = \frac{16}{3}.$$

Stammfunktion:

$$\int x\sqrt{4 - x^2} \, dx = \begin{bmatrix} z &= 4 - x^2 \\ dz &= -2x \, dx \end{bmatrix} = -\frac{1}{2}\int \sqrt{z} \, dz = -\frac{1}{3} z^{3/2} + C = -\frac{1}{3}\sqrt{4 - x^2}^{\,3}$$

Antwort: Der Flächeninhalt beträgt 16/3.

7.26 Die Gleichung der Parabel im Koordinatensystem mit der y-Achse als Symmetrieachse und dem Koordinatenursprung im Halbierungspunkt der Parabelsehne lautet

$f_P(x) = 2px^2 - b.$

Der Punkt $(a/2, 0)$ ist Punkt der Parabel. Seine Koordinaten erfüllen die Gleichung der Parabel. Aus

$$0 = 2p\left(\frac{a}{2}\right)^2 - b \quad \text{folgt} \quad p = \frac{2b}{a^2} \quad \text{und somit} \quad f_P(x) = \frac{4b}{a^2}x^2 - b.$$

Der Anstieg der Parabel im Punkt $(a/2, 0)$ ist wegen der Knickfreiheit gleich dem Anstieg der sich anschließenden Strecke (positive Rechtung der x-Achse). Aus

$$f_P'(x) = \frac{8b}{a^2}x \quad \text{folgt} \quad f_P'\left(\frac{a}{2}\right) = \frac{4b}{a}.$$

Der Punkt $(a/2, 0)$ ist gleichzeitig Anfangspunkt dieser Strecke. Damit ist die Gleichung der Gerade, auf der diese Strecke liegt,

$$f_g(x) = \frac{4b}{a}\left(x - \frac{a}{2}\right)$$

Der Punkt dieser Gerade mit der x-Koordinate $c/2$ ist Endpunkt dieser Strecke. Seine y-Koordinate ist daher

$$f_g\left(\frac{c}{2}\right) = \frac{2b}{a}(c - a).$$

Der gesuchte Flächeninhalt ist gleich der Summe aus dem Inhalt A_P der von der Parabel und der x-Achse begrenzten Fläche und dem Inhalt A_T der Fläche des Trapezes, das von der x-Achse, den beiden Strecken und der Verbindungsstrecke der Endpunkte dieser Strecken begrenzt ist. Es gilt mit Ausnutzung der Symmetrie

$$A_P = 2\left|\int_0^{a/2} f_P(x) \, dx\right| = 2\frac{b}{a^2}\left|\int_0^{a/2} (4x^2 - a^2) \, dx\right| = 2\frac{b}{a^2}\left|\left[\frac{4}{3}x^3 - a^2 x\right]_0^{a/2}\right| = \frac{2}{3}ab,$$

$$A_T = \frac{a + c}{2} f_g\left(\frac{c}{2}\right) = \frac{b}{a}\left(c^2 - a^2\right).$$

Antwort: Der gesuchte Flächeninhalt ist $A_P + A_T = \frac{2}{3}ab + \frac{b}{a}\left(c^2 - a^2\right)$.

7.27 Mit der Sektorenformel ergibt sich

$$A = \frac{1}{2}\int_0^{2\pi} r^2(\varphi) \, d\varphi = \frac{1}{2}\int_0^{2\pi} (1 + \cos\varphi)^2 \, d\varphi = \frac{1}{2}\left[\frac{3}{2}\varphi + 2\sin\varphi + \frac{1}{2}\sin(2\varphi)\right]_0^{2\pi} = \frac{3}{2}\pi.$$

Stammfunktion:

$$\begin{aligned} \int (1 + \cos\varphi)^2 \, d\varphi &= \int \left(1 + 2\cos\varphi + \cos^2\varphi\right) d\varphi = \varphi + 2\sin\varphi + \frac{1}{2}\left(\varphi + \frac{1}{2}\sin(2\varphi)\right) = \frac{3}{2}\varphi + 2\sin\varphi + \frac{1}{2}\sin(2\varphi), \\ \int \cos^2\varphi \, d\varphi &= \frac{1}{2}\int (1 + \cos(2\varphi)) \, d\varphi = \frac{1}{2}\left(\varphi + \frac{1}{2}\sin(2\varphi)\right) \end{aligned}$$

Antwort: Der Flächeninhalt (siehe **Bild 7.30**) beträgt $3\pi/2$.

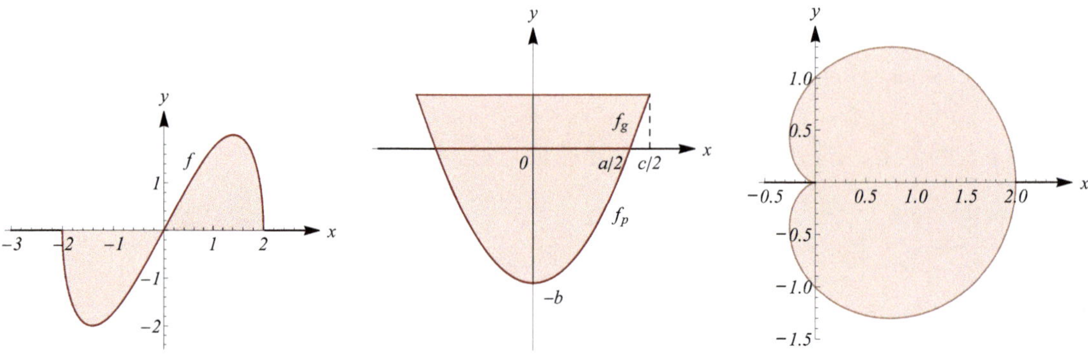

Bild 7.28 zu **7.25** **Bild 7.29** zu **7.26** **Bild 7.30** zu **7.27**

Bogenlänge

7.28 a) Aus der Funktionsgleichung $y(x) = \ln\cos x$ ergibt sich für den Funktionswert $y_1 = 0$ das Argument $x_1 = 0$. Mit der Ableitung $y'(x) = -\tan x$ ist die Bogenlänge

$$l = \int_0^{\pi/6} \sqrt{1+\tan^2 x}\,\mathrm{d}x = \int_0^{\pi/6} \frac{1}{\cos x}\,\mathrm{d}x = \left[\ln\left|\tan\left(\frac{\pi}{4}+\frac{x}{2}\right)\right|\right]_0^{\pi/6} = \ln\tan\frac{\pi}{3} = \ln\sqrt{3} \approx 0.5493.$$

Stammfunktion:

$$\int \frac{1}{\cos x}\,\mathrm{d}x = \left[x = \tan\frac{t}{2},\ \cos x = \frac{1-t^2}{1+t^2},\ \mathrm{d}x = \frac{2\,\mathrm{d}t}{1+t^2}\right] = 2\int\frac{\mathrm{d}t}{1-t^2} = \int\frac{\mathrm{d}t}{1-t} + \int\frac{\mathrm{d}t}{1+t} = \ln\left|\frac{1+t}{1-t}\right|$$

b) Mit der Ableitung $y'(x) = 1/x$ ist die Bogenlänge

$$l = \int_{3/4}^{12/5} \sqrt{1+\frac{1}{x^2}}\,\mathrm{d}x = \int_{3/4}^{12/5} \frac{\sqrt{1+x^2}}{x}\,\mathrm{d}x = \left[\sqrt{1+x^2} - \ln\left|\frac{1+\sqrt{1+x^2}}{x}\right|\right]_{3/4}^{12/5} = = \frac{27}{20} + \ln 2 \approx 2.0432.$$

Stammfunktion:

$$\int \frac{\sqrt{x^2+1}}{x}\,\mathrm{d}x = \left[x = \sinh t,\ \sqrt{1+x^2} = \cosh t,\ \mathrm{d}x = \cosh t\mathrm{d}t\right] = \int \sinh t\,\mathrm{d}t + \int\frac{\mathrm{d}t}{\sinh t} = \cosh t + \ln\left|\tanh\frac{t}{2}\right|$$

$$= \cosh t + \ln\left|\frac{\sinh(t/2)}{\cosh(t/2)}\right| = \cosh t + \ln\frac{\sqrt{\cosh t - 1}}{\sqrt{\cosh t + 1}} = \sqrt{1+x^2} - \ln\frac{1+\sqrt{1+x^2}}{x}$$

c) Mit den Ableitungen $\dot{x}(t) = a(1-\cos t)$, $\dot{y}(t) = a\sin t$ ist die Bogenlänge

$$l = \int_0^{2\pi} \sqrt{a^2(1-\cos t)^2 + a^2\sin^2 t}\,\mathrm{d}t = \sqrt{2}a\int_0^{2\pi}\sqrt{1-\cos t}\,\mathrm{d}t = 2a\int_0^{2\pi}\sin\frac{t}{2}\,\mathrm{d}t = -4a\left[\cos\frac{t}{2}\right]_0^{2\pi} = 8a.$$

d) Aus der Funktionsgleichung $r(\varphi) = a\mathrm{e}^{k\varphi}$, $a, k > 0$, ergibt sich für den Funktionswert $r_1 = a$ das Argument $\varphi_1 = 0$. Mit der Ableitung $\dot{r}(\varphi) = ak\mathrm{e}^{k\varphi}$ ist die Bogenlänge

$$l = \int_0^{\pi/2} \sqrt{a^2\mathrm{e}^{2k\varphi}(1+k^2)}\,\mathrm{d}\varphi = a\sqrt{1+k^2}\int_0^{\pi/2}\mathrm{e}^{k\varphi}\,\mathrm{d}\varphi = a\frac{\sqrt{1+k^2}}{k}\left[\mathrm{e}^{k\varphi}\right]_0^{\pi/2} = a\frac{\sqrt{1+k^2}}{k}\left(\,[\mathrm{e}^{k\pi/2} - 1\right).$$

7.29 Mit der Funktion $x(y) = y^2$ und der Ableitung $x'(y) = 2y$ ist der gesuchte Umfang

$$l = \frac{1}{2}+\frac{1}{4}+\int_0^{1/2}\sqrt{1+4y^2}\,\mathrm{d}y = \frac{3}{4}+\frac{1}{4}\left[2y\sqrt{1+4y^2}+\ln\left(2y+\sqrt{1+4y^2}\right)\right]_0^{1/2} = \frac{3}{4}+\frac{1}{4}\left(\sqrt{2}+\ln(1+\sqrt{2})\right) \approx 1.3239.$$

Stammfunktion:

$$\begin{aligned}\int \sqrt{1+4y^2}\,\mathrm{d}y &= \left[2y=\sinh z,\ \sqrt{1+4y^2}=\cosh z,\ \mathrm{d}y=\frac{1}{2}\cosh z\,\mathrm{d}z\right]\\ &= \frac{1}{2}\int \cosh^2 z\,\mathrm{d}z=\frac{1}{4}\int(\cosh(2z)+1)\,\mathrm{d}z=\frac{1}{4}\left(\frac{1}{2}\sinh(2z)+z\right)\\ &= \frac{1}{4}(\sinh z\cosh z+z)=\frac{1}{4}\left(2y\sqrt{1+4y^2}+\operatorname{arsinh}(2y)\right)=\frac{1}{4}\left(2y\sqrt{1+4y^2}+\ln\left(2y+\sqrt{1+4y^2}\right)\right)\end{aligned}$$

7.30 Die Parabel hat im angegebenen Koordinatensystem die Gleichung $y^2=2px$, $y\geq 0$, $p\in\mathbb{R}$. Der Punkt $P(90,30)$ gehört zur Parabel. Daraus ergibt sich $30^2=2p\cdot 90$ und somit ihr Parameter $p=5$. Die Gleichung der Parabel ist somit $y^2=10x$ bzw. $y(x)=\sqrt{2px}$ mit der Ableitung $y'(x)=\sqrt{p/(2x)}$. Die Bogenlänge ist damit

$$l=\int_0^{90}\sqrt{1+\frac{p}{2x}}\,\mathrm{d}x=\left[x\sqrt{1+\frac{p}{2x}}+\frac{p}{4}\operatorname{arcosh}\left(\frac{4}{p}x+1\right)\right]_0^{9}0\approx 97.47.$$

Stammfunktion:

$$\begin{aligned}\int\sqrt{1+\frac{p}{2x}}\,\mathrm{d}x &= \left[u'=1,u=x,v=\sqrt{1+\frac{p}{2x}},v'=-\frac{p}{4x^2}\frac{1}{\sqrt{1+\frac{p}{2x}}}\right]=x\sqrt{1+\frac{p}{2x}}+\frac{p}{4}\int\frac{\mathrm{d}x}{x\sqrt{1+\frac{p}{2x}}}\\ &= x\sqrt{1+\frac{p}{2x}}+\frac{p}{4}\operatorname{arcosh}\left(\frac{4}{p}x+1\right)\quad\text{mit}\end{aligned}$$

$$\begin{aligned}\int\frac{\mathrm{d}x}{x\sqrt{1+\frac{p}{2x}}} &= \int\frac{\mathrm{d}x}{\sqrt{x^2+\frac{p}{2}x}}=\int\frac{\mathrm{d}x}{\sqrt{\left(x+\frac{p}{4}\right)^2-\frac{p^2}{16}}}=\frac{4}{p}\int\frac{\mathrm{d}x}{\sqrt{\left(\frac{4}{p}x+1\right)^2-1}}=\left[z=\frac{4}{p}x+1,\mathrm{d}z=\frac{4}{p}\mathrm{d}x\right]\\ &= \int\frac{\mathrm{d}z}{\sqrt{z^2-1}}=\operatorname{arcosh}\left(\frac{4}{p}x+1\right)\end{aligned}$$

Bemerkung: Alternativ ist die Umkehrfunktion $x(y)=y^2/(2p)$, $y\geq 0$, mit der Ableitung $x'(y)=y/p$.

Die Bogenlänge ist damit

$$l=\int_0^{30}\sqrt{1+\frac{x^2}{p^2}}\,\mathrm{d}y=\frac{p}{2}\left[\operatorname{arsinh}\frac{y}{p}+\frac{y}{p}\sqrt{1+\frac{y^2}{p^2}}\right]_0^{30}\approx 97.47.$$

Die Stammfunktion wird mithilfe der Substitution $x/p=\sinh z$ analog wie in Aufgabe **7.29** ermittelt.

Antwort: Die Länge des Straßenabschnittes beträgt ca. 97.47 m.

7.31 **a)** Der Inhalt der Fläche berechnet sich als Integral über die Funktion $|f(x)|$, $f(x)=f_1(x)-f_2(x)=x^2-x^3+x$, im Intervall $x\in[0,3]$ [km]. Das Polynom dritten Grades $f(x)$ hat in diesem Intervall die Nullstellen $x_1=0$ und $x_2=(1+\sqrt{5})/2$ (siehe **Bild 7.31**). Es gilt $f(x)\geq 0$ für $x\in[0,x_2]$ und $f(x)\leq 0$ für $x\in[x_2,3]$. Mit der Stammfunktion G:

$$\begin{aligned}G(x) &= -\frac{1}{4}x^4+\frac{1}{3}x^3+\frac{1}{2}x^2 \qquad \text{ist der Inhalt } F \text{ der Fläche}\\ F &= \int_0^3|f(x)|\,\mathrm{d}x=\int_0^{x_2}f(x)\,\mathrm{d}x-\int_{x_2}^3 f(x)\,\mathrm{d}x=G(x_2)-G(0)-(G(3)-G(x_2))\\ &= -G(0)+2G(x_2)-G(3)=0+2\cdot\frac{13+5\sqrt{5}}{24}+\frac{27}{4}=\frac{94+5\sqrt{5}}{12}\approx 8.7650.\end{aligned}$$

b) Mit der Ableitung $f_1'(x)=2x$ ist die Bogenlänge

$$l=\int_0^3\sqrt{1+4x^2}\,\mathrm{d}x=\frac{1}{4}\left[2x\sqrt{1+4x^2}+\ln\left(2x+\sqrt{1+4x^2}\right)\right]_0^3\approx 9.7471.$$

Die Stammfunktion wird mithilfe der Substitution $2x=\sinh z$ analog wie in Aufgabe **7.29** ermittelt.

Antwort: Der gesuchte Inhalt der Fläche beträgt ca. 8.7650 km^2, die Länge des zweiten Straßenverlaufes ca. 9.7471 km.

7.32 Ein kartesisches Koordinatensystem wird mit dem Ursprung in der Mitte der Strecke $\overline{AB}$ und der x-Achse in Richtung des Vektors $\overrightarrow{AB}$ gewählt. Der in den Punkten $A(-b,0)$ und $B(b,0)$ befestigte Faden hat die Form einer Parabel mit dem Scheitelpunkt $S(0,-f)$ (siehe **Bild 7.32**). Da A und B Punkte der Parabel sind, ist ihre Gleichung in diesem Koordinatensystem $y(x)=2p(x-b)(x+b)$. Da S ebenfalls Punkt der Parabel ist, folgt $p=-f/(2b^2)$ und somit als Gleichung der Parabel

$$y(x)=-\frac{f}{b^2}x^2+f \qquad\text{mit der Ableitung}\qquad y'(x)=-\frac{2f}{b^2}x.$$

Antwort: Die Bogenlänge ist damit unter Ausnutzung der Symmetrie der Funktion $y(x)$ sowie der Näherung mit dem angegebenen Taylor-Polynom

$$l = 2\int_0^b \sqrt{1+\left(\frac{2f}{b^2}x\right)^2}\,\mathrm{d}x \approx 2\int_0^b \left(1+\frac{1}{2}\left(\frac{2f}{b^2}x\right)^2\right)\mathrm{d}x = 2\left[x+\frac{2f^2}{b^4}\frac{x^3}{3}\right]_0^b = 2\left(b+\frac{2f^2}{b^4}\frac{b^3}{3}\right) = 2b\left(1+\frac{2f^2}{3b^2}\right).$$

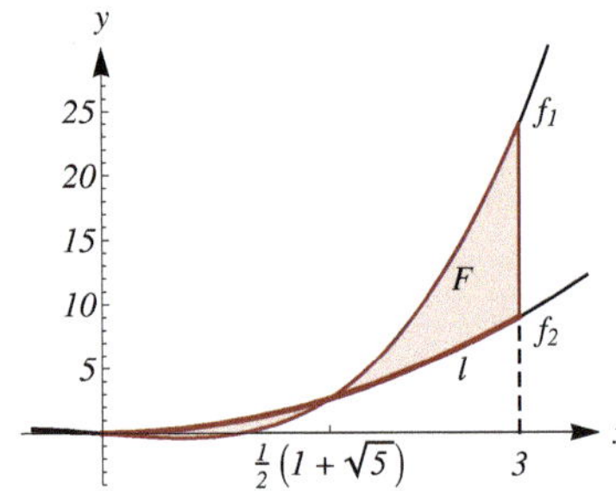

Bild 7.31 zu 7.31

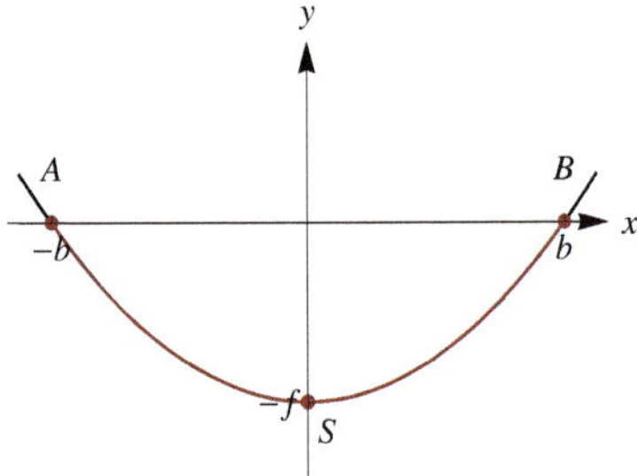

Bild 7.32 zu 7.32

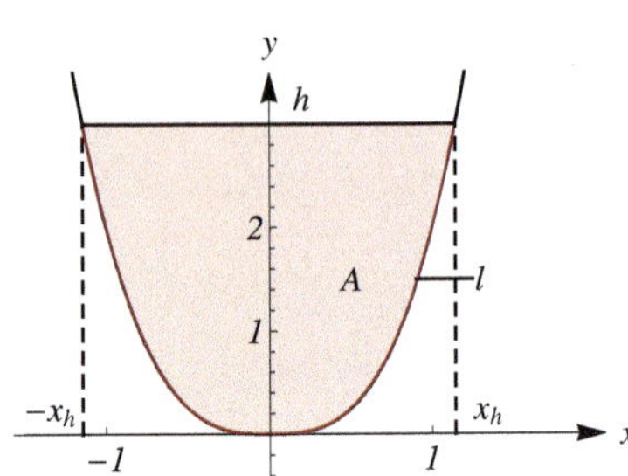

Bild 7.33 zu 7.33

7.33 Der y-Koordinate $y_h = h = 3$ entspricht die x-Koordinate x_h mit

$h = 2|x_h|^3$, d. h., $x_h = \sqrt[3]{h/2}$.

Der Fließquerschnitt F ist symmetrisch (siehe **Bild 7.33**). Daher gilt

$$F = 2\left(hx_h - \int_0^{x_h} 2x^3\,\mathrm{d}x\right) = 2\left(hx_h - \frac{2}{4}\left[x^4\right]_0^{x_h}\right) = 2\left(hx_h - \frac{1}{2}x_h^4\right) = x_h\left(2h - x_h^3\right) = \sqrt[3]{\frac{h}{2}}\cdot\frac{3h}{2} \approx 5.1512.$$

Für den benetzten Umfang l gilt mit der Ableitung $y'(x) = 6x^2$, $x \in [0, x_h]$

$$l = 2\int_0^{x_h} \sqrt{1+(y'(x))^2}\,\mathrm{d}x = 2\int_0^{x_h} \sqrt{1+36x^4}\,\mathrm{d}x \approx 6.8637 \text{ (numerisch)}.$$

Antwort: Der gesuchte hydraulische Radius ist $r = F/l \approx 0.7505$.

7.34 Die Umkehrfunktion der Funktion $f_1(x) = \sqrt{x}$, $x > 0$, ist die Funktion $f_2(x) = x^2$, $x > 0$. Schnittpunkte $S(x_s, y_s)$ ihrer Graphen ergeben sich aus der Bedingung

$f_1(x_s) = f_2(x_s)$ bzw. $\sqrt{x} = x^2$ bzw. $x = x^4$, $x(x-1)(x^2+x+1) = 0$
mit den reellen Lösungen $x_{s1} = 0$, $x_{s2} = 1$ zu $S_1(0,0)$, $S_2(1,0)$.
Das quadratische Polynom $x^2 + x + 1 > 0$ hat keine weiteren reellen Nullstellen.

Weiterhin gilt $f_1(x) \geq f_2(x)$ für $x \in [0,1]$ (siehe **Bild 7.34**). Damit ist der gesuchte Flächeninhalt

$$F = \int_0^1 (f_1(x) - f_2(x))\,\mathrm{d}x = \int_0^1 \left(\sqrt{x} - x^2\right)\mathrm{d}x = \left[\frac{2}{3}x^{3/2} - \frac{1}{3}x^3\right]_0^1 = \frac{2}{3} - \frac{1}{3} = \frac{1}{3}.$$

Die Graphen von f_1 und f_2 sind symmetrisch bezüglich der Gerade $y = x$. Deshalb sind die ihre Bogenlängen im Intervall $x \in [0,1]$ gleich (siehe **Bild 7.34**). Für die Länge der Begrenzungslinie gilt mit $f_2'(x) = 2x$

$$l = 2\int_0^1 \sqrt{1+(f_2'(x))^2}\,\mathrm{d}x = 2\int_0^1 \sqrt{1+(2x)^2}\,\mathrm{d}x = \frac{1}{2}\left[\operatorname{arsinh}(2x) + 2x\sqrt{1+(2x)^2}\right]_0^1 = \frac{1}{2}(\operatorname{arsinh}(2) + 2\sqrt{5}) \approx 2.958.$$

Stammfunktion:

$$\int \sqrt{1+(2x)^2}\,\mathrm{d}x = \begin{bmatrix} z = 2x \\ \mathrm{d}z = 2\,\mathrm{d}x \end{bmatrix} = \frac{1}{2}\int \sqrt{1+z^2}\,\mathrm{d}z = \begin{bmatrix} z = \sinh t \\ \mathrm{d}z = \cosh t\,\mathrm{d}t \end{bmatrix} = \frac{1}{2}\int \cosh^2 t\,\mathrm{d}t$$
$$= \frac{1}{4}\int (1+\cosh(2t))\,\mathrm{d}t = \frac{1}{4}\left(t + \frac{1}{2}\sinh(2t)\right) = \frac{1}{4}\left(\operatorname{arsinh} z + z\sqrt{1+z^2}\right)$$
$$= \frac{1}{4}\left(\operatorname{arsinh}(2x) + (2x)\sqrt{1+(2x)^2}\right)$$

Antwort: Der Flächeninhalt beträgt 1/3, die Bogenlänge $\operatorname{arsinh}(2)/2 + \sqrt{5} \approx 2.958$.

7.35 Es gilt $y^2 = \frac{1}{9}x(x-3)^2$ und daher $x \geq 0$.

Weiter ist $y_{1,2}(x) = \pm\frac{1}{3}\sqrt{x}(x-3)$. Somit ist die Kurve symmetrisch zur x-Achse.

Die Schnittpunkte mit der x-Achse sind $x = 0$ und $x = 3$ (Integrationsintervall) (siehe **Bild 7.35**).

Die Ableitung ist $y_1'(x) = \frac{1}{3}\left(\sqrt{x} + \frac{x-3}{2\sqrt{x}}\right) = \frac{1}{2}\frac{x-1}{\sqrt{x}}$.

Die Bogenlänge ist

$$l = 2\int_0^3 \sqrt{1+(y_1')^2}\,\mathrm{d}x = 2\int_0^3 \sqrt{1+\frac{(x-1)^2}{4x}}\,\mathrm{d}x = 2\left[\sqrt{x}\left(\frac{1}{3}x+1\right)\right]_0^3 = 4\sqrt{3} \approx 6.9282.$$

Stammfunktion:

$$\int \sqrt{1+\frac{(x-1)^2}{4x}}\,\mathrm{d}x = \int \sqrt{\frac{4x+(x-1)^2}{4x}}\,\mathrm{d}x = \int \sqrt{\frac{(x+1)^2}{4x}}\,\mathrm{d}x = \frac{1}{2}\int \frac{x+1}{\sqrt{x}}\,\mathrm{d}x = \frac{1}{2}\int \left(\sqrt{x}+\frac{1}{\sqrt{x}}\right)\mathrm{d}x$$

$$= \frac{1}{2}\left(\frac{2}{3}\sqrt{x}^3 + 2\sqrt{x}\right) = \sqrt{x}\left(\frac{1}{3}x+1\right)$$

Antwort: Die Bogenlänge beträgt $4\sqrt{3} \approx 6.93$.

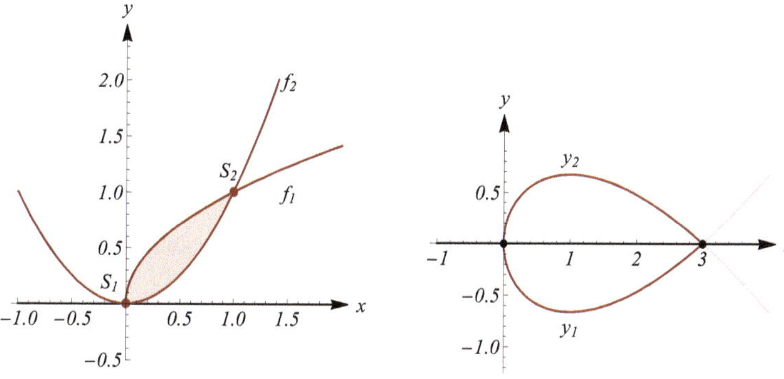

Bild 7.34 zu **7.34**

Bild 7.35 zu **7.35**

Rotationskörper

7.36 Aus der Gleichung der Astroide ergibt sich

$$y^{2/3} = a^{2/3} - x^{2/3} \quad \text{und somit} \quad (y(x))^2 = \left(a^{2/3} - x^{2/3}\right)^3.$$

Das Volumen des Rotationskörpers ist damit unter Ausnutzung der Symmetrie der Kurve

$$V_x = 2\pi\int_0^a (y(x))^2\,\mathrm{d}x = 2\pi\int_0^a \left(a^{2/3}-x^{2/3}\right)^3\mathrm{d}x = 6\pi\left[\frac{1}{3}a^2x - \frac{3}{5}a^{4/3}x^{5/3} + \frac{3}{7}a^{2/3}x^{7/3} - \frac{1}{9}x^3\right]_0^a = \frac{32\pi}{105}a^3.$$

Stammfunktion:

$$\int \left(a^{2/3}-x^{2/3}\right)^3\mathrm{d}x = \int \left(a^2-3a^{4/3}x^{2/3}+3a^{2/3}x^{4/3}-x^2\right)\mathrm{d}x = 3\left(\frac{1}{3}a^2x-\frac{3}{5}a^{4/3}x^{5/3}+\frac{3}{7}a^{2/3}x^{7/3}-\frac{1}{9}x^3\right)$$

7.37 a) Mit der Gleichung $F(x,y) = y^2 - 8x = 0$ entspricht der y-Koordinate $y_2 = 4$ die x-Koordinate $x_2 = 2$. Damit ist

$$V_x = \pi\int_{x_1}^{x_2} (y(x))^2\,\mathrm{d}x = \pi\int_0^2 8x\,\mathrm{d}x = 4\pi\left[x^2\right]_0^2 = 16\pi \approx 50.2655.$$

b) $$V_y = \pi\int_{y_1}^{y_2} (x(y))^2\,\mathrm{d}y = \pi\int_{-4}^{4}\left(\frac{y^2}{8}\right)^2\mathrm{d}y = \frac{\pi}{64\cdot 5}\left[y^5\right]_{-4}^{4} = \frac{32}{5}\pi \approx 20.1062.$$

c) Mit der Gleichung $F(x,y) = y - \ln x = 0$ entspricht der y-Koordinate $y_2 = 1$ die x-Koordinate $x_2 = \mathrm{e}$. Damit ist

$$V_x = \pi \int_{x_1}^{x_2} (y(x))^2 \, dx = \pi \int_1^e \ln^2 x \, dx = \pi \left[x \left(\ln^2 x - 2\ln x + 2 \right) \right]_1^e = \pi(e-2) \approx 2.2566.$$

Stammfunktion: Zweimal partielle Integration

$$\int \ln x \, dx = \left[u' = 1, \; u = x, \; v = \ln x, \; v' = \frac{1}{x} \right] = x \ln x - \int dx = x \ln x - x$$

$$\int \ln^2 x \, dx = \left[u' = 1, \; u = x, \; v = \ln^2 x, \; v' = 2\frac{\ln x}{x} \right] = x \ln^2 x - 2 \int \ln x \, dx = x \left(\ln^2 x - 2 \ln x + 2 \right)$$

d) $$V = \pi \int_{x_1}^{x_2} (y(x))^2 \, dx = \pi \int_1^{\infty} \left(\frac{1}{x} \right)^2 dx = -\pi \left[\frac{1}{x} \right]_1^{\infty} = -\pi \left(\lim_{x \to \infty} \frac{1}{x} - 1 \right) = \pi \approx 3.1416.$$

e) $$V = \pi \int_{x_1}^{x_2} (y(x))^2 \, dx = \pi \int_0^{\pi} \sin x \, dx = -\pi \left[\cos x \right]_0^{\pi} = 2\pi \approx 6.2832.$$

f) Mit der Gleichung $F(x,y) = x - \sqrt{y} e^{y^2} = 0$ entspricht der x-Koordinate $x_1 = 0$ die y-Koordinate $y_1 = 0$. Damit ist

$$V_y = \pi \int_{y_1}^{y_2} (x(y))^2 \, dy = \pi \int_0^1 y e^{2y^2} \, dy = \frac{\pi}{4} \left[e^{2y^2} \right]_0^1 = \frac{\pi}{4} \left(e^2 - 1 \right) \approx 5.018.$$

Stammfunktion:

$$\int y e^{2y^2} \, dy = \left[z = 2y^2, \; dz = 4y \, dy \right] = \frac{1}{4} \int e^z \, dz = \frac{1}{4} e^z = \frac{1}{4} e^{2y^2}$$

7.38 a) Die Gleichung $F(x,y) = x^2 + 2y^2 - 1 = 0$ beschreibt eine Ellipse mit dem Mittelpunkt im Koordinatenursprung und den Halbachsen 1 und $\sqrt{2}/2$. Die Punkte $P_1(-1,0)$ und $P_2(1,0)$ sind die Hauptscheitelpunkte der Ellipse. Mit der Funktion

$$y(x) = \frac{\sqrt{2}}{2} \sqrt{1 - x^2}, \; y \geq 0, \qquad \text{und der Ableitung} \qquad y'(x) = -\frac{\sqrt{2}}{2} \frac{x}{\sqrt{1 - x^2}}$$

ist der Inhalt der Mantelfläche des Rotationskörpers unter Ausnutzung der Symmetrie

$$\begin{aligned} O_x &= 2\pi \int_{x_1}^{x_2} y(x) \sqrt{1 + (y'(x))^2} \, dx = 2\sqrt{2}\pi \int_0^1 \sqrt{1 + x^2} \sqrt{1 + \frac{x^2}{2(1 - x^2)}} \, dx = 2\pi \int_0^1 \sqrt{2 - x^2} \, dx \\ &= 2\pi \left[\frac{x}{2} \sqrt{2 - x^2} + \arcsin \frac{x}{\sqrt{2}} \right]_0^1 = \pi \left(1 + \frac{\pi}{2} \right) \approx 8.0764. \end{aligned}$$

Stammfunktion:

$$\begin{aligned} \int \sqrt{2 - x^2} \, dx &= \sqrt{2} \int \sqrt{1 - \left(\frac{x}{\sqrt{2}} \right)^2} \, dx = \left[\frac{x}{\sqrt{2}} = \sin z, \; dx = \sqrt{2} \cos z \, dz, \cos z = \sqrt{1 - \left(\frac{x}{\sqrt{2}} \right)^2} \right] \\ &= \int \cos^2 z \, dz = \frac{1}{2} (\sin z \cos z + z) = \frac{x}{2} \sqrt{2 - x^2} + \arcsin \frac{x}{\sqrt{2}} \end{aligned}$$

b) Mit der Gleichung $F(x,y) = 2y - x^2 = 0$ entspricht der x-Koordinate $x_1 = 0$ die y-Koordinate $y_1 = 0$. Mit der Funktion

$x(y) = \sqrt{2y}$ und der Ableitung $x'(y) = \dfrac{1}{\sqrt{2y}}$ ist der Inhalt der Mantelfläche des Rotationskörpers

$$\begin{aligned} O_y = 2\pi \int_{y_1}^{y_2} x(y) \sqrt{1 + (x'(y))^2} \, dy = 2\pi \int_0^{3/2} \sqrt{2y} \sqrt{1 + \frac{1}{2y}} \, dy = 2\pi \int_0^{3/2} \sqrt{1 + 2y} \, dy &= \frac{2}{3} \pi \left[(1 + 2y)^{3/2} \right]_0^{3/2} \\ &= \frac{14\pi}{3} \approx 14.6608. \end{aligned}$$

Stammfunktion:

$$\int \sqrt{1 + 2y} \, dy = [z = 1 + 2y, dz = 2dy] = \frac{1}{2} \int \sqrt{z} \, dz = \frac{1}{3} z^{3/2} = \frac{1}{3} (1 + 2y)^{3/2}$$

c) Mit der Funktion

$x(y) = \ln y$ und der Ableitung $x'(y) = \dfrac{1}{y}$ ist der Inhalt der Mantelfläche des Rotationskörpers

$$O_y = 2\pi \int_{y_1}^{y_2} x(y)\sqrt{1+(x'(y))^2}\,\mathrm{d}y = 2\pi \int_1^{\mathrm{e}^3} \ln y\sqrt{1+\frac{1}{y^2}}\,\mathrm{d}y \approx 41.5596 \text{ (numerisch)}.$$

d) Mit der Gleichung $F(x,y) = \ln x - y = 0$ ist eine Parametrisierung der Kurve

$\varphi(t) = t,\ \psi(t) = \ln t.$

Den y-Koordinaten $y_1 = 0,\ y_2 = 2$ entsprechen die Parameter $t_1 = 1,\ t_2 = \mathrm{e}^2$. Mit den Ableitungen

$\varphi'(t) = 1,\ \psi'(t) = 1/t$

ist der Inhalt der Mantelfläche des Rotationskörpers

$$\begin{aligned} O_y &= 2\pi \int_{t_1}^{t_2} \varphi(t)\sqrt{(\varphi'(t))^2+(\psi'(t))^2}\,\mathrm{d}t = 2\pi \int_1^{\mathrm{e}^2} t\sqrt{1+\frac{1}{t^2}}\,\mathrm{d}t = 2\pi \int_1^{\mathrm{e}^2} \sqrt{1+t^2}\,\mathrm{d}t \\ &= \pi\left[t\sqrt{1+t^2}+\ln\left(t+\sqrt{1+t^2}\right)\right]_1^{\mathrm{e}^2} = \pi\left(\mathrm{e}^2\sqrt{1+\mathrm{e}^4}+\ln\left(\mathrm{e}^2+\sqrt{1+\mathrm{e}^4}\right)-\sqrt{2}-\ln\left(1+\sqrt{2}\right)\right) \approx 174.3521. \end{aligned}$$

Die Stammfunktion wird mithilfe der Substitution $t = \sinh z$ analog wie in Aufgabe **7.32** ermittelt.

7.39 Die Punkte $P_{1,2}(\pm 5, 3)$ [dm] gehören zum rotierenden Teil der Ellipse $3x^2 + 5y^2 = 120$. Die Grenzen sind daher $x_{1/2} = \mp 5$ [dm] (siehe **Bild 7.36**). Das rotierende Kurvenstück hat die Gleichung

$$y(x) = \sqrt{24 - \frac{3}{5}x^2} = \sqrt{24}\sqrt{1 - \frac{x^2}{40}} \quad \text{mit der Ableitung} \quad y'(x) = -\frac{3}{5}\frac{x}{\sqrt{24 - \frac{3}{5}x^2}}.$$

Das Volumen des Fasses ist unter Ausnutzung der Symmetrie

$$V_x = 2\pi \int_0^{x_2} (y(x))^2\,\mathrm{d}x = 2\pi \int_0^5 24\left(1 - \frac{x^2}{40}\right)\mathrm{d}x = 2\pi\left[24x - \frac{x^3}{5}\right]_0^5 = 190\pi \approx 596.9026 \text{ [dm}^3\text{]}.$$

Der Inhalt der Mantelfläche des Fasses ist unter Ausnutzung der Symmetrie

$$\begin{aligned} O_x &= 4\pi \int_0^{x_2} y(x)\sqrt{1+(y'(x))^2}\,\mathrm{d}x = 4\pi \int_0^5 \sqrt{24 - \frac{3}{5}x^2}\sqrt{1+\left(-\frac{3}{5}\frac{x}{\sqrt{24-\frac{3}{5}x^2}}\right)^2}\,\mathrm{d}x = 4\pi\sqrt{24}\int_0^5 \sqrt{1-\left(\frac{x}{10}\right)^2}\,\mathrm{d}x \\ &= 4\pi\sqrt{24}\left[\frac{10}{2}\left(\frac{x}{10}\sqrt{1-\left(\frac{x}{10}\right)^2}+\arcsin\left(\frac{x}{10}\right)\right)\right]_0^5 = 30\sqrt{2}\pi+\frac{20}{3}\sqrt{6}\pi^2 \approx 294.4565 \text{ [dm}^2\text{]}. \end{aligned}$$

Die Stammfunktion wird mithilfe der Substitution $x/10 = \sin z$ analog wie in Aufgabe **7.38 a)** ermittelt.

Der Inhalt der Flächen der beiden Deckkreise beträgt

$$D = 2\pi\left(\frac{3}{2}\right)^2 = \frac{9\pi}{2} \approx 14.1372 \text{ [dm}^2\text{]}.$$

Der Inhalt der Oberfläche des Fasses ist damit $O_x + D \approx 294.4565 + 14.1372 \approx 308.5937$ [dm^2].

Bemerkung: Die in der Aufgabe angegebene Gleichung der Ellipse wird nur dann mit den entsprechenden Maßen erfüllt, wenn dafür als Einheit [dm] gewählt wird.

Antwort: Das Volumen des Fasses beträgt ca. 596.9026 [dm^3] und seine Oberfläche ca. 308.594 [dm^2] .

7.40 **Antwort:** Das Volumen des Kühlturms (siehe **Bild 7.37**) beträgt

$$V_y = \pi \int_{-h_1}^{h_2} (x(y))^2\,\mathrm{d}y = \pi \int_{-h_1}^{h_2} a^2\left(1 + \frac{y^2}{b^2}\right)\mathrm{d}y = \pi a^2\left[y + \frac{y^3}{3b^2}\right]_{-h_1}^{h_2} = \pi a^2(h_1 + h_2)\left(1 + \frac{h_1^2 - h_1h_2 + h_2^2}{3b^2}\right).$$

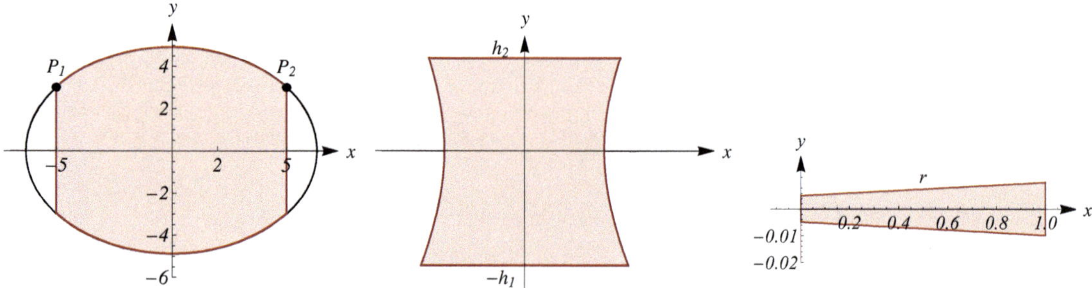

Bild 7.36 zu 7.39 **Bild 7.37** zu 7.40 **Bild 7.38** zu 7.41

7.41 Der Radius $r(x)$, $0 \leq x \leq 1$ [m], des Stabes ist
$r(x) = (1+x)/200$ [m].
Das Volumen des Rotationskörpers ist damit

$$V_x = \pi \int_0^1 r^2(x)\,dx = \frac{\pi}{200^2}\int_0^1 (1+x)^2\,dx = \frac{\pi}{3\cdot 200^2}\left[(1+x)^3\right]_0^1 = \frac{7\pi}{3\cdot 200^2} \approx 0.00018326\ [\mathrm{m}^3] = 183.26\ [\mathrm{cm}^3].$$

Die Mantelfläche des Rotationskörpers ist mit der Ableitung $r'(x) = 1/200$

$$\begin{aligned} O_x &= 2\pi \int_0^1 r(x)\sqrt{1+(r'(x))^2}\,dx = \frac{2\pi}{200}\int_0^1 (1+x)\sqrt{1+1/200^2}\,dx = \frac{2\pi\sqrt{200^2+1}}{200^2}\int_0^1 (1+x)\,dx \\ &= \frac{\pi\sqrt{200^2+1}}{200^2}\left[(1+x)^2\right]_0^1 = \frac{3\pi\sqrt{200^2+1}}{200^2} \approx 0.0471245\ [\mathrm{m}^2] = 471.245\ [\mathrm{cm}^2]. \end{aligned}$$

Antwort: Das Volumen des Stabes (siehe **Bild 7.38**) beträgt ca. 183.26 cm^3, seine Mantelfläche ca. 471.245 cm^2.

Schwerpunkte

7.42 Der Inhalt der Fläche ist

$$F = \int_0^{\pi/3} 2\sin(3x)\,dx = -\frac{2}{3}\left[\cos(3x)\right]_0^{\pi/3} = \frac{4}{3}.$$

Das Flächenmoment 1. Grades bezüglich der y-Achse ist

$$M_y = \int_0^{\pi/3} 2x\sin(3x)\,dx = 2\left[-\frac{1}{3}x\cos(3x) + \frac{1}{9}\sin(3x)\right]_0^{\pi/3} = \frac{2\pi}{9}.$$

Stammfunktion: Partielle Integration

$$\begin{aligned} \int x\sin(3x)\,dx &= \left[u = x, u' = 1, v' = \sin(3x), v = -\frac{1}{3}\cos(3x)\right] \\ &= -\frac{1}{3}x\cos(3x) + \frac{1}{3}\int \cos(3x)\,dx = -\frac{1}{3}x\cos(3x) + \frac{1}{9}\sin(3x) \end{aligned}$$

Das Flächenmoment 1. Grades bezüglich der x-Achse ist

$$M_x = \frac{1}{2}\int_0^{\pi/3} (2\sin(3x))^2\,dx = [z = 3x, dz = 3dx] = \frac{1}{6}\left[6x - \sin(6x)\right]_0^{\pi/3} = \frac{\pi}{3}.$$

Antwort: Die Koordinaten des Schwerpunktes S der Fläche sind (siehe **Bild 7.39**)

$$x_s = \frac{M_y}{F} = \frac{\pi}{6} \approx 0.5236, \qquad y_s = \frac{M_x}{F} = \frac{\pi}{4} \approx 0.7854.$$

7.43 Der Inhalt der Fläche ist die Differenz aus dem Inhalt der Fläche des Quadrates und der Viertelkreisfläche

$$F = r^2 - \frac{\pi}{4}r^2 = r^2\left(1 - \frac{\pi}{4}\right).$$

Das Flächenmoment 1. Grades bezüglich der y-Achse ist

$$M_y = \int_0^r rx\,\mathrm{d}x - \int_0^r x\sqrt{r^2-x^2}\,\mathrm{d}x = \frac{r}{2}\left[x^2\right]_0^r + \frac{1}{3}\left[\left(r^2-x^2\right)^{3/2}\right]_0^r = \frac{r^3}{2} - \frac{r^3}{3} = \frac{r^3}{6}.$$

Stammfunktion:

$$\int x\sqrt{r^2-x^2}\,\mathrm{d}x = \left[z = r^2-x^2, \mathrm{d}z = -2x\mathrm{d}x\right] = -\frac{1}{2}\int \sqrt{z}\,\mathrm{d}z = -\frac{1}{3}z^{3/2} = -\frac{1}{3}\left(r^2-x^2\right)^{3/2}$$

Das Flächenmoment 1. Grades bezüglich der x-Achse ist

$$M_x = \frac{1}{2}\int_0^r r^2\,\mathrm{d}x - \frac{1}{2}\int_0^r \left(r^2-x^2\right)\mathrm{d}x = \frac{1}{2}r^2\left[x\right]_0^r - \frac{1}{2}\left[r^2x - \frac{1}{3}x^3\right]_0^r = \frac{r^3}{6}.$$

Antwort: Die Koordinaten des Schwerpunktes S der Fläche sind (siehe **Bild 7.40**)

$$x_s = y_s = \frac{M_y}{F} = \frac{M_x}{F} = \frac{r}{6\left(1-\pi/4\right)} \approx 0.7766r.$$

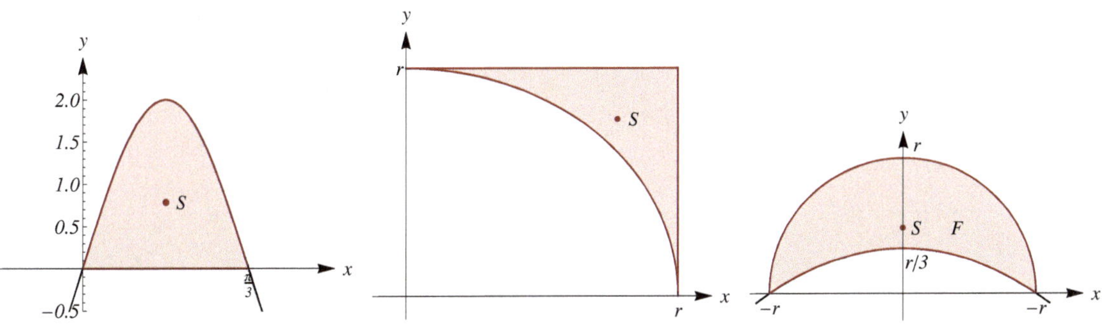

Bild 7.39 zu **7.42** **Bild 7.40** zu **7.43** **Bild 7.41** zu **7.44**

7.44 Der Ansatz für die Gleichung der achsparallelen Parabel mit dem Scheitelpunkt $(0, r/3)$ lautet $y - r/3 = px^2$ mit zu bestimmendem Parameter p. Da die Punkte $(\pm r, 0)$ zur Parabel gehören, erfüllen ihre Koordinaten die Gleichung der Parabel, woraus sich $p = -1/(3r)$ ergibt. Damit ist die Gleichung der Parabel

$$y_P(x) = \frac{r}{3} - \frac{1}{3r}x^2.$$

Der Inhalt F der Fläche, die von dem Halbkreis und der Parabel eingeschlossen wird, ergibt sich als Differenz aus dem Inhalt der Fläche des Halbkreises $\pi r^2/2$ und der Fläche zwischen x-Achse und Parabel

$$F = \frac{\pi}{2}r^2 - \int_{-r}^r \left(\frac{r}{3} - \frac{1}{3r}x^2\right)\mathrm{d}x = \frac{\pi}{2}r^2 - \frac{2}{3}\int_0^r \left(r - \frac{1}{r}x^2\right)\mathrm{d}x = \frac{\pi}{2}r^2 - \frac{2}{3}\left[rx - \frac{1}{3r}x^3\right]_0^r = \left(\frac{\pi}{2} - \frac{4}{9}\right)r^2.$$

Das Volumen V des Rotationskörpers, der bei der Rotation der Fläche F um die x-Achse entsteht, ergibt sich als Differenz der Volumina $V = V_k - V_p$ der Rotationskörper, die bei der Rotation der Flächen zwischen x-Achse und Halbkreis bzw. Parabel um die x-Achse entstehen. Der Rotationskörper, der bei der Rotation der Flächen zwischen x-Achse und Halbkreis um die x-Achse entsteht, ist eine Kugel mit dem Volumen $V_k = 4\pi r^3/3$. Für V_p ergibt sich

$$V_p = 2\pi\int_{-r}^r \left(\frac{r}{3} - \frac{1}{3r}x^2\right)^2\mathrm{d}x = \frac{4\pi}{9}\int_0^r \left(r^2 - 2x^2 + \frac{1}{r^2}x^4\right)\mathrm{d}x = \frac{4\pi}{9}\left[r^2x - \frac{2}{3}x^3 + \frac{x^5}{5r^2}\right]_0^r = \frac{32\pi r^3}{135}.$$

Der Schwerpunkt $S(x_s, y_s)$ hat wegen der Symmetrie der Fläche bezüglich der y-Achse die Koordinate $x_s = 0$. Nach der Regel von Guldin gilt für die Koordinate y_s die Gleichung

$$2\pi y_s F = V, \quad \text{woraus folgt} \quad y_s = \frac{V_k - V_p}{2\pi F} = \frac{148}{15(9\pi-8)}r \approx 0.4867r.$$

Antwort: Der Schwerpunkt der Fläche hat die Koordinaten $x_s = 0$ und $y_s \approx 0.4867r$ (siehe **Bild 7.41**).

7.45 Die y- und die z-Koordinate des Schwerpunktes des Rotationskörpers ist wegen der Symmetrie gleich null. Ermittelt wird die x-Koordinate x_s des Schwerpunktes.

a) Das Volumen des Rotationskörpers ist

$$V_x = \pi\int_1^2 (\mathrm{e}^x)^2\,\mathrm{d}x = \frac{\pi}{2}\left[\mathrm{e}^{2x}\right]_1^2 = \frac{\pi}{2}\mathrm{e}^2(\mathrm{e}^2-1).$$

Das statische Moment des Rotationskörpers bezüglich der y-Achse ist

$$M_y = \pi \int_1^2 x(e^x)^2 \,\mathrm{d}x = \pi \left[e^{2x} \left(\frac{x}{2} - \frac{1}{4} \right) \right]_1^2 = \frac{\pi}{4} e^2 \left(3e^2 - 1 \right).$$

Stammfunktion: Partielle Integration

$$\int x(e^x)^2 \,\mathrm{d}x = \left[u' = e^{2x}, u = \frac{1}{2} e^{2x}, v = x, v' = 1, \right] = \frac{x}{2} e^{2x} - \frac{1}{2} \int (e^x)^2 \,\mathrm{d}x = \frac{x}{2} e^{2x} - \frac{1}{4} e^{2x}$$

Antwort: Die x-Koordinate des Schwerpunktes ist (siehe **Bild 7.42**)

$$x_s = \frac{M_y}{V} = \frac{(3e^2 - 1)}{2(e^2 - 1)} \approx 1.6565.$$

b) Das Volumen des Rotationskörpers ist

$$V_x = \pi \int_1^{\mathrm{e}} \ln^2 x \,\mathrm{d}x = \pi \left[x \ln^2 x - 2x \ln x + 2x \right]_1^{\mathrm{e}} = \pi \left(\mathrm{e} - 2 \right).$$

Stammfunktion: Partielle Integration

$$\int \ln^2 x \,\mathrm{d}x = \left[u' = 1, u = x, v = \ln^2 x, v' = 2 \frac{\ln x}{x} \right] = x \ln^2 x - 2 \int \ln x \,\mathrm{d}x = x \ln^2 x - 2x \ln x + 2x$$

Das statische Moment des Rotationskörpers bezüglich der y-Achse ist

$$M_y = \pi \int_1^{\mathrm{e}} x \ln^2 x \,\mathrm{d}x = \frac{\pi}{2} \left[x^2 \ln^2 x - x^2 \ln x + \frac{x^2}{2} \right]_1^{\mathrm{e}} = \frac{\pi}{4} \left(\mathrm{e}^2 - 1 \right).$$

Stammfunktion: Partielle Integration

$$\int x \ln^2 x \,\mathrm{d}x = \left[u' = x, u = \frac{1}{2} x^2, v = \ln^2 x, v' = 2 \frac{\ln x}{x} \right] = \frac{1}{2} x^2 \ln^2 x - \int x \ln x \,\mathrm{d}x = \frac{1}{2} x^2 \ln^2 x - \frac{1}{2} x^2 \ln x + \frac{x^2}{4},$$

dazu $\displaystyle\int x \ln x \,\mathrm{d}x = \left[u' = x, u = \frac{x^2}{2}, v = \ln x, v' = \frac{1}{x} \right] = \frac{1}{2} x^2 \ln x - \frac{1}{2} \int x \,\mathrm{d}x = \frac{1}{2} x^2 \ln x - \frac{x^2}{4}$

Antwort: Die x-Koordinate des Schwerpunktes ist (siehe **Bild 7.43**)

$$x_s = \frac{M_y}{V} = \frac{\left(\mathrm{e}^2 - 1 \right)}{4 \left(\mathrm{e} - 2 \right)} \approx 2.2237.$$

c) Das Volumen des Rotationskörpers ist

$$V_x = \pi \int_0^8 x^{2/3} \,\mathrm{d}x = \frac{3}{5} \left[x^{5/3} \right]_0^8 = \frac{96}{5}$$

Das statische Moment des Rotationskörpers bezüglich der y-Achse ist

$$M_y = \pi \int_0^8 x^{5/3} \,\mathrm{d}x = \frac{3}{8} \left[x^{8/3} \right]_0^8 = 96$$

Antwort: Die x-Koordinate des Schwerpunktes ist (siehe **Bild 7.44**) $x_s = \dfrac{M_y}{V_x} = 5.$

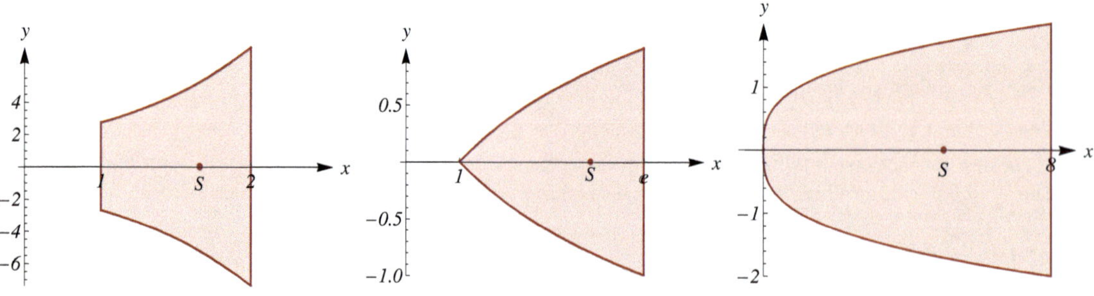

Bild 7.42 zu 7.45 a) **Bild 7.43** zu 7.45 b) **Bild 7.44** zu 7.45 c)

7.46 Der Inhalt der Fläche ist die Differenz aus dem Inhalt der Fläche des Dreiecks, das von der Gerade durch die Punkte $(a, 0)$ und $(0, b)$ und den Koordinatenachsen eingeschlossen ist, sowie des Viertelkreises:

$$F = \frac{1}{2}ab - \frac{1}{4}\pi r^2.$$

Das Volumen des Rotationskörpers bei der Rotation der Fläche um die x-Achse ist die Differenz aus dem Volumen des Kegels mit dem Grundkreisradius b und der Höhe a sowie der Halbkugel mit dem Radius r:

$$V_x = \frac{1}{3}\pi b^2 a - \frac{2}{3}\pi r^3.$$

Das Volumen des Rotationskörpers bei der Rotation der Fläche um die y-Achse ist die Differenz aus dem Volumen des Kegels mit dem Grundkreisradius a und der Höhe b sowie dem Volumen der Halbkugel mit dem Radius r:

$$V_y = \frac{1}{3}\pi a^2 b - \frac{2}{3}\pi r^3.$$

Antwort: Nach der Regel von Guldin ergeben sich daher die Koordinaten des Schwerpunktes $S(x_s, y_s)$ der Fläche

$$x_s = \frac{V_y}{2\pi F} = \frac{2(a^2b - 2r^3)}{3(2ab - \pi r^2)}, \qquad y_s = \frac{V_x}{2\pi F} = \frac{2(ab^2 - 2r^3)}{3(2ab - \pi r^2)}.$$

Für den Fall $a = 3r$, $b = 2r$ ergeben sich die Koordinaten (siehe **Bild 7.45**)

$$x_s = \frac{32r}{3(12 - \pi)} \approx 1.2041r, \qquad y_s = \frac{20r}{3(12 - \pi)} \approx 0.7526r.$$

7.47 Der Inhalt der Fläche zwischen der x-Achse und der Ellipse $b^2x^2 + a^2y^2 = a^2b^2$, $y \geq 0$, beträgt (vgl. Aufgabe **7.29**)

$$F = \frac{\pi}{2}ab.$$

Mit der Funktionsgleichung $y(x) = b^2(1 - x^2/a^2)$ ist das Flächenmoment 1. Grades bezüglich der x-Achse unter Ausnutzung der Symmetrie $y(x) = y(-x)$

$$M_x = \int_0^a b^2\left(1 - \frac{x^2}{a^2}\right)\mathrm{d}x = b^2\left[x - \frac{x^3}{3a^2}\right]_0^a = \frac{2}{3}b^2 a.$$

Das Flächenmoment 1. Grades bezüglich der y-Achse ist unter Ausnutzung der Symmetrie $y(x) = y(-x)$

$$M_y = \int_{-a}^a xy(x)\,\mathrm{d}x = 0.$$

Antwort: Die Koordinaten des Schwerpunktes S der Fläche sind (siehe **Bild 7.46**)

$$x_s = \frac{M_y}{F} = 0, \qquad y_s = \frac{M_x}{F} = \frac{4}{3\pi}b \approx 0,4244b.$$

7.48 Der Inhalt der Fläche ist

$$F = \frac{1}{2}\int_0^4 (4 - x)\sqrt{x}\,\mathrm{d}x = \frac{1}{2}\int_0^4 (4\sqrt{x} - x\sqrt{x})\,\mathrm{d}x = \frac{1}{2}\left[\frac{8}{3}x^{3/2} - \frac{2}{5}x^{5/2}\right]_0^4 = \frac{64}{15}.$$

Das Flächenmoment 1. Grades bezüglich der y-Achse ist

$$M_y = \frac{1}{2}\int_0^4 x(4 - x)\sqrt{x}\,\mathrm{d}x = \frac{1}{2}\int_0^4 (4x\sqrt{x} - x^2\sqrt{x})\,\mathrm{d}x = \frac{1}{2}\left[\frac{8}{5}x^{5/2} - \frac{2}{7}x^{7/2}\right]_0^4 = \frac{256}{35}.$$

Das Flächenmoment 1. Grades bezüglich der x-Achse ist

$$M_x = \frac{1}{8}\int_0^4 \left((4 - x)\sqrt{x}\right)^2\mathrm{d}x = \frac{1}{8}\int_0^4 \left((16x - 8x^2 + x^3\right)\mathrm{d}x = \frac{1}{8}\left[8x^2 - \frac{8}{3}x^3 + \frac{1}{4}x^4\right]_0^4 = \frac{8}{3}.$$

Antwort: Die Koordinaten des Schwerpunktes $S(x_s, y_s)$ der Fläche sind (siehe **Bild 7.47**)

$$x_s = \frac{M_y}{F} = \frac{12}{7} \approx 1.7143, \qquad y_s = \frac{M_x}{F} = \frac{5}{8} = 0.625.$$

Das Volumen des Rotationskörpers bei der Rotation der Fläche um die x-Achse ist mit der Regel von Guldin

$$V_x = 2\pi y_s F = 2\pi\frac{5}{8}\cdot\frac{64}{15} = \frac{16}{3}\pi.$$

Das statische Moment des Rotationskörpers bezüglich der y-Achse ist

$$M_{Ry} = \frac{\pi}{4}\int_0^4 x\left((4 - x)\sqrt{x}\right)^2\mathrm{d}x = \frac{\pi}{4}\int_0^4 \left((16x^2 - 8x^3 + x^4\right)\mathrm{d}x = \frac{\pi}{4}\left[\frac{16}{3}x^3 - 2x^4 + \frac{1}{5}x^5\right]_0^4 = \frac{128}{15}\pi.$$

Antwort: Die x-Koordinate des Schwerpunktes $R(x_R, 0, 0)$ des Rotationskörpers ist damit (siehe **Bild 7.47**)

$$x_R = \frac{M_{Ry}}{V_x} = \frac{128}{15}\pi\frac{3}{16\pi} = \frac{8}{5} = 1.6.$$

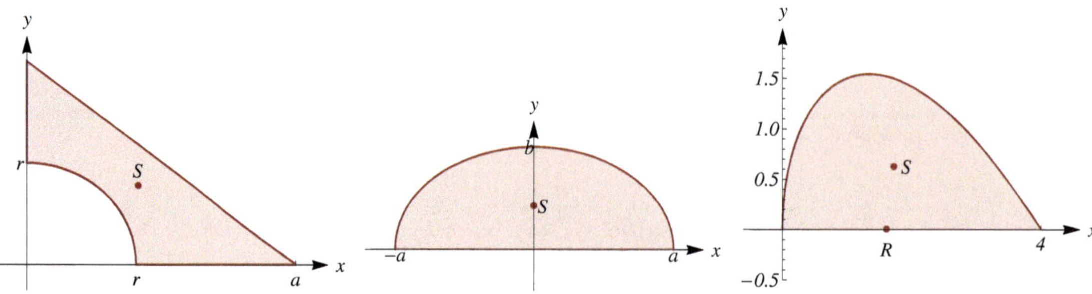

Bild 7.45 zu **7.46** **Bild 7.46** zu **7.47** **Bild 7.47** zu **7.48**

7.49 Die Funktion $f(x) = \cos x$ hat auf dem Intervall $[-\pi/2, \pi]$ die Nullstelle $\pi/2$. Außerdem gilt

$$f(x) \begin{cases} \geq 0, & x \in [-\pi/2, \pi/2], \\ \leq 0, & x \in [\pi/2, \pi]. \end{cases} \qquad \text{und daher} \qquad |f(x)| = \begin{cases} \cos x, & x \in [-\pi/2, \pi/2], \\ -\cos x, & x \in [\pi/2, \pi]. \end{cases}$$

a) Für den Inhalt der Fläche ergibt sich

$$F = \int_{-\pi/2}^{\pi} |f(x)|\,\mathrm{d}x = \int_{-\pi/2}^{\pi/2} \cos x\,\mathrm{d}x - \int_{\pi/2}^{\pi} \cos x\,\mathrm{d}x = [\sin x]_{-\pi/2}^{\pi/2} - [\sin x]t_{\pi/2}^{\pi} = (1-(-1)) - (-1-0) = 3.$$

Antwort: Der Inhalt der Fläche beträgt 3.

b) Für die Flächenmomente 1. Grades folgt

$$\begin{aligned} M_y &= \int_{-\pi/2}^{\pi} x|f(x)|\,\mathrm{d}x = \int_{-\pi/2}^{\pi/2} x\cos x\,\mathrm{d}x - \int_{\pi/2}^{\pi} x\cos x\,\mathrm{d}x = [\cos x + x\sin x]_{-\pi/2}^{\pi/2} - [\cos x + x\sin x]_{\pi/2}^{\pi} \\ &= (\pi/2 - (-\pi/2\cdot(-1))) - (-1-\pi/2) = 1+\pi/2 \approx 2.571. \\ M_x &= \frac{1}{2}\int_{-\pi/2}^{\pi} f^2(x)\mathrm{sgn}(f(x))\,\mathrm{d}x = \int_{-\pi/2}^{\pi/2} \cos^2 x\,\mathrm{d}x - \int_{\pi/2}^{\pi} \cos^2 x\,\mathrm{d}x = ([x/2+\sin(2x)/4]_{-\pi/2}^{\pi/2} - [x/2+\sin(2x)/4]_{\pi/2}^{\pi})/2 \\ &= (\pi/4 - (-\pi/4) - (\pi/2-\pi/4))/2 = \pi/8 \approx 0.393. \end{aligned}$$

Stanmmfunktionen:

$$\int x\cos x\,\mathrm{d}x = \begin{bmatrix} u'(x) = \cos x & v(x) = x \\ u(x) = \sin x & v'(x) = 1 \end{bmatrix} = x\sin x - \int \sin x\,\mathrm{d}x = x\sin x + \cos x + C,$$

$$I = \int \cos^2 x\,\mathrm{d}x = \begin{bmatrix} u'(x) = \cos x & v(x) = \cos x \\ u(x) = \sin x & v'(x) = -\sin x \end{bmatrix} = \sin x\cos x + \int \sin^2 x\,\mathrm{d}x = \sin x\cos x + \int \mathrm{d}x - I$$

und daher $I = (\sin(2x)/2 + x)/2 + C$.

Antwort: Die Flächenmomente 1. Grades sind $M_x = \pi/8$ und $M_y = 1 + \pi/2$.

c) **Antwort:** Der Schwerpunkt der Fläche (siehe **Bild 7.48**) hat die Koordinaten

$$x_s = \frac{M_y}{F} = \frac{1+\pi/2}{3} \approx 0.857, \quad y_s = \frac{M_x}{F} = \frac{\pi}{24} \approx 0.131.$$

7.50 Der Inhalt der Fläche ist

$$F = \int_0^1 f(x)\,\mathrm{d}x = \int_0^1 \frac{1}{2x+1}\,\mathrm{d}x = \frac{1}{2}\,[\ln(2x+1)]_0^1 = \frac{1}{2}\ln 3 \approx 0.5493.$$

Stammfunktion:

$$\int \frac{1}{2x+1}\,\mathrm{d}x = \begin{bmatrix} z &= 2x+1 \\ \mathrm{d}z &= 2\,\mathrm{d}x \end{bmatrix} = \frac{1}{2}\int \frac{1}{z}\,\mathrm{d}z = \frac{1}{2}\ln z = \frac{1}{2}\ln(2x+1)$$

Das Flächenmoment 1. Grades bezüglich der y-Achse ist

$$M_y = \int_0^1 x f(x)\,\mathrm{d}x = \int_0^1 \frac{x}{2x+1}\,\mathrm{d}x = \frac{1}{4}\left[2x+1-\ln(2x+1)\right]_0^1 = \frac{1}{4}(2-\ln 3) \approx 0.2253.$$

Stammfunktion

$$\int \frac{x}{2x+1}\,\mathrm{d}x = \begin{bmatrix} z &= 2x+1 \\ x &= (z-1)/2 \\ \mathrm{d}z &= 2\,\mathrm{d}x \end{bmatrix} = \frac{1}{4}\int \frac{z-1}{z}\,\mathrm{d}z = \frac{1}{4}\left(\int \mathrm{d}z - \int \frac{1}{z}\,\mathrm{d}z\right) = \frac{1}{4}(z-\ln z) = \frac{1}{4}\left((2x+1)-\ln(2x+1)\right)$$

Das Flächenmoment 1. Grades bezüglich der x-Achse ist

$$M_x = \frac{1}{2}\int_0^1 ((f(x))^2\,\mathrm{d}x = \int_0^1 \frac{1}{(2x+1)^2}\,\mathrm{d}x = -\frac{1}{4}\left[\frac{1}{2x+1}\right]_0^1 = \frac{1}{6} \approx 0.1667.$$

Stammfunktion:

$$\int \frac{1}{(2x+1)^2}\,\mathrm{d}x = \begin{bmatrix} z &= 2x+1 \\ \mathrm{d}z &= 2\,\mathrm{d}x \end{bmatrix} = \frac{1}{2}\int \frac{1}{z^2}\,\mathrm{d}z = -\frac{1}{2}\frac{1}{z} = -\frac{1}{2}\frac{1}{2x+1}$$

Antwort: Die Koordinaten des Schwerpunktes $S(x_s, y_s)$ der Fläche (siehe **Bild 7.49**) sind

$$x_s = \frac{M_y}{F} \approx \frac{0.1667}{0.5493} \approx 0.41, \qquad y_s = \frac{M_x}{F} \approx \frac{0.2253}{0.5493} \approx 0.30.$$

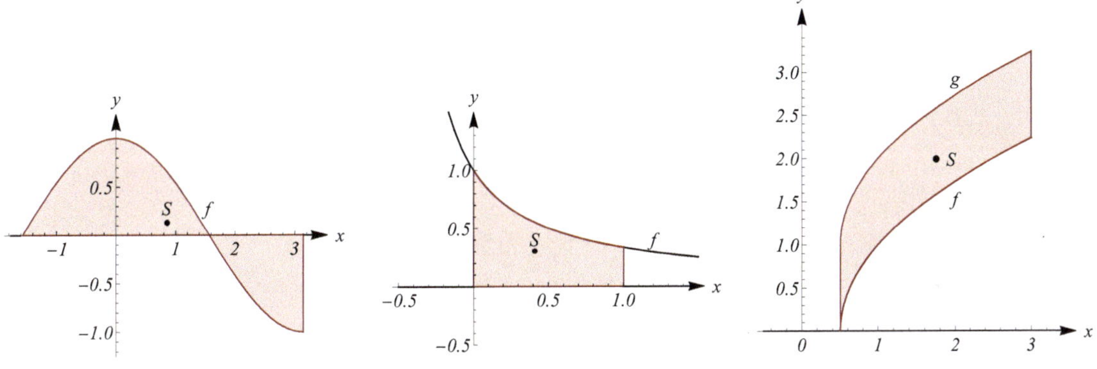

Bild 7.48 zu **7.49** **Bild 7.49** zu **7.50** **Bild 7.50** zu **7.51**

7.51 Der Definitionsbereich der Funktion f ist $D_f = [0.5, 3]$, da für den Radikanten $2x-1 \geq 0$ gelten muss. Die Funktion g, deren Graph der um eine Einheit in Richtung der y-Achse verschobene Graph der Funktion f ist, hat die Funktionsgleichung $g(x) = \sqrt{2x-1}+1$.

Zur Berechnung der Koordinaten x_s und y_s des Schwerpunktes S werden die Flächenmomente 1. Grades M_x und M_y sowie der Inhalt F der Fläche benötigt. Diese Größen sind additiv. Daher ist

$$\begin{aligned}
F &= \int_{1/2}^{3} (g(x)-f(x))\,\mathrm{d}x = \int_{1/2}^{3} \mathrm{d}x = [x]_{1/2}^{3} = 3-\frac{1}{2} = \frac{5}{2} = 2.5, \\
M_y &= \int_{1/2}^{3} x\,(g(x)-f(x))\,\mathrm{d}x = \int_{1/2}^{3} x\,\mathrm{d}x = \frac{1}{2}\left[x^2\right]_{1/2}^{3} = \frac{1}{2}\left(9-\frac{1}{4}\right) = \frac{35}{8} = 4.725, \\
M_x &= \frac{1}{2}\int_{1/2}^{3} x\left(g^2(x)-f^2(x)\right)\mathrm{d}x = \frac{1}{2}\int_{1/2}^{3} x\left(1+2\sqrt{2x-1}\right)\mathrm{d}x = \frac{1}{2}\left[x+\frac{2}{3}\sqrt{2x-1}^3\right]_{1/2}^{3} \\
&= \frac{1}{2}\left(3+\frac{2}{3}\sqrt{5}^3-\frac{1}{2}\right) = \frac{5}{4}+\frac{1}{3}\sqrt{5}^3 \approx 4.977.
\end{aligned}$$

Stammfunktion:

$$\int \sqrt{2x-1}\,\mathrm{d}x = \begin{bmatrix} z &= 2x-1 \\ \mathrm{d}z &= 2\,\mathrm{d}x \end{bmatrix} = \frac{1}{2}\int \sqrt{z}\,\mathrm{d}z = \frac{1}{2}\cdot\frac{2}{3}z^{3/2} = \frac{1}{3}\sqrt{2x-1}^3$$

Antwort: Die Koordinaten des Schwerpunktes $S(x_s, y_s)$ der Fläche (siehe **Bild 7.50**) sind

$$x_s = \frac{M_y}{F} = \frac{35}{8}\cdot\frac{2}{5} = \frac{7}{4} = 2.25, \qquad y_s = \frac{M_x}{F} = \frac{2}{5}\left(\frac{5}{4}+\frac{1}{3}\sqrt{5}^3\right) = \frac{1}{2}+\frac{2}{3}\sqrt{5} \approx 1.991.$$

Trägheitsmomente

7.52 Das Parallelogramm wird von den Graphen der folgenden Funktionen eingeschlossen (siehe **Bild 7.51**)

$$y_1(x) = \frac{4}{3}+\frac{2}{3}x, \quad y_2(x) = -\frac{4}{3}+\frac{2}{3}x, \quad y_3(x) = \frac{3}{2}-\frac{x}{2}, \quad y_4(x) = -\frac{3}{2}+\frac{x}{2}.$$

Die Nullstellen der Funktionen y_2 bzw. y_3 ergeben sich aus

$y_2(x_{n2}) = 0$ zu $x_{n2} = 2$ bzw. $y_3(x_{n3}) = 0$ zu $x_{n3} = 3$.

Die Schnittstelle x_{13} der Graphen der Funktionen y_1 und y_3 ergibt sich aus

$$y_1(x_{13}) = y_3(x_{13}) \quad \text{zu} \quad x_{13} = \frac{1}{7}.$$

Die Schnittstelle x_{23} der Graphen der Funktionen y_2 und y_3 ergibt sich aus

$$y_2(x_{23}) = y_3(x_{23}) \quad \text{zu} \quad x_{23} = \frac{17}{7}.$$

Antwort: Das Flächenmoment 2. Grades bezüglich der x-Achse ist unter Ausnutzung der Symmetrie

$$I_x = \frac{2}{3}\left(\int_{-x_{n2}}^{x_{13}} y_1^3(x)\,\mathrm{d}x + \int_{x_{13}}^{x_{23}} y_3^3(x)\,\mathrm{d}x - \int_{x_{n2}}^{x_{23}} y_2^3(x)\,\mathrm{d}x\right) = \frac{2}{3}\left(\frac{3}{8}\left[y_1^4(x)\right]_{-2}^{1/7} - \frac{1}{2}\left[y_3^4(x)\right]_{1/7}^{17/7} - \frac{3}{8}\left[y_2^4(x)\right]_{2}^{17/7}\right) \approx 2.4257.$$

7.53 Aus der Bedingung des gleichen Materialeinsatzes pro Längeneinheit, d. h., der Gleichheit der Querschnittsflächen, folgt für die Kantenlänge a_1 des Hohlprofils (siehe **Bild 7.52**) die Gleichung

$$a_1^2 - (a_1 - 2d)^2 = a_0^2 \quad \text{mit der Lösung} \quad a_1 = d + \frac{a_0^2}{4d} = 0.3205\ [\mathrm{m}].$$

Das Flächenmoment 2. Grades bezüglich der x-Achse des Vollprofiles ist unter Ausnutzung der Symmetrie

$$I_{xs0} = 4\int_0^{a_0/2} x^2\frac{a_0}{2}\,\mathrm{d}x = \frac{4}{3}\frac{a_0}{2}\left[x^3\right]_0^{a_0/2} = \frac{4}{3}\left(\frac{a_0}{2}\right)^4 \approx 8.3333\cdot 10^{-6}\ [\mathrm{m}^4].$$

Das Flächenmoment 2. Grades bezüglich der x-Achse des Hohlprofiles ist unter Ausnutzung der Symmetrie die Differenz der Flächenmomente 2. Grades des Quadrates mit der Kantenlänge a_1 und des Quadrates mit der Kantenlänge $a_1/2 - d$:

$$I_{xs1} = \frac{4}{3}\left(\frac{a_1}{2}\right)^4 - \frac{4}{3}\left(\frac{a_1}{2}-d\right)^4 \approx 1.6287\cdot 10^{-4}\ [\mathrm{m}^4].$$

Das Verhältnis der Flächenmomente 2. Grades beträgt ca. $I_{xs1}/I_{xs0} \approx 19.54$.

Antwort: Das Hohlprofil hat ein ca. 19.54-mal größeres Flächenmoment 2. Grades als das Vollprofil bei gleichem Inhalt der Querschnittsflächen.

7.54 Die Parabel hat die Funktionsgleichung $y(x) = -px^2$. Der Punkt $P(h, -h)$ gehört zur Parabel (siehe **Bild 7.53**). Daraus ergibt sich

$$-h = -ph^2, \quad \text{d. h.,} \quad p = 1/h, \quad \text{und die Funktionsgleichung der Parabel} \quad y(x) = -\frac{x^2}{h}.$$

Antwort: Das Flächenmoment 2. Grades bezüglich der x-Achse ist unter Ausnutzung der Symmetrie

$$I_x = 2\int_0^h x^2\left(\left(-\frac{x^2}{h}\right) - (-h)\right)\mathrm{d}x = 2\int_0^h \left(-\frac{1}{h}x^4 + hx^2\right)\mathrm{d}x = 2\left[-\frac{1}{5h}x^5 + \frac{h}{3}x^3\right]_0^h = \frac{4}{15}h^4.$$

Das Flächenmoment 2. Grades bezüglich der y-Achse ist unter Ausnutzung der Symmetrie

$$I_y = \frac{2}{3}\int_0^h \left(\left(-\frac{x^2}{h}\right)^3 - (-h)^3\right)\mathrm{d}x = \frac{2}{3}\int_0^h \left(-\frac{x^6}{h^3} + h^3\right)\mathrm{d}x = \frac{2}{3}\left[-\frac{x^7}{7h^3} + h^3x\right]_0^h = \frac{4}{7}h^4.$$

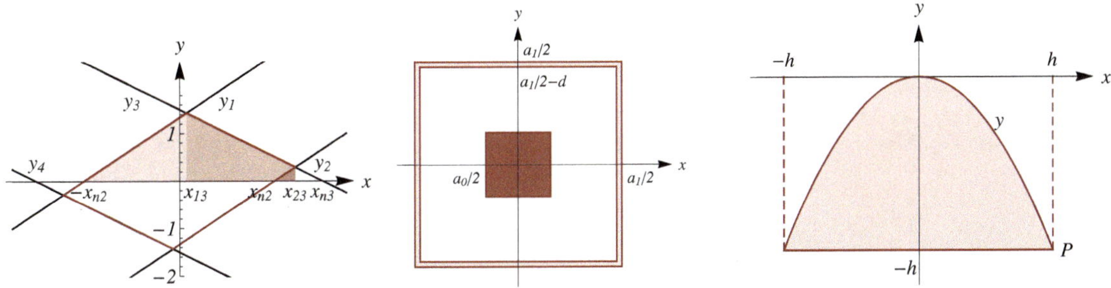

Bild 7.51 zu **7.52** **Bild 7.52** zu **7.53** **Bild 7.53** zu **7.54**

7.55 Die Symmetrieachse für das Kreissegment ist die x-Achse. Die Funktionsgleichung lautet $y(x) = \sqrt{r^2 - x^2}$, $y \geq 0$. Das Integrationsintervall ist $x \in [r\cos\varphi, r]$.

Antwort: Das Flächenmoment 2. Grades bezüglich der x-Achse ist unter Ausnutzung der Symmetrie

$$\begin{aligned} I_x &= \frac{2}{3}\int_{r\cos\varphi}^{r} y^3(x)\,\mathrm{d}x = \frac{2}{3}\int_{r\cos\varphi}^{r} y^3(x)\,\mathrm{d}x = [x = r\cos z,\ \mathrm{d}x = -r\sin z\,\mathrm{d}z, y(x) = r\sin z] = \frac{2}{3}r^4\int_0^{\varphi} \sin^4 z\,\mathrm{d}z \\ &= \frac{2}{3}r^4\frac{1}{4}\left[\frac{3}{2}z - \sin(2z) + \frac{1}{8}\sin(4z)\right]_0^{\varphi} = \frac{1}{6}r^4\left(\frac{3}{2}\varphi - \sin(2\varphi) + \frac{1}{8}\sin(4\varphi)\right). \end{aligned}$$

7.56 Haben die beiden konzentrischen Kreise des Kreisringes die Radien $r_1 = 13$ bzw. $r_2 = 12$, so errechnet sich der Radius R des Kreises mit dem gleichen Flächeninhalt aus der Gleichung

$\pi R^2 = \pi(r_2^2 - r_1^2)$ zu $R = 5$.

Das Flächenmoment 2. Grades bezüglich der x-Achse der Fläche des Kreises mit dem Radius R ist unter Ausnutzung der Symmetrie (vgl. Aufgabe **7.55**)

$$I_{xK} = \frac{4}{3}R^4\int_0^{\pi/2} \sin^4 z\,\mathrm{d}z.$$

Das Flächenmoment 2. Grades bezüglich der x-Achse der Fläche des Kreisringes mit den Radien r_1 bzw. r_2 ist unter Ausnutzung der Symmetrie

$$I_{xR} = \frac{4}{3}r_4^2\int_0^{\pi/2} \sin^4 z\,\mathrm{d}z - \frac{4}{3}r_1^4\int_0^{\pi/2} \sin^4 z\,\mathrm{d}z.$$

Das Verhältnis beider Flächenmomente 2. Grades beträgt

$I_{xR}/I_{xK} = (r_2^4 - r_1^4)/R^4 = 7825/625 = 12.25$.

Antwort: Das Flächenmoment 2. Grades des Kreisringes ist 12.25-mal größer als das Flächenmoment 2. Grades des Kreises mit dem gleichen Flächeninhalt (siehe **Bild 7.54**).

7.57 Die Fläche ist symmetrisch zur y-Achse (siehe **Bild 7.55**). Der Ansatz für die Gleichung der Parabel mit dem Scheitelpunkt $(0, 2)$ mit dem zu bestimmenden Parameter p lautet $y_{\mathrm{P}}(x) = 2 - px^2$. Da die Parabel die Nullstelle $x = 3$ hat, gilt $y_{\mathrm{P}}(3) = 0$. Aus dem Ansatz ergibt sich $p = 2/9$. Die Gleichung der Parabel ist

$y_{\mathrm{P}}(x) = 2\left(1 - x^2/9\right)$.

Die x-Koordinate $x_s > 0$ des Schnittpunktes der Parabel und der Betragsfunktion $y = |x|$ erfüllt die Gleichung $y_{\mathrm{P}}(x_s) = |x_s| = x_s$. Mit der Gleichung der Parabel folgt die quadratische Gleichung bezüglich x_s

$2\left(1 - x_s^2/9\right) = x_s$ bzw. $2x_s^2 + 9x_s - 18 = 0$ mit der positiven Lösung $x_s = 3/2$.

Damit folgt für das Flächenmoment 2. Grades bezüglich der x-Achse der von Parabel und Betragsfunktion eingeschlossenen Fläche

$$\begin{aligned} I_x &= \frac{2}{3}\int_0^{x_s} \left((y_{\mathrm{P}}(x))^3 - x^3\right)\mathrm{d}x = \frac{2}{3}\int_0^{3/2}\left(8\left(1 - \frac{x^2}{9}\right)^3 - x^3\right)\mathrm{d}x = \frac{2}{3}\int_0^{3/2}\left(8\left(1 - \frac{x^2}{3} + \frac{x^4}{3^3} - \frac{x^6}{3^6}\right) - x^3\right)\mathrm{d}x \\ &= \frac{2}{3}\left(8\left[x - \frac{x^3}{9} + \frac{x^5}{3^3\cdot 5} - \frac{x^7}{3^6\cdot 7}\right]_0^{3/2} - \left[\frac{x^4}{4}\right]_0^{3/2}\right) = \frac{1759}{280} - \frac{27}{32} = \frac{6091}{1120} \approx 5.4383 \end{aligned}$$

und für das Flächenmoment 2. Grades bezüglich der x-Achse der von Parabel und Betragsfunktion eingeschlossenen Fläche

$$\begin{aligned} I_y &= 2\int_0^{x_s} x^2\left(y_P(x)-x^3\right)\mathrm{d}x = 2\int_0^{3/2}\left(2x^2\left(1-\frac{x^2}{9}\right)-x^3\right)\mathrm{d}x = 2\int_0^{3/2}\left(2\left(x^2-\frac{x^4}{9}\right)-x^3\right)\mathrm{d}x \\ &= 2\left(2\left[\frac{x^3}{3}-\frac{x^5}{9\cdot 5}\right]_0^{3/2}-\left[\frac{x^4}{4}\right]_0^{3/2}\right) = \frac{153}{40}-\frac{81}{32} = \frac{207}{160} \approx 1.2937. \end{aligned}$$

Antwort: Die Flächenmomente 2. Grades bezüglich der Koordinatenachsen sind $I_x \approx 5.4383$ und $I_y \approx 1.2937$.

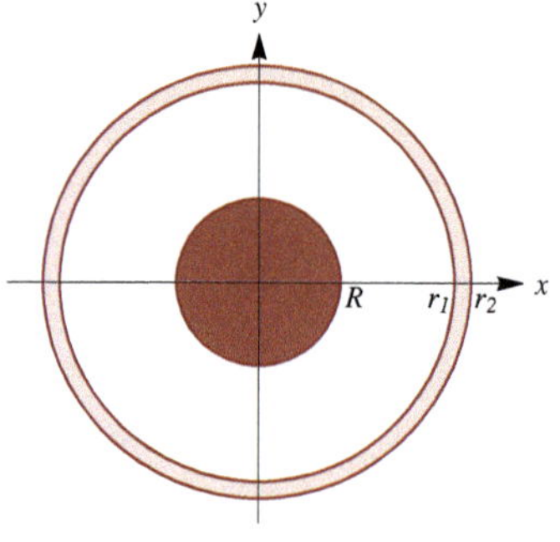

Bild 7.54 zu **7.56**

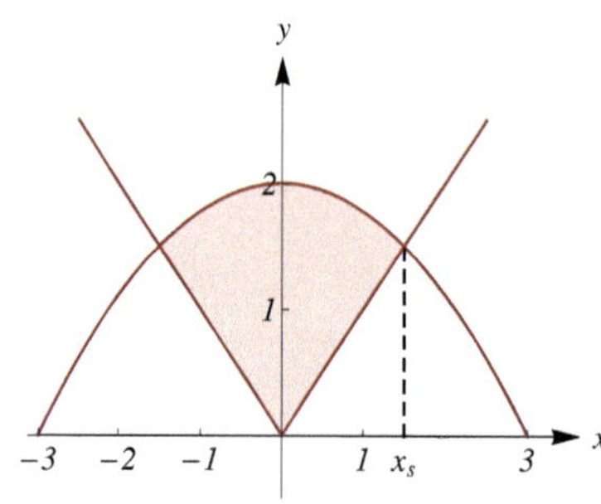

Bild 7.55 zu **7.57**

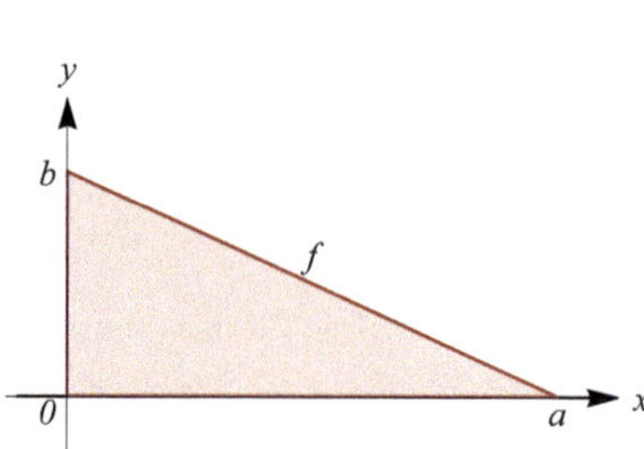

Bild 7.56 zu **7.58**

7.58 Die Gerade $\frac{x}{a}+\frac{y}{b}=1$ hat die Funktionsgleichung (siehe **Bild 7.56**)

$$f(x) = \frac{b}{a}(a-x) \qquad \text{mit} \qquad f(x)\ge 0,\ 0\le x\le a.$$

Das Flächenmoment 2. Grades der Dreiecksfläche bezüglich der x-Achse ist damit

$$I_x = \frac{1}{3}\int_0^a |f(x)|^3\,\mathrm{d}x = \frac{b^3}{3a^3}\int_0^a (a-x)^3\,\mathrm{d}x = -\frac{b^3}{12a^3}\left[(a-x)^4\right]_0^a = \frac{b^3a^4}{12a^3} = \frac{ab^3}{12}.$$

Stammfunktion:

$$\int (a-x)^3\,\mathrm{d}x = \left[\begin{array}{rcl} z &=& a-x \\ \mathrm{d}z &=& -\mathrm{d}x \end{array}\right] = -\int z^3\,\mathrm{d}z = -\frac{1}{4}z^4 = -\frac{1}{4}(a-x)^4$$

Das Flächenmoment 2. Grades der Dreiecksfläche bezüglich der y-Achse ist damit

$$I_y = \int_0^a x^2\,|f(x)|\,\mathrm{d}x = \frac{b}{a}\int_0^a x^2(a-x)\,\mathrm{d}x = \frac{b}{a}\left[\frac{a}{3}x^3-\frac{1}{4}x^4\right]_0^a = \frac{b}{a}\left(\frac{a^4}{3}-\frac{a^4}{4}\right) = \frac{a^3b}{12}.$$

Stammfunktion:

$$\int x^2(a-x)\,\mathrm{d}x = \int\left(ax^2-x^3\right) = \frac{a}{3}x^3-\frac{1}{4}x^4$$

Antwort: Die Flächenmomente 2. Grades sind $I_x = ab^3/12$ und $Iy = a^3b/12$.

Physikalische Anwendungen

7.59 Der Druck $p(x)$, den eine Flüssigkeit auf eine Flächeneinheit unter dem Wasserspiegel ausübt, ist proportional zur Tiefe x, in der sie sich befindet. Mit ϱ als Dichte der Flüssigkeit und g als Erdbeschleunigung gilt

$p(x) = p_o x$ mit dem Proportionalitätsfaktor $p_o = \varrho g$ [Nm^{-3}].

Die Druckkraft, die eine Flüssigkeit auf den in der Tiefe x befindlichen Flächenstreifen der Höhe $\mathrm{d}x$ und der Breite $2y$ ausübt, (siehe **Bild 7.57**), beträgt daher

$\mathrm{d}P = 2p(x)y(x)\,\mathrm{d}x.$

Die Länge y ist ebenfalls von der Tiefe x des Flächenstreifens abhängig, denn nach dem Strahlensatz ergibt sich

$$\frac{y}{h-x} = \frac{a}{2h} \qquad \text{und daraus} \qquad y(x) = \frac{a}{2h}(h-x).$$

Für die Druckkraft P auf die gesamte Dreiecksfläche folgt damit

$$P = \int_0^h 2p(x)y(x)\,\mathrm{d}x = \frac{a\varrho g}{h}\int_0^h x(h-x)\,\mathrm{d}x = \frac{a\varrho g}{h}\left[\frac{h}{2}x^2 - \frac{1}{3}x^3\right]_0^h = \frac{\varrho g}{6}ah^2.$$

Antwort: Die gesamte Druckkraft auf die dreieckige Fläche beträgt $\varrho gah^2/6$.

Bild 7.57 zu 7.59

7.60 Wenn der Zug mit gleichmäßig wachsender Beschleunigung a fährt, so ist die Beschleunigung proportional zur Zeit t, d. h., es gilt $a(t) = kt$, $k > 0$.

Der Proportionalitätsfaktor k wird aus der Bedingung der Aufgabe ermittelt:

$a_1 = a(t_1)$, d. h., $0.5 = 100k$ [m/s^2] bzw. $k = \frac{1}{200}$ [m/s^3] .

Damit ist die Funktionsgleichung für die Beschleunigung (siehe **Bild 7.58**)

$a(t) = \frac{1}{200}\, t$ [m/s^2] .

Ist $s(t)$ der vom Zug zurückgelegte Weg und v seine Geschwindigkeit zum Zeitpunkt $t > 0$, so gilt $\ddot{s} = \dot{v} = a$.

a) Da v Stammfunktion von a ist, ergibt sich

$$v(t) = \int a(t)\,\mathrm{d}t = \int kt\,\mathrm{d}t = \frac{k}{2}t^2 + c_0,\ c_0 \in \mathbb{R}.$$

Aus der Aufgabenstellung folgt zu Beginn der Bewegung des Zuges, d. h., zum Zeitpunkt $t = 0$

$v(0) = 0$ d. h., $c_0 = 0$ und somit $v(t) = \frac{k}{2}t^2$.

Antwort: Zum Zeitpunkt $t_1 = 100$ s beträgt die Geschwindigkeit $v(t_1) = 25$ m/s (siehe **Bild 7.59**).

b) Da s Stammfunktion von v ist, ergibt sich weiter

$$s(t) = \int v(t)\,\mathrm{d}t = \int \frac{k}{2}t^2\,\mathrm{d}t = \frac{k}{6}t^3 + c_1,\ c_1 \in \mathbb{R}.$$

Aus der Aufgabenstellung folgt zu Beginn der Bewegung des Zuges, d. h., zum Zeitpunkt $t = 0$

$s(0) = 0$ d. h., $c_1 = 0$ und somit $s(t) = \frac{k}{6}t^3$.

Antwort: Zum Zeitpunkt $t_1 = 100$ s beträgt der zurückgelegte Weg $s(t_1) = 5000/6 \approx 833.33$ [m] (siehe **Bild 7.60**).

c)

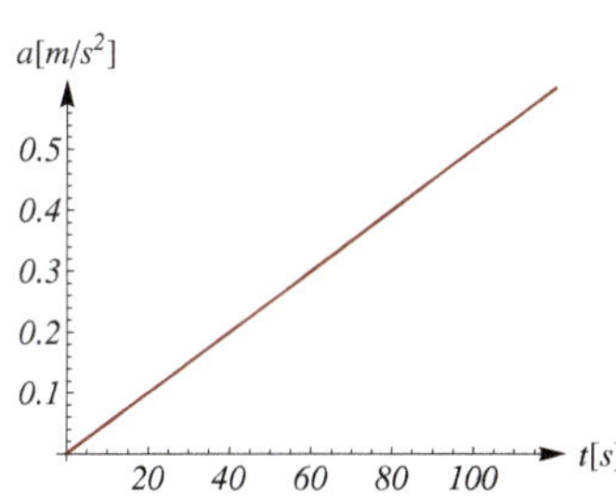

Bild 7.58 Beschleunigung a

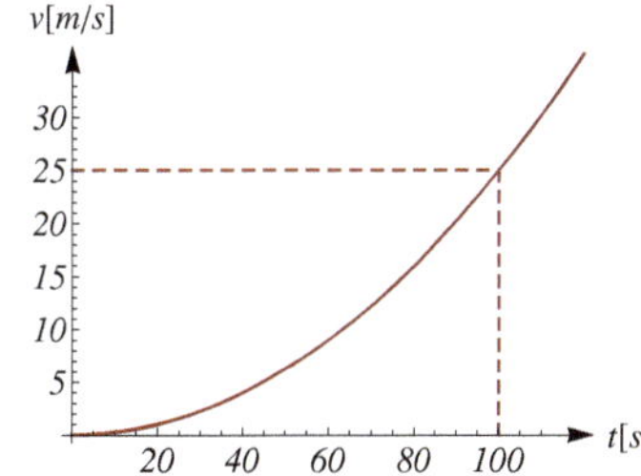

Bild 7.59 Geschwindigkeit v

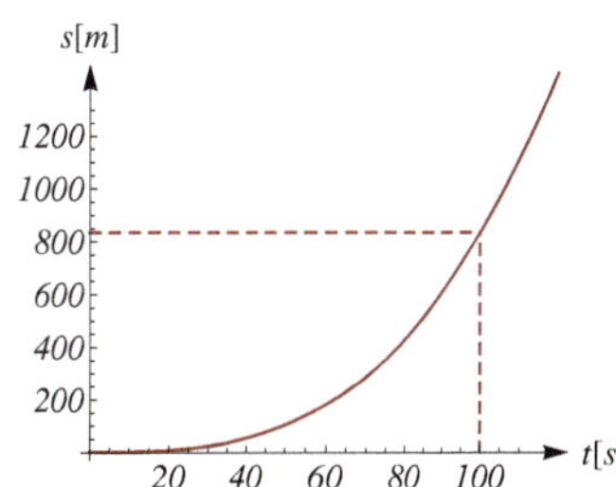

Bild 7.60 Weg s

7.61 a) Wenn der Holzzylinder im Wasser schwimmt, sodass nur sein oberstes Drittel sichtbar ist, so sind die Beträge seiner Gewichtskraft und Auftriebskraft gleich groß. Mit h als Höhe des Zylinders, r als Radius seiner Deckkreise, ρ_H als Dichte des Holzes und g als Erdbeschleunigung ist der Betrag der Gewichtskraft

$$G = \pi r^2 h \rho_H g.$$

Der Betrag der Auftriebskraft ist gleich dem Betrag der Gewichtskraft des vom unteren Teil des Zylinders verdrängten Wassers. Mit ρ_W als Dichte des Wassers ergibt sich für den Betrag der Auftriebskraft

$$F_A = \pi r^2 \frac{2}{3} h \rho_W g.$$

Aus $G = F_A$ folgt unmittelbar

$$\rho_H = \frac{2}{3}\rho_W.$$

Damit ist der Betrag der Gewichtskraft des Holzzylinders

$$G = \pi r^2 \frac{2}{3} h \rho_W g.$$

Antwort: Die Dichte des Holzzylinders ist gleich zwei Drittel der Dichte des Wassers, in dem er schwimmt.

b) Angenommen, der Holzzylinder wurde bereits um die Strecke $x < 2h/3$ aus dem Wasser gezogen, sodass er noch mit der Höhe $2h/3 - x$ eintaucht (siehe **Bild 7.61**).

Die Arbeit ΔW, die verrichtet werden muss, um den Holzzylinder um einen weiteren Höhenanteil Δx aus dem Wasser zu ziehen, ist das Produkt aus der dafür notwendigen Kraft und dem Höhenanteil Δx. Die notwendige Kraft ist die Differenz aus den Beträgen der Gewichtskraft G des Holzzylinders und der noch vorhandenen Auftriebskraft $F_A(x)$. Damit ergibt sich

$$\Delta W = (G - F_A(x))\Delta x = \left(\pi r^2 \frac{2}{3} h \rho_W g - \pi r^2 \left(\frac{2}{3}h - x\right)\rho_W g\right)\Delta x = \pi r^2 \rho_W g x \Delta x.$$

Die gesamte Arbeit beträgt

$$W = \int_0^{2h/3} (G - F_A(x))\,\mathrm{d}x = \pi r^2 \rho_W g \int_0^{2h/3} x\,\mathrm{d}x = \frac{1}{2}\pi r^2 \rho_W g \left[x^2\right]_0^{2h/3} = \frac{2}{9}\pi r^2 \rho_W g h^2.$$

Antwort: Die Arbeit, die beim Herausziehen des Zylinders verrichtet werden muss, beträgt $2\pi r^2 \rho_W g h^2/9$.

7.62 Wenn die Holzboje im Wasser schwimmt, so sind die Beträge seiner Gewichtskraft und Auftriebskraft gleich groß. Mit H als Höhe des Zylinders, S als Inhalt der Querschnittsfläche, ρ_H als Dichte des Holzes und g als Erdbeschleunigung ist der Betrag der Gewichtskraft

$$G = SH\rho_H g.$$

Mit h als Eintauchtiefe des Zylinders und ρ_W als Dichte des Wassers ist der Betrag der Auftriebskraft

$$F_A = Sh\rho_W g.$$

Aus der Gleichheit $G = F_A$ ergibt sich die Eintauchtiefe

$$h = \frac{\rho_H}{\rho_W} H.$$

a) Wenn die Holzboje bereits um die Höhe $x < h$ herausgezogen wurde, so ist der Betrag der Auftriebskraft (siehe **Bild 7.62**).

$$F_A(x) = S\rho_W g(h-x) \quad \text{und} \quad G - F_A(x) = SH\rho_H g - S\rho_W g(h-x) = SH\rho_H g - S\rho_W g\left(\frac{\rho_H}{\rho_W}H - x\right) = S\rho_W \rho x.$$

Antwort: Analog zu Aufgabe **7.61** ergibt sich die Arbeit zum Herausziehen der Holzboje um die Höhe h

$$W = \int_0^h (G - F_A(x))\,\mathrm{d}x = S\rho_W g \int_0^h x\,\mathrm{d}x = \frac{1}{2}S\rho_W g\left[x^2\right]_0^h = \frac{1}{2}S\rho_W g h^2 = \frac{1}{2}Sg\frac{\rho_H^2}{\rho_W}H^2.$$

b) Wenn die Holzboje bereits um die Höhe $x < H - h$ eingetaucht wurde, so ist der Betrag der Auftriebskraft

$$F_A(x) = S\rho_W g(h+x) \quad \text{und damit} \quad F_A(x) - G = S\rho_W g(h+x) - SH\rho_H g = S\rho_W g\left(\frac{\rho_H}{\rho_W}H + x\right) - SH\rho_H g = S\rho_W g x.$$

Antwort: Die Arbeit zum vollständigen Eintauchen der Holzboje um die Höhe $H - h$ ist

$$W = \int_0^{H-h} (F_A(x) - G)\,\mathrm{d}x = S\rho_W g \int_0^h x\,\mathrm{d}x = \frac{1}{2}S\rho_W g\left[x^2\right]_0^{H-h} = \frac{1}{2}S\rho_W g\,(H-h)^2 = \frac{1}{2}Sg\frac{(\rho_W - \rho_H)^2}{\rho_W}H^2.$$

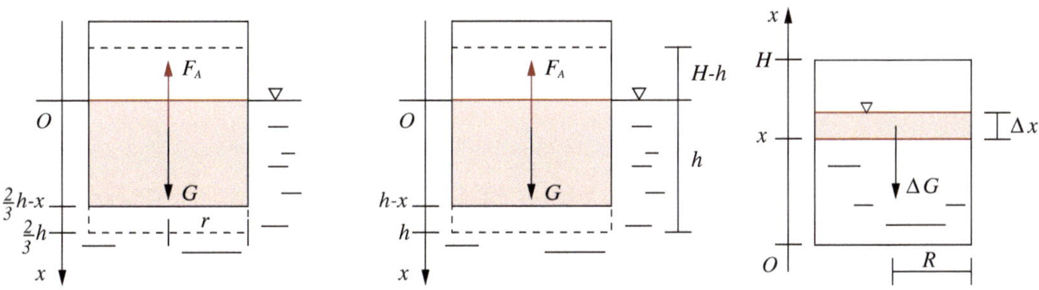

Bild 7.61 zu **7.61** **Bild 7.62** zu **7.62** **Bild 7.63** zu **7.63**

7.63 Zum Herauspumpen des Wassers muss dessen Gewichtskraft überwunden werden. Der Betrag der Gewichtskraft einer Wasserschicht der Höhe Δx beträgt mit ρ_W als Dichte des Wassers und g als Erdbeschleunigung

$\Delta G = \pi R^2 \rho_W g \Delta x.$

Befindet sich die Wasserschicht der Höhe Δx bereits in der Höhe $H - x$, $0 \le x \le H$ (siehe **Bild 7.63**), so ist die erforderliche Arbeit zum Herauspumpen

$\Delta W = \Delta G(H - x) = \pi R^2 \rho_W g(H - x)\Delta x.$

Antwort: Die gesamte Arbeit zum Herauspumpen des Wassers ist

$$W = \pi R^2 \rho_W g \int_0^H (H - x)\,\mathrm{d}x = \pi R^2 \rho_W g \left[Hx - \frac{1}{2}x^2\right]_0^H = \frac{1}{2}\pi R^2 \rho_W g H^2.$$

7.64 Zum Aufschütten des kegelförmigen Sandhaufens muss die Gewichtskraft überwunden werden. Eine „Scheibe" des Sandes der Höhe Δx in der Höhe x hat den Radius

$r(x) = \frac{r}{h}(h - x)$ und den Betrag der Gewichtskraft $\Delta G = \pi (r(x))^2 \rho g \Delta x = \pi \frac{r^2}{h^2}\rho g(h - x)^2 \Delta x.$

Die Arbeit, um sie in die Höhe x zu transportieren, beträgt

$\Delta W = \Delta G x = \pi \frac{r^2}{h^2}\rho g(h - x)^2 x \Delta x.$

Die gesamte erforderliche Arbeit ist

$$W = \pi \frac{r^2}{h^2}\rho g \int_0^h (h - x)^2 x\,\mathrm{d}x = \pi \frac{r^2}{h^2}\rho g \left[\frac{1}{2}h^2x^2 - \frac{2}{3}hx^3 + \frac{1}{4}x^4\right]_0^h = \frac{1}{12}\pi r^2 \rho g h^2.$$

Antwort: Mit den angegebenen Werten für r, h und ρg ist der Betrag der Arbeit $0.24\pi \approx 0.754$ [kNm].

7.65 Zuerst wird der Inhalt $F(x)$ der Querschnittsfläche in Abhängigkeit von der Stelle x der Achse des Zugstabes angegeben. Für den Radius $r(x)$ an der Stelle x der Achse gilt wegen der linearen Verjüngung vom Radius von $r_1 = r(0) = d_1/2$ auf $r_2 = r(l) = d_2/2$

$r(x) = r_1 + \frac{r_2 - r_1}{l}x = a + bx$ mit $a = r_1$ und $b = \frac{r_2 - r_1}{l}.$

Der Inhalt der Querschnittsfläche ist $F(x) = \pi(r(x))^2 = \pi\,(a + bx)^2$.

Die gesuchte Längenänderung ist damit

$$\Delta l = \frac{F}{\pi E}\int_0^l \frac{\mathrm{d}x}{(a + bx)^2} = -\frac{F}{\pi E b}\left[\frac{1}{a + bx}\right]_0^l = \frac{Fl}{\pi E a(a + bl)} = \frac{Fl}{\pi E r_1 r_2} = \frac{4Fl}{\pi E d_1 d_2}.$$

Stammfunktion: $\displaystyle\int \frac{\mathrm{d}x}{(a + bx)^2} = [z = a + bx, \mathrm{d}z = b\mathrm{d}x] = \frac{1}{b}\int z^{-2}\,\mathrm{d}z = -\frac{1}{bz} = -\frac{1}{b(a + bx)}$

Antwort: Mit den gegebenen Größen für d_1, d_2, l, F, E beträgt die Längenänderung ca. 3 mm.

7.66 Für die Masse m ergibt sich

$$m = \int_0^l \rho(x)\,\mathrm{d}x = \int_0^{100}\left(30 + \frac{\sqrt{x}(100 - x)}{20}\right)\mathrm{d}x = \int_0^{100}\left(30 + 5x^{1/2} - \frac{1}{20}x^{3/2}\right)\mathrm{d}x = \left[30x + \frac{10}{3}x^{3/2} - \frac{2}{100}x^{5/2}\right]_0^{100}$$
$$= \left[x\left(30 + \frac{10}{3}x^{1/2} - \frac{2}{100}x^{3/2}\right)\right]_0^{100} = 100\left(30 + \frac{100}{3} - \frac{2}{100}\cdot 1000\right) = \frac{13\,000}{3}\text{ [g]} = 4.\overline{3}\text{ [kg.]}$$

Antwort: Die Masse des Stabes beträgt ca. 4.333 kg.

7.67 Der Zusammenhang zwischen Position $s(t)$ und Geschwindigkeit $v(t)$ in Abhängigkeit von der Zeit t ist $\dot{s}(t) = v(t)$. Daraus ergibt sich $s(t) = \int v(t)\,dt$ und für den gesuchten Weg

$$s(t) = \int_{t_0}^{t_1} v(t)\,\mathrm{d}t = \int_0^1 \left(100 + 10\frac{t^2-9}{t^2+9}\right)\mathrm{d}t = \left[110t - 60\arctan\frac{t}{3}\right]_0^1 = 110 - 60\arctan\frac{1}{3} \approx 90.6950\ [\mathrm{km}].$$

Stammfunktion:

$$\int\left(100 + 10\frac{t^2-9}{t^2+9}\right)\mathrm{d}t = \int\left(100 + 10\left(\frac{t^2+9}{t^2+9} - \frac{18}{t^2+9}\right)\right)\mathrm{d}t = \int\left(110 - 20\frac{1}{(t/3)^2+1}\right)\mathrm{d}t = \left[z = \frac{t}{3}, \mathrm{d}z = \frac{1}{3}\,\mathrm{d}t\right]$$

$$= 110t - 60\int\frac{\mathrm{d}z}{z^2+1} = 110t - 60\arctan\frac{t}{3}$$

Antwort: Der Zug legt im angegebenen Zeitraum eine Strecke von ca. 90.70 km zurück.

Schnittkräfte

7.68 Die Belastungsfunktion ist

$$q(x) = \frac{q_2 - q_1}{l}(x - l) + q_2.$$

Ist $V(x)$ die Querkraft und $M(x)$ das Biegemoment des Kragarms an der Stelle $x \in (0, l)$, so ergibt das Gleichgewicht der Kräfte für das rechte (freie) Balkenende

$$V(x) = -\int_x^l q(t)\,\mathrm{d}t$$

und das Gleichgewicht der Momente bezüglich der Stelle $x = l$ (freies Ende)

$$M(x) = \int_x^l (l-t)q(t)\,\mathrm{d}t + V(x)(l-x).$$

Die Integrale sind

$$\int_x^l q(t)\,\mathrm{d}t = \int_x^l \left(\frac{q_2-q_1}{l}(t-l) + q_2\right)\mathrm{d}t = \left[\frac{q_2-q_1}{2l}(t-l)^2 + q_2 t\right]_x^l = -\frac{q_2-q_1}{2l}(l-x)^2 + q_2(l-x),$$

$$\int_x^l (l-t)q(t)\,\mathrm{d}t = \int_x^l \left(-\frac{q_2-q_1}{l}(l-t)^2 + q_2(l-t)\right)\mathrm{d}t = -\left[\frac{q_2-q_1}{3l}(t-l)^3 + \frac{q_2}{2}(t-l)^2\right]_x^l = \frac{q_2-q_1}{3l}(x-l)^3 + \frac{q_2}{2}(x-l)^2.$$

Antwort: Die Gleichungen der Querkraftlinie V bzw. Momentenlinie M sind

$$V(x) = \frac{q_2-q_1}{2l}(x-l)^2 + q_2(x-l), \quad \text{bzw.} \quad M(x) = -\frac{q_2-q_1}{6l}(x-l)^3 - \frac{q_2}{2}(x-l)^2.$$

7.69 Die Auflagerkräfte an den Lagern A bzw. B werden mit F_A bzw. F_B bezeichnet. Aus dem Gleichgewicht der Kräfte für den Balken folgt

$$F_A + F_B = \int_0^l q(x)\,\mathrm{d}x.$$

Aus dem Gleichgewicht der Momente für den gesamten Balken bezüglich des Lagers A folgt

$$F_B l = \int_0^l xq(x)\,\mathrm{d}x \quad \text{und daraus} \quad F_B = \frac{1}{l}\int_0^l xq(x)\,\mathrm{d}x,\ F_A = \int_0^l q(x)\,\mathrm{d}x - F_B.$$

Die Integrale sind

$$\int_0^l q(x)\,\mathrm{d}x = q_0\int_0^l \mathrm{e}^{-2x/l}\,\mathrm{d}x = -\frac{q_0 l}{2}\left[\mathrm{e}^{-2x/l}\right]_0^l = \frac{q_0 l(1-\mathrm{e}^{-2})}{2},$$

Stammfunktion: $\displaystyle\int \mathrm{e}^{-2x/l}\,\mathrm{d}x = \left[z = -\frac{2x}{l}, \mathrm{d}z = -\frac{2}{l}\,\mathrm{d}x\right] = -\frac{l}{2}\int \mathrm{e}^z\,\mathrm{d}z = -\frac{l}{2}\mathrm{e}^{-2x/l}$

$$\int_0^l xq(x)\,\mathrm{d}x = q_0\int_0^l x\mathrm{e}^{-2x/l}\,\mathrm{d}x = -\frac{q_0 l}{4}\left[\mathrm{e}^{-2x/l}(2x+l)\right]_0^l = \frac{q_0 l^2(1-3\mathrm{e}^{-2})}{4},$$

Stammfunktion:

$$\int x\mathrm{e}^{-2x/l}\,\mathrm{d}x = \left[u' = \mathrm{e}^{-2x/l}, u = -\frac{l}{2}\mathrm{e}^{-2x/l}, v = x, v' = 1\right] = -\frac{x}{2}\mathrm{e}^{-2x/l} + \frac{l}{2}\int \mathrm{e}^{-2x/l}\,\mathrm{d}x = -\frac{1}{4}\mathrm{e}^{-2x/l}(2x+l)$$

Antwort: Die Auflagerkräfte sind $F_A = \frac{q_0 l}{4}(1+\mathrm{e}^{-2})$ und $F_B = \frac{q_0 l}{4}(1-3\mathrm{e}^{-2})$.

7.70 Die Belastungsfunktion für den Kragarm ist

$$q(x) = \begin{cases} 10 + 20x/a, & x \in [0,a), \\ 10, & x \in [a,b), \\ p(x-b)^2, & x \in [b,l) \end{cases} \quad \text{mit} \quad p = \frac{30}{(l-b)^2}.$$

Aus dem Gleichgewicht der Momente bezüglich der Einspannstelle A des Kragarms ergibt sich das Einspannmoment

$$M_A = \int_0^l xq(x)\,\mathrm{d}x = \int_0^a xq(x)\,\mathrm{d}x + \int_a^b xq(x)\,\mathrm{d}x + \int_b^l xq(x)\,\mathrm{d}x = \int_0^a x\left(10+\frac{20}{a}x\right)\mathrm{d}x + \int_a^b 10x\,\mathrm{d}x + \int_b^l xp(x-b)^2\,\mathrm{d}x$$

$$= \frac{10}{a}\left[\frac{ax^2}{2}+\frac{2x^3}{3}\right]_0^a + 5[x^2]_a^b + p\left[\frac{b^2}{2}x^2 - \frac{2b}{3}x^3 + \frac{1}{4}x^4\right]_b^l = \frac{5}{6}\left(8a^2+3b^2-6bl+9l^2\right).$$

Antwort: Das Einspannmoment des Kragarms beträgt $5\left(8a^2+3b^2-6bl+9l^2\right)/6$.

7.71 Die Auflagerkräfte an den Lagern A bzw. B werden mit F_A bzw. F_B bezeichnet.
Aus den Gleichgewichten der Momente bezüglich des Angriffspunktes der Kraft F für das linke bzw. rechte Balkenteil

$Fa - F_B l = 0$ bzw. $F_A l - F(l-a) = 0$

ergeben sich die Auflagerkräfte

$F_B = \frac{a}{l}F$ bzw. $F_A = \frac{l-a}{l}F$.

Aus den Gleichgewichten der Momente bezüglich der Stelle x im linken bzw. rechten Balkenteil

$M(x) - F_A x = 0,\ x \in [0,a],$ bzw. $M(x) - F_B(l-x),\ x \in [a,l],$

ergeben sich die Biegemomente

$M(x) = \frac{l-a}{l}Fx,\ x \in [0,a],$ bzw. $M(x) = \frac{a}{l}F(l-x),\ x \in [a,l].$

Damit ist die Formänderungsarbeit

$$W = \frac{1}{2EI}\int_0^l M^2(x)\,\mathrm{d}x = \frac{1}{2EI}\left(\int_0^a M^2(x)\,\mathrm{d}x + \int_a^l M^2(x)\,\mathrm{d}x\right) = \frac{1}{2EI}\left(\int_0^a\left(\frac{l-a}{l}Fx\right)^2\mathrm{d}x + \int_a^l\left(\frac{a}{l}F(l-x)\right)^2\mathrm{d}x\right)$$

$$= \frac{1}{2EI}\left(\frac{(l-a)^2}{3l^2}F^2\left[x^3\right]_0^a - \frac{a^2}{3l^2}F^2\left[(l-x)^3\right]_a^l\right) = \frac{1}{2EI}\left(\frac{(l-a)^2a^3F^2}{3l^2} + \frac{(l-a)^3a^2F^2}{3l^2}\right) = \frac{(l-a)^2a^2F^2}{6EIl}.$$

Antwort: Die Formänderungsarbeit beträgt $W = (l-a)^2a^2F^2/(6EIl)$.

M1 Funktionen mehrerer Veränderlicher

Definition, Graphische Darstellung

1.1 a) $D_f = \{(x,y)|\ -\infty < x < \infty,\ -\infty < y < \infty\}$ (siehe **Bild 1.1**)

b) $D_f = \{(x,y)|\ 0 \le x < \infty,\ y \in \mathbb{R}\backslash\{0\}\}$ (siehe **Bild 1.2**)

c) $D_f = \{(x,y)|\ -\infty < x < \infty,\ 0 < y \le 1\}$ (siehe **Bild 1.3**)

a)

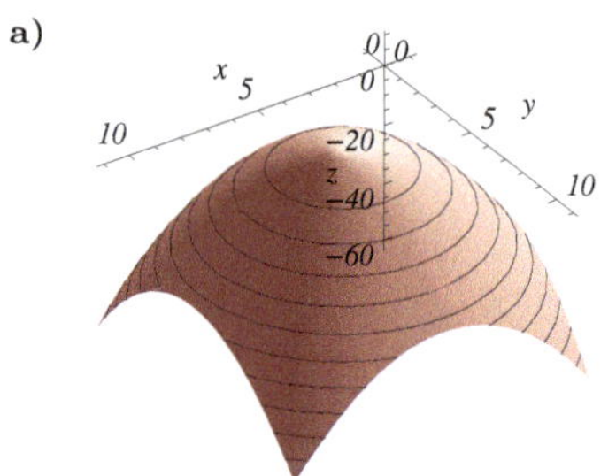

Bild 1.1 $f(x,y) = -x^2+10x-y^2+10y-40$

b)

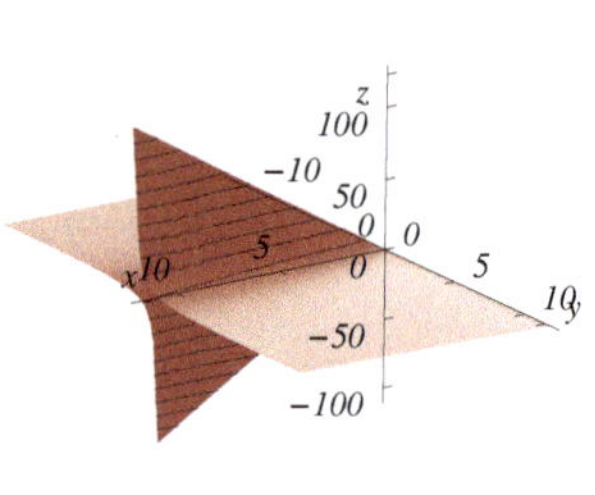

Bild 1.2 $f(x,y) = \sqrt{x} + \dfrac{x}{y}$

c)

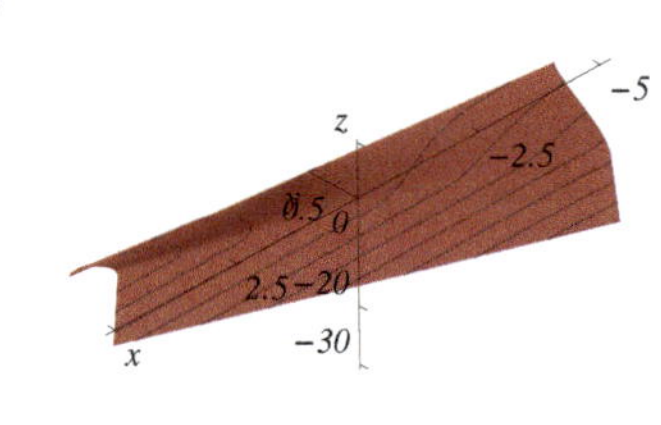

Bild 1.3 $f(x,y) = xe^{\sqrt{1-y}} + \ln(y)$

1.2 a) $D_f = \{(x,y)|\ -\infty < x < \infty,\ -\infty < y < \infty\}$ $W_f = \{z|-\infty < z < \infty\}$ Ebene (siehe **Bild 1.4**)

b) $D_f = \{(x,y)|\ -\infty < x < \infty,\ -\infty < y < \infty\}$ $W_f = \{z|z \ge 0\}$ Kreisparaboloid (siehe **Bild 1.5**)

c) $D_f = \{(x,y)|\ -\infty < x < \infty,\ -\infty < y < \infty\}$ $W_f = \{z|z = c\}$ Ebene im Abstand c zur (x,y)-Ebene (siehe **Bild 1.6**)

d) $D_f = \{(x,y)|\ -\infty < x < \infty,\ -\infty < y < \infty\}$ $W_f = \{z|z \ge 0\}$ oberer Kreiskegel (siehe **Bild 1.7**)

e) $D_f = \{(x,y)|\ -1 \le x \le 1,\ -\infty < y < \infty\}$ $W_f = \{z|0 \le z \le 1\}$ oberer Halbkreiszylinder (siehe **Bild 1.8**)

f) $D_f = \{(x,y)|\ x^2+y^2 \le 1\}$ $W_f = \{z|0 \le z \le 1\}$ obere Halbkugel (siehe **Bild 1.9**)

a)

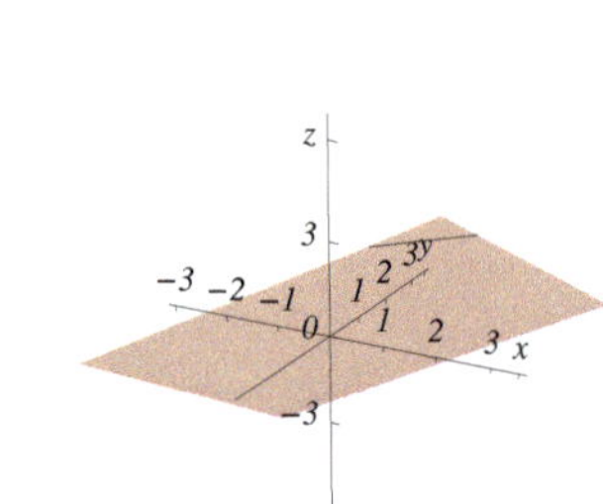

Bild 1.4 $f(x,y) = x - y$

b)

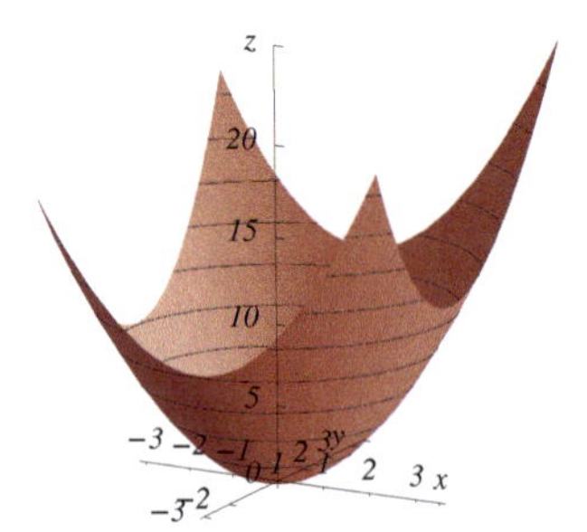

Bild 1.5 $f(x,y) = x^2 + y^2$

c)

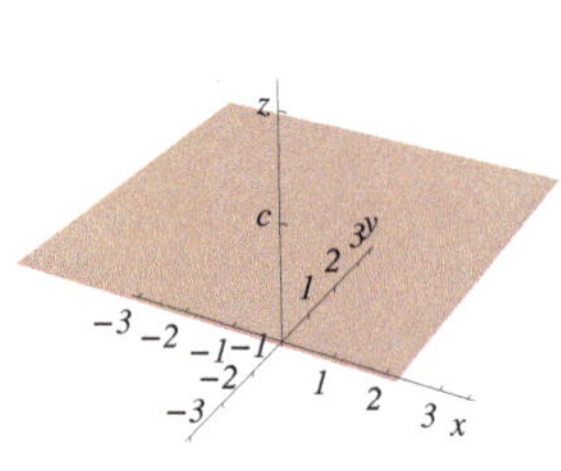

Bild 1.6 $f(x,y) = c$

d)

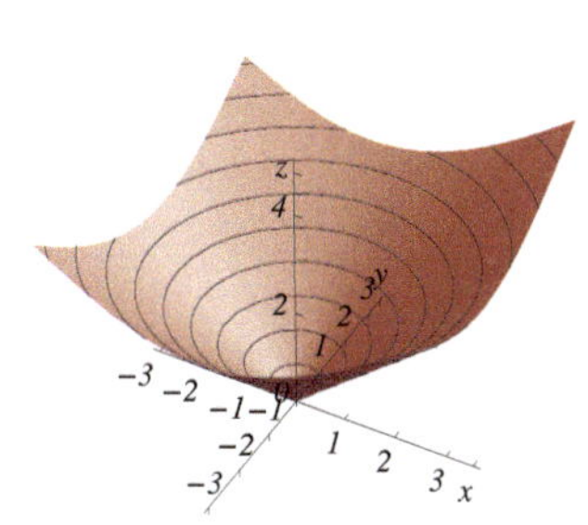

Bild 1.7 $f(x, y) = \sqrt{x^2 + y^2}$

e)

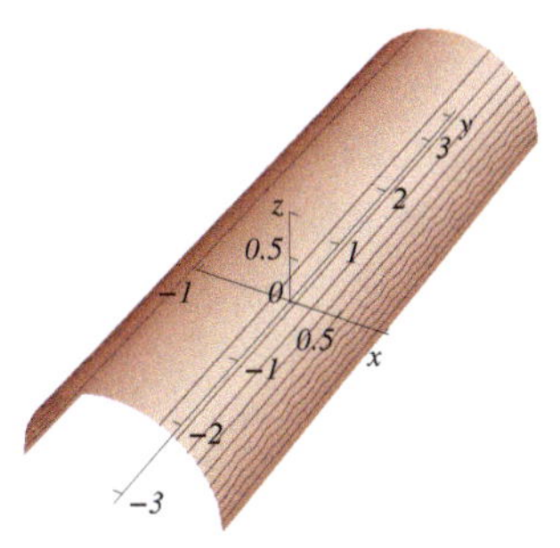

Bild 1.8 $f(x, y) = \sqrt{1 - x^2}$

f)

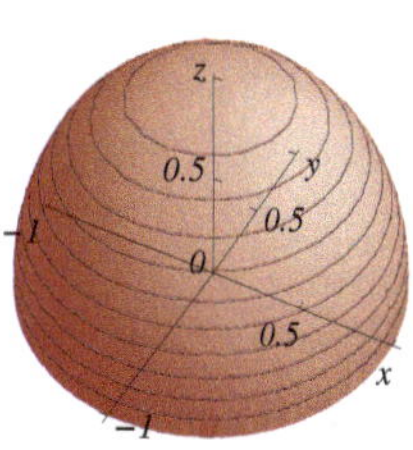

Bild 1.9 $f(x, y) = \sqrt{1 - x^2 - y^2}$

1.3 a) Hyperbeln $y = \dfrac{const}{x}$ (siehe **Bild 1.10**)

b) Hyperbeln $\dfrac{x^2 - y^2}{const} = 1$ (siehe **Bild 1.11**)

a)

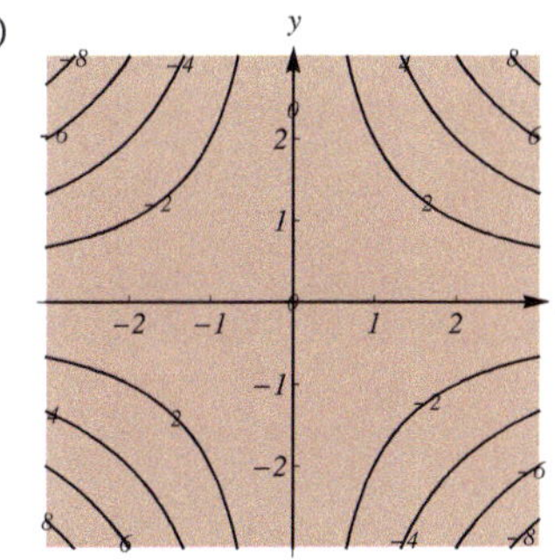

Bild 1.10 $f(x, y) = xy$

b)

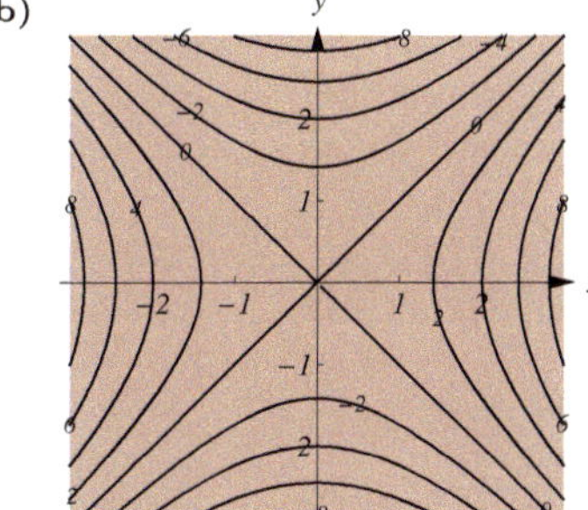

Bild 1.11 $f(x, y) = x^2 - y^2$

Partielle Ableitungen

1.4 **1.1** a) $f_x = -2x + 10$ $\quad f_y = -2y + 10$ $\qquad$ **1.1** b) $f_x = \dfrac{1}{2\sqrt{x}} + \dfrac{1}{y}$ $\quad f_y = -\dfrac{x}{y^2}$

1.1 c) $f_x = \mathrm{e}^{\sqrt{1-y}}$ $\quad f_y = -\dfrac{x\mathrm{e}^{\sqrt{1-y}}}{2\sqrt{1-y}} + \dfrac{1}{y}$ $\qquad$ **1.2** a) $f_x = 1$ $\quad f_y = -1$

1.2 b) $f_x = 2x$ $\quad f_y = 2y$ $\qquad$ **1.2** c) $f_x = 0$ $\quad f_y = 0$

1.2 d) $f_x = \dfrac{x}{\sqrt{x^2 + y^2}}$ $\quad f_y = \dfrac{y}{\sqrt{x^2 + y^2}}$ $\qquad$ **1.2** e) $f_x = -\dfrac{x}{\sqrt{1 - x^2}}$ $\quad f_y = 0$

1.2 f) $f_x = -\dfrac{x}{\sqrt{1 - x^2 - y^2}}$ $\quad f_y = -\dfrac{y}{\sqrt{1 - x^2 - y^2}}$

1.5 a) $f_x = 15x^2 + 6x + 7y^5$ $\quad f_y = 35xy^4 - 6y^5$

b) $f_x = yz + \dfrac{z - y}{x^2}$ $\quad f_y = xz + \dfrac{1}{x}$ $\quad f_z = xy - \dfrac{1}{x}$

c) $g_u = \dfrac{x(v^2 + w^2 - u^2)}{(u^2 + v^2 + w^2)^2}$ $\quad g_v = -2\dfrac{uxv}{(u^2 + v^2 + w^2)^2}$ $\quad g_w = -2\dfrac{uxw}{(u^2 + v^2 + w^2)^2}$

d) $T_f = 0$ $\quad T_g = -\dfrac{g}{(g^2 + h^2)^{3/2}}$ $\quad T_h = -\dfrac{h}{(g^2 + h^2)^{3/2}}$

1.6 Die Gleichung der Kugel lautet $x_1^2 + x_2^2 + z^2 = 50$. Die Funktionen z_{U}, z_{O} zweier Veränderlicher, die die obere ($z > 0$) bzw. untere ($z < 0$) Kugeloberfläche beschreiben, sind

$$z_{\mathrm{O,U}}(x_1, x_2) = \pm\sqrt{50 - x_1^2 - x_2^2}, \qquad x_1 \in [-\sqrt{50}, \sqrt{50}],\ x_2 \in \left[-\sqrt{50 - x_1^2}, \sqrt{50 - x_1^2}\right].$$

Die partiellen Ableitungen erster Ordnung an der Stelle $(x_1, x_2)^\top$ sind

$$z_{\mathrm{O},x_1} = \frac{-x_1}{\sqrt{50 - x_1^2 - x_2^2}}, \quad z_{\mathrm{O},x_2} = \frac{-x_2}{\sqrt{50 - x_1^2 - x_2^2}} \quad \text{bzw.} \quad z_{\mathrm{U},x_1} = \frac{x_1}{\sqrt{50 - x_1^2 - x_2^2}}, \quad z_{\mathrm{U},x_2} = \frac{x_2}{\sqrt{50 - x_1^2 - x_2^2}}.$$

Für $x_1 = 3$ und $x_2 = 4$ ergibt sich

$$z_{\mathrm{O},x_1}(3,4) = \frac{-3}{\sqrt{50 - 3^2 - 4^2}} = -\frac{3}{5}, \quad z_{\mathrm{O},x_2}(3,4) = \frac{-4}{\sqrt{50 - 3^2 - 4^2}} = -\frac{4}{5} \quad \text{bzw.}$$

$$z_{\mathrm{U},x_1}(3,4) = \frac{3}{\sqrt{50 - 3^2 - 4^2}} = \frac{3}{5}, \quad z_{\mathrm{U},x_2}(3,4) = \frac{4}{\sqrt{50 - 3^2 - 4^2}} = \frac{4}{5}.$$

Tangentialvektoren im Punkt $P_{\mathrm{O}}(3, 4, 5)$ sind

$$t_{\mathrm{O}}^1 = \left(1, 0, z_{\mathrm{O},x_1}\right)^\top = (1, 0, -3/5)^\top \quad \text{und} \quad t_{\mathrm{O}}^2 = \left(0, 1, z_{\mathrm{O},x_2}\right)^\top = (0, 1, -4/5)^\top.$$

Normalenvektor der Tangentialebene ist $n_{\mathrm{O}} = t^1 \times t^2 = (3/5, 4/5, 1)^\top$.
Analog ergibt sich im Punkt $P_{\mathrm{U}}(3, 4, -5)$

$$t_{\mathrm{U}}^1 = \left(1, 0, z_{\mathrm{U},x_1}\right)^\top = (1, 0, 3/5)^\top,\ t_{\mathrm{U}}^2 = \left(0, 1, z_{\mathrm{U},x_2}\right)^\top = (0, 1, 4/5)^\top \quad \text{und} \quad n_{\mathrm{U}} = t_{\mathrm{U}}^1 \times t_{\mathrm{U}}^2 = (-3/5, -4/5, 1)^\top.$$

Antwort: Die allgemeinen Gleichungen der Tangentialebenen sind

im Punkt $P_{\mathrm{O}}(3, 4, 5)$: $(\overrightarrow{P_{\mathrm{O}}X}, n_{\mathrm{O}}) = 0$ bzw. $3x_1 + 4x_2 + 5z - 50 = 0$,
im Punkt $P_{\mathrm{U}}(3, 4, -5)$: $(\overrightarrow{P_{\mathrm{U}}X}, n_{\mathrm{U}}) = 0$ bzw. $-3x_1 - 4x_2 + 5z + 50 = 0$.

1.7 Die partiellen Ableitungen erster Ordnung an der Stelle $(x_1, x_2)^\top$ sind

$$z_{x_1} = \frac{x_2}{2\sqrt{x_1 x_2}}, \quad z_{x_2} = \frac{x_1}{2\sqrt{x_1 x_2}}. = \left(\frac{x_2}{2\sqrt{x_1 x_2}}, \frac{x_1}{2\sqrt{x_1 x_2}}\right)^\top.$$

Für $x_1 = 1/2$ und $x_2 = 25/2$ ergibt sich

$$z_{x_1}\left(\frac{1}{2}, \frac{25}{2}\right) = \frac{25/2}{2\sqrt{25/4}} = \frac{5}{2}, \quad z_{x_2}\left(\frac{1}{2}, \frac{25}{2}\right) = \frac{1/2}{2\sqrt{25/4}} = \frac{1}{10}.$$

Der Funktionswert an der Stelle $(1/2, 25/2)^\top$ ist $z(1/2, 5/2) = 5/2$.
Tangentialvektoren im Punkt $P(1/2, 25/2, 5/2)$ an den Graph der Funktion z sind

$$t^1 = \left(1, 0, z_{x_1}\right)^\top = (1, 0, 5/2)^\top \quad \text{und} \quad t^2 = \left(0, 1, z_{x_2}\right)^\top = (0, 1, 1/10)^\top.$$

Normalenvektor der Tangentialebene ist
$n = t^1 \times t^2 = (-5/2, -1/10, 1)^\top$.

Antwort: Die allgemeine Gleichung der Tangentialebene ist $(\overrightarrow{PX}, n) = 0$ bzw.

$$\left(\begin{pmatrix} x_1 - 1/2 \\ x_2 - 25/2 \\ z - 5/2 \end{pmatrix}, \begin{pmatrix} -5/2 \\ -1/10 \\ 1 \end{pmatrix}\right) = 0 \quad \text{bzw.} \quad -25x_1 - x_2 + 10z = 0.$$

1.8 Die partiellen Ableitungen erster Ordnung an der Stelle $(x_1, x_2)^\top$ sind

$$f_{x_1} = -\frac{3x_2}{x_2 - 3x_1}, \quad f_{x_2} = \ln(x_2 - 3x_1) + \frac{x_2}{x_2 - 3x_1}.$$

An der Stelle $(0, 1)^\top$ ergibt sich
$f(0,1) = 0, \quad f_{x_1}(0,1) = -3, \quad f_{x_2}(0,1) = 1.$
Tangentialvektoren im Punkt $P(0, 1, f(0,1)) = (0, 1, 0)$ an den Graph der Funktion f sind

$$t^1 = \left(1, 0, f_{x_1}(0,1)\right)^\top = (1, 0, -3)^\top \quad \text{und} \quad t^2 = \left(0, 1, f_{x_2}(0,1)\right)^\top = (0, 1, 1)^\top.$$

Die Gleichung der Tangentialebene in Parameterform lautet damit
$(x_1, x_2, z)^\top = (0, 1, 0)^\top + \mu(1, 0, -3)^\top + \tau(0, 1, 1)^\top, \ \mu, \tau \in \mathbb{R}$.
Normalenvektor der Tangentialebene ist $n = t^1 \times t^2 = (1, 0, -3)^\top \times (0, 1, 1)^\top = (3, -1, 1)^\top$.

Antwort: Mit dem Punkt $P(0, 1, 0)$ des Graphen von f und dem Normalenvektor n ergibt sich die allgemeine Gleichung der Tangentialebene $(\overrightarrow{PX}, n) = 0$ bzw. $3x_1 - x_2 + z + 1 = 0$.

1.9 Die partiellen Ableitungen erster Ordnung an der Stelle $(x_1, x_2)^\top$ sind

$$f_{x_1} = \frac{1}{2}\sqrt{\frac{x_2}{x_1}}, \qquad f_{x_2} = \frac{1}{2}\sqrt{\frac{x_1}{x_2}}.$$

An der Stelle $(3, 12)^\top$ ist

$f(3,12) = 6, \quad f_{x_1}(3,12) = 1, \quad f_{x_2}(3,12) = 1/4.$

Tangentialvektoren t^1, t^2 und Normalenvektor n im Punkt $P(3, 12, 6)$ des Graphen von f sind

$t^1 = (1, 0, f_{x_1})^\top = (1, 0, 1)^\top$, $t^2 = (0, 1, f_{x_2})^\top = (0, 1, 1/4)^\top$, $n = t^1 \times t^2 = (-1, -1/4, 1)^\top$.

Antwort: Die allgemeine Gleichung der Tangentialebene ist $(\overrightarrow{PX}, n) = 0$ bzw.

$$\left(\begin{pmatrix} x_1 - 3 \\ x_2 - 12 \\ z - 6 \end{pmatrix}, \begin{pmatrix} -1 \\ -1/4 \\ 1 \end{pmatrix}\right) = 0 \quad \text{bzw.} \quad -4x - y + 4z = 0.$$

Die Funktion hat an der Stelle $(3, 12)^\top$ die Richtung ihrer steilsten Steigung

$\operatorname{grad} f(3, 12) = (f_{x_1}, f_{x_2})^\top = (1, 1/4)^\top$.

1.10 Die Funktionsgleichung des Teils des Ellipsoides für $z \geq 0$ lautet

$z(x, y) = 2\sqrt{1 - x^2 - 4y^2}$.

Die partiellen Ableitungen erster Ordnung an der Stelle $(x, y)^\top$ sind

$$z_x = \frac{-2x}{\sqrt{1 - x^2 - 4y^2}}, \qquad z_y = \frac{-8y}{\sqrt{1 - x^2 - 4y^2}}.$$

An der Stelle $(1/2, 1/4)^\top$ ist

$z(1/2, 1/4) = \sqrt{2}, \qquad z_x(1/2, 1/4) = -\sqrt{2}, \qquad z_y(1/2, 1/4) = -2\sqrt{2}.$

Tangentialvektoren t^1, t^2 und Normalenvektor n im Punkt $P(1/2, 1/4, \sqrt{2})$ des Graphen von z sind

$t^1 = (1, 0, z_x)^\top = (1, 0, -\sqrt{2})^\top$, $t^2 = (0, 1, z_y)^\top = (0, 1, -2\sqrt{2})^\top$, $n = t^1 \times t^2 = (\sqrt{2}, 2\sqrt{2}, 1)^\top$.

Für den Mittelpunkt M der Kugel ergibt sich mit $|n| = \sqrt{11}$

$$\overrightarrow{OM} = \overrightarrow{OM} + 3\frac{n}{|n|} = \begin{pmatrix} 1/2 \\ 1/4 \\ \sqrt{2} \end{pmatrix} + \frac{3}{\sqrt{11}}\begin{pmatrix} \sqrt{2} \\ 2\sqrt{2} \\ 1 \end{pmatrix} = \begin{pmatrix} 1/2 + 3\sqrt{2/11} \\ 1/4 + 6\sqrt{2/11} \\ \sqrt{2} + 3/\sqrt{11} \end{pmatrix} \approx \begin{pmatrix} 1.78 \\ 2.81 \\ 2.32 \end{pmatrix}$$

Antwort: Die Gleichung der Kugel ist ca. $(x - 1.78)^2 + (y - 2.81)^2 + (z - 2.32)^2 = 9$.

Gradient, Totales Differenzial

1.11 a) $\operatorname{grad} f(3, 2) = (f_x, f_y)^\top\Big|_{(3,2)} = (-4, -2)^\top$

b) $\operatorname{grad} f(1, 2) = (f_x, f_y)^\top\Big|_{(1,2)} = (y, x)^\top\Big|_{(1,2)} = (2, 1)^\top$

c) $\operatorname{grad} f(4, 2) = (f_x, f_y)^\top\Big|_{(4,2)} = \left(\frac{1}{2\sqrt{x}} + \frac{1}{y}, -\frac{x}{y^2}\right)^\top\Bigg|_{(4,2)} = (0.75, -1)^\top$ $(0.75, -1)^\top$

1.12 a) $df = \left(\frac{1}{y} - \frac{y}{x^2}\right) dx + \left(\frac{1}{x} - \frac{x}{y^2}\right) dy$ b) $dg = \frac{v\,du - u\,dv}{u^2 + v^2}$

c) $dw = 2\mathrm{e}^{(x^2+y^2+z^2)}(x\,dx + y\,dy + z\,dz)$ d) $dz = \frac{u\,du + v\,dv + w\,dw}{u^2 + v^2 + w^2}$

1.13 **1.12 a)** $f_{xx} = 2\frac{y}{x^3}$ $\quad f_{yy} = 2\frac{x}{y^3}$ $\quad f_{xy} = -\frac{1}{x^2} - \frac{1}{y^2}$

1.12 b) $g_{uu} = -\frac{2uv}{(u^2+v^2)^2}$ $\quad g_{vv} = \frac{2uv}{(u^2+v^2)^2}$ $\quad g_{uv} = \frac{u^2-v^2}{(u^2+v^2)^2}$

1.12 c) $w_{xx} = 2e^{x^2+y^2+z^2}(2x^2+1)$ $\quad w_{yy} = 2e^{x^2+y^2+z^2}(2y^2+1)$ $\quad w_{zz} = 2e^{x^2+y^2+z^2}(2z^2+1)$

$w_{xy} = 4xye^{x^2+y^2+z^2}$ $\quad w_{xz} = 4xze^{x^2+y^2+z^2}$ $\quad w_{yz} = 4yze^{x^2+y^2+z^2}$

1.12 d) $z_{uu} = \frac{-u^2+v^2+w^2}{(u^2+v^2+w^2)^2}$ $\quad z_{vv} = \frac{u^2-v^2+w^2}{(u^2+v^2+w^2)^2}$ $\quad z_{ww} = \frac{u^2+v^2-w^2}{(u^2+v^2+w^2)^2}$

$z_{uv} = -\frac{2uv}{(u^2+v^2+w^2)^2}$ $\quad z_{uw} = -\frac{2uw}{(u^2+v^2+w^2)^2}$ $\quad z_{vw} = -\frac{2vw}{(u^2+v^2+w^2)^2}$

1.14 $\Delta z = z(x_1+\Delta x_1, x_2+\Delta x_2) - z(x_1,x_2) = 5.1\cdot 3.8 - 5\cdot 4 = -0.62$

$dz = (\mathrm{grad} z|_x, \Delta x) = x_2\Delta x_1 + x_1\Delta x_2 = 5\cdot(-0.2) + 4\cdot 0.1 = -0.6$

1.15 **a)** $\mathrm{d}f = (\mathrm{grad} f|_x, \Delta x) = -3\frac{x_2x_3^2}{x_1^4}\Delta x_1 + \frac{x_3^2}{x_1^3}\Delta x_2 + 2\frac{x_2x_3}{x_1^3}\Delta x_3 = -3\cdot 0.3 + 2\cdot 0.1 + 1\cdot(-0.2) = -0.9,$

$f(x+\Delta x) = f(2.3, 1.1, 3.8) \approx f(x) + \mathrm{d}f = f(2,1,4) + \mathrm{d}f = 2 - 0.9 = 1.1$ lineare Approximation

b) $f(x+\Delta x) = f(2.3, 1.1, 3.8) = 1.1\cdot 3.8^2/2.3^3 \approx 1.305498$ Taschenrechner

$\Delta f = f(x+\Delta x) - f(x) = f(2.3, 1.1, 3.8) - f(2,1,4) \approx 1.305498 - 2 \approx -0.694502$

Absoluter Fehler: $|f(x+\Delta x) - (f(x)+df)| = |\Delta f - \mathrm{d}f| \approx 0.205498$

Relativer Fehler: $\left|\frac{\Delta f - \mathrm{d}f}{f(x+\Delta x)}\right| \approx \frac{0.205498}{1.305498} \approx 0.157409 \approx 15.74\,\%.$

1.16 **a)** $T(x) = T(x_1,x_2,x_3) = 100e^3e^{-1}e^{-2} = 100\ [^\circ\mathrm{C}]$

b) $\mathrm{d}T = (\mathrm{grad} T|_x, \Delta x) = 100e^{x_1}e^{-x_2}e^{-2x_3}(\Delta x_1 - \Delta x_2 - 2\Delta x_3) = 100(1\cdot 0.1 - 1\cdot 0.05 - 2\cdot 0.02) = 1\ [^\circ\mathrm{C}]$

$T(x+\Delta x) = T(3.1, 1.05, 1.02) \approx T(x) + \mathrm{d}T = 100 + 1 = 101\ [^\circ\mathrm{C}]$ lineare Approximation

$T(x+\Delta x) = T(3.1, 1.05, 1.02) = 101.005017\ [^\circ\mathrm{C}]$ Taschenrechner

Absoluter Fehler: $|T(x+\Delta x) - (T(x)+dT)| = |\Delta T - \mathrm{d}T| \approx 0.005017\ [^\circ\mathrm{C}]$

Relativer Fehler: $\left|\frac{\Delta T - \mathrm{d}T}{T(x+\Delta x)}\right| \approx \frac{0.005017}{101.005017} \approx 0.005\,\%.$

c) $\mathrm{d}T = (\mathrm{grad} T|_x, \Delta x) = 100e^{x_1}e^{-x_2}e^{-2x_3}(\Delta x_1 - \Delta x_2 - 2\Delta x_3) = 100(-1\cdot 0.1 + 1\cdot 0.02 - 2\cdot 0.05) = -18\ [^\circ\mathrm{C}]$

$T(x+\Delta x) = T(2.9, 0.98, 1.05) \approx T(x) + \mathrm{d}T = 100 - 18 = 82\ [^\circ\mathrm{C}]$ lineare Approximation

$T(x+\Delta x) = T(2.9, 0.98, 1.05) = 83.527021\ [^\circ\mathrm{C}]$ Taschenrechner

Absoluter Fehler: $|T(x+\Delta x) - (T(x)+dT)| = |\Delta T - \mathrm{d}T| \approx 1.527021\ [^\circ\mathrm{C}]$

Relativer Fehler: $\left|\frac{\Delta T - \mathrm{d}T}{T(x+\Delta x)}\right| \approx \frac{1.527021}{83.527021} \approx 1.83\,\%$

1.17 $x = (A, i, S_0)^\top, \quad \Delta x = (\Delta A, \Delta i, \Delta S_0)^\top, \quad |\Delta A| \le 500$ €, $\quad |\Delta i| \le 0.5\,\%, \quad |\Delta S_0| \le 15\,000$ €

$$n_A = \frac{1}{\ln(1+i)}\left(\frac{1}{A} - \frac{1}{A - S_0 i}\right),\ n_i = \frac{\ln(A-S_0 i) - \ln A}{(1+i)\ln^2(1+i)} + \frac{S_0}{(A-S_0 i)\ln(1+i)},\ n_{S_0} = \frac{i}{(A-S_0 i)\ln(1+i)}.$$

a) $|dn| = |\,(\mathrm{grad} n|_x, \Delta x)\,| = |n_A\Delta A + n_i\Delta i + n_{S_0}\Delta S_0| \le |n_A|\cdot 500 + |n_i|\cdot 0.005 + |n_{S_0}|\cdot 15\,000 \approx 13.22 \approx 13$ [Jahre]

$n(x+\Delta x) \le n(x) + |dn| \approx 35 + 13 = 48$ [Jahre].

Antwort: Herr N. Immgenau wird mit der Zahlung der Annuität maximal 48 Jahre belastet sein (bei linearer Approximation).

b) Für die Obergrenzen der Toleranzintervalle ist

$x = (A, i, S_0)^\top = (6\,000, 0.02, 150\,000)^\top$, $n(x) = n(6\,000, 0.02, 150\,000) \approx 35$ [Jahre],
$\Delta x = (\Delta A, \Delta i, \Delta S_0)^\top = (500, 0.005, 15\,000)^\top$

$n(x+\Delta x) = n(6500, 0.025, 165\,000) \approx n(x) + dn \approx 35 + 4.8 \approx 40$ [Jahre] lineare Approximation

$n(x) = n(6500, 0.025, 165\,000) \approx 40.77 \approx 41$ [Jahre] Taschenrechner

Antwort: Für die Obergrenzen der Toleranzintervalle beträgt die tatsächliche Anzahl der Jahre der Zahlung der Annuität ca. 41 Jahre und bei linearer Approximation ca. 40 Jahre.

1.18 **a)** Die gesuchten Nachfragezahlen sind für die Preise $\overline{p}_1 = 6$ € und $\overline{p}_2 = 8$ €

$$f(6,8) = 1000\frac{e^{8/10}}{6^2} \approx 62, \qquad g(6,8) = 6000\frac{e^{6/12}}{8^3} \approx 19.$$

b) Mit den partiellen Ableitungen

$$f_{p_2}(p_1,p_2) = \frac{1}{10}1000\frac{e^{p_2/10}}{p_1^2} = \frac{1}{10}f(p_1,p_2), \qquad g_{p_2}(p_1,p_2) = 6000e^{p_1/12}\frac{-3}{p_2^4} = \frac{-3}{p_2}g(p_1,p_2)$$

sind die partiellen Differenziale an der Stelle $(\overline{p}_1, \overline{p}_2)^\top$ mit $\Delta p_2 = 0.5$

$$df_{p_2} = f_{p_2}\Delta p_2 = \frac{1}{10}\cdot 1000\cdot\frac{e^{8/10}}{6^2}\cdot 0.5 \approx 3.0910, \qquad dg_{p_2} = g_{p_2}\Delta p_2 = \frac{-3}{8}\cdot 6000\cdot\frac{e^{6/12}}{8^3}\cdot 0.5 \approx -3.6227.$$

Antwort: Die Nachfrageänderungen sind ca. 3 Stück mehr für die Dübel der Sorte D_1 und ca. 4 Stück weniger für die Dübel der Sorte D_2.

c) Die Nachfrageänderung df für die Dübel der Sorte D_1 muss gleich null sein. Aus der Gleichung $0 = df = df_{p_1} + df_{p_2}$ folgt

$$f_{p_1}\Delta p_1 + f_{p_2}\Delta p_2 = 0, \qquad \text{d. h.,} \qquad \Delta p_1 = -\frac{f_{p_2}}{f_{p_1}}\Delta p_2.$$

Mit $\Delta p_2 = 0.5$ und der partiellen Ableitung $f_{p_1}(p_1,p_2) = 1000e^{p_2/10}\dfrac{-2}{p_1^3} = \dfrac{-2}{p_1}f(p_1,p_2)$ ergibt sich

$$\Delta p_1 = -\frac{f_{p_2}}{f_{p_1}}\Delta p_2 = -\frac{f(p_1,p_2)}{10}\frac{p_1}{-2f(p_1,p_2)}\Delta p_2 = \frac{p_1}{20}\cdot 0.5 = 0.15.$$

Antwort: Der Preis für einen Dübel der Sorte D_1 müsste um 0.15 € steigen.

Fehlerrechnung

1.19 Die Dichte ρ des Quaders berechnet sich aus den Kantenlängen a, b, c und seiner Masse m als

$$\rho(a,b,c,m) = \frac{m}{abc} = \frac{270}{10\cdot 6\cdot 5} = 0.9 \ \left[\text{g/cm}^3\right].$$

Für den absoluten Fehler $\Delta\rho$ gilt

$$\begin{aligned}|\Delta\rho| &\approx |d\rho| \le |\rho_a|\,|\Delta a| + |\rho_b|\,|\Delta b| + |\rho_c|\,|\Delta c| + |\rho_m|\,|\Delta_m| \\ &= \left|-\frac{m}{a^2bc}\right||\Delta a| + \left|-\frac{m}{ab^2c}\right||\Delta b| + \left|-\frac{m}{abc^2}\right||\Delta c| + \left|\frac{1}{abc}\right||\Delta_m| \\ &\le \left|-\frac{270}{10^2\cdot 6\cdot 5}\right||0.01| + \left|-\frac{270}{10\cdot 6^2\cdot 5}\right||0.01| + \left|-\frac{270}{10\cdot 6\cdot 5^2}\right||0.01| + \left|\frac{1}{10\cdot 6\cdot 5}\right||0.5| \\ &\approx 0.005867 = \Delta\rho_{\max} \ \left[\text{g/cm}^3\right].\end{aligned}$$

Für den relativen Fehler $\Delta\rho/\rho$ gilt

$$\left|\frac{\Delta\rho}{\rho}\right| \approx \left|\frac{d\rho}{\rho}\right| \le \frac{\Delta\rho_{\max}}{\rho} \approx 0.006519 = 0.6519\ \%.$$

Antwort: Die Dichte beträgt ca. 0.9 g/cm³, der absolute Fehler ca. 0.005867 g/cm³, der relative Fehler ca. 0.6519 %.

1.20 Für das Volumen V eines Zylinders mit dem Radius r des Grundkreises und der Höhe h gilt

$V(r,h) = \pi r^2 h.$

Für den absoluten Fehler ΔV gilt

$\Delta V \approx dV = V_r\Delta r + V_h\Delta h = 2\pi r h\Delta r + \pi r^2\Delta h.$

Damit gilt für den relativen Fehler $\Delta V/V$ mit den gegebenen relativen Messgenauigkeiten $|\Delta r/r| = 1/3\,\%$ bzw. $|\Delta h/h| = 1/2\,\%$

$$\left|\frac{\Delta V}{V}\right| \approx \left|\frac{dV}{V}\right| = \left|\frac{2\pi r h\Delta r}{\pi r^2 h} + \frac{\pi r^2\Delta h}{\pi r^2 h}\right| \le 2\left|\frac{\Delta r}{r}\right| + \left|\frac{\Delta h}{h}\right| = \left(\frac{2}{3} + \frac{1}{2}\right)\% = \frac{7}{6}\,\% \approx 1.167\,\%.$$

Antwort: Das errechnete Volumen kann um ca. 1.17 % fehlerhaft sein.

1.21 Für die Länge c der Strecke $\overline{AB}$ gilt

$$c(a,b,\beta) = a\cos\beta + \sqrt{b^2 - a^2\sin^2\beta} \approx 352.36 \text{ [m]}.$$

Für den absoluten Fehler Δc gilt

$$|\Delta c| \approx |\mathrm{d}c| = |c_a\Delta a + c_b\Delta b + c_\beta\Delta\beta|$$
$$\leq \left|\cos\beta + \frac{-a\sin^2\beta}{\sqrt{b^2-a^2\sin^2\beta}}\right||\Delta a| + \left|\frac{b}{\sqrt{b^2-a^2\sin^2\beta}}\right||\Delta b| + \left|-a\sin\beta - \frac{a^2\cos\beta\sin\beta}{\sqrt{b^2-a^2\sin^2\beta}}\right||\Delta\beta| \approx 0.31 \text{ [m]}.$$

Antwort: Die Länge der Strecke ist $c \approx 352.36$ m, der absolute Fehler dabei beträgt $|\Delta c| \approx 0.31$ m. Die relativen Fehler von a, b, β und c sind

$$\left|\frac{\Delta a}{a}\right| \approx 0.0137\,\%, \qquad \left|\frac{\Delta b}{b}\right| \approx 0.0124\,\%, \qquad \left|\frac{\Delta\beta}{\beta}\right| \approx 0.0244\,\%, \qquad \left|\frac{\Delta c}{c}\right| \approx 0.087\,\%.$$

1.22 Für das maximale Schnittmoment M gilt

$$M(F,a,l) = \frac{Fa(l-a)}{l}.$$

Für den relativen Fehler $\Delta M/M$ gilt

$$\left|\frac{\Delta M}{M}\right| \approx \left|\frac{\mathrm{d}M}{M}\right| = \left|\frac{1}{M}(M_F\Delta F + M_a\Delta a + M_l\Delta l)\right|$$
$$= \left|\frac{l}{Fa(l-a)}\left(\frac{a(l-a)}{l}\Delta F + \frac{F(l-2a)}{l}\Delta a + \frac{Fa^2}{l^2}\Delta l\right)\right| = \left|\frac{\Delta F}{F} + \frac{l-2a}{l-a}\frac{\Delta a}{a} + \frac{a}{l-a}\frac{\Delta l}{l}\right|$$

und wegen $|\Delta a/a| \leq r$, $|\Delta l/l| \leq r$, $r = 1\,\%$, schließlich

$$\left|\frac{\Delta M}{M}\right| \leq \left|\frac{\Delta F}{F}\right| + \left(\left|\frac{l-2a}{l-a}\right| + \left|\frac{a}{l-a}\right|\right) r = 2\,\% + 1\,\% = 3\,\%.$$

Antwort: Die Abschätzung für den relativen Fehler bei der Ermittlung des maximalen Schnittmomentes beträgt 3 %.

1.23 Für den Elastizitätsmodul E gilt

$$E(F,l,a,f) = \frac{Fl^3}{4a^4f} \quad \text{und} \quad E(900, 2050, 98, 9.2) = \frac{900\cdot 2050^3}{4\cdot 98^4\cdot 9.2} \approx 2284.29 \text{ [N/mm}^2\text{]}.$$

Für den relativen Fehler $\Delta E/E$ gilt

$$\left|\frac{\Delta E}{E}\right| \approx \left|\frac{\mathrm{d}E}{E}\right| = \left|\frac{1}{E}(E_F\Delta F + E_l\Delta l + E_a\Delta a + E_f\Delta f)\right| = \left|\frac{4a^4f}{Fl^3}\left(\frac{l^3}{4a^4f}\Delta F + \frac{3Fl^2}{4a^4f}\Delta l - \frac{Fl^3}{a^5f}\Delta a - \frac{Fl^3}{4a^4f^2}\right)\right|$$
$$\leq \frac{|\Delta F|}{F} + 3\frac{|\Delta l|}{l} + 4\frac{|\Delta a|}{a} + \frac{|\Delta f|}{f} = \frac{5}{900} + 3\cdot\frac{1}{205} + 4\cdot\frac{1}{98} + \frac{0.2}{9.2} \approx 0.0827.$$

Daraus ergibt sich die Abschätzung für den absoluten Fehler

$$|\Delta E| = \left|\frac{\Delta E}{E}\right| E \leq 0.0827\cdot 2284.29 \approx 188.91 \text{ [N/mm}^2\text{]}.$$

Antwort: Der maximale absolute Fehler beträgt ca. 188.91 N/mm^2, der maximale relative ca. 8.27 %.

1.24 Für die Zeit t, die beide Bagger benötigen, um den Kanal gemeinsam auszuheben, gilt

$$\frac{1}{t} = \frac{1}{t_1} + \frac{1}{t_2}, \quad \text{d. h.,} \quad t(t_1,t_2) = \frac{t_1t_2}{t_1+t_2} \quad \text{und} \quad t(24,18) = \frac{24\cdot 18}{24+18} \approx 10.2857 \text{ [h]}.$$

Für den relativen Fehler $\Delta t/t$ gilt

$$\left|\frac{\Delta t}{t}\right| \approx \left|\frac{\mathrm{d}t}{t}\right| = \left|\frac{1}{t}\left(t_{t_1}\Delta t_1 + t_{t_2}\Delta t_2\right)\right| = \left|\frac{t_1+t_2}{t_1t_2}\left(\frac{t_2^2}{(t_1+t_2)^2}\Delta t_1 + \frac{t_1^2}{(t_1+t_2)^2}\Delta t_2\right)\right|$$
$$\leq \frac{t_2}{t_1+t_2}\frac{|\Delta t_1|}{t_1} + \frac{t_1}{t_1+t_2}\frac{|\Delta t_2|}{t_2} = \frac{18}{42}\cdot\frac{0.25}{24} + \frac{24}{42}\cdot\frac{0.2}{18} \approx 0.0108.$$

Daraus ergibt sich die Abschätzung für den absoluten Fehler

$$|\Delta t| = \left|\frac{\Delta t}{t}\right| t \leq 0.0108\cdot 10.2857 \approx 0.11 \text{ [h]}.$$

Antwort: Der maximale absolute Fehler beträgt ca. 0.11 h, der maximale relative ca. 1.08 %.

1.25 Für die Länge l ergibt sich aus dem Sinussatz

$$l(\alpha,\beta,b) = b\frac{\sin\alpha}{\sin\beta} \quad \text{und} \quad l(63^\circ, 75^\circ, 126) = 126\frac{\sin 63^\circ}{\sin 75^\circ} \approx 116.227 \text{ [m]}.$$

Für den relativen Fehler $\Delta l/l$ gilt

$$\begin{aligned}\left|\frac{\Delta l}{l}\right| &\approx \left|\frac{\mathrm{d}l}{l}\right| = \left|\frac{1}{l}\left(l_\alpha \Delta\alpha + l_\beta \Delta\beta + l_b \Delta b\right)\right| = \left|\frac{\sin\beta}{b\sin\alpha}\left(\frac{b\cos\alpha}{\sin\beta}\Delta\alpha + \frac{-b\sin\alpha\cos\beta}{\sin^2\beta}\Delta\beta + \frac{\sin\alpha}{\sin\beta}\Delta b\right)\right| \\ &\le \frac{|\Delta\alpha|}{|\tan\alpha|} + \frac{|\Delta\beta|}{|\tan\beta|} + \frac{|\Delta b|}{b} \approx \frac{0.0006}{\tan 63^\circ} + \frac{0.0006}{\tan 75^\circ} + \frac{0.05}{126} \approx 0.000849.\end{aligned}$$

Daraus ergibt sich die Abschätzung für den absoluten Fehler

$$|\Delta l| = \left|\frac{\Delta l}{l}\right| l \le 0.000849 \cdot 116.227 \approx 0.0987 \text{ [m]}.$$

Antwort: Der maximale relative Fehler beträgt ca. 0.0849 %. In linearer Näherung ist mit den angegebenen Messtoleranzen $l \in (116.227 - 0.0987, 116.227 + 0.0987) \approx (116.13, 116.33)$ [m].

1.26 Der Abfallcontainer hat die Form eines geraden Prismas mit der Höhe b und der trapezförmigen Grundfläche mit den Seiten a, h und c, wobei a und h snkrecht sind. Daher ergibt sich die Länge der vierten (zu a parallelen) Seite mit dem Satz des Pythagoras zu $a + \sqrt{c^2 - h^2}$.

Für das Fassungsvermögen V des Abfallcontainers ergibt sich

$$V(a,b,c,h) = b\left(ah + \frac{1}{2}h\sqrt{c^2-h^2}\right) \quad \text{und} \quad V(2,5,1.5,1) = 5\left(2 + \frac{1}{2}\sqrt{1.25}\right) \approx 12.795 \text{ [m}^3\text{]}.$$

Für den absoluten Fehler ΔV gilt

$$\begin{aligned}|\Delta V| &\approx |\mathrm{d}V| = |(V_a\Delta a + V_b\Delta b + V_c\Delta c + V_h\Delta h)| \le (|V_a| + |V_b| + |V_c| + |V_h|)\cdot 0.02 \\ &= \left(|bh| + \left|ah + \frac{1}{2}h\sqrt{c^2-h^2}\right| + \left|\frac{1}{2}bh\frac{c}{\sqrt{c^2-h^2}}\right| + \left|ab + \frac{b}{2}\frac{c^2-2h^2}{\sqrt{c^2-h^2}}\right|\right)\cdot 0.02 \\ &\le \left(5 + \left(2 + \frac{1}{2}\sqrt{1.25}\right) + \frac{15}{4\sqrt{1.25}} + \left(10 + \frac{5}{2}\frac{0.25}{\sqrt{1.25}}\right)\right)\cdot 0.02 \approx 0.429 \text{ [m}^3\text{]}.\end{aligned}$$

Daraus ergibt sich die Abschätzung für den relativen Fehler

$$\left|\frac{\Delta V}{V}\right| \le \frac{0.429}{12.795} \approx 0.0335.$$

Antwort: Der maximale absolute Fehler beträgt ca. 0.429 m^3, der maximale relative ca. 3.35 %.

1.27 Für den Elastizitätsmodul E gilt

$$E(F,l,a,h) = \frac{4Fl^3}{a^4h} \quad \text{und} \quad E(130,500,20,2) = \frac{4\cdot 130\cdot 500^3}{20^4\cdot 2} = 203\,125 \text{ [N/mm}^2\text{]}.$$

Für den relativen Fehler $\Delta E/E$ gilt

$$\begin{aligned}\left|\frac{\Delta E}{E}\right| &\approx \left|\frac{\mathrm{d}E}{E}\right| = \left|\frac{1}{E}\left(E_F\Delta F + E_l\Delta l + E_a\Delta a + E_h\Delta h\right)\right| = \left|\frac{a^4h}{4Fl^3}\left(\frac{4l^3}{a^4h}\Delta F + \frac{12Fl^2}{a^4h}\Delta l - \frac{16Fl^3}{a^5h}\Delta a - \frac{4Fl^3}{a^4h^2}\Delta h\right)\right| \\ &\le \frac{|\Delta F|}{F} + 3\frac{|\Delta l|}{l} + 4\frac{|\Delta a|}{a} + \frac{|\Delta h|}{h} = 0.005 + 3\cdot 0.01 + 4\cdot \cdot 0.01 + 0.03 = 0.105.\end{aligned}$$

Daraus ergibt sich die Abschätzung für den absoluten Fehler

$$|\Delta E| = \left|\frac{\Delta E}{E}\right| E \le 0.105 \cdot 203\,125 = 21\,328.125 \text{ [N/mm}^2\text{]}.$$

Antwort: In linearer Näherung ist mit den angegebenen Messtoleranzen $E \in (203\,125 - 21\,328.125, 203\,125 + 21\,328.125) = (181\,796.875,\ 224\,453.125)$ [N/mm^2].

1.28 Im rechtwinkligen Dreieck $\triangle AMC$ ist mit dem Satz des Pythagoras

$$r^2 = (r-p)^2 + s^2 \quad \text{d. h.,} \quad r(p,s) = \frac{p}{2} + \frac{s^2}{2p} \quad \text{und} \quad r(3.62, 9.725) \approx 14.87 \text{ [cm]}.$$

Für den absoluten Fehler Δr gilt

$$\begin{aligned}|\Delta r| &\approx |\mathrm{d}r| = |(r_p\Delta p + r_s\Delta s)| \le |r_p|\,|\Delta p| + |r_s|\,|\Delta s| = \left|\frac{1}{2} - \frac{1}{2}\frac{s^2}{p^2}\right| |\Delta p| + \left|\frac{s}{p}\right| |\Delta s| \\ &\le \left|\frac{1}{2} - \frac{1}{2}\cdot\frac{9.725^2}{3.62^2}\right| |0.03| + \left|\frac{9.725}{3.62}\right| |0.025| \approx 0.16 \text{ [cm]}.\end{aligned}$$

Daraus ergibt sich die Abschätzung für den relativen Fehler

$$\left|\frac{\Delta r}{r}\right| \le \frac{0.1604}{14.87} \approx 0.0108.$$

Antwort: Der maximale absolute Fehler beträgt ca. 0.16 cm, der maximale relative ca. 1.08 %.

1.29 Die Längen der Seiten des rechteckigen Querschnitts a und b werden jeweils mit dem maximalen relativen Fehler r gemessen, d. h., es ist $|\Delta a|/a \leq r$ und $|\Delta b|/b \leq r$.

a) Für den Umfang U gilt
$U(a,b) = 2(a+b)$.
Für den relativen Fehler $\Delta U/U$ gilt
$$\left|\frac{\Delta U}{U}\right| \approx \left|\frac{1}{U}\left(U_a\Delta a + U_b\Delta b\right)\right| = \left|\frac{1}{2(a+b)}\left(2\Delta a + 2\Delta b\right)\right| \leq \frac{1}{2(a+b)}\left(2a\frac{|\Delta a|}{a} + 2b\frac{|\Delta b|}{b}\right) \leq r \leq 1\,\%, \quad \text{wenn } r \leq 1\,\%.$$
Antwort: Die Seiten a und b müssen jeweils mit einem maximalen relativen Fehler von 1 % gemessen werden, damit der Umfang mit einem maximalen relativen Fehler von 1 % angegeben werden kann.

b) Für den Flächeninhalt F gilt
$F(a,b) = ab$.
Für den relativen Fehler $\Delta F/F$ gilt
$$\left|\frac{\Delta F}{F}\right| \approx \left|\frac{1}{F}\left(F_a\Delta a + F_b\Delta b\right)\right| = \left|\frac{1}{ab}\left(b\Delta a + a\Delta b\right)\right| \leq \frac{1}{ab}\left(ab\frac{|\Delta a|}{a} + ab\frac{|\Delta b|}{b}\right) \leq 2r \leq 1\,\%, \quad \text{wenn } r \leq 0.5\,\%.$$
Antwort: Die Seiten a und b müssen jeweils mit einem maximalen relativen Fehler von 0.5 % gemessen werden, damit der Flächeninhalt mit einem maximalen relativen Fehler von 1 % angegeben werden kann.

c) Für das Flächenmoment 2. Grades I bezüglich der Schwerachse gilt
$I(a,b) = ab^3/12$.
Für den relativen Fehler $\Delta I/I$ gilt
$$\left|\frac{\Delta I}{I}\right| \approx \left|\frac{1}{I}\left(I_a\Delta a + I_b\Delta b\right)\right| = \left|\frac{12}{ab^3}\left(\frac{b^3}{12}\Delta a + \frac{3ab^2}{12}\Delta b\right)\right| \leq \frac{1}{ab^3}\left(ab^3\frac{|\Delta a|}{a} + 3ab^3\frac{|\Delta b|}{b}\right) \leq 4r \leq 1\,\%, \quad \text{wenn } r \leq 0.25\,\%.$$
Antwort: Die Seiten a und b müssen jeweils mit einem maximalen relativen Fehler von 0.25 % gemessen werden, damit das Flächenmoment 2. Grades bezüglich der Schwerachse mit einem maximalen relativen Fehler von 1 % angegeben werden kann.

1.30 Die Funktionsgleichung für $f(g,b)$ sowie die ersten beiden partiellen Ableitungen sind
$$f(g,b) = \frac{gb}{g+b}, \qquad f_g(g,b) = \frac{b^2}{(g+b)^2}, \qquad f_b(g,b) = \frac{g^2}{(g+b)^2}.$$
Für den absoluten Fehler Δf gilt mit Berücksichtigung von $b, g > 0$
$$|\Delta f| \leq \frac{b^2|\Delta g| + g^2|\Delta b|}{(g+b)^2} = \frac{25 \cdot 0.1 + 144 \cdot 0.05}{289} \approx 0.033564 \text{ [cm]}.$$
Für den relativen Fehler $\Delta f/f$ gilt
$$\left|\frac{\Delta f}{f}\right| \leq \frac{1}{g+b}\left(b\frac{|\Delta g|}{g} + g\frac{|\Delta b|}{b}\right) = \frac{1}{17}\left(5 \cdot \frac{0.1}{12} + 12 \cdot \frac{0.05}{5}\right) \approx 0.0095098 \approx 0.1\,\%.$$
Antwort: Der maximale absolute Fehler beträgt ca. 0.0336 cm, der maximale relative Fehler beträgt ca. 0.1 %.

Bemerkung: Es gilt $f(12,5) = \dfrac{60}{17} \approx 3.52941$ [cm].

Extremwertaufgaben

1.31 Sei k ganzzahlig: $k = 0, \pm 1, \pm 2, \ldots$.
Die ersten partiellen Ableitungen von f sind
$$f_{x_1} = 2x_1 \sin x_2, \qquad f_{x_2} = x_1^2 \cos x_2 - x_3^2 \sin x_2 + 1, \qquad f_{x_3} = 2x_3 \cos x_2.$$
Eine kritische Stelle liegt genau dann vor, wenn $f_{x_1} = 0$, $f_{x_2} = 0$, $f_{x_3} = 0$ gleichzeitig erfüllt ist.
Es gilt $f_{x_1} = 0$, wenn $x_1 = 0$ oder $x_2 = k\pi$.
Es gilt $f_{x_3} = 0$, wenn $x_3 = 0$ oder $x_2 = \pi/2 + k\pi$.
Die Bedingungen $f_{x_1} = 0$ und $f_{x_3} = 0$ sind daher in folgenden drei Fällen erfüllt:

I $x_1 = 0$ und $x_3 = 0$
Dann ist $f_{x_2} = 1 \neq 0$, d. h., für kein reelles x_2 kommt eine kritische Stelle zustande.

II $x_1 = 0$ und $x_2 = \pi/2 + k\pi$
Dann ist $f_{x_2} = x_3^2 + 1 > 0$ für ungerade k, d. h., für kein reelles x_3 kommt eine kritische Stelle zustande.
Dann ist $f_{x_2} = -x_3^2 + 1 = 0$ für gerade k, d. h., $x_3 = \pm 1$.
Kritische Stellen sind in diesem Fall $(0, \pi/2 + 2k\pi, \pm 1)^\top$.

III $x_2 = k\pi$ und $x_3 = 0$

Dann ist $f_{x_2} = x_1^2 + 1 > 0$ für gerade k, d. h., für kein reelles x_1 kommt eine kritische Stelle zustande.

Dann ist $f_{x_2} = -x_1^2 + 1 > 0$ für ungerade k, d. h., $x_1 = \pm 1$.

Kritische Stellen sind in diesem Fall $(\pm 1, \pi + 2k\pi, 0)^\top$.

Antwort: Die kritischen Stellen der Funktion f sind $(0, \pi/2 + 2k\pi, \pm 1)^\top$, $(\pm 1, \pi + 2k\pi, 0)^\top$, $k = 0, \pm 1, \pm 2, \ldots$.

1.32 **a)** Partielle Ableitungen: $f_{x_1} = 1 - 2x_1 + x_2 \quad f_{x_1x_1} = -2 \quad f_{x_1x_2} = 1$ (siehe **Bild 1.12**)

$f_{x_2} = -8 + x_1 - 2x_2 \quad f_{x_2x_2} = -2$

Kritische Stellen: $f_{x_1} = 0$ und $f_{x_2} = 0$, d. h., $\begin{cases} -2x_1 + x_2 = -1 \\ x_1 - 2x_2 = 8 \end{cases}$, d. h., Stelle $(-2, -5)^\top$

Hinreichende Bedingung: $f_{x_1x_1} f_{x_2x_2} = 4 > 1 = (f_{x_1x_2})^2$ und $f_{x_1x_1} = -2 < 0$, d. h., lokales Maximum

Extremwert: f(-2,-5) = -2+40-4+10-25 = 19 ist lokales Maximum.

b) Partielle Ableitungen: $f_{x_1} = 6x_1^2 - 24 \quad f_{x_1x_1} = 12x_1 \quad f_{x_1x_2} = 0$ (siehe **Bild 1.13**)

$f_{x_2} = -18 + 6x_2 \quad f_{x_2x_2} = 6$

Kritische Stellen: $f_{x_1} = 0$ und $f_{x_2} = 0$, d. h., $\begin{cases} x_1^2 = 4 \\ x_2 = 3 \end{cases}$, d. h., Stelle $(2, 3)^\top$ wegen $D_f : x_1 \geq 0$

Hinreichende Bedingung, kritische Stelle: $f_{x_1x_1} f_{x_2x_2} = 12 \cdot 2 \cdot 6 > 0 = (f_{x_1x_2})^2$ und $f_{x_1x_1} = 24 > 0$, d. h., lokales Minimum

Extremwert: $f(2, 3) = 2 \cdot 8 - 24 \cdot 2 - 18 \cdot 3 + 3 \cdot 9 = -59$ ist lokales Minimum.

c) Partielle Ableitungen: $f_{x_1} = 4x_1 - 1 \quad f_{x_1x_1} = 4 \quad f_{x_1x_2} = 0$ (siehe **Bild 1.14**)

$f_{x_2} = 9x_2 - 1 \quad f_{x_2x_2} = 9$

Kritische Stellen: $f_{x_1} = 0$ und $f_{x_2} = 0$, d. h., $\begin{cases} 4x_1 = 1 \\ 9x_2 = 1 \end{cases}$, d. h., Stelle $(1/4, 1/9)^\top$

Hinreichende Bedingung: $f_{x_1x_1} f_{x_2x_2} = 4 \cdot 9 > 0 = (f_{x_1x_2})^2$ und $f_{x_1x_1} = 4 > 0$, d. h., lokales Minimum

Extremwert: $f\left(\frac{1}{4}, \frac{1}{9}\right) = 2 + \frac{2}{16} - \frac{1}{4} + \frac{9}{2} \cdot \frac{1}{81} - \frac{1}{9} = \frac{131}{72} \approx 1.81944$ ist lokales Minimum.

d) Partielle Ableitungen: $f_{x_1} = x_2 + \frac{3}{x_1^2} \quad f_{x_1x_1} = -\frac{6}{x_1^3} \quad f_{x_1x_2} = 1$

$f_{x_2} = x_1 - \frac{5}{x_2^2} \quad f_{x_2x_2} = \frac{10}{x_2^3}$

Kritische Stellen: $f_{x_1} = 0$ und $f_{x_2} = 0$, d. h., $\begin{cases} 0 = x_2 + \frac{3}{x_1^2} \\ 0 = x_1 - \frac{5}{x_2^2} \end{cases}$, d. h., Stelle $\left(\sqrt[3]{\frac{9}{5}}, -\sqrt[3]{\frac{25}{3}}\right)^\top \approx (1.216, -2.027)^\top$

Hinreichende Bedingung: $f_{x_1x_1} f_{x_2x_2} = -\frac{10}{3} \cdot \left(-\frac{6}{5}\right) > 1 = (f_{x_1x_2})^2$ und $f_{x_1x_1} = -\frac{6}{x_1^3} = -\frac{10}{3} < 0$, lok. Max.

Extremwert: $f\left(\sqrt[3]{\frac{9}{5}}, -\sqrt[3]{\frac{25}{3}}\right) = -3\sqrt[3]{15} \approx -7.399$ ist lokales Maximum.

e) Partielle Ableitungen: $f_{x_1} = \frac{1}{2}e^{x_1/2}(x_1 + x_2^2 + 2) \quad f_{x_1x_1} = \frac{1}{4}e^{x_1/2}\left(x_1 + x_2^2 + 4\right) \quad f_{x_1x_2} = x_2 e^{x_1/2}$

$f_{x_2} = 2x_2 e^{x_1/2} \quad f_{x_2x_2} = 2e^{x_1/2}$

Kritische Stellen: $f_{x_1} = 0$ und $f_{x_2} = 0$, d. h., $\begin{cases} 0 = x_1 + x_2^2 + 2 \\ 0 = x_2 \end{cases}$, d. h., Stelle $(-2, 0)^\top$

Hinreichende Bedingung: $f_{x_1x_1} f_{x_2x_2} = \frac{1}{2}e^{-1} \cdot 2e^{-1} = e^{-2} > 0 = (f_{x_1x_2})^2$ und $f_{x_1x_1} = \frac{1}{2}e^{-1} > 0$, lokales Minimum

Extremwert: $f(-2, 0) = -2e^{-1}$ ist lokales (und globales) Minimum.

f) Partielle Ableitungen: $f_{x_1}=\frac{x_1^2+2x_1-x_2}{x_1^2}$ $\quad f_{x_1x_1}=2\frac{x_2-x_1}{x_1^3}$ $\quad f_{x_1x_2}=-\frac{1}{x_1^2}$

$f_{x_2}=\frac{1}{x_1}+\frac{1}{x_2}$ $\quad f_{x_2x_2}=-\frac{1}{x_2^2}$

Kritische Stellen: $f_{x_1}=0$ und $f_{x_2}=0$, d. h., $\begin{cases} 0 = x_1^2+2x_1-x_2 \\ 0 = x_1+x_2 \end{cases}$, d. h., Stelle $(-3,3)^\top$

Hinreichende Bedingung: $f_{x_1x_1}f_{x_2x_2}=\left(-\frac{4}{9}\right)\cdot\left(-\frac{1}{9}\right)=\frac{4}{81}>\frac{1}{81}=\left(-\frac{1}{9}\right)^2$ und $f_{x_1x_1}=-\frac{4}{9}<0$, lokales Max.

Extremwert: $f(-3,3)=-4+3\ln 3$ ist lokales Maximum.

a)

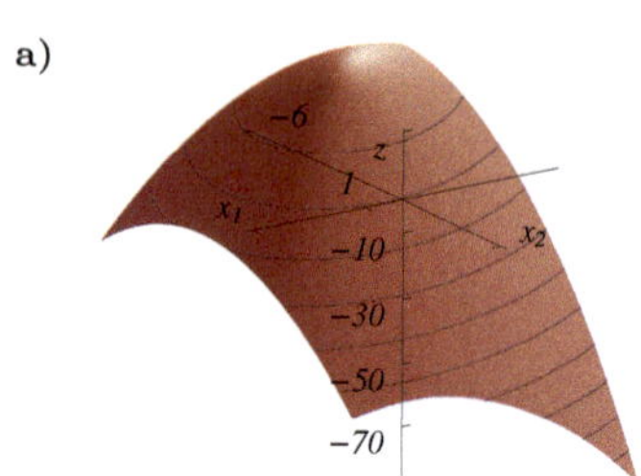

b)

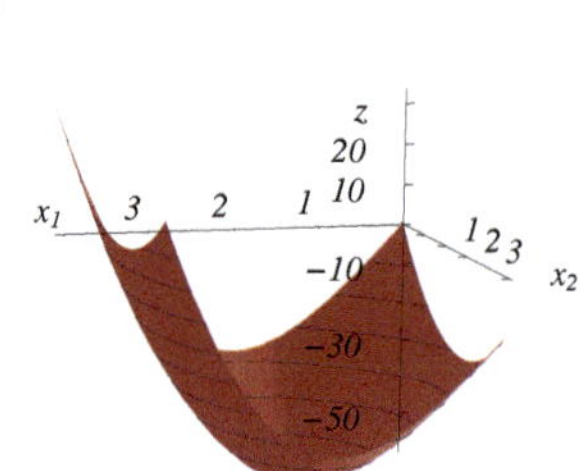

c)

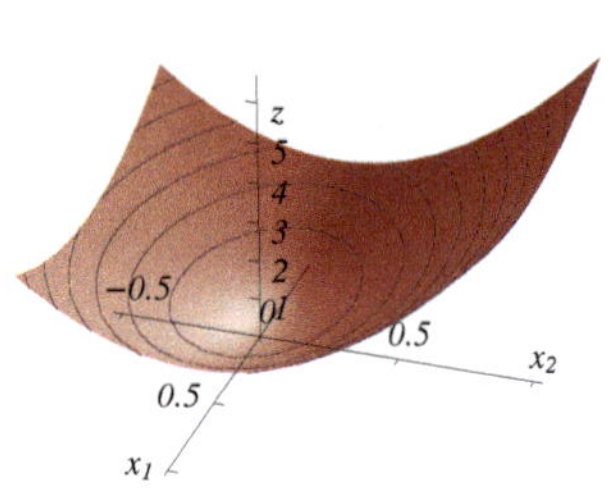

Bild 1.12 $f(x_1,x_2)=x_1-8x_2-x_1^2+x_1x_2-x_2^2$

Bild 1.13 $f(x_1,x_2)=2x_1^3-24x_1-18x_2+3x_2^2$

Bild 1.14 $f(x_1,x_2)=2+2x_1^2-x_1+4.5x_2^2-x_2$

1.33 a) Partielle Ableitungen: $f_{x_1}=-4x_1-3$ $\quad f_{x_1x_1}=-4$ $\quad f_{x_1x_2}=0$ (siehe **Bild 1.15**)

$f_{x_2}=6x_2-1$ $\quad f_{x_2x_2}=6$

Kritische Stellen: $f_{x_1}=0$ und $f_{x_2}=0$, d. h., $\begin{cases} -4x_1 = 3 \\ 6x_2 = 1 \end{cases}$, d. h., Stelle $(-3/4,1/6)^\top$

Hinreichende Bedingung: $f_{x_1x_1}f_{x_2x_2}=-24<0=(f_{x_1x_2})^2$, d. h., Sattelpunkt

Sattelpunkt: $f(-3/4,1/6)=64-2\cdot(3/4)^2-3\cdot(3/4)+3\cdot(1/6)^2-1/6=1561/24\approx 65.0417$.

b) Partielle Ableitungen: $f_{x_1}=x_1^2-2x_1$ $\quad f_{x_1x_1}=2x_1-2$ $\quad f_{x_1x_2}=0$ (siehe **Bild 1.16**)

$f_{x_2}=3x_2^2-12$ $\quad f_{x_2x_2}=6x_2$

Kritische Stellen: $f_{x_1}=0$ und $f_{x_2}=0$, d. h., $\begin{cases} x_1^2-2x_1 = 0 \\ 3x_2^2 = 12 \end{cases}$, d. h., Stellen $(0,\pm 2)^\top$, $(2,\pm 2)^\top$

Hinreichende Bedingung:

$(x_{1k},x_{2k})^\top$	$f_{x_1x_1}$	$f_{x_2x_2}$	$f_{x_1x_2}$	$f_{x_1x_1}f_{x_2x_2} \gtreqless (f_{x_1x_2})^2$	Klassifikation	$f(x_{1k},x_{2k})$
$(0,2)^\top$	-2	12	0	$<$	Sattelpunkt	-16
$(0,-2)^\top$	-2	-12	0	$>$	lokales Max.	16
$(2,2)^\top$	2	12	0	$>$	lokales Min.	-52/3
$(2,-2)^\top$	2	-12	0	$<$	Sattelpunkt	44/3

c) Partielle Ableitungen: $f_{x_1}=2x_1x_2-2x_2^2$ $\quad f_{x_1x_1}=2x_2$ $\quad f_{x_1x_2}=2x_1-4x_2$ (siehe **Bild 1.17**)

$f_{x_2}=x_1^2-4x_1x_2+3$ $\quad f_{x_2x_2}=-4x_1$

Kritische Stellen: $f_{x_1}=0$ und $f_{x_2}=0$, d. h., $\begin{cases} 0 = 2x_2(x_1-x_2) \\ x_2 = (x_1^2+3)/(4x_1) \end{cases}$, d. h., Stellen $(1,1)^\top$, $(-1,-1)^\top$

Hinreichende Bedingung:

$(x_{1k},x_{2k})^\top$	$f_{x_1x_1}$	$f_{x_2x_2}$	$f_{x_1x_2}$	$f_{x_1x_1}f_{x_2x_2} \gtreqless (f_{x_1x_2})^2$	Klassifikation	$f(x_{1k},x_{2k})$
$(1,1)^\top$	2	-4	-2	$<$	Sattelpunkt	2
$(-1,-1)^\top$	-2	4	2	$<$	Sattelpunkt	-2

d) Partielle Ableitungen: $f_{x_1} = 8x_1^3+6x_1x_2 \quad f_{x_1x_1} = 24x_1^2+6x_2 \quad f_{x_1x_2} = 6x_1$
$f_{x_2} = 3x_1^2+4x_2^3 \quad f_{x_2x_2} = 12x_2^2$

Kritische Stellen: $f_{x_1} = 0$ und $f_{x_2} = 0$, d. h., $\begin{cases} 0 = 2x_1(4x_1^2+3x_2) \\ 0 = \quad 3x_1^2+4x_2^3 \end{cases}$, d. h., Stellen $\left(\pm\frac{3}{4}, -\frac{3}{4}\right)^\top$, $(0,0)^\top$

Hinreichende Bedingung:

$(x_{1k},x_{2k})^\top$	$f_{x_1x_1}$	$f_{x_2x_2}$	$f_{x_1x_2}$	$f_{x_1x_1}f_{x_2x_2} \gtreqless (f_{x_1x_2})^2$	Klassifikation	$f(x_{1k},x_{2k})$
$(3/4, -3/4)^\top$	9	27/4	9/2	$>$	lokales Min.	-81/256
$(-3/4, -3/4)^\top$	9	27/4	-9/2	$>$	lokales Min.	-81/256
$(0,0)^\top$	0	0	0	$=$	keine Entsch.	0

Kritische Stelle $(0,0)^\top$: Für $x_1 = x_2$ ist $f(x_1,x_2) = 3x_1^3(x_1+1)$.
Für $0 < x_1 < 1$ gilt $f(x_1,x_2) > 0 = f(0,0)$, für $-1 < x_1 < 0$ gilt $f(x_1,x_2) < 0 = f(0,0)$.
Damit gibt es keine Umgebung der kritischen Stelle $(0,0)^\top$, für die die Definition eines lokalen Extremwertes zuträfe. Es liegt ein Sattelpunkt vor.

e) Partielle Ableitungen: $f_{x_1} = 3x_1^2+6x_1x_2+3x_2^2-12 \quad f_{x_1x_1} = 6x_1+6x_2 \quad f_{x_1x_2} = 6x_1+6x_2$
$f_{x_2} = 3x_1(x_1+2x_2) \quad f_{x_2x_2} = 6x_1$

Kritische Stellen: $f_{x_1} = 0$ und $f_{x_2} = 0$, d. h., $\begin{cases} 0 = 3x_1^2+6x_1x_2+3x_2^2-12 \\ 0 = 3x_1(x_1+2x_2) \end{cases}$, d. h., Stellen $(0,2)^\top$, $(0,-2)^\top$, $(-4,2)^\top$, $(4,-2)^\top$

Hinreichende Bedingung:

$(x_{1k},x_{2k})^\top$	$f_{x_1x_1}$	$f_{x_2x_2}$	$f_{x_1x_2}$	$f_{x_1x_1}f_{x_2x_2} \gtreqless (f_{x_1x_2})^2$	Klassifikation	$f(x_{1k},x_{2k})$
$(0,2)^\top$	12	0	12	$<$	Sattelpunkt	0
$(0,-2)^\top$	-12	0	-12	$<$	Sattelpunkt	0
$(-4,2)^\top$	-12	-24	-12	$>$	lokales Max.	32
$(4,-2)^\top$	12	24	12	$>$	lokales Min.	-32

f) Partielle Ableitungen: $f_{x_1} = 2x_1(1-x_2) \quad f_{x_1x_1} = 2(1-x_2) \quad f_{x_1x_2} = -2x_1$
$f_{x_2} = -x_1^2 - 3x_2^2 + 12 \quad f_{x_2x_2} = -6x_2$

Kritische Stellen: $f_{x_1} = 0$ und $f_{x_2} = 0$, d. h., $\begin{cases} 0 = 2x_1(1-x_2) \\ 0 = -x_1^2 - 3x_2^2 + 12 \end{cases}$, d. h., Stellen $(0,2)^\top$, $(0,-2)^\top$, $(3,1)^\top$, $(-3,1)^\top$

Hinreichende Bedingung:

$(x_{1k},x_{2k})^\top$	$f_{x_1x_1}$	$f_{x_2x_2}$	$f_{x_1x_2}$	$f_{x_1x_1}f_{x_2x_2} \gtreqless (f_{x_1x_2})^2$	Klassifikation	$f(x_{1k},x_{2k})$
$(0,2)^\top$	-2	-12	0	$>$	lokales Max.	29
$(0,-2)^\top$	6	12	0	$>$	lokales Min.	-3
$(3,1)^\top$	0	-6	-6	$<$	Sattelpunkt	24
$(-3,1)^\top$	0	-6	6	$<$	Sattelpunkt	24

a)

b)

c)

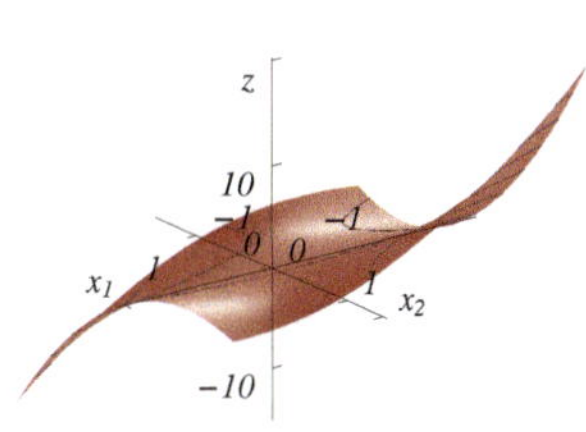

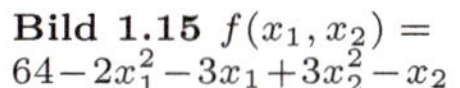

Bild 1.15 $f(x_1,x_2) = 64-2x_1^2-3x_1+3x_2^2-x_2$

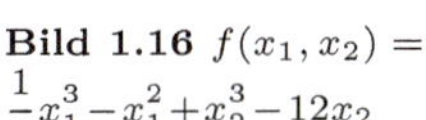

Bild 1.16 $f(x_1,x_2) = \frac{1}{3}x_1^3-x_1^2+x_2^3-12x_2$

Bild 1.17 $f(x_1,x_2) = x_1^2x_2-2x_1x_2^2+3x_2$

1.34 Partielle Ableitungen: $f_{x_1} = 3x_1^2 + 5a$ $\quad f_{x_1x_1} = 6x_1$ $\quad f_{x_1x_2} = 0$

$f_{x_2} = -3x_2^2$ $\quad f_{x_2x_2} = -6x_2$

Kritische Stellen: $f_{x_1} = 0$ und $f_{x_2} = 0$, d. h., $\begin{cases} 0 = 3x_1^2 + 5a \\ 0 = \quad -3x_2^2 \end{cases}$, d. h., im Fall $a \leq 0$ Stellen $(\pm w, 0)^\top$ mit $w = \sqrt{-\frac{5}{3}a} \geq 0$.

Hinreichende Bedingung:

$(x_{1k}, x_{2k})^\top$	$f_{x_1x_1}$	$f_{x_2x_2}$	$f_{x_1x_2}$	$f_{x_1x_1} f_{x_2x_2} \gtreqless (f_{x_1x_2})^2$	Klassifikation	$f(x_{1k}, x_{2k})$
$(w, 0)^\top$	6 w	0	0	=	keine Entscheidung	$w(w^2 + 5a)$
$(-w, 0)^\top$	-6 w	0	0	=	keine Entscheidung	$-w(w^2 + 5a)$

Wird eine beliebige Umgebung einer der ermittelten kritischen Stellen $x_k = (x_{1k}, x_{2k})^\top$ betrachtet, so gilt

für beliebiges $x_2 > 0$ wegen $x_2^3 > 0$ $\quad f(x_{1k}, x_2) = (x_{1k})^3 + 5ax_{1k} - x_2^3 < f(x_{1k}, x_{2k}) = (x_{1k})^3 + 5ax_{1k}$ und

für beliebiges $x_2 < 0$ wegen $x_2^3 < 0$ $\quad f(x_{1k}, x_2) = (x_{1k})^3 + 5ax_{1k} - x_2^3 > f(x_{1k}, x_{2k}) = (x_{1k})^3 + 5ax_{1k}$,

d. h., in jeder Umgebung einer kritischen Stelle gibt es sowohl Stellen mit größeren als auch kleineren Funktionswerten als dem an der kritischen Stelle - entgegen der Definition eines lokalen Extremums.

Antwort: An beiden kritischen Stellen liegen somit Sattelpunkte vor.

1.35 a) Die drei positiven Faktoren seien $x_1 > 0$, $x_2 > 0$ und $x_3 > 0$, sodass gilt $8 = x_1x_2x_3$ bzw. $x_3 = 8/(x_1x_2)$. Die zu minimierende Summe der reziproken Faktoren ist damit

$$f(x_1, x_2) = \frac{1}{x_1} + \frac{1}{x_2} + \frac{x_1x_2}{8}, \quad x_1 > 0, \ x_2 > 0.$$

Partielle Ableitungen: $f_{x_1} = -\frac{1}{x_1^2} + \frac{x_2}{8}$ $\quad f_{x_1x_1} = \frac{2}{x_1^3}$ $\quad f_{x_1x_2} = \frac{1}{8}$ $\quad f_{x_2} = -\frac{1}{x_2^2} + \frac{x_1}{8}$ $\quad f_{x_2x_2} = \frac{2}{x_2^3}$

Kritische Stellen: $f_{x_1} = 0$ und $f_{x_2} = 0$, d. h., $\begin{cases} x_1^2x_2 = 8 \\ x_1x_2^2 = 8 \end{cases}$, d. h., Stelle $(2, 2)^\top$

Hinreichende Bedingung, kritische Stelle: $f_{x_1x_1}f_{x_2x_2} = (2/8)(2/8) > (1/8)^2 = (f_{x_1x_2})^2$ und $f_{x_1x_1} = 1/4 > 0$, d. h., lok. Min.

Extremwert: $f(2, 2) = 3/2$ ist lokales Minimum.

Antwort: Die gesuchten drei positiven Faktoren sind jeweils gleich 2.

b) Die drei positiven Summanden seien $x_1 > 0$, $x_2 > 0$ und $x_3 > 0$, sodass gilt $8 = x_1 + x_2 + x_3$ bzw. $x_3 = 8 - x_1 - x_2$. Das zu minimierende Produkt der reziproken Summanden ist damit

$$f(x_1, x_2) = \frac{1}{x_1x_2(8-x_1-x_2)}, \quad 0 < x_1 < 8, \ 0 < x_2 < 8 - x_1.$$

Erste partielle Ableitungen: $f_{x_1} = -\frac{8 - 2x_1 - x_2}{x_1^2x_2x_3^2}$ $\quad f_{x_2} = -\frac{8 - 2x_2 - x_1}{x_1x_2^2x_3^2}$

Kritische Stellen: $f_{x_1} = 0$ und $f_{x_2} = 0$, d. h., $\begin{cases} 2x_1 + \ x_2 = 8 \\ \ x_1 + 2x_2 = 8 \end{cases}$, d. h., Stelle $(8/3, 8/3)^\top$

Zweite partielle Ableitungen, kritische Stelle: $f_{x_1x_1} = \frac{2}{x_1^2x_2x_3^2} = 2 \cdot \left(\frac{3}{8}\right)^5$ $\quad f_{x_1x_2} = \frac{2}{x_1^2x_2x_3^2} = 2 \cdot \left(\frac{3}{8}\right)^5$ $\quad f_{x_2x_2} = \frac{1}{x_1^2x_2x_3^2} = \left(\frac{3}{8}\right)^5$

Hinreichende Bedingung, kritische Stelle: $f_{x_1x_1}f_{x_2x_2} = \left(2 \cdot \left(\frac{3}{8}\right)^5\right)^2 > \left(\left(\frac{3}{8}\right)^5\right)^2 = (f_{x_1x_2})^2$ und $f_{x_1x_1} > 0$, d. h., lok. Min.

Extremwert: $f\left(\frac{8}{3}, \frac{8}{3}\right) = \left(\frac{3}{8}\right)^3$ ist lokales Minimum.

Antwort: Die gesuchten drei positiven Summanden sind jeweils gleich 8/3.

1.36 Länge, Breite bzw. Höhe des quaderförmigen, oben offenen Blechkastens werden mit x, y bzw. z bezeichnet. Wegen des gegebenen Fassungsvermögens V gilt $V = xyz$, d. h., $z = V/(xy)$. Der Blechkasten hat sein geringstes Gewicht bei minimalem Inhalt der Oberfläche $2yz + 2xz + xy$. Die zu minimierende Funktion ist somit die Funktion von zwei Veränderlichen

$$f(x, y) = 2y\frac{V}{xy} + 2x\frac{V}{xy} + xy = \frac{2V}{x} + \frac{2V}{y} + xy, \ x > 0, \ y > 0.$$

Partielle Ableitungen: $f_x = y - \frac{2V}{x^2}$ $f_{xx} = \frac{4V}{x^3}$ $f_{xy} = 1$ $f_y = x - \frac{2V}{y^2}$ $f_{yy} = \frac{4V}{y^3}$

Kritische Stellen: $f_x = 0$ und $f_y = 0$, d. h., $\begin{cases} x^2y = 2V \\ xy^2 = 2V \end{cases}$, d. h., Stelle $\left((2V)^{1/3}, (2V)^{1/3}\right)^\top$

Hinreichende Bedingung, kritische Stelle: $f_{xx}f_{yy} = 4 > 1 = (f_{xy})^2$ und $f_{xx} = 2 > 0$, d. h., lokales Minimum

Extremwert: $f\left((2V)^{1/3}, (2V)^{1/3}\right) = 3(2V)^{2/3}$ ist lokales Minimum.

Antwort: Der Blechkasten mit dem minimalen Gewicht $3(2V)^{2/3}$ und dem Fassungsvermögen V hat die Abmessungen $x = y = (2V)^{1/3}$, $z = 0.5(2V)^{1/3}$.

1.37 Die acht Ecken $(\pm x_0, \pm y_0, \pm z_0)$ des einbeschriebenen Quaders liegen auf der Oberfläche des Ellipsoids, sodass ihre Koordinaten die Gleichung des Ellipsoids erfüllen. Ist (x_0, y_0, z_0), $x_0, y_0, z_0 \geq 0$ eine dieser Ecken, so gilt daher

$$\frac{x_0^2}{a^2} + \frac{y_0^2}{b^2} + \frac{z_0^2}{c^2} = 1, \quad \text{d. h.,} \quad z_0 = cw(x_0, y_0) \quad \text{mit} \quad w(x,y) = \sqrt{1 - \frac{x^2}{a^2} - \frac{y^2}{b^2}}.$$

Das zu maximierende Volumen $V = 8x_0y_0z_0$ des Quaders ist damit die Funktion von zwei Veränderlichen

$$f(x,y) = 8cxyw(x,y), \; 0 \leq x \leq a, \; 0 \leq y \leq b\sqrt{1 - \frac{x^2}{a^2}}.$$

Erste partielle Ableitungen: $f_x = 8yc\left(w(x,y) - \frac{x^2}{a^2 w(x,y)}\right)$ $f_y = 8xc\left(w(x,y) - \frac{y^2}{b^2 w(x,y)}\right)$

Kritische Stellen: $f_x = 0$ und $f_y = 0$, d. h., $\begin{cases} 2\frac{x^2}{a^2} + \frac{y^2}{b^2} = 1 \\ \frac{x^2}{a^2} + 2\frac{y^2}{b^2} = 1 \end{cases}$, d. h., Stelle $\left(\frac{\sqrt{3}a}{3}, \frac{\sqrt{3}b}{3}\right)^\top$

Zweite partielle Ableitungen, kritische Stelle: $f_{xx} = -\frac{32cb}{\sqrt{3}a}$ $f_{yy} = -\frac{32ca}{\sqrt{3}b}$ $f_{xy} = -\frac{16c}{\sqrt{3}}$

Hinreichende Bedingung, kritische Stelle: $f_{xx}f_{yy} = 32^2c^2/3 > 16^2c^2/3 = (f_{xy})^2$ und $f_{xx} < 0$, d. h., lokales Maximum

Extremwert: $f\left(\frac{\sqrt{3}a}{3}, \frac{\sqrt{3}a}{3}\right) = \frac{8\sqrt{3}abc}{9}$ ist lokales Maximum.

Antwort: Der in das Ellipsoid einbeschriebene Quader mit den Kantenlängen $2\sqrt{3}a/3$, $2\sqrt{3}b/3$, $2\sqrt{3}c/3$ hat das maximale Volumen $V = 8\sqrt{3}abc/9$ (siehe **Bild 1.18**).

1.38 Mit der Hesse-Normalform der Ebenengleichung ergibt sich die Abstandszahl eines Punktes P mit den Koordinaten (x_p, y_p, z_p) von dieser Ebene:

$$\widetilde{d} = \frac{2x_p + y_p + 4z_p - 12}{\sqrt{2^2 + 1^2 + 4^2}} = \frac{1}{\sqrt{21}}(2x_p + y_p + 4z_p - 12).$$

Der Abstand des Punktes P von der Ebene ist dann $d = |\widetilde{d}|$. Aus der Gleichung der Fläche ergibt sich $z = -(4x^2 + y^4)/16$.

Die zu minimierende bzw. maximierende Abstandszahl ist damit eine Funktion von zwei Veränderlichen

$$f(x,y) = c\left(2x + y - x^2 - \frac{y^4}{4} - 12\right), \; x, y \in \mathbb{R}, \; c = \frac{1}{\sqrt{21}}.$$

Partielle Ableitungen: $f_x = c(2 - 2x)$ $f_{xx} = -2c$ $f_y = c(1 - y^3)$ $f_{yy} = -3cy^2$ $f_{xy} = 0$

Kritische Stellen: $f_x = 0$ und $f_y = 0$, d. h., $\begin{cases} 2x = 2 \\ y^3 = 1 \end{cases}$, d. h., Stelle $(1,1)^\top$

Hinreichende Bedingung, kritische Stelle: $f_{xx}f_{yy} = 6c^2 > 0 = (f_{xy})^2$ und $f_{xx} < 0$, d. h., lokales Maximum

Extremwert: $f(1,1) = -41c/4$ ist lokales Maximum.

Antwort: Der kürzeste Abstand eines Punktes der Fläche von der Ebene ist gleich $41c/4 = 41/(4\sqrt{21}) \approx 2.2367$. Der entsprechende Punkt P der Fläche hat die Koordinaten $(1, 1, -5/16)$, der Lotfußpunkt auf der Ebene hat die Koordinaten $(83/42, 125/84, 551/336) \approx (1.98, 1.49, 1.64)$ (siehe **Bild 1.19**).

1.39 Die zu minimierende Summe der Quadrate der Entfernungen der Punkte $P(x_i, y_i)$, $i = 1, \ldots, n$, von einem Punkt $P(x,y)$ ist die Funktion von zwei Veränderlichen

$$f(x,y) = \sum_{i=1}^{n} \left((x - x_i)^2 + (y - y_i)^2\right).$$

Partielle Ableitungen: $f_x = 2\sum_{i=1}^{n}(x - x_i)$ $f_{xx} = 2n$ $f_y = 2\sum_{i=1}^{n}(y - y_i)$ $f_{yy} = 2n$ $f_{xy} = 0$

Kritische Stellen: $f_x = 0$ und $f_y = 0$, d. h., $\begin{cases} 2\sum_{i=1}^{n}(x - x_i) = 0 \\ 2\sum_{i=1}^{n}(y - y_i) = 0 \end{cases}$, d. h., Stelle $\left(\frac{1}{n}\sum_{i=1}^{n} x_i, \frac{1}{n}\sum_{i=1}^{n} y_i\right)^\top$

Hinreichende Bedingung: $f_{xx}f_{yy} = 4n^2 > 0 = (f_{xy})^2$ und $f_{xx} > 0$, d. h., lokales Minimum

Extremwert: $f\left(\frac{1}{n}\sum_{i=1}^{n} x_i, \frac{1}{n}\sum_{i=1}^{n} y_i\right)$ ist lokales Minimum.

Antwort: Die Summe der Quadrate der Entfernungen von den Punkten $P(x_i, y_i)$, $i = 1, \ldots, n$, ist zum Punkt $\left(\frac{1}{n}\sum_{i=1}^{n} x_i, \frac{1}{n}\sum_{i=1}^{n} y_i\right)$ minimal. Das ist der geometrische Schwerpunkt der gegebenen Punkte.

1.40 Die Projektion der Schnittkurve des elliptischen Paraboloids $z = x^2 + 4y^2$ und der Ebene $z = 4x - 8y + 24$ auf die (x, y)-Ebene wird durch Gleichsetzen der z-Koordinaten ermittelt:

$$\begin{aligned} x^2 + 4y^2 - 4x + 8y - 24 &= 0, \text{ d. h.,} \\ (x - 2)^2 + 4(y + 1)^2 &= 32, \end{aligned}$$

das ist die Gleichung einer Ellipse. Umstellen nach x liefert mit $w(y) = \sqrt{8 - (y + 1)^2}$

$$x = \begin{cases} 2w(y) + 2, & x > 2, \\ -2w(y) + 2, & x \leq 2. \end{cases}$$

Damit ist die z-Koordinate der Schnittkurve die zu minimierende bzw. maximierende Funktion einer Veränderlichen

$$z(y) = \begin{cases} 8\,(4 - y + w(y)), & x > 2, \\ 8\,(4 - y - w(y)), & x \leq 2. \end{cases}$$

Partielle Ableitungen: $z_y = 8\left(-1 - \frac{y + 1}{w(y)}\right)$, $z_{yy} = -\frac{64}{(w(y))^3}$, $x > 2$

$z_y = 8\left(-1 + \frac{y + 1}{w(y)}\right)$, $z_{yy} = \frac{64}{(w(y))^3}$, $x \leq 2$

Kritische Stellen: $z_y = 0$, d. h., $y = -3$ für $x > 2$ $y = 1$ für $x \leq 2$

Hinreichende Bedingung:

x	y	z_{yy}	x	z	Extremwert
> 2	-3	-8	6	72	lokales Maximum
≤ 2	1	8	-2	8	lokales Minimum

Antwort: Der höchste Punkt der Schnittkurve hat die Koordinaten $(-3, 6, 72)$, der tiefste Punkt hat die Koordinaten $(1, -2, 8)$ (siehe **Bild 1.20**).

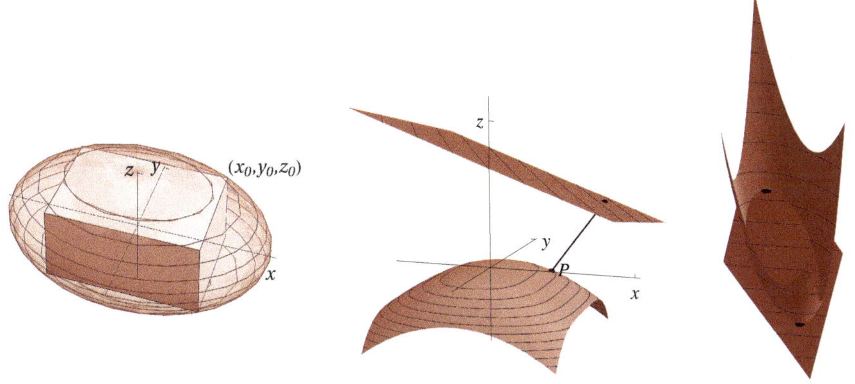

Bild 1.18 zu **1.37** **Bild 1.19** zu **1.38** **Bild 1.20** zu **1.40**

1.41 Für die z-Koordinaten von Punkten der Kugel gilt

$z = \pm w(x,y),\ \ w(x,y) = \sqrt{1-x^2-y^2},\ |x| \leq 1,\ |y| \leq \sqrt{1-x^2}.$

Dabei entsprechen positive z-Koordinaten der oberen und negative der unteren Halbkugel.
Für die obere Halbkugel ist die zu minimierende bzw. maximierende Funktion für die Temperatur die Funktion zweier Veränderlicher

$f(x,y) = xy + yw(x,y) = y(x+w(x,y)).$

Partielle Ableitungen: $f_x = y\left(1-\dfrac{x}{w}\right)$ $f_{xx} = -y\dfrac{1-y^2}{w^3}$ $f_y = x+w-\dfrac{y^2}{w}$ $f_{yy} = -\dfrac{y}{w}\left(3+\dfrac{y^2}{w^2}\right)$ $f_{xy} = 1-x\dfrac{1-x^2}{w^3}$

Kritische Stellen: $f_x = 0$ und $f_y = 0$, d. h., $\begin{cases} y(w-x) &= 0, \\ xw + w^2 - y^2 &= 0. \end{cases}$

Die Lösung $y = 0$ der ersten Gleichung würde $f(x,y) = 0$ unabhängig von x und y bedeuten. Das können offenbar weder wärmste noch kälteste Stellen sein. Mit der Lösung $x = w \geq 0$ der ersten Gleichung ergibt sich aus der zweiten Gleichung $y = \pm\sqrt{2}/2$ und damit aus der ersten $x = 1/2$.

Hinreichende Bedingung:

$(x,y)^\top$	f_{xx}	f_{yy}	f_{xy}	$f_{xx}f_{yy} \gtreqless (f_{x,y})^2$	Klassifikation	$f(x,y)$
$(1/2, \sqrt{2}/2)^\top$	$-2\sqrt{2}$	$-5\sqrt{2}$	-2	$>$	lokales Maximum	$\sqrt{2}/2$
$(1/2, -\sqrt{2}/2)^\top$	$2\sqrt{2}$	$5\sqrt{2}$	-2	$>$	lokales Minimum	$-\sqrt{2}/2$

Für die untere Halbkugel ist die zu minimierende bzw. maximierende Funktion für die Temperatur die Funktion zweier Veränderlicher

$f(x,y) = xy - yw(x,y) = y(x - w(x,y)).$

Nach analogen Berechnungen ergibt sich dafür an der kritischen Stelle $(-1/2, \sqrt{2}/2)^\top$ das lokale Maximum $\sqrt{2}/2$ und an der kritischen Stelle $(-1/2, -\sqrt{2}/2)^\top$ das lokale Minimum $-\sqrt{2}/2$.

Antwort: Die wärmsten Punkte der Kugel haben die Temperatur $T = \sqrt{2}/2$ und die Koordinaten $(1/2, \sqrt{2}/2, 1/2)$ bzw. $(-1/2, -\sqrt{2}/2, -1/2)$. Die kältesten Punkte der Kugel haben die Temperatur $T = -\sqrt{2}/2$ und die Koordinaten $(1/2, -\sqrt{2}/2, 1/2)$ bzw. $(-1/2, \sqrt{2}/2, -1/2)$.

1.42 Mit der Hesse-Normalform der Ebenengleichung ergibt sich die Abstandszahl eines Punktes P mit den Koordinaten (x_p, y_p, z_p) von dieser Ebene:

$$\widetilde{d} = \frac{2x_p - 3y_p + 2\sqrt{3}z_p + 30}{\sqrt{2^2 + 3^2 + (2\sqrt{3})^2}} = \frac{1}{5}(2x_p - 3y_p + 2\sqrt{3}z_p + 30).$$

Der Abstand des Punktes P von der Ebene ist dann $d = |\widetilde{d}|$. Aus der Gleichung der Oberfläche der Kugel $x^2+y^2+z^2 = 1$ ergibt sich

$z = \pm w(x,y),\ \ w(x,y) = \sqrt{1-x^2-y^2},\ |x| \leq 1,\ |y| \leq \sqrt{1-x^2}.$

Die zu minimierende bzw. maximierende Abstandszahl ist damit die Funktion von zwei Veränderlichen

$$f(x,y)=\begin{cases} c(2x-3y+2\sqrt{3}w(x,y)+30), & z>0,\\ c(2x-3y-2\sqrt{3}w(x,y)+30), & z<0.\end{cases}, \quad c=\tfrac{1}{5}.$$

Die „Hilfsfunktion" $w(x,y)=\sqrt{1-x^2-y^2}$ hat die Ableitungen:

$$w_x=-\frac{x}{w},\ w_{xx}=\frac{y^2-1}{w^3},\ w_{xy}=-\frac{xy}{w^3},\ w_y=-\frac{y}{w},\ w_{yy}=\frac{x^2-1}{w^3},\ |x|<1,\ |y|<\sqrt{1-x^2}.$$

Partielle Ableitungen: $z>0$ $\quad f_x=c\left(2-\frac{2\sqrt{3}x}{w}\right)$ $f_{xx}=2\sqrt{3}c\frac{y^2-1}{w^3}$ $f_{xy}=-2\sqrt{3}c\frac{xy}{w^3}$ $f_y=c\left(-3-\frac{2\sqrt{3}y}{w}\right)$ $f_{yy}=2\sqrt{3}c\frac{x^2-1}{w^3}$

$z<0$ $\quad f_x=c\left(2+\frac{2\sqrt{3}x}{w}\right)$ $f_{xx}=-2\sqrt{3}c\frac{y^2-1}{w^3}$ $f_{xy}=2\sqrt{3}c\frac{xy}{w^3}$ $f_y=c\left(-3+\frac{2\sqrt{3}y}{w}\right)$ $f_{yy}=-2\sqrt{3}c\frac{x^2-1}{w^3}$

Kritische Stellen: $f_x=0$ und $f_y=0$, d. h., $\begin{cases} w^2=3x^2\\ 9w^2=12y^2\end{cases}$, d. h., Stellen $(2/5,-3/5)^\top$ für $z>0$, $(-2/5,3/5)^\top$ für $z<0$,

Hinreichende Bedingung:

$(x_{1k},x_{2k})^\top$	$f_{x_1x_1}$	$f_{x_2x_2}$	$f_{x_1x_2}$	$f_{x_1x_1}f_{x_2x_2} \gtreqless (f_{x_1x_2})^2$	Klassifikation	$f(x_{1k},x_{2k})$
$(2/5,-3/5)^\top$	-4/3	-7/4	1/2	>	lokales Max.	7
$(-2/5,3/5)^\top$	4/3	7/4	-1/2	>	lokales Min.	5

Antwort: Für den Punkt $(2/5,-3/5,2\sqrt{3}/5)$ der Kugel ist der Abstand zur Ebene maximal und beträgt 7.
Für den Punkt $(-2/5,3/5,-2\sqrt{3}/5)$ der Kugel ist der Abstand zur Ebene minimal und beträgt 5.

1.43 Mit der Hesse-Normalform der Ebenengleichung ergibt sich die Abstandszahl eines Punktes P mit den Koordinaten (x_p,y_p,z_p) von dieser Ebene:

$$\widetilde{d}=\frac{x_p+y_p+z_p+4}{\sqrt{1^2+1^2+1^2}}=\frac{1}{\sqrt{3}}(x_p+y_p+z_p+4).$$

Der Abstand des Punktes P von der Ebene ist dann $d=|\widetilde{d}|$. Aus der Gleichung der Fläche ergibt sich $z=2+(x+6)^2+(y-3)^2$.

Die zu minimierende bzw. maximierende Abstandszahl ist damit eine Funktion von zwei Veränderlichen

$$f(x,y)=c\left(x+y+(x+6)^2+(y-3)^2+6\right),\ x,y\in\mathbb{R},\ c=\frac{1}{\sqrt{3}}.$$

Partielle Ableitungen: $f_x=c(2x+13)$ $f_{xx}=2c$ $f_y=c(2y-5)$ $f_{yy}=2c$ $f_{xy}=0$

Kritische Stellen: $f_x=0$ und $f_y=0$, d. h., $\begin{cases} c(2x+13)=0\\ c(2y-5)=0\end{cases}$, d. h., Stelle $(-6.5,2.5)^\top$

Hinreichende Bedingung: $f_{xx}f_{yy}=4c^2>0=(f_{xy})^2$ und $f_{xx}>0$, d. h., lokales Minimum

Extremwert: $f(-6.5,2.5)=2.5c=2.5/\sqrt{3}\approx 1.44338$ ist lokales Minimum.

Antwort: Der kürzeste Abstand eines Punktes der Fläche von der Ebene ist gleich $2.5c=2.5/\sqrt{3}\approx 1.44338$.

Bemerkung: Der entsprechende Punkt P der Fläche hat die Koordinaten $(-6.5,2.5,2.5)$, der Lotfußpunkt auf der Ebene hat die Koordinaten $(-22/3,5/3,5/3)\approx(-7.33,1.67,1.67)$.

1.44 Mit der Hesse-Normalform der Ebenengleichung ergibt sich die Abstandszahl eines Punktes P mit den Koordinaten (x_p,y_p,z_p) von dieser Ebene:

$$\widetilde{d}=\frac{2x_p+3y_p+z_p}{\sqrt{2^2+3^2+1^2}}=\frac{1}{\sqrt{14}}(2x_p+3y_p+z_p).$$

Der Abstand des Punktes P von der Ebene ist dann $d=|\widetilde{d}|$. Mit der Gleichung der Fläche $z=x^2+3y^2+4$ (elliptisches Parabolois) ergibt sich die zu minimierende bzw. maximierende Abstandszahl als die Funktion von zwei Veränderlichen

$$f(x,y)=c\left(2x+3y+x^2+3y^2+4\right),\ x,y\in\mathbb{R},\ c=\frac{1}{\sqrt{14}}.$$

Partielle Ableitungen: $f_x=c(2x+2)$ $f_{xx}=2c$ $f_y=c(6y+3)$ $f_{yy}=6c$ $f_{xy}=0$

Kritische Stellen: $f_x=0$ und $f_y=0$, d. h., $\begin{cases} c(2x+2)=0\\ c(6y+3)=0\end{cases}$, d. h., Stelle $(-1,-1/2)^\top$

Hinreichende Bedingung: $f_{xx}f_{yy}=12c^2>0=(f_{xy})^2$ und $f_{xx}=2c>0$, d. h., lokales Minimum

Extremwert: $f(-1,-1/2)=9c/4=9/(4\sqrt{14})\approx 0.601$ ist lokales Minimum.

Der entsprechende Punkt P der Fläche hat die Koordinaten $(-1,-1/2,(-1)^2+3(-1/2)^2+4)=(-1,-1/2,23/4)$.

Der entsprechende Punkt der Ebene ist der Fußpunkt F des Lotes vom Punkt P zur Ebene. Mit dem Normaleneinheitsvektor $n_e = 1/\sqrt{14}(2,3,1)^\top$ der Ebene ist

$$\overrightarrow{OF} = \overrightarrow{OP} + \frac{9}{4\sqrt{14}} n_e = \begin{pmatrix} -1 \\ -1/2 \\ 23/4 \end{pmatrix} + \frac{9}{4\sqrt{14}} \frac{1}{\sqrt{14}} \begin{pmatrix} 2 \\ 3 \\ 1 \end{pmatrix} \approx \begin{pmatrix} -0.679 \\ -0.018 \\ 5.911 \end{pmatrix}.$$

Antwort: Der kürzeste Abstand eines Punktes der Fläche von der Ebene ist gleich $2.25c = 2.25/\sqrt{3} \approx 0.601$. Der entsprechende Punkt P der Fläche hat die Koordinaten $(-1, -1/2, 23/4)$, der Lotfußpunkt auf der Ebene hat ca. die Koordinaten $(-0.679, -0.018, 5.911)$.

1.45 Die Aufgabenstellung ist wie in **1.40** für $n = 4$. Der gesuchte Punkt ist der geometrische Schwerpunkt des Vierecks

$$\left(\frac{1}{4}\sum_{i=1}^{4} x_i, \frac{1}{4}\sum_{i=1}^{4} y_i\right).$$

1.46 Sind $2x$, $2y$ mit $x \geq 0$ und $y \geq 0$ sowie $z \geq 0$ die Kantenlängen eines in das Kreisparaboloid einbeschriebenen Quaders, so ist wegen der Symmetrie das zu maximierende Viertel seines Volumens die Funktion von zwei Veränderlichen

$f(x,y) = xy(c - x^2 - y^2), \quad x \geq 0,\ y \geq 0,\ c - x^2 - y^2 \geq 0.$

Für $x = 0$ oder $y = 0$ ergibt sich ein Quader des Volumens 0, sodass $x > 0$ und $y > 0$ vorausgesetzt wird.

Partielle Ableitungen: $f_x = cy - 3x^2y - y^3 \quad f_{xx} = -6xy \quad f_y = cx - 3y^2x - x^3 \quad f_{yy} = -6xy \quad f_{xy} = c - 3x^2 - 3y^2$

Kritische Stellen: $f_x = 0$ und $f_y = 0$, d. h., $\begin{cases} y(c - 3x^2 - y^2) = 0 \\ x(c - x^2 - 3y^2) = 0 \end{cases}$, d. h., Stelle $\left(\sqrt{c}/2, \sqrt{c}/2\right)^\top$

Hinreichende Bedingung, kritische Stelle: $f_{xx}f_{yy} = 9c^2/4 > c^2/4 = (f_{xy})^2$ und $f_{xx} < 0$, d. h., lokales Maximum

Extremwert: $f\left(\sqrt{c}/2, \sqrt{c}/2\right) = c^2/8$ ist lokales Maximum.

Antwort: Die Kantenlängen des gesuchten Quaders sind $\sqrt{c}$, $\sqrt{c}$ und $c/2$. Sein Volumen ist $c^2/2$.

1.47 Dafür, dass unter drei Experimenten jeder Ausgang genau einmal eintrifft, gibt es (bei Berücksichtigung ihrer Reihenfolge) $P_3 = 3!$ Möglichkeiten, die disjunkt sind. Die Wahrscheinlichkeit, dass bei drei dieser (unabhängigen) Experimente jeder Ausgang genau einmal eintrifft, beträgt daher

$3!p_1p_2p_3$.

Da das Experiment genau die drei disjunkten Ausgänge A_1, A_2, A_3 hat, ist das sichere Ereignis $E = A_1 \cup A_2 \cup A_3$ und somit nach dem Additionssatz

$P(A_1 \cup A_2 \cup A_3) = p_1 + p_2 + p_3 = P(E) = 1, \quad$ d. h., $\quad p_3 = 1 - p_1 - p_2$.

Mit den Bezeichnungen $x = p_1$, $y = p_2$ ist die zu maximierende Wahrscheinlichkeit die Funktion von zwei Veränderlichen

$f(x,y) = 3!xy(1 - x - y)$.

Partielle Ableitungen: $f_x = 3!y(1-2x-y) \quad f_{xx} = -3!2y \quad f_y = 3!x(1-2y-x) \quad f_{yy} = -3!2x \quad f_{xy} = -3!(1-2x-2y)$

Kritische Stellen: $f_x = 0$ und $f_y = 0$, d. h., $\begin{cases} 2x + y - 1 = 0 \\ x + 2y - 1 = 0 \end{cases}$, d. h., Stelle $\left(\frac{1}{3}, \frac{1}{3}\right)^\top$

Hinreichende Bedingung, kritische Stelle: $f_{xx}f_{yy} = 16 > 4 = (f_{xy})^2$ und $f_{xx} = -4 < 0$, d. h., lokales Maximum

Extremwert: $f(1/3, 1/3) = 2/9$ ist lokales Maximum.

Antwort: Die Wahrscheinlichkeit, dass bei drei dieser Experimente jeder Ausgang genau einmal eintrifft, ist dann maximal, wenn jeder Ausgang die gleiche Wahrscheinlichkeit $1/3$ hat. Sie beträgt $2/9$.

1.48 Die zu maximierende Funktion ist die Funktion $f = G$ der beiden Veränderlichen $x = a > 0$ und $y = b > 0$

$f(x,y) = 9\left(10 - \frac{1}{x} - \frac{1}{y}\right) - x - 4y.$

Partielle Ableitungen: $f_x = \frac{9}{x^2} - 1 \quad f_{xx} = -\frac{18}{x^3} \quad f_y = \frac{9}{y^2} - 4 \quad f_{yy} = -\frac{18}{y^3} \quad f_{xy} = 0$

Kritische Stellen: $f_x = 0$ und $f_y = 0$, d. h., $\begin{cases} \frac{9}{x^2} - 1 = 0 \\ \frac{9}{y^2} - 4 = 0 \end{cases}$, d. h., Stelle $(3, 3/2)^\top$

Hinreichende Bedingung, kritische Stelle: $f_{xx}f_{yy} = \frac{18^2}{x^3y^3} > 0 = f_{xy}^2$ und $f_{xx} = -\frac{18}{x^3} < 0$, d. h., lokales Maximum

Extremwert: $f\left(3, \frac{3}{2}\right) = 72$ ist lokales Maximum.

Bemerkung: Es ist $\lim\limits_{x\to\infty} f = -\infty$, $\lim\limits_{y\to\infty} f = -\infty$, $\lim\limits_{x\to 0+0} f = -\infty$, $\lim\limits_{y\to 0+0} f = -\infty$.
Damit liegt an der kritischen Stelle gleichzeitig das globale Maximum der Funktion f vor.

Antwort: Der Gewinn wird maximiert durch den Einsatz der beiden Materialien in den Mengen $a = 3$ und $b = 3/2$.

1.49 a) Es gilt

$$\begin{aligned} h(x_1, x_2) &= 36 + 6x_1 - x_1^2 + 10x_2 - x_2^2 \\ &= -(x_1^2 - 6x_1) - (x_2^2 - 10x_2) + 36 \\ &= -\Big((x_1 - 3)^2 - 9\Big) - \Big((x_2 - 5)^2 - 25)\Big) + 36 \\ &= -(x_1 - 3)^2 - (x_2 - 5)^2 + 9 + 25 + 36 \\ &= -(x_1 - 3)^2 - (x_2 - 5)^2 + 70. \end{aligned}$$

Die Isolinien sind Kreise (Mittelpunkt $M(3,5)$, Radius $r = \sqrt{70 - c}$, $c \leq 70$):

$c = -(x_1 - 3)^2 - (x_2 - 5)^2 + 70$, d. h., $(x_1 - 3)^2 + (x_2 - 5)^2 = \left(\sqrt{70 - c}\right)^2$, $c \leq 70$.

Die Schnittlinien mit Parallelebenen $x_2 = t$ zur (x_1, z)-Ebene sind Parabeln (Scheitelpunkt $S(3, -(t-5)^2 + 70)$, in Gegenrichtung der z-Achse geöffnet): $z = -(x_1 - 3)^2 - (t - 5)^2 + 70$,

die Schnittlinien mit Parallelebenen $x_1 = s$ zur (x_2, z)-Ebene sind Parabeln (Scheitelpunkt $S(-(s-3)^2 + 70, 5)$, in Gegenrichtung der z-Achse geöffnet): $z = -(s - 3)^2 - (x_2 - 5)^2 + 70$.

Antwort: Die Fläche ist ein Kreisparaboloid.

b)

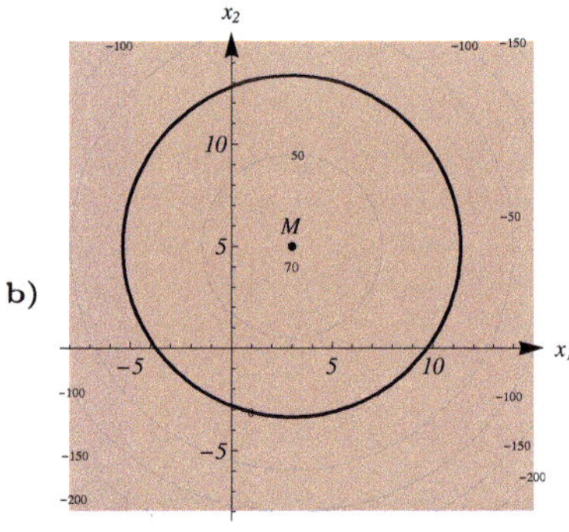

Bild 1.21 zu **1.49** b)

c) Offenbar gilt $h(x_1, x_2) \leq 70$ und $h(x_1, x_2) = 70$ genau dann, wenn die Quadrate beide gleich null sind, d. h., für $x_1 = 3$ und $x_2 = 5$.

Antwort: Daher ist die Stelle $(3,5)^\top$ Stelle des globalen Maximums der Funktion h mit $h_{\max} = h(3,5) = 70$.
Die Funktion h ist wegen $\lim\limits_{x_1, x_2 \to \pm\infty} \Big(-(x_1 - 3)^2 - (x_2 - 5)^2 + 70\Big) = -\infty$ nach unten unbeschränkt und hat daher kein globales Minimum.

d) **Antwort:** Für $c = 0$ ergibt sich als Isolinie (Höhenlinie) des Niveaus 0 der Kreis mit dem Mittelpunkt $M(3,5)$ und dem Radius $r = \sqrt{70}$ (siehe **Bild 1.21**): $(x_1 - 3)^2 + (x_2 - 5)^2 = \left(\sqrt{70}\right)^2$.

1.50 Für den Rauminhalt V und die Oberfläche D des Satteldaches gilt

$$V = \frac{1}{2}abh, \quad D = bh + 2a\sqrt{h^2 + \frac{b^2}{4}}.$$

Umstellen der ersten Gleichung nach a und Einsetzen in die zweite Gleichung ergibt die zu minimierende Funktion $f = D$ zweier Veränderlicher ($x = b > 0$, $y = h > 0$)

$$f(x,y) = xy + \frac{2V}{xy}w(x,y), \quad w(x,y) = \sqrt{x^2 + 4y^2} > 0.$$

Partielle Ableitungen: $f_x = y - \frac{8Vy}{(x^2w)}$ $\quad f_{xx} = \frac{8Vy}{(x^3w^3)}(2w^2+x^2)$ $\quad f_{xy} = 1 - \frac{8V}{w^3}$

$f_y = x - \frac{2Vx}{y^2w}$ $\quad f_{yy} = \frac{2Vx}{(y^3w^3)}(2w^2+4y^2)$

Kritische Stellen: $f_x = 0$ und $f_y = 0$, d. h., $\begin{cases} wx^2 = 8V \\ wy^2 = 2V \end{cases}$, d. h., Stelle $(2\sqrt[3]{V}/\sqrt[6]{2},\ \sqrt[3]{V}/\sqrt[6]{2})^\top$

Hinreichende Bedingung, kritische Stelle: $f_{xx}f_{yy} = \frac{5}{4}\cdot 5 > \left(\frac{1}{2}\right)^2 = f_{xy}^2$ und $f_{xx} = \frac{5}{4} > 0$, d. h., lokales Minimum

Extremwert: $f\left(2\sqrt[3]{V}/\sqrt[6]{2},\ \sqrt[3]{V}/\sqrt[6]{2}\right) = 2\sqrt[3]{4V^2}$ ist lokales Minimum.

Für $b = 2\sqrt[3]{V}/\sqrt[6]{2}$ und $h = \sqrt[3]{V}/\sqrt[6]{2}$ ergibt sich wegen $V = abh/2$ für $a = 2V/(bh) = \sqrt[3]{2V}$.

Antwort: Für die minimale Dachfläche von $2\sqrt[3]{4V^2}$ müssen folgende Maße gewählt werden: $a = \sqrt[3]{2V}$, $b = 2\sqrt[3]{V}/\sqrt[6]{2}$, $h = \sqrt[3]{V}/\sqrt[6]{2}$.

Integrale über ebene Bereiche

1.51 Das Gebiet G stellt ein Gebiet 1. Art dar (siehe **Bild 1.22**):
$G = \{(x_1,x_2):\ -1 \le x_1 \le 1,\ x_{21}(x_1) \le x_2 \le x_{22}(x_1)\}$, $x_{21}(x_1) = x_1^2$, $x_{22}(x_1) = 1$.
Der Inhalt seiner Fläche F und seine Masse m sind

$$F = \int_{-1}^{1}\left(\int_{x_{21}(x_1)}^{x_{22}(x_1)} \mathrm{d}x_2\right)\mathrm{d}x_1 = \int_{-1}^{1}\left(\int_{x_1^2}^{1}\mathrm{d}x_2\right)\mathrm{d}x_1 = \int_{-1}^{1}\left(1-x_1^2\right)\mathrm{d}x_1 = \left[x_1 - \frac{x_1^3}{3}\right]_{-1}^{1} = \frac{4}{3},$$

$$m = \int_{-1}^{1}\left(\int_{x_{21}(x_1)}^{x_{22}(x_1)} \rho\,\mathrm{d}x_2\right)\mathrm{d}x_1 = \int_{-1}^{1}\left(\int_{x_1^2}^{1}(2+x_1)x_2\,\mathrm{d}x_2\right)\mathrm{d}x_1 = \int_{-1}^{1}\left(1+\frac{x_1}{2}-x_1^4-\frac{x_1^5}{2}\right)\mathrm{d}x_1 = \left[x_1+\frac{x_1^2}{4}-\frac{x_1^5}{5}-\frac{x_1^6}{12}\right]_{-1}^{1} = \frac{8}{5}.$$

Die Flächenmomente 1. Grades bezüglich der Koordinatenachsen sind

$$M_{x_1,1} = \int_{-1}^{1}\left(\int_{x_{21}(x_1)}^{x_{22}(x_1)} x_1\rho\,\mathrm{d}x_2\right)\mathrm{d}x_1 = \int_{-1}^{1}\left(\int_{x_1^2}^{1} x_1(2+x_1)x_2\,\mathrm{d}x_2\right)\mathrm{d}x_1 = \frac{4}{21} \quad (x_2\text{-Achse}),$$

$$M_{x_2,1} = \int_{-1}^{1}\left(\int_{x_{21}(x_1)}^{x_{22}(x_1)} x_2\rho\,\mathrm{d}x_2\right)\mathrm{d}x_1 = \int_{-1}^{1}\left(\int_{x_1^2}^{1} x_2(2+x_1)x_2\,\mathrm{d}x_2\right)\mathrm{d}x_1 = \frac{8}{7} \quad (x_1\text{-Achse}).$$

Die Flächenmomente 1. Grades für $\rho = 1$ bezüglich der Koordinatenachsen sind

$$M_{x_1,g} = \int_{-1}^{1}\left(\int_{x_{21}(x_1)}^{x_{22}(x_1)} x_1\,\mathrm{d}x_2\right)\mathrm{d}x_1 = \int_{-1}^{1}\left(\int_{x_1^2}^{1} x_1\,\mathrm{d}x_2\right)\mathrm{d}x_1 = 0 \quad (x_2\text{-Achse}),$$

$$M_{x_2,g} = \int_{-1}^{1}\left(\int_{x_{21}(x_1)}^{x_{22}(x_1)} x_2\,\mathrm{d}x_2\right)\mathrm{d}x_1 = \int_{-1}^{1}\left(\int_{x_1^2}^{1} x_2\,\mathrm{d}x_2\right)\mathrm{d}x_1 = \frac{4}{5} \quad (x_1\text{-Achse}).$$

Antwort: Die Koordinaten des Massenschwerpunktes $S(x_{1s}, x_{2s})$ des Bereiches G sind
$x_{1s} = M_{x_1,1}/m = \frac{5}{42} \approx 0.1190$, $\quad x_{2s} = M_{x_2,1}/m = \frac{5}{7} \approx 0.7143$.
Die Koordinaten des geometrischen Schwerpunktes $S_g(x_{1g}, x_{2g})$ des Bereiches G sind
$x_{1s} = M_{x_1,g}/F = 0$, $\quad x_{2s} = M_{x_2,g}/F = \frac{3}{5} = 0.6$.

1.52 Die ersten drei Gleichungen enthalten nicht die Koordinate x_3 und sind daher Gleichungen von Ebenen senkrecht zur x_3-Achse. Projektionen in die (x_1,x_2)-Ebene begrenzen die Grundfläche G, die z. B. ein Gebiet erster Art darstellt (siehe **Bild 1.23**):
$G = \{(x_1,x_2):\ 0 \le x_1 \le 4,\ x_{21}(x_1) \le x_2 \le x_{22}(x_1)\}$, $x_{21}(x_1) = 0$, $x_{22}(x_1) = 4 - x_1$.
Der zylinderförmige Körper, dessen Volumen gesucht ist, hat als untere begrenzende Fläche die Ebene mit der Gleichung $f_u(x_1,x_2) = 1 - x_1 - x_2$ und als obere begrenzende Fläche die Ebene mit der Gleichung $f_o(x_1,x_2) = 2 - x_1 - x_2$.

Antwort: Das Volumen V des Körpers ist

$$V=\int_0^4\left(\int_{x_{21}(x_1)}^{x_{22}(x_1)}(f_u(x_1,x_2)-f_o(x_1,x_2))\,\mathrm{d}x_2\right)\mathrm{d}x_1=\int_0^4\left(\int_0^{4-x_1}\mathrm{d}x_2\right)\mathrm{d}x_1=\int_0^4(4-x_1)\mathrm{d}x_1=\left[4x_1-\frac{x_1^2}{2}\right]_0^4=8.$$

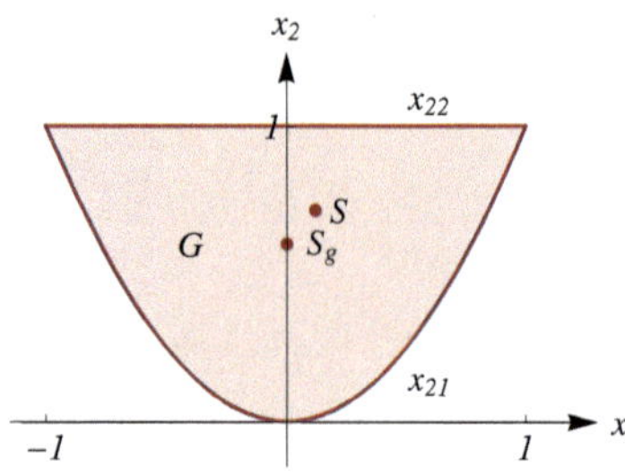

Bild 1.22 zu **1.51**

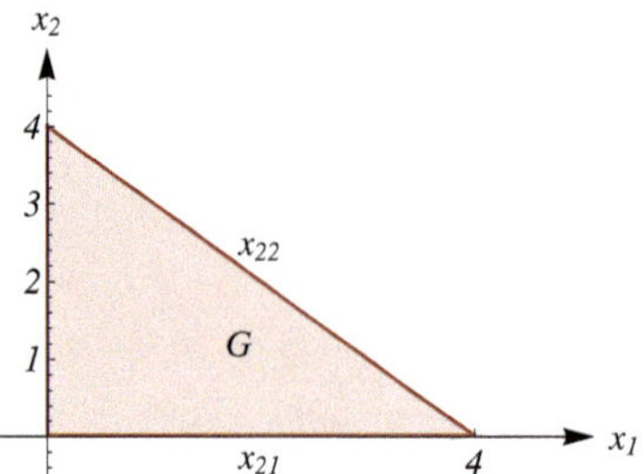

Bild 1.23 zu **1.52**

Kurvenintegrale

1.53 Die Dichte entlang der Kurve ist
$\rho(x_1(t),x_2(t),x_3(t))=\sqrt{\sin^2 t+4\cos^2 t}/\left(1+t^2/(6\pi)^2\right)$.
Das Bogendifferenzial ist mit den Ableitungen
$\dot{x}_1(t)=-\sin t,\ \dot{x}_2(t)=2\cos t,\ \dot{x}_3(t)=2t/(6\pi)^2$ gleich $\mathrm{d}s=\sqrt{\sin^2 t+4\cos^2 t+t^2/(324\pi^4)}\mathrm{d}t$.
Daraus ergibt sich die Bogenlänge l und die Masse m der Kurve

$$l=\int_0^{6\pi}\mathrm{d}s\approx 29.0896,\qquad m=\int_0^{6\pi}\rho\,\mathrm{d}s\approx 33.4385.$$

Die statischen Momente der Kurve bezüglich der Koordinatenebenen sind

$$M_{x_1,1}=\int_0^{6\pi}x_1\rho\,\mathrm{d}s\approx -0.0592,\qquad M_{x_2,1}=\int_0^{6\pi}x_2\rho\,\mathrm{d}s\approx 2.2989,\qquad M_{x_3,1}=\int_0^{6\pi}x_3\rho\,\mathrm{d}s\approx 9.1432.$$

Die statischen Momente der Kurve für $\rho(x_1,x_2,x_3)=1$ bezüglich der Koordinatenebenen sind

$$M_{x_1,g}=\int_0^{6\pi}x_1\,\mathrm{d}s\approx 0.0003,\qquad M_{x_2,g}=\int_0^{6\pi}x_2\,\mathrm{d}s\approx -0.0085,\qquad M_{x_3,g}=\int_0^{6\pi}x_3\,\mathrm{d}s\approx 9.7158.$$

Antwort: Die Koordinaten des Massenschwerpunktes $S(x_{1s},x_{2s},x_{3s})$ der Kurve sind
$x_{1s}=M_{x_1,1}/m\approx -0.0018,\quad x_{2s}=M_{x_2,1}/m\approx 0.0688,\quad x_{3s}=M_{x_3,1}/m\approx 0.2734.$
Die Koordinaten des geometrischen Schwerpunktes $S(x_{1g},x_{2g},x_{3g})$ der Kurve sind
$x_{1g}=M_{x_1,g}/l\approx 0.00001,\quad x_{2g}=M_{x_2,g}/l\approx -0.0003,\quad x_{3g}=M_{x_3,g}/l\approx 0.3340$ (siehe **Bild 1.24**).

1.54 Die Strecke vom Punkt $P_1(1,1,2)$ zum Punkt $P_2(3,5,-2)$ hat die Parameterdarstellung
$\overrightarrow{OX}=\overrightarrow{OP_1}+t\overrightarrow{P_1P_2}=(1,1,2)^\top+t\,(2,4,-4)^\top,\ t\in[0,1],\ X\in\overline{P_1P_2}$, d. h.,
$\overrightarrow{OX}=(x_1(t),x_2(t),x_3(t))^\top=(1+2t,1+4t,2-4t)^\top$.
Die Differenziale sind
$\mathrm{d}x_1=\dot{x}_1(t)\ \mathrm{d}t=2\ \mathrm{d}t,\qquad \mathrm{d}x_2=\dot{x}_2(t)\ \mathrm{d}t=4\ \mathrm{d}t,\qquad \mathrm{d}x_3=\dot{x}_3(t)\ \mathrm{d}t=-4\ \mathrm{d}t.$
Das Kraftfeld hat damit die Parameterdarstellung

$$F=\begin{pmatrix}2\,(1+2t)\,(1+4t)+(2-4t)^3\\(1+2t)^2+3\,(2-4t)\\3\,(1+2t)\,(2-4t)^2+3\,(1+4t)\end{pmatrix}=\begin{pmatrix}2(5-18t+56t^2-32t^3)\\7-8t+4t^2\\3(5-4t-16t^2+32t^3)\end{pmatrix}.$$

Antwort: Die gesuchte Arbeit ist $W=\int\limits_{\overline{P_1P_2}}(F,\mathrm{d}x)=\int\limits_0^1\sum\limits_{i=1}^3 F_i(t)\,\dot{x}_i(t)\ \mathrm{d}t=\int\limits_0^1 4(-3-14t+108t^2-128t^3)\ \mathrm{d}t=-24.$

Satz von Green

1.55 Die geschlossene Kurve ∂G begrenzt den ebenen Bereich G. Der Satz von Green ermöglicht, die Berechnung des Kurvenintegrals über die geschlossene Randkurve ∂G zu ersetzen durch die Berechnung des entsprechenden Integrals über den Bereich G.
Die Komponenten des Vektorfeldes $v = (v_1, v_2)^\top$ im Kurvenintegral sind gegeben als

$$v_1(x_1, x_2) = -\frac{x_2}{x_1^2 + x_2^2}, \qquad v_2(x_1, x_2) = \frac{x_1}{x_1^2 + x_2^2}.$$

Für die Anwendung des Satzes von Green werden die folgenden ersten partiellen Ableitungen benötigt:

$$\frac{\partial v_1}{\partial x_2} = \frac{x_2^2 - x_1^2}{\left(x_1^2 + x_2^2\right)^2}, \qquad \frac{\partial v_2}{\partial x_1} = \frac{x_2^2 - x_1^2}{\left(x_1^2 + x_2^2\right)^2}.$$

Der Integrand im Integral über den ebenen Bereich G im Satz von Green ist damit

$$\frac{\partial v_2}{\partial x_1} - \frac{\partial v_1}{\partial x_2} = 0, \quad \text{und folglich auch} \quad \iint\limits_G \left(\frac{\partial v_2}{\partial x_1} - \frac{\partial v_1}{\partial x_2}\right) \mathrm{d}x_1 \mathrm{d}x_2 = 0.$$

Antwort: Das Kurvenintegral hat den Wert null.

1.56 Der ebene Bereich G hat die geschlossene Randkurve ∂G, die im mathematisch positiven Drehsinn aus folgenden Kurven zusammengesetzt ist (siehe **Bild 1.25**):

$$\begin{array}{llllll} C_1: x_2(x_1)=0, & x_1 \in [0,2], & C_2: x_2(x_1)=(x_1-2)/3, & x_1 \in [2,5], & C_3: x_2(x_1)=(7-x_1)/2, & x_1 \in [5,3] \\ C_4: x_2(x_1)=6x_1-16, & x_1 \in [3,4], & C_5: x_2(x_1)=7+(x_1-3)^2, & x_1 \in [4,2], & C_6: x_2(x_1)=x_1^3, & x_1 \in [2,0] \end{array}$$

Nach dem Satz von Green gilt für den Flächeninhalt F des ebenen Bereiches G

$$\begin{aligned} F &= \iint\limits_G \mathrm{d}G = -\int_{\partial G} \mathrm{d}x_1 \\ &= -\left(\int_2^5 \frac{x_1-2}{3}\,\mathrm{d}x_1 + \int_5^3 \frac{7-x_1}{2}\,\mathrm{d}x_1 + \int_3^4 (6x_1-16)\,\mathrm{d}x_1 + \int_4^2 \left(7+(x_1-3)^2\right)\mathrm{d}x_1 + \int_2^0 x_1^3\,\mathrm{d}x_1\right) = \frac{91}{6} \approx 15.1667 \end{aligned}$$

und für die Flächenmomente 1. Grades bezüglich der x_2- bzw- x_1-Achse

$$\begin{aligned} M_{x_1,1} &= \iint\limits_G x_1\,\mathrm{d}G = -\int_{\partial G} x_1 x_2\,\mathrm{d}x_1 \\ &= -\left(\int_2^5 \frac{x_1(x_1-2)}{3}\,\mathrm{d}x_1 + \int_5^3 \frac{x_1(7-x_1)}{2}\,\mathrm{d}x_1 + \int_3^4 x_1\,(6x_1-16)\,\mathrm{d}x_1 + \int_4^2 x_1\left(7+(x_1-3)^2\right)\mathrm{d}x_1 + \int_2^0 x_1^4\,\mathrm{d}x_1\right) \\ &= \frac{571}{15} \approx 38.0667, \\ M_{x_2,1} &= \iint\limits_G x_2\,\mathrm{d}G = -\frac{1}{2}\int_{\partial G} x_2^2\,\mathrm{d}x_1 \\ &= -\frac{1}{2}\left(\int_2^5 \frac{(x_1-2)^2}{9}\,\mathrm{d}x_1 + \int_5^3 \frac{(7-x_1)^2}{4}\,\mathrm{d}x_1 + \int_3^4 (6x_1-16)^2\,\mathrm{d}x_1 + \int_4^2 \left(7+(x_1-3)^2\right)^2\mathrm{d}x_1 + \int_2^0 x_1^6\,\mathrm{d}x_1\right) \\ &= \frac{3559}{70} \approx 50.8429. \end{aligned}$$

Antwort: Die Koordinaten des geometrischen Schwerpunktes $S_g(x_{1g}, x_{2g})$ sind

$$x_{1g} = M_{x_1,1}/F \approx 2.5099, \qquad x_{2g} = M_{x_2,1}/F \approx 3.3523.$$

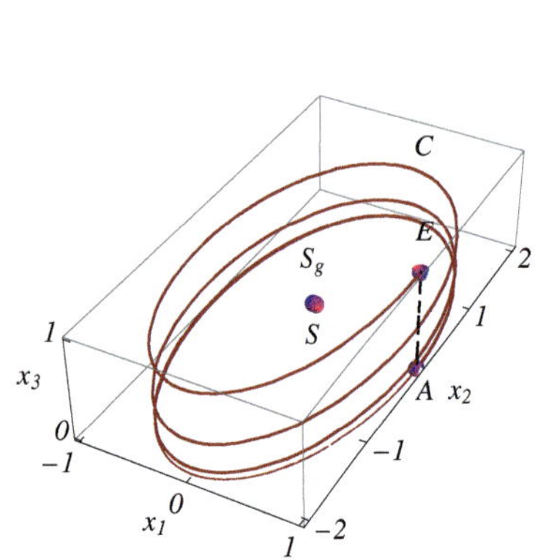

Bild 1.24 zu 1.53

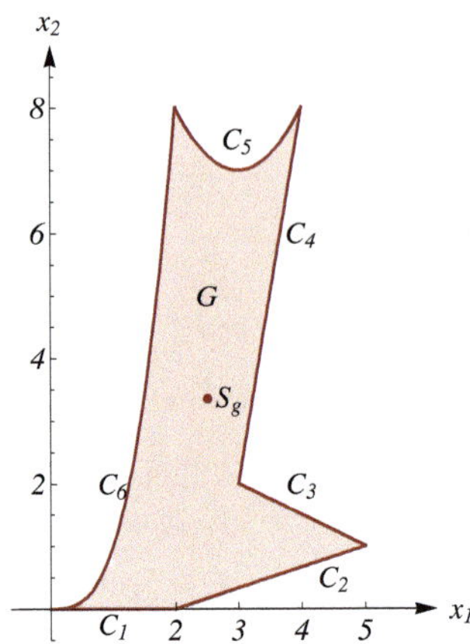

Bild 1.25 zu 1.56

M2 Differenzialgleichungen

Gewöhnliche Differenzialgleichungen

2.1 a)

$\frac{dy}{dx} = -\frac{x}{y}$	Trennung der Variablen
$y\,dy = -x\,dx$	Unbestimmte Integration
$\frac{1}{2}y^2 = -\frac{1}{2}x^2 + c$	Umstellen nach y
$y(x) = \pm\sqrt{c - x^2}$	$c \in \mathbb{R}^+$

b)

$\frac{dy}{dx} = y \tan x$	Trennung der Variablen
$\frac{dy}{y} = \tan x\,dx$	Unbestimmte Integration
$\ln\|y\| = -\ln\|\cos x\| + \ln\|c\|$	Umstellen nach y
$y(x) = \frac{c}{\cos x}$	$c \in \mathbb{R}$

c)

$\frac{dy}{dx} = xy$	Trennung der Variablen
$\frac{dy}{y} = x\,dx$	Unbestimmte Integration
$\ln\|y\| = \frac{1}{2}x^2 + \ln\|c\|$	Umstellen nach y
$y(x) = c\,e^{x^2/2}$	$c \in \mathbb{R}$

d)

$\frac{dy}{dx}(1+x) = 1 - y$	Trennung der Variablen
$\frac{dy}{1-y} = \frac{dx}{1+x}$	Unbestimmte Integration
$-\ln\|1-y\| = \ln\|1+x\| + \ln\|c\|$	Umstellen nach y
$1 - y = \frac{c}{1+x}$	Umstellen nach y
$y(x) = 1 - \frac{c}{1+x}$	$c \in \mathbb{R}$

e)

$\left(\frac{dy}{dx}\right)^2 + y^2 = 1$	Trennung der Variablen
$\frac{(dy)^2}{1-y^2} = (dx)^2$	Fallunterscheidung

I

$\frac{dy}{\sqrt{1-y^2}} = dx$	Unbestimmte Integration
$\arcsin y = x + c$	Umstellen nach y
$y(x) = \sin(x + c)$	$c \in \mathbb{R}$

II

$\frac{dy}{-\sqrt{1-y^2}} = dx$	Unbestimmte Integration
$\arcsin y = -x + c$	Umstellen nach y
$y(x) = \sin(-x + c)$	$c \in \mathbb{R}$

f)

$xy\frac{dy}{dx} + y^2 = 1$	Trennung der Variablen
$\frac{y\,dy}{1-y^2} = \frac{dx}{x}$	Unbestimmte Integration
$-\frac{1}{2}\ln\|1-y^2\| = \ln\|x\| + \ln\|c\|$	Umstellen nach y
$1 - y^2 = \frac{c}{x^2}$	Umstellen nach y
$y(x) = \pm\sqrt{1 - \frac{c}{x^2}}$	$c \in \mathbb{R}$

g)

$x(1+x) - y(1+y)\dfrac{\mathrm{d}y}{\mathrm{d}x} = 0$	Trennung der Variablen
$(y+y^2)\,\mathrm{d}y = (x+x^2)\,\mathrm{d}x$	Unbestimmte Integration
$\dfrac{1}{2}y^2 + \dfrac{1}{3}y^3 = \dfrac{1}{2}x^2 + \dfrac{1}{3}x^3 + c$	$c \in \mathbb{R}$, Implizite integralfreie Form

2.2 a) **1.** Zugehörige homogene Dgl.

$(x^2+1)\dfrac{\mathrm{d}y}{\mathrm{d}x} + 2xy = 0$	Trennung der Variablen
$\dfrac{\mathrm{d}y}{y} = -\dfrac{2x\mathrm{d}x}{x^2+1}$	Unbestimmte Integration
$\ln\lvert y\rvert = -\ln\lvert x^2+1\rvert + \ln\lvert c\rvert$	Umstellen nach y
$y_\mathrm{h}(x) = \dfrac{c}{x^2+1}$	$c \in \mathbb{R}$

2. Ansatz partikuläre Lösung $y_\mathrm{p}(x) = \dfrac{c(x)}{x^2+1}$ $y_\mathrm{p}'(x) = \dfrac{c'(x)(x^2+1) - 2c(x)x}{(x^2+1)^2}$

Einsetzen in Ausgangs-Dgl.

$\dfrac{\mathrm{d}c}{\mathrm{d}x} = 2x^2$	Trennung der Variablen
$\mathrm{d}c = 2x^2\mathrm{d}x$	Unbestimmte Integration
$c(x) = \dfrac{2}{3}x^3$	

Partikuläre Lösung $y_\mathrm{p}(x) = \dfrac{2x^3}{3(x^2+1)}$

3. Allgemeine Lösung $y_\mathrm{allg}(x) = y_\mathrm{h}(x) + y_\mathrm{p}(x) = \dfrac{c+2x^3}{3(x^2+1)}$, $c \in \mathbb{R}$

4. Anfangsbedingung $y(1) = 2$: $2 = \dfrac{2 \cdot 1^3 + c}{3(1^2+1)}$ $c = 10$

5. Lösung des AWP $y(x) = \dfrac{2}{3}\dfrac{x^3+5}{x^2+1}$

b) **1.** Zugehörige homogene Dgl.

$x\dfrac{\mathrm{d}y}{\mathrm{d}x} + y = 0$	Trennung der Variablen
$\dfrac{\mathrm{d}y}{y} = -\dfrac{\mathrm{d}x}{x}$	Unbestimmte Integration
$\ln\lvert y\rvert = -\ln\lvert x\rvert + \ln\lvert c\rvert$	Umstellen nach y
$y_\mathrm{h}(x) = \dfrac{c}{x}$	$c \in \mathbb{R}$

2. Ansatz partikuläre Lösung $y_\mathrm{p}(x) = \dfrac{c(x)}{x}$ $y_\mathrm{p}'(x) = \dfrac{c'(x)x - c(x)}{x^2}$

Einsetzen in Ausgangs-Dgl.

$\dfrac{\mathrm{d}c}{\mathrm{d}x} = x$	Trennung der Variablen
$\mathrm{d}c = x\mathrm{d}x$	Unbestimmte Integration
$c(x) = \dfrac{1}{2}x^2$	

Partikuläre Lösung $y_\mathrm{p}(x) = \dfrac{x}{2}$

3. Allgemeine Lösung $y_\mathrm{allg}(x) = y_\mathrm{h}(x) + y_\mathrm{p}(x) = \dfrac{c}{x} + \dfrac{x}{2}, c \in \mathbb{R}$

c) **1.** Zugehörige homogene Dgl.

$$\begin{aligned} \frac{dy}{dx} - xy &= 0 && \text{Trennung der Variablen} \\ \frac{dy}{y} &= x\,dx && \text{Unbestimmte Integration} \\ \ln|y| &= \frac{1}{2}x^2 + \ln|c| && \text{Umstellen nach } y \\ y_h(x) &= ce^{x^2/2} && c \in \mathbb{R} \end{aligned}$$

2. Ansatz partikuläre Lösung $y_p(x) = c(x)e^{x^2/2}$ $y_p'(x) = c'(x)e^{x^2/2} + c(x)xe^{x^2/2}$

Einsetzen in Ausgangs-Dgl.

$$\begin{aligned} \frac{dc}{dx} &= -2xe^{-x^2/2} && \text{Trennung der Variablen} \\ dc &= -2xe^{-x^2/2}dx && \text{Unbestimmte Integration} \\ c(x) &= 2e^{-x^2/2} \end{aligned}$$

Partikuläre Lösung $y_p(x) = 2$

3. Allgemeine Lösung $y_{allg}(x) = y_h(x) + y_p(x) = ce^{x^2/2} + 2, c \in \mathbb{R}$

d) **1.** Zugehörige homogene Dgl.

$$\begin{aligned} x\frac{dy}{dx} + 2y &= 0 && \text{Trennung der Variablen} \\ \frac{dy}{y} &= -2\frac{dx}{x} && \text{Unbestimmte Integration} \\ \ln|y| &= -2\ln|x| + \ln|c| && \text{Umstellen nach } y \\ y_h(x) &= \frac{c}{x^2} && c \in \mathbb{R} \end{aligned}$$

2. Ansatz partikuläre Lösung $y_p(x) = \frac{c(x)}{x^2}$ $y_p'(x) = \frac{c'(x)}{x^2} - \frac{2c(x)}{x^3}$

Einsetzen in Ausgangs-Dgl.

$$\begin{aligned} \frac{dc}{dx} &= x^6 + x^2 && \text{Trennung der Variablen} \\ dc &= (x^6 + x^2)dx && \text{Unbestimmte Integration} \\ c(x) &= \frac{1}{7}x^7 + \frac{1}{3}x^3 \end{aligned}$$

Partikuläre Lösung $y_p(x) = \frac{1}{7}x^5 + \frac{1}{3}x$

3. Allgemeine Lösung $y_{allg}(x) = y_h(x) + y_p(x) = \frac{c}{x^2} + \frac{1}{7}x^5 + \frac{1}{3}x, c \in \mathbb{R}$

e) **1.** Zugehörige homogene Dgl.

$$\begin{aligned} x\frac{dy}{dx} - y &= 0 && \text{Trennung der Variablen} \\ \frac{dy}{y} &= \frac{dx}{x} && \text{Unbestimmte Integration} \\ \ln|y| &= \ln|x| + \ln|c| && \text{Umstellen nach } y \\ y_h(x) &= cx && c \in \mathbb{R} \end{aligned}$$

2. Ansatz partikuläre Lösung $y_p(x) = c(x)x$ $y_p'(x) = c'(x)x + c(x)$

Einsetzen in Ausgangs-Dgl.

$$\begin{aligned} \frac{dc}{dx} &= \cos x && \text{Trennung der Variablen} \\ dc &= \cos x\,dx && \text{Unbestimmte Integration} \\ c(x) &= \sin x \end{aligned}$$

Partikuläre Lösung $y_p(x) = x\sin x$

3. Allgemeine Lösung $y_{allg}(x) = y_h(x) + y_p(x) = cx + x\sin x, c \in \mathbb{R}$

f) **1.** Zugehörige homogene Dgl.

$$\begin{aligned} x\frac{dy}{dx} + y &= 0 && \text{Trennung der Variablen} \\ \frac{dy}{y} &= -\frac{dx}{x} && \text{Unbestimmte Integration} \\ \ln|y| &= -\ln|x| + \ln|c| && \text{Umstellen nach } y \\ y_h(x) &= \frac{c}{x} && c \in \mathbb{R} \end{aligned}$$

2. Ansatz partikuläre Lösung $y_p(x) = \frac{c(x)}{x}$ $y_p'(x) = \frac{c'(x)}{x} - \frac{c(x)}{x^2}$

Einsetzen in Ausgangs-Dgl.

$$\begin{aligned} \frac{dc}{dx} &= -x^2 && \text{Trennung der Variablen} \\ dc &= -x^2 dx && \text{Unbestimmte Integration} \\ c(x) &= -\frac{1}{3}x^3 && \end{aligned}$$

Partikuläre Lösung $y_p(x) = -\frac{1}{3}x^2$

3. Allgemeine Lösung $y_{allg}(x) = y_h(x) + y_p(x) = \frac{c}{x} - \frac{1}{3}x^2, c \in \mathbb{R}$

g) **1.** Zugehörige homogene Dgl.

$$\begin{aligned} (1-x)\frac{dy}{dx} + y &= 0 && \text{Trennung der Variablen} \\ \frac{dy}{y} &= \frac{dx}{x-1} && \text{Unbestimmte Integration} \\ \ln|y| &= \ln|x-1| + \ln|c| && \text{Umstellen nach } y \\ y_h(x) &= c(x-1) && c \in \mathbb{R} \end{aligned}$$

2. Ansatz partikuläre Lösung $y_p(x) = c(x)(x-1)$ $y_p'(x) = c'(x)(x-1) + c(x)$

Einsetzen in Ausgangs-Dgl.

$$\begin{aligned} \frac{dc}{dx} &= -\frac{1}{(x-1)^2} && \text{Trennung der Variablen} \\ dc &= -\frac{dx}{(x-1)^2} && \text{Unbestimmte Integration} \\ c(x) &= \frac{1}{x-1} && \end{aligned}$$

Partikuläre Lösung $y_p(x) = 1$

3. Allgemeine Lösung $y_{allg}(x) = y_h(x) + y_p(x) = c(x-1) + 1, c \in \mathbb{R}$,
d. h., alle Geraden durch den Punkt $(1, 1)$ mit Ausnahme der Gerade $x = 1$.

4. Anfangsbedingung $y(1) = -2$: $-2 = c(1-1) + 1 = 1$ Widerspruch

keine Lösung!

5. Anfangsbedingung $y(0) = 0$: $0 = c(0-1) + 1$ $c = 1$

Lösung des AWP $y(x) = x$

2.3 a) Charakteristische Gleichung $\lambda^2 - 1 = 0$

Lösungen $\lambda_1 = 1, \lambda_2 = -1$

Allgemeine Lösung $y_{allg}(x) = c_1 e^x + c_2 e^{-x}, \quad c_1, c_2 \in \mathbb{R}$

b) Charakteristische Gleichung $\lambda^2 + 1 = 0$

Lösungen $\lambda_1 = i, \lambda_2 = -i$

Allgemeine Lösung $y_{allg}(x) = c_1 \cos x + c_2 \sin x, \quad c_1, c_2 \in \mathbb{R}$

c) Charakteristische Gleichung $\lambda^2 - 4\lambda + 4 = 0$

Lösungen $\lambda_1 = 2, \lambda_2 = 2$

Allgemeine Lösung $y_{allg}(x) = c_1 e^{2x} + c_2 x e^{2x}, \quad c_1, c_2 \in \mathbb{R}$

d) Charakteristische Gleichung $\lambda^3 - 5\lambda^2 + 8\lambda - 4 = 0$
Lösungen $\lambda_1 = 1,\ \lambda_2 = 2,\ \lambda_3 = 2$
Allgemeine Lösung $y_{\text{allg}}(x) = c_1 e^x + c_2 e^{2x} + c_3 x e^{2x},\ c_1, c_2, c_3 \in \mathbb{R}$

e) Charakteristische Gleichung $\lambda^2 + 2\lambda + 2 = 0$
Lösungen $\lambda_1 = -1 + i,\ \lambda_2 = -1 - i$
Allgemeine Lösung $s_{\text{allg}}(t) = e^{-t}(c_1 \cos t + c_2 \sin t),\ c_1, c_2 \in \mathbb{R}$

f) Charakteristische Gleichung $\lambda^4 - 16 = 0$
Lösungen $\lambda_1 = 2,\ \lambda_2 = -2,\ \lambda_3 = 2i\ \lambda_4 = -2i$
Allgemeine Lösung $y_{\text{allg}}(x) = c_1 e^{2x} + c_2 e^{-2x} + c_3 \cos 2x + c_4 \sin 2x,\ c_1, c_2, c_3, c_4 \in \mathbb{R}$

g) Charakteristische Gleichung $\lambda^4 - 2\lambda^2 + 1 = 0$
Lösungen $\lambda_1 = 1,\ \lambda_2 = 1,\ \lambda_1 = -1,\ \lambda_2 = -1$
Allgemeine Lösung $y_{\text{allg}}(x) = c_1 e^x + c_2 x e^x + c_3 e^{-x} + c_4 x e^{-x},\ c_1, c_2, c_3, c_4 \in \mathbb{R}$

2.4 a) 1. Zugehörige homogene Dgl. $y'' + y = 0$
Charakteristische Gleichung $\lambda^2 + 1 = 0,$ Lösungen $\lambda_1 = i,\ \lambda_2 = -i$
Lösung $y_h(x) = c_1 \cos x + c_2 \sin x,\ c_1, c_2 \in \mathbb{R}$

2. Ansatz partikuläre Lösung $y_p(x) = P_2 x^2 + P_1 x + P_0\ \ y_p'(x) = 2P_2 x + P_1\ \ y_p''(x) = 2P_2$
Einsetzen in Ausgangs-Dgl. $(2P_2) + (P_2 x^2 + P_1 x + P_0) = x^2$
Koeffizientenvergleich

x^2		$P_2 = 1$
x^1		$P_1 = 0$
x^0	$2P_2 + P_0 = 0$	$P_0 = -2$

Partikuläre Lösung $y_p(x) = x^2 - 2$

3. Allgemeine Lösung $y_{\text{allg}}(x) = y_h(x) + y_p(x) = c_1 \cos x + c_2 \sin x + x^2 - 2,\ c_1, c_2 \in \mathbb{R}$

b) 1. Zugehörige homogene Dgl. $y'' - y = 0$
Charakteristische Gleichung $\lambda^2 - 1 = 0,$ Lösungen $\lambda_1 = 1,\ \lambda_2 = -1$
Lösung $y_h(x) = c_1 e^x + c_2 e^{-x},\ c_1, c_2 \in \mathbb{R}$

2. Ansatz partikuläre Lösung $y_p(x) = A \cos x + B \sin x\ \ y_p'(x) = -A \sin x + B \cos x\ \ y_p''(x) = -A \cos x - B \sin x$
Einsetzen in Ausgangs-Dgl. $(-A \cos x - B \sin x) - (A \cos x + B \sin x) = \cos x$
Koeffizientenvergleich

$\cos x$	$-2A = 1$	$A = -1/2$
$\sin x$	$-2B = 0$	$B = 0$

Partikuläre Lösung $y_p(x) = -\frac{1}{2} \cos x$

3. Allgemeine Lösung $y_{\text{allg}}(x) = y_h(x) + y_p(x) = c_1 e^x + c_2 e^{-x} - \frac{1}{2} \cos x,\ c_1, c_2 \in \mathbb{R}$

c) 1. Zugehörige homogene Dgl. $y'' - 3y' + 2y = 0$
Charakteristische Gleichung $\lambda^2 - 3\lambda + 2 = 0,$ Lösungen $\lambda_1 = 2,\ \lambda_2 = 1$
Lösung $y_h(x) = c_1 e^{2x} + c_2 e^x,\ c_1, c_2 \in \mathbb{R}$

2. Ansatz partikuläre Lösung $y_p(x) = A e^{3x}\ \ y_p'(x) = 3A e^{3x}\ \ y_p''(x) = 9A e^{3x}$
Einsetzen in Ausgangs-Dgl. $9A e^{3x} - 3(3A e^{3x}) + 2(A e^{3x}) = e^{3x}$
Koeffizientenvergleich

e^{3x}	$2A = 1$	$A = 1/2$

Partikuläre Lösung $y_p(x) = \frac{1}{2} e^{3x}$

3. Allgemeine Lösung $y_{\text{allg}}(x) = y_h(x) + y_p(x) = c_1 e^{2x} + c_2 e^x + \frac{1}{2} e^{3x},\ c_1, c_2 \in \mathbb{R}$

d) **1.** Zugehörige homogene Dgl. $y'' - 3y' + 2y = 0$
Charakteristische Gleichung $\lambda^2 - 3\lambda + 2 = 0$, Lösungen $\lambda_1 = 2$, $\lambda_2 = 1$
Lösung $y_h(x) = c_1 e^{2x} + c_2 e^x$, $c_1, c_2 \in \mathbb{R}$
2. Ansatz partikuläre Lösung $y_p(x) = A\cos(2x) + B\sin(2x)$ $y_p'(x) = -2A\sin(2x) + 2B\cos(2x)$
$y_p''(x) = -4A\cos(2x) - 4B\sin(2x)$
Einsetzen in Ausgangs-Dgl. $(-4A\cos(2x) - 4B\sin(2x)) - 3(-2A\sin(2x) + 2B\cos(2x))$
$+2(A\cos(2x) + B\sin(2x)) = \cos(2x)$
Koeffizientenvergleich

$\cos(2x)$	$-2A - 6B = 1$	$A = -1/20$
$\sin(2x)$	$-2B + 6A = 0$	$B = -3/20$

Partikuläre Lösung $y_p(x) = -\frac{1}{20}\cos(2x) - \frac{3}{20}\sin(2x)$
3. Allgemeine Lösung $y_{allg}(x) = y_h(x) + y_p(x) = c_1 e^{2x} + c_2 e^x - \frac{1}{20}\cos(2x) - \frac{3}{20}\sin(2x)$, $c_1, c_2 \in \mathbb{R}$

e) **1.** Zugehörige homogene Dgl. $y''' - y'' + y' - y = 0$
Charakteristische Gleichung $\lambda^3 - \lambda^2 + \lambda - 1 = 0$, Lösungen $\lambda_1 = 1$, $\lambda_2 = i$, $\lambda_3 = -i$
Lösung $y_h(x) = c_1 e^x + c_2\cos x + c_3\sin x$, $c_1, c_2, c_3 \in \mathbb{R}$
2. Ansatz partikuläre Lösung $y_p(x) = A\cos(2x) + B\sin(2x)$ $y_p'(x) = -2A\sin(2x) + 2B\cos(2x)$
$y_p''(x) = -4A\cos(2x) - 4B\sin(2x)$ $y_p'''(x) = 8A\sin(2x) - 8B\cos(2x)$
Einsetzen in Ausgangs-Dgl. $(8A\sin(2x) - 8B\cos(2x)) - (-4A\cos(2x) - 4B\sin(2x))$
$+(-2A\sin(2x) + 2B\cos(2x)) - (A\cos(2x) + B\sin(2x)) = \cos(2x)$
Koeffizientenvergleich

$\cos(2x)$	$3A - 6B = 1$	$A = 1/15$
$\sin(2x)$	$3B + 6A = 0$	$B = -2/15$

Partikuläre Lösung $y_p(x) = \frac{1}{15}\cos(2x) - \frac{2}{15}\sin(2x)$
3. Allgemeine Lösung $y_{allg}(x) = y_h(x) + y_p(x) = c_1 e^x + c_2\cos x + c_3\sin x + \frac{1}{15}\cos(2x) - \frac{2}{15}\sin(2x)$

f) **1.** Zugehörige homogene Dgl. $y'' - y = 0$
Charakteristische Gleichung $\lambda^2 - 1 = 0$, Lösungen $\lambda_1 = 1$, $\lambda_2 = -1$
Lösung $y_h(x) = c_1 e^x + c_2 e^{-x}$, $c_1, c_2 \in \mathbb{R}$
2. Ansatz partikuläre Lösung Resonanzfall, Var. d. Konst.: $y_p(x) = c_1(x)e^x + c_2(x)e^{-x}$
Lineares GS $\begin{pmatrix} e^x & e^{-x} \\ e^x & -e^{-x} \end{pmatrix} \begin{pmatrix} c_1'(x) \\ c_2'(x) \end{pmatrix} = \begin{pmatrix} 0 \\ e^{-x} \end{pmatrix}$ $c_1'(x) = \frac{1}{2}e^{-2x}$, $c_2'(x) = -\frac{1}{2}$
Integration $c_1(x) = -\frac{1}{4}e^{-2x}$, $c_2(x) = -\frac{1}{2}x$
Partikuläre Lösung $y_p(x) = -\frac{1}{4}e^{-x} - \frac{1}{2}xe^{-x}$
3. Allgemeine Lösung $y_{allg}(x) = y_h(x) + y_p(x) = c_1 e^x + c_2 e^{-x} - \frac{1}{2}xe^{-x}$, $c_1, c_2 \in \mathbb{R}$

g) **1.** Zugehörige homogene Dgl. $y'' + 3y' + 2.5y = 0$
Charakteristische Gleichung $\lambda^2 + 3\lambda + 2.5 = 0$, Lösungen $\lambda_1 = (-3 + i)/2$, $\lambda_2 = (-3 - i)/2$
Lösung $y_h(x) = e^{-1.5x}(c_1\cos(0.5x) + c_2\sin(0.5x))$, $c_1, c_2 \in \mathbb{R}$
2. Ansatz partikuläre Lösung $y_p(x) = P_3x^3 + P_2x^2 + P_1x + P_0$ $y_p'(x) = 3P_3x^2 + 2P_2x + P_1$ $y_p''(x) = 6P_3x + 2P_2$
Einsetzen in Ausgangs-Dgl. $6P_3x + 2P_2 + 3(3P_3x^2 + 2P_2x + P_1) + 2.5(P_3x^3 + P_2x^2 + P_1x + P_0) = 5x^3$.
Koeffizientenvergleich

x^3	$2.5P_3 = 5$	$P_3 = 2$
x^2	$9P_3 + 2.5P_2 = 0$	$P_2 = -36/5 = -7.2$
x^1	$6P_3 + 6P_2 + 2.5P_1 = 0$	$P_1 = 312/25 = 12.48$
x^0	$2P_2 + 3P_1 + 2.5P_0 = 0$	$P_0 = -1152/125 = -9.216$

Partikuläre Lösung $y_p(x) = 2x^3 - 7.2x^2 + 12.48x - 9.216$
3. Allgemeine Lösung $y_{allg}(x) = y_h(x) + y_p(x)$
$= e^{-1.5x}(c_1\cos(0.5x) + c_2\sin(0.5x)) + 2x^3 - 7.2x^2 + 12.48x - 9.216$, $c_1, c_2 \in \mathbb{R}$

h) **1.** Zugehörige homogene Dgl. $y^{IV} - 4y''' + 6y'' - 4y' + y = 0$

Charakteristische Gleichung $\lambda^4 - 4\lambda^3 + 6\lambda^2 - 4\lambda + 1 = 0$, Lösungen $\lambda_1 = 1,\ \lambda_2 = 1,\ \lambda_3 = 1,\ \lambda_4 = 1$

Lösung $y_{\text{h}}(x) = \mathrm{e}^x(c_1 + c_2 x + c_3 x^2 + c_4 x^3),\ c_1, c_2, c_3, c_4 \in \mathbb{R}$

2. Ansatz partikuläre Lösung Resonanzfall, Var. d. Konst.: $y_{\text{p}}(x) = \mathrm{e}^x(c_1(x) + c_2(x)x + c_3(x)x^2 + c_4(x)x^3)$

Lineares GS

$$\mathrm{e}^x \begin{pmatrix} 1 & x & x^2 & x^3 \\ 1 & 1+x & 2x+x^2 & 3x^2+x^3 \\ 1 & 2+x & 2+4x+x^2 & 6x+6x^2+x^3 \\ 1 & 3+x & 6+6x+x^2 & 6+18x+9x^2+x^3 \end{pmatrix} \begin{pmatrix} c_1'(x) \\ c_2'(x) \\ c_3'(x) \\ c_4'(x) \end{pmatrix} = \begin{pmatrix} 0 \\ 0 \\ 0 \\ (1+x)\mathrm{e}^x \end{pmatrix}$$

$$c_1'(x) = -\frac{1}{6}x^3 - \frac{1}{6}x^4 \qquad c_2'(x) = \frac{1}{2}x^2 + \frac{1}{2}x^3$$

$$c_3'(x) = -\frac{1}{2}x - \frac{1}{2}x^2 \qquad c_4'(x) = \frac{1}{6} + \frac{1}{6}x$$

Integration

$$c_1(x) = -\frac{1}{24}x^4 - \frac{1}{30}x^5 \qquad c_2(x) = \frac{1}{6}x^3 + \frac{1}{8}x^4$$

$$c_3(x) = -\frac{1}{4}x^2 - \frac{1}{6}x^3 \qquad c_4(x) = \frac{1}{6}x + \frac{1}{12}x^2$$

Partikuläre Lösung $y_{\text{p}}(x) = \mathrm{e}^x\left(\frac{1}{24}x^4 + \frac{1}{120}x^5\right)$

3. Allgemeine Lösung

$$y_{\text{allg}}(x) = y_{\text{h}}(x) + y_{\text{p}}(x) = \mathrm{e}^x\left(c_1 + c_2 x + c_3 x^2 + c_4 x^3 + \frac{1}{24}x^4 + \frac{1}{120}x^5\right)$$

$c_1, c_2, c_3, c_4 \in \mathbb{R}$

i) **1.** Zugehörige homogene Dgl. $y'' + 4y = 0$

Charakteristische Gleichung $\lambda^2 + 4 = 0$, Lösungen $\lambda_1 = 2i,\ \lambda_2 = -2i$

Lösung $y_{\text{h}}(x) = c_1 \cos(2x) + c_2 \sin(2x),\ c_1, c_2 \in \mathbb{R}$

2. Ansatz partikuläre Lösung Resonanzfall, Var. d. Konst.: $y_{\text{p}}(x) = c_1(x)\cos(2x) + c_2(x)\sin(2x)$

Lineares GS

$$\begin{pmatrix} \cos(2x) & \sin(2x) \\ -2\sin(2x) & 2\cos(2x) \end{pmatrix} \begin{pmatrix} c_1'(x) \\ c_2'(x) \end{pmatrix} = \begin{pmatrix} 0 \\ \cos(2x) \end{pmatrix} \qquad c_1'(x) = -\frac{1}{4}\sin(4x), \quad c_2'(x) = \frac{1}{2}\cos^2(2x)$$

Integration $c_1(x) = \frac{1}{16}\cos(4x),\ c_2(x) = \frac{1}{16}\sin(4x) + \frac{1}{4}x$

Partikuläre Lösung $y_{\text{p}}(x) = \frac{1}{16}\cos(4x)\cos(2x) + \left(\frac{1}{16}\sin(4x) + \frac{1}{4}x\right)\sin(2x) = \frac{1}{16}\cos(2x) + \frac{1}{4}x\sin(2x)$

3. Allgemeine Lösung $y_{\text{allg}}(x) = y_{\text{h}}(x) + y_{\text{p}}(x) = c_1\cos(2x) + c_2\sin(2x) + \frac{1}{4}x\sin(2x),\ c_1, c_2 \in \mathbb{R}$

Ableitung $y_{\text{allg}}'(x) = -2c_1\sin(2x) + 2c_2\cos(2x) + \frac{1}{4}(\sin(2x) + 2x\cos(2x))$

4. Anfangsbedingungen

$y(0) = 0:\quad c_1 = 0$

$y'(0) = 0:\quad c_2 = 0$

5. Lösung des AWP $y(x) = \frac{1}{4}x\sin(2x)$

j) **1.** Zugehörige homogene Dgl. $y'' + 5y' + 6y = 0$

Charakteristische Gleichung $\lambda^2 + 5\lambda + 6 = 0$, Lösungen $\lambda_1 = -3,\ \lambda_2 = -2$

Lösung $y_{\text{h}}(x) = c_1\mathrm{e}^{-3x} + c_2\mathrm{e}^{-2x},\ c_1, c_2 \in \mathbb{R}$

2. Ansatz partikuläre Lösung $y_{\text{p}}(x) = P_2x^2 + P_1x + P_0 \quad y_{\text{p}}'(x) = 2P_2x + P_1 \quad y_{\text{p}}''(x) = 2P_2$

Einsetzen in Ausgangs-Dgl. $(2P_2) + 5(2P_2x + P_1) + 6(P_2x^2 + P_1x + P_0) = 3x^2$

Koeffizientenvergleich

x^2	$6P_2 = 3$	$P_2 = 1/2$
x^1	$10P_2 + 6P_1 = 0$	$P_1 = -5/6$
x^0	$2P_2 + 5P_1 + 6P_0 = 0$	$P_0 = 19/36$

Partikuläre Lösung $y_{\text{p}}(x) = \frac{1}{2}x^2 - \frac{5}{6}x + \frac{19}{36}$

3. Allgemeine Lösung $y_{\text{allg}}(x) = y_{\text{h}}(x) + y_{\text{p}}(x) = c_1 e^{-3x} + c_2 e^{-2x} + \frac{1}{2}x^2 - \frac{5}{6}x + \frac{19}{36}, \quad c_1, c_2 \in \mathbb{R}$

Ableitung $y'_{\text{allg}}(x) = -3c_1 e^{-3x} - 2c_2 e^{-2x} + x - \frac{5}{6}$

4. Anfangsbedingungen
$y(0) = 0: \quad c_1 + c_2 + 19/36 = 0 \quad c_1 = 2/9$
$y'(0) = 0: \quad -3c_1 - 2c_2 - 5/6 = 0 \quad c_2 = -3/4$

5. Lösung des AWP $y(x) = \frac{2}{9}e^{-3x} - \frac{3}{4}e^{-2x} + \frac{1}{2}x^2 - \frac{5}{6}x + \frac{19}{36}$

k) 1. Zugehörige homogene Dgl. $y''' - 2y' = 0$
Charakteristische Gleichung $\lambda^3 - 2\lambda = 0$, Lösungen $\lambda_1 = 0$, $\lambda_2 = \sqrt{2}$, $\lambda_3 = -\sqrt{2}$
Lösung $y_{\text{h}}(x) = c_1 + c_2 e^{\sqrt{2}x} + c_3 e^{-\sqrt{2}x}, \quad c_1, c_2, c_3 \in \mathbb{R}$

2. Ansatz partikuläre Lösung $y_{\text{p}}(x) = A\cos(3x) + B\sin(3x) \quad y'_{\text{p}}(x) = -3A\sin(3x) + 3B\cos(3x)$
$y''_{\text{p}}(x) = -9A\cos(3x) - 9B\sin(3x) \quad y'''_{\text{p}}(x) = 27A\sin(3x) - 27B\cos(3x)$

Einsetzen in Ausgangs-Dgl. $(27A\sin(3x) - 27B\cos(3x)) - 2(-3A\sin(3x) + 3B\cos(3x)) = \cos(3x)$

Koeffizientenvergleich

$\cos(3x)$	$-33B = 1$	$A = 0$
$\sin(3x)$	$33A = 0$	$B = -1/33$

Partikuläre Lösung $y_{\text{p}}(x) = -\frac{1}{33}\sin(3x)$

3. Allgemeine Lösung $y_{\text{allg}}(x) = y_{\text{h}}(x) + y_{\text{p}}(x) = c_1 + c_2 e^{\sqrt{2}x} + c_3 e^{-\sqrt{2}x} - \frac{1}{33}\sin(3x), \quad c_1, c_2, c_3 \in \mathbb{R}$

Ableitungen
$y'_{\text{allg}}(x) = \sqrt{2}c_2 e^{\sqrt{2}x} - \sqrt{2}c_3 e^{-\sqrt{2}x} - \frac{1}{11}\cos(3x)$
$y''_{\text{allg}}(x) = 2c_2 e^{\sqrt{2}x} + 2c_3 e^{-\sqrt{2}x} + \frac{3}{11}\sin(3x)$

4. Anfangsbedingungen
$y(0) = 0: \quad c_1 + c_2 + c_3 = 0 \quad c_1 = 0$
$y'(0) = 0: \quad \sqrt{2}c_2 - \sqrt{2}c_3 - 1/11 = 0 \quad c_2 = \sqrt{2}/44$
$y''(0) = 0: \quad 2c_2 + 2c_3 = 0 \quad c_3 = -\sqrt{2}/44$

5. Lösung des AWP $y(x) = \frac{\sqrt{2}}{44}e^{\sqrt{2}x} - \frac{\sqrt{2}}{44}e^{-\sqrt{2}x} - \frac{1}{33}\sin(3x)$

2.5 a) Lineare Dgl. 1. Ordnung mit veränderlichen Koeffizienten, homogen, Trennung der Variablen

$x\frac{dy}{dx} = 2y\left(1 - \frac{x^2}{b}\right)$	Trennung der Variablen
$\frac{dy}{y} = \left(\frac{2}{x} - \frac{2x}{b}\right)dx$	Unbestimmte Integration
$\ln\lvert y\rvert = 2\ln\lvert x\rvert - \frac{x^2}{b} + c$	Umstellen nach y
$y(x) = cx^2 e^{-x^2/b}$	$c \in \mathbb{R}$

b) Lineare Dgl. 4. Ordnung mit konstanten Koeffizienten, inhomogen

1. Zugehörige homogene Dgl. $y^{IV} - 2y''' - 8y'' + 18y' - 9y = 0$
Charakteristische Gleichung $\lambda^4 - 2\lambda^3 - 8\lambda^2 + 18\lambda - 9 = 0$, Lösungen $\lambda_{1/2} = 1$, $\lambda_{3/4} = \pm 3$
Lösung $y_{\text{h}}(x) = c_1 e^x + c_2 x e^x + c_3 e^{3x} + c_4 e^{-3x}, \quad c_1, c_2, c_3, c_4 \in \mathbb{R}$

2. Ansatz partikuläre Lösung $y_{\text{p}}(x) = Ae^{2x} \quad y'_{\text{p}}(x) = 2Ae^{2x} \quad y''_{\text{p}}(x) = 4Ae^{2x} \quad y'''_{\text{p}}(x) = 8Ae^{2x} \quad y^{IV}_{\text{p}}(x) = 16Ae^{2x}$
Einsetzen in Ausgangs-Dgl $(16 - 2\cdot 8 - 8\cdot 4 + 18\cdot 2 - 9)Ae^{2x} = e^{2x}$
Koeffizientenvergleich $-5A = 1, \; A = -\frac{1}{5}$
Partikuläre Lösung $y_{\text{p}}(x) = -\frac{e^{2x}}{5}$

3. Allgemeine Lösung $y_{\text{allg}}(x) = y_{\text{h}}(x) + y_{\text{p}}(x) = c_1 e^x + c_2 x e^x + c_3 e^{3x} + c_4 e^{-3x} - \frac{e^{2x}}{5}, \quad c_1, c_2, c_3, c_4 \in \mathbb{R}$

c) Lineare Dgl. 3. Ordnung mit konstanten Koeffizienten, inhomogen

1. Zugehörige homogene Dgl. $y''' - y = 0$

Charakteristische Gleichung $\lambda^3 - 1 = 0$, Lösungen $\lambda_1 = 1,\ \lambda_{2/3} = -\frac{1}{2} \pm \frac{\sqrt{3}}{2} i$

Lösung $y_h(x) = c_1 e^x + e^{-x/2}\left(c_2 \cos\left(\frac{\sqrt{3}x}{2}\right) + c_3 \sin\left(\frac{\sqrt{3}x}{2}\right)\right),\ c_1, c_2, c_3 \in \mathbb{R}$

2. Ansatz partikuläre Lösung $y_p(x) = A \sin x + B \cos x \quad y_p'(x) = A \cos x - B \sin x$

$y_p''(x) = -A \sin x - B \cos x \quad y_p'''(x) = -A \cos x + B \sin x$

Einsetzen in Ausgangs-Dgl $(-A \cos x + B \sin x) - (A \sin x + B \cos x) = \sin x$

Koeffizientenvergleich

$\cos(3x)$	$B - A = 1$	$A = -1/2$
$\sin(3x)$	$-A - B = 0$	$B = 1/2$

Partikuläre Lösung $y_p(x) = \frac{\cos x + \sin x}{2}$

3. Allgemeine Lösung

$$y_{\text{allg}}(x) = y_h(x) + y_p(x) = c_1 e^x + e^{-x/2}\left(c_2 \cos\left(\frac{\sqrt{3}x}{2}\right) + c_3 \sin\left(\frac{\sqrt{3}x}{2}\right)\right) + \frac{\cos x + \sin x}{2},\quad c_1, c_2, c_3 \in \mathbb{R}$$

d) Lineare Dgl. 2. Ordnung mit konstanten Koeffizienten, inhomogen

1. Zugehörige homogene Dgl. $y'' - 2y' + y = 0$

Charakteristische Gleichung $\lambda^2 - 2\lambda + 1 = 0$, Lösungen $\lambda_{1,2} = 1$

Lösung $y_h(x) = e^x(c_1 + c_2 x),\ c_1, c_2 \in \mathbb{R}$

2. Ansatz partikuläre Lösung $y_p(x) = P_4x^4 + P_3x^3 + P_2x^2 + P_1x + P_0 \quad y_p'(x) = 4P_4x^3 + 3P_3x^2 + 2P_2x + P_1$

$y_p''(x) = 12P_4x^2 + 6P_3x + 2P_2$

Einsetzen in Ausgangs-Dgl. $(12P_4x^2 + 6P_3x + 2P_2) - 2(4P_4x^3 + 3P_3x^2 + 2P_2x + P_1)$
$+(P_4x^4 + P_3x^3 + P_2x^2 + P_1x + P_0) = x^4$

Koeffizientenvergleich

x^4	$P_4 = 1$	$P_4 = 1$
x^3	$P_3 - 8P_4 = 0$	$P_3 = 8$
x^2	$P_2 - 6P_3 + 12P_4 = 0$	$P_2 = 36$
x^1	$P_1 - 4P_2 + 6P_3 = 0$	$P_1 = 96$
x^0	$P_0 - 2P_1 + 2P_2 = 0$	$P_0 = 120$

Partikuläre Lösung $y_p(x) = x^4 + 8x^3 + 36x^2 + 96x + 120$

3. Allgemeine Lösung $y_{\text{allg}}(x) = y_h(x) + y_p(x) = e^x(c_1 + c_2x) + x^4 + 8x^3 + 36x^2 + 96x + 120,\ c_1, c_2 \in \mathbb{R}$

e) Lineare Dgl. 2. Ordnung mit konstanten Koeffizienten, inhomogen

1. Zugehörige homogene Dgl. $y'' + 4y = 0$

Charakteristische Gleichung $\lambda^2 + 4 = 0$, Lösungen $\lambda_1 = 2i,\ \lambda_2 = -2i$

Lösung $y_h(x) = c_1 \sin(2x) + c_2 \cos(2x),\ c_1, c_2 \in \mathbb{R}$

2. Ansatz partikuläre Lösung Var. d. Konst.: $y_p(x) = c_1(x)\sin(2x) + c_2(x)\cos(2x)$

Lineares GS $\begin{pmatrix} \sin(2x) & \cos(2x) \\ 2\cos(2x) & -2\sin(2x) \end{pmatrix} \begin{pmatrix} c_1'(x) \\ c_2'(x) \end{pmatrix} = \begin{pmatrix} 0 \\ \tan x \end{pmatrix} \quad \begin{aligned} c_1'(x) &= \frac{\sin(2x)}{2} - \frac{\tan x}{2} \\ c_2'(x) &= -\sin^2 x \end{aligned}$

Integration $c_1(x) = -\frac{\cos(2x)}{4} + \frac{1}{2}\ln|\cos x|,\ c_2(x) = \frac{\sin(2x)}{4} - \frac{x}{2}$

Partikuläre Lösung $y_p(x) = \frac{1}{2}\ln|\cos x|\sin(2x) - \frac{x}{2}\cos(2x)$

3. Allgemeine Lösung $y_{\text{allg}}(x) = c_1 \sin(2x) + c_2 \cos(2x) + \frac{1}{2}\ln|\cos x|\sin(2x) - \frac{x}{2}\cos(2x),\ c_1, c_2 \in \mathbb{R}$

f) Nichtlineare Dgl. 1. Ordnung, Trennung der Variablen

$x\dfrac{\mathrm{d}y}{\mathrm{d}x}$	$=$	$-y^2$	Trennung der Variablen
$\dfrac{\mathrm{d}y}{y^2}$	$=$	$-\dfrac{\mathrm{d}x}{x^2}$	Unbestimmte Integration
$-\dfrac{1}{y}$	$=$	$\dfrac{1}{x}+c$	Umstellen nach y
$y(x)$	$=$	$-\dfrac{x}{1+cx}$	$c \in \mathbb{R}$

g) Nichtlineare Dgl. 1. Ordnung, Trennung der Variablen

$xy'(y-1)$	$=$	$2y$	Trennung der Variablen
$\dfrac{y-1}{y}\,\mathrm{d}y$	$=$	$\dfrac{2}{x}\,\mathrm{d}x$	Unbestimmte Integration
$y-\ln\lvert y\rvert+\overline{c}$	$=$	$2\ln\lvert x\rvert$	Umstellen nach y
$x_{\text{allg}}(y)$	$=$	$c\sqrt{\dfrac{\mathrm{e}^y}{\lvert y\rvert}}$	$c \in \mathbb{R}$

h) Nichtlineare Dgl. 1. Ordnung, Trennung der Variablen

$xy\,\mathrm{d}y$	$=$	$-(1+y^2)\,\mathrm{d}x$	Trennung der Variablen
$-\dfrac{y\,\mathrm{d}y}{1+y^2}$	$=$	$\dfrac{\mathrm{d}x}{x}$	Unbestimmte Integration
$\ln\dfrac{1}{\sqrt{1+y^2}}$	$=$	$\ln\lvert x\rvert+\overline{c}$	Umstellen nach y
$y_{\text{allg}}(x)$	$=$	$\pm\sqrt{\dfrac{c}{x^2}-1}$	$c \in \mathbb{R}^+$

i) Lineare Dgl. 3. Ordnung mit konstanten Koeffizienten, inhomogen

1. Zugehörige homogene Dgl. $y'''-3y''-y'+3y=0$
   Charakteristische Gleichung $\lambda^3-3\lambda^2-\lambda+3=0$, Lösungen $\lambda_1=1$, $\lambda_2=-1$, $\lambda_3=3$
   Lösung $y_\text{h}(x)=c_1\mathrm{e}^x+c_2\mathrm{e}^{-x}+c_3\mathrm{e}^{3x}$, $c_1,c_2,c_3\in\mathbb{R}$
2. Ansatz partikuläre Lösung $y_\text{p}(x)=P_0+P_1x+P_2x^2+P_3x^3$ $\quad y_\text{p}'(x)=3P_3x^2+2P_2x+P_1$
   $y_\text{p}''(x)=6P_3x+2P_2$ $\quad y_\text{p}'''(x)=6P_3$
   Einsetzen in Ausgangs-Dgl. $(6P_3)-3(6P_3x+2P_2)-(3P_3x^2+2P_2x+P_1)$
   $+3(P_0+P_1x+P_2x^2+P_3x^3)=6-18x-3x^2+3x^3$
   Koeffizientenvergleich

x^3	$3P_3=3$	$P_3=1$
x^2	$-3P_3+P_2=-3$	$P_2=0$
x^1	$-18P_3-2P_2+P_1=18$	$P_1=0$
x^0	$6P_3-6P_2-P_1+P_0=6$	$P_0=0$

   Partikuläre Lösung $y_\text{p}(x)=x^3$
3. Allgemeine Lösung $y_\text{allg}(x)=y_\text{h}(x)+y_\text{p}(x)=c_1\mathrm{e}^x+c_2\mathrm{e}^{-x}+c_3\mathrm{e}^{3x}+x^3$, $c_0,c_1,c_2,c_3\in\mathbb{R}$

2.6 a)

1. Zugehörige homogene Dgl. $y^{IV}+13y''+36y=0$
   Charakteristische Gleichung $\lambda^4+13\lambda^2+36=0$, Lösungen $\lambda_{1/2}=\pm 2i$, $\lambda_{3/4}=\pm 3i$
   Lösung $y_\text{h}(x)=c_1\cos(2x)+c_2\sin(2x)+c_3\cos(3x)+c_4\sin(3x)$, $c_1,c_2,c_3,c_4\in\mathbb{R}$
2. Ansatz partikuläre Lösung $y_\text{p}(x)=P_0$ $y_\text{p}'(x)=y_\text{p}''(x)=y_\text{p}'''(x)=y_\text{p}^{IV}(x)=0$,
   Einsetzen in Ausgangs-Dgl. $36P_0=1$, $P_0=1/36$
   Partikuläre Lösung $y_\text{p}(x)=\dfrac{1}{36}$
3. Allgemeine Lösung $y_\text{allg}(x)=y_\text{h}(x)+y_\text{p}(x)=c_1\cos(2x)+c_2\sin(2x)+c_3\cos(3x)+c_4\sin(3x)+\dfrac{1}{36}$
   Ableitungen $y_\text{allg}'(x)=2c_1\sin(2x)+2c_2\cos(2x)-3c_3\sin(3x)+3c_4\cos(3x)$,
   $y_\text{allg}''(x)=-4c_1\cos(2x)-4c_2\sin(2x)-9c_3\cos(3x)-9c_4\sin(3x)$

4. Randbedingungen	$y(0)=0:$	$c_1+c_3+1/36=0$	$c_1=-1/20$
	$y''(0)=0:$	$-4c_1-9c_3=0$	$c_2=-1/30$
	$y(1.5\pi)=0:$	$-c_1+c_4+1/36=0$	$c_3=1/45$
	$y'(1.5\pi)=0:$	$-2c_2-3c_3=0$	$c_4=-7/90$

5. Lösung des RWP $\quad y(x)=-\dfrac{\cos(2x)}{20}-\dfrac{\sin(2x)}{30}+\dfrac{\cos(3x)}{45}-\dfrac{7\sin(3x)}{90}+\dfrac{1}{36}$

b) **1.** Charakteristische Gleichung $\lambda^2+2\lambda+5=0$

Lösungen $\lambda_{1/2}=-1\pm 2i$

2. Allgemeine Lösung $y_{\text{allg}}(x)=\mathrm{e}^{-x}(c_1\cos(2x)+c_2\sin(2x)),\ c_1,c_2\in\mathbb{R}$

3. Randbedingungen $\quad y(0)=1:\quad c_1=1$ $\quad$ Widerspruch!

$y(\pi/2)=1:\quad -\mathrm{e}^{-\pi/2}c_1=1\quad c_1=-\mathrm{e}^{\pi/2}$

4. Lösung des RWP $\quad$ Das Randwertproblem hat keine Lösung.

c) **1.** Zugehörige homogene Dgl. $y'''-y''+16y'-16y=0$

Charakteristische Gleichung $\lambda^3-\lambda^2+16\lambda-16=0,\quad$ Lösungen $\lambda_{1/2}=\pm 4i,\ \lambda_3=1$

Lösung $y_{\text{h}}(x)=c_1\cos(4x)+c_2\sin(4x)+c_3\mathrm{e}^{x},\ c_1,c_2,c_3,\in\mathbb{R}$

2. Ansatz partikuläre Lösung $y_{\text{p}}(x)=A\mathrm{e}^{-2x}\ y_{\text{p}}'(x)=-2A\mathrm{e}^{-2x}\ y_{\text{p}}''(x)=4A\mathrm{e}^{-2x}\ y_{\text{p}}'''(x)=-8A\mathrm{e}^{-2x}$

Einsetzen in Ausgangs-Dgl. $(-8-4-32-16)A=4,\ A=-1/15$

Partikuläre Lösung $y_{\text{p}}(x)=-\dfrac{1}{15}\mathrm{e}^{-2x}$

3. Allgemeine Lösung $y_{\text{allg}}(x)=y_{\text{h}}(x)+y_{\text{p}}(x)=c_1\cos(4x)+c_2\sin(4x)+c_3\mathrm{e}^{x}-\dfrac{1}{15}\mathrm{e}^{-2x},\ c_1,c_2,c_3\in\mathbb{R}$

Ableitungen $y_{\text{allg}}'(x)=-4c_1\sin(4x)+4c_2\cos(4x)+c_3\mathrm{e}^{x}+\dfrac{2}{15}\mathrm{e}^{-2x},$

$y_{\text{allg}}''(x)=-16c_1\cos(4x)-16c_2\sin(4x)+c_3\mathrm{e}^{x}-\dfrac{4}{15}\mathrm{e}^{-2x}$

4. Anfangsbedingungen	$y(0)=0:$	$c_1+c_3-\dfrac{1}{15}=0$	$c_1=-\dfrac{1}{85}$
	$y'(0)=0:$	$4c_2+c_3+\dfrac{2}{15}=0$	$c_2=-\dfrac{9}{170}$
	$y''(0)=0:$	$-16c_2+c_3-\dfrac{4}{15}=0$	$c_3=\dfrac{4}{51}$

5. Lösung des AWP $\quad y(x)=\dfrac{4}{51}\mathrm{e}^{x}-\dfrac{1}{85}\cos(4x)-\dfrac{9}{170}\sin(4x)-\dfrac{1}{15}\mathrm{e}^{-2x}$

d) **1.** Zugehörige homogene Dgl. $y''+2y'+3y=0$

Charakteristische Gleichung $\lambda^2+2\lambda+3=0,\quad$ Lösungen $\lambda_{1/2}=-1\pm\sqrt{2}i$

Lösung $y_{\text{h}}(x)=\mathrm{e}^{-x}(c_1\cos(\sqrt{2}x)+c_2\sin(\sqrt{2}x)),\ c_1,c_2\in\mathbb{R}$

2. Ansatz partikuläre Lösung $y_{\text{p}}(x)=(A+Bx)\mathrm{e}^{-x}\ y_{\text{p}}'(x)=(B-A-Bx)\mathrm{e}^{-x}\ y_{\text{p}}''(x)=(A-2B+Bx)\mathrm{e}^{-x}$

Einsetzen in Ausgangs-Dgl. $(A-2B+Bx)\mathrm{e}^{-x}+2(B-A-Bx)\mathrm{e}^{-x}+3(A+Bx)\mathrm{e}^{-x}=2(4x+1)\mathrm{e}^{-x}$

Koeffizientenvergleich

x^1	$2B=8$	$B=4$
x^0	$2A=2$	$A=1$

Partikuläre Lösung $y_{\text{p}}(x)=(1+4x)\mathrm{e}^{-x}$

3. Allgemeine Lösung $y_{\text{allg}}(x)=y_{\text{h}}(x)+y_{\text{p}}(x)=\mathrm{e}^{-x}(c_1\cos(\sqrt{2}x)+c_2\sin(\sqrt{2}x)+1+4x),\ c_1,c_2\in\mathbb{R}$

Ableitung $y_{\text{allg}}'(x)=-\mathrm{e}^{-x}(c_1\cos(\sqrt{2}x)+c_2\sin(\sqrt{2}x)+1+4x)$

$+\mathrm{e}^{-x}(-\sqrt{2}c_1\sin(\sqrt{2}x)+\sqrt{2}c_2\cos(\sqrt{2}x)+4))$

4. Anfangsbedingungen	$y(0)=1:$	$c_1+1=1$	$c_1=0$
	$y'(0)=1:$	$c_1+\sqrt{2}c_2+3=1$	$c_2=-\sqrt{2}$

5. Lösung des AWP $\quad y(x)=\mathrm{e}^{-x}(-\sqrt{2}\sin(\sqrt{2}x)+1+4x)$

e) **1.** Zugehörige homogene Dgl. $y''+2y'-3y=0$

Charakteristische Gleichung $\lambda^2+2\lambda-3=0,\quad$ Lösungen $\lambda_1=1\ \lambda_2=-3$

Lösung $y_{\text{h}}(x)=c_1\mathrm{e}^{x}+c_2\mathrm{e}^{-3x},\ c_1,c_2\in\mathbb{R}$

2. Ansatz partikuläre Lösung $y_p(x) = A\sin(2x) + B\cos(2x)$ $\quad y_p'(x) = 2A\cos(2x) - 2B\sin(2x)$

$y_p''(x) = -4A\sin(2x) - 4B\cos(2x)$

Einsetzen in Ausgangs-Dgl. $(-4A\sin(2x) - 4B\cos(2x)) + 2(2A\cos(2x) - 2B\sin(2x))$
$-3(A\sin(2x) + B\cos(2x)) = -7\cos(2x) - 4\sin(2x)$

Koeffizientenvergleich
$$\begin{array}{l|ll} \cos(2x) & 4A - 7B = -7 & A = 0 \\ \sin(2x) & -7A - 4B = -4 & B = 1 \end{array}$$

Partikuläre Lösung $y_p(x) = \cos(2x)$

3. Allgemeine Lösung $y_{allg}(x) = y_h(x) + y_p(x) = c_1 e^x + c_2 e^{-3x} + \cos(2x),\ c_1, c_2 \in \mathbb{R}$

Ableitung $y_{allg}'(x) = c_1 e^x - 3c_2 e^{-3x} - 2\sin(2x)$

4. Anfangsbedingungen $y(0) = 1: \quad c_1 + c_2 + 1 = 1 \quad c_1 = 1$
$y'(0) = 4: \quad c_1 - 3c_2 = 4 \quad c_2 = -1$

5. Lösung des AWP $y(x) = e^x - e^{-3x} + \cos(2x)$

f) 1. Zugehörige homogene Dgl. $y'\cos x - y\sin x = 0$

Trennung der Variablen
$$\begin{aligned} \cos x \frac{dy}{dx} &= y\sin x && \text{Trennung der Variablen} \\ \frac{dy}{y} &= \tan x\, dx && \text{Unbestimmte Integration} \\ \ln|y| &= -\ln|\cos x| + \ln|c| && \text{Umstellen nach } y \end{aligned}$$

Lösung $y_h(x) = \dfrac{c}{\cos x},\ c \in \mathbb{R}$

2. Ansatz partikuläre Lösung Var. d. Konst.: $y_p(x) = \dfrac{c(x)}{\cos x}$ $\quad y_p'(x) = \dfrac{c'\cos x + c\sin x}{\cos^2 x}$

Einsetzen in Ausgangs-Dgl. $c' = \sin(2x)$

Integration $c(x) = \dfrac{\cos(2x)}{2}$

Partikuläre Lösung $y_p(x) = -\dfrac{\cos(2x)}{2\cos x}$

3. Allgemeine Lösung $y_{allg}(x) = y_h(x) + y_p(x) = \dfrac{c}{\cos x} - \dfrac{\cos(2x)}{2\cos x},\ c \in \mathbb{R}$

4. Anfangsbedingung $y(0) = 0: \quad c - 1/2 = 0 \quad c = 1/2$

5. Lösung des AWP $y(x) = \dfrac{1 - \cos(2x)}{2\cos x}$

Physikalische Anwendungen - Homogene Differenzialgleichungen

2.7 1. Charakteristische Gleichung $\lambda^4 - a^4 = 0$

Lösungen $\lambda_1 = a,\ \lambda_2 = -a,\ \lambda_3 = ai,\ \lambda_4 = -ai$

Allgemeine Lösung $y(x) = c_1 e^{ax} + c_2 e^{-ax} + c_3\cos(ax) + c_4\sin(ax),\ c_1, c_2, c_3, c_4 \in \mathbb{R}$

Ableitungen $y'(x) = c_1 a e^{ax} - c_2 a e^{-ax} - c_3 a\sin(ax) + c_4 a\cos(ax)$
$y''(x) = c_1 a^2 e^{ax} + c_2 a^2 e^{-ax} - c_3 a^2\cos(ax) - c_4 a^2\sin(ax)$

2. Randbedingungen
$y(0) = 0: \quad c_1 + c_2 + c_3 = 0 \quad c_1 = 0$
$y''(0) = 0: \quad c_1 + c_2 - c_3 = 0 \quad c_2 = 0$
$y(l) = 0: \quad c_1 e^{al} + c_2 e^{-al} + c_3\cos(al) + c_4\sin(al) = 0 \quad c_3 = 0$
$y''(l) = 0: \quad c_1 e^{al} + c_2 e^{-al} - c_3\cos(al) - c_4\sin(al) = 0 \quad c_4\sin(al) = 0$

3. Lösung des RWP $y(x) = c_4\sin(ax),\ c_4 \in \mathbb{R}$

Damit Durchbiegung eintreten kann, d. h., die Funktion $y(x)$ nicht identisch gleich null ist, muss $a \neq 0$, $c_4 \neq 0$ und somit $\sin(al) = 0$, d. h., $a = k\pi/l$, $k = \pm 1, \pm 2, \ldots$, sein.

Antwort: Für die Werte $a = k\pi/l$, $k = \pm 1, \pm 2, \ldots$, tritt Durchbiegung ein. Die Gleichung der Biegelinie ist in diesem Fall $y(x) = c_4\sin(k\pi x/l)$, $c_4 \in \mathbb{R}$, $c_4 \neq 0$.

2.8 1. Charakteristische Gleichung $I\lambda^2 + k = 0$
Lösungen $\lambda_1 = ai,\ \lambda_2 = -ai,\ a = \sqrt{k/I}$
Allgemeine Lösung $\varphi(t) = c_1 \cos(at) + c_2 \sin(at),\ c_1, c_2 \in \mathbb{R}$
Ableitung $\dot{\varphi}(t) = -ac_1 \sin(at) + c_2 a \cos(at),\ c_1, c_2 \in \mathbb{R}$
2. Anfangsbedingungen $\varphi(0) = \varphi_0 : \quad c_1 = \varphi_0$
$\dot{\varphi}(0) = 0 : \quad c_2 = 0$
3. Lösung des AWP $\varphi(t) = \varphi_0 \cos(at)$

Die Periode T ist die Zeit, in der die Scheibe eine gesamte Schwingung ausgeführt hat, sodass gilt $aT = 2\pi$, d. h., $T = 2\pi/a = \sqrt{8\pi\, l\, I/G}/r^2$.

Antwort: Der zeitliche Verlauf des Drehwinkels ist $\varphi(t) = \varphi_0 \cos\left(t\sqrt{k/I}\right)$, $t > 0$. Die Periode der Schwingung ist

$$T = \sqrt{8\pi\, l\, I/G}\Big/r^2.$$

2.9 Wenn der Zylinder mit der Eintauchtiefe l schwimmt (sich also nicht bewegt), so ist der Betrag mg seiner Gewichtskraft gleich dem Betrag seiner Auftriebskraft. Der Betrag der Auftriebskraft ist nach dem Gesetz von Archimedes gleich dem Betrag der Gewichtskraft des durch den eingetauchten Teil des Zylinders verdrängten Wassers. Der eingetauchte Teil des Zylinders ist ein Zylinder derselben Grundfläche und der Höhe l. Sein Volumen beträgt $\pi r^2 l$, und mit der Dichte ρ_W des Wassers ergibt sich der Betrag der Auftriebskraft $\pi r^2 l \rho_W g$. Damit gilt $mg = \pi r^2 l \rho_W g$.

Die zu l zusätzliche Eintauchtiefe des Zylinders nach dem Drücken auf den Zylinder in Abhängigkeit von der Zeit t wird mit $x(t)$ bezeichnet. Die auftretende Differenz zwischen den Beträgen von Gewichts- und Auftriebskraft ist verantwortlich für die Bewegung (Schwingung) des Zylinders. Die Kräftebilanz nach dem zweiten Axiom von Newton ist

$$F = ma = G - F_A,$$

wobei F die auf den Körper wirkende Gesamtkraft, $a = \ddot{x}$ seine Beschleunigung, G seine Gewichtskraft und F_A seine Auftriebskraft ist. Der eingetauchte Teil des Zylinders ist ein Zylinder derselben Grundfläche und der Höhe $l + x$. Sein Volumen beträgt $\pi r^2(l + x)$, und mit der Dichte ρ_W des Wassers ergibt sich seine Auftriebskraft

$$F_A = \pi r^2 (l + x) \rho_W g.$$

Damit lautet die Differenzialgleichung zur Bestimmung der zusätzlichen Eintauchtiefe $x(t)$

$$m\ddot{x} = mg - \pi r^2 (l + x) \rho_W g.$$

Mit $mg = \pi r^2 l \rho_W g$ und Division durch $\pi r^2 l \rho_W$ ergibt sich die homogene Differenzialgleichung zweiter Ordnung

$$\ddot{x} + \alpha^2 x = 0, \qquad \alpha^2 = g/l.$$

1. Charakteristische Gleichung $\lambda^2 + \alpha^2 = 0$
Lösungen $\lambda_1 = \alpha i,\ \lambda_2 = -\alpha i$
2. Allgemeine Lösung $x(t) = c_1 \cos(\alpha t) + c_2 \sin(\alpha t),\ c_1, c_2 \in \mathbb{R}$

Die Periode T ist die Zeit, in der der Zylinder eine gesamte Schwingung ausführt, sodass gilt $\alpha T = 2\pi$.

Antwort: Die Periode der Schwingung ist (ohne Bewegungswiderstand) $T = 2\pi\sqrt{l/g}$.

2.10 1. Charakteristische Gleichung $\lambda^2 - \alpha = 0,\ \alpha = \gamma/H$
Lösungen $\lambda_1 = \sqrt{\alpha},\ \lambda_2 = -\sqrt{\alpha}$
2. Allgemeine Lösung $y(x) = c_1 e^{\sqrt{\alpha}x} + c_2 e^{-\sqrt{\alpha}x},\ c_1, c_2 \in \mathbb{R}$
Ableitung $y'(x) = c_1\sqrt{\alpha} e^{\sqrt{\alpha}x} - c_2\sqrt{\alpha} e^{-\sqrt{\alpha}x},\ c_1, c_2 \in \mathbb{R}$
3. Anfangsbedingungen $y(0) = y_0 : \quad c_1 + c_2 = y_0 \qquad c_1 = 0.5y_0$
$y'(0) = 0 : \quad c_1 - c_2 = 0 \qquad c_2 = 0.5y_0$
4. Lösung des AWP $y(x) = \frac{y_0}{2}\left(e^{\sqrt{\alpha}x} + e^{-\sqrt{\alpha}x}\right) = y_0 \cosh\left(\sqrt{\alpha}x\right) = y_0 \cosh\left(\sqrt{\frac{\gamma}{H}}x\right)$

Der Betrag H der horizontalen Auflagerkraft ergibt sich daraus mit der Bedingung $y(l) = y_l$ als

$$H = \gamma l^2/\text{arcosh}^2\,(y_l/y_0)\,.$$

Antwort: Die Schwerelinie des Bogenträgers hat die Gleichung $y(x) = y_0 \cosh\left(\text{arcosh}\,(y_l/y_0)\, x/l\right)$.

2.11

1.	Charakteristische Gleichung	$\lambda^2 + b\lambda + 25 = 0$	
	Lösungen	$\lambda_{1/2} = 0.5(-b \pm \sqrt{b^2 - 100})$	
b=8	Lösungen	$\lambda_{1/2} = -4 \pm 3i$	
2.	Allgemeine Lösung	$x(t) = \mathrm{e}^{-4t}\,(c_1 \cos(3t) + c_2 \sin(3t))\,,\ c_1, c_2 \in \mathbb{R}$	
	Ableitung	$\dot{x}(t) = \mathrm{e}^{-4t}\,((-4c_1 + 3c_2)\cos(3t) + (-3c_1 - 4c_2)\sin(3t))\,,\ c_1, c_2 \in \mathbb{R}$	
3.	Anfangsbedingungen	$x(0) = 1:\quad c_1 = 1$	$c_1 = 1$
		$\dot{x}(0) = 0:\quad -4c_1 + 3c_2 = 0$	$c_2 = 4/3$
4.	Lösung des AWP	$x(t) = \mathrm{e}^{-4t}\,(\cos(3t) + 4\sin(3t)/3)$	
b=10	Lösungen	$\lambda_{1/2} = -5$	
2.	Allgemeine Lösung	$x(t) = \mathrm{e}^{-5t}\,(c_1 + c_2 t)\,,\ c_1, c_2 \in \mathbb{R}$	
	Ableitung	$\dot{x}(t) = \mathrm{e}^{-5t}\,(-5c_1 + c_2 - 5c_2 t)\,,\ c_1, c_2 \in \mathbb{R}$	
3.	Anfangsbedingungen	$x(0) = 1:\quad c_1 = 1$	$c_1 = 1$
		$\dot{x}(0) = 0:\quad -5c_1 + c_2 = 0$	$c_2 = 5$
4.	Lösung des AWP	$x(t) = \mathrm{e}^{-5t}\,(1 + 5t)$	
b=12	Lösungen	$\lambda_{1/2} = -6 \pm \sqrt{11}$	
2.	Allgemeine Lösung	$x(t) = c_1 \mathrm{e}^{\lambda_1 t} + c_1 \mathrm{e}^{\lambda_2 t},\ c_1, c_2 \in \mathbb{R}$	
	Ableitung	$\dot{x}(t) = \lambda_1 c_1 \mathrm{e}^{\lambda_1 t} + \lambda_2 c_1 \mathrm{e}^{\lambda_2 t},\ c_1, c_2 \in \mathbb{R}$	
3.	Anfangsbedingungen	$x(0) = 1:\quad c_1 + c_2 = 1$	$c_1 = -\lambda_2/(\lambda_1 - \lambda_2) = (11 + 6\sqrt{11})/22$
		$\dot{x}(0) = 0:\quad \lambda_1 c_1 + \lambda_2 c_2 = 0$	$c_2 = -\lambda_1/(\lambda_1 - \lambda_2) = (11 - 6\sqrt{11})/22$
4.	Lösung des AWP	$x(t) = \frac{1}{22}\left((11 + 6\sqrt{11})\mathrm{e}^{(\sqrt{11}-6)t} + (11 - 6\sqrt{11})\mathrm{e}^{-(\sqrt{11}+6)t}\right)$	

Antwort: Die partikulären Lösungen für die drei Fälle $b = 8$, $b = 10$ und $b = 12$ geben die Position $x(t)$ der Masse zum Zeitpunkt $t > 0$ an.

2.12 Die vorliegende Dgl. bezüglich der unbekannten Funktion $u(r)$ ist 2. Ordnung, linear mit dem veränderlichen Koeffizienten $1/r$ vor u' und homogen. Damit scheidet der Fourier-Ansatz zur Lösung von linearen Dgl. mit konstanten Koeffizienten aus. Wegen der Ordnung 2 müssen in der allgemeinen Lösung der Dgl. zwei beliebige Konstanten vorkommen.

Nach der Substitution $v = u'$ und folglich $v' = u''$ lautet die Dgl.

$$v' + \frac{1}{r}v = 0,\ r_1 < r < r_2.$$

Diese Dgl. bezüglich der unbekannten Funktion $v(r)$ ist 1. Ordnung, linear mit dem veränderlichen Koeffizienten $1/r$ vor v und homogen, da kein Term als Summand vorkommt, der nur von der unabhängigen Veränderlichen r abhängt.

Diese Dgl. kann mit der Methode der Trennung der Variablen gelöst werden:

$\frac{\mathrm{d}v}{\mathrm{d}r}$	$=$	$-\frac{1}{r}v$	Trennung der Variablen
$\frac{\mathrm{d}v}{v}$	$=$	$-\frac{\mathrm{d}r}{r}$	Unbestimmte Integration
$\ln v$	$=$	$-\ln r + \overline{c}_1,\ \overline{c}_1 \in \mathbb{R}$	Umstellen nach v
$v_{\text{allg}}(r)$	$=$	$\frac{c_1}{r}$	$c_1 \in \mathbb{R}$.

Die Rücksubstitution ergibt die Dgl. erster Ordnung (linear, inhomogen) bezüglich der gesuchten Funktion $u(r)$:

$$u'(r) = \frac{c_1}{r},\ c_1 \in \mathbb{R}.$$

Diese Dgl. kann ebenfalls mit der Methode der Trennung der Variablen gelöst werden:

$\frac{\mathrm{d}u}{\mathrm{d}r}$	$=$	$\frac{c_1}{r}$	Trennung der Variablen
$\mathrm{d}u$	$=$	$\frac{c_1}{r}$	Unbestimmte Integration
$u_{\text{allg}}(r)$	$=$	$c_1 \ln r + c_2$	$c_2 \in \mathbb{R}$.

Zur Bestimmung der Konstanten c_1, c_2 sind die Randwertbedingungen zu berücksichtigen. Für $r = r_1$ bzw. $r = r_2$ folgt das lineare Gleichungssystem bezüglich c_1, c_2 in Matrixgestalt

$$\left(\begin{array}{cc|c} \ln r_1 & 1 & u_1 \\ \ln r_2 & 1 & u_2 \end{array}\right) \quad \text{mit der Lösung} \quad c_1 = \frac{u_1 - u_2}{\ln r_1 - \ln r_2},\ c_2 = \frac{u_2 \ln r_1 - u_1 \ln r_2}{\ln r_1 - \ln r_2}.$$

Antwort: Das gesuchte Temperaturprofil lautet $u(r) = \dfrac{(u_1 - u_2)\ln r + u_2 \ln r_1 - u_1 \ln r_2}{\ln r_1 - \ln r_2}$.

2.13 Die Geschwindigkeit des Wachstums des Kapitals ist $\dot{K}(t)$. Das Anfangswertproblem für die gesuchte Funktion K lautet

$\dot{K} = \alpha K$, $K(2010) = K_{2010} = 100\,000$ [€].

Die lineare Dgl. 1. Ordnung, inhomogen, kann mit der Methode der Trennung der Variablen gelöst werden:

$$\begin{array}{rcl|l} \dfrac{\mathrm{d}K}{\mathrm{d}t} & = & \alpha & \text{Trennung der Variablen} \\ \dfrac{\mathrm{d}K}{\mathrm{d}t} & = & \alpha\,\mathrm{d}t & \text{Unbestimmte Integration} \\ K_{\text{allg}}(t) & = & c\,\mathrm{e}^{\alpha t} & c \in \mathbb{R}. \end{array}$$

Mit der Anfangsbedingung ergibt sich für den Zeitpunkt $t = 2010$ [a]

$K(2010) = 100\,000 = c\,\mathrm{e}^{0.03 \cdot 2010}$ und daraus die Konstante $C = 100\,000\,\mathrm{e}^{-0.03 \cdot 2010}$.

Damit ist die gesuchte Funktion, d. h., die Höhe des Kapitals zum Zeitpunkt $t > 2010$,

$K(t) = 100\,000\,\mathrm{e}^{0.03(t-2010)}$ [€].

Für den effektiven Jahreszinssatz i_{eff} gilt nach der Endwertformel

$K(t+1) = (1 + i_{\text{eff}})K(t)$ und mit der Funktion K $\mathrm{e}^{0.03(t+1-2010)} = (1 + i_{\text{eff}})\mathrm{e}^{0.03(t-2010)}$.

Daraus ergibt sich durch Umstellen nach i_{eff}

$i_{\text{eff}} = \mathrm{e}^{0.03} - 1 \approx 0.03045$.

Antwort: Der effektive Jahreszinssatz beträgt ca. 3.045 %.

2.14 **1.** Charakteristische Gleichung $\lambda^4 + a^2\lambda^2 = 0$
Lösungen $\lambda_1 = 0,\ \lambda_2 = 0,\ \lambda_3 = ai,\ \lambda_4 = -ai$
Allgemeine Lösung $w(x) = c_1 + c_2 x + c_3\cos(ax) + c_4\sin(ax),\ c_1, c_2, c_3, c_4 \in \mathbb{R}$
Ableitungen $w'(x) = c_2 - c_3 a\sin(ax) + c_4 a\cos(ax)$
$w''(x) = -c_3 a^2\cos(ax) - c_4 a^2\sin(ax)$

2. Randbedingungen
$w(0) = 0:\quad c_1 + c_3 = 0 \qquad c_1 = 0$
$w''(0) = 0:\quad c_3 = 0 \qquad c_2 = 0$
$w(l) = 0:\quad c_1 + c_2 l + c_3\cos(al) + c_4\sin(al) = 0 \qquad c_3 = 0$
$w''(l) = 0:\quad -c_3\cos(al) - c_4\sin(al) = 0 \qquad c_4\sin(al) = 0$

3. Lösung des RWP $w(x) = c_4\sin(ax),\ c_4 \in \mathbb{R}$

Damit Durchbiegung eintreten kann, d. h., die Funktion $w(x)$ nicht identisch gleich null ist, muss $a \neq 0$, $c_4 \neq 0$ und somit $\sin(al) = 0$, d. h., $a = k\pi/l$, $k = \pm 1, \pm 2, \ldots$, sein. Für die Größe der Kraft F ergibt sich damit $F = EI\pi^2 k^2/l^2$. Der kleinste positive Wert für die Größe der Kraft F, für den die Biegelinie von der Nulllage abweicht, ergibt sich für $k = 1$.

Antwort: Der kleinste positive Wert für die Größe der Kraft F, für den die Biegelinie von der Nulllage abweicht, ist $F = EI\pi^2/l^2$. Die Gleichung der Biegelinie ist in diesem Fall $y(x) = c_4\sin(\pi x/l)$, $c_4 \in \mathbb{R}, c_4 \neq 0$.

2.15 **1.** Charakteristische Gleichung $\lambda^4 = 0$
Lösungen $\lambda_1 = 0,\ \lambda_2 = 0,\ \lambda_3 = 0,\ \lambda_4 = 0$
Allgemeine Lösung $w(x) = c_0 + c_1 x + c_2 x^2 + c_3 x^3,\ c_0, c_1, c_2, c_3 \in \mathbb{R}$
Ableitungen $w'(x) = c_1 + 2c_2 x + 3c_3 x^2,\ w''(x) = 2c_2 + 6c_3 x,\ w'''(x) = 6c_3$

2. Randbedingungen
$w(0) = 0:\quad c_0 = 0$
$w'(0) = 0:\quad c_1 = 0$
$w'''(l) = 0:\quad c_3 = 0$
$w''(l) = -M/(EI):\quad c_2 = -M/(2EI)$

3. Lösung des RWP $w(x) = -\dfrac{M}{2EI}x^2$.

Antwort: Die Gleichung der Biegelinie lautet $w(x) = -Mx^2/(2EI)$.

2.16 **1.** Charakteristische Gleichung $\lambda^4 = 0$
Lösungen $\lambda_1 = 0,\ \lambda_2 = 0,\ \lambda_3 = 0,\ \lambda_4 = 0$
Allgemeine Lösung $w(x) = c_0 + c_1 x + c_2 x^2 + c_3 x^3,\ c_0, c_1, c_2, c_3 \in \mathbb{R}$
Ableitungen $w'(x) = c_1 + 2c_2 x + 3c_3 x^2,\ w''(x) = 2c_2 + 6c_3 x,\ w'''(x) = 6c_3$
2. Randbedingungen $w(0) = 0:\quad c_0 = 0$
$w'(0) = 0:\quad c_1 = 0$
$w'''(l) = -F/(EI):\quad c_3 = -F/(6EI)$
$w''(l) = 0:\quad 2c_2 + 6c_3 l = 0\quad c_2 = Fl/(2EI)$
3. Lösung des RWP $w(x) = -\dfrac{F}{6EI}x^2(x - 3l)$

Antwort: Die Gleichung der Biegelinie lautet $w(x) = -Fx^2(x - 3l)/(6EI)$.

Physikalische Anwendungen - Inhomogene Differenzialgleichungen

2.17 Das Anfangswertproblem zur Ermittlung der Gleichung für die Höhe $s(t)$ des Körpers in Abhängigkeit von der Zeit t ergibt sich aus der Kräftebilanz nach dem zweiten Axiom von Newton $F = ma = -G + F_R$, wobei F die auf den Körper wirkende Gesamtkraft und $a = \ddot{s}$ seine Beschleunigung ist:

$\ddot{s} + \alpha\dot{s} = -g,\qquad \alpha = k/m,$
$s(0) = h,\ \dot{s}(0) = 0.$

1. Zugehörige homogene Dgl. $\ddot{s} + \alpha\dot{s} = 0$
Charakteristische Gleichung $\lambda^2 + \alpha\lambda = 0$
Lösungen $\lambda_1 = 0,\ \lambda_2 = -\alpha$
Allgemeine Lösung $s_h(t) = c_1 + c_2 e^{-\alpha t},\ c_1, c_2 \in \mathbb{R}$
2. Ansatz partikuläre Lösung Resonanzfall, $s_p(t) = At,\ \dot{s}_p(t) = A,\ \ddot{s}_p(t) = 0$
Einsetzen in Ausgangs-Dgl. $\alpha A = -g,\ A = -g/\alpha$
Partikuläre Lösung $s_p(t) = -gt/\alpha$
3. Allgemeine Lösung $s(t) = c_1 + c_2 e^{-\alpha t} - gt/\alpha,\ c_1, c_2 \in \mathbb{R}$
Ableitung $\dot{s}(t) = -\alpha c_2 e^{-\alpha t} - g/\alpha,\ c_2 \in \mathbb{R}$
4. Anfangsbedingungen $\dot{s}(0) = 0:\quad c_2 = -g/\alpha^2$
$s(0) = h:\quad c_1 = h + g/\alpha^2$
5. Lösung des AWP $s(t) = h + \dfrac{g}{\alpha^2}\left(1 - e^{-\alpha t}\right) - \dfrac{g}{\alpha}t = h + \dfrac{m^2 g}{k^2}\left(1 - e^{-kt/m}\right) - \dfrac{mg}{k}t.$

Antwort: Mit $m=1$ kg, $h=20$ m, $g=10$ m/s², $k=10$ kg/s ergibt sich $s(t)=20 + \dfrac{1}{10}\left(1-e^{-10t}\right) - t$, t in s, $s(t)$ in m.

2.18 Das Anfangswertproblem zur Ermittlung der Position $x(t)$ des Körpers in Abhängigkeit von der Zeit t ergibt sich aus der Kräftebilanz nach dem zweiten Axiom von Newton $F = ma = F_R$, wobei F die auf den Körper wirkende Gesamtkraft und $a = \ddot{x}$ seine Beschleunigung ist:

$m\ddot{x} = -km,$
$x(0) = 0,\ \dot{x}(0) = v_0.$

1. Zugehörige homogene Dgl. $\ddot{x} = 0$
Charakteristische Gleichung $\lambda^2 = 0$
Lösungen $\lambda_1 = 0,\ \lambda_2 = 0$
Allgemeine Lösung $x_h(t) = c_1 + c_2 t,\ c_1, c_2 \in \mathbb{R}$
2. Ansatz partikuläre Lösung Resonanzfall, $x_p(t) = At^2,\ \dot{x}_p(t) = 2At,\ \ddot{x}_p(t) = 2A$
Einsetzen in Ausgangs-Dgl. $A = -k/2$
Partikuläre Lösung $x_p(t) = -kt^2/2$
3. Allgemeine Lösung $x(t) = c_1 + c_2 t - kt^2/2,\ c_1, c_2 \in \mathbb{R}$
Ableitung $\dot{x}(t) = c_2 - kt,\ c_2 \in \mathbb{R}$
4. Anfangsbedingungen $x(0) = 0:\quad c_1 = 0$
$\dot{x}(0) = v_0:\quad c_2 = v_0$
5. Lösung des AWP $x(t) = v_0 t - kt^2/2$
Ableitung $\dot{x}(t) = v_0 - kt$

Antwort: Die Position $x(t)$ bzw. die Geschwindigkeit des Körpers in Abhängigkeit von der Zeit t wird beschrieben durch die Gleichungen $x(t) = v_0 t - kt^2/2$ bzw. $\dot{x}(t) = v_0 - kt$.
Der Körper kommt zur Ruhe zum Zeitpunkt $t^\star = v_0/k$, da $\dot{x}(t^\star) = 0$ ist. Zu diesem Zeitpunkt hat er die Strecke $x(t^\star) = v_0^2/(2k)$ zurückgelegt.

2.19 Das Anfangswertproblem zur Ermittlung der Position $x(t)$ des mechanischen Federschwingers in Abhängigkeit von der Zeit t ergibt sich aus der Kräftebilanz nach dem zweiten Axiom von Newton $F = ma = -kx + K$, wobei F die auf den Körper wirkende Gesamtkraft und $a = \ddot{x}$ seine Beschleunigung ist:

$\ddot{x} + \alpha^2 x = K(t)/m, \quad \alpha^2 = k/m,$
$x(0) = x_0, \ \dot{x}(0) = 0.$

1. Zugehörige homogene Dgl. $\ddot{x} + \alpha^2 x = 0$
Charakteristische Gleichung $\lambda^2 + \alpha^2 = 0$
Lösungen $\lambda_1 = \alpha i,\ \lambda_2 = -\alpha i$
Allgemeine Lösung $x_\mathrm{h}(t) = c_1\cos(\alpha t) + c_2 \sin(\alpha t),\ c_1, c_2 \in \mathbb{R}$
2. Ansatz partikuläre Lösung $x_\mathrm{p}(t) = A\cos(2t) + B\sin(2t),\ \dot{x}_\mathrm{p}(t) = -2A\sin(2t) + 2B\cos(2t),$
$\ddot{x}_\mathrm{p}(t) = -4A\cos(2t) - 4B\sin(2t)$
Einsetzen in Ausgangs-Dgl. $(-4A\cos(2t) - 4B\sin(2t)) + \alpha^2(A\cos(2t) + B\sin(2t)) = \alpha_0\cos(2t),\ \alpha_0 = k_0/m$
Koeffizientenvergleich $\begin{array}{l|ll} \cos(2t) & -4A + \alpha^2 A = \alpha_0 & A = \alpha_0/(\alpha^2-4) \\ \sin(2t) & -4B + \alpha^2 B = 0 & B = 0 \ \text{für } \alpha^2 \neq 4 \end{array}$
Partikuläre Lösung $x_\mathrm{p}(t) = \dfrac{\alpha_0}{\alpha^2-4}\cos(2t)$
3. Allgemeine Lösung $x(t) = c_1\cos(\alpha t) + c_2\sin(\alpha t) + \dfrac{\alpha_0}{\alpha^2-4}\cos(2t),\ c_1, c_2 \in \mathbb{R}$
Ableitung $\dot{x}(t) = -c_1\alpha\sin(\alpha t) + c_2\alpha\cos(\alpha t) - \dfrac{2\alpha_0}{\alpha^2-4}\sin(2t),\ c_1, c_2 \in \mathbb{R}$
4. Anfangsbedingungen $x(0) = x_0: \quad c_1 = \left(x_0 - \dfrac{\alpha_0}{\alpha^2-4}\right)$
$\dot{x}(0) = 0: \quad c_2 = 0$
5. Lösung des AWP $x(t) = \left(x_0 - \dfrac{\alpha_0}{\alpha^2-4}\right)\cos(\alpha t) + \dfrac{\alpha_0}{\alpha^2-4}\cos(2t)$

Antwort: Für $m = 1$ und $k = 1$ ergibt sich mit $\alpha^2 = 1$ und $\alpha_0 = k_0$ die Gleichung $x(t) = \left(x_0 + \dfrac{k_0}{3}\right)\cos t - \dfrac{k_0}{3}\cos(2t)$.

2.20 Das Anfangswertproblem zur Ermittlung der Position $x(t)$ des mechanischen Federschwingers in Abhängigkeit von der Zeit t lautet

$\ddot{x} + 2\xi\omega_0\dot{x} + \omega_0^2 x = F/m,\ \omega_0 = \sqrt{290}\ [1/\mathrm{s}],\ \xi = 1/\sqrt{290} < 1,$
$x(0) = x_0 = 0.1\ [\mathrm{m}],\ \dot{x}(0) = 0\ [\mathrm{m/s}].$

1. Zugehörige homogene Dgl. $\ddot{x} + 2\xi\omega_0\dot{x} + \omega_0^2 x = 0$
Charakteristische Gleichung $\lambda^2 + 2\xi\omega_0\lambda + \omega_0^2 = 0$
Lösungen $\lambda_{1,2} = -\xi\omega_0 \pm \sqrt{\xi^2\omega_0^2 - \omega_0^2} = -\xi\omega_0 \pm i\,\omega_0\sqrt{1-\xi^2},\ \xi < 1$
Allgemeine Lösung $x_\mathrm{h}(t) = \mathrm{e}^{-\xi\omega_0 t}(c_1\cos(\omega t) + c_2\sin(\omega t)),\ \omega = \omega_0\sqrt{1-\xi^2},\ c_1, c_2 \in \mathbb{R}$
2. Ansatz partikuläre Lösung $x_\mathrm{p} = A$
Einsetzen in Ausgangs-Dgl. $\omega_0^2 A = F/m, \quad A = F/(\omega_0^2 m)$
Partikuläre Lösung $x_\mathrm{p}(t) = F/(\omega_0^2 m)$
3. Allgemeine Lösung $x(t) = \mathrm{e}^{-\xi\omega_0 t}(c_1\cos(\omega t) + c_2\sin(\omega t)) + F/(\omega_0^2 m),\ c_1, c_2 \in \mathbb{R}$
Ableitung $\dot{x}(t) = -\xi\omega_0\mathrm{e}^{-\xi\omega_0 t}(c_1\cos(\omega t) + c_2\sin(\omega t)) + \omega\mathrm{e}^{-\xi\omega_0 t}(-c_1\sin(\omega t) + c_2\cos(\omega t))$
4. Anfangsbedingungen $x(0) = x_0: \quad c_1 + F/(\omega_0^2 m) = x_0 \quad c_1 = x_0 - F/(\omega_0^2 m) = x_0 - F/k$
$\dot{x}(0) = 0: \quad -\xi\omega_0 c_1 + \omega c_2 = 0 \quad c_2 = \dfrac{\xi\omega_0}{\omega}\left(x_0 - \dfrac{F}{k}\right)$
5. Lösung des AWP $x(t) = \mathrm{e}^{-\xi\omega_0 t}\left(\left(x_0 - \dfrac{F}{k}\right)\cos(\omega t) + \dfrac{\xi\omega_0}{\omega}\left(x_0 - \dfrac{F}{k}\right)\sin(\omega t)\right) + \dfrac{F}{k}$

Antwort: Mit den angegebenen Zahlen sind die Konstanten $\xi\omega_0 = 1\ [1/\mathrm{s}]$, $\dfrac{F}{k} = \dfrac{3}{29}\ [\mathrm{m}]$, $\omega = \omega_0\sqrt{1-\xi^2} = 17\ [1/\mathrm{s}]$,
und die Lösung ist $x(t) = -\dfrac{1}{4930}\mathrm{e}^{-t}(17\cos(17t) + \sin(17t)) + \dfrac{3}{29}\ [\mathrm{m}]$.

2.21 Das Anfangswertproblem zur Ermittlung der Temperatur $T(t)$ des Körpers zum Zeitpunkt t lautet mit der Geschwindigkeit $\dot{T}$ der Abkühlung

$$\dot{T} = k(T_u - T),$$
$$T(0) = T_0.$$

1. Zugehörige homogene Dgl. $\dot{T} + kT = 0$
   Charakteristische Gleichung $\lambda + k = 0$
   Lösung $\lambda = -k$
   Allgemeine Lösung $T_\text{h}(t) = c\mathrm{e}^{-kt},\ c \in \mathbb{R}$
2. Ansatz partikuläre Lösung $T_\text{p} = A$
   Einsetzen in Ausgangs-Dgl. $0 = k(T_u - A),\ A = T_u$
   Partikuläre Lösung $T_\text{p} = T_u$
3. Allgemeine Lösung $T_\text{allg}(t) = c\mathrm{e}^{-kt} + T_u,\ c \in \mathbb{R}$
4. Anfangsbedingungen $T(0) = T_0 :\quad c = T_0 - T_u$
5. Lösung des AWP $T(t) = (T_0 - T_u)\mathrm{e}^{-k \cdot t} + T_u$

Antwort: Die Gleichung zur Ermittlung der Temperatur des Körpers zum Zeitpunkt t ist
$T(t) = (T_0 - T_u)\mathrm{e}^{-k \cdot t} + T_u,\ t \leq 0.$

2.22 Das Anfangswertproblem zur Ermittlung des funktionalen Zusammenhangs $r(t)$ zum Zeitpunkt $t > 0$ lautet mit der radialen Geschwindigkeit $\dot{r}(t)$

$$m\ddot{r} = m\omega^2 r - mg\sin(\omega t),$$
$$r(0) = r_0, \dot{r}(0) = v_0.$$

1. Zugehörige homogene Dgl. $\ddot{r} - \omega^2 r = 0$
   Charakteristische Gleichung $\lambda^2 - \omega^2 = 0$
   Lösungen $\lambda_1 = \omega,\ \lambda_2 = -\omega$
   Allgemeine Lösung $r_\text{h}(t) = c_1\mathrm{e}^{\omega t} + c_2\mathrm{e}^{-\omega t},\ c_1, c_2 \in \mathbb{R}$
2. Ansatz partikuläre Lösung $r_\text{p} = A\sin(\omega t) + B\cos(\omega t),$
   $\dot{r}_\text{p} = \omega A\cos(\omega t) - \omega B\sin(\omega t),\ \ddot{r}_\text{p} = -\omega^2 A\sin(\omega t) - \omega^2 B\cos(\omega t)$
   Einsetzen in Ausgangs-Dgl. $-\omega^2 A\sin(\omega t) - \omega^2 B\cos(\omega t) - \omega^2(A\sin(\omega t) + B\cos(\omega t)) = -g\sin(\omega t)$
   Koeffizientenvergleich
   $\sin(\omega t)\ \big|\ -2\omega^2 A = -g \qquad A = g/(2\omega^2)$
   $\cos(\omega t)\ \big|\ -2\omega^2 B = 0 \qquad B = 0$
   Partikuläre Lösung $r_{\text{p}(t)} = \dfrac{g}{2\omega^2}\sin(\omega t)$
3. Allgemeine Lösung $r_\text{allg}(t) = c_1\mathrm{e}^{\omega t} + c_2\mathrm{e}^{-\omega t} + \dfrac{g}{2\omega^2}\sin(\omega t),\ c_1, c_2 \in \mathbb{R}$
   Ableitung $\dot{r}_\text{allg}(t) = \omega c_1\mathrm{e}^{\omega t} - \omega c_2\mathrm{e}^{-\omega t} + \dfrac{g}{2\omega}\cos(\omega t)$
4. Anfangsbedingungen $r(0) = r_0 :\quad c_1 + c_2 = r_0 \qquad c_1 = \dfrac{r_0}{2} + \dfrac{v_0}{2\omega} - \dfrac{g}{4\omega^2}$
   $\dot{r}(0) = v_0 :\quad \omega c_1 - \omega c_2 = v_0 - \dfrac{g}{2\omega} \qquad c_2 = \dfrac{r_0}{2} - \dfrac{v_0}{2\omega} + \dfrac{g}{4\omega^2}$
5. Lösung des AWP $r(t) = \left(\dfrac{r_0}{2} + \dfrac{v_0}{2\omega} - \dfrac{g}{4\omega^2}\right)\mathrm{e}^{\omega t} + \left(\dfrac{r_0}{2} - \dfrac{v_0}{2\omega} + \dfrac{g}{4\omega^2}\right)\mathrm{e}^{-\omega t} + \dfrac{g}{2\omega^2}\sin(\omega t)$

Antwort: Der Abstand des Körpers vom Drehzentrum O zum Zeitpunkt $t > 0$ ist
$$r(t) = \left(\frac{r_0}{2} + \frac{v_0}{2\omega} - \frac{g}{4\omega^2}\right)\mathrm{e}^{\omega t} + \left(\frac{r_0}{2} - \frac{v_0}{2\omega} + \frac{g}{4\omega^2}\right)\mathrm{e}^{-\omega t} + \frac{g}{2\omega^2}\sin(\omega t).$$

2.23 Für die parabolische Streckenlast q ergibt sich aus der Skizze mit dem Ansatz $q(x) = ax(x - 2l),\ a \in \mathbb{R}$, sowie der Bedingung $q(l) = q_0$ die Funktionsgleichung $q(x) = -q_0(x^2 - 2lx)/l^2$. Das Randwertproblem für die Gleichung M der Momentenlinie ist damit

$$\begin{aligned} M'' &= k(x^2 - 2lx),\ 0 < x < l, \quad k = q_0/l^2, \\ M(0) &= 0, \\ M(l) &= 0. \end{aligned}$$

1. Zugehörige homogene Dgl. $M'' = 0$
   Charakteristische Gleichung $\lambda^2 = 0$
   Lösungen $\lambda_1 = 0,\ \lambda_2 = 0$
   Allgemeine Lösung $M_h(x) = c_0 + c_1 x,\ c_0, c_1 \in \mathbb{R}$
2. Ansatz partikuläre Lösung Resonanzfall $M_p(x) = (P_0 + P_1 x + P_2 x^2)x^2$,
   $M_p'(x) = 2P_0 x + 3P_1 x^2 + 4P_2 x^3$,
   $M_p''(x) = 2P_0 + 6P_1 x + 12P_2 x^2$
   Koeffizientenvergleich $\begin{array}{c|lcl} x^0 & 2P_0 & = & 0 \\ x^1 & 6P_1 & = & -2kl \\ x^2 & 12P_2 & = & k \end{array}$, $P_0 = 0,\ P_1 = -\dfrac{kl}{3},\ P_2 = \dfrac{k}{12}$
   Partikuläre Lösung $M_p(x) = -\dfrac{kl}{3}x^3 + \dfrac{k}{12}x^4$
3. Allgemeine Lösung $M(x) = c_0 + c_1 x - \dfrac{kl}{3}x^3 + \dfrac{k}{12}x^4,\ c_0, c_1 \in \mathbb{R}$
4. Randbedingungen $M(0) = 0:$ $c_0 = 0$
   $M(l) = 0:\ c_1 l - \dfrac{kl}{3}l^3 + \dfrac{k}{12}l^4 = 0$ $c_1 = \dfrac{k}{4}l^3$
5. Lösung des RWP $M(x) = \dfrac{kl^3}{4}x - \dfrac{kl}{3}x^3 + \dfrac{k}{12}x^4$

Antwort: Die Gleichungen der Momentenlinie bzw. der Querkraftlinie sind

$$M(x) = \frac{q_0 l}{4}x - \frac{q_0}{3l}x^3 + \frac{q_0}{12l^2}x^4 \quad \text{bzw.} \quad V(x) = M'(x) = \frac{q_0 l}{4} - \frac{q_0}{l}x^2 + \frac{q_0}{3l^2}x^3.$$

2.24 1. Zugehörige homogene Dgl. $w^{IV} = 0$
   Charakteristische Gleichung $\lambda^4 = 0$
   Lösungen $\lambda_1 = 0,\ \lambda_2 = 0,\ \lambda_3 = 0,\ \lambda_4 = 0$
   Allgemeine Lösung $w_h(x) = c_0 + c_1 x + c_2 x^2 + c_3 x^3,\ c_0, c_1, c_2, c_3 \in \mathbb{R}$
2. Ansatz partikuläre Lösung Resonanzfall $w_p(x) = P_4 x^4$,
   $w_p'(x) = 4P_4 x^3,\ w_p''(x) = 12P_4 x^2,\ w_p'''(x) = 24P_4 x,\ w_p^{IV}(x) = 24P_4$,
   Koeffizientenvergleich x^0: $24P_4 = q_0/(EI)$, $P_4 = k$ mit $k = q_0/(24EI)$
   Partikuläre Lösung $w_p(x) = kx^4$
3. Allgemeine Lösung $w(x) = c_0 + c_1 x + c_2 x^2 + c_3 x^3 + kx^4,\ c_0, c_1, c_2, c_3 \in \mathbb{R}$
   Ableitungen $w'(x) = c_1 + 2c_2 x + 3c_3 x^2 + 4kx^3$
   $w''(x) = 2c_2 + 6c_3 x + 12kx^2$
4. Randbedingungen $w(0) = 0:$ $c_0 = 0$
   $w''(0) = 0:$ $c_2 = 0$
   $w(l) = 0:$ $lc_1 + l^3 c_3 + kl^4 = 0$ $c_1 = kl^6/(2l^3)$
   $w'(l) = 0:$ $c_1 + 3l^2 c_3 + 4kl^3 = 0$ $c_3 = -3kl^5/(2l^4)$
5. Lösung des RWP $w(x) = \dfrac{kl^6}{2l^3}x - \dfrac{3kl^5}{2l^4}x^3 + kx^4,\ k = q_0/(24EI)$

Antwort: Die Gleichung der Biegelinie lautet $w(x) = \dfrac{q_0 l^4}{48EI}\left(\dfrac{x}{l} - 3\left(\dfrac{x}{l}\right)^3 + 2\left(\dfrac{x}{l}\right)^4\right)$.

2.25 Für die parabolische Streckenlast q ergibt sich aus der Skizze mit dem Ansatz $q(x) = ax(x - 2l)$, $a \in \mathbb{R}$, sowie der Bedingung $q(l) = q_0$ die Funktionsgleichung $q(x) = -q_0(x^2 - 2lx)/l^2$. Das Randwertproblem für die Gleichung w der Biegelinie ist damit

$$\begin{aligned} w^{IV} &= k(x^2 - 2lx),\ 0 < x < 2l \quad k = -q_0/(EI\,l^2) \\ w(0) &= 0, \\ w(2l) &= 0, \\ w''(0) &= 0, \\ w''(2l) &= -M/EI. \end{aligned}$$

1. Zugehörige homogene Dgl. $w^{IV} = 0$
   Charakteristische Gleichung $\lambda^4 = 0$
   Lösungen $\lambda_1 = 0,\ \lambda_2 = 0,\ \lambda_3 = 0,\ \lambda_4 = 0$
   Allgemeine Lösung $w_\mathrm{h}(x) = c_0 + c_1 x + c_2 x^2 + c_3 x^3,\ c_0, c_1, c_2, c_3 \in \mathbb{R}$
2. Ansatz partikuläre Lösung Resonanzfall $w_\mathrm{p}(x) = (P_0 + P_1 x + P_2 x^2)x^4$,

$$\begin{aligned}
w_\mathrm{p}(x) &= P_0 x^4 + P_1 x^5 + P_2 x^6,\\
w_\mathrm{p}'(x) &= 4P_0 x^3 + 5P_1 x^4 + 6P_2 x^5,\\
w_\mathrm{p}''(x) &= 12P_0 x^2 + 20P_1 x^3 + 30P_2 x^4,\\
w_\mathrm{p}'''(x) &= 24P_0 x + 60P_1 x^2 + 120P_2 x^3,\\
w_\mathrm{p}^{IV}(x) &= 24P_0 + 120P_1 x + 360P_2 x^2
\end{aligned}$$

   Koeffizientenvergleich

$$\begin{array}{c|lcl}
x^0 & 24P_0 & = & 0\\
x^1 & 120P_1 & = & -2kl\\
x^2 & 360P_2 & = & k
\end{array}\ ,\quad P_0 = 0,\ P_1 = -\frac{kl}{60},\ P_2 = \frac{k}{360}$$

   Partikuläre Lösung $w_\mathrm{p}(x) = -\frac{kl}{60}x^5 + \frac{k}{360}x^6$
3. Allgemeine Lösung $w(x) = c_0 + c_1 x + c_2 x^2 + c_3 x^3 - \frac{kl}{60}x^5 + \frac{k}{360}x^6,\ c_0, c_1, c_2, c_3 \in \mathbb{R}$
   Ableitungen $w'(x) = c_1 + 2c_2 x + 3c_3 x^2 - \frac{kl}{12}x^4 + \frac{k}{60}x^5$

$$w''(x) = 2c_2 + 6c_3 x - \frac{kl}{3}x^3 + \frac{k}{12}x^4$$

4. Randbedingungen

$$\begin{aligned}
&w(0) = 0: && c_0 = 0\\
&w''(0) = 0: && c_2 = 0\\
&w''(2l) = -\frac{M}{EI}: && 6c_3(2l) - \frac{kl}{3}(2l)^3 + \frac{k}{12}(2l)^4 = -\frac{M}{EI} \qquad c_3 = -\frac{M}{12lEI} + \frac{1}{9}kl^3\\
&w(2l) = 0: && c_1(2l) + c_3(2l)^3 - \frac{kl}{60}(2l)^5 + \frac{k}{360}(2l)^6 = 0 \quad c_1 = \frac{M}{3EI}l - \frac{4}{15}kl^5
\end{aligned}$$

5. Lösung des RWP $w(x) = \left(\frac{M}{3EI}l - \frac{4}{15}kl^5\right)x + \left(-\frac{M}{12lEI} + \frac{1}{9}kl^3\right)x^3 + \frac{k}{360}\left(-6lx^5 + x^6\right)$

Antwort: Die Gleichung der Biegelinie lautet

$$w(x) = \frac{l}{3EI}\left(M + \frac{4}{15}q_0 l^3\right)x - \frac{1}{3EI}\left(\frac{M}{l} + \frac{q_0 l}{3}\right)x^3 - \frac{q_0}{360EI\,l^2}\left(-6lx^5 + x^6\right).$$

M3 Finanzmathematik

Zinsen

3.1 **Antwort:** Mit den angegebenen Formeln ergeben sich die Beträge

a) $K_3 = K_0(1 + it) = 100\,000(1 + 3 \cdot 5/100) = 115\,000$ [€] ($t = 3$ [a])

b) $K_3 = K_0(1 + i)^n = 100\,000(1 + 5/100)^3 = 115\,762.50$ [€] ($n = 3$)

c) $K_3 = K_0(1 + i/m)^{mn} = 100\,000(1 + 5/(12 \cdot 100))^{12 \cdot 3} \approx 116\,147.22$ [€] ($m = 12$, $n = 3$)

d) $K_3 = K_0(1 + i/m)^{mn} = 100\,000(1 + 5/(365 \cdot 100))^{365 \cdot 3} \approx 116\,182.23$ [€] ($m = 365$, $n = 3$)

e) $K_3 = K_0 e^{it} = 100\,000 e^{3 \cdot 5/100} \approx 116\,183.42$ [€] ($t = 3$ [a])

3.2 a) **Antwort:** Mit dem Zinssatz $i = 4\,\%$ p. a., der Laufzeit $t = 5$ Jahre und dem Endwert $K_t = 10\,000$ € bei linearer Verzinsung von regelmäßigen nachschüssigen Zahlungen ergibt sich
$r = K_t / (n + 0.5\,(n-1)\,it) = 10\,000/\,(5 + 2 \cdot 0.04 \cdot 5) \approx 1\,851.85$ [€].

b) **Antwort:** Mit dem Zinssatz $i = 4\,\%$ p. a, der Laufzeit $t = 5$ Jahre und dem Endwert $E_n^{\text{nach}} = 10\,000$ € bei konstanter nachschüssiger Rentenzahlung ergibt sich

$$r = \frac{(q-1)E_n^{\text{nach}}}{q^n - 1} = \frac{10\,000 \cdot 0.04}{1.04^5 - 1} \approx 1\,846.27 \text{ [€]}.$$

3.3 Angenommen, der Bauherr bezahlt die gesamte Geldsumme von 24 000 € nach m Monaten. Dann betragen die Zinsen, die der Gläubiger nach acht Monaten erhält, bei einem jährlichen Zinssatz i

$24\,000(8 - m)(i/12)$ [€].

Leistet der Bauherr die Zahlungen wie angegeben, so betragen die Zinsen, die der Gläubiger nach acht Monaten erhält,

$6\,000 \cdot 8(i/12) + 6\,000 \cdot 5(i/12) + 6\,000 \cdot 3(i/12)$ [€].

Aus der Gleichheit der Zinsen bei beiden Zahlungsweisen ergibt sich

$4(8 - m) = 8 + 5 + 3, \quad$ d. h., $\quad m = 4.$

Antwort: Die gesamte Geldsumme muss vom Bauherrn nach vier Monaten gezahlt werden.

3.4 **Antwort:** Mit dem Zinssatz $i = 4.5\,\%$ p. a., dem Anfangskapital 163 500 € und der Laufzeit $t = 8$ Monate, d. h., $t = 2/3$ Jahr, ergibt sich der Endwert bei linearer Verzinsung
$K_t = K_0(1 + it) = 163\,500(1 + 4.5\,\% \cdot 2/3) = 168\,405.00$ [€].

3.5 Der Preis für die Mauerziegel wird mit K bezeichnet. Der Barwert bei sofortiger Zahlung beträgt $B_s = K$. Der Barwert B_3 bei der Zahlung in drei Raten mit einem Aufschlag von $a = 4\,\%$ bei dem Zinssatz i beträgt

$$B_3 = \frac{K}{3}(1 + a)\left(1 + \frac{1}{1 + i/4} + \frac{1}{1 + i/2}\right).$$

Dabei ist $1 + i/4$ der Zinsfaktor bezüglich drei Monate (1/4 Jahr) und $1 + i/2$ der Zinsfaktor bezüglich sechs Monate (1/2 Jahr).

a) Mit $a = 4\,\%$ und $i = 2.5\,\%$ ergibt sich $B_3 \approx 1.0336K$.

Antwort: Der Barwert B_3 bei der Zahlung in Raten ist größer als bei sofortiger Zahlung, und damit lohnt sich die sofortige Zahlung.

b) Der Grenzfall tritt ein für $B_s = B_3$. Umstellen dieser Gleichung nach dem Aufschlag a ergibt

$$a = 3\Big/\left(1 + \frac{1}{1 + i/4} + \frac{1}{1 + i/2}\right) - 1 \approx 0.006.$$

Antwort: Bei einem Aufschlag von höchstens 0.6 % lohnt sich die Zahlung in Raten.

c) Der Grenzfall tritt ein für $B_s = B_3$. Das ist eine quadratische Gleichung bezüglich i:

$$\frac{3}{1+a} = 1 + \frac{1}{1 + i/4} + \frac{1}{1 + i/2} \quad \text{bzw. mit} \quad f = \frac{3}{1+a} - 1$$

$$f\left(1 + \frac{i}{4}\right)\left(1 + \frac{i}{2}\right) = 1 + \frac{i}{4} + 1 + \frac{i}{2} \quad \text{und Ausmultiplizieren}$$

$$\frac{f}{8}i^2 + \frac{3}{4}(f-1)i + f - 2 = 0$$

mit den Lösungen $i_1 \approx 0.164$ und $i_2 \approx -2.981$, von denen die zweite wegen $i > 0$ als Zinssatz nicht in Frage kommt.

Antwort: Bei einem Zinssatz von mindestens 16.4 % lohnt sich die Zahlung in Raten.

3.6 Da die Angebote Zahlungen zu unterschiedlichen Zeitpunkten vorsehen, ist zu ihrer Bewertung der Vergleich der Barwerte zu einem festen Zeitpunkt t durchzuführen, z. B. zum Zeitpunkt $t = 0$. Die Barwerte bei einem Zinssatz i p. a. sind

für das erste Angebot $B_{01} = 50\,000 \dfrac{1}{1+i/4}$,

für das zweite Angebot $B_{02} = 51\,000 \dfrac{1}{1+i/2}$,

für das dritte Angebot $B_{03} = 16\,500 \left(\dfrac{1}{1+i/12} + \dfrac{1}{1+i/6} + \dfrac{1}{1+i/4}\right)$.

a) Bei einem Zinssatz von 3 % ergibt sich für das erste Angebot der Barwert von $B_{01} = 49\,627.79$ €, für das zweite Angebot der Barwert von $B_{02} = 50\,246.30$ € und für das dritte Angebot der Barwert von $B_{03} = 49\,253.93$ €.

Antwort: Das für Herrn B. Trieblos beste Angebot ist das zweite.

b) Das erste und das zweite Angebot sind gleichwertig, wenn ihre Barwerte übereinstimmen. Aus der Gleichheit $B_{01} = B_{02}$ ergibt sich

$$\begin{aligned} 50\,000 \frac{1}{1+i/4} &= 51\,000 \frac{1}{1+i/2}, \\ 50\,000\,(1+i/2) &= 51\,000\,(1+i/4), \\ i &= \frac{51\,000 - 50\,000}{50\,000/2 - 51\,000/4} = \frac{1\,000}{25\,000 - 12\,750} \approx 0.0816 = 8.16\,\%. \end{aligned}$$

Antwort: Bei dem Zinssatz von 8.16 % p. a. ist das erste und das zweite Angebot gleichwertig.

c) Das dritte Angebot ist für Herrn B. Trieblos besser als das erste, wenn $B_{03} > B_{01}$ gilt. Daraus ergibt sich bezüglich des Zinssatzes i die Ungleichung

$$\begin{aligned} 16\,500 \left(\frac{1}{1+i/12} + \frac{1}{1+i/6} + \frac{1}{1+i/4}\right) &> 50\,000 \frac{1}{1+i/4}, \\ 16\,500 \left(\frac{1}{1+i/12} + \frac{1}{1+i/6}\right) &> 33\,500 \frac{1}{1+i/4}, \\ 165\,((1+i/6)\,(1+i/4) + (1+i/12)\,(1+i/4)) &> 335\,(1+i/12)\,(1+i/6), \\ 815i^2 + 5760i - 720 &> 0. \end{aligned}$$

Die entsprechende quadratische Gleichung hat die Lösungen $i_1 \approx -7.1903$ und $i_2 \approx 0.1229$, von denen die erste als Zinssatz nicht in Frage kommt. Für $i > i_2 \approx 12.29\,\%$ gilt $B_{03} > B_{01}$.

Antwort: Das dritte Angebot ist für Herrn B. Trieblos besser als das erste.

3.7 **a)** Die Varianten der Zahlung sind zum gleichen Zeitpunkt zu vergleichen. Der Vergleich der Barwerte zu Beginn des Praktikums ergibt

$B_1 = 3\,040$ [€] als Barwert des ersten Angebotes,
$B_2 = 1\,020(1+1/(1+i/12)+1/(1+2i/12)) \approx 3\,054.91$ [€] als Barwert des zweiten Angebotes,
$B_3 = 3\,060/(1+3i/12) \approx 3\,044.78$ [€] als Barwert des dritten Angebotes.

Der Vergleich der Endwerte nach Ablauf der drei Monate ergibt

$E_1 = 3\,040(1+3i/12) \approx 3\,055.20$ [€] als Endwert des ersten Angebotes,
$E_2 = 1\,020(3+0.5 \cdot 4i/4) \approx 3\,070.20$ [€] als Endwert des zweiten Angebotes,
$E_3 = 3\,060$ [€] als Endwert des dritten Angebotes.

Antwort: Das zweite Angebot ist das beste.

b) Gleichwertigkeit bedeutet z. B. Gleichheit der Endwerte. Aus der Gleichheit $E_1 = E_2$ folgt

$$3040\left(1+\frac{i}{4}\right) = 1020\left(3+\frac{i}{2}\right), \quad \text{d. h.,} \quad i = 0.08.$$

Antwort: Das erste und dritte Angebot ist bei einem Zinssatz von 8 % p. a. gleichwertig.

c) Aus der Gleichheit $E_2 = E_3$ folgt

$$1020\left(3+\frac{i}{2}\right) = 3060, \quad \text{d. h.,} \quad i = 0.$$

Antwort: Das zweite und dritte Angebot ist bei einem Zinssatz von 0 % p. a. gleichwertig, d. h., das zweite Angebot ist bei jedem beliebigen Zinssatz größer null günstiger als das dritte.

d) Aus der Gleichheit $E_1 = E_3$ folgt

$$3040\left(1+\frac{i}{4}\right) = 3060, \quad \text{d. h.,} \quad i = 4\left(\frac{306}{304}-1\right) \approx 0.0263.$$

Antwort: Das zweite und dritte Angebot ist bei einem Zinssatz von ca. 2.63 % p. a. gleichwertig.

3.8 a) KfW-Programm 430: Da Herr F. Rosthaus in diesem Falle die Kosten K sofort zahlen muss, ist sein Startkapital für die kommenden Jahre der Bonus $0.1K$.

Antwort: Wenn seine Hausbank in den kommenden zehn Jahren einen jährlichen Zinssatz i anbietet, so ist sein Endkapital nach zehn Jahren gleich
$K_{10} = (1+i)^{10}\,(0.1K)$, d. h.,
für $i = 1\,\%$ ist $K_{10} \approx 0.110462\,K \approx 1104.62$ [€],
für $i = 0.5\,\%$ ist $K_{10} \approx 0.105114, K \approx 1051.14$ [€],
für $i = 2.5\,\%$ ist $K_{10} \approx 0.128008\,K \approx 1280.08$ [€].

b) KfW-Programm 151: In diesem Falle ist sein Startkapital $K_0 = K$ (die förderfähigen Kosten).

Wenn Herr F. Rosthaus den Kredit K mit dem KfW-Zinssatz i_k p.a. zu tilgen hat, so hat er in den kommenden zehn Jahren jährlich $i_k K$ Zinsen zu zahlen und nach zehn Jahren außerdem den Kredit vollständig zurückzuzahlen.

Das Kapital von Herrn F. Rosthaus nach der Verzinsung durch die Hausbank mit dem Zinsfaktor $q = 1 + i$ und Zahlung der Zinsen beträgt

nach einem Jahr
$K_1 = Kq - Ki_k$,
nach zwei Jahren
$K_2 = K_1 q - Ki_k = (Kq - Ki_k)q - Ki_k = Kq^2 - Ki_k\,(q+1)$,
nach drei Jahren
$K_3 = K_2 q - Ki_k = Kq^2 - Ki_k\,(q+1)\,q - Ki_k = Kq^3 - Ki_k\left(q^2+q+1\right),\ldots,$
nach zehn Jahren

$$K_{10} = K_9 q - Ki_k - K = Kq^{10} - Ki_k\left(q^9 + \ldots + q + 1\right) - K = K\left(q^{10} - i_k\frac{q^{10}-1}{i} - 1\right).$$

Antwort: Bei einem KfW-Zinssatz von $i_k = 1\,\%$ ergibt sich
für $i = 1\,\%$ ist $K_{10} = 0$ [€],
für $i = 0.5\,\%$ ist $K_{10} \approx -0.05114\,K \approx -511.4$ [€],
für $i = 2.5\,\%$ ist $K_{10} \approx 0.168051, K \approx 1680.51$ [€].

Ist der Hausbankzinssatz höher als der KfW-Bankzinssatz, so ist bei beiden Varianten der Förderung ein „Gewinn" zu verzeichnen (positiver Endwert). Je höher der Zinssatz der Hausbank ist, desto besser ist die zweite Variante (KfW 151). Ist der Hausbankzinssatz niedriger als der KfW-Bankzinssatz, so ist die Inanspruchnahme des Kredites (KfW 151) ein „Verlust" (negativer Endwert), der Bonus (KfW 430) ist ein „Gewinn" (positiver Endwert).

3.9 a) **Antwort:** Die Kapitalanlage wächst (lineare Verzinsung) auf
$K_0(1 + i/4) = 10\,000(1 + 0.015/4) = 10\,037.50$ [€].

b) **Antwort:** Die Höhe der Kapitalanlage (Barwert) beträgt
$K_0 = K_1/(1+i) = 10\,000/(1+0.015) = 9852.22$ [€].

c) **Antwort:** Wenn das Kapital K_0 im Zeitraum $t \leq 1$ [a] angelegt wird, so beträgt das Endkapital $K_0(1+it)$, und die Zinsen betragen $Z_t = K_0 it$. Daher ist die Anlagezeit
$t = Z_t/(K_0 i) = 100/(10\,000 \cdot 0.015) = 2/3$ [a], das sind 8 Monate (< 1 [a]).

d) **Antwort:** In drei Jahren wächst das Kapital auf den Betrag (jährlich geometrische Verzinsung)
$K_3 = K_0(1+i)^3 = 10\,000(1+0.015)^3 = 10456.80$ [€].

e) **Antwort:** Bei unterjährig linearer und jährlich geometrischer Verzinsung ist
$K_1 = K_0(1 + 74i/360)$, $K_2 = K_1(1+i)$, $K_3 = K_2(1+i)$, $K_4 = K_3(1 + 286i/360)$,
und somit stehen zum Fälligkeitsdatum zur Verfügung

$$\begin{aligned} K_4 &= K_0(1+74i/360)(1+i)^2(1+286i/360) \\ &= 10\,000(1+74\cdot 0.015/360)(1+0.015)^2(1+286\cdot 0.015/360) \approx 10457.20\ [€], \end{aligned}$$

etwas mehr als bei jährlicher Gutschrift der Zinsen.

3.10 a) Die drei Angebote haben folgende Barwerte:

I: $B_A = 260\,000$ €,

II: $B_B = 50\,000 + \dfrac{100\,000}{(1+i)^2} + \dfrac{120\,000}{(1+i)^3} = 50\,000 + \dfrac{100\,000}{(1.02)^2} + \dfrac{120\,000}{(1.02)^3} \approx 259\,196$ €,

III: $B_B = \dfrac{100\,000}{(1+i)^4} + \dfrac{200\,000}{(1+i)^8} = \dfrac{100\,000}{(1.02)^4} + \dfrac{120\,000}{(1.02)^8} \approx 263\,083$ €.

Antwort: Das Angebot mit dem kleinsten Barwert ist das beste für den Käufer, daher wird er das zweite Angebot bevorzugen.

b) Die Angebote **I** und **III** sind gleichwertig, wenn sie denselben Barwert haben.
Aus der Gleichheit
$$260\,000 = \frac{100\,000}{(1+i)^4} + \frac{200\,000}{(1+i)^8}$$
folgt mit der Substitution $x = (1+i)^4$ die quadratische Gleichung
$13x^2 - 5x - 10 = 0$ mit der positiven reellen Lösung $x = (5+\sqrt{545})/26$.
Die Rücksubstitution ergibt
$i = \sqrt[4]{(5+\sqrt{545})/26} - 1 \approx 0.0218 = 2.18\,\%$.
Antwort: Die Angebote **I** und **III** sind bei dem Zinssatz $i \approx 2.18\,\%$ p. a. gleichwertig.

Tilgung

3.11 **Antwort:** Mit der Anfangsschuld $S_0 = 75\,000$ €, dem Zinssatz $i = 6\,\%$ p. a., der Anzahl der Rückzahlungsperioden $n = 10$ ergibt sich für
den Tilgungsbetrag $T = S_0/n = 75\,000/10 = 7\,500$ [€],
die Restschuld nach $k = 5$ Jahren $S_k = S_0\,(1 - k/n) = 75\,000(1 - 5/10) = 37\,500$ [€].
Die insgesamt zu zahlenden Zinsen belaufen sich auf
$$\sum_{k=1}^{n} Z_k = S_0 i \sum_{k=1}^{n}\left(1 - \frac{k-1}{n}\right) = S_0 i \left(n - \frac{1}{n}\sum_{k=1}^{n}(k-1)\right) = S_0 i \frac{n+1}{2} = 75\,000 \cdot 6\,\% \cdot 5.5 = 24\,750 \text{ [€]}.$$

3.12 Nach $n = 5$ Jahren ist der Endwert des Kredites $K_0 = 150\,000$ bei dem jährlichen Zinssatz von $i = 6.5\,\%$ gleich
$K_n = K_0(1+i)^n = K_0 q^n = 150\,000 \cdot 1.065^5 \approx 205\,513$ [€].
Der Endwert der Ratenzahlungen nach $n = 5$ Jahren beläuft sich analog auf
$30\,000 \cdot 1.065^4 + 40\,000 \cdot 1.065^3 + 20\,000 \cdot 1.065^2 + 25\,000 \approx 134\,596.48$ [€].
Die Differenz beider Endwerte ergibt die Restschuld.
Antwort: Die Restschuld beträgt ca. 70 916.52 €.

3.13 Wenn das Darlehen $S_0 = 200\,000$ € in $n = 10$ Jahren bei einem Zinssatz von $i = 5\,\%$ p. a., d. h., einem Zinsfaktor von $q = 1.05$, getilgt sein soll, so ist eine jährliche Annuität von
$$A = S_0 \frac{q^n(q-1)}{(q^n-1)} = 200\,000 \frac{1.05^{10} \cdot 0.05}{(1.05^{10}-1)} \approx 25\,900.91 \text{ [€]}$$
erforderlich. Das ist mehr, als der Unternehmer S. Schuldauf verkraften kann.
Antwort: Für den Unternehmer S. Schuldauf lohnt es sich nicht, einen Antrag auf Fördermittel der EU zu stellen.
Bemerkung:

1. Der Zeitraum der Rückzahlung, der zur vollständigen Tilgung der Schuld $S_0 = 200\,000$ € bei einem Zinssatz von $i = 5\,\%$ p. a. und einer verkraftbaren Annuität von 25 000 € erforderlich wäre, beträgt
$n = (\ln A - \ln(A - S_0 i))/\ln q = (\ln 25\,000 - \ln(25\,000 - 200\,000 \cdot 0.05i))/\ln 1.05 \approx 10.47$
Jahre, also lediglich 0.47 Jahre mehr, als die EU-Richtlinien vorsehen. Vielleicht überlegt es sich der Unternehmer S. Schuldauf nochmals und mobilisiert seine letzten Reserven, um in den Genuss der EU-Fördermittel zu gelangen.
2. Der Unternehmer S. Schuldauf kann auch berechnen, wie groß seine Restschuld S_{10} nach Ablauf von zehn Jahren wäre. Sie beträgt
$S_{10} = S_0 q^n - A(q^n - 1)/(q-1) = 200\,000 \cdot 1.05^n - 25\,000(1.05^n - 1)/0.05 \approx 11\,331.61$ [€],
müsste aber kleiner oder gleich null sein, wenn die Schuld nach zehn Jahren getilgt sein soll.

3.14 Mit dem vierteljährlichen Zinssatz $i = 1.5\,\%$, dem Zinsfaktor $q = 1.015$ und der Annuität $A = 2\,\% S_0$ ergibt sich als Anzahl der Rückzahlungsperioden (in Vierteljahren)
$n = (\ln A - \ln(A - S_0 i))/\ln q = \ln(0.02/(0.02 - 0.015))/\ln 1.015 \approx 93.11$.
Antwort: Für die Rückzahlung ist ein Zeitraum von ca. 23.28 Jahren erforderlich.

3.15 **a)** Mit der Formel für die Restschuld S_{10} nach $k = 10$ Jahren bei Annuitätentilgung und der Forderung $S_k = S_0/2$ ergibt sich durch Umstellen nach A mit $S_0 = 250\,000$ €, $i = 0.048$ p. a., $q = 1.048$
$$A = S_0 \frac{q-1}{q^k-1}\left(q^k - 0.5\right) = 250\,000 \frac{0.048}{1.048^{10}-1}\left(1.048^{10} - 0.5\right) \approx 22\,031.22 \text{ [€]}.$$
Antwort: Die Restschuld beträgt ca. $22\,031.22/250\,000 \approx 8.81\,\%$ des Darlehens.

b) Antwort: Mit der Formel für die Anzahl der Zahlungsperioden bei Annuitätentilgung ist

$$n = \frac{\ln A - \ln(A - S_0 i)}{\ln q} = \frac{\ln 22\,031.22 - \ln(22\,031.22 - 250\,000 \cdot 0.048)}{\ln 1.048} \approx 16.78.$$

c) Antwort: Mit der Formel für die Restschuld S_k nach $k = 15$ Jahren bei Annuitätentilgung ist

$$S_0 q^k - A\frac{(q^k - 1)}{(q-1)} = 250\,000 \cdot 1.048^{15} - 22\,031.22\frac{1.048^{15} - 1}{0.048} \approx 36\,770.60 \text{ [€]}.$$

3.16 Der Barwert der konstanten Rückzahlungen zu Beginn jedes der $n = 20$ Jahre in der Höhe von $r = 15\,000$ € beträgt mit dem Zinsfaktor $q = 1 + i = 1.031$

$$\sum_{k=0}^{n-1} \frac{r}{q^k} = \frac{r(q^n - 1)}{q^{n-1}(q-1)} = \frac{15\,000(1.031^{20} - 1)}{1.031^{19} \cdot 0.031} \approx 227\,967.28 \text{ [€]}.$$

Der Barwert der drei Sonderzahlungen in der gesuchten Höhe z nach fünf, zehn und fünfzehn Jahren beträgt

$$z\left(\frac{1}{q^5} + \frac{1}{q^{10}} + \frac{1}{q^{15}}\right) = z\frac{1}{1.031^5}\left(1 + \frac{1}{1.031^5} + \frac{1}{1.031^{10}}\right) \approx 2.227928\,z.$$

Der Kredit in der Höhe von $S_0 = 350\,000$ € ist vollständig abbezahlt, wenn er mit dem Barwert aller Rückzahlungen übereinstimmt (Äquivalenzprinzip). Daraus ergibt sich die Gleichung

$$S_0 = \frac{r(q^n-1)}{q^{n-1}(q-1)} + z\left(\frac{1}{q^5} + \frac{1}{q^{10}} + \frac{1}{q^{15}}\right) \quad \text{bzw.} \quad z = \left(S_0 - \frac{r(q^n-1)}{q^{n-1}(q-1)}\right)\left(\frac{1}{q^5} + \frac{1}{q^{10}} + \frac{1}{q^{15}}\right)^{-1} \approx 54\,774.08 \text{ [€]}.$$

Antwort: Die drei Sonderzahlungen müssen jeweils 54 774.08 € betragen.

3.17 a) Zuerst erfolgt Ratentilgung mit dem jährlich konstanten Tilgungsbetrag von 15 000 € zum Zinssatz $i_1 = 2\,\%$ p. a. Die Anzahl der Perioden zur vollständigen Tilgung der Schuld unter diesen Bedingungen wären

$n = S_0/T = 300\,000/15\,000 = 20$ [a].

Diese Tilgung erfolgt aber nur bis zur Periode $k = n_1$, nach der die Restschuld $S_k = S_0/2$ ist. Daraus ergibt sich

$S_k = S_0(1 - k/n) = S_0/2$, d. h., $k = n_1 = n/2 = 10$.

Antwort: In 10 Jahren ist die Hälfte der Schuld, d. h., 150 000 €, getilgt.

b) Antwort: Die Annuität A_{10}, die in der $k = 10$-ten Periode bezahlt werden muss, beträgt

$$A_{10} = S_0(1 + (n - k + 1)i_1)/n = 300\,000(1 + (20 - 10 + 1) \cdot 0.02)/20 = 18\,300 \text{ [€]}.$$

c) Die zu tilgende Schuld beträgt jetzt noch $S_{10} = 150\,000$ €. Mit der konstanten Annuität $A_{10} = 18\,300$ [€] und dem Zinssatz $i_2 = 1.5\,\%$ ergibt sich der Zeitraum von n_2 Perioden bis zur vollständigen Tilgung der Schuld

$$\begin{aligned} n_2 &= (\ln A_{10} - \ln(A_{10} - i_2 S_{10}))/\ln(1 + i_2) \\ &= (\ln 18\,300 - \ln(18\,300 - 0.015 \cdot 150\,000))/\ln(1 + 0.015) \approx 8.8116 \text{ [a]}. \end{aligned}$$

Antwort: Der gesamte Zeitraum zur vollständigen Tilgung der Schuld beträgt $n_1 + n_2 \approx 18.8116$ Jahre, das sind 18 Jahre und ca. 296 Tage (1 Jahr mit 365 Tagen gerechnet).

d) Die Zinsen in der k-ten Periode, $k = 1, \dots, n_1$, betragen

$Z_k = i_1 S_0(n - k + 1)/n$.

Die Summe der zu zahlenden Zinsen bis zum Ablauf der $n_1 = 10$-ten Periode (Ratentilgung) beläuft sich auf

$$\begin{aligned} Z_R &= \sum_{k=1}^{n_1} Z_k = \frac{i_1 S_0}{n}\sum_{k=1}^{n_1}(n - k + 1) = \frac{i_1 S_0}{n}\left(n_1(n+1) - \frac{n_1(n_1+1)}{2}\right) \\ &= \frac{i_1 S_0}{2n_1}\left(n_1(2n_1+1) - \frac{n_1(n_1+1)}{2}\right) = \frac{i_1 S_0}{4}(3n_1+1) = \frac{0.02 \cdot 300\,000}{4}(3 \cdot 10+1) = 46\,500 \text{ [€]}. \end{aligned}$$

Die Summe der zu zahlenden Zinsen in den folgenden n_2 Perioden (Annuitätentilgung) belaufen sich auf

$$\begin{aligned} Z_A &= n_2 A_{10} - (A_{10} - i_2 S_{10})\frac{(1 + i_2)^{n_2} - 1}{i_2} \\ &\approx 8.8116 \cdot 18\,300 - (18\,300 - 0.015 \cdot 150\,000)\frac{1.015^{8.8116} - 1}{0.015} \approx 11\,251.93 \text{ [€]}. \end{aligned}$$

Antwort: Insgesamt sind $Z_R + Z_A \approx 57\,751.93$ [€] Zinsen zu zahlen.

3.18 a)

Jahr	Restschuld zu Periodenbeginn	Zinsen	Tilgung	Annuität	Restschuld zu Periodenende
k	S_{k-1}	Z_k	T_k	A_k	S_k
1	100 000.00	5 500.00	3 000.00	8 500.00	97 000.00
2	97 000.00	5 335.00	3 165.00	8 500.00	93 835.00
3	93 835.00	5 160.93	3 339.08	8 500.00	90 495.93
4	90 495.93	4 977.28	3 522.72	8 500.00	86 973.20
5	86 973.20	4 783.53	3 716.47	8 500.00	83 256.73

Mit den Zinssätzen $i = 5.5\,\%$ p. a. und $p = 3\,\%$ p. a. ergibt sich aus der Aufgabenstellung

für die Zinsen im k-ten Jahr $Z_k = iS_{k-1}$,
für die Tilgung im k-ten Jahr $T_k = pS_0 + (Z_1 - Z_k)$.
Damit ist die Annuität im k-ten Jahr $A_k = Z_k + T_k = pS_0 + Z_1 = pS_0 + iS_0 = (i+p)S_0 = \text{const.}$

Antwort: Es handelt sich um Annuitätentilgung mit der konstanten Annuität $A = (i+p)S_0$.

b) **Antwort:** Für die Restschuld im Jahr $k = 5$ gilt mit $S_0 = 100\,000$, $i = 5.5\,\%$ und $p = 3\,\%$

$$S_k = S_0 - T_1\frac{(1+i)^k - 1}{i} = S_0 - pS_0\frac{(1+i)^k - 1}{i} = 100\,000\left(1 - \frac{3}{5.5}\left(1.055^5 - 1\right)\right) \approx 83\,256.73 \text{ [€]}.$$

c) **Antwort:** Die Laufzeit n bis zur vollständigen Tilgung des Darlehens ist

$$n = \frac{\ln((i+p)S_0) - \ln(pS_0)}{\ln(1+i)} = \frac{\ln((i+p)/p)}{\ln(1+i)} = \frac{\ln(8.5/3)}{\ln 1.055} \approx 19.45 \text{ [a]}.$$

Investitionsrechnung

3.19 Die Einnahmeüberschüsse betragen $C_0 = -50\,000$, $C_1 = 25\,000$, $C_2 = 30\,000$ [€]. Die Gleichung für den gesuchten Zinsfaktor q_{int} lautet

$50\,000q^2 - 25\,000q - 30\,000 = 0.$

Diese quadratische Gleichung hat die beiden Lösungen $q_1 \approx 1.0639$ und $q_2 \approx -0.5639$, von denen wegen $q > 1$ die zweite nicht in Frage kommt.

Antwort: Der Zinsfaktor beträgt $q_{\text{int}} \approx 1.0639$ und der interne Zinsfuß $p = 100(q_{\text{int}} - 1) \approx 6.39$.

3.20 Kapitalwertmethode

Der Barwert der Investition beläuft sich mit der einmaligen Ausgabe $C_0 = -40\,000$ und der wiederkehrenden Einnahme $G = C_1 = \ldots = C_{10} = 6\,500$ [€] in $n = 10$ Jahren bei einem Kalkulationszinssatz von $i = 7.5\,\%$ p. a., d. h., einem Zinsfaktor $q = 1.075$, auf

$$C = \sum_{k=0}^{n} \frac{C_k}{q^k} = -40\,000 + 6\,500\frac{1.075^{10} - 1}{1.075^{10} \cdot 0.075} \approx 4\,616.53 \text{ [€]}.$$

Antwort: Der Barwert der Investition ist größer als null, und damit lohnt sich die Investition.
Der Endwert der Investition beträgt $Cq^{10} \approx 4\,616.53 \cdot 1.075^{10} \approx 9\,514.81$ [€].

Methode des internen Zinsfußes

Die Rendite der Investition (interner Zinssatz) i_{int} ist der Zinssatz, für den der Barwert der Investition gleich null ist. Aus den Formeln zur Berechnung des Barwertes aller Einnahmeüberschüsse und des Barwertes wiederkehrender Einnahmen folgt bezüglich des entsprechenden Zinsfaktors die Gleichung

$$0 = \sum_{k=0}^{n} \frac{C_k}{q^k} = -40\,000 + 6\,500\frac{q^{10} - 1}{q^{10}(q-1)}, \text{ d. h.,}$$

$$0 = cq^{11} - q^{10}(1+c) + 1, \quad c = -40\,000/6\,500,$$

mit der (numerisch ermittelten) Lösung $q_{\text{int}} \approx 1.0996$.

Antwort: Die Rendite der Investition beträgt ca. 9.96 %. Sie ist höher als der Kalkulationszinssatz, und damit lohnt sich die Investition.

3.21 Wenn die alte Anlage einen Stundenkostensatz von 8 € und die neue Anlage einen Stundenkostensatz von 5.50 € hat, so beträgt der Gewinn pro Stunde 2.50 €. Das sind bei einer Nutzung von 2 400 Stunden pro Jahr 6 000 €.

Der Barwert der Investition beläuft sich mit der einmaligen Ausgabe $C_0 = -24\,000$ und der wiederkehrenden Einnahme $G = C_1 = \ldots = C_5 = 6000$ [€] in $n = 5$ Jahren bei einem Kalkulationszinssatz von $i = 10\,\%$ p. a., d. h., einem Zinsfaktor $q = 1.1$, nach den Formeln für die Berechnung des Barwertes aller Einnahmeüberschüsse und des Barwertes wiederkehrender Einnahmen auf

$$C = \sum_{k=0}^{n} \frac{C_k}{q^k} = -24\,000 + 6\,000\frac{1.1^5 - 1}{1.1^5 \cdot 0.1} \approx -1255.28 \text{ [€]}.$$

Antwort: Der Barwert der Investition ist negativ. Die Anlage amortisiert sich innerhalb von fünf Jahren nicht.

3.22 **Antwort:** Der Barwert der Investition beläuft sich in $n = 4$ Jahren bei einem Kalkulationszinssatz von $i = 10\,\%$ p. a., d. h., einem Zinsfaktor $q = 1.1$, mit der einmaligen Ausgabe $C_0 = -100\,000$ € und

a) den Einnahmen $C_1 = 60\,000$, $C_2 = 40\,000$, $C_3 = 0$, $C_4 = 0$ [€] auf

$$C = \sum_{k=0}^{n} \frac{C_k}{q^k} = -100\,000 + \frac{60\,000}{1.1} + \frac{40\,000}{1.1^2} \approx -12396.70 \text{ [€]},$$

b) den Einnahmen $C_1 = 60\,000$, $C_2 = 40\,000$, $C_3 = 10\,000$, $C_4 = 0$ [€] auf

$$C = \sum_{k=0}^{n} \frac{C_k}{q^k} = -100\,000 + \frac{60\,000}{1.1} + \frac{40\,000}{1.1^2} + \frac{10\,000}{1.1^3} \approx -4883.55 \text{ [€]},$$

c) den Einnahmen $C_1 = 60\,000$, $C_2 = 40\,000$, $C_3 = 10\,000$, $C_4 = 15\,000$ [€] auf

$$C = \sum_{k=0}^{n} \frac{C_k}{q^k} = -100\,000 + \frac{60\,000}{1.1} + \frac{40\,000}{1.1^2} + + \frac{10\,000}{1.1^3} + \frac{15\,000}{1.1^4} \approx 5361.66 \text{ [€]}.$$

3.23 Die gesuchte Anzahl der Jahre wird mit n bezeichnet, die Investition mit $a = 3\,000\,000$ €, die konstante jährliche Einnahme mit $b = 350\,000$ €. Die Rendite $i = 0.1$ (interner Zinssatz) der Investition ergibt sich aus der Bedingung, dass der Barwert der Zahlungen gleich null ist:

$$0 = -a + \sum_{k=1}^{n} \frac{b}{q^k} = -a + b\frac{q^n - 1}{i\,q^n}.$$

Hierbei ist $q = 1 + i$ der der Rendite i entsprechende Zinsfaktor. Das Umstellen dieser Gleichung nach der Anzahl der Zahlungsperioden n ergibt

$$n = \log_q \frac{b}{b - a\,i} = \frac{\ln b - \ln(b - a\,i)}{\ln q}.$$

Antwort: Mit den gegebenen Zahlen ergibt sich als Zeitraum der Rückzahlung $n \approx 20.417$ Jahre.
Der Endwert der Zahlungen nach Ablauf dieser Zeit ist mit dem Zinsfaktor $q = 1.05$

$$K_n = -aq^n + \sum_{k=1}^{n-1} bq^k = -aq^n + b\frac{q^n - 1}{q - 1} \approx 3\,831\,123.52 \text{ [€]}.$$

3.24 Der Bauherr kann nach 8 Tagen eine Zahlung mit Skonto in der Höhe $R(1 - s)$ oder nach 30 Tagen eine Zahlung ohne Skonto in der Höhe R leisten. Zwei Möglichkeiten des Barwertvergleiches sollen untersucht werden:

1. Barwertvergleich zum Zeitpunkt der Rechnungsstellung

   Die Barwerte der Zahlungen in der Höhe $R(1 - s)$ nach 8 Tagen und in der Höhe R nach 30 Tagen betragen bei dem Bankzinssatz i, lineare Verzinsung innerhalb eines Jahres vorausgesetzt,

$$R(1 - s)\Big/\left(1 + \frac{8i}{365}\right) \quad \text{bzw.} \quad R\Big/\left(1 + \frac{30i}{365}\right).$$

   Der mindestens erforderliche Skonto s, damit sich die Zahlung für den Bauherrn lohnt, wird durch Gleichsetzen beider Barwerte ermittelt. Nach Division durch R und Multiplikation mit beiden Nennern ergibt sich

$$(1 - s)\left(1 + \frac{30i}{365}\right) = 1 + \frac{8i}{365} \quad \text{bzw.} \quad s = \frac{22i}{365 + 30i}.$$

Antwort: Damit sich die Zahlung mit Skonto nach 8 Tagen für den Bauherrn lohnt, muss gewährt werden:
für den Bankzinssatz $i = 1\,\%$ ein Skonto von mindestens $s = 0.0602\,\%$,
für den Bankzinssatz $i = 3\,\%$ ein Skonto von mindestens $s = 0.1804\,\%$,
für den Bankzinssatz $i = 5\,\%$ ein Skonto von mindestens $s = 0.3001\,\%$.

2. Barwertvergleich zum Zeitpunkt der Zahlung mit Skonto

Die Barwerte der Zahlungen zu diesem Zeitpunkt in der Höhe $R(1-s)$ und in der Höhe R nach weiteren 22 Tagen betragen bei dem Bankzinssatz i, lineare Verzinsung innerhalb eines Jahres vorausgesetzt,

$$R(1-s) \quad \text{bzw.} \quad R\Big/\left(1+\frac{22i}{365}\right).$$

Der mindestens erforderliche Skonto s, damit sich die Zahlung für den Bauherrn lohnt, wird durch Gleichsetzen beider Barwerte ermittelt. Nach Division durch R und Multiplikation mit dem Nenner ergibt sich

$$(1-s)\left(1+\frac{22i}{365}\right)=1 \quad \text{bzw.} \quad s=\frac{22i}{365+22i}.$$

Antwort: Damit sich die Zahlung mit Skonto nach 8 Tagen für den Bauherrn lohnt, muss gewährt werden:
für den Bankzinssatz $i = 1\,\%$ ein Skonto von mindestens $s = 0.0602\,\%$,
für den Bankzinssatz $i = 3\,\%$ ein Skonto von mindestens $s = 0.1805\,\%$,
für den Bankzinssatz $i = 5\,\%$ ein Skonto von mindestens $s = 0.3005\,\%$.

3.25 a) Der Barwert der Investition mit der anfänglichen Ausgabe $A = 300\,000$ € bei dem jährlichen Gewinn $G = 50\,000$ € in den folgenden $n = 12$ Jahren beträgt mit dem Zinsfaktor $q = 1.006$

$$B=-A+G\frac{q^n-1}{q^n(q-1)}=-300\,000+50\,000\frac{1.006^{12}-1}{1.006^{12}\cdot 0.006}\approx 277\,240.74\ [€].$$

Antwort: Der Barwert ist größer als null. Damit lohnt sich die Investition bei einem Kalkulationszinssatz von 0.6% p. a.

b) Antwort: Für den Endwert E gilt
$E = Bq^n = 277\,240.74 \cdot 1.006^{12} \approx 297\,874.15$ [€].

c) Für die Ermittlung des dem internen Zinsfuß entsprechenden Zinsfaktors $q_{\text{int}} > 1$ ist die nichtlineare Gleichung

$$0=B(q)=-A+G\frac{q^n-1}{q^n(q-1)}=-300\,000+50\,000\frac{q^n-1}{q^n(q-1)}$$

zu lösen. Die (numerisch ermittelte) Lösung $q_{\text{int}} \approx 1.12695$ kommt als Zinsfaktor in Frage.

Antwort: Der entsprechende interne Zinssatz beträgt $i_{\text{int}} \approx 0.12695$, der interne Zinsfuß beträgt $100 i_{\text{int}} \approx 12.695$.

d) Die Investition lohnt sich, wenn ihr Barwert positiv ist. Aus $B > 0$ ergibt sich

$$A<G\frac{q^n-1}{q^n(q-1)}=50\,000\frac{1.006^{12}-1}{1.006^{12}\cdot 0.006}\approx 577\,240.74\ [€].$$

Antwort: Damit sich die Investition lohnt, darf die anfängliche Ausgabe höchstens 577 240.74 € betragen.

3.26 a) Antwort: Der Barwert der sofortigen Zahlung beträgt
$B_1 = 70\,000$ €.

b) Antwort: Der Barwert der Zahlung von $K_3 = 80\,000$ € nach drei Jahren mit dem jährlichen Zinsfaktor $q = 1.04$ beträgt

$$B_2=\frac{K_3}{q^3}=\frac{80\,000}{1.04^3}\approx 71\,119.71\ [€].$$

c) Antwort: Der Barwert der Zahlung von n=10 jährlichen vorschüssigen Raten der Höhe $r = 8\,400$ €, den jährlichen Zinsfaktor $q = 1.04$ vorausgesetzt, beträgt

$$B_3=B_n^{\text{vor}}=r\,\frac{q^n-1}{q^{n-1}(q-1)}=8\,400\,\frac{1.04^{10}-1}{1.04^9\cdot 0.04}\approx 70\,856.78\ [€].$$

Antwort: Das zweite Angebot (mit dem größten Barwert) ist für den Verkäufer das günstigste.

3.27 Die jährliche Ersatzrate der monatlich vorschüssigen Mieteinnahmen beträgt $R = 3000(12 + 6.5i)$ €.

a) Die jährlichen Ausgaben bzw. Einnahmen sind
$C_0 = -500\,000$ €, $A_1 = A_2 = A_3 = G_1 = -10\,000$ €,
$E_1 = \ldots = E_{20} = G_2 = R = 3000(12 + 6.5(q-1)) \approx 36\,487.50$ €.

Der Kapitalwert der Investition nach 20 Jahren ist daher mit
$n = 20$, $q = 1.025$, $C_0 = -500\,000$ €, $G_1 = -10\,000$ €, $G_2 = R = 3000(12 + 6.5(q-1))$ €

$$\begin{aligned} C(q,n) &= C_0 + G_1 \frac{q^3-1}{(q-1)q^3} + 3000(12+6.5(1-q))\frac{q^n-1}{(q-1)q^n} \\ &= -500\,000 - 10\,000\frac{1.025^3-1}{(1.025-1)1.025^3} + 36\,487.50\frac{1.025^{20}-1}{(1.025-1)1.025^{20}} \approx 40\,249.30\ [€]\,. \end{aligned}$$

Antwort: Der Kapitalwert nach 20 Jahren ist größer als null, und damit lohnt sich die Investition.

b) Die Investition lohnt sich nach n Jahren, wenn $C(1.025, n) > 0$ gilt. Die numerische Lösung der Gleichung $C(1.025, n) = 0$ ergibt $n \approx 18.21$ a.

Antwort: Nach ca. 18.2 Jahren beginnt sich die Investition zu lohnen.

c) Der interne Zinsfaktor q_{int} ist derjenige, für den nach dem Investitionszeitraum von 20 Jahren gilt $C(q_{\text{int}}, 20) = 0$. Die numerische Lösung dieser Gleichung ergibt $q_{\text{int}} \approx 1.0335$.

Antwort: Der interne Zinssatz beträgt daher ca. 3.35 %, der interne Zinsfuß ca. 3.35. Für Bankenzinssätze darunter lohnt sich die Investition, darüber nicht.

Abschreibungen

3.28 Antwort: Mit $A = 81\,000$ €, $n = 8$ und $R_8 = 3\,000$ € ergibt sich mit der Formel für die jährliche konstante lineare Abschreibung
$w = (A - R_n)/n = (81\,000 - 3\,000)/8 = 9750$ [€].
In **Tabelle 3.1** sind pro Jahr der Buchwert am Jahresanfang, die Abschreibung und der Buchwert am Jahresende angegeben.

Tabelle 3.1 Lineare Abschreibung

k	R_{k-1} [€]	w_k [€]	R_k [€]
1	81 000	9 750	71 250
2	71 250	9 750	61 500
3	61 500	9 750	51 750
4	51 750	9 750	42 000
5	42 000	9 750	32 250
6	32 250	9 750	22 500
7	22 500	9 750	12 750
8	12 750	9 750	3 000

3.29 Antwort: Mit $A = 275\,000$ €, $n = 8$ und $R_8 = 5\,000$ € ergibt sich mit der Formel für die konstante jährliche lineare Abschreibung
$w = (A - R_n)/n = (275\,000 - 5\,000)/8 = 33\,750$ [€].
Der Buchwert R_6 nach $k = 6$ Jahren beträgt
$R_k = A - kw = 275\,000 - 6 \cdot 33\,750 = 72\,500$ [€].

3.30 Gesucht ist der Anschaffungswert A. Gegeben sind $w_1 = 6\,000$ €, $d = 500$ €, $n = 12$ und $R_{12} = 1\,200$ €.

Antwort: Aus der Formel für den Minderungsbetrag d bei arithmetisch degressiver Abschreibung ergibt sich durch Umstellen nach A und Einsetzen der gegebenen Werte der Anschaffungswert
$A = R_n + nw_1 - 0.5n(n-1)d = 1200 + 12 \cdot 6\,000 - 0.5 \cdot 12 \cdot 11 \cdot 500 = 40\,200$ [€].

3.31 Antwort: Mit $A = 20\,000$ €, $n = 4$, $R_4 = 1\,200$ € und $w_1 = 8\,000$ € ergibt sich mit der Formel für den Minderungsbetrag der Abschreibung bei arithmetisch degressiver Abschreibung
$d = 2\dfrac{nw_1 - (A - R_n)}{n(n-1)} = d = 2\dfrac{4 \cdot 8\,000 - (20\,000 - 1\,200)}{4 \cdot 3} = 2\,200$ [€].
In **Tabelle 3.2** sind pro Jahr der Buchwert am Jahresanfang, die Abschreibung und der Buchwert am Jahresende angegeben.

Tabelle 3.2 Arithmetisch degressive Abschreibung

k	R_{k-1} [€]	w_k [€]	R_k [€]
1	20 000	8 000	12 000
2	12 000	5 800	6 200
3	6 200	3 600	2 600
4	2 600	1 400	1 200

3.32 **a) Antwort:** Mit $A = 20\,000$ €, $n = 4$ und $R_4 = 1\,200$ € ergibt sich mit der Formel für den Minderungsbetrag der Abschreibung bei digitaler Abschreibung

$$d = 2\frac{A - R_n}{n(n+1)} = 2\frac{20\,000 - 1\,200}{4 \cdot 5} = 1\,880\ [€].$$

Die Abschreibung im ersten Jahr beträgt

$$w_1 = nd = 4 \cdot 1\,880 = 7\,520\ [€].$$

b) Antwort: Der Abschreibungszinssatz bei geometrisch degressiver Abschreibung ist mit den gegebenen Werten

$$s = 100\left(1 - \sqrt[n]{R_n/A}\right) = 100\left(1 - \sqrt[4]{1\,200/20\,000}\right) \approx 50.51\,\%.$$

In den **Tabellen 3.3, 3.4** sind pro Jahr der Buchwert am Jahresanfang, die Abschreibung und der Buchwert am Jahresende für die digitale bzw. geometrisch degressive Abschreibung angegeben.

Tabelle 3.3 Digitale Abschreibung

k	R_{k-1} [€]	w_k [€]	R_k [€]
1	20 000	7 520	12 480
2	12 480	5 640	6 840
3	6 840	3 760	3 080
4	3 080	1 880	1 200

Tabelle 3.4 Geometrisch degressive Abschreibung

k	R_{k-1} [€]	w_k [€]	R_k [€]
1	20 000	10 101.54	9 898.46
2	9 898.46	4 999.48	4 898.98
3	4 898.98	2 474.36	2 424.62
4	2 424.62	1 224.62	1 200

3.33 **Antwort:** Der Abschreibungszinssatz bei geometrisch degressiver Abschreibung ist mit den gegebenen Werten $A = 120\,000$ €, $n = 10$ und $R_{10} = 9\,000$ €

$$s = 100\left(1 - \sqrt[n]{R_n/A}\right) = 100\left(1 - \sqrt[10]{9\,000/120\,000}\right) \approx 22.82\,\%.$$

Der Buchwert nach dem $k = 5$-ten Jahr ist

$$R_k = A\left(1 - \frac{s}{100}\right)^k = A(R_n/A)^{k/n} 120\,000\,(9\,000/120\,000)^{5/10} \approx 32\,863.35\ [€].$$

In **Tabelle 3.5** sind pro Jahr der Buchwert am Jahresanfang, die Abschreibung und der Buchwert am Jahresende angegeben.

Tabelle 3.5 Geometrisch degressive Abschreibung

k	R_{k-1} [€]	w_k [€]	R_k [€]
1	120 000	27 383.71	92 616.29
2	92 616.29	21 134.81	71 481.47
3	71 481.47	16 311.90	55 169.57
4	55 169.57	12 589.56	42 580.00
5	42 580.00	9 716.65	32 863.35
6	32 863.35	7 499.33	25 364.02
7	25 364.02	5 788.00	19 576.01
8	19 576.01	4 467.20	15 108.81
9	15 108.81	3 447.79	11 661.01
10	11 661.01	2 661.01	9 000.00

Effektivzinsberechnung

3.34 Mit dem Jahreszinssatz i und täglicher Verzinsung mit dem Zinsfaktor $q = 1 + i/365$ ist der Barwert der nach acht Tagen fälligen Summe von $0.98 \cdot 6\,500$ € gleich $0.98 \cdot 6\,500/q^8$. Der Barwert der nach 14 Tagen fälligen Summe von 6 500 € ist gleich $6\,500/q^{14}$. Für den Zinsfaktor q folgt nach dem Äquivalenzprinzip der Gleichheit der Barwerte die Gleichung

$$0.98 \cdot 6\,500/q^8 = 6\,500/q^{14} \quad \text{bzw.} \quad q = \sqrt[6]{1/0.98} \approx 1.0034.$$

Antwort: Der Effektivzinssatz ist $i = 365(q-1) \approx 123\,\%$. Die Zahlung mit Skonto sollte unbedingt bevorzugt werden!

Bemerkung: Bei linearer Verzinsung während eines Jahres gilt für den Effektivzinssatz i, bezogen auf den Zeitpunkt der Rechnungsstellung

$$\frac{0.98 \cdot 6\,500}{1 + 8i/365} = \frac{6\,500}{1 + 14i/365}, \quad \text{d. h.,} \quad i = 0.02 \cdot 365/(0.98 \cdot 14 - 8) \approx 1.2762 = 127.62\,\%$$

und bezogen auf den spätestmöglichen Zahlungstermin nach acht Tagen

$$0.98 \cdot 6\,500 = \frac{6\,500}{1 + 6i/365}, \quad \text{d. h.,} \quad i = 0.02 \cdot 365/(0.98 \cdot 6) \approx 1.2415 = 124.15\,\%.$$

3.35 Der Endwert eines Kapitals K_0 bei Verzinsung gemäß der Sparbriefe der Großbank „Wucher & Sohn" ist mit den Zinsfaktoren $q_1 = 1.05$ und $q_2 = 1.1$ gleich $K_0 q_1^5 q_2^5$. Der Endwert desselben Kapitals mit dem durchschnittlichen Zinsfaktor q beträgt nach $n = 10$ Jahren $K_0 q^{10}$. Der Vergleich der Endwerte ergibt

$$K_0 q_1^5 q_2^5 = K_0 q^{10}, \quad \text{d. h.,} \quad q = \sqrt{q_1 q_2} \approx 1.0747.$$

Antwort: Der Durchschnittszinssatz beträgt ca. 7.47 % p. a.

3.36 Der Barwert der Rate R bei Zahlung in einer vorschüssigen Jahresrate beträgt R. Der Barwert von zwei halbjährlichen Raten halber Höhe (ebenfalls vorschüssig), allerdings mit 5 % Aufschlag, beträgt bei einem Jahreszinssatz i bei unterjähriger Verzinsung

$$\frac{1.05R}{2} + \frac{1.05R}{2(1 + 0.5i)} = \frac{1.05R}{2}\left(1 + \frac{1}{1 + 0.5i}\right).$$

Der Vergleich beider Barwerte nach dem Äquivalenzprinzip der Gleichheit der Barwerte ergibt

$$\begin{aligned} R &= \frac{1.05R}{2}\left(1 + \frac{1}{1 + 0.5i}\right) \quad \text{und damit den Effektivzinssatz} \\ i &= 4 \cdot (1.05 - 1)/(2 - 1.05) \quad \approx 0.2105 \approx 21.05\,\%. \end{aligned}$$

Antwort: Für Herrn W. Asserschaden ist die Zahlung in einer vorschüssigen Jahresrate günstiger, wenn der Jahreszinssatz der Bank kleiner als der Effektivzinssatz ist.

3.37 Der Barwert der einmaligen Zahlung beträgt 10 000 €. Der Barwert der Zahlung in Raten mit dem Jahreszinssatz i und dem Zinsfaktor $q = 1 + i$ beträgt mit der jährlichen Ersatzrate $220\,(12 + 5.5(q - 1))$ für $i = 3\,\%$ p. a.

$$2\,500 + 220\,(12 + 5.5(q - 1))\left(\frac{1}{q} + \frac{1}{q^2} + \frac{1}{q^3}\right) = 2\,500 + 220\,(12 + 5.5(q - 1))\,\frac{q^3 - 1}{q^3(q - 1)} \approx 10\,070.20 \text{ [€]}.$$

Antwort: Der Bauunternehmer P. Lattenleger kann beruhigt die Einmalzahlung von 10 000 € leisten, denn der Barwert der Zahlung in Raten beim Zinssatz der Bank von 3 % p. a. wäre höher als der Barwert der Einmalzahlung.

Bemerkung: Der Vergleich beider Barwerte nach dem Äquivalenzprinzip ergibt

$$10\,000 = 2\,500 + 220\,(12 + 5.5(q - 1))\,\frac{q^3 - 1}{q^3(q - 1)}$$

mit der (numerisch ermittelten) Lösung $q \approx 1.0364$, was einem Effektivzinssatz von ca. 3.64 % entspricht. Die Bank hätte diesen Zinssatz leisten müssen, wenn die Barwerte beider Zahlungsweisen übereinstimmen sollen.

3.38 Der Endwert eines Kapitals K_0 bei Verzinsung gemäß den Bedingungen des „Zusatzsparens bis zu 4.5 %" ist mit den jährlich wechselnden Zinsfaktoren $q_1 = 1.025$, $q_2 = 1.03$, $q_3 = 1.035$, $q_4 = 1.04$, $q_5 = 1.045$ gleich $K_0 q_1 q_2 q_3 q_4 q_5$. Der Endwert desselben Kapitals mit dem durchschnittlichen Zinsfaktor q beträgt nach $n = 5$ Jahren $K_0 q^5$. Der Vergleich der Endwerte ergibt

$$K_0 q_1 q_2 q_3 q_4 q_5 = K_0 q^5, \quad \text{d. h.,} \quad q = \sqrt[5]{q_1 q_2 q_3 q_4 q_5} \approx 1.03498.$$

Antwort: Der Durchschnittszinssatz beträgt ca. 3.5 % p. a.

3.39 Der Barwert des Darlehens in der Höhe D ist gleich D. Der Barwert der nachschüssigen jährlichen Annuitäten in der Höhe $D/5$ innerhalb von n Jahren beträgt bei dem Zinssatz der Bank $i = 17\,\%$ p. a. und dem Zinsfaktor $q = 1 + i$

$$\frac{D}{5}\left(\frac{1}{q} + \ldots + \frac{1}{q^n}\right) = \frac{D}{5}\,\frac{q^n - 1}{q^n(q - 1)}.$$

Aus dem Äquivalenzprinzip der Übereinstimmung dieser Barwerte wird die Anzahl n der Zahlungsperioden ermittelt und somit ein Übereinstimmen der Barwerte gewährleistet. Der Effektivzinssatz beträgt damit $i = 17\,\%$ (das ist der sogenannte Nominalzinssatz).

Antwort: Für die Anzahl n der Jahre der Rückzahlung ergibt sich

$$q^n - 1 = 5q^n(q - 1), \quad \text{d. h.,} \quad n = -\ln(1 - 5i)/\ln q \approx 12.08.$$

3.40 Der Barwert des Darlehens beträgt 90 000 €. Der Barwert der in die Bank eingehenden Zahlungen, d. h., jährliche nachschüssige Zinszahlung in Höhe von 100 000 · 9 % € und Einmalzahlung nach 20 Jahren in Höhe von 100 000 €, beträgt mit dem Effektivzinssatz i und dem Zinsfaktor $q = 1 + i$

$$100\,000 \cdot 9\,\% \left(\frac{1}{q} + \ldots + \frac{1}{q^{20}}\right) + \frac{100\,000}{q^{20}} = 100\,000 \cdot 9\,\% \frac{q^{20}-1}{q^{20}(q-1)} + \frac{100\,000}{q^{20}} \;[€].$$

Der Vergleich beider Barwerte nach dem Äquivalenzprinzip ergibt

$$90\,000 = 100\,000 \cdot 9\,\% \frac{q^{20}-1}{q^{20}(q-1)} + \frac{100\,000}{q^{20}}$$

mit der (numerisch ermittelten) Lösung $q \approx 1.1019$.

Antwort: Der Effektivzinssatz beträgt ca. 10.19 %. Aus Bankensicht ist das ein Habenzins, aus Schuldnersicht ein Sollzins.

3.41 **a)** Die jährliche Ersatzrate R der monatlich vorschüssigen Zahlungen in Höhe r beträgt
$R = r(12 + 6.5i) \approx 1813.65$ €.
Sie ist als jährlich nachschüssige konstante Rate anzusetzen.

Der Bonus A der jährlich 12 Zahlungen über $n = 12$ Jahre beträgt
$A = 12nbr = 12 \cdot 12 \cdot 0.1r = 14.4r = 2160$ €.

Antwort: Der Endwert der Geldanlage ist mit dem Zinsfaktor $q = i + 1$

$$E_n = A + R\frac{q^n-1}{q-1} = 14.4r + r(12 + 6.5 \cdot 0.014)\frac{1.014^n-1}{0.014} \approx 25680.30 \text{ €}.$$

Der Barwert der Geldanlage ist

$$B_n = \frac{E_n}{q^n} \approx \frac{25680.30}{1.014^{12}} \approx 21734.30 \text{ €}.$$

b) Der Effektivzinssatz i_{eff} der Investition ergibt sich aus dem Äquivalenzprinzip (Gleichheit des Endwertes der Zahlungen mit Bonus zum Zinssatz i und des Endwertes der Zahlungen ohne Bonus zum Effektivzinssatz i_{eff}) mit $q_{\text{eff}} = i_{\text{eff}} + 1$ als effektiver Zinsfaktor

$$E_n = r(12 + 6.5(q_{\text{eff}} - 1))\frac{q_{\text{eff}}^n - 1}{q_{\text{eff}} - 1}$$

bzw. aus der Lösung $q_{\text{eff}} > 1$ der polynomialen Gleichung 13. Grades

$$E_n(q_{\text{eff}} - 1) - r(12 + 6.5(q_{\text{eff}} - 1))(q_{\text{eff}}^{12} - 1) = 0.$$

Sie hat die numerische Lösung $q_{\text{eff}} \approx 1.02825$.

Antwort: Daraus ergibt sich der gesuchte Effektivzinssatz $i_{\text{eff}} \approx 2.825\,\%$.

3.42 Der Barwert B_{m} und der Endwert $E_{\text{m}}(i)$ nach 30 Tagen (bei unterjährig linearer Verzinsung mit dem Jahreszinssatz i) der Zahlweise mit Skonten beträgt

$$B_{\text{m}} = (1 - s_b)B + (1 - s_k)K = 0.98 \cdot 5\,000 + 0.99 \cdot 3\,000 = 7870 \text{ €}, \qquad E_{\text{m}}(i) = B_{\text{m}}\left(1 + i\frac{30}{360}\right).$$

Der Barwert B_{o} und der Endwert E_{o} nach 30 Tagen (bei unterjährig linearer Verzinsung mit dem Jahreszinssatz i) der Zahlweise ohne Skonten beträgt

$$B_{\text{o}}(i) = \frac{B}{1 + i(14/360)} + \frac{K}{1 + i(30/360)}, \qquad E_{\text{o}}(i) = B\,(1 + i(16/360)) + K.$$

a) Für den Kalkulationszinssatz $i_k = 2.5\,\%$ p. a. ist

$$B_{\text{o}} = \frac{B}{1+i_k(14/360)} + \frac{K}{1+i_k(30/360)} = \frac{5\,000}{1+0.025 \cdot (14/360)} + \frac{3\,000}{1+0.025 \cdot (30/360)} \approx 7988.91 \text{ €}.$$

Es ergibt sich ein größerer Barwert als bei der Zahlweise mit den Skonten.

Antwort: Der Bauunternehmer Arocon Holzbrauch soll sich für die sofortige Zahlung mit den Skonten entscheiden.

b) Der Barwertvergleich (Äquivalenzprinzip) mit dem gesuchten Grenzzinssatz i erfodert die Lösung der Gleichung $B_{\text{o}}(i) = B_{\text{m}}$, d. h.,

$$\frac{5\,000}{1 + i(14/360)} + \frac{3\,000}{1 + i(30/360)} = 7870 \quad \text{mit der positiven Lösung} \quad i \approx 0.298 \approx 30\,\%.$$

Antwort: Für Zinssätze größer als $i \approx 30\,\%$ ist die zweite Zahlweise ohne Skonten günstiger für den Bauunternehmer Arocon Holzbrauch, da dann $B_{\text{o}}(i) < B_{\text{m}}$ gilt.

c) Der Effektivzinssatz i_{eff} ist derjenige Jahreszinssatz, für den bei vorausgesetzter (unterjähriger) geometrischer Verzinsung derselbe Endwert entsteht wie bei der tatsächlich stattgefundenen (unterjährig) linearen Verzinsung, d. h., für den gilt

$$E_{\text{m}}(i_k) = B_{\text{m}}\left(1 + i_k\frac{30}{360}\right) = B_{\text{m}}\,(1 + i_{\text{eff}})^{30/360}, \qquad i_{\text{eff}} = \left(1 + 0.025 \cdot \frac{30}{360}\right)^{360/30} - 1 \approx 0.02529 = 2.529\,\%.$$

Antwort: Der Effektivzinssatz beträgt $i_{\text{eff}} \approx 2.53\,\%$.

Renten

3.43 **Antwort:** Entsprechend der Formel für den Barwert der vorschüssigen Rentenzahlung $r = 2\,000$ € über $n = 10$ Jahre bei dem Zinsfaktor $q = 1.025$ ergibt sich ein Betrag von

$$B_n^{\text{vor}} = r\frac{q^n - 1}{q^{n-1}(q-1)} = 2\,000\frac{1.025^{10} - 1}{1.025^9 \cdot 0.025} \approx 17\,941.73 \text{ [€]}.$$

3.44 **Antwort:** Die Laufzeit bei vorschüssiger Rentenzahlung $r = 5\,000$ € mit dem Endwert $E_n^{\text{vor}} = 50\,000$ € und dem Zinsfaktor $q = 1.035$ beträgt nach der Formel für die konstante vorschüssige Rentenzahlung

$$n = \frac{1}{\ln q}\ln\left(E_n^{\text{vor}}\frac{q-1}{rq} + 1\right) = \frac{1}{\ln 1.035}\ln\left(\frac{50\,000 \cdot 0.035}{1.035 \cdot 5\,000} + 1\right) \approx 8.5 \text{ [Jahre]}.$$

3.45 Die nachschüssig anzusetzende Jahresersatzrate R der konstanten vorschüssigen monatlichen Rente von $r = 750$ € bei dem Zinssatz i und dem Zinsfaktor $q = i + 1$ beträgt

$R = r(12 + 6.5(q - 1))$.

Der Barwert $B_n^{\text{nach}} = 25\,000$ € der konstanten nachschüssig anzusetzenden jährlichen Ersatzrate R in $n = 3$ Jahren ergibt sich aus der Gleichung

$$B_n^{\text{nach}} = 25\,000 = R\frac{q^n - 1}{q^n(q-1)} = 750(12 + 6.5(q-1))\frac{q^3 - 1}{q^3(q-1)} \text{ [€]}$$

mit der (numerisch ermittelten) Lösung $q \approx 1.0551$.

Antwort: Die jährliche Verzinsung müsste ca. 5.51 % betragen.

3.46 **Antwort:** Aus der Formel für den Barwert der ewigen konstanten vorschüssigen Rente r ergibt sich mit dem gegebenen Barwert $B_\infty^{\text{vor}} = 100\,000$ € und dem Zinsfaktor $q = 1.03$ nach Umstellen der jährliche Betrag $r = B_\infty^{\text{vor}}(q-1)/q = 100\,000 \cdot 0.03/1.03 \approx 2912.62$ €.

3.47 **a)** **Antwort:** Mit den gegebenen Größen Endwert $E_n^{\text{vor}} = 30\,000$ €, jährlicher Zinsfaktor $q = 1.03$, Anzahl der Jahre $n = 20$ ergibt sich der jährliche vorschüssige Betrag

$$r = \frac{(q-1)E_n^{\text{vor}}}{q(q^n - 1)} = \frac{0.03 \cdot 30\,000}{1.03 \cdot (1.03^{20} - 1)} \approx 1083.95 \text{ [€]}.$$

b) Herr Dr. Vital soll am Ende dieses Jahres insgesamt eine Auszahlung von

$E_n^{\text{vor}} + U = 30\,000 + 15\,000 = 45\,000$ €

erhalten. Die Gleichung zur Ermittlung der Rendite i_{eff} der konstanten vorschüssigen jährlichen Rentenzahlung von $r = 1083.95$ € ergibt sich aus der Gleichung

$$E_n^{\text{vor}} + U = rq_{\text{eff}}\frac{q_{\text{eff}}^n - 1}{q_{\text{eff}} - 1} \quad \text{bzw. umgestellt} \quad f(q_{\text{eff}}) = rq_{\text{eff}}^{n+1} - \left(r + E_n^{\text{vor}} + U\right)q_{\text{eff}} + E_n^{\text{vor}} + U = 0$$

mit der (numerisch ermittelten) Lösung $q_{\text{eff}} \approx 1.065$.

Antwort: Die Rendite der Investition ist $i_{\text{eff}} \approx 6.5\,\%$.

c) Der Barwert der vorgeschlagenen monatlich konstanten vorschüssigen Rentenzahlung in Höhe von $R = 200$ € beträgt $B_m^{\text{vor}} = 45\,000$ €. Die Anzahl der Monate ergibt sich bei dem monatlichen Zinsfaktor $q_m = 1 + i/12$ wie folgt:

$$m = \frac{1}{\ln q_m}\ln\frac{Rq_m}{Rq_m - (q_m - 1)B_n^{\text{vor}}} = \frac{1}{\ln 1.0025}\ln\frac{200 \cdot 1.0025}{200 \cdot 1.0025 - 0.0025 \cdot 45\,000} \approx 329.803,$$

das sind ca. 27.5 Jahre.

Antwort: Falls Herr Dr. Vital noch länger lebt als weitere 27.5 Jahre, lohnt sich für ihn die monatliche Rentenzahlung.

3.48 Soll der aufgewendete Betrag auf die angegebene Weise „wieder gewonnen" werden, so ist er der Barwert einer angenommenen nachschüssigen Rentenzahlung in der gesuchten konstanten Höhe r der durchschnittlichen Ersparnis der Heizkosten in $n = 20$ Jahren. (Die Ersparnis an Heizkosten ist wegen der Vorgabe „durchschnittliche jährliche" als jährlich konstant anzusetzen. Sie tritt am Ende jeden Jahres tatsächlich ein, daher nachschüssige Rente).

Mit der Formel zur Berechnung der Höhe der konstanten Rente und $q = 1.03$ ergibt sich

$$r = \frac{(q-1)q^n B_n^{\text{nach}}}{q^n - 1} = \frac{0.03 \cdot 1.03^{20} B_{20}^{\text{nach}}}{1.03^{20} - 1} \approx 16\,803.93 \text{ [€]}.$$

Antwort: Die durchschnittliche jährliche Ersparnis an Heizkosten muss mindestens 16 803.93 € betragen.

3.49 Bei Sofortkauf sind zu zahlen:

$20\,000(1 - 0.1) = 18\,000$ [€].

Zum Vergleich wird der Barwert der Leasing-Zahlung festgestellt.

Der Barwert der Anzahlung beträgt $B_1 = 6\,000$ €.

Der Barwert B_2 der Leasing-Raten (konstante nachschüssige Zahlungen in $n = 36$ Monaten, monatlicher Zinssatz $3/12\,\% = 0.0025$) ist

$$B_2 = B_n^{\text{nach}} = \frac{r}{q^n}\frac{q^n - 1}{q - 1} = \frac{200}{1.0025^{36}} \cdot \frac{1.0025^{36} - 1}{0.0025} \approx 6\,877.29 \text{ [€]}.$$

Der Barwert B_3 des Restkaufpreises ist $B_3 = 6000/1.03^3 \approx 5490.85$ €.

Der Barwert der Leasing-Variante beträgt somit

$B_1 + B_2 + B_3 = 6\,000 + 6\,877.29 + 5490.85 = 18\,368.14$ [€].

Antwort: Der Barwert des Sofortkaufes ist kleiner als der Barwert der Leasing-Raten. Der Sofortkauf lohnt sich für den Käufer.

Bemerkung: Die Jahresersatzrate der regelmäßigen monatlichen nachschüssigen Zahlungen von 200 € innerhalb eines Jahres beträgt

$R = 200(12 + 5.5 \cdot 0.03) = 2433$ [€].

Damit wird der Barwert B_2 der Leasing-Raten bei konstanten nachschüssigen Zahlungen der Höhe R in $n = 3$ Jahren mit dem jährlichen Zinssatz $i = 3\,\% = 0.03$

$$B_2 = B_n^{\text{nach}} = \frac{R}{q^n}\frac{q^n - 1}{q - 1} = \frac{2433}{1.03^3} \cdot \frac{1.03^3 - 1}{0.03} \approx 6\,882.01 \text{ [€]}.$$

Als Barwert der gesamten Leasing-Zahlung ergibt sich $B_1 + B_2 + B_3 \approx 18\,372.86$ [€].

3.50 a) Das Zahlungsangebot der Gemeinde an das Tiefbauunternehmen ist dann solide, wenn der Barwert der Zahlungen mindestens 70 000 € beträgt.

Der Barwert B_n^{nach} der $n = 36$ monatlichen nachschüssigen Rentenzahlungen der Höhe $r = 2\,000$ € zum unterjährigen monatlichen Zinssatz $i = 2/12\,\%$ beträgt mit $q = 1 + 1/600$

$$B_n^{\text{nach}} = r\,\frac{q^n - 1}{q^n(q - 1)} = 2\,000\,\frac{(1 + 1/600)^{36} - 1}{(1 + 1/600)^{36} \cdot (1/600)} \approx 69\,826.12 < 70\,000 \text{ [€]}.$$

Antwort: Das Zahlungsangebot der Gemeinde ist nicht solide.

b) **Antwort:** Bei dem unterjährigen monatlichen Zinssatz $i = 2/12\,\%$ und dem Barwert $B_n^{\text{nach}} = 70\,000$ € sind die monatlichen nachschüssigen Rentenzahlungen in $n = 12$ Monaten mindestens in der Höhe

$$r = B_n^{\text{nach}}\,\frac{q^n(q - 1)}{q^n - 1} = 70\,000\,\frac{(1 + 1/600)^{12} \cdot (1/600)}{(1 + 1/600)^{12} - 1} \approx 5\,896.72 \text{ [€]}$$

zu entrichten, damit dem Tiefbauunternehmen keine finanziellen Nachteile entstehen.

3.51 Der Endwert der monatlichen nachschüssigen Einzahlungen in der gesuchten Höhe r in den 35 Jahren bis zum 60. Geburtstag ist gleichzeitig der Barwert für die jährlich nachschüssigen Rentenzahlungen im Zeitraum vom 60. bis zum 70. Geburtstag in Höhe von $R = 18\,000$ €.

Es erfolgen $n_e = 35 \cdot 12$ monatliche nachschüssige Einzahlungen in Höhe r, die mit dem Zinsfaktor $q_m = 1 + i/12 = 1.0025$ monatlich verzinst werden. Nach der Endwertformel ergibt sich

$$E_{35}^{\text{nach}} = r\,\frac{q_m^{n_e} - 1}{q_m - 1}.$$

Der Barwert für die $n_a = 10$ konstanten nachschüssigen Zahlungen in Höhe von $R = 18\,000$ € ist bei dem konstanten jährlichen Zinsfaktor $q = 1 + i = 1.03$ nach der Barwertformel

$$B_{10}^{\text{nach}} = \frac{R}{q^{n_a}}\frac{q^{n_a} - 1}{q - 1}.$$

Aus der Bilanz $E_{35}^{\text{nach}} = B_{10}^{\text{nach}}$ folgt

$$r = \frac{R}{q^{n_a}}\frac{q^{n_a} - 1}{q - 1}\frac{q_m - 1}{q_m^{n_e} - 1} = \frac{18\,000}{1.03^{10}}\frac{1.03^{10} - 1}{1.03 - 1}\frac{1.0025 - 1}{1.0025^{35 \cdot 12} - 1} \approx 207.05 \text{ [€]}.$$

Antwort: Der monatliche Ansparbetrag in den 35 Jahren bis zum 60. Geburtstag muss ca. 207.05 € betragen.

3.52 a) Der Endwert der vorschüssigen Rentenzahlung in Höhe B der Laufzeit $n = 3$ [a] mit dem jährliche Zinssatz $i = 0.02$ bzw. dem jährlichen Zinsfaktor $q = 1.02$ ist

$$E_n^{\text{vor}} = Bq\frac{q^n - 1}{q - 1} = E_3^{\text{vor}} = B \cdot 1.02 \cdot \frac{1.02^3 - 1}{0.02} \approx 3.12B.$$

Zusätzlich erhält Coronus Sparfuchs zum selben Zeitpunkt den Treuebonus von

$T = 0.03 \cdot (3B) = 0.09B$.

Antwort: Insgesamt verfügt er zu diesem Zeitpunkt über $E_3^{\text{vor}} + T \approx 3.21\,B$.

b) Der Effektivzinssatz i_{eff} ist derjenige jährliche Zinssatz, mit dem bei jährlicher geometrischer Verzinsung in derselben Laufzeit derselbe Endwert $3.21\,B$ erreicht wird. Mit dem Zinsfaktor $q_{\text{eff}} = 1 + i_{\text{eff}}$ hat die entsprechende Gleichung

$3.21\,B = B\,q_{\text{eff}} \dfrac{q_{\text{eff}}^3 - 1}{q_{\text{eff}} - 1}$ die (numerische) Lösung $q_{\text{eff}} = 1.03447$.

Antwort: Der effektive Jahreszinssatz beträgt $i_{\text{eff}} \approx 3.447\,\%$.

M4 Statistik

Kombinatorik

4.1 a) Es handelt sich um die Auswahl von drei aus fünf Ziffern unter Berücksichtigung der Anordnung, wobei Wiederholung der Ziffern zugelassen ist (Variationen mit Wiederholung von drei aus fünf Elementen).

Antwort: Die Anzahl der verschiedenen dreistelligen Zahlen ist $V_{5,W}^{(3)} = 5^3 = 125$.

b) Es handelt sich um die Auswahl von drei aus fünf Ziffern unter Berücksichtigung der Anordnung, wobei Wiederholung der Ziffern nicht zugelassen ist (Variationen ohne Wiederholung von drei aus fünf Elementen).

Antwort: Die Anzahl der verschiedenen dreistelligen Zahlen ist $V_5^{(3)} = \dfrac{5!}{(5-3)!} = 5 \cdot 4 \cdot 3 = 60$.

4.2 Wird das zur Verfügung stehende Alphabet mit 26 Buchstaben und die Anzahl der zur Verfügung stehenden Ziffern mit 10 vorausgesetzt, so bestehen für jede fixierte Möglichkeit der Auswahl der genannten Anzahl von Buchstaben aus 26 mit Wiederholung alle Möglichkeiten der Auswahl der genannten Anzahl von Ziffern aus 10 mit Wiederholung, jeweils mit Berücksichtigung der Anordnung (Variationen mit Wiederholung).

Antwort: Die gesuchten Anzahlen sind

a) $V_{26,W}^{(2)} V_{10,W}^{(4)} = 26^2 \cdot 10^4 = 6\,760\,000$, b) $V_{26,W}^{(3)} V_{10,W}^{(3)} = 26^3 \cdot 10^3 = 17\,576\,000$.

4.3 Es handelt sich jeweils um die verschiedenen Möglichkeiten der Auswahl von k aus n Elementen ohne Wiederholung (alle gewählten Zahlen sind verschieden) ohne Berücksichtigung der Anordnung, da es beim Lotto gleichgültig ist, in welcher Reihenfolge die Zahlen gezogen werden (Kombinationen ohne Wiederholung).

Antwort: Die gesuchten Anzahlen sind

a) $C_{90}^{(5)} = \binom{90}{5} = 43\,949\,268$ b) $C_{49}^{(6)} = \binom{49}{6} = 13\,983\,816$

c) $C_{45}^{(5)} = \binom{45}{5} = 1\,221\,759$ d) $C_{35}^{(5)} = \binom{35}{5} = 324\,623$

4.4 Wird die Anzahl der zur Verfügung stehenden Farben mit n bezeichnet, so beträgt die Anzahl der unterschiedlichen Möglichkeiten, daraus zwei Farben mit Wiederholung (gleiche Farben sind zugelassen) ohne Berücksichtigung der Anordnung zu wählen, nach der Formel zur Berechnung von Kombinationen mit Wiederholung

$C_{n,W}^{(2)} = \binom{n+2-1}{2} = \dfrac{(n+1)n}{2}$.

Diese Anzahl soll mindestens 15 betragen. Ganzzahlige positive Lösungen n der Ungleichung

$\dfrac{(n+1)n}{2} \geq 15$ sind $n \geq 5$.

Antwort: Die gesuchte Mindestanzahl der Farben ist $n = 5$.

4.5 a) Das „Sitzen an einem runden Tisch" bedeutet, dass sich verschiedene Sitzordnungen nicht durch Drehung unterscheiden. Eine Person setzt sich an einen beliebigen Platz fest hin. Für das verschiedene Platzieren der restlichen sechs Personen ist deren Anordnung entscheidend (Permutationen ohne Wiederholung).

Antwort: Die sieben Personen können sich bei freier Platzwahl auf $P_6 = 6! = 720$ Arten hinsetzen.

b) Eine der beiden Personen, die nicht nebeneinander sitzen sollen, setzt sich an einen beliebigen Platz. Die zweite Person darf auf keinen der beiden Plätze neben die erste Person und hat daher noch vier Plätze zur Auswahl. Für jede dieser Möglichkeiten haben die verbleibenden fünf Personen jeweils $P_5 = 5!$ Möglichkeiten, sich in verschiedener Weise zu platzieren, da deren Anordnung dafür entscheidend ist. (Permutationen ohne Wiederholung).

Antwort: Die sieben Personen können sich auf $4 \cdot P_5 = 4 \cdot 5! = 480$ verschiedene Arten hinsetzen, wenn zwei ausgewählte Personen nicht nebeneinander sitzen dürfen.

4.6 Es handelt sich um ein Anordnungsproblem von insgesamt acht Elementen, wobei fünf Elemente einer Sorte gleich sind und drei Elemente der anderen Sorte ebenfalls (Permutationen mit Wiederholung).

Antwort: Die Anzahl der verschiedenen Möglichkeiten der Anordnung der Zaunelemente beträgt $P_{8,W}^{(5,3)} = \dfrac{8!}{5!3!} = 56$.

4.7 a) Die Anzahl der Möglichkeiten, aus fünf Architekten zwei zu wählen, beträgt $C_5^{(2)}$, da die Reihenfolge keine Rolle spielt (Kombinationen ohne Wiederholung). Für jede dieser Möglichkeiten gibt es $C_7^{(3)}$ Möglichkeiten, aus sieben Bauingenieuren drei zu wählen (Kombinationen ohne Wiederholung).

Antwort: Die gesuchte Anzahl der Möglichkeiten ist $C_5^{(2)} C_7^{(3)} = \binom{5}{2}\binom{7}{3} = 10 \cdot 35 = 350$.

b) Wenn ein bestimmter Bauingenieur im Komitee sein muss, so können die restlichen zwei Bauingenieure lediglich unter den verbleibenden sechs Bauingenieuren gewählt werden, das sind C_6^2 Möglichkeiten (Kombinationen ohne Wiederholung).

Antwort: Die gesuchte Anzahl der Möglichkeiten ist $C_5^{(2)} C_6^{(2)} = \binom{5}{2}\binom{6}{2} = 10 \cdot 15 = 150$.

c) Wenn zwei bestimmte Architekten nicht im Komitee sein sollen, so können die zwei Architekten lediglich unter den verbleibenden drei gewählt werden. Dafür gibt es $C_3^{(2)}$ verschiedene Möglichkeiten (Kombinationen ohne Wiederholung).

Antwort: Die gesuchte Anzahl der Möglichkeiten ist $C_3^{(2)} C_7^{(3)} = \binom{3}{2}\binom{7}{3} = 3 \cdot 35 = 105$.

Definition der Wahrscheinlichkeit

4.8 Die Anzahl der möglichen Anordnungen von einem defekten, vier gleichen 2 m langen und drei gleichen 1.40 m langen Zaunelementen beträgt $P_{8,W}^{(1,4,3)}$. Die Anzahl der günstigen Möglichkeiten kommt dadurch zustande, dass das defekte Zaunelement am Rand, d. h., links oder rechts außen, eingebaut wird (das sind zwei Möglichkeiten), und dass die restlichen vier gleichen 2 m langen und drei gleichen 1.40 m langen Zaunelemente in beliebiger Reihenfolge angeordnet sein können (das sind $P_{7,W}^{(4,3)}$ Möglichkeiten).

Antwort: Die Wahrscheinlichkeit, dass das defekte Zaunelement am Rand eingebaut wird, beträgt

$$2\frac{P_{7,W}^{(4,3)}}{P_{8,W}^{(1,4,3)}} = 2\frac{7!}{4!3!}\frac{4!3!}{8!} = 0.25.$$

4.9 Der Bohrer trifft dann das Drahtgeflecht nicht, wenn sein Zentrum einen Abstand von 3 mm zum Draht und damit von 4 mm zu dessen Zentrum hat. Es ergibt sich eine rechteckige „erlaubte" Zone mit den Maßen $12-8=4$ mm bzw. $18-8=10$ mm und einer Fläche von 40 mm^2. Die gesamte (sich wiederholende) Zone ist ein Rechteck mit den Maßen 12 mm bzw. 18 mm und einer Fläche von $12 \cdot 18 = 216$ mm^2. Damit hat die „gefährliche" Zone eine Fläche von $216 - 40 = 176$ mm^2.

Antwort: Die Wahrscheinlichkeit, dass der Bohrer das Drahtgeflecht trifft, beträgt $176/216 \approx 0.815$.

4.10 Die Anzahl der Möglichkeiten, aus 52 Karten fünf zu ziehen, beträgt $C_{52}^{(5)}$ (Auswahl ohne Brücksichtigung der Anordnung - Kombinationen ohne Wiederholung, da alle Karten verschieden sind).

a) Die Anzahl der günstigen Ereignisse kommt dadurch zustande, dass die vier Asse unter den vorhandenen vier gewählt werden (dafür gibt es genau eine Möglichkeit) und die fünfte Karte aus den verbleibenden $52-4=48$ Karten gewählt wird. Dafür gibt es $C_{48}^{(1)}$ Möglichkeiten.

Antwort: Die gesuchte Wahrscheinlichkeit beträgt $\frac{C_{48}^{(1)}}{C_{52}^{(5)}} = \binom{48}{1}/\binom{52}{5} = \frac{1}{54\,145} \approx 0.000\,018\,469$.

b) Die Anzahl der günstigen Ereignisse kommt dadurch zustande, dass die vier Asse unter den vorhandenen vier gewählt werden (dafür gibt es genau eine Möglichkeit) und der König unter den zur Verfügung stehenden vier Königen gewählt wird, wofür es $C_4^{(1)}$ Möglichkeiten gibt.

Antwort: Die gesuchte Wahrscheinlichkeit beträgt $\frac{C_4^{(1)}}{C_{52}^{(5)}} = \binom{4}{1}/\binom{52}{5} = \frac{1}{649\,740} \approx 0.000\,001\,539$.

c) Die Anzahl der günstigen Ereignisse kommt dadurch zustande, dass die drei Zehner unter den vorhandenen vier gewählt werden, wofür es $C_4^{(3)}$ Möglichkeiten gibt, und bei jeder dieser Möglichkeiten die zwei Buben unter den zur Verfügung stehenden vier Buben gewählt werden, wofür es $C_4^{(2)}$ Möglichkeiten gibt.

Antwort: Die gesuchte Wahrscheinlichkeit beträgt $\frac{C_4^{(3)} C_4^{(2)}}{C_{52}^{(5)}} = \binom{4}{3}\binom{4}{2}/\binom{52}{5} = \frac{1}{108\,290} \approx 0.000\,009\,234$.

d) Für die Wahl einer „9" aus den zur Verfügung stehenden vier „9"-Karten gibt es $C_4^{(1)}$ Möglichkeiten, ebenso für die Wahl der „10", „Bube", „Dame", „König". Die Anzahl der günstigen Ereignisse beträgt demnach $\left(C_4^{(1)}\right)^5$.

Antwort: Die gesuchte Wahrscheinlichkeit beträgt $\frac{\left(C_4^{(1)}\right)^5}{C_{52}^{(5)}} = \binom{4}{1}^5/\binom{52}{5} = \frac{64}{162\,435} \approx 0.000\,394\,004$.

e) Da ein Kartenspiel vier Farben mit jeweils 13 Karten hat, gibt es $4C_{13}^{(3)}$ Möglichkeiten, drei Karten von einer Farbe und bei jeder dieser Möglichkeiten $3C_{13}^{(2)}$ Möglichkeiten, zwei Karten von einer der drei anderen Farben zu wählen.

Antwort: Die gesuchte Wahrscheinlichkeit beträgt $\dfrac{4C_{13}^{(3)} \cdot 3C_{13}^{(2)}}{C_{52}^{(5)}} = 4\binom{13}{3} \cdot 3\binom{13}{2} \Big/ \binom{52}{5} = \dfrac{429}{4\,165} \approx 0.103\,001\,2.$

f) Die Anzahl der günstigen Ereignisse kommt dadurch zustande, dass das Ass unter den vorhandenen vier Ass-Karten gewählt wird (dafür gibt es $C_4^{(1)}$ Möglichkeiten) und die restlichen vier Karten unter $52 - 4 = 48$ gewählt werden, die keine Asse sind, wofür es $C_{48}^{(4)}$ Möglichkeiten gibt.

Antwort: Die gesuchte Wahrscheinlichkeit beträgt $\dfrac{C_4^{(1)} C_{48}^{(4)}}{C_{52}^{(5)}} = \binom{4}{1}\binom{48}{4} \Big/ \binom{52}{5} = \dfrac{778\,320}{2\,598\,960} \approx 0.299\,473\,636.$

4.11 Die Anzahl der Möglichkeiten, aus 40 Kirschen zehn zu wählen, beträgt C_{40}^{10}. Die Anzahl der günstigen Ereignisse kommt dadurch zustande, dass die zehn Kirschen unter den 30 nicht madigen sind. Dafür gibt es C_{30}^{10} Möglichkeiten.

Antwort: Die gesuchte Wahrscheinlichkeit beträgt $C_{30}^{(10)} / C_{40}^{(10)} = \binom{30}{10} \Big/ \binom{40}{10} = \dfrac{30 \cdot 29 \cdot \dots \cdot 21}{40 \cdot 39 \cdot \dots \cdot 31} \approx 0.0354 = 3.54\,\%.$

4.12 **a)** Unter den zur Verfügung stehenden zehn Buchstaben ist das A, das M und das T jeweils zweimal vorhanden. Damit ist die Anzahl der verschiedenen Möglichkeiten, ein Wort aus diesen Buchstaben zu legen, gleich $P_{10,W}^{2,2,2,1,1,1,1} = 10!/(2!2!2!)$.

Es gibt eine einzige günstige Möglichkeit - das Wort MATHEMATIK.

Antwort: Die gesuchte Wahrscheinlichkeit beträgt $1/P_{10,W}^{2,2,2,1,1,1,1} = 2!2!2!/10! \approx 0.000\,002\,205.$

b) Zuerst wird die Wahrscheinlichkeit berechnet, dass unter den neun von den 78 zur Verfügung stehenden Buchstaben gewählten genau drei T, zwei S, zwei I, ein A und ein K sind.

Die Anzahl der Möglichkeiten, unter 78 vorhandenen Buchstaben neun zu wählen, beträgt $C_{78}^{(9)}$. Die Anzahl der günstigen Ereignisse kommt dadurch zustande, dass dabei

unter den zur Verfügung stehenden drei T genau drei T gewählt werden (dafür gibt es $C_3^{(3)} = 1$ Möglichkeit),
unter den zur Verfügung stehenden drei S genau zwei S gewählt werden (dafür gibt es $C_3^{(2)} = 3$ Möglichkeiten),
unter den zur Verfügung stehenden drei I genau zwei I gewählt werden (dafür gibt es $C_3^{(2)} = 3$ Möglichkeiten),
unter den zur Verfügung stehenden drei A genau ein A gewählt wird (dafür gibt es $C_3^{(1)} = 3$ Möglichkeiten),
unter den zur Verfügung stehenden drei K genau ein K gewählt wird (dafür gibt es $C_3^{(1)} = 3$ Möglichkeiten).

Insgesamt sind das $C_3^{(3)} \left(C_3^{(2)}\right)^2 \left(C_3^{(1)}\right)^2 = 3^4$ günstige Möglichkeiten.

Die Wahrscheinlichkeit, dass unter den neun aus den 78 zur Verfügung stehenden Buchstaben gewählten genau drei T, zwei S, zwei I, ein A und ein K sind, beträgt somit

$$\frac{C_3^{(3)} \left(C_3^{(2)}\right)^2 \left(C_3^{(1)}\right)^2}{C_{78}^9} = \frac{3^4 \cdot 9!}{78 \cdot 77 \cdot \ldots \cdot 70} \approx 4.4417 \cdot 10^{-10}.$$

Danach wird die Wahrscheinlichkeit berechnet, dass das Kind aus den gewählten drei T, zwei S, zwei I, einem A und einem K das Wort STATISTIK legt. Analog zu Aufgabe **a)** ist die Wahrscheinlichkeit dafür gleich $1/P_{9,W}^{3,2,2,1,1} = 3!2!2!/9!$.

Beide Ereignisse, die Auswahl der Buchstaben und das Legen in der „richtigen“ Anordnung, sind unabhängig. Damit ist die Wahrscheinlichkeit, dass nach zufälliger Auswahl von neun Buchstaben aus den 78 zur Verfügung stehenden und dem anschließenden Anordnen das Wort „STATISTIK“ entsteht, gleich dem Produkt der Wahrscheinlichkeiten der einzelnen Ereignisse.

Antwort: Die gesuchte Wahrscheinlichkeit beträgt

$$\frac{C_3^{(3)} \left(C_3^{(2)}\right)^2 \left(C_3^{(1)}\right)^2}{C_{78}^9} \frac{1}{P_{9,W}^{3,2,2,1,1}} = \frac{3^4 \cdot 9!}{78 \cdot 77 \cdot \ldots \cdot 70} \frac{3!2!2!}{9!} \approx 2.9376 \cdot 10^{-14}.$$

4.13 Die Anzahl der Möglichkeiten, aus insgesamt $5+4+3 = 12$ Studenten drei auszuwählen, ist die Anzahl der Kombinationen ohne Wiederholung von 3 aus 12 Elementen und beträgt $C_{12}^{(3)}$.

a) Die Anzahl der günstigen Möglichkeiten beträgt $C_5^{(3)}$, da alle drei Studenten unter den fünf aus dem Studiengang Bauingenieurwesen zu wählen sind.

Antwort: Die gesuchte Wahrscheinlichkeit beträgt $\dfrac{C_5^{(3)}}{C_{12}^{(3)}} = \dfrac{5 \cdot 4}{1 \cdot 2} \dfrac{1 \cdot 2 \cdot 3}{12 \cdot 11 \cdot 10} = \dfrac{1}{22} \approx 4.55\,\%.$

b) Entweder es ist genau ein Student aus dem Studiengang Innenarchitektur ($C_3^{(1)}$ Möglichkeiten) und dabei genau zwei Studenten aus dem Studiengang Architektur ($C_4^{(2)}$ Möglichkeiten) oder es ist kein Student aus dem Studiengang Innenarchitektur und genau drei Studenten aus dem Studiengang Architektur ($C_4^{(3)}$ Möglichkeiten). Die Anzahl der günstigen Möglichkeiten beträgt

$$C_3^{(1)}C_4^{(2)} + C_4^{(3)} = \frac{3 \cdot 4 \cdot 3}{1 \cdot 2} + 4 = 22.$$

Antwort: Die gesuchte Wahrscheinlichkeit beträgt $\dfrac{C_3^{(1)}C_4^{(2)} + C_4^{(3)}}{C_{12}^{(3)}} = \dfrac{22 \cdot 2 \cdot 3}{12 \cdot 11 \cdot 10} = 0.1 = 10\,\%$.

c) Entweder es sind genau zwei Studenten aus dem Studiengang Architektur ($C_4^{(2)}$ Möglichkeiten), dabei kann der dritte entweder ein Student aus dem Studiengang Bauingenieurwesen ($C_5^{(1)}$ Möglichkeiten) oder aus dem Studiengang Innenarchitektur ($C_3^{(1)}$ Möglichkeiten) sein, oder es sind alle drei Studenten aus dem Studiengang Architektur ($C_4^{(3)}$ Möglichkeiten). Die Anzahl der günstigen Möglichkeiten beträgt

$$C_4^{(2)}\left(C_5^{(1)} + C_3^{(1)}\right) + C_4^{(3)} = 52.$$

Antwort: Die gesuchte Wahrscheinlichkeit beträgt $\dfrac{C_4^{(2)}\left(C_5^{(1)} + C_3^{(1)}\right) + C_4^{(3)}}{C_{12}^{(3)}} = \dfrac{52 \cdot 2 \cdot 3}{12 \cdot 11 \cdot 10} \approx 0.236 = 23.6\,\%$.

4.14 a) Man stellt sich die neun Personen in einer Reihe aufgestellt vor, wobei eine Person ein Schild mit der Nummer „1“ trägt, wenn sie in den ersten, mit „2“, wenn sie in den zweiten und mit „3“, wenn sie in den dritten Waggon einsteigt. Das entspricht den Möglichkeiten, neun aus drei Elementen mit Wiederholung unter Berücksichtigung der Anordnung zu wählen.

Antwort: Die Anzahl der Möglichkeiten, dass neun Personen in drei Waggons einsteigen, ist $V_{3,W}^{(9)} = 3^9 = 19\,683$.

b) Es gibt $C_9^{(3)}$ Möglichkeiten, unter neun Personen drei auszuwählen, die in den ersten Waggon einsteigen. Die restlichen sechs Personen können beliebig in die verbleibenden Waggons einsteigen. Das sind analog zu **a)** $V_{2,W}^{(6)}$ Möglichkeiten.

Antwort: Die gesuchte Wahrscheinlichkeit beträgt $C_9^{(3)}V_{2,W}^{(6)}\big/V_{3,W}^{(9)} = \binom{9}{3} \cdot 2^6\big/3^9 \approx 0.2731 = 27.31\,\%$.

c) Es gibt $C_9^{(3)}$ Möglichkeiten, unter neun Personen drei auszuwählen, die in den ersten Waggon einsteigen. Unter den verbleibenden sechs Personen gibt es $C_6^{(3)}$ Möglichkeiten, drei zu wählen, die in den zweiten Waggon einsteigen. Die restlichen drei Personen steigen dann zwangsweise in den dritten Waggon ein.

Antwort: Die gesuchte Wahrscheinlichkeit beträgt $C_9^{(3)}C_6^{(3)}\big/V_{3,W}^{(9)} = \binom{9}{3}\binom{6}{3}\big/3^9 \approx 0.0854 = 8.54\,\%$.

d) Es gibt P_3 Möglichkeiten, die drei Gruppen den drei Waggons zuzuordnen. Unter neun Personen gibt es $C_9^{(2)}$ Möglichkeiten, zwei für die erste Gruppe zu wählen. Unter den verbleibenden sieben Personen gibt es $C_7^{(3)}$ Möglichkeiten, drei für die zweite Gruppe zu wählen. Die restlichen vier Personen bilden die dritte Gruppe (eine Möglichkeit).

Antwort: Die gesuchte Wahrscheinlichkeit beträgt $P_3C_9^{(2)}C_7^{(3)}\big/V_{3,W}^{(9)} = 3! \cdot \binom{9}{2}\binom{7}{3}\big/3^9 \approx 0.3841 = 38.41\,\%$.

4.15 a) **Erste Lösung:**

Es gibt $P_6 = 6!$ Möglichkeiten, die sechs (verschiedenen) Karten aus der Urne der Reihe nach zu ziehen. Davon ist die Reihenfolge „LAMAMA“ günstig. Sie kann auf 2!3! Weisen zustande kommen, da zwei Buchstaben „M“ und drei Buchstaben „A“ beliebig permutieren können. Insgesamt ergeben sich daher sechs günstige Möglichkeiten, die sechs (verschiedenen) Karten aus der Urne der Reihe nach zu ziehen.

Antwort: Die gesuchte Wahrscheinlichkeit ist damit $(2!3!)/6! = 1/60 = 0.01\overline{6}$.

Zweite Lösung: Die Entnahmen der Karten aus der Urne sind unabhängige Ereignisse.

Die Wahrscheinlichkeit, dass die erste Karte ein „L“ ist, ist gleich 1/6 (sechs Karten vorhanden, eine günstige Möglichkeit). Danach sind noch fünf Karten vorhanden.

Die Wahrscheinlichkeit, dass die nächste Karte ein „A“ ist, ist gleich 3/5 (fünf Karten vorhanden, drei günstige Möglichkeiten). Danach sind noch vier Karten vorhanden.

Die Wahrscheinlichkeit, dass die nächste Karte ein „M“ ist, ist gleich 2/4 (vier Karten vorhanden, zwei günstige Möglichkeiten). Danach sind noch drei Karten vorhanden.

Die Wahrscheinlichkeit, dass die nächste Karte ein „A“ ist, ist gleich 2/3 (drei Karten vorhanden, zwei günstige Möglichkeiten). Danach sind noch zwei Karten vorhanden.

Die Wahrscheinlichkeit, dass die nächste Karte ein „M“ ist, ist gleich 1/2 (zwei Karten vorhanden, eine günstige Möglichkeit). Danach ist noch eine Karte vorhanden (keine Wahlmöglichkeit mehr).

Antwort: Die gesuchte Wahrscheinlichkeit ist damit $\dfrac{1}{6} \cdot \dfrac{3}{5} \cdot \dfrac{2}{4} \cdot \dfrac{2}{3} \cdot \dfrac{1}{2} = \dfrac{1}{60} = 0.01\overline{6}$.

b) Ohne Zurücklegen sind jedes Mal sechs Karten in der Urne vorhanden. Die Züge sind unabhängige Ereignisse.
Die Wkt, dass ein „L“ gezogen wird, ist gleich 1/6 (eine günstige Möglichkeit).
Die Wkt, dass ein „A“ gezogen wird, ist gleich 3/6 (drei günstige Möglichkeiten).
Die Wkt, dass ein „M“ gezogen wird, ist gleich 2/6 (zwei günstige Möglichkeiten).

Antwort: Die gesuchte Wahrscheinlichkeit ist damit $\frac{1}{6}\left(\frac{3}{6}\right)^3\left(\frac{2}{6}\right)^2 = \frac{1}{432} \approx 0.002315.$

Wahrscheinlichkeit unabhängiger, disjunkter und komplementärer Ereignisse

4.16 Sei das Ereignis

T - Die Beschäftigung am Samstag Abend ist Tischlerarbeit.
B - Die Beschäftigung am Samstag Abend ist Buch lesen.
K - Die Beschäftigung am Samstag Abend ist Kreuzworträtsel lösen.

Gegeben sind die Wahrscheinlichkeiten $P(T) = 2/3$, $P(B) = 1/6$, $P(K) = 1/6$.
Die Ereignisse an den vier Samstag Abenden sind unabhängig. Die Reihenfolge der vier Samstag Abende ist zu beachten (ggf. disjunkte Möglichkeiten).
Antwort: Die gesuchten Wahrscheinlichkeiten sind

a) $P(\overline{\overline{B}\cap\overline{B}\cap\overline{B}\cap\overline{B}}) = 1-(1-P(B))^4 = 1-\left(\frac{5}{6}\right)^4 \approx 0.5178$

b) $C_4^{(2)}P(K\cap K\cap\overline{K}\cap\overline{K}) = C_4^{(2)}P(K)^2(1-P(K))^2 = 6\cdot\left(\frac{1}{6}\right)^2\left(\frac{5}{6}\right)^2 \approx 0.1157$

c) $P(T\cap T\cap T\cap T) = P(T)^4 = \left(\frac{2}{3}\right)^4 \approx 0.1975$

d) $P(\overline{T}\cap\overline{T}\cap\overline{T}\cap\overline{T}) = (1-P(T))^4 = \left(\frac{1}{3}\right)^4 \approx 0.0123$

e) $P_{4,W}^{1,1,2}P(T\cap B\cap K\cap(T\cup B\cup K)) = P_{4,W}^{1,1,2}P(T)P(K)P(B)P(T\cup K\cup B) = 12\cdot\frac{2}{3}\cdot\frac{1}{6}\cdot\frac{1}{6}\cdot 1 \approx 0.2222$

4.17 Sei das Ereignis

T - Ein Student besteht die Klausur in Technischer Mechanik.
M - Ein Student besteht die Klausur in Mathematik.

Gesucht sind die Wahrscheinlichkeiten $a = P(T)$ und $b = P(M)$ mit $a < b$. Die Ereignise T und M sind unabhängig. Gegeben sind die Wahrscheinlichkeiten
$p_1 = P(T\cap M) = P(T)P(M) = ab$ und $p_2 = P(T\cup M) = P(T)+P(M)-P(T\cap M) = a+b-ab.$
Wird die zweite Gleichung in die erste Gleichung eingesetzt, so folgt
$a+b = p_1+p_2$ bzw. $b = p_1+p_2-a.$
Wird b in die erste Gleichung eingesetzt, so ergibt sich $a(p_1+p_2-a) = p_1$ bzw. die quadratische Gleichung bezüglich der Unbekannten a

$a^2-(p_1+p_2)a+p_1 = 0$ mit den Lösungen $a_{1/2} = \frac{p_1+p_2\pm\sqrt{(p_1+p_2)^2-4p_1}}{2},$

woraus wegen $b = p_1+p_2-a$ folgt

$$b_{1/2} = \frac{p_1+p_2\mp\sqrt{(p_1+p_2)^2-4p_1}}{2}.$$

Mit $p_1 = 0.3$ und $p_2 = 0.8$ ergibt sich $a_1 = 0.6$, $b_1 = 0.5$ bzw. $a_2 = 0.5$, $b_2 = 0.6$.
Antwort: Mit der Wahrscheinlichkeit 0.6 besteht ein Student die Klausur in Technischer Mechanik und mit der Wahrscheinlichkeit 0.5 die Klausur in Mathematik.

4.18 Sei das Ereignis

E_i - Der i-te Ziegel ist erster Wahl, $i = 1,2,3,4$.
Z_i - Der i-te Ziegel ist zweiter Wahl, $i = 1,2,3,4$.
A_i - Der i-te Ziegel ist Ausschuss, $i = 1,2,3,4$.

Gegeben sind die Wahrscheinlichkeiten $P(E_i) = p_1 = 0.7$, $P(Z_i) = p_2 = 0.25$, $P(A_i) = p_3 = 0.05$, $i = 1,2,3,4$.

a) Gesucht ist die Wahrscheinlichkeit des Ereignisses $E_1 \cap E_2 \cap E_3 \cap E_4$. Die Ereignisse E_i sind unabhängig.
Antwort: Nach dem Multiplikationssatz ist $P(E_1 \cap E_2 \cap E_3 \cap E_4) = P(E_1)P(E_2)P(E_3)P(E_4) = p_1^4 = 0.2401$.

b) Gesucht ist die Wahrscheinlichkeit, dass entweder alle vier Ziegel erster Wahl sind oder darunter genau einer zweiter Wahl und genau drei erster Wahl sind.

Dafür, dass der i-te Ziegel zweiter Wahl und die anderen drei erster Wahl sind, gibt es die $C_4^{(1)} = 4$ disjunkten Möglichkeiten $i = 1, 2, 3, 4$:

$Z_1 \cap E_2 \cap E_3 \cap E_4, \quad E_1 \cap Z_2 \cap E_3 \cap E_4, \quad E_1 \cap E_2 \cap Z_3 \cap E_4, \quad E_1 \cap E_2 \cap E_3 \cap Z_4.$

Die Wahrscheinlichkeit jedes dieser Ereignisse beträgt nach dem Multiplikationssatz $p_1^3 p_2$.

Antwort: Die gesuchte Wahrscheinlichkeit beträgt

$$P((E_1 \cap E_2 \cap E_3 \cap E_4) \cup (Z_1 \cap E_2 \cap E_3 \cap E_4) \cup (E_1 \cap Z_2 \cap E_3 \cap E_4) \cup (E_1 \cap E_2 \cap Z_3 \cap E_4) \cup (E_1 \cap E_2 \cap E_3 \cap Z_4)) = p_1^4 + 4p_1^3 p_2 = 0.5831.$$

c) Gesucht ist die Wahrscheinlichkeit, dass entweder alle vier Ziegel erster Wahl sind oder genau drei Ziegel erster Wahl und ein Ziegel entweder zweiter Wahl oder Ausschuss ist.

Dafür, dass genau drei Ziegel erste Wahl und der i-te Ziegel entweder zweiter Wahl oder Ausschuss ist, gibt es die zwei disjunkten Möglichkeiten: Drei Ziegel sind erster Wahl und ein Ziegel ist zweiter Wahl (Wahrscheinlichkeit $p_1^3 p_2$) oder drei Ziegel sind erster Wahl und ein Ziegel ist Ausschuss (Wahrscheinlichkeit $p_1^3 p_3$). Die Wahrscheinlichkeit beträgt insgesamt $p_1^3(p_2 + p_3)$.

Dafür, dass der Ziegel, der entweder zweiter Wahl oder Ausschuss ist, der i-te ist, gibt es die vier disjunkten Möglichkeiten $i = 1, 2, 3, 4$.

Antwort: Die gesuchte Wahrscheinlichkeit beträgt $p_1^4 + 4p_1^3(p_2 + p_3) = 0.6517$.

4.19 Sei das Ereignis

A - Der erste Student löst die Aufgabe mit Erfolg.
B - Der zweite Student löst die Aufgabe mit Erfolg.

Gegeben sind die Wahrscheinlichkeiten $P(A) = 0.6$, $P(B) = 0.6$. Die Ereignisse A und B sind unabhängig.

a) **Antwort:** Die gesuchte Wahrscheinlichkeit $P(A \cup B)$ beträgt wegen der Unabhängigkeit der Ereignisse

$$\begin{aligned} P(A \cup B) &= P(A) + P(B) - P(A \cap B) = P(A) + P(B) - P(A)P(B) \\ &= 0.6 + 0.6 - (0.6)^2 = 0.84. \end{aligned}$$

b) Das Ereignis „Keiner findet das richtige Ergebnis“ ist zum Ereignis „Wenigstens einer findet das richtige Ergebnis“ komplementär.

Antwort: Die gesuchte Wahrscheinlichkeit, dass keiner das richtige Ergebnis findet, beträgt $1 - 0.84 = 0.16$.

Bemerkung: Andere Möglichkeit: $P(\overline{A})P(\overline{B}) = (1 - P(A))(1 - P(B)) = (0.4)^2 = 0.16$.

4.20 Sei das Ereignis

A - Der Jäger trifft.
$\overline{A}$ - Der Jäger trifft nicht.

Die Wahrscheinlichkeiten dieser Ereignisse sind

$P(A) = 0.3 \quad$ und $\quad P(\overline{A}) = 1 - P(A) = 0.7$.

Die gesuchte Anzahl der Schüsse wird mit n bezeichnet. Wenn der Hase bei n Schüssen nicht getroffen wird, so tritt unabhängig voneinander n-mal das Ereignis $\overline{A}$ ein. Nach dem Multiplikationssatz für unabhängige Ereignisse ist die Wahrscheinlichkeit dafür

$P(\overline{A} \cap \ldots \cap \overline{A}) = P(\overline{A})^n$.

Mit der Wahrscheinlichkeit des komplementären Ereignisses ist

$P\left(\overline{\overline{A} \cap \ldots \cap \overline{A}}\right) = 1 - P(\overline{A} \cap \ldots \cap \overline{A}) = 1 - P(\overline{A})^n \geq 0.8$.

Damit ergibt sich für die Anzahl n der Schüsse bis zum ersten Treffer die Ungleichung

$1 - 0.7^n \geq 0.8$ mit der Lösung $n \geq \ln 0.2 / \ln 0.7 \approx 4.51$.

Antwort: Der Jäger muss mindestens fünfmal schießen, damit er den Hasen mit einer Wahrscheinlichkeit von 80 % trifft.

4.21 Sei das Ereignis

A - Ein Balken aus Werk A hat die erforderliche Druckfestigkeit.
B - Ein Balken aus Werk B hat die erforderliche Druckfestigkeit.
C - Ein Balken aus Werk C hat die erforderliche Druckfestigkeit.

Gegeben sind die Wahrscheinlichkeiten $P(A) = 0.96$, $P(B) = 0.92$, $P(C) = 0.89$.

Gesucht ist die Wahrscheinlichkeit des Ereignisses $A \cap B$ ($A \cap C$, $B \cap C$). Die Ereignisse A, B und C sind unabhängig.

Antwort: Nach dem Multiplikationssatz sind die gesuchten Wahrscheinlichkeiten

$$\begin{aligned} P(A \cap B) &= P(A)P(B) = 0.96 \cdot 0.92 = 0.8832, \\ P(A \cap C) &= P(A)P(C) = 0.96 \cdot 0.89 = 0.8544, \\ P(B \cap C) &= P(B)P(C) = 0.92 \cdot 0.89 = 0.8188. \end{aligned}$$

4.22 Sei das Ereignis

A - Beim Würfeln fällt eine „6".
$\overline{A}$ - Beim Würfeln fällt keine „6".

Die Wahrscheinlichkeiten dieser komplementären Ereignisse sind

$P(A) = 1/6$ und $P(\overline{A}) = 5/6$.

Wenn bei keinem von sechs Würfen eine „6" fällt, so tritt unabhängig voneinander n-mal das Ereignis $\overline{A}$ ein. Nach dem Multiplikationssatz für unabhängige Ereignisse ist die Wahrscheinlichkeit dafür

$P(\overline{A} \cap \ldots \cap \overline{A}) = P(\overline{A})^6 = (5/6)^6$.

Das dazu komplementäre Ereignis besteht darin, dass bei mindestens einem der sechs Würfe eine „6" fällt.

Antwort: Die gesuchte Wahrscheinlichkeit beträgt $P\left(\overline{\overline{A} \cap \ldots \cap \overline{A}}\right) = 1 - P(\overline{A} \cap \ldots \cap \overline{A}) = 1 - (5/6)^6 \approx 0.6651$.

4.23 Sei das Ereignis

A - A wird in 20 Jahren noch leben.
B - B wird in 20 Jahren noch leben.

Die Wahrscheinlichkeiten dieser beiden unabhängigen Ereignisse sind

$P(A) = 0.7$ und $P(B) = 0.5$.

Die Wahrscheinlichkeiten der komplementären Ereignisse sind

$P(\overline{A}) = 0.3$ und $P(\overline{B}) = 0.5$.

a) Gesucht ist $P(A \cap B)$. Die Ereignisse A und B sind unabhängig.

Antwort: Nach dem Multiplikationssatz ist $P(A \cap B) = P(A)P(B) = 0.35$.

b) Gesucht ist $P((A \cap \overline{B}) \cup (\overline{A} \cap B))$ (A lebt und B nicht oder A lebt nicht und B lebt). Die Ereignisse $A \cap \overline{B}$ und $\overline{A} \cap B$ sind disjunkt. Nach dem Additionsgesetz ist

$P((A \cap \overline{B}) \cup (\overline{A} \cap B)) = P(A \cap \overline{B}) + P(\overline{A} \cap B)$.

Die Ereignisse A und $\overline{B}$ bzw. $\overline{A}$ und B sind unabhängig.

Antwort: Nach dem Multiplikationssatz ist $P((A \cap \overline{B}) \cup (\overline{A} \cap B)) = P(A)P(\overline{B}) + P(\overline{A})P(B) = 0.7 \cdot 0.5 + 0.3 \cdot 0.5 = 0.5$.

c) Gesucht ist $P(A \cup B)$. Die Ereignisse A und B sind nicht disjunkt.

Antwort: Nach dem Additionssatz ist $P(A \cup B) = P(A) + P(B) - P(A \cap B) = 0.7 + 0.5 - 0.35 = 0.85$.

d) Gesucht ist $P(A \cap \overline{B})$. Die Ereignisse A und $\overline{B}$ sind unabhängig.

Antwort: Nach dem Multiplikationssatz ist $P(A \cap \overline{B}) = P(A)P(\overline{B}) = 0.7 \cdot 0.5 = 0.35$.

e) Gesucht ist $P(\overline{A} \cap B)$. Die Ereignisse A und $\overline{B}$ sind unabhängig.

Antwort: Nach dem Multiplikationssatz ist $P(\overline{A} \cap B) = P(\overline{A})P(B) = 0.3 \cdot 0.5 = 0.15$.

4.24 Sei das Ereignis

J - Ein Junge wurde geboren.
M - Ein Mädchen wurde geboren.

Gegeben sind die Wahrscheinlichkeiten dieser beiden unabhängigen und komplementären Ereignisse

$P(J) = 0.5$ und $P(M) = P(\overline{J}) = 0.5$.

a) Die gesuchte Wahrscheinlichkeit ist $C_4^{(2)} P(J \cap J \cap M \cap M)$, denn es gibt $C_4^{(2)}$ disjunkte verschiedene Möglichkeiten, an welchen zwei unter vier „Stellen" die beiden Jungen geboren werden.

Antwort: Nach dem Multiplikationssatz ist $C_4^{(2)} P(J \cap J \cap M \cap M) = C_4^{(2)} P(J)^2 P(M)^2 = \binom{4}{2} (0.5)^4 = 0.375$.

b) Das Ereignis „Unter vier Kindern wurde kein Mädchen geboren" ist dasselbe wie das Ereignis „Unter vier Kindern wurden nur Jungen geboren". Die gesuchte Wahrscheinlichkeit ist $C_4^{(4)} P(J \cap J \cap J \cap J)$, denn es gibt $C_4^{(4)} = 1$ Möglichkeit, an welchen vier unter vier „Stellen" die vier Jungen geboren werden.

Antwort: Nach dem Multiplikationssatz ist $C_4^{(4)} P(J \cap J \cap J \cap J) = P(J)^4 = (0.5)^4 = 0.0625$.

c) Das Ereignis „Unter vier Kindern wurde mindestens ein Junge geboren" ist zum Ereignis „Unter vier Kindern wurde kein Junge geboren" $= M \cap M \cap M \cap M$ komplementär. Die Wahrscheinlichkeit des Ereignisses $M \cap M \cap M \cap M$ wurde in der Aufgabe **b)** sinngemäß ermittelt.

Antwort: Die gesuchte Wahrscheinlichkeit beträgt $1 - P(M \cap M \cap M \cap M) = 1 - (0.5)^4 = 1 - 0.0625 = 0.9375$.

d) Sei das Ereignis

M_0 - Unter vier Kindern wurde kein Mädchen geboren.
M_1 - Unter vier Kindern wurde genau ein Mädchen geboren.
M_2 - Unter vier Kindern wurden genau zwei Mädchen geboren.

Gesucht ist $P(M_0 \cup M_1 \cup M_2)$. Die Ereignisse M_0, M_1 und M_2 sind disjunkt, und daher gilt mit dem Additionsgesetz für disjunkte Ereignisse

$P(M_0 \cup M_1 \cup M_2) = P(M_0) + P(M_1) + P(M_2)$.

Die Wahrscheinlichkeiten $P(M_2)$ und $P(M_0)$ wurden in den Aufgaben **a)** und **b)** ermittelt. Weiter ist

$P(M_1) = C_4^{(1)} P(J \cap M \cap M \cap M) = \binom{4}{1} (0.5)^4 = 0.25$,

denn es gibt $C_4^{(1)}$ disjunkte verschiedene Möglichkeiten, an welcher unter vier „Stellen" das Mädchen geboren wird.

Antwort: Die gesuchte Wahrscheinlichkeit beträgt $P(M_0 \cup M_1 \cup M_2) = 0.0625 + 0.375 + 0.25 = 0.6875$.

4.25 Sei das Ereignis

A_1 - Das Gebäude der Bibliothek wird im Jahr 2020 fertiggestellt.
A_2 - Das Gebäude mit den Hörsälen wird im Jahr 2020 fertiggestellt.
A_3 - Das Laborgebäude wird im Jahr 2020 fertiggestellt.

Die Wahrscheinlichkeiten dieser unabhängigen Ereignisse sind

$P(A_1) = 0.8$, $P(A_2) = 0.7$, $P(A_3) = 0.5$.

a) Gesucht ist die Wahrscheinlichkeit $P(A_1 \cap A_2 \cap A_3)$. Die Ereignisse A_1, A_2, A_3 sind unabhängig.

Antwort: Nach dem Multiplikationssatz ist $P(A_1 \cap A_2 \cap A_3) = P(A_1)P(A_2)P(A_3) = 0.8 \cdot 0.7 \cdot 0.5 = 0.28$.

b) Gesucht ist die Wahrscheinlichkeit $P(A_1 \cup A_2 \cup A_3)$.

Das Ereignis „Mindestens eines der Gebäude wird fertig", d. h., $A_1 \cup A_2 \cup A_3$, ist zum Ereignis „Keines der Gebäude wird fertig" („sowohl das erste als auch das zweite als auch das dritte wird nicht fertig"), d. h., $\overline{A}_1 \cap \overline{A}_2 \cap \overline{A}_3$, komplementär. Die Ereignisse A_1, A_2, A_3 und damit auch die Ereignisse $\overline{A}_1$, $\overline{A}_2$, $\overline{A}_3$ sind unabhängig.

Antwort: Die gesuchte Wahrscheinlichkeit beträgt

$$\begin{aligned} P(A_1 \cup A_2 \cup A_3) &= 1 - P(\overline{A}_1 \cap \overline{A}_2 \cap \overline{A}_3) = 1 - P(\overline{A}_1)P(\overline{A}_2)P(\overline{A}_3) \\ &= 1 - (1-0.8)(1-0.7)(1-0.5) = 1 - 0.2 \cdot 0.3 \cdot 0.5 = 0.97. \end{aligned}$$

4.26 Sei das Ereignis

D_1 - Der erste Drucksensor fällt im Zeitraum Z aus.
D_2 - Der zweite Drucksensor fällt im Zeitraum Z aus.
T_1 - Der erste Temperatursensor fällt im Zeitraum Z aus.
T_2 - Der zweite Temperatursensor fällt im Zeitraum Z aus.
T_3 - Der dritte Temperatursensor fällt im Zeitraum Z aus.
G - Der Prozess der Herstellung muss innerhalb des Zeitraumes Z gestoppt werden.
S - Es fallen Sensoren aus.

Gegeben sind die Wahrscheinlichkeiten $P(D_1) = P(D_2) = 0.1$ und $P(T_1) = P(T_2) = P(T_3) = 0.2$.

a) Gesucht ist die Wahrscheinlichkeit $P(G)$. Es gilt

$G = (D_1 \cap D_2) \cup (T_1 \cap T_2 \cap T_3)$

und mit dem Additionsgesetz nicht disjunkter Ereignisse sowie dem Multiplikationssatz unabhängiger Ereignisse

$$\begin{aligned} P(G) &= P(D_1 \cap D_2) + P(T_1 \cap T_2 \cap T_3) - P((D_1 \cap D_2) \cap (T_1 \cap T_2 \cap T_3)) \\ &= 0.1^2 + 0.2^3 - 0.1^2 0.2^3 = 0.01 + 0.008 - 0.00008 = 0.01792. \end{aligned}$$

Antwort: Die gesuchte Wahrscheinlichkeit beträgt $P(G) \approx 1.8\,\%$.

b) Gesucht ist die Wahrscheinlichkeit $P(\overline{G} \cap S)$ Es gilt

$P(\overline{G} \cap S) = 1 - P(\overline{\overline{G} \cap S}) = 1 - P(G \cup \overline{S})$.

Mit dem Additionsgesetz disjunkter Ereignisse ist

$P(G \cup \overline{S}) = P(G) + P(\overline{S})$.

Die Wahrscheinlichkeit des Ereignisses $\overline{S} = \overline{D}_1 \cap \overline{D}_2 \cap \overline{T}_1 \cap \overline{T}_2 \cap \overline{T}_3$ ist nach der Wahrscheinlichkeit komplementärer Ereignisse und dem Multiplikationssatz unabhängiger Ereignisse

$P(\overline{S}) = (1 - P(D_1))(1 - P(D_2))(1 - P(T_1))(1 - P(T_2))(1 - P(T_3)) = 0.9^2 \cdot 0.8^3 = 0.41472.$

Antwort: Die gesuchte Wahrscheinlichkeit ist $P(\overline{G} \cap S) = 1 - (P(G) + P(\overline{S})) = 1 - (0.01792 + 0.41472) = 0.56736$.

Bedingte und totale Wahrscheinlichkeit

4.27 Sei das Ereignis

A - Eine KFZ-Nummer hat genau drei Ziffern.
B - Die letzten drei Ziffern einer KFZ-Nummer sind gleich „1“.

Mit den Anzahlen

$G_1 = V^{(2)}_{26,W} V^{(3)}_{10,W} = 26^2 \cdot 10^3 = 676\,000$ (Anzahl der KFZ-Nummern mit vier Buchstaben und drei Ziffern),
$G_2 = V^{(1)}_{26,W} V^{(3)}_{10,W} = 26^1 \cdot 10^3 = 26\,000$ (Anzahl der KFZ-Nummern mit drei Buchstaben und drei Ziffern),
$G_3 = V^{(1)}_{26,W} V^{(4)}_{10,W} = 26^1 \cdot 10^4 = 260\,000$ (Anzahl der KFZ-Nummern mit drei Buchstaben und vier Ziffern)

beträgt die Anzahl G aller möglichen KFZ-Nummern in der Region

$G = G_1 + G_2 + G_3 = 962\,000.$

a) Die Anzahl der KFZ-Nummern, deren letzte drei Ziffern gleich „1“ sind, beträgt

$G_B = V^{(2)}_{26,W} + V^{(1)}_{26,W} + V^{(1)}_{26,W} V^{(1)}_{10,W} = 26^2 + 26 + 26 \cdot 10 = 962.$

Antwort: Die gesuchte Wahrscheinlichkeit ist $P(B) = G_B/G = 962/962\,000 = 0.001 = 0.1\,\%$.

b) Die Anzahl der KFZ-Nummern mit genau drei Ziffern beträgt

$G_A = G_1 + G_2 = 676\,000 + 26\,000 = 702\,000.$

Antwort: Die gesuchte Wahrscheinlichkeit ist $P(A) = G_A/G = 702\,000/962\,000 \approx 0.73 = 73\,\%$.

c) Gesucht ist die Wahrscheinlichkeit $P(A \cap B)$. Die Anzahl $G_{A\cap B}$ der KFZ-Nummern mit genau drei Ziffern, die gleich „1“ sind, beträgt

$G_{A\cap B} = V^{(2)}_{26,W} + V^{(1)}_{26,W} = 26^2 + 26 = 702.$

Antwort: Die gesuchte Wahrscheinlichkeit ist $P(A \cap B) = G_{A\cap B}/G = 702/962\,000 \approx 0.000\,73 = 0.073\,\%$.

d) Gesucht ist die bedingte Wahrscheinlichkeit $P(B/A) = P(A \cap B)/P(B)$.

Antwort: Die gesuchte Wahrscheinlichkeit ist

$$P(B/A) = P(A \cap B)/P(A) = (G_{A\cap B}/G) \,/\, (G_A/G) = G_{A\cap B}/G_A = 702/702\,000 = 0.1\,\%.$$

4.28 Sei das Ereignis

A - Der Nominalwert der Spannung wird überschritten.
B - Der Fernsehapparat zeigt Bildstörungen.

Dann sind die Ereignisse

B/A - Der Fernsehapparat zeigt Bildstörungen, falls Überspannung vorliegt.
$A \cap B$ - Der Fernsehapparat zeigt Bildstörungen, und es liegt Überspannung vor.

Gegeben sind die Wahrscheinlichkeiten $P(A) = 0.2$ und $P(B/A) = 0.5$.

Gesucht ist die Wahrscheinlichkeit $P(A \cap B)$.

Antwort: Mit der Formel der bedingten Wahrscheinlichkeit ergibt sich

$$P(B/A) = \frac{P(B \cap A)}{P(A)}, \quad \text{d. h.,} \quad P(B \cap A) = P(A)P(B/A) = 0.2 \cdot 0.5 = 0.1.$$

4.29 Mit den Ereignissen

A - Der Dachziegel ist brauchbar.
B - Der Dachziegel kann in die Güteklasse 1 eingeordnet werden.

ist das Ereignis

B/A - Ein brauchbarer Dachziegel kann in die Güteklasse 1 eingeordnet werden.
$B \cap A$ - Der Dachziegel kann in die Güteklasse 1 eingeordnet werden und ist brauchbar.

Offenbar sind die Ereignisse B und $B \cap A$ identisch, da aus dem Ereignis B das Ereignis A folgt.

Gegeben sind die Wahrscheinlichkeiten $P(A) = 0.96$ und $P(B/A) = 0.75$.

Gesucht ist die Wahrscheinlichkeit $P(B)$.

Antwort: Aus der bedingten Wahrscheinlichkeit ergibt sich wegen $P(B) = P(B \cap A)$

$$P(B/A) = \frac{P(B \cap A)}{P(A)} = \frac{P(B)}{P(A)}, \quad \text{d. h.,} \quad P(B) = P(A)P(B/A) = 0.96 \cdot 0.75 = 0.72.$$

4.30 Sei das Ereignis

V - Ein Student bearbeitet die Aufgaben in der vorgegebenen Reihenfolge.
U - Ein Student bearbeitet die Aufgaben in der umgekehrten Reihenfolge.
W - Ein Student muss die Prüfung wiederholen.

Gegeben sind die Wahrscheinlichkeiten $P(V) = 0.6$, $P(W/V) = 0.36$, $P(W/U) = 0.55$.

a) Die Ereignisse V und U sind disjunkt. Ihre Vereinigung ist das sichere Ereignis. Daher ist $P(U) = 1 - P(V) = 0.4$.
Nach dem Satz über die totale Wahrscheinlichkeit ist die gesuchte Wahrscheinlichkeit
$P(W) = P(V \cap W) + P(U \cap W) = P(W/V)P(V) + P(W/U)P(U) = 0.36 \cdot 0.6 + 0.55 \cdot 0.4 = 0.436.$
Antwort: 43.3 % der Studenten müssen die Prüfung wiederholen.

b) Die gesuchte Wahrscheinlichkeit ist die bedingte Wahrscheinlichkeit

$$P(V/\overline{W}) = \frac{P(V \cap \overline{W})}{P(\overline{W})}.$$

Es gilt $P(\overline{W}) = 1 - P(W) = 1 - 0.436 = 0.564$.

Die Ereignisse $V \cap W$ und $V \cap \overline{W}$ sind disjunkt. Aus $P(V) = P(V \cap W) + P(V \cap \overline{W})$ folgt

$P(V \cap \overline{W}) = P(V) - P(V \cap W) = P(V) - P(W/V)P(V) = 0.6 - 0.36 \cdot 0.6 = 0.384.$

Damit ist die gesuchte Wahrscheinlichkeit

$$P(V/\overline{W}) = \frac{P(V \cap \overline{W})}{P(\overline{W})} = \frac{0.384}{0.564} \approx 0.68.$$

Antwort: Mit der Wahrscheinlichkeit von ca. 68 % hat Stafe Stabil die Aufgaben in der vorgegebenen Reihenfolge bearbeitet.

4.31 Sei das Ereignis

A - Die Kugel wird aus der Urne A gezogen.
B - Die Kugel wird aus der Urne B gezogen.
C - Die Kugel wird aus der Urne C gezogen.
S - Es wird eine schwarze Kugel gezogen.
S/A - Eine schwarze Kugel wird aus der Urne A gezogen.
S/B - Eine schwarze Kugel wird aus der Urne B gezogen.
S/C - Eine schwarze Kugel wird aus der Urne C gezogen.

Gegeben sind die Wahrscheinlichkeiten:

$P(S/A) = 2/5$, $P(S/B) = 3/5$, $P(S/C) = 3/5$ (Auswahl einer schwarzen Kugel aus der Urne A bzw. B bzw. C),

$P(A) = 1/3$, $P(B) = 1/3$, $P(C) = 1/3$ (Auswahl einer beliebigen Urne aus drei Urnen).

Die Ereignisse A, B und C sind disjunkt.

a) Gesucht ist die totale Wahrscheinlichkeit $P(S)$.
Antwort: Die gesuchte Wahrscheinlichkeit beträgt
$P(S) = P(S/A)P(A) + P(S/B)P(B) + P(S/C)P(C) = 1/3(2/5 + 3/5 + 3/5) = 8/15 \approx 0.5333.$

b) Gesucht sind die Wahrscheinlichkeiten $P(A/S)$, $P(B/S)$, $P(C/S)$. Aus der Formel der bedingten Wahrscheinlichkeit folgt $P(A \cap S) = P(A)P(S/A) = P(S)P(A/S)$.

Antwort: Die gesuchte Wahrscheinlichkeit beträgt

$$P(A/S) = P(A)P(S/A)\big/P(S) = (1/3)\cdot(2/5)\big/(8/15) = 1/4 = 0.25.$$

Analog ist

$$P(B/S) = P(B)P(S/B)\big/P(S) = (1/3)\cdot(3/5)\big/(8/15) = 3/8 = 0.375,$$

$$P(C/S) = P(C)P(S/C)\big/P(S) = (1/3)\cdot(3/5)\big/(8/15) = 3/8 = 0.375.$$

4.32 Sei das Ereignis

A_1 - Die erste Karte ist ein Ass (Art 1).
A_2 - Die erste Karte ist eine Zehn (Art 2).
A_i - Die erste Karte ist von der Art i, $i = 3, \ldots, 8$.
B - Die zweite Karte ist ein Ass.

Die Ereignisse A_1, A_2, A_3,...,A_8 sind disjunkt und bilden ein vollständiges Ereignissystem. Ihre Wahrscheinlichkeiten sind $P(A_i) = 4/32$, da von jeder Art vier Karten vorhanden sind (Anzahl der günstigen Ausgänge für A_i) und insgesamt beim ersten Zug 32 Karten vorhanden sind (Anzahl der möglichen Ausgänge für A_i).

Beim zweiten Zug sind dann nur noch 31 Karten vorhanden.

a) (a1) Die Anzahl der möglichen Ausgänge für das Ereignis B/A_1 ist gleich 31. Die Anzahl der günstigen Ausgänge ist gleich 3, weil beim zweiten Zug nur noch drei Asse übrig sind.

Antwort: Daher ist die gesuchte Wahrscheinlichkeit $P(B/A_1) = \dfrac{3}{31}$.

(a2) Die Anzahl der möglichen Ausgänge für das Ereignis B/A_2 ist gleich 31. Die Anzahl der günstigen Ausgänge ist gleich 4, weil beim zweiten Zug alle vier Asse noch vorhanden sind.

Antwort: Daher ist die gesuchte Wahrscheinlichkeit $P(B/A_2) = \dfrac{4}{31}$.

Bemerkung: Ebenso gilt $P(B/A_i) = \dfrac{4}{31}$, $i = 3, \ldots, 8$.

b) **Antwort:** Mit der Definition der totalen Wahrscheinlichkeit und den ermittelten bedingten Wahrscheinlichkeiten ist die gesuchte Wahrscheinlichkeit

$$\begin{aligned} P(B) &= \sum_{i=1}^{8} P(B/A_i)P(A_i) = P(B/A_1)P(A_1) + \sum_{i=2}^{8} P(B/A_i)P(A_i) \\ &= \frac{3}{31}\cdot\frac{4}{32} + \sum_{i=2}^{8}\frac{4}{31}\cdot\frac{4}{32} = \frac{4}{32}\left(\frac{3}{31} + 7\cdot\frac{4}{31}\right) = \frac{1}{8}. \end{aligned}$$

4.33 Sei das Ereignis

A - Das Bauelement kommt aus der Firma A.
B - Das Bauelement kommt aus der Firma B.
Q - Das Bauelement genügt den Anforderungen.
Q/A - Das Bauelement der Firma A genügt den Anforderungen.
Q/B - Das Bauelement der Firma B genügt den Anforderungen.

Gegeben sind die Wahrscheinlichkeiten $P(A) = 0.4$, $P(B) = 0.6$, $P(Q/A) = 0.9$, $P(Q/B) = 0.7$.

Die Ereignisse A und B sind disjunkt.

a) Gesucht ist die totale Wahrscheinlichkeit $P(Q)$.

Antwort: Die gesuchte Wahrscheinlichkeit beträgt $P(Q) = P(Q/A)P(A) + P(Q/B)P(B) = 0.9\cdot 0.4 + 0.7\cdot 0.6 = 0.78$.

b) Gesucht ist die Wahrscheinlichkeit $P(A \cap Q)$. Wegen $P(Q \cap A) = P(A \cap Q)$ ist die bedingte Wahrscheinlichkeit $P(Q/A) = P(Q \cap A)\big/P(A) = P(A \cap Q)\big/P(A)$.

Antwort: Die gesuchte Wahrscheinlichkeit beträgt $P(A \cap Q) = P(Q/A)P(A) = 0.9\cdot 0.4 = 0.36$.

4.34 Sei das Ereignis

A - Ein Betonanker ist Ausschuss.
M_1 - Ein Betonanker wurde von der ersten Maschine produziert.
M_2 - Ein Betonanker wurde von der zweiten Maschine produziert.
M_3 - Ein Betonanker wurde von der dritten Maschine produziert.

Gegeben sind die Wahrscheinlichkeiten
$P(A/M_1)=0.02$, $P(A/M_2)=0.08$, $P(A/M_3)=0.05$, $P(M_1)=0.4$, $P(M_2)=0.35$, $P(M_3)=0.25$.

a) Gesucht ist die totale Wahrscheinlichkeit $P(A)$.

Antwort: Mit dem Satz über die totale Wahrscheinlichkeit ergibt sich

$$P(A)=\sum_{i=1}^{3} P(A \cap M_i)=\sum_{i=1}^{3} P(A/M_i)P(M_i)=0.02 \cdot 0.4+0.08 \cdot 0.35+0.05 \cdot 0.25=0.0485.$$

b) Gesucht ist die bedingte Wahrscheinlichkeit $P(M_2/A)$.

Antwort: Mit dem Satz über die bedingte Wahrscheinlichkeit ergibt sich
$P(M_2/A)=P(M_2 \cap A)/P(A)=P(A/M_2)P(M_2)/P(A)=0.08 \cdot 0.35/0.0485 \approx 0.5773.$

4.35 Sei das Ereignis

A_1 - Ein zufällig ausgewählter Student beherrscht den Vorlesungsstoff gut (d. h., zu 90%).
A_2 - Ein zufällig ausgewählter Student beherrscht den Vorlesungsstoff mittelmäßig (d. h., zu 60%).
A_3 - Ein zufällig ausgewählter Student beherrscht den Vorlesungsstoff schlecht (d. h., zu 30%).
B - Ein zufällig ausgewählter Student beantwortet eine Frage richtig.

Gegeben sind die Wahrscheinlichkeiten
$P(A_1)=7/25$, $P(A_2)=13/25$, $P(A_3)=5/25$ sowie $P(B/A_1)=0.9$, $P(B/A_2)=0.6$, $P(B/A_3)=0.3$.
Die Ereignisse A_1, A_2, A_3 sind disjunkt.
Gesucht sind die Wahrscheinlichkeiten $P(A_1/B)$, $P(A_2/B)$, $P(A_3/B)$.
Nach der Definition der bedingten Wahrscheinlichkeit gilt
$P(A_i/B) = P(A_i \cap B)/P(B), \ i = 1, 2, 3.$
Mit der Definition der totalen Wahrscheinlichkeit ist

$$\begin{aligned} P(B) &= P(B/A_1)P(A_1) + P(B/A_2)P(A_2) + P(B/A_3)P(A_3) \\ &= 0.9 \cdot 7/25 + 0.6 \cdot 13/25 + 0.3 \cdot 5/25 = 0.252 + 0.312 + 0.06 = 0.624. \end{aligned}$$

Weiter gilt ebenfalls nach der Definition der bedingten Wahrscheinlichkeit
$P(A_1 \cap B) = P(B/A_1)P(A_1) = 0.9 \cdot 7/25 = 0.252,$
$P(A_2 \cap B) = P(B/A_2)P(A_2) = 0.6 \cdot 13/25 = 0.312,$
$P(A_3 \cap B) = P(B/A_3)P(A_3) = 0.3 \cdot 5/25 = 0.06.$

Antwort: Damit sind die gesuchten Wahrscheinlichkeiten

$$\begin{aligned} P(A_1/B) &= P(A_1 \cap B)/P(B) = 0.252/0.624 \approx 0.403 \\ P(A_2/B) &= P(A_2 \cap B)/P(B) = 0.312/0.624 = 0.5 \\ P(A_3/B) &= P(A_3 \cap B)/P(B) = 0.06/0.624 \approx 0.096. \end{aligned}$$

Diskrete Zufallsvariablen

4.36 Für die Wahrscheinlichkeitsdichte der diskreten Zufallsvariable X muss die Vollständigkeitsrelation gelten

$$1 = \sum_{i=1}^{4} f(x_i) = \frac{\alpha}{6} + \frac{\alpha}{4} + \frac{\alpha}{12} + \alpha = \frac{3}{2}\alpha, \quad \text{d. h.,} \quad \alpha = \frac{2}{3}.$$

Antwort: Die Funktion f ist eine Wahrscheinlichkeitsdichte genau für den Wert $\alpha = 2/3$.
Die Verteilungsfunktion ist

$$F(x) = \begin{cases} & 0, & x \le 1, \\ f(1) = & 2/18, & 1 < x \le 2, \\ f(1)+f(2) = & 5/18, & 2 < x \le 4, \\ f(1)+f(2)+f(3) = & 6/18, & 4 < x \le 6, \\ f(1)+f(2)+f(3)+f(4) = & 1, & x > 6. \end{cases}$$

Für Erwartungswert, Varianz und Standardabweichung gilt

$$\begin{aligned} E(X) &= \sum_{i=1}^{4} x_i f(x_i) = 1\cdot\frac{1}{9}+2\cdot\frac{1}{6}+4\cdot\frac{1}{18}+6\cdot\frac{2}{3} &&= \frac{14}{3}, \\ Var(X) &= \sum_{i=1}^{4} x_i^2 f(x_i)-(E(X))^2 = 1^2\cdot\frac{1}{9}+2^2\cdot\frac{1}{6}+4^2\cdot\frac{1}{18}+6^2\cdot\frac{2}{3}-\left(\frac{14}{3}\right)^2 &&= \frac{35}{9}, \\ \sigma &= \sqrt{Var(X)} &&\approx 1.927. \end{aligned}$$

4.37 **a)** Die Zufallsvariable X ist die Summe der Augenzahlen A_1 und A_2 der beiden Würfel. Für X gibt es folgende 36 Möglichkeiten in Abhängigkeit von den Augenzahlen A_1 und A_2:

A_2 \ A_1	1	2	3	4	5	6
1	2	3	4	5	6	7
2	3	4	5	6	7	8
3	4	5	6	7	8	9
4	5	6	7	8	9	10
5	6	7	8	9	10	11
6	7	8	9	10	11	12

Antwort: Die Dichtefunktion f und die Verteilungsfunktion F dieser diskreten Verteilung sind durch folgende Wertetabelle festgelegt:

i	1	2	3	4	5	6	7	8	9	10	11
x_i	2	3	4	5	6	7	8	9	10	11	12
$f(x_i)$	$\frac{1}{36}$	$\frac{2}{36}$	$\frac{3}{36}$	$\frac{4}{36}$	$\frac{5}{36}$	$\frac{6}{36}$	$\frac{5}{36}$	$\frac{4}{36}$	$\frac{3}{36}$	$\frac{2}{36}$	$\frac{1}{36}$
$F(x_i)$	$\frac{1}{36}$	$\frac{3}{36}$	$\frac{6}{36}$	$\frac{10}{36}$	$\frac{15}{36}$	$\frac{21}{36}$	$\frac{26}{36}$	$\frac{30}{36}$	$\frac{33}{36}$	$\frac{35}{36}$	$\frac{36}{36}$

b) **Antwort:** Der Erwartungswert und die Standardabweichung sind mit $p_i = f(x_i)$, $i = 1, 2, ..., 11$,

$$E(X)=\sum_{i=1}^{11} x_i p_i = \frac{1}{36}\,(1\cdot 2+2\cdot 3+3\cdot 4+4\cdot 5+5\cdot 6+6\cdot 7+5\cdot 8+4\cdot 9+3\cdot 10+2\cdot 11+1\cdot 12)=\frac{252}{36}=7,$$

$$Var(X)=\sum_{i=1}^{11}(x_i-\mu)^2 p_i=\frac{2}{36}\left(5^2+4^2\cdot 2+3^2\cdot 3+2^2\cdot 4+1^2\cdot 5\right)\approx 5.8333, \quad \sigma=\sqrt{Var(X)}\approx 2.42.$$

c) Die Wahrscheinlichkeit dafür, dass die Summe der Augenzahlen bei einem Wurf mit den beiden Würfeln mindestens 10 beträgt, ergibt sich als Summe der Wahrscheinlichkeiten disjunkter Ereignisse aus der Dichtefunktion zu

$P(X \geq 10) = P(X = 10) + P(X = 11) + P(X = 12) = f(10) + f(11) + f(12) = 1/6$.

Drei Würfe stellen unabhängige Ereignisse dar.

Antwort: Die gesuchte Wahrscheinlichkeit ist $P(X \geq 10)^3 = 1/216 \approx 0.0046$.

4.38 Die Zufallsvariable X ist die Anzahl der Versuche bis zum ersten erfolgreichen. Die Wahrscheinlichkeit $P(X = k)$, dass das Experiment nach k Versuchen erstmalig gelingt, genügt der geometrischen Verteilung $P(X = k) = (1 - p)^k p$.

a) „Spätestens beim dritten Versuch erfolgreich" bedeutet entweder sofort (d. h., nach dem nullten) oder nach dem ersten oder nach dem zweiten nicht erfolgreichen Versuch erfolgreich.

Antwort: Die gesuchte Wahrscheinlichkeit beträgt

$$P(X < 3)=P(X=0)+P(X=1)+P(X=2)=p\left((1-p)^0+(1-p)^1+(1-p)^2\right)=\frac{1}{6}\left(1+\frac{5}{6}+\left(\frac{5}{6}\right)^2\right)\approx 0.4213.$$

b) „In zehn Versuchen immer noch nicht gelungen" bedeutet, dass mindestens zehn Versuche bis zum ersten erfolgreichen vergangen sind.

Antwort: Die gesuchte Wahrscheinlichkeit beträgt

$$P(X \geq 10)=1-P(X < 10)=1-\sum_{k=0}^{9}(1-p)^k p=1-p\sum_{k=0}^{9}(1-p)^k=1-p\frac{(1-p)^{10}-1}{(1-p)-1}=(1-p)^{10}\approx 0.1615.$$

4.39 Sei das Ereignis

A - Dem Fliesenleger gelingt es, eine Fliese ordnungsgemäß zuzuschneiden.
B - Dem Fliesenleger gelingt es nach weniger als zwei Fehlversuchen, eine Fliese ordnungsgemäß zuzuschneiden.

Gegeben ist die Wahrscheinlichkeit $p = P(A) = 2/3$.

Die Zufallsvariable X ist die Anzahl der Fehlversuche vor dem erfolgreichen Zuschneiden einer Fliese. Sie genügt einer geometrischen Verteilung mit der Wahrscheinlichkeit
$P(X = k) = (1-p)^k p,\ k = 0, 1, 2, \ldots.$

a) Gesucht ist die Wahrscheinlichkeit, dass die Anzahl der Fehlversuche größer als zwei ist $P(X > 2)$. Sie beträgt

$$\begin{aligned} P(X>2) &= 1-P(X \le 2) = 1-(P(X=0)+P(X=1)+P(X=2)) \\ &= 1-(p+(1-p)p+(1-p)^2p) = 1-(1-(1-p)^3) \\ &= (1-p)^3 = 1/27 \approx 0.037. \end{aligned}$$

Antwort: Mit einer Wahrscheinlichkeit von ca. 3.7 % benötigt der Fliesenleger mehr als drei Versuche, um eine Fliese ordnungsgemäß zuzuschneiden.

b) Berechnet wird zuerst die Wahrscheinlichkeit $P(B)$. Sie beträgt
$P(B) = P(X=0) + P(X=1) = p + (1-p)p = p(2-p) = 8/9 \approx 0.8889.$

Antwort: Die Wahrscheinlichkeit, dass fünf Fliesen nach jeweils weniger als zwei Fehlversuchen ordnungsgemäß zugeschnitten werden (unabhängige Ereignisse), beträgt
$(P(B))^5 = (8/9)^5 \approx 0.555 = 55.5\,\%.$

4.40 Die Anzahl der Wochen pro Jahr ist gleich $\sum_{k=0}^{4} w_k = 19 + 20 + 8 + 4 + 1 = 52$. Die Wahrscheinlichkeiten p_k für das Auftreten von k Brandalarmen pro Woche sind

w_k	19	20	8	4	1
k	0	1	2	3	4
p_k	19/52	20/52	8/52	4/52	1/52

Die diskrete Zufallsvariable X ist die Anzahl der Brandalarme pro Woche. Erwartungswert und Varianz von X sind

$$\begin{aligned} E(X) &= \sum_{k=0}^{4} kp_k &&= 0\cdot\frac{19}{52}+1\cdot\frac{20}{52}+2\cdot\frac{8}{52}+3\cdot\frac{4}{52}+4\cdot\frac{1}{52} &&= 1, \\ Var(X) &= \sum_{k=0}^{4} k^2p_k - E(X)^2 &&= 0^2\cdot\frac{19}{52}+1^2\cdot\frac{20}{52}+2^2\cdot\frac{8}{52}+3^2\cdot\frac{4}{52}+4^2\cdot\frac{1}{52}-1 &&= 1. \end{aligned}$$

Als theoretische Verteilung wird wegen $E(X) = Var(X) = 1$ eine Poissonverteilung mit dem Parameter $\lambda = 1$ angenommen.

Antwort: Die gesuchten Wahrscheinlichkeiten sind

a) $P(X=5) = \mathrm{e}^{-1}\frac{1^5}{5!} \approx 0.0031.$

b) $P(X>4) = 1-P(X\le 4) = 1-\mathrm{e}^{-1}\left(1+\frac{1}{1!}+\frac{1}{2!}+\frac{1}{3!}+\frac{1}{4!}\right) \approx 0.0037.$

4.41 Die Zufallsvariable X ist die Anzahl der Fehler auf einem Abschnitt der Länge l. Sie ist poissonverteilt mit dem Parameter $\lambda = 8l/(100\text{ m})$.

a) **Antwort:** Mit $l = 10$ m und $\lambda = 4/5$ ist $P(X=0)+P(X=1)+P(X=2) = \mathrm{e}^{-\frac{4}{5}}\left(1+\frac{4}{5}+\left(\frac{4}{5}\right)^2\cdot\frac{1}{2}\right) \approx 0.9525.$

b) **Antwort:** Mit $l = 2.5$ m und $\lambda = 1/5$ ist $P(X=0) = \mathrm{e}^{-\frac{1}{5}} \approx 0.8187.$

4.42 Die Zufallsvariable X ist die Anzahl der Sternschnuppen in einem Zeitintervall der Länge t. Sie ist poissonverteilt mit dem Parameter $\lambda = 6t/(1\text{ h})$.

Antwort: Die gesuchte Wahrscheinlichkeit ist mit $t = 1/4$ h und $\lambda = 3/2$

$$P(X\ge 2) = 1-P(X<2) = 1-(P(X=0)+P(X=1)) = 1-\mathrm{e}^{-\frac{3}{2}}\left(1+\frac{3}{2}\right) \approx 0.4421.$$

4.43 Die Zufallsvariable X ist die Anzahl der vor der Bahnstrecke in einem Zeitintervall der Länge t anhaltenden Fahrzeuge. Sie ist poissonverteilt mit dem Parameter $\lambda = 75t/(1\text{ h})$. „Ein Stau bis in den Kreuzungsbereich" bedeutet, dass die Anzahl der anhaltenden Fahrzeuge im Zeitintervall $t = 4\text{ min} = 4/60\text{ h}$ größer als 10 ist.

Antwort: Die gesuchte Wahrscheinlichkeit ist mit $\lambda = 5$

$$P(X > 10) = 1 - P(X \leq 10) = 1 - \sum_{k=0}^{10} P(X = k) = 1 - \mathrm{e}^{-5} \sum_{k=0}^{10} \frac{5^k}{k!} \approx 1 - 0.986 \approx 0.014.$$

4.44 Die Zufallsvariable X ist die Anzahl der Kunden in der Verkaufsstelle im Zeitintervall t. Sie ist poissonverteilt mit dem Parameter $\lambda = 64t/(8\text{ h})$.

Antwort: Mit $\lambda = 8$ sind die gesuchten Wahrscheinlichkeiten

a) $P(X = 5) = \dfrac{8^5}{5!}\mathrm{e}^{-8} \approx 0.0916.$

b) $P(X \leq 5) = P(X = 0) + ... + P(X = 5) = \mathrm{e}^{-8}\left(1 + 8 + \dfrac{8^2}{2!} + \dfrac{8^3}{3!} + \dfrac{8^4}{4!} + \dfrac{8^5}{5!}\right) \approx 0.1912.$

4.45 Die Zufallsvariable X ist die (tatsächliche) Anzahl der Rosinen in einem zufällig ausgewählten Stück Kuchen von 50 g. Sie ist poissonverteilt. Ist die durchschnittliche Anzahl der Rosinen in einem Kilogramm (= 1000 g) Kuchenteig gleich R, so ist die durchschnittliche Anzahl der Rosinen in 50 g Kuchenteig gleich $R/20$. Daraus ergibt sich der Parameter $\lambda = R/20$ für die Poissonverteilung.

Gegeben ist die Wahrscheinlichkeit $P(X \geq 1) \geq 0.99$. Damit ist

$$0.99 \leq P(X \geq 1) = 1 - P(X < 1) = 1 - P(0) = 1 - \frac{\lambda^0}{0!}\mathrm{e}^{-\lambda},$$

woraus für R folgt

$0.99 \leq 1 - \mathrm{e}^{-R/20}$ mit der Lösung $0.01 \geq \mathrm{e}^{-R/20}$, d. h., $R \geq 40 \ln 10 \approx 92.10$.

Antwort: In ein Kilogramm Kuchenteig müssen mindestens 93 Rosinen gemengt werden, damit sich in einem zufällig ausgewählten Stück Kuchen von 50 g mit mindestens 99%-iger Sicherheit mindestens eine Rosine befindet.

4.46 **a)** Die Zufallsvariable X ist die Anzahl der Autos, die innerhalb von 2 min in die Linksabbiegerspur fahren. Wenn durchschnittlich 10 Autos in 5 min ankommen, so kommen in 2 min durchschnittlich 4 Autos an. X ist poissonverteilt mit dem Parameter $\lambda = 4$. Die Linksabbiegerspur reicht für sechs Autos.

Antwort: Für die gesuchte Wahrscheinlichkeit ergibt sich

$$P(X \leq 6) = \sum_{k=0}^{6} P(X = k) = \mathrm{e}^{-\lambda} \sum_{k=0}^{6} \frac{\lambda^k}{k!} = \mathrm{e}^{-4} \sum_{k=0}^{6} \frac{4^k}{k!} \approx 0.89.$$

b) Die Zufallsvariable X die Anzahl der Autos, die im gesuchten Zeitintervall ankommen. Durchschnittlich kommen 10 Autos in 5 min an, d. h., im gesuchten Zeitintervall I [min] sind das durchschnittlich $2I$ Autos. Die ganzzahlige Zahl $2I$ ist der Parameter der Poissonverteilung. Aus der Aufgabenstellung ergibt sich

$$0.75 < P(X \leq 6) = \sum_{k=0}^{6} P(X = k) = \mathrm{e}^{-\lambda} \sum_{k=0}^{6} \frac{\lambda^k}{k!} = \mathrm{e}^{-2I} \sum_{k=0}^{6} \frac{(2I)^k}{k!}.$$

Aus Aufgabe **a)** ergab sich mit $2I = 4$ die Wahrscheinlichkeit $P(X \leq 6) \approx 0.89$, d. h., das gesuchte maximale Zeitintervall I für „rot" an der Ampel ist größer als 2 min.

Mit der nächsten ganzzahligen Möglichkeit für die Anzahl der Autos $2I = 5$ ergibt sich die Wahrscheinlichkeit $P(X \leq 6) \approx 0.76 > 0.75$.

Antwort: Das gesuchte maximale Zeitintervall für „rot" an der Ampel beträgt $I \approx 2.5$ min.

4.47 Die Zufallsvariable X ist die Anzahl der Stücke Ausschuss unter den gezogenen Elektromotoren der Stichprobe. Sie ist hypergeometrisch verteilt mit $N = 200$, $n = 20$, $M = pN = 5\,\% \cdot 200 = 10$.

Antwort: Die gesuchten Wahrscheinlichkeiten sind

a) $P(X=5) = \dfrac{\binom{10}{5}\binom{190}{15}}{\binom{200}{20}} = \dfrac{10!\ 190!\ 20!\ 180!}{5!5!\ 15!175!\ 200!} = \dfrac{7 \cdot \ldots \cdot 10 \cdot 16 \cdot \ldots \cdot 20 \cdot 176 \cdot \ldots \cdot 180}{2 \cdot \ldots \cdot 5 \cdot 191 \cdot \ldots \cdot 200} \approx 0.001.$

b) $P(X=0) = \dfrac{\binom{10}{0}\binom{190}{20}}{\binom{200}{20}} = \dfrac{190!\ 20!\ 180!}{20!\ 170!\ 200!} = \dfrac{171 \cdot \ldots \cdot 180}{191 \cdot \ldots \cdot 200} \approx 0.3398.$

c) $P(X=0)+P(X=1)+P(X=2) = \dfrac{\binom{10}{0}\binom{190}{20}}{\binom{200}{20}} + \dfrac{\binom{10}{1}\binom{190}{19}}{\binom{200}{20}} + \dfrac{\binom{10}{2}\binom{190}{18}}{\binom{200}{20}}$

$= \dfrac{190!\ 20!\ 180!}{20!\ 170!\ 200!} + \dfrac{10 \cdot 190!\ 20!\ 180!}{189!\ 200!} + \dfrac{10!\ 190!\ 20!\ 180!}{2!\ 8!\ 188!\ 2!\ 200!} \approx 0.9347.$

4.48 Die Zufallsvariable X ist die Anzahl der Stücke in der Stichprobe, die Ausschuss sind. Sie ist hypergeometrisch verteilt mit $N = 100$, $n = 10$, $M = pN = 3\,\% \cdot 100 = 3$.

Antwort: Die gesuchten Wahrscheinlichkeiten sind

a) $P(X=3) = \dfrac{\binom{3}{3}\binom{97}{7}}{\binom{100}{10}} = \dfrac{97!}{7!\ 90!} \approx 0.0007.$

b) $P(X \le 2) = P(X < 3) = 1 - P(X=3) \approx 0.9993.$

4.49 Die Zufallsvariable X ist die Anzahl der Jungen unter $n = 4$ geborenen Kindern. Sie ist binomialverteilt mit $p = 0.52$ und $q = 1 - p = 0.48$.

Antwort: Die gesuchten Wahrscheinlichkeiten sind

a) $P(X=2) = \binom{4}{2} 0.52^2 0.48^2 \approx 0.3738.$

b) $P(X \le 2) = P(X=0) + P(X=1) + P(X=2)$
$= \binom{4}{0} 0.52^0 0.48^4 + \binom{4}{1} 0.52^1 0.48^3 + \binom{4}{2} 0.52^2 0.48^2 \approx 0.6568.$

c) $P(X \ge 3) = 1 - P(X < 3) = 1 - P(X \le 2) \approx 0.3432.$

d) $P(X=0) = \binom{4}{0} 0.52^0 0.48^4 \approx 0.053.$

4.50 Sei das Ereignis A_i - Das Fertigteil i ist Ausschuss, $i = 1, \ldots, 10$.
Gegeben sind die Wahrscheinlichkeiten $P(A_i) = p$. Die Ereignisse A_i sind unabhängig.
Die Zufallsvariable X ist die Anzahl der derjenigen Fertigteile unter zehn, die Ausschuss sind. X ist binomialverteilt mit der Wahrscheinlichkeit
$P(X=k) = \binom{10}{k} p^k (1-p)^{10-k}$, $k = 0, \ldots, 10$.

Antwort: Die gesuchten Wahrscheinlichkeiten sind

a) Genau ein Fertigteil ist Ausschuss -
$P(X=1) = \binom{10}{1} p(1-p)^9 = 10p(1-p)^9.$

b) Genau das erste Fertigteil ist Ausschuss (d. h., und die anderen nicht, unabhängige Ereignisse):
$p(1-p)^9.$

c) Mindestens ein Fertigteil ist Ausschuss (komplemantär zu: Kein Fertigteil ist Ausschuss, Binomialverteilung)
$1 - P(X=0) = 1 - \binom{10}{0} p^0 (1-p)^{10} = 1 - (1-p)^{10}.$

d) Genau zwei Fertigteile sind Ausschuss: $P(X=2) = \binom{10}{2} p^2 (1-p)^8.$

e) Fertigteil 9 und Fertigteil 10 sind Ausschuss - unabhängige Ereignisse:
$P(F_9 \cap F_{10}) = P(F_9)P(F_{10}) = p^2.$

f) Fertigteil 1 oder Fertigteil 7 ist Ausschuss - Additionssatz:
$P(F_1 \cup F_7) = P(F_1) + P(F_7) - P(F_1 \cap F_7) = P(F_1) + P(F_7) - P(F_1)P(F_7) = 2p - p^2.$

g) k bestimmte Fertigteile sind Ausschuss (d. h., und die anderen nicht, unabhängige Ereignisse)
$p^k (1-p)^{10-k}.$

4.51 Sei das Ereignis

B - Die Batterie ist in Ordnung.
Z - Eine Zündkerze ist in Ordnung.

Gegeben sind die Wahrscheinlichkeiten $P(B) = 0.5$ und $P(Z) = p = 0.8$.

Die Zufallsvariable X die Anzahl der funktionsfähigen Zündkerzen. Sie ist binomialverteilt mit den Parametern $n = 4$ und $p = 0.8$. Für die Wahrscheinlichkeit, dass mindestens drei von vier Zündkerzen funktionieren, gilt daher

$$\begin{aligned} P(X \geq 3) &= 1 - P(X < 3) = 1 - \sum_{k=0}^{2} \binom{4}{k} 0.8^k 0.2^{4-k} \\ &= 1 - \left(0.2^4 + 4 \cdot 0.8 \cdot 0.2^3 + 6 \cdot 0.8^2 \cdot 0.2^2\right) = 0.8192. \end{aligned}$$

Antwort: Für die gesuchte Wahrscheinlichkeit ergibt sich wegen der Unabhängigkeit der Ereignisse nach dem Multiplikationssatz

$$P(B \cap (X \geq 3)) = P(B)P(X \geq 3) = 0.5 \cdot 0.8192 = 0.4096.$$

Bemerkung: Andere Möglichkeit:

$$\begin{aligned} P(X \geq 3) &= P(X = 3) + P(X = 4) = \binom{4}{3} p^3(1-p) + \binom{4}{4} p^4 = p^3(4(1-p)+p), \\ P(B \cap (X \geq 3)) &= P(B)P(X \geq 3) = 0.5 \cdot p^3(4 - 3p) = 0.5 \cdot 0.8^3 \cdot (4 - 3 \cdot 0.8) = 0.4096. \end{aligned}$$

4.52 Die Zufallsvariable X ist die Anzahl der Tage in den kommenden zwei Wochen (d. h., unter $n = 14$ Tagen), an denen betoniert werden kann. Sie ist binomialverteilt mit der Wahrscheinlichkeit

$$P(X = k) = \binom{n}{k} (1-p)^k p^{n-k} = \binom{14}{k} 0.7^k 0.3^{n-k}, \; k = 0, ..., n.$$

Antwort: Die gesuchten Wahrscheinlichkeiten sind

a) $P(X = 7) = \binom{14}{7} 0.7^7 0.3^7 \approx 0.0618.$

b) $P(X = 0) = \binom{14}{0} 0.7^0 0.3^{14} \approx 0.000\,000\,0478.$

c) $12 \cdot 0.7^3 0.3^{11} \approx 0.000\,007\,291$
(Es gibt 12 Möglichkeiten für drei aufeinanderfolgende Tage im Verlauf von zwei Wochen.)

d) $P(X = 3) = \binom{14}{3} 0.7^3 0.3^{11} \approx 0.000\,221\,172.$

e)
$$\begin{aligned} P(X \leq 3) &= P(X = 0) + P(X = 1) + P(X = 2) + P(X = 3) \\ &= \binom{14}{0} 0.7^0 0.3^{14} + \binom{14}{1} 0.7^1 0.3^{13} + \binom{14}{2} 0.7^2 0.3^{12} + \binom{14}{3} 0.7^3 0.3^{11} \\ &\approx 0.000\,000\,048 + 0.000\,001\,562 + 0.000\,023\,697 + 0.000\,221\,172 \approx 0.000\,246\,479. \end{aligned}$$

4.53 Sei das Ereignis A - „Ein Computer fällt in drei Monaten nicht aus“. Seine Wahrscheinlichkeit ist $P(A) = 1 - P(\overline{A}) = 0.99 = p$.

Die Zufallsvariable X ist die Anzahl der in drei Monaten unter $n = 20$ Computern nicht ausgefallenen. Sie ist binomialverteilt mit der Wahrscheinlichkeit

$$P(X = k) = \binom{n}{k} p^k (1-p)^{n-k} = \binom{n}{k} 0.99^k 0.01^{n-k}, \; k = 0, ..., n.$$

a) **Antwort:** Die gesuchte Wahrscheinlichkeit ist $P(X = 20) = \binom{n}{20} p^n (1-p)^0 = 0.99^{20} \approx 0.8179.$

b) Gesucht ist die geringste Anzahl m von Computern, sodass $P(X \geq 20) \geq 0.95$ gilt. Für $m = 20$ ist das aufgrund des Ergebnisses der Aufgabe **a)** nicht der Fall. Für $m = 21$ ergibt sich

$$\begin{aligned} P(X \geq 20) &= P(X = 20) + P(X = 21) = \binom{21}{20} p^{20}(1-p)^1 + \binom{21}{21} p^{21}(1-p)^0 \\ &= 21 \cdot 0.99^{20} \cdot 0.01 + 0.99^{21} \approx 0.9815. \end{aligned}$$

Antwort: Es müssen mindestens 21 Computer im Computerraum vorhanden sein.

Stetige Zufallsvariablen

4.54 Für die Wahrscheinlichkeitsdichte der stetigen Zufallsvariable X muss die Vollständigkeitsrelation gelten

$$1 = \int_{-\infty}^{\infty} f(x)\,\mathrm{d}x = \alpha \int_{0.5}^{2} x^3\,\mathrm{d}x = \frac{\alpha}{4}\left[x^4\right]_{0.5}^{2} = \alpha\frac{255}{64}, \quad \text{d. h.,} \quad \alpha = \frac{64}{255}.$$

Antwort: Die Funktion f ist eine Wahrscheinlichkeitsdichte genau dann, wenn $\alpha = 64/255$ ist.

Die Verteilungsfunktion ist

$$F(x)=\int_{-\infty}^{x} f(t)\,\mathrm{d}t=\begin{cases}0, & x<0.5,\\ \dfrac{16}{255}\left(x^4-\dfrac{1}{16}\right), & 0.5\le x<2,\\ 1, & x>2.\end{cases}$$

Für Erwartungswert, Varianz und Standardabweichung gilt

$$\begin{aligned}E(X) &= \int_{-\infty}^{\infty} xf(x)\,\mathrm{d}x &&= \frac{64}{255}\int_{0.5}^{2} x^4\,\mathrm{d}x &&= \frac{64}{5\cdot 255}\left[x^5\right]_{0.5}^{2}=\frac{682}{425} &&\approx 1.6047,\\ V(x) &= \int_{-\infty}^{\infty} x^2 f(x)\,\mathrm{d}x-(E(x))^2 &&= \frac{64}{255}\int_{0.5}^{2} x^5\,\mathrm{d}x-(E(x))^2 &&= \frac{64}{6\cdot 255}\left[x^6\right]_{0.5}^{2}-\left(\frac{682}{425}\right)^2 &&\approx 0.1014,\\ \sigma &= \sqrt{V(X)} &&&&&&\approx 0.3184.\end{aligned}$$

4.55 Zur Berechnung der gesuchten Wahrscheinlichkeiten wird die Verteilungsfunktion F benötigt. Es gilt

$$F(x)=\int_{-\infty}^{x} f(t)\,\mathrm{d}t=\int_{0}^{x}\lambda^2 t\mathrm{e}^{-\lambda t}\,\mathrm{d}t=\left[\mathrm{e}^{-\lambda t}(-\lambda t-1)\right]_0^x=-\mathrm{e}^{-\lambda x}(\lambda x+1)+1.$$

Stammfunktion:

$$\int \lambda^2 t\mathrm{e}^{-\lambda t}\,\mathrm{d}t=\begin{bmatrix} z &=& -\lambda t\\ \mathrm{d}z &=& -\lambda\,\mathrm{d}t\end{bmatrix}=\int z\mathrm{e}^z\,\mathrm{d}z=z\mathrm{e}^z-\int \mathrm{e}^z\,\mathrm{d}z=\mathrm{e}^z(z-1)=-\mathrm{e}^{-\lambda t}(\lambda t+1).$$

Antwort: Die gesuchten Wahrscheinlichkeiten sind

a) $P(X>100)=1-P(X\le 100)=1-F(100)=\mathrm{e}^{-0.02\cdot 100}(0.02\cdot 100+1)=3\mathrm{e}^{-2}\approx 0.4060.$

b) $P(X<50)=F(50)=-\mathrm{e}^{-0.02\cdot 50}(0.02\cdot 50+1)+1=1-2\mathrm{e}^{-1}\approx 0.2642.$

c) Mit der Definition des Erwartungswertes ergibt sich

$$E(X)=\int_{-\infty}^{\infty} tf(t)\,\mathrm{d}t=\int_{-\infty}^{\infty}\lambda^2 t^2\mathrm{e}^{-\lambda t}\,\mathrm{d}t=\left[-\mathrm{e}^{-\lambda t}\left(\lambda^2t^2+2\lambda t+2\right)/\lambda\right]_0^{\infty}=2/\lambda=100\ [\mathrm{h}].$$

Stammfunktion:

$$\begin{aligned}\int \lambda^2t^2\mathrm{e}^{-\lambda t}\,\mathrm{d}t &= \begin{bmatrix} z &=& -\lambda t\\ \mathrm{d}z &=& -\lambda\,\mathrm{d}t\end{bmatrix}=-\frac{1}{\lambda}\int z^2\mathrm{e}^z\mathrm{d}z=-\frac{1}{\lambda}\left(z^2\mathrm{e}^z-2\int z\mathrm{e}^z\mathrm{d}z\right)\\ &= -\frac{1}{\lambda}\left(z^2\mathrm{e}^z-2\mathrm{e}^z(z-1)\right)=-\frac{\mathrm{e}^z}{\lambda}(z^2-2z+2)=-\frac{\mathrm{e}^{-\lambda t}}{\lambda}\left(\lambda^2t^2+2\lambda t+2\right).\end{aligned}$$

4.56 Die Zufallsvariable X (in min) ist die Ankunftszeit auf dem Bahnhof. Sie ist Rechteck-verteilt. Ihre Verteilungsfunktion ist

$$F(x)=\begin{cases}\dfrac{x-11\cdot 60}{120}, & 11\cdot 60<x<13\cdot 60,\\ 0, & \text{sonst.}\end{cases}$$

Für die Wahrscheinlichkeit des Ereignisses A - „Fahrt nach Astadt“ gilt mit dem Additionssatz für disjunkte Ereignisse

$$\begin{aligned}P(A) &= P(11.00\le X<11.10\cup 12.00\le X<12.10)\\ &= P(11.00\le X<11.10)+P(12.00\le X<12.10).\end{aligned}$$

Die Intervallwahrscheinlichkeiten errechnen sich mit der Verteilungsfunktion

$$\begin{aligned}P(11.00\le X<11.10) &= P(X<11.10)-P(X<11.00)\\ &= F(11\cdot 60+10)-F(11\cdot 60)=10/120=1/12,\\ P(12.00\le X<12.10) &= P(X<12.10)-P(X<12.00)\\ &= F(12\cdot 60+10)-F(12\cdot 60)=10/120=1/12.\end{aligned}$$

Antwort: Die gesuchte Wahrscheinlichkeit ist $P(A)=2\cdot 1/12=1/6\approx 0.1667.$

Analog ergibt sich

$$\begin{aligned} P(B) &= P(11.10 \le X < 11.30 \cup 12.10 \le X < 12.30) \\ &= P(11.10 \le X < 11.30) + P(12.10 \le X < 12.30) = 20/120 + 20/120 = 1/3 \approx 0.3333, \\ P(C) &= P(11.30 \le X < 12.00 \cup 12.30 \le X < 13.00) \\ &= P(11.30 \le X < 12.00) + P(12.30 \le X < 13.00) = 30/120 + 30/120 = 1/2 = 0.5. \end{aligned}$$

4.57 Die Zufallsvariable X (in mm) ist der Messwert des Betonprüfgerätes.

a) Die Verteilungsdichte der Rechteckverteilung von X auf dem zu r symmetrischen Intervall $[r-a, r+a]$ lautet

$$f_g(x) = \begin{cases} 1/(2a), & x \in [r-a, r+a], \\ 0, & x \notin [r-a, r+a]. \end{cases}$$

Der Erwartungswert dieser Rechteckverteilung ist $E(X) = r$. Die Varianz und die Standardabweichung sind

$$Var(X) = \int_{r-a}^{r+a} x^2 f_g(x)\,\mathrm{d}x - (E(X))^2 = \frac{a^2}{3} \quad \text{bzw.} \quad \sigma_g = \sqrt{Var(X)} = \sqrt{3}a/3.$$

Aus der Bedingung

$0.6 = P(r - \Delta r < X < r + \Delta r) = \int_{r-\Delta r}^{r+\Delta r} f_g(x)\,\mathrm{d}x = \Delta r/a$

ergibt sich

$a = \Delta r/0.6 = 0.005/0.6 \approx 0.00833$ [mm].

Antwort: Die Standardabweichung beträgt $\sigma_g = \sqrt{3}a/3 \approx 0.0048$ [mm].

b) Die Verteilungsfunktion der Normalverteilung mit dem Erwartungswert r und der Standardabweichung σ_n lautet

$\Phi_S\left(\dfrac{x-r}{\sigma_n}\right)$.

Aus der Bedingung

$$0.6 = P(r - \Delta r < X < r + \Delta r) = \Phi_S\left(\frac{\Delta r}{\sigma_n}\right) - \Phi_S\left(\frac{-\Delta r}{\sigma_n}\right) = 2\Phi_S\left(\frac{\Delta r}{\sigma_n}\right) - 1$$

folgt

$$\frac{\Delta r}{\sigma_n} = \Phi_S^{-1}\left(\frac{1+0.6}{2}\right) = \Phi_S^{-1}(0.8) \approx 0.8416.$$

Antwort: Die Standardabweichung beträgt $\sigma_n = \Delta r/\Phi_S^{-1}(0.8) \approx 0.005/0.8416 \approx 0.0059$ [mm].

4.58 Die Masse X eines Zementsackes (in kg) ist eine $N(25, 0.5^2)$-verteilte Zufallsvariable.

a) **Antwort:** Die gesuchte Wahrscheinlichkeit ist

$$P(X \ge 26) = 1 - P(X < 26) = 1 - \Phi_S\left(\frac{26-25}{0.5}\right) = 1 - \Phi_S(2) \approx 1 - 0.9772 = 0.0228.$$

b) Für die Wahrscheinlichkeit $P(X \ge 25.2 \cup X \le 24.8)$ gilt

$$0.01 \ge P(X \ge 25.2 \cup X \le 24.8) = 2\Phi_S\left(\frac{24.8-25}{\sigma}\right) \quad \text{und somit} \quad 0.005 \ge \Phi_S\left(\frac{24.8-25}{\sigma}\right),$$

woraus sich ergibt

$\sigma \le (24.8-25)/\Phi_S^{-1}(0.005) \approx 0.2/2.5758 \approx 0.0776.$

Antwort: Die Standardabweichung der Abfüllmaschine darf nicht mehr als ca. 78 g betragen, damit die Wahrscheinlichkeit, einen Zementsack mit mehr als 200 g Abweichung von der Masse 25 kg zu kaufen, nicht größer als 1 % ist.

4.59 Die Kapazität K eines Kondensators (in μF) ist eine $N(200, 5^2)$-verteilte Zufallsvariable.

a) Fehlerhaft bedeutet, dass die Kapazität K kleiner als 198 μF ist.

Antwort: Die gesuchte Wahrscheinlichkeit ist $P(K < 198) = \Phi_S\left(\dfrac{198-200}{5}\right) = 1 - \Phi_S(0.4) \approx 1 - 0.6554 \approx 0.3446.$

b) Fehlerhaft bedeutet, dass die Kapazität K größer als 202 μF ist.

Antwort: Die gesuchte Wahrscheinlichkeit ist

$$P(K \geq 202) = 1 - P(K < 202) = 1 - \Phi_S\left(\frac{202-200}{5}\right) = 1 - \Phi_S(0.4) \approx 1 - 0.6554 \approx 0.3446.$$

c) Fehlerhaft bedeutet, dass die Kapazität K außerhalb des Intervalls $[195, 205]$ $[\mu\text{F}]$ liegt.

Antwort: Die gesuchte Wahrscheinlichkeit ist

$$\begin{aligned} P(K > 205 \cup K < 195) &= P(K > 205) + P(K < 195) = 1 - P(K < 205) + P(K < 195) \\ &= 1 - \Phi_S\left(\frac{205-200}{5}\right) + \Phi_S\left(\frac{195-200}{5}\right) = 2 - 2\Phi_S(1) \approx 2 - 2 \cdot 0.8413 \approx 0.3173. \end{aligned}$$

d) Fehlerhaft bedeutet, dass die Kapazität K außerhalb des Intervalls $[200-\alpha, 200+\alpha]$ $[\mu\text{F}]$ liegt. Diese Wahrscheinlichkeit beträgt

$$\begin{aligned} P((K > 200+\alpha) \cup (K < 200-\alpha)) &= P(K > 200+\alpha) + P(K < 200-\alpha) = 1 - P(K < 200+\alpha) + P(K < 200-\alpha) \\ &= 1 - \Phi_S\left(\frac{\alpha}{\sigma}\right) + \Phi_S\left(-\frac{\alpha}{\sigma}\right) = 2 - 2\Phi_S\left(\frac{\alpha}{\sigma}\right) = 0.001, \end{aligned}$$

d. h., $\Phi_S\left(\frac{\alpha}{\sigma}\right) = 0.9995$ und somit $\frac{\alpha}{\sigma} \approx 3.2905$, d. h., $\alpha \approx 5 \cdot 3.2905 \approx 16.45$ $[\mu\text{F}]$.

Antwort: Für die Toleranz ist $\alpha \approx 16.45$ $[\mu\text{F}]$ zu wählen. Liegt die Kapazität K im Intervall $(183.55, 216.45)$ $[\mu\text{F}]$, so ist die Wahrscheinlichkeit für das Auftreten eines fehlerhaften Kondensators kleiner als 0.001.

4.60 Die Reißfestigkeit X von Kettengliedern (in kg) ist eine $N(\mu, 5^2)$-verteilte Zufallsvariable.

a) Wenn mindestens 95% der Kettenglieder eine Reißfestigkeit von mehr als 50 kg haben sollen, so muss mit der angenommenen Normalverteilung gelten

$$P(X \geq 50) = 1 - P(X < 50) = 1 - \Phi_S\left(\frac{50-\mu}{5}\right) \geq 0.950 \quad \text{und somit} \quad 0.05 \geq \Phi_S\left(\frac{50-\mu}{5}\right),$$

woraus sich ergibt

$\mu \geq 50 - 5\,\Phi_S^{-1}(0.05) \approx 50 + 5 \cdot 1.6449 \approx 58.224$ [kg].

Antwort: Der Erwartungswert für die Reißfestigkeit muss mindestens ca. 58.224 kg betragen.

b) **Antwort:** Die gesuchte Wahrscheinlichkeit ist

$$P(X \geq 60) = 1 - P(X < 60) \approx 1 - \Phi_S\left(\frac{60 - 58.224}{5}\right) \approx 1 - 0.6389 = 0.3611.$$

4.61 Die Lebensdauer X eines Akkumulators (in a) ist eine $N(2, 0.5^2)$-verteilte Zufallsvariable.

a) **Antwort:** Die gesuchte Wahrscheinlichkeit ist mit der Verteilungsfunktion Φ_S der Standard-Normalverteilung

$$P(X < 1) = \Phi_S\left(\frac{1-\mu}{\sigma}\right) = \Phi_S\left(\frac{1-2}{0.5}\right) = \Phi_S(-2) = 1 - \Phi_S(2) \approx 0.0228.$$

b) **Antwort:** Die gesuchte Wahrscheinlichkeit ist

$$P(X > 3) = 1 - P(X < 3) = 1 - \Phi_S\left(\frac{3-\mu}{\sigma}\right) = 1 - \Phi_S(2) = \Phi_S(-2) \approx 0.0228.$$

c) **Antwort:** Die gesuchte Wahrscheinlichkeit ist

$$\begin{aligned} P(1 < X < 2) &= P(X < 2) - P(X < 1) = \Phi_S\left(\frac{2-\mu}{\sigma}\right) - \Phi_S\left(\frac{2-\mu}{\sigma}\right) \\ &= \Phi_S(0) - \Phi_S(-2) = 0.5 - (1 - \Phi_S(2)) \approx 0.4772. \end{aligned}$$

d) Die Zufallsvariablen X_1 bzw. X_2 sind die Lebensdauern des ersten bzw. zweiten Akkumulators (in a). Die Ereignisse „$X_1 > 2$ Jahre“ und „$X_2 > 2$ Jahre“ sind unabhängig.

Antwort: Mit dem Multiplikationssatz ergibt sich die gesuchte Wahrscheinlichkeit

$$\begin{aligned} P(X_1 > 2 \cap X_2 > 2) &= P(X_1 > 2)P(X_2 > 2) = (1 - P(X_1 < 2))\,(1 - P(X_2 < 2)) \\ &= \left(1 - \Phi_S\left(\frac{2-\mu}{\sigma}\right)\right)^2 = 0.5^2 = 0.25. \end{aligned}$$

4.62 Der Gesamtwiderstand $R = R_1 + R_2$ (in Ω) ist als Summe der $N(\mu_1, \sigma_1^2)$-verteilten Zufallsvariable R_1 und der $N(\mu_2, \sigma_2^2)$-verteilten Zufallsvariable R_2 $N(\mu_1 + \mu_2, \sigma_1^2 + \sigma_2^2) = N(700, 116)$-verteilt. Damit ergibt sich

$$P(700-\varepsilon<R<700+\varepsilon) = P(R<700+\varepsilon) - P(700-\varepsilon) = \Phi_S\left(\frac{\varepsilon}{\sigma}\right) - \Phi_S\left(-\frac{\varepsilon}{\sigma}\right) = 2\Phi_S\left(\frac{\varepsilon}{\sigma}\right) - 1 = 0.99,$$

d. h., $\Phi_S\left(\frac{\varepsilon}{\sigma}\right) = 0.995$ und somit $\frac{\varepsilon}{\sigma} \approx 2.5758$, d. h., $\varepsilon = \sqrt{116} \cdot 2.5758 \approx 27.74$ [Ω].

Antwort: Der Gesamtwiderstand liegt mit einer Wahrscheinlichkeit von 99 % im Intervall (672.26, 727.74) [Ω].

4.63 **a)** Die Masse X einer zufällig gewählten Platte (in kg) wird als $N(\mu, \sigma^2)$-verteilte Zufallsvariable angenommen. Mit den Angaben der Aufgabenstellung
für $a = 10$ kg: $p_a = P(X < a) = 0.05$ sowie für $b = 70$ kg: $p_b = P(X < b) = 1 - P(X > b) = 0.9$ ist

$$\begin{aligned} p_a &= P(X < a) = \Phi_S\left(\frac{a-\mu}{\sigma}\right) \quad \text{und somit} \quad \frac{a-\mu}{\sigma} = \Phi_S^{-1}(p_a), \\ p_b &= P(X < b) = \Phi_S\left(\frac{b-\mu}{\sigma}\right) \quad \text{und somit} \quad \frac{b-\mu}{\sigma} = \Phi_S^{-1}(p_b). \end{aligned}$$

Daraus folgt das lineare Gleichungssystem bezüglich μ und σ

$$\begin{cases} a - \mu = \sigma\Phi_S^{-1}(p_a) \\ b - \mu = \sigma\Phi_S^{-1}(p_b) \end{cases} \quad \text{mit der Lösung} \quad \sigma = \frac{b-a}{\Phi_S^{-1}(p_b) - \Phi_S^{-1}(p_a)}, \quad \mu = a - \Phi_S^{-1}(p_a)\frac{b-a}{\Phi_S^{-1}(p_b) - \Phi_S^{-1}(p_a)}.$$

Antwort: Mit den Quantilen $\Phi_S^{-1}(p_a) = \Phi_S^{-1}(0.05) \approx -1.6449$, $\Phi_S^{-1}(p_b) = \Phi_S^{-1}(0.9) \approx 1.282$ ergeben sich der Erwartungswert $\mu \approx 43.724$ kg und die Standardabweichung $\sigma \approx 20.503$ kg.

b) **Antwort:** Die gesuchte Wahrscheinlichkeit ist

$$\begin{aligned} P(40 < X < 60) &= P(X < 60) - P(X < 40) = \Phi_S\left(\frac{60-\mu}{\sigma}\right) - \Phi_S\left(\frac{40-\mu}{\sigma}\right) \\ &\approx \Phi_S(0.794) - \Phi_S(-0.182) \approx 0.7864 - 0.4278 \approx 0.3586. \end{aligned}$$

4.64 Die Länge X eines Profilbrettes (in cm) ist eine $N(400, 5^2)$-verteilte Zufallsvariable.

a) **Antwort:** Die gesuchte Wahrscheinlichkeit ist

$$P(X < 390) = \Phi_S\left(\frac{390-400}{5}\right) = \Phi_S(-2) = 1 - \Phi_S(2) \approx 0.0228.$$

b) **Antwort:** Die gesuchte Wahrscheinlichkeit ist

$$P(X \le 407.5) = \Phi_S\left(\frac{407.5-400}{5}\right) = \Phi_S(1.5) \approx 0.9332.$$

c) **Antwort:** Die gesuchte Wahrscheinlichkeit ist

$$\begin{aligned} P(395 \le X \le 405) &= P(X \le 405) - P(X < 395) = \Phi_S\left(\frac{405-400}{5}\right) - \Phi_S\left(\frac{395-400}{5}\right) \\ &= \Phi_S(1) - \Phi_S(-1) = 2\Phi_S(1) - 1 \approx 0.6827. \end{aligned}$$

d) Die Zufallsvariablen X_1 und X_2 sind die Längen zweier Profilbretter. Sie sind beide $N(\mu, \sigma^2)$-verteilt mit $\mu = 400$ cm, $\sigma = 5$ cm. Ihre Summe ist daher $N(2\mu, 2\sigma^2)$-verteilt.
Antwort: Die gesuchte Wahrscheinlichkeit ist

$$\begin{aligned} P(X_1 + X_2 \ge 793) &= 1 - P(X_1 + X_2 \ge 793) = 1 - \Phi_S\left(\frac{793-800}{\sqrt{2 \cdot 25}}\right) \\ &\approx 1 - \Phi_S(-0.9899) = \Phi_S(0.9899) \approx 0.8389. \end{aligned}$$

4.65 Die Zufallsvariable X (in l) ist das Volumen der Farbe in einer zufällig ausgewählten Dose. Es ist $N(\mu, \sigma^2)$-verteilt. Laut Voraussetzung gilt

$$0.04 = P(X < 0.97) = \Phi_S\left(\frac{0.97-\mu}{\sigma}\right) \quad \text{und} \quad 0.03 = P(X > 1.03) = 1 - P(X < 1.03) = 1 - \Phi_S\left(\frac{1.03-\mu}{\sigma}\right).$$

Daraus ergibt sich mit den Quantilen $z_{0.04} \approx -1.7507$ und $z_{0.97} \approx 1.8808$ für die gesuchten Parameter μ und σ das lineare Gleichungssystem

$$\begin{aligned} \mu + z_{0.04}\sigma &= 0.97 \\ \mu + z_{0.97}\sigma &= 1.03 \end{aligned} \quad \text{mit der Lösung} \quad \mu \approx 0.9989, \sigma \approx 0.0165.$$

Lösung des LGS: Wird die zweite von der ersten Gleichung subtrahiert und nach σ umgestellt, so folgt

$$\sigma = \frac{0.97 - 1.03}{z_{0.04} - z_{0.97}} \approx 0.0165.$$

Aus einer der beiden Gleichungen ergibt sich damit μ.

Antwort: Die gesuchten Parameter der $N(\mu, \sigma^2)$-Verteilung sind $\mu \approx 0.9989$, $\sigma \approx 0.0165$.

4.66 Die Zufallsvariable X (in g) ist die Masse eines zufällig ausgewählten Umschlages. Sie ist $N\left(1.75, 0.05^2\right)$-verteilt.

Antwort: Die gesuchten Wahrscheinlichkeiten sind

$$\begin{aligned} \textbf{a)}\ P(1.7 \le X \le 1.8) &= P(X \le 1.8) - P(X < 1.7) = \Phi_S\left(\frac{1.8-1.75}{0.05}\right) - \Phi_S\left(\frac{1.7-1.75}{0.05}\right) \\ &= \Phi_S(1) - \Phi_S(-1) = 2\Phi_S(1) - 1 \approx 2 \cdot 0.84134 - 1 \approx 0.68268 \approx 0.68. \end{aligned}$$

$$\begin{aligned} \textbf{b)}\ P(X \ge 1.85) &= 1 - P(X < 1.85) = 1 - \Phi_S\left(\frac{1.85-1.75}{0.05}\right) \\ &= 1 - \Phi_S(2) \approx 1 - 0.97725 \approx 0.02275 \approx 0.02. \end{aligned}$$

In einem Päckchen von 100 Umschlägen sind daher ungefähr zwei Umschläge enthalten, die mehr als 1.85 g wiegen.

4.67 Die Zufallsvariable X_1 (in mm) ist die Dicke einer in der Firma „DIGI" hergestellten Folie, die Zufallsvariable X_2 (in mm) ist die Dicke einer in der Firma „TAL" hergestellten Folie.

Wird die $N(0.1, 0.01^2)$ [mm]-Verteilung für die in der Firma „DIGI" produzierten Folien zugrunde gelegt, so ist die Wahrscheinlichkeit der Gebrauchsfähigkeit gleich

$$\begin{aligned} P(X_1 \in [0.082, 0.118]) &= P(0.082 \le X_1 \le 0.118) = \Phi_S\left(\frac{0.118-0.1}{0.01}\right) - \Phi_S\left(\frac{0.082-0.1}{0.01}\right) \\ &= \Phi_S(1.8) - \Phi_S(-1.8) = 2\Phi_S(1.8) - 1 \approx 0.928139. \end{aligned}$$

Wird die $N(0.1, 0.018^2)$ [mm]-Verteilung für die in der Firma „TAL" produzierten Folien zugrunde gelegt, so ist die Wahrscheinlichkeit der Gebrauchsfähigkeit gleich

$$\begin{aligned} P(X_2 \in [0.082, 0.118]) &= P(0.082 \le X_2 \le 0.118) = \Phi_S\left(\frac{0.118-0.1}{0.018}\right) - \Phi_S\left(\frac{0.082-0.1}{0.018}\right) \\ &= \Phi_S(1) - \Phi_S(-1) = 2\Phi_S(1) - 1 \approx 0.682689. \end{aligned}$$

Damit sind im Durchschnitt unter 1000 Folien

in der Firma „DIGI" ca. 928 Folien gebrauchsfähig und in der Firma „TAL" ca. 683 Folien gebrauchsfähig.

Die Kosten für eine gebrauchsfähige Folie belaufen sich

in der Firma „DIGI" auf $20/928 \approx 0.0215$ [€] und in der Firma „TAL" auf $16/683 \approx 0.0234$ [€].

Antwort: Somit ist es günstiger, die Metallfolien in der Firma „DIGI" zu kaufen.

4.68 Die Zufallsvariable X (in min) ist die tatsächliche Verspätung eines Zuges der neuen Generation „IZE". Sie ist exponentialverteilt mit dem Parameter $\alpha = 1/8$ [min^{-1}]. Ihre Verteilungsfunktion ist $F(x) = 1 - \mathrm{e}^{-\alpha x}$.

Antwort: Die gesuchten Wahrscheinlichkeiten sind

a) $P(X \le 1/2) = F(1/2) = 1 - \mathrm{e}^{-1/8 \cdot 1/2} = 1 - \mathrm{e}^{-1/16} \approx 0.0606 = 6.06\,\%$.

b) $P(X > 20) = 1 - P(X < 20) = 1 - F(20) = 1 - \left(1 - \mathrm{e}^{-20/8}\right) = \mathrm{e}^{-5/2} \approx 0.0821 = 8.21\,\%$.

c) $P(X \le 15) = F(15) = 1 - \mathrm{e}^{-15/8} \approx 0.8466 = 84.66\,\%$.

d) $P(5 \le X \le 10) = F(10) - F(5) = \mathrm{e}^{-5/8} - \mathrm{e}^{-10/8} \approx 0.2488 = 24.88\,\%$.

4.69 Die exponentialverteilte Zufallsvariable X (in d) ist die tatsächliche Zeit für die Reparatur eines Baukranes. Für ihre Verteilungsfunktion $F(x) = 1 - \mathrm{e}^{-\alpha x}$, $x > 0$, gilt mit der Voraussetzung der Aufgabenstellung

$$P(X < 2) = 1 - \mathrm{e}^{-2\alpha} = 0.9, \quad \text{d. h.,} \quad \alpha = -0.5\ln(0.1) \approx 1.1513\ [\mathrm{d}^{-1}].$$

Antwort: Die gesuchten Wahrscheinlichkeiten ergeben sich wie folgt:

a) $P(X < 0.5) = 1 - \mathrm{e}^{-0.5\alpha} = 1 - \mathrm{e}^{0.25 \cdot \ln(0.1)} \approx 0.4377$,

b) $P(X > 3) = 1 - (1 - \mathrm{e}^{-3\alpha}) = \mathrm{e}^{1.5 \cdot \ln(0.1)} \approx 0.0316$.

4.70 **a)** Die exponentialverteilte Zufallsvariable X (in h) ist die tatsächliche Zeit, in der das Gerät nicht ausfällt. Ihre Verteilungsfunktion ist $F(x) = 1 - \mathrm{e}^{-\alpha x}$, $x > 0$, mit dem Parameter $\alpha = 0.004\ \mathrm{h}^{-1}$.

Antwort: Die gesuchte Wahrscheinlichkeit ist

$$P(X \ge 120) = 1 - P(X < 120) = 1 - (1 - \mathrm{e}^{-120 \cdot 0.004}) = \mathrm{e}^{-0.48} \approx 0.6188.$$

b) Sei das Ereignis

A - Das Gerät geht wegen Ausfall des Spezialbauteils innerhalb einer Woche kaputt.
B - Das Gerät geht wegen der ersten weiteren Ursache innerhalb einer Woche kaputt.
C - Das Gerät geht wegen der zweiten weiteren Ursache innerhalb einer Woche kaputt.

Die Ereignisse A, B und C sind unabhängig. Die Wahrscheinlichkeiten dieser Ereignisse sind

$P(A) = 1 - P(\overline{A}) \approx 0.3812, \quad P(B) = 0.07, \quad P(C) = 0.15.$

Das Gerät fällt innerhalb einer Woche nicht aus, wenn weder das Ereignis A noch das Ereignis B noch das Ereignis C eintritt.

Antwort: Die gesuchte Wahrscheinlichkeit ist mit dem Multiplikationssatz unabhängiger Ereignisse und der Wahrscheinlichkeit des komplementären Ereignisses

$$P(\overline{A} \cap \overline{B} \cap \overline{C}) = P(\overline{A})P(\overline{B})P(\overline{C}) = (1-P(A))(1-P(B))(1-P(C)) \approx 0.93 \cdot 0.85 \cdot 0.6188 \approx 0.4891.$$

4.71 Die exponentialverteilte Zufallsvariable T (in h) ist die tatsächliche Zeit zur Reparatur eines Kraftfahrzeuges. Ihre Verteilungsfunktion ist $F(x) = 1 - \mathrm{e}^{-\alpha x}$, $x > 0$, mit dem Parameter $\alpha = 0.25\ \mathrm{h}^{-1}$.

Antwort: Die gesuchte Wahrscheinlichkeit ist $P(T < 6) = 1 - \mathrm{e}^{-0.25 \cdot 6} = 1 - \mathrm{e}^{-1.5} \approx 0.7769$.

4.72 Die Zufallsvariable T (in min) ist die tatsächliche Zeit für die Bedienung eines Kunden. Der Parameter ihrer Exponentialverteilung ist $0.1\ \mathrm{min}^{-1}$.

Antwort: Die gesuchte Wahrscheinlichkeit ist $P(T < 15) = 1 - \mathrm{e}^{-0.1 \cdot 15} = 1 - \mathrm{e}^{-1.5} \approx 0.7769$.

4.73 Die exponentialverteilte Zufallsvariable X (in h) ist die tatsächliche Lebensdauer einer Glühlampe. Für ihre Verteilungsfunktion $F(x) = 1 - \mathrm{e}^{-\alpha x}$, $x > 0$, gilt mit der Voraussetzung der Aufgabenstellung

$$P(X < 140) = 75\,\% = 1 - \mathrm{e}^{-\alpha \cdot 140}, \quad \text{d. h.,} \quad \mathrm{e}^{-\alpha \cdot 140} = 0.25 \quad \text{und} \quad \alpha = -\frac{\ln(0.25)}{140}\ \mathrm{h}^{-1}.$$

Antwort: Die gesuchte Wahrscheinlichkeit ist mit dem ermittelten Parameter α

$$P(X > 250) = 1 - P(X \le 250) = 1 - \left(1 - \mathrm{e}^{\ln(0.25)\frac{250}{140}}\right) \approx 0.0841.$$

4.74 Die exponentialverteilte Zufallsvariable T (in d) ist die tatsächliche Zerfallszeit für Polonium.

a) Für ihre Verteilungsfunktion $F(x) = 1 - \mathrm{e}^{-\alpha x}$, $x > 0$, gilt mit der Voraussetzung der Aufgabenstellung und der Halbwertzeit $H = 140$ d

$P(T < H) = 0.5 = 1 - \mathrm{e}^{-\alpha H} = 1 - \mathrm{e}^{-140\alpha}, \quad \text{d. h.,} \quad 0.5 = \mathrm{e}^{-140\alpha}.$

Antwort: Der Parameter der Exponentialverteilung der Zufallsvariable T ist $\alpha = -\ln(0.5)/140\ \mathrm{d}^{-1}$.

b) Mit dem berechneten Parameter α ergibt sich

$0.095 = P(T < t_0) = 1 - \mathrm{e}^{-\alpha t_0}, \quad \text{d. h.,} \quad 0.05 = \mathrm{e}^{-\alpha t_0}.$

Antwort: Die gesuchte Zeit ist $t_0 = -\dfrac{\ln 0.05}{\alpha} = \dfrac{\ln 0.05}{\ln 0.5} \cdot 140 \approx 605.06$ [d].

4.75 Bei der Exponentialverteilung mit dem Parameter α tritt im Schnitt ein Ereignis im Zeitintervall $1/\alpha$ auf. Die Zufallsvariable X ist der tatsächliche Abstand zwischen zwei Ereignissen. Es gilt

$$\begin{aligned} P(X \ge 1) &= P(\text{Während des Abstandes 1 tritt kein Ereignis ein}) \\ &= P(\text{Abstand zwischen zwei Ereignissen} \ge 1) \\ &= 1 - P(\text{Abstand zwischen zwei Ereignissen} < 1) \\ &= 1 - P(X < 1) = \mathrm{e}^{-\alpha}. \end{aligned}$$

Bei der Poissonverteilung mit dem Parameter α treten im Schnitt α Ereignisse im Zeitintervall 1 auf. Die Zufallsvariable X ist die tatsächliche Anzahl der Ereignisse in diesem Zeitintervall. Es gilt

$$P(X = 0) = P(\text{Anzahl der Ereignisse im Zeitintervall 1 ist gleich 0}) = \mathrm{e}^{-\alpha}.$$

Damit ist die Wahrscheinlichkeit, dass im Zeitintervall 1 kein Ereignis auftritt, sowohl bei Zugrundelegung einer Exponentialverteilung (im Schnitt ein Ereignis im Zeitintervall $1/\alpha$) als auch einer Poissonverteilung (im Schnitt α Ereignisse im Zeitintervall 1) gleich und beträgt $\mathrm{e}^{-\alpha}$.

4.76 Die Zufallsvariable X (in d) ist die tatsächliche Lebensdauer eines Bauteils. Sie ist exponentialverteilt mit der Verteilungsfunktion ist $F(x) = 1 - \mathrm{e}^{-\lambda x} = 1 - \mathrm{e}^{-x/500}$.

Antwort: Die gesuchten Wahrscheinlichkeiten sind

a) $P(X > 500) = 1 - P(X \leq 500) = 1 - (1 - \mathrm{e}^{-500/500}) = \mathrm{e}^{-1} \approx 0.368$

b) $P(X > 250) = 1 - P(X \leq 250) = 1 - (1 - \mathrm{e}^{-250/500}) = \mathrm{e}^{-1/2} \approx 0.606$

c) $P(X < 300) = 1 - \mathrm{e}^{-300/500} = 1 - \mathrm{e}^{-3/5} \approx 0.45$

d) $P(200 \leq X \leq 300) = P(X \leq 300) - P(X < 200) = (1-\mathrm{e}^{-300/500}) - (1-\mathrm{e}^{-200/500}) = \mathrm{e}^{-2/5} - \mathrm{e}^{-3/5} \approx 0.122$

e) Mit dem gesuchten Zeitpunkt t folgt aus der Bedingung $0.9 \leq P(X \geq t) = \mathrm{e}^{-t/500}$
$\mathrm{e}^{-t/500} \geq 0.9$, d. h., $-t/500 \geq \ln 0.9$ bzw. $t \leq -500 \cdot \ln 0.9 \approx 52.68$.
Bis zum Zeitpunkt von ca. 53 Tagen ist das Bauteil mit einer Wahrscheinlichkeit von mindestens 90 % funktionsfähig.

4.77 Die Zufallsvariable X (in d) ist die tatsächliche Zeit für die Durchsicht und Reparatur eines Baggers. Ihre Verteilungsfunktion ist $F(x) = 1 - \mathrm{e}^{-\alpha x}$, $x > 0$, mit dem Parameter $\alpha = 1\ \mathrm{d}^{-1}$.

a) **Antwort:** Die gesuchte Wahrscheinlichkeit ist $P(X < 0.5) = 1 - \mathrm{e}^{-0.5} \approx 0.3935 = 39.35\,\%$.

b) **Antwort:** Die gesuchte Wahrscheinlichkeit ist
$P(1 < X < 2) = P(X < 2) - P(X < 1) = \left(1-\mathrm{e}^{-2}\right) - \left(1-\mathrm{e}^{-1}\right) = \mathrm{e}^{-1} - \mathrm{e}^{-2} \approx 0.2325 = 23.25\,\%$.

c) Die Durchsicht und Reparatur eines Baggers ist mit der Wahrscheinlichkeit $p = 95\,\%$ nach der Zeit x_p beendet, wenn gilt
$P(X < x_p) = 1 - \mathrm{e}^{-x_p} = p$, d. h. $x_p = -\ln(1-p) \approx 3$ [d].
Antwort: Es dauert mit 95 %-iger Wahrscheinlichkeit höchstens drei Tage, bis die Durchsicht und Reparatur eines Baggers beendet ist.

4.78 Die Zufallsvariable X (in d) ist die tatsächliche Dauer der Reparatur von einer Schleifmaschine. Ihre Verteilungsfunktion ist $F(x) = 1 - \mathrm{e}^{-\alpha x}$, $x > 0$, mit dem Parameter $\alpha = 5\ \mathrm{d}^{-1}$.

a) Wenn die Zeit zur Reparatur von sieben Schleifmaschinen im Durchschnitt höchstens einen Tag beträgt, so beträgt die Zeit zur Reparatur von einer Schleifmaschine im Durchschnitt höchstens 1/7 Tag.
Antwort: Die Wahrscheinlichkeit, dass die tatsächliche Dauer der Reparatur von einer Schleifmaschine höchstens 1/7 Tag beträgt, ist
$P(X < 1/7) = 1 - \mathrm{e}^{-5/7} \approx 0.5105$.

b) Wenn x die Mindestdauer der Reparatur von einer Schleifmaschine ist, so beträgt die Wahrscheinlichkeit, dass die tatsächliche Dauer der Reparatur von einer Schleifmaschine kleiner x ist,
$0.9 = P(X \geq x) = 1 - P(X < x) = \mathrm{e}^{-5x}$, d. h. $x = -\ln 0.9/5 \approx 0.021$ [d].
Antwort: Die Reparatur einer Schleifmaschine dauert mit einer Wahrscheinlichkeit von 90 % mindestens 0.021 Tage, das sind bei einem Arbeitstag von acht Stunden ca. 0.16 Stunden (ca 10 Minuten).

c) Wenn x die Höchstdauer der Reparatur von einer Schleifmaschine ist, so beträgt die Wahrscheinlichkeit, dass die tatsächliche Dauer der Reparatur von einer Schleifmaschine größer oder gleich x ist,
$0.9 = P(X < x) = 1 - \mathrm{e}^{-5x}$, d. h. $x = -\ln(0.1)/5 \approx 0.46$ [d].
Antwort: Die Reparatur einer Schleifmaschine dauert mit einer Wahrscheinlichkeit von 90 % höchstens 0.46 Tage, die Reparatur von drei Schleifmaschinen mit einer Wahrscheinlichkeit von 90 % höchstens dreimal solange, das sind ca. 1.38 Tage, d. h., bei einem Arbeitstag von acht Stunden ca. 11 Stunden.

4.79 a) Die Zufallsvariable X_1 (in a) ist die tatsächliche Lebensdauer einer Gasbrennwertheizanlage des Herstellers „Gasgespart". Ihre Verteilungsfunktion ist $F_G(x) = 1 - \mathrm{e}^{\alpha x}$, $x > 0$. Für den Parameter α ergibt sich aus der Aufgabenstellung

$90\,\% = P(X_1 \geq 20) = 1 - P(X_1 < 20) = 1 - F_G(20) = \mathrm{e}^{20\alpha}$, d. h., $\alpha = \ln(0.9)/20\ \mathrm{a}^{-1}$.

Antwort: Die gesuchten Wahrscheinlichkeiten sind

$$\begin{aligned} P(X_1 \leq 19.5) &= F_G(19.5) = 1 - \mathrm{e}^{\ln(0.9)\cdot 19.5/20} \approx 0.0976, \\ P(X_1 > 40) &= 1 - P(X_1 < 40) = 1 - F_G(40) = \mathrm{e}^{\ln(0.9)\cdot 40/20} \approx 0.81. \end{aligned}$$

b) Die Zufallsvariable X_2 (in a) ist die tatsächliche Lebensdauer einer Ölheizanlage des Herstellers „Oelarom". Ihre Verteilungsfunktion ist $F_O(x) = 1 - \mathrm{e}^{\beta x}$, $x > 0$. Für den Parameter β ergibt sich aus der Aufgabenstellung

$80\,\% = P(X_2 \geq 30) = 1 - P(X_2 < 30) = 1 - F_O(30) = \mathrm{e}^{30\alpha}$, d. h., $\beta = \ln(0.8)/30\ \mathrm{a}^{-1}$.

Antwort: Die gesuchten Wahrscheinlichkeiten sind

$$\begin{aligned} P(X_2 \leq 19.5) &= F_O(19.5) = 1 - \mathrm{e}^{\ln(0.8)\cdot 19.5/30} \approx 0.135, \\ P(X_2 > 40) &= 1 - P(X_2 < 40) = 1 - F_O(40) = \mathrm{e}^{\ln(0.8)\cdot 40/30} \approx 0.7426. \end{aligned}$$

c) Die Zufallsvariablen X_{G1} und X_{G2} (in a) sind die tatsächlichen Lebensdauern der beiden Gasbrennwertheizanlagen des Herstellers „Gasgespart". Sie sind unabhängig. Das Ereignis „Mindestens eine der Gasbrennwertheizanlagen hält 25 Jahre oder länger" ist zum Ereignis „Keine der beiden Gasbrennwertheizanlagen hält 25 Jahre oder länger" komplementär.

Antwort: Die gesuchte Wahrscheinlichkeit ist

$$\begin{aligned} 1 - P(X_{G1} < 25 \cap X_{G2} < 25) &= 1 - P(X_{G1} < 25)P(X_{G2} < 25) = 1 - (F_G(25))^2 \\ &= 1 - \left(1 - \mathrm{e}^{\ln 0.9 \cdot 25/20}\right)^2 \approx 0.9848. \end{aligned}$$

4.80 a) Die Zufallsvariable X (in a) ist die Lebensdauer eines elektronischen Bauelementes. Laut Angabe der Aufgabenstellung ist mit ihrer Verteilungsfunktion $F(x) = 1 - \mathrm{e}^{-\alpha x}$

$0.9 = P(X \geq 10) = 1 - P(X < 10) = 1 - F(10)$

und somit

$0.1 = F(10) = 1 - \mathrm{e}^{-10\alpha}$, woraus folgt $\alpha = -\ln 0.9/10$.

Antwort: Der Erwartungswert für die Lebensdauer ist daher $E(X) = 1/\alpha = -10/\ln 0.9 \approx 94.9122$.

Für den Median (0.5-Quantil) $x_{0.5}$ gilt

$$0.5 = P(X < x_{0.5}) = F(x_{0.5}) = 1 - \mathrm{e}^{-\alpha x_{0.5}}, \quad \text{woraus folgt} \quad x_{0.5} = -\frac{0.5}{\alpha} = 10\,\frac{\ln 0.5}{\ln 0.9} \approx 65.7881.$$

Antwort: Ein zufällig ausgewähltes Bauteil hat mit 50 %-ger Wahrscheinlichkeit eine Lebensdauer von höchstens ca. 66 Jahren (bzw. mit 50 %-ger Wahrscheinlichkeit eine Lebensdauer von mindestens ca. 66 Jahren).

b) Für die gesuchte Wahrscheinlichkeit gilt

$P(X \geq 5) = 1 - P(X < 5) = 1 - F(5) = 1 - (1 - \mathrm{e}^{-5\alpha}) = \mathrm{e}^{\ln 0.9/2} \approx 0.9487.$

Antwort: Ein zufällig ausgewähles Bauelement funktioniert mit der Wahrscheinlichkeit ca. 0.9487 mindestens fünf Jahre. (Im Durchschnitt funktionieren ca. 94.87 % der Bauteile mindestens fünf Jahre.)

Grenzverteilungssätze

4.81 Die Zufallsvariable X ist die Anzahl der Ausschussteile in einer Packung. Sie ist binomialverteilt mit $n = 200$, $p = 0.001$. Nach dem Grenzverteilungssatz Binomial-Poisson kann eine Poissonverteilung mit dem Parameter $\lambda = np = 0.2 < 10$ zugrunde gelegt werden.

Antwort: Mit der Binomialverteilung ist $P(X = 0) = \binom{200}{0} 0.999^{200} \approx 0.8186$.

Mit der Poissonverteilung ist $P(X = 0) = \dfrac{0.2^0}{0!}\mathrm{e}^{-0.2} \approx 0.8187$.

4.82 Die Zufallsvariable X ist die Anzahl der fehlerhaften Schaltelemente. Sie ist binomialverteilt mit $n = 100$, $p = 0.02$. Nach dem Grenzverteilungssatz Binomial-Poisson kann eine Poissonverteilung mit dem Parameter $\lambda = np = 2 < 10$ zugrunde gelegt werden.

Antwort: a) Mit der Binomialverteilung ist $P(X = 0) = \binom{100}{0} 0.98^{100} \approx 0.1326$.

Mit der Poissonverteilung ist $P(X = 0) = \dfrac{2^0}{0!}\mathrm{e}^{-2} \approx 0.1353$.

b) Mit der Binomialverteilung ist

$$\begin{aligned} P(X \leq 3) &= P(X = 0) + P(X = 1) + P(X = 2) + P(X = 3) \\ &= \binom{100}{0} 0.98^{100} + \binom{100}{1} 0.98^{99} \cdot 0.02^1 + \binom{100}{2} 0.98^{98} \cdot 0.02^2 + \binom{100}{3} 0.98^{97} \cdot 0.02^3 \\ &\approx 0.1326 + 0.2706 + 0.2734 + 0.1823 = 0.8589. \end{aligned}$$

Mit der Poissonverteilung ist bei wesentlich weniger Rechenaufwand

$$P(X \leq 3) = P(X=0) + P(X=1) + P(X=2) + P(X=3) = \mathrm{e}^{-2}\left(1 + 2 + \frac{2^2}{2!} + \frac{2^3}{3!}\right) \approx 0.8571.$$

4.83 Die Zufallsvariable X ist die Anzahl der defekten Glühlampen. Sie ist binomialverteilt mit $n = 100$, $p = 0.03$. Nach dem Grenzverteilungssatz Binomial-Poisson kann auch Poissonverteilung mit dem Parameter $\lambda = np = 3 < 10$ zugrunde gelegt werden.

Antwort: Die gesuchten Wahrscheinlichkeiten sind in der folgenden Tabelle angegeben:

	a) $P(X=0)$	b) $P(X=1)$	c) $P(X=2)$	d) $P(X=3)$	e) $P(X=4)$	f) $P(X=5)$
B	$\binom{100}{0}\cdot 0.97^{100}$ ≈ 0.0475	$\binom{100}{1}\cdot 0.97^{99}\cdot 0.03^{1}$ ≈ 0.1471	$\binom{100}{2}\cdot 0.97^{98}\cdot 0.03^{2}$ ≈ 0.2252	$\binom{100}{3}\cdot 0.97^{97}\cdot 0.03^{3}$ ≈ 0.2275	$\binom{100}{4}\cdot 0.97^{96}\cdot 0.03^{4}$ ≈ 0.1706	$\binom{100}{5}\cdot 0.97^{95}\cdot 0.03^{5}$ ≈ 0.1013
P	$\frac{3^0}{0!}e^{-3}$ ≈ 0.0497	$\frac{3^1}{1!}e^{-3}$ ≈ 0.1493	$\frac{3^2}{2!}e^{-3}$ ≈ 0.2240	$\frac{3^3}{3!}e^{-3}$ ≈ 0.2240	$\frac{3^4}{4!}e^{-3}$ ≈ 0.1680	$\frac{3^5}{5!}e^{-3}$ ≈ 0.1008

4.84 Die Zufallsvariable X ist die Anzahl der gezogenen roten Murmeln. Sie ist binomialverteilt mit $n = 8$ (Anzahl der Züge), $p = 1/8$ (Wahrscheinlichkeit, dass unter acht Murmeln die einzige rote gezogen wird). Nach dem Grenzverteilungssatz Binomial-Poisson kann auch Poissonverteilung mit dem Parameter $\lambda = np = 1 < 10$ zugrunde gelegt werden.

Antwort: **a)** Mit der Binomialverteilung ist $P(X = 3) = \binom{8}{3}\left(\frac{1}{8}\right)^3\left(\frac{7}{8}\right)^5 \approx 0.0561$.

b) Mit der Poissonverteilung ist $P(X = 3) = \dfrac{1^3}{3!}e^{-1} \approx 0.0613$.

4.85 Die Zufallsvariable X ist die Anzahl der bei einem Unfall Ertrunkenen pro Jahr. Sie ist binomialverteilt mit $n = 200\,000$ (Anzahl der Einwohner), $p = 0.000\,03$ (Wahrscheinlichkeit, dass ein Einwohner pro Jahr ertrinkt). Die Berechnung der gesuchten Wahrscheinlichkeiten, insbesondere e) und f), ist relativ aufwendig. Nach dem Grenzverteilungssatz Binomial-Poisson kann auch Poissonverteilung mit dem Parameter $\lambda = np = 6 < 10$ zugrunde gelegt werden.

Antwort: Die gesuchten Wahrscheinlichkeiten sind

a) $P(X = 0) = \dfrac{6^0}{0!}e^{-6} \approx 0.0025$, **b)** $P(X = 2) = \dfrac{6^2}{2!}e^{-6} \approx 0.0446$,

c) $P(X = 6) = \dfrac{6^6}{6!}e^{-6} \approx 0.1606$, **d)** $P(X = 8) = \dfrac{6^8}{8!}e^{-6} \approx 0.1033$,

$$\textbf{e)}\ P(4 \le X \le 8) = P(X = 4) + P(X = 5) + P(X = 6) + P(X = 7) + P(X = 8) = e^{-6}\left(\frac{6^4}{4!} + \frac{6^5}{5!} + \frac{6^6}{6!} + \frac{6^7}{7!} + \frac{6^8}{8!}\right) \approx 0.6960,$$

$$\textbf{f)}\ P(X < 3) = P(X = 0) + P(X = 1) + P(X = 2) = e^{-6}\left(\frac{6^0}{0!} + \frac{6^1}{1!} + \frac{6^2}{2!}\right) \approx 0.062.$$

4.86 Die Zufallsvariable X ist die Anzahl der Ausschussstücke. Sie ist binomialverteilt mit $n = 40\,000$ (Anzahl der Erzeugnisse der Lieferung), $p = 0.2$ (Wahrscheinlichkeit, dass ein Erzeugnis Ausschuss ist). Die Poissonverteilung kann wegen $np = 8\,000 > 10$ nicht zugrunde gelegt werden. Nach dem Grenzverteilungssatz Binomial-Normal kann die Normalverteilung $N(np, np(1-p)) = N(8\,000, 6\,400)$ zugrunde gelegt werden. Die Voraussetzung $np(1-p) = 6\,400 > 9$ ist erfüllt.

Antwort: Mit der Binomialverteilung ist

$$P(X = 8\,240) = \binom{40\,000}{8\,240}\left(\frac{1}{5}\right)^{8\,240}\left(\frac{4}{5}\right)^{40\,000-8\,240} \approx 0.000\,056\,641.$$

Wegen des Binomialkoeffizienten ist diese Zahl allerdings „schwer" zu berechnen.
Mit der Normalverteilung sowie der Stetigkeitskorrektur ist

$$P(8\,239.5 < X < 8\,240.5) = P(X < 8\,240.5) - P(X < 8\,239.5) = \Phi_S\left(\frac{8\,240.5 - 8\,000}{80}\right) - \Phi_S\left(\frac{8\,239.5 - 8\,000}{80}\right) \approx 0.000\,055\,401.$$

Bemerkung: Der Wert der Dichtefunktion $\varphi(x, 8\,000, 80)$ der Normalverteilung $N(8\,000, 6\,400)$ an der Stelle $x = 8\,240$ ist

$$\varphi(8\,240, 8\,000, 80) = \frac{1}{\sigma\sqrt{2\pi}}e^{-\frac{(8\,240-\mu)^2}{2\sigma^2}} = \frac{1}{80\sqrt{2\pi}}e^{-\frac{(8\,240-8\,000)^2}{2\cdot 6\,400}} \approx 0.000\,055\,398.$$

4.87 Die Zufallsvariable X ist die Anzahl des Eintritts des Ereignisses A. Sie ist binomialverteilt mit $n = 1\,000$ (Anzahl der Versuche), $p = 0.5$ (Wahrscheinlichkeit, dass das Ereignis A eintritt). Die Poissonverteilung kann wegen $np = 500 > 10$ nicht zugrunde gelegt werden. Nach dem Grenzverteilungssatz Binomial-Normal kann Normalverteilung $N(np, np(1-p)) = N(500, 250)$ zugrunde gelegt werden. Die Voraussetzung $np(1-p) = 250 > 9$ ist erfüllt. Es ergibt sich

$$P(400 \le X \le 600) = P(X \le 600) - P(X < 400) = \Phi_S\left(\frac{600 - 500}{\sqrt{250}}\right) - \Phi_S\left(\frac{400 - 500}{\sqrt{250}}\right) = 2\Phi_S\left(\frac{100}{\sqrt{250}}\right) - 1 \approx 1.$$

Antwort: Mit an Sicherheit grenzender Wahrscheinlichkeit kann behauptet werden, dass das Ereignis A bei 1000 unabhängigen Versuchen mindestens 400-mal und höchstens 600-mal eintritt.

4.88 Die Zufallsvariable X ist die Anzahl der unbrauchbaren Bauteile eines Postens. Sie ist binomialverteilt mit n (Anzahl der Bauteile im Posten) und $p = 0.1$ (Wahrscheinlichkeit, dass ein Bauteil unbrauchbar ist). Unter Zugrundelegung der Normalverteilung mit $\mu = np$ und $\sigma = \sqrt{np(1-p)}$ ergibt sich aus der Aufgabenstellung

$$0.6 = P(X > 9) = 1 - P(X \leq 9) = 1 - \Phi_S\left(\frac{9 - 0.1n}{\sqrt{0.09n}}\right), \quad \text{d. h.,} \quad \Phi_S\left(\frac{0.1n - 9}{\sqrt{0.09n}}\right) = 0.6 \quad \text{und} \quad \frac{0.1n - 9}{\sqrt{0.09n}} \approx 0.253.$$

Die sich daraus ergebende quadratische Gleichung bezüglich n hat die positive Lösung $n \approx 91.4$.

Antwort: Ein Posten mit 92 Bauteilen wird mit einer Wahrscheinlichkeit von 0.6 % abgelehnt. Er hat mindestens neun unbrauchbare Bauteile.

4.89 Die Zufallsvariable X ist die Anzahl der in der Zeit t ausgefallenen Kondensatoren. Sie ist binomialverteilt mit $n = 100$ (Anzahl der Kondensatoren insgesamt) und $p = 0.5$ (Wahrscheinlichkeit, dass ein Kondensator ausfällt). Nach dem Grenzverteilungssatz Binomial-Normal kann auch Normalverteilung $N(np, np(1-p)) = N(50, 25)$ zugrunde gelegt werden. Die Voraussetzung $np(1-p) = 25 > 9$ ist erfüllt.

a) Mit der Binomialverteilung ist

$$P(X > 59) = \sum_{k=60}^{100} \binom{100}{k} 0.5^k 0.5^{100-k} \approx 0.0284 \quad \text{und} \quad P(45 \leq X \leq 55) = \sum_{k=45}^{55} \binom{100}{k} 0.5^k 0.5^{100-k} \approx 0.7287.$$

Diese Zahlen sind aufwändig zu berechnen.

Mit der Normalverteilung sowie der Stetigkeitskorrektur ist

$$P(X > 59) \approx P(X \geq 59.5) = 1 - P(X < 59.5) = 1 - \Phi_S\left(\frac{59.5 - 50}{5}\right) \approx 0.0287 \quad \text{und}$$

$$P(45 \leq X \leq 55) \approx P(44.5 \leq X \leq 55.5) = P(X \leq 55.5) - P(X < 44.5) \approx \Phi_S(1.1) - \Phi_S(-1.1) = 2\Phi_S(1.1) - 1 \approx 0.7287.$$

Antwort: Die gesuchte Wahrscheinlichkeit beträgt ca. 73 %.

b) Die Anzahl der Kondensatoren, die mit einer Wahrscheinlichkeit von 95 % in der Zeit t ausfallen, sei x. Aus der Aufgabenstellung ergibt sich

$$0.95 = P(X < x) = \Phi_S\left(\frac{x - 50}{5}\right) \quad \text{und daraus} \quad \frac{x - 50}{5} \approx 1.645, \text{ d. h., } x = 50 + 1.645 \cdot 5 \approx 58.$$

Antwort: Es sollten 58 Kondensatoren in Reserve gehalten werden.

4.90 Die Zufallsvariable X ist die Anzahl der brauchbaren Gehäuse. Sie ist binomialverteilt mit n (Anzahl der Gehäuse insgesamt) und $p = 0.9$ (Wahrscheinlichkeit, dass ein Gehäuse brauchbar ist). Nach dem Grenzverteilungssatz Binomial-Normal kann auch Normalverteilung $N(np, np(1-p)) = N(0.9n, 0.09n)$ zugrunde gelegt werden. Die Voraussetzung $np(1-p) = 0.09n > 9$ ist erfüllt, wenn $n > 100$ ist. Unter Zugrundelegung der Normalverteilung mit $\mu = 0.9n$ und $\sigma = \sqrt{0.09n}$ ergibt sich aus der Aufgabenstellung

$$0.99 = P(X \geq 100) = 1 - P(X < 100) = 1 - \Phi_S\left(\frac{100 - \mu}{\sigma}\right), \quad \text{d. h.,} \quad \frac{100 - \mu}{\sigma} \approx 2.3263.$$

Die sich daraus ergebende quadratische Gleichung bezüglich n

$(100 - 0.9n)^2 = 2.3263^2 \cdot 0.09n$ hat die Lösungen $n_1 \approx 119.59$ und $n_2 \approx 103.23$.

Antwort: Es müssen mindestens 120 Gehäuse hergestellt werden, damit mit einer Wahrscheinlichkeit von 99 % darunter 100 brauchbare sind, einen durchschnittlichen Ausschussprozentsatz von 10 % vorausgesetzt.

4.91 Die Zufallsvariable X ist die Anzahl der erhaltenen Ergebnisse „Kopf“. Sie ist binomialverteilt mit $n = 10$ (Anzahl der Würfe insgesamt) und $p = 0.5$ (Wahrscheinlichkeit, dass ein Wurf das Ergebnis „Kopf“ hat). Nach dem Grenzverteilungssatz Binomial-Normal kann die Normalverteilung $N(np, np(1-p)) = N(5, 2.5)$ eigentlich nicht zugrunde gelegt werden, denn die Voraussetzung $np(1-p) = 2.5 > 4$ ist nicht erfüllt.

Antwort: a) Mit der Binomialverteilung ist

$$P(3 \leq X \leq 6) = \sum_{k=3}^{6} \binom{10}{k} 0.5^k 0.5^{10-k} = 0.5^{10}\left(\binom{10}{3} + \binom{104}{+}\binom{10}{5} + \binom{10}{6}\right) \approx 0.7734.$$

b) Mit der Normalverteilung sowie der Stetigkeitskorrektur ist

$$P(3 \leq X \leq 6) \approx P(2.5 \leq X \leq 6.5) = P(X \leq 6.5) - P(X < 2.5) = \Phi_S\left(\frac{6.5-5}{\sqrt{2.5}}\right) - \Phi_S\left(\frac{2.5-5}{\sqrt{2.5}}\right) \approx 0.7717.$$

Bemerkung: Die Poissonverteilung mit dem Parameter $\lambda = np = 5 < 10$ kann wegen $n = 10 < 1\,500p = 750$ nicht zugrunde gelegt werden. Es ergäbe sich

$$P(3 \leq X \leq 6) = \mathrm{e}^{-5} \sum_{k=3}^{6} \frac{5^k}{k!} \approx 0.6375.$$

4.92 Die Zufallsvariable X ist die Anzahl der richtig erratenen Antworten. Sie ist binomialverteilt mit n (Anzahl der Antworten insgesamt) und $p = 0.5$ (Wahrscheinlichkeit, dass eine Antwort richtig erraten wird). Nach dem Grenzverteilungssatz Binomial-Normal kann die Normalverteilung $N(np, np(1-p))$ zugrunde gelegt werden.

Antwort: **a)** Mit der Normalverteilung mit $n = 20$, $\mu = np = 10$ und $\sigma^2 = np(1-p) = 5 > 4$ als brauchbarer Näherung sowie der Stetigkeitskorrektur ist

$$P(X \geq 12) \approx 1 - P(X < 11.5) = 1 - \Phi_S\left(\frac{11.5 - 10}{\sqrt{5}}\right) \approx 0.2544.$$

b) Mit der Normalverteilung mit $n = 40$, $\mu = np = 20$ und $\sigma^2 = np(1-p) = 10 > 9$ als guter Näherung sowie der Stetigkeitskorrektur ist

$$P(X \geq 24) \approx 1 - P(X < 23.5) = 1 - \Phi_S\left(\frac{23.5 - 20}{\sqrt{10}}\right) \approx 0.1357.$$

4.93 Die Zufallsvariable X_k bezeichnet die Abweichung der Masse des k-ten Sackes von der Normmasse (in kg), $k = 1, 2, \ldots, 117$. Da sie laut Aufgabenstellung als gleichverteilt angenommen wird, gilt

$E(X_k) = (-0.6 + 1.8)/2 = 0.6$ [kg] und $Var(X_k) = (1.8 - (-0.6))^2/12 = 0.48$ [kg^2].

Die Zufallsvariable Y_k ist die Füllmasse des k-ten Sackes (in kg). Wegen des linearen Zusammenhanges $Y = X + 25$ [kg] ist

$E(Y_k) = \mu = E(X_k) + 25 = 25.06$ [kg] und $Var(Y_k) = \sigma^2 = Var(X_k) = 0.48$ [kg^2].

Nach dem Zentralen Grenzwertsatz ist die Summe der Füllmassen aller $n = 117$ Säcke, d. h., die Zufallsvariable

$\sum_{k=1}^{117} Y_k$, näherungsweise $N\left(n\mu, n\sigma^2\right) = N(117 \cdot 25.06, 117 \cdot 0.48)$-verteilt.

Antwort: Die gesuchte Wahrscheinlichkeit ist

$$P\left(\sum_{k=1}^{117} Y_k > 3000\right) = 1 - P\left(\sum_{k=1}^{117} Y_k \leq 3000\right) = 1 - \Phi_S\left(\frac{3000 - 117 \cdot 25.06}{\sqrt{117 \cdot 0.48}}\right) \approx 1 - \Phi_S(0.6405) \approx 0.261.$$

Stichprobenfunktionen

4.94 **Antwort:** Lage- und Streuungsmaßzahlen der angegebenen Stichprobenrealisierung sind in der folgenden **Tabelle 4.1** zusammengefasst.

Tabelle 4.1 Maßzahlen der Stichprobe Wasserverbrauch

Lagemaßzahl	Wert	Streuungsmaßzahl	Wert
arithmetisches Mittel	87.6000	Spannweite	155
geometrisches Mittel	78.0258	mittlere Abweichung	25.7200
harmonisches Mittel	60.4913	empirische Varianz	1250.3600
quadratisches Mittel	94.1361	Standardabweichung	35.3604
Median	84.5	empirischer Variationskoeffizient	0.4036
0.1-Quantil	43	empirisches zentrales Moment 3-ter Ordnung	7086.9700
0.25-Quantil	65	empirisches zentrales Moment 4-ter Ordnung	$4.6985 \cdot 10^6$
0.5-Quantil	83	Schiefe	0.1731
Modalwert	83, 99	Kurtosis	3.3300

4.95 Stichprobenverteilung der Summe

Die Zufallsvariablen X_i, $i = 1, 2, \ldots, 25$, sind die zufälligen Massen der $n = 25$ Pakete. Sie sind $N(\mu, \sigma^2)$-verteilt mit $\mu = 300$ kg und $\sigma = 50$ kg. Die Stichprobenfunktion $X = \sum_{i=1}^{n} X_i$ ist die Summe der zufälligen Massen aller 25 Pakete. Sie ist daher $N(n\mu, n\sigma^2)$-verteilt.

Antwort: Die gesuchte Wahrscheinlichkeit ist

$$\begin{aligned} P(X > 8200) &= 1 - P(X \leq 8200) = 1 - \Phi_S\left(\frac{8200 - n\mu}{\sqrt{n}\sigma}\right) = 1 - \Phi_S\left(\frac{8200 - 7500}{250}\right) \\ &= 1 - \Phi_S(2.8) \approx 1 - 0.9974 = 0.0026. \end{aligned}$$

4.96 Stichprobenverteilung von Anteilen

Die Zufallsvariable X ist die Anzahl defekter Glühlampen unter $n = 100$ Glühlampen in einem Paket. Sie ist binomialverteilt mit $p = 0.05$. Nach dem Grenzverteilungssatz Binomial-Normal kann die Normalverteilung $N(np, np(1-p))$ mit $\mu = np = 5$ und $\sigma = \sqrt{np(1-p)} = \sqrt{4.75} \approx 2.18$ zugrunde gelegt werden. Wegen $np(1-p) = 4.75 > 4$ handelt es sich um eine brauchbare Näherung.

a) Die Wahrscheinlichkeit, dass in einem Paket weniger als 90 intakte Glühlampen enthalten sind, ist

$$P(X > 10) = 1 - P(X \le 10) \approx 1 - P(X < 9.5) = 1 - \Phi_S\left(\frac{9.5-5}{2.18}\right) \approx 1 - \Phi_S(2.0642) \approx 1 - 0.9805 = 0.0195.$$

Antwort: Von 1000 Paketen haben ca. 19 weniger als 90 intakte Glühlampen.

b) Die Wahrscheinlichkeit, dass in einem Paket mindestens 98 intakte Glühlampen enthalten sind, ist

$$P(X \le 2) \approx P(X < 2.5) = \Phi_S\left(\frac{2.5-5}{2.18}\right) = \Phi_S(1.1468) \approx 1 - 0.8741 = 0.1259.$$

Antwort: Von 1000 Paketen haben ca. 126 mindestens 98 intakte Glühlampen.

4.97 Stichprobenverteilung von Differenzen

Die Zahl der Punkte eines Studenten ist $N(\mu, \sigma^2)$-verteilt mit $\mu = 72$ und $\sigma = 8$. Das arithmetische Mittel der Punkte einer Gruppe von n Studenten ist $N(\mu, \sigma^2/n)$-verteilt.
Das Punktemittel $\overline{X}_A$ der Gruppe mit $n_A = 28$ Studenten ist daher $N(\mu, \sigma^2/n_A)$-verteilt.
Das Punktemittel $\overline{X}_A$ der Gruppe mit $n_B = 36$ Studenten ist daher $N(\mu, \sigma^2/n_B)$-verteilt.

Die Differenz der Punktemittel $\overline{X}_A - \overline{X}_B$ ist

$$N\left(\mu - \mu, \sigma^2\left(\frac{1}{n_A} + \frac{1}{n_B}\right)\right) = N\left(0,\ 64 \cdot \left(\frac{1}{28} + \frac{1}{36}\right)\right) \approx N(0,\ 4.063)\text{-verteilt.}$$

a) Es gilt

$$\begin{aligned} P\left(\left|\overline{X}_A - \overline{X}_B\right| < 3\right) &= P\left(-3 < \overline{X}_A - \overline{X}_B < 3\right) \\ &\approx P(\overline{X}_A - \overline{X}_B < 2.5) - P(\overline{X}_A - \overline{X}_B < -2.5) \\ &\approx 2\Phi_S\left(\frac{2.5}{\sqrt{4.063}}\right) - 1 \approx 2\Phi_S(1.2402) - 1 \approx 0.7851 \end{aligned}$$

Antwort: Die gesuchte Wahrscheinlichkeit ist $P\left(\left|\overline{X}_A - \overline{X}_B\right| \ge 3\right) = 1 - P\left(\left|\overline{X}_A - \overline{X}_B\right| < 3\right) \approx 0.2149$.

b) Es gilt

$$\begin{aligned} P\left(\left|\overline{X}_A - \overline{X}_B\right| < 6\right) &= P\left(-6 < \overline{X}_A - \overline{X}_B < 6\right) \\ &\approx P(\overline{X}_A - \overline{X}_B < 5.5) - P(\overline{X}_A - \overline{X}_B < -5.5) \\ &\approx 2\Phi_S\left(\frac{5.5}{\sqrt{4.063}}\right) - 1 = 2\Phi_S(2.728) - 1 \approx 0.9936. \end{aligned}$$

Antwort: Die gesuchte Wahrscheinlichkeit ist $P\left(\left|\overline{X}_A - \overline{X}_B\right| \ge 6\right) = 1 - P\left(\left|\overline{X}_A - \overline{X}_B\right| < 6\right) \approx 0.0064$.

c) Es gilt

$$\begin{aligned} P\left(2 \le \left|\overline{X}_A - \overline{X}_B\right| \le 5\right) &= P\left(2 \le \overline{X}_A - \overline{X}_B \le 5 \ \cup\ -5 \le \overline{X}_A - \overline{X}_B \le -2\right) \\ &= 2P\left(2 \le \overline{X}_A - \overline{X}_B \le 5\right) \\ &\approx 2\left(\Phi_S\left(\frac{5.5}{\sqrt{4.063}}\right) - \Phi_S\left(\frac{1.5}{\sqrt{4.063}}\right)\right) \\ &\approx 2\left(\Phi_S(2.2781) - \Phi_S(0.744)\right) \approx 2\left(0.9972 - 0.7704\right) = 0.4536. \end{aligned}$$

Antwort: Die gesuchte Wahrscheinlichkeit ist ca. 0.4536.

4.98 Stichprobenverteilung einer Linearkombination von Zufallsvariablen

a) Die Zufallsvariable X ist die Punktzahl eines zufällig ausgewählten Studenten und x_B die minimale Punktzahl der besten 20 % der Studenten. Dann ist laut Aufgabenstellung X normalverteilt mit $\mu = 72$ und $\sigma = 8$, und es gilt

$$0.2 = P(X \geq x_B) = 1 - P(X < x_B) = 1 - \Phi_S\left(\frac{x_B - 72}{8}\right) \text{ und somit}$$

$$\frac{x_B - 72}{8} = \Phi_S^{-1}(0.8) \approx 0.842, \quad \text{d. h.,} \quad x_B \approx 0.842\sigma + \mu = 0.842 \cdot 8 + 72 = 78.736.$$

Antwort: Die minimale Punktzahl der besten 20 % der Studenten beträgt 79 Punkte, d. h., mit der Wahrscheinlichkeit 0.2 hat ein beliebiger Student mindestens 79 Punkte.

b) Die minimale Punktzahl X_B der besten 20 % der $n = 100$ Studenten ist eine Zufallsvariable, die sich (siehe a)) als Linearkombination der Zufallsvariablen μ (Punktemittel) und σ (Standardabweichung) wie folgt berechnet:

$$X_B = \Phi_S^{-1}(1 - 0.2)\sigma + \mu.$$

Das Punktemittel μ ist dabei $N\left(\mu, \sigma^2/n\right)$-verteilt. Die Standardabweichung σ ist dabei $N\left(\sigma, \sigma^2/(2n)\right)$-verteilt. Daher ist X_B

$$N\left(\mu + \Phi_S^{-1}(1-0.2)\sigma, \frac{\sigma^2}{n} + \left(\Phi_S^{-1}(1-0.2)\right)^2 \frac{\sigma^2}{2n}\right) = N\left(72 + 0.842 \cdot 8, \frac{8^2}{100} + 0.842^2 \cdot \frac{8^2}{200}\right) \approx N(78.736, 0.867)\text{-verteilt.}$$

Antwort: Die gesuchte Wahrscheinlichkeit ist

$$P(X_B < 76) = \Phi_S\left(\frac{76 - 78.736}{0.867}\right) \approx 1 - \Phi_S(3.156) \approx 1 - 0.9991 = 0.0009.$$

4.99 Stichprobenverteilung der Differenzen von Anteilen

Die Zufallsvariable X ist die Anzahl der Stimmen für den Kandidaten, wobei die Wahrscheinlichkeit, dass eine Stimme für den Kandidaten gestimmt hat, $p = 0.65$ beträgt. Sie ist binomialverteilt. Der Anteil $\overline{X}_n = X/n$ der Stimmen für den Kandidaten unter $n = 200$ Stimmen ist eine

$$N\left(p, \frac{p(p-1)}{n}\right) = N\left(0.65, \frac{0.65 \cdot 0.35}{200}\right) \approx N(0.65, 0.03372^2)\text{-verteilte}$$

Zufallsvariable. Die Stichprobe A hat daher einen Anteil X_A der Stimmen für den Kandidaten mit dieser Verteilung, die Stichprobe B hat einen Anteil X_B der Stimmen für den Kandidaten mit derselben Verteilung. Die Differenz der Anteile $X_A - X_B$ ist eine $N(0, 2p(p-1)/n)$-verteilte Zufallsvariable.

Für die gesuchte Wahrscheinlichkeit gilt

$$\begin{aligned} P(|X_A - X_B| > 0.1) &= P(X_A - X_B > 0.1 \cup X_A - X_B < -0.1) = 2\,(1 - P(X_A - X_B < 0.1)) \\ &\approx 2\left(1 - \Phi_S\left(\frac{0.1}{0.03372\sqrt{2}}\right)\right) \approx 2\left(1 - \Phi_S\left(\frac{0.1}{0.0477}\right)\right) \\ &\approx 2\,(1 - \Phi_S(2.0964)) \approx 2(1 - 0.9817) \approx 0.0366. \end{aligned}$$

Antwort: Die gesuchte Wahrscheinlichkeit beträgt ca. $0.0366 \approx 3.7\,\%$.

Bemerkung: Die Anzahl der Wähler, die unter $n = 200$ Wählern für den Kandidaten gestimmt haben, ist nach dem Grenzverteilungssatz Binomial-Normal wegen $np(1-p) = 45.5 > 9$ eine annähernd normalverteilte Zufallsvariable mit $\mu = np = 130$ und $\sigma = \sqrt{np(1-p)} \approx 6.75$.

Konfidenzschätzungen

4.100 Die Zufallvariable X (in μm) ist die Abweichung des Wellendurchmessers von der Mitte des Toleranzgebietes. Gegeben sind der Stichprobenumfang $n = 10$ und die Schätzwerte $\overline{x} = 2$ μm und $s = 2.4$ μm. Die Irrtumswahrscheinlichkeit beträgt $\alpha = 0.1$. Gesucht ist ein zweiseitiges Konfidenzintervall für den Erwartungswert, da die Wellendurchmesser sowohl größer als auch kleiner als die Mitte des Toleranzgebietes sein können. Das gesuchte Konfidenzintervall ist mit $t_{n-1,1-\alpha/2} = t_{9,0.95} \approx 1.8331$

$$KI\left(\overline{X}_{10}\right) \approx \left(2 - \frac{1.8331}{\sqrt{10}} \cdot 2.4,\ 2 + \frac{1.8331}{\sqrt{10}} \cdot 2.4\right) \approx (0.6088, 3.3912)\ [\mu\text{m}].$$

Antwort: Mit einer Wahrscheinlichkeit von 90 % liegt der Erwartungswert der Wellendurchmesser in diesem Intervall.

4.101 Die Zufallvariable X (in mm) ist der Innendurchmesser der Buchsen. Gegeben sind der Stichprobenumfang $n = 10$ und die Schätzwerte $\overline{x} = 10.02$ mm und $s = 0.024$ mm. Die Irrtumswahrscheinlichkeit beträgt $\alpha = 0.1$.

Gesucht ist ein zweiseitiges Konfidenzintervall für den Erwartungswert bei unbekannter Varianz, da die Innendurchmesser der Buchsen sowohl größer als auch kleiner als die Mitte des Toleranzgebietes sein können und für die Varianz lediglich ein Schätzwert vorliegt. Das gesuchte Konfidenzintervall ist mit $t_{n-1,1-\alpha/2} = t_{9,0.995} \approx 3.25$

$$KI\left(\overline{X}_{10}\right) \approx \left(10.02 - \frac{3.25}{\sqrt{10}} \cdot 0.024,\ 10.02 + \frac{3.25}{\sqrt{10}} \cdot 0.024\right) \approx (9.9953, 10.0446)\ [\text{mm}].$$

Antwort: Mit einer Wahrscheinlichkeit von 99 % liegt der Erwartungswert der Innendurchmesser der Buchsen im Intervall (9.9953, 10.0446) [mm].

Ermittelt wird zunächst ein zweiseitiges Konfidenzintervall für die Varianz bei unbekanntem Erwartungswert, da für diesen lediglich ein Schätzwert vorliegt. Das gesuchte Konfidenzintervall ist mit $\chi^2_{n-1,1-\alpha/2} = \chi^2_{9,0.005} \approx 1.7349$ und $\chi^2_{n-1,\alpha/2} = \chi^2_{9,0.995} \approx 23.5894$

$$KI\left(S^2_{10}\right) \approx \left(\frac{9}{23.5894} \cdot 0.024^2,\ \frac{9}{1.7349} \cdot 0.024^2\right) \approx (0.000\,219\,8, 0.002\,988)\ [\text{mm}^2].$$

Daraus ergibt sich das Konfidenzintervall für die Standardabweichung

$KI(S_{10}) \approx (0.0148, 0.0547)$ [mm].

Antwort: Mit einer Wahrscheinlichkeit von 99 % liegt die Standardabweichung der Innendurchmesser der Buchsen im Intervall (0.0148,0.0547) [mm].

4.102 Die Zufallsvariable X (in km) ist die Entfernung zwischen den beiden Orten. Gesucht ist ein zweiseitiges Konfidenzintervall für den Erwartungswert bei unbekannter Varianz, da die gemessenen Entfernungen zwischen zwei Punkten sowohl größer als auch kleiner als die Mitte des Toleranzgebietes sein können und für die Varianz lediglich ein Schätzwert vorliegt. Die geschätzte Standardabweichung ist $s = 0.014$ km. Das gesuchte Konfidenzintervall ist mit $t_{n-1,1-\alpha/2} = t_{24,0.995} \approx 2.7969$

$$KI\left(\overline{X}_{24}\right) \approx \left(24.325 - \frac{2.7969}{\sqrt{10}} \cdot 0.014,\ 24.325 + \frac{2.7969}{\sqrt{10}} \cdot 0.014\right) \approx (24.3126, 24.3374)\ [\text{km}].$$

Antwort: Mit einer Wahrscheinlichkeit von 99 % liegt der Erwartungswert der Entfernung im Intervall (24.313, 24.337) [km].

Ermittelt wird zunächst ein zweiseitiges Konfidenzintervall für die Varianz bei unbekanntem Erwartungswert, da für diesen lediglich ein Schätzwert vorliegt. Das gesuchte Konfidenzintervall ist mit $\chi^2_{n-1,1-\alpha/2} = \chi^2_{24,0.005} = 9.8862$ und $\chi^2_{n-1,\alpha/2} = \chi^2_{24,0.995} = 45.5585$

$$KI\left(S^2_{24}\right) \approx \left(\frac{24}{45.5585} \cdot 0.014^2,\ \frac{24}{9.8862} \cdot 0.014^2\right) \approx (103.252, 475.813)[10^{-6}\ \text{km}^2].$$

Daraus ergibt sich das Konfidenzintervall für die Standardabweichung

$KI(S_{24}) \approx (0.0102, 0.0218)$ [km].

Antwort: Mit einer Wahrscheinlichkeit von 99 % liegt die Standardabweichung der Entfernung im Intervall $(0.0102, 0.0218)$ [km].

4.103 Die Zufallsvariable X_A (X_B) ist die Anzahl der Erwachsenen (Jugendlichen), denen das Fernsehprogramm gefällt.
X_A ist binomialverteilt mit $p_A = 100/400 = 0.25$, $N_A = 400$.
X_B ist binomialverteilt mit $p_B = 300/600 = 0.5$, $N_B = 600$.
Ihre Stichprobenanteile (arithmetischen Mittel) sind annähernd normalverteilt:

$\overline{X}_A$: $N(\mu_A, \sigma_A^2)$ mit $\mu_A = p_A$, $\sigma_A = \sqrt{p_A(1-p_A)/N_A} = \sqrt{0.25 \cdot 0.75/400} \approx 0.0216$.

$\overline{X}_B$: $N(\mu_B, \sigma_B^2)$ mit $\mu_B = p_B$, $\sigma_B = \sqrt{p_B(1-p_B)/N_B} = \sqrt{0.5 \cdot 0.5/600} \approx 0.0204$.

Die Differenz der Anteile $\overline{X}_A - \overline{X}_B$ ist $N(\mu_A - \mu_B, \sigma_A^2 + \sigma_B^2)$-verteilt. Das Konfidenzintervall für die Differenz der Anteile $\overline{X}_A - \overline{X}_B$ zum Konfidenzniveau α ist damit

$$K\left(\overline{X}_A - \overline{X}_B\right) = \left(p_A - p_B - z_{1-\alpha/2}\sqrt{\sigma_A^2 + \sigma_B^2}, p_A - p_B + z_{1-\alpha/2}\sqrt{\sigma_A^2 + \sigma_B^2}\right).$$

a) $z_{0.975} \approx 1.9600$, $K(\overline{X}_A - \overline{X}_B) \approx (0.25 - 1.96 \cdot 0.0296, 0.25 + 1.96 \cdot 0.0296) \approx (0.1920, 0.3080)$.

Antwort: Der Unterschied in den Anteilen von Erwachsenen und Jugendlichen, denen das Fernsehprogramm gefällt, liegt mit einer Wahrscheinlichkeit von 95 % zwischen ca. 19 % und 31 %.

b) $z_{0.995} \approx 2.5758$, $K\left(\overline{X}_A - \overline{X}_B\right) \approx (0.25 - 2.5758 \cdot 0.0296, 0.25 + 2.5758 \cdot 0.0296) \approx (0.1738, 0.3262)$.

Antwort: Der Unterschied in den Anteilen von Erwachsenen und Jugendlichen, denen das Fernsehprogramm gefällt, liegt mit einer Wahrscheinlichkeit von 99 % zwischen ca. 17 % und 33 %.

4.104 Die Zufallsvariable X ist die Anzahl des Ergebnisses „Kopf" beim Werfen mit der Münze. Sie ist binomialverteilt mit $p = 24/60 = 0.6$ und $n = 40$. Ihr Stichprobenanteil (arithmetisches Mittel) ist annähernd normalverteilt:

$\overline{X}_n$: $N(\mu, \sigma^2)$ mit $\mu = p = 0.6$, $\sigma = \sqrt{p(1-p)/n} = \sqrt{0.6 \cdot 0.4/40} \approx 0.0775$.

Das Konfidenzintervall für den Anteil von Kopf bei einer großen Anzahl von Münzwürfen ist

$KI\left(\overline{X}_n\right) = (\mu - z_{1-\alpha/2}\sigma, \mu + z_{1-\alpha/2}\sigma)$.

Antwort: a) Mit $\alpha = 0.05$, $\alpha/2 = 0.025$, $z_{0.975} \approx 1.9600$ ergibt sich das Konfidenzintervall

$$KI\left(\overline{X}_n\right) \approx (0.6 - 1.96 \cdot 0.0775, 0.6 + 1.96 \cdot 0.0775) \approx (0.4481, 0.7518).$$

b) Mit $\alpha = 0.0027$, $\alpha/2 = 0.00135$, $z_{0.99865} \approx 3.0000$ ergibt sich das Konfidenzintervall

$$KI\left(\overline{X}_n\right) \approx (0.6 - 3 \cdot 0.0775, 0.6 + 3 \cdot 0.0775) \approx (0.3675, 0.8325).$$

4.105 Die Zufallsvariable X ist die Anzahl des Ergebnisses „Wappen" beim Werfen des Geldstückes. Sie ist binomialverteilt mit $p = 12\,012/24\,000 = 0.5005$ und $n = 24\,000$. Ihr Stichprobenanteil (arithmetisches Mittel) ist annähernd normalverteilt:

$\overline{X}_n$: $N(\mu, \sigma^2)$ mit $\mu = p = 0.5005$, $\sigma = \sqrt{p(1-p)/n} = \sqrt{0.5005 \cdot 0.4995/24\,000} \approx 0.0032$.

Antwort: Das Konfidenzintervall zum Konfidenzniveau $\alpha = 0.01$ für den Anteil des Ergebnisses „Wappen" bei einer großen Anzahl von Würfen des Geldstückes ist mit $z_{1-\alpha/2} = z_{0.995} \approx 2.5758$

$$\begin{aligned} KI\left(\overline{X}_n\right) &= (\mu - z_{1-\alpha/2}\sigma, \mu + z_{1-\alpha/2}\sigma) \\ &= (0.5005 - 2.5758 \cdot 0.0032, 0.5005 + 2.5758 \cdot 0.0032) \approx (0.4923, 0.5088). \end{aligned}$$

4.106 Die Zufallsvariable X_A bzw. X_B (in h) ist die Lebensdauer einer Glühlampe der Marke A bzw. B. Die mittlere Lebensdauer

$\overline{X}_A$ ist $N(\mu_A, \sigma_A^2)$-verteilt mit $\mu_A = 1400$ h, $\sigma_A = 120/\sqrt{150}$ h,
$\overline{X}_B$ ist $N(\mu_B, \sigma_B^2)$-verteilt mit $\mu_B = 1200$ h, $\sigma_B = 80/\sqrt{200}$ h.

Die Differenz der mittleren Lebensdauer $\overline{X}_A - \overline{X}_B$ ist $N(\mu_A - \mu_B, \sigma_A^2 + \sigma_B^2)$-verteilt.

Das Konfidenzintervall für die Differenz der mittleren Lebensdauer $\overline{X}_A - \overline{X}_B$ zum Konfidenzniveau α ist damit

$$K\left(\overline{X}_A - \overline{X}_B\right) = \left(\mu_A - \mu_B - z_{1-\alpha/2}\sqrt{\sigma_A^2 + \sigma_B^2}, \mu_A - \mu_B + z_{1-\alpha/2}\sqrt{\sigma_A^2 + \sigma_B^2}\right).$$

Antwort: a) Mit $\alpha = 0.05$, $z_{1-\alpha/2} = z_{0.975} \approx 1.9600$ ergibt sich das Konfidenzintervall

$$K\left(\overline{X}_A - \overline{X}_B\right) \approx (200 - 1.96 \cdot 11.31, 200 + 1.96 \cdot 11.31) \approx (177.826, 222.174)\ [\text{h}].$$

b) Mit $\alpha = 0.01$, $z_{1-\alpha/2} = z_{0.995} \approx 2.5758$ ergibt sich das Konfidenzintervall

$$K\left(\overline{X}_A - \overline{X}_B\right) \approx (200 - 2.5758 \cdot 11.3137, 200 + 2.5758 \cdot 11.3137) \approx (170.858, 229.142)\ [\text{h}].$$

Prüfen von Hypothesen

4.107 $n = 49$, $\overline{x}_n = 1.7\,\%$, $s_n^2 = 0.5$, $s_n \approx 0.2236$

1. Nullhypothese H_0: $\mu_0 = 2\,\%$
2. $\alpha = 0.05$ zweiseitig (Abweichung des Kohlenstoffgehaltes ist nach oben bzw. unten möglich)
3. $U = T_{n-1} = \sqrt{n}\dfrac{\overline{X}_n - \mu_0}{S_n} = \sqrt{49}\dfrac{\overline{X}_n - 2}{0.2236}$ genügt einer t_{48}-Verteilung.
4. $K = (-\infty, -t_{48,0.975}) \cup (t_{48,0.975}, \infty) \approx (-\infty, -2.0106) \cup (2.0106, \infty)$
5. $u = U\left(\overline{X}_n = 1.7\,\%\right) \approx -0.3\sqrt{49}/0.2236 \approx -9.392 \in K$
6. **Antwort:** H_0 ist abzulehnen, da $u \in K$. Die Abweichung ist mit einer Wahrscheinlichkeit von 95 % signifikant, d. h., mit einer Wahrscheinlichkeit von 5 % ist H_0 doch richtig.

4.108 $n = 25$, $s_n^2 = 0.65 \cdot 10^{-4}$

1. Nullhypothese H_0: $\sigma_0^2 < 10^{-4}$
2. $\alpha = 0.05$ einseitig (für die Brauchbarkeit des Messgerätes darf σ^2 nur nach unten abweichen)
3. $U = Y_{n-1} = \sqrt{n}\dfrac{(n-1)\overline{S}_n^2}{\sigma_0^2} = \dfrac{24\overline{S}_n^2}{10^{-4}}$ genügt einer χ_{24}^2-Verteilung.
4. $K = \left(0, \chi_{24,0.05}^2\right) \approx (0, 13.8484)$
5. $u = U\left(\overline{S}_n^2 = 0.65 \cdot 10^{-4}\right) = 24 \cdot 0.65 \cdot 10^{-4}/10^{-4} = 15.6 \notin K$
6. **Antwort:** H_0 ist anzunehmen, da $u \notin K$. Mit einer Wahrscheinlichkeit von 95 % ist H_0 richtig. (Mit einer Irrtumswahrscheinlichkeit von 5 % ist H_0 richtig.) Man darf auf die Brauchbarkeit des Messgerätes schließen.

4.109 $n = 100$, $\overline{x}_n = 7\,\%$

a) 1. Nullhypothese H_0: $p_0 \leq 5\,\%$
2. $\alpha = 0.05$ einseitig (der Anteil $\overline{X}_n$ defekter Batterien ist nicht größer als 5 %)
3. $U = \sqrt{n}\dfrac{\overline{X}_n - p_0}{\sqrt{p_0(1-p_0)}} = 10\dfrac{\overline{X}_n - 0.05}{\sqrt{0.05 \cdot 0.95}}$ genügt einer $N(0,1)$-Verteilung.
4. $K = (z_{0.95}, \infty) \approx (1.6449, \infty)$
5. $u = U\left(\overline{X}_n = 7\,\%\right) \approx 0.02/0.02179 \approx 0.7168 \notin K$
6. **Antwort:** H_0 ist anzunehmen, da $u \notin K$. Mit einer Wahrscheinlichkeit von 95 % ist H_0 richtig. (Mit einer Irrtumswahrscheinlichkeit von 5 % ist H_0 richtig.) Man darf den Angaben des Herstellers mit einer Wahrscheinlichkeit von 95 % trauen. Das Kontrollergebnis widerspricht den Angaben des Herstellers nicht signifikant.

b) Die minimale Anzahl der unbrauchbaren Batterien sei m. Damit Signifikanz mit der Irrtumswahrscheinlichkeit $\alpha = 0.01$ vorliegen soll, muss für die Prüfgröße gelten ($\overline{X}_n = m/n$)

$$U = \sqrt{n}\frac{\overline{X}_n - p_0}{\sqrt{p_0(1-p_0)}} = 10\frac{m/100 - 0.05}{\sqrt{0.05 \cdot 0.95}} \in K \quad \text{mit} \quad K = (z_{0.99}, \infty) \approx (2.3263, \infty).$$

Umstellen der Ungleichung $U \geq 2.3263$ nach m ergibt $m > 5 + 2.3263 \cdot 0.02179 \cdot 100 \approx 10.0691$.

Antwort: Damit ein signifikanter Widerspruch mit der Irrtumswahrscheinlichkeit 0.01 vorliegt, müssten mindestens 11 Batterien unbrauchbar sein.

4.110 $n = 30$, $\overline{x}_n = 5/30 = 1/6$

1. Nullhypothese H_0: $p_0 \leq 1/6$
2. α einseitig
3. $U = \sqrt{n}\dfrac{\overline{X}_n - p_0}{\sqrt{p_0(1-p_0)}} = \sqrt{30}\dfrac{\overline{X}_n - 1/6}{\sqrt{1/6 \cdot 5/6}}$ genügt einer $N(0,1)$-Verteilung.
4. $K = (z_{1-\alpha}, \infty)$
5. $u = U\left(\overline{X}_n = 8/30\right) = \sqrt{30} \cdot 6(4/15 - 1/6)/\sqrt{5} \approx 1.4696$
6. **Antwort:** H_0 ist mit der Irrtumswahrscheinlichkeit α anzunehmen, wenn gilt $u \notin K$, d. h., $1.4696 < z_{1-\alpha}$. Es ergibt sich $1 - \alpha \approx 0.9279$, d. h., $\alpha \approx 0.0721$. Mit einer Irrtumswahrscheinlichkeit von ca. 7 % beruht der Unterschied auf der Zufälligkeit der Stichprobenergebnisse.

4.111 1. Nullhypothese H_0: $\mu \leq 40$ N/mm^2, die neue Materialzusammensetzung ist nicht besser als die alte. (Die Ablehnung von H_0 bedeutet $\mu > 40$ N/mm^2, die neue Materialzusammensetzung ist besser als die alte).
2. $\alpha = 1\,\%$ einseitig (die Druckfestigkeit darf nur größer, nicht aber geringer werden)
3. $U = \overline{Z}_n = \sqrt{n}\dfrac{\overline{X}_n - \mu_0}{\sqrt{\sigma}} = \sqrt{25}\dfrac{\overline{X}_n - 40}{\sqrt{2}}$ genügt einer $N(0,1)$-Verteilung.
4. $K = (z_{1-\alpha}, \infty) = (z_{0.99}, \infty) \approx (2.3263, \infty)$ [N/mm^2]
5. $\overline{Z}_n > 2.326$ bedeutet $\overline{X}_n > 40 + 2 \cdot 2.326/5 \approx 40.9304$ [N/mm^2].
6. **Antwort:** Ergibt der Test der 25 Balken eine mittlere Druckfestigkeit größer als 40.9304 N/mm^2, so ist die neue Materialzusammensetzung zu bevorzugen, andernfalls ist die alte weiter zu verwenden.

4.112 $n = 3N/100 = 360$, $N = 12\,000$ - Anzahl der Injektionsbohranker insgesamt

1. Nullhypothese H_0: $p_0 \leq 1/5$
2. $\alpha = 0.05$ einseitig (der Anteil $\overline{X}_n$ der defekten Injektionsbohranker ist nicht größer als 1/5)
3. $U = \overline{Z}_n = \sqrt{n}\dfrac{\overline{X}_n - p_0}{\sqrt{p_0(1-p_0)}} = \sqrt{360}\dfrac{\overline{X}_n - 1/5}{\sqrt{1/5 \cdot 4/5}}$ genügt einer $N(0,1)$-Verteilung.
4. $K = (z_{1-\alpha}, \infty) = (z_{0.95}, \infty) \approx (1.6449, \infty)$
5. $\overline{Z}_n > z_{1-\alpha}$ bedeutet $\overline{X}_n > p_0 + z_{1-\alpha}\sqrt{\dfrac{p_0(1-p_0)}{n}} \approx \dfrac{1}{5} + 1.6449\sqrt{\dfrac{1/5 \cdot 4/5}{360}} \approx 0.2329$.
6. **Antwort:** Die maximale Anzahl der defekten Injektionsbohranker in der Stichprobe sollte

$$n\overline{X}_n = np_0 + z_{1-\alpha}\sqrt{p_0(1-p_0)n} \approx \frac{360}{5} + 1.6449\sqrt{1/5 \cdot 4/5 \cdot 360} \approx 93$$

betragen, um mit einer Irrtumswahrscheinlichkeit von 5 % davon ausgehen zu können, dass der Anteil der defekten Injektionsbohranker durchschnittlich nicht mehr als 1/5 beträgt.

χ^2-Anpassungstest

4.113 **1.** Die angenommene Verteilungsfunktion ist wie in der Aufgabenstellung angegeben die $N\left(\overline{\mu},\ \overline{\sigma}^2\right)$-Verteilung mit $\overline{\mu} = 14.37$ bzw. $\overline{\sigma}^2 = 0.0086$.

2. Die Irrtumswahrscheinlichkeit ist in der Aufgabenstellung mit $\alpha = 0.1$ angegeben.

3. Die Prüfgröße ist

$$U\left(N\left(\overline{\mu},\ \overline{\sigma}^2\right), H_{a1}, ..., H_{a10}\right) = \sum_{k=1}^{10} \frac{(H_{ak} - np_k^0)^2}{np_k^0} = \sum_{k=1}^{10} \frac{H_{ak}^2}{np_k^0} - n \text{ mit}$$

$$p_k^0 = \Phi_S\left(\frac{b_k - \overline{\mu}}{\overline{\sigma}}\right) - \Phi_S\left(\frac{b_{k-1} - \overline{\mu}}{\overline{\sigma}}\right),\ k = 1, ..., 10,\ b_0 = -\infty,\ b_{10} = \infty.$$

4. Der kritische Bereich K ist, da die Parameterschätzungen nicht aus den Intervallhäufigkeiten ermittelt wurden, $K = (\chi^2_{10-1,0.9}, \infty) = (\chi^2_{9,0.9}, \infty) \approx (14.6837, \infty)$.

5. Der Wert der Prüfgröße für die gegebene Klasseneinteilung errechnet sich mit der Tabelle

k	1	2	3	4	5	6	7	8	9	10
b_k	14.15	14.20	14.25	14.30	14.35	14.40	14.45	14.50	14.55	
$\Phi_S\left(\frac{b_k - \overline{\mu}}{\overline{\sigma}}\right)$	0.009	0.033	0.098	0.225	0.415	0.627	0.806	0.920	0.974	1.000
p_k^0	0.009	0.024	0.065	0.127	0.190	0.212	0.179	0.114	0.054	0.026
h_{ak}	2	4	12	23	39	42	36	24	12	6
$\frac{h_{ak}^2}{200p_k^0}$	2.27	3.25	11.18	20.78	40.13	41.49	36.26	25.33	13.26	6.90

zu $u\left(N\left(\overline{\mu},\ \overline{\sigma}^2\right), 2, 4, 12, 23, 39, 42, 36, 24, 12, 6\right) = \sum_{k=1}^{10} \frac{h_{ak}^2}{200p_k^0} - 200 \approx 0.85.$

6. **Antwort:** Es ist $u \approx 0.85 \notin K \approx (14.6837, \infty)$, d. h., die Annahme, dass die Messdaten aufgrund der Klasseneinteilung $N\left(\overline{\mu},\ \overline{\sigma}^2\right)$-verteilt sind, kann mit einer Irrtumswahrscheinlichkeit von $\alpha = 0.1$ angenommen werden.

4.114 **1.** Die angenommene Verteilungsfunktion ist wie in der Aufgabenstellung angegeben die diskrete Gleichverteilung mit $p_k^0 = 1/5$, $k = 1, 2, ..., 5$, wobei p_k^0 die Wahrscheinlichkeit dafür ist, dass ein Fehltag auf den k-ten Wochentag fällt.

2. Die Irrtumswahrscheinlichkeit ist in der Aufgabenstellung mit $\alpha = 0.05$ angegeben.

3. Die Prüfgröße ist

$$U(F_0, H_{a1}, ..., H_{a5}) = \sum_{k=1}^{5} \frac{(H_{ak} - np_k^0)^2}{np_k^0} = \sum_{k=1}^{5} \frac{H_{ak}^2}{np_k^0} - n \text{ mit } n = 100.$$

4. Der kritische Bereich K ist wegen der angenommenen Gleichverteilung $K = (\chi^2_{5-1,0.95}, \infty) = (\chi^2_{4,0.95}, \infty) \approx (9.4877, \infty)$.

5. Der Wert der Prüfgröße für die gegebene Klasseneinteilung errechnet sich mit der Tabelle

k	1	2	3	4	5
p_k^0	0.2	0.2	0.2	0.2	0.2
h_{ak}	22	19	16	18	25
$\frac{h_{ak}^2}{100p_k^0}$	24.2	18.05	12.8	16.2	31.25

zu $u(F_0, 22, 19, 16, 18, 25) = \sum_{k=1}^{5} \frac{h_{ak}^2}{100p_k^0} - 100 = 2.5.$

6. **Antwort:** Es ist $u = 2.5 \notin K \approx (9.4877, \infty)$, d. h., die Annahme, dass die Fehltage der Arbeitnehmer auf die Wochentage gleichverteilt sind, kann mit einer Irrtumswahrscheinlichkeit von $\alpha = 0.05$ angenommen werden.

4.115 1. Die angenommene Verteilungsfunktion ist die der geometrischen Verteilung mit $p = 0.8$, bei der
$p_k^0 = (1-p)^k\, p,\ k = 0, 1, 2$
die Wahrscheinlichkeit dafür ist, dass ein Brief nach k Versuchen zum ersten Mal fehlerfrei ist, und
$p_3^0 = 1 - \left(p_0^0 + p_1^0 + p_2^0\right)$
die Wahrscheinlichkeit dafür ist, dass ein Brief nach mindestens drei Versuchen zum ersten Mal fehlerfrei ist.

2. Die Irrtumswahrscheinlichkeit ist in der Aufgabenstellung mit $\alpha = 0.05$ angegeben.

3. Die Prüfgröße ist

$$U\left(F_0, H_{a0}, \ldots, H_{a3}\right) = \sum_{k=0}^{3} \frac{(H_{ak} - np_k^0)^2}{np_k^0} = \sum_{k=0}^{3} \frac{H_{ak}^2}{np_k^0} - n \text{ mit } n = 60.$$

4. Der kritische Bereich K ist, da die Wahrscheinlichkeit p eines fehlerfreien Schreibens vorgegeben ist,
$K = (\chi^2_{4-1,0.95}, \infty) = (\chi^2_{3,0.95}, \infty) \approx (7.8147, \infty)$.

5. Der Wert der Prüfgröße für die gegebene Klasseneinteilung errechnet sich mit der Tabelle

k	0	1	2	3
p_k^0	0.8	0.16	0.032	0.008
h_{ak}	39	11	6	4
$\frac{h_{ak}^2}{60p_k^0}$	31.6875	12.6042	18.7500	33.3333

zu $u\left(F_0, 39, 11, 6, 4\right) = \sum\limits_{k=0}^{3} \frac{h_{ak}^2}{60p_k^0} - 60 \approx 36.3750.$

6. **Antwort:** Es ist $u \approx 36.3750 \notin K \approx (7.8147, \infty)$, d. h., die Annahme, dass die Sekretärin einen Brief mit der Wahrscheinlichkeit $p = 0.8$ fehlerfrei schreibt, kann mit der Irrtumswahrscheinlichkeit $\alpha = 0.05$ nicht unterstützt werden.

Literaturverzeichnis

[1] **Meyberg, K., Vachenauer, P.:** Höhere Mathematik 1, 2, 6. Aufl., 4. Aufl., 1. korr. Nachdruck, Springer Verlag, Berlin, Heidelberg, New York 2003–2005

[2] **Burg, K., Haf, H., Wille, F.:** Höhere Mathematik für Ingenieure, Bd. I bis III, 9., überarb. Aufl., 7., überarb. u. erw. Aufl., 6. aktual. Aufl., Vieweg + Teubner Verlag, Stuttgart 2011–2013

[3] **Rjasanowa, K.:** Mathematik im Bauingenieurwesen 1, Grundlagen für das Bachelor-Studium, 2., aktual. u. erw. Aufl., Carl Hanser Verlag, München 2023

[4] **Rjasanowa, K.:** Mathematik für Bauingenieure 2, Ausgewählte Kapitel für Ingenieure im Masterstudium, Fachbuchverlag Leipzig im Carl Hanser Verlag, München 2017

[5] **Rjasanowa, K.:** Mathematische Modelle im Bauingenieurwesen, 2., aktual. und erw. Aufl., Fachbuchverlag Leipzig im Carl Hanser Verlag, München 2015

[6] **Höllig, K., Hörner, J.:** Aufgaben und Lösungen zur Höheren Mathematik 1, 2, 3, 3. Aufl., Springer Spektrum, 2021

[7] **Minorski, V. P.:** Aufgabensammlung der höheren Mathematik, 15., aktual. Aufl., Carl Hanser Verlag GmbH & Co. KG, München 2008

[8] **Wallner, H.:** Aufgabensammlung Mathematik 1, 2, Springer Vieweg + Teubner Verlag | Springer Fachmedien, Wiesbaden 2011

[9] **Arnold, Vladimir. I.:** Gewöhnliche Differenzialgleichungen, 2. Aufl., Springer-Verlag, Berlin, Heidelberg, New York 2013

[10] **Hartung, J.:** Statistik, Lehr- und Handbuch der angewandten Statistik, 15. Aufl., Oldenburg Wissenschaftsverlag GmbH, München 2009

[11] **Lehn, J., Wegmann, H., Rettich, St.:** Aufgabensammlung zur Einführung in die Statistik, 3. Aufl., Springer Fachmedien, Wiesbaden 2001

[12] **Schwarze, J.:** Aufgabensammlung zur Statistik, 7., vollst. überarb. Aufl., nwb Verlag Herne, Berlin 2013

[13] **Luderer, B., Würker, U.:** Einstieg in die Wirtschaftsmathematik, 9. Aufl., Springer Gabler | Springer Fachmedien, Wiesbaden 2015

[14] **Schwenkert, R., Stry, Y.:** Finanzmathematik kompakt, 2. Aufl., Springer-Verlag, Berlin, Heidelberg 2016

[15] **Hrsg. Luderer, B.:** Klausurtraining Mathematik und Statistik für Wirtschaftswissenschaftler, 4. Aufl., Springer Fachmedien, Wiesbaden 2014

[16] **Dallmann, R.:** Baustatik 1, 2, 6., 5. aktual. Aufl., Carl Hanser Verlag, München 2020, 2022

[17] **Witte, B., Sparla, P., Blankenbach, J.:** Vermessungskunde für das Bauwesen mit Grundlagen des Building Information Modeling (BIM) und der Statistik, 9., neu bearb. u. erw. Aufl., Wichmann Verlag, Karlsruhe 2020

[18] **Bollrich, G.:** Technische Hydromechanik 1. Grundlagen, 7. Aufl., Beuth Verlag, Berlin 2019

[19] **Axmann, R.:** Projektmanagement im Bauwesen, Carl Hanser Verlag, München 2023

[20] **Däumler, K.:** Grundlagen der Investitions- und Wirtschaftlichkeitsrechnung, 13., vollst. überarb. Aufl., Verlag Neue Wirtschafts-Briefe, Herne, Berlin 2014

[21] **Natzschka, H.:** Staßenbau. Entwurf und Bautechnik, 3. Ed., Vieweg+Teubner Verlag | Springer Fachmedien, Wiesbaden 2011

[22] **Bronstein, I. N.:** Taschenbuch der Mathematik (Bronstein), 11. Ed., Verlag Europa-Lehrmittel, 2020

[23] **Göhler, W.:** Formelsammlung Höhere Mathematik, 17. Ed., Verlag Europa-Lehrmittel, 2011

[24] **Bartsch, H.-J.:** Taschenbuch mathematischer Formeln, 24., überarb. Aufl., Carl Hanser Verlag, München 2018

[25] **Albert, A. (Hrsg.):** Schneider - Bautabellen für Ingenieure: mit Berechnungshinweisen und Beispielen, 25., überarb. Ed., Reguvis Fachmedien Verlag, Köln 2022

Sachwortverzeichnis